中国石化“十三五”重点科技图书出版规划项目
炼油工艺技术进展与应用丛书

加氢裂化及渣油加氢技术进展与应用

赵日峰　主编

中国石化出版社

内 容 提 要

本书系统介绍了加氢裂化及渣油加氢技术的国内外进展，化学反应，原料和产品，工艺过程，催化剂应用，主要设备，工艺技术和工艺计算，操作参数，过程监测，控制与联锁，工艺防腐与监测，先进控制与流程模拟，操作优化，绿色开停工，事故案例，工程伦理与职业操守等方面的内容，重点突出了工艺计算的内容。

本书具有很强的实用性和学术性，对从事加氢领域的科研、设计、生产和管理的广大人员及高等院校有关专业师生有较大的学习参考价值。

图书在版编目(CIP)数据

加氢裂化及渣油加氢技术进展与应用 / 赵日峰主编 .
—北京：中国石化出版社，2022. 4
ISBN 978-7-5114-6638-9

Ⅰ. ①加… Ⅱ. ①赵… Ⅲ. ①石油炼制-加氢裂化
Ⅳ. ①TE624. 4

中国版本图书馆 CIP 数据核字(2022)第 057702 号

中国石化出版社出版发行
地址：北京市东城区安定门外大街 58 号
邮编：100011 电话：(010)57512500
发行部电话：(010)57512575
http://www.sinopec-press.com
E-mail:press@sinopec.com
北京科信印刷有限公司印刷
全国各地新华书店经销
*
787×1092 毫米 16 开本 50. 25 印张 1267 千字
2022 年 5 月第 1 版 2022 年 5 月第 1 次印刷
定价：298. 00 元

《加氢裂化及渣油加氢技术进展与应用》
编　委　会

主编：赵日峰

编委：李立权　郭　蓉　李　鹏　曾榕辉　袁胜华

柳　伟　陈崇刚　金　哲　于凤昌　冯新国

龙　有　王建伟

撰 稿 人

第一章　李立权　曾榕辉　柳　伟　吴子明　袁胜华　戴立顺
　　　　杨　涛　郭　蓉　杨清河　申海平　徐　淞
第二章　郭　蓉　袁胜华　柳　伟　翁延博
第三章　郭　蓉　戴立顺　袁胜华　柳　伟
第四章　曾榕辉　杨清河
第五章　袁胜华　戴立顺　朱慧红　申海平　孟兆会
第六章　柳　伟　戴立顺　袁胜华　吴子明　杨清河　朱慧红
　　　　杨　刚　刘铁斌
第七章　陈崇刚　杨立民　李绍明
第八章　李立权　刘凯祥
第九章　曾榕辉　袁胜华
第十章　金　哲　宁　鹏　徐　淞
第十一章　于凤昌
第十二章　冯新国　王建平　匡华清　赵恒平　李　勇　栾志业
　　　　　李晓勇　王　赓　李德飞　陈玉石
第十三章　龙　有
第十四至十六章　王建伟

前　言

加氢裂化及渣油加氢技术集炼油技术、高压技术和催化技术于一体，是近年来发展最快的炼油技术，满足了石油加工量增长、深度加工、含硫原油、清洁燃料、低硫船用燃料油、Ⅱ/Ⅲ类润滑油基础油、低硫石油焦、交通运输燃料和石化原料的需要。建设加氢裂化及渣油加氢装置是炼油企业产品结构调整、清洁化生产、生产环境友好产品、生产过程洁净化、降低成本、提高产品附加值、生产高端石化产品、提高资本回报率、炼化一体化、加工含硫原油和重质油品轻质化的重要举措。

加氢裂化及渣油加氢装置是重要的“油产化”“油转化”“油转特”“油品轻质化”装置，是产品清洁化、生产过程洁净化装置，中国石化的加氢裂化技术处于国际领先水平，沸腾床渣油加氢技术已成为世界三大专利技术之一。

进入“十四五”时期，炼油行业的发展已由注重数量的高速发展转变为注重质量效益的高质量发展，迫切需要众多专家型人才。为了适应这一形势，满足广大从事加氢领域的研究开发、工程设计、生产操作和运行管理人员深入了解加氢裂化及渣油加氢的发展方向、工艺技术、设备技术、工程技术、生产和管理技术的需要，特别是满足生产和管理人员掌握基本工艺计算和设备计算知识的需要，中国石化于2017年、2018年、2020年举办了三期加氢专家培训班，培养了一批加氢裂化及渣油加氢装置专家，中国石化出版社适时组织授课的专家依据讲授的内容编写了《加氢裂化及渣油加氢技术进展与应用》一书。

全书共16章，系统介绍了加氢裂化及渣油加氢技术的国内外进展，化学反应，原料与产品，工艺过程，催化剂应用，主要设备，工艺技术和工艺计算，操作参数，过程监测、控制与联锁，工艺防腐与监测，先进控制与流程模拟，操作优化，绿色开停工，事故案例，工程伦理与职业操守等方面的内容，特别是重点突出了工艺计算的内容。

本书由中国石油化工股份有限公司副总裁赵日峰主编，参与本书编写的作者是多年来一直从事加氢领域的教学、科研、设计、生产和管理专家，这些同志都具有较高的理论水平和丰富的实践经验，为本书的质量提供了基本保证。本书具有很强的实用性和学术性，达到较高的技术水平，对加氢领域的科研、设计、生产和管理的广大人员及高等院校有关专业师生有较大的实用价值，对促进我国加氢裂化及渣油加氢技术的发展也将大有裨益。

本书的编写力求做到理论与实践相结合、工艺与工程相结合，以使本书具科学性、新颖性、系统性和实用性。但由于国内外可供参考的有关加氢的书籍较少，多数撰写者都有繁忙的本职工作，时间有限，虽经多次审查、讨论和修改，仍难免有不妥和不足之处，敬请广大读者批评指正。

在本书编写过程中，还有一些专家班学员参与了资料收集和编写工作，中国石化炼油事业部正高级工程师李鹏和石化出版社王瑾瑜、孙蕊对本书的编写、编辑和出版提供了强有力的支持，在此一并表示感谢。

目　录

第一章　绪论

第一节　加氢裂化及渣油加氢技术在炼油企业及炼化一体化发展中的地位和作用

一、加氢裂化技术简介

（一）催化剂

加氢裂化催化剂是加氢裂化技术的核心，伴随着加氢裂化技术的发展、需求的变化，加氢裂化催化剂不断发展、进步。

早期的加氢裂化装置使用铁基、镍基或镍钨基金属的催化剂，以氧化铝或无定形硅铝为载体，最早应用于三段法“煤炭转化生产液体燃料的加氢技术”，尽管该过程工艺复杂、反应苛刻度大，但是，其意义在于证明了“将低氢碳比的固体燃料在高压下添加氢气，使其转化为高氢碳比的液体燃料是可行的”。

20 世纪 60 年代，加氢裂化技术快速发展，将沸石组分引入到催化剂，沸石催化剂与非晶态催化剂存在显著差异，前者具有较高的活性、汽油选择性和较好的耐氨性，适应了当时市场对汽油需求量大幅增长、对柴油和燃料油的需求量下降的变化，同时，沸石催化剂的发展使得加氢裂化过程反应苛刻度显著下降，反应效率大幅度提升，带动了加氢裂化技术及催化剂的快速发展。随后几十年来，开发了各种类型含无定形硅铝和分子筛加氢裂化催化剂，催化剂的活性、选择性、稳定性和对原料油的适应性不断提升，加氢裂化催化剂的开发取得了飞跃进步。

由于技术的不断发展和完善，目前世界上许多大公司可以根据客户对产品的要求来设计催化剂，以最大限度满足客户的需求。逐步形成了包括 Albemarle 公司、Axens 公司、Chevron 公司、Criterion 公司、Topsøe 公司、UOP 公司、中国石化大连石油化工研究院（DRIPP，原中国石化抚顺石油化工研究院 FRIPP）、中国石化石油化工科学研究院（RIPP）在内的主要加氢裂化催化剂专利商。

下面对具有代表性的 UOP（Unocal）、Chevron 和 DRIPP（FRIPP）催化剂的发展概况简述如下。

1. UOP（含 Union）公司[1~5]

UOP 公司开发的分子筛型加氢裂化催化剂最早于 1964 年实现工业应用，是加氢裂化发展过程中一项重大的技术突破。之后，UOP 公司不断进行改进和提高，开发的催化剂品种多样，具有较高的活性和产品选择性，并具有选择性加氢功能，可以优化氢气利用、降低操作成本，适应加工不同原料生产不同产品的需要。

最近几年，UOP 公司新推出近 10 种加氢裂化催化剂，其中，HC-29 和 HC-170 催化剂用于最大量生产石脑油。HC-170 催化剂是 UOP 公司用先进沸石技术研制出的专门生产石脑油的高性能催化剂，与 HC-24 催化剂相比，在活性相同时，HC-170 催化剂生产石脑油的选择性较高，石脑油收率增加 3 个百分点，氢耗低 $10m^3/m^3$，还可灵活多产重石脑油和轻煤油。HC-115、HC-215 和 HC-150 催化剂用于灵活生产石脑油、喷气燃料和柴油。与 HC-43 催化剂相比，HC-150 催化剂反应温度低 5℃，氢耗低 $20m^3/m^3$。高活性轻油型催化剂 HC-190，与HC-24 催化剂相比，反应温度低 8℃，重石脑油收率增加 4 个百分点。HC-34 催化剂的裂化/饱和组分比例较高，生产汽油的活性/选择性好，得到的产品芳烃含量多且辛烷值高，与 HC-24 催化剂相比，氢耗低 15%。HC-53 贵金属催化剂，能使芳烃选择性饱和生产含氢较多的中馏分油和含氢较少的汽油，用于第二段裂化反应，与 HC-28 催化剂相比，重石脑油收率增加 6~7 个百分点，或喷气燃料收率增加 3~4 个百分点。特别是用于最大量生产柴油的 HC-110 催化剂，采用新沸石材料制造，通过酸性功能与加氢功能的优化匹配，既提高了活性，又不牺牲选择性，与 UOP 公司最好的、最大量生产中间馏分油的无定形催化剂 DHC-8 相比，反应温度低 5. 5~8. 3℃，中间馏分油收率可提高 2 个百分点，成为加氢裂化催化剂最重要的一项进展。

此外，UOP 公司还开发了大颗粒(1/8in)异形 LT 系列催化剂，在其活性和选择性与传统的 1/16in 圆柱形催化剂相同的情况下，压降可以降低 55%~65%，LT 催化剂 1999 年实现工业化，已用于多套装置。现在，UOP 公司开发的每一种加氢裂化催化剂都有相应的 LT 催化剂。

2. Chevron 公司[3~8]

Chevron 公司在馏分油加氢裂化催化剂方面，先后推出了 ICR-142、ICR-147、ICR-150、ICR-154、ICR-160、ICR-162、ICR-220 和 ICR-240 等催化剂。ICR-142、ICR-147 和 ICR-150 催化剂是单段一次通过(SSOT)加氢裂化催化剂，ICR-142 和 ICR-150 催化剂用于中等转化率及高中馏分油选择性用途；ICR-147 催化剂用于高转化率用途，有良好的选择性。采用这些催化剂，产品质量都很好，喷气燃料的烟点在 25~35mm。ICR-142 催化剂还可用于生产Ⅱ/Ⅲ类润滑油基础油和制备催化裂化及乙烯原料。ICR-160、ICR-162、ICR-220 和 ICR-240 催化剂都是用于生产最大量喷气燃料和柴油的，其中 ICR-240 还用于生产最大量润滑油基础油料，其性能比同类催化剂都好；ICR-160 是 Chevron 公司最新推出的一种轻油型催化剂，适于生产石脑油和煤油/喷气燃料，也可用于 100%全转化生产石脑油，可用于单段一次通过、单段循环或两段加氢裂化的第一段或第二段，催化剂的活性和产品选择性都得到较大的提高；贵金属分子筛型催化剂 ICR-220 专门用于两段加氢裂化中第二段生产最大量中间馏分油，其活性、选择性和稳定性都优于 Chevron 公司最好的生产中馏分油的无定形催化剂 ICR-120。

Chevron 公司的加氢裂化-择形异构化/加氢后精制技术(全氢法)是目前生产高档Ⅱ/Ⅲ类润滑油基础油最先进的技术，其核心是择形异构化。采用润滑油型或燃料油型加氢裂化工艺及催化剂制得择形异构化原料，通过活性高、选择性强、稳定性好的择形异构化催化剂，将原料油中高凝点烷烃选择性异构化为高黏度指数、低倾点的异构烷烃，获得高收率润滑油基础油的同时得到部分高质量的汽、煤、柴油产品。

Chevron 公司开发的加氢裂化/择形异构化-加氢后精制工艺和催化剂，于 1993 年实现工业应用，成为加氢裂化原创性的重大技术突破。择形异构催化剂采用Pt/SAPO-11，加氢后精制催化剂采用Pt-Pd/SiO_2-Al_2O_3。第一代择形异构化/加氢后精制催化剂ICR-404/ICR-403于1993年首次工业应用，第二代催化剂ICR-408/ICR-407于1996年首次工业应用，第三代催化剂ICR-418/ICR-417于2003年首次工业应用，2004年又有4套装置使用。与ICR-408催化剂相比，ICR-418催化剂能提高基础油的收率和质量；与ICR-407相比，ICR-417的反应温度能降低30℃左右。第四代催化剂ICR-422已经开发成功，并用于Chevron公司自己的择形异构化装置。目前国外采用全氢法生产Ⅱ/Ⅲ类润滑油基础油的工业装置中，约80%采用Chevron公司技术。

3. DRIPP(FRIPP)[9~15]

DRIPP(FRIPP)一直致力于加氢裂化催化剂的开发工作，完成了从模仿到自主创新的研发历程，目前已开发的40多个牌号加氢裂化催化剂已在国内170多套(次)工业装置成功应用，占据了国内接近60%的市场份额，带动了国内加氢裂化产业的持续发展。

① 20世纪50~70年代，加氢裂化催化剂探索阶段，主要进行页岩油、煤焦油等加氢裂化催化剂的研制工作，开发了107无定形催化剂，其性能与同期国外催化剂水平相当；开发的Mo-Ni/Y沸石-氧化铝H-06加氢裂化催化剂，是我国第一个以Y型分子筛为裂化组分的加氢裂化催化剂。

② 20世纪80年代，率先完成了引进加氢裂化装置加氢裂化催化剂的国产化攻关任务，开发了3824和3825加氢裂化催化剂，催化剂整体性能优于国外引进的加氢裂化催化剂水平。3824催化剂于1986年首次在荆门炼油厂的中压加氢裂化装置上应用，1990年用于茂名石化公司炼油厂的加氢裂化装置；3825催化剂于1991年在上海石化公司首次应用，获得了预期的工业应用效果。3825和3903加氢裂化催化剂创造性地解决了催化剂活性提高和中油选择性下降的矛盾，填补了国内空白，1996年获得国家科技进步二等奖。

③ 20世纪90年代，加氢裂化催化剂发展期，在加氢裂化催化剂国产化基础上，通过改性分子筛制备技术和催化剂制备技术上的创新，开发了3901、3903、3905、3973、3974、3976、ZHC-01、ZHC-02等系列加氢裂化催化剂，先后在扬子石化、金陵石化、镇海炼化、天津石化、齐鲁石化、辽阳石化等多套加氢裂化装置上应用。1993年，镇海炼化建设了一套全部自主知识产权的800kt/a加氢裂化装置，DRIPP(FRIPP)提供了装置设计基础数据及配套加氢裂化催化剂，该项目获得国家科技进步一等奖。

④ 2000~2010年，加氢裂化进入到自主创新阶段。开发了FC-12、FC-14、FC-16、FC-24、FC-28、FC-32、FC-46、FC-50等系列催化剂，形成了轻油型、灵活型、中油型、单段等4个系列的加氢裂化催化剂，其中FC-14、FC-16、FC-20加氢裂化催化剂为国内外首创强异构型加氢裂化催化剂，可生产低温流动性更好的喷气燃料、柴油及加氢尾油。

⑤ 近年来，DRIPP(FRIPP)通过在分子水平上对加氢裂化原料和产品以及加氢裂化反应环境和反应化学等方面深入的研究，在已有催化剂系列的基础上，不断推陈出新，适应不同加工工艺、不同加工原料和目的产品的需要。加氢裂化催化剂方面，以分子筛改良和催化剂制备工艺的创新作为技术突破的关键，针对解决分子筛结构与反应协调性等科学问题，发明了介孔结构、晶粒尺寸和酸分布的多维度调控技术，建立了活性组分均匀分散的制备方法，打造了定制化催化材料和催化剂制备技术平台。在此基础上开发出FC-38、FC-50、FC-52、FC-60、FC-76、FC-80、FC-86等新一代高性能系列加氢裂化催化剂，完善了加

氢裂化成套技术，进一步带动了整个国内加氢裂化产业的持续发展。目前，DRIPP(FRIPP)加氢裂化催化剂已进入第四代，并形成轻油型、灵活型、中油型和高中油型四大系列(见图1-1-1)，新一代加氢裂化催化剂在反应选择性、产品质量等方面性能大幅提升，同时，成本显著下降，整体性能达到世界先进水平，部分处于世界领先，在炼油企业得到广泛应用。

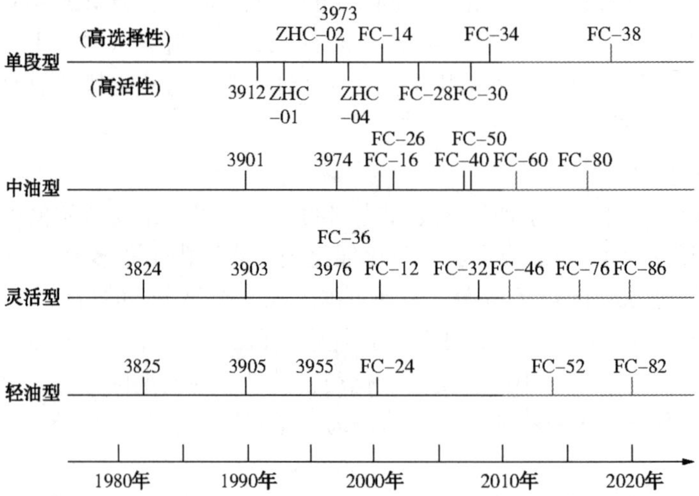

图 1-1-1　DRIPP(FRIPP)加氢裂化催化剂发展脉络

(二) 工艺

以馏分油为主要原料的加氢裂化技术，至今仍以固定床工艺过程为主。加氢裂化的工艺流程包括反应系统、分馏系统和脱硫系统。

加氢裂化工艺过程主要是根据反应系统的反应器的排列、组合来划分。尽管国内外专利商根据催化剂性能特点、原料构成和性质、大型设备的制造水平和运输条件以及市场对产品产率和质量的要求，开发了种类繁多的加氢裂化工艺过程，如高压加氢裂化、中压加氢裂化、缓和加氢裂化、加氢改质以及加氢裂化与加氢精制、加氢处理、加氢改质等进行组合的组合工艺，但就其核心而言，加氢裂化工艺过程可分为三种，即单段加氢裂化工艺、单段串联加氢裂化工艺、两段加氢裂化工艺。

单段加氢裂化工艺更适用于最大量生产中间馏分油；单段串联工艺更适用于多产化工原料或灵活生产化工原料和中间馏分油；两段加氢裂化工艺适用于其中一段装填使用对 S、N、H_2S 和 NH_3 及其敏感的贵金属催化剂或还原态非贵金属催化剂，如 Ni 催化剂等。

(三) 催化剂硫化

1. 器内硫化技术

器内硫化技术是将氧化态加氢催化剂在加氢反应器内使用硫化剂和氢气进行原位硫化，硫化后的催化剂才可以加工原料油生产合格产品。

催化剂硫化过程中的硫化反应十分复杂，其通用的硫化反应式如下：

$$3NiO+2H_2S+H_2 \longrightarrow Ni_3S_2+3H_2O+\Delta Q$$

$$MoO_3+2H_2S+H_2 \longrightarrow MoS_2+3H_2O+\Delta Q$$

$$WO_3+2H_2S+H_2 \longrightarrow WS_2+3H_2O+\Delta Q$$

$$9CoO+8H_2S+H_2 \longrightarrow Co_9S_8+9H_2O+\Delta Q$$

加氢催化剂的硫化分为湿法硫化和干法硫化。

硫化剂选择的原则：硫化剂的价格低，容易得到；硫化剂的含硫量高；硫化剂的分解温度低；硫化剂的毒性小，使用安全。

几种常用硫化剂的主要物理化学性质见表1-1-1。

表1-1-1　常用硫化剂的物理化学性质

性　质	二硫化碳	二甲基硫醚	二甲基二硫化物(DMDS)	正丁基硫醇
分子式	CS_2	$(CH_3)_2S$	CH_3SSCH_3	C_4H_9SH
分子量	78	64	94.19	90.18
硫含量/%	84.2	51.1	68.1	34.7
分解温度/℃	175	250	200	225
相对密度	1.26	0.845	1.057	0.837
沸点/℃	46.3	37.5	109.7	97
物理性质	纯的无色液体，易燃有毒；能与乙醇、苯、醚任意混溶，几乎不溶于水	无色液体，特臭，溶于乙醇、乙醚，不溶于水	无色液体，溶于碱水、乙醇、乙醚中，在水中溶解度为1.5%	无色液体，恶臭，易溶于乙醇、乙醚中

由表1-1-1可见，二硫化碳(CS_2)作硫化剂，具有分解温度低(175℃)、硫含量高(84.2%)、几乎不溶于水和成本低等特点；其不足之处是挥发性高、易燃、有毒。DMDS的硫含量较高(68.1%)，挥发性和毒性较小，分解温度为200℃左右。

2. 器外预硫化技术

器外预硫化技术是在加氢反应器外预先使用硫化剂对氧化态加氢催化剂进行预硫化处理，活性金属以氧硫化物形式存在，还不具备加氢活性，装填到加氢反应器内后，还需要使用氢气对预硫化态催化剂进行活化，活化的工艺流程基本类似于器内硫化过程，只是无需再向加氢反应器内注入硫化剂，经过活化后的加氢催化剂才具有加氢活性，可以加工原料油。

3. 器外真硫化技术

近年来，随着硫化技术的进步，加氢精制催化剂和加氢裂化催化剂均可以在器外直接使用硫化氢和氢气先对其进行真正硫化处理，再在器内开工，真硫化态加氢催化剂具有缩短开工时间、降低开工风险、开工过程无三废排放等优势。

器外真硫化技术是在加氢反应器外使用硫化剂和氢气对氧化态加氢催化剂进行真正硫化处理，活性金属以硫化物形式存在，已经具备真正加氢活性，装填到加氢反应器后，无需使用硫化剂或氢气再对真硫化态催化剂进行补充硫化，可以直接加工原料油。值得注意的是，氧化态催化剂经过真硫化处理后，真硫化态催化剂在空气中不稳定，硫化态金属与氧气会发生缓慢氧化反应，因此，加氢催化剂在器外经过真硫化处理后还需要对其进行表面钝化，经过钝化处理后的催化剂可以长时间放置在空气中，性能比较稳定。经过硫化、钝化处理后的真硫化态加氢催化剂经过包装后可以出厂装填到加氢反应器中。这类技术的典型代表包括TRICAT公司开发的在沸腾床(或膨胀床)中生产真正硫化态加氢催化剂的XpresS技术、EURECAT公司开发的TOTSUCAT技术和RIPP开发的加氢催化剂器外真硫化技术(e-Trust)。

4. 催化剂硫化技术对比

器外真硫化技术相比器内硫化和器外预硫化技术具有明显的技术优势，采用真硫化态催化剂开工，可以明显缩短开工时间，降低开工风险，同时开工过程绿色环保，无三废排放，符合炼油厂实际需求。

真硫化态加氢裂化催化剂的开工应用流程相比器内硫化和器外预硫化过程更简单，在开工过程中无需干燥，先使用氮气气密，再进行氢气气密，氢气气密后在床层温度150~200℃引原料油，在250~300℃引钝化油进装置，升温至反应温度正常加工原料油，开工过程中无硫化氢释放，无臭味，催化剂床层不放热，无酸性水排放，开工升温过程无氢气消耗，不产生废气。图1-1-2所示为中国石油哈尔滨石化公司800kt/a蜡油加氢裂化装置采用RIPP开发的真硫化态RN-410B/RHC-131/RHC-133系列加氢催化剂的开工升温曲线，这是国内首套采用真硫化态催化剂开工的加氢裂化装置。开工过程未使用硫化剂，无酸性气、酸性水排放，相比该装置在其他周期采用氧化态催化剂的开工过程，缩短开工时间约3天，催化剂性能更优。

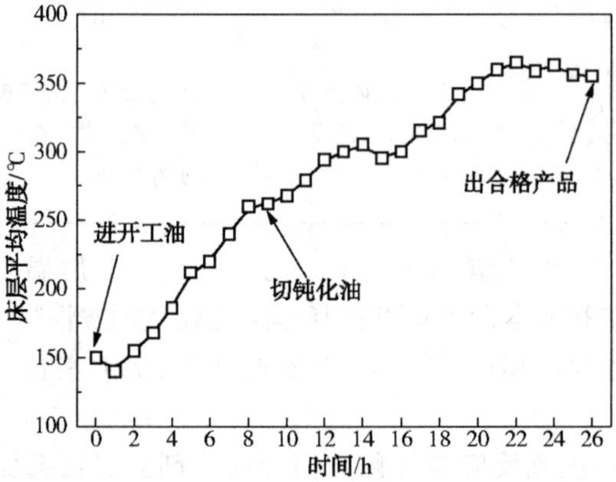

图1-1-2 器外真硫化技术的开工升温曲线

（四）反应器内构件

固定床加氢裂化反应器内构件分为精制反应器内构件和裂化反应器内构件。精制反应器内构件由入口扩散器、预分配盘、积垢篮筐、支撑格栅、再分布器、冷氢箱、冷氢管、催化剂卸料直管（床层间）、催化剂卸料钢绳（顶到底）、三点式铠装热电偶、出口收集器组成，转向由入口扩散器、过滤分配盘、预分配盘、支撑格栅、再分布器、冷氢箱、冷氢管、中上部三点式铠装热电偶、出口多点柔性热电偶、出口收集器组成；裂化反应器内构件主要由入口扩散器、预分配盘、支撑格栅、再分布器、冷氢箱、冷氢管、催化剂卸料斜管（床层间）、三点式铠装热电偶、出口收集器组成，转向由入口扩散器、预分配盘、支撑格栅、再分布器、冷氢箱、冷氢管、催化剂卸料直管（床层间）、多点柔性热电偶、出口收集器组成。入口扩散器、过滤分配盘、预分配盘、再分布器、冷氢箱、冷氢管、出口收集器是目前研究的重点。中石化广州工程有限公司（GPEC，原中石化洛阳工程有限公司-LPEC）、中国石化工程建设有限公司（SEI）、DRIPP（FRIPP）、RIPP均开发了适应不同工况的多种类型、系列化反应器内构件。

沸腾床加氢裂化反应器内构件由催化剂加入口、循环油收集盘（或循环杯）、循环降液管（或循环管）、三相分离器、核料位计、多只带冲洗温度组合件、分配盘、催化剂卸料口、循环油循环口、气液初分布器、液体溢流口等不同组合体组成，其中循环油收集盘、循环降液管、三相分离器、多只带冲洗温度组合件、分配盘、气液初分布器是目前研究的重点。

悬浮床加氢裂化反应器内构件由进料分布器(板式、管式和喷嘴式等)、反应器内列管(稀列管、密列管、中心列管和四周列管等)组成。也有以沸腾床反应器为平台开发的悬浮床加氢裂化反应器，其内构件研究的重点与沸腾床加氢裂化反应器内构件相似。

内构件大型化是内构件技术发展的另一个方向，国内已可制造6800mm内径固定床加氢裂化反应器内构件。

二、渣油加氢技术简介

(一) 催化剂

21世纪以来，我国成品油需求量逐年增长，石油资源的高效利用和油品清洁化是石化行业要面临的严峻挑战。渣油加氢技术不但能够高效充分利用石油资源，增产高品质的轻质油品，同时还能脱除渣油中的金属、硫、氮等杂质，并提高加氢后渣油氢含量，为下游装置提供优质进料。因此，在环保法规要求日益严格的今天，渣油加氢处理技术得到了迅速的发展。

固定床渣油加氢技术是比较成熟的渣油加工技术。渣油加氢处理催化剂是固定床渣油加氢处理技术的核心技术之一。由于渣油的成分复杂，加氢反应类型众多，不同的渣油加氢反应要采用不同孔结构和不同性能的催化剂。为了延长催化剂的使用寿命和装置的运转周期，固定床渣油加氢处理一般采用“催化剂组合装填技术”，即按照反应的要求把性能不同的催化剂组合装填。催化剂组合体系包括保护剂、脱金属催化剂、脱硫催化剂、脱氮/残炭催化剂等。对各类催化剂的要求随着其所起的作用的不同而有一定的差异，因此，了解加氢过程不同原料的特点，深入认识各种杂质脱除反应的化学过程，是设计催化剂，使其具有高性能且相互匹配、保证装置长周期运转的关键。

渣油(常压渣油、减压渣油)是原油一次加工(常、减压蒸馏)后剩余的最重部分。原油中绝大部分的杂质如硫、氮、金属镍、金属钒、沥青质等都集中在渣油中。与轻质馏分油相比，渣油组成复杂，平均分子量大，黏度高，密度大，氢碳比低，残炭值高，含有大量的硫、氮、残炭、金属以及胶质、沥青质等有害元素和非理想组分，加氢难度较大。渣油加氢过程通常在高温、高压和较低体积空速的苛刻条件下进行。

渣油的组成特点决定了传质扩散是渣油加氢过程的关键影响因素。对于轻质原料油来说，扩散限制问题并不重要，催化剂更注重化学组成和比表面积等理化性质。但对于渣油等重质原料油，扩散限制决不能忽视。一般情况下，渣油加氢过程的控制步骤是内扩散。因此，对渣油催化剂而言，其孔结构性质尤为重要。此外，在加氢处理过程中，渣油会生成较多的积炭和金属硫化物等固体物，这些固体物在催化剂表面和内部的大量沉积是渣油加氢催化剂失活的主要原因。因此，渣油催化剂还要有足够的孔隙率和空隙率，容纳金属硫化物和积炭的沉积，延长催化剂的使用寿命。

目前，固定床渣油加氢处理技术的催化剂专利商主要有ART、Albemarle、Axens、Criterion、Haldor Topsøe及中国石化(SINOPEC)等。各家专利商的催化剂设计理念多注重催化剂的合理级配，提高催化剂反应效果及对沉积物的容纳。

随着原油性质劣质化逐渐加重，工业装置操作条件更加苛刻，未来固定床渣油加氢催化剂的发展将更注重于提高装置的经济性，包括工业装置的运行周期及其产品质量等。催化剂的研发在现有理念的基础上还要注重降低催化剂生产成本。新载体(例如 C、Si-Al)的开发和应用、更高效的活性金属负载技术等都可能是未来催化剂的发展方向。

(二) 工艺

固定床渣油加氢工艺技术是在20世纪50~60年代兴起，并在逐渐成熟的间接脱硫技术基础上发展起来的。间接脱硫工艺是以含硫或高硫原油的减压瓦斯油(VGO)即蜡油为原料油，进行加氢脱硫，然后再与减压渣油混兑以生产硫含量大于1%的“低硫燃料油”。到70年代后，环保法规要求越来越严格，特别是进入21世纪以来，含硫及高硫原油产量逐年增多，市场对轻质油需求量增加，对重质油需求量减少，环保法规在全球范围内的严格实施等因素进一步加速了固定床渣油加氢处理技术的发展。

渣油加氢处理技术专利商主要有 Chevron、UOP、Shell、Exxon，IFP 和 SINOPEC。各专利商开发的固定床渣油加氢工艺过程，依照原料和目的产品的不同，其工艺条件变化范围较大。通常反应温度为340~450℃，反应压力为10~18MPa，体积空速为0.1~1.0h^{-1}，化学氢耗为130~190Nm^3/m^3。转化率波动范围较大，低者为15%，高者可达50.0%。

原料油主要是来自中东地区劣质原油的常压渣油和减压渣油。原料油硫含量为2.5%~6.0%，金属(镍和钒)含量为100~270μg/g。

目的产品：>343℃作为低硫燃料油；>350℃作为 RFCC 进料(如 SINOPEC 的 S-RHT)，收率波动在74.8%~93.6%；<343℃的优质柴油和石脑油收率为5.7%~25.0%。

(三) 催化剂硫化

渣油加氢处理催化剂的活性组分同馏分油加氢处理催化剂活性组分一样，主要是 Mo、Ni、Co 和 W。目前，渣油加氢处理催化剂在生产、运输和储存过程中，其活性金属组分是以氧化态形式存在的。研究和工业实践证明，催化剂经过硫化，将其活性金属组分由氧化态转化为相应的硫化态，才具有良好的加氢活性和稳定性。因此，渣油加氢处理催化剂在使用前，必须先进行硫化，使催化剂中活性金属由氧化态变为硫化态以提高催化剂的活性和稳定性。

渣油加氢处理催化剂硫化原理为：催化剂在与反应物料接触前，先在氢气存在下与硫化氢反应，使催化剂中活性金属氧化物转化为硫化物。

渣油加氢处理催化剂一般采用湿法硫化。渣油加氢工业装置推荐采用以开工油+硫化剂的方式进行湿法硫化。

渣油加氢装置催化剂硫化通常采用 DMDS 作为硫化剂。

三、加氢裂化技术生产优质马达燃料和化工原料

加氢裂化的原料来源很广，如石脑油(直馏石脑油和催化裂化、延迟焦化、固定床渣油加氢裂化、沸腾床渣油加氢裂化、浆态床渣油加氢裂化等二次加工装置所产石脑油)、煤油、柴油(直馏柴油和催化裂化、延迟焦化、固定床渣油加氢裂化、沸腾床渣油加氢裂化、浆态床渣油加氢裂化等二次加工装置所产柴油)及减压蜡油(VGO)、焦化蜡油(CGO)、溶剂脱沥青油(DAO)、渣油(固定床、沸腾床、浆态床)加氢裂化所得减压蜡油等的单一组分或多种混合组分，都可以作为加氢裂化原料油。

物料在加氢裂化催化剂上的反应历程包括：吸附→内扩散→加氢/裂化反应→外扩散→脱附。目前，加氢裂化催化剂普遍使用经过改性的 Y 型分子筛(少量使用 β 分子筛)作为裂

化组分，由于这些分子筛的结构特点，原料油中的环状烃更容易被吸附、裂化，生成小分子环状烃并富集在石脑油组分中；原料油中烃类分子的加氢裂化反应遵循羰离子(正碳离子)反应机理，烷烃的裂化在其正碳离子的 β 位处断链，产品中 C_3 以下的小分子烃含量很少；烷烃的异构和裂化同时进行，反应生成物中的异构烃含量超过其热力学平衡值。加氢裂化产品主要包括干气、液化气、轻重石脑油、喷气燃料、柴油、加氢裂化尾油。由于加氢裂化催化剂的这些特性，因此加氢裂化生产的液化气、轻石脑油、柴油和加氢裂化尾油可作为优质蒸汽裂解制乙烯原料，重石脑油是优质的催化重整原料。

① 干气：加氢裂化干气产率很低，一般只占原料油的 0.3%～0.5%。干气中甲烷约占 30%～40%，乙烷占 60%～70%。干气可作为炼厂的燃料气或经气体分离，甲烷用作制氢原料，乙烷用作蒸汽裂解制乙烯原料。

② 液化气：液化气中 C_3 约占 25%～30%，正构 C_4 占 20%～25%，异构 C_4 占 45%～50%，不含烯烃。加氢裂化液化气可直接作为蒸汽裂解制乙烯原料，也可作为车用液化气。

③ 轻石脑油：链烷烃含量大于 70%，是优质蒸汽裂解制乙烯原料。此外，轻石脑油的研究法辛烷值(*ROM*)为 80～85，无硫、无烯，亦可作为高辛烷值汽油调和组分。

④ 重石脑油：加氢裂化重石脑油芳烃潜含量与工艺流程、裂化转化深度和原料油性质等密切相关。芳烃潜含量为 35%～70%，硫、氮含量均小于 0.5μg/g，是优质的重整原料。

⑤ 喷气燃料：加氢裂化喷气燃料的关键指标——烟点与工艺流程、操作条件(反应压力、裂化转化深度)和原料油性质等密切相关，烟点为 22～35mm，芳烃含量为 1%～10%，可以生产优质的 3#喷气燃料。加氢裂化喷气燃料富含环烷烃，而链烷烃含量低，蒸汽裂解乙烯及三烯产率低，因此，加氢裂化喷气燃料，尤其是 170～230℃馏分段，不适合用作蒸汽裂解制乙烯原料。

⑥ 柴油：加氢裂化柴油的关键指标——十六烷值同样与工艺流程、操作条件(反应压力、裂化转化深度)和原料油性质等密切相关，不切出喷气燃料组分时，其十六烷值为 50～55，切出喷气燃料组分时，十六烷值为 55～70。加氢裂化柴油硫含量小于 5μg/g，总芳烃含量小于 10%，其中多环芳烃含量小于 5%，可作为国Ⅵ清洁柴油调和组分。切出喷气燃料组分的柴油链烷烃含量为 55%～75%，是优质的蒸汽裂解制乙烯原料，不切出喷气燃料组分的柴油适合作为蒸汽裂解制乙烯原料。

⑦ 加氢裂化尾油：加氢裂化尾油的关键指标——*BMCI* 值也与工艺流程、操作条件(反应压力、裂化转化深度)和原料油性质等密切相关。加氢裂化尾油的 *BMCI* 值为 8～15，链烷烃含量为 55%～80%，是优质的蒸汽裂解制乙烯原料。

四、渣油加氢技术生产催化裂化原料

20 世纪 90 年代初起，大多数新建的渣油加氢装置均被设计用作渣油催化裂化(RFCC)原料的预处理装置。采用渣油加氢与渣油催化裂化(RFCC)组合工艺加工高硫渣油的工业装置有明显的增长，这种增长主要是燃料油需求减少和车用燃料油的需求增加引起的。目前，RFCC 原料的加氢处理已成为渣油加氢的主要用途。实践表明，虽然渣油加氢装置投资较高，但可以由 RFCC 较高的轻质产品收率以及较低的操作费用来补偿。

表 1-1-2 为 RFCC 原料质量指标。RFCC 产品的硫含量与进料硫含量有关。当进料硫含量为 0.2%～0.4%时，汽油产品硫含量约为进料的 3%～5%，柴油硫含量与进料相当。进料

的金属含量与催化剂耗量密切相关。有文献报道[16]，原料中的(Ni+V)含量降低 1μg/g，RFCC 催化剂耗量可减少 25%，节约的费用可达到整个渣油加氢催化剂费用的 25%~50%。

表 1-1-2　典型的 RFCC 原料质量指标

原料性质	质量指标	重要性
硫	<0.5%	降低汽油和柴油硫含量； 降低尾气脱硫处理的费用
残炭	<7%	降低生焦量，提高液收； 残炭高时需要催化剂冷却器或进行部分再生，或增加 CO 锅炉以进行热平衡
金属(Ni+V)	<25μg/g	高金属含量需要高的催化剂补充(操作成本高)； 钒会降低催化剂活性； 镍会增加氢气和焦炭生成量
相对分子质量	进料蒸发作用	低的进料蒸发度会导致气体和焦炭产量增加(热裂化作用)
氢含量		多环芳烃的饱和程度高，会使液收高、产气量低
碱性氮		会使催化剂中毒失活，大多数这类化合物存在于 VGO 馏分中，并强烈吸附在催化剂上，进入再生器后，导致催化剂积炭并产生 NO_x

用渣油加氢/RFCC 组合工艺与用 RFCC 加工阿拉伯轻质原油 AR 的对比见表 1-1-3。由表中可以看出，渣油加氢可显著改善 RFCC 操作性能：①汽油和液化气产率增加；②生焦量降低，省去催化剂冷却器；③RFCC 催化剂消耗量大大减少。

表 1-1-3　渣油加氢对 RFCC 操作性能的影响[18]

RFCC 进料	阿拉伯轻质原油 AR(渣油加氢原料)	阿拉伯轻质原油 AR 加氢处理产品①
馏程/℃	>370	>370
相对密度($d_{15.6}^{15.6}$)/API 度	0.9652/15.1	0.9334/20.1
S/%	3.30	0.48
N/(μg/g)	1700	1300
康氏残炭/%	8.9	4.9
金属(Ni+V)/(μg/g)	51	7
RFCC 产品体积收率/%		
H_2S(质量分数)	1.7	0.2
C_2(质量分数)	4.0	4.0
C_3(体积分数)	8.4	10.1
C_4(体积分数)	12.4	15.2
汽油(C_5~221℃)(体积分数)	50.6	58.0
柴油(221~360℃)(体积分数)	21.4	18.2
油浆(>360℃)(体积分数)	9.7	7.2
焦炭(质量分数)	10.3	7.0
催化剂耗量/(kg/m^3)	4.91	0.66
催化剂取热设备(冷却器)	需要	不需要

① 质量收率为 81.4%(相对于进料)。

目前，我国的炼油工业面临产能过剩、装置开工率低、成品油消费增速放缓等严峻挑战，因此炼油企业的结构调整与转型升级迫在眉睫。以催化裂解为核心的炼化一体化技术路线已成为很多企业的首选。通过重油催化裂解可以直接生产丙烯，副产乙烯和芳烃，实现炼油产品结构的调整，促进炼油企业的转型发展。

催化裂解装置加工蜡油、渣油等重质原料，原料中的杂质含量、烃类组成及氢含量均是影响乙烯和丙烯收率的关键因素。由于渣油具有沸点高、密度高、黏度大、杂原子含量高和氢含量低等特点，因此渣油要成为优质的催化裂解原料，必须有效脱除杂原子、改善烃类组成以及提高氢含量，即提高渣油加氢深度。为此，RIPP 开发了渣油加氢深度技术[17]，包括渣油深度加氢系列催化剂以及优化的催化剂级配和工艺。该技术已经在国内两套渣油加氢装置工业应用，渣油深度加氢系列催化剂即将在国外炼油厂为 DCC-plus 装置配套的 ARDS 装置上应用。

五、渣油加氢技术生产低硫船用燃料油

从国际上高硫残渣型船用燃料油(以下简称船燃)调和组分看，主要有沥青混合料、催化循环油、高密高黏燃料油、油浆等，调和中间环节多、成分复杂且配方不固定。面对低硫化的要求，采用低硫原油蒸馏后的减压渣油与稀释油调和生产船用燃料油显然是比较成熟的技术路线，如含酸渣油、管输渣油等资源，但其数量非常有限且价格较高，通常作为催化裂化原料，因此该技术方案仅适用于少数有低硫原油的企业。国内炼厂加工的原油主要来自中东、俄罗斯以及非洲等地，以含硫及高硫原油为主，残炭、金属含量也相对较高，其渣油已经无法满足低硫船用燃料油黏度、硫含量等指标，因此往往需要对渣油进行二次加工。目前比较成熟的渣油脱硫技术主要有固定床渣油加氢与沸腾床渣油加氢，加氢后的重油可直接作为低硫船燃或调和组分。

(一) 固定床渣油加氢生产低硫船用燃料油

目前，固定床渣油加氢的目的是脱除原料中大部分重金属、降低残炭值，为催化裂化提供优质的原料。通常固定床渣油加氢装置进料为减压渣油掺兑一定比例(30%~40%)的稀释油，如蜡油、催化循环油等，混合后的原料硫含量一般为 1.0%~3.0%，残炭 10%~15%，金属(Ni+V) 80~150μg/g，加氢后的常压渣油(>350℃)硫含量为 0.30%~0.45%，黏度(50℃)为 100~300mm^2/s，可直接作为低硫船燃，也可以与催化油浆、催化柴油等低附加值组分调和生产低硫船燃。

DRIPP(FRIPP)为企业提供了低成本调和配方以及成套技术支撑，如催化油浆无机膜脱固技术、催化油浆加氢脱硫技术等。为了降低低硫船燃生产成本，针对现有技术路线，DRIPP(FRIPP)提出了加氢常渣深拔调和生产低硫船燃技术路线，对于有条件进行加氢常渣深拔的企业或规划新建固定床渣油加氢的企业，建议对固定床渣油加氢常渣进行深拔，深拔后的加氢渣油黏度大幅度提高，硫含量略有上升，有助于调入更多的催化油浆与催化柴油，实现低硫船燃低成本化。目前，固定床加氢常渣切割温度一般为 350℃，通过切割方案优化，可以深拔至 400℃、450℃甚至更高温度，切割深度要根据切割后加氢重油性质以及其他调和组分油性质进行测算，在满足低硫船燃调和指标要求的同时尽量深拔。

在固定床低成本生产低硫船燃方面，DRIPP(FRIPP)开发了固定床低成本生产低硫船燃技术，该技术分为两种工况：一种工况是通过提高掺渣比，增加原料的劣质化程度，用低附加值的催化柴油、回炼油、催化油浆等组分代替 VGO，以降低原料成本，加氢后的重油满足作为低硫船燃或调和组分；另一种工况是针对典型渣油加氢装置进料，在保证加氢脱硫率的前提下，通过优化催化剂级配体系，减少氮化物的脱除、减少芳烃饱和，降低反应的耗氢以节约加工成本。

（二）沸腾床渣油加氢生产低硫船用燃料油

沸腾床渣油加氢技术能够直接加工劣质减压渣油，并能实现长周期稳定运行。沸腾床渣油技术具有技术成熟、操作灵活、原料适应性广等优势，特别是针对劣质渣油深度转化，沸腾床渣油加氢技术是实现渣油资源高效利用的一种有效手段。

中国石化开发的 STRONG 沸腾床渣油加氢技术，采用新型反应器和微球催化剂，利用带有三相分离器的沸腾床反应器实现内部环流与气液固三相分离，无需使用传统沸腾床技术中的高温高压循环泵及配套设备，提高了反应体系的稳定性与反应器空间利用率，降低了投资。

STRONG 沸腾床采用微球催化剂，显著降低了渣油加氢反应过程内扩散阻力，提高了反应速率，并且采用两种功能的催化剂匹配，进一步提升了渣油加氢反应杂质脱除率。通常沸腾床原料性质较差，硫含量达到了 4%～6%，硫化物主要以硫醚类(30%～40%)和噻吩类(60%～70%)的形态存在于渣油中，其中非沥青质中的硫在加氢条件下较易脱除，但存在于沥青质中的硫由于沥青质的大分子结构使其很难脱除。通过研究发现，苯并噻吩在渣油加氢过程中是容易脱除的物质，而带取代基的二苯并噻吩较难脱除，由于其空间位阻影响较大，因此设计具有合适孔道的催化剂利于反应物更易接近活性中心。在第一代沸腾床催化剂开发的基础上，通过优化催化剂的孔结构及活性金属分布，开发出了第二代高效脱硫催化剂。与第一代脱硫催化剂相比，其相对脱硫活性可提高 20%以上。配合工艺条件优化，典型高硫减压渣油经过沸腾床加氢能够直接生产低硫船用燃料油或调和组分。该技术已在金陵石化公司 50kt/a 沸腾床渣油加氢装置上完成了工业试验。

（三）低硫船用燃料油优化调和

常用的油品调和工艺分为两种：油罐批量调和和管道连续调和。油罐调和也称为间歇调和、离线调和、批量罐式调和。管道调和也称为连续调和、在线调和、连续在线调和。目前，国内残渣型船用燃料油生产以间歇式罐式批量调和为主，各组分油主要通过储罐上搅拌桨对向搅拌进行混合，调和效率有待提高。油品调和技术是分子扩散作用、湍流扩散作用和主体对流扩散作用三种扩散过程的综合。但由于轻质油品与重质油品的黏度差别很大，在实际调和时哪种扩散过程起主导作用是不尽相同的。在重质船用燃料油的调和中，由于组分油黏度较高，在机械能传递给物料时，不是形成涡流扩散，而是在剪切力作用下把被调和的物料撕拉成很薄的薄层，再通过分子扩散达到均匀混合。

DRIPP(FRIPP)在重质燃料油调和方面开展了大量研究，开发了以非线性指标预测模型为基础的燃料油优化调和方法、重质燃料油稳定性评价方法、燃料油连续优化调和工艺，研制了燃料油连续高效均质调和装置，取得了燃料油调和管理系统软件著作权，解决了劣质组分油高效、连续、优化调和技术和低成本生产难题，为燃料油销售企业降低成本、提高效益、实现现代化生产工艺提供了核心技术。

六、如何发挥加氢裂化及渣油加氢技术在炼油企业及炼化一体化发展中的作用

(一) 满足石油加工量增长的需要

从图 1-1-3 可看出：2010~2019 年全球石油产量和消费量一路攀升[19]。

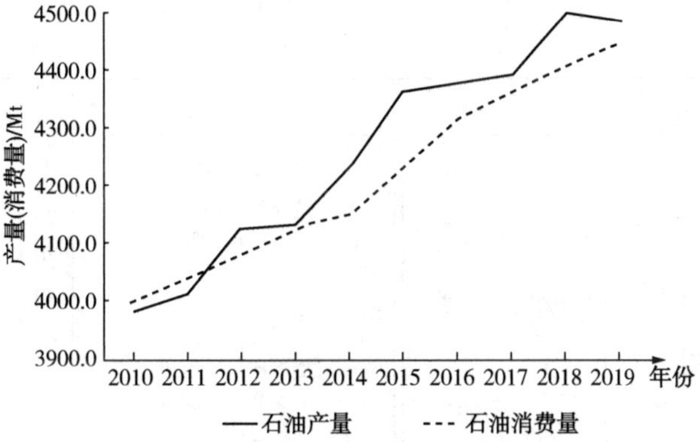

图 1-1-3　2010~2019 年石油产量和消费量

2019 年，全球炼油总产能达到 5.05Gt/a，比 2018 年净增长约 100Mt/a，预计到 2025 年增至 5.4Gt/a。我国炼油产能 2019 年达到 870Mt/a，预计到 2025 年，我国炼油产能将超过 920Mt/a，成为世界炼油产能第一大国[20]。

不同机构对世界原油需求量的预期走势不同，见图 1-1-4[21]。

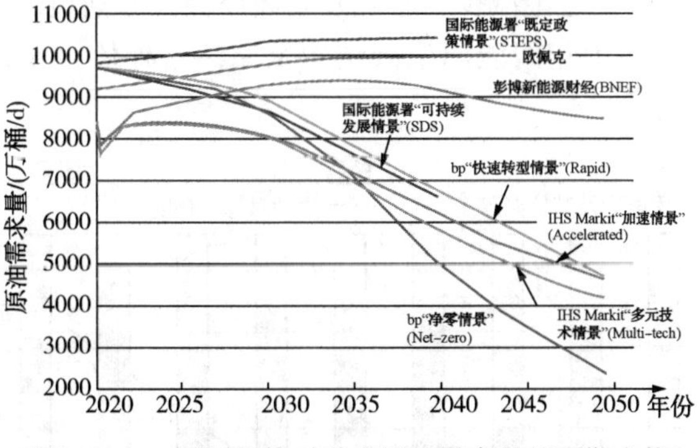

图 1-1-4　不同机构对世界原油需求量的预期走势

根据麦肯锡的预测，全球化石能源、原油和天然气达峰时间分别为 2027 年、2029 年和 2037 年。未来几年，石油加工量的增长会继续带动加氢技术的发展。

(二) 满足深度加工的需要

世界经济的发展促使石油产品的需求结构逐步向轻质油品转变，表 1-1-4 是中国石化经济技术研究院对 2010~2030 年汽油、煤油、柴油的预测。

原油结构与市场产品结构需要将重质组分转化为轻质组分，图 1-1-5 为阿拉伯轻质原油及布伦特原油与市场对产品需求的关系。

表 1-1-4　国内成品油需求预测

项　　目	汽油	煤油	柴油	成品油合计
2010 年/Mt	71.49	17.50	157.55	246.54
2020 年/Mt	163	43	172	378
2030 年/Mt	178	68	145	391
2000~2010 年年均增速/%	7.5	8.6	8.7	8.3
2010~2020 年年均增速/%	8.6	9.4	0.9	4.4
2020~2030 年年均增速/%	0.9	4.7	-1.7	0.2

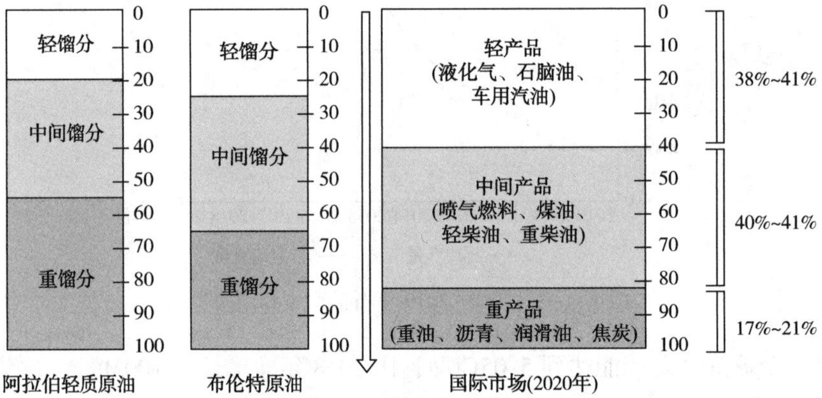

图 1-1-5　原油组成与市场对产品需求的关系

(三) 满足加工含硫原油的需要

世界低硫轻质原油的产量逐渐减少，含硫及高硫原油在原油组成中的比例逐渐增加。图 1-1-6 为我国 2009~2019 年十年间能源生产结构及原油对外依存度[22]。表 1-1-5 为 2019 年我国原油进口来源及数量。

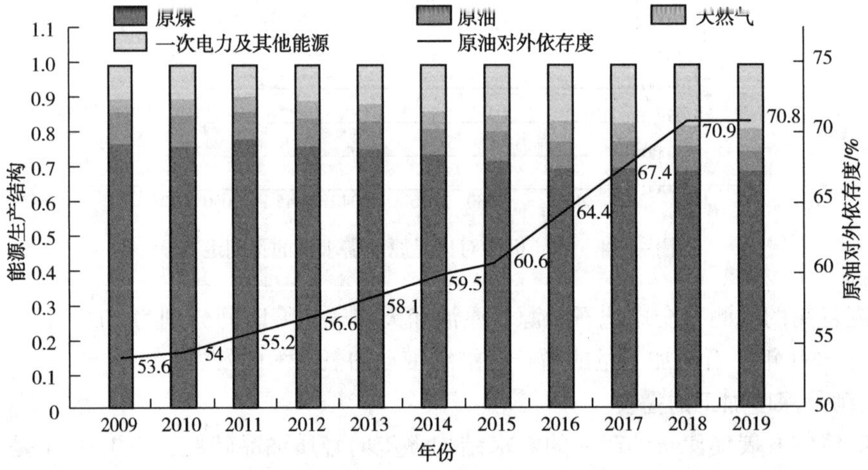

图 1-1-6　我国能源生产结构及原油对外依存度

表 1-1-5 2019 年我国原油进口来源及数量

产销国	进口量/$\times10^4$t	占总量/%	进口金额/万美元	价格/(美元/t)	价格/(美元/桶)
沙特阿拉伯	8332.16	16.48	4015749.27	481.96	65.75
俄罗斯联邦	7764.43	15.35	3727788.58	480.11	65.50
伊拉克	5179.82	10.24	2379455.18	459.37	62.67
安哥拉	4734.99	9.36	2304129.94	486.62	66.39
巴西	4016.77	7.94	1901885.03	473.49	64.60
阿曼	3387.45	6.70	1648646.85	486.69	66.40
科威特	2268.87	4.49	1081281.83	476.57	65.02
阿联酋	1528.22	3.02	744644.91	487.26	66.48
伊朗	1476.89	2.92	707184.77	478.83	65.33
哥伦比亚	1311.71	2.59	551793.55	420.67	57.39
英国	1254.59	2.48	637320.83	507.99	69.30
马来西亚	1204.42	2.38	555514.08	461.23	62.92
刚果(布)	1195.94	2.36	566062.04	473.32	64.57
委内瑞拉	1138.78	2.25	449256.34	394.51	53.82
利比亚	940.17	1.86	480071.12	510.62	69.66
加蓬	693.41	1.37	348436.98	502.50	68.55
美国	634.87	1.26	331805.62	522.64	71.30
加纳	359.58	0.71	180794.88	502.79	68.59
南苏丹共和国	323.57	0.64	152714.09	471.97	64.39
哈萨克斯坦	274.29	0.54	132742.00	483.95	66.02
赤道几内亚	249.22	0.49	125773.42	504.67	68.85
尼日利亚	243.64	0.48	120026.68	492.64	67.21
澳大利亚	226.91	0.45	119593.82	527.05	71.90
加拿大	215.01	0.43	89689.00	417.14	56.91
厄瓜多尔	205.04	0.41	86369.49	421.23	57.47
也门	175.52	0.35	86122.58	490.67	66.94
阿塞拜疆	148.95	0.29	82421.32	553.34	75.49
越南	117.75	0.23	61530.36	522.55	71.29
喀麦隆	106.44	0.21	49736.99	467.28	63.75
挪威	101.80	0.20	48756.75	478.95	65.34
乍得	93.99	0.19	44613.56	474.66	64.76
蒙古	89.45	0.18	36194.93	404.62	55.20
卡塔尔	85.83	0.17	43199.89	503.31	68.66
刚果(金)	82.30	0.16	41535.17	504.67	68.85
埃及	79.52	0.16	38960.18	489.95	66.84
泰国	73.19	0.14	34519.42	471.67	64.35

续表

产销国	进口量/×10⁴t	占总量/%	进口金额/万美元	价格/(美元/t)	价格/(美元/桶)
苏丹	63.12	0.12	31554.94	499.92	68.20
阿尔及利亚	53.92	0.11	29881.73	554.14	75.60
墨西哥	47.99	0.09	20699.14	431.33	58.84
阿根廷	45.73	0.09	20786.23	454.54	62.01
印度尼西亚	28.04	0.06	14059.34	501.34	68.40
科特迪瓦	13.84	0.03	6574.41	474.92	64.79
菲律宾	3.40	0.01	1981.90	582.07	79.41
合计	50571.54	100.00	24131859.21	477.18	65.10

注：资料来源于中国海关总署网站。

从表 1-1-5 可以看出，2019 年我国进口的主要原油为含硫和高硫原油。

（四）满足生产清洁燃料的需要

根据中国石化经济技术研究院预测，2035 年世界原油需求将达 5.746Gt/a。近年来，炼油业加快了产业结构调整，调整炼油装置结构，推进油品清洁化。为满足油品质量升级要求，加氢能力显著增加。预计 2015~2035 年，世界炼油能力平均增长 1.1%，加氢裂化和加氢处理能力平均增速将分别达到 2.9%和 1.6%。图 1-1-7 为 2012 年全球汽油加氢精制能力及 2030 年预测；图 1-1-8 为 2012 年全球中间馏分油加氢精制能力及 2030 年预测。

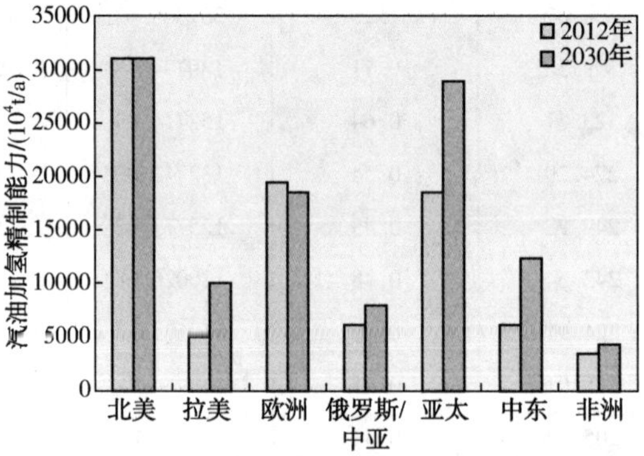

图 1-1-7　2012 年全球汽油加氢精制能力及 2030 年预测

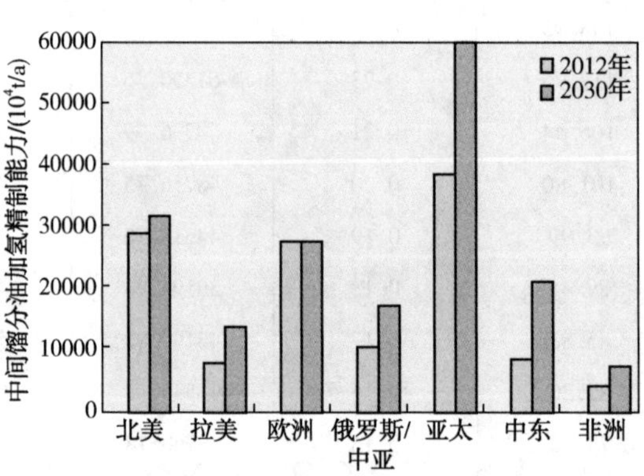

图 1-1-8　2012 年全球中间馏分油加氢精制能力及 2030 年预测

(五) 生产低硫船用燃料油的需求

随着国内外对环保的重视，船舶废气排放所带来的空气污染越来越受到各方的广泛关注。国内外针对船用燃料油的质量和废气排放制定了越来越严格的标准。为了降低 SO_x 排放污染，国际防污染公约(MARPOL)附则Ⅵ规定，自 2020 年 1 月 1 日开始船用燃料油硫含量不应超过 0.50%，要求在硫排放控制区(ECA)以外航行的所有船舶使用硫含量不高于 0.5%的燃油。2018 年国际海事组织(IMO)MEPC73 会议提出，船舶在 2020 年全球新规生效之后禁止携带不合规的高硫燃油，除非该船安装有脱硫设备或该船舶携带的高硫燃料油为货油，该禁令已于 2020 年 3 月 1 日生效。

全球范围内船用燃料油硫含量降至 0.5%，将对炼油业产生一定影响，尤其是对高硫燃料油产量较大的欧洲炼油业影响较大。美国炼油业应对策略：一是投资扩大加氢处理和改质装置能力，对燃料油进行改质；二是从原油加工方案做起，调整操作。

(六) 满足交通运输燃料和石化原料需求

炼油产品结构继续加速向多产石化原料、材料方向转型。以 2019 年需求为基准，2030 年世界石化原料需求增量将超过运输燃料需求增量，见图 1-1-9[23]。

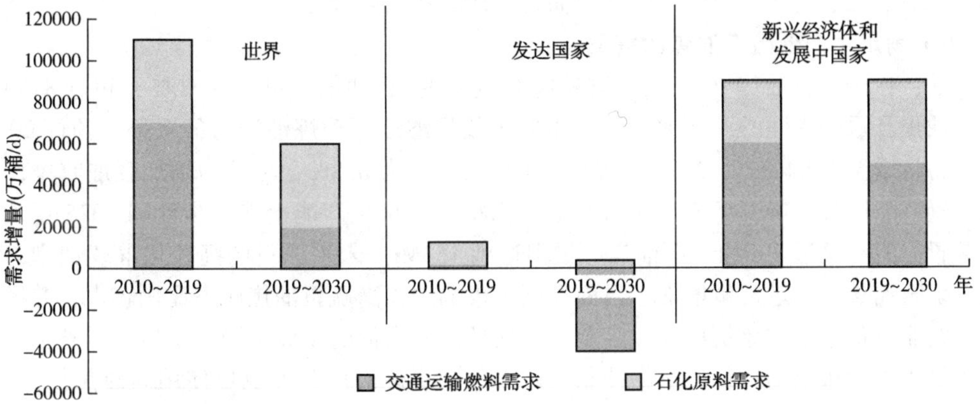

图 1-1-9　2019~2030 年世界交通运输燃料和石化原料需求增量预测

(七) 满足生产Ⅱ/Ⅲ类润滑油基础油的需要

车用润滑油换油周期延长和汽车保有量增速放缓将影响交通用油，智能制造将推动工业用油形成量减质升的变化。图 1-1-10 为 2005~2020 年我国基础油产能分类别变化[24]。

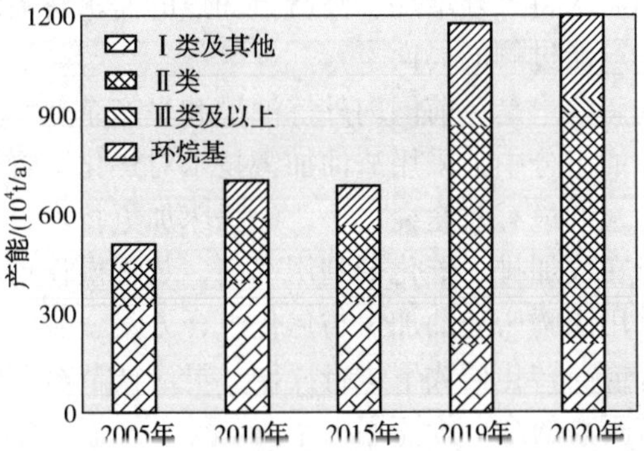

图 1-1-10　2005~2020 年我国基础油产能分类别变化

从图 1-1-10 可以看出，2019 年随着茂名石化公司润滑油加氢异构装置的投产，我国可生产Ⅲ类及以上润滑油基础油。

表 1-1-6 为 2019 年我国进口基础油十大来源地(国家或地区)[25]。

表 1-1-6 2019 年我国进口基础油十大来源地(国家或地区)

序号	来源地	数量/kt	占比/%	序号	来源地	数量/kt	占比/%
1	韩国	949.8	35.61	6	日本	108.6	4.07
2	新加坡	648.8	24.33	7	阿联酋	78.7	2.95
3	中国台湾	432.8	16.23	8	印度尼西亚	71.4	2.68
4	卡塔尔	144.6	5.42	9	马来西亚	41.7	1.56
5	泰国	118.3	4.44	10	俄罗斯	32.9	1.23

我国基础油生产主要集中在Ⅰ类和Ⅱ类，Ⅲ类、Ⅳ类和Ⅴ类基础油主要依赖进口。其中Ⅲ类和Ⅳ类基础油国内有少量生产，Ⅴ类基础油包括聚醚、硅油、酯类油等，基本均来源于进口。高黏度、高质量基础油供不应求以及进口成本不断飙升，使得高黏度、高质量基础油价格一路上涨，这对于下游润滑油企业而言，成本压力巨大。

(八) 满足生产低硫石油焦的需要

目前，在全球石油焦生产中，燃料级(高硫为主)石油焦产量约占 60%，超过 84Mt，碳素级石油焦产量约占 40%。未来石油需求的增长将继续带动炼油能力的上升，预计 2025 年全球能力将增至 5.04Gt/a，2017~2025 年年均增长率为 0.8%。尽管为增加轻油收率，未来焦化装置产能增长缓慢，但炼油能力的增长仍将带动焦化产能上涨，预计到 2025 年，全球焦化装置产能将接近 390Mt，石油焦产量则达到 153Mt。未来原料的高硫化继续加剧，势必造成高硫石油焦占比进一步增加。目前在国际市场中，高硫石油焦所占比例较大，并经常作为炼油企业自备电厂的燃料烧掉，多余部分向环保要求低的发展中国家出口；国外很多国家环保条例法规对排出物进行严格的控制，进而限制了炼油厂和发电厂使用高硫焦作为燃料。我国国内市场，2015 年 12 月国家能源局和生态环境部联合下发《关于严格限制燃石油焦发电项目规划建设的通知》，要求在京津冀、长三角、珠三角等大气污染重点防治地区禁止审批建设自备燃石油焦火电(含热电)项目；《中华人民共和国大气污染防治法》于 2016 年 1 月 1 日正式施行，要求对石油焦的硫含量严格限制在 3%以下，并且我国能源局将高硫石油焦列为非资源类，限制高硫石油焦的利用。目前，高硫石油焦作为高污染产品使用明显受限，下游行业对低硫石油焦的需求将大幅增加，高硫石油焦的需求将萎缩，预计将形成低硫石油焦资源紧张、高硫石油焦产能过剩的局面[26]。

如何降低石油焦中的硫含量是目前国内外炼油厂和生产企业亟待解决的难题。石油中的硫主要富集在高沸点的渣油组分中，采用渣油加氢技术对焦化装置原料进行前处理降低其硫含量，是降低石油焦硫含量的最有效途径之一。沸腾床加氢技术具有对原料油适应性强、传质和传热良好、催化剂可在线加排、催化剂利用率高、装置操作灵活等优点，目前得到越来越广泛的发展和应用。采用沸腾床渣油加氢与焦化组合方案，是解决石油焦硫含量超标问题的合适手段，可以在中等或高转化模式下进行操作，灵活调节全厂中间馏分油的收率及总液收，提高经济效益，具有更高的全厂投资回报率。

总之，在未来炼油企业原料油趋于劣质化的情况下，沸腾床渣油加氢和焦化组合工艺制备低硫石油路线在原料适应性和项目的经济性方面更有竞争力[27]。

第二节 国内外加氢裂化的发展趋势

一、国内外加氢裂化工艺发展趋势

(一)国外加氢裂化工艺发展趋势

国外加氢裂化工艺发展呈现起步早、发展快的特点，现代加氢裂化技术起源于第二次世界大战前德国开发的“煤和煤焦油的加氢液化技术”，20世纪50年代中期，能源市场对于汽油产品的需求显著提高，促进了加氢裂化工艺及催化剂的快速发展。1959年，美国Chevron公司首次推出加氢裂化工艺技术，开启了加氢裂化工艺的繁荣发展；20世纪80年代以来，国外加氢裂化技术发展的趋势主要以多产中间馏分油为主；进入21世纪以来，为了适应清洁燃料生产及其升级换代的需要，出现了部分转化加氢裂化等一批新工艺，在生产石脑油、喷气燃料和清洁柴油的同时，未转化的尾油用作催化裂化原料，直接生产清洁汽油组分，这也是21世纪加氢裂化工艺的发展方向之一。主流的专利商(包括Chevron公司、UOP公司、IFP公司、Shell公司)拥有成套的加氢裂化催化剂以及加氢裂化工艺包[28]。国外加氢裂化工艺技术汇总见表1-2-1。

表1-2-1 国外加氢裂化工艺技术汇总

技术名称	技术简介	专利商
多产化工原料加氢裂化工艺技术	OPC多产化工原料加氢裂化工艺技术，将两段循环加氢裂化工艺中第二段的“清洁化”优势，即提高催化剂加氢活性和选择性应用到部分转化加氢裂化装置中	Chevron公司
灵活生产化工原料和中间馏分油加氢裂化技术	ISOFLEX技术以提供灵活有效的加氢裂化工艺为目的，具有如下优势：①可以加工多种在柴油和VGO馏程范围的进料，且每种进料都能在最佳的条件下进行处理；②可获得最大的转化率和高的产品选择性，同时设备需求最少；③通过减少轻馏分的产量以及在需要的时间和位置引入氢气，使得加工各种馏分时的氢耗降至最低	Chevron公司
多产中间馏分油加氢裂化技术	HyCycle工艺采用倒置的反应器排列，即加氢裂化反应器(一反)放在前面，加氢处理反应器(二反)放在后面，新鲜进料进入二反顶部，上游反应器具有高的氢分压及气/油比，更有利于裂化反应发生	UOP公司
	TSREC ISOCRACKING工艺的中间馏分油收率最高而氢耗最低。第一段反应器可加工的原料范围很广，转化率在20%~50%(体)之间，并脱除硫和氮。第一段反应产物依次进入分离器和分馏塔。气体产物从分馏塔顶除去，分馏塔底的未转化油进入第二段反应器。此段操作温度较低，单程转化率在50%~80%(体)之间。第二段产物循环回分馏塔	Chevron公司

续表

技术名称	技术简介	专利商
多产中间馏分油加氢裂化技术	高转化率的SSRS方案是在两段循环(TSR)配置的基础上形成的，其核心目的是以一个反应器的流出物作为另一个反应器的吸热剂。通过将第二段反应器置于第一段反应器的上游，从而实现两个主要好处：①降低了急冷气体用量；②将来自于第二段的未反应氢气送入第一段，从而降低了循环气体用量	Chevron公司
	分段进料SFI工艺，该工艺是将FCC原料预处理与FCC产物后处理相结合的技术，即将FCC进料的预处理和FCC产物(LCO)的后处理过程在同一装置中完成	Chevron公司
	HyK-HCTM是一种高转化率的高压加氢裂化工艺，能够将多种原料油转化为优质柴油和煤油，以及高黏度指数润滑油基础油和蒸汽裂解料。进料包括各种来源的VGO(DAO、糠醛抽出油、石蜡、LCO和HCO)，操作压力为10~14MPa或更高	Axens公司
中压加氢裂化技术	APCU技术是在中压、低转化率下可同时生产优质催化裂化原料和柴油组分的工艺新技术。该技术的特点是在传统的加氢裂化流程后部增加一个带有补充精制反应器的高效热分离器，补充精制反应器除处理经高效热分离器闪蒸出来的加氢裂化轻组分外，还可用来处理外来的轻质煤、柴油馏分，进行深度脱硫及提高十六烷值	UOP公司
加氢裂化工艺技术新进展	H-OilDC(其前身为T-Star)是一种采用沸腾床反应器的加氢裂化工艺，能够将SRGO、CGO和DAO转化为低硫柴油，并为FCC提供原料	Axens公司

(二) 国内加氢裂化技术发展趋势

国内加氢裂化加工原料范围广泛，包括多种蜡油与柴油原料，同时可根据目的产物的不同实现量体裁衣的最大量生产目标产物。国内炼油行业发展日新月异，产品结构与供需关系已明显呈现炼油过剩的局面，炼油型炼厂向化工型炼厂转型已成为必然趋势[29,30]。因此我国加氢裂化工艺发展趋势与国外相比更具有灵活性与先进性，由最初的关注中间馏分油的生产迅速转型为多产化工原料型与多产乙烯原料型加氢裂化工艺技术[31,32]。国内加氢裂化工艺特征见表1-2-2。

表1-2-2　国内加氢裂化工艺特征

类别		特征
原料范围		AGO、LVGO、VGO、HVGO、CGO、HCGO、LCO、DAO、焦化汽油、焦化柴油、沸腾床柴油、沸腾床蜡油等
产品收率/%	重整原料	15~75
	中间馏分油	0~80(煤柴油组分)
	化工原料	30~95(乙烯及重整原料)
	高辛烷值汽油组分	3~90
操作压力/MPa		8.0~17.0

国内加氢裂化工艺技术发展方向按照技术分类，可分为多产优质化工原料加氢裂化技术、灵活生产化工原料和中间馏分油加氢裂化技术、多产中间馏分油加氢裂化技术、中压加

氢裂化技术、柴油加氢改质系列技术、加氢裂化组合工艺技术、加氢裂化装置开工技术以及加氢裂化工艺技术新进展[33~36]。国内加氢裂化工艺技术汇总见表1-2-3。

表1-2-3 国内加氢裂化工艺技术汇总

项目	技术分类	技术名称	专利商
1	多产优质化工原料加氢裂化技术	FMN最大量生产催化重整原料加氢裂化技术	DRIPP(FRIPP)
		FMC1多产化工原料的一段串联一次通过加氢裂化技术	DRIPP(FRIPP)
		FMC2多产优质化工原料两段加氢裂化技术	DRIPP(FRIPP)
		多产化工原料加氢裂化技术	RIPP
2	灵活生产化工原料和中间馏分油加氢裂化技术	FHC灵活生产中间馏分油和化工原料的加氢裂化技术	DRIPP(FRIPP)
3	多产中间馏分油加氢裂化技术	FDC单段两剂多产中间馏分油加氢裂化技术	DRIPP(FRIPP)
		FMD1多产中间馏分油一段串联加氢裂化技术	DRIPP(FRIPP)
		FMD2最大量生产中间馏分油两段加氢裂化技术	DRIPP(FRIPP)
4	中压加氢裂化技术	MPHC中压加氢裂化技术	DRIPP(FRIPP)
		MHC缓和加氢裂化技术	DRIPP(FRIPP)
		FDHC柴油中压加氢裂化技术	DRIPP(FRIPP)
5	柴油加氢改质系列技术	MHUG中压加氢改质技术	DRIPP(FRIPP)
		MCI最大限度提高柴油十六烷值技术	DRIPP(FRIPP)
		FD2G催化柴油加氢转化技术	DRIPP(FRIPP)
		FHI加氢改质异构降凝技术	DRIPP(FRIPP)
		LTAG催化柴油加氢转化技术	RIPP
		RLG催化柴油加氢转化技术	RIPP
6	加氢裂化组合工艺技术	FHC-WSI加氢裂化-异构脱蜡组合技术	DRIPP(FRIPP)
		FHC-FHF加氢裂化-加氢精制分段进料组合技术	DRIPP(FRIPP)
		FHC-FHT加氢裂化-加氢处理反序串联组合技术	DRIPP(FRIPP)
		FHC-HDS加氢裂化-蜡油加氢脱硫组合技术	DRIPP(FRIPP)
		MHUG-HDA中压加氢改质-喷气燃料补充精制组合技术	DRIPP(FRIPP)
7	加氢裂化装置开工技术	氧化态加氢裂化催化剂湿法开工技术	DRIPP(FRIPP)
8	加氢裂化工艺技术新进展	高能效SHEER加氢成套技术	DRIPP(FRIPP)
		烃类分子结构导向转化化工原料高效生产技术	DRIPP(FRIPP)
		加氢裂化增产喷气燃料和化工原料技术	DRIPP(FRIPP)
		直馏柴油加氢裂化增产喷气燃料和化工原料技术	DRIPP(FRIPP)
		大比例增产喷气燃料加氢裂化技术	RIPP
		改善尾油质量加氢裂化技术	RIPP

二、国内外加氢裂化催化剂发展趋势

(一)国外加氢裂化催化剂发展趋势

经过多年的竞争和整合，国外先后发展了四代加氢裂化催化剂，目前主要专利商有CLG、UOP、Criterion、Albemarle、Haldor Topsøe、Axens等六家，分别从活性、选择性、原料适应性、产品质量、产品冷流性能、降低氢耗等方面满足市场要求。根据公开报道，将近年来国外加氢裂化催化剂的发展变化进行了汇编，如表1-2-4所示。

表 1-2-4　国外加氢裂化催化剂简表

催化剂类型	多产石脑油	多产柴油	灵活生产清洁燃料及化工原料	生产低凝柴油	生产高档润滑油
CLG(Chevron Lummus Global)	ICR-214/ICR-215 ICR-210/ICR-139	ICR-250/ICR-255/ICR-188 ICR-240/ICR-142v2/ICR-245/ICR-177 ICR-142/ICR-155/ICR-147/ICR-162	ICR-180/ICR-185 ICR-160/ICR-141	ICR-185	
	ICR-214 和 ICR-215 是 CLG 公司 2011 年后开发的两种最大量生产石脑油型加氢裂化催化剂，与早期的 ICR-210 相比，在活性和石脑油选择性方面都有大幅度提升	ICR-250 催化剂通过提高加氢金属硫化物的分散度，加氢性能更高，与上一代的 ICR-240 相比，催化剂活性提高 11.1℃，喷气燃料收率提高 1.1 个百分点，烟点增加 4mm，加氢裂化尾油黏度指数进一步改善	ICR-185 催化剂具有加氢脱蜡能力，采用具有脱蜡功能的分子筛代替 USY 分子筛，与 ICR-183 相比，活性降低 8.3℃，喷气燃料收率提高 0.8 个百分点，冰点降低 3℃，柴油收率提高 3.5 个百分点，倾点降低 6℃，尾油倾点降低 4℃	同左	
UOP	HC-190/HC-185 HC-29 HC-24/HC-26	HC-620/HC-520/HC-425 HC-130/HC-120 DHC-39/DHC-32	HC-470 HC-150/140 DHC-41/HC-43	HC-425/HC-120/HC-130 HC-140/HC-150 HC-185	HC-410 HC-115
	HC-190 为最新一代，比 HC-24 催化剂反应活性提高 8℃，重石脑油(体积分数)选择性提高 4.0 个百分点，轻石脑油收率降低 2.8 个百分点。 HC-185 为新一代，比 HC-24 催化剂反应活性提高 6℃，重石脑油(体积分数)选择性提高 1 个百分点，氢耗略有降低。 HC-29 为上一代。 HC-24/HC-26 为更早一代	HC-620 是最新一代催化剂，与 DHC-32 相比，加氢性能更高，活性更高，液体产品收率也更高。新一代的 HC-520，采用新的载体技术和改变了金属组成。 新一代的 HC-120 催化剂与 DHC-32 相比，活性基本相当，中间馏分油选择性提高 2 个百分点，产品更偏向重质柴油馏分。产品柴油浊点降低 6℃ DHC-39/DHC-32 为上一代	HC-470 为最新一代，改善产品的低温性能，失活速率低寿命更长。 新一代的 HC-150 在产品分布和产品质量与上一代催化剂 HC-43 相似，活性提高 5℃，氢耗降低 $20Nm^3/m^3$，可用于劣质原料。HC-140 的特点是选择性加氢性能好，可降低化学氢耗，产品低温流动性好。 DHC-41/DHC-43 为上一代	HC-425 是新一代催化剂，较 HC-120 催化剂，适应更重质原料油，产品收率更高	HC-410 为最新一代 新一代催化剂 HC-115，与 DHC-8 相比，HC-115 反应温度降低 10℃左右，中间馏分油收率相当，柴油十六烷值提高 3 个单位，尾油 BMCI 值降低 1 个单位

续表

催化剂类型	多产石脑油	多 产 柴 油	灵活生产清洁燃料及化工原料	生产低凝柴油	生产高档润滑油
Criterion/Shell/Zeolyst	Z-NP10/Z-NP20(NP 系列) Z-863/Z-853 Z-753	Z-MD10/Z-MD20(MD 系列) Z-2513/Z2623 Z-503/Z-513/Z-603/Z-623/Z-673	Z-FX10/Z-FX-20(FX 系列) Z-3723/Z-3733 Z-723/Z-733		
	新一代催化剂 NP-10 与上一代催化剂 Z-853 相比，活性高 5℃，重石脑油收率高 3.3%，气体少 6.6%，氢耗类似	Z-MD10/Z-MD20，最新一代的最大量生产柴油加氢裂化催化剂	新开发的灵活型催化剂 FX-10 与 Z-853 相比，活性提高 5℃，气体降低 6.6%，重石脑油收率提高 3.3 个百分点，氢耗基本相当		
Albemarle	KC 2715 KC-2711/KC-2710 KC-2001	KF-1023/KF-1025/KC-3210 KF-1015MD/KC-2210/KC-2211	KC-2301/KC-2601 KC-2600/KC-2610		
	KC 2715，具有更高的石脑油收率和更高的耐氮性能	KC-3210/3211 是最新一代含分子筛多产中间馏分油型加氢裂化催化剂，与目前中间馏分油选择性最高的含分子筛催化剂 KC-2210/2211 相比，在活性和中间馏分油选择性高出许多。新一代的无定形加氢裂化催化剂 KF-1023/1025，与上一代催化剂相比，中间馏分油选择性大幅提高，活性也有所改善			
Haldor Topsoe	TK-971 TK-951	TK-939 D-sel/TK-949 D-sel	TK-943 TK-926	TK-921/TK-925/TK-931/TK-947/TK-941/TK-951	
	TK-971 是分子筛型加氢裂化催化剂，具有高重石脑油收率、低气体产率	D-sel 系列催化剂，最大量生产柴油，包含两个催化剂，其中活性顺序为：TK-939 D-sel<TK-949 D-sel	BLUE 系列催化剂，具有高中间馏分油(柴油+喷气燃料)选择性，且产品的低温性能好，柴油的浊点一般在 10~20℃，低于其他催化剂。 BLUE 系列包含两个催化剂，其中活性顺序为：TK-926<TK-943	RED 系列催化剂的特点是加氢裂化尾油的黏度指数高，柴油十六烷值高。RED 系列包含六个催化剂，活性顺序为：TK-921<TK-925<TK-931<TK-947<TK-941<TK-951	

续表

催化剂类型	多产石脑油	多产柴油	灵活生产清洁燃料及化工原料	生产低凝柴油	生产高档润滑油
Axens	HYK-732/TK-742	Craken-D HDK-776	Craken-Flex HYK-752 HYC-652/HYC-642		HDK-766/HDK-786 HYK-732/HYK-742/HYK-752/HYK-762
		Craken-D 是用于最大量生产中间馏分油和用于降低柴油凝点	Craken-Flex 是用于灵活生产中间馏分油和石脑油的催化剂，加氢裂化尾油可用于生产 Group Ⅲ 润滑油基础油。HYK700 系列加氢裂化催化剂，与上一代 HYK600 系列催化剂相比，具有更高的裂化活性和加氢性能，催化剂稳定性更高，可以满足长周期运转		

根据国外专利商公开报道的加氢裂化催化剂近年来的一些变化，结合加氢裂化催化剂发展历程，存在以下趋势。

1. 多产石脑油型加氢裂化催化剂

从近些年的发展来看，催化剂发展的趋势有：①提高催化剂活性；②提高重石脑油选择性；③降低轻石脑油和气体的产率；④降低氢耗；⑤提高催化剂的耐氮性能，强化催化剂的适应性。

2. 多产柴油型加氢裂化催化剂

多产柴油型加氢裂化催化剂的未来趋势有：①提高中间馏分选择性；②提高催化剂的活性；③进一步提升产品质量，如提高柴油十六烷值、降低柴油凝点等。

3. 灵活生产清洁燃料及化工原料

灵活型加氢裂化催化剂的未来趋势有：①提升产品的低温性能，包括喷气燃料和柴油等；②催化剂活性适中；③气体产率低，重石脑油收率高，喷气燃料收率高；④氢耗低。

4. 生产低凝柴油

生产低凝柴油催化剂的未来趋势为：①产品柴油低温性能好；②兼顾喷气燃料、重石脑油收率；③提升其他产品的质量、尾油黏度指数和柴油十六烷值等。

5. 生产高档润滑油

生产高档润滑油基础油型，基本趋势为：进一步提升基础油质量。

（二）国内加氢裂化催化剂发展趋势

国内能够提供加氢裂化催化剂的专利商，主要是 RIPP 和 DRIPP(FRIPP)。近年来，中国石油石油化工研究院、中国海油天津化工研究设计院、中国化工集团等单位相继进行了加氢裂化催化剂的研究、开发及应用等工作。目前 DRIPP(FRIPP) 和 RIPP 开发的催化剂仍然占据国内催化剂的主要市场，代表了国内加氢裂化催化剂的水平。

1. DRIPP(FRIPP) 加氢裂化催化剂研究进展

DRIPP(FRIPP) 以满足工业实现清洁生产、产品质量持续升级和产品结构调整的要求为目标，积极致力于加氢裂化催化剂的开发，催化剂更新换代速度和技术水平不断提高，针对特定用户，“量体裁衣”地开发加氢裂化催化剂，拥有种类齐全、系列配套的加氢裂化工艺及催化剂技术，在工业上得到了广泛应用，很好地满足了我国炼油和石化工业发展的需要，整体达到国际同类技术的先进水平，有些技术甚至处于国际领先地位。近年来，DRIPP(FRIPP) 为了适应国内加氢裂化技术发展的需要，以其新开发出的 FC-52、FC-76、FC-86、FC-80、FC-60 和 FC-38 等新一代高性能加氢裂化催化剂为技术核心，完善了加氢裂化成套技术，进一步带动了国内整个加氢裂化产业的持续发展。

近年来，DRIPP(FRIPP) 通过基础研究方面不断投入和创新工作的持续开展，从分子水平上认识催化剂组成结构等对催化性能的影响，对金属（加氢活性中心）掌控的能力明显增强，形成了以介孔 Y 型分子筛、小晶粒 Y 型分子筛和核壳型 Al-SBA-15/Y 复合分子筛为代表的酸性催化材料平台和活性金属再分散技术、低成本催化剂制备技术等为代表的催化剂制备技术平台，催化剂持续升级能力大幅提升。以此为基础，实现了系列加氢裂化催化剂的更新换代，新一代加氢裂化催化剂在催化性能上获得了明显的改进，主要表现在：①保持高活性和稳定性的同时，进一步提高目的产品的选择性；②提高加氢裂化产品质量，满足汽油、煤油、柴油、润滑油等石油产品质量持续升级和尾油作为蒸汽裂解制乙烯原料质量进一步提高的要求；③增强对加工重质、高氮等劣质原料油的适应性，扩大加氢裂化原料来源；④实现选择性加氢，有效地利用氢气，降低了装置运行费用；⑤降低催化剂制备成本，提高其市场竞争力。

在多产化工原料加氢裂化催化剂的开发方面，DRIPP(FRIPP)先后开发的催化剂主要有3825、3903、3905、3955、3976、FC-12、FC-24 和 FC-46 等系列催化剂，这些催化剂满足了国内不同时期的市场需求。近期，为应对中国石化产品结构调整、提质增效的新形势下加氢裂化增产优质化工原料产品的需求，DRIPP(FRIPP)适时开发了 FC-52 新一代化工原料型加氢裂化催化剂。FC-52 催化剂以富含介孔结构的改性 Y 型分子筛为裂化组分，以金属钼镍为加氢组分，采用混捏法与金属再分散制备技术制备，催化剂孔结构畅通开放，金属与载体间的相互作用适中，加氢活性中心和裂化活性中心合理匹配，在保证催化剂高裂化活性、高石脑油收率的同时，催化剂对于大分子环状烃类物质开环转化能力大幅提升，可显著改善尾油产品质量。

在灵活型加氢裂化催化剂领域，DRIPP(FRIPP)先后成功开发了 FC-12、FC-36、FC-32、FC-76 和 FC-86 等系列催化剂，可灵活生产优质化工原料及中间馏分油产品，较好地满足了国内化工行业发展的需要。其中，FC-76 催化剂是该类型中最新一代催化剂产品，FC-76 催化剂开发中重点立足于提高催化剂加氢裂化选择性，提高目的产品切割灵活性和加氢裂化尾油质量(降低 BMCI 值)，降低加氢裂化催化剂的制备与使用成本，提高加氢裂化装置的操作灵活性和生产效率。

为满足高档润滑油对 API Ⅱ/Ⅲ类基础油的市场需要，DRIPP(FRIPP)适时开展了 FC-80 生产优质润滑油基础油原料专用加氢裂化催化剂的研制工作。FC-80 催化剂以富含介孔结构的 BSSY 分子筛为裂化组分，以金属钨镍为加氢组分，采用载体成型后再浸渍金属的制备技术制备，催化剂孔结构畅通开放，金属与载体间的相互作用适中，加氢活性中心和裂化活性中心匹配合理。该催化剂可显著改善加氢裂化尾油的烃类结构组成，优先选择性裂解原料油中的黏度指数低的多环重组分烃类，降低尾油中两环以上多环环状烃含量，富集黏度指数较高的链烷烃及单环带侧链环烷烃等理想组分，提高加氢裂化尾油的黏度指数，满足市场对高档润滑油基础油原料的需求。

在高中油型加氢裂化催化剂领域，FC-60 催化剂是 DRIPP(FRIPP)为了进一步提高中间馏分油选择性而开发的新一代高中油型加氢裂化催化剂。该催化剂以改性小晶粒 Y 型分子筛为主要酸性组分，钨镍为加氢组分，相比于上一代 FC-50 催化剂具有更好的反应活性、更高的中油选择性和更好的产品质量。

在单段加氢裂化催化剂的开发方面，DRIPP(FRIPP)先后推出了 ZHC-01、ZHC-02、3973、ZHC-04、FC-14、FC-28、FC-30、FC-34 等系列单段加氢裂化催化剂，可满足最大量生产中间馏分产品的生产要求。FC-38 催化剂是 DRIPP(FRIPP)最新开发的新一代单段加氢裂化催化剂，FC-38 催化剂以核壳型 Al-SBA-15/Y 复合分子筛为主要酸性组分，钨镍为加氢组分，相比于 FC-34 催化剂，FC-38 催化剂具有更高的反应活性、更高的中油选择性和更好的产品质量。

在润滑油异构脱蜡方面，20 世纪 90 年代，DRIPP(FRIPP)致力于润滑油异构脱蜡催化剂以及工艺的开发工作。根据异构脱蜡反应机理，认为分子筛的孔口对催化剂的选择性有较大影响。若孔口足够小，可以限制较大的异构烷烃与孔内的酸中心发生反应，催化剂会表现出良好的异构化选择性。成功开发了一种具有一维椭圆形直通道的 AEL 拓扑结构的硅磷铝分子筛(LKZ-1)和石蜡烃择形异构化催化剂 FIDW-1。该催化剂是一种贵金属/分子筛催化剂(Pd/LKZ-1)，对蜡组分具有较高的异构选择性，有较强的芳烃加氢饱和能力，能够在不经过补充精制的条件下生产高质量的基础油。该催化剂于 1996 年成功工业试生产。

2001 年，DRIPP(FRIPP)的科研人员通过进一步改进研究，对石蜡烃异构化的反应机理、对催化材料的要求、催化材料物化性质的调控和催化剂的设计有了深入和详实的认识和掌握，根据微中孔择形分子筛的异构化机理，考虑到长链正/异构烷烃动力学直径尺寸，选择孔口尺寸在 0.45nm 左右，一维贯穿直通道的微中孔 Si-Al 沸石分子筛的合成路线，开发出一种适合大分子石蜡烃择形异构化反应的催化新材料 LKZ-2。通过改性处理，可以调节催化材料上的酸量和酸强度分布，对于氢转移和裂化反应有明显的抑制作用，具有烃类的骨架异构化重排的高选择性和活性。通过活性金属种类及含量的关联性研究，选择了具有较强的加氢/脱氢功能的活性金属和适宜金属含量，使烷烃能够快速脱氢形成异构烯烃并使烯烃快速饱和，满足异构化需要。成功开发了一种用于石蜡烃择形异构化第二代异构脱蜡催化剂(FIW-1)及其专有工艺技术 WSI，开发的催化剂具有较强的异构化功能，在降低含蜡馏分油凝点的同时，具有较高的目的产品收率。WSI 技术从新型分子筛的合成到相应催化剂及工艺的研发，各方面都具有突破性创新，并在催化剂活性、选择性和稳定性方面都具有明显的优势，综合性能达到国际先进水平。WSI 专利技术已经在美国和加拿大授权，中国专利授权 15 项，具有完全独立自主知识产权。该技术荣获抚顺市科技创新项目一等奖，中国石化科技进步三等奖。

为了进一步提高异构脱蜡技术水平，DRIPP(FRIPP)采用系列改性手段，可以在消除分子筛表面酸性位、适当缩小孔口尺寸的同时，最大程度保留分子筛的催化活性位，并适度修饰分子筛孔口的酸性位强度，提高催化反应的活性和选择性。2012 年，DRIPP(FRIPP)开发了更高反应性能的第三代石蜡烃择形异构催化剂(FIW-12)，与 FIW-1 催化剂相比，该催化剂同时具有多种功能，在产物的液收特别是目的产品的黏度指数方面都有明显提高，催化剂综合水平达到国际先进水平。该项目相关技术已经在包括美国、中国台湾、新加坡和马来西亚等中国大陆以外多项发明专利授权，中国发明专利授权也超过 30 件，具有完全独立的知识产权。2014 年荣获中国石油化工学会科技进步一等奖，2018 年荣获中国石化前瞻性基础性研究科学奖二等奖。

2. RIPP 加氢裂化催化剂研究进展

RIPP 加氢裂化催化剂简表见表 1-2-5。

表 1-2-5　RIPP 加氢裂化催化剂简表

多产石脑油	多产柴油	灵活生产清洁燃料及化工原料	生产低凝柴油	生产高档润滑油
RHC-5/RHC-210/RHC-210F/RHC-211	RHC-131/RHC-133/RHC-140/RHC-240	RHC-3/RHC-220/RHC-210F	RHC-130/RHC-132	RL-2/RLF-20/RIW-2/RIW-30
RHC-5 为前一代轻油型催化剂，活性高，尾油质量好，劣质进料适应性强。 RHC-210 为新一代催化剂，采用多级孔平台制备，反应活性提高 5℃，重石脑油质量分数提高 2.0%，堆密度下降 20%以上。 RHC-211 为新一代催化剂，采用多级孔平台制备，活性、选择性同 RHC-210 相当，尾油质量略低，氢耗更低，堆密度降低 10%以上	RHC-131 为新一代中油型催化剂，活性适中，尾油质量好。RHC-133 为多产喷气燃料催化剂，产品质量好，活性提高 10℃。RHC-140 为最大量生产中间馏分油催化剂，提温活性缓和，操控性好，较低的温度下，加工 FT 蜡仍然获得 82.2%的柴油选择性。 RHC-240 选择性高，活性提高 10℃	RHC-3 为前一代灵活型催化剂，活性高，尾油质量好、劣质进料适应性强。 RHC-220 为新一代催化剂，活性、选择性基本相当，尾油 BMCI 值相对比 RHC-3 催化剂降低 1~3 个单位，堆密度下降 20%以上。RHC-210F 为多产重石脑油和喷气燃料催化剂，总收率可达 70%以上，相对于前代催化剂，活性提高 5℃，堆密度降低 35%以上	RHC-130 为上一代生产低凝柴油加氢裂化催化剂。RHC-132 为新一代催化剂，具有中间馏分油选择性更高、柴油十六烷值提高幅度更大等特点	RL-2 为前代润滑油加氢处理催化剂，加氢活性相对提高 60%以上，适用于直接生产 120BS 基础油。 RLF-20 为贵金属加氢催化剂。 RIW-2 具有更高的择形性、加氢性能、低裂化活性，相对于前代催化剂，活性提高 20℃，基础油收率提高 15%以上、倾点降低 15℃以上。 RIW-30 收率进一步提高 2%~3%

根据国内公开报道的加氢裂化催化剂近年来的一些变化，结合加氢裂化催化剂发展历程，存在以下趋势：

（1）多产石脑油型加氢裂化催化剂

从近些年的发展来看，多产石脑油型加氢裂化催化剂的发展趋势有：①提高重石脑油选择性；②提高催化剂活性；③堆密度降低；④石脑油芳潜增加。

（2）多产柴油型加氢裂化催化剂

多产柴油型加氢裂化催化剂的发展趋势有：①大幅度提高喷气燃料收率；②提高催化剂的活性；③产品质量进一步提升，包括柴油和尾油质量提高。

（3）灵活生产清洁燃料及化工原料加氢裂化催化剂

灵活型加氢裂化催化剂的发展趋势有：①降低气体及轻质馏分收率；②提高重劣质原料适应性；③堆密度降低；④产品质量更佳，如尾油 *BMCI* 值更低，链烷烃含量更高等。

（4）生产低凝柴油催化剂

生产低凝柴油催化剂的发展趋势有：①产品柴油低温性能好；②兼顾喷气燃料、重石脑油收率；③提升其他产品的质量，如尾油黏度指数和柴油十六烷值等。

（5）生产高档润滑油催化剂

生产高档润滑油基础油型催化剂的基本趋势是尾油组成和性质进一步改善，包括：①黏度指数进一步提升、降低倾点，维持一定的黏度范围；②高品质 API Ⅲ+润滑油基础油料的生产技术，提高催化剂的原料油适应性、工艺条件适应性。

第三节 国内外渣油加氢技术的发展趋势

一、固定床渣油加氢技术发展趋势

早期固定床渣油加氢处理的目的是高硫渣油脱硫生产低硫燃料油，以减少环境污染和对锅炉的腐蚀，至今相当数量的低硫燃料油仍通过固定床渣油加氢处理来获得。进入20世纪90年代，由于燃料油的需求量相对减少，需要将渣油进一步轻质化以获得轻质油品，为此，固定床渣油加氢处理技术又用来为重油催化裂化提供原料，因而其操作条件相对更加苛刻，对催化剂的活性和稳定性要求更高，以使该过程有更高的脱硫、脱氮、脱金属效果及残炭转化率。渣油加氢处理与催化裂化工艺相结合，可大幅度提升原油炼制过程中轻质油品的收率，从而实现石油资源的高效、清洁利用，并显著提高企业效益。

随着全球环境问题的不断加剧，国内外相继出台了环保法规对船用燃料油(以下简称船燃)的硫含量进行限制。国际海事组织(International Maritime Organization，简称IMO)要求自2020年1月1日起行驶在普通区域的船舶使用燃料油的硫含量不高于0.5%(2020年之前为3.5%)。对于加工含硫原油和高硫原油的炼油厂，固定床渣油加氢处理所生产的低硫渣油也是低硫船燃的主要调和组分(约占低硫重质船燃的60%~90%)。

据不完全统计，目前全世界投产和在建的固定床渣油加氢处理装置约80套，总加工能力约190Mt/a，占渣油加氢总能力的85%左右。目前，国外固定床渣油加氢技术主要有三家：美国CLG公司的RDS/VRDS技术、美国UOP公司的RCD Unionfining技术以及法国Axens公司的Hyvahl技术。

20世纪90年代，中国引进国外技术先后建成投产了2套固定床渣油加氢处理工业装置。20世纪80年代末、90年代初，国内的石化科研单位也开始了固定床渣油加氢技术的研究工作，DRIPP(FRIPP)于1995年在中国石化胜利炼油厂VRDS装置上进行渣油加氢催化剂工业应用试验，填补了国内空白；1999年，DRIPP(FRIPP)与中国石化洛阳石化工程公司、茂名石化公司和齐鲁石化公司共同攻关，开发了具有独立知识产权的固定床渣油加氢成套技术(S-RHT)，并于1999年12月31日在茂名石化成功建成投产了第一套国产化的2Mt/a渣油加氢处理装置；2002年，RIPP开发的渣油加氢RHT系列催化剂及成套技术首次工业应用，2009年采用RHT工艺技术建设的海南炼化3Mt/a渣油加氢装置投产。经过多年的努力，中国自主研发的固定床渣油加氢技术日趋成熟，截至2020年年底，中国建成运行的渣油加氢处理装置共27套，总加工能力达到73.4Mt/a；采用国内自有技术建设的装置共16套，加工能力为38.6Mt/a。

国外固定床渣油加氢催化剂专利商较多，主要有Advanced Refining Technologies(ART)、Axens、Albemarle、Haldor Topsøe、Criterion(CRI)及JGC Catalysts and Chemicals等。国内固定床渣油加氢催化剂专利商主要有两家，即DRIPP(FRIPP)和RIPP，另外中国石油石油化工研究院研制的固定床渣油加氢催化剂也实现了工业应用。

固定床渣油加氢技术未来主要发展方向主要有：①开发新型内构件以及开发单系列大型化反应器等工程技术，进一步降低能耗和节省投资；②开发性能更高、成本更低的催化剂。

二、沸腾床渣油加氢技术发展趋势

国外沸腾床渣油加氢技术研究起步于20世纪50～60年代，最早是由美国烃研究公司(HRI)开发的一种独特的液、气、固三相系统；60年代，HRI推出H-Oil工艺用于处理劣质渣油；70年代，HRI与城市服务公司合作实现H-Oil工艺的工业化，1975年城市服务公司与Lummus公司合作，并将沸腾床加氢裂化过程更名为LC-Fining过程，而HRI和美国的德士古(Texaco)公司合作，仍然维持H-Oil技术名称；1994年，法国石油化工研究院(IFP)收购HRI资产，2001年7月重组成立AXENS公司，成为H-Oil技术许可的发放人，而LC-Fining工艺目前由Chevron公司发放专利许可证。LC-Fining沸腾床加氢工艺过程与H-Oil工艺相近，区别在于LC-Fining工艺使用内置循环泵，H-Oil工艺使用外置循环泵。

沸腾床渣油加氢技术自诞生以来，在工艺、催化剂、工程、材料设备等方面取得了长足进步，许多技术问题得到解决和完善，技术的整体安全性及可靠性大幅提高，企业对技术的接受度逐年提高。尤其是近些年，随着原油重质化及劣质化趋势加剧，沸腾床渣油加氢技术呈现出新的发展趋势。

为满足最大限度提高轻质油收率的目标，可将沸腾床渣油加氢技术与其他工艺进行组合，如与溶剂脱沥青或焦化工艺组合。在与溶剂脱沥青组合工艺中，渣油原料先经沸腾床渣油加氢装置加工，未转化油作为溶剂脱沥青装置的进料，其中脱油沥青(DOA)作为重质燃料或沥青，脱沥青油作为加氢裂化原料。在沸腾床渣油加氢技术与焦化工艺的组合技术中，沸腾床未转化油作为延迟焦化的原料，进一步提高轻质油收率，同时副产部分石油焦。

沸腾床加氢装置的稳定运转是企业关注的另一重要课题，为此，国外技术专利商从工艺流程、设备选型等方面做了大量工作。在工艺流程方面，相对传统沸腾床双反应器串联流程，新建及新设计的沸腾床加氢反应器之间普遍设置级间分离罐(Interstage Separator)，主要目的是拔出部分富含饱和烃的轻质油，避免二次裂解，提高剩余组分在第二反应器加氢反应的稳定性。除此之外，作为沸腾床渣油加氢装置中结焦重点区域的分馏系统，为避免停工清焦对系统的影响，目前国外沸腾床渣油加氢装置建设中普遍设置bypass流程，对分馏系统中部分单元(如常压塔或减压塔)设置备用系统，以备清焦时切换，确保系统正常运行。此外，向渣油原料中掺炼高芳烃稀释油[如催化油浆、重循环油(HCO)等馏分油]已逐渐成为提高沸腾床渣油加氢装置稳定性的普遍手段。除对工艺流程予以改进外，在催化剂方面，主要是提高催化剂的加氢活性，尤其是对沥青质等大分子的加氢性能来降低体系结焦的风险；在设备方面，注重选用抗积垢能力强的换热设备，如螺旋板换热器等。据统计，截止到2021年10月，国内外沸腾床渣油加氢技术已建和在建的装置接近30套，广泛应用于渣油、油砂沥青、煤液化油加氢等领域。

近年来，沸腾床加氢工艺技术和工程技术日趋成熟，沸腾床渣油加氢催化剂也取得较大进展。国外从事沸腾床渣油加氢催化剂研发的公司主要有Albemarle、Amoco、Akzo、Chevron、Criterion、Grace、IFP(AXENS)/Texaco等，所开发的催化剂为1.0mm左右的圆柱条形，以Al_2O_3为载体，Co-Mo或Ni-Mo为活性组分。从国外沸腾床反应器历史发展进程看，H-Oil工艺和LC-Fining工艺技术特征非常接近，因此，国际市场供应的沸腾床渣油加氢催化剂既可用于H-Oil装置，也可用于LC-Fining装置。其与固定床装置最大的不同在于，沸腾床装置可以实现在线排出一定量的失活催化剂、添加等量的新鲜催化剂，以维持恒定的反应性能。装置结垢是炼厂普遍存在的问题，也是大多数沸腾床渣油加氢裂化工业装置运转的主要限制因素。为了解决沸腾床装置结垢问题，各大催化剂公司不断地开发新的催化剂，这些催化剂可有效地抑制有机沉积物(Sediment)的生成，从而使装置结垢得到控制。

国内沸腾床渣油加氢技术的研发与国外沸腾床渣油加氢技术起步于同一时期，DRIPP(FRIPP)起步最早，早在20世纪60年代，DRIPP(FRIPP)就开始从事渣油沸腾床加氢工艺和催化剂的研究开发工作，开发了以带有三相分离器的沸腾床反应器为技术核心的STRONG沸腾床技术，并先后在3L和60L中型沸腾床热模试验装置上完成了孤岛原油和常压渣油的运转试验；70年代中期，在年处理能力20kt/a的半工业冷模试验装置上进行了流体力学条件考察与放大，以及反应器内部结构等方面的研究；进入21世纪，中国石化开发的STRONG沸腾床渣油加氢技术研发进入快车道，开发了以三相分离器、微球催化剂及特殊构造反应器为核心的国产化沸腾床加氢技术，一举打破了国外沸腾床技术垄断，2014年在金陵石化建成50kt/a的工业示范装置，并完成工业试验；2020年，为开发低成本的低硫船用燃料油生产技术，在50kt/a沸腾床工业示范装置上进行了以减压渣油为原料的沸腾床加氢生产低硫船用燃料油工业试验，证实了减压渣油经沸腾床加氢可以生产硫含量小于0.5%的低硫船用燃料油，为低成本规模化生产低硫船用燃料油提供了新的技术选择；同年7月，采用STRONG沸腾床加氢技术建设的500kt/a中温煤焦油全馏分加氢工业装置在陕西省神木市建成并一次开车成功，截至2021年7月，装置已稳定运转满一年，国产沸腾床加氢技术的成熟性在煤化工领域得到进一步验证，50kt/a沸腾床工业示范装置及500kt/a中温煤焦油全馏分沸腾床加氢工业装置建成及成功运行证明国产沸腾床加氢技术已实现从实验室研究到工业应用的巨大跨越，表明国产沸腾床加氢技术已具备实现百万吨级工业应用的条件。

相比国外沸腾床渣油加氢原料及产品相对单一的情况，国内沸腾床渣油加氢技术面临的原料来源及产品需求更加多样化，对国内沸腾床技术的发展提出了更多要求。国内沸腾床技术除了注重提高轻质油收率及装置稳定性方面外，在降低催化剂成本及组合工艺开发方面也做了大量工作。在催化剂降成本方面，主要从载体制备路线优化、降低催化剂活性金属含量及降低催化剂堆比等方面入手。在组合工艺开发方面，结合企业提高劣质渣油加工能力及延长企业运转周期的生产需求，开发了以沸腾床反应器作为保护反应器的沸-固复合床渣油加氢技术(SIRUT技术)，目前基于该技术已完成2.8Mt/a复合床渣油加氢装置工艺包的编制并通过专家评审；为协助企业多产轻质油品及化工原料，开发了沸腾床渣油加氢与催化裂化、馏分油加氢裂化等组合技术；针对当下国内高硫石油焦生产受限、环保要求日益严格的形势，通过将沸腾床渣油加氢与延迟焦化组合可以直接生产低硫石油焦；此外，随着硫含量小于0.5%的低硫船用燃料油政策的实施，低成本、规模化生产低硫船用燃料油成为沸腾床渣油加氢技术发展的重要方向。

DRIPP(FRIPP)是目前国内从事沸腾床渣油加氢催化剂研发的主要单位。针对STRONG沸腾床渣油加氢工艺，开发了微球形沸腾床渣油加氢催化剂及其制备技术，催化剂颗粒范围为0.4~0.5mm，为国内首创。分别在2015年7月、2016年9月和2020年6月，在金陵石化分公司50kt/a沸腾床渣油加氢工业示范装置成功地进行了三次工业试验，最长运转了8000h。三次工业试验取得了预期效果，总体性能达到了国际同类先进技术水平。催化剂技术在工业示范装置上得到了验证与肯定，为 STRONG 沸腾床渣油加氢成套技术工业化及 STRONG 技术的推广应用奠定了良好的基础。同时，针对镇海炼化和大连恒力等公司引进沸腾床渣油加氢装置，DRIPP(FRIPP)开发了圆柱条形沸腾床渣油加氢催化剂。已经完成实验室定型、工业放大试验和工业试生产，通过中国石化组织的技术评议，积极推进工业应用。

三、悬浮床渣油加氢技术发展趋势

悬浮床加氢技术起源于煤直接液化技术，由德国科学家 Friedrich Bergius 发明并因此获得了 1931 年的诺贝尔奖。随后，德国燃料公司 Pier 等开发了抗硫中毒能力强的硫化钨、硫化钼催化剂，形成了煤直接液化的技术基础，并将煤液化过程分为浆液相加氢和固定床加氢两个阶段进行，1927 年在德国莱纳(Leuna)建立了世界上第一座工业规模的煤直接液化厂，装置生产能力 100kt/a，当时的反应压力达到 70MPa。在 Pier 证明了钨钼催化剂即使有硫存在也能保持活性之后，煤催化转化得以实现。由于该类催化剂不能从残渣中回收，工业装置开始使用铁氧化物作为催化剂以降低成本。

早期的悬浮床加氢技术大多采用加入活性较弱的煤粉、天然矿石(如硫铁矿)固体粉末等，由于制备的固体粉末的分散度不是很高，加入量相对较多，通常占进料的 1%～5%，催化剂除具有弱的加氢作用外还可以作为焦炭沉积的载体。固体催化剂随未反应的残渣排出，且不能循环使用。20 世纪 80 年代以后，随着环保要求的日益严格，炼油厂希望减少含固体催化剂粉末的残渣处理量与处理难度，采用高分散或拟均相催化剂的悬浮床加氢裂化技术应运而生。在高分散型催化剂存在下的渣油加氢过程中，加氢转化反应主要发生在催化剂表面，催化剂分散度越高，比表面积就越大，所需催化剂量就越少，成本就越低。目前高分散型催化剂可分为油溶性催化剂和水溶性催化剂两类。常用的油溶性催化剂主要类型为第Ⅳ～Ⅷ族中的金属(如镍、钼、钴等)有机酸盐类或金属有机化合物。高分散型催化剂活性高、注入量少(<1000μg/g)，可以不从未转化油中分离。

目前，国外悬浮床渣油加氢工艺技术可以分为尾渣循环及尾渣不循环两种工艺。尾渣循环多采用高分散度的钼、镍催化剂，其典型代表为意大利 ENI 集团的 EST 技术和 Chervon 公司的 VRSH 技术等。尾渣不循环工艺多采用相对较为便宜的铁系催化剂，具有代表性的技术有 BP 公司的 VCC 技术、UOP 公司的 Uniflex 技术以及委内瑞拉 Intevep 公司的 HDH Plus 技术等。

国内，RIPP 也开发了悬浮床渣油加氢技术，即劣质渣油催化临氢热转化技术(RMAC)。RMAC 技术将劣质渣油缓和临氢热转化与选择性萃取分离有机耦合，同时辅以自主开发的高分散纳米催化剂，实现沥青质的高效转化，从而将沥青质和金属含量高的劣质渣油转化为不含金属、不含沥青质的优质催化裂化原料，进而最大量生产高辛烷值汽油组分。

参 考 文 献

[1] Tom Kalnes, Phil Fleming, Li Wang, et al. Unicracking TM Innovations Deliver Profit[C]. NPRA Annual Meeting, AM-01-30. New Orleans, LA, USA, 2001.

[2] Donald B, Ackelson, Vasant Thakkar, Bart Dziabala. Innovative Hydrocracking Applications for Conversion of Heavy Feedstocks[C]. NPRA Annual Meeting, AM-07-47. San Antonio, TX, USA, 2007.

[3] M. M. Habib, A. J. Dahlberg, R. D. Bezman, et al. New generation of Isocracking catlysts[C]. NPRA Annual Meeting, AM-00-32. San Antonio, TX, USA, 2000.
[4] 黎元生. 国外加氢裂化技术进展和分析[C]. 加氢裂化协作组第五届年会报告论文选集. 乌鲁木齐: 2003, 70-87.
[5] 廖健. 国外加氢技术新进展[C]. 加氢裂化协作组第五届年会报告论文选集. 乌鲁木齐: 2003, 96-101.
[6] 姚国欣. 国外炼油技术新进展及其启示[J]. 当代石油石化, 2005, 13(3): 18-25.
[7] Ujjal Mukherjee, Mohammad Habib, Art Dahlberg, et al. Solving Clean Fuels Production and Residuum Conversion Through Hydroprocessing Integration[C]. NPRA Annual Meeting, AM-07-62. San Antonio, TX, USA, 2007.
[8] 蒋广安. 不断发展的轻油型加氢裂化催化剂[C]. 抚顺石油化工研究院技术专辑. 2005: 34-38.
[9] 王刚. 最大量生产中间馏分油型的加氢裂化催化剂[C]. 抚顺石油化工研究院技术专辑. 2005: 39-45.
[10] 樊宏飞. 单段加氢裂化催化剂的开发及应用[C]. 抚顺石油化工研究院技术专辑. 2005: 46-52.
[11] 刘平. 石蜡烃择形异构化(WSI)工艺技术成功应用砼[C]. 抚顺石油化工研究院技术专辑. 2005: 82-93.
[12] 卫建军, 邢献杰. 1.5Mt/a 加氢裂化装置的运行和 FC-14 催化剂的应用[J]. 炼油技术与工程, 2006, 36(4): 30-34.
[13] 柳伟, 杜艳泽, 秦波, 等. DRIPP(FRIPP)新一代加氢裂化催化剂的研发与应用[J]. 炼油技术与工程, 2017, 47(12): 56-59.
[14] 郝文月, 刘昶, 曹均丰, 等. 加氢裂化催化剂研发新进展[J]. 当代石油化工, 2018, 26(7): 29-34.
[15] 柳伟, 杜艳泽, 刘政伟, 等. FC-76 新一代灵活型加氢裂化催化剂的工业应用[J]. 炼油技术与工程, 2019, 49(5): 54-56.
[16] Jesper Bartholdy, Joan Legind Larsen. RFCC Economics Enhanced by New Residue Hydroprocessing Catalysts[J]. World Refining, 2002: 12(6): 30-36.
[17] B E Reynolds. Clean Gasoline Via VRDS/RFCC[J]. Hydrocarbon Processing, 1992, 4: 43-51.
[18] 谢朝钢, 邓中活, 罗一斌, 等. DCC 技术平台产业链的开发及其工业实践[J]. 石油炼制与化工, 2020, 51(11): 1-6.
[19] 陈瑾. 能源市场波动溢出的网络效应测度、情景演化与节点管理[D]. 成都: 西南财经大学, 2021.
[20] 李雪静. 炼油扩能进行时转型驶入快车道[N]. 中国石化报, 2020-03-06(8).
[21] 王震, 张岑. 清洁能源技术和绿色投资理念加速世界油气行业转型步伐-2021 年伦敦国际石油周会议主要观点集粹[J]. 国际石油经济, 2021, 29(4): 54-59.
[22] 丛威, 李鑫尧, 孙楚钰. 实现"碳中和"石油企业保障中国能源安全发展路径分析[J]. 中国能源, 2021, (4): 27-33.
[23] 何盛宝, 乔明, 李雪静. 世界炼油行业低碳发展路径分析[J]. 国际石油经济, 2021, 29(5): 19-25.
[24] 杨晨. "十四五"我国润滑油市场供需将进入平台期[J]. 当代石油化工, 2021, 29(4): 29-33.
[25] 安军信. 国内外润滑油市场现状及发展趋势分析[J]. 合成润滑材料, 2021, 48(1): 42-47.
[26] 王永邦. 中国石油焦市场分析与展望[J]. 齐鲁石油化工, 2017, 45(4): 335-338.
[27] 刘建锟, 杨涛, 郭蓉, 等. 解决高硫石油焦出路的措施分析[J]. 化工进展, 2017, 36(7): 2417-2427.
[28] 方向晨, 关明华, 李立权. 加氢裂化工艺与工程[M]. 2 版. 北京: 中国石化出版社, 2017.
[29] 王仲义, 邓兴硕, 刘昶, 等. 新一代灵活型加氢裂化催化剂的研制及工业应用[J]. 炼油技术与工程, 2015, 45(9): 52-55.

[30] 钱伯章．化工原料型加氢裂化催化剂投用[J]. 炼油技术与工程，2018，48(12)：15.
[31] 刘昶，黄娆，郝文月，等．FC-46 多产化工原料型加氢裂化催化剂的研制[J]. 石油炼制与化工，2019，50(2)：68-72.
[32] 吴子明，彭冲，曹正凯，等．调整炼油厂产品结构的加氢技术的开发与应用[J]. 炼油技术与工程，2017，47(1)：10-15.
[33] 王敏．1.40 Mt/a 加氢裂化装置开工阶段催化剂运行总结[J]. 齐鲁石油化工，2017，45(4)：33-37.
[34] 杜艳泽，张晓萍，关明华，等．国内馏分油加氢裂化技术应用现状和发展趋势[J]. 化工进展，2013，32(10)：2523-2528.
[35] 杜艳泽，乔楠森，石友良，等．新一代 FHC 加氢裂化技术的工业应用[J]. 石油化工，2012，41(9)：1060-1064.
[36] 杜艳泽，王凤来，关明华，等．新一代灵活型加氢裂化催化剂 FC-32 的研制[J]. 石油化工技术与经济，2007，23(4)：27-30.

第二章　加氢裂化及渣油加氢过程化学反应

第一节　加氢裂化过程的化学反应

石油中的杂质主要有硫、氮、氧和金属等，通常以有机化合物形式存在于石油中。这些非烃类杂质常常具有以下危害：腐蚀炼油设备和管线；导致催化剂活性衰减或永久中毒；降低油品质量；作为交通运输燃料燃烧时，排放出 SO_x、NO_x 及颗粒排放物，污染自然环境，危害人类健康。不同原油含有的硫、氮、金属等杂质及其轻质馏分油收率相差较大，随着市场对石油化工产品需求的增长和环保法规的日趋严格，可将各种劣质馏分油及 VGO 等重油组分转化为优质交通运输燃料和芳烃、乙烯裂解原料的加氢裂化技术得到快速发展。

随着炼化一体化的快速发展以及近年来炼油产品结构调整的需求，加氢裂化已成为当今炼化企业最重要的催化加工过程之一。

加氢裂化反应过程涉及的反应包括加氢脱硫、加氢脱氮、加氢脱氧、加氢脱金属、烯烃加氢饱和、芳烃加氢饱和及加氢裂化等反应，掌握加氢裂化过程各种化学反应，更有利于深入认识和了解加氢裂化技术。

一、杂原子烃类的化学反应

（一）加氢脱硫反应(HDS)

硫是普遍存在于各种石油中的一种重要杂元素，不同产地的原油中的硫含量相差很大，低的只有 0.1%，高的可达 2%～5%。如我国大庆原油属于低硫石蜡基原油，硫含量为 0.10%左右；胜利原油的硫含量为 0.80%，明显高于大庆原油的硫含量，是大庆原油的 8 倍多；而地处同一胜利油田的孤岛原油硫含量高达 2.09%，分别为胜利原油和大庆原油的 2.6 倍和 20.9 倍。国外油田也是如此，澳大利亚阿尔敦原油的硫含量只有 0.02%，而委内瑞拉保斯加原油的硫含量却高达 5.62%。

原油中的硫化物除了单质硫和硫化氢之外，都是以有机硫化物形式存在于石油中。我们通常将有机硫化物分为非噻吩类和噻吩类两种。

① 非噻吩类硫化物。包括硫醇(R—SH)、硫醚(R—S—R′)和二硫化物(R—S—S—R′)等。

② 噻吩类硫化物，即杂环硫化物。包括噻吩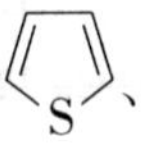、苯并噻吩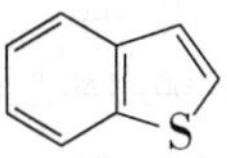、二苯并噻吩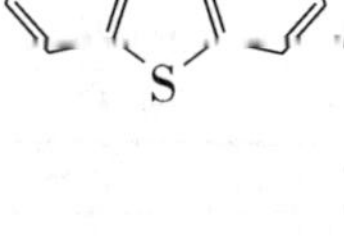、萘并噻吩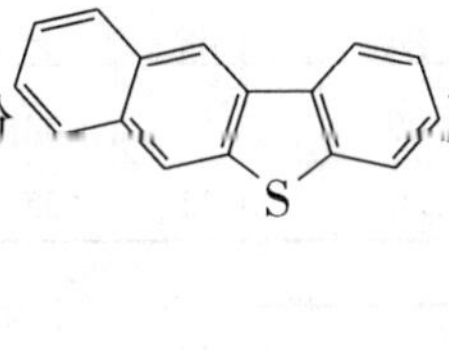及其烷基衍生物等。

表 2-1-1 列出了我国有代表性的原油及分别切割成窄馏分的硫含量[1]，表 2-1-2 列出了沙特阿拉伯原油的含硫化合物分布[2]。

表 2-1-1　我国原油硫含量及各馏分中的硫分布

馏分油 沸程/℃	硫含量/(μg/g)					
	大庆	胜利	孤岛	辽河	中原	江汉
原油	1000	8000	20900	1800	5200	18300
<200	108	200	1600	60	200	600
200~250	142	1900	5200	130	1300	4400
250~300	208	3900	8800	460	2200	5900
300~350	457	4600	12300	880	2800	6300
350~400	537	4600	14200	1190	3400	10400
400~450	627	6300	11020	1100	3400	15400
450~500	802	5700	13300	1460	4300	16000
>500 渣油 R_S	1700	13500	29300	3600	9400	23500
$R_S/\sum S/\%$	74.7	73.3	75.0	70.0	68.0	72.2

由表 2-1-1 可以看出，我国原油的各种石油馏分的硫含量，随其沸程的升高而逐渐增加，其中>500℃减压渣油硫含量，除中原原油略低于 70%外，其他都占原油总硫含量的 70%以上，这说明原油中绝大部分的含硫化合物，都集中分布在重组分的渣油之中。沙特阿拉伯原油常压馏分中含硫化合物类型的分布见表 2-1-2。

表 2-1-2　沙特阿拉伯原油常压馏分中含硫化合物类型的分布

原油类型	馏程/℃	硫含量/%	硫类型分布(占馏分中硫的比例)/%					
			硫	硫化氢	硫醇硫	硫醚硫	二硫化物硫	噻吩类硫
沙特轻质原油	20~100	0.03	1.61	1.16	52.36	21.90	20.00	2.59
	100~150	0.03	5.71	3.14	29.71	30.80	16.29	14.35
	150~200	0.10	2.10	0.05	11.16	33.50	5.05	48.14
	200~250	0.25	0.00	0.00	1.91	40.80	0.69	56.75
	250~300	0.72	0.00	0.00	0.50	29.30	0.08	70.06
	300~350	0.96	0.00	0.00	0.41	24.60	0.00	74.99
沙特中质原油	20~100	0.05	0.00	2.14	49.00	35.45	9.00	4.45
	100~150	0.07	0.00	1.80	43.60	33.99	4.29	16.32
	150~200	0.11	0.00	0.36	16.36	54.55	2.27	26.45
	200~250	0.41	0.00	0.00	0.73	48.25	0.12	50.90
	250~300	1.06	0.00	0.00	0.26	25.28	0.00	74.44
	300~350	1.46	0.00	0.00	0.18	21.23	0.00	78.59
沙特重质原油	20~100	0.01	0.00	0.00	3.00	43.00	1.70	52.30
	100~150	0.03	0.00	0.00	0.69	41.83	0.30	57.63
	150~200	0.16	0.00	0.00	0.13	56.69	0.05	43.13
	200~250	0.68	0.00	0.00	0.06	37.06	0.01	62.87
	250~300	0.95	0.00	0.00	0.11	34.92	0.00	64.92
	300~350	1.10	0.00	0.00	0.22	35.45	0.00	64.32

从表 2-1-2 可以看出，直馏石脑油和煤油中主要的硫化物是硫醇、硫醚、二硫化物及部分噻吩类硫化物。硫醇通常集中在低沸点馏分中，随着沸点上升，硫醇含量显著下降，而>300℃的馏分中几乎不含硫醇。所有的石油都含硫醚，中沸点馏分中的硫醚含量更高，300~350℃馏分中的硫化物，其中硫醚含量有时可占该馏分硫含量的 50%。二硫化物一般存在于150℃以下的馏分中，250~350℃柴油馏分中的噻吩类硫含量超过 60%。而重质石油中的各馏分中的噻吩类硫化物含量都比较高。事实上，催化柴油和焦化柴油等二次加工柴油中含烷基取代基的苯并噻吩类硫含量比例显著高于直馏柴油。

杂环硫化物是许多原油的主要含硫化合物，尤其在中沸点馏分中，例如某中东原油柴油馏分中，所有硫化物几乎都是烷基苯并噻吩和烷基二苯并噻吩[3]，直馏馏分和裂化馏分中硫化物的分子类型以及硫化物的分布见表 2-1-3[3]。从表中可以看出，杂环硫化物在直馏馏分中占硫化物的 2/3 以上，而在裂化馏分中的含硫化合物则基本上是杂环硫化物。

表 2-1-3　石油馏分中的含硫化合物

含硫化合物	大约浓度①/(μg/g)	
	直馏馏分	裂化馏分
非噻吩类(RSH，RSR′，RSSR′)	5000	300
苯并噻吩	1700	7300
非 2(或 4)位烷基二苯并噻吩类	1000	1900
2(或 4)-烷基二苯并噻吩类	1500	2300
2,4-二烷基二苯并噻吩类	600	900
其他类型杂环硫化物	5600	2820

① 两种原料的硫含量均为 1.55%。

1. 有机含硫化合物的反应活性

各种有机含硫化合物在加氢脱硫反应中的反应活性与分子大小和分子结构有关，当分子大小相同时，一般按如下顺序递减[4]：硫醇>二硫化物>硫醚>噻吩类。

而同类硫化物中，分子量较大、分子结构较复杂的，反应活性一般较低。通常认为，上列四类含硫化合物中，前三类非噻吩类硫化物都很容易脱硫。由此可见，各种含硫化合物的加氢脱硫反应速率最低的是噻吩类硫化物。而在噻吩类硫化物中，随着环烷环和芳香环数目的增加，其 HDS 下降，含有三个芳香环的二苯并噻吩加氢脱硫最难，数据见表 2-1-4[4]。

表 2-1-4　噻吩类化合物的加氢反应速率常数

(300℃，7.1MPa，Co-Mo/Al_2O_3 催化剂)

化　合　物		相对反应速率常数①
噻吩	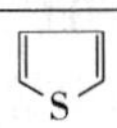	100
苯并噻吩	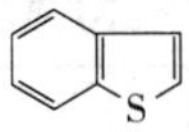	58.7
二苯并噻吩	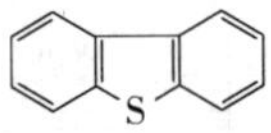	4.4

续表

化 合 物		相对反应速率常数①
苯并(*b*)萘并(2,3-*d*)并噻吩	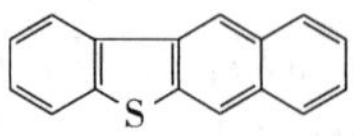	11.4

①表示用于不同类型硫化物反应难易程度。

噻吩及其衍生物的 HDS 顺序如下：噻吩>苯并噻吩>二苯并噻吩。若继续增加环数，噻吩的加氢脱硫反应速率又有所回升，这种现象可能是由于多元芳香环在加氢之后氢化芳香环皱起，空间阻碍变得不那么严重所致。

烷基侧链的存在对噻吩类的脱硫活性有显著影响。文献[3]把大量有关取代基对 HDS 活性影响的研究结果综合于表 2-1-5。尽管不同作者的研究结果略有出入，但由表 2-1-5 可以看出，取代基的位置对脱硫活性影响很重要。一般地，与硫原子相邻位置的取代基由于空间位阻会显著抑制 HDS 活性，而远离硫原子的取代基对 HDS 的影响较小。另外，由于二苯并噻吩的沸点为 332℃，其烷基衍生物的沸点约为 340℃甚至更高，因此被公认为是较重馏分有代表性的模型化合物，并以此为基础进行了广泛的 HDS 研究。所有这些文献得出一致的结论是：烷基二苯并噻吩中，最难脱硫的是 4,6-二甲基二苯并噻吩(以下简称 4,6-DMDBT)类硫化物，其次是 4-或 6-位的单甲基二苯并噻吩，其相对活性比较见表 2-1-5。

表 2-1-5 不同位置甲基取代二苯并噻吩的 HDS 活性[5,6]

反应物结构	K①	K②
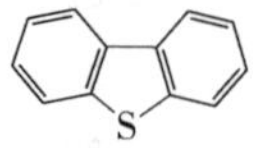	7.38×10^{-5}	7.1×10^{-4}
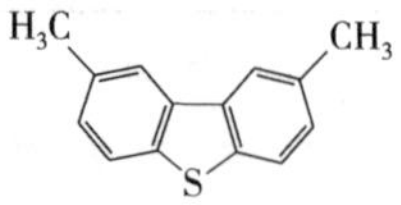	6.72×10^{-5}	—
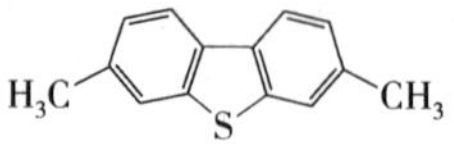	3.53×10^{-5}	—
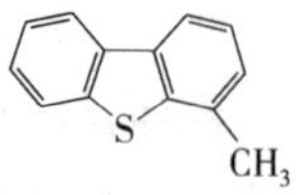	6.64×10^{-6}	6.9×10^{-5}
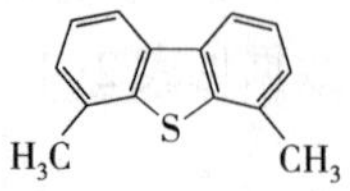	4.92×10^{-6}	3.8×10^{-5}

① Co-Mo/Al_2O_3 催化剂，12MPa，300℃；

② Co-Mo/Al_2O_3 催化剂，3MPa，220℃。

也有人在 NiO-MoO_3/Al_2O_3 催化剂上，于 360℃及 2.9MPa 反应条件下，测定了柴油中 60 多个烷基噻吩衍生物的反应速率常数，按其反应速率常数的大小分为四组，结果见表 2-1-6。

表 2-1-6 取代基位置对脱硫反应速率的影响(Ni-Mo/Al_2O_3 催化剂，360℃，氢压 2.9MPa)

组别	化合物结构①	条 件	相对速率常数
I	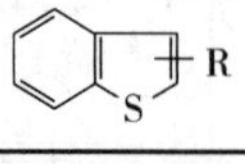	2-或 7-位无取代烷基时	1

续表

组别	化合物结构①	条　　件	相对速率常数
Ⅱ	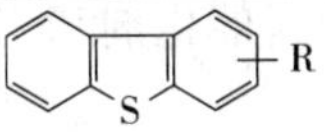	4-或 6-位无取代烷基时	0.23
Ⅲ	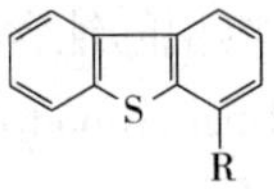	4-位有一个取代烷基时	0.08
Ⅳ	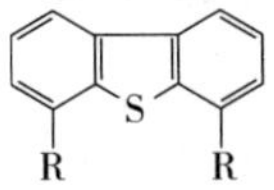	4-及 6-位均有取代烷基时	0.028

① 苯并噻吩的取代位编号 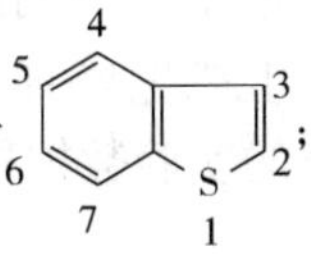；二苯并噻吩的取代位编号 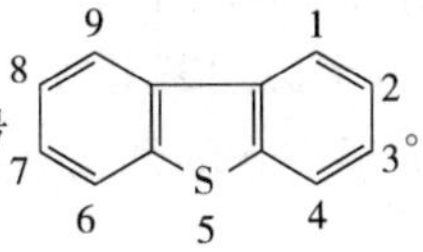。

从表 2-1-5 及表 2-1-6 可以看出，二甲基二苯并噻吩类硫化物的取代基位置不同，对 HDS 活性的影响有很大差异。2,8-和 3,7-二甲基苯并噻吩中的甲基只轻微地降低了二苯并噻吩的脱硫活性，处于 4-位或 6-位(单 β 位)的单甲基二苯并噻吩的脱硫活性显著降低，而同时含有 4-位和 6-位(双 β 位)的甲基则显著抑制了加氢脱硫反应，反应速率常数下降了一个数量级。

馏分油的 HDS 研究也得到类似的结果。Xiaoling Ma 等[3] 曾报道了对中东油 232~235℃ 馏分的 HDS 研究，该原料油含硫 0.706%，其中二苯并噻吩、4-甲基苯并噻吩(以下简称 4-DMDBT)和 4,6-DMDBT 的硫含量分别为 169μg/g、209μg/g 和 146μg/g，部分实验结果见表 2-1-7。实验发现，大多烷基苯并噻吩即使在 280℃的轻低温度下也表现出较高的活性，在 360℃下便可大部脱除，而烷基二苯并噻吩则较难脱硫，在 360℃下反应 20min，脱硫油中仍保留其中的多数含硫化合物，4-甲基二苯并噻吩和 4,6-DMDBT 的脱硫尤为困难，即使在 420℃的较高温度下，4,6-DMDBT 仍有 63μg/g，脱硫率不足 60%。

表 2-1-7　馏分油 HDS 试验结果①

反应温度/℃	产物硫含量/(μg/g)					
	DBT		4-MDBT		4,6-DMDBT	
	A	B	A	B	A	B
280	156		204		142	
300	118	118	188	182	129	122
320	89	93	175	157	116	110
340	54	55	136	131	96	89
360	24	30	112	109	89	82
380	8	10	75	85	77	75
400	0	0	50	70	72	73
420	0	0	44		63	

① 搅拌釜高压反应器，总压 2.9MPa，反应时间 20min，A 为 $Co-Mo/Al_2O_3$，B 为 $Ni-Mo/Al_2O_3$。DBT 为二苯并噻吩，4-MDBT 为 4-甲基二苯并噻吩，4,6-DMDBT 为 4,6-二甲基二苯并噻吩。

与二苯并噻吩非常相似的苯萘并噻吩，当有一个芳环加氢后，其加氢脱硫活性就比噻吩化合物要容易得多[5]。基于这些认识，科研工作者在研究柴油超深度脱硫时，主要致力于开发使4-和6-位含有烷基侧链的二苯并噻吩高效脱硫的新催化剂和工艺技术。

2. 加氢脱硫反应网络

噻吩、苯并噻吩、二苯并噻吩和含烷基二苯并噻吩等典型的纯含硫化合物的反应网络及动力学的研究在很多文献中都有详细的报道。Langmuir-Hinshelwood动力学方程假设了这些纯含硫化合物在竞争吸附和非竞争吸附具有不同的模型。下面介绍二苯并噻吩、4,6二甲基二苯并噻吩和苯萘并噻吩的HDS反应。

（1）二苯并噻吩的加氢脱硫反应

Houalla等[7]用Co-Mo/Al_2O_3催化剂，以正十六烷为溶剂，分别在连续反应器(10MPa)和釜式反应器中进行了以二苯并噻吩及其加氢产物(包括1,2,3,4-四氢二苯并噻吩、六氢二苯并噻吩和联苯)为反应物的加氢实验，根据流动反应器的实验数据提出二苯并噻吩HDS反应网络如图2-1-1所示。

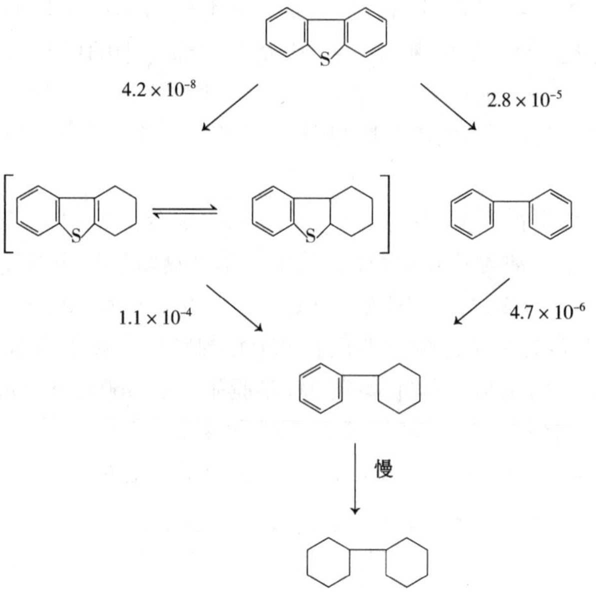

图2-1-1　二苯并噻吩HDS反应网络

图中数字是300℃时的拟一级反应速率常数，L/(g · s)。

两种氢化二苯并噻吩划为一集总，并较快转化为环己烷基苯。网络表明二苯并噻吩的加氢脱硫主要通过耗氢小的直接氢解脱硫途径进行，尽管氢化二苯并噻吩氢解较快，但加氢反应却很慢。联苯和环己烷基苯的加氢也是慢反应。两条脱硫途径对脱硫的贡献与反应条件(尤其是氢分压)和所用催化剂有关，例如当反应系统中H_2S浓度较高时，二苯并噻吩加氢的选择性也较高；而在一定的转化率情况下，使用加氢活性高的Ni-Mo/Al_2O_3催化剂与Co-Mo/Al_2O_3催化剂相比，产物中的环己烷基苯的产率约高2倍。文献[8]发表了用Ni-Mo/Al_2O_3催化剂进行二苯并噻吩HDS的类似的网络，但氢解生成联苯的速率只是加氢速率的2.5倍，加氢选择性的提高，一方面是Ni-Mo/Al_2O_3催化剂加氢功能强于Co-Mo/Al_2O_3催化剂；另一方面反应压力高达17.4MPa，高压下HDS也会提高加氢再脱硫选择性。

(2) 4,6-二甲基二苯并噻吩的加氢脱硫反应

在有机含硫化合物的反应活性部分已经有文献[3]报道了4,6-二甲基二苯并噻吩的脱硫很困难。文献中提到4,6-二甲基二苯并噻吩加氢脱硫的主要反应历程如图2-1-2所示。

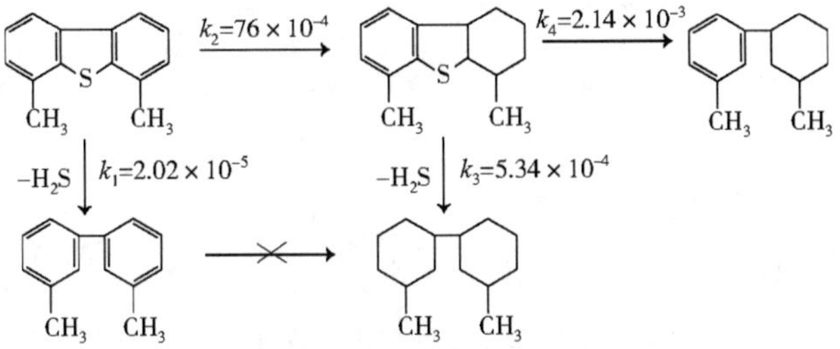

图2-1-2　4,6-DMDBT加氢脱硫反应途径

从图2-1-2可以看出，4,6-二甲基二苯并噻吩的脱硫主要是通过一个芳环先加氢的加氢途径，而直接脱硫的途径明显要弱得多。由于与芳环相邻的硫原子的影响，芳环变得容易加氢，而一旦脱硫完成，芳环加氢变得很困难。

Kabe等[6]发现4,6-二甲基二苯并噻吩HDS困难是由于取代基对C—S键断裂步骤的空间位阻造成的。

在芳环被加氢之前，4,6-二甲基二苯并噻吩中取代基(甲基)与芳环的连接是通过sp^2杂化轨道进行的。此时4,6位的甲基、两个芳环和中间的硫原子处于同一个平面中，阻止了硫原子与催化剂表面活性位的接触，从而大大增加了4,6-二甲基二苯并噻吩HDS的难度。当芳烃被加氢为环己烷环后，取代基、环己烷环中的C原子变成sp^3杂化，形成四面体结构。sp^3杂化的环己烷环可以在船式结构和椅式结构之间变化，其上的取代基也就不再与硫原子处在相同的平面中，硫原子变得容易与催化剂表面活性位接触，从而促进了4,6-二甲基二苯并噻吩的HDS。

(3) 苯萘并噻吩的加氢脱硫反应

苯萘并噻吩是我们在文献中所看到的模型化合物中最重的有机含硫化合物，苯(*b*)萘[2,3*d*]并噻吩的HDS在釜式反应器中进行，反应条件为Co-Mo/Al_2O_3催化剂、300℃、7MPa[8]。也在釜式反应器中，用Ni-Mo/Al_2O_3催化剂，在250℃，3.9MPa条件下进行了苯[*b*]萘[1,2*d*]并噻吩的HDS，并分别提出了这两种硫化物的反应网络，如图2-1-3和图2-1-4所示。

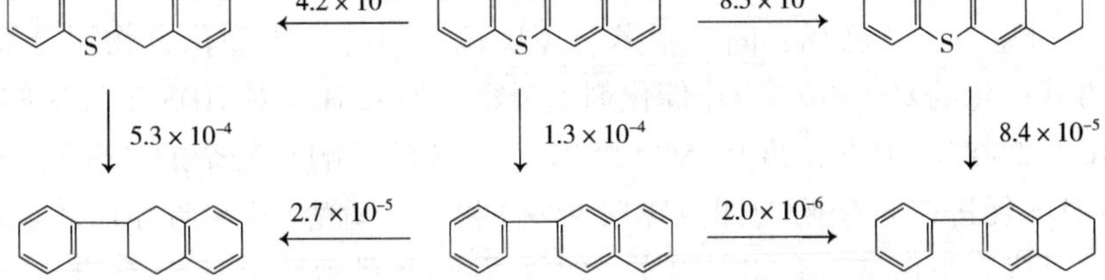

图2-1-3　苯[*b*]萘[2,3*d*]并噻吩HDS反应网络

箭头上数字为相应反应300℃的拟一级反应速率常数，mol/(g·s)。

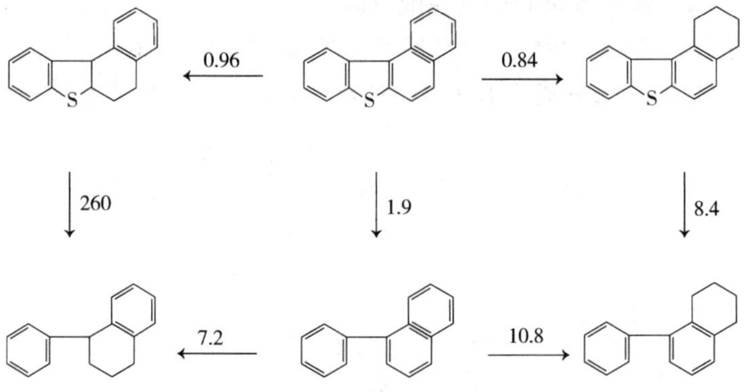

图 2-1-4　苯[b]萘[1,2d]并噻吩 HDS 反应网络
箭头上数字为相应反应拟一级反应速率常数的相对值。

从图 2-1-3 和图 2-1-4 可以看出，两种苯萘二苯并噻吩的 HDS 都通过氢解和加氢两种反应途径进行，且苯萘并噻吩氢解和加氢的反应速率也都差不多。其次，这两种苯萘并噻吩当萘中与 S 杂环相邻的芳环加氢后，其氢解脱硫速率远大于加氢前。但两种加氢产物氢解速率提高的倍数却又有很大的差别，其原因尚未清楚。

伴随着苯萘并噻吩(还有二苯并噻吩)的氢解发生的环加氢，部分地解释了为什么重油馏分的氢耗超过 HDS 所需的化学计量氢耗。由于苯萘并噻吩加氢相对迅速，因此认为这些化合物水平地吸附在催化剂上，形成可以加氢的 π 键化合物。

未见有关苯萘并噻吩 HDS 网络 L-H 速率方程的报道。

3. 杂原子烃对加氢脱硫反应的影响

DBT 和烷基取代的 DBTs 的脱硫按照两种反应路径进行：第一条路径是硫的直接移除，第二条路径包含两步，首先是芳环的加氢，然后是硫脱除为 H_2S。很多研究[9~13]发现毒物对于脱硫的两种反应路线的抑制作用是不同的，因此对于超深度脱硫产品，清晰认识不同抑制物种对于烷基取代的二苯并噻吩反应影响很重要。一般来说，抑制顺序如下：含氮化合物>>有机硫化物>多环芳烃≈含氧化合物≈H_2S>单环芳香族化合物。与溶剂对 HDS 的阻滞效应类似，杂原子烃也主要是通过对活性位的竞争吸附阻滞 HDS 反应，尤其是碱性氮化物，有些文献把碱性氮化物的阻滞作用称为中毒作用，因此本节重点讨论氮化物对 HDS 的影响。

(1) 硫化物对加氢脱硫的影响

硫化物的影响已如上节所述，有机硫化物有自阻作用，而 H_2S 则只阻滞氢解反应而不影响加氢反应[14]，Nagai 等[15]得到类似结果，并发现 H_2S 的阻滞作用与芳烃相仿。文献[16]报道了用由噻吩、环己烯、间二甲苯、正庚烷和丙醇等模型化合物混合而成的原料，在不同硫化方式硫化的 Co-Mo/Al_2O_3 催化剂上考察了加入 H_2S 对 HDS 等反应的影响。反应条件：4.0MPa，280℃，H_2S 浓度 0~5%(摩尔)。H_2S 的影响是复杂的，首先是生成强阻滞剂四氢噻吩(H_2S 促进二氢噻吩向四氢噻吩转化)和环己硫醇(H_2S 与环己烯反应的产物)，作为阻滞剂，其吸附平衡常数有如下顺序：四氢噻吩>环己硫醇>>H_2S>噻吩。因此认为，四氢噻吩和环己硫醇的生成是造成噻吩转化率(脱硫率)下降(尤其是当 H_2S<1%摩尔浓度时急剧下降)的主要因素。其次，H_2S 和 H_2 解离生成的 SH- 和 H- 有加速环状硫醚如四氢噻吩 C—S 氢解的作用，但 H_2S 的加入会部分抑制 H_2 的解离。可见，应调节反应条件使 H_2S 的

阻滞作用降至最小。

（2）氧化物对加氢脱硫的影响

Nagai[15]等曾考察了单环和多环氧化物对二苯并噻吩 HDS 的影响，发现氧化物同时降低联苯和环己基苯的产率，因此认为氧化物的存在同时使氢解和加氢两种活性位中毒，描述这两类反应可用相同形式的速率方程：

$$r=\frac{kK_{D}K_{H_2}P_{D}P_{H_2}}{1+K_{O}P_{O}} \tag{2-1-1}$$

式中，下标 O 表示氧化物。

生成联苯(氢解)速率方程中，二苯并呋喃，(夹)氧杂蒽和苯酚在 300℃时的吸附参数分别为 115.5(MPa)$^{-1}$、110.5(MPa)$^{-1}$和 90.8(MPa)$^{-1}$。鉴于这三种氧化物的吸附平衡常数相近，可认为单环和多环氧化物对 HDS 的阻滞作用相近似。较高氧化物浓度所得数据偏离式(2-1-1)的预测值，可能是由于加氢脱氧生成的水引起催化剂表面结构变化所致。

（3）氮化物对加氢脱硫的影响

碱性有机氮化物是 HDS 反应最强的阻滞剂(甚至称之为毒物)之一，因而被进行了广泛的研究。

Bhinde[17]在研究中发现，喹啉对二苯并噻吩反应网络中所有反应都有强烈的阻滞作用，而且在“反应初期”，当喹啉及其三种加氢产物——1,2,3,4-四氢喹啉和 5,6,7,8-四氢喹啉以及十氢喹啉是反应系统中的主要含氮化合物时，阻滞作用较强；当反应系统中的含氮化合物只保留邻丙基苯胺和氨时便进入“反应末期”，而末期的阻滞作用较弱。分别对二苯并噻吩网络的各反应确定喹啉存在条件下不同反应阶段的拟一级反应速率常数，并与原料中的喹啉含量相关联，发现氮化物对加氢反应的阻滞作用大于对氢解反应，这也证明，二苯并噻吩加氢和氢解反应是在不同的活性位上进行的。一些氮化物的吸附参数(292℃)见表 2-1-8。

表 2-1-8　一些氮化物的吸附参数(292℃)

化合物	K/(MPa)$^{-1}$	化合物	K/(MPa)$^{-1}$
4-乙基吡啶	2.27	2,6-二甲基吡啶	0
3,5-二甲基吡啶	1.58	4-甲基苯胺	0.12
2,4-二甲基吡啶	0.12	氨	0.98

根据氮化物受空间位阻程度与 HDS 阻滞参数(阻滞剂的吸附平衡常数)的关系，提出氮化物阻滞 HDS 反应是由于氮原子通过 sp^2 孤对电子的吸附所致。这似乎与认为杂环氮化物是通过其 π 电子水平地吸附假说[18]相矛盾，但在上述的阻滞实验中，并未发生明显的氮化物加氢，因而导致阻滞作用的吸附可能不同于导致阻滞剂的催化加氢。此外，在比阻滞实验更高的温度压力下，Kwart 等[19]曾指出，2,6-二甲基吡啶加氢生成的 2,6-二甲基哌啶是 HDS 的强阻滞剂，因为哌啶环的折叠特性，其 sp^3 孤电子对不受阻碍。

不受位阻影响的氮化物对 HDS 的阻滞作用与其碱度有关，Lavopa[18]和 Nagai[20]等就噻吩 HDS 和二苯并噻吩加氢生成六氢二苯并噻吩的反应研究了这种关系。Nagai 等发现，氮化物只阻滞加氢反应而不阻滞氢解反应。两组研究估计的氮化物吸附参数均不能与水溶液中氮化物的碱度(即 pK 值)很好关联，但却能与氮化物气相质子亲和力很好关联，显然，气相质子亲和力可较好地描述有机碱与表面催化位之间的相互作用。

还应指出的是，就氮化物的阻滞作用而言，简单地区分氮化物的碱性与非碱性是不够的，因为非碱性氮化物在加氢反应条件下会转化为碱性氮化物，因而在考虑氮化物的阻滞作用时，不仅要看原料中氮化物的碱性，还应预计到在加氢过程中所生成含氮中间产物的碱性。LaVopa[18]和 Nagai[20]等在研究中都发现非碱性氮化物咔唑的强阻滞作用，例如咔唑和碱性氮化物哌啶的吸附参数之比为 0.86[18]。

Shih 等提出了一个只适用于新催化剂的经验关联式，用以计算把馏分油的硫含量脱至 0.05%所需的反应温度：

$$T=T_0+A\exp W_S+B\ln W_N \tag{2-1-2}$$

式中　T——所需反应温度，℉，可按下式换算为℃：℃=5/9(℉-32)；

T_0、A 和 B——常数，其值分别为 454、31.39 和 20.05；

W_S——原料馏分中 600℉(315.6℃)以上的硫含量，%；

W_N——原料中的总氮含量，μg/g。

式(2-1-2)说明，馏分油的深度脱硫只与 315.6℃以上的硫化物含量有关，而氮化物对深度脱硫的阻滞作用也在式中得到定量的反映。

顺便提一下，芳烃(当然不是杂原子烃)对 HDS 也有不可忽视的阻滞作用，而且不同的作者对这种阻滞程度的描述不尽一致，不过与碱性氮化物的阻滞作用相比确实要小得多(如前所述，与 H_2S 的阻滞作用相仿)。

4. 加氢脱硫反应机理

文献报道了 HDS 过程中存在加氢和 C—S 键氢解两类不同活性位，上文在 HDS 反应网络和对 HDS 反应阻滞效应的讨论中也提到了加氢和氢解在不同的活性位进行。长期以来，人们认为硫离子空穴是 HDS 的活性位，硫化物通过硫原子吸附在那些不饱和配位(CUS)，经 HDS 反应后，硫化物生成烃产物，而其中所含硫原子则留在空穴上，进一步与氢反应生成 H_2S 而脱附，使该空穴复原。

(二) 加氢脱氮反应(HDN)

氮化物普遍存在于天然石油、煤焦油和页岩油中。已经查明，这些原料中的氮多以杂环芳香化合物的形式存在。非杂环化合物苯胺类主要存在于煤焦油中，也是双、多环杂环氮化物 HDN 反应的重要中间产物；脂族胺虽也存在，但含量很少，是环状氮化物加氢反应生成的活泼中间化合物，其加氢脱氮较杂环氮化物快得多，不会给加氢脱氮过程带来困难。这些氮化物在催化反应过程中影响催化剂的活性及寿命，对石油产品质量具有一定的影响，此外，燃料油燃烧过程中排放的 NO_x 对环境影响严重。

石油馏分的氮含量一般随馏分沸点的升高而增加，在较轻的馏分中，单环、双环杂环氮化物(如吡啶、喹啉、吡咯、吲哚等)占支配地位，而稠环含氮化合物(如吖啶、咔唑等)则浓集在较重的馏分中。典型的氮化物见表 2-1-9。

氮化物可分为碱性化合物和非碱性化合物两类，如表 2-1-9 中含五元氮杂环的化合物(吡咯及其衍生物)为非碱性氮化物，其余为碱性化合物。在加氢过程中非碱性化合物通常可变为碱性的，例如：二氢吲哚(吲哚 HDN 过程的中间产物)等就是碱性的。油品中非杂环含氮化合物含量较低，同时也较容易脱除，而较难脱除的杂环类含氮化合物的含量较大，直接影响油品的质量。

表 2-1-9　典型的有机含氮化合物

化合物	分子式	结构式	化合物	分子式	结构式
苯胺	C_6H_7N	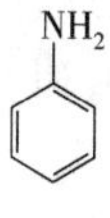	喹啉	C_9H_7N	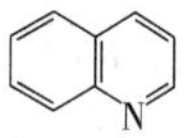
吡咯	C_4H_5N		吖啶	$C_{13}H_9N$	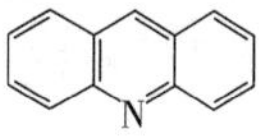
吲哚	C_8H_7N	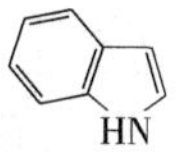	苯并吖啶	$C_{17}H_{11}N$	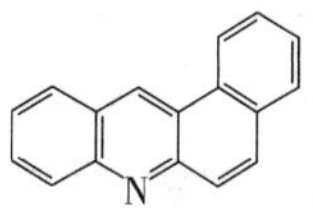
咔唑	$C_{12}H_9N$	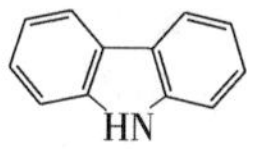	二苯并吖啶	$C_{21}H_{13}N$	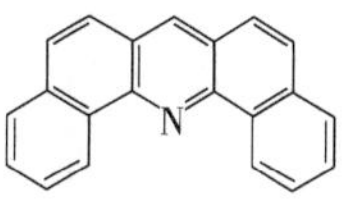
吡啶	C_5H_5N	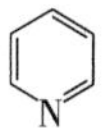			

在加氢裂化过程中，HDN 的重要作用首先是将氮脱至符合工艺要求的程度，以便充分发挥第二段或第二反应器催化剂的功能。众所周知，氮化物是加氢反应，尤其是裂化、异构化和氢解反应的强阻滞剂。HDN 的第二个重要作用就是生产符合规格要求的产品，研究表明，油品的使用性能，尤其是油品的安定性与 HDN 深度和氮含量尤其是碱氮含量[21]密切相关。

根据软硬酸碱(HSAB)理论可知，氮原子属于硬碱、硫原子属于软碱，镍、钴原子分别属于交界酸碱，但是镍原子的电负性是 1.91，属于偏硬酸，钴原子的电负性是 1.88，属于偏软酸。由 HSAB 原则“硬亲硬，软亲软，交界酸碱两边管”可知：镍优先与氮作用，钴优先与硫作用，所以含镍的催化剂有利于 C—N 键断裂，含钴的催化剂有利于 C—S 键断裂。

1. *有机含氮化合物的反应活性*

一般情况是，杂环含氮化合物在 C—N 键氢解之前必须进行杂环的加氢饱和，即使是苯胺类非杂环氮化物，C—N 键氢解前，芳环也要先行饱和[22]。

总体说来，杂环和苯胺比苯环加氢容易得多。

① 多环杂环氮化物中，杂环(五元、六元)的加氢活性顺序如下：三环>双环>单环。由于苯环的存在，杂环的加氢活性有所提高，且在杂环氮化物中，杂环的加氢活性比芳环高得多。

② 所有芳环(包括单环、双环和三环)与相连生成的 C—N 键显然被芳环强化了，因此，该键在氢解前通常需要先进行芳环加氢饱和。

③ 单环饱和杂环氮化物 C—N 键氢解活性如下：五元环>六元环>七元环。

吡咯烷和哌啶的苯同系物，C—N 键氢解活性有所下降，且对处在苯环 α 位的 C—N 键被强化而比较稳定，所以在 HDN 过程中，多发生在 β 位的 C—N 键氢解而生成邻位带取代基的苯胺类中间物，这意味着 HDN 前仍需进行芳环饱和，这是 HDN 与 HDS 的不同之处，也是 HDN 高氢耗的原因所在。

④ 异喹啉杂环饱和后的情况与上述不同：由于不存在对芳环为 α 位的 C—N 键，可以预期，异喹啉的 HDN 过程中芳环可能无需加氢饱和。

以上只是分别对氮化合物在 HDN 过程中所经历的加氢和 C—N 键氢解两个反应步骤的活性进行了讨论，还不能得出 HDN 活性的比较，但这些讨论对理解或设计氮化物 HDN 的反应网络无疑是很有借鉴价值的。

Girgis 等[5]给出了两组 HDN 活性数据，一组是不同氮化物的活性对比(见表 2-1-10)，另一组是带不同取代基的喹啉 HDN 反应结果(见表 2-1-11)。

表 2-1-10　若干碱性氮化物的 HDN 活性①

化合物	结构式	在原料中的浓度/%	拟一级速率常数②/[L/(g·s)]
喹啉	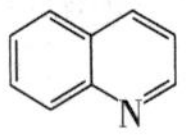	1.0	9.39×10^{-4}
吖啶	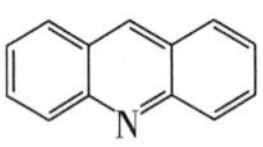	0.54	6.56×10^{-4}
苯并[*a*]吖啶	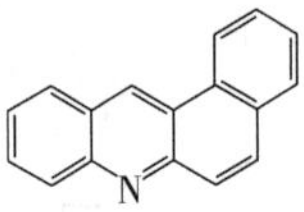	0.47	5.72×10^{-4}
苯并[*c*]吖啶	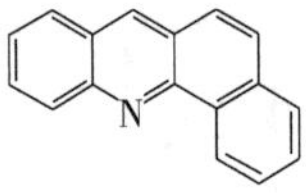	0.42	4.03×10^{-4}
二苯并[*c*，*h*]吖啶	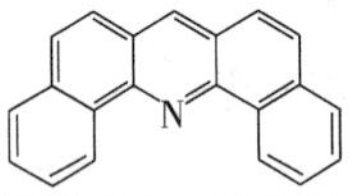	0.41	1.41×10^{-3}

① 釜式反应器，376℃，13.8MPa，$NiMo/Al_2O_3$ 催化剂，烷烃白油溶剂。

② HDN 对反应物和有机氮产物浓度之和是拟一级的。

表 2-1-10 尽管没有考虑 HDN 反应中氮化物强烈的自阻效应(后文进一步讨论)而使活性的比较略嫌粗糙，但从表中数据还是可以看出这些氮化物的 HDN 活性基本上是同一数量级，三元环、四元环氮化物的 HDN 速率大致相仿(喹啉的活性应比表中所示的要高，因为它在原料中的浓度几乎是其余氮化物浓度的 2 倍，自阻效应较大)。研究者推断加氢速率大于 C—N 键氢解速率，则大致相等的 HDN 速率意味着 C—N 键断裂的速率也大致相等，即这些氮化物涉及 C—N 键氢解的空间位阻效应亦应大致相同，因而进一步推论通过氮原子的吸附并不发生，否则像苯并[*c*]吖啶和二苯并[*c*，*h*]吖啶这样的空间位阻效应可能形成较强的化合物，其 HDN 速率可能要比吖啶 HDN 小一个数量级。

表 2-1-11　喹啉和二甲基喹啉的 HDN 活性①

化合物	结　构	拟一级速率常数/[L/(g·s)]
喹啉	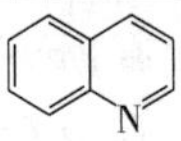	3.81×10^{-5}
2,6-二甲基喹啉	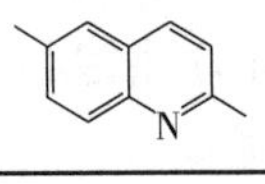	3×10^{-5}

续表

化合物	结　构	拟一级速率常数/[L/(g·s)]
2,7-二甲基喹啉	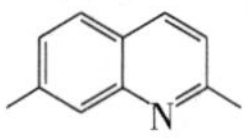	2×10^{-5}
2,8-二甲基喹啉	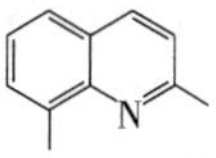	3×10^{-5}

① 釜式反应器，350℃，3.4MPa，$NiMo/Al_2O_3$，催化剂，正十六烷溶剂。

表 2-1-11 的结果支持上述推论：所有的二甲基喹啉的 HDN 速率相仿，略小于喹啉，说明这些化合物的空间位阻效应也是大致相同的。因此，有理由认为氮化物的吸附不是通过氮原子而是通过芳环的 π 键。

2. *加氢脱氮反应网络和反应动力学*

研究 HDN 过程动力学不仅能够为解决工业装置反应器的选型、设计计算提供必需的理论依据，为生产装置实现最优化操作提供依据，而且可为阐明反应机理、强化生产或进一步改进催化剂的性能等指明方向。HDN 的动力学模型大致可分为简单动力学模型、n 级动力学模型、Langmuir-Hinshelwood 机理模型和集总模型[24~32]。

正如上节所述，HDN 反应过程涉及三类反应：杂环与芳环加氢饱和以及 C—N 键氢解。当然不是所有的氮化物都涉及这三类反应，因分子结构不同，可能分别涉及其中之一、二或全部反应类型，如表 2-1-12 所示。

表 2-1-12　氮化物的结构及其对应的 HDN 反应

典型分子结构	HDN 所涉及反应
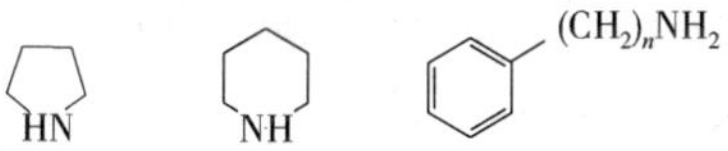	C—N 键断裂
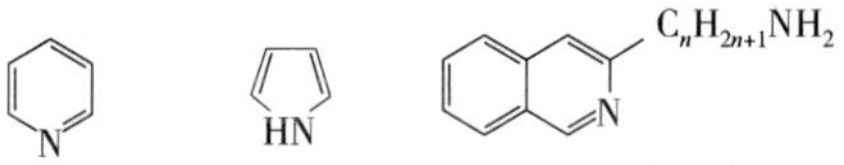	杂环加氢，C—N 键断裂
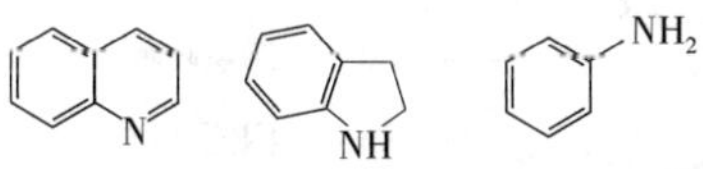	芳环加氢，C—N 键断裂
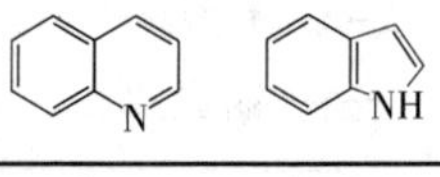	杂环加氢，芳环加氢，C—N 键断裂

从表 2-1-12 可以看出，自上而下，氮化物 HDN 的难度递增，由于杂环比芳环容易加氢，因此实际上最下面的两类化合物的 HDN 难度大体相仿。

喹啉是在 HDN 反应中涉及全部三类反应的分子最简单的氮化物之一，而且不太活泼，被公认为是代表石油馏分加氢最好的模型化合物，并因此而被广泛研究。本节重点讨论喹啉的 HDN 反应，随后介绍三环氮化物、吲哚和苯胺类的 HDN 反应。

（1）喹啉的加氢脱氮反应

许多研究者都对喹啉的 HDN 进行过研究[20,24~29]，研究多在液相条件下进行，这种条件更接近工业原料的 HDN。图 2-1-5 所示为喹啉的 HDN 反应网络，图 2-1-6 为喹啉反应后生成产物的选择性结果[23]。

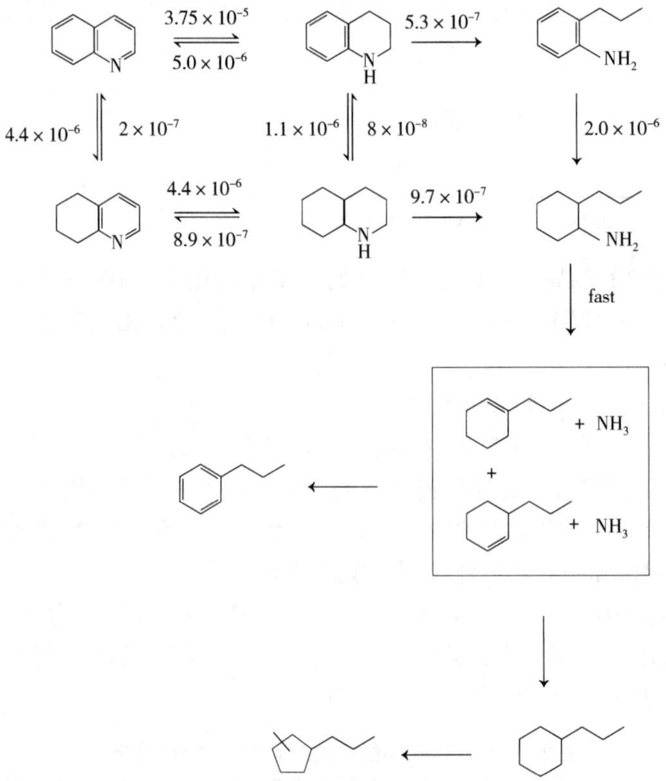

图 2-1-5　喹啉 HDN 反应网络[43]

反应条件：7.0MPa，375℃，原料中喹啉 5%，$CS_2$0.59%，NiMo/Al_2O_3；

箭头上的数字为拟一级速率常数，mol/(g·s)。

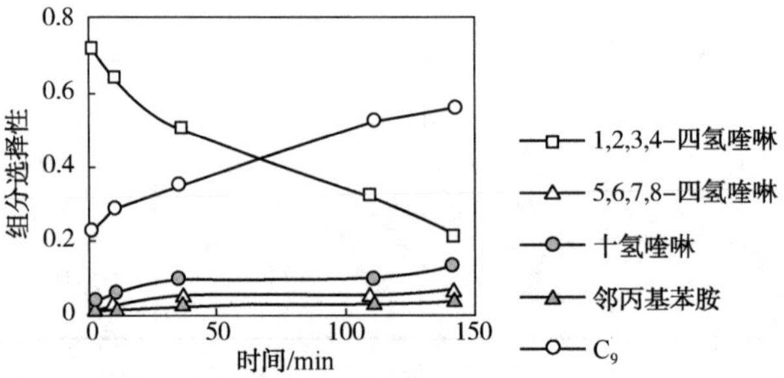

图 2-1-6　在无 H_2S 时喹啉加氢脱氮的产品选择性

喹啉 HDN 要求一个或两个环先加氢饱和。喹啉加氢生成 1,2,3,4-四氢喹啉比生成 5,6,7,8-四氢喹啉快得多(图中拟一级速率常数大一个数量级)。实际上，即使在低于 200℃时喹啉加氢生成 1,2,3,4-四氢喹啉的反应也达到平衡，这时原料中的氮化物主要转化为 1,2,3,4-四氢喹啉；当温度升至 350℃，喹啉生成 5,6,7,8-四氢喹啉的反应开始发生，且较高温度下与 1,2,3,4-四氢喹啉相平衡的喹啉浓度较高，有利于生成 5,6,7,8-四氢喹啉。

两种四氢喹啉加氢生成十氢喹啉的反应都是慢反应，不过 5,6,7,8-四氢喹啉加氢稍快，约在400℃开始。因此，400℃以上，喹啉加氢主要通过5,6,7,8-四氢喹啉加氢生成十氢喹啉的途径进行。

邻丙基苯胺脱氮要求苯环先加氢生成活泼的邻丙基环己胺，因为从加氢产物中检测出丙基环己烯，在反应条件下，这不大可能由丙苯加氢或丙基环己烷脱氢而只能由邻丙基环己胺脱氮生成。

5,6,7,8-四氢喹啉与邻异丙基苯胺等摩尔混合物的加氢实验结果证明，前者的加氢活性比后者高得多，其 T_{50} 低25℃，这表明在较高的反应温度(400℃以上)时，喹啉HDN主要是通过5,6,7,8-四氢喹啉、十氢喹啉而不是1,2,3,4-四氢喹啉、邻丙基苯胺的途径[22]。

由于氮化物在HDN过程中有强自阻效应，因此，喹啉HDN网络中各反应和总的HDN动力学均用L-H速率方程模拟，但不同研究者在喹啉HDN反应网络研究中提出的速率方程也不尽相同。

路蒙蒙[24]通过对 $MoP/SiO_2-TiO_2-ZrO_2$ 催化剂上喹啉加氢脱氮活性考察，建立了带有氮化物吸附的拟一级反应动力学模型，并结合Levenberg-Marquardt(L-M)算法对模型参数进行优化求解。将喹啉HDN反应的脱氮率实验值与模型计算值进行了比较，两者吻合较好，平均相对误差为6.87%。

Satterfield和Yang[25,26]用图2-1-5所示的每一种反应物进行液相加氢实验。用单活性位L-H速率方程描述加氢和氢解反应。将反应物和产物归并为三个集总：氨、十氢喹啉和芳香胺(包括喹啉、两种四氢喹啉和邻丙苯胺)。可能由于反应条件下氮化物的表面覆盖率很高，喹啉遵循零级动力学，因此L-H速率方程式分母中的1被忽略了，速率方程如下：

$$r_{ij}=\frac{k_{ij}K_i c_i}{K_{AA}c_{AA}+K_D c_D+K_A c_A} \tag{2-1-3}$$

式中　r_{ij}——在HDN反应网络中的 j 反应中化合物 i 的反应速率；

下标AA、D和A——分别代表芳香胺、十氢喹啉和氨。

式(2-1-3)中假设芳香胺集总中各组分的吸附参数相同，并假设吸附参数之比与温度无关，确定了它们之间的比值为 $K_D/K_{AA}=2$，$K_A/K_{AA}=0.7$。

Shih等[27]假设加氢和氢解反应在两类不同的活性位上进行，HDN网络中的这些反应在给定的反应条件下遵循拟一级动力学，且认为所有的含氮化合物(包括 NH_3)的吸附参数都相等，得到喹啉HDN网络的反应动力学方程如下。

① 对加氢反应：

$$r_{ij}=\frac{k_{ij}P_{H_2}{}^2 c_i}{(1+K_{H_2}P_{H_2}+K_N c_{NO})^2} \tag{2-1-4}$$

342℃的吸附参数值为 $K_{H_2}=0.49(MPa)^{-1}$，$K_N=6.4\times10^8 g/mol$。

② 对氢解反应：

$$r_{ij}=\frac{k_{ij}P_{H_2}{}^n c_i}{(1+K_{H_2}P_{H_2}+K_N c_{NO})^2} \tag{2-1-5}$$

1,2,3,4-四氢喹啉氢解反应 $n=1$；十氢喹啉氢解反应 $n=0$。

342℃的吸附参数值为 $K_{H_2}=0.49(MPa)^{-1}$，$K_N-6.4\times10^6 g/mol$。

加氢反应与氢解反应氮化物的吸附参数相差两个数量级，与两类活性位的假设相符。

Gioia 和 Lee[28] 提出喹啉 HDN 网络的动力学方程为：

$$r_{ij}=\frac{k_{ij}c_{ij}}{1+K_{Q}c_{Q}+K_{THQ}c_{THQ}} \tag{2-1-6}$$

式中　Q 和 THQ——分别代表喹啉和 1,2,3,4-四氢喹啉。

式(2-1-6)分母中含有其他吸附项并不贴合对实验数据的拟合，350℃吸附参数 $K_{Q}=K_{THQ}=10^{5}$g/mol。

如前所述，通过研究氢压对反应途径的影响，并据此把 HDN 网络中的反应分为两类：一类是伴有加氢的 C—N 键断裂(氢解)反应，包括 1,2,3,4-四氢喹啉分别生成邻丙基苯胺、丙基环己烯和丙基环己烷以及十氢喹啉生成丙基环己烷的反应；另一类则是加氢或脱氢反应，例如由喹啉生成 1,2,3,4-四氢喹啉、两种四氢喹啉生成十氢喹啉、邻丙基苯胺的芳环饱和、丙基环己烯生成丙基环己烷或轻烃以及 1,2,3,4-四氢喹啉脱氢为喹啉、丙基环己烷脱氢为丙苯等反应。发现前一类(氢解)反应的速率常数 k_{ij} 几乎与氢压无关，并因此提出这些反应的控制步骤是 C—N 键断裂或结构重排；第二类反应的速率常数则强烈依赖于氢压，并确定了 k_{ij} 与氢分压 P_{H_2} 有如下关系：

$$k_{ij}=\frac{k_{ij}'P_{H_2}{}^{m}}{(1+K_{H_2}P_{H_2})^{n}} \tag{2-1-7}$$

对加氢反应：$m=n$，n 是化合物 i 加氢反应中氢的化学计量系数(只适用于 $n=1$ 或 $n=2$ 的情况)。

对脱氢反应：$m=0$，$n=1$ 或 $n=2$，取决于反应涉及的氢的空活性位数。

Miller 和 Hineman[29] 提出喹啉总的 HDN 动力学方程为：

$$r_{HDN}=\frac{kc_{N}}{1+K_{N}c_{N}} \tag{2-1-8}$$

式中　$K_{N}=(7.9\sim9.6)\times10^{4}$g/mol(330℃)；

$K_{N}=(1.7\sim2.3)\times10^{4}$g/mol(375℃)。

(2) 吖啶的加氢脱氮反应

吖啶是典型的三环六元杂环氮化物。由于分子结构比喹啉更为复杂，因此可供选择并且相互交联的反应途径更多，其 HDN 反应网络也更复杂，图 2-1-7 和图 2-1-8 是 Schulz[22] 提出的吖啶 HDN 反应网络。

从图 2-1-7 可知，吖啶一个环(苯环或杂环)的加氢反应[(1)和(4)]都是非常快的，1,2,3,4-四氢吖啶继续环饱和的反应[(2)和(3)]也是快反应。9,10-二氢吖啶中的苯胺型 C—N 键由于第二个芳环的削弱而变得较易断裂，在相对低的温度下生成邻苄基苯胺。非对称八氢吖啶中相对于芳环 β-位的 C—N 键较易断裂，生成相对稳定的邻甲基环己基苯胺，它进一步加氢即生成活泼的饱和胺并快速脱氮。在吖啶 HDN 过程中还生成一定量的喹啉。

(3) 吲哚和咔唑的加氢脱氮反应

多数五元杂环氮化物在烃类中的溶解度非常小且不稳定，有关五元环氮化物加氢脱氮的报道并不是很多。Bhinde[17] 提出的吲哚 HDN 反应网络较为详细，见图 2-1-9，并进行了该网络的动力学研究。吲哚加氢生成二氢吲哚的反应很快，实际上反应达到平衡，因此在动力学分析中把吲哚和二氢吲哚划为一个集总。没有检测到苯环被加氢的有机氮化物，说明吲哚

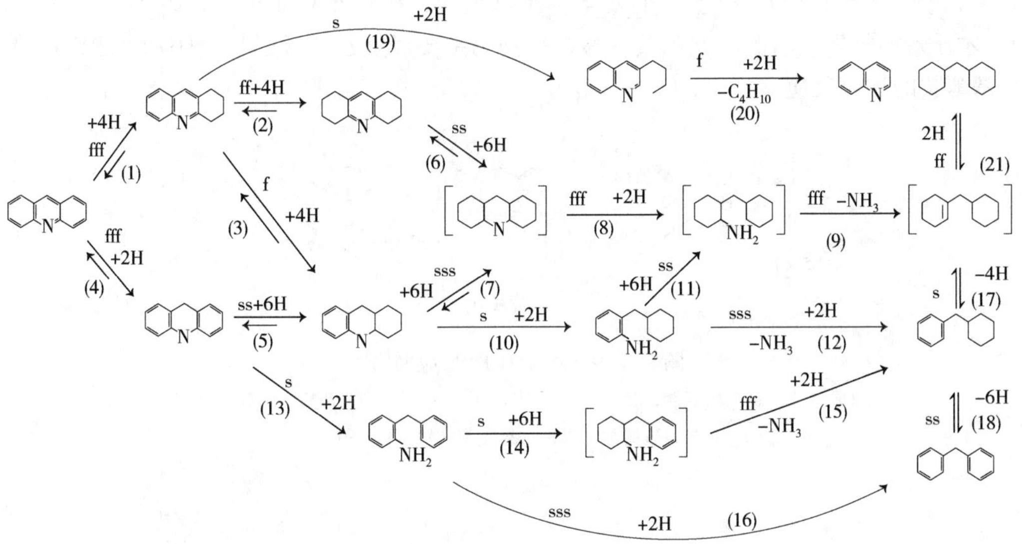

图 2-1-7　吖啶 HDN 反应网络[32]

反应条件：375~475℃，4.6MPa，硫化型 NiW/Al_2O_3 催化剂。

符号 f(s)代表快(慢)，f(s)越多代表越快(慢)。

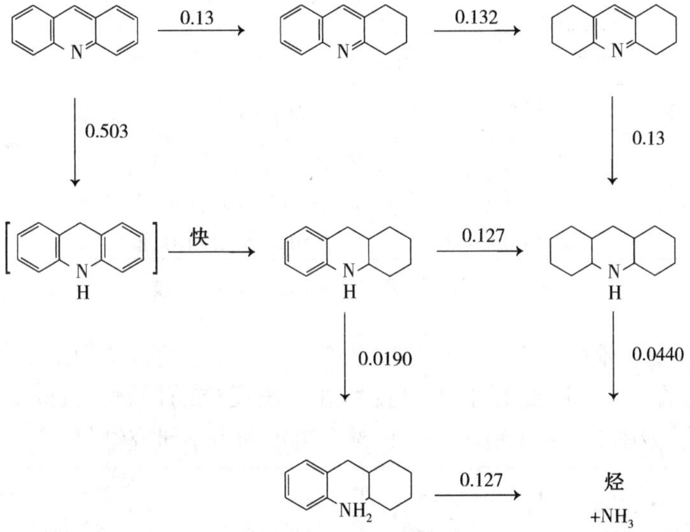

图 2-1-8　吖啶 HDN 反应网络[4]

反应条件：367℃，13.9MPa，$Ni-Mo/Al_2O_3$ 催化剂，进料吖啶浓度 0.5%。

箭头附近的数字为拟一级速率常数，g/(g·s)。

也和其他氮化物一样，杂环容易加氢。检测到两种烃产物：乙基环己烷和乙苯，在动力学处理时也被视为一集总。用拟一级动力学描述总氮脱除和网络中各个反应，350℃的拟一级速率常数标于图 2-1-9 中的箭头附近。

Schulz 等[22]提出的吲哚 HDN 网络更为详细，见图 2-1-10，但未给出动力学研究结果。同样发现杂五元环的加氢很快，350℃的二氢吲哚平衡产率约为 10%~15%。二氢吲哚的脂肪 C—N 键断裂要在 300℃以上才能发生，是慢反应，生成很稳定的邻乙基苯胺，它只在>350℃才开始加氢生成活泼的饱和胺，最终得到的主要烃是乙基环己烷。HDN 的控制步骤为邻乙基苯胺的加氢反应。

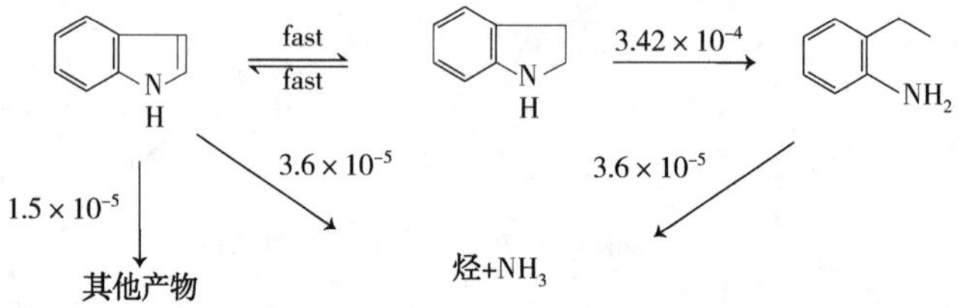

图 2-1-9　吲哚 HDN 反应网络[24]

反应条件：釜式反应器，350℃，3.4MPa，正十六烷溶剂，NiMo/Al_2O_3 催化剂；

箭头附近的数字为拟一级速率常数，L/(g · s)。

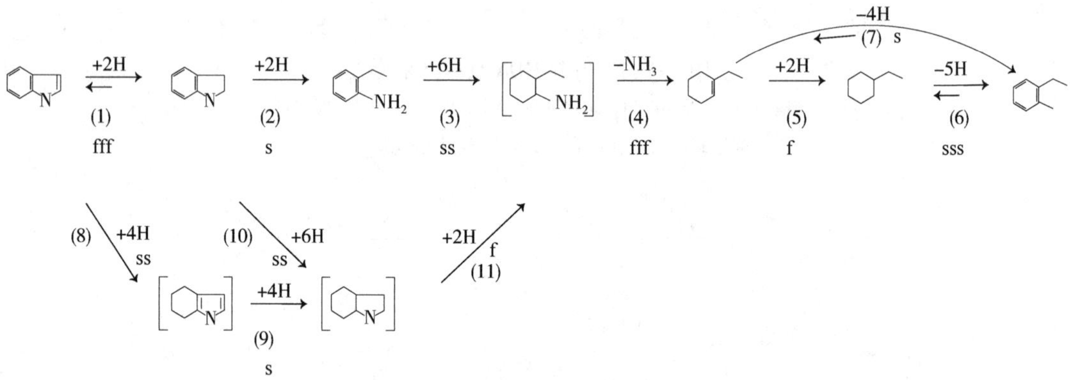

图 2-1-10　吲哚 HDN 反应网络[32]

反应条件：300~450℃，P_{H_2}=4.5MPa，NiW/Al_2O_3 催化剂；

符号 f(s)代表快(慢)，f(s)越多代表越快(慢)。

反应产物中发现有苯胺、甲苯、甲基环己烷、苯和环己烷，认为是二氢吲哚五元环中的脂肪 C—C 键和芳香 C—C 键断裂生成的胺类进一步反应的产物。Schulz[22]还提出了咔唑 HDN 的反应网络，如图 2-1-11 所示，但也没有给出动力学研究结果。

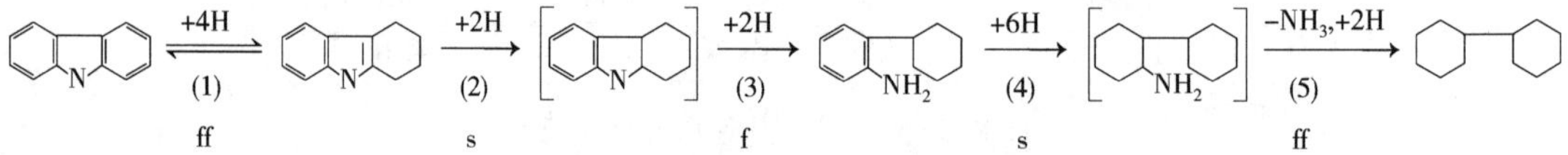

图 2-1-11　咔唑 HDN 反应网络[32]

反应条件：300~375℃，P_{H_2}=4.6MPa，NiW/Al_2O_3 催化剂；

符号 f(s)代表快(慢)，f(s)越多代表越快(慢)。

咔唑加氢生成 1,2,3,4-四氢咔唑的反应是快反应，在 NiW/Al_2O_3 催化剂、4.6MPa 氢分压条件下，其 T_{50} 约为 300℃。进一步加氢生成六氢咔唑的反应较慢，但后者会很快氢解生成较稳定的 2-环己基苯胺，在脱氮前，需要进行苯环加氢。由于苯环加氢是慢反应，因此，在 375℃时咔唑的脱氮率只有 60%左右。

(4) 苯胺衍生物的加氢脱氮反应

几乎所有杂环氮化物在 HDN 过程中都生成苯胺类中间物，因此苯胺衍生物的 HDN 反应是最重要的反应之一。

据文献[5]介绍，苯胺直接氢解和通过加氢中间物 HDN 均可发生，关键是氢浓度。Mathur 等在考察了苯胺及若干苯胺衍生物的 HDN 反应后提出的苯胺 HDN 反应网络和机理如图 2-1-12(a)所示。图中的网络表明，苯胺 HDN 的主要产物是苯。其反应机理如图 2-1-12(b)所示，表明苯胺类的 HDN 首先生成二氢中间物，这种中间物的生成破坏了与氮原子孤对电子的芳香共振相互作用而削弱了 C—N 键，造成二氢中间物 C—N 键氢解迅速发生，这意味着对苯胺类的 HDN 过程中环的完全加氢不是必需的。

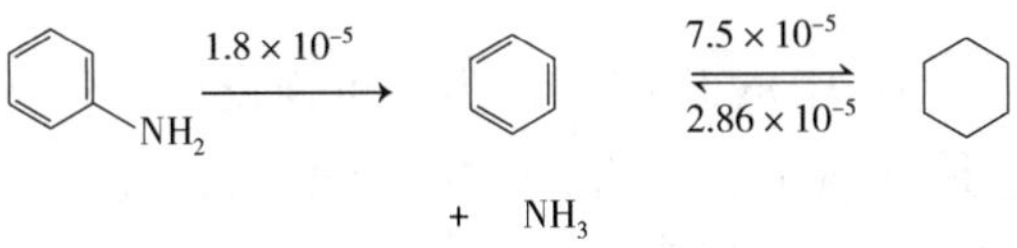

(a)苯胺HDN反应网络

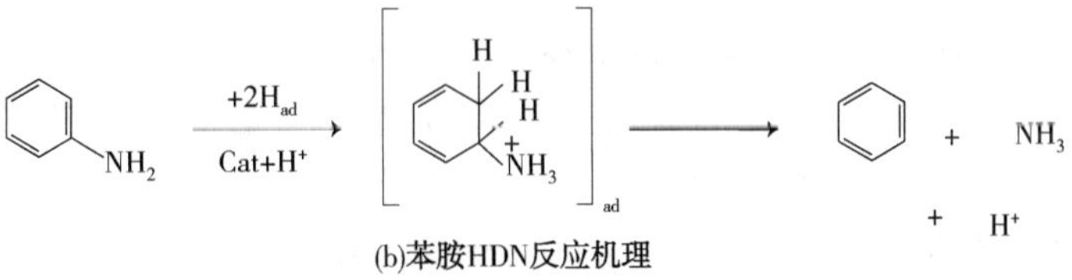

(b)苯胺HDN反应机理

图 2-1-12　苯胺 HDN 反应网络和反应机理[6]

箭头附近的数字代表该反应速率常数，L/(g·s)。

但另一些研究者却得到不同的结论。Finiels 等[30]在二苯胺的研究中发现，在短反应时间内苯的浓度比苯胺小得多。若如上述，苯和苯胺只是由二氢化物生成，则二者的浓度应相等，且苯胺加氢比苯快。因此，苯胺相对于苯浓度更高这一实验结果证明，通过二氢化物氢解不是唯一有效的 HDN 途径。因而提出苯胺衍生物 HDN 主要途径是芳香环完全加氢，然后 C—N 键氢解。

Schulz 等[22]关于苯胺 HDN 的报道与文献[30]相同。他们用苯胺和甲基环己烯混合物(摩尔比为 78∶22)加氢的结果证明苯胺 HDN 主要反应途径是先行环饱和，然后 C—N 键氢解。

Girgis 等[5]在评述这两种不同观点时指出，实验所用氢分压的不同可能是导致实验结果和由此产生不同结论的原因。较高的氢分压使苯环较快加氢并造成二氢化中间物氢解途径的贡献较小，脱除氮的氢耗也较高。

3. 加氢脱氮热力学

正如上节所述，杂环氮化物的 HDN 在 C—N 键断裂之前往往要求杂环加氢饱和，这意味着加氢反应的平衡状态可能会影响 HDN 速率：若反应网络中杂环加氢是 HDN 反应的速率控制步骤，表明被加氢的杂环氮化物一生成就会反应掉，加氢反应不会达到平衡，因此加氢反应的平衡位置(即反应条件下的平衡浓度)不影响总的 HDN 速率；反之，若氢解(C—N 键断裂)反应是速率控制步骤，则意味着杂环加氢反应可能达到平衡，此时杂环加氢氮化物的浓度便取决于平衡位置，这种情况下总的 HDN 速率就是 C—N 键氢解反应的速率，它既与反应速率常数(反应温度的函数)有关，也与饱和氮化物的浓度(受环加氢平衡状态支配)有关。因此，杂环氮化物的热力学问题引起研究者们的关注。

杂环氮化物的HDN反应包括环加氢和C—N键氢解等一系列反应步骤。从热力学角度看，只有环加氢反应是不利的，热力学对总HDN的影响取决于反应网络中不同反应步骤的反应动力学。在较低的反应温度下操作，平衡有利于环加氢反应，但此时氢解反应速率较低，总的HDN速率也将较低；随着反应温度升高，一方面氢解速率常数提高，有利于HDN速率提高，另一方面则是加氢反应平衡常数下降，因而由平衡常数决定的氢解反应物(环加氢产物)的浓度减小，从而导致总HDN速率下降。因此，随着反应温度升高，总的HDN速率或总脱氮率会出现一个最高点。在此最高点之前，HDN属动力学控制，之后属热力学控制。

在HDN操作条件下，总的HDN反应可视为不可逆反应。但环的加氢饱和反应是可逆反应。由于加氢饱和反应是耗氢的，因此摩尔数有变化，提高压力有利于平衡向右移，其影响的大小取决于反应所消耗的氢摩尔数。对于在环加氢反应中耗氢量大的杂环氮化物，其加氢生成物浓度对反应压力和反应温度都非常敏感。在含稠环杂环氮化物较多的重油馏分HDN工业实践中，为了得到高的脱氮率，往往采用较高的反应温度和压力，前者是为了提高氢解反应速率常数，后者是为了提高杂环氮化物加氢饱和产物浓度，而代价是氢耗较高。

4. 竞争环境中的加氢脱氮

硫、氮、氧杂环化合物和芳烃结构的相似性，使这些类型的化合物以类似的方式与催化剂表面的催化位相互作用，这就是这些化合物之间的竞争吸附，在加工工业原料时，竞争吸附会起到重要作用。

HDN与其他杂原子加氢脱除反应和芳烃加氢反应的相互作用可定性叙述如下：氮化物由于其强吸附性而对其他加氢反应具有极强的阻滞作用，而其他加氢反应只轻度阻滞HDN反应，在某些环境中，HDS和HDO反应实际上还会促进HDN反应。下面分别讨论这些交互作用。

(1) 硫化物对加氢脱氮反应的影响

Satterfild等[31]在NiMo/Al_2O_3和NiCo/Al_2O_3催化剂上，在1.0~7.0MPa、200~450℃的反应条件下以吡啶和噻吩为模型化合物考察了HDS和HDN的相互影响，发现吡啶的存在严重阻抑了HDS反应，而噻吩则对HDN反应表现了双重效应：低温下由于竞争吸附，吡啶的加氢反应轻度受阻滞；而高温下，HDS生成的H_2S增加了C—N键氢解速率，而造成总的HDN速率增加，即噻吩的存在促进了吡啶的HDN反应(而H_2S对杂环硫化物的加氢和氢解均起阻滞作用)。

对喹啉的HDN研究也表明，H_2S对加氢反应有轻度阻滞，但明显促进C—N键的氢解反应。表2-1-13列出了喹啉HDN反应网络中若干反应步骤受H_2S影响的定量研究结果，其中R_i是各反应步骤在H_2S存在与否的条件下拟一级反应速常数之比。由表中数据可以看出，加(脱)氢反应步骤的速率常数约降低10%~15%(k_4除外，认为这是参数估计造成的)，而氢解反应步骤的反应速率却由于H_2S的存在而增加1~4倍。

表 2-1-13　H_2S 对喹啉 HDN 各反应步骤的影响①

反　应	R_i②	反应类型
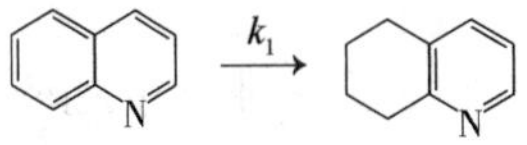	0.91	加氢
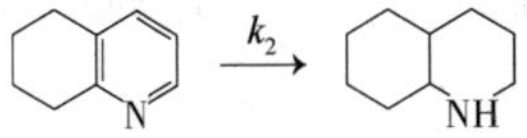	0.80	加氢
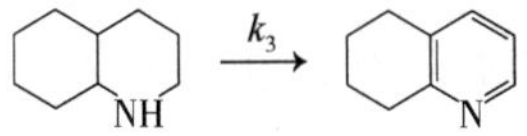	0.88	脱氢
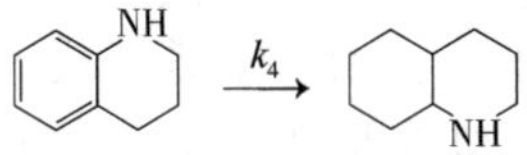	1.09	加氢
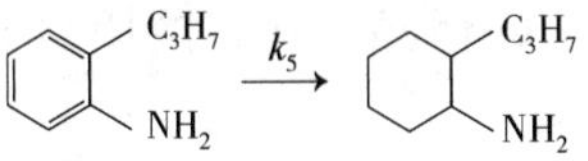	0.86	加氢
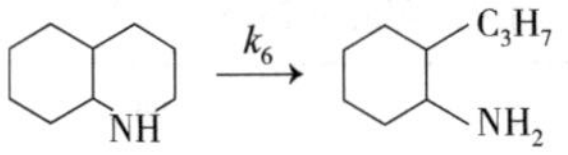	1.73	氢解
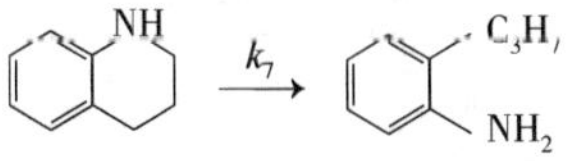	5.0	氢解

① $P=7.0$MPa，$T=375$℃，硫化型 $NiMo/Al_2O_3$ 催化剂。

② $R_i=k_i(P_{H_2S}=1.35kPa)/k_i(P_{H_2S}=0)$。

Nagai 等[32]研究过不同硫化物对吖啶 HDN 的影响，发现硫化物阻滞吖啶 HDN，随着加入硫化物浓度的增加，二环己基甲烷产率下降。假定全氢吖啶氢解为二环己基甲烷是 HDN 网络中的慢反应步骤，给出动力学方程如下：

$$r_{DCM}=\frac{kK_{PA}K_{H_2}P_{PA}P_{H_2}}{(1+K_{PA}P_{PA}+K_{H_2}P_{H_2}+K_SP_S)^2} \tag{2-1-9}$$

式中　DCM、PA 和 S——分别表示二环己基甲烷、全氢吖啶和加入的硫化物。

式(2-1-9)暗含全氢吖啶是唯一吸附在氢解活性位上的氮化物。在 360℃条件下分别对加入不同硫化物的反应测定其吸附参数(见表 2-1-14)，遗憾的是全氢吖啶吸附参数的估计值因加入的硫化物不同而不同。由表中数据可以看出，全氢吖啶的吸附参数总比硫化物的吸附参数大两个数量级；杂环硫化物比链状结构的硫化物具有更强的阻滞作用，并存在阻滞作用随环数增加而加强的趋势。此外，还发现 K_{H_2} 比 K_S 小三个数量级。

表 2-1-14　全氢吖啶和若干硫化物的阻滞参数[32]

硫化物	K_S/MPa^{-1}	K_{PA}/MPa^{-1}	硫化物	K_S/MPa^{-1}	K_{PA}/MPa^{-1}
二苯并噻吩	157.9	13323.5	$(CH_3)_2S$	31.6	8981.0
苯并噻吩	68.1	7105.8	CH_3CH_2SH	9.9	8191.5
噻吩	51.3	5526.8			

以上结果是由模型化合物研究得到的，把这些结果用于工业加氢过程时则应注意原料中

所含氮化物加氢步骤和氢解步骤对总的脱氮速率的贡献，也应考虑所用催化剂加氢和氢解的相对活性。

（2）氧化物对加氢脱氮反应的影响

Odebunmi 等[33]在 $P_{H_2}=7.0\text{MPa}$、$T=250\sim350℃$ 的条件下，研究了吲哚在 $CoMo/Al_2O_3$ 催化剂上的加氢反应。用简化的 L-H 模型可很好拟合加入间甲苯酚的吲哚 HDN 实验数据：

$$F_{NO}\frac{dx_N}{dW}=\frac{k_{HDN}K_NC_{NO}(1-x_N)}{1+K_NC_N+K_OC_O+K_SC_S} \tag{2-1-10}$$

式中　N、O 和 S——分别代表氮化物、氧化物和原料中痕量的硫化物；

x_N——脱氮率。

模型假设存在两种不同的活性位，反应物（吲哚、间甲苯酚）及其转化产物在其中之一竞争吸附，氢在另一种活性位上非竞争吸附，还假设吲哚及其反应产物（邻乙基苯胺和 NH_3）具有相同的吸附平衡常数 K_N。模型的参数见表 2-1-15（表中同时列出了间甲苯酚 HDO 速率常数）。

表 2-1-15　吲哚和间甲苯酚的反应速率常数和吸附参数[33]

温度/℃	吲哚		间甲苯酚	
	10^4k_{HDN}/(mol/g)	K_N/(L/mol)	10^4K_{HDO}/(mol/g)	K_O/(L/mol)
250	1.1	2172.5	13.4	21.1
275	2.5	79.6	62.6	5.6
300	5.3	3.7	254.9	1.7
350	20.2	—	3006.4	-

表 2-1-15 中数据表明，吲哚明显地支配着与催化剂的相互作用，间甲苯酚只轻微阻滞吲哚的 HDN，而间甲苯酚的 HDO 则受到吲哚的严重阻滞。文献[33]还报道，当原料中的间甲苯酚含量大大超过吲哚含量时，则对 HDN 的阻滞作用明显变大（可使 k_{HDN} 下降 20%）。

Satterfield 和 Yang[34]研究了间乙基苯酚、邻乙基苯酚、苯并呋喃和二苯基醚对 HDN 的影响，在喹啉或喹啉与等摩尔氧化物混合物的实验中发现，加入氧化物使喹啉脱氮率提高，且每种氧化物促进 HDN 的程度大致相同，作者提出氧化物主要促进氢解反应，认为快速 HDO 生成的水是促进 HDN 的原因，也通过在原料中添加 0.01%的水产生相同效应的实验所证实。但加水未能提高邻乙基苯胺的脱氮率，因为邻乙基苯胺 HDN 强烈地受其加氢速率影响，而水却不能促进加氢反应。水和硫化氢各自单独存在或同时存在时对喹啉 HDN 的影响见表 2-1-16。

表 2-1-16　H_2O 和 H_2S 对喹啉 HDN 的影响①

P_{H_2O}/kPa	P_{H_2S}/kPa	喹啉脱氮率/%	P_{H_2O}/kPa	P_{H_2S}/kPa	喹啉脱氮率/%
0	0	42	0	12.2	78
6.38	0	54	6.38	12.2	94

① 反应条件：375℃，7.0MPa，空时 365h · g/mol，$NiMo/Al_2O_3$ 催化剂。

表 2-1-16 数据说明，水单独存在时对 HDN 的促进作用较 H_2S 单独存在时小，而二者同时存在，则明显促进了 HDN 反应。动力学研究表明，十氢喹啉对水和 H_2S 的存在十分敏

感，水和 H_2S 单独加入可使氢解速率常数分别提高 20%和 167%，而二者同时加入则氢解速率常数可提高 197%。

总之，氧化物和氮化物的竞争吸附导致在低转化率下对 HDN 的轻度阻滞；在较高的 HDO 转化率下，生成较多的水则使 HDN 稍有提高，若水和 H_2S 同时存在则对 HDN 有明显的促进。

（3）氮化物对加氢脱氮反应的影响

由于氮化物的强吸附性，因此其自阻滞效应和彼此阻滞效应都较明显。Bhinde[17] 曾研究过喹啉和吲哚 HDN 彼此的影响，把 0.5%喹啉加到 0.5%吲哚中，则吲哚反应网络的拟一级速率常数下降 1/3，表明喹啉及其加氢产物对吲哚 HDN 反应的强阻滞作用。同样，吲哚的存在也使喹啉 HDN 反应网络的拟一级速率常数降低 10%，吲哚的阻滞作用较弱是由于其吸附性能较弱，可以期待，当吲哚浓度较高时，则其碱性加氢产物二氢吲哚会对喹啉 HDN 产生更为明显的阻滞效应。

表 2-1-17 是原料中不同喹啉浓度对其 HDN 反应网络中若干反应及总的 HDN 反应速率常数的影响。可以看出，随着原料中喹啉浓度的升高，喹啉 HDN 反应网络中有代表性的加氢和氢解反应的速率常数明显下降，总的 HDN 反应亦然。表明喹啉在 HDN 中的自阻滞效应明显。

表 2-1-17　喹啉 HDN 反应的自阻滞效应[17]

反　　应	原料中喹啉浓度/%		
	0.2	0.5	2.0
喹啉 $\xrightarrow{H_2}$ 5,6,7,8-四氢喹啉	3.2×10^{-3}	1.8×10^{-3}	7.8×10^{-4}
十氢喹啉 $\xrightarrow{H_2}$ 烃类+氨	7.5×10^{-3}	3.1×10^{-3}	1.5×10^{-3}
喹啉 $\xrightarrow{H_2}$ 烃类+氨	6.7×10^{-4}	2.8×10^{-4}	9.7×10^{-5}

注：反应条件为 350℃，3.5MPa，正十六烷溶剂，$NiMo/Al_2O_3$ 催化剂。

（4）芳烃对加氢脱氮反应的影响

芳烃的吸附平衡常数比氮化物小很多，因而对 HDN 的阻滞作用也远低于氮化物的自阻效应，但重馏分中的芳烃尤其是稠环芳烃含量较多时，其竞争吸附和生焦倾向便成为重馏分 HDN 困难的原因之一。Bhinde[17] 发现十六烷溶液中 5.9%的萘对含量 0.2%的喹啉 HDN 的阻滞效应使喹啉 HDN 反应网络的拟一级速率常数降低 10%～15%。文献[35]在提及 2-甲基萘对 2,4-二甲基吡啶 HDN 的影响时指出，2,4-二甲基吡啶的加氢反应不受 2-甲基萘的影响，而哌啶的 C—N 键(1,6-位之间)的氢解反应只受 2-甲基萘的轻度阻滞。

5. *加氢脱氮反应机理*

通常认为使氮化物活化和使氢活化的活性位是不相同的。活化氮化物的活性位多认为是与暴露的钼离子相连的硫离子空穴。这些配位不饱和位发生在 MoS_2 晶体的边缘处。这些空穴位可简化为两类：一类提供催化加氢反应的活性位；另一类则提供催化氢解反应的活性位。两类活性位可相互转化，在一定的催化表面，这两类活性位的相对量很大程度上取决于催化剂的硫化方法以及 H_2S 和 H_2 的局部浓度。与硫离子空穴相连的钼离子的电子排列和结构形式会受到助剂金属的影响，催化剂的活性因此而改变，对此，研究者们提出各种观点：

Co 削弱 Mo—S 键，促进硫离子脱除而产生配位不饱和 Mo 离子；助剂金属的促进作用与其向钼贡献电子的能力相关；助剂可能改进催化剂的结构，从而使催化位更为稳定[35]。

对使氢活化的活性位了解更少，根据通过多种测试手段所得的实验结果表明，离解氢可能与硫而不是与钼相连，这些硫氢根使催化剂表面产生了对 C—N 键氢解必不可少的 B 酸[35]。

关于氮化物的吸附，文献概括为两类：通过氮原子垂直于催化表面的吸附和通过芳烃 π 键的平面吸附[2,35]。氮化物垂直吸附的间接证明见上述氮化物对 HDS 阻滞作用的讨论，即由于 N 原子邻位甲基对 N 原子吸附的空间位阻，2,6-二甲基砒啶的存在对石脑油 HDS 没有影响，而 4-乙基砒啶中的乙基不会阻碍 N 原子吸附，所以它的存在对 HDS 具有强烈的阻滞作用。氮化物通过芳烃 π 键的平面吸附则可得到证明，表 2-1-11 的数据表明，所有的二甲基喹啉的 HDN 速率相仿，略小于喹啉，说明这些化合物的空间位阻效应也是大致相同的，且发现雷尼镍上 2,6-二甲基吡啶加氢比吡啶快。因此，证明氮化物的吸附不是通过氮原子而是通过芳环的 π 键平面吸附。

氮化物在催化表面上的吸附比含氧、含硫化合物和芳烃容易得多，因此可能出现这样的情况：催化剂表面上氮化物的覆盖率相当大，但并非所有吸附的氮化物都经受加氢、氢解而脱氮，这不仅阻滞其他的加氢反应，还可能导致催化剂表面积炭的生成，使催化剂由原来的可逆吸附中毒变成永久失活。

一般认为，作为杂环氮化物 HDN 的第一步的杂环加氢反应，是通过平行于表面的环生成表面 π 络合中间物进行的，与芳烃在金属上加氢的 π-σ 机理相似。H_2S 对加氢反应的阻滞被认为是 H_2S 对空活性位的物理屏蔽造成的。

C—N 键氢解反应是从含氮化合物中脱除氮原子必不可少的反应步骤，文献[2，35，36]对 C—N 键断裂机理有简明的综述，并提供了大量参考文献。

正如本章在 HDN 活性一节指出的那样，在一般加氢处理条件下，只有当 C—N 键中的 C 原子是脂肪碳时，键断裂才能发生，所以含氮杂环化合物，甚至苯胺在 C—N 键断裂前需要进行杂环或芳环加氢。从脂肪族 C—N 脱去 N 原子，既可通过经典的 Hofmann 裂解，也可通过先取代后氢解的途径进行。

已经证明，硫化型 Mo、Mo-Co 和 Mo-Ni 催化剂上存在 B 酸中心，在这些催化剂上，相对于氮原子为 β 位的碳原子上有氢原子(β-H)的氮化物容易脱氮，且 β-H 越多，HDN 越快[37]。因此，250℃下，叔戊胺比戊胺 HDN 快，275℃下 2,6-二甲基哌啶比哌啶的 HDN 速率高。没有 β-H 的氮化物也能在高温下脱氮，如苄基胺 HDN 生成甲苯和 NH_3，这可认为是胺根被硫氢根亲核取代，随后发生较易进行的 C—S 键氢解。

（三）加氢脱氧反应

石油中的含氧化合物含量远低于硫、氮化合物，通常在 0.1%以下。石油馏分中的有机氧化物以羧酸(如环烷酸)和酚类为主。合成燃料中的氧化物含量较高，煤焦油的含氧化合物含量尤其高，氧是其中含量最高的杂原子。这些氧化物包括苯酚类、呋喃类、醚和羧酸类。

1. 有机含氧化合物的反应活性

不同类型的氧化物其 HDO 活性变化很大。Topsøe 等[2]总结氧化物 HDO 活性时指出，醚类 HDO 相对容易，呋喃类最不活泼，酚类居上述二者之间，而醇和酮则是最易转化的。

Girgis 等[5]也指出，若以呋喃的相对活性为 1，则 4-甲基苯酚、2-乙基苯酚和 2-苯基苯酚的相对活性分别为5.2、1.2和1.4，二苯并呋喃最难反应，其相对活性只有0.4。

表2-1-18列出了两组不同作者的研究结果，数据表明，取代基所处位置不同，对苯酚的HDO活性的影响也不同。一般认为，相对于—OH根邻位的取代基对HDO的阻滞作用最大。至于间位和对位取代基苯酚哪个较活泼，不同作者有不同的结论，例如Odebunmi等发现甲基苯酚的活性顺序为间甲酚>对甲酚>邻甲酚，与Bobysher等的结果对甲酚>间甲酚>邻甲酚有所不同[58]。

表2-1-18　各种甲基苯酚HDO的拟一级速率常数[5]

化合物	温度/℃	速率常数/[L/(g·s)]	化合物	温度/℃	速率常数/[L/(g·s)]
2-甲基苯酚①	350	1.6×10^{-7}	4-甲基苯酚②	300	4.9×10^{-5}
3-甲基苯酚①	350	3.1×10^{-7}	2,4-二甲基苯酚②	300	2.8×10^{-5}
4-甲基苯酚①	350	9.4×10^{-8}	2,6-二甲基苯酚②	300	6.3×10^{-6}
2-甲基苯酚②	300	2.4×10^{-5}	2,4,6-三甲基苯酚②	300	8.3×10^{-6}

① 滴流床反应器，6.9MPa，正十六烷溶剂，$Co-Mo/Al_2O_3$ 催化剂。

② 釜式反应器，5.1MPa，正十六烷溶剂，$Ni-Mo/Al_2O_3$ 催化剂。

2. *反应网络和动力学*

(1) 萘酚的加氢脱氧反应

Li等[39]提出的1-萘酚HDO反应网络如图2-1-13所示。从图中可以看出，尽管1-萘酚HDO既可通过直接脱氧，也可先加氢后脱氧，但比较各反应的拟一级速率常数可知，最快的脱氧反应是通过加氢生成1-四氢萘酮中间物这一途径发生的。这意味着1-萘酚HDO需要较高的氢耗。

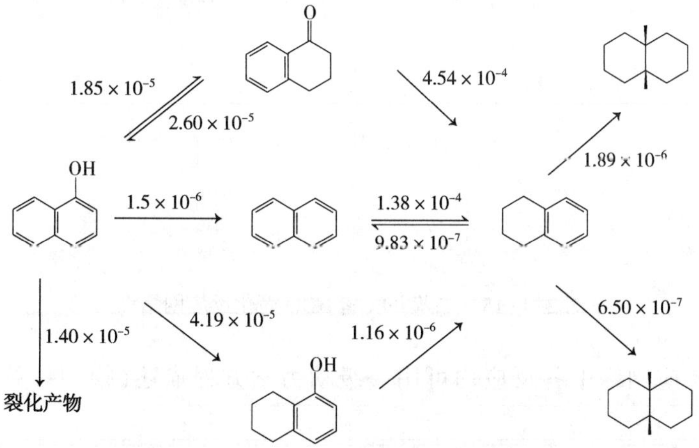

图2-1-13　1-萘酚HDO反应网络

注：箭头附近的数字是在 $Ni-Mo/Al_2O_3$ 上200℃时的拟一级反应速率常数，L/(g·s)。

(2) 二苯并呋喃的加氢脱氧反应

Krishnamurthy等[40]研究了二苯并呋喃的HDO反应。检测到的中间物中有联苯和苯基环己醇，这表明不经苯环预饱和便可直接脱氧；而1,2,3,4-四氢-二苯并呋喃中与苯环相连的C—O键可以断裂。提出二苯并呋喃HDO的反应网络及其用于动力学分析的简化网络分别示于图 2-1-14 和图 2-1-15。这两个图说明，既可通过芳环 C—O 键断裂直接脱氧(与 HDS 相似)，也可通过先加氢后 C—O 键断裂的反应途径脱氧(类似于 HDN)。

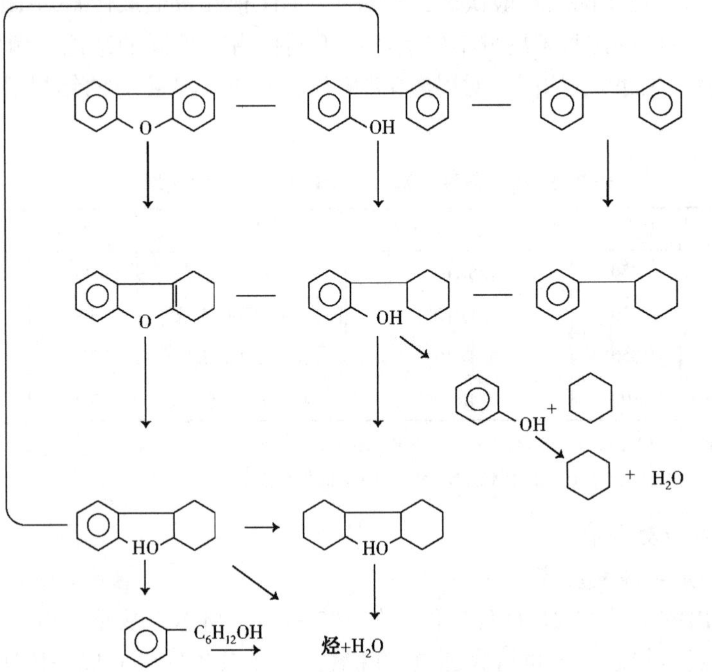

图 2-1-14 二苯并呋喃 HDO 反应网络[62]

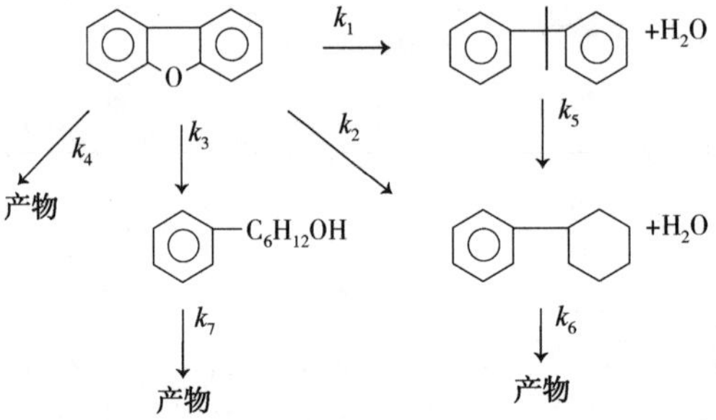

图 2-1-15 二苯并呋喃 HDO 简化反应网络[61]

图 2-1-15 反应网络中各反应均可用一级动力学方程描述(模型计算与实验值拟合良好)：

$$r_{ij}=k_j'P_H{}^{n_j}c_i=k_jc_i \tag{2-1-11}$$

式中 r_{ij}——i 组分在 j 反应中的消失速率；

k_j——拟一级速率常数，假设与 $P_H{}^{n_j}$ 呈正比，g/(g · min)；

c_i——i 组分浓度，mol/g；

P_H——氢压，MPa；

n_j——j 反应相对于氢压的级数。

动力学参数见表 2-1-19。

表 2-1-19　二苯并呋喃 HDO 简化网络的动力学参数[40]

反应编号 j	k_j①/min^{-1}	E_j/(kJ/mol)	n_j
1	0.028	68.4	1.07
2	0.077	76.2	1.53
3	0.026	97.3	0.92
4	0.710	20.5	2.47
5	1.633	19.4	2.28
6	0.377	38.9	2.83
7	0.235	49.0	2.55

① T=365℃，P_{H_2}=10.34MPa，NiMo/γ-Al_2O_3 催化剂。

二苯并呋喃 HDO 简化网络虽不详细，但其动力学分析结果对于认识二苯并呋喃的 HDO 历程，估计其中主要反应步骤的相对速率很有帮助。由表 2-1-19 可以看出，虽然可以进行芳环 C—O 键直接断裂脱氧(如反应 1、2)，但速率很低；对脱氧贡献最大的是反应 4，比较图 2-1-13 和图 2-1-14 可知，反应 4 代表了二苯并呋喃经由中间物环己基苯酚，进而生成邻-环己基环己醇以及苯酚并进一步脱氧的结果。这一过程与咔唑 HDN(图 2-1-11)有许多共同之处；Schulz[22]多次指出 HDN 与 HDO 的共性，Prins[36]在讨论 C—X 键(X 为杂原子)断裂机理时也认为 C—N 和 C—O 的断裂机理相同而区别于 C—S 键的断裂。

(3) 羧酸酯和羧酸的加氢脱氧反应

Laurent 等[41,42]报道了他们对含羧基化合物 HDO 的研究结果。发现羧基比羰基难脱氧，在 MoCo 和 MoNi 催化剂上，在接近 300℃的温度下，羧基分子起反应，几乎全部转化为烃，很少发生裂化副反应。

分别用羧酸酯和羧酸进行加氢的实验表明，存在两条主要反应途径，一是羧基加氢反应，另一是脱羧基反应。发现羧酸酯的活性比相应的羧酸活性高，而羧酸的脱羧基选择性则比羧酸酯高(见表 2-1-20)。还发现 MoNi 催化剂比 MoCo 催化剂具有更高的活性，例如 300℃下相应的拟一级速率常数和脱羧率分别为 $17.0\times10^{-3}(min\cdot g)^{-1}$ 和 66.5%及 $15.2\times10^{-3}(min\cdot g)^{-1}$ 和 49.2%，相应的活化能分别为 104.7kJ/mol 和 108.9kJ/mol。

表 2-1-20　羧酸酯和羧酸 HDO 活性和选择性[41]

反应物	活性①/$(min\cdot g)^{-1}$	选择性②	反应物	活性①/$(min\cdot g)^{-1}$	选择性②
癸酸乙酯	9.1×10^{-3}	1.1	癸酸	4.6×10^{-3}	1.5

①280℃，MoNi 催化剂，用拟一级速率常数表示活性。

② 定义选择性为产物中的正壬烷/正癸烷(mol/mol)。

羧酸酯(羧酸)HDO 简化反应网络如图 2-1-16 所示，表示羧酸酯和羧酸的 HDO 都是通过加氢和脱羧两种反应进行，而羧酸酯生成羧酸则是有限的副反应。

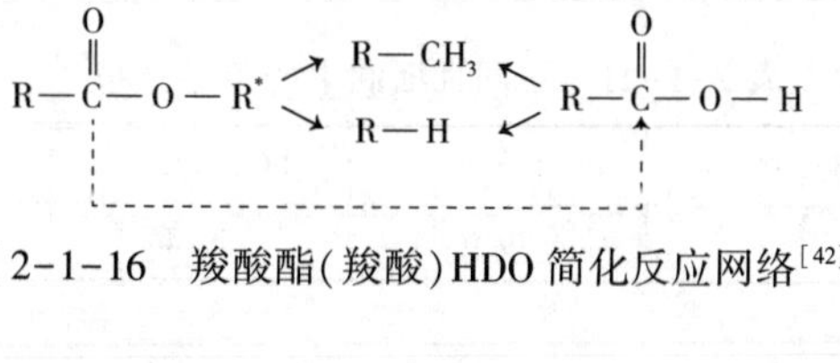

图 2-1-16　羧酸酯(羧酸)HDO 简化反应网络[42]

3. 杂原子烃对加氢脱氧的影响

硫化物对 HDO 有弱阻滞效应，文献[5]报道可用带氧化物和硫化物吸附项的 L-H 模型描述硫化物、氧化物混合物加氢过程中二者的相互影响，并引用了 Lavopa 等的二苯并呋喃 HDO 结果：原料中 P_{H_2S} 由 0 提高至 5.1kPa，二苯并呋喃转化率由 60% 下降至 44%。但 Krishnamurthy 等[40]在 NiMo/r-Al_2O_3 催化剂上进行二苯并呋喃 HDO 的实验中发现，预硫化型催化剂的活性比氧化型催化剂高约 3 倍；在催化剂预硫化基础上，反应过程中添加 CS_2 达 0.026%(体)和 0.10%(体)时，则活性分别提高 18% 和 27%。Laurent 等[41]也发现，H_2S 对羧酸酯 HDO 活性有促进作用。当 H_2S 的浓度为 196mmol/L 时 MoNi/γ-Al_2O_3 和 MoCo/Al_2O_3 催化剂的活性分别提高 79% 和 38%。

氮化物对 HDO 有较强的阻滞作用。Satterfield 等[34]用等摩尔氧化物和氮化物混合原料考察了喹啉和邻乙基苯胺对 HDO 的阻滞效应，发现邻乙基苯酚、苯并呋喃、二苯基醚均受到较强阻滞，喹啉的阻滞效应更强。例如喹啉和邻乙基苯胺可使间乙基苯酚的 HDO 转化率从未加氮前的 98% 分别下降至约 60% 和 79%。Odebunmi[33]研究了间甲苯酚和吲哚在加氢过程中的相互影响(见脱氮部分)，表 2-1-15 的数据表明吲哚对间甲苯酚的 HDO 有强烈的阻滞效应；当反应温度较低时，这种阻滞作用更大，因为这时脱氮率较低且碱性的二氢吲哚与吲哚的平衡浓度较高。Laurent 等[41]考察了 NH_3 对羧酸酯 HDO 的影响，发现很小的 NH_3 浓度便具有对 HDO 的阻滞效应，例如当 NH_3 浓度为 5mmol/L 时，MoNi/γ-Al_2O_3 和 MoCo/γ-Al_2O_3 的 HDO 速率常数分别降至无氨条件下的 62% 和 52%。氨浓度升高还会使脱羧反应的选择性下降，表明 NH_3 对脱羧反应的阻滞作用大于对加氢反应的阻滞作用。通过对反应中间物的详细分析表明，氨会阻滞羧酸中间物的生成。

总的说来，在 HDO 反应中，氧化物的自阻滞效应较小。

苯酚类和呋喃类化合物的 HDO 机理与苯胺类和杂环氮化物的 HDN 机理大体相似。

二、烃类的化学反应

(一) 芳烃加氢饱和反应

现代分析手段(如高压液相色谱、^{13}C 核磁共振、色-质联用以及紫外、红外技术等)的分析结果表明，石油馏分中的芳烃主要有四类：

① 单环芳烃：包括苯和烷基苯、苯基(或苯并)环烷烃。

② 双环芳烃：包括萘和烷基萘、联苯和萘并环烷烃。

③ 三环芳烃：如蒽、菲和芴及其烷基化物。

④ 多环芳烃：如芘、萤蒽。

以上是按分子中所含芳环个数分类，但也有按分子中含聚核芳环的个数分类的，如文献[5]把联苯和苯基萘分别归为单环和双环芳烃。

多环芳烃主要存在于高沸点(>350℃)馏分中，中间馏分中主要含前三类芳烃，其类型和含量取决于原料来源，见表 2-1-21。

表 2-1-21 不同瓦斯油中的芳烃分布[43]

烃类组成①/%	LGO②	LCO③	LGO/LCO④	FE-LCO⑤	BE-LCO⑥
饱和烃	74.0	29.0	59.4	25.2	58.4

续表

烃类组成①/%	LGO②	LCO③	LGO/LCO④	FE-LCO⑤	BE-LCO⑥
总芳烃	26.0	70.2	40.6	74.8	41.6
单环芳烃	16.8	11.2	12.6	29.0	0.1
双环芳烃	8.8	49.5	24.3	45.8	32.0
三环芳烃	0.4	9.5	3.7	0	9.5
多环芳烃	0	0.8	0	0	0.8

① 高压液相色谱分析数据。

② LGO 为直馏轻瓦斯油。

③ LCO 为 FCC 装置的轻循环油。

④ 混合油，LGO/LCO=70/30。

⑤ LCO 中<290℃馏分。

⑥ LCO 中>290℃馏分。

从表 2-1-21 中数据可见，直馏瓦斯油(LGO)中的芳烃含量相对低，而 FCC 轻循环油(LCO)的芳烃含量却高达 70%，其中的单环芳烃又几乎集中在它的初馏～290℃馏分中，LCO 的 290℃+馏分中的芳烃主要是双环和三环芳烃。

加氢裂化过程尤其是蜡油加氢裂化过程的压力等级显著高于柴油加氢，关键原因是为了芳烃尤其是多环芳烃的加氢饱和。芳烃加氢的目的在于：生产芳烃含量满足产品规格要求的汽油、柴油(芳烃饱和)和高黏温指数的润滑油基础油(多环芳烃加氢)，提供优质 FCC 进料和蒸汽裂解制取乙烯的原料；芳烃加氢饱和反应是部分含氮、氧、硫杂原子芳香化合物中脱除杂原子和把多环芳烃转化为轻质馏分过程中必不可少的步骤；而多环芳烃在催化剂表面的强吸附可能进一步转化为重质缩聚芳烃，并最终转化为焦炭导致催化剂积炭失活，因此芳烃加氢尤其是多环芳烃加氢饱和对深度加氢脱氮保护裂化催化剂活性稳定性并实现多环芳烃转化为轻质组分至关重要。

1. 芳烃加氢的热力学

芳烃加氢反应是可逆的放热反应(反应热在 63～71kJ/mol H_2 之间)。

$$A+nH_2 \rightleftharpoons AH$$

作为放热反应，就意味着正向加氢反应的活化能低于其脱氢逆反应。因此提高反应温度，脱氢反应速率的增值大于加氢反应(平衡常数降低)，故随着温度的提高，芳烃饱和率会出现一个最高点，与此最高点对应的温度就是最优加氢温度，低于这一温度为动力学控制区，高于这一温度为热力学控制区。到此温度点后若提高反应温度，反因平衡转化率降低而使芳烃饱和率下降，因此，从热力学的角度看，高温操作不利于芳烃加氢饱和。提高反应压力，平衡右移，有利于芳烃加氢，尤其有利于耗氢多(n 大)的反应。由此看来，了解芳烃加氢热力学的至关重要。

已发表的可用于精确计算芳烃加氢产物平衡浓度的热力学数据不多，Frye[44] 等测量了一些芳烃和氢的气相混合物在若干温度和压力下达到平衡后的组成。由此导出的平衡常数与绝对温度的关联式见表 2-1-22。

表 2-1-22　部分芳烃加氢反应平衡常数表达式

芳　烃	反　应	表 达 式
萘	$C_{10}H_8 \rightleftharpoons C_{10}H_{12}$	$\lg K=6460/T-12.40$
萘	$C_{10}H_8 \rightleftharpoons cis\text{-}C_{10}H_{18}$	$\lg K=16500/T-32.88$
$cis\text{-}C_{10}H_{18}$	$cis\text{-}C_{10}H_{18} \rightleftharpoons trans\text{-}C_{10}H_{18}$	$\lg K=695/T-0.301$
联苯	$C_{12}H_{10} \rightleftharpoons C_{12}H_{16}$	$\lg K=11750/T-21.71$①
环己烷基苯	$C_{10}H_{16} \rightleftharpoons C_{12}H_{22}$	$\lg K=11750/T-22.37$①
联苯	$C_{12}H_{10} \rightleftharpoons C_{12}H_{22}$	$\lg K=23500/T-44.08$①
菲	$C_{14}H_{10} \rightleftharpoons C_{14}H_{12}$	$\lg K=2600/T-6.11$①
菲	$C_{14}H_{10} \rightleftharpoons C_{14}H_{14}$	$\lg K=6565/T-13.25$①
菲	$C_{14}H_{10} \rightleftharpoons C_{14}H_{18}$	$\lg K=13030/T-26.38$①
菲	$C_{14}H_{10} \rightleftharpoons C_{14}H_{24}$	$\lg K=23190/T-46.49$①
茚	$C_9H_8 \rightleftharpoons C_9H_{10}$	$\lg K=4990/T-6.21$
二氢茚	$C_9H_{10} \rightleftharpoons C_9H_{16}$	$\lg K=10052/T-20.01$
C_9H_{16}	$trans\text{-}C_9H_{16} \rightleftharpoons cis\text{-}C_9H_{16}$	$\lg K=-310/T+0.602$
芴	$C_{13}H_{10} \rightleftharpoons cis\text{-}C_{13}H_{16}$	$\lg K=9242/T-19.00$
芴	$C_{13}H_{10} \rightleftharpoons C_{13}H_{22}$②	$\lg K=17830/T-38.66$
芴	$C_{13}H_{10} \rightleftharpoons C_{13}H_{22}$③	$\lg K=18339/T-37.76$

① 引自文献[44]，其余引自文献[45]。

② 由各种结构的六氢芴转化为全氢芴。

③ 只由顺式-六氢芴转化成全氢芴。

以萘、菲和芴为例，按表 2-1-22 中所列公式计算了若干反应温度下的平衡常数，见表 2-1-23。

表 2-1-23　芳烃加氢反应的平衡常数

反　应	lgK		
	300℃	350℃	400℃
萘+$2H_2 \rightleftharpoons$四氢萘	-1.13	-2.03	-2.80
9,10-二氢菲	-1.57	-1.94	-2.25
芴+$3H_2 \rightleftharpoons$顺式六氢芴	-2.87	-4.17	-5.27

从表 2-1-23 可见，平衡常数随温度升高而下降，在常用的加氢温度条件下，芳烃加氢平衡常数小于 1，若要达到一定的芳烃饱和率，必须适当提高操作压力。

在缺乏实验数据的情况下，平衡常数可应用基团贡献法进行计算，但正如 Girgis 等[5]指出的，这样的计算只能得到粗糙的近似值，例如对芳烃加氢平衡常数计算，其不确定性超过一个数量级，但这并不影响使用这些计算结果对问题做定量分析，如同曾在 HDN 一节所指出的那样。

双环以上的聚核芳烃加氢是逐环进行的，一般来说，第一环加氢的平衡常数较高，非第一环加氢比最后一环加氢的平衡常数高 2~3 个数量级。加氢反应涉及的氢物质的量越多，其平衡常数的温度梯度也越大。由于最后的环加氢涉及的氢物质的量比第一环加氢高，例如菲第一环加氢需 1mol 或 2mol 氢，最后一环加氢需 3mol 氢，因此在典型的加氢处理条件下，可能出现这样的情况：从热力学角度看，最后一环加氢比第一环加氢更为有利。这点也可从图 2-1-17 菲和萘加氢平衡浓度与温度关系中看到，在 3MPa、<375℃和 10MPa、<435℃的条件下，第一环加氢的芳烃平衡浓度均高于最后的环加氢。图 2-1-17 也证明氢分压对芳烃的平衡浓度有着强烈的影响，例如在 350℃下，反应压力由 3MPa 升高到 10MPa，萘和菲加氢生成相应四氢化物的反应，反应物的平衡浓度分别对应地由 11.4%和 21.5%降至 1.2%和 4.5%。这表明，对于多环缩聚芳烃加氢，尤其是要获得充分加氢的产品，提高操作压力十分必要；而为了能在热力学更为有利的低温下反应，必须开发加氢活性更高的新催化剂。

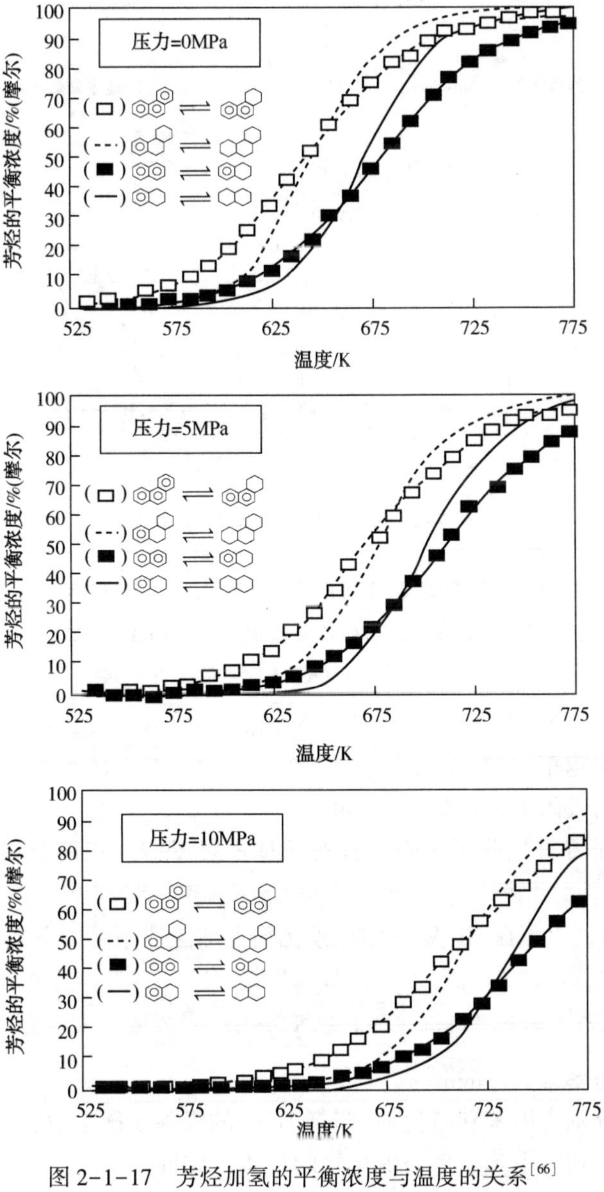

图 2-1-17　芳烃加氢的平衡浓度与温度的关系[66]

2. 芳烃加氢反应网络和反应动力学

一些作者对各种类型芳烃的模型化合物进行过反应网络和动力学的研究，文献[5]和[43]对此做过很好的评述，并提供了丰富的参考文献。

(1) 苯和取代基苯的加氢反应

Cooper[43]概括苯加氢反应的三种网络如图2-1-18所示，从图2-1-18(a)可以看出，苯在Co-Mo-S/Al_2O_3催化剂上加氢生成环己烷和甲基环戊烷是一串联反应[46]；但从图2-1-18(b)可以看出，环己烷和甲基环戊烷均由苯的部分加氢中间物环己烯生成；而图2-1-18(c)则是苯在Ⅷ族金属催化剂上的加氢反应网络，表明苯加氢是通过中间物环烯烃进行的串联反应，可以观察到环烯烃脱附，但没有观察到环己二烯脱附。

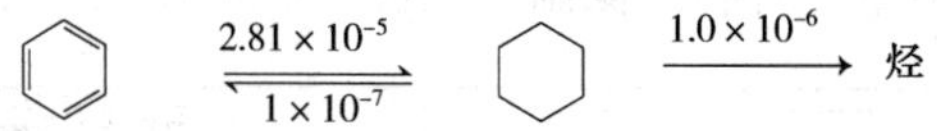

(1)

箭头上的数字为Co-Mo-S/γ-Al_2O_3、325℃、7.6MPa下的拟一级速率常数，L/(g·s)。

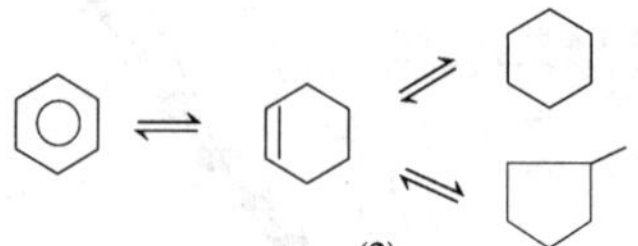

(2)

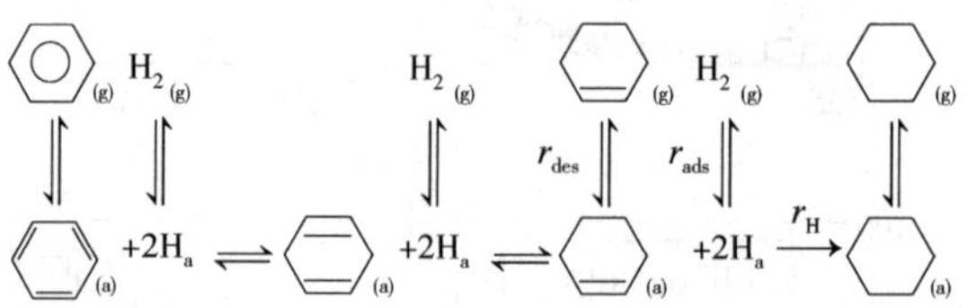

(3)

图2-1-18 苯加氢反应网络图[43]

Sapre等[46]用拟一级反应描述图2-1-18(1)中的网络，模型与实验数据拟合良好。

在Pd、Pt、Ni金属催化剂上苯加氢速率可用式(2-1-12)表示[45]：

$$r=\frac{kK_{H_2}P_{H_2}}{1+K_{H_2}P_{H_2}} \tag{2-1-12}$$

式中 k——加氢反应速率常数，min^{-1}；

K_{H_2}——氢分子的吸附平衡常数，L/mol。

式(2-1-12)意味着氢是分子吸附，且对苯是零级反应。三种金属催化剂的活性相近，活化能约58.6kJ/mol。

据文献[43]介绍，甲苯在Ni-W/Al_2O_3催化剂上加氢速率可用下式表示：

$$r=\frac{kK_AP_AP_{H_2}}{1+\sum K_{Si}P_{Si}} \tag{2-1-13}$$

式中 k——速率常数，min^{-1}；

K_A和K_{Si}——分别为甲苯和硫化物(包括H_2S)的吸附平衡常数，L/mol；

P_A、P_{H_2}和P_{Si}——分别为甲苯、氢和硫化物的分压，MPa。

式(2-1-13)表明反应对甲苯和氢都是一级反应。

在高于 0.4MPa 压力下，式(2-1-13)变为：

$$r=\frac{kK_{A}P_{A}P_{H_2}}{1+K_{A}P_{A}+\sum K_{Si}P_{Si}}\cdot\exp\left(\frac{-E}{RT}\right)\qquad(2-1-13a)$$

可以认为氢吸附与其他组分无关，而甲苯与硫化物竞争吸附，甲苯加氢的活化能为 92kJ/mol。

Sapre 等[46]提出联苯加氢的反应网络如图 2-1-19 所示。

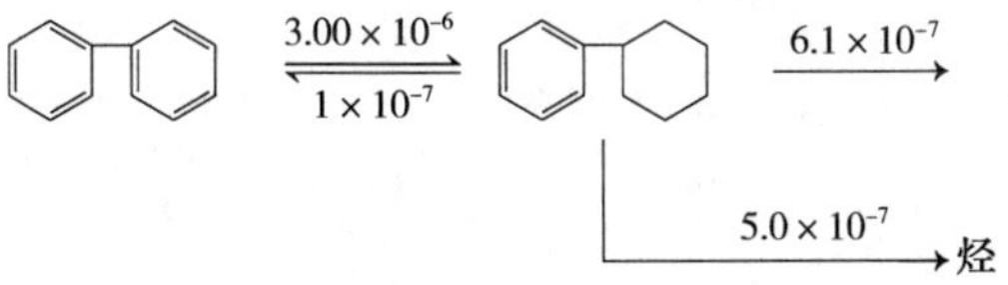

图 2-1-19　联苯加氢反应网络[67]

联苯加氢反应的主要产物是环己基苯，后者可继续加氢生成联环己烷，网络中的“烃”，主要是甲基环戊基苯异构物(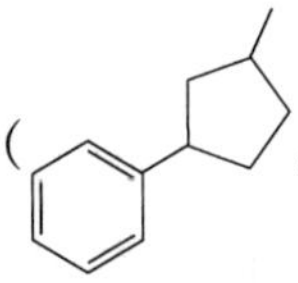，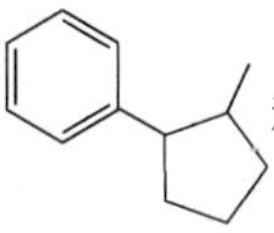和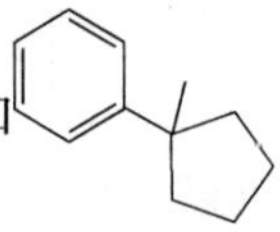)的混合物。

Aubert 等[47]研究了苯和取代基苯在 Ni-Mo-S/γ-Al_2O_3 催化剂上的加氢反应，反应式为：

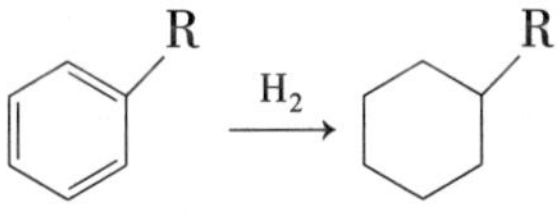

其中，R 为 H 或取代基，包括乙基 C_2H_5、苯基 C_6H_5、环己基 C_6H_{11}、苄基 C_6H_5-CH_2 和环己基甲基 C_6H_{11}-CH_2。若取代基也是加氢对象(如苯基和苄基)，则反应产物(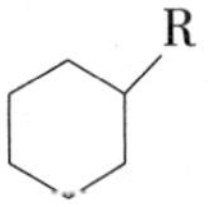)继续发生加氢反应。在 340℃、7.0MPa 条件下，测得苯和上述取代基苯的拟一级速率常数依次为 2×10^{-3}(min · g)$^{-1}$、2×10^{-3}(min · g)$^{-1}$、6×10^{-3}(min · g)$^{-1}$、2×10^{-3}(min · g)$^{-1}$、3×10^{-3}(min · g)$^{-1}$。这表明，饱和取代基或可加氢取代基的存在对苯环加氢速率没有大的影响(反应速率处于同一数量级)。因此可排除催化剂表面吸附过程中的空间位阻作用，也可排除电子因素的妨碍作用(即这些取代基的电子因素无明显差别)。这与文献[48]报道在 Ni-W-S/Al_2O_3 催化剂上苯和取代基苯加氢的规律一致，但与在金属催化剂上观察到的反应规律相反。

用金属催化剂的研究者们发现，芳烃加氢速率取决于取代基的数目和位置，取代基可使苯环加氢速率相差 1~2 个数量级。

取代基对芳烃在这金属类催化剂和金属类硫化物催化剂上加氢影响不同的原因，Stanislaus 等[43]认为大概是由于芳烃在这两类催化剂上的吸附机理不同。众所周知，芳烃如苯和甲苯是通过 π 键与金属表面相连接，涉及电子从芳环向未充满电子的 d-金属轨道迁移。因为甲苯的 π 电子云密度比苯的大，因此甲苯比苯的吸附更强，而且随着金属的缺电子性增加，这种吸附强度的差别也增加，因而甲苯在贵金属表面比苯更为稳定，其加氢速率也就比苯小。苯环上甲基数目增加，电子密度增加，因而二甲苯的活性更低；而其中邻二甲苯活性最低，可归因于空间位阻效应。

表 2-1-24　苯环加氢的相对速率常数[49]

芳　烃	金属催化剂			金属硫化物催化剂	
	Pt/SiO_2	Pd/Al_2O_3	Rh/MgO	$Ni-W-S/Al_2O_3$	$Ni-Mo-S/Al_2O_3$
	1	1	1	1	1
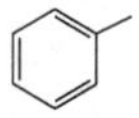	0.3	0.63	0.52	1.6	1.96
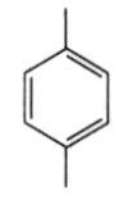	0.08	0.65	0.3		2.2
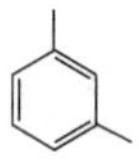		0.47			
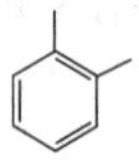		0.11		1.7	
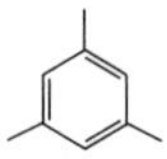	0.01		0.24		
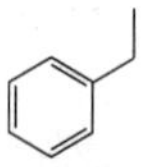				3.5	1.0①
					3.0①
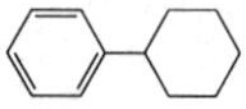					1.0①
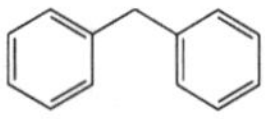					1.5①
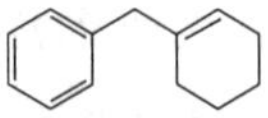					1.0①

① 引自文献[50]，其余引自文献[43]。

而金属硫化物催化剂上的芳烃加氢，Stanislaus 等[43]在综述中提到，一些作者根据在 $Ni-Mo/Al_2O_3$ 催化剂上一系列负电性不同的取代基苯(这些取代基包括 NH_2、NHC_6H_5、OH、OC_6H_5、SH、SC_6H_5 和卤素)的加氢实验结果提出，加氢和氢解反应后受 π 电子离域作用的影响相当大，认为芳香化合物中的给电子取代基可引起 π 电子的离域作用而导致 π 吸附强度下降，从而提高反应速率。这与 Nag[48]的观点相似，Nag 认为，芳烃的双键由于共振而稳定，因而难以加氢，但当生成 π-络合物时，这些键便被削弱了，π-络合键越强，双键便变得越弱，在被氢攻击时更为脆弱，因此，任何强化 π-络合键的因素都将促进加氢。这种解释显然与上述关于给电子取代基会增加 π-电子云密度使金属和芳烃化合物之间的键强度提高而降低加氢活性的观点相矛盾。要解释这些矛盾尚需进行更多的研究。

(2) 萘和取代基萘的加氢反应

Sapre 等[45]提出萘和 2-苯基萘在 $Co-Mo-S/\gamma-Al_2O_3$ 上加氢的反应网络，见图 2-1-20。

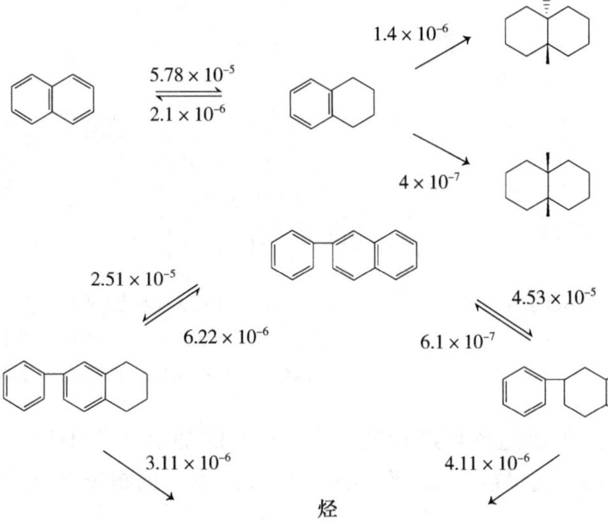

图 2-1-20　萘和 2-苯基萘的加氢反应网络[67]

反应条件：Co-Mo-S/γ-Al_2O_3 催化剂，325℃，7.6MPa；

箭头上的数字为拟一级速率常数，L/(g·s)。

图 2-1-20 反应网络表明，萘首先快速加氢生成四氢萘，并进一步加氢分别生成反式和顺式十氢萘，以反式十氢萘为主。实验数据表明，四氢萘与萘之间接近平衡。2-苯基萘加氢可平行生成两种主要加氢产物：2-苯基四氢萘和 6-苯基四氢萘，两者均可进一步加氢，二次加氢产物主要是苯基十氢萘，图中以“烃”表示。实验数据也表明，2-苯基萘与两种主要加氢产物 2-苯基四氢萘和 6-苯基四氢萘之间也接近平衡。

图 2-1-20 反应网络中的各个反应均可用对反应物的拟一级反应动力学描述。可以看出，萘分子中第一芳环加氢比第二芳环加氢快得多(速率常数高一个数量级)；与苯和联苯加氢动力学常数相比，萘加氢生成四氢萘比苯加氢也快得多(20 倍以上)，苯基萘与联苯第一步加氢速率也相差一个数量级；苯和萘分子上苯基的存在对其加氢速率没有大的影响，可能是苯基给电子对加氢的促进作用基本上被苯基对吸附的位阻效应所抵消所致，而苯基萘在加氢时，与苯基相连的苯环加氢比另一苯环快，可能与苯基的给电子效应有关。

(3) 三环(多环)缩聚芳烃的加氢反应

三环缩聚芳烃有代表性的模型化合物是蒽、菲和含有五元环的芴。其反应网络见图 2-1-21～图 2-1-23。

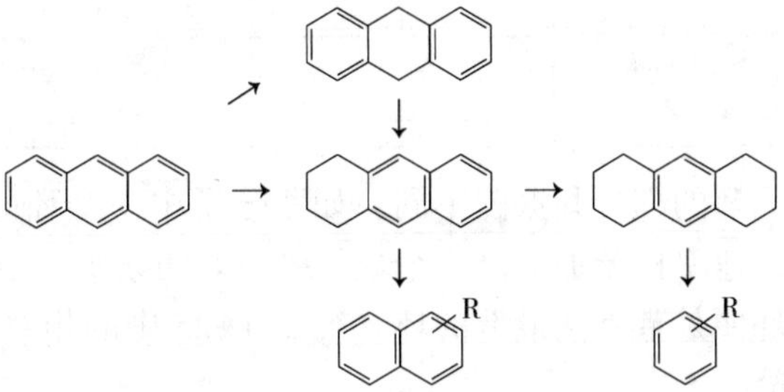

图 2-1-21　蒽加氢反应网络[84]

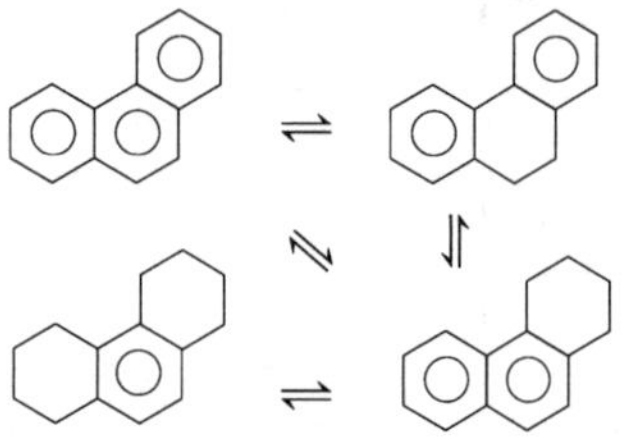

图 2-1-22　菲加氢反应网络[60]

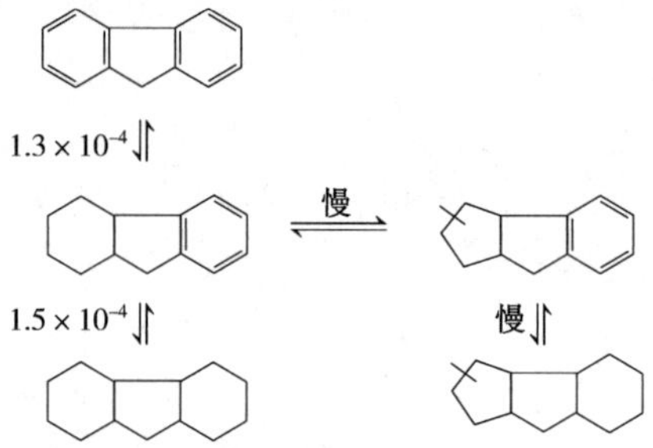

图 2-1-23　芴加氢反应网络[75]

箭头上数字为 380℃、15.5MPa、正十六烷溶剂、$Ni-W/Al_2O_3$ 催化剂条件下的拟一级速率常数，L/(g·s)。

图 2-1-21 表明，蒽加氢是逐环进行的。在 435℃的加氢产物中检测到烷基萘，证明外环发生开环反应，推测随后会异构化。蒽中间环比较活泼，据报道其性质有如双键，是最先加氢的环[43]。

Stanislaus[43]等提出的菲加氢反应网络如图 2-1-22 所示。9,10-二氢菲和 1,2,3,4-四氢菲是主要产物。二氢菲不太稳定，容易脱氢生成菲。全氢菲的生成很慢，因为对称八氢菲中心环加氢受到空间位阻。而对称八氢菲则假定是由四氢菲生成的。超过 427℃，外边的饱和环将发生开环反应，生成正丁基萘[5]。

具有缩聚环的芳烃，其第一环的加氢从动力学角度看最为有利，反应速率最快，第二环次之，最后一个芳环因其芳香性已接近苯，其加氢与第一环相比就相当困难了。表 2-1-25 列出若干缩聚芳烃第一环加氢的相对速率常数(为便于比较，也列出了苯的)和表示芳香性的共振能，共振能数据表明芳烃的芳香性有如下顺序：苯<萘<蒽<菲。

表 2-1-25　芳烃第一环加氢的相对速率常数[43]

反　应	相对速率常数				总共振能/(kJ/mol)	每环共振能/(kJ/mol)
	$Ni-Mo-S/Al_2O_3$	$Ni-Mo-S/Al_2O_3$	$Co-Mo-S/Al_2O_3$	WS_2		
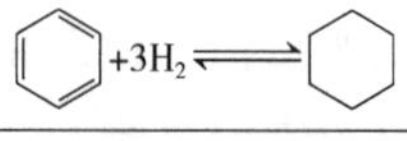	1	1	1	1	150.7~167.5	167.5
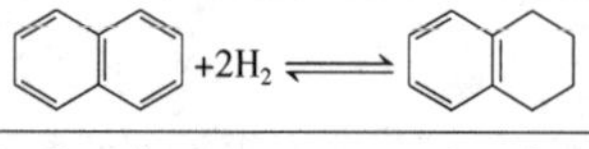	10	18	21	23	247.0~314.0	117.2
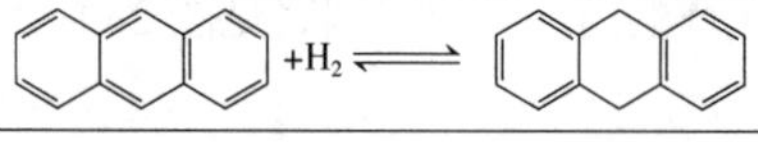	36	40	—	62	297.3~439.6	
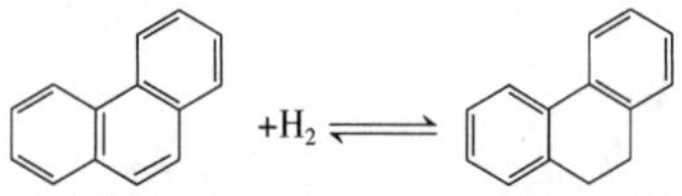	4	—	—	—	355.9~385.2	

缩聚多环芳烃中不同环的部分共振能不同，如萘分子中一个环的共振能比苯的低得多，萘加氢生成四氢萘的反应速率比苯加氢高一个数量级，表明萘中一个环的芳香性较低。多环芳烃中，最容易加氢的环便是芳香性最低的环。表 2-1-25 中的相对速率常数表明第一环加氢活性顺序如下：蒽>萘>菲>苯。

同是三环芳烃的菲和蒽加氢活性的差别可能是由于菲的电子密度较低，因而吸附强度较低所致。有报道一系列芳烃加氢的速率常数的对数与其 π 电子密度之间存在良好的线性关系，经验关联式为：

$$\lg k = 151.23\pi - 155.66 \tag{2-1-14}$$

π 值根据每个可能的加氢部位确定，π 值最大的部位便是动力学上最有利的加氢部位。

3. 杂原子烃对芳烃加氢反应的影响

（1）硫化物的影响

一些研究者发表了硫化物(包括 H_2S)对芳烃加氢的阻滞作用的研究结果。

上节介绍的甲苯加氢[51]便是在硫化物存在的条件下进行的，硫化物对甲苯加氢的强阻滞效应反映在 H-L 速率方程分母的阻滞项 $\sum K_{Si}P_{Si}$ 中。Girgis 和 Gatas[7]也报道了在 375℃、6.9MPa 下，当 H_2S 分压由 0 升高至 13.2kPa 时，丙基苯在 $Ni-Mo/Al_2O_3$ 催化剂上加氢的速率常数下降了 56%。

Sapre 等[45]用 L-H 速率方程描述了 H_2S 对联苯在 $Co-Mo/Al_2O_3$ 上加氢的影响：

$$r = \frac{kK_{BP}K_{H_2}{}^3(C_{BP}C_{H_2}{}^3 - C_{CHB}/K)}{(1+K_{BP}C_{BP}+K_{H_2S}C_{H_2S})^2\ (1+K_{H_2}C_{H_2})^2} \tag{2-1-15}$$

式中　k、K_i 和 K——分别代表联苯加氢反应速率常数、组分 i 的吸附平衡常数和联苯加氢反应的化学平衡常数，L/mol；

下标 BP 和 CHB——分别代表联苯和环己基苯。

在 350℃下，K_{BP} 和 K_{H_2S} 的值分别为 4.6L/mol 和 12L/mol。Lo[52]则用修正的拟一级速率常数描述二苯并噻吩对萘和四氢萘加氢反应的影响：

$$k_i{}' = \frac{k_i}{1+K_{HC}C_{HC}+K_{DBT}C_{DBT}} \tag{2-1-16}$$

式中　下标 HC 和 DBT——分别代表芳烃(萘和四氢萘)和二苯并噻吩，假设所有烃的吸附平衡常数相同，$K_{HC}=2.7$L/mol，$K_{DBT}=12$L/mol。

尽管式(2-1-15)与式(2-1-16)形式有别，但对比 Sapre 等和 Lo 的结果(硫化物与烃的吸附常数之比分别为 2.6 和 4.4)，仍然可以认为硫化物对芳烃加氢的阻滞作用略强于芳烃本身的自阻滞效应。

总之，硫化物对芳烃加氢的阻滞作用源于硫化物与芳烃的竞争吸附，但考虑到 H_2S 可改变催化表面的酸性质，又是为保持催化剂活性金属组分的硫化状态所不可缺少的，因此在应用 L-H 式描述硫化物的阻滞效时应注意式中对硫化物浓度的适用范围。

（2）氮化物的影响

氮化物由于吸附性能强，是芳烃加氢反应的最强阻滞剂。有机氮化物的阻滞作用比氨强，其阻滞作用与其碱性、结构(通过氮原子吸附时所受到的空间位阻效应)等有关，这已在前面关于氮化物对 HDS、HDO 等反应的影响讨论中论述过。氮化物对芳烃反应的阻滞作用一般用 L-H 速率方程表示，但有关氮化物的吸附平衡常数，不同研究者提供的数值往往不同或存在矛盾，因此，为了有效地对阻滞作用进行模拟，最可靠的方法是进行系统实验。

Bhinde[17]和 Lo[52]报道过喹啉及其加氢产物对萘加氢网络加氢反应的阻滞作用，喹啉及其早期三个加氢产物(两种四氢喹啉和十氢喹啉)的阻滞作用大于后来生成的其他含氮组分(邻丙基苯胺和 NH_3)，为了模拟喹啉的阻滞效应，采用了两种方法：

其一是对各加氢反应的速率常数进行修正：

$$k_i' = k_i / (1 + k_Q C_{Q_0}) \tag{2-1-17}$$

式中　C_{Q_0}——喹啉的初始浓度；

K_Q——喹啉及其加氢产物的吸附平衡常数，L/mol。

显然，原料中的喹啉浓度 C_{Q_0} 越高，阻滞越强。为了区别“早期”和“末期”喹啉加氢产物阻滞效应的不同，提出“早期” K_Q 为 1000～1300L/mol，而“末期” K_Q 值要小得多，为 210～370L/mol。

其二是按阻滞效应强弱把喹啉及其所有的加氢产物划分为 QBN（包括喹啉、三种氢化喹啉和邻丙基苯胺）和 A（NH_3）两个集总，并用 L-H 方程描述各加氢反应：

$$r_{ij} = \frac{k_{ij} C_i}{1 + K_{HC} C_{HC} + K_{QBN} C_{QBN} + K_A C_A} \tag{2-1-18}$$

式中　r_{ij} 和 k_{ij}——分别表示反应网络第 j 反应中芳烃 i 的反应速率和反应速率常数；

K_{HC}——表示萘及其加氢产物（作为一个集总）的吸附参数，L/mol。

根据实验数据估计式（2-1-18）分母中的三个吸附参数值依次为 2.7L/mol、1000L/mol 和 400L/mol，表明有机氮化物的阻滞作用比氨大；但即使是氨，其吸附参数也比烃高两个数量级。因此原料中存在少量的氮化物也会明显抑制加氢反应。

与硫化物的吸附参数相比，NH_3 的阻滞作用也比硫化物大得多。

Lo[52] 还报道了非碱性的吲哚对萘加氢的影响。处理方法类似二苯并噻吩对萘加氢反应的阻滞[式（2-1-16）]，令非碱性吲哚的吸附参数与萘相同，估算出吲哚的碱性加氢产物（二氢吲哚和邻乙基苯胺）的吸附参数 K_{IBN} = 700L/mol，与喹啉加氢碱性产物集总的吸附参数相近，表明把碱性氮化物划分为一个强阻滞剂集总来模拟氮化物对芳烃加氢的阻滞效应是一种可行的近似方法。

（二）加氢裂化反应

本节主要讨论在由加氢组分和酸性载体构成的双功能催化剂上烃类的 C—C 键裂解加氢反应，石油馏分的加氢裂化反应多属于这一类。至于同时发生的少量氢解反应（在加氢组分上发生的裂解加氢）和非催化热裂解加氢反应将不涉及。

多年来曾对在双功能催化剂上烃类的加氢裂化反应机理进行过广泛的研究，大多研究用模型化合物进行，主要是烷烃，其次是环烷烃、烷基芳烃和稠环芳烃。Scherzer 和 Gruia[50] 对此做了最新的概括。

从化学反应的角度看，加氢裂化反应是催化裂化反应叠加加氢反应，其反应机理是正碳离子机理，即烃类最初在酸性位上被催化的异构化和裂化的反应规律和催化裂化反应是一致的；所不同的是，由于大量氢和催化剂中加氢组分的存在而生成加氢产物，并随催化剂两种功能匹配的不同而在不同程度上抑制二次反应如二次裂化和生焦反应的进行，这正是导致加氢裂化和催化裂化两种工艺过程在设备、操作条件，产品分布和产品质量等诸多方面不同的根本原因。

1. 正碳离子反应机理

催化裂化反应机理是正碳离子机理，遵循 β 键（β-）断裂法则，加氢裂化反应也一样。在文献[53～55]中对正碳离子的生成、性质和反应已有深入的论述。为方便以后的讨论，在这里只简单强调两点，有兴趣的读者可参考上述文献。

① 正碳离子是烃分子 C—H 键异裂的产物之一：

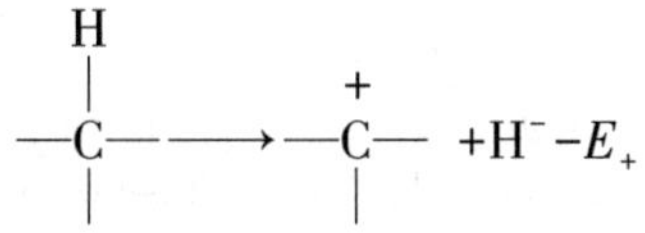

生成正碳离子所需能量 E_+ 包括电离能、氢与烷基的电子亲和力以及 C—H 键的离解能。E_+ 越高，意味着正碳离子越难生成或生成后其稳定性越低。已发现 E_+ 随失去负氢离子的碳原子上氢原子数目增加而提高（见表 2-1-26）。从表中可知，正碳离子的稳定性有如下顺序：叔碳>仲碳>伯碳>甲基。

表 2-1-26　气相正碳离子的相对稳定性[53,54]

正碳离子类型	E_+ 的相对值/(kJ/mol)	正碳离子类型	E_+ 的相对值/(kJ/mol)
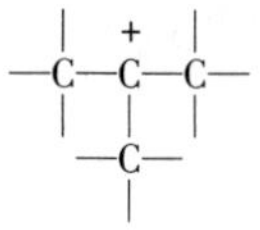	0	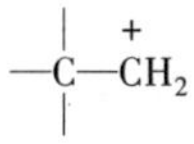	87.9
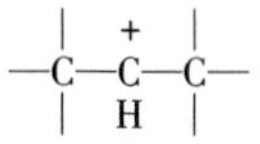	58.6		

正碳离子的这种特性，导致当正碳离子生成时往往不是伯正碳离子，而是相对稳定的仲或叔正碳离子，即使有时 β 键裂化首先生成的是伯正碳离子，生成的伯正碳离子也会迅速进行氢转移反应，生成仲正碳离子。正碳离子的这种特性，正是加氢裂化（包括催化裂化）产品中富含异构烷烃的内因。

② 正碳离子可通过多种途径生成，双功能催化加氢过程中，正碳离子的生成主要通过以下途径：不饱和烃（如烯烃、芳烃）均可在催化剂的酸性位获取质子而生成正碳离子；烷烃失去负氢离子也可生成正碳离子，当烷烃与正碳离子反应时，能发生负氢离子转移，生成新的正碳离子，其中以烷烃中叔碳原子上的负氢离子转移至伯（仲）正碳离子的速率最快，前者转化为更稳定的叔正碳离子，后者则变为烷烃。这也是正碳离子链反应的传递方式。

2. β 键（β-）断裂反应

加氢裂化过程生成的正碳离子通常按照 β 键断裂方式裂化产生更小的分子。下面应用正碳离子、β 断裂机埋分别讨论链烷烃、环烷烃和芳烃的加氢裂化反应。

(1) 烷烃的加氢裂化反应

烷烃在无定形双功能催化剂上的加氢转化机理，在 20 世纪 60 年代便进行了详细的研究[56~58]，Coonradt 和 Garwood[56] 首次提出的经典的双功能机理描述如图 2-1-24 所示，该机理能合理地解释烷烃“理想加氢裂化”（催化剂的酸功能和金属功能处于平衡状态下的加氢裂化）情况的产品分布。后来对链烷烃在贵金属沸石催化剂上加氢转化的研究表明，其反应机理与对无定形双功能加氢裂化催化剂提出的机理相似[58]。

按图 2-1-24，正构烷烃在双功能催化剂上的加氢裂化反应步骤如下：

① 正构烷烃在催化剂的金属位吸附；

② 吸附的正烷烃脱氢生成正构烯烃［反应(1)］；

③ 正烯烃从金属位扩散到酸性位；

④ 烯烃在酸性位获得质子生成仲正碳离子［反应(2)］；

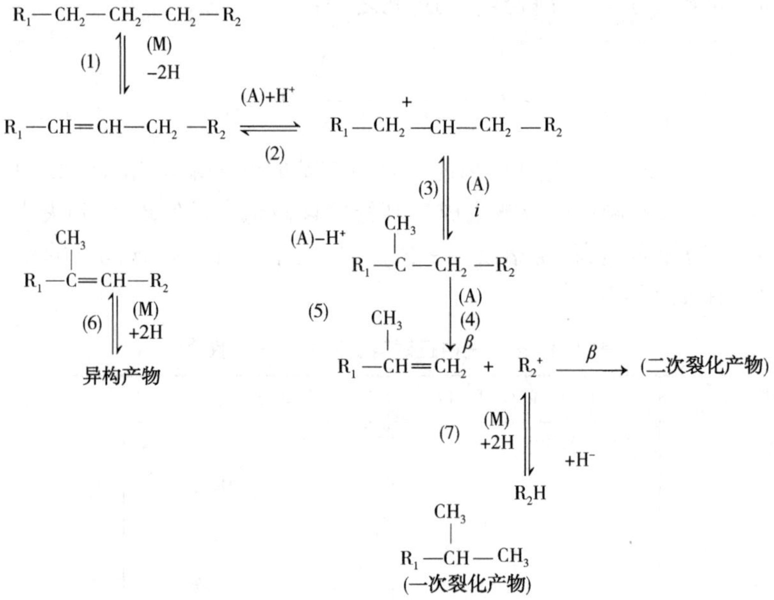

图 2-1-24　正构烷烃的典型双功能加氢转化机理

(M)—金属位；(A)—酸性位；i—异构化反应；β—β 键断裂反应

⑤ 仲正碳离子通过质子化环丙烷中间物生成叔正碳离子[反应(3)]；仲正碳离子通过 β-断裂生成正构烯烃和伯正碳离子的概率很小，因而该反应在图中未表示出来；

⑥ 叔正碳离子通过 β-断裂生成异构烯烃和一个新的正碳离子[反应(4)]；

⑦ 叔正碳离子失去质子生成异构烯烃[反应(5)]；

⑧ 正、异构烯烃从酸性位扩散至金属位；

⑨ 正、异构烯烃在金属位上加氢饱和[反应(6)和反应(7)]；

⑩ 新生成的正碳离子(如 R_2^+)既可获得负氢离子变成烷烃，也可继续发生 β 键断裂(二次裂化)，直至生成不能再进行 β 键断裂的 C_3 和 iC_4 正碳离子为止。这正是加氢裂化气体产物中富含 C_3 和 iC_4 的原因。

图 2-1-24 中的所有反应均可发生，若催化剂与其酸性功能相比具有足够的加-脱氢功能，则叔正碳离子的生成及其进一步裂化的反应[反应(3)和反应(4)]占优。烷烃加氢裂化时，其典型的产品特性如下：

① 在低、中等原料转化率情况下，原料异构物的选择性高；

② 原料异构物的纯一次裂化[反应(4)]形成裂化产物在碳数上对称的分子分布；

③ 不生成甲烷、乙烷，生成丙烷的量也相对少；

④ 单支链裂化产物产率高，在脱去一个丙烷所得的碳数馏分中尤其如此。

在动力学研究[70,71]中发现，加氢异构、加氢裂化反应的合适网络是：

$$\text{正烷烃} \rightleftharpoons \text{单支链烷烃} \rightleftharpoons \text{双支链烷烃} \longrightarrow \text{裂化产物}$$

这一网络的正确性亦已为实验所证明：分别用正癸烷、单支链癸烷和双支链癸烷进行加氢裂化，结果都得到相同的裂化产物[61]。这证明正构的和单支链的烷基正碳离子在裂化之前会发生进一步的支链重排。Nakamura 等[62]的 nC_7 加氢裂化(Pd/脱铝丝光沸石催化剂)结果也支持这一结论。

烷基正碳离子的裂化一般遵循β键断裂机理，β键断裂可生成叔正碳离子或仲正碳离子，但未见伯正碳离子生成。有支链仲、叔正碳离子的键断裂机理，见表 2-1-26。该反应涉及两个电子从带正电荷碳原子的β-位 C—C 键向α-位 C—C 键迁移，C—C 键断裂后，αC—C 键变为不饱和双键，而原来处于γ-位的碳原子则成为较小正碳离子的缺电子碳原子。由表 2-1-27 可以看出：β键断裂机理只适用于长链(C_6以上)稳定的叔、仲正碳离子；要发生 A 型、B_1型、B_2型和 C 型β键断裂，要求母正碳离子的最小碳数相应为 8、7、7 和 6，其最少支链数相应为三支链、二支链、二支链和单支链。

表 2-1-27 中所示四类β键断裂反应的速率顺序如下[50]：$A>>B_1>B_2>C$，即三支链正碳离子生成两个异构产物的 A 型β键断裂要比其他类型的裂化要快得多，而单支链正碳离子通过 C 型β键裂化生成两个正构产物的反应速率则最慢。以C_{10}烷烃加氢裂化为例，其B_1、B_2和 C 型β键裂化的相对速率为 6.9、2.5 和 1.0[63]。这正是加氢裂化产物中异构烷/正构烷比很高，甚至超过热力学平衡的原因。

表 2-1-27　烷基正碳离子β-断裂机理[50,63]

β-断裂类型	β-断裂反应	正碳离子类型①	对正碳离子要求		
			最小正碳离子	最少支链	支链位置
A	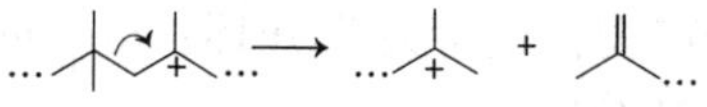	t→t	$C_8H_{17}^+$	三支链	α，γ，γ
B_1	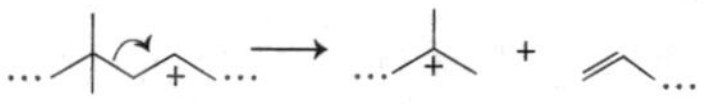	s→t	$C_7H_{15}^+$	双链	γ，γ
B_2	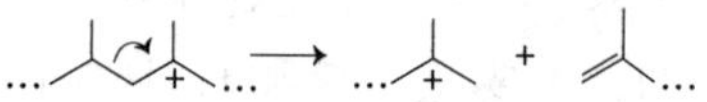	t→s	$C_7H_{15}^+$	双链	α，γ
C	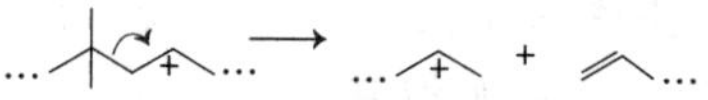	s→s	$C_6H_{13}^+$	单链	γ

① s、t 分别表示烷基仲、叔正碳离子。

文献[58]提出对C_8以上正构烷烃的加氢裂化反应网络可修改为：正烷烃→单支链异构物→双支链异构物→三支链异构物。

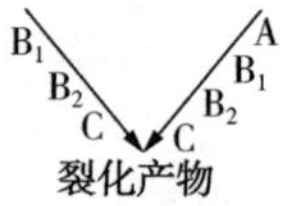

以上较详细地讨论了酸性功能和加氢功能完美匹配的催化剂上链烷烃“理想加氢裂化”的反应途径(机理)和产品分布(组成)。实际上，加氢裂化最终的产品分布和组成取决于图 2-1-24 中各种反应的速率比例(选择性)，而这又与催化剂的性能，主要是酸性位的强弱以及酸性功能与加氢功能的匹配有关。图 2-1-25 表示正十六烷在不同加氢组分、不同载体构成的催化剂上加氢裂化产物的碳数分布[50]。

另一极端情况是在由强加氢组分和弱酸性或无酸性载体构成的催化剂上，烷烃的加氢裂化反应是通过在金属位上氢解机理进行的，与正碳离子机理不同，其产品C_1、C_2和正构烷烃产率高，几乎不生成异构烷烃。

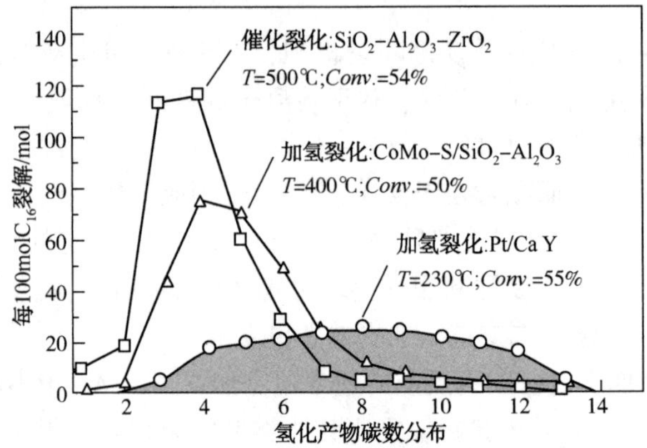

图 2-1-25　正十六烷裂化产物的碳数分布

(2) 环烷烃的加氢裂化反应

对环烷烃的加氢裂化反应已有大量报道，研究也多用模型化合物进行。研究结果表明，环烷烃在加氢裂化催化剂上的反应主要是脱烷基、六元环的异构和开环反应。环烷正碳离子与烷烃正碳离子最大的不同在于前者裂化困难，只有在苛刻的条件下，环烷正碳离子才发生 β 键断裂。

Egan 等[64]在 Ni-S/SiO_2-Al_2O_3 催化剂上研究了一些烷基环己烷的反应，指出 iC_4 和比反应物少 4 个碳原子的环烷是“剥皮”反应的主要产物，很少发生开环；Kochloefl 等[65]也发现，烷基环己烷在 Ni/Al_2O_3 催化剂上可以脱侧链而不开环。

Lemberton 等[66]在 Ni-Mo-S/Y 沸石催化剂上研究过丁基环己烷的加氢裂化反应，发现正丁基环己烷转化的主要产物是异构物双烷基(如甲基、丁基)环戊烷和双烷基(如甲基、丙基)环己烷，裂化产物是原料异构物二次反应生成的，主要是丁烷和 C_6 环烷(环己烷和甲基环戊烷，没有观察到明显的开环产物。提出的反应网络见图 2-1-26，表示正丁基环己烷的转化是通过两个平行反应：环异构化和侧链异构化，随后脱烷基。

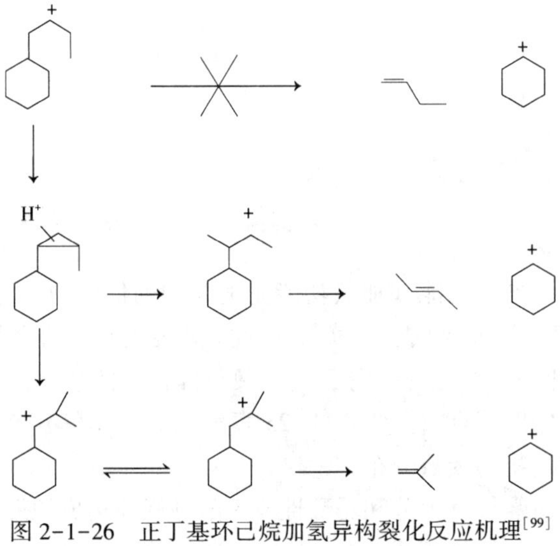

图 2-1-26　正丁基环己烷加氢异构裂化反应机理[99]

正丁基环己烷不大可能直接脱丁基，而是迅速通过质子化环丙烷中间物进行侧链的异构化反应。前文已指出，叔正碳离子比仲正碳离子的裂化更快，这意味着正丁基环己烷脱烷基生成的 nC_4 比 iC_4 少（iC_4/nC_4 约为 4）。

叔丁基环己烷脱烷基的产物有所不同，异构产物主要是二烷基环戊烷，只有痕量二烷基环己烷，裂化产物实际上只有 C_4（主要是 iC_4，$iC_4/nC_4=20$）和 C_6（主要是甲基环戊烷），表明主要反应是异构化，裂化是二次反应，因为裂化产物中主要是 iC_4 和甲基环戊烷，所以脱烷基反应是在异构化之后发生，即发生如下反应：

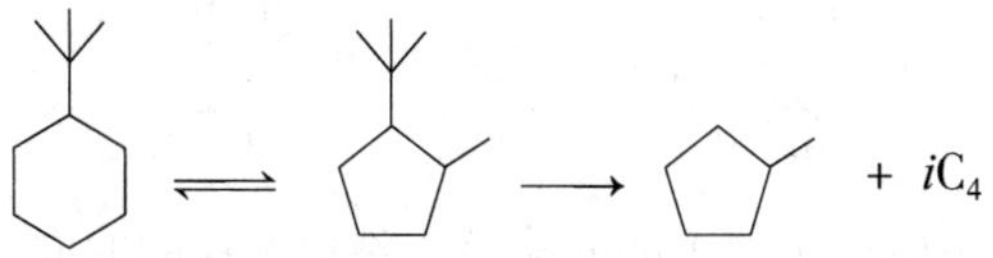

这是因为甲基异丁基五元环正碳离子脱烷基反应：

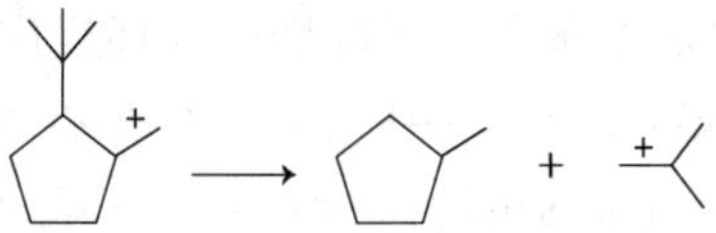

由叔正碳离子转化为另外的叔正碳离子，被认为是最快的裂化反应[67]；而叔丁基六元环正碳离子脱烷基反应则是由仲正碳离子转化为更稳定的叔正碳离子，两相比较，当然是先异构化后脱环基的反应更为有利。

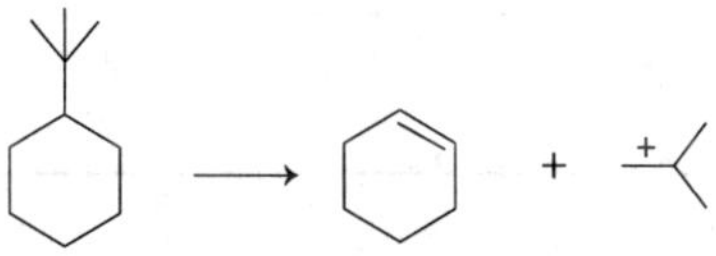

所谓“剥皮”反应，是指 $C_{10}\sim C_{12}$ 的烷基环己烷以高选择性的方式进行加氢裂化，烷基侧链被脱除（“剥皮”），主要产物是 iC_4 和比反应物少 4 个碳原子的环状烃，烷烃的异构/正构比很高，还发生环缩小（异构）。以四甲基环己烷加氢裂化为例，其反应机理如图 2-1-27 所示。

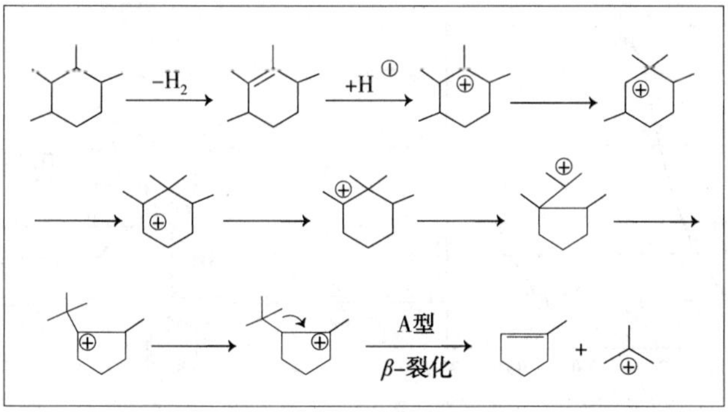

图 2-1-27　环烷烃“剥皮反应”机理

图 2-1-27 也反映了环烷烃加氢裂化的两个基本特性：大量异构化先于 β 键断裂；环内的 C—C 键断裂慢。由机理也可看出，为了使环外的 A 型 β 键断裂成为可能，所以要求环烷烃的碳数至少是 10。

多环环烷烃加氢裂化的报道较少，十氢萘加氢裂化产物中，异构烷烃与正构烷烃之比、甲基环戊烷与环己烷之比都高，这表明其反应是先开环生成烷基环己烷，其后的反应已如上述。

上面提到环烷烃正碳离子的裂化比烷烃正碳离子要困难得多，其原因概括如下[50]：

① 环烷正碳离子 β-断裂生成的非环正碳离子具有强烈的环化倾向：

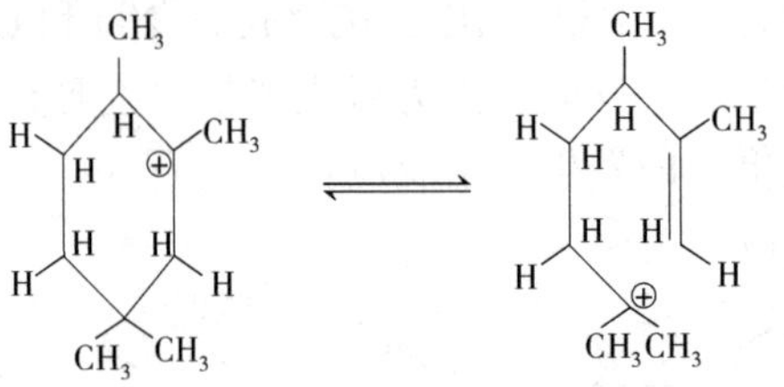

② 环烷正碳离子中带正电荷碳原子的 p 轨道与裂化 β 键的取向不利：在烷烃正碳离子中，二者是共面取向，有利于 β 键断裂；而在环烷正碳离子中，二者接近垂直，不利于 β 键断裂。

Miki 等[67]在 Ni/Al_2O_3 催化剂上研究了环烷烃的开环反应，发现甲基环戊烷的活性比环己烷高得多，反应温度可低约 50℃（见图 2-1-28）。一个有趣的现象是：两种环烷烃加氢开环的产物——C_6 烷烃的相对量（物质的量比）近似不变（见表 2-1-28）。

表 2-1-28　加氢开环产物中 C_6 烷烃的生成①[67]

反应物	开环产物②		
	正己烷	2-甲基戊烷	3-甲基戊烷
环己烷	2	1	1
甲基环戊烷	1	5	5

① 表中数字是指物质的量比（mol/mol）。

② 反应条件：$P_{H_2}=1MPa$，$LHSV=1.2h^{-1}$，$H_2/HC=33\sim34mol/mol$，催化剂 Ni/Al_2O_3。

由表 2-1-28 可见，环己烷的开环产物中 $nC_6/(nC_6+iC_6)$ 比甲基环戊烷的高得多，但对两种环烷烃，其开环产物中的 2-和 3-甲基戊烷之比相等。

根据两种环烷烃加氢裂化产物组成，提出了环己烷加氢裂化的反应途径如图 2-1-29 所示。

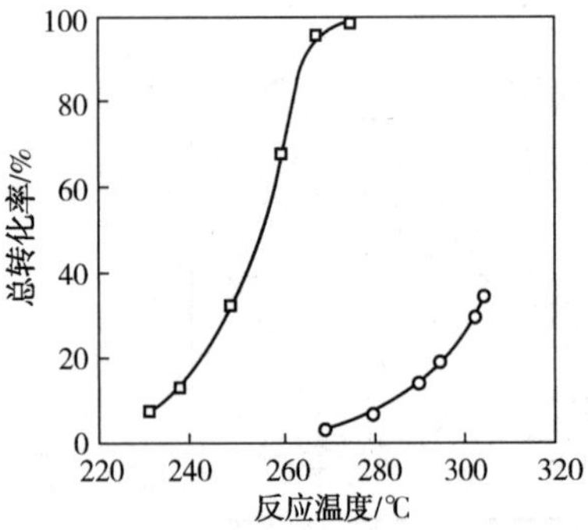

图 2-1-28　环烷开环反应对比[68]

$P_{H_2}=1MPa$；$LHSV=1.2h^{-1}$；$H_2/HC=33\sim34mol/mol$；

催化剂 Ni/Al_2O_3，MCP 和 CHA 分别代表甲基环戊烷和环己烷。

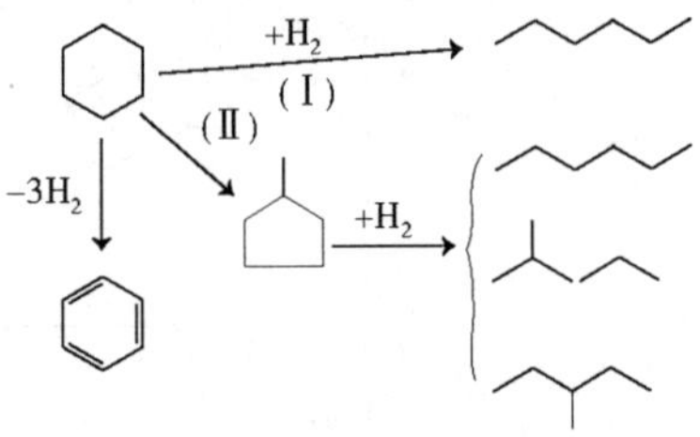

图 2-1-29　环己烷加氢开环反应途径[69]

由图 2-1-29 可以看出，环己烷的开环途径有两个：（Ⅰ）环己烷直接开环，生成 nC_6；

(Ⅱ)环己烷先异构为甲基环戊烷，然后开环，按断键位置不同，分别生成正己烷、2-和3-甲基戊烷。根据产物组成计算出两条开环途径的选择性如表2-1-29所示。

表2-1-29　环己烷加氢开环途径的选择性[67]

反应温度/℃	269.3	280	290.1	304.4
途径(Ⅰ)选择性	0.76	0.68	0.60	0.52

从表2-1-29结果可见：开环途径(Ⅰ)的选择性随反应温度提高而降低，由此可得出结论：低温下加氢开环反应主要循途径(Ⅰ)发生，而途径(Ⅱ)则在高温下占优势。图2-1-29体现了两种环烷烃开环产物分布的特点：两种甲基戊烷的比例相等。

图2-1-29还表明环烷环中CH_2—CH_2(仲—仲)键的断裂比CH_2—CH(仲—叔)键容易得多。

Miki等[67]对环己烷异构化生成甲基环戊烷提出了非正碳离子机理，认为如图2-1-29所示的反应中吸附态环己烷进一步脱氢导致C—C键断裂所生成的中间物仍与催化剂表面相连，它既可以生成nC_6，也可以再环化生成甲基环戊烷，即把环己烷两种可供选择的开环途径(图2-1-29)描述为非环吸附物的行为，在高温下，非环吸附物优先再环化为甲基环戊烷而不是直接开环生成nC_6。

(3) 芳烃的加氢裂化反应

各类芳烃加氢饱和反应的规律见本章不饱和烃的加氢饱和反应一节。本节主要讨论涉及C—C键断裂的芳烃加氢裂化反应。苯环本身是稳定的，不能直接开环，因而芳烃在开环前必须先经历芳环饱和反应，而环己烷的加氢裂化已如前述。本节将分别对烷基苯和多环芳烃的加氢裂化反应进行介绍。

1）烷基苯的加氢裂化反应

烷基苯的加氢裂化反应主要有异构化、脱烷基、烷基转移、“剥皮”反应和环化反应，造成产品的多样性[50]。Lemberton等[66]发现，正丁苯在Ni-Mo-S/Y沸石催化剂上加氢裂化的产物与正丁基环己烷有很大不同，主要产物有加氢产物正丁基环己烷及其异构化产物双烷基环己烷和双烷基环戊烷(其产率比正丁基环己烷高得多)，裂化产物苯、甲基环戊烷、环己烷和丁烷($iC_4/nC_4=0.6$)以及反应物的异构化产物。提出的反应网络如图2-1-30所示，正丁苯脱烷基反应机理见图2-1-31。

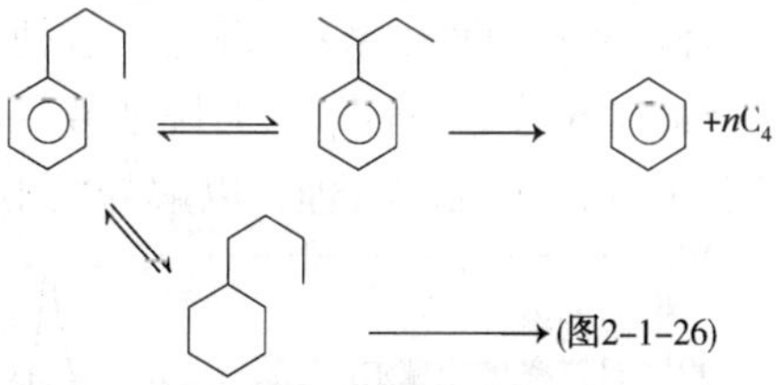

图2-1-30　正丁苯加氢裂化反应网络[78]

图2-1-30表明，正丁苯加氢裂化是通过两个平行反应进行：一是加氢饱和，生成正丁基环己烷，进而进行异构、裂化反应；另一是正丁苯的脱烷基反应。但无论是哪种途径，裂化都是二次反应。由于产物中的iC_4/nC_4与正丁基环己烷的裂化产物的相应值小得多，因此可以肯定这是烷基苯脱烷基反应造成的结果，从图2-1-31中看，第一个反应生成不稳定的伯正碳离子，更趋向于认为正丁苯脱烷基生成nC_4主要是通过第二个反应进行，第三个反应也是生成伯正碳离子，因此，正丁苯脱烷基主要通过第二反应进行。

Covini等[70]曾研究过C_1—C_4侧链烷基苯的加氢裂化，发现脱烷基反应为主，异构和烷基转移为次，分别生成侧链为异构程度不同的烷基苯以及苯、二烷基苯。

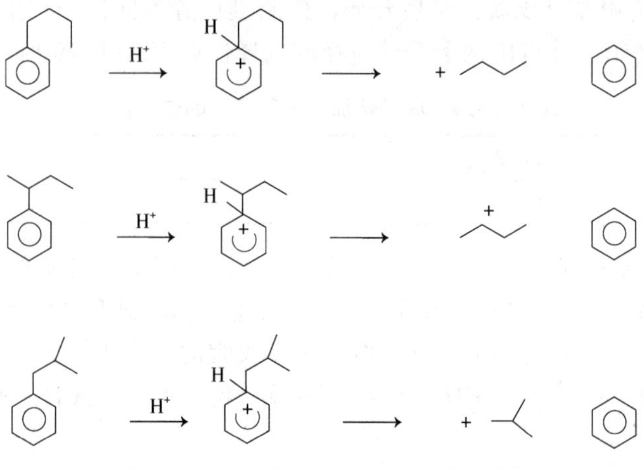

图 2-1-31　正丁苯脱烷基反应机理[77]

烷基苯侧链的裂化既可以是脱烷基(环 C—αC 断裂，生成苯和烷烃)，也可以是侧链中的 C—C 键断裂(生成烷烃和较小的烷基苯)。对正烷基苯，后者比前者容易发生。对脱烷基反应，则 αC 上的支链越多，越容易进行。以正丁苯为例，脱烷基速率有以下顺序：叔丁苯>仲丁苯>异丁苯>正丁苯。脱烷基反应是正碳离子机理反应，上述反应顺序与正碳离子的稳定性顺序是一致的。

正丁苯的侧链 C—C 键断裂的速率按以下顺序递减：βC-γC>αC-βC>γC-δC。

“剥皮”反应是一种产物分布特殊的脱烷基反应。Sullivan[76]等以六甲苯的反应为例，描述了这种反应。实验在 Ni-S/SiO_2-Al_2O_3 催化剂上进行，反应条件：压力 1.4~8.3MPa，温度 317~362℃，空速 2.0~8.0h^{-1}，H_2/烃比 1.86~12.1(摩尔)，典型的产物分布见图 2-1-32。该图表明六甲苯加氢裂化产物具有以下特点：甲烷很少，轻烃以 C_4 为主，且异构/正构比高，环烷烃集中在 C_7~C_9，而芳烃则基本上是 C_{10} 和 C_{11}；环结构破坏极少，对反应的六甲苯，环产率在 90%(摩尔)以上。这种产物分布显然不是六甲苯简单脱烷基反应的结果。

Sullivan 等[71]把 C_{10} 以上烷基芳烃具有这种特殊产物分布的加氢裂化反应称为“剥皮反应”，并提出了反应机理，以解释“剥皮反应”的特殊产物分布。该反应机理认为，在苯环上的烷基碳数达到 4 以前，是链增长的反应即通过反复的缩环(五元环)和扩环(六元环)而进行的异构化反应，然后是 C_4(或大于 C_4)侧链脱除，生成 iC_4(或 iC_5等)和较小的芳烃。

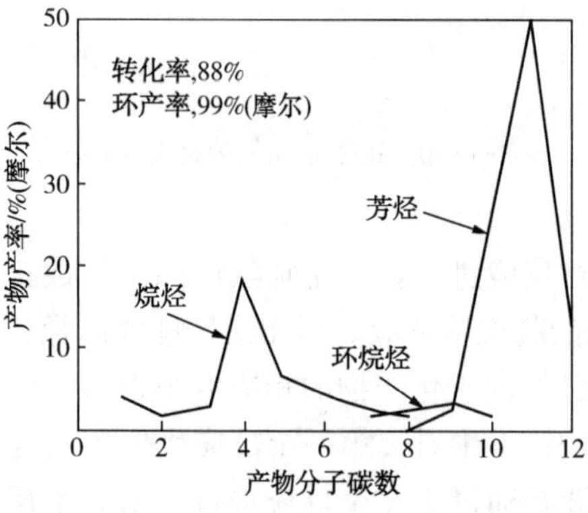

图 2-1-32　六甲苯加氢裂化的产率分布[101]

反应条件：P=1.4MPa，T=349℃，LHSV=8.0h^{-1}，H_2/烃=1.86mol/mol，催化剂 Ni-S/SiO_2-Al_2O_3。

按此反应途径，二甲苯应是主要产物，但与图 2-1-32 所示结果不符，这可能是由于来自重芳烃(如六甲苯)的快速烷基转移反应而使二甲苯重新转化，生成大量 C_{10} 和 C_{11} 芳烃。此外甲基转移反应还可能与一些“剥皮反应”的中间物发生；也可能先于“剥皮反应”发生，例如通过六甲苯的歧化生成部分 C_{11} 芳烃和 1,1,2,3,4,5,6-七甲苯正碳离子。这种正碳离子也可能通过扩环(环庚二烯正碳离子)、缩环

(六元环)异构化而进行“剥皮反应”，成为另一可能的“剥皮反应”途径。

图2-1-32表明甲烷、乙烷产率很小，因为甲基、乙基难以从苯环上脱除。C_4或C_4以上侧链从环上脱除很快，虽然含丁基侧链正碳离子中间物的稳态浓度可能很低，但一旦生成，便迅速裂化。

产物中的环烷烃是因为催化剂中有硫化镍的存在，发生一些芳烃加氢反应。六甲苯在硅铝载体上的“剥皮反应”便没有环烷生成。

2）多环芳烃的加氢裂化反应

多环芳烃的加氢裂化因其在提高轻产品收率、改善产物质量和延长装置运转周期等方面的重要作用，长期以来备受研究者们的关注，已经发表了许多这方面的文献[72~74]。

研究表明，在加氢裂化条件下，多环芳烃的反应非常复杂，其反应网络中包括逐环加氢、开环(包括异构)和脱烷基等一系列平行、顺序反应，图2-1-33简明地表示了这些反应之间的关系及其相对速率。由图中可以看出，多环芳烃很快加氢生成多环环烷芳烃，其中的环烷环较易开环，继而发生异构化、断侧链(或脱烷基)等反应。分子中含有两个芳环以上的多环芳烃，其加氢饱和及开环断侧链的反应都较容易进行(相对速率常数为1~2)；含单芳环的多环化合物，苯环加氢较慢(相对速率只有0.1)，但其饱和环的开环和断侧链的反应仍然较快(相对速率大于1)；但单环环烷烃较难开环(相对反应速率0.2)。因此，多环芳烃加氢裂化，其最终产物主要是苯类和较小分子烷烃的混合物，与催化裂化条件下主要是缩合生焦反应不同，这也是加氢裂化可以实现长周期稳定运转、催化裂化必须连续烧焦的主要原因。

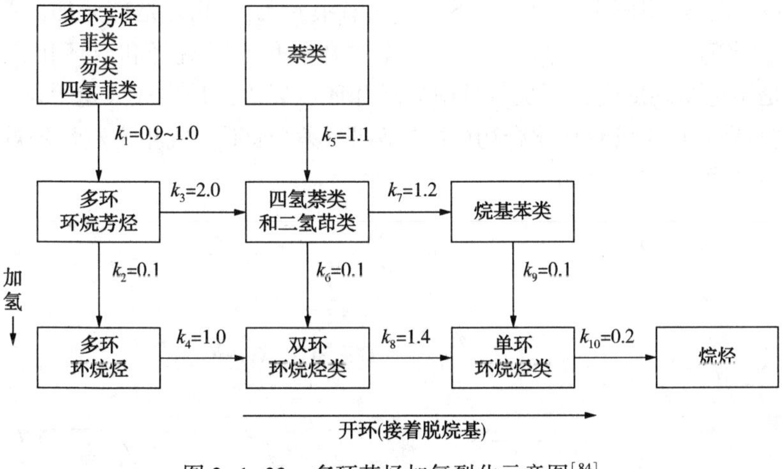

图2-1-33　多环芳烃加氢裂化示意图[84]

具有代表性的多环芳烃加氢裂化分述如下：

① 四氢萘的加氢裂化。

萘加氢裂化时，首先最容易加氢饱和为四氢萘；四氢萘又是多环芳烃加氢裂化的重要中间产物，因此，了解四氢萘的反应规律对研究多环芳烃的加氢裂化具有重要意义。

Lemberton等[66]研究了四氢萘在Ni-Mo-S/Y沸石催化剂上的加氢裂化反应，发现反应之初，脱氢生成萘的反应更为有利，萘/四氢萘比值约为0.2，接近热力学平衡。反应产物中有甲基二氢茚、十氢萘、双环芳烃(萘、甲基或二甲基萘)、甲基环戊烷类、甲基或二甲基四氢萘以及裂化产物丁苯、丁基环己烷和小于C_{10}的环己烷、甲基环戊烷和丁烷(iC_4/nC_4

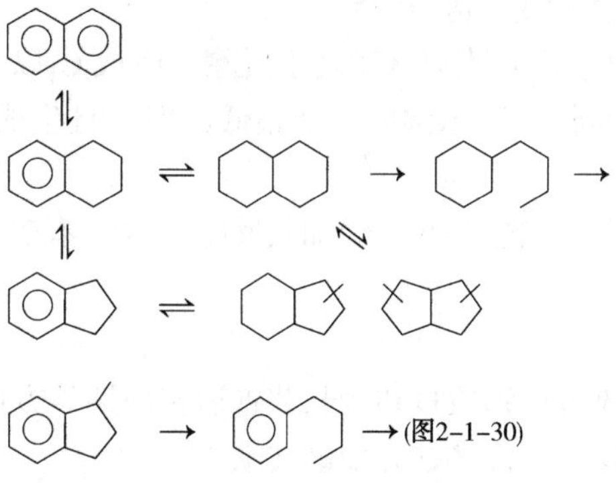

图 2-1-34　四氢萘加氢裂化反应网络[94]

比约为 1.5)。提出的反应网络见图 2-1-34，四氢萘加氢生成的十氢萘既可生成环异构物，也可开环生成正丁基环己烷，进而按图 2-1-34 的反应途径进行反应，正丁苯可能不是四氢萘直接开环生成的，因为这会生成不稳定的伯正碳离子，最可能是 2-甲基二氢茚经仲正碳离子生成的，正丁苯进而按图 2-1-34 反应途径继续反应。

邱建国等[75]采用两种改性 Y 沸石含量不同的 Ni-Mo 催化剂对四氢萘的加氢裂化进行研究，发现四氢萘在两种催化剂上均通过加氢、异构、裂化(A)和异构、裂化、加氢(B)两条途径进行加氢裂化反应。动力学分析表明，第一环的开环反应速率受加氢或异构步骤的控制；低温下反应主要沿 A 途径进行，而高温下主要反应路径是 B。

两种催化剂的双功能匹配不同，其活性和选择性有别，沸石含量高的催化剂的活性较高，但单环产物选择性较低，也说明加氢裂化催化剂双功能的合理匹配是提高目的产品选择性的有效措施。

② 菲的加氢裂化。

Sullivan 等[72]研究了菲在 Ni-S/SiO_2-Al_2O_3 催化剂上的加氢裂化反应，发现产物中主要是四氢萘，甲基环己烷也不少，但烷烃不多，只有痕量 C_4，此外是部分加氢产物，C_{14}产物中大多只含一个芳环。Sullivan 等认为菲的一个端环裂化生成烷烃和双环化合物(主要是四氢萘)的反应是不重要的反应；环加氢且中心环开环、裂化，是生成大量甲基-和乙基-环己烷的原因；主要反应是生成双环化合物(主要是四氢萘)而不生成相当数量环烷的裂化反应。导致这种产物分布的反应机理如下：

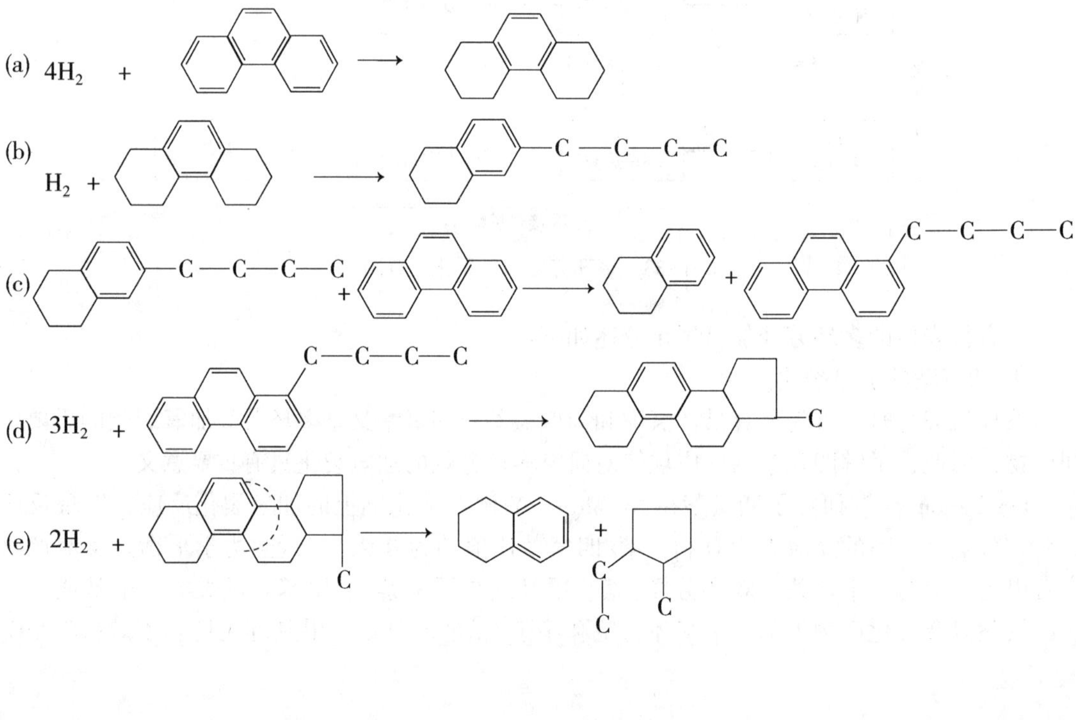

通过丁基转移反应(c)和环化反应(d)的结合，可以解释双环产物多但烷烃很少的产物分布结果。

3. 异构化反应

(1) 烷烃的加氢异构化反应

在功能催化剂上的烷烃异构化反应是通过正碳离子机理进行，异构化本身是正碳离子链反应的一部分，该链反应包括链引发(生成正碳离子)，正碳离子异构化和链传播，链传播是指异构的烷基正碳离子与原料正烷烃分子之间的反应，负氢离子从原料正构烃分子中转移到异构烷基正碳离子，后者变成异构烷烃，而原料的正构烷烃变成了正构烷基正碳离子，并在酸性位上继续进行正碳离子的异构化反应，于是导致烷烃异构化的正碳离子链反应便得以传播下去。

文献把烷烃异物化反应机理细分为A型异构和B型异构[74]，图2-1-35表示了这两种机理，为便于比较，还表示了传统的异构化机理。A型异构化反应包括负氢离子迁移，环化生成角质子化环丙烷中间物、开环和负氢离子迁移等步骤，如图2-1-35(a)所示。A型异构化保持碳骨架的分支程度不变，但可涉及烷基迁移和侧链增长或缩短(主链相应缩短或增长)。B型异构化则改变碳骨架的分支程度，与A型异构化的主要区别在于，前者在质子化环丙烷开环前多发生一步反应，即质子从环丙烷的一个角跃迁到另一个角(H^+角-角跃迁)，如图2-1-35(b)所示。该机理涉及烷基仲正碳离子和环烷基仲(叔、季)正碳离子，并提供了在能量上更为有利的反应途径——无须涉及传统机理[图2-1-35(c)]中所产生的不稳定的烷基伯正碳离子(如前所述，伯正碳离子的生成能较高)。文献[76]指出生成质子化双烷

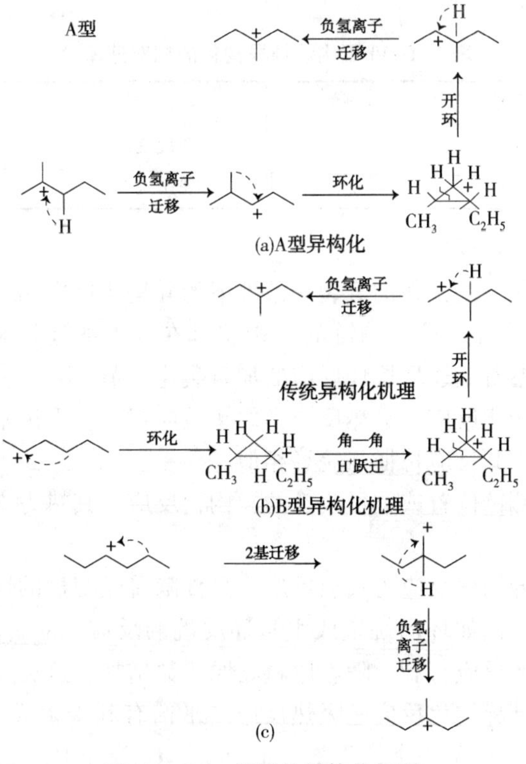

图2-1-35　烷烃的异构化机理

基环丙烷结构不涉及高能垒，因为这种结构可以认为是如图 2-1-36 所示的共振结构的混合物，这种共振使质子化环丙烷具有较高的稳定性。因此，从能量的观点看，通过质子化环丙烷结构的异构化机理是可以接受的。

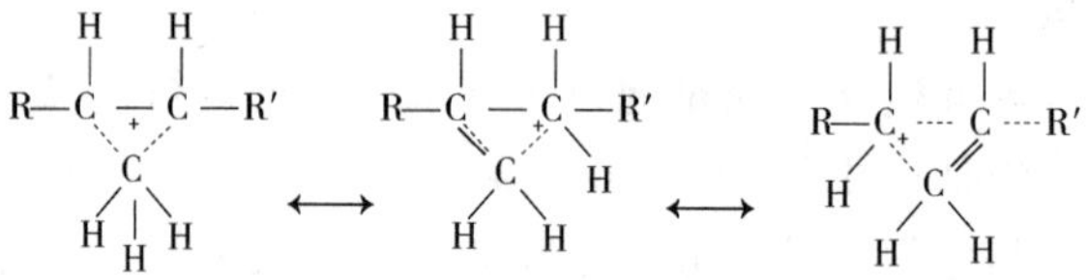

图 2-1-36　质子化双烷基环丙烷的一些共振结构

研究发现，A 型异构反应速率总快于 B 型，后者的活化能比前者约高 10~20kJ/mol，这一能差大概是完成 B 型异构化中的 H+角-角跃迁所需。尽管 B 型异构化的速率低于 A 型，但由 C_5以上正构烷烃生成单支链异构物以及进一步生成多支链异构物都是通过 B 型异构化反应进行的。根据 B 型异构化机理，通过质子化环丙烷或更大的质子化环烷结构可以预测所有可能的单支链异构物的生成。作为例子，正癸烷异构化的反应机理示于图 2-2-24，这里只表示质子化环烷结构生成后的反应，考虑了全部可能生成单支链 C_{10}烷基仲正碳离子的环结构(三元环至八元环)，一种角-角 H^+跃迁和开环。

原料碳链长度对异构化速率也有影响，碳链越长，生成质子化环丙烷结构的数目越多，异构化活性也越高，假设所有质子化环丙烷结构生成异构物的概率相同，则烷烃异构化的活性应与(N-4)成正比(N 是烷烃的碳原子数)，采用硫化钨催化剂在 340℃下的实验结果恰好与此假设相吻合，见表 2-1-30。

表 2-1-30 正构烷烃异构化的相对速率[76]

烷　烃	实验值	预测值	烷　烃	实验值	预测值
正戊烷	1	1	正庚烷	3.1	3
正已烷	2.0	2	正辛烷	4.2	4

(2) 环烷烃加氢异构化反应

环烷烃在双功能催化剂上，在加氢裂化条件下的异构化反应，主要是五元环、六元环烷烃之间的相互转化(环异构)及烷基侧链的异构烷基在环上的迁移和烷基数目大小的变化。有关反应途径、机理可参看上述环烷烃反应的加氢裂化一节。

环上侧链减少的异构化反应为吸热反应，但热效应很小，平衡常数也不大。环烷烃仅产生侧链的异构化反应时，其反应特征与烷烃相似。

总之，环烷烃发生侧链位置或数目改变的异构化反应，其热力学参数变化不大，且与环的碳原子数关系较小。

环碳原子数减小的异构化反应为吸热反应，且伴随着较明显的熵值增大，使平衡常数随温度升高有较大的增加，例如环已烷生成甲基环戊烷的反应，$K_{p,700K}/K_{p,300K}=45.5$，从热力学的角度看，高温对缩环反应有利。随着原料碳原子数增加，这类反应的平衡常数值下降。

支链数减少的烷基苯异构化反应是吸热反应。平衡有利于生成多支链异构物，在 300~700K 范围内，C_8芳烃以二甲苯为主，乙苯不足 10%；C_9芳烃中，三甲苯占 50%以上，其次为甲基乙基苯，而丙苯不超过 5%。

第二节　渣油加氢过程的化学反应

渣油加氢处理过程中发生的化学反应很多，也非常复杂，其中最基本的化学反应有：加氢脱金属反应、加氢脱硫反应、加氢脱氮反应、芳烃饱和反应和缩合生焦反应等。下面分别简要描述渣油加氢过程的化学反应。

一、加氢脱金属反应

原油中的金属绝大部分存在于渣油中，渣油中金属(主要是镍、钒等)含量虽然很少，只有 10^{-6}数量级，但却很容易使加氢脱硫催化剂、加氢脱氮催化剂和催化裂化催化剂永久性中毒失活。因此，必须将渣油原料中微量的金属化合物脱除。

渣油加氢脱金属反应是渣油加氢处理过程中所发生的最重要化学反应之一。在催化剂作用下，各种金属化合物与硫化氢反应生成金属硫化物，生成的金属硫化物随后沉积在催化剂上，从而得到脱除。

渣油中的金属镍和钒主要以卟啉类化合物和沥青质的形式存在，如图 2-2-1 所示。这两种化合物结构相当复杂，在这种大分子结构中，不仅含有金属，同时还含有硫和氮等杂质。镍和钒的化合物在加氢反应中主要是通过加氢和氢解，最终以金属硫化物的形式沉积在催化剂颗粒上，金属镍的硫化物穿透催化剂颗粒能力强，在催化剂颗粒内部和外表面沉积相对较均匀，而金属钒的硫化物穿透催化剂颗粒能力相对较弱，主要沉积在催化剂颗粒的孔口附近和外表面。

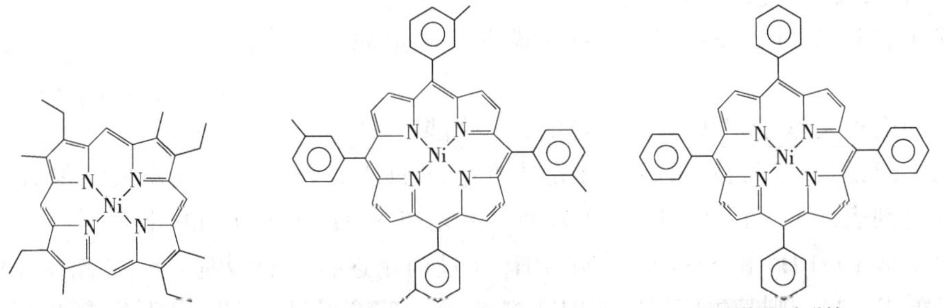

初卟啉镍:Ni-Etio(Ni-EP)　四苯基卟啉镍:Ni-TPP　四(3-甲基苯基)卟啉镍:Ni-T_3MPP

(a)卟啉镍络合物结构

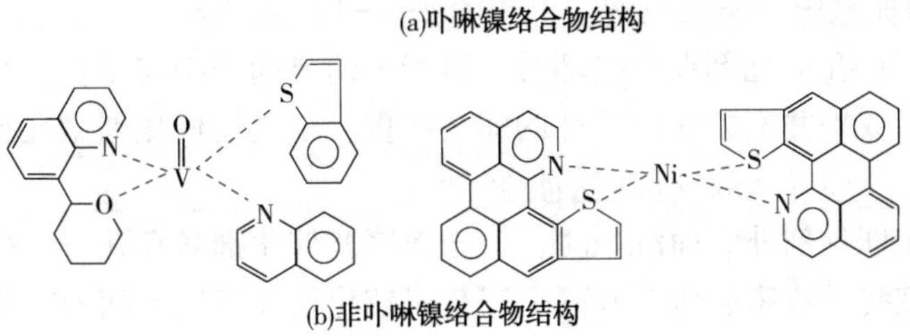

(b)非卟啉镍络合物结构

图 2-2-1　金属卟啉化合物和非金属卟啉化合物的结构

卟啉镍与卟啉钒通常占钒和镍总量的 10%~55%。在镍卟啉络合物中，镍是以 Ni^{2+}形式存在，而在钒卟啉络合物中，钒是以 VO^{2+}形式存在。镍和钒的卟啉化合物通常是直角四面体，镍和氧钒基配位于四个氮原子上，由于其具有四吡咯芳香结构，与沥青质中的稠环芳烃相似，故很容易混进沥青质胶束中，如图 2-2-2 所示。可见，沥青质中的稠环芳烃是通过硫桥键、脂肪键及金属卟啉结构相连接。这就表明，渣油的加氢脱金属反应常与沥青质的裂解反应紧密相连。

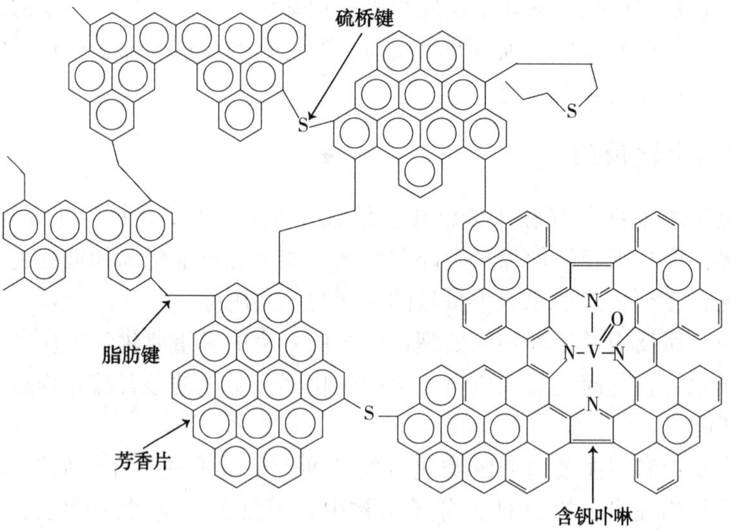

图 2-2-2　X 光衍射法测定的沥青质结构简图

对于加氢脱金属反应过程，目前有两种论点：第一种论点认为，硫可以作为供电原子，把钒和镍紧紧地结合起来。因此，在氢气和硫化氢存在下，可使共价金属与氮键削弱，以如图 2-2-3 所示的方式进行脱金属反应。

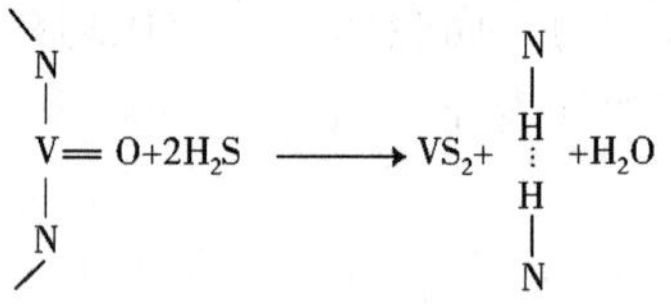

图 2-2-3　渣油加氢脱金属反应历程

第二种论点是基于对模型化合物的试验结果，认为脱金属反应是按顺序机理进行，首先从吡咯环的加氢开始，生成物最终氢解反应使镍沉积在催化剂表面上。以 Ni-T_3MPP 为例，首先在 Ni-T_3MPP 大环的相邻吡咯环处被连续可逆加氢生成 Ni-PH_2 和 Ni-PH_4；Ni-PH_4 通过两条途径进行反应：一是镍在催化剂表面上的直接沉积，另一则是生成稳定的中间物 Ni-X，它亦可进一步反应使 Ni 沉积在催化剂表面上。Ni-T_3MPP 的加氢脱金属反应网络可用图 2-2-4 简要表示。

当金属硫化物沉积在催化剂颗粒内部时，将产生两方面的副作用：一是使催化剂活性中心中毒，但这一中毒效果并不如我们估计的那么严重；二是使催化剂微孔孔口堵塞，限制反应物向微孔内扩散，从而导致表观反应活性降低。

当金属硫化物在催化剂外表面沉积时，一方面堵塞催化剂微孔孔口；另一方面使催化剂床层空隙率降低，最终导致床层压差升高。当金属硫化物在床层空间分布不均时，床层压差升高速度加快。

二、加氢脱硫反应

渣油加氢脱硫反应是渣油加氢处理过程中所发生的最主要的化学反应。在催化剂和氢气的作用下，通过加氢脱硫反应，各种含硫化合物转化为不含硫的烃类和硫化氢。烃类留在产

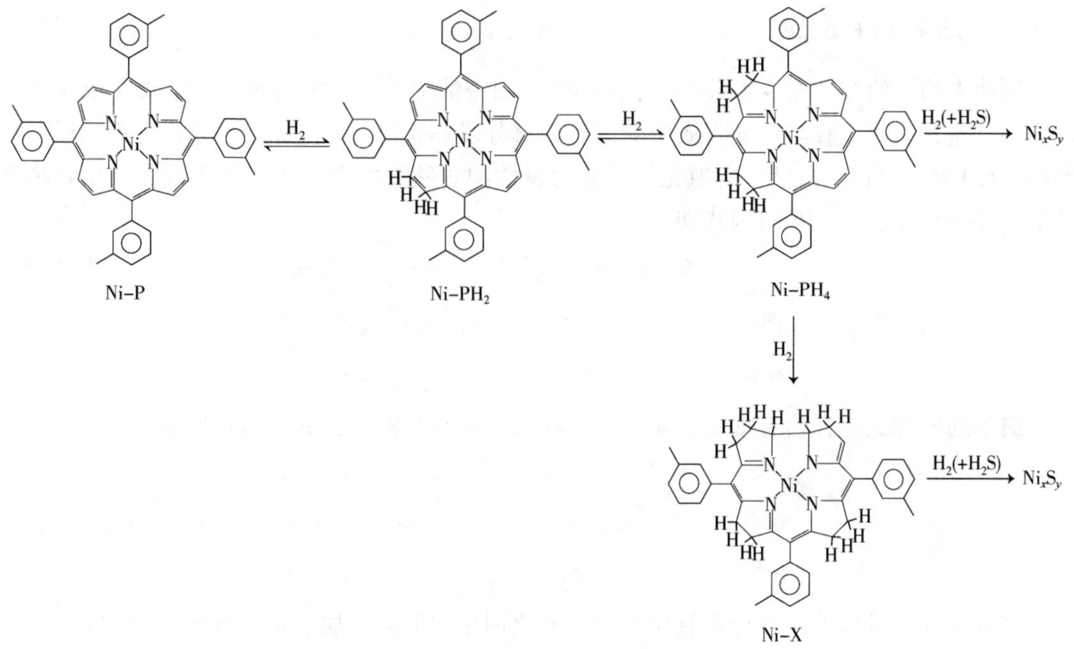

图 2-2-4　Ni-T_3MPP 加氢脱金属反应网络

品中，而硫化氢从反应物中脱除。

原油中大部分的硫存在于渣油中，渣油中的硫主要分布在芳烃、胶质和沥青质中，其中绝大部分的硫以五元环的噻吩和噻吩衍生物的形式存在。通过氢解反应将这种大分子的 C—S 键断开，使硫转化为硫化氢。以烷基取代的噻吩、二苯并噻吩和一种大分子硫醚为例，加氢脱硫反应网络如图 2-2-5 所示。

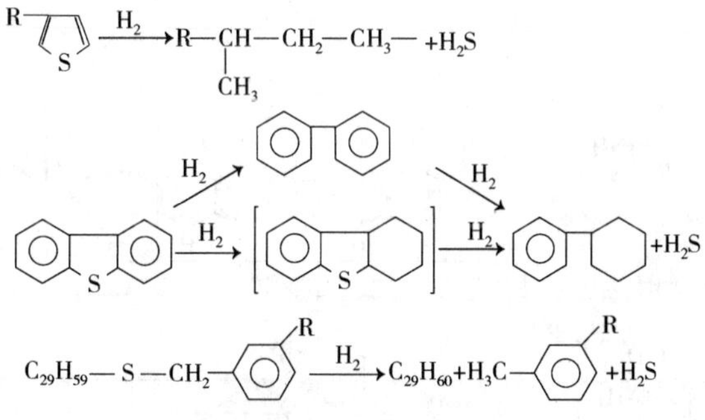

图 2-2-5　加氢脱硫反应网络

存在于非沥青质中的硫，在加氢条件下较容易脱除，可达到较高的转化深度，但存在于沥青质中的硫，由于沥青质的大分子结构，则很难脱除。因此，渣油加氢脱硫过程的脱硫率是有一定限度的。

脱硫反应是强放热反应，反应热大约为 550kcal/m^3 耗氢，因为在各种加氢反应中脱硫反应转化程度最高，故其对反应器中总反应热的贡献率最大。

三、加氢脱氮反应

原油中的氮约有70%~90%存在于渣油中，而渣油中的氮又大约有80%浓集在胶质和沥青质中。研究表明，胶质、沥青质中的氮绝大部分以环状结构(五元环吡咯类或六元环吡啶类的杂环)形式存在。渣油中的氮化物可分为碱性和非碱性两类。典型的非碱性氮化合物有吡咯、吲哚和咔唑等，其结构式如下：

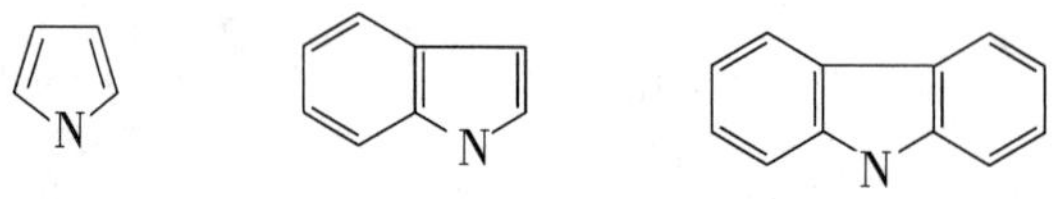

吡咯　　吲哚　　咔唑

典型的碱性氮化合物有吡啶、喹啉、吖啶和二苯并吖啶等，其结构式如下：

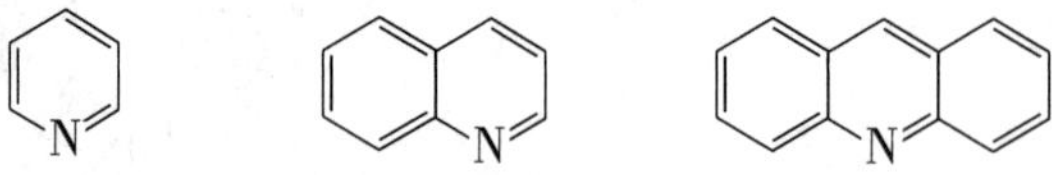

吡啶　　喹啉　　吖啶

在渣油加氢过程中，各种含氮化合物在催化剂作用下，经加氢生成氨和烃类，氨从反应产物中脱除，而烃类留在产品中。加氢脱氮过程的主要反应式如图2-2-6所示，苯并喹啉加氢脱氮反应历程如图2-2-7所示。

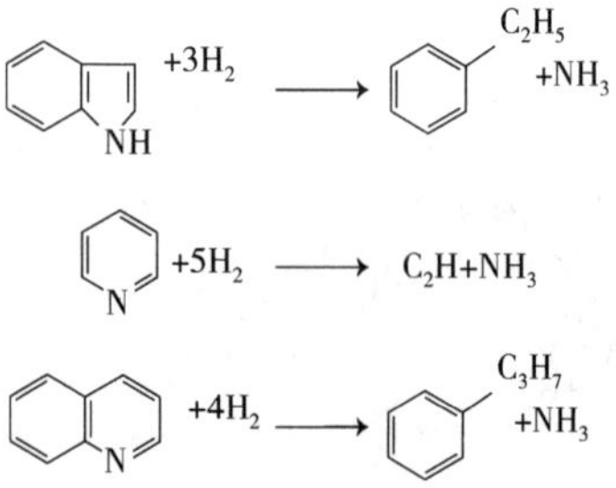

图2-2-6　加氢脱氮反应式

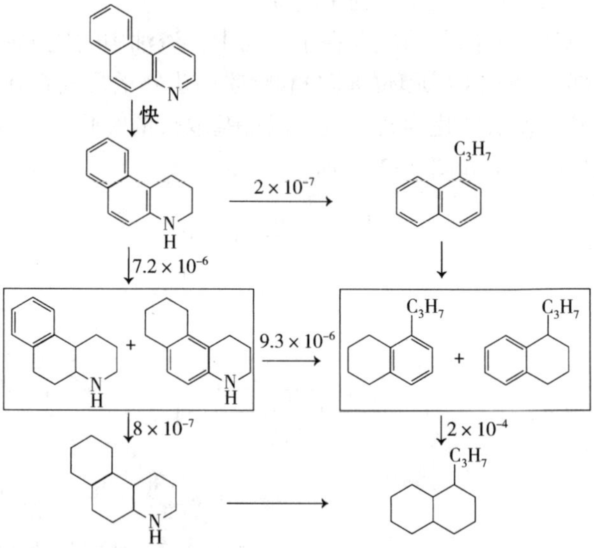

图2-2-7　5,6-苯并喹啉加氢脱氮反应历程

网络中的数字意义为：在300℃、17.1MPa、Ni-Mo/Al_2O_3催化剂存在下的表观一级反应速率常数，L/(g·s)。

为了把氮从其化合物中脱出，就必须打断C—N键，而打断C—N键所需要的能量比打断C—S键所需要的能量要高得多。因此，渣油的加氢脱氮反应较难进行，其脱氮率较脱硫率低。同时，要求加氢脱氮催化剂有较强的酸性，但催化剂酸性过强时容易引发激烈的生焦反应，使催化剂活性中心中毒。

渣油加氢脱氮反应也是强放热反应，反应热大约为 650kcal/m^3 耗氢，但因其反应程度低，对总反应热的贡献不及脱硫反应大。

四、加氢脱残炭(芳烃饱和)反应

渣油的芳烃加氢饱和反应主要是稠环芳烃的加氢，此类反应是渣油加氢处理过程所有加氢反应中最难进行的一类反应。单环芳烃较难加氢饱和，以萘和菲加氢饱和反应为例，其反应式和 327℃及 427℃化学平衡常数见图 2-2-8。

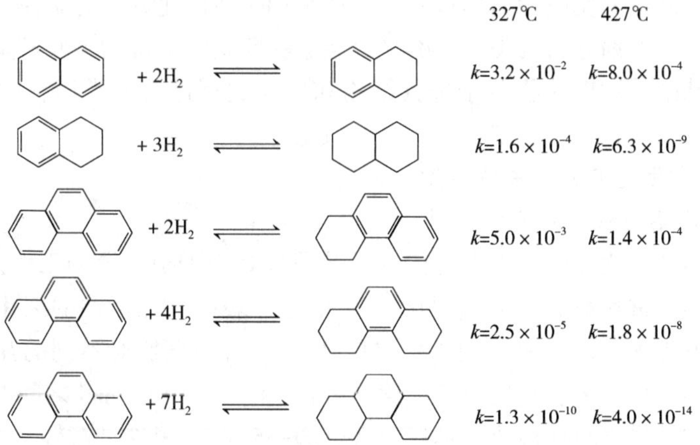

图 2-2-8　芳烃饱和反应及化学平衡系数

稠环芳烃加氢反应的特点是：

① 逐环依次加氢饱和，并且加氢难度逐环增加；

② 每个环的加氢反应都是可逆反应，并处于平衡状态；

③ 稠环芳烃的加氢深度往往受化学平衡的限制；

④ 如果苯环上连有取代基，则芳烃加氢饱和更加困难，而且随取代基数目的增多，芳烃加氢饱和的难度越来越大。

在较高的氢分压和较低的反应温度下，芳烃加氢饱和反应的化学平衡向右移动，有利于芳烃加氢饱和反应的进行；反之，则化学反应平衡向左移动，即有利于环烷烃脱氢及缩合反应，形成多环芳烃，进而缩合形成焦炭，沉积在催化剂上，使催化剂失活。因此，在渣油加氢处理过程中，要尽量保持较高的氢分压，同时加氢脱氮反应催化剂的温度不宜过高，以有利于芳烃加氢饱和。

五、稠环芳烃缩合反应

渣油加氢过程中，随着各种加氢反应的进行，均发生一定的缩合生焦反应，其焦炭沉积在催化剂颗粒的外表面和内表面，造成催化剂的中毒和失活。

催化剂上积炭沉积主要发生在催化剂预硫化结束切换渣油原料的 15 天以内，在以后的运转过程中，催化剂上的积炭沉积将趋于平缓。因此，渣油加氢装置开工过程中，在进行原料油切换时，一定要缓慢进行，以充分发挥催化剂的活性和稳定性。

第三节　加氢裂化及渣油加氢反应动力学

一、加氢裂化反应动力学

加氢裂化反应是由大量的不同分子经历一系列平行-顺序反应所组成的极为复杂的反应动力学网络。对于这样的复杂反应动力学网络，试图从分子的角度来研究几乎是不可能的。为了研究这种极为复杂的反应动力学过程，往往采用一些简化的动力学模型。

这些模型基本上可划分为两类：一类是以经验关联式为基础的关联模型；另一类是以一定的反应机理为基础并对反应物分子按其结构和反应类型进行分类简化的集总反应动力学模型。

（一）加氢裂化反应的各自关联模型

1. *以裂解转化率为核心的关联模型*

早期馏分油加氢裂化反应动力学规律的系统研究是以 Qader 等的工作为代表，Qader 等对各种不同来源的轻重瓦斯油的加氢裂化试验研究[15]表明，瓦斯油的裂化反应动力学可以用一级反应速率方程来描述，即：$-dC_{瓦斯油}/dt=k\cdot C_{瓦斯油}$。虽然对不同的瓦斯油所得出的动力学参数各不相同，如加氢裂化反应的活化能可在 58.9~73.6kJ/mol 之间波动，但不同的原料加氢裂化的反应结果之间在规律上具有非常好的一致性。无论是对轻瓦斯油（LAGO）还是重瓦斯油（HAGO），当裂解转化率低于 85%时，各裂解产物的产率及石脑油的 *RON* 均为裂解转化率的线性函数，当转化率进一步增加时，气体及轻石脑油产率急剧增加，而重石脑油及中间馏分收率则迅速下降。尽管受当时条件所限，Qader 等只是针对无定形加氢裂化催化剂进行了研究，且原料油馏程相对现代加氢裂化而言要轻得多，但此后的很多研究工作表明，上述动力学规律在加氢裂化过程中是普遍存在的。显然，以裂解转化率为核心来建立加氢裂化的关联模型是一种比较直观有效的方法。

2. *以类比为特征的关联模型*

以裂解转化率为核心的关联模型，形式简单，意义明了，但难于追踪产品分布变化（如切割方案改变）的情况，同时对原料的描述过于简单，也使之无法反映原料变化对反应条件及产品分布的影响。

为了解决这一矛盾，很多研究者提出了各自的解决方案。这些方案基本可分为两类：一类是在本节稍后要谈到的集总方法；另一类则是这里要介绍的类比模型，它是将加氢裂化的原料和产品看成某种分布函数，而把加氢裂化反应过程类比为某种物理变换。

类比模型典型成果有：

① Stagelange 关联模型。它利用固体粒子的破碎模型来模拟在一定反应条件下原料和产品的 TBP 曲线变换。

② 正态分布函数关联模型。该模型将加氢裂化的原料和产物分别用正态分布函数来表示，将加氢裂化原料与产物的关系转化为求解产物正态分布函数过程。

③ 轴向扩散关联模型。Krishna 和 Saxena 发现，无论加氢裂化的反应深度如何，其产物归一化 TBP 曲线是相同的，并通过类比，导出该曲线可以用流体在两端边界开放的轴向扩

散模型来描述。由于该模型用最少的动力学参数描述了加氢裂化的产物分布，从而使该模型具有非常好的应用基础。

（二）加氢裂化各种集总动力学模型

对于石油馏分这种复杂反应体系的动力学研究，其困难在于：

① 反应体系各组分之间的强偶联；

② 参与反应的组分数目太多，难于处理每种组分的反应。

20世纪60年代以来，对于处理这类复杂反应体系的动力学问题提出了集总理论，使复杂反应动力学的研究有了新的突破。在集总理论里，把原料和产品中许多单一的化合物按某种原则(如分子结构类型、反应类型等)归并成若干个可视为纯化合物的虚拟集总组分，然后去开发这些虚拟集总组分的反应网络及反应动力学模型。

1. 按固定馏程集总的动力学模型

固定馏程集总是指按加氢裂化生产方案的原料和产品划分集总的方法，即就气体、石脑油、煤油、柴油、原料(或尾油)来确定集总的方法。

最简单的固定馏程模型以原料油(>350℃馏分)及产物(<350℃馏分)为二集总组分。几乎所有的研究结果都表明，>350℃馏分的裂化速率可以用一级动力学方程来描述。除了上述二集总模型外，人们根据实际工作需要，按照不同的产品切割方案分别开发了三集总、四集总、五集总等不同集总划分的动力学模型。这些集总模型的基本特征为：

① 把原料油和生成油按照馏程的差异(或切割方案)分成若干个集总组分，且反应物沸点与其生成物沸点均在同一集总馏程内的反应不予考虑。

② 加氢裂化反应是由一系列的平行顺序反应所组成，即较重集总可以裂化生成所有比它轻的集总组分。

③ 加氢裂化反应中，虽然芳烃饱和反应会受到热力学平衡的限制，但该反应不会影响馏程的改变，能够影响馏程改变的主要是裂化反应。一般情况下，裂化反应可认为是不可逆的，因此加氢裂化各集总之间的反应也可认为是不可逆的。

④ 所有反应均可用一级反应动力学方程来描述。

理论上，按馏程划分的集总数目越多，其对实际加氢裂化过程的模拟近似度也越高，但也意味着数据处理的难度将成几何级数地增加。从实际应用的角度，加氢裂化产品切割方案灵活是其重要的优势之一。人们在工作中往往会要求加氢裂化动力学模型能够估算出产品切割方案改变所产生的后果，如果能划分足够多数量的集总，理论上就可以得到实际工作中所需的动力学模型。

2. 可变馏程集总的动力学模型

(1) 离散集总动力学模型

离散集总模型最早应用于加氢裂化的离散集总模型由 Stageland 于 1974 年发表。在离散集总方法中，整个反应体系(包括进料及产品)基于实沸点(TBP)、碳原子数(CN)、分子量(MW)被分成若干个虚拟组分。具有相近的 TBP(或 CN、MW)的一类化合物被划分成同一集总，将每个集总作为虚拟的单一纯组分来分析体系反应动力学性质。据观察，划分的集总数越多，模型精度越高。但是，这需要更多的动力学参数来描述反应过程。对于离散集总法对石油馏出物的加氢裂化建模，Stageland 的三参数动力学模型被视为最经典的。他基于重集总组分加氢裂化成轻组分过程符合一级反应动力学的假设，用一个参数描述反应速率与实沸点的关系，用另外两个参数描述产品分布。固定馏程集总模型不能反映产品方案变化，Stageland 通过引入分配函数对 C_4组分进行特殊处理，使得模型在较宽的原料沸程范围内能够很好地预测产品的沸程与收率，解决了这一问题。

（2）连续集总模型

连续集总的概念首先由 De Donder 等提出，其后这一概念被广泛用于处理像原油蒸馏、多相催化反应、焦化、催化裂化及加氢裂化等过程。

在连续集总中，反应混合物的特征仍然是 TBP 曲线。研究加氢裂化反应物与产物的变化规律，也就是研究 TBP 分布曲线的变化规律，因此连续集总即是以 TBP 曲线为对象的集总方法。与离散集总方法不同，连续集总模型不需要将反应过程中的反应物和产物切割成若干虚拟组分，只需要对反应器内的 TBP 曲线的变化进行研究。很多学者基于这一想法，开展相关研究，并验证了不对称结尾的高斯分布函数，可以对加氢裂化产品分布情况进行准确描述。

（3）理想的加氢裂化反应动力学

上述介绍的各种加氢裂化模型，无论是简单的二集总模型还是复杂的连续集总模型，其共同的特征都是只着眼于反应物和产物分子大小的变化，也就是裂化反应本身，对反应物和产物间组成的变化情况均未涉及。因此这些模型往往只能提供加氢裂化产品分布的信息，而不能提供有关产物组成和性质等重要数据。然而，加氢裂化过程所包含的反应是多种多样的，如芳烃饱和、异构化、开环及裂化等，而这些反应之间又是相互关联的，因此一个好的加氢裂化模型应能够在考虑裂化反应的同时，考虑到影响组成变化的各种因素。近年来，随着油品分子表征、模拟技术的进步，基于反应原料分子组成和反应网络构建的加氢裂化反应动力学模型，如结构导向集总动力学等，可以在分子层面上模拟加氢裂化反应过程，预测产品分子组成，将会是未来加氢裂化反应动力学的重要发展方向。

二、渣油加氢反应动力学

在渣油加氢过程中，同时发生加氢精制和加氢裂化两类反应，主要有加氢脱金属、加氢脱硫、加氢脱氮、加氢脱残炭、加氢裂化等反应。下面分别叙述渣油加氢过程中各主要反应的动力学研究概况。

1. *加氢脱金属反应动力学*

在渣油 HDM 反应过程中，镍和钒是以金属硫化物的形式沉积在催化剂上，并随着沉积物的累积而引起催化剂失活和床层压降上升。因此，HDM 反应产物对催化剂性能的影响比 HDS 和 HDN 的反应产物对催化剂的影响更大。

由于渣油中含有的金属化合物多种多样，因此，在研究渣油加氢脱金属反应时主要考虑总钒和总镍的脱除率。Galiasso 等[37]认为，重油中镍脱除反应可用一级反应动力学表示，反应速率与氢分压有一定关系，并且提出了渣油中总镍（包括卟啉镍和非卟啉镍）加氢脱镍（HDNi）反应经验动力学模型，表达式如式（2-3-1）所示：

$$\frac{W_{Ni}}{W_{Ni_0}}=\exp\left[-1.15\times10^4\times\frac{P_{H_2}^{1.05}\times\exp\left(\frac{-23000}{RT}\right)}{LHSV}\right] \tag{2-3-1}$$

式中　W_{Ni}、W_{Ni_0}——渣油中镍含量(某一时刻的质量分数和初始时刻质量分数)；

P_{H_2}——氢分压，MPa；

$LHSV$——体积空速，h^{-1}；

T——反应温度，K。

由式(2-3-1)可见，加氢脱镍(HDNi)反应对镍浓度为一级反应，对氢分压也为一级反应。

对于总钒(包括卟啉钒和非卟啉钒)的加氢脱钒(HDV)反应，反应速率与钒浓度是一级关系，与氢分压是0.5级关系，表达式如式(2-3-2)所示：

$$\frac{W_{V}}{W_{V_0}}=\exp\left[-2\times10^3\times\frac{P_{H_2}^{0.5}\times\exp\left(\frac{-25000}{RT}\right)}{LHSV}\right] \tag{2-3-2}$$

式中　W_V、W_{V_0}——渣油中镍含量(某一时刻的质量分数和初始时刻质量分数)，%。

由于渣油中的金属化合物的分子量较大，从几百到几万，分子大小范围为2~100nm，因而反应物分子的扩散对表观反应速率影响较大，必须考虑扩散的影响。文献[38~40]在报道HDM反应动力学时，将孔扩散模型引入反应速率的计算中，表达式如式(2-3-3)和式(2-3-4)所示：

$$\phi_1=\frac{V}{S\ (k/D_{eff})^{1/2}} \tag{2-3-3}$$

$$\eta=\frac{\tanh\phi_1}{\phi_1} \tag{2-3-4}$$

式中　ϕ_1——一级反应的Thiele模数；

V、S——催化剂的颗粒体积和外表面积；

K——本征反应速率常数；

D_{eff}——反应物分子有效扩散系数；

η——反应有效因子。

2. *加氢脱硫反应动力学*

渣油中的含硫化合物种类多、结构复杂，其反应也多种多样，用精确的化学反应网络和动力学表达式来表述渣油的HDS反应尚无法实现。通常将渣油进行适当地集总，并假定相应的虚拟反应网络，选取合适的动力学表达式，简化渣油的HDS反应过程。综合文献报道，对于渣油中的硫化物主要采用三种归类方法：

① 将渣油中的总硫按硫元素的含量归成一个组分；

② 将渣油切割成若干个窄馏分，每个窄馏分的硫作为一个组分；

③ 从反应的难易程度上将渣油分成易反应的硫和不易反应的硫两个组分。

渣油HDS反应动力学的描述一般也采用三种不同的简化方法：

① 用单纯的拟一级反应描述。有不少文献采用一级反应动力学方程表达常渣的加氢脱

硫反应动力学，将渣油中的硫元素作为一个组分近似处理[8,41]。

② 用虚拟的二级反应描述。文献[42]采用固定床反应器，以常渣为原料进行加氢脱硫反应，提出了转化率的计算式：

$$x_s/(1-x_s)=k(1/LHSV)c_0 \qquad (2-3-5)$$

式中　x_s——硫脱除率；

c_0——原料油硫含量；

k——反应速率常数。

用式(2-3-5)关联科威特常渣的加氢脱硫数据时，计算值与试验结果比较一致。

③ 用两个联立的一级反应描述(一个是易脱除硫的反应，另一个是难脱除硫的反应)。文献[42]提出以两个联立的一级反应描述渣油的HDS反应速率：

$$R_{HDS}=\alpha_1 k_1 C_S+\alpha_2 k_2 C_S \qquad (2-3-6)$$

式中　α_1 和 α_2——两种硫的分率；

k_1 和 k_2——相应的反应速率常数。

根据某些具体情况(当脱硫率很高时)，若只考虑难转化的硫时，式(2-3-6)就降为一级反应式。

有关催化剂物化性质和活性组分对渣油HDS反应活性的影响，也有不少人做过研究。文献[43]报道了科威特渣油在活性组分组成及含量相同而载体性质不同的催化剂上进行加氢脱硫反应，催化剂的HDS反应活性与催化剂的比表面积、孔大小、孔容的经验关联式如下：

$$R_{HDS}=K+0.0589A+1.32V+0.012R \qquad (2-3-7)$$

式中　R_{HDS}——HDS反应速率；

A——催化剂比表面积；

K——由工艺条件确定的常数；

V——催化剂孔容；

R——催化剂孔半径。

渣油加氢处理反应的工艺条件也是影响HDS反应活性的重要因素。

文献[44]报道了科威特常压渣油的HDS反应速率常数与反应压力的关系。实验数据表明，在压力<6.9MPa时，反应速率常数与压力接近正比关系；但在压力较高的条件下(>10.3MPa)，反应速率常数随压力的提高而增加的值较小。因此，在较低的压力下有必要考虑压力对反应速率常数的影响。

关于反应温度对HDS反应速率的影响，一般都是将HDS反应速率常数与反应温度按Arrhenius公式进行关联。

氢油体积比也是渣油加氢处理工艺中的一个重要参数。在微反装置上以卡夫杰常渣为原料和在中型装置上以阿拉伯轻质常压渣油为原料，分别考察了氢油体积比对渣油加氢脱硫反应速率的影响。当氢油体积比>500时，氢油体积比对HDS反应速率的影响甚小；而当氢油体积比<500时，氢油体积比的减小会导致HDS反应速率下降。

另外，反应产物中H_2S、NH_3和低分子烃对反应速率也有一定的影响。文献[42]报道，H_2S对反应有抑制作用，反应速率常数表达式为：

$$k_{eff}=k/[1+21(P_{H_2S}/P_T)] \qquad (2-3-8)$$

式中　k_{eff}——表观反应速率常数；

K——本征反应速率常数；

P_{H_2S}——H_2S 分压；

P_T——总压。

3. 加氢脱氮反应动力学

HDN 反应比 HDS 反应更复杂，所有含氮化合物向氨的转化反应按对氮含量反应级数为 1~2 级进行。渣油加氢处理时气相产物中的硫化氢对 HDN 反应有促进作用，而各种氮化物之间的竞争吸附对 HDN 反应有抑制作用[45,46]。

文献[47]报道了常渣的加氢脱氮反应，提出了如下 HDN 反应速率表达式：

$$R_{HDN}=k_N C_N P_{H_2}^{1.2} \tag{2-3-9}$$

可见 HDN 反应速率与氮含量呈一级关系，与氢分压呈 1.2 级关系。

常杰[48]对渣油固定床加氢脱氮反应，提出了考虑内扩散影响的一级反应速率的表达式：

$$\ln\left(\frac{1}{1-x}\right)=\frac{k(1-\varepsilon)}{LHDV}\times\frac{\tanh\phi}{\phi} \tag{2-3-10}$$

式中　x——氮的脱除率；

ε——床层空隙率；

ϕ——Thiele 模数。

4. 加氢脱残炭反应动力学[49]

（1）一集总反应动力学模型

假设胶质、沥青质和多环芳烃三者具有相同的残炭加氢转化能力，采用一集总动力学模型，其动力学方程为：

$$-\frac{dC_R}{dt}=K_R C_R^{\alpha} \tag{2-3-11}$$

式中　K_R——一集总加氢脱残炭表观反应速率常数；

C_R——渣油残炭质量浓度；

α——反应级数。

（2）二集总反应动力学模型

假设沥青质、重胶质和中胶质形成的残炭集总(组分 1)加氢转化为不能形成焦炭分子的反应能力相同，并小于轻胶质和多环芳烃形成的残炭集总(组分 2)加氢转化速率。设计二集总反应动力学的物理模型，各集总的反应均按一级反应动力学处理。根据物理模型，二集总动力学模型微分表达式如式(2-3-12)所示：

$$\begin{cases}-\dfrac{dC_1}{dt}=K_1C_1\\[2ex]-\dfrac{dC_2}{dt}=K_2C_2\end{cases} \tag{2-3-12}$$

式中　K_1、K_2——组分 1、组分 2 的残炭集总的表观反应速率常数；

C_1、C_2——组分 1、组分 2 的残炭集总的质量浓度。

（3）三集总反应动力学模型

假设沥青质、胶质和多环芳烃分别生成的残炭集总 A、G 和 PA 加氢转化为不能形成焦炭分子的反应能力都不同，它们的加氢转化速率顺序为：A>G>PA。设计三集总反应动力学的物理模型，各集总的反应均按一级反应动力学处理。三集总动力学模型微分表达式如式(2-3-13)所示：

$$\begin{cases} -\dfrac{\mathrm{d}C_{\mathrm{A}}}{\mathrm{d}t}=K_{\mathrm{A}}C_{\mathrm{A}} \\ -\dfrac{\mathrm{d}C_{\mathrm{G}}}{\mathrm{d}t}=K_{\mathrm{G}}C_{\mathrm{G}} \\ -\dfrac{\mathrm{d}C_{\mathrm{PA}}}{\mathrm{d}t}=K_{\mathrm{PA}}C_{\mathrm{PA}} \end{cases} \tag{2-3-13}$$

式中 K_{A}、K_{G}、K_{PA}——残炭集总 A、G 和 PA 的表观反应速率常数；

C_{A}、C_{G}、C_{PA}——残炭集总 A、G 和 PA 的残炭质量浓度；

T——反应停留时间。

通过模型验证，发现一集总动力学模型不能用来描述渣油加氢脱残炭过程。而三集总一级反应动力学模型则又优于二集总一级反应动力学模型，当沥青质含量较低时，两者误差精度相当。

5. 加氢裂化反应动力学

关于重质油加氢裂化动力学研究，国内外很多学者进行了这方面的工作，一方面，部分学者[50~57]针对模型化合物的加氢裂化反应建立了动力学模型，为实际油品的相关研究提供了很有价值的参考和借鉴；另一方面，国内外发表了很多以实际油品为研究对象的集总动力学加氢裂化模型。此外，随着科技的发展，近来又出现了一些新的建模方法，如化学结构法[58]、Monte Carlo 法及 Delplot 法。

下面简单介绍几种集总动力学模型。集总动力学模型分为：按照固定馏程集总的动力学模型、按照可变馏程集总的动力学模型、按照组分集总的动力学模型和按照馏程与组分联合划分集总的动力学模型。

(1) 按固定馏程集总的动力学模型

固定馏程集总是指按加氢裂化的原料和产品划分集总的方法。

最简单的固定馏程模型是以原料油(>350℃馏分)和产品(<350℃馏分)为集总的二集总模型。为了改善二集总模型的不足，人们按照不同的产品切割方案分别开发了三集总[61,62](重馏分油、轻柴油、石脑油)、四集总[63](原料、柴油、石脑油、气体)和五集总[64~67](>400℃馏分、350~400℃馏分、132~350℃馏分、C_5~132℃馏分、C_1~C_4气体)等模型。这些模型的基本特征为：

① 按照原料油和生成油馏程的不同分成若干个集总组分，同一馏程内的反应物与其生成物在同一馏程内不发生反应；

② 加氢裂化反应是由一系列的平行反应组成，即较重的集总组分可以生成所有比它轻的集总组分；

③加氢裂化反应中，虽然芳烃饱和反应会受到热力学平衡的限制，但该反应不会影响馏程的改变，能够影响馏程改变的主要是裂化反应。通常裂化反应是不可逆的，因此加氢裂化各集总之间的反应也是不可逆的；

④ 所有反应均可用一级反应动力学方程来描述。

（2）按可变馏程集总的动力学模型

按可变馏程划分集总的动力学模型的典型代表就是 Stageland 的破碎机模型和 Lax-iminarasinhan 的连续集总模型。

Stageland[68]的破碎机模型假定原料和产品包含一系列连续的、可只用馏程表示其特征的化合物，然后这些化合物按照 50℉的固定馏程划分为各窄馏分，每一窄馏分即为一个集总组分，每一集总组分都是经过一级反应生成一系列较轻的产品。因此每一窄馏分的变化是本身裂化和比它重的集总组分裂化产物的总和。

Lax-iminarasinhan 的连续集总模型仍然是根据实沸点曲线确定反应混合物的特征，即通过分析实沸点分布曲线的变化规律来研究加氢裂化反应物与加氢裂化产物的变化。

这两种方法都建立在准确测量原料全馏程沸点曲线的基础之上，可以满足裂化操作灵活、经常改变产品的需要。在无法得到实沸点曲线时，这两种方法将体现不出该有的实用价值。

（3）按组成划分集总的动力学模型

该模型着眼于反应物和产物组成的变化。Krishna 等[69]提出了一个综合反映裂解和组成变化影响的七集总动力学模型。该模型按照切割点分成轻重两层，每一层又按烃类的结构分成芳烃、环烷烃和烷烃三个集总，对重组分另增加一个硫化物集总。硫化物集总当发生 C—S 键断裂时生成重芳烃。

这种集总模型，在有较多产品时，有一定的局限性，且认为重芳烃由 C—S 键断裂生成也不尽合理。

（4）按照馏程与组成联合集总模型

这种方法是类似于固定馏程进行集总的动力学模型，不同点在于对重质油按照不同的组成再进行集总。

刘传文等[70]在研究分散型铁催化剂存在下孤岛渣油加氢裂化时，建立了七集总模型。各集总是气体（$C_1 \sim C_4$）、馏分油（$C_5 \sim 480$℃）、饱和分、芳香分、胶质、沥青质和苯不溶物焦炭。该模型还考虑了反应物结构的变化，并给出了相应的结构变化函数。

Ayasse 等[71]在研究重油裂化时提出几种集总方法，其区别在于减压渣油和减压馏分油是否划分为两个集总。这样它的集总数目有 5~7 个不等。

近年来分析技术的快速发展为准确和细致地划分集总单元提供了更多的信息和技术依据，而计算机飞跃发展，使大型的网络计算成为可能，因此复杂灵活的集总策略和方法层出不穷，这些新的研究成果均可作为研究以及开发渣油加氢反应动力学的参考，但是由于重渣油组成的复杂性，时至今日，研究和开发适用于不同油品的通用性动力学模型仍然难度极大。

参 考 文 献

[1] T. Halbert. Preprint of the 15th world Petroleum Congress, Topic [C]. China Oil & Gas, 1997, 01.

[2] H. Topsoe, B. S. Clausen, F. E. Massoth et al. Hydrotreating Catalysis, in: J. R. Anderson and M. Boudart(ed.) Catalysis-Science and Technology[M]. New York, 1996, 11: 1-269.

[3] M. Xiaoliang, Kinya Sakanishi, Isao Mochida et al. Hydrodesulfurization reactivities of various sulfur compounds in diesel fuel[J]. Ind. Eng. Chem. Res., 1994, 33: 218-222.

[4] 林世雄. 石油炼制工程下册 [M]. 2 版. 北京：石油工业出版社，1988.

[5] M. J. Girgis, C. Bruce. Gates Reactivities, reaction networks, and kinetics in high-pressure catalytic hydroprocessing[J]. Ind. Eng. Chem. Res., 1991, 30: 2021-2058.

[6] T. Kabe. Deep Desulfurization of Middle Distillate[M]. 1995.

[7] M. Houalla, N. K. Nag, A. V. Sapre, et al. Gates Hydrodesulfurization of dibenzothiophene catalyzed by sulfided CoO-MoO_3γ-Al_2O_3: The reaction network[J]. AICHE J. 1978, 24: 1015-1020.

[8] A. V. Sapre, D. H. Broderick, D. Fraenkel, et al. Hydrodesulfurization of benzo[b] naphtho[2,3-d] thiophene catalyzed by sulfided CoO-MoO_3/γ-Al_2O_3: The reaction network[J]. AICHE J., 1980, 26: 690-694.

[9] H. Topsøe, B. Hinnemann, J. K. Nørskov, et al. The role of reaction pathways and support interactions in the development of high activity hydrotreating catalysts[J]. Catal. Today, 2005, 12: 107-108.

[10] A. Logadottir, P. G. Moses, B. Hinnemann, et al. A density functional study of inhibition of the HDS hydrogenation pathway by pyridine, benzene, and H_2S on MoS_2-based catalysts[J]. Catal. Today, 2006, 111: 44-51.

[11] F. Besenbacher, M. Brorson, B. S. Clausen, et al. Recent STM, DFT and HAADF-STEM studies of sulfide-based hydrotreating catalysts: insight into mechanistic, structural and particle size effects[J]. Catal. Today, 2008, 130: 86-96.

[12] H. Wang, R. Prins. Hydrodesulfurization of dibenzothiophene, 4, 6-dimethyldibenzothiophene, and their hydrogenated intermediates over Ni-MoS_2/γ-Al_2O_3[J]. J. Catal. 2009, 26: 431-43.

[13] H. Farag, K. Sakanishi. Investigation of 4, 6-dimethyldibenzothiophene hydrodesulfurization over a highly active bulk MoS_2 catalyst[J]. J. Catal. 2004, 225: 531-535.

[14] D. H. Broderick, B. C. Gates. Hydrogenolysis and hydrogenation of dibenzothiophene catalyzed by sulfided CoO-MoO_3/γ-Al_2O_3: The reaction kinetics[J]. AICHE J., 1981, 27: 663-673

[15] M. Nagai, T Kabe. Selectivity of molybdenum catalyst in hydrodesulfurization, hydrodenitrogenation, and hydrodeoxygenation: Effect of additives on dibenzothiophene hydrodes[J]. J. Catal., 1983, 81: 440-449.

[16] J. Van Gestel. Catalytic Hydroprocessing of petroleum and Distillates[M]. New York, 1993: 357.

[17] M. V. Bhinde, Ph. D. Dissertation[D]. Newark: University of Delaware, 1979.

[18] V. L. Vopa; C. N. Sattertield. Poisoning of thiophene hydrodesulfurization by nitrogen compounds[J]. J. Catal., 1988, 110(2): 375-387.

[19] H. Kwart, J. Katzer, J. Horgan. Hydroprocessing of phenothiazine catalyzed by cobalt-molybdenum γ-aluminum oxide [J]. J. Phys. Chem., 1982, 86: 2641-2646.

[20] M. Nagai, T. Sato, A. Aiba, et al. Poisoning effect of nitrogen compounds on dibenzothiophene hydrodesulfurization on sulfided $NiMoAl_2O_3$ catalysts and relation to gas-phase basicity[J]. J. Catal., 1986, 97: 52-58.

[21] Y. Shi. In Proceedings of 8th China-Japan Joint Seminar on Research and Technology for Pletroleum Rifining Editorial Board[C]. Tokyo, Japan, 1998: 54.

[22] H. Schulz. Catalytic Hydrogenation, a modern Approach[J], Stud. Surf. Sci. Catal., 1986, 27: 201.

[23] H. Farag, M. Kishida, H. Al-Megren. Competitive hydrodesulfurization of dibenzothiophene and hydrodenitrogenation of quinoline over unsupported MoS_2 catalyst [J]. Applied Catalysis A: General. 2014, 469: 173-182.

[24] 路蒙蒙，孙守华，臧树良. MoP/SiO_2-TiO_2-ZrO_2 催化喹啉加氢脱氮的反应动力学[J]. 石油学报(石油加工), 2012, 28(2): 275-280.

[25] C. N. Satterfield, S. H. Yang. Hydrodenitrogenation of quinoline in a trickle-bed reactor. Comparison with vapor phase reaction[J]. Ind. Eng. Chem. Process Des. Dev., 1984, 23: 11-19.

[26] S. H. Yang, C. N. Satterfield. Catalytic hydrodenitrogenation of quinoline in a trickle-bed reactor. Effect of hydrogen sulfide[J]. Ind. Eng. Chem. Process Des. Dev., 23, 1984: 20-25.

[27] S. S. Shih . Am. Chem. Soc., Pel. Chem. Div., Prepr[J]., 1977, 22: 919-940.

[28] G. F. Froment, U. Gent. Hydrotreament and Hydrocracking of Oil Fractions [J]. Stud. Surf. Sci. Catal, 1997, 106: 1-16.

[29] J. T. Miller, M. F. Hineman. Non-first-order hydrodenitrogenation kinetics of quinoline[J]. J. Catal, 1984, 85: 117-126.

[30] A. Finiels, P. Geneste, C. Moulinas, et al. Hydroprocessing of secondary amines over NiW-Al_2O_3Catalyst [J]. Appl. Catal., 1986, 22: 257-262.

[31] C. N. Satterfield, M. Modell, J. A. Wilkens. Study of the simultaneous catalytic hydrogenation of pyridine and hydrodesulfurization of thiophene[J]. Ind. Eng. Chem., Process Des. Dev., 1980, 19(1): 154-160.

[32] M. Nagai, T. Masunaga, N. Hana-oka. Selectivity of molybdenum catalyst in hydrodenitrogenation, hydrodesulfurization and hydrodeoxygenation: Effects of sulfur and oxygen compounds on acridine hydrodenitrogenation[J]. J. Catal., 1986, 101(2): 284-292.

[33] E. D. Odebunmi, D. F. Ollis. Catalytic hydrodeoxygenation: Ⅲ. Interactions between catalytic hydrodeoxygenation of m-cresol and hydrodenitrogenation of indole[J]. J. Catal., 1983, 80(1): 76-89.

[34] C. N. Satterfield, S. N. Yang. Simultaneous hydrodenitrogenation and hydrodeoxygenation of model compounds in a trickle bed reactor[J]. J. Catal., 1983, 81(2): 335-346.

[35] T. C. Ho. Hydrodenitrogenation Catalysis[J]. Catal. Rev. -Sci. Eng., 1988, 30(1): 117-160.

[36] P. Prins. Hydrodesulfurization, Hydrodenitrogenation, Hydrodeoxygenation and Hydrodechlorination [J]. Heterogeneous Catalysis, 1997, 4: 1908.

[37] J. L. Portefaix, M. Cattenot, M. Guerriche, et al. Conversion of saturated cyclic and noncyclic amines over a sulphided NiMo/Al_2O_3 catalyst : mechanisms of carbon-nitrogen bond cleavage[J]. Catal. Today, 1991, 10(4): 473-487.

[38] S. Stuart, S. Mizrahi, L. A. Green, et al. Deep desulfurization of distillates[J]. Ind. Eng. Chem. Res., 1992, 31(4): 1232-1235.

[39] C. L. Li, Z. R. Xu, Z. A. Cao, et al. Hydrodeoxygenation of 1-naphthol catalyzed by sulfided Ni-Mo/γ-Al_2O_3: Reaction network[J]. AICHE J., 1985, 31(1): 170-174.

[40] S. Krishnamurthy, S. Panvelker, Y. T. Shah. Hydrodeoxygenation of 1-naphthol catalyzed by sulfided Ni-Mo/γ-Al_2O_3: Reaction network[J]. AICHE J., 1981, 27: 994-1001.

[41] E. Laurent, B. Delmon. Study of the hydrodeoxygenation of carbonyl, caroylic and guaiacyl groups over sulfided CoMo/γ-Al_2O_3 and NiMo/γ-Al_2O_3 catalysts: I. Catalytic reaction schemes[J]. Appl. Catal, 1994, 1091: 77-96.

[42] J. G. Reynolds. Metals and heteroatoms in heavy crude oils[M]. In Petroleum Chemistry and Refining, Taylor & Francis, Washington, 1998: 63.

[43] A. Stanislaus, B. H. Cooper. Aromatic hydrogenation catalysis: a review [J]. Catal. Rev. Sci. Eng., 1994, 36(1): 75-123.

[44] C. G. Frye. Equilibria in the Hydrogenation of Polycyclic Aromatics[J]. J. Chem. Eng. Data, 1962, 7(4): 592-595

[45] C. G. Frye, A. W. Weitkamp. Equilibrium hydrogenations of multi-ring aromatics[J]. J. Chem. Eng. Data, 1969, 14(3): 372-376.

[46] A. V. Sapre, B. C. Gates. Hydrogenation of aromatic hydrocarbons catalyzed by sulfided cobalt oxide-molybdenum oxide/. alpha. - aluminum oxide. Reactivities and reaction networks [J]. Ind. Eng. Chem. Process Des. Dev., 1981, 20(1): 68-73

[47] C. Aubert, R. Durand, P. Geneste, et al. Factors affecting the hydrogenation of substituted benzenes and

phenols over a sulfided NiOMoO$_3$γ-Al$_2$O$_3$ catalyst[J]. J. Catal., 1988, 112: 12-20.

[48] H. Beuther, O. A. Larson. Role of Catalytic Metals in Hydrocracking[J]. Ind. Eng. Chem. Proc. Des. Dev., 1965, 4(2): 177-181.

[49] N. K. Nag. On the mechanism of the hydrogenation reactions occurring under hydroprocessing conditions[J]. Appl. Catal., 1984, 10: 53-62.

[50] J. Scherzer, A. J. Gruia. Hydrocracking Science and Technology[M]. New York Basel Hong Kong, 73.

[51] T. A. Lapinas, M. T. Klein, B. C. Gates, et al. Catalytic hydrogenation and hydrocracking of fluorene: reaction pathways, kinetics, and mechanisms[J]. Ind. Eng. Chem. Res., 1991, 30: 42-50.

[52] H. S. Lo., Ph. D. Dissertation[D]. Newark. University of Delaware, 1981.

[53] 陈俊武、曹汉昌. 催化裂化工艺与工程 [M]. 3 版. 北京：中国石化出版社，2015.

[54] B. C. 盖茨等著，徐晓等译. 催化过程的化学 [M]. 北京：化学工业出版社，1985.

[55] D. S. Santilli, B. C. Gates. In Handbook of Heterogeneous Catalysis [M]. 1997.

[56] H. L. Coonradt, W. E. Garwood. Mechanism of Hydrocracking Reactions of Paraffins and Olefins[J]. Ind. Eng. Chem. Proc. Des. Dev., 1964, 3(1): 38-45.

[57] G. E. Langlois, R. F. Sullivan, Clark J. Egan. The Effect of Sulfiding a Nickel on Silica-Alumina Catalyst [J]. J. Phys. Chem., 1966, 70(11): 3666-3671.

[58] J. A. Martens, P. A. Jacobs, J. Weitkamp. Attempts to rationalize the distribution of hydrocracked products. I qualitative description of the primary hydrocracking modes of long chain paraffins in open zeolites [J]. Appl. Catal., 1986, 20: 239-281.

[59] M. Steijns, G. Froment. Hydroisomerization and Hydrocracking: 3. Kinetic Analysis of Rate Data for n-Decane and n-Dodecane[J]. Ind. Eng., chem. Prod. Res. Dev., 1981, 20(4): 660.

[60] M. A. Baltanas, H. Vansina, G. F. Froment. Hydroisomerization and hydrocracking. 5. Kinetic analysis of rate data for n-octane[J]. Ind. Eng. Chem. Prod. Res. Dev., 1983, 22(4); 531-539

[61] J. Weitkamp, P. Jacobs. Isomerization and hydrocracking of long chain alkanes: new insight into carbenium ion chemistry. [CaY zeolite] [J]. Am. Chem. Soc. Petrol. Chem. div. Prepr., 1981, 26: 9-17.

[62] I. Nakamura. Hydrotreament and Hydrocracking of Oil Fractions [J]. stud. Surt. Sci. Catal., 1997, 106: 361.

[63] J. Miciukiewicz., Proc. 8th Int. Congr. Catal., Verlag chemic, Weinheim, 1984, (2): 671.

[64] C. G. Egan, J. Amer. chem. Soc., 84, 1962: 1024.

[65] K. Kochloefl and V. Bazant, J. Catal., 8, 1967: 140.

[66] J. L. Lemberton. Hydrtreament and Hydrocracking of Oil Fractions[J]. Stud. Surt. Sci. Catal., 1997, 106: 129-136.

[67] Yasuo Miki, Shoko Yamadaya, Masaaki Oba. The selectivity in ring opening of cyclohexane and methylcyclopentane over a nickel-alumina catalyst [J]. J. Catal., 1977, 49(3): 278-284.

[68] J. L. Lemberton. Hydrtreament and Hydrocracking of Oil Fractions[J]. Stud. Surt. Sci. Catal, 1997, 106: 129-136.

[69] H. Beuther, O. A. Larson. Role of Catalytic Metals in Hydrocracking[J]. Ind. Eng. Chem. Proc. Des. Dev. ,

[70] R. Covini, H. Pines. Alumina: Catalyst and support: XXII. Effect of intrinsic acidities of aluminas in molybdena-alumina catalysts upon the hydrogenolysis and isomerization of alkylbenzenes[J]. J. Catal., 1965, 4: 454-468.

[71] R. F. Sullivan. A New Reaction That Occurs in the Hydrocracking of Certain Aromatic Hydrocarbons[J]. J. Am. Chem. Soc., 1961, 83(5): 1156-1160.

[72] R. F. Sullivan, C. J. Egan, G. E. Langlois. Hydrocracking of alkylbenzenes and polycyclic aromatic hydrocarbons on

acidic catalysts. Evidence for cyclization of the side chains[J]. J. Catal., 1964, 3(2): 183-195.
[73] J. L. Lemberton, P. Michaud, G. Perot. hydrodesulphurization of Dibenzothiophene and 4, 6-dimethyldibenzothiophene: Effect of an Acid Component on the Activity of a Sulphided NiMo on Alumina Catalyst[J]. App. Catal. A: General. 1998, 169(2): 343-353.
[74] H. W. Haynes, J. F. Parcher, N. E. Heimer. Hydrocracking polycyclic hydrocarbons over a dual-functional zeolite(faujasite)-based catalyst[J]. Ind. Eng. Chem. Proc. Des. Dev., 1983, 22: 401-409.
[75] 邱建国. 国际重油、渣油改质及利用学术研讨会论文集[M]. 北京：万国学术出版社，1992.
[76] S. T. Sie. Isomerization Reactions[J]. in Handbook of Heterogenious Catalysis. 1997, 4: 1998
[77] Qader S A. and Hill G R. Hyddrocracking of petroleum and coal oils[J]. IECPDD, 1969, 8, 462-469.

第三章　加氢裂化及渣油加氢原料与产品

第一节　加氢裂化原料的性质与特点

馏分油加氢裂化装置可以加工的原料油种类多、馏程范围宽：一是常减压装置的直馏石脑油、柴油和减压蜡油；二是催化裂化、延迟焦化、沸腾床及浆态床渣油加氢裂化等二次加工装置得到的石脑油、柴油、蜡油等二次加工原料；三是来自非常规石油资源的其他馏分油，如页岩油、煤焦油、煤液化油、费-托合成油以及各种动植物油脂等非常规原料。

加氢裂化装置产品种类多、质量好，产品包括液化气、汽油、煤油、喷气燃料、柴油等清洁燃料及轻石脑油、重石脑油、尾油等化工原料，还可以生产工业白油等特种油。加氢裂化装置产品质量好，硫、氮等杂质少，是加工重油直接生产清洁燃料的唯一装置。其生产的煤油、喷气燃料和柴油的硫、氮和芳烃含量很低，燃烧性能好；轻石脑油的硫、氮、烯烃和芳烃含量均很低，既可直接用于调和生产超低硫清洁车用汽油，也可用于生产化工溶剂油，还可以作为制氢和蒸汽裂解制乙烯原料；重石脑油的芳烃潜含量高，硫、氮含量低，是优质催化重整原料；尾油的饱和烃及链烷烃含量高，芳烃含量低，BMCI 值低，是蒸汽裂解制乙烯、异构脱蜡生产高黏度指数润滑油基础油及催化裂化生产车用汽油的优质原料。

与其他二次加工深转化工艺(如催化裂化、延迟焦化等其他重油转化工艺)相比，加氢裂化工艺液收高，产品收率调整灵活性大，且可以直接生产清洁燃料等高品质产品。主要差别在于：

① 加氢裂化的 C_5以上液体产率一般>95%，体积产率>110%，而催化裂化只有 75%~80%，延迟焦化只有 65%~70%。

② 加氢裂化的气体产率很低，通常 C_1~C_4只有 2%~6%，C_1~C_2仅 1%~2%；而催化裂化 C_1~C_4通常>15%，C_1~C_2达 3%~5%；延迟焦化的气量略低一些，C_1~C_4约 6%~8%。

③ 加氢裂化产品饱和度高，烯烃极少，非烃含量也很低，故产品的安定性好。喷气燃料的芳烃含量低，烟点高；柴油的十六烷值高，胶质低。

④ 加氢裂化过程异构能力强，无论加工何种原料，产品中的异构烃都较多，例如 C_3、C_4气体中的异构烃与正异构的比例通常在 2~3 以上，<80℃石脑油具有较好的抗爆性，其 *RON* 可达 75~85；喷气燃料冰点低，柴油凝点较低，尾油中异构烷烃含量较高，特别适用于制取高黏度指数和低挥发性的润滑油基础油原料；

⑤ 产品收率调整灵活性大，通过催化剂、工艺流程、操作条件和模式的改变，可大幅度调整加氢裂化各产品收率，重石脑油馏分可达 15%~70%，中间馏分油产品(喷气燃料+柴油)为 0~80%，尾油收率为 0~65%，化工原料收率为 30%~95%；而催化裂化与延迟焦化产品产率可调变的范围很小，一般<10%。

一、减压蜡油性质与特点

常减压蒸馏装置得到的减一线、减二线、减三线及减四线馏出物统称为减压馏分油，俗称减压蜡油(VGO)。各馏分之间的比例主要取决于加工的原油性质和炼油厂的加工流程。

VGO是加氢裂化的主要原料油，我国主要原油VGO的典型性质见表3-1-1，几种常见进口含硫原油VGO的主要性质见表3-1-2。

表3-1-1　我国主要原油VGO的典型性质

项　　目	大庆VGO	胜利VGO	管输VGO	辽河VGO
密度(20℃)/(g/cm^3)	0.8509	0.9066	0.8792	0.9249
馏程(ASTM D1160)/℃	271~533	346~526	280~500	249~508
硫含量/%	0.072	0.590	0.380	0.200
氮含量/(μg/g)	540	1400	1200	2200
氢含量/%	13.27	12.87	13.86	12.11
碳含量/%	86.32	86.56	85.99	87.07
残炭/%	0.04	0.05	0.05	0.20
重金属(Ni+V)/(μg/g)	0.06	0.06	—	0.88
族组成/%				
链烷烃	52.0	18.3	40.4	7.5
环烷烃	34.6	43.1	31.5	48.0
芳烃	13.2	34.8	26.3	34.6
胶质/%	0.2	3.8	1.8	9.9

表3-1-2　几种进口含硫原油直馏VGO的主要性质

项　　目	沙轻VGO	伊朗VGO	科威特VGO	俄罗斯VGO
密度(20℃)/(kg/m^3)	913.3	905.3	916.3	907.5
馏程(ASTM D1160)/℃	317~531	299~553	334~511	350~530
硫含量/%	2.20	1.60	2.79	0.98
氮含量/(μg/g)	790	1500	1000	1200
氢含量/%	12.00	12.42	—	—
碳含量/%	85.73	85.83	—	—
残炭/%	0.08	0.14	—	—
族组成/%				
链烷烃	19.9	21.2	17.6	16.0
环烷烃	27.1	32.8	28.4	32.6
芳烃	51.0	42.7	52.6	44.5
胶质/%	2.0	3.3	1.4	6.9

由表3-1-1和表3-1-2可见，与进口含硫原油直馏VGO相比，我国原油直馏VGO的硫含量相对较低，为0.072%~0.59%，氮含量普遍较高，除大庆原油VGO外，一般为1200~

2000μg/g；而进口原油 VGO 的硫含量高，为 0.98%～2.79%，氮含量相差较小，为 790～1500μg/g。

二、焦化蜡油性质与特点

焦化蜡油(CGO)是减压渣油进延迟焦化装置所得到的重馏分油，同相应原油的直馏 VGO 相比，其硫含量、氮含量都较高，尤其是氮含量显著高于直馏 VGO。焦化蜡油易含焦粉等杂质，进加氢裂化装置要注意加强原料油的过滤管理，生产喷气燃料的加氢裂化装置还需注意二次加工油品的比例。几种主要原油 CGO 的典型性质见表 3-1-3。

表 3-1-3　几种主要原油 CGO 的典型性质

项　目	大庆 CGO	胜利 CGO	管输 CGO	辽河 CGO	伊朗 CGO
密度(20℃)/(kg/m³)	859.3	905.3	886.6	905.7	931.8
馏程(ASTM D1160)/℃	241～543	241～535	227～480	252～535	241～515
硫含量/%	0.13	0.82	0.81	0.31	2.13
氮含量/(μg/g)	2240	6460	4600	4900	3900
残炭/%	0.07	0.13	0.08	0.20	0.10
族组成/%					
链烷烃	37.9	19.8	32.0	56.9①	19.0
环烷烃	34.9	15.0	30.0		26.5
芳烃	23.6	55.7	31.5	36.1	49.1
胶质/%	3.6	8.3	6.5	7.0	5.4
金属(Ni+V)/(μg/g)	0.06	0.51	<0.05	0.31	<0.03

① 链烷烃+环烷烃。

三、溶剂脱沥青油性质与特点

溶剂脱沥青油(DAO)是减压渣油进溶剂脱沥青装置后的抽出油，DAO 的性质与原油种类、减压渣油原料的性质、所用溶剂及脱沥青工艺过程的操作条件(即脱沥青的深度)等密切相关。典型进口原油 DAO 的典型性质见表 3-1-4。由表 3-1-4 可见，进口原油 DAO 的硫氮及残炭高，含有一定量的 Ni 和 V 金属杂质。

表 3-1-4　几种进口原油 DAO 的典型性质

项　目	沙轻油 DAO	伊朗油 DAO
密度(20℃)/(kg/m³)	950.9	963.8
馏程(ASTM D1160)/℃		
IBP/10%/20%	430/511/538	336/528/536
30%/40%/50%	562/583/601	587/605/629
60%/70%	617/642(63%)	624(48%)/-
硫含量/(μg/g)	28900	40700
氮含量/(μg/g)	1820	1885

续表

项　目	沙轻油 DAO	伊朗油 DAO
残炭/%	6.0	7.1
凝点/℃	13	28
金属含量(Ni+V)/(μg/g)	0.8/2.6	4.0/10.0

四、沸腾床蜡油性质与特点

以进口中东原油减压渣油为原料油经沸腾床渣油加氢转化的蜡油的性质见表3-1-5。从表3-1-5可见，沸腾床蜡油的硫、氮含量显著低于表3-1-3中的伊朗原油焦化蜡油。

表3-1-5　沸腾床渣油加氢转化的蜡油性质

项　目	进口中东原油减压渣油沸腾床蜡油	项　目	进口中东原油减压渣油沸腾床蜡油
密度(20℃)/(kg/m^3)	916.7	金属含量(Ni+V)/(μg/g)	<5
硫含量/(μg/g)	0.37	烃类组成/%	
氮含量/(μg/g)	1294	链烷烃	15.3
氢含量/%	12.16	总环烷烃	33.0
碳含量/%	86.87	总芳烃	50.0

五、浆态床蜡油性质与特点

以进口中东原油减压渣油为原料油经浆态床渣油加氢转化的蜡油的性质见表3-1-6。从表3-1-6可见，浆态床蜡油的硫含量低于表3-1-3中的伊朗原油焦化蜡油，氮含量显著高于伊朗原油焦化蜡油。

表3-1-6　浆态床渣油加氢转化的蜡油性质

项　目	进口中东原油减压渣油浆态床蜡油	项　目	进口中东原油减压渣油浆态床蜡油
密度(20℃)/(kg/m^3)	965.1	金属/(μg/g)	
硫含量/%	1.57	Fe	0.2
氮含量/(μg/g)	5100	Ca	0.1
氢含量/%	86.06	Ni	<0.1
碳含量/%	10.70	V	<0.1
残炭值/%	<0.05	烃类组成/%	
C_7不溶物/(μg/g)	140	链烷烃	14.3
碱性氮/(μg/g)	1900	总环烷烃	23.7
		总芳烃	62.0

六、二次加工柴油性质与特点

来自常减压、延迟焦化、催化裂化、沸腾床及浆态床的二次加工柴油的性质相差很大，这些柴油的典型性质见表 3-1-7 及表 3-1-8。

表 3-1-7 几种典型柴油原料的典型性质

项　目	直馏柴油	焦化柴油	催化柴油
密度(20℃)/(kg/m³)	856.9	872.7	961.1
总芳烃/%	28.2	39.2	83.1
单环芳烃/%	13.5	19.7	21.5
二环芳烃/%	12.5	16.2	50.1
三环以上芳烃/%	2.2	3.3	11.5
多环芳烃比例/%	52.1	49.7	74.1
馏程范围/℃	190~376	152~375	191~382
硫含量/%	0.96	1.61	1.36
氮含量/(μg/g)	285	1978	1088
十六烷值	55	45	<15
BMCI 值	33.3	41.9	86.2

表 3-1-8 浆态床和沸腾床柴油性质

项　目	浆态床	沸腾床
密度(20℃)/(kg/m³)	848.9	852.1
硫含量/%	0.638	0.0773
氮含量/(μg/g)	2500	319
十六烷值指数	42.3	43.1
馏程/℃		
初馏点	114	188
10%	164	215
50%	263	260
90%	329	308
95%	349	327
总芳烃/%	49.1	37.6
多环芳烃/%	—	9.2

第二节　原料油杂质对加氢裂化反应过程的影响

一、加氢裂化对进料的要求

加氢裂化对原料油的适应性强，可加工的原料范围较宽，是其工艺的一大特点。加氢裂化的灵活性是通过加氢裂化装置的可操作性来实现的。加氢裂化装置的设计条件和工艺操作参数是根据特定的原料——产品方案确定的，故对其进料也有相应的要求。通常情况下，加氢裂化原料油的质量变化可影响加氢裂化过程达到既定转化率所需要的催化剂床层的温度、工艺过程消耗的氢气、催化剂运转周期、产品质量等。表3-2-1为典型加氢裂化原料各项指标控制范围。

表3-2-1　加氢裂化原料各项指标控制范围

项　目	含　量	项　目	含　量
氮/(μg/g)	1000~2000	沥青质/%(质)	<0.01~0.05
硫/%(质)	0.3~3.0	残炭值/%(质)	<0.3
终馏点/℃	<573	金属/(mg/kg)	<2

二、原料油中杂质对加氢裂化装置的影响

（一）硫含量的影响

原料油中的有机硫化合物在加氢过程中生成相应的烃类和硫化氢(H_2S)；在反应系统中，具有一定H_2S分压；适当的H_2S分压有助于维持硫化态加氢催化剂良好的硫化状态、活性和稳定性。对于非贵金属的硫化型加氢催化剂来说，反应系统的H_2S分压应保持在0.05MPa以上，即在反应系统压力为10.0~15.0MPa的条件下，循环氢中的H_2S含量应控制在0.05%(体)以上；但是，当反应系统的H_2S分压过高时，将明显降低反应氢分压，从而影响催化剂的使用周期和加氢饱和能力，降低加氢裂化目的产品喷气燃料的烟点和柴油的十六烷值，且会导致设备的严重腐蚀。一般情况下，当反应系统循环氢中的H_2S含量超过1%(体)时[1]，则需要考虑设置循环氢脱硫系统，将循环氢中的H_2S加以脱除，使反应系统循环氢的H_2S浓度保持在适宜的范围内。

如果原料油的硫含量较低、氮含量又相对较高(例如加工大庆油和辽河油时)，有机硫化合物加氢生成的H_2S与有机氮化合物加氢生成的NH_3反应，生成硫氢化铵(NH_4HS)，使反应系统的H_2S分压降低；当反应系统循环氢中H_2S浓度过低[<0.02%(体)]时，会导致非贵金属的硫化型加氢催化剂中的硫流失，不利于维持催化剂的活性稳定性；在加工硫含量低的原料时，为使反应系统保持一定的H_2S分压，可根据具体情况采取相应措施加以解决：一是掺炼适量硫含量较高的进料组分；二是在原料油中溶入元素硫(硫黄粉)；三是向反应系统注入适量的硫化剂(CS_2或DMDS)。

（二）氮含量的影响

氮也是石油中非烃化合物所含的一种重要的化学元素。石油中的有机氮化合物多以杂环化合物的形式存在；非杂环氮化合物脂肪族胺类和腈类的量极少，是杂环氮化合物加氢脱氮反应的中间产物，其加氢脱氮的反应速度比杂环氮化合物要快得多。

杂环氮化合物分为碱性氮化合物(六元环吡啶、喹啉及其衍生物)和非碱性氮化合物(五元环吡咯及其衍生物)两大类，碱性氮约占总氮含量的三分之一[2]。原油密度越大，残炭值越大，其氮含量也越高[3]。原料油中的氮含量随着馏分沸点的升高而增加。

原料中的含氮化合物对裂化催化剂的活性、产品的质量(安定性)有极大的负面影响。对于一段串联的加氢裂化过程，在精制段的反应器中，将原料油的氮含量降低到预期的程度(例如小于10μg/g或更低)，使精制油的氮含量满足加氢裂化催化剂对进料氮含量的要求，实现装置的长期稳定运转。在单段加氢裂化工艺中，在其反应器的顶部床层装填适量的精制

催化剂，降低裂化催化剂床层入口进料的氮含量，会有助于降低其反应温度。

杂环氮化合物在加氢过程中，首先是将杂环加氢饱和，然后是 C—N 键的氢解和加氢，生成相应的烃类和氨（NH_3），将氮脱除。NH_3 与 H_2S 反应会生成硫氢化铵（NH_4HS）。NH_4HS 在低温区内易沉积积垢，影响冷换设备的换热、冷却效果和系统压降。因此，需要在反应进料/反应流出物换热器和反应流出物空冷器之间注入适量的脱盐水，以将易溶于水的 NH_4HS 脱除，并排出装置。

（三）沥青质的影响

沥青质对加氢裂化液体产品收率和质量虽有影响，但并不十分明显。沥青质对加氢裂化装置的最大影响是造成催化剂结焦、积炭，引起催化剂失活，加速反应器的提温速度，缩短催化剂的使用寿命。

（四）氯的影响

原油中的氯主要来自两个途径：一个途径是油田开采过程中加入的含有机氯化物（氯代烷为主）的降凝剂、减黏剂等化学试剂；另一途径是油田在采油过程中的注水，其循环水处理中加入了含有机氯化物的水处理剂。

原油中的氯有两种存在形式：一种是以烃的卤代物形式存在的有机氯化物；另一种是与碱金属或碱土金属离子化合的无机氯化物。在原油电脱盐处理过程中，绝大部分的无机氯化物可以被脱除，但有机氯化物不能脱除。原油中的有机氯化物沸点低，在原油蒸馏过程中，这些低沸点的有机氯化物进入石脑油馏分，中间馏分油和重馏分油中的氯含量都很低。

原料油中以有机氯形式存在的氯对设备并不产生腐蚀。在加氢条件下，原料中的有机氯会发生如下反应：

$$R—Cl+H_2 \longrightarrow R—H+HCl$$

有机氯加氢生成的 HCl 气体对设备不产生或只有轻微腐蚀作用，但在冷凝区出现明水后，HCl 便和物流中的硫化氢形成腐蚀性很强的 $HCl—H_2S—H_2O$ 体系，HCl 和 H_2S 相互促进的交叉腐蚀对系统构成的腐蚀危害极为严重。其反应如下：

$$Fe+2HCl \longrightarrow FeCl_2+H_2$$

$$FeCl_2+H_2S \longrightarrow FeS+2HCl$$

$$Fe+H_2S \longrightarrow FeS+H_2$$

$$FeS+2HCl \longrightarrow FeCl_2+H_2S$$

此外，HCl 与 NH_3 和 Fe 发生反应，分别生成 NH_4Cl（白色）和 $FeCl_2$（绿色），在相变处析出，会堵塞管道和设备，导致系统压降升高，甚至会严重危及装置的正常运转。加氢裂化原料油对氯含量的限值是≤0.5mg/kg。

（五）其他杂质的影响

加氢裂化原料油中还含有 Fe、Ni、Cu、V、P、Si、Pb、Na、Ca 等微量金属杂质。

在正常情况下，加氢裂化原料油中的 Fe 离子含量是很低的，其主要是由上游装置和加氢裂化装置本身的设备、容器及管、阀件腐蚀带来的。原料油中的 Fe 离子进入加氢裂化反应器，与循环氢中的 H_2S 反应生成 FeS，FeS 沉积在反应器顶部催化剂上，形成一层硬壳，从而导致反应器的压力降急剧上升，直至装置被迫中途停工撇头。为了确保加氢裂化装置能够长期平稳操作，一般要求加氢裂化装置原料油的 Fe 离子含量<2mg/kg，最好能控制在<1mg/kg。

原料油中的 Ni、V 等微量重金属将使加氢裂化催化剂中毒失活，因此，如果不尽量将原料油中的微量重金属脱除掉，将加速反应器的提温速度，缩短催化剂的使用周期。Ni、V 等微量重金属不仅能使反应器上部床层的催化剂中毒，而且还能穿透反应器上部催化剂床层进入下部催化剂床层，造成下部催化剂中毒。此外，Ni、V 等微量重金属沉积所造成的催化剂中毒属永久性中毒，中毒后的催化剂即使经过再生，活性也无法恢复，因而不能再生使用。

三、原料油终馏点对加氢裂化装置的影响[3]

终馏点或馏分范围是加氢裂化原料十分重要的控制指标，直接关系到可提供原料的数量，并与工艺技术水平及经济性有关。原料终馏点提高，除了因为黏度增加以致原料向催化剂内部扩散的速度减慢，从而降低了反应速度外，还带来数量更多、结构更为复杂的非烃化合物以及多环芳烃、胶质、沥青质、重金属等杂质，大大增加了加氢难度，同时这些杂质很不稳定，容易缩合生焦而使催化剂加速失活。稠环芳烃还会在加氢裂化产品的流出物中析出固体结晶物而造成系统压降增大或堵塞现象。因此在选择原料油馏分范围，特别是终馏点时，必须兼顾技术和经济两方面加以考虑。

表 3-2-2 为不同终馏点和馏分范围的大庆减压馏分油在相近的转化深度下所需的反应温度。从表中可以看出，馏分较轻的常三、减一线混合油的 50%(质)点较减二线低 50℃，终馏点低 36℃，同时也看到前者氮含量较低，两者相差 183mg/kg，利用这两种原料在达到相近裂解深度下，反应温度前者低约 16℃，说明终馏点以及氮含量对反应温度的影响非常明显。

表 3-2-2　不同终馏点的大庆馏分油加氢裂化的反应温度及产品产率

原料馏分	常三：减一=2：1	减二线脱蜡油：减一=1：1	减二线
密度(20℃)/(g/cm³)	0.8426	0.8583	0.8563
馏程/℃			
初馏点	224	259	316
50%(体)	364	381	414
终馏点	440	453	476
氮/(mg/kg)	160	320	343
反应温度/℃	411	423	427
裂化生成油馏分收率/%(质)			
<130℃	12.9	13.6	13.6
130~260℃	34.3	34.6	32.3
260~320℃	19.3	18.6	14.6
>320℃	66.5	66.8	60.5

此外，原料油终馏点以及二次加工原料油都会影响加氢裂化反应过程。当直馏 VGO 终馏点由 538℃提高到 565℃时，裂化反应器出口的氢分压需要相应提高 20%左右；二次加工进料对裂化反应器出口氢分压的要求更高，终馏点同样是 538℃的二次加工进料，其裂化反应器出口所要求的氢分压约比直馏 VGO 高 25%，在直馏原料油终馏点 538℃的设计操作压力下，只能加工终馏点为 507℃的二次加工原料油，即终馏点要降低 30℃左右。

在采用全循环的操作模式情况下，为避免加氢裂化过程生成的重稠环芳烃(HPNA)在反应流出物中达到一定浓度成为固体物析出而影响正常操作，联合油公司也做了大量研究工作，认为原料油终馏点高也是一个重要原因，对不同类型原料所要求控制的终馏点亦不相同，如表 3-2-3 所示。从表中可以看出，对催化轻循环油的终馏点达到 385℃以上就应注意加以控制，焦化蜡油为 510℃，而直馏减压馏分油可达 540℃。

表 3-2-3　加氢裂化对原料油终馏点的一般控制原则

原　料	HPNA 生成	多环芳烃控制
催化轻循环油(LCO)	约 355℃	终馏点在 385℃以上需控制
焦化蜡油(CGO)	约 400℃	终馏点在 510℃以上所需控制
直馏减压蜡油(VGO)	约 440℃	终馏点在 540℃以上需控制

中试装置中用不同终馏点的阿拉伯轻减压馏分油生产重芳烃量的结果表明，当原料油终馏点由 537℃提高到 573℃时，则加氢裂化产品中含重芳烃量明显增加，因此原料油终馏点应加以控制。

通常所测定的终馏点数据是在某一定蒸馏装置中于一定压力下蒸馏原料油最终馏出物料时的温度。这种物理分析方法所得到的温度是一综合指标，不代表某相同沸点馏分的油料，也可以是较轻和较重沸点物的混合物，但如果有较重馏分混入，特别是沸点非常高的馏分混入时，即使数量很少，也会对催化剂的活性以至寿命带来严重影响。在生产中经常遇到，一种原油切割出终馏点相近的两个原料，反应结果相差较大，这主要是切割效率差等原因导致在 VGO 中混入了更多的重质物(如沥青质或稠环非烃化合物)所致。故为了控制原料油符合加氢裂化工艺进料的要求，只控制其终馏点是不够的，还需严格控制其他指标，如残炭、沥青质以及色度等。

为避免重质物被携入原料中，同时保持尽可能高的终馏点原料油作为加氢裂化原料油以扩大重油加工数量，关键是要改善和提高原油减压蒸馏时的切割效率，这可通过使用高效塔盘及优化操作的方法来减少重叠馏分及高沸物的带出以减少催化剂的失活速度，改善产品质量。

为了降低炼油成本，最大限度地利用原油资源，各大炼油企业纷纷采用常减压蒸馏装置减压深拔技术，使得减压蜡油终馏点已达 570℃以上，甚至达到 600℃。为了适应加氢裂化装置处理减压深拔蜡油，一方面通过上游装置的优化操作，严格控制减压蜡油的质量指标；另一方面，各大研究机构也积极投入科研力量，从工艺及催化剂等方面进行有针对性的改进研究，应对随着终馏点的提高而带来的性质更加劣质化、重质化的减压深拔蜡油原料。

第三节　渣油加氢原料的性质与特点

一、渣油原料特点

渣油是一种黑色黏稠物质，是通过原油的常压或减压蒸馏获得的。在室温下它是液体（一般指常压渣油），或者几乎是固体（一般指减压渣油），这取决于原油的性质。由沥青基原油所得的渣油其化学组成是很复杂的。物理方法的分馏表明，它通常含有大量的沥青质和胶质，甚至高达渣油量的50%或更高。此外，渣油的另一个特点是它含有生成灰分的金属成分，包括诸如钒和镍的有机金属化合物。而且，原油切割得越深，渣油中硫和金属的含量就越大[4]。

一般可以将原油分为石蜡基、石蜡中间基、中间石蜡基、中间基、中间环烷基、环烷中间基、环烷基[5]。这种分类方法的优点是利于根据原油类别推测原油性质和全厂加工方案。对于渣油加氢装置所关注的几项直观关键性质，可以根据硫氮比分为（以3为界）：高硫低氮类、低硫高氮类；根据钒镍比分类（以1为界）：高钒低镍类、低钒高镍类。这种分类的优点是不需大量数据分析就能快速判断是否适合加工，并提出针对性加工方案[6]。

目前国内加工原油的构成，大致可以分为三大类：第一类为以大庆原油为代表的低硫石蜡基原油[7~9]；第二类为含硫或低硫中间基/中间-环烷基原油，其代表有国产的胜利原油、辽河原油、大港原油、渤海海上原油、新疆原油以及进口的俄罗斯油等[10~12]；第三类为进口高硫轻质原油，例如中东的沙特（阿拉伯原油）、科威特、伊朗、伊拉克（巴士拉原油）、阿曼等原油[13~15]。

一般来讲，在高含硫、少含氮的原油中钒卟啉含量较高，钒镍比为3~4，中东原油就属于此类；而少含硫、多含氮的原油中，镍卟啉的含量较高，我国大多数原油都属于此类。国内外原油分析数据表明，原油中卟啉镍含量占总镍含量的30%~50%，卟啉钒含量占总钒含量的10%~60%[16]。

相对好加工的是石蜡中间基、中间基、环烷中间基原油的渣油，即高硫低氮、高钒低镍类渣油，以中东原油为代表[17]。相对难加工的是石蜡基、中间石蜡基、中间环烷基、环烷基中间基原油的渣油，即低硫高氮、低钒高镍类渣油，以国内环渤海油、国外俄罗斯油为代表[7]。

组成上的这些差异会影响到渣油的加工过程，渣油中不仅杂原子多，而且多以非烃化合物的形式存在，结构比较复杂，对于这些非烃化合物的进一步认识有助于更深刻地揭示渣油加氢的反应过程。通过研究发现，表现出低硫高氮、低钒高镍特性的原油普遍较难进行渣油加氢处理，若要将该类原料加氢转化到RFCC装置进料指标范围，渣油加氢装置的操作苛刻度会非常高，即较高的氢分压和操作温度、较低的空速、高比例的高活性转化催化剂。加工此类原料时，催化剂的级配方案要做相应的调整，高活性催化剂的比例要大幅度提升，改变操作模式，才能满足脱硫和脱残炭的指标要求，其中高酸值原油具有铁离子、钙离子高的特性，要控制掺炼比例[18]。

渣油通常有常压渣油和减压渣油之分，简称为常渣和减渣。常渣和减渣分别是原油经常压蒸馏塔和减压蒸馏塔蒸馏时的塔底残余物。原油中含有硫、氮、氧、金属等杂原子的非烃类物质，大部分都富集在渣油中。与其他馏分油相比，渣油中的硫、氮、钒、镍、钠等含量较高，而且非烃物质的自身结构也比较复杂，因此，渣油中所含的杂原子不仅含量高，而且其化合物化学结构非常复杂。这样必然给渣油加氢脱硫过程带来许多麻烦，使得工艺流程更加复杂、工艺条件苛刻、催化剂性能多样化[19]。

我国主要原油的常压渣油(>350℃)和减压渣油性质分别见表 3-3-1 和表 3-3-2。国外主要原油的常压渣油和减压渣油性质分别见表 3-3-3 和表 3-3-4。从表 3-3-1～表 3-3-4 数据看出，我国主要原油的常渣和减渣收率分别为 64.3%和 40.8%，而国外主要原油的常渣和减渣收率分别为 49.8%和 22.8%，国外主要原油的常渣和减渣收率比我国的分别低 14.5%和 18.0%。由此可见，我国原油中的重质油比例明显高于中东地区、哈萨克斯坦和印尼等国原油中的重质油比例，或者说加工中东地区等原油时，轻质油收率相对较高，而重质油收率较低，这在经济上是更合理的[20]。

从表 3-3-1～表 3-3-4 中列出的 C、H、S、N 及金属(Ni+V)含量数据看出，中东地区原油的常渣和减渣，其硫含量和金属(Ni+V)含量均明显高于我国原油的常渣和减渣。

表 3-3-1　中国主要原油的常压渣油(>350℃)性质

原　油	大庆	任丘石楼	中原	胜利(>375℃)	孤岛	辽河欢喜岭	大港	新疆混合
收率/%	71.5	63.3	56.1	68.1	78.2	62.7	61.1	53.2
密度(20℃)/(g/cm^3)	0.8929	0.9057	0.9120	0.9250	0.9786	0.9829	0.9160	0.9210
黏度(100℃)/(mm^2/s)	28.90	27.26	51.65	38.94	171.90	31.65	24.90	22.60
元素分析/%								
碳	86.22	—	85.62	86.42	84.99	96.91	86.00	86.78
氢	13.27	—	12.35	12.19	11.69	10.96	12.56	12.35
硫	0.15	0.30	1.02	0.81	2.38	0.31	0.19	0.53
氮	0.20	—	0.29	—	0.70	0.51	0.32	0.14
氢碳原子比	1.84	—	1.73	1.69	1.65	1.51	1.75	1.70
闪点(开口)/℃	240	—	—	—	—	—	—	298
凝点/℃	44	—	—	47	20	16	37	33
残炭/%	4.3	7.55	8.86	6.41	10	9.63	4.70	4.70
灰分/%	0.005	0.016	—	0.063	—	—	—	—
烃组成/%								
饱和烃	55.5	58.2	39.3	49.0	—	32.8	52.9	60.2
芳香烃	27.2	21.7	31.9	27.2	—	31.3	25.2	21.5
胶质	17.3	39.6	28.8	22.4	—	35.9	21.9	16.8

续表

原油	大庆	任丘 石楼	中原	胜利 (>375℃)	孤岛	辽河 欢喜岭	大港	新疆 混合
沥青质	—	—	0	1.4	—	0	0	1.2
分子量	579	—	636	660	651	502	498	561
金属含量/(μg/g)								
镍	3.6	41.6	8.8	15.3	26.4	52.7	19.3	8.4
钒	0.02	1.0	4.2	2.3	0.2	0.9	0.3	24.1

表 3-3-2 中国主要原油的减压渣油(>500℃)的性质

原油	大庆	任丘	中原	胜利	孤岛	辽河	大港	江汉
收率/%	41.1	38.7	32.3	47.1	51.0	39.3	32.3	44.3
密度(20℃)/(g/cm^3)	0.9221	0.9653	0.9424	0.9698	1.0020	0.9717	0.9470	0.9492
黏度(100℃)/(mm^2/s)	106	959	257	862	1120	550	144	168
元素分析/%								
碳	86.77	85.90	85.62	85.50	84.83	87.54	86.26	84.70
氢	12.81	11.80	11.78	11.60	11.16	11.55	11.76	11.90
硫	0.16	0.47	1.13	1.35	2.93	0.31	0.29	2.35
氮	0.38	0.59	0.53	0.85	0.77	0.60	0.57	0.96
氢碳原子比	1.77	1.65	1.64	1.63	1.58	1.58	1.64	1.69
闪点(开口)/℃	335	—	—	—	—	—	—	—
凝点/℃	—	—	—	>50	—	4	39	47
残炭/%	8.8	17.5	13.3	13.9	16.2	14.0	9.2	—
灰分/%	0.01	0.034		0.1	—	—	—	0.025
烃组成/%								
饱和烃	36.7	22.6	34.5	21.4	12.7	29.2	32.7	—
芳香烃	33.4	24.3	38.9	31.3	30.7	36.4	29.7	—
胶质	2.9	53.1	26.6	47.1	52.5	34.4	37.6	—
沥青质	0	0	0	0.2	4.1	0	0	—
分子量	895	932	896	941	1020	992	873	—
金属含量/(μg/g)								
镍	10	42	12.6	46	42.2	83	25.8	0
钒	0.15	1.2	5.7	2.2	4.4	1.5	0.53	1.0

表 3-3-3　世界主要原油的常压渣油(>365℃)性质

原　油	米娜斯	阿曼	哈萨克斯坦①	伊朗轻	伊朗重	卡塔尔	俄罗斯①	科威特>350℃	阿拉伯轻质	阿拉伯中质	阿拉伯重质>350℃	伊拉克巴士拉轻②	伊拉克巴士拉中①
收率/%	57.7	51.8	34.9	44.9	50.7	52.5	47.89	53.9	46.7	50.1	55.3	47.3	52.3
密度(20℃)/(g/cm³)	0.9079	0.8968	0.9185	0.9599	0.9767	0.9567	931.5	0.9653	0.9656	0.9788	0.9950	0.9559	0.9616
黏度(100℃)/(mm²/s)	18.62	62.07	17.97	43.21	82.39	37.74	25.24	53.51	40.39	90.20	233	—	—
元素分析/%													
碳	86.85	85.99	86.68	86.88	86.83	85.45	86.42	—	85.01	85.60	85.80	85.93	85.56
氢	12.87	12.10	12.11	10.32	9.98	11.22	12.19	—	11.61	10.16	11.09	11.64	11.41
硫	0.13	1.74	1.03	2.49	2.84	3.18	0.88	3.98	3.18	4.02	4.36	3.73	5.58
氮	0.15	0.17	0.18	0.31	0.35	0.15	0.28	0.21	0.20	0.22	0.17	0.17	0.46
氢碳原子比	1.78	1.69	1.68	1.42	1.38	1.58	1.69	—	1.64	1.42	1.55	1.62	1.60
凝点/℃	48	12	23	23	21	13	21	10	4	15	21	—	—
残炭/%	4.88	6.89	3.45	9.03	12.12	8.90	4.81	10.97	9.86	11.88	14.2	9.87	10.91
分子量	505	605	515	476	497	581	510	—	479	549	—	—	—
金属含量/(μg/g)													
铁	3.47	8.10	11.37	1.96	1.69	4.56	5.84	3.09	1.47	1.96	17	4.32	4.72
镍	15.81	11.35	5.20	36.12	53.69	13.8	10.56	18.2	10.48	23.62	32	8.38	15.16
钒	0.38	13.00	13.74	116.3	174.2	41.3	7.86	57.0	37.62	77.26	105	25.87	79.32
钠	7.27	2.28	12.56	4.37	2.25	72.78	13.90	—	1.19	1.99	—	2.58	2.23
铜	0.04	0.05	0.07	0.03	<0.01	0.23	0.09	0.03	0.09	0.08	—	0.26	0.12
铅	0.22	0.06	13.74	0.22	0.28	0.25	0.05	0.26	0.17	0.12	—	0.41	—

①>350℃；②>340℃。

表 3-3-4　世界主要原油的减压渣油(>560℃)性质

原　油	米娜斯	阿曼	哈萨克斯坦①	伊朗轻	伊朗重	卡塔尔	俄罗斯(>350℃)	科威特>500℃	阿拉伯轻质	阿拉伯中质	阿拉伯重质②	伊拉克巴士拉轻②	伊拉克巴士拉中①
收率/%	23.5	24.5	9.7	16.7	22.5	19.4	16.03	31.1	19.3	23.8	33.81	22.09	27.54
密度(20℃)/(g/cm^3)	0.9577	0.9259	0.9700	1.0220	1.0370	1.0279	978.9	1.0083	1.0245	1.0370	1.1033	1.0142	1.0129
黏度(100℃)/(mm^2/s)	167.3	689.1	412	4667	20760	1974	—	1464	2202	10357	7060	864.2	1240
元素分析/%													
碳	87.38	85.98	86.66	86.24	86.32	84.94	86.62	84.21	84.71	84.91	84.08	86.35	85.02
氢	12.14	11.42	11.49	9.78	9.51	10.23	11.41	10.38	10.79	9.54	10.26	10.79	10.54
硫	0.18	2.33	1.56	3.48	3.74	4.57	1.16	5.08	4.15	5.19	5.3	4.88	7.29
氮	0.30	0.27	0.29	0.50	0.53	0.26	0.44	0.32	0.35	0.36	0.31	0.27	0.64
氢碳原子比	1.67	1.59	1.59	1.36	1.32	1.44	1.58	1.48	1.53	1.35	1.46	1.50	1.49
凝点/℃	52	23	36	60	>60	42	14	43	38	>60	—	52	—
残炭/%	12.18	14.16	12.71	22.70	26.35	21.46	13.66	20.36	23.49	24.87	23.64	20.74	20.61
分子量	872	886	815	1000	973	876	—	693	843	1040	—	—	881
金属含量/(μg/g)													
铁	8.21	14.95	34.72	5.16	3.45	18.9	12.6	3.74	2.41	4.89	75	8.44	8.39
镍	41.46	22.98	13.31	95.78	120	38.1	27.75	34.0	25.77	52.31	68	17.90	28.8
钒	0.98	26.36	50.97	310.1	392.3	118.0	22.68	106	93.22	165.0	140	54.90	150.8
钠	17.9	3.92	47.70	10.27	6.02	185.8	33.62	—	2.43	4.67	—	5.08	3.98
铜	0.10	0.08	0.06	0.14	0.04	0.69	0.24	0.05	0.20	0.19	—	0.47	0.23
铅	0.30	0.12	0.22	0.39	0.67	0.74	0.14	0.30	0.46	0.28	—	0.54	—

①>540℃；②>500℃。

从表 3-3-1~表 3-3-4 中 C、H、S、N 及金属(Ni+V)含量数据可以看出，中东地区原油的常渣和减渣，其硫含量和金属(Ni+V)含量均明显高于我国原油的常渣和减渣。有趣的是，中东原油的常渣和减渣不仅总金属含量明显高于我国原油，而且 V 含量普遍高于 Ni 含量，与我国原油常渣和减渣的 V 和 Ni 含量的多少正好相反，即我国原油的 Ni 含量高于 V 含量。与轻质馏分油相比，无论是国产原油还是国外的原油，其常渣和减渣从化学性质(平均分子量、H/C、S、N、金属、胶质和沥青质等含量)来看都明显偏高，其物理性质(密度、黏度等)也是类同。所有这些性质给渣油加氢处理技术增加了难度，并需要解决不同于轻质馏分油加氢过程的一系列问题，如渣油加氢催化剂的设计和研发、渣油加氢化学反应原理、工艺流程、化学工程与装备大型化、安全与环境保护等[21]。

二、族组成

"族"是指化学结构相似的一类化合物。族组成是以石油馏分中各族烃相对含量组合数据来表示的一类方法。通常对于不同馏分的分析，根据分析方法以及实际应用的需要其各族烃所包含项目会有所不同。例如一般汽油馏分的分析以烷烃、环烷烃、芳香烃这三组烃的含量表示；若采用液相色谱分析，通常以饱和烃、轻芳烃(单环芳烃)、中芳烃(双环芳烃)、重芳烃(多环芳烃)以及非烃组分等项目来表示[22]。对于渣油，目前采用的族组成分析有四组分分析、六组分分析以及八组分分析方法。四组分分析法是经溶剂处理以及液相色谱将渣油分为饱和分、芳香分、胶质、沥青质四个组分；六组分分析则是在四组分基础上将胶质细分为三个亚组分，即轻、中、重胶质；八组分分析在六组分基础上进一步将芳烃划分成轻、中、重芳烃三个组分。目前四组分分析是最为常见的渣油分析方法，该方法的优点是简单且实用[23]。

表 3-3-5 是国内几种常压渣油的性质[24]。从表中可以看出，国内常压渣油(AR)的特点是胶质含量高、沥青质含量低；而中东原油 AR 的特点是沥青质含量高，胶质含量低。国内外减压渣油(VR)的特点则与相应 AR 相一致。对于不同原油性质的把握是渣油处理的前提，根据渣油的来源决定加氢反应过程的催化剂级配以及催化剂性能的选择尤为重要。

表 3-3-5　几种常压渣油的性质

原　油		大庆	胜利	孤岛	辽河	伊朗	沙特
四组分/%	饱和分	61.4	40.0	31.6	28.9	30.7	36.3
	芳香分	22.1	34.3	31.9	28.9	42.5	47.2
	胶质	16.5	24.9	33.6	37.7	23.7	13.6
	沥青质	0.05	0.8	2.9	4.5	3.1	2.9

(一) 渣油四组分组成

渣油中的饱和分、芳香分、胶质和沥青质既有共性也存在差异。其平均相对分子质量(M)、芳碳率(fA)、总环数(RT)、芳香环数(RA)以及 RA/RN 按顺序逐渐增大；同时，H/C 原子比及平均链长逐渐减小；芳香环的缩合程度逐渐增大。尽管平均分子质量相差较大，但它们的结构单元都在 1000 左右。

1. 饱和分与芳香分

饱和烃和芳烃是渣油中主要的烃类化合物。饱和烃中包括非极性直链烷烃、支链烷烃和环状饱和烃；芳烃中包括极性的含有一个或多个苯环的烃类化合物和长链烷烃。芳烃碳含量高是引起结焦和催化剂失活的重要原因。在重质油加工过程中，对于重质油组分中芳香环系的大小及芳香环之间的缩合形式的研究尤为重要，这是因为当渣油中芳烃碳含量高时将引起结焦和催化剂失活[25]。

2. 胶质与沥青质

胶质和沥青质在原油中形成油包水型的乳化剂结构，对石油分散系统稳定性影响很大[26]。沥青质是渣油中最重的组分之一，渣油中绝大多数的金属和杂原子均存在于沥青质中，其结构如图 3-3-1 所示。

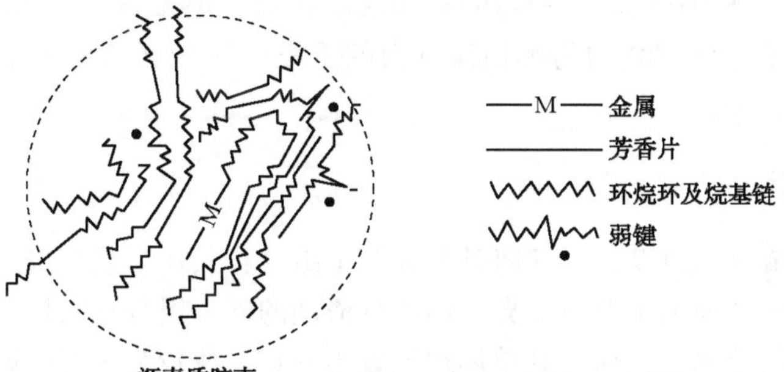

图 3-3-1 沥青质胶束结构

沥青质中的金属以镍(Ni)和钒(V)为主，还包含铜(Cu)、铁(Fe)、钙(Ca)等。通常沥青质与金属的结合方式有两种：一是以螯合或络合方式形成金属卟啉结构与沥青质结合；二是金属离子与沥青质芳香片带有空缺位点的配位基结合，多数以第一种形式占主导[23]。

渣油加氢技术是实现渣油有效利用的关键，其作用在于尽可能脱除榨油中的金属、硫化物、氮化物、沥青质，进而生产轻质化产品。由于渣油中绝大部分金属包含于沥青质中，因此在脱除沥青质的过程中，金属和杂原子也得到一定程度的脱除[27]。

沥青质脱除率与金属脱除率以及杂原子脱除率的关系一直备受关注。沥青质中脱硫率相较沥青质脱除率一般更高，在相同沥青质脱除率下，脱钒率要明显高于脱镍率。常杰等[28]曾研究了沥青质脱除率与金属脱除率之间的线性关系，齐和日玛等[29]对沥青质的脱除与钒和镍的脱除关系进行了更为详细的研究。通常 V 位于沥青质大分子结构的外层，可与沥青质同时脱除；而 Ni 分布于沥青质结构的内部，相比之下更难脱除；脱硫率可随沥青质脱除率的升高而有所提高，但脱氮率则相对不明显，说明沥青质中氮化物较难脱除。

（二）渣油四组分分析方法

1. 饱和分与芳香分

通常检测芳香化合物时，常用方法为紫外-可见吸收光谱法(UV-vis)，但由于减压渣油中的芳香化合物的复杂性，它的 UV-vis 呈现为无结构细节的宽谱带，最大吸收位于 280nm 左右[30]。测定重质油烃族组成的一种标准方法是质谱(MS)。该方法能快速地测定有机大分子的分子量，适合于准确地分析和鉴定。MS 测定的结果是所有油品结构和组成分析中最为翔实的，但对测定沸程高于 500℃ 的减压渣油往往并不适用，这是由于其难以汽化导致的。因此，MS 测定法主要用于沸程范围在 350~500℃ 的重油样品中的链烷烃、环烷烃($n=1\sim6$)和几种芳烃的含量测定。

2. 胶质和沥青质

用于表征沥青质性质和分子结构的方法有核磁共振法(NMR)、元素分析法(EA)、蒸气压渗透法(VPO)、凝胶渗透色谱法(GPC)等[31]。采用VPO技术测定样品的相对分子质量通常由于样品解聚不彻底而导致测定结果偏大；MS法在激发胶质和沥青质解聚的同时引起分子化学键的断裂，使测得的平均分子量偏小。相比之下，选择性化学降解方法与现代仪器分析技术相结合是研究沥青质化学结构的较好手段。其中，钌离子催化氧化法(RICO)对沥青质结构的研究更为有效，通过反应产物的分析可以了解沥青质脂肪族和芳香环的结构细节特征[32]。王子军和梁文杰[33]利用RICO研究得出胜利减压渣油的芳香分、胶质和沥青质中都存在$C_1 \sim C_{33}$的正构烷基侧链和$C_2 \sim C_{22}$的正构烷基桥链。但是目前尽管RICO是探明胶质、沥青质等重质石油组分分子结构的一种强有力的手段[34]，有关RICO方法应用于重质油化学领域的研究报道很少。

三、结构参数

渣油的化学组成极为复杂，即使将其分为若干组分，其每个组分仍然是由众多的化合物组成的。不同地方所产原油虽略有差异，但各种渣油的同一组分在结构上存在共性。对于渣油本身或是其某一组分来说，研究其单体组成较为困难，故较为普遍的做法是用平均分子组成来表示渣油的宏观性质，并通过一系列的结构参数来加以定量地表征。目前，在确定减压馏分和润滑油料的结构族组成方面，应用较为广泛的方法是n-d-M法。但受制于原始实验数据的局限性，此方法并不适用于渣油。对于渣油等重质油，较为普遍的是以核磁共振波谱为基础来研究其平均结构，此方法称为Brown-Ladner法[35~38]，简称B-L法。此方法常用来研究重质油的化学结构，且随着现代科技手段的不断进步，该方法与红外光谱、分子量、元素组成等手段相结合，获得了进一步的拓展。目前，已有数十个参数可以表征重质油的平均结构，以下为改进的B-L法计算渣油及其组分结构参数的方法。

在改进的B-L法中，所用到的原始数据包括：核磁共振氢谱中的H_A/H_T、H_α/H_T、H_β/H_T、H_γ/H_T及C%、H%和平均分子量。为简化起见，在计算渣油平均分子结构参数时，均按纯碳氢结构处理，未计入硫、氮、氧等杂原子。计算的基本假定为：①$x=y=2$，即假定平均分子的饱和部分中处于芳香环系的α位及非α位的氢碳原子比均为2；②平均分子结构中不含有季碳原子。

所用公式及步骤如下：

$$f_A=\frac{C/H-(H_\alpha+H_\beta+H_\gamma)/2H_T}{C/H} \tag{3-3-1}$$

$$C_A=C_T \cdot f_A \tag{3-3-2}$$

$$R_A=(C_A-2)/4（适用于渺位缩合芳香环系） \tag{3-3-3}$$

$$R_A=(C_A-4)/3（适用于迫位缩合芳香环系） \tag{3-3-4}$$

$$R_T=C_T+1-H_T/2-C_A/2 \tag{3-3-5}$$

$$R_N=R_T-R_A \tag{3-3-6}$$

$$C_N=4R_N（适用于渺位缩合芳香环系） \tag{3-3-7}$$

$$C_N=3R_N（适用于迫位缩合芳香环系） \tag{3-3-8}$$

$$C_S=C_T-C_A \tag{3-3-9}$$

$$C_P = C_S - C_N \tag{3-3-10}$$

$$f_N = C_N / C_T \tag{3-3-11}$$

$$f_P = C_P / C_T \tag{3-3-12}$$

$$\frac{H_{AU}}{C_A} = \frac{H_A + H_\alpha/2}{C_A} \tag{3-3-13}$$

$$\frac{H_{AU}}{C_A} = \frac{3}{C_{A*}} + \frac{1}{2}（\text{适用于渺位缩合芳香环系}） \tag{3-3-14}$$

$$\frac{H_{AU}}{C_A} = \frac{2.503}{\sqrt{C_{A*}}}（\text{适用于迫位缩合芳香环系}） \tag{3-3-15}$$

$$\sigma = \frac{H_\alpha/2}{H_A + H_\alpha/2} \tag{3-3-16}$$

$$n = \frac{C_A}{C_{A*}} \tag{3-3-17}$$

$$usw = \frac{M}{n} \tag{3-3-18}$$

$$\frac{N_{CH_2}}{N_{CH_3}} - 2.93\frac{A_{1460}}{A_{1380}} - 3.70 \tag{3-3-19}$$

$$N_{CH_3} = \frac{C_S}{2 + N_{CH_2}/N_{CH_3}} \tag{3-3-20}$$

$$L = C_P / N_{CH_3} \tag{3-3-21}$$

$$BI = \frac{H_\gamma}{H_\beta} \tag{3-3-22}$$

$$C_T = (C\% \cdot M)/1201$$

$$H_T = (H\% \cdot M)/100.794$$

式中　C_T　　总碳数；

H_T——总氢数；

C_A——芳香碳数；

C_N——环烷碳数；

C_P——烷基碳数；

C_S——饱和碳数；

R_A/R_N——芳香环数与环烷环数之比；

n——平均分子中结构单元数；

usw——结构单元重；

f_A——芳香碳分率；

f_N——环烷碳分率；

f_P——烷基碳分率；

R_T——总环数；

R_A——芳香环数；

$H\%$——油品中氢的百分含量；

$C\%$——油品中碳的百分含量；

R_N——环烷环数；

M——平均相对分子质量；

H_{AU}/C_A——芳香环部分假定未被取代的氢碳原子比(芳香环系的缩合度参数)；

σ——芳香环系周边碳的取代率；

L——表示侧链平均长度的参数；

BI——石油烃的支化指数。

以上各符号的意义均指平均分子，如有＊号作上标则表示对结构单元而言。

该方法的特点在于假定环系为渺位或迫位缩合的前提下，从 C_A 可得到 R_A，将 R_T 与 R_A 相减得到 R_N，然后从 R_N 关联 C_N。对于渣油的各个组分，因渣油中的环系缩合方式不仅有渺位缩合也有迫位缩合，所以在计算时结合渣油本身的性质特点，即不同原油的渣油中的胶质和沥青质含量均较高，故将渣油按缩合度最高的迫位缩合环系进行处理，把芳香分当作渺位缩合环系进行处理。同时，因各芳香分分子量较小，在计算中假定它们的平均分子是由一个缩合环系即一个结构单元所组成。而胶质、沥青质的分子量较大，就不能将其中的结构单元数假定为 1[17]。在假定其芳香环系是最紧密的迫位缩合的情况下，可借助式(3-3-17)和式(3-3-18)进一步计算出每个平均分子中的结构单元数(n)及结构单元重(usw)。

文献中表示平均分子侧链长度的方式有很多种，本书采用 $C_P/N(CH_3)$，即用烷基碳与甲基数之比来表示平均链长。在假定 $x=y=2$ 的前提下，可得式(3-3-20)。

$$N_{CH_3}=\frac{C_S}{2+H_{CH_2}/H_{CH_3}} \tag{3-3-20}$$

式中 N_{CH_2}/N_{CH_3} 比值可借助式(3-3-19)从红外光谱中 $1460cm^{-1}$ 和 $1380cm^{-1}$ 峰的吸光度之比(A_{1460}/A_{1380})关联而得。

$$\frac{N_{CH_2}}{N_{CH_3}}=2.93\times\frac{A_{1460}}{A_{1380}}-3.70 \tag{3-3-19}$$

四、稳定性参数

渣油是由多种烃类化合物组成的复杂混合物，杂质含量高、黏度高，是原油中最难利用的重质组分。而渣油加氢工艺是将劣质的渣油“吃干榨净”的重要技术。在渣油的加工利用过程中，由于操作压力、温度等条件出现波动，渣油胶体稳定性会被破坏，从而导致沥青质的聚沉，致使加氢催化剂结焦失活。因此渣油加氢原料的胶体稳定性对其高效利用具有重要的影响。目前比较成熟的理论[39]是在渣油胶体体系中，沥青质构成分散相作为渣油胶体体系的核心，也是体系保持稳定的关键性因素；附着在沥青质周围的胶质(轻胶质和重胶质)作为胶溶剂，是防止沥青质聚沉的重要因素；饱和分和芳香分为分散介质。基于此，国内外学者提出了 CI、$NCSI$、S 等多种稳定性预测参数用于判断渣油胶体体系的稳定性。

Loeber 等[40]在研究渣油的胶体体系时提出，可用渣油四组分的量的比值来衡量渣油体系的稳定性，即稳定性指数 CI。

$$CI=m(\text{胶质}+\text{芳香分})/m(\text{饱和分}+\text{沥青质})$$

稳定性指数越大，表明渣油体系越稳定，反映在表达式中即胶质和芳香分有利于沥青质的分散和渣油胶体体系的稳定性，饱和分和沥青质不利于体系的稳定性，会造成沥青质组分聚沉。稳定性指数在一定程度上反映了渣油四组分对胶体稳定性的作用，但忽略了组分的结构特性对体系的影响，因此不能够准确描述沥青质的行为和预测沥青质的聚沉现象。

Likhatsky 等[41]计算了沥青质分子模型结构的偶极矩，发现沥青质的聚沉取决于沥青质的极性。在此基础上，提出了一种新的原油胶体稳定性参数 *NCSI*，表达式如式(3-3-23)、式(3-3-24)、式(3-3-25)所示。

$$NCSI=\frac{\delta_p^{asp}\cdot 沥青质(\%)+\delta_p^{sat}\cdot 饱和分(\%)}{\delta_p^{res}\cdot 胶质(\%)+\delta_p^{arom}\cdot 芳香分(\%)} \tag{3-3-23}$$

$$\delta_p=\frac{37.4\cdot\mu}{\sqrt{V_m}},\quad \varepsilon\infty\frac{\mu^2}{M_r} \tag{3-3-24}$$

$$CSI=\frac{\varepsilon_p^{asp}\cdot 沥青质(\%)+\varepsilon_p^{sat}\cdot 饱和分(\%)}{\varepsilon_p^{res}\cdot 胶质(\%)+\varepsilon_p^{arom}\cdot 芳香分(\%)} \tag{3-3-25}$$

式中 δ_p^{asp}、δ_p^{sat}、δ_p^{res}、δ_p^{arom}——分别代表沥青质、饱和分、胶质和芳香分的极性溶解度参数；

μ——偶极距，C · m；

V_m——摩尔体积，cm^3/mol。

当胶体稳定性参数 $NCSI<0.95$ 时，渣油胶体体系保持稳定；当 $NCSI>0.95$ 时，渣油不稳定，沥青质易聚沉，进而出现相分离现象。以 16 种原油四组分关联公式对油样进行估算，证明了新指数能够预测沥青质聚沉现象。新参数将组分间的相互作用考虑在内，但难以测量高分子量物质的参数 δ_p。

樊西惊等[42]研究认为，胶体体系稳定性与组分组成、结构与性质等多种因素有关，并提出了稳定性指数 *S*，定义式如式(3-3-26)所示。

$$S=S_0/(1-S_a) \tag{3-3-26}$$

式中 S_0——介质分散沥青质的能力；

S_a——沥青质在介质中的胶溶能力。

S 值越小，表示沥青质被胶质胶溶所形成的渣油胶体体系越不稳定，容易出现相分离现象。

Rogel 等[43]更加细致地考虑了组分结构对稳定性参数的影响，引入了芳香度的概念，指出渣油胶体体系的稳定性可由芳香分含量和芳香度的比值预测。芳香度概念的引入提高了预测渣油胶体体系的稳定性。

渣油体系越稳定，对渣油加氢催化剂结焦失活的影响就越小，越有利于装置的长周期运行。目前的稳定性参数由于考虑的影响因素并不是很全面，所以同一种稳定性参数不能用于不同油样的稳定性，参数的应用范围受到限制。

第四节 原料油中杂质对渣油加氢反应过程的影响

一、原料油中的固体颗粒及盐含量

固体颗粒物包括焦炭粒、沙子、硫化铁等污染物。环烷酸含量较高的原油，在加工过程中会腐蚀设备和管线，并产生环烷酸铁等腐蚀物。环烷酸铁在氢气气氛下与 H_2S 反应极快，生成 FeS。各种颗粒物及 FeS 沉积于最先接触的催化剂表面而堵塞催化剂颗粒间的空隙，引起催化剂结块，使反应系统压降增加并造成在反应器内的液体分配不均，催化剂床层产生热点，甚至装置被迫停工，所以原料油进反应器之前要经过过滤。

原料油中的盐分主要是钠(Na)、钾(K)、钙(Ca)及镁(Mg)的氯化物，这些物质将在催化剂顶部结垢，堵塞催化剂颗粒间通道造成床层压力降增加，另外还将放出卤化物，这些化合物达到一定浓度时，将促进加氢裂解反应，而卤化氢会加速对设备等的腐蚀。此外，钠离子会使催化剂活性降低。例如，以钠含量分别为 22μg/g 和 0.3μg/g 的同种常渣油为原料，考察了钠含量对催化剂 HDS 活性的影响，结果如图 3-4-1 所示。从图中可以看出，当产品中硫含量同样达到 0.3%时，钠含量 22μg/g 的原料所需的反应温度比基本不含钠的原料高 3℃(运转 70d 后)。因此，原油必须经过多级电脱盐，确保进料中的盐含量尽可能低，一般小于 3μg/g。此外，原油常压分馏塔防腐不宜采用注碱的方法。

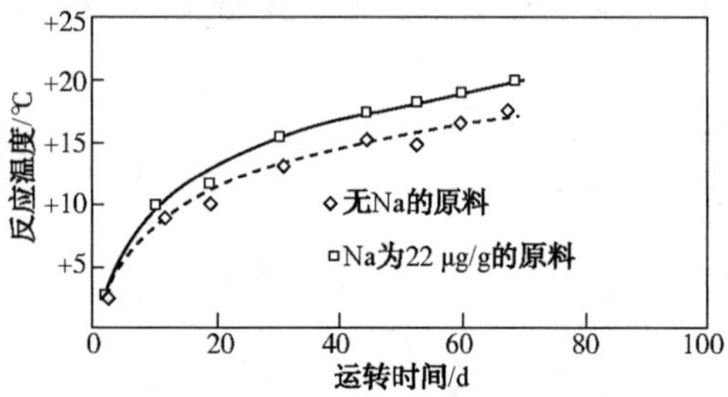

图 3-4-1　Na 含量对催化剂 HDS 活性的影响
(反应温度为产品中硫含量
达到 0.3%时所需要的平均温度)

二、原料油的黏度

渣油分子大、黏度高，在催化剂颗粒孔内扩散速度慢，因此内扩散是渣油加氢过程的控制步骤。大颗粒反应物在液体中的分子扩散系数可由 Einstein-Stokes 公式描述[44]。

扩散系数和黏度、反应物分子大小密切相关。VR 比 AR 黏度大、分子量高，因此 VR 的反应性能低于 AR。有时，为了降低加工 VR 的难度，需要在其中掺入一定量的 VGO、LCO、回炼油等。

三、残炭值和沥青质

在其他条件相同的情况下，沉积在催化剂上的焦炭量随原料残炭值的提高而线性增加。脱硫和残炭前驱物加氢转化反应密切相关，残炭值降低率随脱硫率的提高基本呈线性增加，催化剂类型对这种关系的影响较小。

沥青质是渣油中反应性能最差的分子，沥青质中的硫比非沥青质中的硫更难脱除。Jesper 等研究表明[45]，阿拉伯重质原油常压渣油的沥青质中的硫含量不到原料总硫含量的 20%，但加氢生成油中残余硫的 60%以上存在于沥青质中。如图 3-4-2 所示，原料油中沥青质含量越少，HDS 反应速度越高，HDS 反应速度常数的对数与原料油中沥青质含量之间基本上呈直线关系。

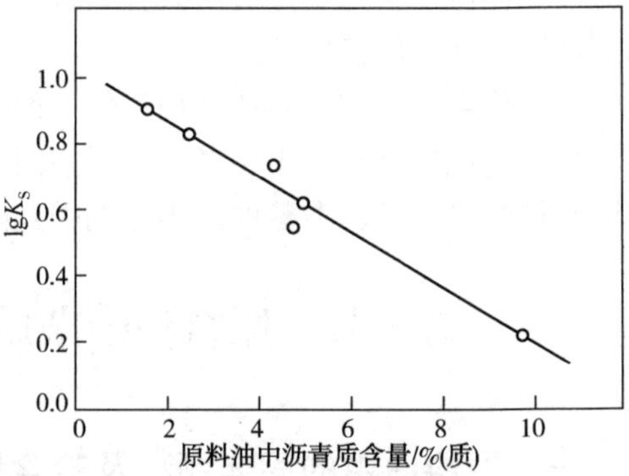

图 3-4-2　原料沥青质含量与
HDS 反应速度常数的关系
(反应温度：380℃)

由于沥青质及其类似物的高黏度、高稠合度及强吸附特性，使沥青质在催化剂表面滞留时间长，因此，加工高沥青质、高黏度原料时，需要的反应温度高，易发生热裂化反应，催化剂上焦炭增加，使催化剂失活加快。可见沥青质是决定催化剂上结焦的最关键因素。

四、金属镍和钒

除结焦失活外，镍和钒的沉积是造成渣油催化剂失活的更主要原因。镍和钒除了使催化剂活性位中毒外，更主要的是在催化剂微孔孔口处沉积，抑制渣油大分子向微孔内的扩散，因此，在固定床渣油加氢中需使用HDM催化剂，以保护下游HDS、HDN和HDCR催化剂免受金属沉积的影响。图3-4-3给出了加工不同金属含量的原料油时催化剂的耗量。从图中可以看出，金属含量超过200μg/g时，由于催化剂耗量很大，要求HDS率大于90%在实际操作中是不现实的。

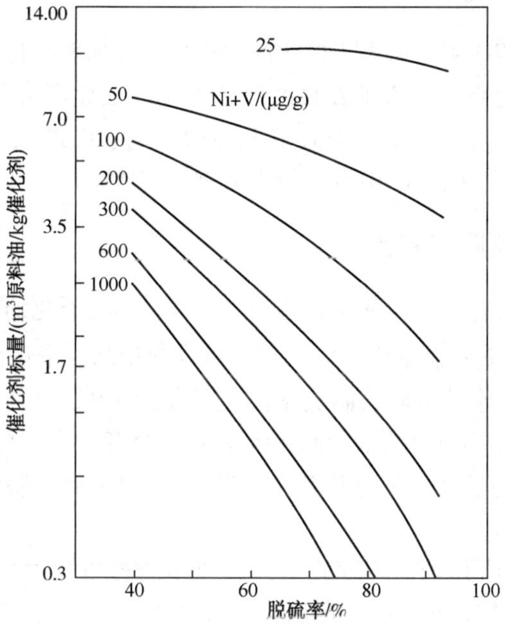

图3-4-3 原料金属含量与催化剂耗量的关系

控制进料中的金属含量，并使脱除的金属合理地分布在催化剂床层中，可显著延长催化剂寿命。在生产中应密切监测镍和钒在催化剂上的沉积速度和沉积量。通过分析原料油和产品中的金属含量变化，可按下式计算出催化剂上金属沉积量：

$$MOC = \int_0^t \left(\frac{(M_f - M_p) \times F \times 10^{-6}}{W_{cat}} \times 100 \right) dt \tag{3-4-1}$$

式中 MOC——单位催化剂上的金属沉积量，t(Ni+V)/100t新剂或t(Ni+V)/m^3新剂；

t——运转时间，h；

F——进料速率，t/h；

M_f——原料油中镍和钒含量，μg/g；

M_p——产品油中镍和钒含量，μg/g；

W_{cat}——新鲜催化剂的重量，t(或V_{cat}——新鲜催化剂的体积，m^3)。

催化剂的金属沉积量随运转时间而逐渐增加，考虑到加工高(Ni+V)含量的原料时金属沉积是造成催化剂失活的主要因素，所以可用 *MOC* 来表示渣油加氢催化剂的寿命。

五、硫含量和氮含量

原料油硫含量高时，为了达到一定的脱硫水平，需要提高反应温度，这将加速结焦，从而导致催化剂更快失活。相对于硫含量，原料油氮含量较高对渣油加氢影响更大，表现为相同条件下残炭加氢转化率较低，以及装置运转初期催化剂失活较快。

第五节　加氢裂化产品性质与特点

一、气体产品性质与特点

加氢裂化过程气体产率主要取决于催化剂的选择性和加氢裂化的转化深度。加氢裂化反应遵循正碳离子反应机理和正碳离子 β 位断链的原则。裂化反应所生成的低分子烃主要是 C_3、C_4的饱和烃，C_4异构烷烃含量大于 C_4正构烷烃，C_1、C_2的数量极少。其中，C_3、C_4组分可作为液化石油气产品，C_1、C_2组分一般作为燃料气使用。

二、石脑油产品性质与特点

加氢裂化石脑油分为轻石脑油和重石脑油。通常，加氢裂化的轻石脑油是指 C_5~65℃或 C_5~82℃馏分。加氢裂化轻石脑油馏分中的异构烷烃含量高，辛烷值较高，是优质的清洁汽油调和组分，也可用作烃水蒸气转化制氢原料或蒸汽裂解制乙烯的原料。轻石脑油的产率与催化剂的选择性和加氢裂化的转化深度密切相关，少者 1%~2%(质)，多者 23%~24%(质)；轻石脑油中的异构烷烃含量与其馏程有关，C_5~65℃轻石脑油的异构烷烃含量要高于 C_5~82℃轻石脑油。

表 3-5-1 为 DRIPP(FRIPP)的试验结果，应用两种不同原料，在不同转化率下以及不同产品馏分的轻重石脑油的较典型族组成及主要性质，它们中的碳原子数与所切割的馏分直接相关，当使用中间基或环烷基原料及转化深度低时，石脑油中的环状烃含量较高。由于加氢裂化具深度加氢、异构能力强等功能，因此获得的石脑油有以下共同特点：一是异构烃占比例大，通常为正构烃的 2~3 倍甚至更多；二是芳烃含量少，一般<10%(质)，基本没有不饱和烃；三是非烃含量很低，硫、氮含量极低。由于上述诸项性质，所以将其用于要求安定性好、饱和度高、芳烃及非烃少的溶剂油是适宜的。将加氢裂化产品直接切取不同馏分可以满足各类溶剂油的要求，但其需求量有限，故石脑油的用途主要还在于其他几个方面。

<65℃或<80℃轻石脑油主要是 C_5组分和少量 C_4、C_6。C_4组分无论是正或异构物皆有较高的辛烷值；C_5的正构烃辛烷值较低，异构烃及环状烃较高，如表 3-5-2 所示，而异构+环烷烃的含量较正构烃通常高出数倍，因此轻石脑油的辛烷值可达 75~85 以上，故常用作汽油混兑组分。并因这些馏分中含六元环很少，其研究法辛烷值(*RON*)与马达法辛烷值的差值小，即敏感度较低，具有较好的抗爆指数，而 C_4、C_5的蒸气压偏高，故混于汽油中的数量有所限制。

表 3-5-1　加氢裂化石脑油的族组成和主要性质

原料油	鲁宁管输 VGO+CGO		伊朗 VGO
工艺方案	单程转化率 65%(体)	>177℃全循环	单程转化率 75%(体)
原料密度(20℃)/(g/cm³)	0.8820	0.8820	0.9053
轻石脑油馏分/℃	<65	<65	<82
密度(20℃)/(g/cm³)	0.6585	0.6488	0.6702
组成/%(体)			
C_4	2.8	2.6	1.1
iC_5/nC_5	26.5/12.0	20.6/7.3	14.5/8.3
2,2-二甲基丁烷	12.0		0.21
环戊烷	0.3	31.3	20.8
2-甲基戊烷	5.4		
2,3-二甲基丁烷	—	—	
3-甲基戊烷	22.5	15.7	10.0
正己烷	11.5	7.6	9.0
甲基环戊烷	6.5	10.9	16.8
2,2-二甲基戊烷	10.8	2.2	—
苯	—	0.8	3.7
环己烷	0.9	1.0	2.9
C_{7+}	—	—	12.7
重石脑油			
馏分/℃	65~177	65~177	82~132
密度(20℃)/(g/cm³)	0.7483	0.7425	0.7453
馏程/℃			
IBP/10%(体)	85/103	79/103	87/98
50%(体)	126	125	107
90%(体)/EBP	157/180	158/176	126/147
S/(μg/g)	<1	<1	<1
N/(μg/g)	<1	<1	<1
组成/%			
烷烃	39.2	57.6	33.3
$C_4/C_5/C_6$	0.1/1.3/5.9	-/-/6.1	-/0.3/3.0
$C_7/C_8/C_9$	9.3/8.6/7.0	16.1/13.7/11.1	13.4/12.6/3.7
C_{10}/C_{11}	5.9/1.1	8.6/2.0	0.3/-
环烷烃	57.0	39.0	57.6
$C_5/C_6/C_7$	0.1/4.7/13.1	-/2.2/9.9	-/4.7/23.6
$C_8/C_9/C_{10}$	16.5/14.2/8.1	11.5/9.6/5.8	23.5/5.5/0.3

续表

原料油	鲁宁管输 VGO+CGO		伊朗 VGO
芳香烃	3.8	3.4	9.1
$C_6/C_7/C_8$	0.1/1.0/1.9	0.3/0.9/1.6	0.9/5.6/2.5
C_9/C_{10}	0.8/—	0.9/—	0.1/—
芳潜/%(质)	57.6	36.9	63.4

表 3-5-2　不同族组成轻烃的辛烷值(马达法)

项　目	正构烷	异构烷	环烷	芳烃
C_5	61	83~89	83	—
C_6	26	73~93	77	108
C_7	—	82~89	71	104
C_8	-17	70~100	41(正乙基)	97.9(正乙基)
C_9	-53	62~79	14(正丙基)	98.7(正丙基)

65~177℃或82~132℃的重石脑油馏分是加氢裂化的主要目的产品之一，其硫、氮含量低(小于0.5mg/kg)，芳烃潜含量高，是优质的催化重整的进料组分。重石脑油的芳烃潜含量与原料油的性质和加氢裂化的转化深度有关。加氢裂化的单程转化率越高，重石脑油的芳烃潜含量越低。重石脑油的产率主要取决于加氢裂化的转化深度。在单程转化率60%(体)的条件下，采用大于177℃的馏分全循环加氢裂化，其65~177℃重石脑油的产率可高达70%(质)以上。

将重石脑油作为重整原料时，选用的馏分根据目的产品的要求而定，由于环烷烃脱氢或链烷烃芳构化时，其沸点通常要增加10~30℃，如表3-5-3所示，故在制取汽油时为了保证终馏点不超过规格指标205℃，常选择终馏点约180℃的重石脑油作为催化重整原料。如制取轻芳烃时，则根据要求产芳烃的碳原子数而决定选用的馏分范围。

表 3-5-3　不同族组成低分子烃类的沸点　℃

项　目	正构烷烃	环烷烃	芳烃
C_5	36.7	49.3	—
C_6	68.7	80.8	80.1
C_7	98.4	100.9	110.6
C_8	125.7	131.8(正乙基)	136.2(正乙基)
C_9	150.2	156.7(正丙基)	183.3(正丙基)
C_{10}	174.1	201.5(正丁基)	

将石脑油馏分作为蒸汽裂解制乙烯的原料亦是一条利用途径，虽然加氢裂化石脑油在使用断环选择性较好的催化剂时其环状烃含量较高，影响乙烯产率，但因石脑油馏分较中油或重油为轻，且饱和度高、非烃等杂质少，因之裂解焦油的产率低，故在某些情况下(例如乙烯料不足时)也可作为蒸汽裂解装置的原料。当以加氢裂化轻石脑油作为原

料时，乙烯产率较高，接近30.0%(质)，三烯产率达49.5%(质)，裂解焦油(燃料油)只有5.0%(质)，因为轻石脑油中的环状烃量很少，馏分又较轻，因此是良好的蒸汽裂解制乙烯的原料；而当以重石脑油馏分作为原料时，则乙烯产率较低，约20.0%(质)，三烯产率只有35.9%(质)，主要因为其中环状烃含量较多，芳潜一般高于50.0%(质)，故并非蒸汽裂解的合适原料。

三、中间馏分油性质与特点

加氢裂化的中间馏分油是指喷气燃料和柴油馏分，直馏喷气燃料一般是130~230℃馏分；130~177℃馏分既是直馏喷气燃料组分，也是宽馏分重整原料组分。我国原油的轻馏分含量少，存在宽馏分重整与直馏喷气燃料争原料的问题。加氢裂化132~232℃馏分、177~280℃馏分，是优质的喷气燃料或喷气燃料组分。喷气燃料除了对馏程有一定要求外，由于特定的使用环境和条件，其主要规格质量指标要求密度(20℃)不小于0.775g/cm^3，闪点(闭口)不低于38℃，冰点不高于-47℃，芳烃含量不大于20%，硫醇性硫含量不大于0.002%(质)，烟点不小于25mm[在烟点放不小于20mm时，萘系烃含量应不大于3%(质)]。另外，还有一些相关的质量指标和动态热安定性指标要求。尽管加氢裂化对原料的适应性强，但对于生产喷气燃料来说，需要对原料进行优化配置。加氢裂化柴油馏分的馏程范围取决于其产品喷气燃料、循环油或尾油的切割方案，一般是232~350℃、260~350℃、260~320℃或282~350℃馏分。直馏柴油的十六烷值较高，芳烃含量相对较低，但由于原油重质化，其数量有限；FCC柴油馏分中的硫、氮和芳烃含量高，十六烷值低，颜色和安定性差。加氢裂化柴油馏分中的硫、氮和芳烃含量低，十六烷值高，是生产柴油的清洁组分。

四、尾油性质与特点

加氢裂化在采用单程一次通过和尾油部分循环裂解的工艺流程时，都会产生一部分尾油。在加氢裂化过程中，由于原料油中的多环芳烃的逐环加氢饱和、开环裂解，所以加氢裂化尾油中富含链烷烃，不同烃类的氢含量排序是链烷烃>环烷烃>芳香烃，故其具有氢含量高、硫氮含量及芳烃含量低等特点，有较广泛的用途。

(一) 加氢裂化尾油循环裂解

加氢裂化未转化油的循环裂解的目的在于最大限度地生产轻质油产品。用于循环裂解的未转化油称为循环油，循环油馏程的切割点是根据其产品方案来确定的。循环油切割点温度的高低，是加氢裂化转化深度的表征。加氢裂化的转化深度随循环油切割点温度的提高而降低。表3-5-4为循环油切割点选择原则。

表3-5-4 产品方案、循环油切割点和催化剂选择的原则

产品方案	循环油切割点(RCP)/℃	加氢裂化催化剂的类型
最大量石脑油方案	177	轻油型
石脑油/喷气燃料方案	260或280	轻油型
中间馏分油方案	343/350/371/383/385	中间馏分油型

(二) 催化裂化原料组分

对于重油轻质化，FCC是生产高辛烷值汽油组分的重要工艺过程，在炼油工业中的应用极为广泛。FCC 加工的原料主要是 VGO。我国重油 FCC 所占比例较大，掺渣比也较高。FCC 汽油的性质主要取决于其原料的性质。加氢裂化是生产优质石脑油、喷气燃料和柴油馏分唯一的二次加工手段。从脱碳、加氢原料优化方面考虑，FCC 应该加工重 VGO，将轻 VGO 给加氢裂化加工，这一理念已逐渐为业内人士所接受。将 FCC 的循环油给加氢裂化处理，把加氢裂化的未转化油(尾油)给 FCC 处理，既有助于发挥工艺过程各自的优势，也有利于提高产品质量。

对 FCC 原料油进行加氢处理，或用中压加氢裂化的未转化油作为 FCC 进料，可大幅降低 FCC 汽油硫含量，其产品收率有较大幅度的提高，FCC 柴油的密度和硫含量明显降低，十六烷值可得到明显改善。另外，可减少催化剂的生焦量和再生烟气的 SO_x 的排放，有利于环境保护。

(三) 蒸汽裂解制乙烯原料

乙烯是三大基本有机合成(合成塑料、合成纤维、合成橡胶)的重要化工原料，其生产能力是一个国家综合实力的体现。

国外生产乙烯的主要原料是石脑油。我国石油资源有限，原油普遍偏重，石脑油匮乏；柴油馏分是紧缺的运输燃料；重馏分油的 H/C 低，硫、氮含量高，作为裂解原料时，乙烯产率低，裂解炉的炉管结焦严重，运转周期短，不宜直接用作蒸汽裂解制乙烯原料。重馏分油(例如 VGO)加氢处理后作为蒸汽裂解原料，虽在一定程度上能缓解裂解炉炉管结焦，但乙烯产率所增无几。如前面所述，加氢裂化尾油富含链烷烃，芳烃、硫氮含量和 *BMCI* 值低，是优质蒸汽裂解制乙烯的原料。尾油性质及其蒸汽裂解产品分布的影响见表 3-5-5。

表 3-5-5 加氢裂化单程转化率对尾油性质及其蒸汽裂解产品分布的影响

不同转化率尾油产品	1号	2号	3号	4号
不同转化率尾油产品	1号	2号	3号	4号
350℃+尾油的性质				
族组成/%(质)				
链烷烃	54.2	60.3	65.0	73.2
环烷烃	30.5	29.3	28.6	20.4
芳香烃	15.3	10.5	6.4	6.4
BMCI 值	14.6	10.4	9.5	7.2
蒸汽裂解主要产品的产率/%(质)	26.06	26.31	26.79	28.19
乙烯	16.06	17.74	17.61	17.46
丙烯	6.07	6.52	5.38	6.32
丁二烯	48.79	50.57	49.78	51.97
三烯				

(四) 润滑油基础油原料

加氢裂化尾油中饱和烃含量很高，芳烃含量很低，S、N 含量非常低，因此，它是用来制取高质量润滑油基础油的好原料。当前，使用加氢裂化尾油通过加氢异构工艺，可以生产出轻质润滑油基础油。

第六节　渣油加氢产品性质与特点

表 3-6-1 列出了分别采用固定床、沸腾床和悬浮床渣油加氢工艺加工同一原料油(沙特 Safaniya VR)时的加氢产品性质，作为比较三种渣油加氢工艺的实例。

表 3-6-1　采用不同渣油加氢工艺处理沙特 Safaniya VR①的产品性质比较

工　艺	固定床	沸腾床	悬浮床
石脑油			
收率(占进料)/%	1~5	5~15	10~15
相对密度	0.710~0.740	0.710~0.720	0.720
S/%	<0.01	0.01~0.2	<0.06
氮/(μg/g)	<20	50~100	200
瓦斯油			
收率(占进料)/%	10~25	20~30	40~45
相对密度	0.850~0.875	0.840~0.860	0.866
S/%	<0.1	0.1~0.5	<0.7
氮/(μg/g)	300~1200	>500	1800
减压瓦斯油			
收率(占进料)/%	20~35	25~35	20~25
相对密度	0.925~0.935	0.925~0.970	1.010
S/%	0.25~0.5	0.5~2.0	2.2
氮/(μg/g)	1500~2500	1600~4000	4300
康氏残炭/%	<0.3	<2	<2
减压渣油			
收率(占进料)/%	30~60	15~35	10~20
相对密度	0.990~1.030	1.035~1.100	1.160
S/%	0.7~1.5	1~3	2.7
氮/(μg/g)	3000~4000	>3300	11000
正庚烷沥青质/%	5~10	>20	26
稳定性/Shell P 值②	1.5~1.6	1.2	<1.1

① Safaniya VR 性质：相对密度为 1.035；硫含量为 5.28%；氮含量为 4600μg/g；康氏残炭为 23.0%；正庚烷沥青质含量为 11.5%；(Ni+V)含量为 203μg/g。

② Shell P 值的含义：为了表征渣油体系的稳定性，Shell 公司采用了 P 值的分析方法。P 值范围从 1 到 5，表示渣油体系从不稳定逐渐到稳定。

第七节　加氢渣油性质对催化裂化的影响

一、残炭值的影响

加氢脱残炭反应也是渣油加氢过程中的重要反应，残炭的降低率是渣油加氢工艺的一项重要指标。与 S、N 和金属等杂质含量不同的是，渣油残炭量的多少代表了其中的高沸点组分如多环芳烃、胶质和沥青质等在加工过程中的生焦趋势，一般用残炭值表示。残炭值得自破环性蒸馏试验(油在空气不足之下燃烧)，因分析方法不同而有康氏残炭(CCR)和兰氏残炭(RCR)两种。目前，常用微量法作为残炭分析方法，即 MCR。MCR 与 CCR 相当。

根据化学分析，五环以及五环以上的缩合芳烃都是生成残炭的前身物。渣油中胶质和沥青质的残炭值最高，这与胶质和沥青质中含有大量的稠环芳烃和杂环芳烃有关。作为残炭值主要来源的沥青质和胶质，在催化裂化过程中大部分转化为焦炭。

关于残炭值与催化裂化焦炭产率的定量关系难以确定。Kellogg 公司 HOC 技术预测生焦率为原料中残炭 100%转化为焦炭；UOP 公司的 RCC 技术预测原料中的残炭 70%~80%转化为焦炭，生焦率平均为进料的兰氏残炭值加上 4.2 个百分点。S&W 公司的 RFCC 技术认为残炭与生焦量没有直接的对应关系，而与转化率有关系，这种解释有别于原料中残炭必然转化为焦炭的传统概念，从我国渣油催化裂化装置数据来看，原料中的残炭 80%以上转化为焦炭。中国石化已建成投产了 15 套渣油加氢装置，全部为重油催化裂化装置提供原料，表 3-7-1 列出了进料中加氢渣油比例超过 50%的 11 套催化裂化装置的运行数据。表 3-7-2 列出了同一渣油原料在不同加氢深度下获得的加氢渣油性质，以及相应的催化裂化试验结果。

表 3-7-1　加工加氢渣油的催化裂化装置运行数据

装置	混合原料油残炭值/%	加氢渣油比例/%	焦炭产率/%	轻油收率/%	总转化率/%
石炼 1	3.70	53.88	9.27	61.44	86.37
石炼 3	3.13	53.15	8.78	61.38	78.43
齐鲁 2	2.97	72.37	7.11	62.63	77.89
安庆 3	4.06	76.44	7.21	61.64	70.85
九江 1	4.10	62.33	5.89	71.47	72.24
九江 2	3.80	57.44	6.40	72.10	74.6
金陵 3	3.59	59.90	7.99	64.30	72.91
扬子 2	4.96	91.46	8.90	66.96	74.24
上海 2	4.99	94.36	7.55	67.77	72.46
茂名 3	6.49	53.90	7.51	68.44	—
海南	5.50	92.23	8.31	61.85	76.99

表 3-7-2 残炭值不同的加氢渣油催化裂化试验结果

项目	加氢渣油编号			
	A	B	C	D
加氢渣油①残炭值/%	6.64	6.22	5.87	5.19
混合原料②残炭值/%	3.33	3.12	2.67	2.35
催化裂化试验结果				
焦炭产率/%	7.75	7.71	6.14	5.99
总液体产率/%	77.89	78.04	80.81	81.03
轻质油产率/%	64.57	64.65	66.62	66.72
转化率/%	70.89	71.23	71.37	71.60

① 渣油加氢试验采用同一原料油。

② 同一蜡油和各加氢渣油混兑，比例为 1∶1。

二、氢含量的影响

氢含量可作为鉴别原料油裂化性能的一个重要参数，以区别不同原料油的相对裂化性能。通常催化裂化原料的氢含量在 11.0%~14.0%之间(最好大于 11.8%)。根据原料类型的不同，氢含量每增加 1 个百分点，催化裂化的转化率增加 6~12 个百分点。

三、族组成的影响

沥青质是指石油中不溶于低分子量烃类(一般用正庚烷)的物质。沥青质是含杂原子的凝缩的多环分子群，由带有饱和烃侧链的稠环芳烃片组成。沥青质胶束的尺寸很大，主要吸附在催化剂的外表面，而很难扩散到催化剂的孔中与催化剂的活性中心相遇。虽然沥青质在高温下也可能气化，但在真正气化之前极大部分已经历了热裂化。可以认为沥青质在催化裂化过程中的反应主要是热解反应，热解的一次反应产物可进一步进行催化裂化反应。

胶质催化裂化生产的汽油及焦炭各占原料的三分之一。与沥青质相比，胶质裂化可以得到更多的轻油及气体，而焦炭产率则相应减少。

四、硫含量的影响

从化学反应角度分析，含硫化合物并不影响烃类的反应，但对催化裂化产品性质和环境有较大影响。

原料中的硫经催化裂化工艺加工后，分布情况大致为：反应生成 H_2S 占 40%，烟气中的硫占 15%，留在生成油中的硫占 45%。当原料中硫含量增加，则所得汽油产品的硫含量也随之增加。催化裂化汽油中的硫含量一般为原料硫含量的 6%~10%。

催化裂化原料中的硫对环境的影响是多方面的。在再生器，随焦炭携带到再生器内的硫被氧化生成 SO_2 和 SO_3，排放出来污染大气；在反应器，随裂化反应一起发生的脱硫反应，产生大量 H_2S，其余的硫则分配到各种产品中，H_2S 占总硫相当大一部分，因此对催化裂化装置的气体分离系统有很大影响。

五、氮含量的影响

氮化合物尤其是碱性氮化合物，强烈地吸附在催化剂上，中和催化剂的酸性中心，使催化剂中毒而暂时失去活性，从而影响催化裂化反应的转化率和选择性，同时，在再生过程中生成 NO_x 会影响烟气达不到排放标准。普遍的规律是，随着氮含量增加，汽油收率下降，焦炭产率增大，并且汽油辛烷值有一定的降低。

六、金属含量的影响

渣油中所含的镍、钒、铁、钙及钠，在催化裂化过程中几乎全部沉积在催化剂表面上。不同的金属对催化剂的影响存在较大的差异。对于运转平衡分子筛催化剂来说，其钠含量不应大于 10000μg/g，因此对原料的钠含量必须严加控制；对于渣油催化裂化，一般原料中含钠量控制在 1~5μg/g 以下；如果再生温度较高时，则要求原料中含钠量最好小于 1μg/g。运转催化剂上的镍和钒含量之和不应大于 20000μg/g，尤其钒含量不应大于 10000μg/g。还有其他金属的影响，如 Fe 和 Ca。

参 考 文 献

[1] Knozinger H, Ratnasamy P. Cata. Rev[J]. 1978, 17(1), 31-70.

[2] Donald B. Ackelson. NPRA Annual Meeting[C], 2007, AM-07-47.

[3] Habib M M. New generation of Isocracking catlysts[C]. NPRA Annual Meeting, 2000, AM-00-32.

[4] 李大东，聂红，孙丽丽．加氢处理工艺与工程[M]．北京：中国石化出版社，2016.

[5] 张会成，颜涌捷，孙万付，等．渣油加氢处理过程中硫的分布与脱除规律研究[J]．燃料化学学报，2007，35(17)：628-631.

[6] 李庶峰，邓文安，文萍，等．中东渣油悬浮床加氢裂化反应产物及总硫分布的研究[J]．石油与天然气化工，2008，37(5)：389-389.

[7] 张晓静．典型原油深拔蜡油及渣油性质研究——胜利原油深拔蜡油及渣油性质研究[J]．天然气与石油，2005，(2)：001.

[8] 吴辉．中东含硫原油重油加工方案研究[J]．炼油，1998，3(4)：10-15.

[9] 中国石油大连石化分公司．加工含硫原油渣油加工路线的比较和选择[C]．中国石油天然气股份有限公司炼油化工技术座谈会，北京：2005，09，01.

[10] 王强，李志军．加工高含硫原油的渣油加氢脱硫-重油催化裂化组合工艺运行及其改进[J]．石油炼制与化工，2002，33(8)：1-6.

[11] 刘玉新，许志明，赵锁奇，等．哈萨克斯坦及俄罗斯渣油馏分中的硫化物裂解色谱分析[J]．燃料化学学报，2008，36(6)：712-719.

[12] 周贵仁，许昀，朱根权．加工俄罗斯原油常压渣油对催化裂化装置的影响及应对措施[J]．石油炼制与化工，2018，49(8)：64-68.

[13] 周永昌．俄罗斯渣油结构特性与基团贡献法预测沸点的研究[D]．北京：中国石油大学(北京)，2003.

[14] 陈铭．渣油重质化劣质化加工的技术经济分析[J]．化工进展，2010，(9)：1781-1784.

[15] 程之光，黄伟祈，马广仁，等．大庆常压渣油的深度加工[J]．石油学报，1980，1(2)：75-86.

[16] 张璐．胜利减压渣油及其组分热转化行为的热重法研究[D]．青岛：山东科技大学，2015.

[17] 王丽敏. 几种来源渣油组成结构的研究[D]. 青岛：中国石油大学(华东)，2008.

[18] 张鹏波. 掺炼高酸渣油对延迟焦化装置的影响[J]. 广州化工，2019，47(06)：128-130，+158.

[19] 张寿增，岳淑范，沈家珍，等. 大庆、胜利及任丘渣油的组成研究[J]. 石油炼制与化工，1982(1)：26-35.

[20] 杜康，孙昱东，肖胜玉. 胶质添加量对胜利减压渣油加氢过程的影响[J]. 石油炼制与化工，2021，52(7)：29-33.

[21] 王宗贤，阙国和. 胜利和孤岛减压渣油中硫的分布[J]. 中国石油大学学报：自然科学版，1993，017(A00)：226-231.

[22] 沈本贤. 石油炼制工艺学[M]. 2 版. 北京：中国石化出版社，2020.

[23] 王建平，许先焜，翁惠新，等. 加氢渣油催化裂化 14 集总动力学模型的建立[J]. 化工学报，2007，58(1)：86-94.

[24] 中国石化管理干部学院. 加氢技术(1)[R]. 北京，1999.

[25] 侯彩丽，王少军，马波，等. 渣油族组成及分子结构研究进展[J]. 石油与天然气化工，2006，35(6)：484-490.

[26] 齐和日玛，李会峰，袁蕙，等. Al_2O_3 载体的性质对 $CoMo/Al_2O_3$ 汽油选择性加氢脱硫催化剂活性相的影响[J]. 催化学报，2011，32(2)：240-249.

[27] 李会峰，李明丰，褚阳，等. 钼和钨在氧化铝表面的分散特性[J]. 催化学报，2009，30(2)：165-170.

[28] Travert A, Dujardin C, Maug F. Co Adsorption on CoMo and NiMo Sulfide Catalysts: A Combined IR and DFT Study[J]. J Phys Chem B, 2006, 110(3): 1261-1270.

[29] 齐和日玛，袁蕙，张韫宏. 原位 FT-IR 和 XPS 研究汽油选择性加氢脱硫催化剂的活性和选择性[J]. 光谱学与光谱分析，2011，31(7)：1752-1757.

[30] YoKota T, Fiona S, Douglas S, et al. Absorption and Emission Spectra of Athabasca asphaltene in the visible and near ultraviolet regions[J]. Fuel. 1986, 65: 1142-1149.

[31] J. Ancheyta, G. Centeno, F. Trejo, G. Speight, Asphaltene Character-ization as Function of Time on-Stream During Hydroprocessing of Ma-ya Crude[J]. Catalysis Today. 2005, 109(1-4): 162-166.

[32] Mojelsky TW, Ignasiak TM, Frankman Z, et al. Structural Features of Alberta Oil Sand Bitumen and Heavy Oil Asphaltenes[J]. Energy&Fuels. 1992, 6(4): 83-86.

[33] 王子军，梁文杰，阙国和，等. 钌离子催化氧化法研究胜利减压渣油组分的化学结构[J]. 石油学报(石油加工)，1997，13(4)：1-9.

[34] 朱军，郭绍辉，李术元. 钌离子催化氧化研究石油沥青质芳香环系结构特征[J]. 燃料化学学报，2002，30(5)：433-437.

[35] Brown J K. A Study of the Hydrogen Distribution in Coal-like Materials by High-resolution Nuclear Magnetic Resonance Spectroscopy I-The Measurement and Interpreatation of the Spectra[J]. Fuel, 1960, 39.

[36] Williams R B. Characterization of hydrocarbons in petroleum by nuclear magnetic resonance spectrometry. 1958, 224: 168-194.

[37] Gallacher J, Snape C E, Dennison P R, et al. Elucidation of the nature of naphtheno-aromatic groups in heavy petroleum fractions by 13 C n. m. r. and catalytic dehydrogenation[J]. Fuel, 1991, 70(11): 1266-1270.

[38] Kapur G S, Berger S. Unambiguous Resolution of α-Methyl and α-Methylene Protons in 1 H NMR Spectra of Heavy Petroleum Fractions[J]. Energy & Fuels, 2005, 19(2): 508-511.

[39] Yen T F. The colloidal aspects of a macrostructure of petroleum asphalt[J]. Fuel Sci. Tech., 1992, 10(6): 723-733.

[40] Loeber L, Muller G, Morel J. Bitumen in colloid science: a chemical, structural and rheological approach [J]. Fuel, 1998, 77(13): 1443-1450.

[41] Likhatsky, Victor V, Syunyaev, et al. New colloidal stability index for crude oils based on polarity of crude oil components[J]. Energy & Fuels, 2010, 24(12): 6483-6488.

[42] 樊西惊. 石油胶态分散体的稳定性[J]. 油田化学, 1999, 16(1): 72-76.

[43] Leon O, Rogel E, Urbina A, et al. Study of the adsorption of alkyl benzene-derived amphiphiles on asphaltene particles[J]. Langmuir, 1999, 15(22): 7653-7657.

[44] 李汝辉. 传质学基础[M]. 北京: 北京航空学院出版社, 1987.

[45] Jesper B., Simon I. A. Changes in Asphaltene Stability during Hydrotreating[J]. Energ & Fuel, 2000, 14(01): 52~55.

第四章　加氢裂化工艺过程

第一节　加氢裂化工艺过程

一、加氢裂化工艺过程的分类及特点

加氢裂化是烃类分子在氢气、催化剂和温度的作用下发生加氢及裂化反应。根据反应压力等级的不同，或加工原料的不同，或裂化转化率的不同，或生产目的的不同，加氢裂化工艺过程被分成不同的类型或冠以不同的称谓。

（一）按压力等级分类

根据反应压力等级的不同，加氢裂化被划分为高压加氢裂化和中压加氢裂化。高压加氢裂化的反应压力>10.0MPa，中压加氢裂化的反应压力≤10.0MPa。但目前炼油行业一般习惯将反应压力>13.0MPa 称为高压加氢裂化，将反应压力为 6.0~13.0MPa 称为中压加氢裂化。

高压加氢裂化和中压加氢裂化所采用的催化剂、操作工艺流程都是相通的，并不存在用于高压加氢裂化的催化剂和/或工艺流程不能用于中压加氢裂化，反之亦然。高压加氢裂化和中压加氢裂化的最大区别是所处理原料的性质有所区别，生产的产品质量也有所差异。

高压加氢裂化对原料适应性更好，可加工馏分更重、质量更差(终馏点、氮含量、芳烃含量、密度、残炭等)的原料，产品质量更优，催化剂使用周期也更长或反应空速更高。但装置的投资、操作费用也相对较高。

中压加氢裂化装置投资和操作费用相对较低，但所能加工原料的馏分相对较轻、质量较好，生产的产品质量相对较差(尤其是难以直接生产合格的喷气燃料)，催化剂运行周期也较短或反应空速较低。

随着催化材料的创新和进步，加氢催化剂反应性能不断得到提高：可以在相对较低的反应压力下加工处理馏分较重、质量较差的原料油，获得较高的产品质量。因此，目前专利商主要是根据原料性质和用户对产品质量的要求，来选择合适的反应压力等级。

（二）按转化深度分类

从理论上讲，如果烃类在氢压和催化剂存在下，>10%的原料油转化为产品分子小于原料分子的加氢过程即称为加氢裂化。但在实际生产和应用过程中，人们又根据原料性质、生产目的和裂化程度给予不同的称呼。

1. 加氢裂化

在炼油行业，加氢裂化是指裂化程度>40%(一般为 50%~100%)的加氢过程。加氢裂化原料主要为减压蜡油(VGO)、焦化蜡油(CGO)、脱沥青油(DAO)、各种柴油(催化柴油

LCO、焦化柴油、直馏柴油 AGO)等单一或混合原料。随着炼油新技术的应用和炼油企业产品结构调整，沸腾床和浆态床(悬浮床)渣油加氢裂化所产蜡油、柴油馏分也被作为加氢裂化原料。加氢裂化的目的产品为石脑油、喷气燃料、柴油等分子小于原料分子的产品，某些装置可能还会生产部分分子与原料分子相同、但品质大幅提升的产品(如改质柴油、加氢裂化尾油)，加氢裂化尾油可用作蒸汽裂解制乙烯原料或用作生产润滑油基础油的原料。加氢裂化技术典型应用及产品产率范围见表 4-1-1。

表 4-1-1　加氢裂化技术典型应用及产品产率范围

项　目	范　围	
原料类型	LVGO、VGO、HVGO、CGO、HCGO、DAO、AGO、LCO、焦柴、焦汽等	
产品收率	重整原料	10%~70%
	中间馏分油	0~80%(喷气燃料、柴油组分)
	加氢裂化尾油	0~45%(乙烯原料、润滑油基础油原料)
	化工原料	30%~95%(乙烯及重整原料)
	高辛烷值汽油组分	3%~25%(无硫、无芳、无烯)
操作压力范围	8.0~17.0MPa	
转化率	50%~100%	

2. 缓和加氢裂化(MHC)

指裂化程度为 20%~40%的加氢过程。缓和加氢裂化原料主要为减压蜡油(VGO)、焦化蜡油(CGO)、脱沥青油(DAO)的单一或混合原料，目的产品为分子与原料分子相同、但品质得到明显改善(低硫、低氮、高链烷烃含量的缓和加氢裂化尾油)的产品，为下游装置(如催化裂化等)提供优质原料，同时兼产部分高芳潜石脑油和低硫柴油馏分。缓和加氢裂化(MHC)技术典型应用及产品产率范围见表 4-1-2。

表 4-1-2　缓和加氢裂化(MHC)技术典型应用及产品产率范围

项　目	范　围	
原料类型	LVGO、VGO、HVGO、CGO、HCGO、DAO 等	
产品收率	石脑油	1%~10%
	柴油馏分	10%~30%(低硫柴油组分)
	缓和加氢裂化尾油	60%~80%(FCC 原料)
操作压力范围	6.0~12.0MPa	
转化率	20%~40%	

3. 加氢改质(MHUG)

指裂化程度为<20%的加氢过程。顾名思义，加氢改质就是通过加氢手段来改善油品的某一或某些性质。原料油为直馏柴油(AGO)、催化柴油(LCO)和焦化柴油(单一组分或混合油)，某些装置可能还会掺炼加工部分常三和/或减一线原料，目的产品仍为加氢柴油，兼产部分高芳潜石脑油等。通过加氢改质，除脱除柴油原料中的硫、氮等杂原子，改善油品储存安定性外，主要目的是改善柴油的某些性质，如降低密度、提高十六烷值和/或降低柴油凝点等。加氢改质(MHUG)技术典型应用及产品产率范围见表 4-1-3。

表 4-1-3　加氢改质(MHUG)技术典型应用及产品产率范围

项　　目		范　　围
原料类型	LCO、焦柴、常三线、减一线等	
产品收率	石脑油	5%～20%
	改质柴油馏分	80%～95%(降低密度、提高十六烷值和/或降低凝点)
操作压力范围	8.0～12.0MPa	
转化率	<20%	

(三) 其他加氢裂化技术

1. 最大限度提高催化柴油十六烷值

尽管前面所谈及的 MHUG 技术可以较大幅度提高催化柴油的十六烷值，同时做到深度脱硫及改善安定性，但 MHUG 工艺要产相当数量的石脑油，降低了柴油的收率，而且氢耗量也相当高，所有这些，对于氢源紧缺和/或石脑油没有很好出路的企业来说是无法接受的。而对于常规的加氢精制，除脱硫、脱氮外，主要反应是烯烃和芳烃的加氢饱和，对提高柴油十六烷值有限，一般在 4～6 个单位。针对这一情况，中国石化抚顺石油化工研究院(FRIPP)于 20 世纪 90 年代末开发了一种专门用于提高催化柴油十六烷值的加氢技术——最大限度提高柴油十六烷值的 MCI(Maximum Cetane Improvement)技术。最大限度提高催化柴油十六烷值(MCI)技术典型应用及产品产率范围见表 4-1-4。

表 4-1-4　最大限度提高催化柴油十六烷值(MCI)技术典型应用及产品产率范围

项　　目		范　　围
原料类型	LCO	
产品收率	石脑油	3%～5%
	改质柴油馏分	>95%(十六烷值增幅 8～15 个单位)
操作压力范围	8.0～12.0MPa	
转化率	<10%	

因此，最大限度提高柴油十六烷值技术实质上也是柴油加氢改质技术，只是这种柴油加氢改质技术目标更明确，即针对的原料是催化裂化柴油(LCO)，目标是改质柴油十六烷值的提高幅度和收率最大化，根据这一目标，在催化剂和操作条件等方面进行优化，使催化柴油的加氢反应尽量沿图 4-1-1 的反应路径(2)进行，故将它从柴油加氢改质技术中分出来。

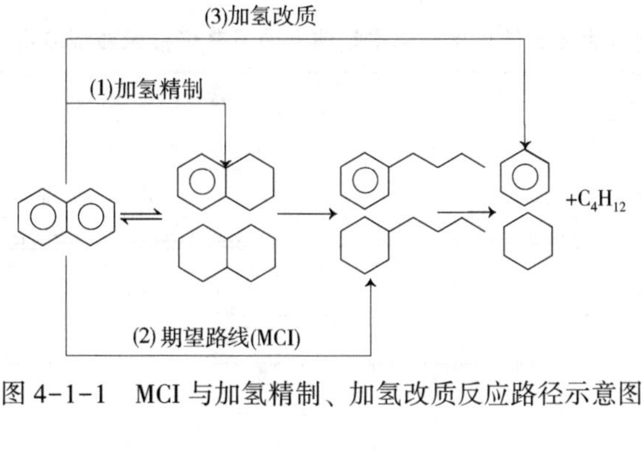

图 4-1-1　MCI 与加氢精制、加氢改质反应路径示意图

2. 催化柴油加氢转化生产高辛烷值汽油及芳烃

为降低汽油烯烃和多产丙烯，许多催化裂化装置选用 MIP、MIP-CGP 或 FDFCC 技术，在多产丙烯及有效降低汽油烯烃的同时，导致催化柴油质量进一步劣质化：密度大(>0.94g/cm^3)、十六烷值低(<20)、芳烃含量高(>80%)。

二环、三环等大分子芳烃富聚在柴油中，是导致柴油的密度大、十六烷值低及燃烧性差的根本原因，而单环芳烃的辛烷值却非常高，是高辛烷值汽油的优质组分，但单环环烷烃的辛烷值远低于单环芳烃，因此单环环烷烃不是高辛烷值汽油的理想组分。根据烃类结构组成与油品质量的对应关系，如果能通过技术方法将二环、三环大分子芳烃转化成单环小分子芳烃并富聚在石脑油中，则生产的石脑油就可以作为高辛烷值汽油。

通过分析早期开发的几种催化柴油提质技术可以发现，催化柴油加氢精制技术的开发理念是尽可能地将催化柴油中的二环、三环芳烃加氢饱和成单环或双环环烷芳烃。该技术的优点是改质柴油收率高(接近100%)、耗氢相对较低，不足是改质柴油的密度降幅和十六烷值增幅有限；催化柴油加氢改质技术的开发理念是将一部分二环、三环芳烃进行加氢裂化，生成石脑油。该技术的优点是改质柴油的密度降幅和十六烷值增幅都很大，不足是由于该技术没对裂化反应生成的单环芳烃进一步加氢成环烷烃进行限制，因此，耗氢非常大，且生成的石脑油需送催化重整装置进一步加工，才能作为产品出厂；MCI 技术的开发理念是尽可能将催化柴油中的二环、三环芳烃加氢饱和及开环，但限制其进一步断侧链的反应。因此该技术的优点是柴油收率相对较高(>90%)、柴油的密度降幅和十六烷值增幅也很大，不足是与催化柴油加氢改质技术一样，MCI 技术也不对单环芳烃进一步加氢成环烷烃进行限制，因此，耗氢虽比改质技术有所降低，但仍很高。而且上述技术虽然改质柴油收率、质量提升幅度各有特点，但它们还有共同的不足之处，即改质柴油还需要与大量的车用柴油调和，其十六烷值才能满足普通柴油要求，而且产生的石脑油需要送下游装置再加工。因此，质量升级成本高、效益差。

新开发的催化柴油加氢转化生产高辛烷值汽油或 BTX 的技术原理就是通过使用专用的加氢转化催化剂和适宜的操作条件，使催化柴油中的二环、三环芳烃按图 4-1-2 中的路径(1)和路径(3)加氢转化生成单环芳烃，并富聚在石脑油中，同时尽量避免加氢反应沿路径(2)、路径(4)、路径(5)、路径(6)和路径(7)进行，减少单环芳烃被进一步饱和生成低辛烷值的单环环烷烃。因此，该技术在提高改质柴油质量的同时，可以显著压减柴油，生产附加值更高、市场需求潜力更大的高辛烷值汽油组分或 BTX。催化柴油加氢转化生产高辛烷值汽油及芳烃技术典型应用及产品产率范围见表 4-1-5。

表 4-1-5 催化柴油加氢转化生产高辛烷值汽油及芳烃技术典型应用及产品产率范围

项目	范围	
原料类型	LCO	
产品收率	汽油	30%~60%(辛烷值>90，S<10μg/g)
	改质柴油馏分	30%~65%(十六烷值增幅 8~15 个单位)
操作压力范围	8.0~12.0MPa	
转化率	40%~60%	

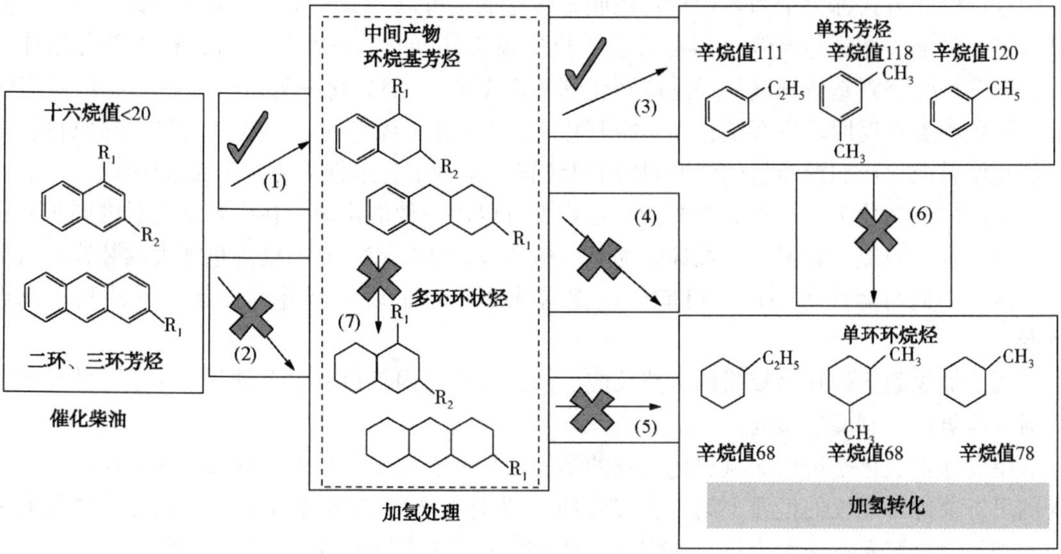

图 4-1-2　催化柴油加氢转化生产高辛烷值汽油或 BTX 反应路径示意图

二、典型加氢裂化工艺过程及其特点

以馏分油(如汽、煤、柴及 VGO、CGO、DAO 等)为主要原料的加氢裂化技术，至今仍以固定床工艺过程为主。加氢裂化的工艺流程一般都包含反应和分馏两个部分，根据需要和实际情况，有些装置还包括酸性水处理部分、循环氢气体及干气、液化气脱硫部分等。加氢裂化工艺过程主要是根据反应部分的反应器的排列、组合来划分。

尽管国内外专利商根据催化剂性能特点、原料构成和性质、大型设备的制造水平和运输条件以及市场对产品产率和质量的要求，开发了种类繁多的加氢裂化工艺过程，但就总体而言，加氢裂化工艺过程的核心流程可分为两大类、三种加氢裂化工艺过程，即单段加氢裂化工艺过程、单段串联加氢裂化工艺过程和两段加氢裂化工艺过程。

(一) 单段加氢裂化工艺过程

1. 单段加氢裂化工艺(Single-stage Hydrocracking)流程简介

近代加氢裂化的发展，一开始就是基于借鉴较早工业化的加氢精制的装置结构，使用带有裂化性质的催化剂，以此实现油品轻质化的过程。这种装置结构就是以单个固定床反应器为核心，再配以进料、换热、加热炉、气液分离及产品分离系统而构成，其原则流程如图 4-1-3 所示。新鲜原料经与循环氢混合，从反应器顶部进入反应器，气液进料通过催化剂床层进行反应，反应生成物流出经换热后再进行冷却，然后进入高压分离器，被分离的氢气再用循环压缩机送回反应系统。生成油则进入低压分离器，分离后的气体产品送入气体处理装置，液体产物则进入分馏系统切割为各种产品。塔底未转化油既可以循环回原料油缓冲罐与新鲜进料混合进入反应器继续转化，以使所有原料全部转化至低于进料初馏点的轻质产

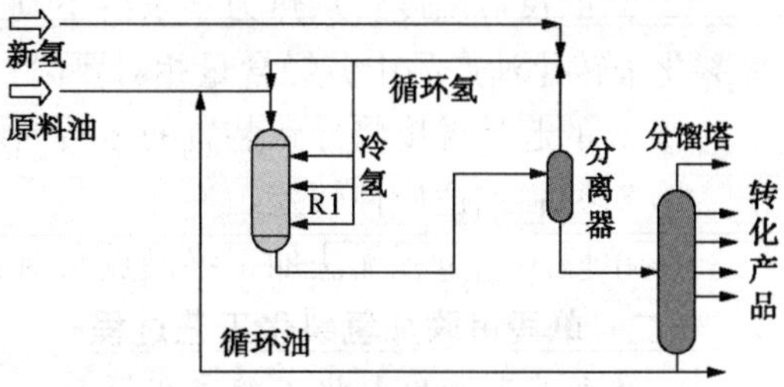

图 4-1-3　单段加氢裂化原则工艺流程

品，这种操作方式称为全循环操作；塔底未转化油也可以一部分作为产品出装置，另一部分循环回原料油缓冲罐与新鲜进料混合进入反应器继续转化，这种操作方式称为部分循环操作；第三种流程则是新鲜进料经反应转化到一定深度(一般转化率为40%~80%)，经反应后的未转化油不再返回反应系统，而是将其作为产品(如低硫燃料油、蒸汽裂解乙烯原料、催化裂化原料或生产润滑油基础油原料等)出装置，这种工艺过程称为一次通过操作。

单段加氢裂化工艺过程的主要特征是最少可以用一种催化剂、在一台反应器内同时完成原料油的加氢脱硫、脱氮、芳烃烯烃加氢、饱和及裂化反应。有的处理量很大的装置，由于反应器的制造与运输等原因，可能使用2台或2台以上反应器并列操作，但其基本原理不变。

因为加氢裂化过程是较强的放热反应，所以反应器内部设有多个催化剂床层，并在床层间通入冷氢以控制反应温度。

单段加氢裂化是现代加氢裂化开发的第一个加氢裂化工艺技术，1959年Chevron公司在美国里奇蒙炼厂建设的世界上第一套现代加氢裂化装置和1966年我国自行设计、建设的第一套加氢裂化装置——大庆石化400kt/a加氢裂化装置就是采用单段工艺流程。

2. 单段加氢裂化工艺过程技术特点

单段加氢裂化工艺过程最初是用以制取石脑油，但随着新催化剂的开发及工艺进展，证明它不是一个理想的工艺过程。最大量生产汽油馏分应当使用高活性的分子筛裂化催化剂，但与之相适应的是两段工艺或单段串联工艺过程。

因此，单段加氢裂化工艺过程最适合用于最大量地生产中间馏分油的产品目标，与单段工艺相匹配的催化剂则是加氢性能较强而裂化性能较弱，特别是二次裂解性能较弱的无定形硅铝催化剂。这种催化剂既有相当高的中油选择性，又由于加氢活性高及无定形载体的特性而具有较高的耐氮及氨的能力，这就不需要有加氢预处理段先将原料氮化物脱除的必要性。

大量的工业实践及科学研究证明：

① 单段加氢裂化工艺比较适合用于最大量制取中间馏分油。

② 流程简单而且容易操作。

③ 与两段法及串联工艺相比较，投资相对要低，特别是单个反应器的制造体积和重量不受限制时更是如此。

但是单段加氢裂化工艺过程也存在一些不足：

① 尽管单段过程对进料中氮的承受能力较强，但进料中氮的增加同样会抑制催化剂上的酸性中心，降低裂解活性，它需要通过提温进行补偿，因此单段工艺过程的起始反应温度比其他工艺过程的裂化段反应温度要高。

② 高的反应温度，从热力学来讲不利于芳烃的加氢反应，从而使喷气燃料、柴油和加氢裂化未转化油产品中芳烃含量相对要高，产品质量相对较差。

③ 高的起始温度将导致装置的运转周期较短。

④ 对原料油适应性较差。

⑤ 单段工艺过程无法加工终馏点及氮含量过高的VGO原料。

(二) 单段串联加氢裂化工艺过程

1. 单段串联加氢裂化工艺流程简介

单段串联加氢裂化工艺(One Stage Serial Hydrocracking)过程，从工艺流程而言，它与单段加氢裂化工艺过程没有本质上的区别，但因使用不同性能的加氢裂化催化剂而导致化学反应过程及其控制方法有所差别，它又是传统单段工艺过程的发展和深化，从而显示了自身的特点。

单段(一段)串联加氢裂化原则工艺流程如图4-1-4所示，它最少需要使用两台反应器和分别装在两台反应器的两种主催化剂。第一台反应器(R1)装填使用加氢精制催化剂，用于脱除进料的硫、氮等杂质，烯烃加氢饱和，同时使部分芳烃被加氢饱和。精制反应器的反应物料不经任何冷却、分离而直接进入第二台反应器(R2)，物流中含有硫、氮化合物加氢后转化成的硫化氢和氨以及少量的轻烃。R2装填裂化催化剂，对经加氢精制的生成油进行加氢裂化反应。反应产物经高压分离器、低压分离器进入分馏系统，分馏出各种产品。未转化成所需轻质产品的重馏分油(加氢裂化尾油)可以再循环裂化，也可以采用尾油不循环的一次通过或一部分循环裂解、另一部分作为产品出装置(部分循环)方式操作。尾油可作优质的催化裂化或蒸汽裂解制取乙烯的原料，还可用以制取润滑油的基础料。

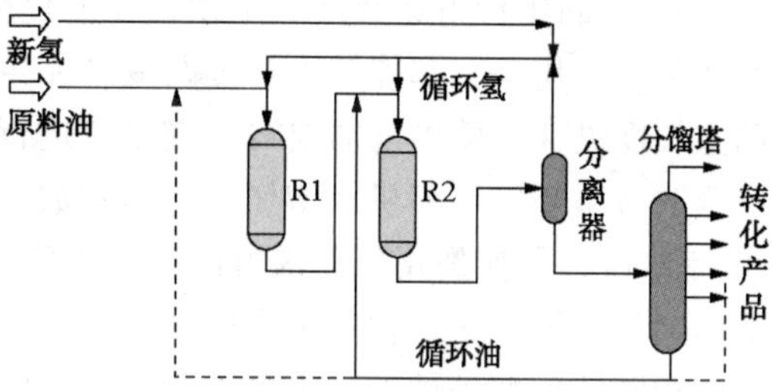

图4-1-4 单段(一段)串联加氢裂化原则工艺流程

R2所使用的是含沸石分子筛的裂化催化剂。这种催化剂与无定形裂化剂相比，具有更高的反应活性及稳定性，但进料中的有机氮化物对其活性有强烈的抑制作用，并能导致催化剂加速结焦而损失催化剂的活性和稳定性，因此这种工艺过程要控制R1出口精制油的氮含量(精制反应器出口需要设有取样器，用于取样分析、控制精制生成油氮含量。根据不同产品生产目的以及裂化催化剂类型，精制油氮含量一般控制在<10~40μg/g，以保证裂化剂充分发挥作用。这种裂化剂有良好的抗氨性能，故在两个反应器之间可以省去脱除氨及硫化氢的步骤。这一工艺过程首先由Union公司所创立，并在1964年实现工业化。之后文献中将这种工艺过程称为单段串联工艺过程。

对于加氢裂化装置的其他部分，如加热、换热、冷却、分离及分馏、氢气循环等，串联工艺与传统的单段过程则基本上无多大差别。

迄今为止，单段串联工艺过程在工业上应用最为广泛，它通过选择和搭配不同类型加氢裂化催化剂，可以实现不同产品结构的生产模式，如：最大量生产汽油(石脑油)；兼顾生产汽油(石脑油)/中间馏分油；最大量生产中间馏分油；兼顾生产汽油(石脑油)/中间馏分油/加氢裂化尾油。但无论哪种模式，在一定范围内还可以通过温度及分馏条件的调变，适度调整汽油和中间馏分油产品的比例。

2. 单段串联工艺过程的技术优点

1）产品质量好。是唯一可用重质、劣质原料直接生产优质喷气燃料的二次加工技术；因所用加氢裂化催化剂具有优先选择性裂化大分子多环环状烃、生成小分子单环环状烃的功能，故裂化所得石脑油芳潜高，是优质催化重整原料，加氢裂化尾油链烷烃含量高、*BMCI*值低、黏度指数高，是优质的蒸汽裂解制乙烯原料和生产高黏度指数润滑油基础油原料；生产的柴油无硫、低芳、高十六烷值，可满足最严苛的质量要求。

2）对原料油适应性强。因为不同性质原料首先进入装填高活性加氢精制催化剂的第一台反应器进行加氢脱硫、脱氮和烯烃、芳烃饱和，因此，不仅不同性质原料加氢反应产生的温升波动会在精制反应器内被消化掉，而且经加氢精制后，进入裂化反应器的精制油质量相对比较平稳，因此裂化反应器的操作也就比较平稳。

3）产品生产方案灵活。更换裂化催化剂，或改变产品切割馏程，或改变操作流程，或改变裂化转化率，都能较大幅度改变产品生产方案。当然，对于已有的装置，如果产品结构调整幅度过大，就可能需要对分馏系统进行必要改造，甚至还可能需要增加新氢压缩机、更换或改造循环氢压缩机、增加空冷器片数、更换冷热高分等。

① 通过更换裂化催化剂可以较大幅度改变产品生产方案：表4-1-6和表4-1-7分别为不同类型加氢裂化催化剂多产中间馏分油和多产化工原料时的产品分布对比。可以看出，在控制相同转化率条件下，高中油型催化剂的中间馏分油收率最高，石脑油收率最低。轻油型催化剂的收率最低，石脑油收率最高。

表4-1-6　不同类型催化剂多产中间馏分油产品分布对比　%(质)

项　目	高中油型	灵活型	轻油型
<82℃	6.52	8.24	9.12
82~132℃	14.11	17.46	21.05
132~282℃	42.18	37.45	34.87
282~370℃	16.14	15.12	13.02
>370℃	18.33	18.36	18.19
中间馏分油收率	58.32	52.57	47.89

表4-1-7　不同类型催化剂多产化工原料产品分布对比　%(质)

项　目	高中油型	灵活型	轻油型
<65℃	2.37	4.26	5.57
65~177℃	22.25	26.59	31.25
177~260℃	26.91	23.63	19.61
260~320℃	16.43	12.75	10.13
>320℃	30.25	30.31	30.17
化工原料收率	52.50	56.90	61.42

② 通过改变产品切割点可以较大幅度改变产品生产方案：表4-1-8是通过改变切割点后，加氢裂化尾油产率及主要性质变化情况。在控制相同重石脑油收率条件下，降低尾油切割点温度，加氢裂化尾油收率增加。

表4-1-8　调整尾油切割点改变其产率及质量变化情况

原料油	镇海混合油		
60~177重石脑油收率/%	33		
尾油馏分范围	>350℃	>320℃	>260℃
收率/%	22.44	27.20	37.14
密度(20℃)/(g/cm³)	0.8263	0.8262	0.8235
*BMCI*值	8.0	8.9	10.4
链烷烃/%	62.7	59.3	55.6

表 4-1-9 是通过改变切割点后，轻重石脑油和喷气燃料产率变化情况。

表 4-1-9　调整石脑油、喷气燃料切割点产率变化情况

原　料　油	伊朗 VGO	
>370℃单程转化率/%	~75.0	~75.0
轻石脑油		
收割点温度/℃	<82	<65
收率/%	5.01	2.27
重石脑油		
收割点温度/℃	82~132	65~177
收率/%	11.45	25.35
喷气燃料		
收割点温度/℃	132~282	177~260
收率/%	38.44	22.82
柴油		
收割点温度/℃	282~370	260~370
收率/%	18.78	23.25
未转化油		
收割点温度/℃	>370	>370
收率/%	25.00	25.00

③ 通过改变操作流程可以较大幅度改变产品生产方案：表 4-1-10 为同一催化剂采用不同操作流程的产品分布变化情况。

表 4-1-10　不同操作流程对产品分布影响

试验编号	Ⅰ	Ⅱ	Ⅲ
工艺流程	177℃+全循环	280℃+全循环	350℃+全循环
裂化段反应温度/℃	基准	基准-6	基准-8
单程转化率/%(体)	(177℃+)60	(280℃+)60	(350℃+)60
产品分布/%			
液化石油气	13.73	10.17	6.94
轻石脑油	24.52	16.00	11.95
重石脑油	64.29	45.00	42.73
喷气燃料	—	31.00	27.25
柴油	—	—	13.54
C_{5+}液收/%	88.81	92.00	95.47
化学氢耗量/%	基准	基准-11.87	基准-14.37

④ 通过改变裂化转化率可以较大幅度改变产品生产方案．表 4-1-11 为轻油型加氢裂化催化剂不同转化深度下产品分布和主要性质变化情况。

表 4-1-11　不同转化率下轻油型催化剂产品分布及主要性质

试验编号	T-1	T-2	T-3
裂化反应温度/℃	基准	基准+7	基准+12
产品分布及产品性质			
<65℃轻石脑油			
收率/%	2.8	4.3	7.3
65~177℃重石脑油			
收率/%	20.5	37.9	41.0
芳潜/%	60.7	58.3	53.8
177~260℃喷气燃料			
收率/%	22.8	24.1	24.4
烟点/mm	26	27	29
260~320℃柴油			
收率/%	12.6	11.1	9.9
十六烷指数	61.6	67.0	71.8
>320℃尾油			
收率/%	40.6	20.2	13.9
BMCI 值	9.9	6.9	5.2
链烷烃/%	57.3	69.4	77.3
C_{5+}液收/%	98.7	97.6	97.1
化学氢耗/%	2.47	2.62	2.74

表 4-1-12 为灵活型加氢裂化催化剂不同转化深度下产品分布和主要性质变化情况。

表 4-1-12　不同转化率下灵活型催化剂产品分布及主要性质

试验编号	T-4	T-5	T-6
裂化反应温度/℃	基准	基准+8	基准+15
产品分布及产品性质			
<65℃轻石脑油			
收率/%	1.5	3.0	4.0
65~177℃重石脑油			
收率/%	23.4	31.0	39.6
芳潜/%	61.7	58.1	55.3
177~260℃喷气燃料			
收率/%	20.5	24.7	26.2
烟点/mm	27.0	30.0	30.2
260~320℃柴油			
收率/%	12.5	12.0	10.8
十六烷指数	64.5	71.0	74.6
>320℃尾油			
收率/%	40.1	26.7	15.5

续表

试验编号	T-4	T-5	T-6
BMCI 值	8.7	6.0	5.1
链烷烃/%	62.4	72.9	78.7
C_{5+}液收/%	98.0	97.4	96.1
化学氢耗/%	2.37	2.60	2.78

表 4-1-13 为中油型加氢裂化催化剂不同转化深度下产品分布和主要性质变化情况。

表 4-1-13 不同转化率下中油型催化剂产品分布及主要性质

试验编号	T-7	T-8	T-9
裂化反应温度/℃	基准	基准+4	基准+9
产品分布及产品性质			
<82℃轻石脑油			
收率/%	3.53	5.01	6.72
82~132℃重石脑油			
收率/%	8.51	11.45	14.11
芳潜/%	62.0	61.4	58.5
132~282℃喷气燃料			
收率/%	32.90	38.44	42.87
烟点/mm	26	26	27
282~370℃柴油			
收率/%	18.55	18.78	16.24
十六烷指数	72.2	73.8	79.3
>370℃尾油			
收率/%	35.37	25.00	17.50
BMCI 值	12.1	10.6	8.8
C_{5+}液收/%	98.89	98.68	97.44

4）催化剂运行周期长。加氢裂化裂化催化剂的裂化活性来自其酸性中心的数量和强度，酸性中心对原料油中的有机氮化物，特别是碱性氮化物具有很强的吸附能力，对芳烃和烯烃等不饱和烃类也同样具有很强的吸附能力，而有机氮化物和芳烃、烯烃等是导致酸性中心积炭、结焦，最终表现为催化剂失活的前驱物。由于一段串联工艺流程的预精制反应器装填的加氢精制催化剂，可以对进料中的氮化物、芳烃和烯烃进行加氢脱除或饱和，使进入裂化反应器物料中的结焦前驱物显著减少，从而有效保护裂化催化剂，延长运行周期。这也是一段串联工艺流程精制反应器要设置采样口，并要求定期采样分析并要求控制精制油氮含量的根本原因。

5）非常适合用于多产化工原料，特别是可以同时生产高芳潜重石脑油作为催化重整原料和优质加氢裂化尾油作为蒸汽裂解制乙烯原料。单段串联加氢裂化催化剂基本都是采用改性 Y 型分子筛作为裂化的活性组分，由于 Y 型分子筛具有优先选择性裂化原料油中的多环环状烃，生产小分子单环环状烃并富集在石脑油中，同时将大分子链状烃富集在未转化油（加氢裂化尾油）中，表 4-1-11~表 4-1-13 列出了不同类型加氢裂化催化剂以及同一催化剂不同转换率条件下重石脑油芳潜和加氢裂化尾油链状烃含量的变化情况。从表中可以看出，不管是轻油型催化剂、灵活型催化剂还是中油型催化剂，都具有加氢裂化所得重石脑油芳潜高、加氢裂化尾油链烷烃高的特点。

由于测定加氢裂化尾油链烷烃含量一般采用质谱方法，耗时较长，为此，人们提出了一种判定加氢裂化尾油质量的简易方法——芳烃指数(*BMCI* 值)，它与油品密度呈正比，与油品馏程成反比。*BMCI* 值计算公式如下：

$$BMCI=473.7\times d_{15.6}^{15.6}-456.8+\frac{48640}{T}$$

$$T=273+(t_{10\%}+t_{30\%}+t_{50\%}+t_{70\%}+t_{90\%})/5$$

式中　T——石油馏分的体积平均沸点，K；

　　t——油品恩氏分馏(D86 或 D1160)馏程的馏出温度,℃。

对于相同馏分范围的油品，*BMCI* 值越低，说明链烷烃含量越高、芳烃含量越低，作为生产乙烯原料的质量也越好，乙烯及三烯产率越高。表 4-1-14 为不同 *BMCI* 值加氢裂化尾油蒸汽裂解乙烯及三烯收率中试结果，图 4-1-5 为加氢裂化尾油 *BMCI* 值与乙烯及三烯的收率关系。

表 4-1-14　单段串联加氢裂化>360℃尾油蒸汽裂解中试结果

原料油	伊轻 VGO	沙轻 VGO	沙中 VGO	科威特 VGO
加氢裂化尾油				
>360℃转化率/%	~70	~70	~70	~60
BMCI 值	9.8	11.4	11.4	13.8
蒸汽裂解条件				
炉出口温度/℃	800	800	800	800
主要裂解产品收率/%				
乙烯	27.05	26.74	26.60	25.52
三烯	49.07	48.0	48.31	47.15

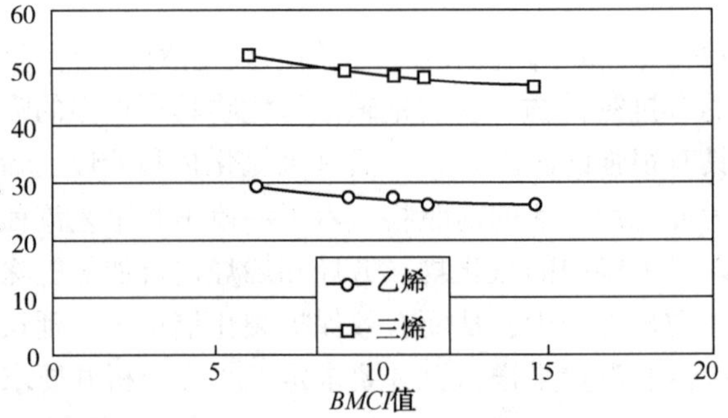

图 4-1-5　加氢裂化尾油 *BMCI* 值与乙烯及三烯产率关系

但对于不同馏分范围的油品，乙烯产率、三烯产率及裂解炉清焦周期与 *BMCI* 值就不一定有很好的对应关系。表 4-1-15 和表 4-1-16 为不同原料蒸汽裂解乙烯及三烯产率的中试和工业结果。从表中可以看出，不管是石脑油还是柴油，不管是经过加氢处理的 VGO 还是未经过加氢处理的 VGO，也不管是加氢裂化喷气燃料组分还是加氢裂化未转化油，甚至是加氢裂化全馏分，都可以作为蒸汽裂解生产乙烯及三烯的原料，只是不同原料其乙烯及三烯产率不同，当然，乙烯裂解炉的清焦周期也不同(在此不做进一步讨论)。因此，*BMCI* 值不是判定尾油质量合格与否的指标，而只是衡量尾油质量相对优劣的指标。

表 4-1-15　不同原料蒸汽裂解中试结果

试验原料	胜利 VGO	HT-VGO	HC-喷气燃料	MHC 全馏分	MHV 尾油	燕山 AGO
原料性质						
馏程范围/℃	295~525	205~495	177~260		>350	195~430
BMCI 值	28.6	20.8	24.8		10.5	20.7
链烷烃/%	43.0	43.6	57.1		57.5	86.8
环烷烃/%	32.3	36.0	35.5		32.3	
芳烃/%	20.3	19.9	7.4		10.1	13.2
蒸汽裂解条件						
炉出口温度/℃	780	760	800	800	780	800
停留时间/s	0.398	0.499	0.386	0.388	0.46	0.39
三烯收率/%						
乙烯	20.43	21.10	19.59	22.44	25.86	25.25
丙烯	14.70	15.44	14.51	15.11	16.60	14.06
丁二烯	4.87	5.15	4.29	5.27	6.17	5.38
三烯	40.00	41.69	38.39	42.82	48.63	44.69

表 4-1-16　不同原料蒸汽裂解工业结果

试验原料	石脑油	AGO	胜利 VGO	MHC 尾油	HC 尾油
原料性质					
BMCI 值			31.6	14.0	12.8
链烷烃/%			43.6	61.7	98.1
环烷烃/%			32.1	31.1	
芳烃/%			24.3	7.2	1.9
蒸汽裂解条件					
炉出口温度/℃	840	800	800	840	840
停留时间/s	0.39	0.38	0.39	0.38	0.38
三烯收率/%					
乙烯	23.60	23.72	20.49	28.21	30.31
丙烯	12.54	16.09	13.96	14.94	16.13
丁二烯	5.42	5.20	4.80	5.81	6.39
三烯	41.56	45.01	39.25	48.96	52.83

BMCI 值的计算公式是针对蜡油馏分的，因此，密度要采用润滑油密度换算表，馏程分析要采用 D1160。柴油馏分虽可借用，但其计算结果偏大。表 4-1-17 为加氢裂化柴油和加氢裂化尾油链烷烃含量与 *BMCI* 值的关系。从表中可以看出，>165℃柴油馏分链烷烃含量为 57.5%，*BMCI* 值为 14.7，而>320℃尾油的链烷烃含量虽然只比柴油高 1.8 个单位，为

59.3，但*BMCI*值却降低5.8个单位，为8.9；另一组数据中，虽然>240℃柴油馏分链烷烃比>320℃尾油的链烷烃含量高4.7个单位，但*BMCI*值却反而低3.1个单位。因此，对于柴油馏分，不能仅根据*BMCI*值的高低来判定其是否是好的蒸汽裂解制乙烯原料，还要通过链烷烃的含量来确定。

表4-1-17　加氢裂化柴油、尾油链烷烃与*BMCI*值关系

项　　目	>165℃柴油	>320℃尾油	>240℃柴油	>320℃尾油
密度(20℃)/(g/cm^3)	0.7924	0.8262	0.7974	0.8216
馏程范围/℃	170~320	330~506	250~327	330~477
*BMCI*值	14.7	8.9	10.9	7.8
链烷烃	57.5	59.3	73.8	69.1

加氢裂化产品切割范围不同，其链烷烃含量和*BMCI*值也不同。表4-1-18为相同原料、相同操作条件下，不同切割方案加氢裂化柴油的烷烃含量和*BMCI*值变化情况。表4-1-19也是相同原料(与表4-1-18所用原料不同)、相同操作条件下，不同切割方案加氢裂化尾油的烷烃含量和*BMCI*值变化情况。可以看出，不管是加氢裂化柴油馏分还是加氢裂化尾油，馏分切得越重，其链烷烃含量越高，*BMCI*值越低，但产物的收率也显著减少。

表4-1-18　不同初馏点柴油收率及主要产品性质

项　　目	>165℃柴油	>240℃柴油	>270℃柴油
密度(20℃)/(g/cm^3)	0.7924	0.7974	0.8001
收率/%	45.35	24.57	11.69
馏程范围/℃	170~322	250~327	277~335
*BMCI*值	14.7	10.9	9.0
烃类组成/%			
链烷烃	57.5	73.8	74.0
环烷烃	34.5	23.6	24.6
芳烃	8.0	2.6	1.4

表4-1-19　不同初馏点加氢裂化尾油收率及主要产品性质

项　　目	>260℃尾油	>320℃尾油	>350℃尾油
收率/%	37.14	27.20	22.44
密度(20℃)/(g/cm^3)	0.8235	0.8262	0.8263
馏程范围/℃	268~505	329~506	350~507
*BMCI*值	10.4	8.9	8.0
链烷烃	55.6	59.3	62.7

图4-1-6为加氢裂化尾油的割点与*BMCI*值关系图，可以看出，随着加氢裂化尾油切割点温度上升，其*BMCI*值降低，但当切割温度高于350℃时再提高切割温度*BMCI*值基本没有变化。

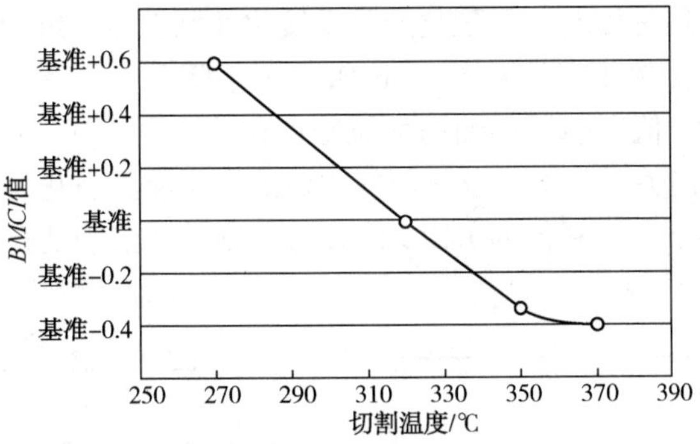

图 4-1-6 加氢裂化尾油切割点与 *BMCI* 值关系

加氢裂化转化率对未转化油的链烷烃含量和 *BMCI* 值有显著影响：提高裂化转化率，未转化油链烷烃含量提高、*BMCI* 值降低。表 4-1-20 为伊朗 VGO(馏分范围 308～535℃)在反应压力 15.7MPa 条件下，>320℃尾油馏分 *MBCI* 值和链烷烃含量随裂化转化率变化情况；图 4-1-7 为沙特 VGO(馏分范围 319～531℃)在反应压力 15.7MPa 条件下，裂化转化率与>350℃尾油馏分 *MBCI* 值的关系。

表 4-1-20 不同转化率加氢裂化尾油产品性质

项　目	>320℃尾油	>320℃尾油	>320℃尾油
收率/%	27.20	17.55	11.16
密度(20℃)/(g/cm^3)	0.8262	0.8226	0.8216
馏程范围/℃	329～506	329～485	331～477
BMCI 值	8.9	8.1	7.8
链烷烃	59.3	63.8	69.1

加氢裂化反应压力对未转化油的 *BMCI* 值有显著影响：提高反应压力，未转化油 *BMCI* 值降低。图 4-1-8 为沙特 VGO(馏分范围 319～531℃)，控制裂化转化率为 70%条件下，反应压力与>350℃尾油馏分 *MBCI* 值的关系。

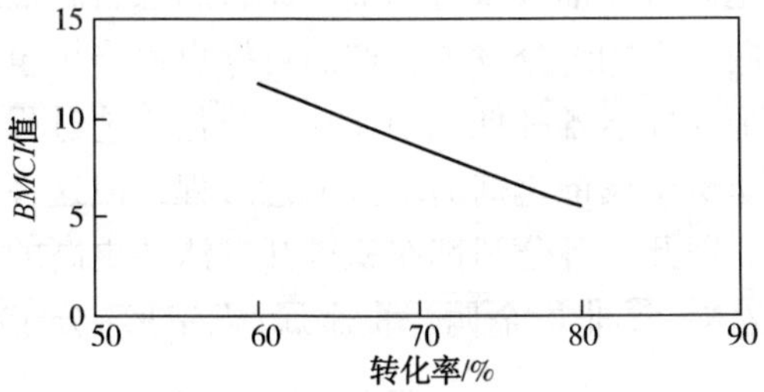

图 4-1-7 加氢裂化转化率与>350℃尾油 *BMCI* 值关系

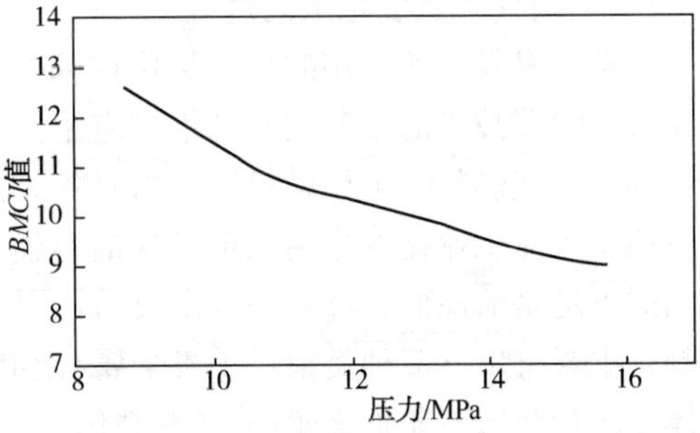

图 4-1-8 加氢裂化反应压力与>350℃尾油 *BMCI* 值关系

改变加氢精制反应深度，同样也能改变未转化油的质量。这是因为提高加氢反应深度，意味着精制生成油中芳烃含量降低，因此，裂化尾油的芳烃含量减少，*BMCI* 值相应降低，虽然其效果不如改变裂化深度或提高反应压力明显。如图 4-1-9 所示是在固定催化剂和裂化段反应条件，精制反应深度与加氢裂化产品未转化油制性能的影响。由图可见，精制段反应温度提高，相应地加氢裂化产品未转化油 *BMCI* 值下降。

加氢裂化尾油 *BMCI* 值还与原料油的性质密切相关。图 4-1-10 加氢裂化原料 *BMCI* 值与加氢裂化尾油 *BMCI* 值关系。加氢裂化原料 *BMCI* 值与加氢裂化尾油 *BMCI* 值呈正对应关系，即在相同反应条件下，原料油的 *BMCI* 值降低，则其加氢裂化尾油的 *BMCI* 值也相应降低，反之亦然。

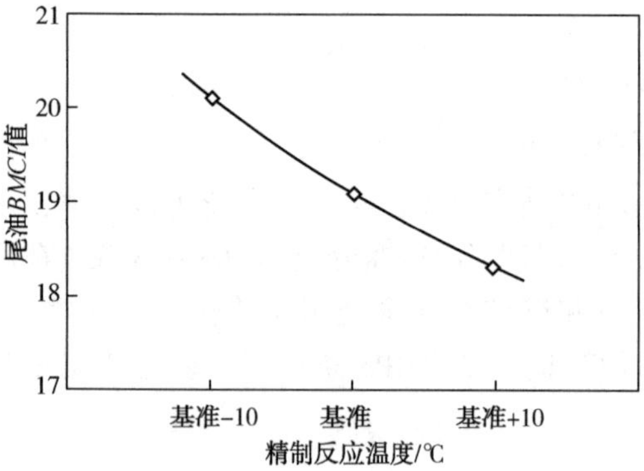

图 4-1-9　精制反应深度对加氢裂化未转化油 *BMCI* 值的影响

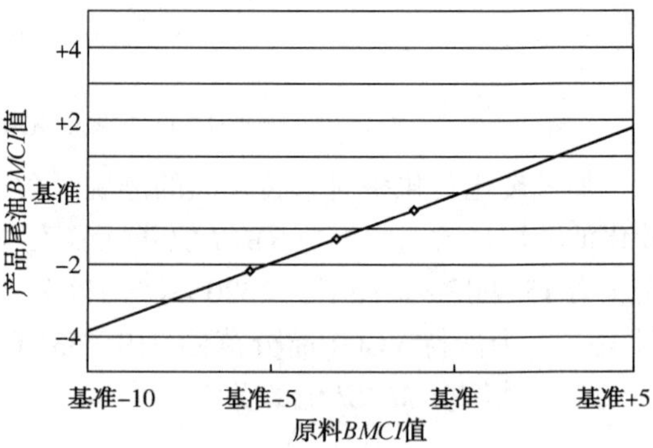

图 4-1-10　加氢裂化原料 *BMCI* 值与加氢裂化尾油 *BMCI* 值关系

我国既是芳烃、烯烃消费大国，又是芳烃、烯烃生产大国，我国还是石油进口大国，油源杂、性质差异大，此外，我国的石油产品需求市场变化大，单段串联加氢裂化技术的上述优点尤其适合我国国情，因此，我国加氢裂化绝大多数采用单段串联加氢裂化工艺过程。

但是单段串联加氢裂化技术也存在一些不足：一是相对于单段加氢裂化技术，总体积空速相对较小、装置建设投资和操作费用相对较高；二是由于受到所用催化剂(分子筛含量较高的加氢裂化催化剂)性能的制约，加氢裂化所得中间馏分油(喷气燃料和柴油)收率一般只能达到 65%~75%左右，而且装置生产初、末期目的产品选择性变化较大。

(三) 两段加氢裂化工艺过程

早期开发及工业应用的加氢裂化技术，主要是以轻柴油或重石脑油为原料制取石脑油或液化气。随着技术的不断创新和推广应用，原料向更重的组分发展，产品目标也逐步扩至制取煤油、喷气燃料及炉用燃料等。当时各大公司都在探索各种催化剂在加氢裂化工艺过程中的应用，首先工业化的是用无定形硅铝为载体的非贵金属催化剂的单段工艺过程，但这种催化剂的不足是活性低、反应温度高及运转周期短。因此，各公司都在积极开发活性更高的催化剂，主要有以下三种类型：①贵金属/无定形载体；②非贵金属、贵金属/无定形-分子筛载体；③贵金属、非贵金属/分子筛载体。

第一种类型尽管使用贵金属后加氢活性增强，但因载体酸性弱，裂化活性不高，且催化剂对进料中的有害毒物过于敏感，未能在工业上大量应用。目前应用较多的是以分子筛为载体的贵金属或非贵金属催化剂。不仅是贵金属本身，20 世纪 60 年代前开发的分子筛，对进料中有害杂质如硫、氮十分敏感，即使进料中的硫、氮转化为硫化氢及氨仍对其活性、选择性及稳定性都有很大影响。因此，凡是这类催化剂用于生产石脑油或兼顾生产喷气燃料的加氢裂化工艺过程，都毫无例外地使用两段工艺过程，即必须设置一个精制段，将有害物质尽量脱除，并在进入裂化段前将物料中所含硫化氢及氨分离出去。

20世纪60年代后期，联合油公司通过对沸石分子筛进行改性制备的非贵金属加氢裂化催化剂，不仅不怕氨和硫化氢，而且对原料油中的氮、硫也具有一定的耐受性。因为此类催化剂不怕氨和硫化氢，所以可以实现单段串联工艺过程。此外，催化剂还具有很好的活性和稳定性：反应温度较低，催化剂运转周期长，一次平均寿命都在2年以上(目前催化剂的使用寿命已可以达到3~4年)。

根据加氢裂化催化剂耐氨、耐氮中毒能力的不同，两段加氢裂化技术也分为两种工艺流程，即独立设置循环氢系统和共用循环氢系统两种工艺流程。

1. 独立设置循环氢系统的两段加氢裂化工艺

独立设置循环氢系统的两段加氢裂化工艺流程如图4-1-11所示。一段反应器主要装填加氢处理催化剂，除对原料油中的烯烃、芳烃进行加氢饱和外，还将脱除原料油中绝大部分的硫、氮和氧等有机化合物，反应产物进入一段高压分离器进行气液分离，高分顶部的富氢气体经循环压缩机循环回一段反应系统，高分底部出来的液体经减压后进入汽提塔，进一步将反应生成并溶解在生成油中的 H_2S 和 NH_3 汽提掉。经加氢处理并汽提后，基本不含机硫、氮、氧和 H_2S、NH_3 的一段生成油，进入装有加氢活性极高，但对原料中所含有机硫、氮、氧和溶解的 H_2S、NH_3 非常敏感的催化剂的二段反应器中进行加氢(裂化)，反应产物进入二段高压分离器进行气液分离，高分顶部的富氢气体经循环压缩机循环回二段反应系统，高分底部出来的液体经减压后，进入产品分馏系统。

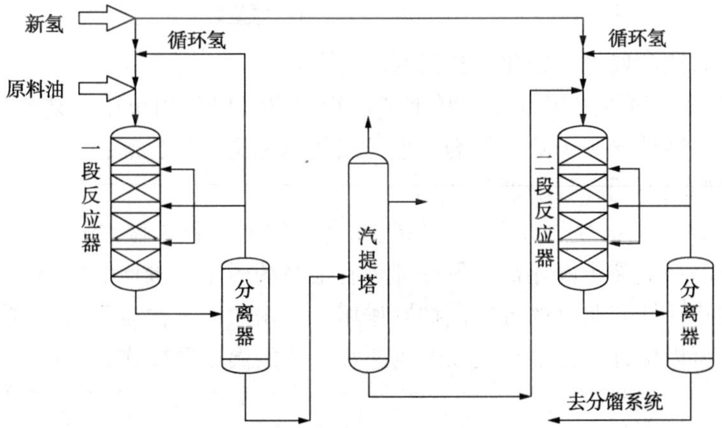

图4-1-11 独立设置循环氢系统的两段加氢裂化工艺流程

由于独立设置循环氢系统的两段加氢裂化工艺流程复杂、投资大、操作费用高，故目前主要用于对反应氛围中的硫、硫化氢、氮和氨极为敏感的催化剂如贵金属催化剂、还原态非贵金属催化剂等，生产一些特殊产品如超低硫低芳烃柴油、低芳溶剂油和润滑油基础油等。

2. 共用循环氢系统的两段加氢裂化工艺

共用循环氢系统的两段加氢裂化工艺流程如图4-1-12所示。一段反应器可以是只装填加氢处理催化剂，或同时装填加氢处理催化剂和加氢裂化催化剂。反应器可以是一台，也可以是分别装填精制催化剂和裂化催化剂的两台或两台以上串联反应器。一段反应器除对原料油中的烯烃、芳烃进行加氢饱和以及脱除原料油中绝大部分的硫、氮和氧等有机化合物外，还将对进料进行加氢裂化反应。一段反应产物进入一段高压分离器进行气液分离，高分底部出来的液体经减压后，进入产品分馏塔分离出加氢裂化产品。分馏塔底的加氢裂化未转化油(根据企业的产品需要，也可用分馏塔侧线的产物如喷气燃料或柴油或喷气燃料+柴油作为原料)进入装有加氢裂化催化剂的二段反应器中进行加氢裂化，反应产物进入二段高压分离器(一段和二段也可共用一个高分)进行气液分离，高分顶部的富氢气体与一段高分顶部的富氢气体混合后，经循环压缩机循环回一、二段反应系统。高分底部出来的液体经减压后，与一段反应生成油混合进入同一个产品分馏系统。

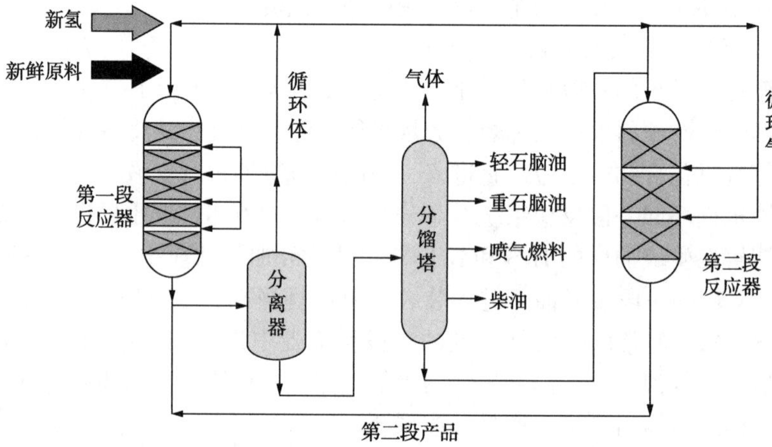

图 4-1-12　共用循环氢系统的两段加氢裂化工艺流程

共用循环氢系统两段加氢裂化工艺过程的特点：

① 一段反应器既可以采用一段串联工艺流程，也可以采用单段工艺流程，一段和二段裂化反应器既可以装填含分子筛催化剂，也可以装填无定形催化剂；既可以装填相同牌号的催化剂，也可以装填不同牌号的催化剂。

② 具有对原料油适应性强、目的产品收率高、质量好和体积空速大等优点。不管是无定形还是含沸石的加氢裂化催化剂，虽然都具有很好的耐氨中毒性能，但反应气氛中的氨仍然对催化剂的裂化活性有明显的可逆性抑制作用；采用两段工艺流程时，进入第二段的循环氢几乎不含氨，可以保证催化剂在较高的空速和较低的温度下操作，同时还可提高裂化产品质量。

③ 产品生产方案灵活，通过更换第二段裂化催化剂，可很容易地实现由最大量生产中间馏分油的生产方案，变为最大量生产化工石脑油。不存在不同反应器之间反应温度及催化剂活性匹配等工程问题；通过改变二段进料组分，如将进料由尾油组分改为喷气燃料组分、柴油组分或煤柴油组分等，均可以较大幅度改变产品结构。

虽然共用循环氢系统的两段加氢裂化技术具有许多优点，但仍存在工艺流程较为复杂、装置投资和操作费用较高等不足，因此是否采用共用循环氢系统两段加氢裂化工艺，其决定因素不是所选用的催化剂类型，而是装置加工规模、大型设备制造能力、运输条件等。

上述介绍的两种加氢裂化工艺过程，可分类归纳为图 4-1-13，从图中可以清楚看出各种工艺过程的特征及区别。

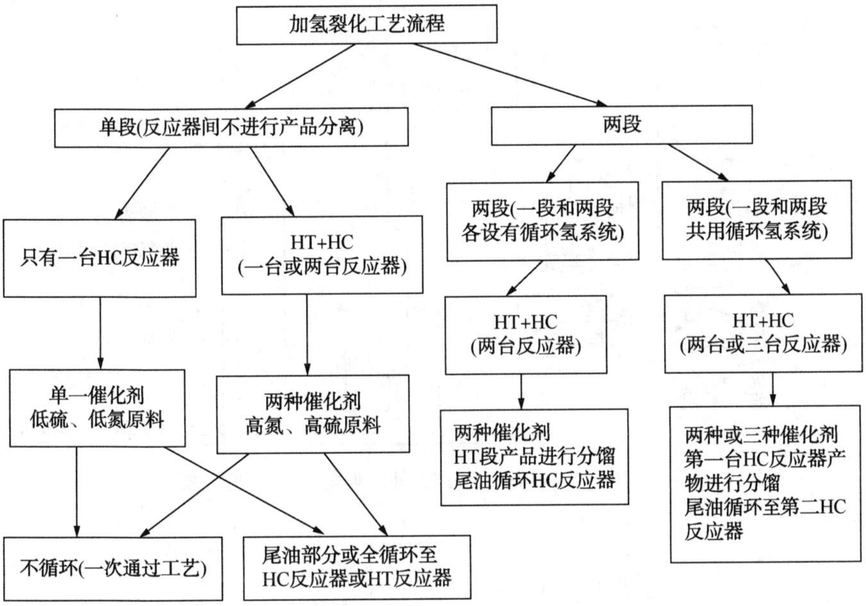

图 4-1-13　加氢裂化工艺过程分类

第二节　国外加氢裂化工艺技术及应用

一、多产化工原料加氢裂化工艺技术及应用

1. OPC 工艺

Chevron 公司推出多产化工原料加氢裂化工艺技术，用于转化 HVGO、LCO、HCGO 劣质料混合油。OPC 是 Chevron 公司推出的在生产催化原料的同时生产部分高品质的喷气燃料和柴油。OPC 加氢裂化工艺流程如图 4-2-1 所示。OPC 工艺的两台反应器均为带裂化性质的反应器，第一台反应器装填加氢精制和加氢裂化催化剂用于对新鲜进料的深度脱 S、脱 N、芳烃加氢及部分裂化；第二台反应器装填加氢裂化催化剂，根据需要可将一部分未转化油再进一步转化为轻组分(另一部分作为催化裂化原料直接进 FCC 装置)，也可同时将部分/或全部喷气燃料、柴油循环回二反裂化，进一步提高喷气燃料和柴油的质量，同时多产石脑油。OPC 技术实质是将两段循环加氢裂化工艺中第二段的“清洁化”优势，即提高催化剂加氢活性和选择性应用到部分转化加氢裂化装置中[1]。

2. OPC 工艺改造的 SSOT 装置

OPC 工艺除了用于新建装置，还可用于改造原有的单段装置或两段全循环装置：可对现有低操作苛刻度单段一次通过装置(SSOT)进行改造；可在原反应器的上游增加一台较小的反应器，使单段装置变为部分(或全部)循环的两段装置，新氢(补充氢)只进新增加的第二反应器。此工艺的优点是：通过限制(控制)第一段反应器的转化率，减少低质量产品的产生；在第二段反应器得到高收率和高质量的产品；可循环一种或几种产品，提高不同馏分的产品质量；可改变循环油的数量和/或第二反应器的操作条件与催化剂，改变生产 FCC 原料油的数量。改造的工艺流程如图 4-2-2 所示。

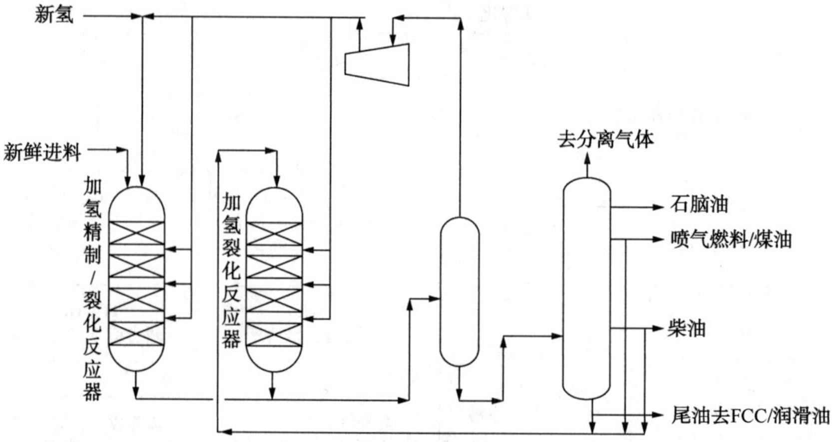

图 4-2-1　Chevron 公司的 OPC 加氢裂化工艺流程

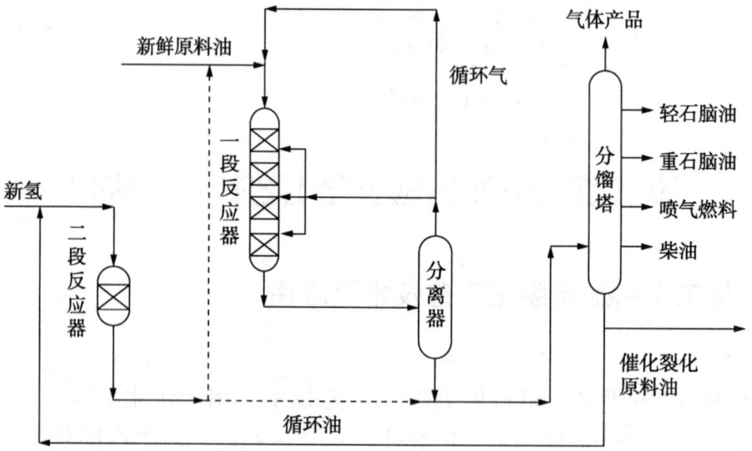

图 4-2-2　SSOT 装置采用 OPC 工艺改造的加氢裂化流程

二、灵活生产石脑油和中间馏分油加氢裂化工艺技术及应用

Chevron 公司的 ISOFLEX 技术以提供灵活有效的加氢裂化工艺为目的，具有如下优势：一是可以加工多种柴油和 VGO 馏程范围的进料，且每种进料都能在最佳的条件下进行处理；二是可获得最大的转化率和高的产品选择性，同时设备需求最少；三是通过减少轻馏分的产量以及在需要的时间和位置引入氢气，使得加工各种馏分时的氢耗降至最低。

图 4-2-3 给出了一种结合了 ISOFLEX 思路的缓和加氢裂化工艺流程图。这种改进的工艺保留了缓和加氢裂化的经济优势，并能够将 VGO、CGO、AGO 和 LCO 转化为优质 FCC 进料以及中间馏分油。在该工艺中，因减少燃料油生产而得到的过量瓦斯油能够与外来馏分油一起转化为高价值的中间馏分油。缓和加氢裂化反应器的流出物进入热高压分离器，经闪蒸得到可用作 FCC 原料的塔底油和塔顶气相产物。气相产物用氢气气提后，与 AGO、LCO 和循环的柴油/煤油一起送入加氢处理反应器，通过脱硫和芳烃饱和反应改质为高质量的中间馏分油。

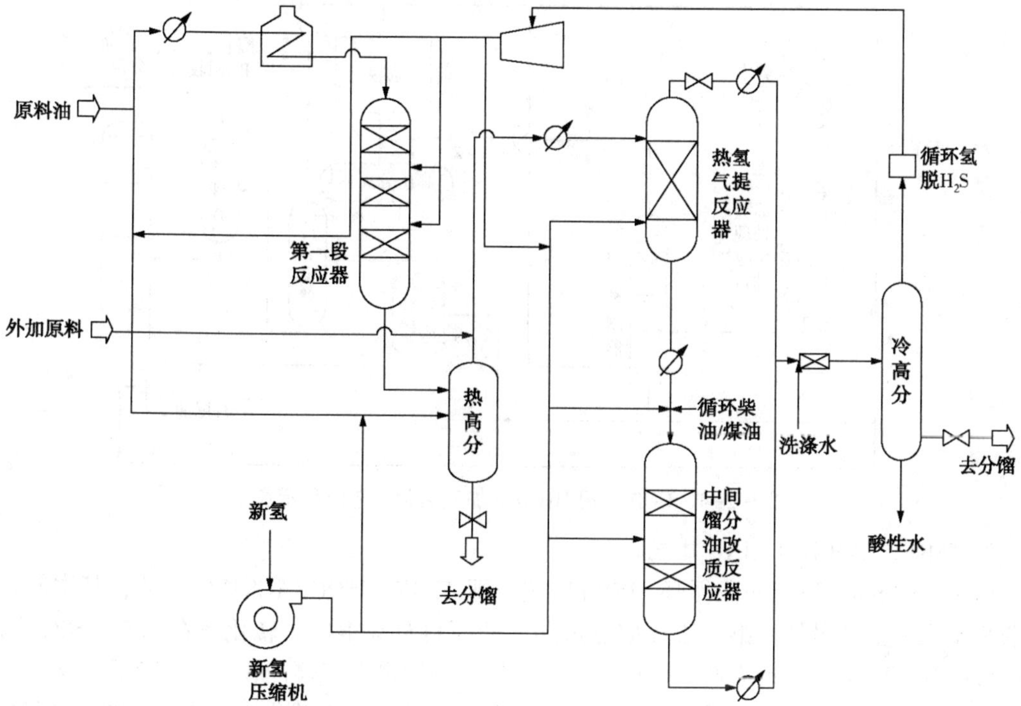

图 4-2-3 Chervon 公司的 ISOFLEX 缓和加氢裂化工艺流程

三、多产中间馏分油加氢裂化工艺技术及应用

1. HyCycle 工艺

为生产更多的中间馏分油，UOP 公司开发了 HyCycle 加氢裂化工艺，工艺流程如图 4-2-4 所示。HyCycle 工艺采用了倒置的反应器排列，即加氢裂化反应器(一反)放在前面，加氢处理反应器(二反)放在后面，新鲜进料进入二反顶部，上游反应器具有高的氢分压及高的气/油比，更有利于裂化反应发生。新鲜进料进入二反，可吸收一反出口热量，从而有效利用反应热；加氢精制和裂化生成油首先进入装有精制催化剂的分离器/精制器，分离器/精制器的闪蒸轻液通过精制催化剂，进一步提高产品质量，闪蒸重液依次进入高压分离器、低压分离器及产品分馏塔，分馏出各种产品，加氢裂化未转化油可以从分馏塔底部循环回一反入口，也可从分离器/精制器的底部直接循环回一反入口。因为 HyCycle 工艺加氢裂化未转化油可以从分离器/精制器底部直接循环回裂化反应器，物料的热能和压力能得到充分利用，操作能耗大幅降低，因此该工艺可以采用低单程转化率(20%~40%)、大循环比的操作模式，实现原料油完全转化(99.5%)的目的。

该工艺的主要特点是可降低氢耗和提高柴油产品的选择性。与其他完全转化多产中间馏分油的设计工艺相比，中间馏分油的体积产率可提高 5%，其中柴油产率提高 15%。因氢耗降低和工艺热能的高效利用可使总操作费用降低 15%。由于该工艺技术裂化所得轻组分在分离器上部再次进行加氢精制，产品质量进一步得到提高，因此 HyCycle 工艺的另一个重要特点是在得到相同的产品质量时，可以降低操作压力，与典型装置相比 HyCycle 压力可降低 25%[1]。

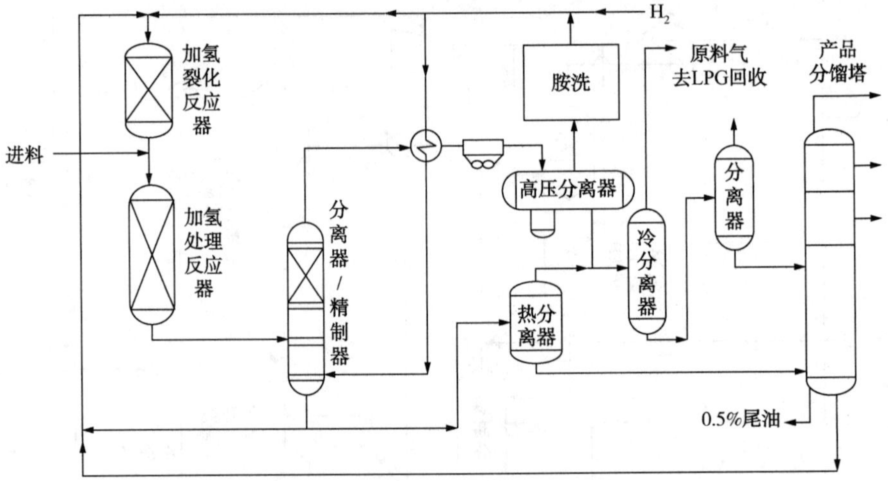

图 4-2-4　UOP 公司 HyCycle 加氢裂化工艺流程示意图

2. TSREC ISOCRACKING 工艺

Chevron 公司开发了两段循环(TSR)工艺，即 TSREC ISOCRACKING 工艺，其中间馏分油收率最高而氢耗最低。第一段反应器可加工的原料范围很广，转化率在 20%~50%之间，并脱除硫和氮。第一段反应产物依次进入分离器和分馏塔。气体产物从分馏塔顶除去，分馏塔底的未转化油进入第二段反应器。此段操作温度较低，单程转化率在 50%~80%之间。第二段产物循环回分馏塔。该工艺的流程见图 4-2-5。据该公司称，其已许可了 30 多套 TSREC ISOCRACKING 装置。

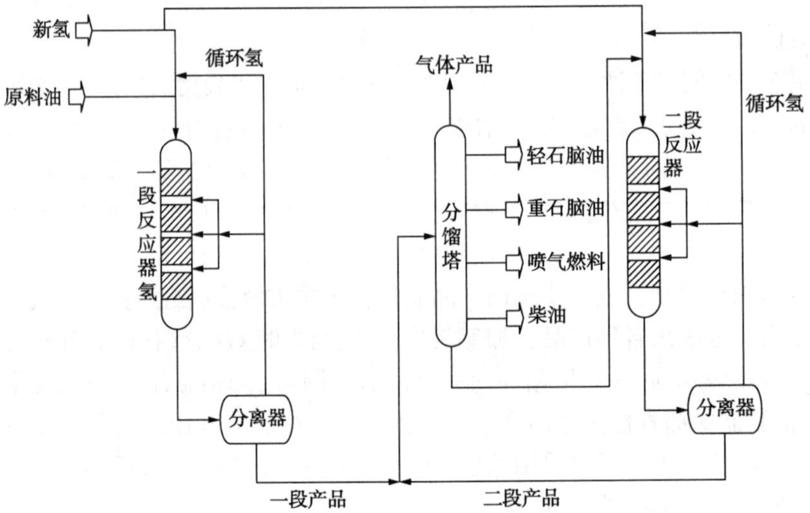

图 4-2-5　Chervon 公司的 TSR ISOCRACKING 工艺流程

3. SSRS 工艺

高转化率的 SSRS 技术是在两段循环(TSR)配置的基础上形成的，其核心目的是以一个反应器的流出物作为另一个反应器的吸热剂。通过将第二段反应器置于第一段反应器的上游，从而实现两个主要好处：①降低了急冷气体用量；②将来自于第二段的未反应氢气送入第一段，从而降低了循环气体用量。由于 SSRS 技术保留了 TSR 的本质，因此也就保留了

TSR 的优点——优质中间馏分油收率高、转化率高且成本低。SSRS 技术于 2006 年在中国大连西太平洋石化公司 1.5Mt/a 的加氢裂化装置上首次工业应用。该装置的进料是全馏分的中东 VGO，按最大量生产中间馏分油模式运转。第一段装填 CLG 的 ICR162 催化剂，第二段装填 ICR180 催化剂，结果表明，SSRS 装置能够生产优质中间馏分油产品。图 4-2-6 为大连西太平洋 1.5Mt/a SSRS 装置流程示意图。

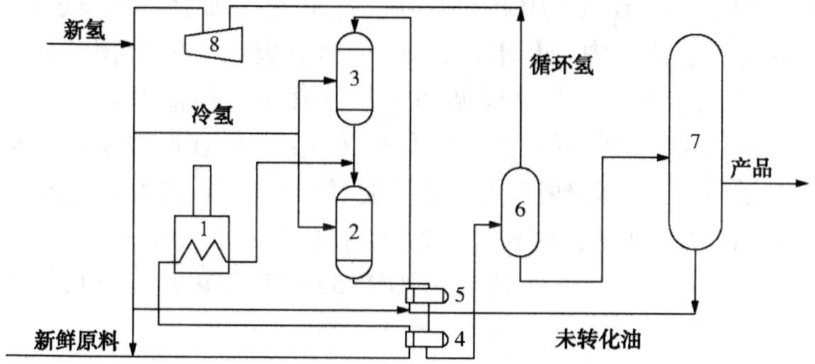

图 4-2-6　大连西太平洋 1.5Mt/a SSRS 装置流程示意图

1—加热炉；2—一级反应器；3—二级反应器；4—一反进料/反应流出物换热器；5—二反进料/反应流出物换热器；6—分离器；7—分馏塔；8—循环气压缩机

4. SFI 工艺

Chervon 公司开发了分段进料 SFI 工艺，该工艺是将 FCC 原料预处理与 FCC 产物后处理相结合的技术，即将 FCC 进料的预处理和 FCC 产物(LCO)的后处理过程在同一装置中完成，其工艺流程如图 4-2-7 所示。新鲜原料进入第一台加氢处理/加氢裂化反应器，需处理的柴油馏分和轻循环油与第一反应器产物混合进入第二台加氢处理反应器。由于加氢处理过程发生在加氢裂化催化剂床层的下游，因而可以避免目标产品馏分再度裂解。这种分别进料的方式反应温度可降低 16.7℃，<360℃ 馏分转化率从 70%提高到 79%，氢耗降低 53.4m^3/m^3，柴油产率从 63%提高到 72%。加氢裂化反应器流出物可以为加氢处理反应提供富氢气，同时也作为加氢处理过程产生热量的“热阱”，使加氢处理反应器所需急冷氢大为减少。另外，由于省去了另外建设柴油/轻循环油加氢处理装置所需的配套设备(换热器、分离器、压缩机等)，投资可节省 20%~40%[1]。

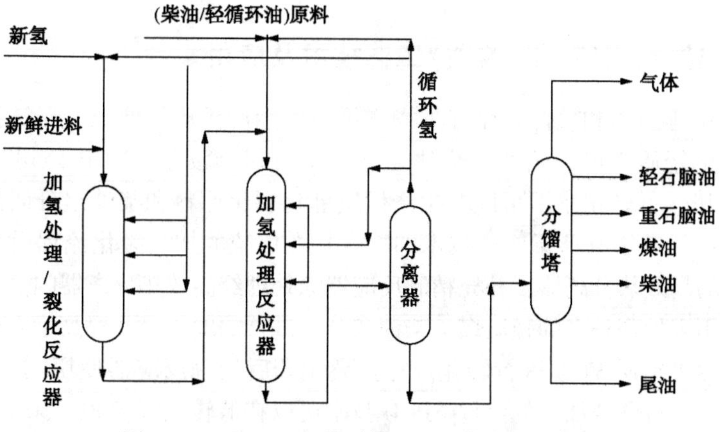

图 4-2-7　Chervon 公司的 SFI 工艺流程示意图

5. HyK-HCTM 工艺

Axens 公司的 HyK-HCTM 是一种高转化率的高压加氢裂化工艺，能够将多种原料油转化为优质柴油和煤油，以及高黏度指数润滑油基础油和蒸汽裂解料。进料包括各种来源的 VGO(DAO、糠醛抽出油、石蜡、LCO 和 HCO)，操作压力为 10~14MPa 或更高。该工艺包括单段一次通过、单段部分循环和两段加氢裂化三种工艺配置。在这三种工艺流程中，原料油均是先进入预处理段进行 HDM、HDS 和 HDN，之后送入加氢裂化段进行 HDA 和加氢裂化。在单段一次通过工艺流程中(见图 4-2-8)，加氢裂化段的产物经分馏得到中间馏分油和尾油，最大转化率为 90%。在单段循环工艺流程中，尾油循环回加氢裂化段，但需排出装置一小部分以防止多环芳烃积聚，转化率为 100%。在两段工艺流程中，大部分经改质的尾油也进行循环，只是此种情况下尾油循环至第二个加氢裂化段，其流出物进共用的分馏塔，转化率也是 100%，而且中间馏分油收率最高。Axens 公司为 HyK-HCTM 工艺提供的新型催化剂包括用于预处理段的 HRK558 和 HDK776，以及用于加氢裂化段的 HYK742[1]。

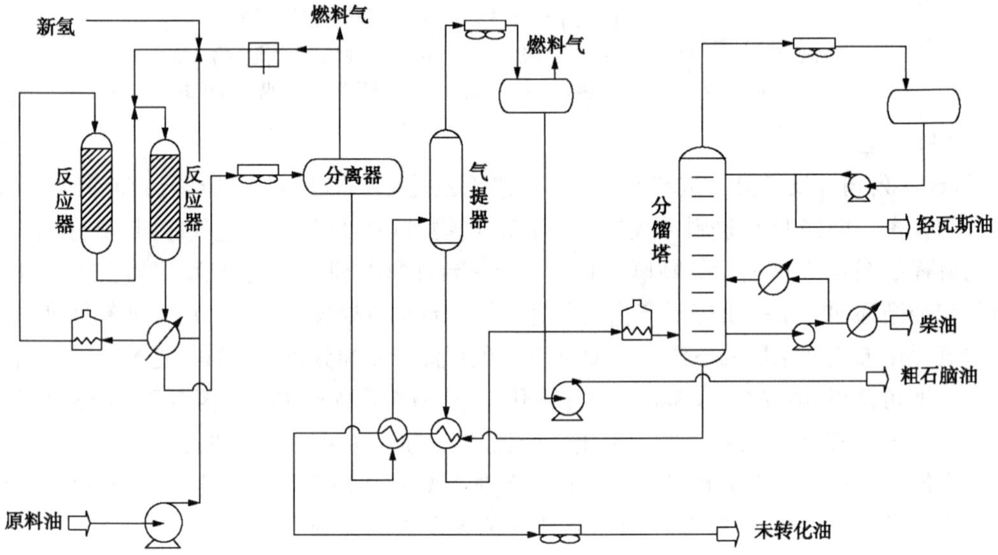

图 4-2-8 Axens 公司的多产中间馏分油加氢裂化工艺

四、中压加氢裂化(转化/改质)工艺技术及应用

加氢裂化在中等压力和较低转化率下操作虽然可生产优质的低硫、高氢含量的催化裂化原料，但其副产的轻质产物，尤其是柴油馏分的质量却仍较差。UOP 公司开发的 APCU 技术就是为了在中压、低转化率下可同时生产优质催化裂化原料和柴油组分而开发的工艺新技术，工艺流程图如图 4-2-9 所示。该技术的特点是在传统的加氢裂化流程后部增加一个带有补充精制反应器的高效热分离器，补充精制反应器除处理经高效热分离器闪蒸出来的加氢裂化轻组分外，还可用来处理外来的轻质煤、柴油馏分，进行深度脱硫及提高十六烷值。而加氢裂化反应器系统仍然进重质 VGO 进行转化。加氢裂化和后处理反应器使用同一氢气循环系统，以减少操作费用。通过联合加工的流程 APCU 技术可以在低转化率(20%~50%)和中等压力下，以比全转化装置低得多的投资，生产超低硫及高十六烷值柴油，在产品质量上实现了跨越[1]。

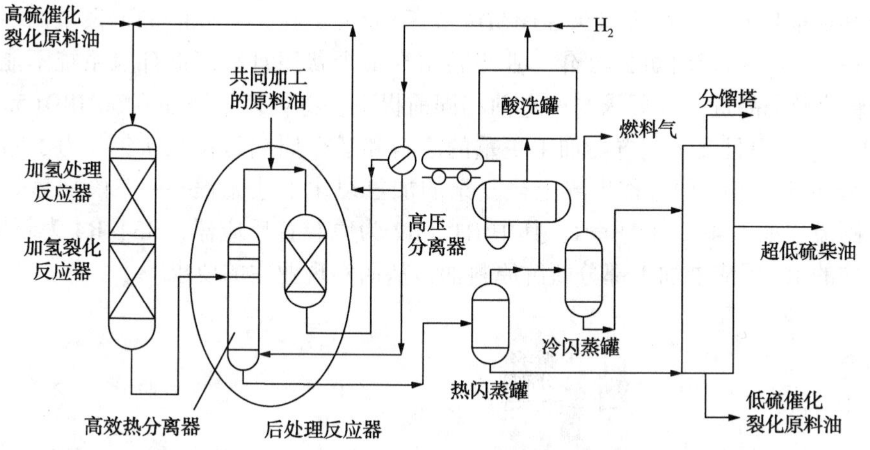

图 4-2-9 APCU 加氢裂化工艺流程示意图

五、加氢裂化工艺新技术

Axens 公司为其缓和加氢裂化工艺提供了先进过程控制(APC)软件包。该软件包采用了一个多变量控制器，能够从安装有在线优化仪和产品性质预测仪的反应器模型上获得数据。该系统可控制反应器床层入口温度、WABT、转化率、处理量以及产品分离效果。其优点有：提高处理量、降低补充氢用量、改善产品分离效果、延长催化剂寿命以及缩短停工时间。APC 尤其适用于原料油易波动的工况。

Axens 公司的 H-OilDC(其前身为 T-Star)是一种采用沸腾床反应器的加氢裂化工艺，能够将 SRGO、CGO 和 DAO 转化为低硫柴油，并为 FCC 提供原料。带有加氢处理反应器的 H-OilDC 工艺流程见图 4-2-10。该工艺原料适应性强、操作灵活，而且在线置换催化剂，因此是将 SRGO、CGO 和 DAO 转化为低硫柴油和 FCC 进料的理想工艺。催化剂的在线置换使得反应器在典型的 FCC 例行检修周期内可以连续运转，无需额外停工。

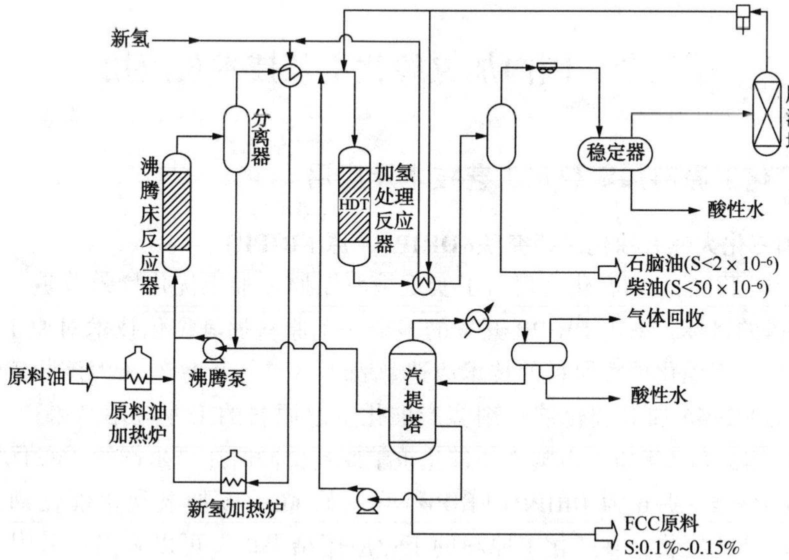

图 4-2-10 Axens 公司的 H-OilDC 工艺流程图

南亚某炼油厂有一套处理量为 30MBD(30 千桶/天，约为 1.5Mt/a)两段全循环加氢裂化装置，处理 VGO，运行周期 2~3 年。业主希望在最少费用且高压循环氢系统不能改造、装置仍为全转化及产品选择性要求与改造前相同前提下，将处理量增加到 50MBD(50 千桶/天，约为 2.5Mt/a)，而且要求装置能加工更重的原料和运行周期延长至 4 年。为了满足业主要求，CLG 公司开发了一种号称世界上最复杂的加氢裂化工艺流程——三段加氢裂化工艺流程。其原则流程如图 4-2-11 所示，其中 R1、R2 为原装置反应器，R3、R4 为新增反应器。通过在新加的 R4 反应器加工部分新鲜原料油，从而实现业主的要求[2]。

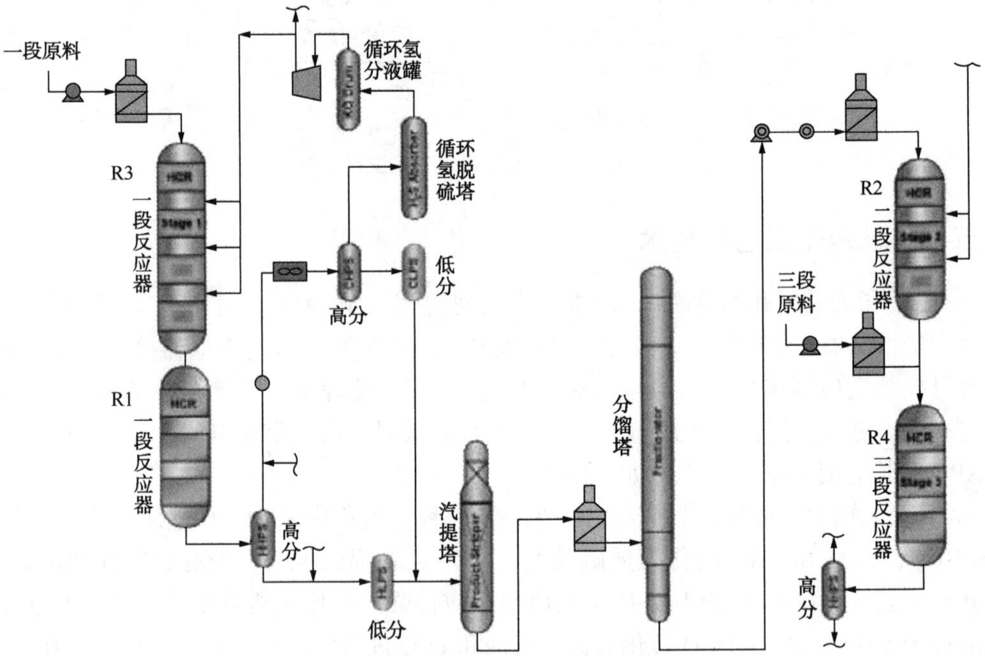

图 4-2-11　CLG 三段加氢裂化工艺流程示意图

第三节　国内加氢裂化工艺技术及应用

一、多产化工原料加氢裂化工艺技术及应用

(一) 中国石化大连石油化工研究院(DRIPP，原 FRIPP)

2017 年，中国石油辽阳石化公司为了实现俄罗斯原油加工优化增效改造，合理扩大芳烃装置生产规模的目标，采用 DRIPP 开发的多产化工原料加氢裂化技术对原 1.0Mt/a 加氢裂化装置进行了多产催化重整原料的技术改造。表 4-3-1~表 4-3-3 为该装置采用 DRIPP(FRIPP)开发的 FC-46 加氢裂化催化剂多产催化重整原料的工业应用结果[3]。可以看出，该装置可以生产 46.44%优质重石脑油作催化重整原料，同时还可生产约 36%优质柴油。

表 4-3-4~表 4-3-6 为 DRIPP(FRIPP)开发的 FC-76 加氢裂化催化剂在上海石化 1.5Mt/a 高压加氢裂化装置多产化工原料的工业应用结果[4]。可以看出，采用 FC-76 加氢裂化催化剂，可以生产 63.23%优质化工原料(轻重石脑油+尾油)和 24%优质 3#喷气燃料组

分。与上周期相比，本周期在保持加氢裂化尾油产率基本相当的情况下，重石脑油和喷气燃料产率显著增加，而柴油产率明显下降。

表 4-3-1 原料油主要性质

性 质	数 据	性 质	数 据
密度(20℃)/(g/cm³)	0.8978	终馏点	
馏程/℃		凝点/℃	26
初馏点	323	酸值/(mgKOH/g)	0.07
10%	425	残炭/%	0.15
50%	478	硫/%	0.62
90%	528	氮/(μg/g)	910
95%			

表 4-3-2 产品收率 %

产品收率	标定值	设计值	产品收率	标定值	设计值
含硫干气	1.21	1.32	柴油	35.94	32.39
硫液化气	6.19	6.28	尾油	7.01	4.31
轻石脑油	6.39	12.82	损失	0.04	0.49
重石脑油	46.44	45.89			

表 4-3-3 各产品主要性质

性 质	轻石脑油	重石脑油	轻柴油	重柴油	尾油
密度(20℃)/(g/cm³)	0.6169	0.7362	0.7851	0.8018	0.8572
馏程/℃					
初馏点	23/18	73/73	147/150	221/217	341/375
10%	29/24	93/91	171/168	240/235	440/406
50%	31/28	117/114	189/185	267/268	485/447
90%	39/35	152/145	210/204	330/334	505/509
95%	58/58			345/347	530/520
终馏点		166	223		
闪点/℃			42	93	
凝点/℃			<-57	-12	

表 4-3-4 原料性质

项 目	本周期	上周期	项 目	本周期	上周期
密度(20℃)/(g/cm³)	0.9022	0.8998	95%/终馏点	501/529	483/499
馏程/℃			S/(μg/g)	22400	20900
初馏点/10%	203/305	210/279	N/(μg/g)	584.7	522.9
30%/50%	367/407	334/378	残炭/%	<0.1	<0.1
70%/90%	439/484	421/465			

表 4-3-5　物料平衡　%

物　　料	本周期	上周期	物　　料	本周期	上周期
LN	9.56	13.71	柴油	6.17	12.99
HN	35.99	30.05	尾油	17.68	19.50
喷气燃料	24.05	18.62			

表 4-3-6　产品主要性质

项　　目	轻石脑油	重石脑油	喷气燃料	柴油	尾油
密度(20℃)/(g/cm^3)	0.6381	0.7484	0.7992	0.8050	0.8165
馏程/℃			158~272	211~317	258~482
初馏点/10%	29/36	80/97			
20%/50%	37/43	104/120			
80%/90%	52/59	143/154			
95%/终馏点	66/72	162/174			
硫/(μg/g)		<0.5			2.5
氮/(μg/g)		<0.5			2.5
冰点/℃			-53.2		
烟点/mm			25.0		
凝点/℃				小于-20	
十六烷指数				62	
BMCI 值					9.0

(二) 中国石化石油化工科学研究院(RIPP)

我国炼厂中直馏石脑油含量相对较低，且无大量稳定的乙烷资源，这使得大型油化一体型炼厂普遍面临直馏石脑油原料短缺的问题。而加氢裂化可以通过全循环多产重石脑油从而置换催化重整对直馏石脑油的需求。RIPP 通过对重石脑油选择性随石脑油收率的变化关系、氢分压对反应氢耗的影响、氢分压对重石脑油芳潜的影响等进行了研究，开发出了多产化工原料加氢裂化技术。以胜利蜡油为原料，采用重石脑油以上馏分全循环的模式，最大量生产重石脑油的中型实验结果见表 4-3-7。

表 4-3-7　重石脑油以上馏分全转化试验物料衡算数据

催化剂	RHC-210	催化剂	RHC-210
氢分压/MPa	14.0	重石脑油馏分	
化学氢耗率/%	3.51	收率/%	71.57
C_1+C_2/%	0.69	密度(20℃)/(g/cm^3)	0.7468
C_3+C_4/%	10.42	硫/(μg/g)	<0.5
轻石脑油馏分		氮/(μg/g)	<0.5
收率/%	19.28	芳烃潜含量/%	50.5
RON	84	芳烃/%	5.71

在试验条件下，重石脑油馏分收率达到 71.57%，重石脑油馏分芳烃潜含量为 50.5%，硫、氮含量均<0.5μg/g，是优质的重整原料。

2019年初，RIPP多产石脑油加氢裂化技术在山东某地炼企业成功应用，该工业装置采用两段尾油循环的工艺流程加工劣质原料，产品以重石脑油为主，兼产部分中间馏分油(煤油+柴油)，尾油馏分可全部循环或部分循环。由于原料加工负荷较大以及市场形势的变化，该装置实际按照多产重石脑油和柴油模式进行操作，工业应用结果见表4-3-8[5]。

表4-3-8 多产石脑油加氢裂化技术工业应用结果

项 目	数 值	项 目	数 值
原料性质		加氢裂化平均温度/℃	350
原料构成	VGO+CGO+LCO	产品分布及性质	
加工负荷/%	140	液化气/%	2.8
20℃密度/(g/cm³)	0.904	轻石脑油/%	6.7
氮/(μg/g)	~2000	重石脑油/%	33.5
馏程/℃	190~520	芳烃潜含量/%	55
工艺参数		柴油/%	48.3
反应器入口总压/MPa	15.8	硫/(μg/g)	4
加氢预处理平均温度/℃	371	十六烷指数(D-4737)	54
加氢精制平均温度/℃	366	尾油/%	10.8

由表4-3-8可见，在140%加工负荷下，采用高氮原料，加氢预处理、加氢精制和加氢裂化反应温度仍比较缓和，重石脑油馏分收率为33.5%，石脑油芳烃潜含量为55%，是优质的重整原料，柴油馏分收率为48.3%，十六烷指数(D-4737)为54，硫质量分数为4μg/g，达到国Ⅵ柴油要求。重石脑油量相当于原加工负荷单程47%收率的产量，完全满足下游催化重整的进料需要。因两段加氢裂化工艺流程具有较大的灵活性，该装置可以根据市场情况、原料加工量以及产品方案需求，通过工艺参数和分馏系统的调整，实现多产重石脑油模式和多产柴油模式的灵活调整，加工方案切换简单，运转稳定，安全可控。

二、灵活生产化工原料和中间馏分油加氢裂化工艺技术及应用

(一) 中国石化大连石油化工研究院(DRIPP，原FRIPP)

DRIPP(FRIPP)开发的灵活生产化工原料和中间馏分油加氢裂化技术，使用灵活型加氢裂化催化剂，可在多产高芳烃潜含量重石脑油和低*BMCI*值加氢裂化尾油的同时，兼产优质的喷气燃料、清洁柴油等。该技术还可以通过适当调整反应温度和/或产品切割温度等方式，实现改变产品生产方案的目的。

表4-3-9和表4-3-10为该技术在扬子石化加氢裂化装置的工业应用结果[6]。从表中可以看出，该装置无需对反应和分馏系统进行技术改造或更换加氢裂化催化剂，只是通过适当调整裂化反应温度和产品切割点，便可实现多产乙烯原料(加氢裂化尾油)或多产催化重整原料(重石脑油)、多产喷气燃料的目的。

表4-3-9 三种工况主要工艺条件及原料油

项 目	多产乙烯原料	多产重整原料	多产喷气燃料
入口压力/MPa	14.89	14.65	14.99
裂化平均反应温度/℃	373	376	375

续表

项　　目	多产乙烯原料	多产重整原料	多产喷气燃料
原料油主要性质			
密度(20℃)/(g/cm³)	874.0	873.9	869.7
馏程范围/℃	172~473	178~473	176~476
硫/(μg/g)	11402	13819	13361
氮/(μg/g)	732	733	726

表 4-3-10　主要产品收率及产品性质

项　　目	多产乙烯原料	多产重整原料	多产喷气燃料
轻石脑油			
收率/%	5.84	6.81	6.36
重石脑油			
收率/%	34.85	40.06	36.68
硫/(μg/g)	0.4	0.3	0.4
氮/(μg/g)	0.5	0.4	0.4
芳烃潜含量/%	56.61	54.83	55.97
喷气燃料			
收率/%	19.39	17.57	22.99
冰点/℃	-62	-65	-64
烟点/mm	28	30	29
尾油			
收率/%	33.90	28.81	27.80
BMCI 值	14.5	13.8	13.8

(二) 中国石化石油化工科学研究院(RIPP)

基于国内市场对增产喷气燃料(中间馏分)和改善乙烯裂解原料(化工原料)的需求，RIPP 开发了增产喷气燃料和优质尾油的灵活型加氢裂化技术。齐鲁石化公司本周期目标为以劣质蜡油为原料，增产喷气燃料和优质尾油。采用了常规一段串联一次通过流程，通过选择灵活型催化剂 RHC-220 和喷气燃料型催化剂 RHC-133 进行级配，优化转化率和切割点达到目标。于 2017 年 6 月开工，2019 年完成初期标定，结果如表 4-3-11 所示[7]。

表 4-3-11　增产喷气燃料和优质尾油的加氢裂化技术在齐鲁分公司的应用结果

项　　目	数　　据	项　　目	数　　据
原料油性质		50%	424
密度(20℃)/(g/cm³)	0.919	90%	463
氮质量分数/%	0.15	终馏点	525
硫质量分数/%	1.39	*BMCI* 值	50.6
馏程(D1160)/℃		主要操作条件	
10%	375	一反入口压力/MPa	15.0

续表

项目	数据	项目	数据
一反平均温度/℃	382	产品喷气燃料	
二反平均温度/℃	390	质量收率/%	31.2
化学氢耗/%	2.7	烟点/mm	27.6
产品石脑油		产品柴油	
质量收率/%	25.5	质量收率/%	12.2
硫质量分数/(μg/g)	0.4	十六烷指数(D4737)	58.9
硫质量分数/(μg/g)	<0.2	产品尾油	
		质量收率/%	27.5
芳潜/%	44.0	*BMCI* 值	9.8

由表 4-3-11 可见，在加工高硫、高氮、*BMCI* 值达到 50.6 的中间偏环烷基蜡油时，产品喷气燃料收率可达到 31.2%，烟点为 27.6mm，尾油 *BMCI* 值为 9.8。

三、多产中间馏分油加氢裂化工艺技术及应用

（一）中国石化抚顺石油化工研究院（DRIPP，原 FRIPP）

DRIPP 开发了 FDC 单段两剂加氢裂化技术，是针对多产清洁柴油的需要而开发的一种加氢裂化新工艺。该技术通过在单段加氢裂化技术中使用加氢精制和加氢裂化两种主催化剂，充分发挥两种催化剂的协同作用，使加氢裂化的总体性能达到最佳效果。FDC 单段两剂多产中间馏分油加氢裂化技术在保持单段加氢裂化工艺流程简单、体积空速大等优点的同时，具有中间馏分油收率高、产品质量好、化学氢耗低等优势，弥补了常规单段加氢裂化技术运转周期短、产品质量低以及原料适应性差等问题。该技术已在金陵、海南、辽阳、锦州和锦西等多家企业进行工业应用。FDC 单段两剂加氢裂化技术原则工艺流程如图 4-3-1 所示。

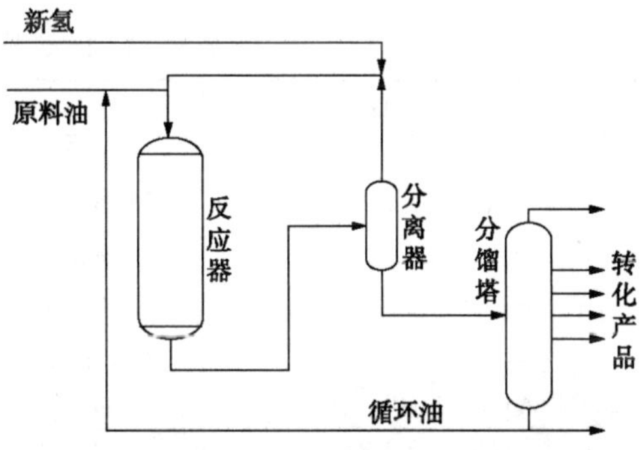

图 4-3-1　FDC 技术原则工艺流程

表 4-3-12 和表 4-3-13 分别为 FDC 单段两剂多产中间馏分油加氢裂化技术在金陵石化和海南炼化的工业应用结果。

金陵分公司 1.5Mt/a 加氢裂化装置以 VGO 或混兑 10%CGO 的混合油为原料油，采用 FDC 单段两剂多产中间馏分油的加氢裂化技术生产中间馏分油。原料油的性质为典型的加氢裂化原料油，工艺条件为反应器入口压力 15.89MPa、平均反应温度 408.4℃、总体积空速（含循环油）1.01h^{-1}时单程转化率为 65%，化学氢耗为 2.31%。此时喷气燃料的收率为 36.73%，烟点达到 24mm，是优质的喷气燃料产品；柴油产品收率为 42.26%，十六烷值为 59.5，可作为满足欧 V 排放标准清洁柴油的调和组分，中间馏分油收率达 78.99%[8]。

表 4-3-12 FDC 技术在金陵公司的工业应用结果

项 目	数 值	项 目	数 值
原料油		轻石脑油收率/%	3.86
密度(20℃)/(g/cm^3)	0.9088	重石脑油收率/%	13.77
馏程/℃	331~524	芳烃潜含量/%	43.0
硫/%	1.97	喷气燃料收率/%	36.73
氮/(μg/g)	1322	烟点/mm	24
反应器入口压力/MPa	15.89	芳烃/%	13.3
反应器入口氢分压/MPa	13.82	柴油收率/%	42.26
平均反应温度/℃	408.4	十六烷值	59.5
新鲜进料空速/h^{-1}	0.64	凝点/℃	-12
总体积空速(含循环油)/h^{-1}	1.01	芳烃/%	10.6
化学氢耗/%	2.31	循环油	
单程转化率/%	65	黏度指数	100
能耗/(MJ/t)	1639.4	凝点/℃	4.5

海南炼化 1.2Mt/a 加氢裂化装置采用 FDC 单段两剂多产中间馏分油加氢裂化技术，设计加工埃斯克兰特、马西拉和沙中等混合原油 VGO，主要目的产品为中间馏分油。从表 4-3-13 可知，在反应器入口压力 14.77MPa、平均反应温度 400.3℃、新鲜进料空速 0.62h^{-1}时单程转化率为 63.7%，化学氢耗为 2.15%。此时柴油产品收率为 74.87%，十六烷值为 57.9，可作为满足欧Ⅴ排放标准清洁柴油的调和组分[8]。

表 4-3-13 FDC 技术在海南公司的工业应用结果

项 目	数 值	项 目	数 值
原料油		轻石脑油收率/%	6.08
密度(20℃)/(g/cm^3)	0.9017	重石脑油收率/%	15.87
馏程/℃	260~540	芳烃潜含量/%	40.1
硫/%	0.6511	柴油收率/%	74.87
氮/(μg/g)	1023	十六烷值	57.9
反应器入口压力/MPa	14.77	凝点/℃	<-30
反应器入口氢分压/MPa	13.31	硫/(μg/g)	1
平均反应温度/℃	400.3	循环油	
新鲜进料空速/h^{-1}	0.62	黏度指数	100
总体积空速(含循环油)/h^{-1}	0.95	凝点/℃	-26
化学氢耗/%	2.15	单程转化率/%	63.7

(二) 中国石化石油化工科学研究院(RIPP)

中馏分加氢裂化技术主要包括多产柴油和多产喷气燃料技术，近年来，随着国内市场整体柴汽比需求降低，多产中间馏分油加氢裂化技术逐步转为多产喷气燃料。RIPP 新型多产中馏分加氢裂化催化剂 RHC-131、RHC-132 及 RHC-140 均已完成工业应用。以这些催化剂为基础开发了大比例增产喷气燃料的加氢裂化工艺。按照活性梯度，将多个催化剂进行级配，更能获得比单一催化剂更佳的反应性能。

该技术 2016 年首次在燕山石化 2Mt/a 加氢裂化装置进行了工业应用，技术目标是在保证尾油收率和质量的前提下，增产喷气燃料，柴油大部或全部压减至尾油馏分。主要难点在于如何解决尾油收率与尾油质量以及喷气燃料产率之间的矛盾。通过开发具有高脱氮和芳烃饱和活性的蜡油加氢处理催化剂 RN-410，选择具强开环裂化能力的裂化催化剂、适宜的裂化转化深度，进行分馏切割方案优化，催化剂级配方式如表 4-3-14 所示[9]。

表 4-3-14 大比例增产喷气燃料和改善尾油质量技术的催化剂级配

项　　目	前一周期	新周期
催化剂	RN-32V/RHC-3	RN-410/RHC-3(再生)/RHC-133/RHC-131
裂化剂占比①/%	100	27/24/49
催化剂类型	灵活型	灵活型/兼顾型/中间馏分油型
特点	增产喷气燃料和优质尾油	大比例增产喷气燃料和改善尾油质量

① 前一周期使用一种牌号加氢裂化催化剂，新周期级配使用 RHC 系列三个牌号裂化催化剂。

本周期分别在 2016 年和 2019 年进行了两次标定，标定期间的物料平衡及主要产品性质见表 4-3-15[10]。

表 4-3-15 大比例增产喷气燃料和改善尾油质量技术的工业应用

运转周期	上周期	本周期	本周期
标定时间	2014 年 9 月	2016 年 7 月	2019 年 2 月
原料 *BMCI* 值	40. 1	43. 8	48. 4
化学氢耗/%	1. 94	2. 05	2. 24
C_1+C_2/%	0. 29	0. 42	0. 42
C_3+C_4/%	3. 23	2. 47	3. 62
轻石脑油/%	6. 03	4. 00	4. 17
重石脑油/%	20. 32	18. 24	18. 66
喷气燃料/%	30. 22	43. 28	38. 46
烟点/mm	26	26. 6	25. 5
柴油/%	6. 04	—	10. 71
尾油/%	34. 20	31. 74	23. 51
BMCI 值	10. 8	8. 7	8. 3

通过选择新的催化剂体系、调整转化率及切割点，本周期喷气燃料馏分收率比上周期提高了 27%~35%，实现了大比例增产喷气燃料的目的，尾油馏分 *BMCI* 值降低 2. 1~2. 5 个单位，质量明显改善。

四、中压加氢裂化(转化/改质)工艺技术及应用

(一) 中国石化大连石油化工研究院(DRIPP，原 FRIPP)

1. FD2G 催化柴油加氢转化生产高辛烷值汽油技术

DRIPP(FRIPP)开发的 FD2G 催化柴油加氢转化生产高辛烷值汽油技术，在压减柴油、显著提高劣质柴油质量的同时，还可生产 30%~50%附加值更高的高辛烷值汽油组分。中国石化长岭分公司采用该技术建设一套 1. 0Mt/a 装置，该装置于 2017 年 7 月建成投产，同年 12 月 13 日至 12 月 15 日进行 72h 标定，结果见表 4-3-16[11]。催化柴油原料密度为 0. 9504g/cm^3，芳烃含量为 81%，十六烷值指数为 22. 3。在精制反应器入口压力 7. 82MPa、

平均反应温度为352.8℃、裂化反应器平均反应温度为397.3℃的操作条件下，<210℃混合汽油组分收率为34.36%(未计入液态烃中携带的轻石脑油组分)，研究法辛烷值为91.7，硫含量为3.8μg/g，可作为国Ⅴ清洁汽油调和组分；>210℃未转化柴油组分收率约为58.2%，质量比原料有显著提高：密度降低至0.8974g/cm³，硫含量为4.8μg/g，十六烷值指数较原料提高约9个单位，为31.1，装置氢耗为2.87%。

表4-3-16　FD2G催化柴油加氢转化生产高辛烷值汽油标定结果

项　目	标定结果		
主要操作条件			
反应入口总压/MPa		7.82	
加氢转化空速/h⁻¹		1.50	
平均反应温度/℃		397.3	
装置氢耗/%		2.87	
原料与产品			
馏分范围/℃	催化柴油	混合汽油	柴油组分
收率/%	100	34.36	58.2
密度(20℃)/(g/cm³)	0.9504	0.7939	0.8933
馏程范围/℃	183~358	38.3~190.1	211~349
硫/(μg/g)	6277.2	3.8	4.8
氮/(μg/g)	789	<0.5	<2.0
芳烃/%	81	54.4	68.4
RON		91.7	
十六烷指数	22.3		31.1

2. 劣质柴油加氢改质技术

表4-3-17为DRIPP(FRIPP)开发的劣质柴油加氢改质技术在中国石油庆阳石化分公司的工业应用结果[12]。以催化柴油和直馏柴油混合比例为58.6∶39.4的混合柴油为原料，在高分压力7.7MPa条件下进行加氢改质，改质柴油收率为89.31%，20℃密度由原来的0.861g/cm³降低至0.830g/cm³，硫含量由原来的822μg/g下降至1.1μg/g，十六烷指数(D976-80)由原来的49.0增加到55.6，改质柴油质量显著提高，同时还可生产8%左右的优质催化重整原料。

表4-3-17　催柴直柴混合原料标定结果

项　目	标定结果		
主要操作条件			
高分压力/MPa		7.7	
原料与产品	催柴：直柴=58.6：39.4	石脑油	改质柴油
收率/%	100	8.05	89.31
密度(20℃)/(g/cm³)	0.861	0.733	0.830
馏程范围/℃	209~374	40~168	192~365
硫/(μg/g)	822	0.8	1.1
氮/(μg/g)	536	0.1	0.7
十六烷值			53.4
十六烷指数(D976-80)	49.0		55.6

3. 多产重石脑油的中压加氢裂化技术

表4-3-18为DRIPP(FRIPP)开发的多产重石脑油中压加氢裂化技术在大榭石化2.0Mt/a柴油加氢裂化装置工业应用结果[13]。该装置采用单段串联部分循环工艺流程按多产重整原料方式运行。在反应氢分压12.0MPa、体积空速2.0/1.5h^{-1}的工艺条件下加工直馏柴油原料，65~175℃重石脑油馏分收率为52.31%，硫、氮含量均低于0.5μg/g，芳潜不低于50%，是优质催化重整装置原料；>175℃混合柴油馏分收率为34.45%，20℃密度为0.8023g/cm^3，硫含量小于1μg/g，十六烷值指数为50，是国Ⅵ柴油的优质调和组分；将175℃混合柴油进行切割，其中175~250℃喷气燃料馏分收率为24.12%，烟点为28.5mm，是优质3#喷气燃料。>250℃柴油馏分收率为10.34%，十六烷值为73.5，*BMCI*值为9.7，链烷烃为80.4%，芳烃为1.5%，既是高质量车用柴油调和组分，也是优质蒸汽裂解制乙烯原料。

表4-3-18 大榭石化柴油加氢裂化装置工业应用结果

项目	直馏柴油	轻石脑油	重石脑油	混合柴油	喷气燃料	柴油
收率/%	100	6.69	52.31	34.45	24.12	10.34
密度(20℃)/(g/cm^3)	0.8619		0.7465	0.8023	0.7964	0.8180
馏程范围/℃	157~382		68~175	172~350	172~240	258~354
S/(μg/g)	1980		<0.5	<0.5	<0.5	<0.5
N/(μg/g)	205		<0.5	<0.5	<0.5	<0.5
芳潜/%			50			
烟点/mm					28.5	
十六烷值	45			50		73.5
*BMCI*值						9.7
链烷烃/%						80.4
芳烃/%						1.5

(二)中国石化石油化工科学研究院(RIPP)

加氢裂化单元反应过程中的加氢脱氮、多环芳烃饱和、多环环烷烃选择性开环反应等都可以和芳烃饱和反应相关联，而芳烃饱和转化率受热力学平衡限制，提高氢分压，可以提高芳烃平衡转化率。但压力增加将在一定程度上增加装置投资、增加氢耗。因此在加工氮含量、多环芳烃含量相对较低的原料时，可以降低反应压力，采用更高性能催化剂、优化转化率和切割点等提高装置的技术经济性。

1. 中压加氢改质直接生产国Ⅵ柴油的技术

柴油加氢改质技术可以在相对较缓和的工艺条件下，加工催化柴油、焦化柴油和直馏柴油。控制较低的转化深度，可以在较低气体收率下，获得高脱硫率及较高十六烷值。RIPP开发了新一代柴油中压加氢改质技术，该技术基于单段串联一次通过流程，采用1~2个反应器，分馏部分同HDS装置基本相同，可以在现有装置直接或者进行简单改造，生产满足国Ⅵ柴油标准要求的产品。自2016年以来，相继在多个炼厂进行了工业应用[14]。不同炼厂加工混合柴油的原料性质见表4-3-19，不同炼厂柴油加氢改质装置技术标定的工艺参数和产品性质见表4-3-20。

表 4-3-19　不同炼厂加工混合柴油的原料性质

原料油	湛江东兴①	清江石化②	华星石化③	正和石化④
密度(20℃)/(g/cm³)	0.857	0.872	0.8630	0.8603
硫/(μg/g)	2150	1940	8000	9131
氮/(μg/g)	590	905	686	344
闪点/℃	59			
十六烷指数(ASTM D4737)	43.5	42.1	40.5	42.8
十六烷值(GB/T 386-96)	45.1	43.0	40.7	41.0
馏程(ASTM D86)/℃	166~377	191~354	158~372	177~379

① 湛江东兴混合柴油中含催化柴油 41.6%、直馏柴油 58.4%。

② 清江石化混合柴油中含催化柴油 70.0%、直馏柴油 30.0%。

③ 华星石化混合柴油中含催化柴油 26.5%、焦化柴油 18.2%、重整重芳烃 1.3%、直馏柴油 54.0%。

④ 正和石化混合柴油中含催化柴油 32.5%、焦化柴油 19.4%、直馏柴油 48.1%。

表 4-3-20　不同炼厂柴油加氢改质装置技术标定的工艺参数和产品性质

试验原料	湛江东兴	清江石化	华星石化	正和石化
工艺参数				
精制反应器入口氢分压/MPa	8.5	6.4	10.2	9.6
精制平均反应温度/℃	352	317	363	338
改质平均反应温度/℃	365	336	362	345
<165℃石脑油馏分质量收率/%	5.15	4.88	4.05	6.47
>165℃柴油馏分质量收率/%	94.72	95.13	96.02	93.70
柴油馏分产品性质				
密度(20℃)/(g/cm³)	0.8348	0.830	0.8323	0.8297
硫/(μg/g)	<3	1.20	1.20	1.13
氮/(μg/g)	0.53	0.20	0.27	0.18
闪点/℃	68		67.8	73
凝点/℃	-6		-8	
多环芳烃/%			1.0	0.7
十六烷指数(ASTM D4737)	51.8	54.9	49.4	50.6
十六烷值(GB/T 386)	52.1	53.5	53.0	53.3
馏程/℃	178~355	193~348	177~367	183~377

2. 灵活进料的第二代中压加氢改质(MHUG-Ⅱ)技术

炼厂普遍存在同时加工直馏柴油和催化柴油的技术需求，而二者加氢精制和加氢改质具有不同的反应化学特点，RIPP 开发了节能降耗的柴油灵活加氢改质 MHUG-Ⅱ技术，该技术创新性地设置了分区进料的二次加工柴油加氢改质-直馏柴油加氢精制的集成工艺流程，如图 4-3-2 所示。

含有催化柴油的原料进入改质反应器，在改质反应器内进行加氢脱硫、脱氮、烯烃饱和、芳烃加氢饱和、环烷烃的选择性开环裂化等反应。反应产物与直馏柴油为主的原料混合后进入精制反应器，在精制反应器内进行加氢脱硫、脱氮、芳烃加氢饱和等反应。

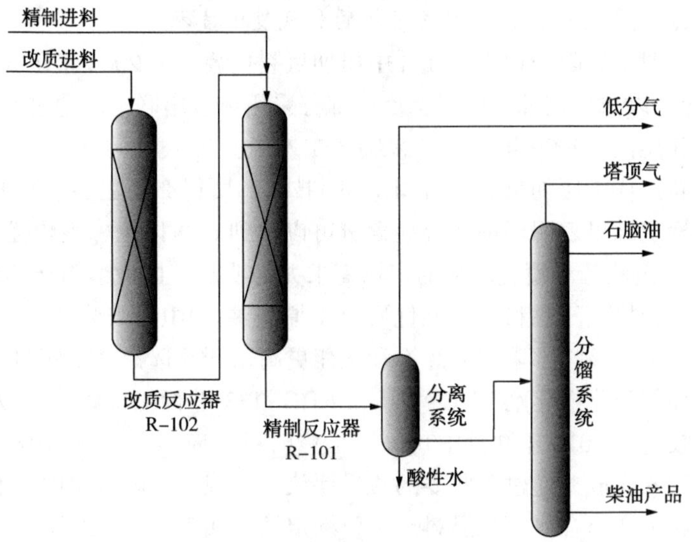

图 4-3-2　柴油灵活加氢改质 MHUG-Ⅱ装置工艺流程示意图

该技术于 2013 年 10 月 14 日顺利进行工业应用，海南炼化采用 MHUG-II 技术成功将原 2.0Mt/a 柴油加氢装置扩能改造至 2.48Mt/a。标定结果如表 4-3-21 所示[15]。

表 4-3-21　海南炼化柴油加氢改质装置标定数据

项　目	标定数据			
工艺参数				
精制反应器入口氢分压/MPa	7.19			
精制/改质平均反应温度/℃	344/345			
化学氢耗/%	0.97			
装置能耗/(kgEO/t)	9.45			
原料和产品性质	改质进料	精制进料	产品石脑油	产品柴油
密度(20℃)/(g/cm³)	0.9180	0.8407	0.7395	0.8426
硫/(μg/g)	3640	3570	252	6.9
氮/(μg/g)	869	98	<0.5	0.7
闪点/℃	86.5	64.5		62.5
芳潜/%			56.3	
多环芳烃/%	47.4	10.0		4.9
十六烷指数(ASTM D4737)	29.8	56.1		50.9
十六烷值(GB/T 386)	25.3	56.3		52.4
馏程/℃				
初馏点	206	194	38	183
10%	243	248	68	228
50%	281	287	108	276
90%	341	344	154	337
终馏点	366	374	164	369

工业应用结果表明，以 73%直馏柴油和 27%催化柴油为原料，在氢分压 6.4MPa 的缓和条件下，可以生产国Ⅴ、国Ⅵ标准的清洁柴油；化学氢耗 0.97%，能耗 9.45kg 标油/t。

3. 蜡油中压加氢裂化生产优质喷气燃料的加氢裂化技术

上海石油化工股份有限公司 1.5Mt/a 中压加氢裂化装置于 2002 年建成投产，采用 RIPP 的 RMC 技术设计，以减压蜡油为原料，反应部分采用单段串联一次通过流程，主要生产轻、重石脑油、柴油和尾油。2009 年，为了解决环烷基组分掺入比例高引起裂解料急冷油分层的问题，采用了新一代中压加氢裂化(RMC-Ⅱ)技术，所得产品主要生产国Ⅴ柴油及优质化工原料油。工业标定结果表明尾油链烷烃含量可以达到 60%以上，大幅优于裂解装置要求。2011 年以来，长三角地区对喷气燃料的市场需求尤为明显，因此装置于 2016 年第二周期运转结束后计划生产合格喷气燃料并兼顾优质化工原料油。RIPP 开发了蜡油中压加氢裂化生产喷气燃料的新技术，该技术采用芳烃饱和性能更高、开环选择性更好的第三代加氢裂化催化剂，并对两种加氢裂化催化剂 RHC-220 和 RHC-133 进行级配组合，以进一步改善喷气燃料的烟点。新技术于 2016 年 9 月中旬停工检修时投入应用，并在 2018 年 11 月分馏系统适应性改造完成后一次成功通过航鉴委的质量评议，实现了国内首次中压加氢裂化条件下以中间基蜡油为原料生产出合格喷气燃料。主要标定结果如表 4-3-22 所示[16]。

表 4-3-22　中压生产喷气燃料加氢裂化技术的工业应用结果

项　目	数　值	项　目	数　值
原料性质	VGO	重石脑油/%	24.19
20℃密度/(g/cm³)	0.9051	芳烃潜含量/%	55.2
硫/(μg/g)	2.0	馏程/℃	80~179
氮/(μg/g)	619	喷气燃料/%	21.13
氯/(μg/g)	1.3	烟点/mm	25
馏程/℃	204~515	冰点/℃	-59
BMCI 值	45.6	闭口闪点/℃	48
工艺参数		萘系烃/%	<0.5
装置进料量/(t/h)	178	馏程(D-86)范围/℃	161~272
精制入口氢油体积比	837	柴油/%	21.24
高分压力/MPa	10.6	硫/(μg/g)	<1
加氢精制平均温度/℃	375	多环芳烃/%	0.6
加氢裂化平均温度/℃	376	十六烷指数(D-4737)	69.1
产品分布及性质		尾油/%	27.00
轻石脑油/%	3.08	*BMCI* 值	10.2
馏程/℃	30~75		

由表 4-3-22 可见，在 10.6MPa 中等压力条件下，加工高硫、*BMCI* 值达到 45.6 的中间基蜡油原料时，可得到 21.1%的喷气燃料产品，烟点为 25.0mm。柴油收率为 21.24%，性质达到国Ⅵ柴油标准要求。尾油收率约 27.0%，*BMCI* 值为 10.2，为优质蒸汽裂解原料。

五、加氢裂化工艺新技术

(一) 中国石化大连石油化工研究院

1. FDHC 柴油中压加氢裂化生产喷气燃料技术

为了满足炼油企业减产柴油、降低柴汽比的产品结构调整需求，DRIPP(FRIPP)开发了

FDHC 柴油中压加氢裂化生产喷气燃料技术，并分别在中国石化燕山分公司、中海石油惠州石化和中国石油克拉玛依石化有限责任公司等企业进行工业应用，并取得良好效果。

2016 年在中国石化燕山分公司 1.2Mt/a 中压加氢裂化装置采用 FDHC 柴油中压加氢裂化生产喷气燃料技术，结果见表 4-3-23[13]。该装置采用单段串联一次通过工艺流程，在反应氢分压 6.9MPa、总体积空速 $0.90h^{-1}$ 工艺条件下加工直馏柴油原料，76～140℃重石脑油馏分收率为 17.90%；139～261℃喷气燃料馏分收率为 49.26%，烟点为 29.4mm，是优质 3# 喷气燃料；>260℃柴油馏分收率为 21.64%，十六烷值为 69.0，*BMCI* 值为 8.7，链烷烃为 79.8%，芳烃为 1.1%，既是高质量车用柴油调和组分，也是优质蒸汽裂解制乙烯原料。

表 4-3-23　燕山石化直馏柴油裂化装置工业应用结果

项　目	直馏柴油原料	轻石脑油	重石脑油	喷气燃料	柴油
收率/%	100	10.36	17.90	49.26	21.64
密度(20℃)/(g/cm³)	0.8476		0.7322	0.7844	0.7944
馏程范围/℃	218～350		76～140	139～261	258～322
S/(μg/g)	8370		0.48	<3.2	2.4
N/(μg/g)	113		0.3	0.3	0.3
烟点/mm				29.4	
十六烷值					69.0
BMCI 值					8.7
链烷烃/%					79.8
芳烃/%					1.1

中海油惠州石化 3.6Mt/a 煤、柴油中压加氢改质装置于 2009 年 4 月建成投产。2019 年 3 月采用 DRIPP(FRIPP)开发的 FF-66 精制剂和 FC-32A 裂化剂，并于 4 月中旬一次开车成功，运行结果见表 4-3-24[17]。该装置在反应氢分压为 10.6MPa 的条件下，处理密度(20℃)为 $0.8815g/cm^3$、馏分范围为 189～370℃的催化柴油与直馏柴油混合油，重石脑油收率 23.3%，硫、氮含量均小于 0.5μg/g，芳潜为 56.5%，可直接作为重整装置进料。喷气燃料收率 20.3%，烟点 24.2mm，密度 $0.8193g/cm^3$，满足 3# 喷气燃料要求；柴油收率 51%，密度(20℃)$0.8266g/cm^3$，硫含量小于 0.5μg/g，十六烷值为 55.5，十六烷指数为 57.1，十六烷指数提升了 24 个单位，可作为国Ⅵ柴油调和组分。

表 4-3-24　惠州石化混合柴油裂化装置工业应用结果

项　目	直柴催柴混合油	轻石脑油	重石脑油	喷气燃料	柴油
收率/%	100	4.1	23.3	20.3	51.0
密度(20℃)/(g/cm³)	0.8815	0.6399	0.7583	0.8193	0.8266
馏程范围/℃	189～370				
S/(μg/g)	1870		<0.5	<0.5	2.4
N/(μg/g)	251		<0.5	<0.5	0.3
烟点/mm				24.2	
十六烷值					55.5
十六烷指数	33.1				57.1
凝点/℃					-15

2. 低能耗、低投资 SHEER 加氢裂化/加氢改质技术

低能耗、低投资 SHEER 加氢裂化/加氢改质技术是 DRIPP(FRIPP)与中石化广州洛阳工程有限公司(LPEC)联合攻关，将正常操作停运反应加热炉的加氢裂化专利技术、非直接接触在线防垢和除垢技术、高温高压逆流传热技术、微旋流分离技术、新型反应器内构件技术以及硫化态催化剂新型开工技术集成创新[18]，该技术率先在广州分公司建成国内第一套 2.0Mt/a 加氢改质装置，该装置只设置低功率开工加热炉，正常运行取消加热炉，综合能耗约 6kgEO/t 油(国外同规模同类技术能耗约 18kgEO/t)，工程投资相比常规装置降低 4.56%，燃料消耗降低 44.85%。与此同时在第一代 SHEER 技术基础上已完成第二代 SHEER 技术的中试研究，进一步降低装置操作消耗[19,20]。

(二) 中国石化石油化工科学研究院(RIPP)

1. 劣质原料多产优质 DCC 原料的加氢裂化技术

传统的燃料型炼厂主要将硫、氮含量高的馏分转化为清洁、轻质的运输燃料，主要采用了“渣油加氢+FCC”的组合模式，然而当前炼厂内部不可避免地产生如催化柴油、焦化蜡油、溶剂脱沥青油、环烷基馏分等劣质馏分，采用“加氢裂化+DCC”的组合工艺进行加工，可以在两套装置同时实现多产化工原料，简易流程如图 4-3-3 所示。

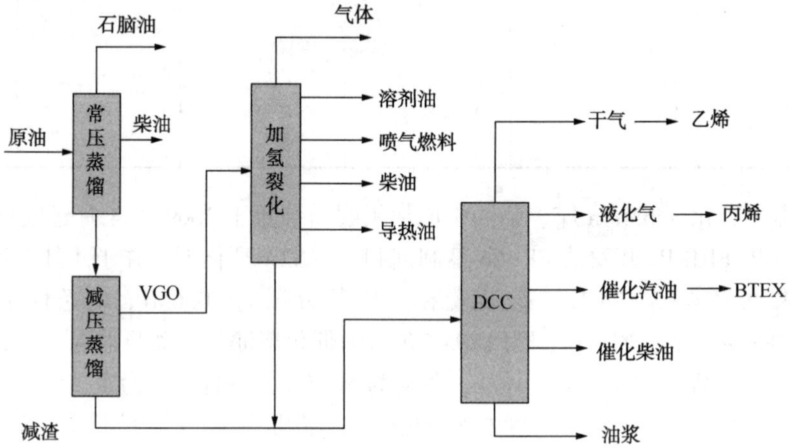

图 4-3-3　劣质原料多产优质 DCC 原料的加氢裂化技术

某公司 2.1Mt/a 原料加氢处理装置就是以化工转型为目标进行了装置设计，以全环烷基的超劣质直馏蜡油和焦化蜡油的混合油为原料，主要生产加氢尾油，为催化裂解装置提供原料，同时副产液化气、C_5 馏分、C_6 馏分、重石脑油、喷气燃料、轻柴油以及导热油等，是同类技术的首次工业应用。该装置采用单段串联一次通过工艺流程，设置加氢精制和加氢裂化两个反应器，采用 LPEC 设计和 RIPP 催化剂，于 2016 年进行了首次工业应用。2018 年 12 月应全厂大检修的安排，保护剂撇除后换新剂，精制和裂化剂进行了器外再生，随后开始了第二周期的工业运转。再生后工业标定原料性质如表 4-3-25 所示[21]。

由表 4-3-26 可知，该装置加工原料 *BMCI* 值、氮含量较高，标定所得产品中重石脑油的硫、氮含量均小于 0.5μg/g，芳潜含量达到 62%，是优质的重整原料。喷气燃料馏分的烟点高，冰点低，可以达到 3# 喷气燃料的要求。产品尾油氢含量在 13.6%左右，供给下游 DCC plus 装置后，所得丙烯收率可达 20.5%以上。装置投产以来，生产比较平稳，所生产

的戊烷发泡剂、喷气燃料、尾油等各产品符合设计指标，装置化工原料总收率相对于进料可以超过70%以上。

表4-3-25　再生后原料油性质[22~25]

项　目	本装置原料性质			文献劣质原料性质	
	设计	第一周期	第二周期	蜡油加氢（32.5% CGO）	常渣加氢
密度(20℃)/(kg/m³)	932.2	936.3	934.0	933.0	929.6
馏程/℃					
10%	363	369	338	397	389
50%	440	431	432	460	538
90%	495	483	479	518	680
BMCI 值	56.5	58.5	57.4	~53.6(计算值)	~45.6(计算值)
硫/%	0.8	0.6	0.27	0.9202	0.4
氮/(μg/g)	2900	2000	2251	2868	1753
金属/(μg/g)	<1	<1	<1	-	~13.5

表4-3-26　劣质原料多产优质DCC原料的加氢裂化技术工业应用结果

项　目	第一周期	第二周期	项　目	第一周期	第二周期
工艺参数			闪点/℃	55	54
入口氢分压/MPa	16	16	芳烃/%	4.8	5
入口氢油体积比	≮800	824	馏程(D86)范围/℃	172~219	166~224
加氢精制平均温度/℃	380	379	柴油/%	17.57	16.89
加氢裂化平均温度/℃	383	381.2	导热油/%	11.13	13.77
产品分布及性质			尾油/%	42.03	39.59
工业己烷/%	1.34	1.27	密度(20℃)/(kg/m³)	878.3	876
重石脑油/%	16.94	17.05	馏程(D1160)		
馏程/℃	80~171	81~176	10%	348	348
喷气燃料/%	9.13	10.06	50%	422	415
密度(20℃)/(kg/m³)	826.1	827.4	90%	476	464
烟点/mm	24	23.5	97%	498	496
冰点/℃	-70	-70	氢含量	13.63	13.61

2. 蜡油原料多产喷气燃料和重石脑油的加氢裂化技术

中国石油四川石化有限责任公司2.7Mt/a加氢裂化装置设计时主要产品为液化气、石脑油、喷气燃料、柴油等燃料产品和少量尾油，第二周期因应市场形势变化需大幅提高重石脑油和喷气燃料收率。存在的主要难点有：在存在全厂氢气约束并不改动反应装置条件下，增产重石脑油和喷气燃料并保留冬季柴油生产的能力；大幅度提高尾油质量，改善蒸汽裂解三烯收率；提高喷气燃料质量；降低反应压降；降低精制和裂化反应器之间的冷氢量，提高长周期满负荷下的操作安全性。该装置采用了常规单段串联一次通过流程，主要选择多产重石脑油和喷气燃料的催化剂 RHC-210F 和灵活型催化剂 RHC-220 进行级配，该技术 2018 年首次进行工业应用，标定结果[26]如表 4-3-27 所示。

表 4-3-27　多产优质喷气燃料和重石脑油加氢裂化技术的工业应用结果

项　目	第一周期	第二周期	项　目	第一周期	第二周期
原料性质	VGO+LCO	VGO+LCO	喷气燃料/%	16.8	33.8
20℃密度/(g/cm^3)	893.4	887.5	20℃密度/(g/cm^3)	785.3	795.7
硫质量分数/(μg/g)	5000	6700	馏程(D86)范围/℃	150.6~197.6	147.1~252
氮质量分数/(μg/g)	493.5	705	烟点/mm	25.8	28.5
馏程/℃	186.6~541	185~559	冰点/℃	<-55	-55.0
BMCI 值	40	37	闪点/℃	41	43.5
工艺参数			芳烃含量/%	8.5	4.7
装置进料量/(t/h)	321	321	柴油/%	16.2	
精制入口氢油体积比	759.2	810.2	馏程(5%~95%)/℃	199~253.3	
高分压力/MPa	12.72	12.72	20℃密度/(g/cm^3)	807.4	
加氢精制平均温度/℃	375.6	374.6	尾油/%	24.3	23.2
加氢裂化平均温度/℃	366.5	374.5	馏程(5%~95%)/℃	281.8~482.8	262.2~465.8
产品分布及性质			20℃密度/(g/cm^3)	831.5	808.2
重石脑油/%	27.3	27.1	<282℃组分/%	5	15
20℃密度/(g/cm^3)	736.8	743	*BMCI* 值	13.8	7.3
馏程/℃	82.7~146.8	82.6~154.6			

由表 4-3-27 可知，通过采用高性能催化剂及级配，提高反应转化率，与上周期化工料(重石脑油、尾油)收率基本相同条件下，重石脑油和喷气燃料总收率超过 60%，其中喷气燃料收率相对提高 1 倍条件下，烟点提高 3.0mm，尾油 *BMCI* 值降低 6.5 个单位，实现了多产重石脑油和喷气燃料条件下大幅度提高喷气燃料和尾油质量的目标。

3. 中低压装置上催化柴油直接生产优质汽油技术

LCO 的典型特点是硫、氮等杂质含量高、芳烃含量高、十六烷值低，尤其是当催化裂化装置采用降烯烃的 MIP 工艺时，LCO 中芳烃含量明显增高，从而导致密度显著增大，十六烷值极低。直接加氢工艺为满足国Ⅵ标准要求的柴油馏分，需要高达 7%以上的氢耗，极大地降低了技术经济指标。RIPP 成功开发了 LCO 生产汽油或 BTX 组分的加氢裂化技术(RLG)。该技术通过控制芳烃转化途径，将 LCO 中的大分子芳烃转化为苯、甲苯、二甲苯等小分子芳烃并保持在汽油馏分中，最终生产得到高辛烷值汽油组分或 BTX 原料。该技术采用了 RN-411、RHC-100 催化剂组合，单段串联一次通过工艺流程。RLG 技术已经分别在燕山石化、上海石化、安庆石化进行了工业应用。LCO 生产汽油或 BTX 组分的加氢裂化技术(RLG)工艺流程简图如图 4-3-4 所示。

中国石化安庆分公司针对企业柴汽比较大、车用柴油生产能力不足等问题，同时为满足汽柴油质量升级的要求，采用 RLG 技术新建了一套 1.0Mt/a 装置，2018 年 5 月完成了首次标定[27]。主要标定结果如表 4-3-28、表 4-3-29 所示。

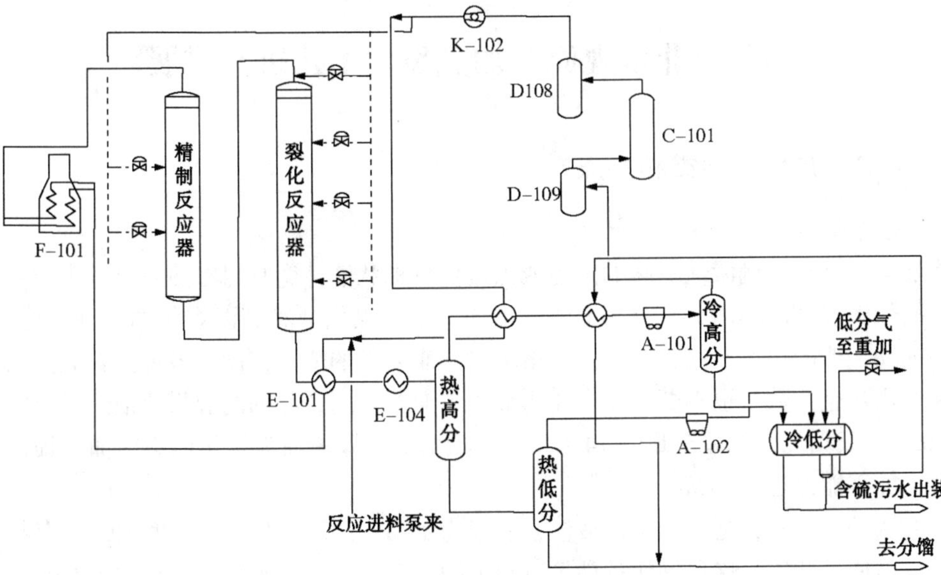

图 4-3-4　LCO 生产汽油或 BTX 组分的加氢裂化技术(RLG)工艺流程简图

表 4-3-28　安庆分公司 RLG 装置标定原料和产品性质

样　品	原　料	稳定汽油	产品柴油
密度(20℃)/(g/cm³)	0.9354	0.7892	0.8739
S/(μg/g)	1410	0.4	1.5
N/(μg/g)	647	0.4	0.3
十六烷指数	24.70	—	38.32
十六烷指数提高值	—	—	16.62
RON/MON	—	92.0/82.8	—
苯/%(体)	—	0.98	—
馏程(ASTM D86)/℃			
初馏点/终馏点	191/354		217/360

表 4-3-29　安庆分公司 RLG 装置标定物料平衡和产品分布

项　目	数　据	项　目	数　据
入方/%		汽油总收率	48.03
原料油	100	C_6馏分	6.21
化学氢耗	2.94	稳定汽油	41.82
小计	102.94	产品柴油	49.43
出方/%		损失+污油	-0.20
$C_1 \sim C_4$	5.44	合计	102.94

安庆分公司 RLG 装置可以生产硫质量分数 0.4μg/g、*RON* 达 92.0 的高辛烷值汽油调和组分，同时可兼顾生产硫质量分数 1.5μg/g 的低硫柴油调和组分。其十六烷指数较原料 LCO 提高了 16.62 个单位。标定期间化学氢耗 2.94%，总汽油收率 48.03%，其中富含苯的 C_6 馏分收率 6.21%，稳定汽油收率 41.82%，柴油收率 49.43%。

第四节　非常规原料加氢裂化工艺研究进展

一、非常规原料的种类和特点

（一）煤焦油

煤焦油是一种具有刺激性臭味的黑色或黑褐色黏稠状液体，是煤在热解过程中产生的液体产品。按热解温度的不同，可分为低温煤焦油、中温煤焦油和高温煤焦油 3 种。近几年，随着我国钢铁工业的快速发展，以及国际市场对焦炭需求的增加，国内各炼焦企业不断扩大产能，新建焦炭企业数量也不断增加，作为炼焦工业主要副产品的高温煤焦油产量也随之增加，到 2020 年我国煤焦油总产量约 14. 0Mt。迅猛增加的煤焦油为煤焦油集中加工提供了充足的原料，加工能力达 36. 7Mt 以上[28,29]。

煤焦油从外观上看，是黑色黏稠液体，密度为 1～1. 3g/cm^3 左右。黏度大，具有特殊气味。其组成与原煤性质、炼焦操作条件等有较大的关系，但总体来说其组成非常复杂，有机化合物的种类估计有上万种。煤焦油的组成与石油原油的组成相比有很大的不同，特别是非烃类含量较高，酚类化合物的含量占相当大的比例。低温煤焦油、高温煤焦油和原油的主要组成见表 4-4-1。

表 4-4-1　低温煤焦油和高温煤焦油及原油主要组成

类　别	油品类	酚类	沥青	其他
原油	95	极少	极少	极少
高温煤焦油	35～40	1. 5	57	极少
低温煤焦油	45～70	15～30	10～15	极少

从表 4-4-1 可以看出，和原油相比，低温煤焦油的优势在于其酚类含量要远远高于原油；和高温煤焦油相比，低温煤焦油的酚类和油品类都占有绝对优势。低温煤焦油中的 H/C 比值相对于煤有了很大的提高，其比例更接近于石油。低温煤焦油的元素分析见表 4-4-2。

表 4-4-2　低温煤焦油元素分析

C	H	O	N	S	H/C
82～85	8. 5～10. 5	4. 5～6. 1	0. 48～0. 82	0. 3～1. 5	1. 24～1. 49

从表 4-4-2 可以看出，煤炭和石油的元素组成主要差别是煤炭中的氢比石油中少得多。煤炭和石油的 H/C（原子数量比）分别为 0. 2～1. 0 和 1. 6～2. 0。当 H/C（原子数量比）>0. 8 时，较容易加氢并可以减少过程的氢耗量；低温煤焦油的 H/C（原子数量比）在 1. 24～1. 49 之间，比较合适加氢[30]。

煤焦油的组成中，酚类含量较高，均超过了 15%。低级酚类主要是苯酚、甲酚、二甲酚、三甲酚和乙酚等。酚类化合物主要分布在 200～250℃之间。煤焦油通过加氢精制和加氢裂化可以得到符合石油产品规格的石脑油、柴油和燃料油等产品。

（二）煤直接液化油

煤炭直接液化是指把固体状态的煤炭在高压和一定温度下直接与氢气发生加氢反应，使煤炭转化为液体油品的工艺技术。在直接液化工艺中，煤炭大分子结构的分解是通过加热来实现的，桥键的断裂产生了以结构单元为基础的自由基，自由基非常不稳定，在高压氢气环境和有溶剂分子分隔的条件下，它被加氢生成稳定的低分子产物。在没有高压氢气环境和没有溶剂分子分隔的条件下，自由基又会相互结合而生成较大的分子。煤炭经过加氢液化后剩余的无机矿物质和少量未反应煤还是固体状态，可采用各种不同的固液分离方法把固体从液化油中分离出去，常用的方法有减压蒸馏、加压过滤、离心沉降和溶剂萃取等固液分离方法。煤炭经过加氢液化产生的液化油含有较多的芳香烃，并含有较多的氧、氮和硫等杂原子，必须再经过提质加工才能生产合格的汽油和柴油产品。不同的工艺路线，得到的直接液化产品也相差甚远，同时液化产品也与煤种和反应条件例如压力、温度和催化剂有关[31,32]。

（三）费-托(F-T)合成油

F-T合成油是由含有碳、氢的物质如煤炭、天然气和植物等，经气化转化成含氢气、一氧化碳的合成气，再将合成气进一步反应生成液体的产物。随着世界石油资源的日趋短缺和人们对环保要求的不断提高，由煤或天然气经F-T合成技术合成液体燃料已成为业内广为关注的焦点。将煤炭先气化再合成油品的过程，也称为煤间接液化。F-T合成主要包括以铁剂为催化剂的浆态床反应工艺和以钴剂为催化剂的固定床工艺两种。F-T合成油品最大的特点是无硫、无氮、无芳，主要成分是正构烃(烷烃、烯烃及其含氧化合物)。钴剂F-T合成油的正构烃含量>95%，铁剂F-T合成油的正构烃含量稍低一些，一般为90%～95%。F-T合成油品中含有大量烯烃和一定量的含氧有机化合物，烯烃作为车用燃料很不稳定，在运输和储存过程中容易变质，且挥发后和大气中的 NO_x 混合在一起，经紫外线照射形成以臭氧为主的有毒化学烟雾对大气造成严重污染；含氧有机化合物对设备腐蚀严重，同时少量含氧化合物及烯烃的存在，增加了蜡的不稳定性，影响了蜡的品质[33]。F-T合成蜡碳数分布范围较广，其碳数分布为 C_2～C_{100}[34]。

典型F-T合成产品各馏分的性质如表4-4-3所示。

表4-4-3 F-T合成产品中轻油、重油及合成蜡的性质

油样	冷阱料(轻油)	热阱料(重油)	合成蜡
密度(20℃)/(g/cm³)	0.7405	0.7949	0.8310
凝点/℃	-34	34	—
总酸值/(mgKOH/g)	5.03	0.44	—
溴价/(gBr/100g)	39.5		
氮/(μg/g)	5.5	7.1	1.6
硫/(μg/g)	<0.5	3.0	1.6
氧/%	1.94	0.77	0.37
氢/%	14.87	14.71	14.60
馏程/℃	97～295	194～415	85～686

其中F-T合成重油和F-T合成蜡碳数分布如图4-4-1及图4-4-2所示。

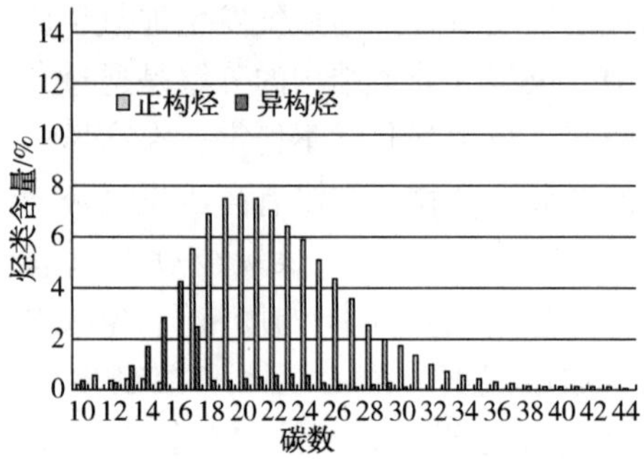

图 4-4-1　F-T 合成产品重油馏分碳数分布

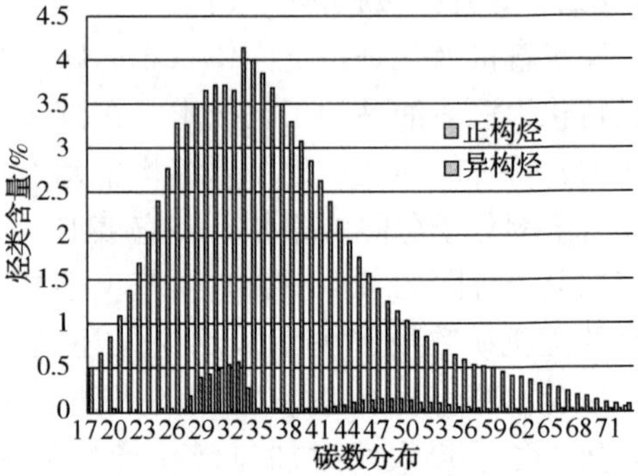

图 4-4-2　F-T 合成产品蜡油馏分碳数分布

（四）动植物油脂

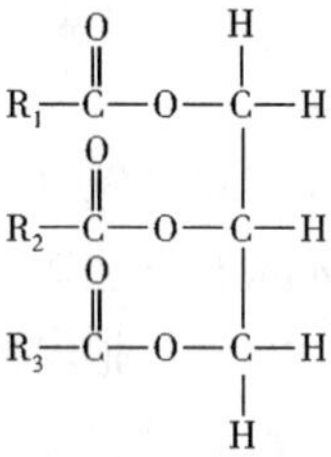

图 4-4-3　甘油三酯分子结构示意图

动植物油脂在室温下呈液态的油脂称为油，呈固态或半固态的称为脂肪。动植物油脂的碳数大都集中在 C_{16}～C_{18}。动植物油脂的组成主要为碳、氢和氧，并以饱和或者不饱和高级脂肪酸的甘油酯形式存在，其中甘油三酯含量达到 91%～99%。图 4-4-3 为甘油三酯分子结构示意图，表 4-4-4 为典型植物油脂的化学组成，表 4-4-5 为甘油三酯的脂肪酸分布。

图中如果 R_1、R_2、R_3 相同，则为单纯甘油酯；如果 R_1、R_2、R_3 不相同，则为混合甘油酯。天然油脂大多数是多种混合甘油酯的混合物。

表 4-4-4　典型油脂的化学组成　　%

组　分	菜籽油	大豆油	组　分	菜籽油	大豆油
甘油三酯	91.8～99.1	93～99.2	磷脂(酸脱胶油)	～0.1	～0.2
磷脂(毛油)	～3.5	～4.0			

表 4-4-5　甘油三酯的脂肪酸分布

脂肪酸	菜籽油	豆油	脂肪酸	菜籽油	豆油
C_{16}：0①	3.6	10.9	C_{18}：3	9.6	7.1
C_{16}：1	0.2	0.2	C_{18}总计	91.3	88.2
C_{16}总计	3.8	11.1	C_{20}：0	0.6	—
C_{18}：0	1.5	4.0	C_{20}：1	1.4	0.2
C_{18}：1	60.1	23.8	C_{22}：1	0.2	—
C_{18}：2	20.1	53.3	C_{20}及以上总计	2.2	0.2

① C_{10}表示有 16 个碳；后缀"：0"表示不含双键，"：1"表示含 1 个双键，"：2"表示含 2 个双键，以此类推。

二、非常规原料加氢裂化技术及应用

（一）煤焦油

加氢精制-加氢裂化组合技术是目前加工处理煤焦油的最主要手段。加氢精制-加氢裂化组合技术在脱除煤焦油中所含 S、N、O 和金属等杂原子的同时，对煤焦油的烯烃、芳烃、胶质和沥青质进行加氢，对大分子化合物进行开环、裂解生成小分子饱和烃，生产优质的石脑油和柴油组分。

目前，处理煤焦油的固定床加氢技术主要采用一段加氢精制、二段加氢裂化的两段工艺流程，如图 4-4-4 所示。煤焦油原料与氢气混合后，首先进入加氢预精制反应器，脱除煤焦油中的双烯类等易结焦前驱物，从预精制反应器出来的反应物料直接进入加氢精制反应器，脱除原料中的金属杂质和 S、N、O 等杂原子，并对烯烃、芳烃和胶质等进行加氢反应，从精制反应器出来的物料依次进入高分、低分和产品分馏塔，分馏塔侧线出石脑油和柴油产品。从分馏塔底出来的精制尾油送到加氢裂化反应器进行裂解，从裂化反应器的物料依次进入高分、低分和产品分馏塔，分馏塔侧线出石脑油和柴油产品，分馏塔底出来的未转化油送回加氢裂化反应器进行循环裂解。精制段和裂化段既可以各自独立设置产品分馏塔，也可以共用一个产品分馏塔。

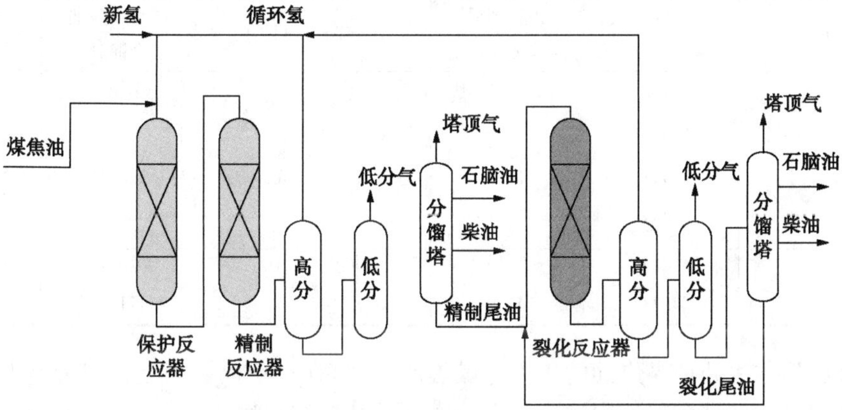

图 4-4-4　煤焦油两段加氢流程示意图

煤焦油密度大($>1.0g/cm^3$)、芳烃含量高($>90\%$)，质量差，加氢精制、加氢裂化的条件苛刻，煤焦油典型加氢精制、加氢裂化操作条件如下：

反应压力：15~18MPa；

体积空速：$0.2\sim0.4h^{-1}$(加氢精制)；$0.4\sim1.0h^{-1}$(加氢裂化)；

氢油体积比：(2000：1)~(3000：1)(加氢精制)；(1000：1)~(2000：1)(加氢裂化)；

反应温度：350~400℃(加氢精制)；380~420℃(加氢裂化)。

由于煤焦油除含有很高的 S、N、O 等杂原子外，还含有大量的烯烃、胶质、金属杂质和焦粉等。烯烃和胶质，尤其是二烯烃，容易在换热器、加热炉和反应器等高温部位发生结焦，导致反应系统压力降快速上升。煤焦油中的微小胶粉随原料油进入反应系统，会沉积在反应器上部，同样会导致反应器压力降快速上升。金属杂质中的 Fe、Ca 等会在反应器上部形成一层硬壳，导致反应器压力降快速上升；金属杂质中的 Na、K、Mg 等碱金属和 Ni、V 等重金属，会导致催化剂永久失活。因此，如果煤焦油仅进行简单的脱水处理便直接作为固定床加氢装置的进料，则装置的运行周期都很短，一般只有三个月到六个月。因此，为了延长固定床装置的运行周期，煤焦油在进加氢装置前，除进行脱水外，还需要进行预处理。目前，煤焦油加工技术路线主要有：

① 煤焦油全馏分过滤(脱固、脱金属)—加氢精制—加氢裂化；

② 煤焦油减压蒸馏(脱固、脱金属)—加氢精制—加氢裂化;

③ 煤焦油浅度焦化—分馏—加氢精制—加氢裂化;

④ 煤焦油悬浮床(浆态床)加氢—加氢精制—加氢裂化;

⑤ 煤焦油沸腾床加氢—加氢精制—加氢裂化。

上述煤焦油加工技术在国内均有工业应用业绩，各有优缺点:

1. 煤焦油全馏分过滤(脱固、脱金属)—加氢精制—加氢裂化技术路线

过滤煤焦油的设备可以是滤网、滤布、滤板等，为了提高过滤效果，也可以在煤焦油中添加一些极性物质，如白土、硅藻土等。表 4-4-6 为全馏分中低温煤焦油过滤处理前后的质量对比[35]。从表中可以看出，经过滤处理后，煤焦油的质量大为改善，主要表现为金属含量大幅降低，水含量、灰分和甲苯不溶物等明显减少。

表 4-4-6　煤焦油全馏分原料和预处理单元产品性质

项　　目	原料煤焦油全馏分	预处理后煤焦油全馏分	项　　目	原料煤焦油全馏分	预处理后煤焦油全馏分
收率/%	100	99.76(无水基)	灰分/%	0.07	0.01
密度(20℃)/(g/cm³)	1.0111	1.0101	甲苯不溶物/%	0.60	0.41
硫含量/(μg/g)	1847	1759	总金属含量/(μg/g)	210.31	16.60
氮含量/(μg/g)	5568	5591	Ca/Fe	127.90/36.68	2.96/3.76
水分/%	1.39	0.15	Na/Mg	10.15/4.21	4.09/0.12
残炭/%	4.73	4.28	Al/K	23.71/5.72	1.81/3.86

采用过滤的方法处理煤焦油的优点是煤焦油收率高(>99%)，不足之处是煤焦油金属含量相对还是较高，而且煤焦油中的烯烃和胶质等易结焦前驱物并没有减少，因此，对延长装置运行周期的效果有限。

2. 煤焦油减压蒸馏(脱固、脱金属)—加氢精制—加氢裂化技术路线

煤焦油通过减压蒸馏，将煤焦油中的绝大部分金属和机械杂质等留在尾渣中，从减压塔底排出，从减压塔侧线出来的煤焦油质量得到明显改善。

表 4-4-7 是经减压塔切割后<420℃中低温煤焦油馏分的主要性质[36]。从表中可以看出，煤焦油原料经减压塔切尾后，总金属含量减少到 10μg/g 左右，密度(20℃)也降低到 1g/cm³ 以下。

表 4-4-7　中低温煤焦油<420℃减压馏分原料性质

项　　目	加氢原料性质	项　　目	加氢原料性质
密度(20℃)/(g/cm³)	0.9990	Ni/V	0.5/<0.1
硫含量/(μg/g)	1650	Na	0.5
氮含量/(μg/g)	6100	馏程/℃	
氧含量/%	6.04	初馏点/10%	203/216
金属含量/(μg/g)		50%/70%	305/350
Fe/Ca	7.1/2.3	90%/95%	388/431

采用减压塔切尾的方发处理煤焦油的方法，优点是可以显著降低煤焦油原料的金属和焦

粉等机械杂质含量，不足之处是煤焦油收率较低(~80%)，而且与上述过滤的预处理方法一样，煤焦油中的烯烃和胶质等易结焦前驱物并没有减少，因此，虽然对延长装置运行周期的效果比采用过滤的预处理方法明显，但也非常有限。

3. 煤焦油浅度焦化—分馏—加氢精制—加氢裂化技术路线

先对煤焦油进行浅度焦化处理，使煤焦油中易结焦的结焦前驱物在焦化塔中结焦，将焦化后的煤焦油再进减压塔进行切尾处理。

该技术路线的优点是不仅煤焦油的金属和焦粉等机械杂质含量显著降低，而且易结焦的结焦前驱物含量也显著降低，可有效延长装置的运行周期(一般可达九个月到一年以上)。不足之处是煤焦油收率较低(略低于减压切尾)。

4. 煤焦油悬浮床(浆态床)加氢—加氢精制—加氢裂化技术路线

煤焦油悬浮床(浆态床)加氢预处理流程如图 4-4-5 所示。煤焦油在悬浮床(浆态床)反应器内进行临氢热裂化反应，反应产物进入分馏塔，分馏塔的侧线产物作为后续固定床加氢(精制/裂化)进料，富含金属(包括催化剂)和其他杂质的尾渣从分馏塔底排出，一部分外甩出装置，另一部分送回原料缓冲罐进行循环裂解，以提高煤焦油收率。

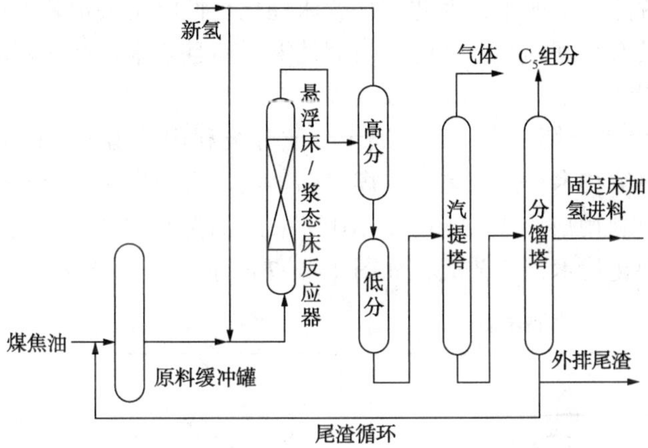

图 4-4-5　煤焦油悬浮床(浆态床)加氢预处理流程示意图

煤焦油采用悬浮床(浆态床)加氢预处理的优点是在有效脱除煤焦油的金属和焦粉等机械杂质的同时，可保持较高的煤焦油收率(只需外甩 2%~5%尾渣)。不足之处是由于悬浮床(浆态床)加氢属于临氢热裂化过程，催化剂的加氢能力很弱，处理后的煤焦油的烯烃等易结焦前驱物含量仍很高，因此，对延长固定床加氢装置运行周期的贡献有限。另外，从分馏塔底排出的尾渣含有大量的金属和硫、氮等物质，只能按危化品处理。

5. 煤焦油沸腾床加氢—加氢精制—加氢裂化技术路线

煤焦油沸腾床加氢预处理流程如图 4-4-6 所示。其流程与煤焦油悬浮床(浆态床)加氢预处理流程一样，只是将悬浮床(浆态床)反应器换成沸腾床反应器。

煤焦油沸腾床加氢预处理除具有与悬浮床(浆态床)加氢预处理相同的优点外，由于沸腾床加氢属加氢热裂化过程，催化剂具有较高的加氢活性，不仅能有效脱除原料中的 S、N、O 和金属等杂原子，还可对烯烃、芳烃和胶质等易结焦前驱物进行加氢，因此，可有效延长固定床加氢装置的运行周期，而且固定床加氢精制反应器前也不需要设一台加氢保护反应器。从分馏塔底排出的尾渣，硫和金属杂质含量低，可用于生产低硫焦。此外，由于煤焦油

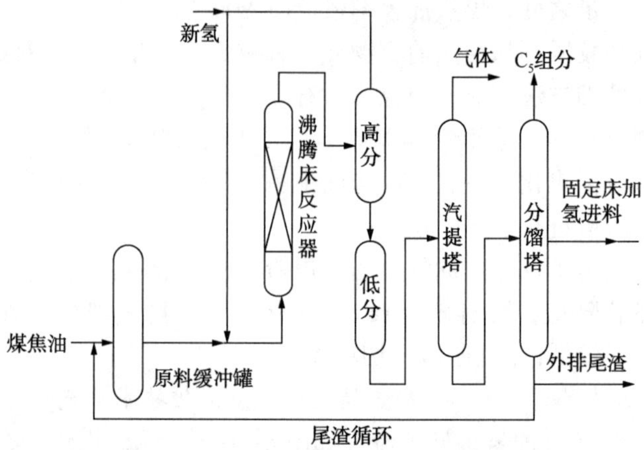

图 4-4-6　煤焦油沸腾床加氢预处理流程示意图

中的含氧化合物基本已在沸腾床反应器内被脱除干净，后续不会再有水生成，所以后续的固定床加氢精制和加氢裂化可采用串联流程，而不需要采用两段流程。不足之处是煤焦油的氧在沸腾床反应器被脱除并生成水，因此，沸腾床催化剂性能是决定装置运行周期的关键。沸腾床催化剂不仅要具有很好的加氢性能、耐磨性能，而且要求具有很好的耐水性能。

6. 中低温煤焦油加氢提质技术的工业应用

国家能源局于 2015 年第一次正式对煤炭分质分级利用提出了明确的规划，其核心是通过低阶煤的中低温热解技术，产出焦油、煤气和半焦，实现煤炭的分质分级清洁高效转化利用，煤焦油清洁高效利用成为重要环节。RIPP 采用加氢精制-加氢裂化两段法工艺路线，开发了煤焦油加氢裂化技术，工艺流程如图 4-4-7 所示。

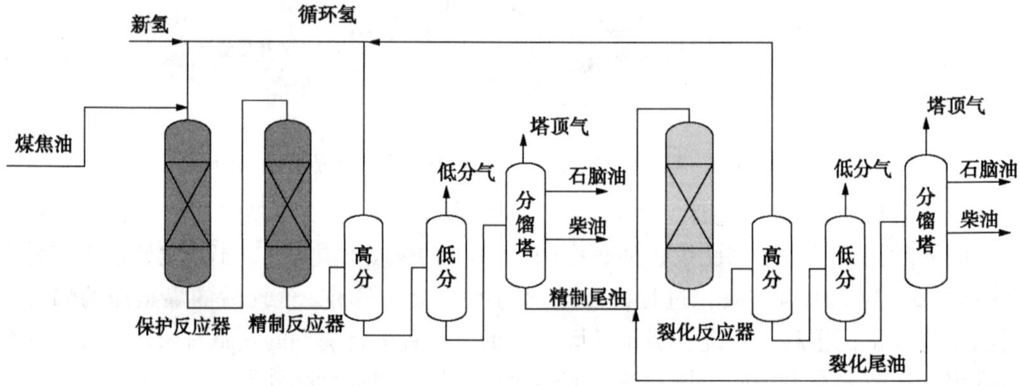

图 4-4-7　煤焦油加氢工艺流程示意图

该技术 2018 年在某公司煤焦油加氢装置上实现了成功应用。该装置的主要产品为石脑油和柴油，其工业应用的操作条件和产品性质分别如表 4-4-8 和表 4-4-9 所示[36]。

表 4-4-8　煤焦油加氢裂化装置工业操作条件

工艺条件	加氢精制单元	加氢裂化单元	工艺条件	加氢精制单元	加氢裂化单元
氢分压/MPa	基准	基准	体积空速/h^{-1}	基准×1.5	基准×2.5
加氢精制反应温度/℃	基准+10	基准+15	标准状态氢油体积比	基准	基准×0.53

表 4-4-9　煤焦油加氢裂化装置原料和产品性质

项　目	原　料	石脑油	柴　油
馏程范围/℃	125~460	<150	150~360
密度(20℃)/(g/cm³)	0.9968	0.7484	0.8443
硫含量/(μg/g)	1608	1.2	1.3
氮含量/(μg/g)	5160	0.3	5.8
芳潜/%		74	
凝点/℃			-6
十六烷值			49.0

由表中结果可知，该装置所生产的石脑油馏分的密度为 0.7484g/cm³、硫含量为 1.2μg/g、氮含量为 0.3μg/g、芳潜为 74%，可作为优质的重整装置原料。柴油馏分的密度为 0.8443g/cm³、硫含量为 1.3μg/g、十六烷值为 49，可作为低硫清洁柴油调和组分。

(二) 费-托(F-T)合成油

目前，我国已分别在宁夏宁煤集团(4.0Mt/a)、内蒙古伊泰集团杭锦旗(1.2Mt/a)、山西潞安集团(1.0Mt/a)和陕西未来能源化工有限公司兖矿榆林(1.0Mt/a)建成四套百万吨级煤基合成油工业装置。

与石油不同，F-T 合成油中不含硫、氮等杂质，也基本不含芳烃，但含有烯烃、含氧化合物以及金属杂质。烯烃和含氧化合物主要集中在轻组分中，而金属杂质主要集中在 F-T 蜡中(经过精过滤后，F-T 蜡的金属含量可以控制在 5μg/g 以下)。因此，F-T 合成油加氢精制饱和烯烃和脱除含氧化合物的操作条件比较缓和。F-T 蜡碳分布较宽，一般为 20~100 个碳，凝点高(>100℃)，烃类结构单一，基本为正构烷烃，比较容易裂解，生产油品时，要求催化剂具有较高的异构性能。

用 F-T 合成油生产油品(石脑油、柴油)时，其典型的加氢精制、加氢裂化操作条件如下：

加氢精制：压力 6~8MPa、体积空速 $2\sim3h^{-1}$，氢油体积比 400~600，平均反应温度 300~360℃。

加氢裂化(异构降凝)：压力 6~8MPa、体积空速 $2h^{-1}$，氢油体积比 600~800，平均反应温度 300~360℃。

宁夏宁煤集团 4.0Mt/a 煤基 F-T 合成油、内蒙古伊泰集团杭锦旗 1.2Mt/a 煤基 F-T 合成油和山西潞安集团 1.0Mt/a 煤基 F-T 合成油的油品加工均采用 DRIPP(FRIPP)推荐的加工流程和催化剂。

DRIPP(FRIPP)推荐的 F-T 合成油加氢精制操作流程如图 4-4-8 所示。全馏分(从 F-T 合成装置出来的合成油一般包括轻质馏分油、重质馏分油和重质蜡三股物料)进加氢精制反应器进行脱金属、脱氧和烯烃加氢反应，反应产物经高分、低分后，进产品分馏塔分离出石脑油、轻柴油、重柴油和精制蜡。石脑油和轻柴油作为产品出装置送产品灌，重柴油作为异构降凝反应进料，精制蜡作为加氢裂化反应进料。

蜡油加氢裂化和重柴油异构降凝组合装置流程示意图如图 4-4-9 所示。来自加氢精制分馏塔(或中间罐区)的重柴油进异构降凝反应器进行加氢异构降凝反应，降低柴油凝点。

来自加氢精制分馏塔(或中间罐区)的精制蜡进加氢裂化反应器进行加氢裂化，生产石脑油和柴油。异构降凝和加氢裂化反应产物依次经高分、低分后，进产品分馏塔分离出石脑油、轻柴油，分馏塔底未转化尾油循环回加氢裂化反应器进行循环裂解。

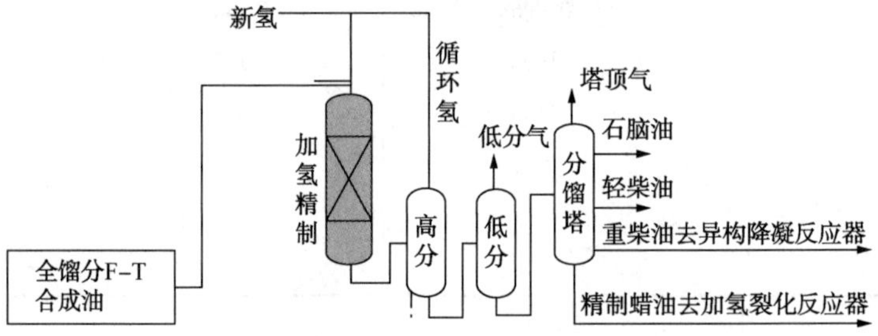

图 4-4-8　全馏分 F-T 合成油加氢精制流程示意图

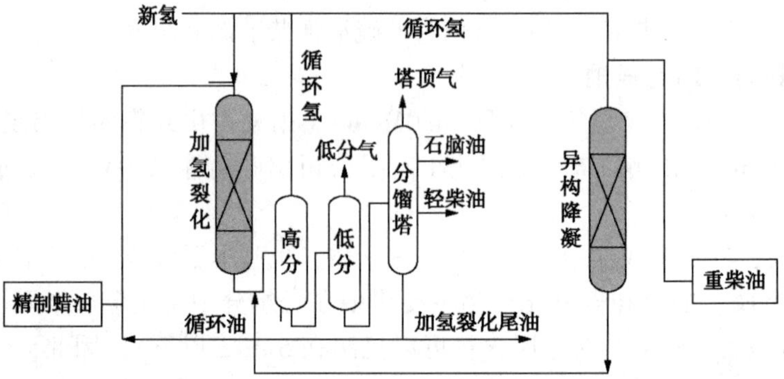

图 4-4-9　蜡油加氢裂化和重柴油异构降凝组合装置流程示意图

加氢精制生产的轻柴油十六烷值大于 75，加氢裂化和异构降凝生产的轻柴油十六烷值大于 60，凝点低于-20℃。

此外，我们还可以根据 F-T 合成油正构烃含量高的特点，生产一些用石油基难于生产的高附加值产品：F-T 合成油加氢精制后，其轻质馏分经过分馏切割，可以生产各种清洁特种油品，如正构烷烃溶剂油、液体石蜡等；精制蜡经过分馏切割后，可以生产石蜡产品，或经加氢异构脱蜡可生产黏度指数大于 150，无硫、无氮、无芳的优质 API Ⅲ$^+$类润滑油基础油[37,38]。

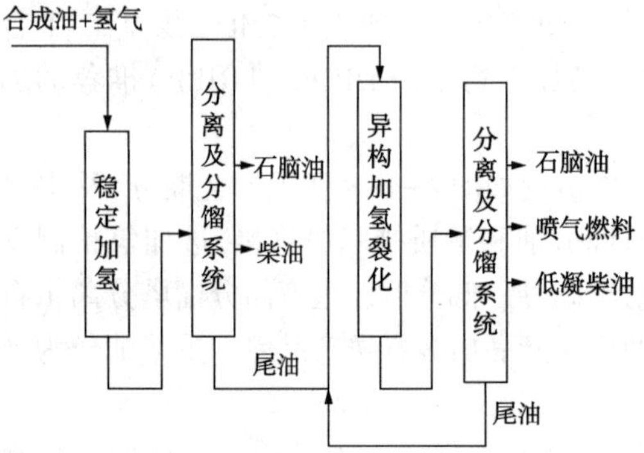

图 4-4-10　CFHL 技术流程示意图

低温法 F-T 合成产物中含有一定量的烯烃、含氧化合物(如醇、酸)，且因其烃类组成特点导致的流动性差等原因，导致 F-T 合成产物无法直接使用。加氢提质技术不仅可以脱除杂质，而且可以选择性地改变其分子结构，CFHL 技术是 RIPP 开发的以低温法 F-T 合成油为原料最大化生产柴油的加氢提质技术。该技术工艺流程简图如图 4-4-10 所示。

该技术于 2015 年 8 月在陕西未来能源化工有限公司 1.0Mt/a 合成油加氢提质装置工业应

用成功，工业标定表明在>370℃转化率达到46.2%时，柴油选择性仍然达到82.2%。产品主要性质如表4-4-10所示[39]。

表4-4-10　CFHL技术工业应用原料和产品性质

项　目	混合石脑油	稳定加氢柴油	异构裂化柴油
密度(20℃)/(g/cm^3)	0.678	0.767	0.761
硫含量/(μg/g)	0.52	0.01	0.01
闭口闪点/℃		65.2	67.2
凝点/℃		<-20	-53
十六烷值		81	76

（三）动植物油脂

与煤焦油、F-T合成油一样，动植物油脂也含有氧，这些含氧化合物加氢后会生成水，因此，要求用于处理动植物油脂的加氢催化剂要具有较高的耐水性能。动植物油脂主要以甘油三酯的形式存在，图4-4-11为甘油三酯加氢反应的主要产物。

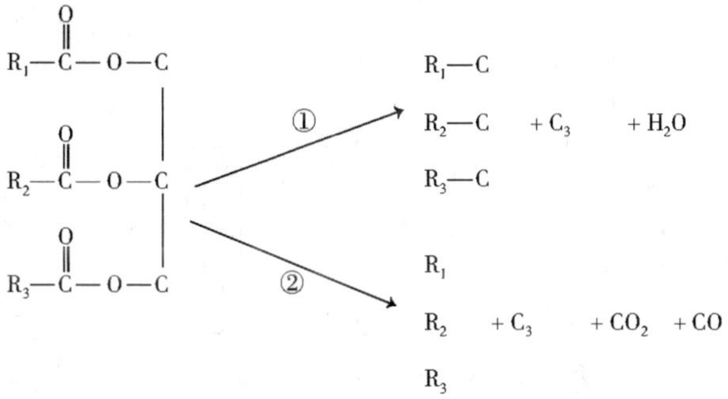

图4-4-11　甘油三酯加氢反应路径示意图

甘油三酯加氢过程涉及多个复杂的反应，包括加氢饱和、加氢脱氧、加氢脱羧/脱氧等。甘油三酯除了特征基团外，在脂肪酸碳链上还存在着不饱和的碳碳双键，这些基团首先与氢气反应，碳碳双键变成饱和的碳碳单键，碳链长度与脂肪酸碳链长度相同。然后部分脂肪酸以生成H_2O的形式脱除氧原子，获得与脂肪酸碳链长度一致的正构烷烃(如反应路径①)，另一部分则通过脱羧基或脱羰基反应脱除氧原子，生成比脂肪酸少一个碳的正构烷烃以及CO_2和CO小分子(如反应路径②)。由于动植物油脂在加氢过程中会生成CO_2和CO，如果加氢装置采用氢气循环，则CO_2和CO会在反应系统中累积(浓度可高达百分之几到百分之几十)，CO_2会影响加氢装置的氢分压，而CO对催化剂的加氢性能有显著危害(CO_2和CO对加氢装置和催化剂的危害将在第十章第三节详细介绍)，因此，如何减少加氢反应过程生成CO_2和CO以及如何及时将反应生成的CO_2和CO从反应系统中移出，避免其在反应系统中累积，是动植物油脂加氢的技术关键。

动植物油脂加氢生成的主要产物为碳链长度为C_{16}~C_{18}的正烷烃类，其馏程与柴油接近，但因凝点高，不能直接作为柴油组分。通过加氢异构降凝，可以生产低凝点、高十六烷值的柴油组分，通过加氢异构降凝还可生产喷气燃料组分。

RIPP开展了动植物油脂加氢技术的研究，结果表明，加氢直接脱氧、加氢脱羰基、加氢脱羧基不同反应途径氢耗、产品各组分收率具有较大区别，如表 4-4-11 所示。

表 4-4-11　油脂加氢反应

反应类型	加氢直接脱氧	加氢脱羰基	加氢脱羧基
化学氢耗/%	3.2	1.8	1.1
液体烃质量收率/%	85.5	80.6	80.6
丙烷质量收率/%	5.1	5.1	5.1
副产物质量收率/%			
H_2O	12.6	6.3	—
CO	—	9.8	—
CO_2	—	—	15.4

由于动植物油脂加氢后产品杂质含量低，饱和直链烃含量高，不含芳烃，可以用作化工原料。进而开发了 SRGD 技术(Sinopec Renewable Green Diesel Production Technology)和专用的系列催化剂。SRGD 技术工艺流程简图见图 4-4-12。

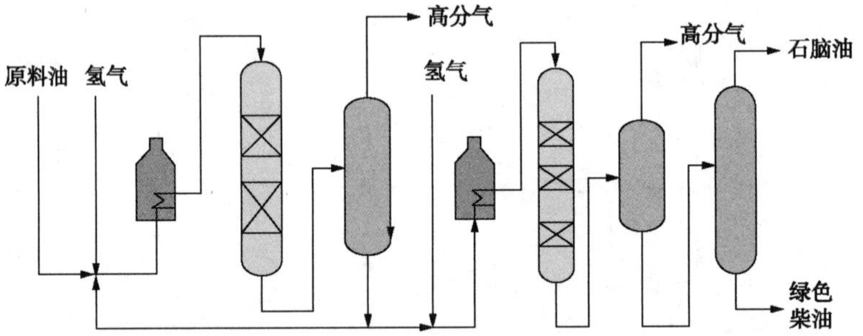

图 4-4-12　SRGD 技术工艺流程简图

该技术可适应多样性的原料，如菜籽油、大豆油等；棕榈油、乌桕油等；废弃油脂，如餐饮废油、地沟油等；脂肪酸甲酯。该技术采用配套的抗水热稳定性的加氢脱氧催化剂：采用水热稳定性好、加氢活性高的加氢脱氧催化剂，解决了裂解催化剂在水蒸气下的失活问题；采用高中间馏分油选择性的异构转化催化剂：采用非贵金属的异构转化催化剂，降低了催化剂成本，简化了工艺流程。该技术液体产品收率高、产品质量好，油脂加氢液体烃收率达 80%以上，产品柴油密度 0.77~0.79g/cm^3，十六烷值可达 70 以上，硫含量低于 1μg/g；产品石脑油硫氮含量低于 0.5μg/g，是优质的裂解原料。主要产品方案及性质如表 4-4-12 所示。

表 4-4-12　SRGD 技术主要产品性质

产品牌号	0 号柴油	-10 号柴油	GB 19147—2016
氧化安定性(以总不溶物计)/(mg/100mL)	<0.3	<0.3	≤2.5
硫含量/(mg/kg)	<1.0	<1.0	≤10
多环芳烃/%	0	0	≤7
净热值/(MJ/kg)	43.9	44.1	
十六烷值	94	83	≥51
密度(20℃)/(kg/m^3)	776.5	776.1	810~845

参　考　文　献

[1] 方向晨. 加氢裂化工艺与工程[M]. 北京：中国石化出版社，2016.

[2] 曾榕辉. 国外加氢技术新进展[C]. 中国石化炼油加氢技术交流会论文集. 北京：中国石化出版社，2016.

[3] 李涛，李江松，丁秀涛，等. 蜡油加氢裂化轻油型裂化催化剂 FC-46 应用总结[J]. 2019 年炼油加氢技术交流会论文集：580-584.

[4] 刘政伟. 压减柴油、增产喷气燃料及优质化工原料加氢裂化技术工业应用[J]. 2019 年炼油加氢技术交流会论文集：530-537.

[5] 赵广乐，毛以朝，赵阳，等. RIPP 多产石脑油加氢裂化技术开发及应用[J]. 2019 年炼油加氢技术交流会论文集：695-701.

[6] 王仲义，邓兴硕，刘昶，等. 新一代灵活型加氢裂化催化剂的研制及工业应用[J]. 炼油技术与工程，2015，359(09)：64-67.

[7] 赵广乐，赵阳，莫昌艺，等. 增产喷气燃料和优质尾油的加氢裂化技术开发及应用[J]. 中国石化加氢技术交流会论文集. 2021，441-451.

[8] 曾榕辉，孙洪江. FDC 单段两剂多产中间馏分油加氢裂化技术开发及工业应用[C]. 中国石化加氢技术情报站，加氢裂化技术论文集. 沈阳，2008：23-29.

[9] 毛以朝，杨清河，董松涛，等. RIPP 加氢裂化催化剂的持续创新与工业实践[J]. 2019 年炼油加氢技术交流会论文集，625-639.

[10] 任谦，于永久，史家亮，等. 大比例增产喷气燃料兼产优质尾油加氢裂化技术工业应用[J]. 中国石化加氢技术交流会论文集，2021，409-421.

[11] 白宏，陈大跃，彭移兵. FD2G 催化柴油加氢转化技术工业应用[J]. 2018 中国石化炼油加氢技术交流会论文集.

[12] 白永伟，周向忠，余颖庆，等. 多产石脑油催化剂在庆阳石化柴油加氢装置上的运用[J]. 2019 年炼油加氢技术交流会论文集，2019，406-411.

[13] 吴子明，刘红磊，孙洪江，等. 直馏柴油加氢裂化增产喷气燃料及化工原料技术开发及应用[J]. 2019 年炼油加氢技术交流会论文集，2019，459-464.

[14] 任亮，张毓莹，许双辰，等. 柴油加氢改质技术在柴油质量升级中的工业应用[J]. 2019 年炼油加氢技术交流会，2019，483-493.

[15] 任亮，张毓莹，许双辰，等. 柴油加氢改质技术在柴油质量升级中的工业应用[J]. 2019 年炼油加氢技术交流会，2019，483-493.

[16] 黄小波，罗伟，王志平. 蜡油中压加氢裂化生产喷气燃料技术的首次工业应用[J]. 石油炼制与化工，2019(12)：6-11.

[17] 杨杰，李保良. FF-66\\FC-32A 催化剂中压加氢改质装置初期运行总结[J]. 2019 年炼油加氢技术交流会论文集. 2019，386-390.

[18] 李立权，陈崇刚，陈剑，等. Sheer 加氢裂化技术——第一代 Sheer 加氢裂化技术的工业验证[J]. 炼油技术与工程，2013，(2)：1-5，12.

[19] 彭冲，方向晨，曾榕辉，等. 高能效 SHEER 加氢成套技术开发及工业应用[J]. 石油学报(石油加工)，2015，31(3)：657-662.

[20] 冯敏清. 高能效加氢成套技术通过鉴定[J]. 化工管理，2013，(13)：52-54.

[21] 李志敏. 多产 DCC 原料的超劣质蜡油加氢裂化装置再生工业运转结果分析[J]. 中外能源，26(1)：76-81.

[22] 段同俊. 劣质柴油加氢改质催化剂及工艺研究[D]. 北京：中国石油大学，2011.

[23] 涂安斌. 1.8Mt/a RVHT 蜡油加氢装置的运转情况及对催化裂化产品分布的影响[J]. 石油炼制与化工，2017，48(4)：52-56.
[24] 付兆霖. 蜡油-催化柴油混合油加氢催化剂及工艺的研究[D]. 青岛：中国石油大学(华东)，2013.
[25] 蒋立敬. 渣油加氢反应动力学及组合工艺研究[D]. 大连：大连理工大学，2011.
[26] 童军，黎臣麟，武宝平，等. 催化剂级配在加氢裂化装置中的应用[J]. 石油化工，2019，48(11)：1174-1179.
[27] 张毓莹，杨平，许双辰，等. LCO 生产汽油或 BTX 组分的加氢裂化 RLG 技术开发及工业应用新进展[J]. 2019 年炼油加氢技术交流会，2019，494-501.
[28] 张军民，刘弓. 低温煤焦油的综合利用[J]. 煤炭转化，2010，33(3)：96-100.
[29] 贺永德. 煤炭热解(干馏)及煤焦油加工技术经济分析[J]. 中国经贸导刊，2010，637(18)：24-25.
[30] 常院. 煤焦油加氢技术对比及经济分析[D]. 西安：西北大学，2018.
[31] 张玉卓. 神华集团大型煤炭直接液化项目的进展[J]. 中国煤炭，2002，(5)：8-10.
[32] 孔维伟. 煤焦油和页岩油的组成分析[D]. 大连：大连理工大学，2013.
[33] 白尔铮. 费托合成燃料的经济性及发展前景[J]. 化工进展，2004，23(4)：370-374.
[34] 闫朋辉，陶智超，郝坤，等. 金属载体结合方式对镍钨催化剂费托合成蜡加氢裂化性能的影响[J]. 燃料化学学报，2013，41(6)：691-697.
[35] 宋永一，刘继华，张庆军. 中低温煤焦油全馏分预处理-固定床加氢裂化技术工业应用[J]. 2019 年炼油加氢技术交流会论文集，2019，1239-1242.
[36] 李猛，吴昊，戴立顺，等. 中低温煤焦油加氢生产清洁燃料技术开发与应用[J]. 2019 年炼油加氢技术交流会论文集，2019，1243-1246.
[37] 孙国权，全辉，姚春雷，等. 费托合成轻油加氢生产轻质白油技术[J]. 2019 年炼油加氢技术交流会论文集，2019，941-945.
[38] 孙国权，全辉，姚春雷，等. 费托合成油异构降凝生产 API Ⅲ+润滑油基础油技术开发[J]. 2019 年炼油加氢技术交流会论文集，2019，992-996.
[39] 吴昊，胡志海，聂红，等. 低温法费-托合成油加氢提质 CFHL 技术开发及工业应用[J]. 石油炼制与化工，2017，48(3)：1-4.

第五章　渣油加氢工艺过程

第一节　固定床渣油加氢技术与应用

一、SFI 渣油加氢与催化裂化深度组合系列技术特点

为充分发挥渣油加氢和催化裂化两套装置在炼厂重油转化中的核心作用，进一步提高清洁油品产率和质量，DRIPP(FRIPP)开发出了 SFI 渣油加氢处理和催化裂化深度组合系列技术。

DRIPP(FRIPP)开发的 SFI 渣油加氢与催化裂化深度组合系列工艺技术主要特点有：

① 渣油加氢装置不设产品分馏系统，加氢装置热低分油和冷低分油直接外送供做下游催化裂化装置进料。

② 催化裂化装置取消回炼油和/或油浆在装置内直接回炼操作，将催化裂化柴油、回炼油和/或油浆外循环到渣油加氢装置，和新鲜渣油及任选的馏分油一起，在高压氢气及加氢催化剂存在下，在适宜氢油体积比、体积空速、反应温度等条件下进行加氢处理。

③ 渣油加氢装置不仅可以掺炼加工来自下游重油催化裂化装置的催化裂化柴油、回炼油和/或油浆，而且还可以掺炼加工来自其他催化裂化装置甚至外购的催化裂化柴油、回炼油和/或油浆，除此之外还可以掺炼加工直馏蜡油(VGO)、焦化蜡油(CGO)、脱沥青油(DAO)、溶剂抽出油、乙烯裂解焦油、页岩油、煤焦油、生物质高温热裂解焦油、动植物油脂等。

④ 渣油加氢装置所产热低分油和冷低分油是催化裂化装置的优质进料，有利于催化裂化装置平稳操作，可以改善催化裂化装置产品分布和产品质量。

SFI 渣油加氢与催化裂化深度组合系列技术工艺流程如图 5-1-1 所示。

SFI 技术工艺流程简单，技术成熟可靠，装置建设投资和操作费用较低，可以实现重油深度转化最大量生产高价值汽油产品，显著提高原油资源利用率，从而可以大幅度提高炼化企业总体经济收益。

催化柴油和/或回炼油和/或催化油浆循环回加氢处理装置，与渣油原料一起进行加氢处理，可以在脱除硫、氮、金属等杂质的同时，使芳烃特别是多环芳烃等部分加氢饱和并转化为环烷并单环芳烃和多环环烷烃，使其成为优质的催化裂化装置进料，该组合加工技术是催化回炼油和/或催化油浆深度加工利用的有效途径之一。研究表明，与回炼油和/或催化油浆在催化裂化装置内部循环相比，回炼油和/或催化油浆与渣油原料一起加氢处理后再进催化裂化装置加工，催化汽油和液化气等高价值产品产率明显提高，产品性质改善，能够显著提高原油资源利用率，有很好的经济效益和社会效益。

金陵分公司依托 SFI 技术对渣油加氢处理与催化裂化装置进行了技术改造，催化裂化装置部分重柴油循环至渣油加氢装置进行加氢处理，经分馏后的加氢渣油进入催化裂化装置加

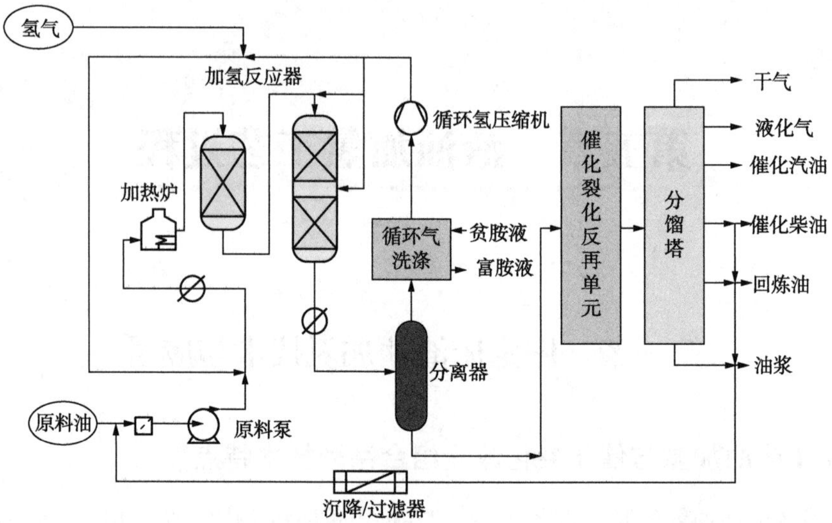

图 5-1-1　SFI 渣油加氢与催化裂化深度组合系列技术工艺流程图

工。工业装置运行结果表明，与改造前相比，渣油加氢和催化裂化两套装置的能耗降低了 0.2kgEO/t、0.64kgEO/t，汽油收率提高了 2.15 个百分点，柴油收率提高了 1.68 个百分点，催化轻质油收率提高了 3.83 个百分点，轻液体收率提高了 2.94 个百分点，焦炭收率降低了 2.81 个百分点，稳定汽油和催化柴油质量有所改善。经过技术改造后，大幅提高了联合装置生产运行经济效益。

固定床渣油加氢是 20 世纪 60 年代在馏分油加氢技术的基础上发展起来的。在 60～70 年代期间，该技术的应用主要是为了生产低硫燃料油(LSFO)。80 年代中期以后，燃料油的需求减少，同时对轻质车用燃料油需求增加，因此该技术越来越多地被用于加工含硫渣油，为下游的转化装置(如 RFCC、DC 等)提供优质原料。

20 世纪 90 年代以来，固定床渣油加氢技术取得了显著的进步，主要体现在如下方面：①开发杂质脱除率和容金属能力高的催化剂体系；②采用催化剂分级装填技术，改进催化剂的装填方法，充分发挥各种催化剂的作用，防止催化剂床层堵塞和产生热点，实现长周期运转；③采用高性能的反应器内构件，显著改善物料分布；④采用可切除或可在线更换催化剂的保护反应器，来延长固定床渣油加氢装置的运转周期。

固定床渣油加氢所用催化剂体系一般包括保护剂、脱金属剂和精制剂三大类型。保护剂通常采用无活性和低活性的多孔大颗粒材料，装填在第一个催化剂床层的顶部，主要作用是捕捉进料中的固体颗粒，如来自加热炉的焦炭颗粒，管线腐蚀产生的铁垢，油溶性含铁、砷、钙化合物，氯化钠以及上游加工过程中添加的含硅化合物等。同时还具有脱除进料中反应活性较高的结焦前驱物，抑制生焦反应的作用。此外，保护剂还可以改善反应器径向的流体分布。

脱金属催化剂装填在保护剂之后，主要作用是脱除并容纳进料中大部分金属，为此，该催化剂必须具有高的转化胶质和沥青质的能力，同时，其容纳金属的能力(或称金属容量)应在 50%以上(以新鲜催化剂为基准)。因此，设计的脱金属催化剂应具有很大的孔体积和大孔结构，其 HDM 活性应高于 HDS 活性。

放在脱金属催化剂后的精制催化剂的主要功能是 HDS、HDN 和 HDCCR。精制催化剂按活性从低到高的顺序又可包括三种不同的催化剂，即过渡型催化剂、HDS 型催化剂和 HDN

型催化剂。过渡型催化剂的 HDM 和 HDS 功能彼此相近，但 HDS 活性高于脱金属催化剂，金属容量应达 20%~40%；HDS 型催化剂孔径通常在 8~12nm 之间，活性金属含量较高，其金属容量应不低于 10%~20%。进入 HDS 催化剂床层的物料中金属含量应控制在 20μg/g 以下，以保证催化剂上金属沉积量低于 10%。当加氢渣油作为 RFCC 进料时，反应器中最后的床层应装填适量的 HDN 型催化剂，以满足 RFCC 进料对氮含量和残炭值的要求。HDN 催化剂孔径与馏分油加氢催化剂相近，比表面积较大，活性金属含量最高。在实际应用中，要根据具体情况确定每种催化剂的装入量。

表 5-1-1 为法国石油研究院(IFP)研发的固定床渣油加氢催化剂的性质[1]。应根据渣油原料性质、产品质量要求和操作条件，对每种催化剂及整个催化剂系统进行优化，并按催化剂的粒度、孔径、加氢活性等按比例分级装填(如图 5-1-2 所示[2])。研究表明，采用好的分级装填技术，可使操作周期增加 50%[3,4]。固定床渣油加氢装置运转周期一般为 6 个月到 2 年。影响运行周期的因素除了结焦和金属沉积引起的催化剂失活外，还包括反应器中出现热点和压降升高等因素。

表 5-1-1 固定床渣油加氢催化剂性质[1]

催化剂类型	保护剂	HDM 催化剂	HDS/HDM 催化剂	HDS 催化剂
形状	球形/小丸	球形/挤条	挤条	挤条
粒度/mm	10~3	6~1.2	1.6~0.8	1.6~0.8
活性金属	—	Mo/NiMo	NiMo/CoMo	CoMo
比表面积/(m^2/g)	<1	80~180	150~220	180~250
孔体积/(cm^3/g)	<0.15	0.7~1.2	0.5~0.8	0.4~0.7
孔径/nm	10~100μm	20~100	10~20	8~12
(Ni+V)容量/%①	—	>50	30~40	10~20
HDM 反应活性	—	高	中	低
HDS 反应活性	—	低	中	高
催化剂装填比例/%(体)	<5	30~60	10~40	30~60

① 基于新鲜催化剂。

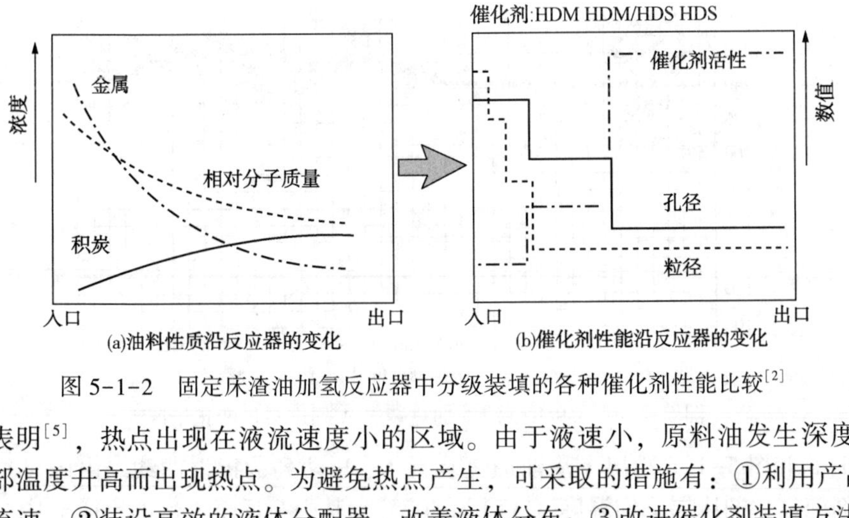

图 5-1-2 固定床渣油加氢反应器中分级装填的各种催化剂性能比较[2]

研究表明[5]，热点出现在液流速度小的区域。由于液速小，原料油发生深度转化，因而导致局部温度升高而出现热点。为避免热点产生，可采取的措施有：①利用产品油循环，提高物料流速，②装设高效的液体分配器，改善液体分布，③改进催化剂装填方法，使催化剂均匀地散落在床面，避免床面形成坡度，改善液体分布[5]。此外，催化剂的形状对改善液体分布也有影响，如球形和圆柱形催化剂更有利于使液体分布均匀。

悬浮于油中并能通过机械过滤器的粉状硫化铁、其他无机颗粒和焦在催化剂床层上部的沉积是造成压降升高的主要原因。防止压降升高的最主要措施是：在第一个反应器(或第一个床层)装入不同大小、不同形状、不同孔隙率、不同活性的催化剂，并对其装填顺序进行优化，即粒度从大到小、孔隙率从高到低、活性从低到高，使油中的固体颗粒较均匀地按床高分布，而不过于集中在床层顶部，从而防止压降增高。

在固定床渣油加氢中，渣油转化率如果超过50%，就会有干泥(Dry Sludge)生成，影响装置的正常操作，因此，一般控制渣油的转化率在50%以下。

二、加工高硫低氮、高钒低镍原料的工业应用

国内渣油加氢装置大多以中东高硫渣油为主要原料，该原料的特点是高硫低氮、高钒低镍，此类原料最适宜固定床渣油加氢装置加工。下面以上海石化3.9Mt/a渣油加氢装置为例，来阐述加工高硫低氮、高钒低镍原料的渣油加氢工业装置运转情况。

上海石化3.9Mt/a渣油加氢装置采用RIPP的渣油加氢处理RHT技术数据包，由中国石化工程建设公司(SEI)设计，采用两个反应器系列，每列有5个反应器，两个系列可以单独开停工。该装置以中东高硫渣油为主要原料，原料的性质特点是硫含量较高(3.0%~4.0%)，氮含量较低(0.12%~0.24%)；金属(Ni+V)含量较高，为60~100μg/g；V/Ni比高，为2.0~3.5；金属(Fe+Ca)含量较低，低于20μg/g。3.9Mt/a渣油加氢装置第一到第五周期均使用RIPP开发、中国石化催化剂长岭分公司和淄博齐茂催化剂有限公司生产的RHT系列渣油加氢催化剂，取得了较好的工业应用效果。上海石化3.9Mt/a渣油加氢装置第一周期A系列于2012年11月26日切换渣油，B系列于12月1日切换渣油。B系列于2014年2月18日根据全厂检修计划停工换剂，催化剂运转时间445天；A系列于2014年6月30日停工换剂，催化剂运转时间582天，实现了高硫低氮、高钒低镍渣油加氢装置的长周期运转。

图5-1-3和图5-1-4给出了渣油加氢装置A、B两列进料量的变化情况。由图可见，第一周期30天后进料量增加到设计负荷，90天后进料量均高于设计负荷。

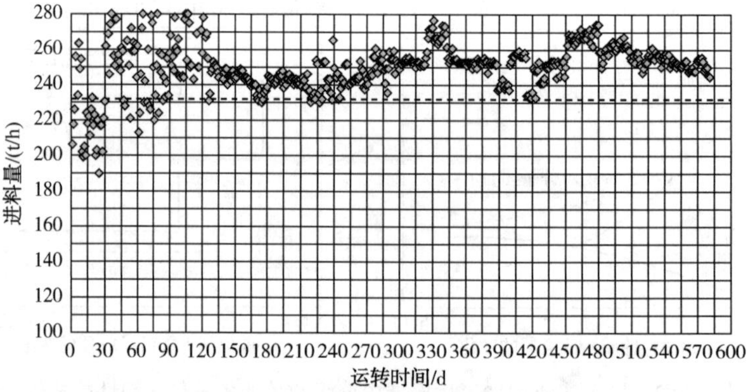

图5-1-3　3.9Mt/a渣油加氢装置A列进料量变化情况

图5-1-5和图5-1-6给出了渣油加氢装置A、B两列的提温曲线。由图可见，第一周期A列换剂前催化剂床层平均温度(CAT)为400℃，其中一反至五反的反应器床层平均温度(BAT)分别为392℃、395℃、401℃、405℃和404℃；B列换剂前CAT为381℃，一反至五

反 BAT 分别为 368℃、380℃、391℃、386℃和 375℃。两列一反和五反温度均较低。一反温度偏低主要是由于二反冷氢管线小，为控制二反温升，装置通过适当降低反应炉出口温度保证二反温升稳定。五反温度偏低是由于下游催化装置对原料残炭要求不低于 4.5%，五反主要为脱残炭剂，为保证加氢常渣满足催化要求，适当降低五反温度，从而控制脱残炭效果。

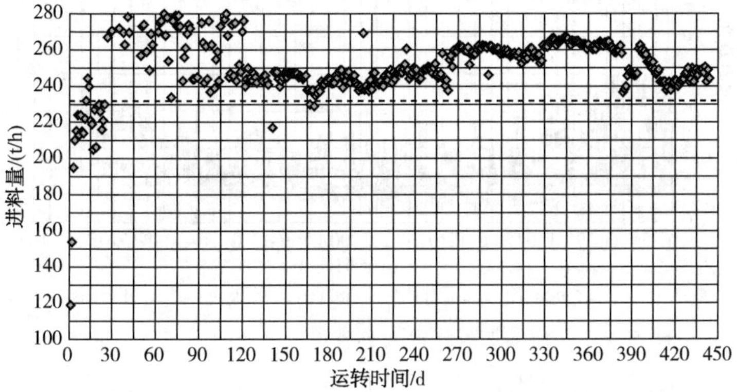

图 5-1-4　3.9Mt/a 渣油加氢装置 B 列进料量变化情况

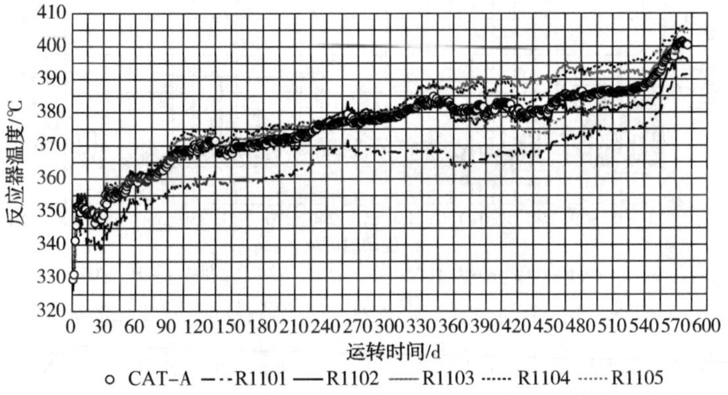

图 5-1-5　渣油加氢装置 A 列 CAT 及各反应器 BAT 变化情况

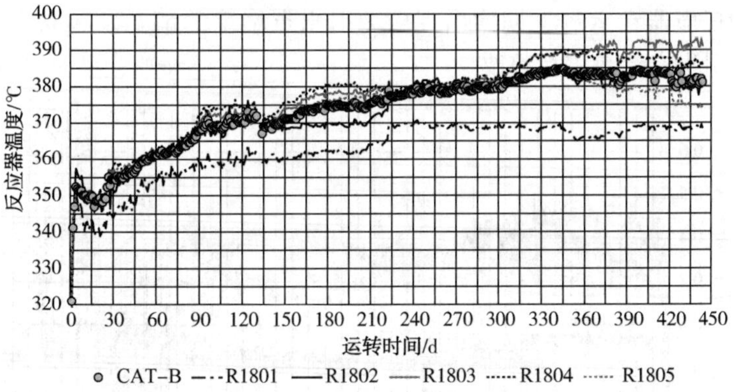

图 5-1-6　渣油加氢装置 B 列 CAT 及各反应器 BAT 变化情况

图5 1 7和图5-1-8为A、B两列各反应器径向温差的变化情况。从图中可以看出，第一周期A列一反径向温差末期为10℃，在运转540天之前一直在6℃以下，其余各反应器

径向温差均在 6℃以下；B 列各反应器径向温差较小且较稳定，都在 6℃以下。说明反应器物流分布较均匀，反应器泡罩的分布效果较好。

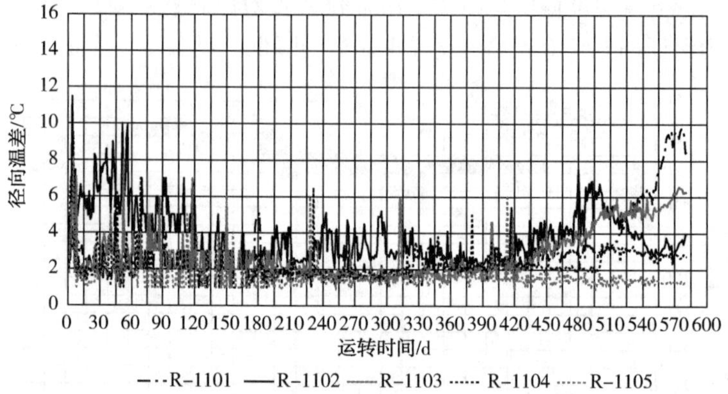

图 5-1-7　渣油加氢装置 A 列各反应器径向温差变化情况

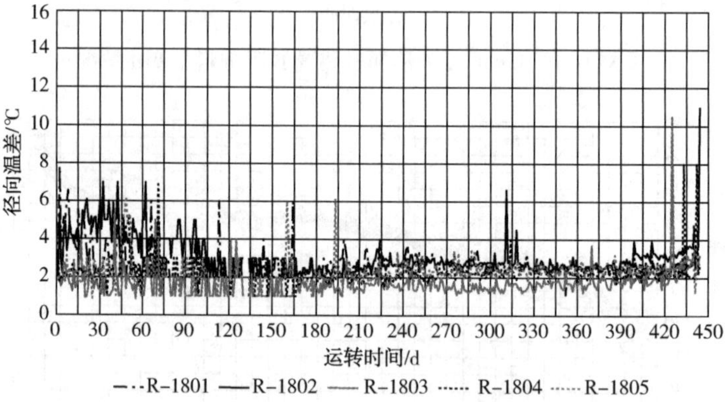

图 5-1-8　渣油加氢装置 B 列各反应器径向温差变化情况

图 5-1-9 和图 5-1-10 为 A、B 两列各反应器压降的变化情况。两列在运转前 45 天，二反、三反、四反和五反压降逐渐增加，其后随着反应温度的升高，压降逐渐下降，压降稳定在 0.5MPa 以下。A 列在运转至 420 天之后压降逐步上升，二反压降最高，达到 0.7MPa。此外，A/B 两列反应器在运行末期均出现压力引出点堵塞的情况，造成压降指示波动，需要在检修过程对引出点伴热进行整改。

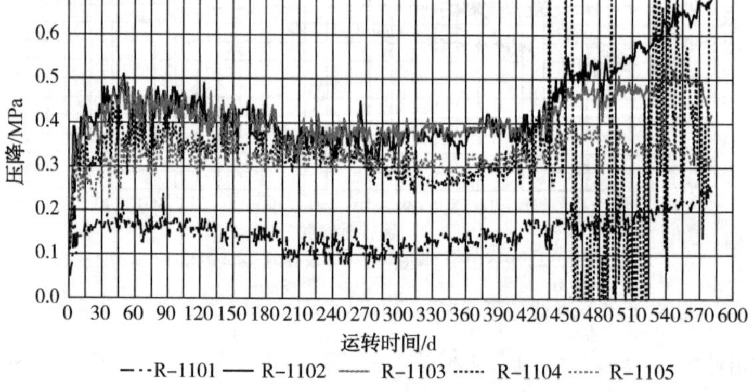

图 5-1-9　渣油加氢装置 A 列各反应器压降变化情况

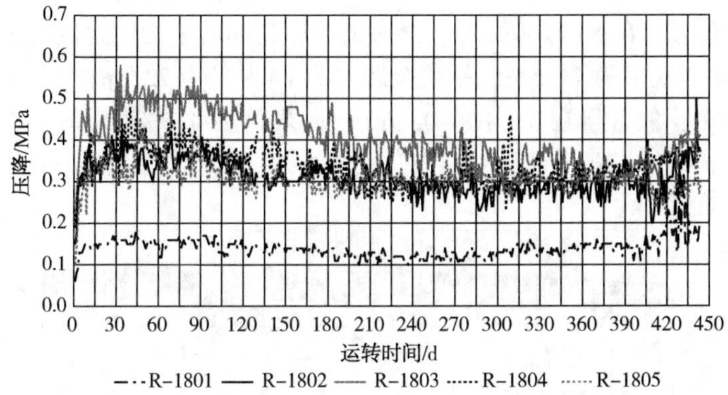

图 5-1-10　渣油加氢装置 B 列各反应器压降变化情况

图 5-1-11、图 5-1-12 为 A、B 两列各反应器温升的变化情况。第一周期两列二反温升较高，一反和五反温升较低，三反和四反居中。这是由于控制一反及五反的反应温度，因此造成一反及五反反应温升较低。

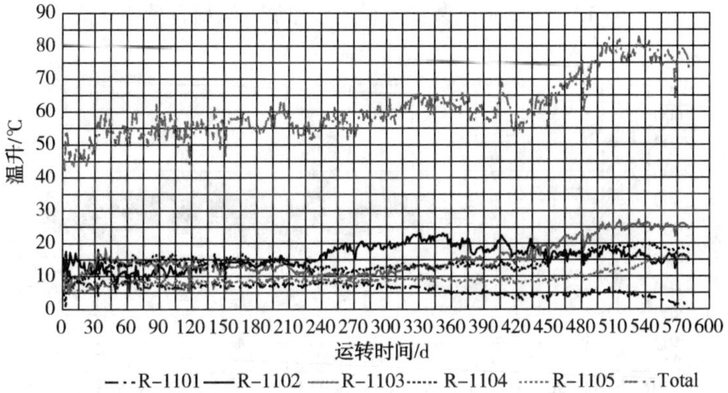

图 5-1-11　渣油加氢装置 A 列各反应器温升变化情况

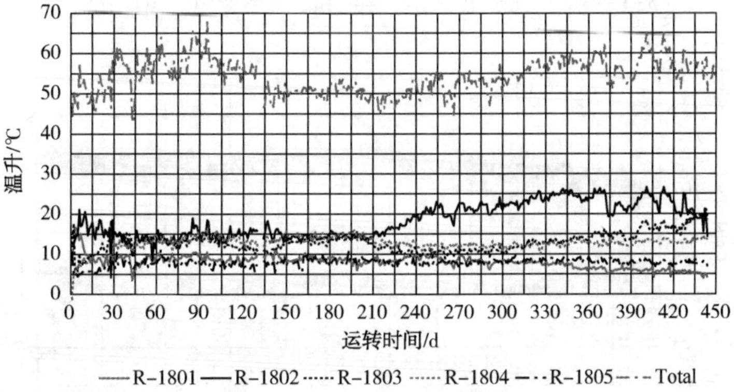

图 5-1-12　渣油加氢装置 B 列各反应器温升变化情况

3.9Mt/a 渣油加氢装置原料油和加氢常渣的硫含量、氮含量、残炭值和金属(Ni+V)含量的变化情况分别见图 5-1-13～图 5-1-16。从图中可以看出，原料油硫含量主要集中在

3.0%~4.0%，氮含量主要集中在0.16%~0.24%，残炭值主要集中在10.0%~13.0%，金属(Ni+V)含量波动较大，在60~100μg/g。第一周期原料油的平均硫含量为3.59%，平均氮含量为0.21%，平均残炭值为11.5%，平均金属(Ni+V)含量为72.8μg/g。加氢渣油的硫含量大部分在0.5%左右，氮含量在0.08%~0.16%，残炭值在4.5%~6.0%，金属(Ni+V)含量均在20μg/g以下，能够满足催化裂化装置进料的要求。

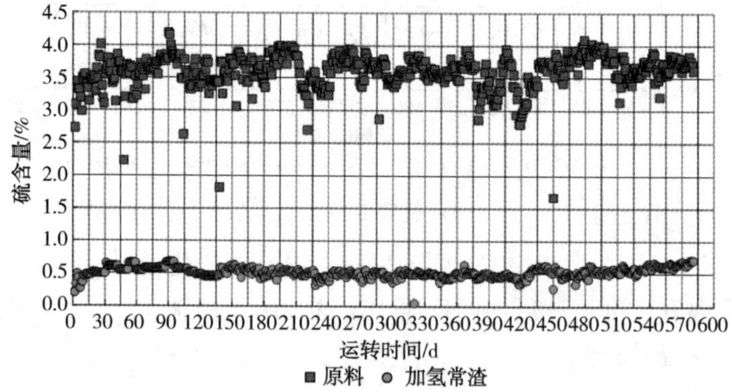

图5-1-13　渣油加氢装置原料油和加氢常渣硫含量变化情况

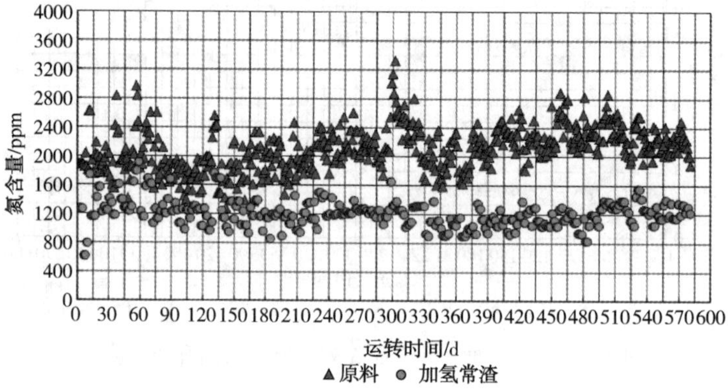

图5-1-14　渣油加氢装置原料油和加氢常渣氮含量变化情况

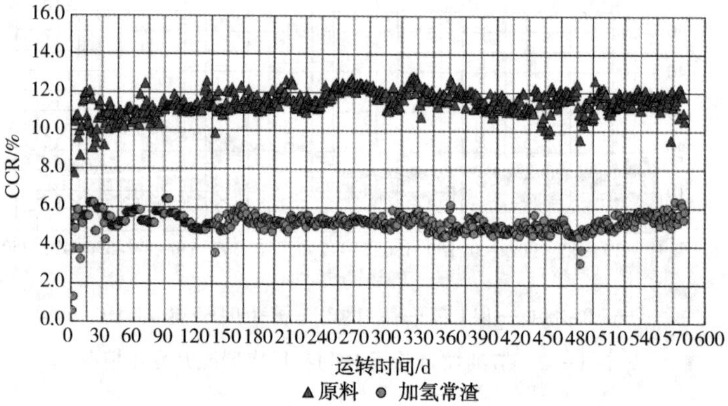

图5-1-15　渣油加氢装置原料油和加氢常渣残炭值变化情况

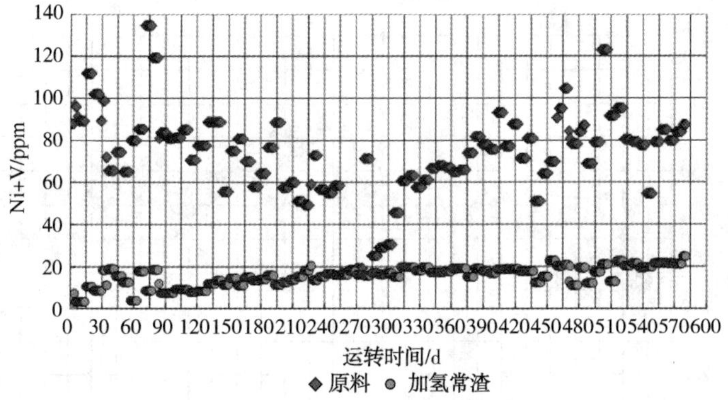

图 5-1-16　渣油加氢装置原料油和加氢常渣(Ni+V)含量变化情况

三、加工低硫高氮、低钒高镍原料的工业应用

早前国内的渣油加氢装置大多以中东高硫渣油为主要原料，该类原料的氮含量较低(一般不超过 0.3%)，对渣油加氢装置的脱氮性能要求不高。但中国石化沿江炼厂建设的渣油加氢装置以仪长管输原油的渣油为原料。仪长管输原油的渣油性质特点是硫含量较低(0.2%~2.0%)，氮含量较高(0.3%~0.7%)；金属 Ni+V 总量虽然不高，为 45~50μg/g，但 Ni/V 比高，为 1.7~3.5；金属 Fe+Ca 含量较高，高于 50μg/g，此外还有胶质含量高、沥青质含量低等特点。为了深入理解该类型渣油原料的反应特点和延长沿江炼厂固定床渣油加氢装置运转周期，从 2011 年 8 月沿江炼厂第一套渣油加氢装置(长岭分公司渣油加氢装置)开始，RIPP 通过对该类型原料反应特性的研究，开发了一系列有针对性的工艺技术和催化剂，并取得了较好的工业应用效果。

下面以长岭分公司 1.70Mt/a 固定床渣油加氢装置为例，来阐述加工低硫高氮、低钒高镍原料的渣油加氢工业装置运转情况。

2011 年 8 月 25 日，长岭分公司 1.70Mt/a RHT 固定床渣油加氢装置一次开车成功，第一周期运转 426 天，实现了低硫高氮、低钒高镍渣油加氢装置的长周期运转。RHT 装置第一周期催化剂床层平均温度(CAT)以及各反应器的 BAT 变化情况见图 5-1-17，反应进料量变化情况见图 5-1-18，装置原料加工负荷一直很高。

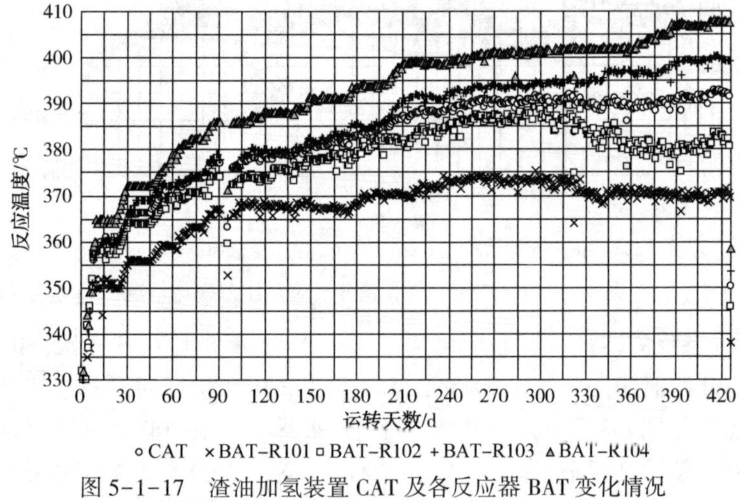

图 5-1-17　渣油加氢装置 CAT 及各反应器 BAT 变化情况

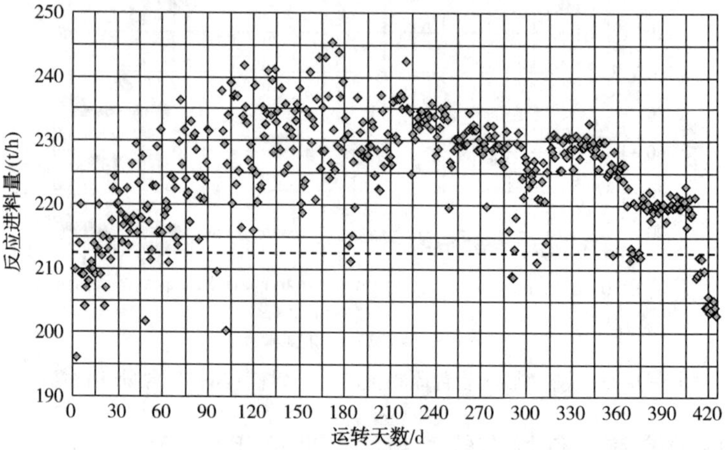

图 5-1-18　渣油加氢装置反应进料量变化情况

图 5-1-19 给出了原料黏度和四个反应器压差变化情况。各反应器的压差均低于最高限制值(R-101~R-104 四个反应器压差高限为 0.7MPa)。自开工后，R-101 压差较为稳定，约为 0.11~0.15MPa；开工 15 天后，随着反应进料量提高，原料黏度增大，R-102 压差有所上升，并且一直是四个反应器中最高的。从图 5-1-19 可以看出，各反应器压差与原料黏度关联较大，原料黏度越大，压差越大。3 月 27 日开始(运转第 216 天)，减渣加工量由 90t/h 提高至 100~105t/h，减二线降低至 20t/h 左右，油品变重，各反应器压降又有所上升，特别是 R-102 压差上升最高达到 0.5MPa。7 月 6 日(运转 317 天)根据长岭分公司的安排，渣油加氢原料油中掺入催化裂化 HCO，掺入 HCO 后，R-101 压降上升趋势依然较为明显，装置停工前，R-101 压降上升至限定值 0.7MPa。

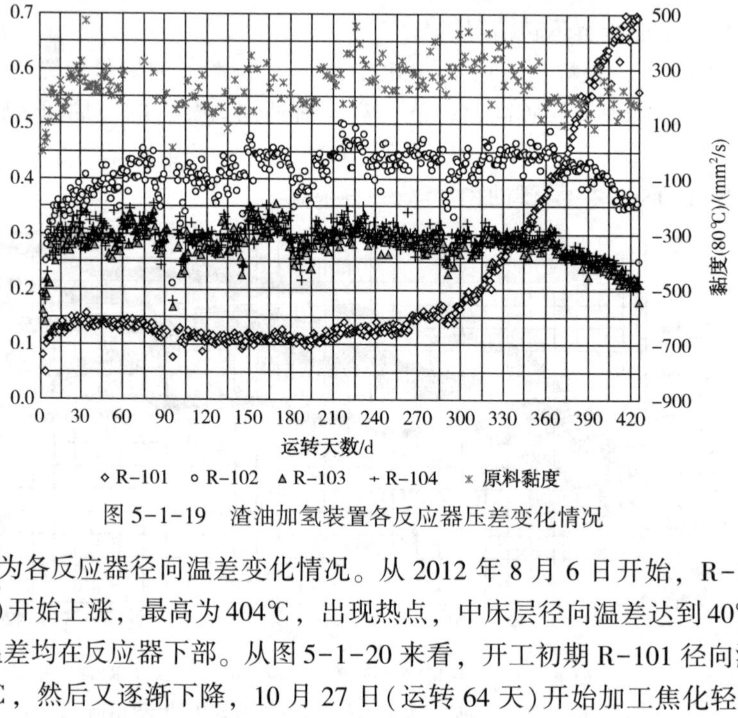

图 5-1-19　渣油加氢装置各反应器压差变化情况

图 5-1-20 为各反应器径向温差变化情况。从 2012 年 8 月 6 日开始，R-101 中床层温度点(TI10605E)开始上涨，最高为 404℃，出现热点，中床层径向温差达到 40℃。其余反应器的最大径向温差均在反应器下部。从图 5-1-20 来看，开工初期 R-101 径向温差较大，最大达到了 12.5℃，然后又逐渐下降，10 月 27 日(运转 64 天)开始加工焦化轻蜡油，R-101

径向温差又开始上升，11月23日(运转91天)临时停工处理循环氢压缩机防喘振线故障前达到约13℃，临时停工再开工后R-101径向温差又有所增大。

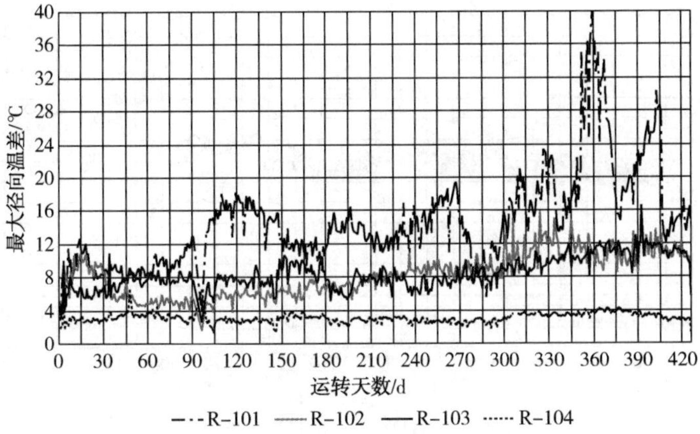

图5-1-20 各反应器径向温差变化情况

图5-1-21为各反应器的温升和总温升情况，R-101温升自开工后缓慢降低，10月27日开始加工焦化轻蜡油，R-101温升又有所上升，约10~12℃，临时停工再开工后仍然加工焦化蜡油，温升依然较大，R-102温升一直较平稳，约为10~12℃，临时停工再开工后略有下降，约为10℃。R-103温升一直最大。

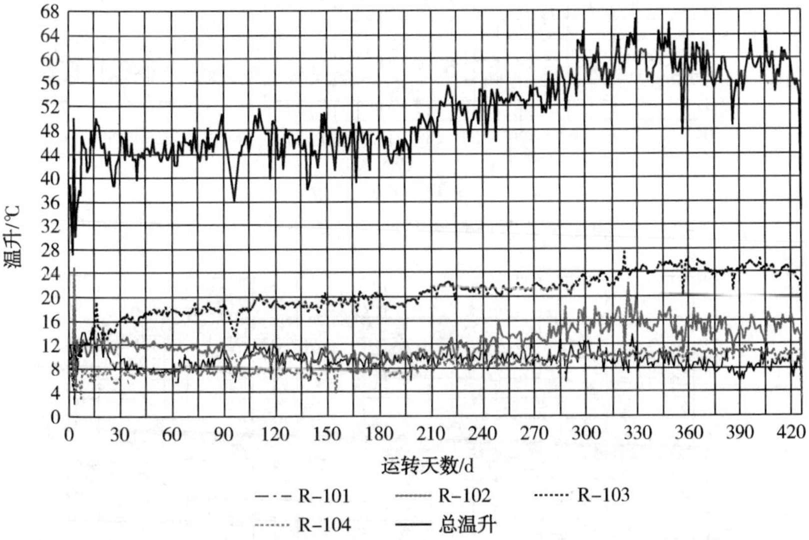

图5-1-21 各反应器温升变化情况

1.7Mt/a渣油加氢装置原料油和加氢常渣的硫含量、金属Ni+V含量和残炭值的变化情况分别见图5-1-22~图5-1-24。在上述操作条件下，加氢常渣硫含量不大于0.15%；金属Ni+V含量基本都在15μg/g以下；装置运转后期，原料残炭值较高(>12%)，加氢常渣残炭值基本不超过6%。

中国石化沿江四套固定床渣油加氢装置均采用RHT技术进行设计，均为单系列。荆门分公司由于氢气不足，后续催化裂化装置重油加工能力有限，渣油加氢装置原料中减渣比例不高于 20%，其余三套装置原料类似，均加工低硫高氮、低钒高镍渣油，各装置均实现了长周期运转，最长的操作周期为 693 天。

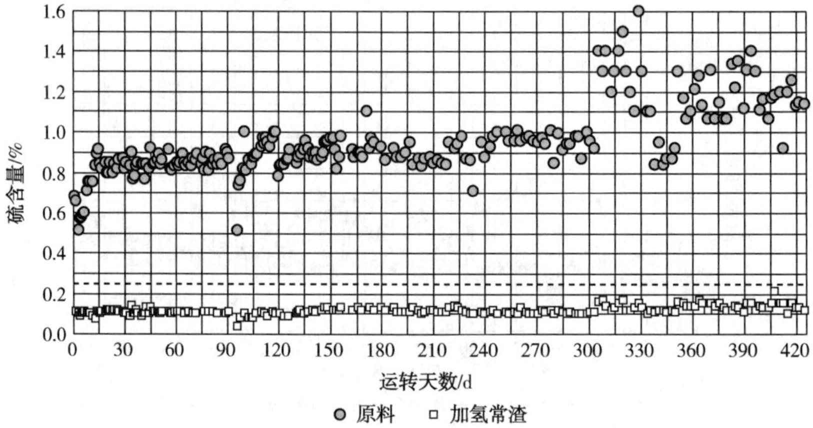

图 5-1-22　渣油加氢装置原料油和加氢常渣硫含量变化情况

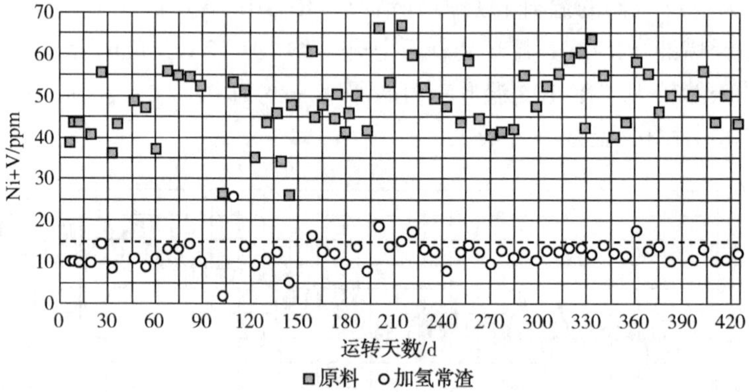

图 5-1-23　渣油加氢装置原料油和加氢常渣金属(Ni+V)含量变化情况

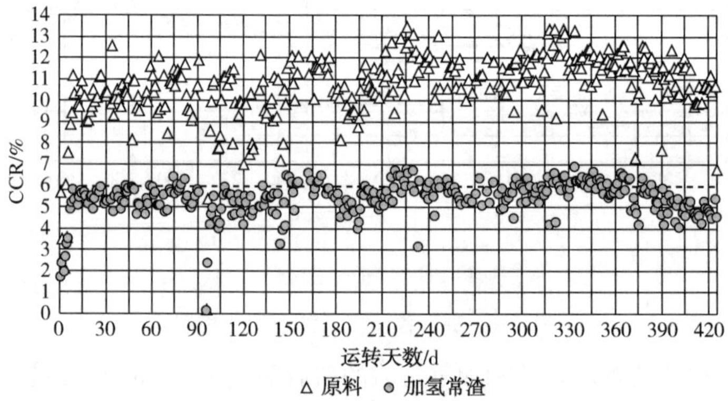

图 5-1-24　渣油加氢装置原料油和加氢常渣残炭值变化情况

四、加工低稳定性原料的工业应用

1. 四川石化 3.0Mt/a 渣油加氢装置工业应用

中国石油四川石化 3.0Mt/a 渣油加氢装置采用 CLG 公司 UFR/VRDS 技术设计建造，反应部分设置两个平行的反应系列，每个系列可以单开单停。每个系列的第一台反应器采用两床层的上流式加氢反应器(UFR)，其他四台反应器为常规固定床模式，单床层设置，易于催化剂装卸。设计加工南疆、北疆及哈萨克斯坦的减压重蜡油和减压渣油的混合油，装置建成后已经完成两个周期的运转，第三周期正在运转中。

该装置于2014年进行第一周期工业运转。连续运行三个月后，出现高压换热器及反应器后部床层压降升高，换热器、分离器、分馏系统严重结焦，需频繁停工清洗换热器。第二周期运转期间也通过更换后部床层催化剂缓解后部反应器压降升高过快问题。表5-1-2列出了设计原料油和实际加工原料的主要性质。

表5-1-2 设计原料油和实际加工原料的主要性质

项　　目	设计原料	实际原料	项　　目	设计原料	实际原料
S/%	2.08	1.05	CCR/%	11.1	9.2
N/(μg/g)	5026	4291	Ni+V/(μg/g)	75.2	68.5

该渣油装置加工原料油哈油、南疆油、北疆油均属于中间基原油，与中东油相比，饱和分较多，芳香分和胶质偏少；南疆油较恶劣，沥青质较多，加工难度大。根据胶体稳定性指数=(胶质+芳香分)/(饱和分+沥青质)的定义对几种渣油原料进行计算，计算结果列于表5-1-3中。表中数据表明，该装置实际加工渣油原料油的胶体稳定性指数均较低，混合油的数值为1.42，远低于中东沙中减渣的4.49和科威特减渣的3.58。因此，该原料油的稳定性较差，在加工过程中易出现重组分析出现象。

表5-1-3 实际加工渣油原料与中东渣油性质及胶体稳定性对比

项目	哈油减渣	南疆减渣	北疆减油	实际加工混合油 哈油减渣：南疆减渣：北疆减渣 7：2：1	沙中减渣	科威特减渣
平均分子量	952	—	—	—	907	—
S/%	0.94	2	0.14	1.05	5.1	5.05
MCR/%	13.46	21.33	9.1	9.2	20.5	18.8
Ni/(μg/g)	31.8	25.88	26	68.5	36.7	27.3
V/(μg/g)	29.6	161.1	2.8		112	95.3
四组分/%						
饱和分	31.63	31.9	43.57	32.8	11.6	15.7
芳香分	39.15	39.2	22.1	37.6	54.4	55.6
胶质	27.69	2.8	33.47	21.4	27.4	22.6
沥青质	2.38	26.1	0.86	8.7	6.6	6.1
胶体稳定性指数①	1.965	0.724	1.251	1.42	4.495	3.587

① 胶体稳定性指数=(胶质+芳香分)/(饱和分+沥青质)。

由于换热设备管程堵塞现象在国内外同类装置很少出现，经过分析研讨后，初步判定为由于南疆油原料中含大量沥青质，另因装置混合原料胶体稳定系数较低，在前部反应器加氢转化掉部分芳烃和胶质后，稳定性进一步降低，沥青质析出，沉积到催化剂颗粒内部和颗粒间，导致床层压降升高。而后部催化剂活性更高，沥青质析出进一步加剧，沉积到下游换热器及分离系统中。因此，分析认为装置加工的特殊原料中沥青质析出沉积结垢是造成换热设备管束堵塞及反应器压降高的主要原因。

技术解决方案如下：

(1) 增强原料稳定性的措施——SFI 技术

为充分发挥渣油加氢和催化裂化两套装置在炼厂重油转化中的核心作用，进一步提高清洁油品产率和质量，DRIPP(FRIPP)开发出了 SFI 渣油加氢处理和催化裂化深度组合技术。通过渣油加氢与催化裂化两套装置深度组合，可以实现渣油深度转化，生产更多的高价值汽油和液化气产品，取得更好的经济效益。

在 SFI 工艺过程中，渣油加氢不设分馏系统，渣油加氢生成油直接进入催化裂化装置，催化裂化反应流出物分离出干气、液化气、催化裂化汽油和(或)催化裂化轻柴油馏分，可灵活调节柴汽比，催化裂化重馏分循环会渣油加氢装置与渣油原料混合进行加氢反应。SFI 工艺流程图如图 5-1-25 所示。

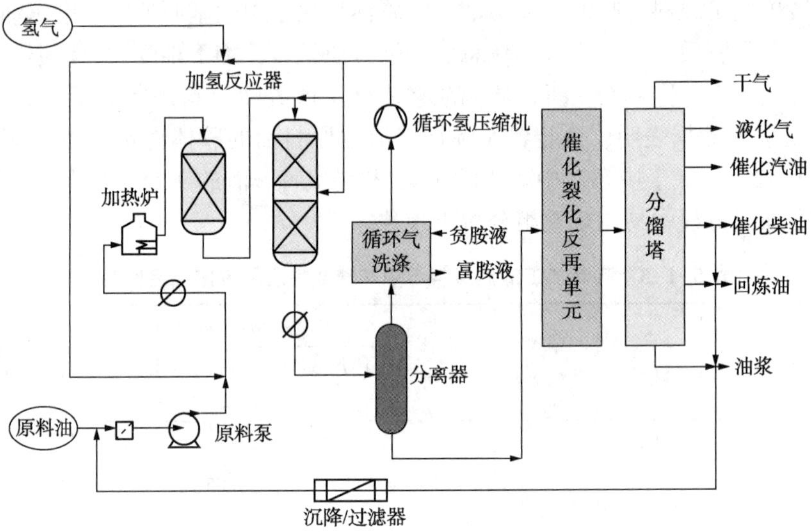

图 5-1-25　SFI 工艺流程图

SFI 组合工艺过程简单，生产高价值汽油、液化气和(或)柴油产品，降低设备投资和装置操作能耗，提高了渣油加氢工艺技术的竞争力，无论是企业新建装置还是扩能改造，都能使得企业收益大幅提高。

(2) 控制合适转化率的措施——后部床层平稳低温操作，“浅转化深精制”

四川石化 3.0Mt/a 渣油加氢装置混合原料油胶体稳定系数较低，在前部反应器加氢转化掉部分芳烃和胶质后，稳定性进一步降低，诱发沥青质析出，沉积到催化剂颗粒内部和颗粒间，导致床层压降升高。而后部催化剂加氢活性尤其是裂化活性高，在高温操作时活性进一步增加，使原料中的沥青质析出进一步加剧，沉积到下游换热器及分离系统中。后部两个反应器的操作温度在开工一个月后即达到了 400℃，较高的操作温度下，造成沥青质析出加剧，在运行六个月后四反最先压降快速升高，被迫停工更换第四反应器催化剂，更换完毕重新开工后，五反操作温度并没有降低，五反随即压降也快速升高，被迫全系列停工换剂。

而在如此高温操作付出缩短周期及更换一个反应器催化剂的代价条件下，产品性质并未降低较大幅度。

因此，DRIPP（FRIPP）在第三周期开工时即提出各个反应器力求均 BAT 操作的理念，力求在产品满足下游加工的条件下，控制后部床层转化活性，减缓后部床层压降升高趋势，利于延长周期。

（3）控制转化深度的措施——特种性能的催化剂

DRIPP（FRIPP）针对四川石化原料油的构成及工业运转过程中存在的问题，有针对性地研制开发了系列渣油加氢催化剂。系列催化剂使用性能更加专注于有利于装置运转的稳定性，强化催化剂的容金属能力的同时，提高沥青质超大分子的加氢转化能力。同时，针对工业运转过程中出现的压降升高过快的问题，对催化剂颗粒形状进行了特殊设计，系列催化剂床层空隙率明显上升，有效缓解了装置压降的上升。新型催化剂具有如下几个特点：

① 较大的孔容和适宜的孔径。采用双峰孔的载体材料，制备的催化剂在 10~30nm 及 100~600nm 具有双峰孔的分布，使催化剂具有扩散通道和反应孔道，提高催化剂的容金属量和沥青质转化性能。

② 活性金属的均匀分布。采用新的活性金属负载方法，使制备催化剂的活性金属分布从颗粒内部到外部呈均匀分布状态，改变以前活性金属里少外多的分布状态。

③ 提高催化剂的加氢活性。提高了催化剂的加氢性能，相应提高催化剂的抗积炭能力，可有效延缓催化剂的失活速率，提高催化剂的活性和稳定性，进而延长装置的运转周期。

④ 后段高活性催化剂颗粒形状设计为具有更高床层空隙率的三叶草形，催化剂床层空隙率明显提高。三叶草与四叶草催化剂对比见表 5-1-4。

表 5-1-4　三叶草与四叶草催化剂对比

外观形状	四叶草	三叶草	外观形状	四叶草	三叶草
催化剂装填堆比/(kg/m^3)			催化剂床层空隙率/%		
普通装填	610	580	普通装填	42.5	45.0

（4）增大容焦炭空间的措施

四川石化渣油加氢装置催化剂级配，第一周期后部四台固定床反应器基本采用密相装填，而压降增长最快的是第三反应器；第二周期第三反应器只有部分采用了密相装填，后部两台基本采用密相装填，而压降增长最快的是第四反应器。

根据常规条形催化剂的装填经验，一般密相装填可多装 10%~20%的催化剂，而这部分多装填的催化剂势必挤占床层空隙，进一步降低床层孔隙率约 6%~12%，使析出的沥青质在没有空间容纳时造成床层压降快速升高。

因此，在第三周期设计催化剂级配方案时，即考虑将各个反应器催化剂装填方式采用常规装填方式，增大床层孔隙率，有更多空间容纳垢物，延缓床层压降上升。

2. 四川石化 3.0Mt/a 渣油加氢装置第三周期装置长周期运转总结

第三周期二系列采用 DRIPP（FRIPP）研制的 FZC 系列渣油加氢催化剂，装剂硫化完毕后于 2015 年 12 月 30 日换进渣油开始正常运转。然后装填 ART 催化剂的一系列装剂开工，于 2016 年 1 月 23 日换进渣油。按加工渣油天数计，截至 2018 年 4 月 18 日，一系列运行 843 天，二系列运行 868 天。

(1) 第三周期装置进料

四川石化 3.0Mt/a 渣油加氢装置两个系列的进料量及组成见图 5-1-26 及图 5-1-27。两系列进料都包含渣油、蜡油、HCO 和催柴。2016 年 4 月 25 日之前，一系列开工后总量 170t/h，掺渣量 127t/h，期间各种稀释油较为稳定。二系列开工后总量提升至 187t/h，掺渣量最高达到 150t/h，期间各种稀释油有所波动。2016 年 4 月 25 日之后，厂内受原油加工负荷限制，渣油加工量不足，决定降低装置处理量至单列 150t/h，同时酝酿停一列开一列的生产方案，从进料曲线可见波动加大。2016 年 5~6 月炼厂通过外购蜡油，暂时缓解加工负荷问题，维持单列 175t/h 加工量生产。2016 年 7 月 5 日之后，一系列加工量逐渐降低至 168t/h，二系列加工量逐渐升高至 187t/h。

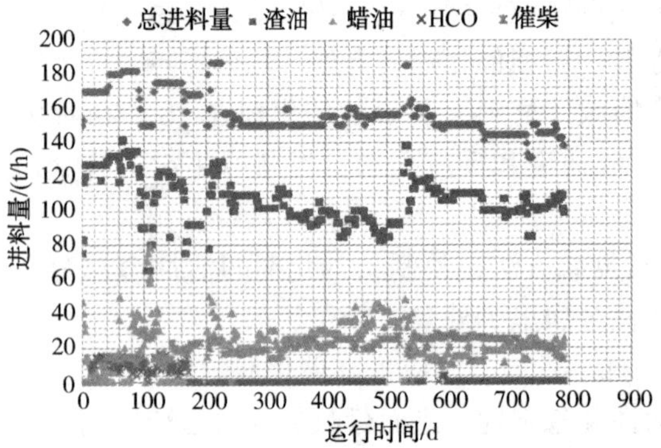

图 5-1-26　装置一系列(参比列)进料总量及组成

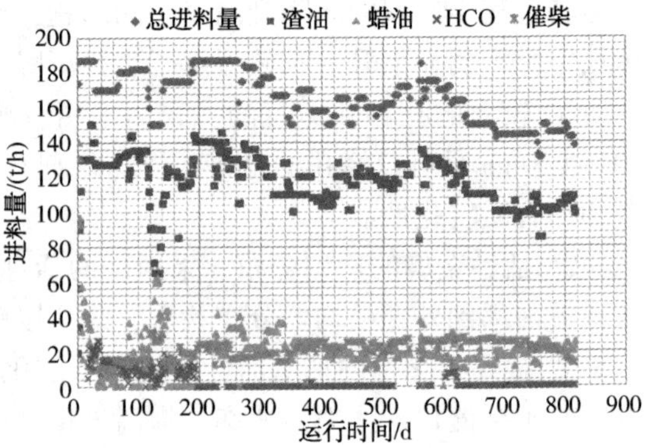

图 5-1-27　装置二系列[DRIPP(FRIPP)]进料总量及组成

(2) 第三周期操作温度

四川石化 3.0Mt/a 渣油加氢装置两个系列的平均操作温度(CAT)、各个反应器操作温度、各个反应器温升情况等曲线见图 5-1-28~图 5-1-32。

两系列在开工后均缓慢提升操作温度，二系列在 2016 年 2 月 25 日前 CAT 较一系列低 3℃左右，之后调整操作，CAT 略低于一系列 1℃左右。2016 年 8 月 3 日一系列短暂开停工一次，一系列操作温度逐步恢复，一系列操作温度在 372.5℃，二系列操作温度在 375℃。

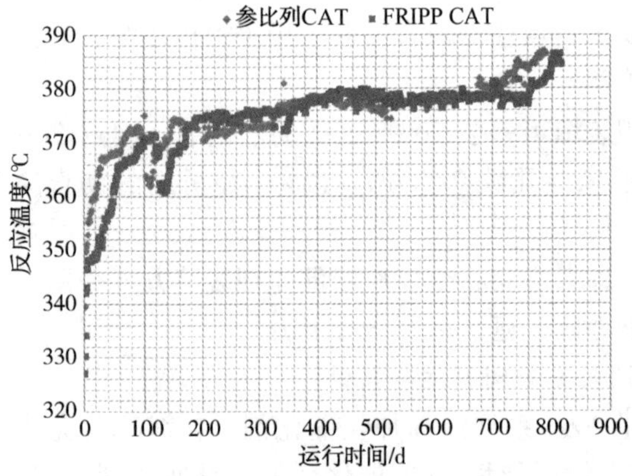

图 5-1-28　渣油加氢装置第三周期两列总体平均温度曲线

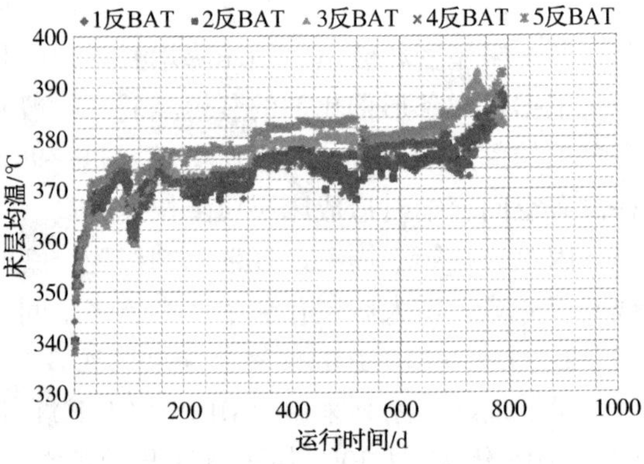

图 5-1-29　渣油加氢装置一系列(参比列)各反温度

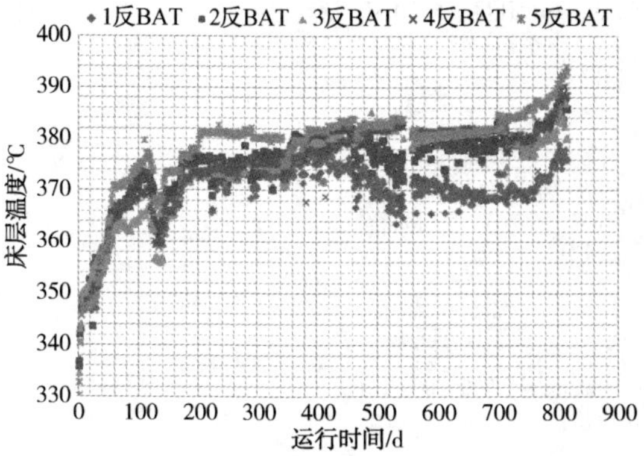

图 5-1-30 渣油加氢装置二系列 [DRIPP(FRIPP)]各反温度

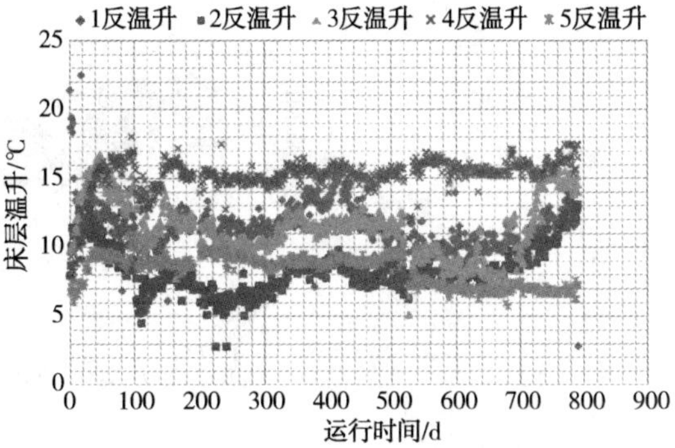

图 5-1-31 渣油加氢装置一系列 (参比列)各反温升

二系列在 2016 年 2 月 25 日(运行 57 天)之后操作调整，尤其提升了后部四反、五反操作温度。运行 80 天后主要提升了二反和五反温度，五反最高达到 380℃。一系列也是在同期进行了操作调整。五反最高 376℃。

二系列在 37 天前一、二、三反温升高，之后随着催柴掺入及稀释蜡油的稳定，各反温升进入稳定期，尤其后部的四反和五反，活性发挥最为稳定。一系列在开工 13 天掺入回炼油，运行一个月后操作调整之后，后部除了四反活性发挥稳定外，二、三、五反性能有下降趋势。近期由于催柴掺入量增大，两列温升都有所增加。

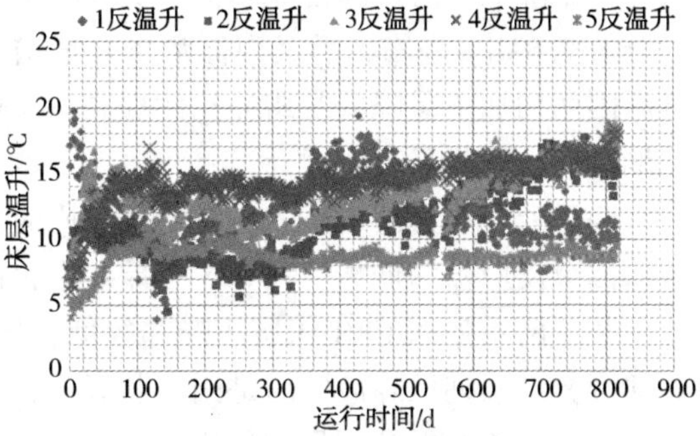

图 5-1-32 渣油加氢装置二系列 [DRIPP(FRIPP)]各反温升

(3) 第三周期装置压降

四川石化 3.0Mt/a 渣油加氢装置两个系列的系统总压降、各个反应器压降曲线见图 5-1-33~图 5-1-35。

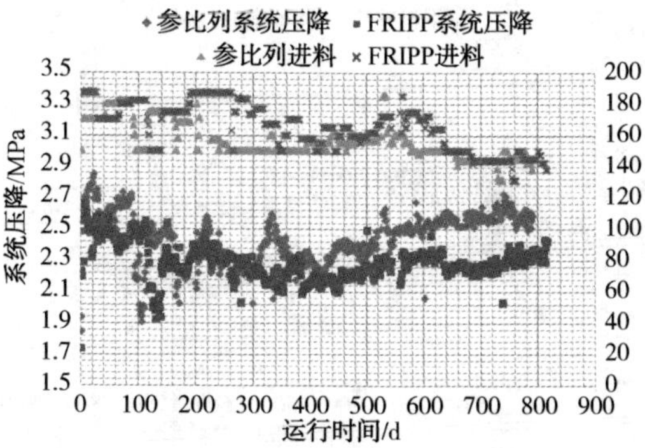

图 5-1-33 渣油加氢装置两系列系统压降

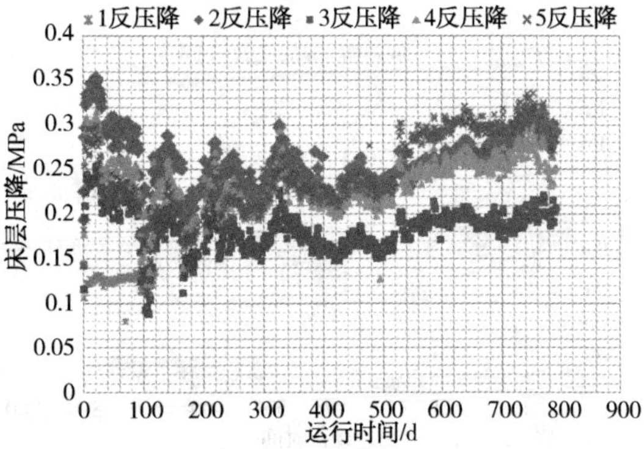

图 5-1-34 渣油加氢装置一系列 (参比列)各反压降

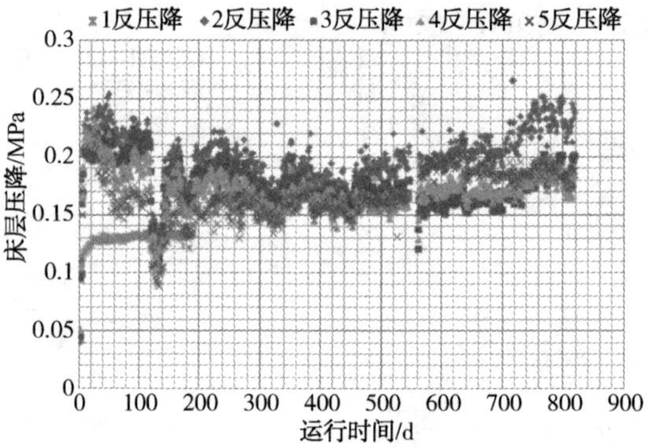

图 5-1-35 渣油加氢装置二系列[DRIPP(FRIPP)]各反压降

装置二系列在开工初期温度低、加工量大、掺渣量高时系统压降稍高，随着一系列开工后加工量降低，总压降已经降低到 2.5MPa 以下且较为稳定。一系列系统总压降开工后逐渐上升至 2.8MPa 左右，后又因催柴掺入量增加及床层提温，压降有所降低。2016 年 4 月 25 日后因两列加工量降低及蜡油比例提高，总体压降都有较大幅度降低。目前加工量提升渣油比例提高，压降又有所回升。

两系列压降目前最高的都是二反，同时各反压降都随着操作温度升高有所下降。二系列后部四个反应器均低于一列 0.5 公斤左右，四个反应器压降二列比一列低 0.2~0.3MPa。

装置两系列的 UFR 床层压降都较低，压降最大床层都是第二个反应器。但固定床反应器部分，二系列压降最低的是四反和五反，一系列四反和五反压降高于三反。

(4) 装置原料及产品质量概况

四川石化 3.0Mt/a 渣油加氢装置原料油和加氢常渣的硫含量变化情况如图 5-1-36 所示。由图中可以看出，装置设计值原料硫含量为 2.08%，实际加工原料硫含量低于设计值硫含量在 0.8%~1%之间，加氢常渣的硫含量在 0.1%左右，平均脱硫率 89%左右，加氢常渣硫含量满足下游装置进料要求。

原料油和加氢常渣的残炭含量变化情况如图 5-1-37 所示。由图中可以看出，装置设计值原料残炭含量为 11%，实际加工原料残炭含量在 8%~10%之间，加氢常渣的残炭含量在 4%~6%之间，平均脱残炭率 43%以上，加氢常渣残炭含量满足下游装置进料要求。

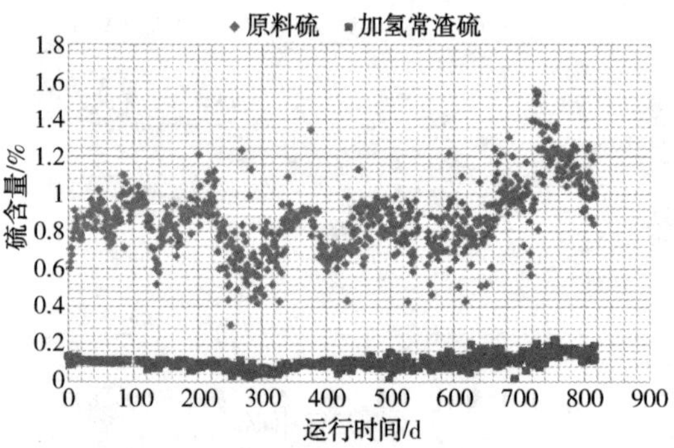

图 5-1-36 装置原料油和加氢常渣硫含量变化情况

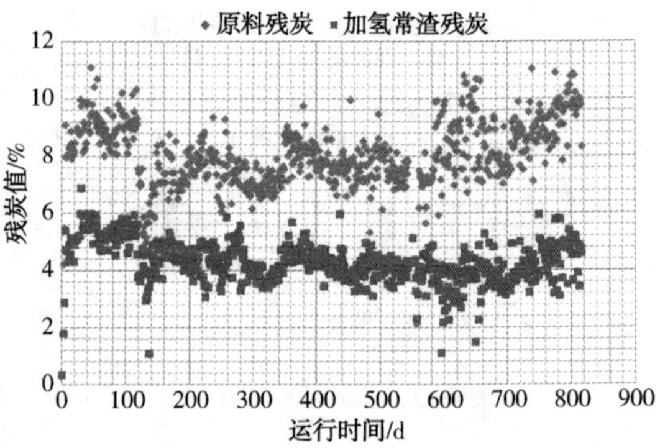

图 5-1-37 装置原料油和加氢常渣残炭含量变化情况

原料油和加氢常渣的金属(Ni+V)含量变化情况如图 5-1-38 所示。装置设计值原料金属含量为 75μg/g，实际加工原料金属含量低于设计值平均值为 50μg/g，加氢常渣的金属含量平均值 13μg/g，平均脱金属率 74%，加氢常渣金属含量满足下游装置进料要求。

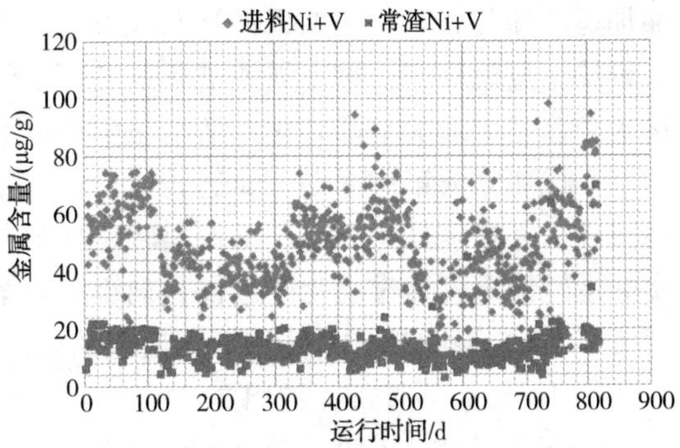

图 5-1-38　装置原料油和加氢常渣金属(Ni+V)含量变化情况

因此，可以看出，加氢常渣的各项杂质含量能够达到设计指标要求，是下游催化裂化装置进料的优质进料，可明显改善装置产品分布和产品性质。

3. 装置运转小结

① 四川石化渣油加氢装置第三周期二系列采用 DRIPP(FRIPP)针对原料油特点差别化研制开发的 FZC 系列渣油加氢催化剂，已经平稳运行 421 天，达到装置长周期运行的目的。

② 在装置开工后，各反应器 BAT 操作的理念是：应缓慢提升 CAT，并且以前部床层提温为主，后部床层提温为辅，使催化剂系统发挥"深精制浅裂化"功能，延缓后部结焦，以延长操作周期。

③ 通过装置氢耗及温升等关键工艺参数，推测二系列活性发挥更为稳定，预期加氢产品具有更好的催化裂解性能。

五、长周期运行技术(长周期运转的技术措施和应用情况)

DRIPP(FRIPP)开展了渣油加氢装置与下游催化裂化装置运转周期相匹配技术研究。在催化剂研发方面主要进行催化剂容金属能力提升技术研究；充分总结装置的运行特点，科学剖析热点成因，强化大分子胶质和沥青质梯级转化，通过催化剂级配优化研究，解决装置运转周期的制约因素即床层压降和热点问题。应用该技术使得扬子石化渣油加氢装置催化剂体系容金属(Ni+V)能力提升到 200t，运转寿命达到了 550 天；金陵石化渣油加氢装置催化剂体系容金属(Ni+V)能力提升到 215t，运转寿命达到了 618 天，证明了提升催化剂容金属能力和催化剂级配优化带来的装置运转寿命延长的效果。

在工艺研究方面，主要进行前置保护反应器可轮换/切出技术研究和前置保护反应器为沸腾床-固定床组合技术研究。保护反应器可切出技术已经实现工业化，前置反应器轮换工艺试验和催化剂级配技术研究可轮换技术，已经在中试装置进行了 10000h 以上稳定性运转试验；前置保护反应器为沸腾床-固定床组合技术已经进行了组合床的催化剂级配技术和长周期工艺运转试验研究。研究结果表明，前置保护反应器可轮换和前置保护反应器为沸腾床的固定床渣油加氢技术的研究和应用可有效提高原料的适应性，加工常规原料达到 3 年的运转寿命，或者实现在劣质原料情况下，实现运转寿命至少 1.5 年以上，可实现与催化裂化装置运转寿命的匹配。

中国石化扬子公司 2.0Mt/a 渣油加氢装置(设计为单系列)采用 S-RHT 技术设计建设。装置于 2014 年 7 月 18 日开始切换渣油，装置一次开工成功。2014 年 9 月 17 日至 18 日完成了装置技术标定，各项技术指标满足设计要求。装置 2015 年 10 月 15 日停工，扬子石化渣油加氢处理装置第一周期累计运行 450 天，累计加工原料油 2.65Mt。该装置运行周期和加工量均超过设计值，整个周期催化剂发挥了优秀的加氢活性和稳定性。该装置的稳定运行为扬子分公司重油的平衡转化、清洁化生产以及轻质油品收率的提高发挥了重要作用。

在成功完成第一周期工业运转后，该装置在第二周期继续采用 DRIPP(FRIPP)提供的系列渣油加氢处理催化剂进行工业运转。在第一周期工业运转的基础上，DRIPP(FRIPP)根据实际运转情况，通过优化改进催化剂级配方案，进一步发掘装置的生产潜能。第二周期工业运转于 2015 年 11 月 23 日开始切换渣油稳定运转，截止到 2017 年 5 月 25 日停工，完成了 550 天的运转，累计加工原料 3.3Mt。

1. 扬子石化 2.0Mt/a 渣油加氢装置

从扬子石化 2.0Mt/a 渣油加氢装置实际生产情况看，扬子石化渣油加氢处理装置原料硫含量平均 3.20%，加氢常渣平均硫含量 0.42%，平均脱硫率 88.14%；原料氮含量 3303μg/g，加氢常渣平均氮含量 1883μg/g，平均脱氮率 48.72%；原料金属(Ni+V)含量平均 78.96μg/g，加氢常渣平均金属含量 15.45μg/g，平均脱除率 82.32%；原料残炭值平均 11.97%，加氢常渣平均残炭含量 5.32%，平均脱残炭率 59.98%。加氢常渣产品质量满足下游催化裂化装置进料要求。经过 550 天的运行，催化剂活性发挥正常，各项技术指标能够满足生产和技术要求。

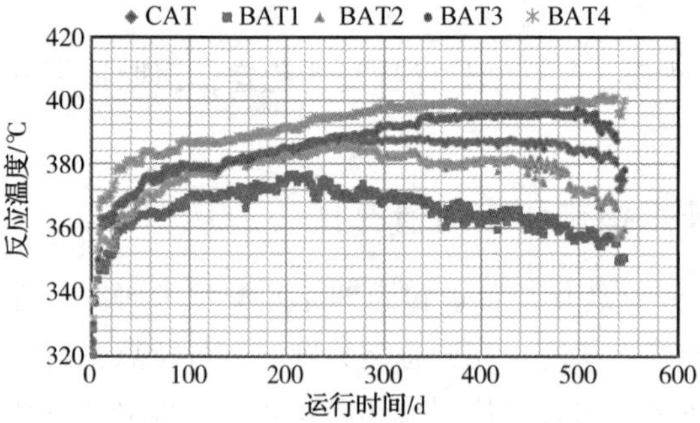

图 5-1-39　装置第二周期各反温度趋势

2. 运行概况分析

操作条件方面，一反入口压力 16.9MPa、总体积空速 $0.20h^{-1}$。图 5-1-39～图 5-1-45 列出操作温度、压降及原料和产品性质变化情况。

扬子石化渣油加氢装置两个周期运行结果表明，DRIPP(FRIPP)开发的系列催化剂具有较高催化活性和稳定性，催化剂能保证脱除原料金属、残炭、硫、氮等杂质，为下游催化裂化装置提供优质的原料；在二周期运行至 250 天后一、二反应器反应温度出现大幅下降的情况下依旧保持较高脱金属性能值得肯定。

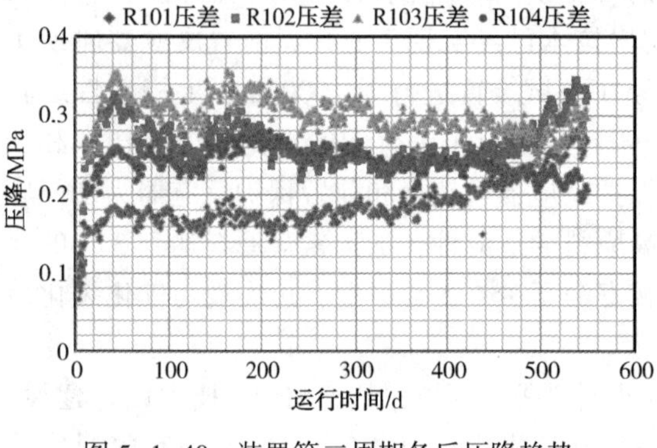

图 5-1-40　装置第二周期各反压降趋势

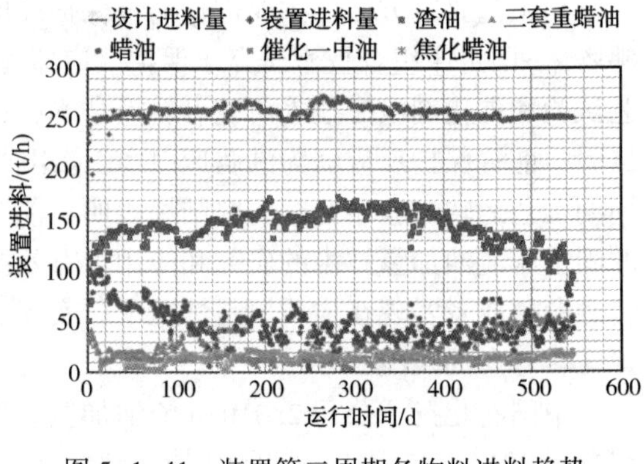

图 5-1-41　装置第二周期各物料进料趋势

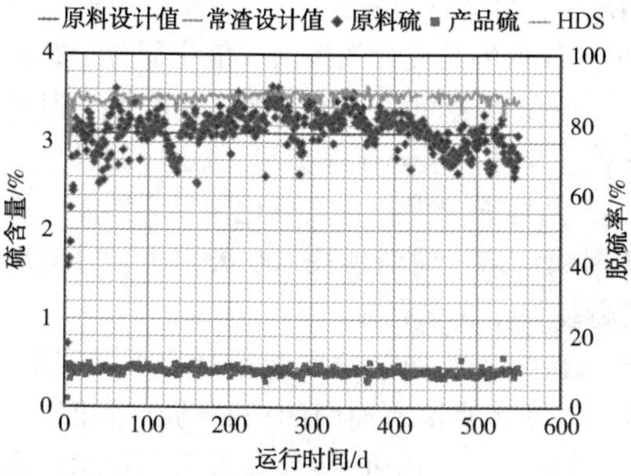

图 5-1-42　原料油和加氢常渣硫含量变化

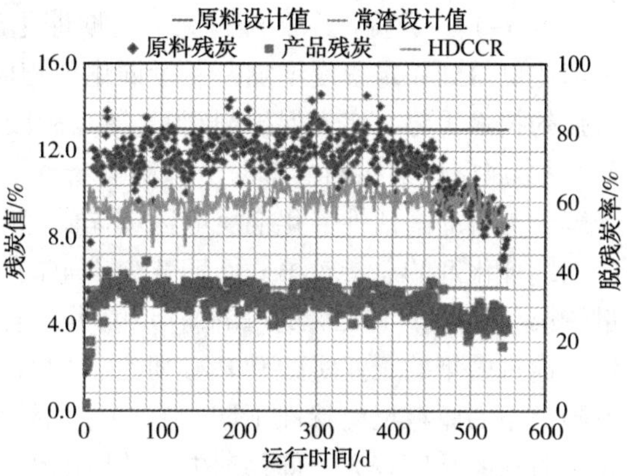

图 5-1-43　原料油和加氢常渣残炭值变化

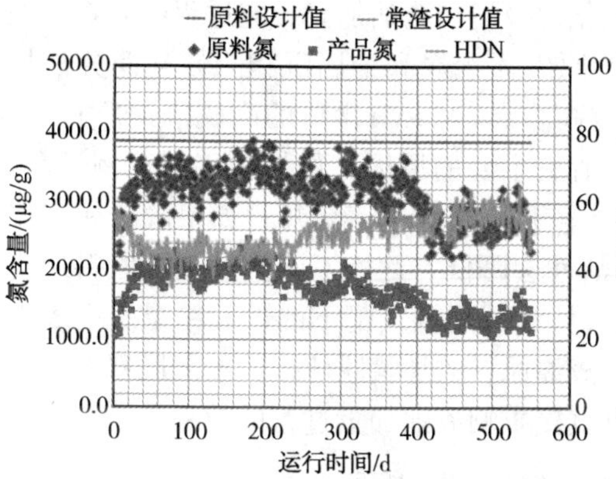

图 5-1-44　原料油和加氢常渣氮含量变化

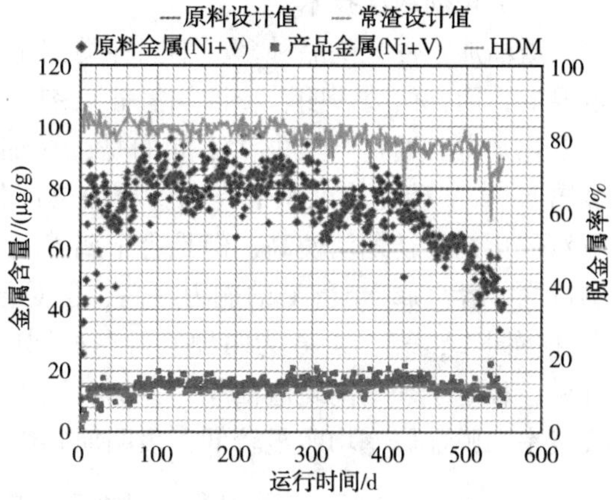

图 5-1-45　原料油和加氢常渣金属(Ni+V)含量变化

3. 第一周期和第二周期运转情况比较

新建装置在第一周期工业运行过程中通常会存在一些装置上的问题，或多或少都会对装置的稳定操作带来负面影响。例如本套装置在第一周期运转过程中出现热高分气带重烃进入冷高分问题、循环氢脱硫塔易发泡问题以及滤后原料油性质劣质化等问题。DRIPP(FRIPP)通过与企业相关技术人员密切沟通，共同寻找和分析问题出现原因，及时提出行之有效的解决方案，并为今后实现装置稳定运转提出相关操作建议。

在第一周期成功运转基础上，DRIPP(FRIPP)在第二周期运转为用户提供了更加优化的加工方案。具体表现在催化剂级配方案的调整，使得本套装置实现了连续稳定运转550天的业绩。表5-1-5列出第一周期和第二周期催化剂级配方案以及取得的运转效果。

表 5-1-5　扬子石化 2.0Mt/a 渣油加氢装置第一周期和第二周期比较

项　目	一周期	二周期	项　目	一周期	二周期
(保护剂+脱金属剂)：(脱硫剂+脱残炭剂)	47.7：52.3	51.2：48.8	加工量/Mt	2.65	3.30
			催化剂总量/t	746	713
实际运转周期/d	450	550	容金属(Ni+V)量/t	168	197

表 5-1-5 数据显示，经过第二周期催化剂级配方案调整后，装置保护剂/脱金属催化剂装填比例得到一定程度增加，后段催化剂相应减少。其目的是充分发挥前段催化剂容金属能力强的技术优势，实现保护剂/脱金属与后段高活性催化剂之间性能的平衡。适度提高保护剂/脱金属催化剂比例，有助于原料中金属、沥青质等非理想组分在保护剂/脱金属的脱除和降解，为后部高活性催化剂反应区域提供优质进料，从而充分发挥各段催化剂反应性能。第二周期催化剂的总量较第一周期减少 4.4%，运转周期较第一周期延长 100 天，实际容金属量较第一周期多 17.3%的(Ni+V)，说明方案对提高装置在线率有效。

通过多年的工业实践和基础研究，RIPP 总结了影响渣油加氢长周期运行的不同因素：不同类型的原料反应特性不同、有些原油铁和钙含量过高使得渣油中的铁和钙含量相应较高、渣油的黏度较大、催化剂失活的原因等，针对这些问题，RIPP 持续升级原有技术、研究并开发出相应的有利于长周期运行的新技术。

(1) 化剂级配技术

渣油加氢催化剂品种多，不同种类催化剂和催化剂级配在渣油加氢反应过程中起着至关重要的作用，研究表明，渣油加氢催化剂失活主要原因为积炭和金属沉积[6]。与馏分油加氢催化剂主要通过结焦失活不同的是，在加工具有高金属(Ni+V)含量的高硫渣油原料时，金属 Ni 和 V 硫化物沉积是造成渣油加氢催化剂失活更主要的原因。如果脱硫剂比例过高，虽然催化剂的初期活性高，但是容金属 Ni 和 V 能力较低，催化剂寿命短；如果脱金属剂比例过高，容金属 Ni 和 V 的能力提高，但是催化剂活性会降低。此外不同类型渣油原料反应特性不同[7]，表 5-1-6 为两种原料在相同的反应条件和催化剂级配下的试验结果。由表中可见，相对于加工高硫渣油原料，加氢装置对低硫渣油原料的加氢脱硫率、加氢脱氮率、降残炭率和脱金属率均明显较低，表明原料组成特点直接影响渣油加氢过程的效率。

表 5-1-6　两种渣油原料及其加氢生成油主要性质

项　　目	高硫渣油	高硫渣油加氢生成油	低硫渣油	低硫渣油加氢生成油
密度(20℃)/(kg/m^3)	981.2	922.0	976.0	939.9
黏度(100℃)/(mm^2/s)	80.43	19.21	174.3	44.7
残炭/%	13.04	4.03	11.72	5.88
S/%	4.42	0.39	1.19	0.16
N/%	0.23	0.12	0.51	0.34
w(Ni+V)/(μg/g)	106.8	8.9	55.8	9.9
脱硫率/%		91.18		86.55
脱氮率/%		47.83		33.33
降残炭率/%		69.10		49.83
脱金属率/%		91.7		82.26

基于对原料反应特性和催化剂性能的认识以及构建的反应动力学和催化剂失活模型，结合上述新的 RHT 系列催化剂，RIPP 开发了量体裁衣的催化剂和催化剂级配技术。

上海石化 3.9Mt/a 渣油加氢装置加工高硫原油，从第一周期开始即采用 RHT 系列催化剂，根据装置的原料特点，RIPP 采用了优化的催化剂级配，实现了 582 天的长周期运转。长岭分公司 1.70Mt/a 渣油加氢装置加工低硫渣油，从第一周期开始即采用 RHT 系列催化剂，根据装置的原料特点，RIPP 采用了优化的催化剂级配，实现了 426 天的长周期运转。

(2) 高钙渣油加氢技术

针对一些原油钙含量较高的特点，RIPP 开发了原油脱钙技术，使得渣油进入渣油加氢装置后对保护反应器的影响大幅降低，该技术在沿江四家炼厂均得到了应用。

通过增设原油脱钙设施，沿江炼厂首套渣油加氢装置(长岭石化公司 1.7Mt/a 渣油加氢装置)实现了加工高铁钙含量渣油加氢装置的长周期运转[8,9]。图 5-1-46 为该装置第一周期(RUN-1)的运转情况，由图中可见，尽管增设了原油脱钙措施，但由于原料中铁含量较高的影响，R-101 压降仍然达到了 0.7MPa，第一周期共运转 426 天，按照设计进料量 212.5t/h 计，当量运转天数为 448 天。

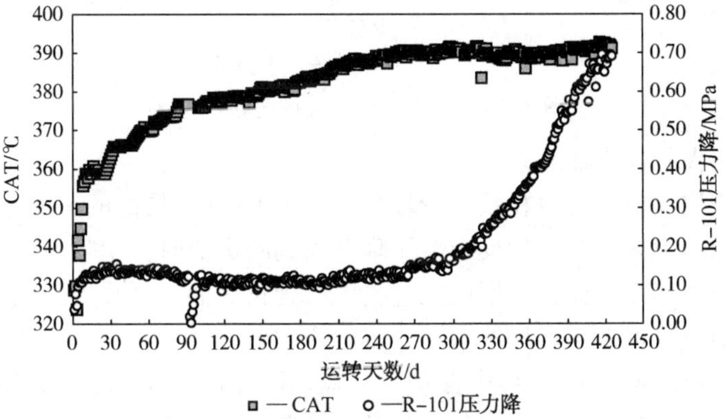

图 5-1-46　长岭石化公司 RUN-1 CAT 和 R-101 压力降

沿江炼厂三套渣油加氢装置最长运转周期 R-101 压降变化情况见图 5-1-47。由图中可以看出，应用原油脱钙技术后，保护反应压降上升的速度明显减缓，均实现了渣油加氢装置的长周期运行。

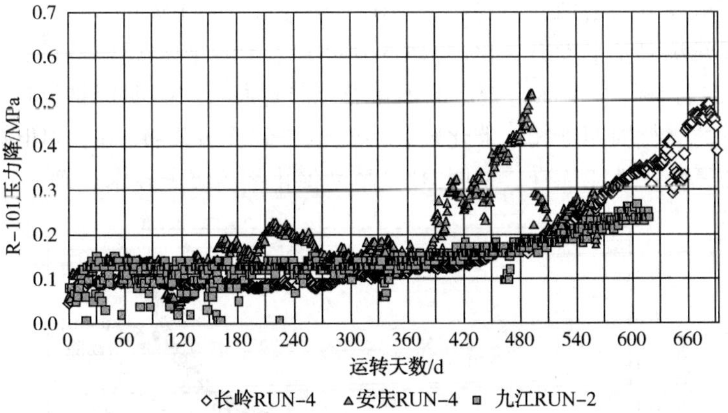

图 5-1-47　沿江炼厂三套渣油加氢装置 R-101 压力降

(3) 反应器物流高效分配技术

基于对渣油原料性质和工程流体力学的深入认识，RIPP 开发了渣油加氢反应物流高效分配技术。长岭分公司第二周期(RUN-2) R-101 分配器采用了该技术。图 5-1-48 为该装置第一和第二周期 R-101 最大径向温差情况，由图中可以看出，采用高效分配技术后，R-101 最大径向温差大大降低，有利于装置的长周期高效运行[6]。

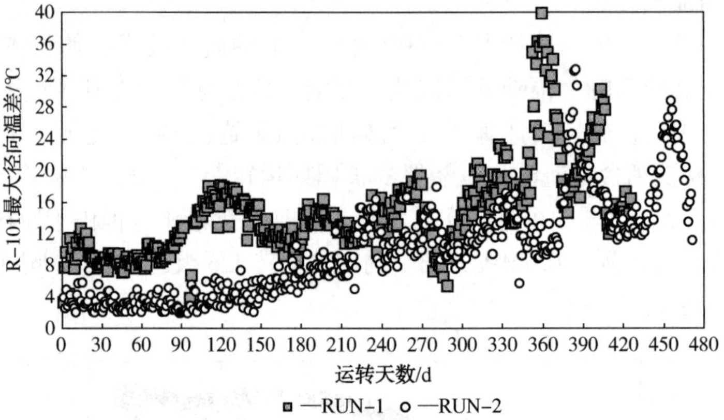

图 5-1-48　R-101 最大径向温差变化

(4) 可切除的保护反应器工艺

一些炼厂的渣油加氢装置原料铁含量较高，对于 Fe 含量较高的渣油原料，RIPP 开发了保护反应器可切除的工艺，在保护反应器压降升高到限定值时，切除保护反应器，渣油和原料进入第二个反应器继续运行，采用该工艺技术可延长渣油加氢装置的运转周期，安庆分公司 2.0Mt/a 重油加氢装置采用了该技术。

该装置第三运行周期(RUN-3)中保护反应器(R-101)的压降、各反应器平均温度及催化剂平均反应温度(CAT)、原料和加氢常压渣油(简称加氢常渣)残炭随运转时间的变化情况分别见图 5-1-49~图 5-1-51。

由图 5-1-49 可见，R-101 的运转周期一共达到了 535 天，其中保护反应器压降运行 473 天后达到了限定值 0.7MPa，保护反应器切除后，装置继续运行了 62 天。

保护反应器切出前，其床层温升相当低，说明该反应器中催化剂已基本失去活性。保护反应器切出后，体积空速增加，但提高 R-102、R-103、R-104 的反应温度(见图 5-1-50)后，催化剂的降残炭率基本没有变化(见图 5-1-51)，切除保护反应器后，加氢常渣的残炭均低于 5.5%(控制指标)，依然是较好的催化裂化装置原料，表明保护反应器可切除的工艺可行，不仅装置的运行周期延长，催化剂的活性也得到充分发挥。同时切除保护反应器后，催化剂的残炭加氢转化性能优良，说明 RHT 系列催化剂的级配技术合理。

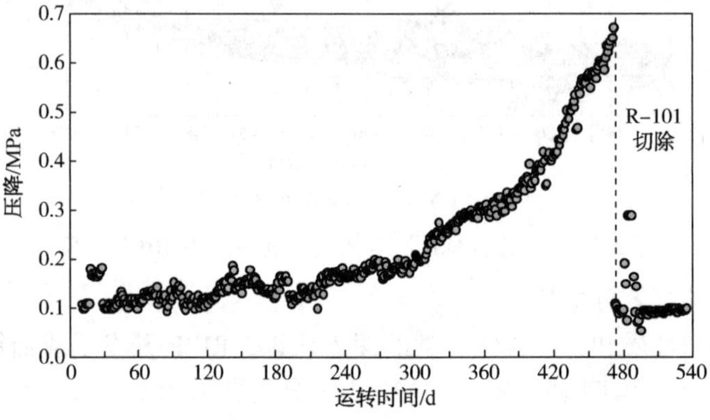

图 5-1-49　保护反应器 R-101 压降随运转时间的变化

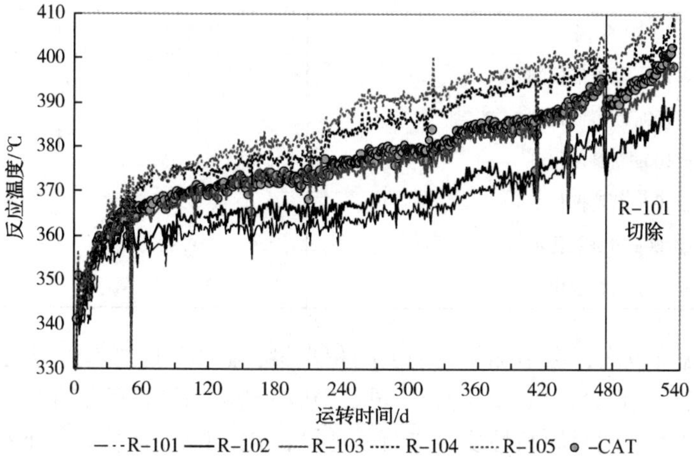

图 5-1-50　反应器平均反应温度随运转时间的变化

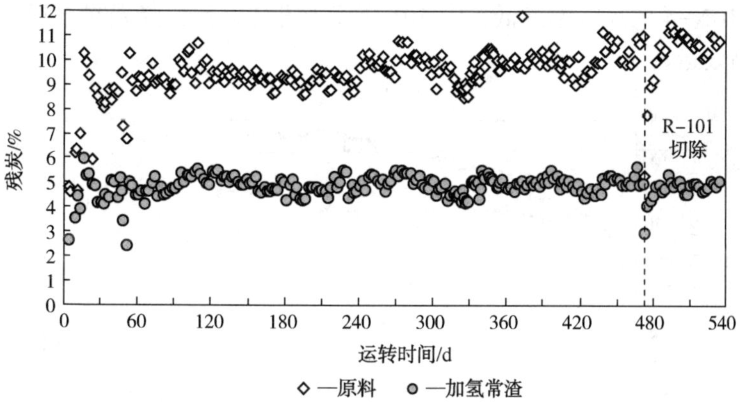

图 5-1-51　原料和加氢常渣残炭随运转时间的变化

（5）RICP 系列工艺

RICP 技术除可促进渣油加氢反应、提高轻油收率外，还可降低催化剂上的积炭量[7,10]，提高加氢催化剂的整体性能。仪长管输原油的渣油中氮含量较高，导致其在催化剂上的积炭更严重。通过采用 RICP 技术，可以有效降低催化剂上的积炭含量。

安庆分公司第一周期采用了 RICP-Ⅰ工艺，表 5-1-7 为安庆分公司和长岭分公司渣油加氢装置第一周期卸出催化剂的炭含量的分析结果。由表中可见，采用 RICP 工艺的渣油加氢催化剂上的积炭明显低于常规 RHT 工艺的渣油加氢催化剂上的积炭含量。

表 5-1-7　不同加工工艺下卸出的催化剂平均炭含量分析结果

项　　目	安庆分公司	长岭分公司
工艺特点	RICP	RHT
运转时间/d	445	426
停工时 CAT/℃	396	392
原料平均残炭值/%	10.3	10.5

续表

项　　目	安庆分公司	长岭分公司
R-101 平均炭含量/(g/100g 新鲜催化剂)	21.8	29.6
R-102 平均炭含量/(g/100g 新鲜催化剂)	16.5	21.3
R-103 平均炭含量/(g/100g 新鲜催化剂)	11.3	18.0
R-104 平均炭含量/(g/100g 新鲜催化剂)	9.7	21.4
R-105 平均炭含量/(g/100g 新鲜催化剂)	9.9	—
催化剂平均炭含量/(g/100g 新鲜催化剂)	13.8	22.6

渣油原料氮含量较高，会增加催化剂上的积炭量，而 RICP 技术可抑制催化剂上炭的生成[10,11]。基于 RICP 的理论认识，长岭分公司 1.7Mt/a 渣油加氢装置在第四运转周期(RUN-4)实施了 RICP-Ⅱ技术，同时原料性质也进行了适度优化，RUN-4 实现了 693d 的超长周期运转[12]。RUN-2 和 RUN-4 两个周期中的催化剂平均反应温度(CAT)、R-101 压降和降残炭率随运转时间的变化如图 5-1-52～图 5-1-54 所示。由图 5-1-52～图 5-1-54 可见，与 RUN-2 相比，RUN-4 的反应温度低，R-101 压降上升速度慢，降残炭率提高，第四周期实现了超长周期高效运转。

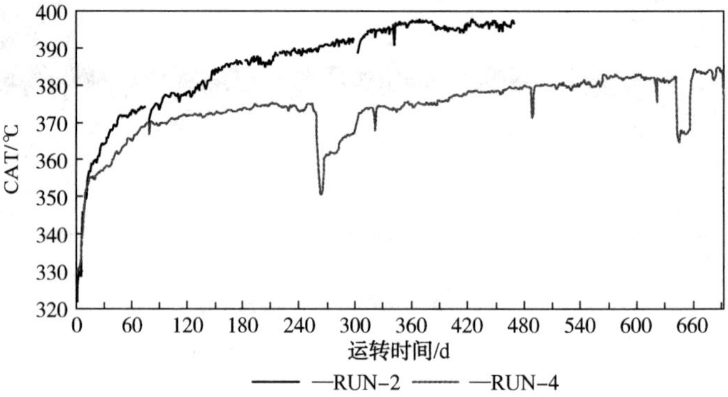

图 5-1-52　CAT 随运转时间的变化

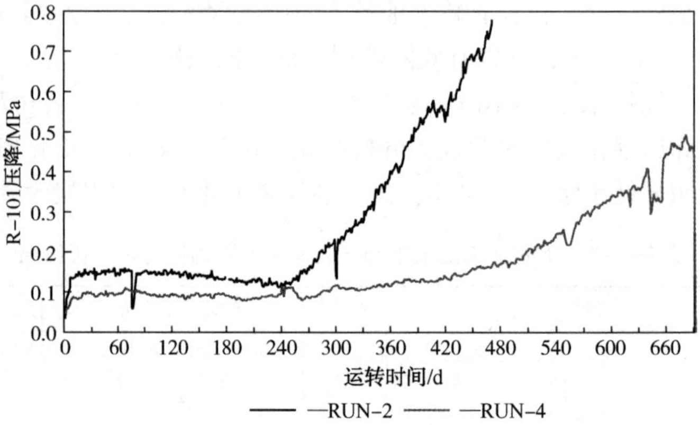

图 5-1-53　R-101 压降随运转时间的变化

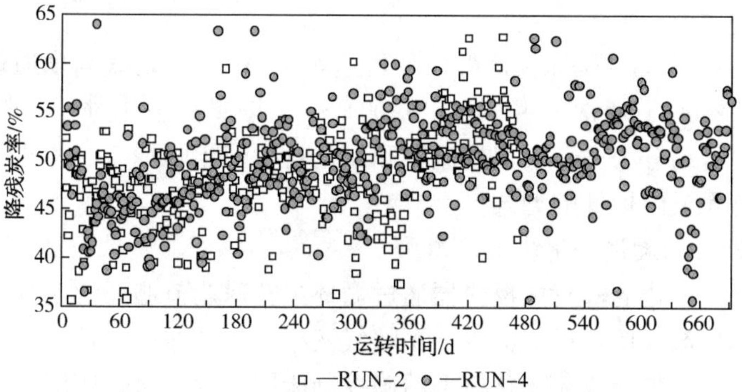

图 5-1-54　降残炭率随运转时间的变化

第二节　沸腾床渣油加氢技术与应用

一、沸腾床渣油加氢技术

(一) 技术特点

沸腾床是特殊的气液固三相流化床，其主要区别于常规流化床的特点在于液体在沸腾床中是连续相，且液相与气相并流向上流动。根据体系的不同(液相密度、黏度，固相密度、颗粒形貌等)，沸腾床的操作模式包含膨胀床和流化床：当液相表观流速低于最小流化速度时，沸腾床处于膨胀床模式，颗粒分布均匀且处于可有限移动的状态；当流动速度达到最小流化速度时，颗粒床层进一步膨胀，且床层压降不再随液相表观流速的提高而增加、仅与床层重量相关，此时颗粒处于自由移动状态，固相床层达到流化状态；当液相表观流速进一步提高时固相流化状态进一步提升，床层进入输送状态，此时固相可随着液相的流动而运动。

在沸腾床中，由于液相与气相的并流流动，使固相颗粒床层更易达到流化状态，且液相占据主导作用。这说明液相的黏度和密度越高，其对一定形貌、密度的颗粒的流化、输送作用越强；反之，在一定气液体系内，颗粒越大、球形度越低、密度越高，则其达到流化或输送模式所需要的表观液速也越高。虽然沸腾床中液相占据主导作用，但气体的流动也十分重要。通常气相可以建立更均一的颗粒分布，或在初始流化过程中起到松动床层等作用；但气相与固相对于反应器的尺寸较为敏感，反应器直径偏低会导致沸腾床处于多种流化模式的过渡状态，或出现气泡柱塞流等极端情况。

相比于固定床体系，采用沸腾床流动形式的反应器虽然在反应深度上无法与近似平推流的固定床反应器相比，但其核心优势在于较高的宏观混合能力，通过大量的轴向扩散使气液固多相反应物可以充分混合，达到混合流动形式反应器的效果。沸腾床较高的混合能力使其可以处理高黏度、液固相传质阻力高、加氢反应放热量大的反应体系。

(二) 关键设备

渣油原料油和氢气首先进入沸腾床反应器底部的初分布器，与循环油充分混合后通过分布板分散至反应器内；设置有循环泵的反应器上部设有循环杯，部分气相通过循环杯中的分离管直接进入上方热裂化区，液相从循环杯侧部和分离管液相出口进入热裂化区，在压差作用下，部分气液进入循环管并通过循环泵增压重新返回初分布器，反应生成的油气从反应器顶部排出。

处理量在 1～3Mt/a 的沸腾床反应器内径可达 4.3～5.2m，切线高度通常在 20～40m，反应器重量为 1100～2500t，通常采用 2 台串联的形式。按照流态化过程的驱动力来源，可以将沸腾床反应器技术划分为循环泵促进流化和原位自持流化两种，二者的反应器结构主要区别在于循环泵的有无及内构件的型式。

1. 循环泵促进固相流化沸腾床反应器

采用循环泵促进流化的沸腾床反应器通过循环泵转速调节循环油流量，进而控制催化剂床层的高度，使催化剂保留在反应器内，不随气液相带出。通过循环泵控制的气液固三相流态化过程，可以通过料位计或流态化模型精确控制床层高度，防止床层进入快速流化状态进而导致颗粒夹带。然而由于床层高度不会高于循环杯位置，因而带有循环泵的沸腾床反应器内部分为两个反应区，分别为催化反应区和热裂化区。在催化剂床层以内，由于有催化剂的存在，因而渣油加氢催化反应得以进行；在循环杯上方和循环管内部，由于没有催化剂存在，因而主要进行热裂化反应。

2. 原位自持流化沸腾床反应器

中国石化开发的原位自持流化沸腾床反应器通过内构件强化流化及气液固分离，促进了内部流动，从而使固相催化剂颗粒可以仅在原料气液作用下直接达到流化状态，因此可以无需使用工况条件苛刻的循环泵。

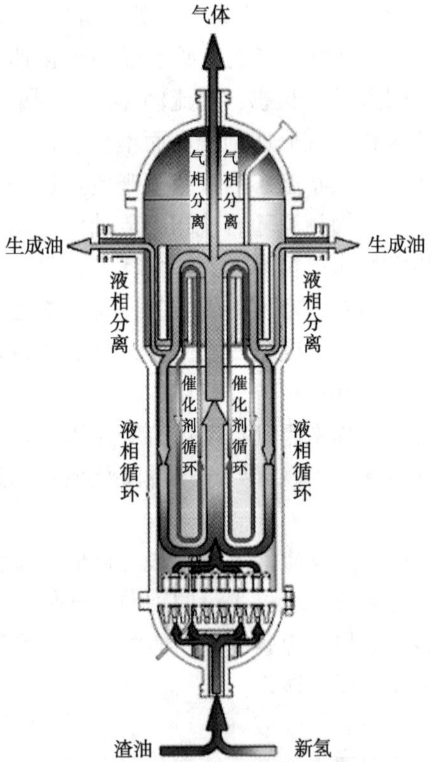

图 5-2-1　原位自持流化沸腾床反应器

无循环泵原位流化的沸腾床反应器结构主要分为反应段和三相分离段两部分，反应器示意图如图 5-2-1 所示。反应段为直筒，可增设内构件促进混合；三相分离段通过三相分离器的作用分别分离气相和固相，其中气相从顶部气相出口排出，固相向下流动返回反应段进行循环，而液相从侧面出口流出。

与循环泵促进流化的沸腾床反应器相比，原位自持流化沸腾床反应器具有气液界面，顶部为气相空间，但催化剂处于完全流化状态下，因此全部液相反应空间内都有催化剂存在，使反应器处于充分的加氢催化反应状态下，因此反应效率和加氢反应产物性质较好。

（三）催化剂

沸腾床工艺过程采用的催化剂颗粒形状为球形或圆柱条形，粒径比固定床催化剂小。如国外沸腾床催化剂颗粒粒径为 1.0mm 左右的圆柱条形，国内 DRIPP（FRIPP）开发的 STRONG 工艺采用 0.4～0.5mm 的球形颗粒。催化剂化学组成与固定床催化剂相近，载体主要为 Al_2O_3，活性金属组分为 Co-Mo 或 Ni-Mo，具体配方随原料油性质和工艺目标而异。孔径分布和耐磨损强度是催化剂非常重要的指标。孔径分布对催化剂活性、重金属的容纳能力和减少生焦都有很大影响。

二、沸腾床渣油加氢应用

（一）工艺流程

国内外沸腾床加氢技术设计理念不同，在催化剂研制、级配方面存在较大差异，但在反应工艺流程设置方面大同小异，工艺流程如图 5-2-2 所示。沸腾床加氢技术工艺流程：氢气与渣油原料经换热、加热炉加热后在反应器前的入口管线混合，形成气液混合物从反应器底部进入，向上流动通过沸腾的催化剂床层，保持恒定的气液流速，使得在稳定的操作状态下反应器中催化剂的密相床层高度不超过规定的临界高度，气液流体沿反应器轴向上升，从富含催化剂的反应区进入非催化区，然后经循环杯进行气液分离，分离出的全部气体和部分液体产品经管线排出反应器，其余的液体经循环管线和循环泵循环回反应器底部与进料混合，用于提升反应器中的固体催化剂颗粒，维持催化剂颗粒处于随机的沸腾状态。从反应器出来的气液流体经高低压分离器和常减压蒸馏得到石脑油、中间馏分油、减压瓦斯油和加氢改质的减压渣油。国外沸腾床反应器为防止催化剂跑损，需严格控制催化剂膨胀高度，工业设计时需要设置核料位计，用于监控反应器内催化剂的膨胀高度，并通过调整塔底沸腾泵的转速对催化剂膨胀高度进行调节。

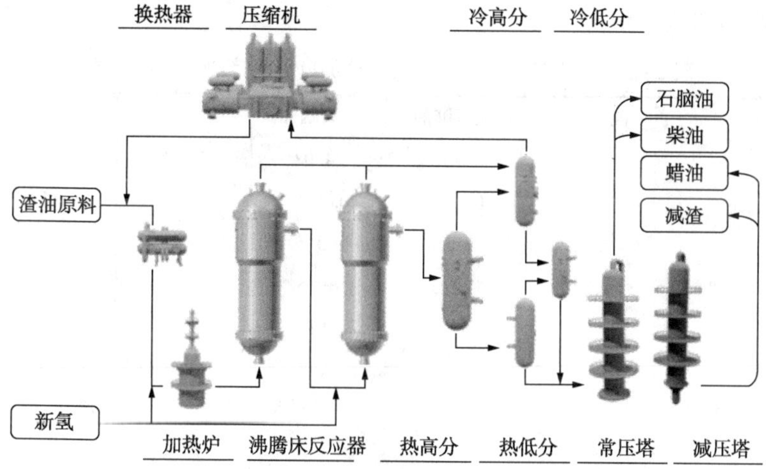

图 5-2-2 沸腾床加氢工艺流程

（二）沸腾床渣油加氢技术应用

沸腾床渣油加氢技术作为一项重要的重油加工手段，其应用范围十分广泛，从最初作为油砂沥青的处理手段来生产合成原油，到现在扩展到处理渣油、煤焦油、煤液化油等资源，该技术已广泛应用于石油化工及煤化工等领域。随着沸腾床渣油加氢成套技术的不断发展及完善，沸腾床渣油加氢技术在企业炼油结构中的作用越来越重要，且作用呈现多样化发展趋势。近些年来，随着企业炼油结构转型发展的需要，诞生了一批以沸腾床渣油加氢技术为核心的组合技术。

三、沸腾床渣油加氢平台技术

（一）多产化工原料

随着柴油需求进入平台期及化工原料需求增长，多产化工原料已成为企业转型发展的重

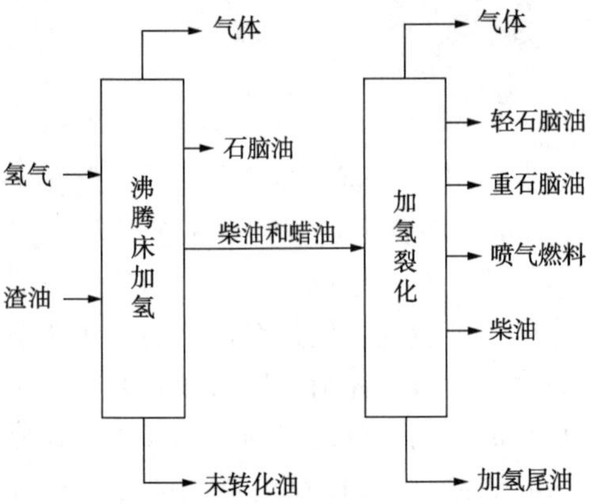

图 5-2-3　沸腾床渣油加氢与加氢裂化组合工艺

要方向。基于沸腾床渣油加氢技术操作模式灵活的特点，沸腾床渣油加氢与馏分油加氢裂化组合技术应运而生，见图 5-2-3。劣质渣油首先经沸腾床深度加氢转化，最大限度提高轻质油收率，沸腾床加氢柴油和加氢蜡油分别或者混合作为下游加氢裂化装置原料，用于生产轻重石脑油、喷气燃料等化工原料或轻质油品，其中轻重石脑油作为乙烯裂解原料和重整原料。此外，原油沸腾床加氢裂化制烯烃课题目前是业界研究的重点方向。

沸腾床柴油和蜡油组分加氢裂化产物收率和性质情况见表 5-2-1，从表中可以看出，加氢裂化不同产物中硫、氮杂质都可高效地脱除；重石脑油具有较高的芳潜，可作为芳烃重整原料；喷气燃料烟点为 27.4mm，具有良好的燃烧清洁性；柴油十六烷值指数较高，可作为清洁柴油调和组合或循环到加氢裂化进一步裂化；加氢尾油的 *BMCI* 值低于 10，达到 7.9，说明其是优良的乙烯裂解原料。

表 5-2-1　沸腾床柴油和蜡油组分加氢裂化产物收率和性质

项　目	混合原料	轻石脑油	重石脑油	喷气燃料	柴油	尾油
收率/%		5.01	24.02	29.66	19.06	20.13
密度(20℃)/(g/cm³)	0.8837	0.6544	0.7498	0.8101	0.8131	0.8201
硫含量/%	0.72	<0.5	<0.5	<2	<2	<5
氮含量/(μg/g)	1313	<0.5	<0.5	<1	<1	<2
芳潜/%			63			
烟点/mm				27.4		
十六烷指数					77.7	
BMCI 值						7.9

（二）多产清洁油品

沸腾床渣油加氢技术的显著特点是轻质油收率高，可以实现重质油轻质化，为下游装置提供优质原料。沸腾床渣油加氢技术可以与现有催化裂化技术组合（见图 5-2-4），以劣质渣油为原料，用于多产汽油，降低企业柴汽比。相比现有固定床渣油加氢与催化裂化组合的传统路线，沸腾床渣油加氢与催化裂化的技术路线流程更简便、原料适应性更强，同时耐杂质能力更强。

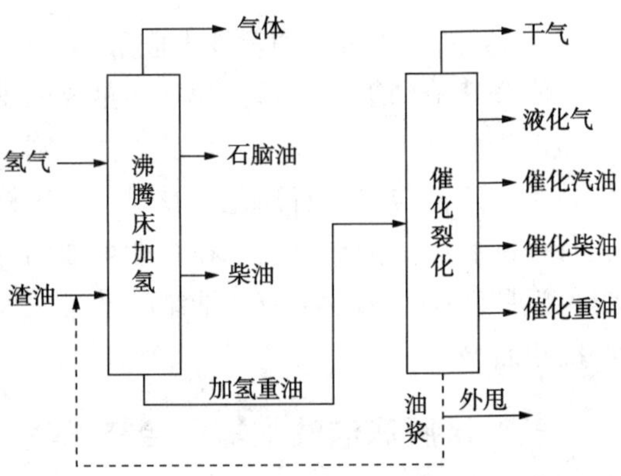

图 5-2-4　沸腾床渣油加氢与催化裂化组合工艺

沸腾床加氢原料和加氢重油（350℃+）的性质如表 5-2-2 所示，从表中可以看出，沸腾床加氢原料较为劣质，残炭和金属含量较高，常规的固定床难以直接加工，采用沸腾床加氢处理后生成的加氢重油(350℃+)性质得到明显改善，金属含量降低到1.0μg/g以下，残炭含量也低于5.0%，是优良的催化裂化原料。

表5-2-2　沸腾床加氢原料和加氢重油性质

项　目	沸腾床加氢原料	加氢重油(350℃+)	项　目	沸腾床加氢原料	加氢重油(350℃+)
密度(20℃)/(kg/m^3)	1036.7	930.9	氮含量/%	0.4063	0.3102
残炭/%	22.55	4.61	金属(Ni+V)/(μg/g)	214.5	0.8
硫含量/%	5.73	0.226			

沸腾床加氢重油(350℃+)催化裂化产品分布如表5-2-3所示，同时生成的催化汽油和催化柴油性质如表5-2-4所示。从表中可以看出，采用沸腾床加氢重油(350℃+)作为催化裂化原料，经过催化裂化后产品具有较高的汽油收率和轻油收率，同时催化汽油具有很低的杂质含量和较高的辛烷值，表明沸腾床加氢和催化裂化组合生产清洁油品具有良好的可行性。

表5-2-3　沸腾床加氢重油进催化裂化产品分布

产物分布	收率/%	产物分布	收率/%
干气	3.43	催化重油	11.9
液化气	13.04	焦炭	8.5
催化汽油	43.39	轻油收率	75.67
催化柴油	19.24		

表5-2-4　沸腾床加氢重油催化汽油和催化柴油性质

项　目	催化汽油	催化柴油	项　目	催化汽油	催化柴油
收率/%	43.39	19.24	氮含量/(μg/g)	228	2021
密度(20℃)/(g/cm^3)	772.5	947.6	*RON*	96.5	
硫含量/(μg/g)	176	2391	十六烷值		22.5

(三) 生产低硫焦及低硫船用燃料油

1. 沸腾床加氢生产低硫石油焦技术

作为炼厂最主要的脱碳工艺，延迟焦化具有投资少、操作费用低、操作简单等诸多优点，然而随着环保法规的日益严格，以劣质渣油为原料的延迟焦化所产的石油焦硫含量>3%，不满足出厂要求。解决高硫石油焦问题的关键是优化焦化的原料，但选择低硫渣油作为焦化原料存在着成本较高的问题。沸腾床和焦化组合能够有效地解决高硫石油焦的问题，同时提升焦化产品的价值。

劣质渣油经过沸腾床加氢反应能够脱除绝大部分的硫、氮、金属等杂质，加氢生成油经过蒸馏单元分离出石脑油、柴油和蜡油等轻馏分，剩余未转化油(UCO)可作为延迟焦化的原料；相比于减压渣油(VR)原料，UCO的硫、金属等含量得到大幅度脱除，将UCO作为

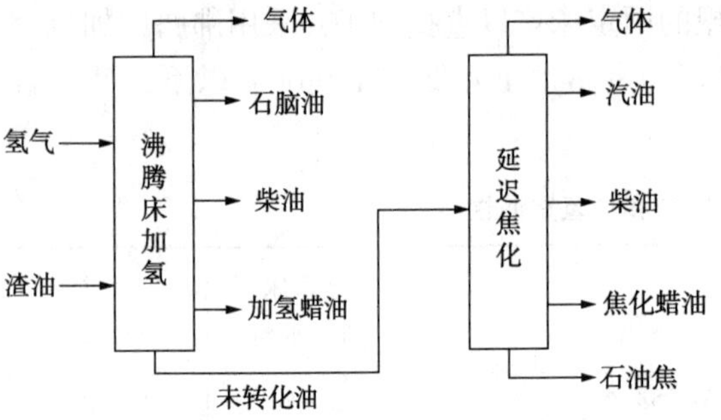

图 5-2-5　沸腾床加氢和延迟焦化组合技术路线

焦化的进料能够显著改善焦化产品分布和石油焦性质。图 5-2-5 为沸腾床加氢和延迟焦化组合技术路线。

沸腾床加氢原料和未转化油(540℃+)性质如表 5-2-5 所示，从表中可以看出，经过加氢处理后，未转化油硫含量远远低于渣油原料，同时金属含量较低，说明减压渣油原料经过沸腾床加氢后大部分的硫和金属杂质被脱除。

表 5-2-5　沸腾床加氢原料和未转化油性质

项　目	沸腾床加氢原料	沸腾床未转化油(540℃+)	项　目	沸腾床加氢原料	沸腾床未转化油(540℃+)
密度(20℃)/(kg/cm^3)	1043	1033	残炭/%	22.55	24.30
硫含量/%	5.10	0.85	金属 Ni+V/(μg/g)	214.2	46.14

渣油沸腾床加氢+延迟焦化组合路线和渣油直接延迟焦化路线的石油焦性质对比如表 5-2-6 所示，从表中可以看出，沸腾床加氢未转化油焦化路线生产的焦炭收率略高于渣油直接焦化路线，焦炭中硫含量要显著低于渣油直接焦化，其中焦炭中硫含量远低于 3.0%，可生产硫含量低于 1.5%的低硫石油焦。

表 5-2-6　两种加工路线石油焦性质对比

项　目	渣油沸腾床加氢+延迟焦化	渣油延迟焦化
焦化原料	UCO	VR
焦化产物		
焦炭收率/%	33.78	31.11
焦炭硫含量/%	1.48	7.37

2. 沸腾床加氢生产低硫船用燃料油技术

通常沸腾床加工的减压渣油硫含量为 4.0%～6.0%，残炭值为 20%～25%，金属含量为 200～300μg/g，高硫减压渣油经沸腾床加氢脱硫后，加氢重油可作为低硫重质船用燃料油，也可作为催化裂化或焦化装置原料。加氢重油具有密度大、硫含量低、黏度高等特点，可与低附加值组分调和生产低硫船用燃料油(简称船燃)。为了最大化生产重质船燃，可控制合适的加氢转化深度，在保证脱硫效果的同时减少渣油转化，“高脱硫、适当转化”是沸腾床加氢生产低硫船燃技术开发的关键。DRIPP(FRIPP)通过开发高脱硫活性的催化剂、优化工艺条件及加氢重油切割方案等研究，可实现劣质渣油沸腾床加氢脱硫生产低硫船燃调和组分。图 5-2-6 为沸腾床渣油加氢生产低硫船燃技术路线。

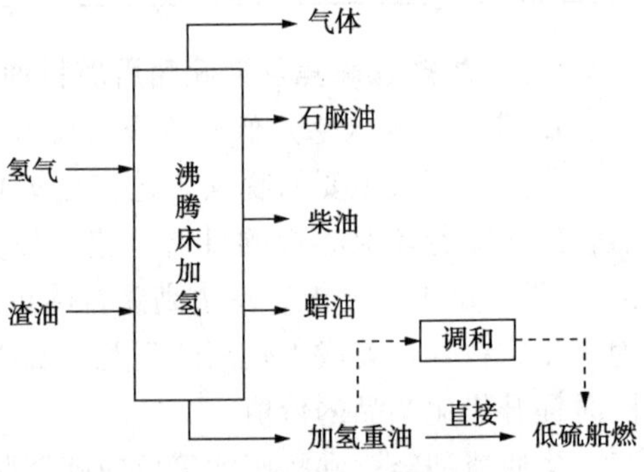

图 5-2-6　沸腾床渣油加氢生产低硫船燃技术路线

减压渣油经沸腾床加氢脱硫，加氢重油(不同切割方案)可直接作为低硫重质船燃或调和组分，技术关键是提高沸腾床加氢脱硫效果。DRIPP 在第一代脱硫催化剂开发的基础上，通过改善孔分布、活性金属分散以及工艺条件优化，实现了高脱硫的加氢效果，所开发的高脱硫催化剂比第一代脱硫催化剂相对脱硫活性提高 20%以上。

沸腾床加氢装置生产低硫船燃的结果如表 5-2-7 所示，从表中可以看出，沸腾床加工原料为常规固定床加氢难以单独加工的劣质减压渣油，硫、氮、残炭和金属含量较高，经过沸腾床加氢过程后，加氢重油硫含量、密度、残炭等性质都满足低硫船燃标准，表明采用沸腾床加氢工艺可以直接生产低硫残渣型燃料油。

表 5-2-7　沸腾床加氢原料和加氢重油性质

项　目	沸腾床加氢原料	加氢重油(450℃+)	RMG380 船燃标准
密度(20℃)/(kg/m³)	1003.4	983.0	≤987.6
残炭/%	22.31	15.64	≤18.00
硫含量/%	5.20	0.47	≤0.5
氮含量/%	0.4432	0.4153	—
金属(Ni+V)/(μg/g)	214.2	23.71	—
运动黏度(50℃)/(mm²/s)	—	212	≤380
总沉积物(老化法)/%	—	<0.1	≤0.10

采用沸腾床加氢重油与净化油浆、催化柴油调和生产低硫船用燃料油的数据如表 5-2-8 和表 5-2-9 所示，从表中可以看出，净化油浆和催化柴油都可作为低硫船燃的调和组分，通过与硫含量较低的沸腾床加氢重油调和生产合格的低硫船燃，可提升其附加值，显著增加企业效益。

表 5-2-8　沸腾床加氢重油与净化油浆调和生产低硫船燃

项　目	净化油浆	沸腾床加氢重油	调和船燃	RMG380 船燃标准
密度(20℃)/(kg/m³)	995	955	969	≤987.6
50℃运动黏度/(mm²/s)	170.0	301	251	≤380
硫含量/%	0.40	0.48	0.46	≤0.5

表 5-2-9　沸腾床加氢重油与净化油浆、催化柴油调和生产低硫船燃

项　目	净化油浆	催化柴油	沸腾床加氢	调和船燃	RMG180 船燃标准
密度(20℃)/(kg/m³)	962	947	1010	962	≤987.6
50℃运动黏度/(mm²/s)	134	2	—	168	≤180
硫含量/%	0.10	0.40	0.73	0.46	≤0.5

第三节　悬浮床渣油加氢技术与应用

一、悬浮床渣油加氢技术

悬浮床(又称浆态床)渣油加氢技术是指将劣质渣油、高分散度催化剂、助剂、氢气混合升温后进入反应器，在高温、高压临氢条件下发生热裂化反应与加氢反应，使渣油转化为轻质馏分油的过程。悬浮床反应器通常为管式空筒无内构件或带有内环流结构，少量催化剂或助剂以纳米尺度颗粒形式悬浮在反应物料中，呈气、液、固三相充分混合的浆液相。与其他石油加工临氢工艺一样，工艺流程、原料油性质和组成、操作压力、氢油体积比、体积空速和反应温度等是影响渣油悬浮床加氢裂化过程的主要工艺参数[13]，一般反应温度范围控制在410~480℃，氢气分压范围10~30MPa。

悬浮床加氢工艺比较简单，相对于固定床工艺，设备投资少，操作简便。反应器采用较大高径比，一般为空桶，没有内构件、没有催化剂床层，所以不存在反应床层堵塞和压力降问题；反应物料、氢气及催化剂三相剧烈返混，无反应热点产生；反应器径向、轴向温差均较小，接近全返混等温反应器；与固定床、沸腾床渣油加氢方式相比，其特点是原料适应性强，可以将高沥青质、高金属含量的劣质渣油进行轻质化；采用微米或纳米级的单金属或多金属催化剂，随反应物料一起进入反应器内，催化剂消耗量低、活性高、不易失活，方便添加和循环；渣油悬浮床加氢裂化装置工程投资较小、操作弹性大、开工时间长；具有高转化率、高脱金属率等优点[14]。

重油悬浮床加氢工艺是以劣质重油为原料，生产轻质燃料油的重油加氢工艺。其特点是在高温、高氢分压和一定空速下将分散得很细的催化剂或添加物与硫化剂、原料油及氢气一起通过反应器进行转化。普遍认为此过程以热反应为主，催化剂和氢气的存在主要是抑制大分子化合物(例如胶质和沥青质中的多环芳烃)的缩合生焦反应，另一方面也在一定程度上促进了加氢脱硫反应，同时，悬浮在原料油中的催化剂或添加物的颗粒成为焦炭沉积的载体，在很大程度上减少反应器壁上的结焦。悬浮床加氢装置操作弹性大、开工周期长。

悬浮床加氢裂化产物以中间馏分为主，生产的柴油质量较好，蜡油可以作为加氢裂化或催化裂化的原料，进一步轻质化；大部分尾油可再次循环利用，使催化剂充分发挥作用，但外甩尾渣中浓缩了渣油中所有金属、催化剂，且混有一定量的焦，需要做进一步的处理。

二、悬浮床渣油加氢应用

目前国外悬浮床渣油加氢工艺技术可以分为尾渣循环及尾渣不循环两种工艺(如表5-3-1所示)。尾渣循环工艺多采用高分散度的钼、镍催化剂，其典型代表为意大利ENI集团的EST技术和Chervon公司的VRSH技术等。尾渣不循环工艺多采用相对较为便宜的铁系催化剂，具有代表性的技术有BP公司的VCC技术、UOP公司的Uniflex技术以及委内瑞拉Intevep公司的HDH Plus技术等。

表5-3-1 典型的悬浮床渣油加氢工艺

工艺名称	VCC	HDH Plus	Uniflex	EST	VRSH
公司	BP/KBR	Intevep/Axens	UOP	Eni	Chevron
工艺阶段	工业示范175kt/a，已转让6套	源于VCC，计划建2.5Mt/a装置	CANMET工业示范250kt/a，已转让4套	2020年2.6Mt/a工业装置	2008年工业示范175kt/a
添加物或催化剂	赤泥/焦粉(~2%)	天然矿粉、有机钼、Fe/焦粉	Fe系/赤泥(0.5%~5%)	油溶性有机钼(50~200μg/g)	钼酸铵(~2%)

续表

工艺名称	VCC	HDH Plus	Uniflex	EST	VRSH
温度/℃	430~470	450~480	420~460	400~435	413~454
压力/MPa	18~23	12~15	10~17	16~20	14~21
空速/h^{-1}	≈1.0	≈1.0	0.1~1.0	0.05~0.3	0.1~0.3
氢耗/%	2.1/3.2	~2.5	2.2/2.7	3.5~4(含精制)	>1.5
530℃$^+$转化率/%	80~95	~85	80~95	>95	>95
工艺类型	高转化率，催化剂单程			全转化，催化剂循环	

(一) EST 工艺

EST(ENI Slurry Technology)技术是意大利 ENI 公司新开发的渣油加氢裂化技术，其工艺原理如图 5-3-1 所示。该技术的显著特征是：

① 采用纳米分散的不会失活的催化剂。通过在原料中加入油溶性的 Mo 基催化剂前躯体，在渣油物料中原位硫化形成催化剂。催化剂晶体呈纳米颗粒、层状分布，长 3~5nm，宽 0.3nm，表面积大，活性高，在反应器中不发生堵塞，且没有焦炭和金属沉积，经过多次循环后催化剂的形貌未发生变化，活性也未见衰减。

② 采用拟均相、等温浆液鼓泡反应器实现了反应器内部均匀等温，轴向温差小于 2℃，径向温差小于 0.3℃，这已在工业示范装置上得到验证。

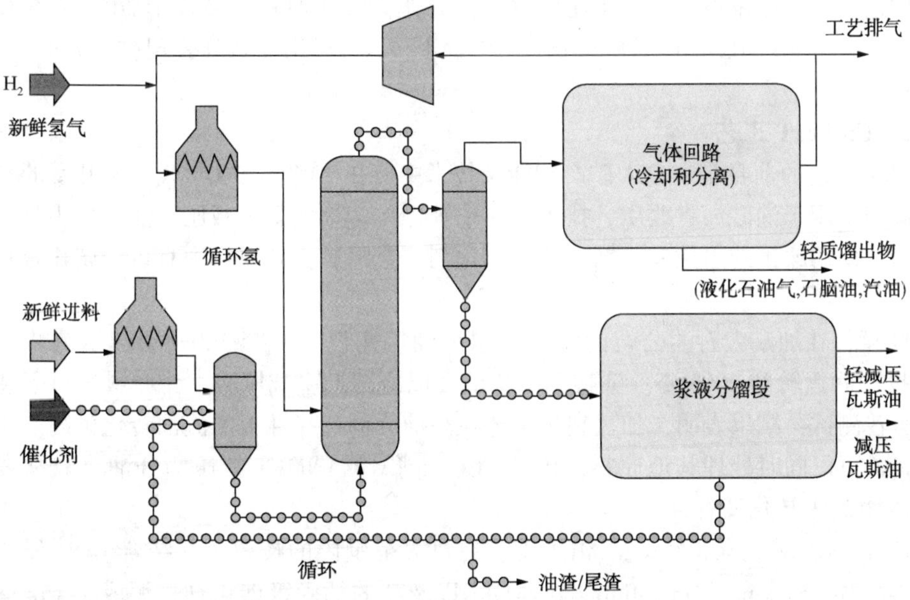

图 5-3-1　EST 工艺简图

悬浮床反应器中，重质原料在 Mo 基催化剂的作用下转化为轻质产品。改质后的产品进入分馏系统进行分离，含有分散催化剂的未转化的原料大部分再循环至反应器，少部分外排将渣油原料中的金属等杂质排出。经过 EST 过程脱除的金属主要以金属硫化物的形式聚集在尾渣中。反应过程控制外排尾渣的量约为 2%~5%，具体数值与原料中的金属含量及生成有机固体不溶物的趋势有关，尾渣可用于制造水泥、气化原料，也可用于炼钢。

1988 年，ENI 公司开始 EST 技术的实验室研究；2000 年，在 San Donato 研发中心建设了进料量为 2.5kg/h 的 EST 工艺连续中试装置；2000～2003 年，在中试装置上验证了 EST 技术对加工各种减压渣油如乌拉尔原油、阿拉伯重质原油等常规原油，玛雅、Zuta 等超重原油以及加拿大油砂沥青等减压渣油的适应性，中试结果表明，催化剂经多次循环后未发生活性衰减，物性分析也证明催化剂的物理化学性质稳定。2003 年起在位于意大利南部的 Taranto 炼厂建设 60kt/a EST 工业示范装置，装置 2005 年开始运转，最长运行周期为 6 个月，进一步验证了该技术的稳定长周期操作。

2011 年，ENI 公司在意大利 Sannazzaro 炼厂建设了 1 套加工能力为 1.15Mt/a (23000BPSD)的 EST 工业装置，于 2013 年 10 月 14 日开始进油。该装置设计加工原油为乌拉尔、巴士拉原油的减压渣油，装置进料渣油密度(15℃)为 1.026g/cm^3，硫含量为 2.9%，残炭值为 20.1%，C_5 沥青质为 15.4%，金属含量大约在 300μg/g。其产品主要是满足欧洲市场需要的高品质柴油(硫含量小于 10μg/g)及液化气、汽油、喷气燃料、催化原料等。设计的产品结构：燃料气 2%～4%，液化气 3%～6%，石脑油 10%～15%，柴油 38%～45%，催化原料 35%～45%，尾渣 2%～5%。

装置建设投资 11 亿欧元，界区占地 55 公顷。建设现场主要分为 3 个区块：23000BPSD 的 EST 反应及分离装置，$10\times10^4m^3/h$ 制氢装置，160t/h 的硫黄回收装置。装置共设有 2 台并联的悬浮床反应器，每台悬浮床反应器直径 4.8m，高 58m，重 2800t，反应器采用分段焊接的方式。装置于 2013 年开工运行 3 个月后，由于电力系统问题，迫使装置停工并对装置进行了改造。尾渣原来设计供应水泥厂改为部分作为气化原料。装置于 2014 年 6 月重新开工。2015 年后，EST 技术分别许可给道达尔公司、中国石化茂名分公司(2017 年)和浙江石化(2018 年)。

（二）UniflexT 工艺

Uniflex 工艺的前身是加拿大矿产和能源技术中心在 20 世纪 70 年代中期开发的 CANMET 工艺，最初是用于油砂沥青改质，技术旨在中等操作苛刻度下将减压渣油转化为具有市场价值的产品。使用廉价的阻焦催化剂，这种催化剂不会因焦炭和原料中有机金属化合物含量高而中毒。

1979 年，在加拿大石油公司的蒙特利尔炼油厂建设了一套 300kt/a 的示范装置，并于 1985 年投产后运转到 2003 年。蒙特利尔炼油厂以冷湖沥青减压渣油为原料进行了装置的长周期试运转测试，结果表明，加氢裂化工艺在高馏分油选择性下的渣油转化率高。工艺的改进使得装置可以同时处理其他原料，包括 FCC 油浆、CANMET 减压馏分油、减黏裂化渣油以及 CANMET 未转化沥青。

2007 年 UOP 公司获得了 CANMET 工艺在世界范围内的授权，并结合 UOP 公司的固定床加氢技术 Unicracking、Unionfining 处理技术以及新的纳米级催化剂，形成了 Uniflex 工艺。该工艺反应温度为 430～470℃，氢分压为 10～15MPa，液时空速为 0.3～1.0h^{-1}，氢油比为 800～2000。重油或渣油与原料油混合，加热后和热的循环氢一起进入悬浮床反应器底部，在反应器内发生反应后的产物依次经过热高分、冷高分和汽提塔，气体循环使用，液体分馏后得到馏分油，部分减压重瓦斯油循环返回悬浮床反应器进一步转化，未转化残渣约占进料的 10%。该工艺采用铁系分散型催化剂，催化剂的加入量为 0.5%～5.0%。该项工艺已于 2012 年许可给巴基斯坦国家炼油公司，2016 年投产，规模不详。该装置的设计原料包括直馏减渣、润滑油基础油的溶剂抽出物以及减渣溶剂脱沥青装置的脱油沥青。

Uniflex 工艺流程见图 5-3-2。该工艺流程与 UOP 公司常规 Unicracking 工艺装置相似。液体原料和循环氢由不同的加热炉加热，一小部分氢气与催化剂被送入原料加热炉。从两个加热炉流出的两股物流进入由富氢气体鼓泡的全液相悬浮床反应器的底部。反应器的设计能促进激烈返混以保持接近等温状态，较高反应温度有利于转化率的提升。通过控制渣油中沥青质的相互作用和转化以抑制生焦。反应产物在反应器出口被冷却以终止反应，然后流入一系列分离器中，氢气则循环返回至反应器。液体物料进入分馏部分以回收其中的轻烃、石脑油、柴油、减压蜡油和未转化油(沥青)。部分重质减压蜡油(HVGO)循环回到反应器进一步转化。Uniflex 工艺主要操作条件：压力 12.7~14.1MPa，温度 427~471℃，采用纳米催化剂，渣油转化率可达 90%以上，产品主要是石脑油与柴油。

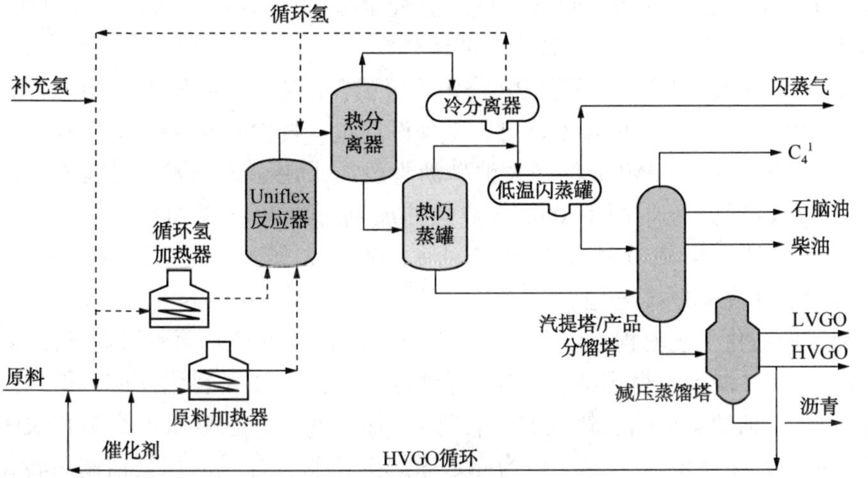

图 5-3-2　典型的 Uniflex 工艺流程

近期根据市场要求，UOP 公司对原来的 Uniflex 技术进行了改进，由钼系催化剂 MicroCat 替代原来的铁系催化剂，提高了催化剂活性，减少了催化剂用量，减小了反应器体积。反应器由一个反应器改为两个串联反应器，增加反应器级间分离器，沥青尾渣循环减少气体生产，降低氢耗。在分馏塔底尾渣进行固体分离，除去金属、中间相等，固体中金属可以回收。

(三) VCC 工艺

VCC 是 Veba Combi Cracker 的缩写，VCC 技术起源于 Bergius-Pier 煤液化技术。1913 年，Friedrich Bergius 第一次在实验室实现泥炭、煤和褐煤的液化，煤液化在 400℃以上、300~700bar 的压力下进行。Bergius 申请了“用煤液化技术制造碳氢化合物”的专利，此专利是后来 Matthias Pier(IG Farben)开发著名的“Bergius-Pier”工艺的基础。由于催化剂不能从残渣中回收，工业装置使用铁氧化物作为催化剂以节省成本。

1927 年，第一套煤液化工业装置在 Leuna 投产。从 1927 年到 1943 年，德国投产了 12 个煤直接液化工业装置，每年可生产 4Mt 油。在第二次世界大战以后，煤液化装置停止运行。大多数煤液化装置被拆卸并送到东欧。20 世纪 50 年代初，德国剩余的煤液化装置都改为处理炼油厂的渣油。到了 60 年代，石油价格低达 3 美元/桶，煤液化装置全部停产，一些装置被拆除、一些装置被改成其他用途。

1977 年，因为原油价格的提升，Veba Oel AG 和 Ruhr Kohle AG 共同恢复煤液化技术的研发，在德国 Bottrop 建立了一个 3500 桶/天的工业示范装置。为了加强设计大型工业化装置的技术数据支持，VEBA 还建造并运行了两个小试装置和一个中试装置(200 桶/天)。与此同时，为了更好地测试催化剂，四个高压小试装置建成并使用。1987 年 4 月之后，装置改造成重油加工，主要用于试验及改进新工艺，20 世纪 80、90 年代，VCC 技术主要着眼于技术提高、扩大原料种类、测试新型设备及材料、建立稳定的工艺。除传统原料及减压渣油以外，大量其他种类的炼厂渣油都得到成功加工处理，包括油砂沥青渣油、脱油沥青、FCC 油浆和减黏减压渣油。

2002 年，BP 公司收购了 VEBA Oel 公司，获得了 VCC 技术的所有权。2006 年，BP 公司决定重新启动此技术，并扩大了其研究中心，使其具备渣油加氢裂化研究的能力。在这个研究中心，建造了一个先进的、两段反应、氢气全循环的 VCC 装置，可提供工业化测试，包括全套试验及分析仪器，可实现核心工艺运行要求。

2010 年 1 月 21 日，KBR 公司和 BP 公司签署了合作协议，共同推广 VCC 悬浮床加氢裂化技术，由 KBR 公司独家提供技术许可、工程设计包、技术服务及技术咨询。

2010 年，BP 公司 2. 00Mt/a 加拿大油砂沥青改质采用了该技术。目前采用该技术的在建项目包括：陕西延长石油集团 500kt/a 煤焦油加氢、450kt/a 煤油共炼，2017 年开车，目前没有在运转；俄罗斯 2. 70Mt/a 减压渣油+1. 00Mt/a 蜡油加氢；柬埔寨石化有限公司 1. 20Mt/a 减渣，正在编制工艺包。

VCC 装置的简化工艺流程见图 5-3-3，包括两段加氢反应：第一段为悬浮床加氢裂化，渣油等大分子原料(渣油、煤焦油、油煤混合物)经悬浮床加氢裂化反应，得到气体和较小分子的合成油(石脑油、柴油、蜡油的混合物)、加氢残渣。悬浮床加氢裂化脱除渣油中的金属、沥青质和大部分 S、N。第二段为固定床加氢精制，合成油加氢精制后转化为高质量最终产品。第一段、第二段在线联合优化，可以降低能耗、节约投资。

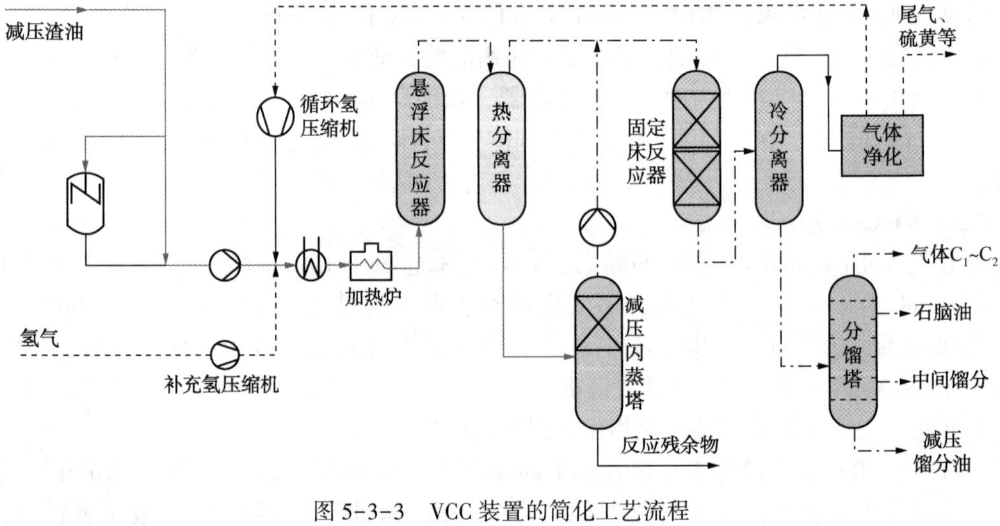

图 5-3-3　VCC 装置的简化工艺流程

VCC 悬浮床加氢裂化技术具有如下特点：

① 可以加工多种原料如煤、废塑料、减压渣油、劣质重油及其混合物。采用一次通过流程(即单程无循环工艺)，且反应器没有内构件、没有液体循环泵，通过独特的设计实现

反应动力学和流体动力学的要求，保证高转化率与高选择性地生成馏分油产品。物料向上通过反应器，反应产物在分离出反应残余物后，全部进入固定床加氢反应器。操作压力为18~23MPa、操作温度为430~470℃。

② 液体产物(C_3~524℃)的体积收率大于100%；根据市场需求，可以调节产品分布，汽油收率10%~20%，柴油收率40%~60%，减压瓦斯油收率20%~50%。

③ 石脑油产品可以直接进入催化重整装置，超低硫柴油(欧Ⅴ标准)可以直接销售，减压瓦斯油可以直接进入催化裂化或者加氢裂化。

④ 渣油(大于524℃)的单程转化率超过95%，沥青质转化率超过90%；渣油原料的硫含量越高，在悬浮床加氢裂化反应器内越容易转化。

⑤ 悬浮床加氢裂化反应不使用含金属的催化剂，仅添加很少量价格很低的天然矿物添加剂；减压渣油原料中的所有金属杂质几乎全部沉积在天然矿物添加剂上，悬浮床加氢裂化的反应产物中仅有痕量金属杂质。为下游加工带来优质原料。

⑥ 5%反应残余物为悬浮有固体添加剂的黏稠油浆。VCC悬浮床加氢裂化可以实现渣油单程转化率为100%，但为了能够用泵外甩出固体添加剂，需要一部分渣油残留，故单程转化率在95%以上。

⑦ 无论是在中试装置还是工业示范装置，在反应器器壁、管线从来没有出现过污垢，确保装置能够长周期运行，开工率超过90%。

对于相对密度为1.016、残炭为18%的减压渣油，经VCC和延迟焦化处理后的产品分布见表5-3-2。VCC比延迟焦化氢耗高2.1%，但尾渣少20.9%。

表5-3-2　延迟焦化与VCC悬浮床加氢裂化处理减压渣油的对比　%

产物分布	延迟焦化	VCC	产物分布	延迟焦化	VCC
H_2S+NH_3	0.6	2.1	柴油	27.8	47.5
C_1~C_2	3.8	4.6	蜡油	27.2	27.4
C_3~C_4	3.8	4.5	尾渣	—	5.0
石脑油	10.9	10.2	石油焦	25.9	—

(四) VRSH工艺

VRSH工艺研发工作始于20世纪80年代中期持续到1991年，一直采用独特的钼基催化剂。后来由于油价相对较低，2003年前该技术的研发投入相对减少。由于Chevron公司上游开采出超重原油，VRSH用于改质这种超重原油，重新成为研发重点。庞大的研发项目包括催化剂的合成、渣油加氢裂化过程、未转化油中的固体分离以及金属回收技术。Chevron公司通过对原有的悬浮床渣油加氢技术进行分析，证实VRSH工艺有以下三个特征：一是反应系统已经过验证，不存在放大的风险；二是强大的催化剂功能可实现沥青质和康氏残炭的最大转化率；三是完整的催化剂脱油、回收及合成技术。

从2015年开始，Chevron Lummus公司(CLG)对用户许可悬浮床加氢裂化(VRSH，Vacuum Residue Slurry Hydrocracking)工艺，该技术借助成熟的渣油沸腾床加氢裂化(LC-Fining)技术平台，采用活性非常高的悬浮床催化剂替代小条型催化剂。催化剂体系和VRSH工艺的各部分都在Chevron加利福尼亚州Richmond的实验室进行了近20年的研发支持，从较老的悬浮床加氢技术逐步变化，一直发展到今天的VRSH技术。VRSH可以进一步提高转化率，雪佛龙已用最容易结焦结垢的 Hamaca 和 Maya 原油减压渣油进行了大量试验。用 100% Maya 原油减压渣油为原料进行了 100 天的试验，结果表明，在反应器或下游设备内都没有结焦。

VRSH 工艺选择与 LC-Fining 相类似的带液体循环泵的反应器，替代早期的鼓泡反应器。经过多年开发的催化剂体系是一种高性能预硫化和加助剂的钼催化剂，具有捕集污染物(杂质)的独特孔结构。该催化剂设计有利于形成悬浮体并保持稳定。

VRSH 工艺是一种将重油和超重油转化为汽油、喷气燃料和柴油燃料的重油改质新工艺，转化率高达 100%。其工艺流程示意见图 5-3-4。

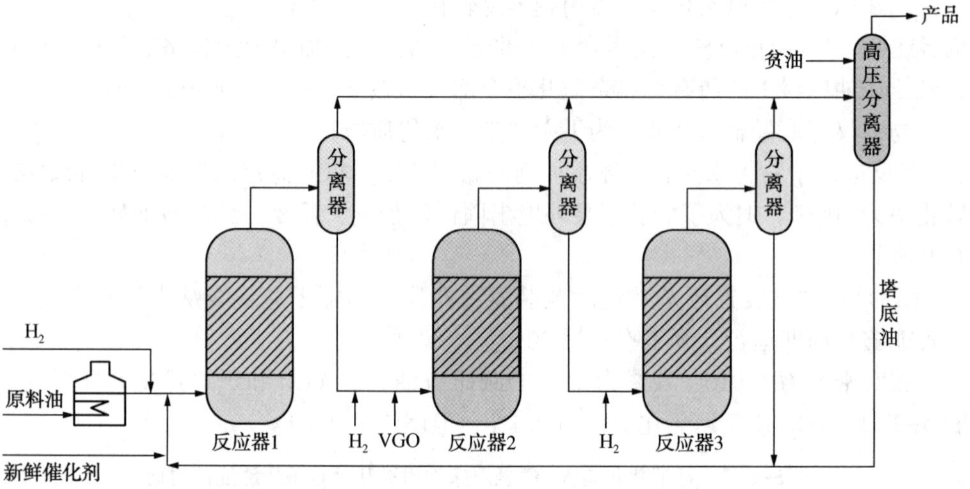

图 5-3-4　VRSH 工艺流程

2008 年，Chevron 公司在位于美国密西西比州 Pascagoula 炼油厂建设加工能力为 180kt/a 的预商业化装置，以测试 VRSH 工艺的技术和经济可行性。VRSH 工艺过程的成本预期与鲁姆斯技术公司应用于重油和渣油改质的 LC-Fining 加氢裂化工艺相同。

VRSH 工艺的特点在于其多反应器的串联转化方式，重油或减压渣油与专用催化剂制成淤浆，与氢气混合，并在温度 413～454℃ 和压力 13.8～20.7MPa 下通过几个反应器进行循环。少量催化剂通过侧线连续地取出，继而进行活化，并再返回至工艺过程中。

第四节　延长固定床渣油加氢装置运行周期工艺技术

一、可轮换保护反应器技术

近年来，国内外炼油技术开发机构在固定床渣油加氢处理技术的研究方面取得了一些新进展。但为适应原料质量越来越差的变化趋势，固定床渣油加氢技术将面临不断进行技术改进，突破工艺流程的创新。在工艺流程的改进上主要解决的是在加工劣质渣油时，保护和脱金属反应器往往由于床层堵塞或催化剂活性先于脱硫转化主催化剂失活，从而造成装置运行周期缩短或主催化剂利用效率低等问题。

IFP 公司 HYVAHL 技术前置两台可轮换式保护反应器，通过特殊的高压切换阀，可以变换其操作方式，如单独、串联(并联)。当一台保护反应器内的催化剂失活后，可在运转中切换至另一台保护反应器，而装置无需停工。设置可轮换式保护反应器的 HYVAHL 技术工艺流程见图 5-4-1，保护反应器和主反应器均采用单一床层，分别装填脱金属剂、过渡催化剂(脱硫剂/脱金属剂)和精制剂(脱硫剂)。

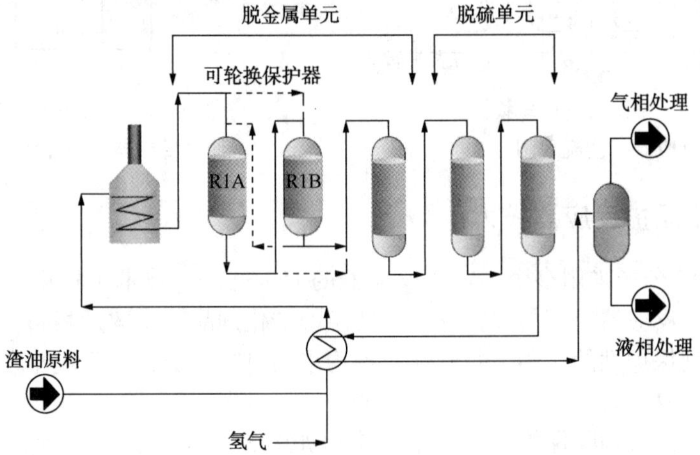

图 5-4-1　IFP 的 HYVAHL 工艺流程图

HYVAHL 工艺的优点是：①固定床催化剂床层效率高，保护反应器的脱金属率达 50%，并可使沥青质分解；②适用于加工金属含量不高于 350μg/g 的渣油，年开工系数不低于 92%。

具有 PRS 的 HYVAHL 技术在韩国双龙公司昂山炼油厂首次工业应用。该装置 1996 年初建成投产，能力为 2.0Mt/a，设计进料为减压渣油，主要产品为低硫的 R2R 催化裂化(IFP 的渣油催化裂化技术)装置进料。该装置反应系统只设 1 个系列，6 个反应器，其中有 2 个 PRS 反应器和 4 个主反应器，每个反应器均为单一床层。2002 年，双龙公司又采用 HYVAHL 技术在昂山炼油厂建成投产了的第二套渣油加氢脱硫装置，规模与第一套一样。

根据美国海湾沿岸 2002 年价格计算，一套加工能力为 2Mt/a 的 HYVAHL 装置总投资为 1.4 亿~2.2 亿美元(原料从常压渣油到减压渣油)。目前，有 10 套采用 HYVAHL 技术的工业装置在运转。

中国石化开发的可轮换保护反应器技术工艺流程如图 5-4-2 所示。该技术采用两个可轮换的保护反应器，当其中一个保护反应器催化剂失活后，将原料和氢气引入到另一个保护反应器中，并将切除的保护反应器进行催化剂置换，再经硫化后等待下一次轮换(或直接装填硫化态的催化剂)。利用该技术可以加工金属(Ni+V)质量分数为 150~200μg/g 的渣油原料，同时可以延长装置的运转周期。目前，该技术已在中试装置进行了 10000h 以上稳定性运转试验。

针对金属(Ni+V)含量为 150~200μg/g 的渣油原料，RIPP 开发了非对称轮换式保护反应器工艺，工艺流程如图 5-4-3 所示[15]。该技术采用了一大一小两个可轮换的保护反应器，当其中一个保护反应器催化剂失活后，将原料和氢气引入到另一个保护反应器中，并将切除的保护反应器进行催化剂置换，再经硫化后等待下一次轮换(或直接装填硫化态的催化剂)。该技术已完成工艺开发，运转周期可达 2~3 年。

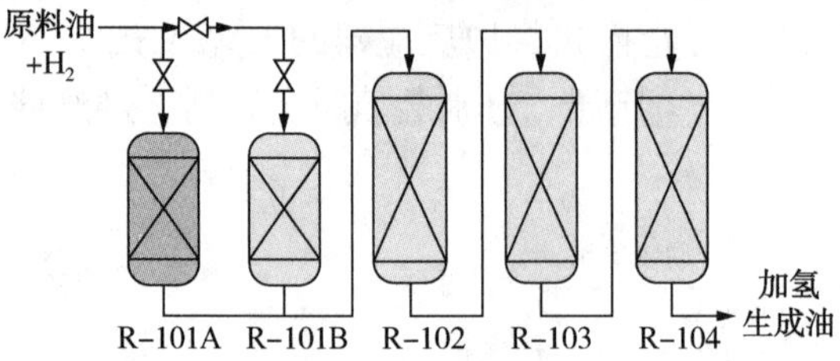

图 5-4-2　中国石化可轮换保护反应器工艺流程图

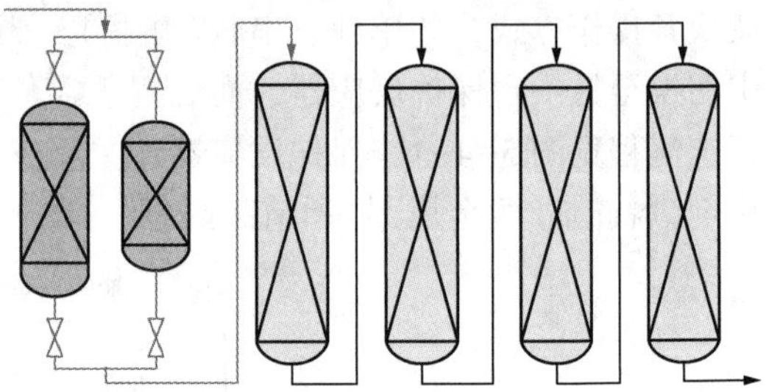

图 5-4-3　具有非对称轮换式保护反应器的渣油加氢工艺流程

二、可切除保护反应器技术

1976 年，UOP 公司采用多个固定床反应器的 Unionfining 技术工程化，实现了积垢反应器可切除。第一主反应器上部与保护反应器装填的催化剂品种、数量相同，因而切除保护反应器后，仍可起到保护性的作用。每台反应器均采用单一床层，在反应器之间的连接管线上设有控制温升的冷氢点。

中国石化开发的可切除保护反应器工艺流程如图 5-4-4 所示。目前，中国石化有两家炼油厂的渣油加氢装置采用了可切除保护反应器工艺。其中，I 炼油厂渣油加氢装置在第一周期和第二周期的运行末期均进行了 R-101 反应器的切除。切除 R-101 后，第一周期运行了 16 天，第二周期运行了 50 天。总之，在 R-101 压降升高到限定值时，采用该工艺技术可延长渣油加氢装置的运转周期。

一些炼厂的渣油加氢装置原料铁含量较高，渣油中油溶性的 Fe 在加氢条件下容易生成 FeS，FeS 沉积在催化剂颗粒间或呈“蛋壳状”分布在催化剂表面。沉积的 FeS 也会降低催化剂床层的空隙率，导致反应器压降增加和催化剂利用率降低。为进一步延长装置运转周期，对于 Fe 含量较高的渣油原料，中国石化开发了保护反应器可切除的工艺，工艺流程如图 5-4-5 所示。在保护反应器压降升高到限定值时，可以将一反部分或全部切除，原料和氢气直接进入二反。采用该工艺技术可有效延长渣油加氢装置的运转周期。目前已有 3 套采用 RIPP 的 RHT 渣油加氢技术的装置采用该工艺流程。

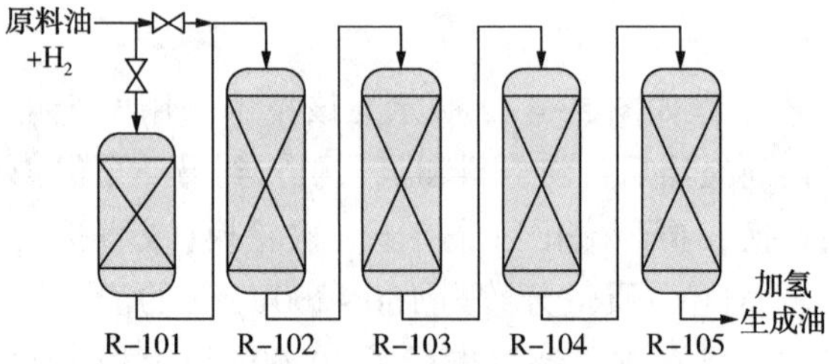

图 5-4-4　中国石化可切除保护反应器工艺流程图

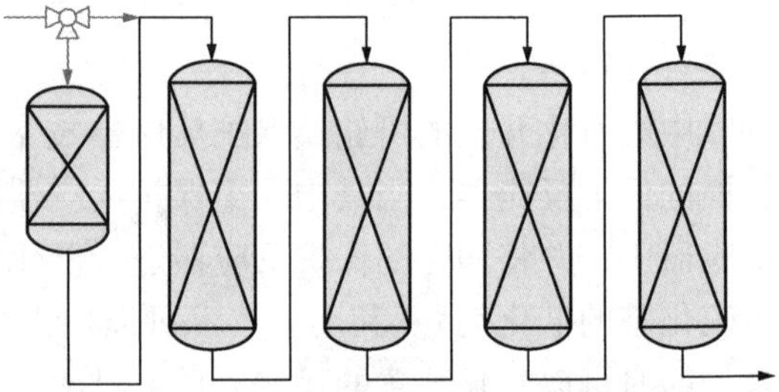

图 5-4-5　保护反应器可切除的渣油加氢工艺流程

三、上流式及移动床保护技术

上行式反应器具有压降小和铁钙容纳能力强等优点，在加工高铁钙原料、装置大型化和装置扩能改造时具有特别的优势，但上行式反应器同时也具有容金属能力差、反应效率低和径向温差大等问题。RIPP 针对上行式反应器存在的这些问题，开发了高效内构件、高容金属能力的上行式催化剂以及高活性的固定床脱金属催化剂，形成了更高效运行的上行式保护反应器+固定床组合渣油加氢技术，工艺流程见图 5-4-6。

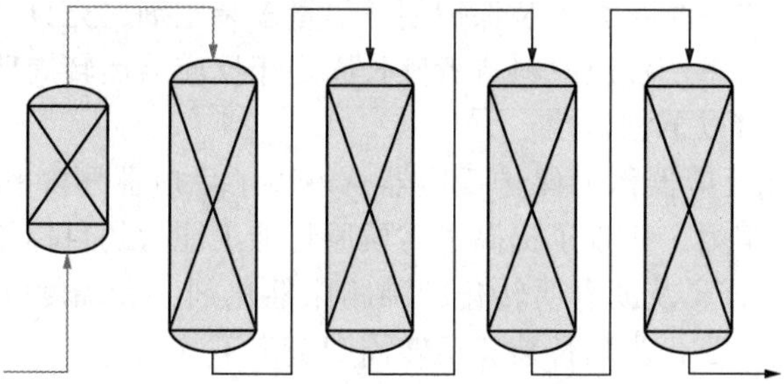

图 5-4-6　具有上行式保护反应器的渣油加氢工艺流程

四、沸腾床保护反应器技术

为提高企业减压渣油加工能力及延长渣油加氢装置运转周期，DRIPP(FRIPP)基于沸腾床加氢技术开发了复合床(SRRUT)渣油加氢技术，复合床工艺流程图如图 5-4-7 所示。在复合床技术中，沸腾床作为固定床渣油加氢装置的前置反应器。由于沸腾床反应器内物料处于全返混状态，具有温度分布均匀无热点、压降低且稳定、催化剂利用率高、沥青质转化能力强等特点，对加工劣质原料以及延长运行周期具有明显优势。劣质原料首先进入沸腾床反应器内进行加氢预处理，对原料进行适度加氢，以降低进料中的金属、沥青质等含量，同时显著降低黏度，改善固定床进料的性质，从而减缓了固定床压降产生，延长了运行周期。固定床反应器充分利用加氢活性强的优点，结合沸腾床加氢产物的性质特点，调整优化催化剂级配体系，对沸腾床加氢生成油深度精制，显著提升产品品质。

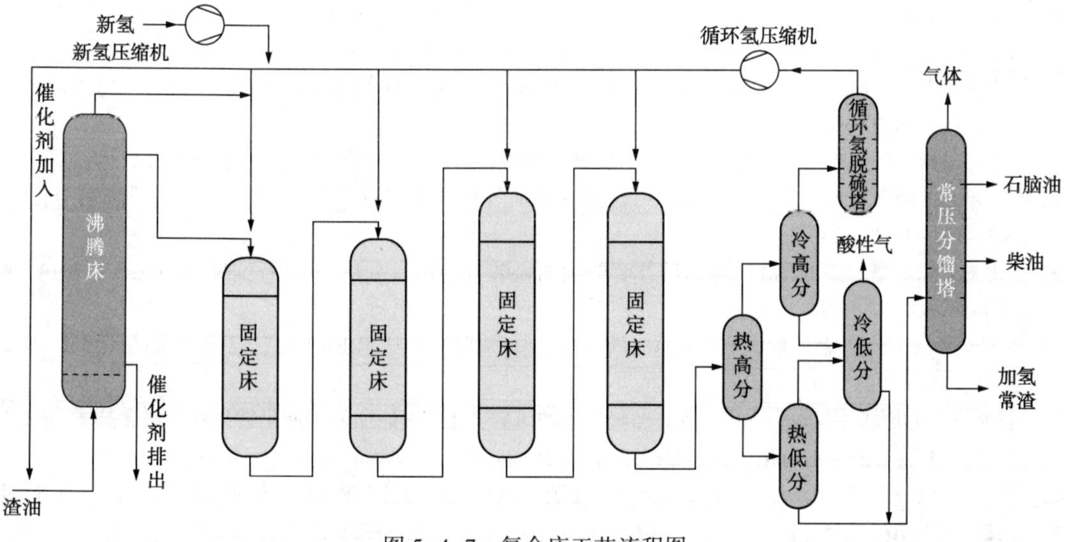

图 5-4-7　复合床工艺流程图

复合床渣油加氢技术中沸腾床反应器承担原料预处理功能，脱除劣质原料中绝大多数金属、残炭等杂质，实现重质组分的部分轻质化，承担保护反应器功能；后续固定床反应器承担原料的深度脱杂质功能，对沸腾床生成油中的硫、氮、金属、沥青质等杂质进一步脱除。

复合床技术中，沸腾床反应器内催化剂呈沸腾状态，不存在因反应系统结焦而产生催化剂床层堵塞现象，确保系统压降不随运转时间延长而增加；同时，沸腾状态使得反应器内温度均匀，传热传质效果好，有利于催化剂活性发挥，同时避免局部过热可能产生的飞温；复合床技术中固定床反应器可以少装甚至不装保护剂，尽量多装主剂，充分利用反应器空间，提高装置的加工能力，为下游多产优质原料或者延长固定床反应器运转周期。

复合床加氢技术具有以下创新性：

① 通过采用沸腾床反应器作为保护反应器，解决了反应器压降和热点的问题，降低了沥青质等大分子的扩散阻力，实现了提高了劣质原料加工能力的目标。

② 通过采用侧重脱金属及沥青质转化的沸腾床催化剂，大幅度降低了后续固定床反应器脱金属及沥青质转化负荷，为延长装置运转周期奠定了基础。

③ 通过采用优化的固定床催化剂体系，强化了体系空隙率及容垢能力，实现延长装置运转周期得到大幅延长的目的。

复合床加氢技术具有原料适应性强、运转周期长及加氢重油氢含量高等特优点，与传统渣油加氢技术相比，在相同原料性质下，复合床装置运转周期可延长 50%～100%，加氢重油氢含量至少提高 0.3%(质)。

参 考 文 献

[1] F Morel. Processes and Catalysts for Hydrocracking of Heavy Oil and Residues[J]. Studies in Surface Science and Catalysis, 1997, 105: 1-15.

[2] S Kressmann. Recent Developments in Fixed-bed Catalytic Residue Upgrading[J]. Catalysis Today, 1998, 43: 203-215.

[3] Beaton W I. Resid hydroprocessing at Amoco[J]. Catal. Rev. Sci. Eng., 1991, 33(3&4): 281-317.

[4] 程之光. 重油加工技术[M]. 北京：中国石化出版社，1994.

[5] Hiroki Koyama. Comercial Experience in Vacuum Residue Hydrodesulfurization[C]. Paper AM-95-43. NPRA Annual Meeting, March 19-21, 1995, San Francisco, California.

[6] 刘涛，邵志才，杨清河，等. 延长渣油加氢装置运转周期的 RHT 技术及其工业应用[J]. 石油炼制与化工，2015，46(7)：43-46.

[7] 牛传峰，戴立顺，李大东. 芳香性对重油加氢反应的影响[J]. 石油炼制与化工，2008，9(6)：1-5.

[8] 邵志才，贾燕子，戴立顺，等. 高铁钙含量渣油加氢长周期运行的工业实践[J]. 石油炼制与化工，2015，46(9)：20-23.

[9] 廖述波，陈章海，杨勤. 沿江炼油厂首套渣油加氢装置的运行分析[J]. 石油炼制与化工，2014，45(1)：59-63.

[10] 牛传峰，张瑞弛，戴立顺，等. 重油加氢-催化裂化双向组合技术 RICP[J]. 石油炼制与化工，2002，33(1)：27-29.

[11] 石亚华，牛传峰，高永灿，等. 渣油加氢技术的研究：Ⅰ. 渣油加氢与催化裂化双向组合技术(RICP)的开发[J]. 石油炼制与化工，2002，33(1)：21-24.

[12] 涂彬，夏登刚，杨勤，等. 1.7Mt/a 渣油加氢装置超长周期运行分析[J]. 石油炼制与化工，2018，49(12)：67-70.

[13] 刘美. 悬浮床重油加氢裂化技术进展[J]. 应用化工，2017，46(12)：2435-2439.

[14] 李浩. 渣油加氢工艺及工程技术探讨[J]. 石油炼制与化工，2012，43(6)：32-38.

[15] 邓中活，邵志才，牛传峰，等. 采用非对称轮换式保护反应器的固定床渣油加氢技术开发[J]. 石油炼制与化工，2018，49(10)：9-14.

第六章　加氢裂化及渣油加氢催化剂应用

第一节　加氢裂化催化剂技术及应用

一、加氢裂化催化剂组成

根据加氢裂化反应的正碳离子机理，加氢裂化催化剂是由加氢组分和酸性组分两个必要组分组成的双功能催化剂。两者根据需要达到一定比例的配合。此外，为了改善催化剂的某些性质，往往还需要加入一些助剂，所以，加氢裂化催化剂是由加氢和裂解两个必需组分和一些助剂所组成，如图 6-1-1 所示。虽然助剂不是催化剂的必需成分，但随着技术的不断发展，由于一些助剂能明显改善催化剂的性能，也逐渐成为加氢裂化催化剂中不可缺少的组分。

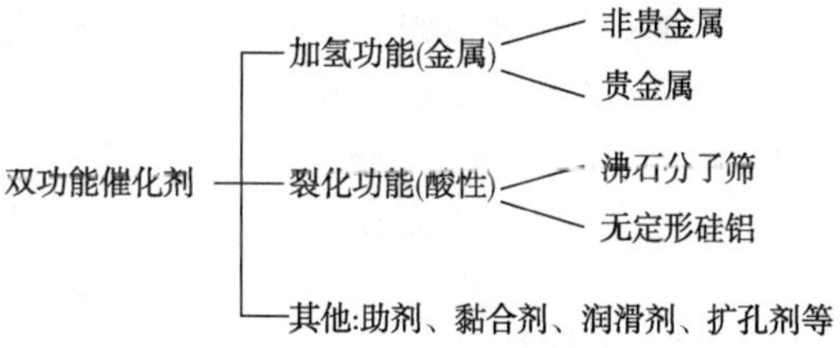

图 6-1-1　加氢裂化催化剂的组成

1. 酸性组分

酸性组分是裂解活性的主要来源，其酸性的强弱依次为分子筛、无定形硅铝和氧化铝，在 20 世纪 50~60 年代，曾短期使用过无定形硅-镁。

按提供酸性的载体结构分，可以分为无定形和晶形两种，前者以氧化铝和无定形硅铝为代表。后者以分子筛为代表。一般来说，分子筛可比无定形载体提供更多的酸性中心和更强的酸性。但随着技术的进步，这一差别正在缩小，以致消除。

2. 加氢组分

加氢裂化催化剂的加氢活性主要由加氢金属提供。具有加(脱)氢活性的金属以元素周期表中ⅥB 族的钼、钨和Ⅷ族的钴、镍、铂和钯为主。按照活性和价值可以分为贵金属(铂、钯)和非贵金属(钼、钨、钴、镍)两大类。

钨、钼一般用作主催化金属，在催化剂中含量较高，它们除了可催化加(脱)氢反应外，还可催化醇类脱水(水合)反应和聚合反应，在压力下可以催化链烯烃与硫化氢反应生成硫醇。

镍、钴在加氢裂化催化剂中用量较钨、钼为少，主要用于加氢反应，也可用于烯烃的反-顺异构反应。

铂系金属共有六个元素，原子量相差很大，但物理和化学性质却十分相近，皆可用作加氢反应，而铂、钯因价格较其他四种低，故使用也多，而且使用历史更为久远。贵金属具有很高的活性，在加氢催化剂中用量一般在 0.5%或以下。

3. 其他组分

加氢裂化催化剂中除了含有上述加氢和裂解的必要组分外，在制备过程中往往要加入少量物质。它本身对反应所起的作用很小，但它能改善催化剂的活性、选择性及其他使用性能，或使催化剂更易于制备。

此类物质品种繁多，包括黏合剂、润滑剂等，其中最主要的当属助剂。

(1) 助剂

当今助剂已成为加氢裂化催化剂中不可缺少的组成部分，助剂的加入可使催化剂的反应性能、物化性质等得到明显改善。助剂可有结构助剂、电子助剂、晶格缺陷助剂、扩散助剂、相变助剂、扩孔助剂等多种多样。当然，一种助剂也可以起多种作用，也可以是多种助剂共同起一种作用。

(2) 黏合剂

由于分子筛的黏合能力较差，所以分子筛含量高的催化剂在成型时会碰到困难，需要加入黏合剂以增加强度。最常用的黏合剂是酸化氧化铝。

(3) 扩孔剂

催化剂的孔结构对催化性能，特别是产品分布有很大影响，制备较大孔的载体常常是研究者关注的问题，除了改变制备过程条件，如提高温度、提高 pH 值、摆动 pH 法、水热处理外，加入扩孔剂也曾被广泛关注。即在制备载体时加入一些有机物，待焙烧时有机物氧化掉，所留下的空穴即成为孔。

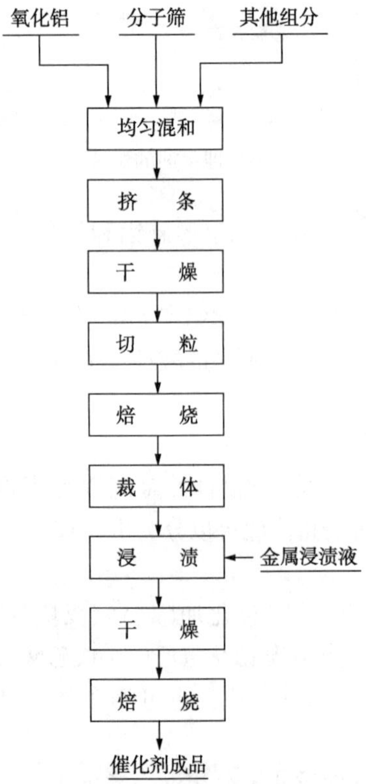

图 6-1-2　加氢裂化催化剂浸渍法制备工艺流程

二、加氢裂化催化剂的制备

决定加氢裂化催化剂性能的主要因素是组成和结构。当组成已经确定后，制备条件对其结构和性能有重大影响。加氢裂化催化剂要根据原料油性质、工艺流程、工艺条件和目的产品来选择加氢组分、裂解组分，并协调其间的平衡。经常还要加其他助剂，用于改善催化剂的各种性能。因此，加氢裂化催化剂在组成和配比上都相当复杂，在制备过程中影响参数很多，通过调节可以制备出满足不同厂家需要的催化剂。

大多数加氢裂化催化剂采用先制备载体，然后再用加氢金属的盐溶液浸渍的方法制备；也有采用载体和金属所有组分共同沉淀或金属与载体组分混合、碾压等方式来制备的。加氢催化剂的制备大体可涵盖如下操作单元：溶解、沉淀、凝胶、浸渍、洗涤、过滤、混合、碾压、成型、干燥、焙烧等。

1. 浸渍法制备加氢裂化催化剂

首先制备载体，然后采用活性金属盐溶液浸渍载体，将活性金属负载于载体之上。该法的制备工艺流程如图 6-1-2 所示。首先将催化剂所需载体组分（不含活性金属）混合均匀、然后经挤条、干燥、切粒、焙烧工艺单元得到催化剂载体，再将活性金属盐溶液浸渍于催化剂载体，后经干燥、焙烧得到最终催化剂成品。

其中，载体浸渍可分为两种：一种是过剩溶液浸渍。一般是用载体吸收体积的 1.5～2 倍的金属盐溶液，将载体投入其中放置一段时间后过滤，滤去多余的浸渍液，浸余液经再补充金属盐或调整浓度可再次使用。由于浸余液中带有催化剂粉末，所以循环到一定程度就需排渣或全部更换新浸渍液。这种方法浸渍均匀，金属载量高。

另一种是喷淋浸渍，又称饱和浸渍。是用相当或略低于吸水量的浸渍液，将载体装于旋转的容器中，均匀喷入浸渍液。此法操作简单，无过剩浸渍液循环和排渣问题，载体龟裂现象较少，但金属分散情况较差。

2. 共沉(胶)法制备催化剂

共沉法是将载体组分与金属组分同时沉淀的一种制备方法。国外以 Chevron 公司最为常用，国内 DRIPP(FRIPP)也有使用。此种方法可以制备孔容和表面积较大、金属分散均匀的催化剂。虽然载体催化剂一次制成，操作简单，但制备技术要求高。共沉法制备催化剂可分为三步，即配制溶液、沉淀和洗涤。

(1) 溶液配制

是把载体及催化剂所需要的组分按酸、碱分别配成相应的溶液。溶剂以水为最佳，其量则由催化剂组成决定。其他部分则应考虑溶解度、沉淀是否完全及杂质除去容易程度和价格因素等。

(2) 沉淀过程

是将酸、碱两种溶液中和搅拌而生成沉淀。因为此体系中既有可溶于酸性介质的物质，又有可溶于碱性介质的物质，还有如铝等两性物质，为了尽量减少组分流失，沉淀过程的 pH 值应尽量保持在 7 附近。

(3) 洗涤

是一个重要步骤。在用共沉法制备催化剂时，为了尽量减少组分流失，常用先成型后洗涤的方式，即成胶后的催化剂先母液分离，然后干燥到一定程度，在挤条成型后洗涤。此种方式洗涤速度较快、洗涤液用量少、组分流失少，且便于连续化生产。洗涤后的催化剂要进行干燥、焙烧。

3. 混捏法制备催化剂

混捏法是将催化剂配方中的各个组分(载体材料、活性金属盐、助剂等)一次混合、成型的工艺过程、与浸渍法相比，混捏法无需先制备载体，取消了金属浸渍过程，工艺方法简单。但是，相对浸渍法和共沉淀法，其金属分散效果相对较差。其典型工艺流程如图 6-1-3 所示。

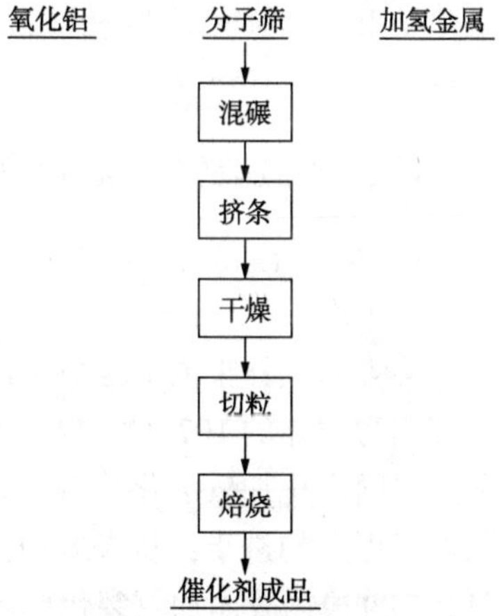

图 6-1-3　加氢裂化催化剂浸渍法制备工艺流程

三、加氢裂化催化剂的活化

当前，国内工业生产的加氢催化剂(除个别催化剂外)基本上是氧化型的。工业生产的新催化剂或再生催化剂(器外预硫化型催化剂除外)，其所含的活性金属组分(Mo、Ni、Co、W)，都是以氧化态(MoO_3、NiO、CoO、WO_3)的形式存在。基础研究和工业应用的实践表明，绝大多数加氢催化剂的活性金属组分(非贵金属)，其硫化态具有更高的加氢活性和活性稳定性。加氢催化剂应用过程需要进行活化(硫化)，即首先用硫化剂将催化剂活性金属由氧化态转化为相应的硫化态。加氢催化剂的硫化，分为液相(湿法)硫化和气相(干法)硫化两种，可根据工艺和催化剂特点灵活选择硫化方式。其中，以氧化铝、含硅氧化铝和无定形硅铝为载体的加氢催化剂，在工业装置上都普遍采用湿法硫化。湿法硫化的硫化油用量较大，尚存在含硫污油进一步处理的问题。对于操作压力在 5.0MPa 以下的馏分油加氢装置，其氢油体积比相对较低(一般都小于或远小于 300~500)，催化剂不宜采用气相硫化。国内外的试验研究及工业装置开工的实践都证明，当气相硫化的操作压力低于 5.0MPa 时，催化剂硫化的速度将明显减慢，即在正常的注硫速度的情况下，其反应系统循环氢中的硫化氢(H_2S)浓度居高不下，甚至高达 3%(体)以上，大大超出其相应硫化阶段所要求的控制指标，并对设备构成极大的腐蚀威胁；若减缓其注硫速度，催化剂硫化时间必然要大大延长。另外，在循环氢流率较低的情况下，不利于有效地携带走催化剂硫化的反应热，即使是加氢精制催化剂，也容易温度失控，导致超温甚至“飞温”的事故发生，这种情况在国内某些低压加氢装置催化剂采用干法硫化时已出现过，应引以为戒。含分子筛(尤其是分子筛含量较高)的加氢裂化催化剂，其裂化活性要比无定形硅铝催化剂的活性高得多，对反应温度特别敏感，尤其是在催化剂开工的初期阶段。加氢裂化催化剂如果采用液相(直馏煤油+硫化剂)硫化，通常采用硫化、钝化同时进行的方式进行，即硫化过程中注氨钝化，以防止催化剂初期活性过高，引起硫化过程装置飞温。对于加氢裂化和中压加氢改质装置来说，其操作压力都在 8.0MPa 以上，通常反应器入口的氢油体积比相对较大，尽管氢气的热容比油小，但较高的操作压力和较大的循环氢流率足以携带走催化剂硫化时的反应热，能有效地控制硫化温度，因此，此时含分子筛的加氢裂化催化剂也可采用气相(氢气+硫化剂)硫化。催化剂气相硫化结束后，还须配以相应的钝化措施及换进原料油的步骤，以确保开工安全、顺利地进行。

四、加氢裂化催化剂的应用

在 20 世纪 50 年代初期，DRIPP(FRIPP)根据抚顺人造石油厂即现抚顺石化分公司石油三厂的生产需要，研制了用于页岩轻柴油加氢裂化的硫化钼-白土催化剂，解决了我国加氢裂化装置初次开工的关键技术问题；60 年代中期，DRIPP(FRIPP)又开发成功了一种以无定形硅铝为载体的 107 加氢裂化催化剂；自 70 年代末，为配合四套大型加氢裂化装置的引进和众多国产化加氢裂化装置的建设，DRIPP(FRIPP)在加氢裂化催化剂及工艺技术开发方面取得了更大的进步，从多方面满足了我国炼油和石油化学工业发展的需要。近年来，DRIPP(FRIPP)根据我国加氢裂化原料特点及对目的产品的需求，在催化剂开发方面，已形成了最大量生产化工石脑油的轻油型系列、灵活生产化工石脑油和中间馏分油的灵活型系列、最大量生产中间馏分油的高中油型系列和用于单段加氢裂化工艺过程的无定形和分子筛型系列及各种工艺过程专用催化剂；在工艺技术研究方面，对高压加氢裂化技术以及中压加氢裂化技术进行不断的升级与创新，形成了 8 大系列 20 多项加氢裂化技术，并在工业装置上得到广泛应用，取得了满意结果；在加氢裂化工艺流程开发方面，有单段串联(一次通过、部分循环和全循环)工艺流程、单段(一次通过、部分循环和全循环)工艺流程和两段法工艺流程。目前 DRIPP(FRIPP)已达到了可以根据用户特定需要对催化剂和工艺进行“量体裁衣”的水平。

经过50多年尤其是最近30年锲而不舍的攻关，加氢裂化专业已成为DRIPP(FRIPP)的核心专业，科研成果已形成系列化。至今，催化剂研发方向已先后开发成功了3906、3926、3936、3996、CH-20、FF-16、FF-20、FF-26、FF-36、FF-46、FF-56和FF-66等12个牌号的加氢裂化预精制催化剂，开发成功了包括轻油型、灵活型、高中油型和单段4大系列近50个牌号的不同用途加氢裂化催化剂，可以满足不同用户、加工不同原料、生产不同产品的需要。上述催化剂大多已在工业装置上得到广泛工业应用，并均取得了和预期相一致的、很好的使用效果。

表6-1-1是30年来DRIPP(FRIPP)加氢裂化催化剂工业应用概况，已有39个牌号加氢裂化催化剂工业应用超过200套次，11个牌号加氢裂化预精制催化剂工业应用超过150套次，合计工业应用催化剂超过30000t。

表6-1-1　DRIPP(FRIPP)加氢裂化催化剂工业应用概况

催化剂	应用时间/年份	应用地点	装置类型	规模/(10^4t/a)	备注
3824	1988	荆门	中压加氢裂化/单段串联	25	旧装置改造
	1990	茂名	高压加氢裂化/单段串联	80	旧装置换剂
	1993	宁波	高压加氢裂化/单段串联	80	新装置开工
3825	1991	上海	高压加氢裂化/单段串联	90	旧装置换剂
	1995	辽阳	高压加氢裂化/单段串联	100	新装置开工
	1996	吉林	中压加氢裂化/单段串联	60	新装置开工
	1997	北京	中压加氢改质/单段串联	100	新装置开工
	1997	南京	高压加氢裂化/单段串联	120	旧装置换剂
3882	1989	淄博	缓和加氢裂化/单段串联	22	旧装置换剂
	1997	宁波	高压加氢裂化/单段串联	80	旧装置换剂
3903	1993	南京	高压加氢裂化/单段串联	80	旧装置换剂
	1996	南京	高压加氢裂化/单段串联	80	旧装置换剂
	1997	宁波	高压加氢裂化/单段串联	80	旧装置换剂
	1997	抚顺	高压加氢裂化/单段串联	40	旧装置换剂
3905	1997	南京	高压加氢裂化/单段串联	80	旧装置换剂
	1999	天津	高压加氢裂化/单段串联	80	新装置开工
	2001	抚顺	中压加氢改质/单段串联	120	新装置开工
3963	1998	吉林	MCI柴油加氢改质	20	新装置开工
	1999	大连	MCI柴油加氢改质	80	新装置开工
	1999	大港	MCI柴油加氢改质	40	新装置开工
	2001	大庆	MCI柴油加氢改质	60	新装置开工
	2003	玉门	MCI柴油加氢改质	50	新装置开工
	2003	洛川	MCI柴油加氢改质	50	新装置开工
	2008	青岛	MCI柴油加氢改质	410	新装置开工
	2010	大庆	柴油加氢改质降凝	35	新装置开工
3973	1997	抚顺	高压加氢裂化/单段	15	旧装置换剂

续表

催化剂	应用时间/年份	应用地点	装置类型	规模/(10^4t/a)	备注
3974	1999	宁波	高压加氢裂化/单段串联	100	旧装置换剂
	2000	茂名	高压加氢裂化/单段串联	90	旧装置换剂
	2001	南京	高压加氢裂化/单段串联	80	旧装置换剂
3976	1998	辽阳	高压加氢裂化/单段串联	120	旧装置换剂
	2000	吉林	中压加氢裂化/单段串联	60	旧装置换剂
	2002	吉林	中压加氢裂化/单段串联	60	旧装置换剂
	2004	上海	高压加氢裂化/单段串联	140	新装置开工
	2005	吉林	中压加氢裂化/单段串联	90	旧装置换剂
	2010	乌鲁木齐	高压加氢裂化/单段串联	100	新装置开工
	2011	上海	高压加氢裂化/单段串联	140	旧装置换剂
ZHC-01	1998	淄博	单段加氢裂化	56	旧装置换剂
	2001	淄博	高压加氢裂化/单段串联	140	新装置开工
	2013	淄博	单段加氢裂化	56	旧装置换剂
ZHC-02	1999	大庆	单段加氢裂化	26	旧装置换剂
FC-12	2002	辽阳	高压加氢裂化/单段串联	160	旧装置换剂
	2003	上海	高压加氢裂化/单段串联	150	旧装置换剂
	2005	天津	高压加氢裂化/单段串联	120	旧装置换剂
	2008	舟山	中压加氢裂化/单段	170	新装置开工
	2008	泉州	高压加氢裂化/单段串联	210	新装置开工
	2010	舟山	中压加氢裂化/单段	170	旧装置换剂
FC-14	2002	抚顺	FHI 柴油加氢改质异构降凝	40	旧装置换剂
	2003	华北	FHI 柴油加氢改质异构降凝	90	新装置开工
	2005	南京	高压加氢裂化/单段	150	新装置开工
	2006	海口	高压加氢裂化/单段	120	新装置开工
	2007	南京	高压加氢裂化/单段串联	100	旧装置换剂
	2008	抚顺	FHI 柴油加氢改质异构降凝	40	旧装置换剂
	2010	海口	高压加氢裂化/单段	120	旧装置换剂
	2010	庆阳	FHI 柴油加氢改质异构降凝	120	新装置开工
	2010	锦州	高压加氢裂化/单段	130	新装置开工
	2011	辽阳	高压加氢裂化/单段	100	新装置开工
	2011	天津	FHI 柴油加氢改质异构降凝	40	旧装置换剂
	2011	盘锦	焦化全馏分加氢	80	旧装置换剂
	2013	辽阳	高压加氢裂化/单段	100	旧装置换剂
	2013	盘锦	焦化全馏分加氢	80	旧装置换剂
	2014	锦州	高压加氢裂化/单段	130	旧装置换剂
	2014	葫芦岛	高压加氢裂化/单段	150	新装置开工
	2014	永坪	柴油加氢改质降凝	140	新装置开工
	2016	银川	煤制油加氢单元	400	新装置开工

续表

催化剂	应用时间/年份	应用地点	装置类型	规模/(10^4t/a)	备注
FC-14	2017	伊泰	煤制油加氢单元	200	新装置开工
	2017	潞安	煤制油加氢单元	100	新装置开工
	2014	永坪	柴油加氢改质降凝	140	旧装置换剂
	2018	潞安	煤制油加氢单元	16	旧装置换剂
	2018	盘锦	中压加氢改质	100	旧装置换剂
	2018	盘锦	中压加氢改质	90	旧装置换剂
FC-14B	2010	南京	高压加氢裂化/单段	150	旧装置换剂
	2014	南京	高压加氢裂化/单段	150	旧装置换剂
	2014	格尔木	中压加氢裂化	80	旧装置换剂
	2018	格尔木	中压加氢裂化	80	旧装置换剂
FC-16	2002	辽阳	高压加氢裂化/单段串联	160	旧装置换剂
	2004	大庆	高压加氢裂化/单段串联	140	新装置开工
	2007	南京	高压加氢裂化/单段串联	100	旧装置换剂
	2011	南京	高压加氢裂化/单段串联	100	旧装置换剂
	2011	咸阳	高压加氢裂化/单段串联	120	旧装置换剂
FC-16B	2008	大庆	高压加氢裂化/单段串联	140	旧装置换剂
	2013	海南	高压加氢裂化/单段串联	150	旧装置换剂
	2014	南京	高压加氢裂化/单段	150	旧装置换剂
	2016	哈尔滨	中压加氢改质	45	旧装置换剂
	2017	延安	中压加氢改质	140	新装置开工
	2018	大庆	中压加氢改质	100	新装置开工
FC-18	2002	广州	MCI 柴油加氢改质	60	旧装置换剂
	2009	延安	柴油加氢改质降凝	140	新装置开工
	2014	榆林	柴油加氢改质降凝	200	新装置开工
	2014	榆林	柴油加氢改质	20	旧装置换剂
FC-20	2003	杭州	FHI 柴油加氢改质异构降凝	25	旧装置换剂
	2005	前郭	FHI 柴油加氢改质异构降凝	20	旧装置换剂
	2010	大庆	柴油加氢改质降凝	35	新装置开工
	2012	呼和浩特	FHI 柴油加氢改质异构降凝	90	新装置开工
	2013	玉门	柴油加氢改质降凝	30	旧装置换剂
	2013	宁夏	FHI 柴油加氢改质异构降凝	80	新装置开工
	2014	延安	柴油加氢改质降凝	240	新装置开工
FC-20B	2009	杭州	FHI 柴油加氢改质异构降凝	25	旧装置换剂
FC-24	2004	南京	高压加氢裂化/单段串联	200	旧装置换剂
	2007	宁波	高压加氢裂化/单段串联	150	新装置开工
	2010	南京	高压加氢裂化/单段串联	200	旧装置换剂

续表

催化剂	应用时间/年份	应用地点	装置类型	规模/(10^4t/a)	备注
FC-24B	2013	南京	催柴加氢转化	80	旧装置换剂
	2014	茂名	催柴加氢转化	80	旧装置换剂
	2014	茂名	催柴加氢转化	80	旧装置换剂
	2016	南京	催柴加氢转化	80	旧装置换剂
FC-26	2003	宁波	高压加氢裂化/单段串联	100	旧装置换剂
	2006	广州	高压加氢裂化/单段串联	150	新装置开工
	2009	广州	高压加氢裂化/单段串联	150	旧装置换剂
FC-28	2008	神木	煤焦油高压加氢裂化/两段	25	新装置开工
	2010	淄博	单段加氢裂化	56	旧装置换剂
	2011	淄博	单段加氢裂化	56	旧装置换剂
	2013	淄博	单段加氢裂化	40	旧装置换剂
FC-32	2008	吉林	中压加氢裂化/单段串联	90	旧装置换剂
	2008	上海	高压加氢裂化/单段串联	150	旧装置换剂
	2008	天津	高压加氢裂化/单段串联	120	旧装置换剂
	2009	天津	高压加氢裂化/单段串联	180	新装置开工
	2009	辽阳	高压加氢裂化/单段串联	160	旧装置换剂
	2010	宁波	高压加氢裂化/单段串联	150	旧装置换剂
	2011	吉林	中压加氢裂化/单段串联	90	旧装置换剂
	2012	上海	高压加氢裂化/单段串联	150	旧装置换剂
	2012	广州	柴油加氢改质	200	新装置开工
	2012	克拉玛依	柴油加氢改质	120	新装置开工
	2012	天津	高压加氢裂化/单段串联	120	旧装置换剂
	2012	天津	高压加氢裂化/单段串联	180	旧装置换剂
	2013	武汉	高压加氢裂化/单段串联	180	新装置开工
	2013	盘锦	柴油加氢改质	120	新装置开工
	2013	泉州	高压加氢裂化/单段串联	238	旧装置补剂
	2014	宁波	高压加氢裂化/单段串联	150	旧装置换剂
	2014	吉林	中压加氢裂化/单段串联	90	旧装置换剂
	2015	克拉玛依	柴油加氢改质	120	旧装置换剂
	2016	广州	柴油加氢改质	200	旧装置换剂
FC-32A	2012	舟山	中压加氢裂化/单段	80	旧装置换剂
	2012	青岛	高压加氢裂化/单段串联	200	新装置开工
	2013	茂名	高压加氢裂化/单段串联	240	新装置开工
	2013	舟山	中压加氢裂化/单段串联	80	旧装置换剂
	2014	南京	高压加氢裂化/单段串联	200	新装置开工
	2014	上海	高压加氢裂化/单段串联	140	旧装置换剂
	2015	漳州	高压加氢裂化/两段全循环	316	旧装置换剂
	2015	吉林	中压加氢裂化/单段串联	90	旧装置换剂

续表

催化剂	应用时间/年份	应用地点	装置类型	规模/(10^4t/a)	备注
FC-32A	2015	克拉玛依	柴油加氢改质	90	旧装置换剂
	2016	宁波	中压加氢裂化/单段串联	200	新装置开工
	2016	泰州	高压加氢裂化/单段串联	150	新装置开工
	2019	惠州	中压加氢裂化/单段串联	360	旧装置换剂
	2020	洛阳	高压加氢裂化/单段串联	150	新装置开工
FC-36	2007	茂名	高压加氢裂化/单段串联	110	旧装置换剂
	2010	茂名	高压加氢裂化/单段串联	110	旧装置换剂
FC-38	2019	淄博	单段加氢裂化	56	旧装置换剂
FC-46	2014	宁波	高压加氢裂化/单段串联	150	旧装置换剂
	2014	南京	高压加氢裂化/单段串联	200	旧装置换剂
	2016	辽阳	高压加氢裂化/单段串联	160	旧装置换剂
	2017	辽阳	高压加氢裂化/单段串联	110	旧装置换剂
FC-50	2010	宁波	高压加氢裂化/单段串联	120	旧装置换剂
	2013	广州	高压加氢裂化/单段串联	120	旧装置换剂
	2013	宁波	高压加氢裂化/单段串联	120	旧装置换剂
	2013	葫芦岛	柴油加氢改质	100	旧装置换剂
	2014	宁波	高压加氢裂化/单段串联	150	旧装置换剂
	2015	荆门	柴油加氢改质	100	旧装置换剂
	2015	九江	高压加氢裂化/单段串联	240	新装置开工
	2016	宁波	高压加氢裂化/单段串联	120	旧装置换剂
	2016	北京	中压加氢裂化/单段串联	120	旧装置换剂
	2016	葫芦岛	柴油加氢改质	100	旧装置换剂
	2020	宁波	高压加氢裂化/单段串联	120	旧装置换剂
FC-50A	2020	吉林	柴油加氢改质	100	装置改造
	2020	兰州	中压加氢裂化/单段串联	90	新装置开工
FC-52	2016	天津	高压加氢裂化/单段串联	180	旧装置换剂
	2017	南京	高压加氢裂化/单段串联	200	旧装置换剂
	2017	南京	高压加氢裂化/单段串联	200	旧装置换剂
	2018	宁波	高压加氢裂化/单段串联	150	旧装置换剂
	2018	上海	高压加氢裂化/单段串联	140	旧装置换剂
	2018	漳州	高压加氢裂化/两段全循环	316	旧装置换剂
	2018	克拉玛依	柴油加氢改质	90	旧装置换剂
	2018	克拉玛依	柴油加氢改质	150	旧装置换剂
	2018	盘锦	柴油加氢改质	120	旧装置换剂
	2019	南京	高压加氢裂化/单段串联	200	旧装置换剂
	2021	云南	柴油加氢改质	180	旧装置换剂
	2021	宁波	高压加氢裂化/单段串联	400	旧装置换剂

续表

催化剂	应用时间/年份	应用地点	装置类型	规模/(10^4t/a)	备注
FC-60	2016	天津	高压加氢裂化/单段串联	120	旧装置换剂
	2018	宁波	高压加氢裂化/单段串联	150	旧装置换剂
	2018	沧州	高压加氢裂化/单段串联	120	新装置开工
	2021	沧州	高压加氢裂化/单段串联	120	旧装置换剂
FC-60A	2021	九江	高压加氢裂化/单段串联	240	旧装置换剂
FC-70	2017	茂名	催柴加氢转化	80	旧装置换剂
	2017	长岭	催柴加氢转化	100	新装置开工
	2019	长岭	催柴加氢转化	100	旧装置换剂
	2021	岳阳	催柴加氢转化	100	旧装置换剂
FC-76	2017	上海	高压加氢裂化/单段串联	150	旧装置换剂
	2017	南京	高压加氢裂化/单段串联	200	旧装置换剂
	2018	宁波	高压加氢裂化/单段串联	150	旧装置换剂
	2018	泉州	高压加氢裂化/单段串联	238	旧装置换剂
	2018	东营	高压加氢裂化/单段串联	70	旧装置换剂
	2019	南京	高压加氢裂化/单段串联	200	旧装置换剂
	2019	广州	柴油加氢改质	200	旧装置换剂
	2020	泰州	加氢裂化/单段串联	150	旧装置换剂
	2020	天津	加氢裂化/单段串联	180	旧装置换剂
	2020	湛江	加氢裂化/单段串联	200	旧装置换剂
	2021	九江	加氢裂化/单段串联	240	旧装置换剂
	2021	宁波	加氢裂化/单段串联	400	旧装置换剂
	2021	大榭	加氢裂化/单段串联	200	旧装置换剂
	2021	吉林	柴油加氢改质	160	旧装置换剂
	2021	宁波	加氢裂化/单段串联	350	旧装置换剂
FC-80	2016	茂名	高压加氢裂化/单段串联	240	旧装置换剂
	2016	武汉	高压加氢裂化/单段串联	180	旧装置换剂
	2016	天津	高压加氢裂化/单段串联	180	旧装置换剂
	2017	斯拉夫	高压加氢裂化/单段串联	150	旧装置换剂
	2018	海口	高压加氢裂化/单段串联	150	旧装置换剂
	2018	泉州	高压加氢裂化/单段串联	238	旧装置换剂
	2019	淄博	单段加氢裂化	56	旧装置换剂
	2019	濮阳	高压加氢裂化/单段串联	40	新装置开工
	2020	俄罗斯	高压加氢裂化/单段串联	110	旧装置换剂
	2021	淄博	单段加氢裂化	56	旧装置换剂
	2021	茂名	高压加氢裂化/单段串联	240	旧装置换剂

续表

催化剂	应用时间/年份	应用地点	装置类型	规模/(10^4t/a)	备注
FC-80B	2020	天津	高压加氢裂化/单段串联	120	旧装置换剂
	2021	宁波	高压加氢裂化/单段串联	400	旧装置换剂
	2021	茂名	高压加氢裂化/单段串联	240	旧装置换剂
	2021	茂名	高压加氢裂化/单段串联	110	旧装置换剂
FTXC-1	2020	南京	高压加氢裂化/单段串联	150	旧装置换剂
FC-86	2021	上海	高压加氢裂化/单段串联	150	旧装置换剂

第二节　加氢裂化催化剂选择

一、加氢裂化催化剂的分类

1. 按金属组分分类

按催化剂活性金属组分不同分为非贵金属和贵金属两大类。前者选自ⅥB族金属元素钼、钨(Mo、W)和Ⅷ族金属元素钴、镍(Co、Ni)，其可以是单组分、双组分或三组分，但大多数为双组分，多采用W-Ni、Mo-Ni和Mo-Co等金属组合；后者以Ⅷ族金属元素的铂和钯(Pt、Pd)为主。非贵金属活性组分在使用前必须进行预硫化，并且在使用过程中须维持反应系统具有一定量的硫化氢分压，以免活性金属组分被还原。贵金属易被硫化中毒而失活，在使用前须还原。非贵金属催化剂可以广泛用于单段、一段串联和两段法加氢工艺过程；而贵金属催化剂则仅能用于具有独立循环氢系统的两段法加氢工艺过程的第二段。

2. 按载体分类

按载体酸性组分不同分为无定形和晶型(亦称分子筛型)两大类。前者的酸性组分通常选自无定形硅铝、无定形硅镁及改性氧化铝等；晶型催化剂的酸性组分是经过改性处理的分子筛再配以无定形硅铝、无定形硅镁或改性氧化铝组分，可用的分子筛种类很多，诸如Y型、β、ZSM系列、SAPO系列等，而使用最多的是各种改性的Y型和β分子筛。

无定形硅铝载体酸性弱、酸中心数少、平均孔径大，不易发生过度裂解和二次裂解少，因此有利于多产中间馏分油，尤其是多产柴油。而晶型催化剂具有酸中心数多、平均孔径小的特点，具有较高的裂解活性、较大的生产灵活性和较强的原料适应性。

3. 按工艺过程及反应条件分类

根据工艺过程的不同，可分为单段和一段串联及两段法之第二段用催化剂；而按操作压力的不同，又可分为高压和中压两大类。高压催化剂通常用在10.0MPa以上操作压力的装置，多数在15.0~19.0MPa之间。这类催化剂适用于加工处理终馏点比较高的馏分、劣质原料油，如高硫高氮的减压馏分油(VGO)、焦化蜡油(CGO)、脱沥青油(DAO)以及催化裂化循环油(LCO)等，而且产品的质量好、液体产品收率高、装置运转周期长。中压催化剂则用于中压加氢转化工艺过程，其中包括缓和加氢裂化(MHC)、中压加氢裂化(MPHC)、中压加氢改质(MHUG)和劣质柴油加氢提高十六烷值(MCI)工艺。其操作压力一般在10.0MPa以下，多数在5.0~10.0MPa之间。这些工艺过程通常是加工处理馏分较轻的原料，如轻质减压馏分油(LVGO)、二次加工柴油等。

4. 按主要目的产品分类

加氢裂化催化剂按照其目的产品来分类，可分为轻油型、中油型(或称灵活型)、高中油型(亦称可最大量生产中间馏分油型)以及重油型催化剂。

(1) 轻油型加氢裂化催化剂

此类催化剂具有很强的裂解功能。虽然要求其加氢功能较弱，但近年来，由于提高石脑油收率或兼产喷气燃料以及减少气体产量等原因，也要求其有较高的加氢功能，以提高破环选择性及在石脑油馏分中富集单环烃类的能力。此类催化剂主要用于最大量生产化工原料、石脑油产品，为生产芳烃或催化重整提供原料。催化剂组成的特点是活性金属含量较低，载体多以Y型沸石或β沸石分子筛为主，另加有少量γ氧化铝(主要起催化剂黏结成型作用)。

(2) 中油型加氢裂化催化剂

此类催化剂通常是加氢活性好、裂化活性适中。它主要用于生产中间馏分油产品(喷气燃料和柴油)并兼产部分石脑油以用作催化重整的进料。该类型催化剂在工业装置上具有较高的生产操作灵活性，可以通过调整床层反应温度、控制不同单程转化率来调变产品分布，以适应市场对油品需求的季节性变化，故又称为灵活型催化剂。其中间馏分油产品质量较好。此类催化剂活性金属多采用W-Ni或者Mo-Ni组合，并通常是以无定形硅铝、改性氧化铝为主载体，再添加一定量改性分子筛。由于所用的分子筛种类、改性处理方法以及用量的差别，导致这类催化剂的性能差异也较大。实际上，有些催化剂的裂解活性相当高，接近轻油型催化剂的水平，其喷气燃料产品选择性好，当然其轻油产率也相对高一些。随着分子筛改性技术的发展以及催化剂制备技术的进展，又研制出了中间馏分油选择性相对比通常所说的中油型催化剂高一些的催化剂。

(3) 高中油型加氢裂化催化剂

此类催化剂与中油型催化剂相比，裂化活性低、中间馏分油选择性高，尤其是柴油产率很高，通常用于最大量生产中间馏分油产品的场合。这类催化剂的典型代表是无定形催化剂。无定形催化剂虽然可以获得最高的中间馏分油产品收率，但起始反应温度高(在400℃左右)。

(4) 重油型加氢裂化催化剂

此类催化剂是在生产石脑油和中间馏分油的同时，也将尾油作为主要目的产品之一。加氢裂化尾油可供作生产润滑油基础油的原料、蒸汽裂解制乙烯原料或催化裂化进料。它要求有很强的加氢功能、适中或偏弱的裂化功能。但是，其异构化性能和破环选择性则因尾油用途的不同而有明显差异。当尾油用作润滑油基础油料时，要求催化剂具有很高的异构化活性以及多环烃类选择性开环而不断开侧链的能力，从而获得富含异构烷烃和带有长侧链的单环烃类的尾油，以提高润滑油基础油的产率和质量；当尾油用作蒸汽裂解制乙烯原料时，则要求催化剂具有尽可能低的异构化活性和较强的环状烃选择性开环能力，使尾油产品富集正构烷烃和带长正构烷基侧链的单环烃类，以提高乙烯产率；而当尾油用作催化裂化进料时，则要求催化剂具有优先转化多环烃类的能力，使尾油富含少环烃类和部分加氢饱和的多环烃类，以提高催化裂化轻油收率和产品的质量。中油型和高中油型催化剂原则上都可以用于生产蒸汽裂解制乙烯原料；采用单段和一段串联一次通过流程都可以；采用高转化率操作方案比较合适，因为要求未转化尾油的饱和度越高越好，而加氢裂化尾油中烷烃含量是随转化率的提高而增加的。用 *BMCI* 值小于 15 的尾油作蒸汽裂解制乙烯的原料能得到较高的乙烯产率和较低的裂解汽油和焦油产率，还有利于裂解装置的平稳操作。

二、加氢裂化催化剂性能及使用

不同类型的加氢裂化催化剂性能千差万别，其差别不仅表现在活性的高低方面，还因催化剂的加氢功能和裂化功能强弱之间的不同匹配而导致加氢裂化产品选择性和产品质量上的差别。这些性能上的差别，使我们能够在最大限度满足装置的工艺流程、正常操作条件、允许操作的极限、主要目的产品及质量等方方面面要求的条件下，还有选择催化剂的余地。

1. 多产石脑油和催化重整原料

以石脑油和催化重整原料为主要目的产品时，要选用轻油型加氢裂化催化剂及采用全循环工艺流程。这类催化剂的强酸性和中等加氢活性有利于反应物分子的异构化、歧化、芳构化、加氢(脱氢)、氢转移和 C—C 键断裂，使产物中烷烃的异构烃与正构烃之比高，保留单环结构，石脑油产品具有较高芳烃潜含量。加氢组分还能延缓生焦速度、保护裂解活性中心，使催化剂能长期稳定运转。酸性组分主要来源于改性的 Y 型分子筛，其含量一般较高。

2. 多产中间馏分油兼产部分石脑油

生产中间馏分油的加氢裂化催化剂要求酸性中等、加氢活性强，酸性载体的酸性中心数量不要太多，有较大的孔径并且要求比较集中(一般希望集中在 4～8nm 之间)，这样可以减少生成物的二次裂解，改善催化剂的中油选择性。

3. 最大限度生产中间馏分油产品

要求最大量生产中间馏分油尤其是柴油的时候，应首选无定形载体催化剂，同时采用单段全循环或是两段全循环的工艺流程，即可获得最高的柴油收率。此类载体酸性弱、酸中心数少、孔径大，不易发生过度裂解和二次裂解少，因此有利于多产中间馏分油，尤其是多产柴油。尽管无定形催化剂随着运转时间的延长逐渐失活和反应温度不断提升，但产品分布仍比较稳定，而且中间馏分油选择性下降幅度很小。但是，无定形催化剂也有其明显的不足之处，主要是：

① 裂化活性低，起始反应温度一般在 400℃左右。在一段串联或两段法使用的时候，无定形催化剂所需的反应温度要比常规晶型催化剂高出许多，比最大量生产中间馏分油的晶型分子筛催化剂也高了 10～20℃。

② 生产灵活性差，不能通过反应温度来大幅改变产品分布以适应市场的季节性变化。

③ 对原料变化适应性差，通常原料油终馏点受限制。在原油终馏点很高或者含有很多难裂解组分时，所需的反应温度往往就会很高，并且活性稳定性明显变差，提温速率明显加快，以致装置无法长周期正常运行。

此类装置还可以选择以无定形硅铝作为主载体，并添加一定量改性的超疏水分子筛的加氢裂化催化剂。虽然这类催化剂的活性不如中油型催化剂高，但比无定形催化剂活性高，可以保持装置的长周期稳定运行。此类催化剂如 FC-14、FC-28、FC-34 等。

4. 生产裂解制乙烯原料

乙烯产率与裂解原料的含氢量有关。增加原料的含氢量可以提高乙烯的产率，降低副产品裂解汽油和焦油产率。原料的含氢量高则 *BMCI* 值小，乙烯产率就高。而 VGO 通过单段单程加氢裂化得到的加氢裂化尾油的 *BMCI* 值可以降低 25～40 个单位。加氢裂化尾油的

BMCI 值低，用作裂解原料所得到的乙烯产率与石脑油作原料的乙烯产率相差不多，比直接用 VGO 作原料的乙烯产率要高得多。由于 VGO 原料中的芳烃含量高，特别是重质 VGO 稠环芳烃含量高，不宜直接用作裂解原料，否则，不单是乙烯产率低、裂解焦油产率增加而且炉管结焦速度加快，从而缩短了裂解炉的运行周期。加氢裂化尾油的芳烃含量比石脑油和 VGO 都低，用作裂解原料不仅可以提高乙烯的产率、降低裂解汽油和焦油产率，而且还有利于裂解装置的平稳操作。

当加氢裂化尾油用作裂解原料时，除了其 *BMCI* 值是一个重要因素外，还要求终馏点(或 95℃点)尽量低、芳烃(特别是多环芳烃)含量低。为此，富集链烷烃、开环能力强和对重组分裂解能力强的生产裂解原料是该类型催化剂研发方向。

5. 生产润滑油基础油料

加氢裂化生产润滑油基础油料是通过对原料中芳烃的加氢饱和、环烷开环和烷烃异构化，使低黏度指数组分转化为高黏度指数组分，同时伴随加氢裂化反应，使黏度指数提高 50~60 个单位。因为在反应过程中能够产生高黏度指数组分，这是与常规溶剂抽提方法生产润滑油基础油料的差别。加氢裂化能够用低黏度指数原料生产高黏度指数润滑油基础油料，从而扩大了原料来源。

为了以减压蜡油和脱沥青油加氢裂化生产高黏度指数润滑油基础油料，要求催化剂具有中等偏弱的酸性和强加氢活性。这类催化剂一般是用钨、钼、镍、钴或贵金属铂、钯等担载于酸性载体($SiO_2-Al_2O_3$)上；也有在上述硅铝载体中添加少量改性的弱酸性分子筛。在加氢活性中心上的主要反应是饱和烃脱氢生成活性的烯烃中间体，使不饱和的裂化产物加氢饱和，并对生焦物质加氢，减少焦炭的生成，延缓催化剂失活。其次是进行部分异构化、环化和裂化以及脱氮、脱硫、脱金属反应。

常规的润滑油基础油生产工艺用的是溶剂抽提法，抽提掉原料中低黏度指数的组分，特别是稠环芳烃；剩下的是高黏度指数组分，如带支链的烷烃、单环环烷和单环芳烃的抽余油。此工艺只是把高黏度指数组分分离出来，本身不能生成高黏度指数组分。因此，用溶剂抽提工艺生产润滑油基础油时，原料油的适应性窄，基础油收率也低。对高黏度指数组分含量较少、质量中等的原料油，需要非常高的剂油比，且收率很低；对质量差的原料油，则无法生产出高黏度指数的润滑油基础油。工业实践证明，任何脱蜡后黏度指数(Ⅵ)小于 50 的原料油，用溶剂抽提工艺生产润滑油基础油都是不经济的。

加氢裂化生产润滑油基础油料一般是采用单段一次通过流程，催化剂多采用生产中油型催化剂。加氢裂化得到的润滑油基础油的性质主要取决于原料油的类型和加氢裂化的苛刻度，原则上是既要尽量提高从加氢裂化尾油中获得的润滑油基础油的黏度指数，又要尽可能减小黏度的降低。加氢裂化生产润滑油基础油料也可以采用一段串联一次通过流程。在生产中间馏分油(喷气燃料和柴油)和少量石脑油产品的同时所得到的加氢裂化尾油是质量很好的润滑油基础油料。

三、加氢裂化精制催化剂

在一段或者两段法加氢裂化工艺过程中，一般均需要在装有加氢裂化催化剂的反应器前设有专门的原料精制反应器，内装重油加氢精制催化剂，或者在加氢裂化催化剂的上部装有加氢精制催化剂，其目的是保护裂化催化剂的裂化活性能够充分而且稳定地发挥，降低加氢裂化催化剂床层的反应温度，同时减缓重金属和积炭在裂化催化剂表面的沉积，从而延长装置运转周期，并提高产品产率和质量。在该过程中，原料分子结构变化不大，转化率一般不大于10%。表明加氢精制催化剂也需要加氢和氢解双功能，而氢解反应所需的酸度要求不高。

不同类型的加氢裂化催化剂对反应环境特别是对进料中的有机硫、氮等杂质以及 H_2S 和 NH_3 的承受能力有相当大的差别。无定形非贵金属加氢裂化催化剂对进料中的硫、氮和循环氢中的 H_2S、NH_3 都有较强的承受能力，这些杂质含量的高低对其活性影响较小。但这种催化剂活性较低，起始反应温度高，催化剂寿命较短。含沸石分子筛加氢裂化催化剂裂化活性明显提高。但早期开发这类催化剂其主要目的在于增加石脑油的产率，其主要不足是对硫、氮及 H_2S、NH_3 等毒物都很敏感。因此，对进入裂化段的进料要求严格控制硫、氮含量，特别是氮含量。后来，由 Union 公司率先开发了一种含超稳 Y 沸石分子筛(USY)的加氢裂化催化剂。该类催化剂虽然不能承受过高的有机氮含量(不大于 10μg/g)，但对反应系统中的 NH_3 含量却有相当的承受能力。随着沸石分子筛改性技术的发展和催化剂制备技术的改进，催化剂的耐氮性能明显提高，可以在进料氮含量 50~100μg/g 下长期使用。但贵金属催化剂对进料中的有机硫、氮化合物以及循环氢中的 H_2S、NH_3 都非常敏感，其活性位会受到明显抑制或中毒，因此要求严格控制反应进料中的杂质含量。对含分子筛的加氢裂化催化剂，原料加氢精制十分关键。DRIPP(FRIPP)曾用耐氮性能强的含沸石分子筛的中油型加氢裂化催化剂做了没有精制段的单段单剂一次通过和有精制段的一段串联一次通过对比试验，表 6-2-1 列出了对比试验结果。从数据对比可以明显看出，有精制段的一段串联工艺，裂化段的反应温度可大幅度降低，同时可获得质量更好的中间馏分油和尾油产品；而对于高活性的轻油型加氢裂化催化剂来说，精制过程对裂化催化剂的活性影响更大。

表 6-2-1　有无精制段的对比试验结果

工艺过程	单段一次通过	一段串联一次通过
原料油	胜利 VGO	
密度(20℃)/(g/cm³)	0.9078	
馏程/℃	340~511	
硫/%	0.56	
氮/%	0.16	
工艺操作参数		
反应压力(总)/MPa	15.5	15.5
液时体积空速(对裂化剂)/h^{-1}	1.25	1.5
氢油体积比	1500∶1	1500∶1
裂化段反应温度/℃	基准	基准-24
精制油氮/(mg/kg)		~6
产品分布/%		
石脑油①	14.8	13.8
喷气燃料	27.0	30.1
柴油	11.6	9.3
>350℃尾油	42.4	42.9

续表

工艺过程	单段一次通过	一段串联一次通过
产品主要性质		
石脑油芳潜/%	45.2	44.6
喷气燃料		
密度(20℃)/(g/cm^3)		0.8077
烟点/mm	23	28
芳烃/%(体)	13.4	3.5
柴油		
密度(20℃)/(g/cm^3)		0.8413
凝点/℃	-14	-12
十六烷指数	55.9	63.0
加氢尾油 *BMCI* 值	24.5	19.2

① 石脑油中的轻组分未能稳定收集计入。

催化加氢脱氮比脱硫困难，一般认为，杂环含氮化合物在C—N键氢解之前必须先进行杂环的加氢饱和，即使是苯胺类非杂环氮化物，在C—N键氢解之前芳环也要先行加氢饱和。在加氢裂化条件下，氮杂环加氢相对容易，C—N键氢解比较困难，因此认为加氢活化能比氢解活化能低，C—N键断裂是决定反应速度的步骤。因此，催化剂加氢脱氮活性的提高，主要不是提高加氢性能，而是提高对氮杂环加氢饱和中间产物的脱氮性能。但是，对于多环的化合物，加氢仍然是重要的。基于这些，提出了以下加氢裂化预精制催化剂的设计原则：

① 载体的孔结构应具备适宜的孔容积和表面积，孔分布集中，并具有一定的酸度，对有机硫、氮有氢解作用；

② 优化金属组分的组合、含量，促使金属分布均匀且富集表面，提高加氢活性；

③ 选择适宜的催化剂形状和粒度，既有利于提高活性、压碎强度与耐磨性，又能降低床层压降；

④ 制备催化剂所用原料易得，制备工艺简单，成本低；

⑤ 使用过程中氢耗低，运转周期长，且容易再生。

加氢精制催化剂通常是包含一种活性组分和助剂的具有高表面积结构特点的材料，活性组分和助剂均匀分散在载体上。该催化剂载体通常是γ氧化铝(γ-Al_2O_3)，有时掺杂少量的二氧化硅、磷、氟化物或硼，提供高的表面积以分散活性金属组分，同时具有合适的孔结构，以实现满意的运行周期。活性金属组分是ⅥB族和Ⅷ族的金属，其中贵金属的有Pt、Pd、Ru，非贵金属的有W、Mo、Cr、Fe、Co、Ni等。由于贵金属催化剂容易被有机硫、氮以及H_2S中毒而失活，只能用于加工处理低硫或不含硫的原料，因此未曾用于加氢裂化精制过程。最常用的加氢精制催化剂金属组分的最佳组合为Co-Mo、Ni-Mo、Ni-W以及三组分的Ni-Mo-W、Co-Ni-Mo等。选用哪种金属组分组合，取决于原料性质及要求达到的主要目的，如加氢脱硫、加氢脱氮以及多环芳烃加氢饱和。科学实践证明，Co-Mo催化剂脱硫性能好，对直馏油脱硫，一般选用Co-Mo催化剂为好；而对于含氮高的原料或裂化原料，则使用Ni-Mo或Ni-W催化剂为好。

第三节　固定床渣油加氢催化剂技术及应用

一、固定床渣油加氢催化剂

从物理性质上看，渣油的沸点高，分子量、密度及黏度都很大；从化学组成上看，渣油中具有的杂质种类多、含量高，在一个大分子胶团中，硫、氮、金属等多种杂质共存，这些都给渣油加氢处理增加了难度。因此，对于固定床渣油加氢来说，就需要采用不同类型具有不同反应性能的催化剂，并通过合理的匹配，才能实现既有良好的加氢效果又能长期稳定运转的目标。渣油加氢处理催化剂按其作用可分为保护剂(HG)、脱金属剂(HDM)、脱硫剂(HDS)和脱氮剂(HDN)四类。四类催化剂的主要特点如表6-3-1所示。

表6-3-1　四大类渣油加氢处理催化剂的特点比较

项　目	保护剂	脱金属剂	脱硫剂	脱氮剂
催化剂颗粒	大	小	小	小
平均孔径	最大	较大	较小	最小
酸性	最弱	较弱	较强	最强
比表面积	最小	较小	较大	最大
孔体积	最大	较大	大	大
金属含量	最少	较少	较多	最多
作用	脱铁、钙、钠	脱镍	脱硫、氮	脱氮

(一) 催化剂特性

1. 保护剂

(1) 保护剂的定义

我们把装填在第一床层顶部主要用于脱铁和垢物的催化剂称为保护剂。此外，为了防止反应器床层底部支撑网上由于高温结焦，最好在床层底部装填具有一定加氢活性和抗结焦的保护剂，也称为活性支撑剂，简称支撑剂，统称为保护剂。

(2) 保护剂的作用

① 主要用于脱除进料中的铁和垢物。因为渣油中的可溶性有机铁很容易在催化剂颗粒表面反应，生成硫化铁沉积在床层空隙中；

② 使渣油中易结焦物质适度地加氢以阻缓其结焦；

③ 强化反应物流的分配；

④ 保护下游的脱金属催化剂。

(3) 保护剂的特点

① 较大的孔容；

② 比表面积适中；

③ 表面呈弱碱性或弱酸性；

④ 磨耗低，强度大；

⑤ 碱金属流失量少。

2. 脱金属催化剂

(1) 脱金属催化剂的作用

渣油中的金属镍和钒主要以卟啉化合物和沥青质的形式存在，这两种化合物结构相当复杂。其中卟啉的基本分子量大约为 300~600，直径为 1.2~2.0nm；而沥青质的分子量可达 40 万，且富含多环芳香环。

据资料介绍，脱除金属铁和钙所用的催化剂几乎无需加氢活性，其反应过程主要是热裂化；而镍和钒的化合物在反应中主要是通过加氢和氢解，最终以金属硫化物的形式沉积在催化剂颗粒的内部及外表面。

研究结果表明，金属有机化合物分子向催化剂颗粒内部的扩散过程是渣油加氢脱金属反应的控制步骤。脱金属催化剂的作用就是脱除进料中的大部分重金属，同时脱除部分容易反应的硫化物，以保护下游的脱硫和脱氮催化剂。

(2) 脱金属催化剂的特点

渣油加氢脱金属催化剂的设计特点是由渣油的性质及其反应特征决定的。与其他加氢处理催化剂相比，渣油加氢脱金属催化剂具有如下特点：

① 催化剂具有较大的孔径，平均孔直径大于 15.0nm，以利于反应物的内扩散和防止或延缓孔口被固体沉积物堵塞。

② 适中的比表面积和较大的孔容，以利于反应物及生成物的内扩散和提高催化剂的容金属能力。

③ 较弱的表面固体酸性。催化剂表面酸性强将加剧生焦反应，导致催化剂失活加快。

④ 适中的活性和较好的稳定性。脱金属催化剂失活速率较快，如何延长催化剂的运转周期是个突出的问题；

⑤ 较低的活性金属含量。

3. 脱硫催化剂

(1) 脱硫催化剂的作用

渣油进料经过加氢脱金属催化剂后，大部分重金属如镍和钒等被脱除，部分容易反应的硫化物也被除去。加氢脱硫催化剂的作用是：

① 进一步脱除进料中更难反应的硫化物。

② 进一步脱除进料中残存的金属化合物。

③ 脱除部分容易反应的氮化合物。

④ 进行部分加氢裂化反应，降低进料中残炭、芳烃、胶质和沥青质的含量。

⑤ 保护下游的脱氮催化剂，延长装置运转周期。

(2) 脱硫催化剂的特点

① 催化剂具有较大的孔径和孔容，以利于大分子反应物的扩散，又不易被金属和焦炭等固体物堵塞孔道。

② 催化剂含有适量的粗孔(孔径为 100~500nm)。这种粗孔有利于反应物向颗粒内部扩散，但不宜过多，否则将使催化剂比表面积大幅度降低。

③ 催化剂的酸强度应比加氢脱金属催化剂强，而比加氢脱氮催化剂弱。这种适中的酸强度既可促使加氢裂化和加氢脱氮反应的发生，又可抑制生焦反应。

④ 催化剂使用周期短，难以再生，故要求催化剂成本低廉。

此外，渣油加氢脱硫催化剂还应具有与馏分油加氢脱硫催化剂相同的一些性质。如：

① 活性金属组分高度分散，并且与载体的相互作用适中，在硫化还原过程中可转化为活性中心。

② 孔分布较为集中，堆积密度适中，有足够的机械强度和热稳定性。

4. 脱氮催化剂

(1) 脱氮催化剂的作用

渣油进料经过加氢脱金属和加氢脱硫催化剂后，大部分容易反应的杂质如重金属、硫和氮化合物以及残炭、胶质等已被除去。脱氮催化剂的作用是：

① 进一步脱除反应物流中的硫化物，降低加氢生成油中的硫含量。

② 进一步脱除反应物流中残存的微量金属化合物，降低加氢生成油中的金属含量。

③ 进一步脱除反应物流中的氮化物，降低加氢生成油中的氮含量。

④ 进行适度的加氢反应，降低加氢生成油中的残炭含量。

⑤ 进行适度的加氢裂化反应，直接产生高品质轻油。

(2) 脱氮催化剂的特点

① 与渣油加氢脱硫催化剂比较，渣油加氢脱氮催化剂的基本特点是反应活性高，因为难反应的杂质都在脱氮催化剂上反应，所以渣油加氢脱氮催化剂在物化性质方面的特征是较大的比表面积、较强的酸性和较高的活性金属含量。

② 与馏分油加氢脱氮催化剂比较，渣油加氢脱氮催化剂需具备良好的抗结焦性能，因为渣油中含有大量容易结焦的胶质和沥青质。因此，渣油加氢脱氮催化剂应含有在高温下可吸收氢的少量镍铝尖晶石。

③ 渣油加氢处理过程中脱氮催化剂用量大，难以再生，因此要求成本要低。

目前，固定床渣油加氢处理技术的催化剂专利商主要有 ART、Albemarle、Axens、Criterion、Haldor Topsøe 及 SINOPEC 等。

(二) 国外公司主要渣油加氢催化剂

1. ART(Advanced Refining Technologies)公司

Chevron 公司和 Grace 公司于 2001 年组成了 Advanced Refining Technologies 公司(ART)。ART 公司推出了 ICR 系列固定床渣油加氢处理催化剂。该系列催化剂的特点：①催化剂载体孔分布和酸分布集中；②主催化剂的颗粒较小，可减小反应物的扩散阻力，提高反应活性。截至 2020 年底，ART 公司推出新型过渡催化剂 ICR197 及脱残炭剂 ICR192，其中 ICR197 具有较高的金属转化活性能力，以及中等的 HDS 活性；最新的脱残炭催化剂 ICR192 可用于脱除非常高的硫、氮和残炭，与上一代脱残炭催化剂 ICR173 相比，ICR192 具有更高的 HDS 及 HDCCR 活性，从而达到了降低反应温度的效果。ICR192 与 ICR173 结合使用，可以进一步优化催化剂系统以实现加氢渣油中 5.2%的残炭剩余。ICR 系列催化剂的牌号和功能如表 6-3-2 所示。

表 6-3-2　ART 公司渣油加氢精制 ICR 系列催化剂牌号和功能

催化剂	种类	功能
ICR122	保护剂	HDM
ICR132	脱金属剂	高 HDM，容金属能力强
ICR133	脱金属剂	高 HDM，容金属能力强
ICR161	脱金属剂	高 HDM，容金属能力强

续表

催化剂	种类	功能
ICR135	脱硫(过渡)剂	HDS，HDM
ICR131	脱硫(过渡)剂	高 HDS，HDCCR，HDM
ICR137	脱硫(过渡)剂	高 HDM，HDS，容金属能力强
ICR167	脱硫(过渡)剂	高 HDM，HDS，容金属能力强
ICR138	脱硫(过渡)剂	高 HDM
ICR182	脱硫(过渡)剂	高 HDM
ICR170	脱硫(过渡)剂	中等 HDM，高 HDS
ICR181	脱硫(过渡)剂	高 HDM，HDCCR，容金属能力强
ICR186	脱硫(过渡)剂	高 HDM，HDCCR，容金属能力强
ICR197	脱硫(过渡)剂	HDM，中等 HDS 能力
ICR125	脱残炭剂	高 HDS，HDCCR
ICR130	脱残炭剂	高 HDS，HDCCR
ICR153	脱残炭剂	高 HDS，HDCCR
ICR171	脱残炭剂	深度 HDS，HDCCR
ICR173	脱残炭剂	深度 HDS，HDCCR
ICR192	脱残炭剂	超高 HDS、HDN 及 HDCCR

2. Albemarle 公司

Albemarle 公司和日本凯金公司合作，拥有独特的固定床渣油加氢处理催化剂专利技术，开发了 KFR 系列催化剂。

KFR 系列催化剂注重孔结构和表面活性的设计，可根据原料性质、操作条件、周期长度和产品性质要求等条件，选择不同催化剂进行合理级配。表 6-3-3 列出了 Albemarle 公司开发渣油加氢催化剂的牌号和功能[19]。

表 6-3-3　Albemarle 公司渣油加氢精制系列催化剂牌号和功能

催化剂	类型	形状	功能
KG 55	保护剂	五角环形	
KF 542	保护剂	环形	HDM
KG 1	保护剂	球形	除垢/捕铁，脱铁剂
KG 5	保护剂	环形	除垢/捕铁，脱铁剂
KG 3	保护剂	环形	除垢/捕铁，脱铁剂
KFR10	脱金属剂	四叶菱形	高 HDM，容金属能力强
KFR11	脱金属剂	四叶菱形	极高 HDM，容金属能力强
KFR15	脱金属剂	四叶菱形	高 HDM，容金属能力强
KFR20	脱金属剂	四叶菱形四叶菱形	高 HDM，中等 HDS，适用于中低压过程
KFR22	脱金属剂	四叶菱形	高 HDM，适用于高压过程
KFR23	脱金属剂	四叶菱形	HDM，容金属能力强，适用于高压过程
KFR30	脱金属、脱硫双功能催化剂	四叶菱形	中等 HDM，HDS
KFR33	脱金属、脱硫双功能催化剂	四叶菱形	容金属能力强
KFR53	脱金属、脱硫双功能催化剂	四叶菱形	HDS，容金属能力强

续表

催化剂	类型	形状	功能
KFR50	脱硫剂	四叶菱形	高 HDS，高 HDN
KFR70	脱硫剂	四叶菱形	高 HDS，高 HDN 及高 HDCCR
KFR70B	脱硫剂	四叶菱形	高 HDS，高 HDN 及高 HDCCR
KFR72	脱硫剂		高 HDS，高 HDN，高 HDCCR，容金属能力较强
KFR93	脱硫剂	四叶菱形	高 HDS，高 HDN，高 HDCCR

3. Axens 公司

法国 Axens 公司为 IFP 和 Procatalyse 公司炼制催化剂分部的合资企业，开发了 HM/HMC/HT/HF 系列常压及减压渣油加氢精制催化剂，如表 6-3-4 所示。

Axens 的催化剂技术核心是：脱金属剂必须优先转化胶质和沥青质(因为大部分金属存在于其中)，并且容纳金属的能力要远远大于精制催化剂，其金属沉积量应高于 60%。

采用 HMC868/HF858/HM848/HT438 组合催化剂体系，可以防止催化剂因金属中毒而失活，同时最大限度地脱除金属及沥青质，获得最低硫、氮及残炭含量的渣油产品，并延长运转周期。

表 6-3-4　Axens 公司渣油加氢精制系列催化剂牌号和功能

催化剂	活性组分	形状	功能
HMC 841	NiMo		脱金属剂
HMC 868	NiCoMo	球形	脱金属剂
HMC 845			脱金属剂
HMC 945			脱金属剂
HF 858	NiCoMo	三叶草	脱金属剂
HF 454	NiCoMo	三叶草	脱金属剂
HM 848	NiCoMo	三叶草	过渡剂
HT 318	NiCoMo		精制剂
HT 328			精制剂
HT 404	NiCoMo	三叶草	精制剂
HT 438	NiCoMo	三叶草	精制剂
HT454	NiCoMo	三叶草	精制剂

4. Criterion 公司

Criterion 公司生产的固定床渣油加氢处理催化剂主要为 RM/RN 系列，该系列催化剂组合较简单，并注重催化剂的孔分布，催化剂单位装填体积的孔容和比表面积较大[21]。

Criterion 公司认为，适用于不同的原料性质是催化剂有效使用的关键。此外，操作条件、反应过程的制约因素和配置方式，会对固定床渣油加氢处理深度产生影响。

Criterion 公司开发的 RM/RN 系列固定床渣油加氢催化剂如图 6-3-1 所示[25]。

其中 RM430、RN412 和 RN450 属于第二代催化剂，RM-5030、RN-5210、RN-650、RN-440 属于第三代催化剂，RN-888、RN-880 属于第四代催化剂，RN-8030、RN-8210、RN-850 属于第五代催化剂，RN-8100、RN-8510 及 RN-8800 为最新一代固定床渣油加氢催化剂。Criterion 公司渣油加氢精制系列催化剂性质见表 6-3-5。

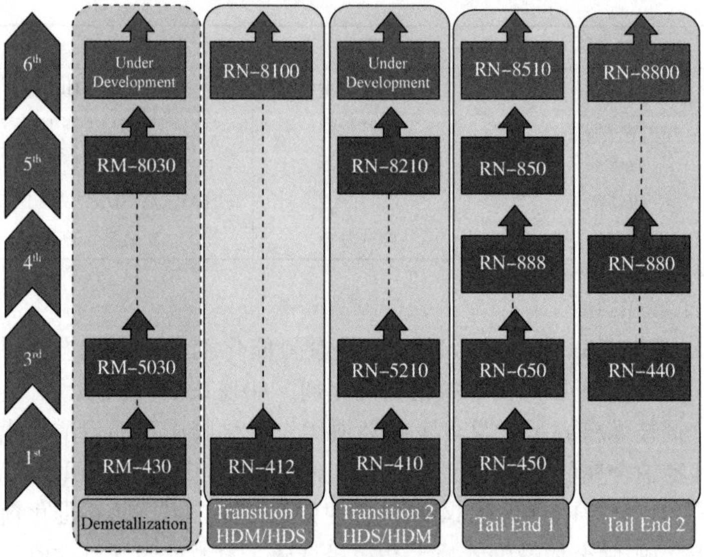

图 6-3-1　Criterion 公司 RM/RN 系列催化剂

表 6-3-5　Criterion 公司渣油加氢精制系列催化剂性质

牌　号	特　性	形　状
Opti Trap MD(16.0)	保护剂	齿球
Opti Trap MR(8.0)	保护剂	四叶草
RM-5030(5.6)	HDM	四叶草
RM-8030(2.5)	HDM	三叶草
RM-8030(1.3)	HDM	三叶草
RN-440	渣油转化	圆柱形
RN-650	HDS	圆柱形
RN-5210	高 HDM、HDS，容金属能力好	圆柱形

5. Haldor Topsøe 公司

丹麦的 Haldor Topsøe 公司拥有 150 多种催化剂，并广泛应用于加氢处理、加氢裂化、合成氨等领域。Topsøe 提供了一系列固定床渣油加氢催化剂。Topsøe 认为该公司出品的加氢脱金属和加氢脱硫催化剂具有卓越的容金属能力和加氢活性，可以确保延长循环时间和最大限度保护下游催化剂。该公司开发的第二代，也是最新一代固定床渣油加氢催化剂共有 5 个牌号，分别是 TK-719、TK-733、TK-743、TK-753、TK-773。

（三）国内公司主要渣油加氢催化剂

国内固定床渣油加氢催化剂的研发单位主要有两家：DRIPP(FRIPP)和 RIPP。RIPP 成立较晚，目前开发的系列渣油加氢处理催化剂也已经进行了工业应用。

1. DRIPP(FRIPP)渣油加氢催化剂

DRIPP(FRIPP)是国内最早进行催化剂研发的单位。在总结前几代催化剂应用经验的基础上，DRIPP(FRIPP)开发了新一代的低成本、高性能、原料适应性强的渣油加氢催化剂。新型 FZC 系列渣油加氢催化剂从改善原料内扩散入手，注重渣油进料中的杂质在催化剂体系中“进得去、脱得下、容得下”。注重加氢性能的提升和胶质、沥青质的高效转化，具有高的容金属能力和抗结焦能力，最终实现催化剂性能与长周期运转之间的平衡。表6-3-6列出了DRIPP(FRIPP)新一代渣油加氢催化剂种类、牌号和主要功能。

表6-3-6 DRIPP(FRIPP)新一代渣油加氢催化剂种类、牌号和主要功能

牌号	种类	形状	特点
FGF-01	保护剂	圆片柱状	高的容铁、钙能力，改善物流分布，空隙率高
FZC-100B	保护剂	四叶轮	高的容铁、钙能力，一定的胶质、沥青质转化能力
FZC-12B	保护剂	四叶轮	高的容镍和钒的能力，一定的沥青质转化能力
FZC-103D	保护剂	四叶轮	高的容镍和钒的能力，一定的沥青质转化能力
FZC-103E	保护/脱金属剂	四叶草	高的容镍和钒的能力，较强的沥青质转化能力
FZC-13B	保护/脱金属剂	四叶草	高的容镍和钒的能力，强的沥青质转化能力
FZC-1MN	上流式脱金属剂	五齿球	高的容镍和钒的能力，强的沥青质转化能力
FZC-2MN	上流式脱金属剂	五齿球	高的容镍和钒的能力，强的沥青质转化能力
FZC-3MN	上流式脱金属剂	五齿球	高的容镍和钒的能力，强的沥青质转化能力
FZC-28A	脱金属剂	四叶草	高的容金属能力，强的沥青质转化能力
FZC-28	脱金属剂	四叶草	高的容金属的能力，较强的脱金属和脱硫能力
FZC-204A	脱金属剂	四叶草	脱金属能力强，脱硫活性和脱残炭性能较好
FZC-33BT	脱金属/脱硫剂	三叶草	具有高金属承载能力和良好的脱硫活性的脱金属脱硫过渡剂
FZC-34BT	脱硫剂	三叶草	高活性脱硫/脱残炭催化剂
FZC-41BT	脱残炭剂	三叶草	最高活性脱硫/脱残炭催化剂
FZC-12B-3	支撑剂/粒度过渡	齿球形	粒度过渡，具有高的脱金属活性和一定的脱硫活性
FZC-12B-6	支撑剂/粒度过渡	齿球形	粒度过渡，具有高的脱金属活性和一定的脱硫活性

2. RIPP渣油加氢催化剂

RIPP根据之前几代催化剂不断积累的工业应用实践以及FCC对原料性质要求的提升，根据渣油加氢反应的机理特点，设计开发了第三代固定床渣油加氢催化剂。

该催化剂体系强化了催化剂反应稳定性的提升以及对反应过程中难转化物种如沥青质、胶质、稠环类芳烃的加氢转化能力，同时考虑了催化剂生产成本及绿色制备工艺。RIPP开发了第三代渣油加氢RHT系列催化剂，主要功能如表6-3-7所示。

表6-3-7 RIPP第三代RHT系列催化剂种类、牌号和主要功能

种类		牌号	主要功能
固定床催化剂	保护剂	RG-20	床层空隙率70%~80%，拦截颗粒物和分散物流
	保护剂	RG-30E	拦截颗粒物，脱Fe、Ca，部分脱Ni+V
	保护剂	RG-30A	拦截颗粒物，脱Fe、Ca，脱Ni+V性能增强，部分转化沥青质
	保护剂	RG-30B	脱Fe、Ca，脱Ni+V性能增强，部分转化胶质、沥青质
	脱沥青	RDMA-31	沥青质准话功能高，脱金属和容金属能力强，有一定的残炭转化和脱硫能力
	脱金属	RDM-35	脱金属和容金属能力强，脱硫和残炭转化能力增强
	脱金属	RDM-32	脱金属能力强，脱硫能力和残炭转化能力进一步增强

续表

种类		牌号	主要功能
固定床催化剂	脱金属	RDM-33B	脱金属能力较强，脱硫和残炭转化能力显著增加
	脱硫	RMS-30	脱硫好残炭转化功能显著，有较强的抗金属沉积能力
	脱残炭	RCS-30	加氢功能增强，脱硫和残炭转化能力突出
	脱残炭	RCS-31	加氢功能进一步增强，残炭转化和脱氮能力突出
	支撑剂	RDM-32-3b	反应器底部支撑催化剂，具有 RDM-35 催化剂的功能
	支撑剂	RDM-32-5b	
上流式催化剂	脱金属	RUF-31	拦截颗粒物，脱 Fe、Ca，沥青质转化，脱 Ni+V
	脱金属	RUF-32	沥青质转化，脱 Ni+V
	脱硫	RUF-33	脱 Ni+V，脱硫

二、固定床渣油加氢催化剂最新进展

渣油加氢催化剂失活主要是由于积炭和金属硫化物等固体物在催化剂表面和内部的大量沉积造成的。增加催化剂的脱炭能力及容炭和容金属能力的同时如何避免活性中心的中毒(包括积炭失活和金属沉积失活)，一直是渣油加氢催化剂的技术难点。近年来，催化剂的进展主要是围绕该技术难点以及降低催化剂成本。

近年来，对重油原料性质认识的不断深化，为固定床渣油加氢催化剂的设计研发提供了很多理论依据。与馏分油加氢过程不同，在固定床渣油加氢过程中，原料性质中黏度、金属和沥青质含量，对反应过程有着十分重要的影响。近些年来，人们特别重视对不同重油原料性质和组成的研究，尤其是胶质和沥青质组分的研究。沥青质是重油中分子最大、结构最复杂、加氢反应性最低的组分，原油中的大部分有机金属化合物都存在于沥青质中。沥青质加氢过程中极易造成催化剂孔口阻塞和积炭失活。重油加氢反应受内扩散控制，对于沥青质等大分子的转化，催化剂的物理性质(尺寸、形状和孔隙率等)甚至比化学组成更重要。在此基础之上，各催化剂专利商都非常重视优化保护剂和脱金属催化剂的孔道结构，提高催化剂的容金属沉积物的能力。同时提高催化剂对大分子(胶质和沥青质)的转化能力，有效保护高活性脱硫和脱残炭催化剂免受重金属的污染，减少其失活速率。

Criterion 公司开发加氢脱金属催化剂 RM-5030 具有较高的脱金属能力和缓和的脱硫活性，通常应用于渣油中钒的含量超过 70μg/g。该催化剂孔体积高达 1.04mL/g，可以在容纳更多金属的同时，保持较高的脱钒活性及稳定性，其金属容量可达 100%以上。DRIPP(FRIPP)开发出针对胶质和沥青质大分子加氢转化和容纳较多的杂质沉积物的加氢保护剂 S-Fitrap 级配体系。S-Fitrap 体系包含了物理过滤功能和化学沉积复合功能，催化剂孔道实现了微米级-百纳米级-几十纳米级组合，该保护剂体系注重扩散性-活性-稳定性之间的平衡。可对渣油进料进行脱杂和适当加氢转化，有效保护了下游催化剂。

除金属杂质外，渣油进料中的其他杂质如硫、氮等若不能在加氢处理阶段被大部分脱除，则产品中残留的硫、氮杂质将会后移至 FCC 产品中，尤其是氮对 FCC 催化剂的毒害作用更为明显，而残炭对 FCC 装置的再生过程有较大影响。渣油加氢脱硫及脱残炭催化剂处于催化剂体系的中后段，当前的研究进展多集中在改进活性金属负载技术，提升催化剂反应性能；提高残炭转化能力，减少积炭对催化剂活性损失的影响。

Criterion 公司开发的 RN-8510 是高效固定床渣油加氢脱氮、脱残碳催化剂，该催化剂比表面积为 $204m^2/g$，孔体积 $0.54cm^3/g$，孔径在 10nm 左右，具有较高活性金属负载量，可以高效脱除原料中的氮和残炭。

除了提升催化剂反应性能外，近年来各家催化剂专利商都在降低催化剂生产成本，提高装置的经济性。固定床渣油加氢装置催化剂用量大，催化剂费用在一次性投资或操作费用中占有相当大的比例，开发高性价比的渣油催化剂是现在也必然是未来催化剂发展方向。

三、固定床渣油加氢催化剂性质与加氢性能的关系

催化剂的物化性质不仅影响催化剂的活性，而且对催化剂的寿命也有重要影响。

（一）催化剂物化性质对催化剂活性的影响

催化剂的活性与催化剂比表面积、孔径大小和孔容之间有如下关系：

$$C=K+0.0589A+1.32V+0.012R \tag{6-3-1}$$

式中　C——加氢脱硫速率；

K——由工艺条件所确定的常数；

A——催化剂的比表面积，m^2/g；

V——催化剂孔容，cm^3/g；

R——催化剂孔半径，nm。

由此可见，渣油加氢脱硫速度随催化剂比表面积、孔径大小和孔容的增加而增加。

1. 催化剂孔径的影响

（1）脱金属催化剂

渣油原料中富集了原油中绝大部分的镍、钒和铁等微量金属元素。在渣油加氢反应过程中，金属杂质会沉积在催化剂颗粒内部和外表面上，造成催化剂的中毒和永久性失活。前已述及，渣油原料中的金属主要存在于胶质和沥青质中，并以大分子卟啉化合物的形式存在，即结构尺寸可达数十至上百微米，因此催化剂的孔容和孔径等物化性质对加氢脱金属催化剂的活性影响很大。

图 6-3-2 是 4 种孔径截然不同的催化剂的孔径分布。

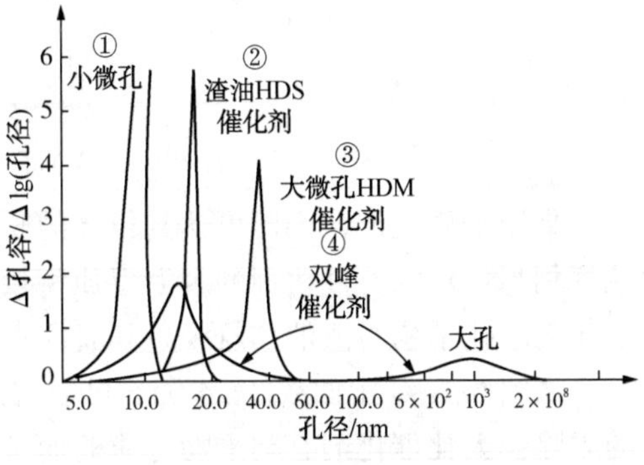

图 6-3-2　孔径不同的催化剂的孔分布

从图 6-3-2 可以看出：第①种为典型的馏分油加氢脱硫催化剂，孔径分布很窄，为 5～10nm；第②种为渣油加氢脱硫催化剂，其孔径大小为 10～20nm；第③种为高活性大孔渣油加氢脱金属催化剂，其孔径大小为 20～60nm；第④种为具有大孔和中孔的双峰催化剂，其大孔的孔径大于 1μm，中孔的孔径为 10～20nm。通常情况下，大于 15nm 的大孔用于增加沥青质向催化剂内部扩散和提供金属沉积的场所。因此，脱金属催化剂应具有较大的孔径和孔容，以提高催化剂的脱金属活性。

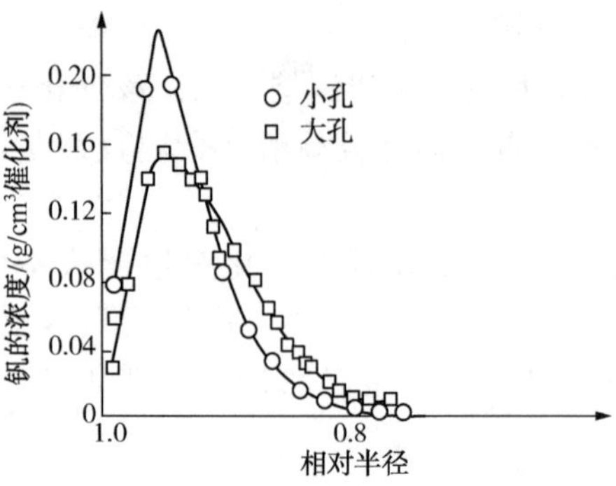

图 6-3-3 催化剂孔径与钒沉积的关系

图 6-3-3 对比了金属钒在圆柱形催化剂的大孔和小孔中的径向沉积分布。由图中可见，大孔催化剂上钒沉积的分布比小孔沉积分布要平滑，其结构是大孔催化剂的孔口堵塞要比小孔催化剂的慢，而且能够容纳更多的金属杂质沉积，所以催化剂的失活速度慢，稳定性好，装置运转周期长。

最近的研究结果也表明：催化剂的孔结构对渣油加氢脱金属活性影响很大，具有 100~300nm 大孔的催化剂脱金属活性高；具有比较集中的 10~15nm 中孔的催化剂脱硫活性高；具有较宽的孔分布(5~60nm)且平均孔径为 30nm 的催化剂脱金属活性和脱硫活性均较高。

催化剂的孔容、孔径和比表面积之间是相互联系和相互影响的，在一定范围内，增加催化剂的孔和孔径，则催化剂的比表面积会下降，因此，催化剂孔结构的选择应兼顾催化剂的孔容、孔径和比表面积。

(2) 脱硫和脱氮催化剂

渣油加氢脱硫和脱氮催化剂与渣油加氢脱金属催化剂一样，也存在扩散限制的影响。因此，脱硫和脱氮催化剂的孔结构也影响催化剂的反应性能。图 6-3-4 说明了催化剂的孔径对加氢脱硫和脱沥青质的影响。

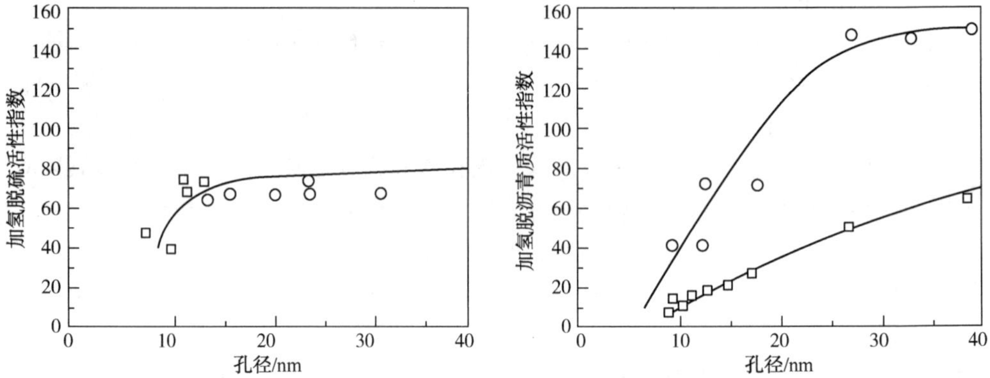

图 6-3-4 催化剂孔径对脱硫和脱沥青质的影响

□—单峰孔型催化剂；○—双峰孔型催化剂

(原料油：波斯坎常压渣油与柴油混合物；硫含量：4.4%；庚烷沥青质含量：10.8%)

采用单峰孔催化剂即可达到较高的脱硫率；双峰孔催化剂的脱硫率与单峰孔催化剂的脱硫率相当；双峰孔催化剂的脱沥青质率要比单峰孔催化剂的高得多。图 6-3-5 进一步说明催化剂的孔结构对渣油加氢脱硫和脱沥青质的影响。

从图 6-3-5 中曲线 2、4 和 6 可以看出：小孔催化剂有利于加氢脱硫，但不利于沥青质的脱除；大孔催化剂有利于沥青质的加氢脱除，但不利于加氢脱硫；双峰型催化剂同时兼顾加氢脱硫和脱沥青质，说明沥青质脱除扩散限制比加氢脱硫扩散限制严重，脱沥青质需要较大的孔径，而脱硫需要较小的孔径。从曲线 3 和 5 可看到，在双峰型和大孔催化剂上，脱沥青质的硫比脱胶质的硫要容易得多。

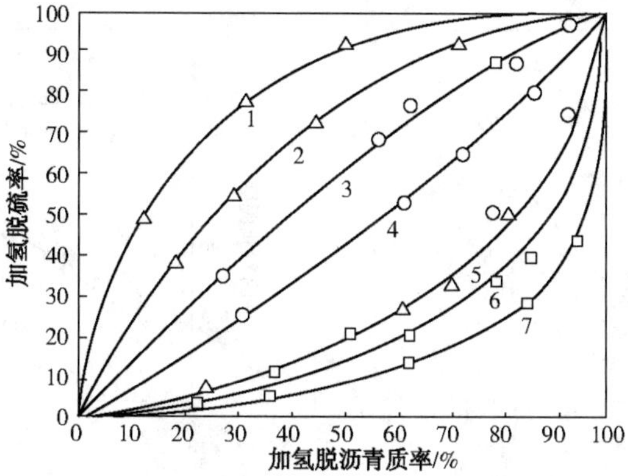

图 6-3-5　脱硫和脱沥青质与催化剂孔结构的关系

△—小孔催化剂；○—双峰催化剂；□—大孔催化剂

1、7—油分脱硫；3—沥青质脱硫；5—胶质脱硫；2、4、6—波斯坎常压渣油脱硫

野村宏次登研究了 8 种中东原油的常压渣油在 Co-Mo/Al_2O_3催化剂(性质见表 6-3-8)上的加氢脱硫反应，研究结果见图 6-3-6～图 6-3-9。

表 6-3-8　渣油加氢脱硫催化剂的物化性质

催化剂编号		C-4	C-5	C-6
化学组成	MoO_3/%	17.1	11.7	10.4
	CoO/%	4.5	3.4	2.4
物理性质	比表面积/(m^2/g)	188	276	218
	孔容/(mL/g)	0.946	0.820	0.516
	平均孔径/nm	10.3	5.9	4.7
	颗粒直径/mm	1.0～1.2	0.7～0.9	1.0～1.2
	堆积密度/(g/mL)	0.53	0.58	0.75

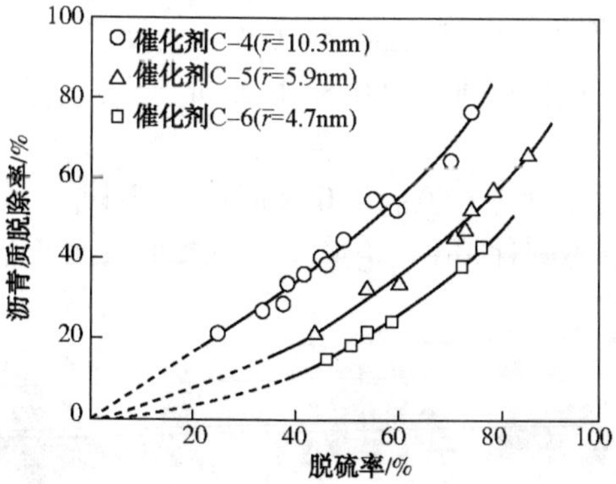

图 6-3-6　沥青质脱除率与脱硫率的关系

(反应温度：340～420℃，液时空速：0.5～2.5h^{-1})

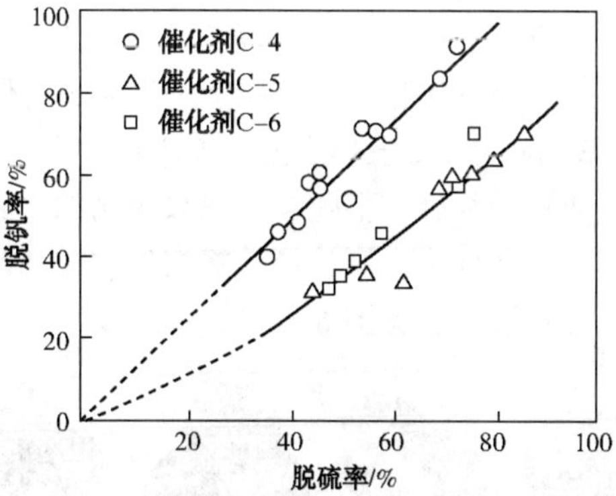

图 6-3-7　脱钒率与脱硫率的关系

(反应温度：340～420℃，液时空速：0.5～2.5h^{-1})

结果表明，催化剂的孔径对渣油加氢脱硫、脱金属和脱沥青质的影响较大，较小孔径的催化剂脱硫活性高，但脱金属和脱沥青质活性低；相反，较大孔径的催化剂脱金属和脱沥青质活性高，但脱硫活性低。

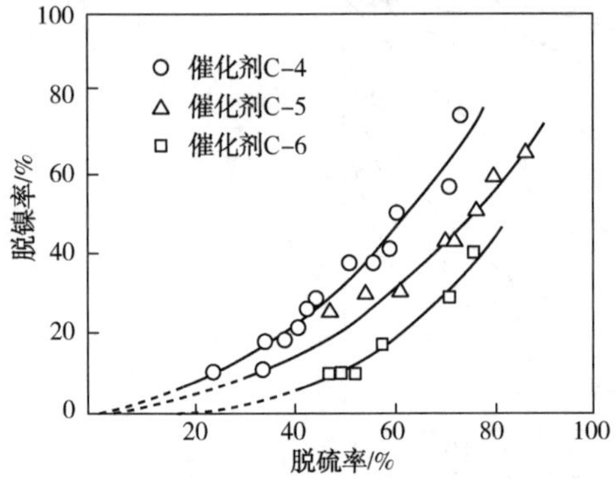

图 6-3-8　脱镍率与脱硫率的关系

（反应温度：340~420℃，液时空速：0.5~2.5h^{-1}）

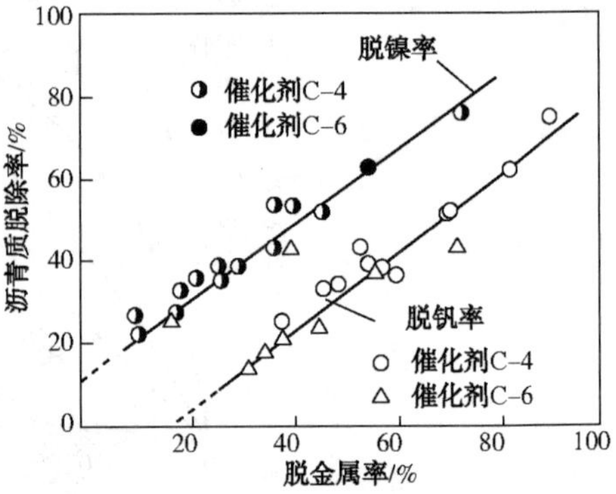

图 6-3-9　沥青质脱除率与脱金属率的关系

（反应温度：340~420℃，液时空速：0.5~2.5h^{-1}）

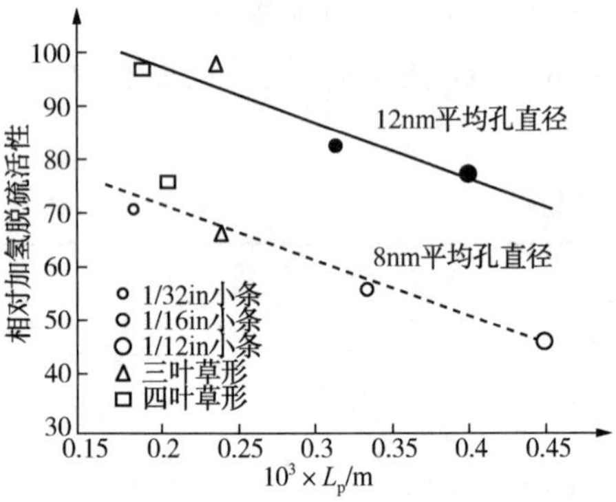

图 6-3-10　催化剂颗粒大小对渣油加氢脱硫活性的影响

（L_p：催化剂颗粒体积与外表面积之比）

2. 催化剂颗粒尺寸对催化剂活性的影响

研究表明，催化剂的加氢脱硫活性与催化剂的颗粒大小有关。如图 6-3-10 所示，加氢活性随外表面积的增加(催化剂直径变小或使用异型催化剂)而增加。

在催化剂颗粒尺寸 1~2mm 的情况下，反应速度主要取决于催化剂的孔扩散。固定床渣油加氢过程中，条形催化剂的直径最好为 1~1.6mm，若进一步降低催化剂尺寸，将增加床层压力降。

催化剂的形状和颗粒大小不仅影响催化剂的活性，而且对反应器催化剂床层的压降也有显著的影响，随催化剂颗粒的变小，扩散的限制作用减少，催化剂的活性增加，但催化剂床层的压降也急剧上升，采用拉西环形催化剂对降低系统的压降比较有利。因此，渣油固定床加氢过程使用的催化剂颗粒直径不宜过小，通常选择 1~1.6mm，沸腾床和移动床加氢过程使用的催化剂颗粒直径通常为 0.8~1.0mm。

3. 催化剂形状对催化剂活性的影响

渣油加氢处理催化剂一般采用滴球法和挤条法成型。常见的催化剂形状有圆球形、椭圆球形、带孔球形、圆柱形、蜂窝形、拉西环形(空心圆柱形)、轮形、三叶草形、四叶草形和五叶草形等，见图 6-3-11。

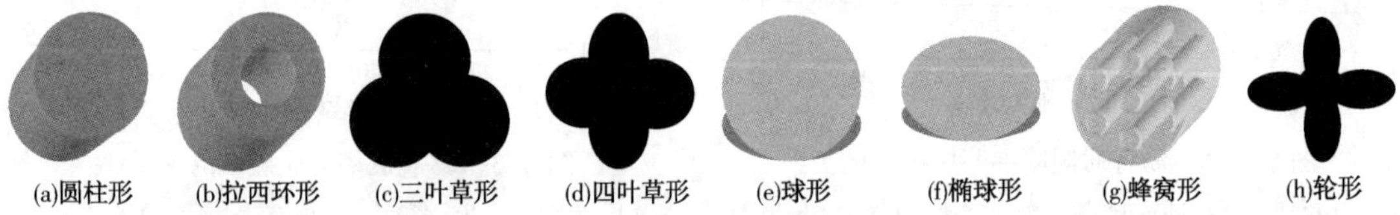

图 6-3-11　渣油加氢催化剂的形状

催化剂的形状对催化剂的利用率有重要的影响，表 6-3-9 列出了几种不同形状催化剂的利用率。当分子深入到深度为 0.3mm 时，空心圆柱形和三叶草形催化剂的利用率比具有相同半径的圆柱形催化剂的利用率高。对于加氢脱金属催化剂，大孔和小颗粒的催化剂有助于减小扩散的影响，使催化剂使用寿命延长。

表 6-3-9　不同形状和直径的催化剂的利用率

催化剂形状	直径/mm	利用率/%	催化剂形状	直径/mm	利用率/%
普通圆柱形	5	23	三叶草形	5	35
普通圆柱形	1.5	64	三叶草形	1.5	90
空心圆柱形	5	45			

（二）催化剂物化性质对催化剂寿命的影响

1. 催化剂孔结构对催化剂寿命的影响

催化剂的物化性质对催化剂的使用寿命同样有重要的影响。野村宏次登研究加氢脱硫反应后认为，在催化剂的活性稳定后，催化剂上沉积的金属量与催化剂的孔结构有重要关系（见表 6-3-10）。

表 6-3-10　加氢脱硫催化剂的性质与金属沉积量的关系

催化剂	新鲜催化剂物化性质			废催化剂		失活前催化剂上金属沉积量/%
	比表面积/(m^2/g)	孔容/(mL/g)	平均孔径/nm	钒沉积量/%	镍沉积量/%	
C-7	239	0.536	4.5	3.0	0.8	2.8
C-8	251	0.739	5.9	9.3	2.3	10.6
C-9	242	1.001	8.3	14.2	3.2	18.4
C-10	227	0.742	6.5	11.8	2.8	10.6
C-11	194	0.927	9.6	16.5	3.8	>21

注：催化剂：Co-Mo/Al_2O_3；MO_3 含量：11.0%~11.7%；CoO 含量：2.9%~3.6%；原料油：卡夫奇常压渣油。

从表 6-3-10 及图 6-3-12、图 6-3-13 中数据可以看出，孔容和孔径最小的 C-7 催化剂失活前，催化剂上沉积的金属总量最低，只有 2.8%；孔容和孔径较大的 C-11 催化剂即使催化剂上沉积的金属总量达到 21%，也能保持活性。由此可见，催化剂的孔容和孔径越大，催化剂容纳金属杂质的能力越强，使用寿命越长。

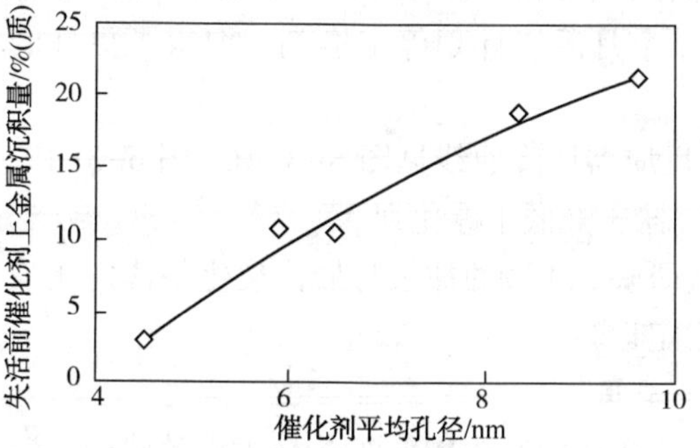

图 6-3-12　催化剂平均孔径与催化剂上沉积金属量的关系

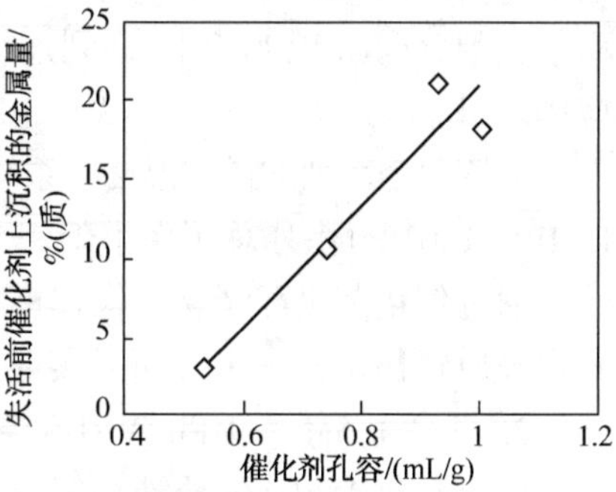

图 6-3-13　催化剂孔容与催化剂上沉积金属量的关系

2. 催化剂颗粒尺寸对催化剂寿命的影响

因为渣油加氢是受扩散控制的过程，所以使用颗粒直径较小的催化剂与颗粒直径较大的催化剂相比，加氢过程所受的扩散影响相对较小，催化剂的使用寿命相对较长(见图 6-3-14)。

3. 脱金属催化剂的加氢活性对催化剂寿命的影响

脱金属催化剂的加氢活性对催化剂的使用寿命影响较大。由图 6-3-15 可见，加氢活性低的与加氢活性高的脱金属(HDM)催化剂活性相比，加氢活性低的催化剂的脱金属活性失活速度要缓慢得多，亦即催化剂的脱金属活性稳定性较好，催化剂的使用寿命较长。

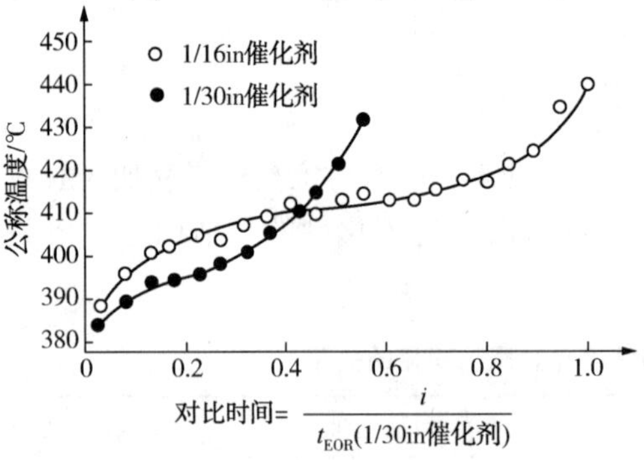

图 6-3-14　催化剂颗粒大小与催化剂失活的关系

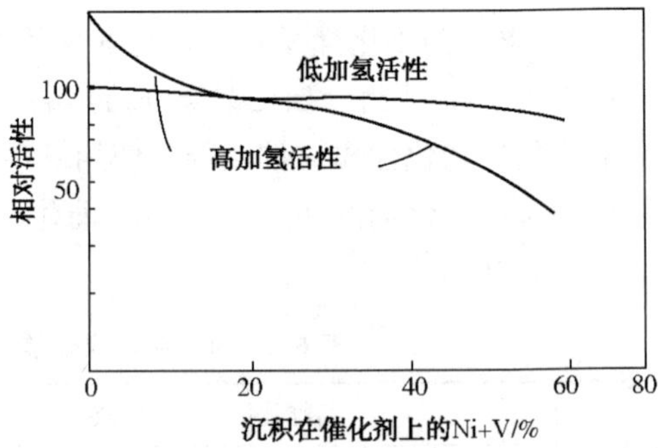

图 6-3-15　加氢活性与脱金属活性之间的关系

四、固定床渣油加氢催化剂的工业应用

(一) 新开发固定床渣油加氢处理催化剂的工业应用

DRIPP(FRIPP)新一代的固定床渣油加氢系列催化剂自 2013 年首次在茂名 2.0Mt/a 渣油加氢处理装置进行第九周期工业运转以来，先后在国内 13 套工业装置进行了近 30 次成功工业应用，催化剂总装填量累计超过 10000t。以下列出近期典型工业装置工业运转数据进行概述。

1. 中国石油 3.0Mt/a 渣油加氢工业装置工业应用

四川石化 3.0Mt/a 渣油加氢装置采用 CLG 公司 UFR/VRDS 技术设计建造，装置第三周期Ⅱ系列采用 DRIPP(FRIPP)开发的 FZC 系列渣油加氢催化剂，Ⅰ系列继续采用国外专利商催化剂。DRIPP(FRIPP)系列连续稳定运行了 29 个月后按计划停工换剂，取得了更好的应用效果。

装置两个系列的操作温度、系统总压降、各个反应器压降曲线见图 6-3-16~图 6-3-19。DRIPP(FRIPP)系列总压降小于 2.5MPa，各个反应器压降低于参比列。

通过催化剂级配调整，操作模式改变，采用抚研院 SFI 渣油加氢与催化裂化整体优化技术提高原料稳定性三个方面，实现了装置长周期稳定运转。

2. 齐鲁 1.5Mt/a UFR/VRDS 渣油加氢装置工业应用

齐鲁石化 1.5Mt/a 渣油加氢装置采用 Chevron 公司的 UFR/VRDS 工艺技术设计建造。装置第 14 周期 A 系列采用 DRIPP(FRIPP)研制的 FZC 系列渣油加氢催化剂，B 系列装填国内一家技术供应商催化剂。第 14 周期 UFR/VRDS 渣油加氢装置运转 690 天。

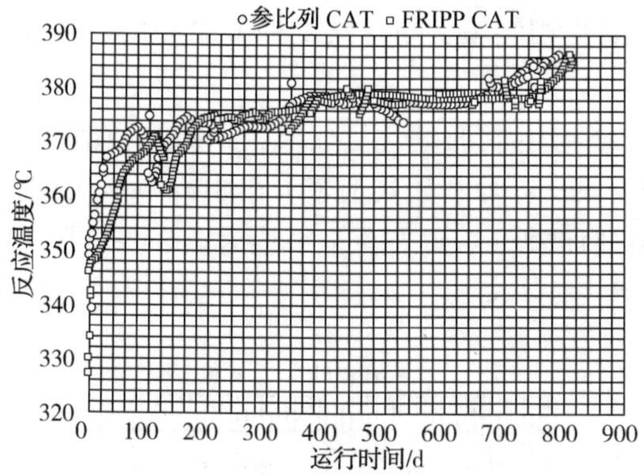

图 6-3-16　装置两系列操作温度图

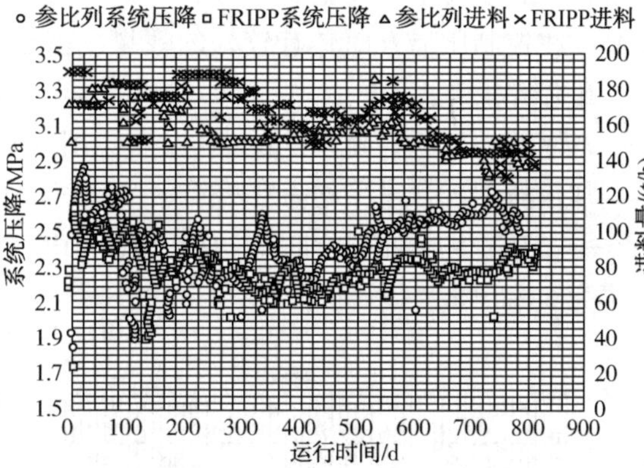

图 6-3-17　装置两系列进料及系统压降

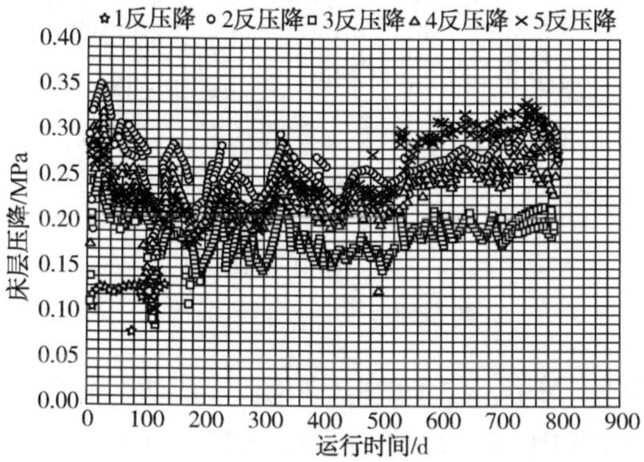

图 6-3-18　参比列各反应器压降

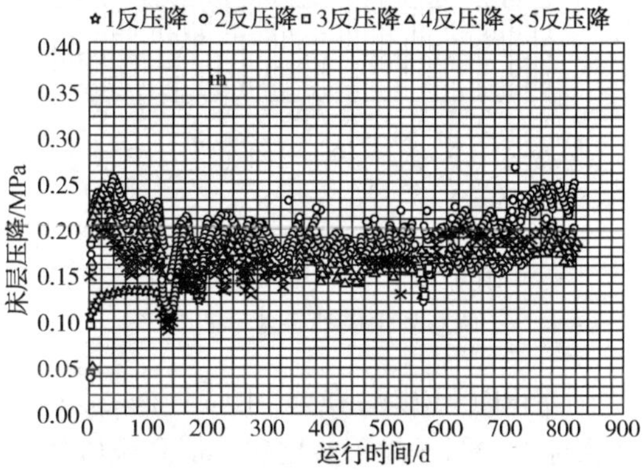

图 6-3-19　DRIPP(FRIPP)列各反应器压降

本周期装置两系列进料量、UFR 和固定床平均温度基本保持一致。图 6-3-20 和图 6-3-21 分别列出两系列装置的进料量和 CAT 分布曲线。

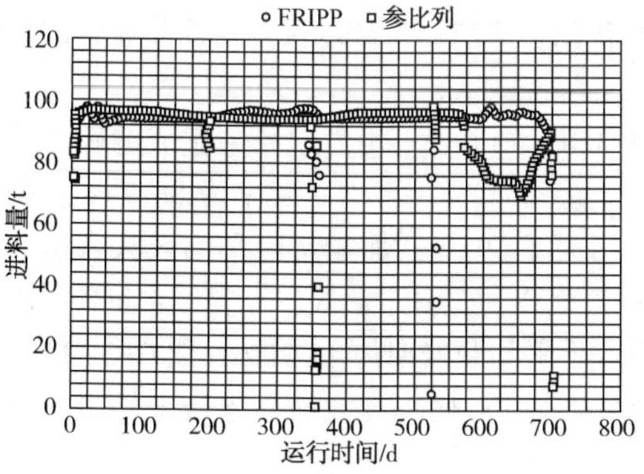

图 6-3-20　UFR/VRDS 装置
两系列进料量曲线

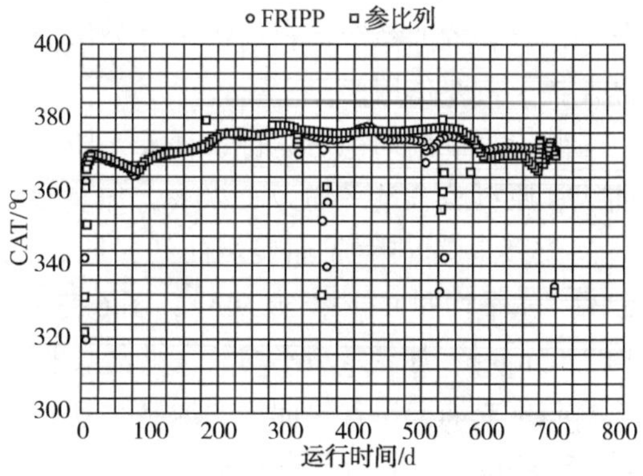

图 6-3-21　UFR/VRDS 装置
两系列总体平均温度曲线

DRIPP(FRIPP)根据齐鲁石化 UFR/VRDS 装置特点，并结合 DRIPP(FRIPP)渣油加氢催化剂的特点，有针对性地提出了新的催化剂级配方案，固定床反应器中大部分主催化剂均运用了密相装填技术。催化剂采用了颗粒外观具有高空隙率催化剂，催化剂床层空隙率大幅度提高，在控制压降方面具有较好的效果，虽然采用密相装填，与传统的四叶草布袋装填相比，压降并没有上升。

本周期加工原料硫含量在 2%左右，图 6-3-22 为生成油硫含量曲线，DRIPP(FRIPP)系列加氢渣油硫含量平均为 0.284%，脱硫率为 85.49%；原料残炭值基本在 8%~10%之间，图 6-3-23 为生成油残炭曲线，DRIPP(FRIPP)系列加氢渣油残炭含量平均为 2.83%，脱残炭率为 65.15%。

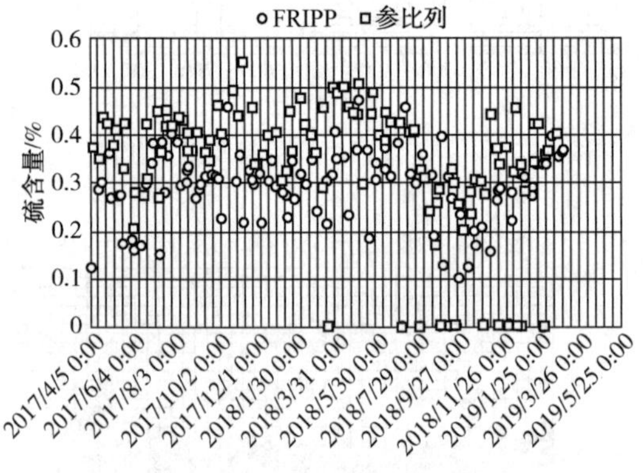

图 6-3-22　UFR/VRDS 装置两系列生成油硫含量曲线

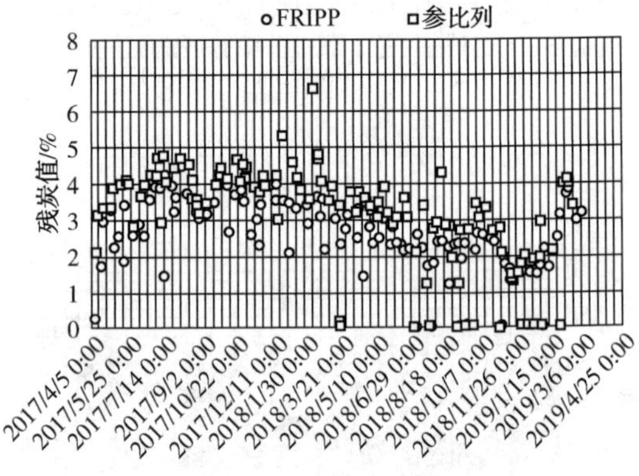

图 6-3-23　UFR/VRDS 装置两系列生成油残炭值曲线

DRIPP(FRIPP)在第 14 周期催化剂级配方案进一步优化，DRIPP(FRIPP)系列产品在各项指标上均明显优于参比列。从系统压降来看，DRIPP(FRIPP)系列系统压降控制平稳，整个运转过程中压降未出现明显的上升，为本装置长周期运转奠定基础。

3. 扬子石化 2.0Mt/a 渣油加氢处理装置工业应用

中国石化扬子分公司 2.0Mt/a 渣油加氢装置(设计为单系列)采用 S-RHT 技术设计建设。装置已经成功运行三个周期，均采用 DRIPP(FRIPP)开发的 FZC 系列渣油加氢处理催化剂。该装置的稳定运行为扬子分公司重油的平衡转化、清洁化生产以及轻质油品收率的提高发挥了重要作用。

装置第二周期稳定运行 550 天，加工量达到 3.3Mt。图 6-3-24 为原料与生成油硫含量曲线，原料硫含量平均为 3.20%，加氢常渣平均硫含量 0.42%，平均脱硫率为 88.14%；图 6-3-25 为原料与生成油残炭曲线，原料残炭值平均为 11.97%，加氢常渣平均残炭含量为 5.32%，平均脱残炭率 59.98%；图 6-3-26 为原料与生成油氮含量曲线，原料氮含量含量平均 3303μg/g，加氢常渣平均氮含量含量平均 1803μg/g，平均脱氮率为 48.72%；图 6-3-27 为原料与生成油金属含量曲线，原料金属(Ni+V)含量平均 78.96μg/g，加氢常渣平均金属含量 15.45μg/g，平均脱除率 82.32%。

工业运转结果表明，加氢常渣金属、残炭等各项技术指标完全满足设计要求，催化剂体系具有较高脱杂质活性和加氢活性，通过采用新的催化剂体系和级配理念，在实现高金属沉积量的同时，平稳控制装置各个反应器的金属沉积，实现了装置的最大金属沉积量(约 200t Ni+V)和长周期稳定运行，为企业带来明显经济效益。

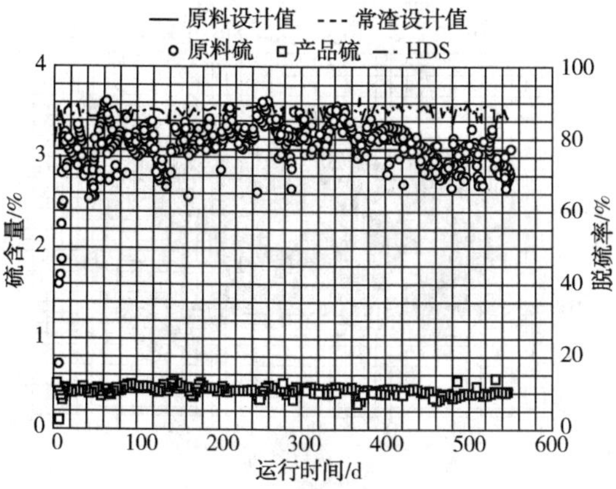

图 6-3-24　装置原料油和加氢常渣硫含量变化

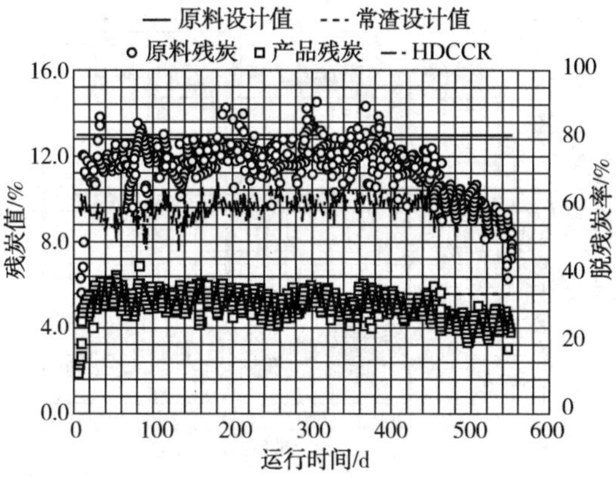

图 6-3-25　装置原料油和加氢常渣残炭值变化

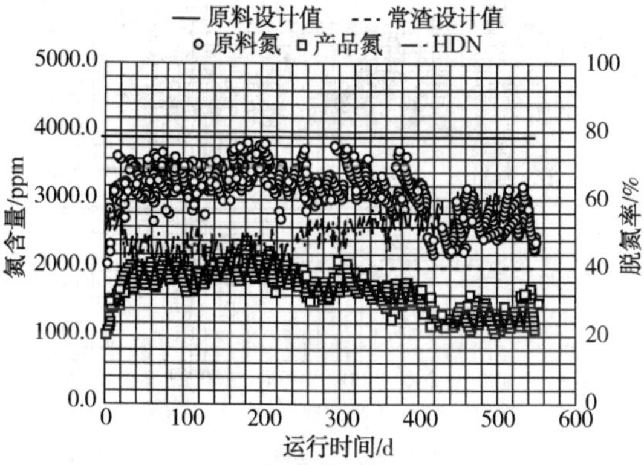

图 6-3-26　装置原料油和加氢常渣氮含量变化

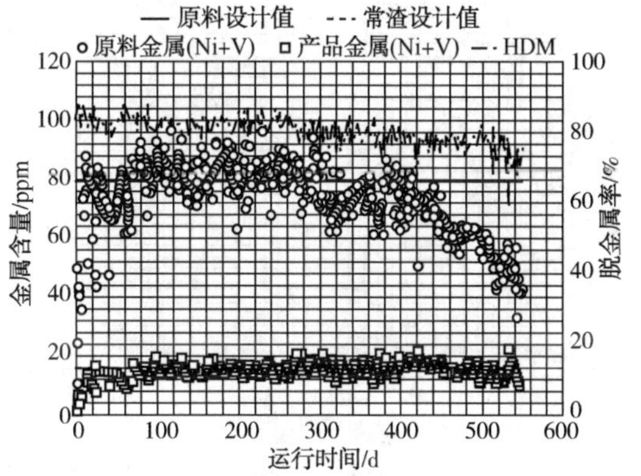

图 6-3-27　原料油和加氢常渣金属(Ni+V)含量变化

4. 金陵石化 2.0Mt/a 渣油加氢处理装置工业应用

中国石化金陵分公司Ⅱ套 2.0Mt/a 渣油加氢处理装置(设计为单系列)采用 S-RHT 技术设计建设。装置第一周期采用 DRIPP(FRIPP)开发的 FZC 系列渣油加氢处理催化剂，DRIPP(FRIPP)基于渣油原料及其反应特性，优化设计了渣油加氢催化剂及级配体系，催化剂具有较集中的孔分布，有利于提高催化剂孔道利用率。累计运行 617 天，催化剂表现出了良好的加氢性能。图 6-3-28 显示装置进料量组成曲线，图 6-3-29 所示装置四台反应器压降变化曲线，可见在装置满负荷条件下，整个各反压降稳定，运行末期最高压降仅为 300kPa，催化剂级配体系压降调控方面达到了设计预期。

如图 6-3-30~图 6-3-33 所示本周期原料平均硫含量为 3.29%，加氢常渣的硫含量为 0.42%，平均脱硫率为 87.2%。运行中后期原料残炭含量在 11%~12%之间，加氢常渣平均残炭含量为 4.09%，平均脱残炭率为 59.5%。整个运转周期内容金属(Ni+V)量约为 215.54t(其中容金属镍 58.45t、金属钒 157.09t)，容 Fe 量约为 20.17t，容 Ca 量约为 6.12t，容 Na 量约为 1.29t，合计容金属(Ni+V+Fe+Ca+Na)量约为 243.12t，创造了 2.0Mt/a 渣油加氢装置最大的容金属能力的记录。

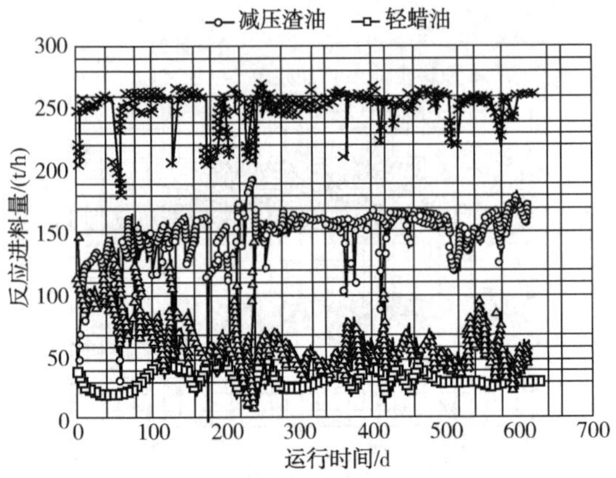

图 6-3-28　装置进料量组成曲线

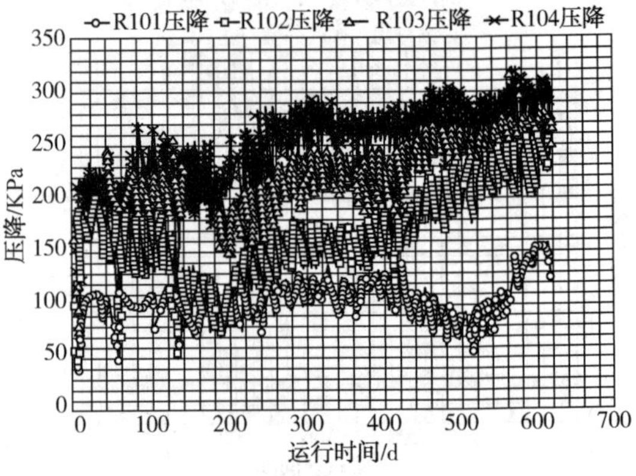

图 6-3-29　装置四台反应器压降变化曲线

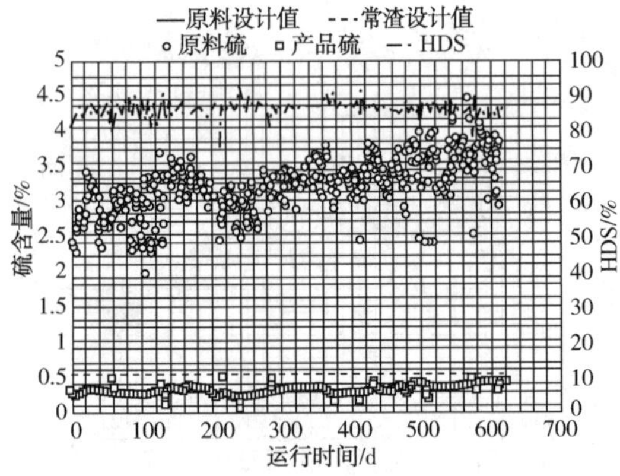

图 6-3-30　装置原料油和加氢常渣硫含量变化

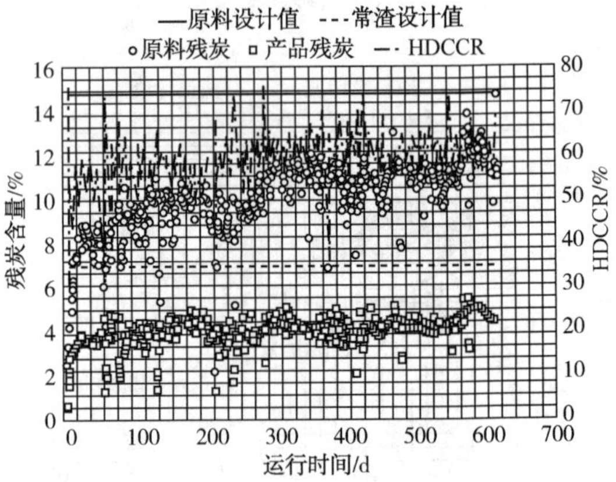

图 6-3-31　装置原料油和加氢常渣残炭值变化

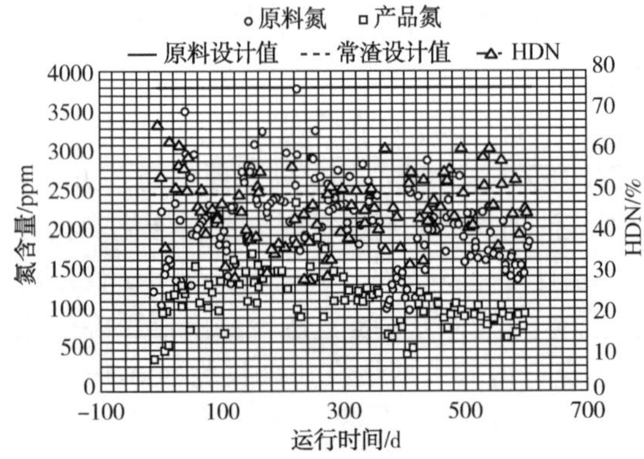

图 6-3-32　装置原料油和加氢常渣氮含量变化

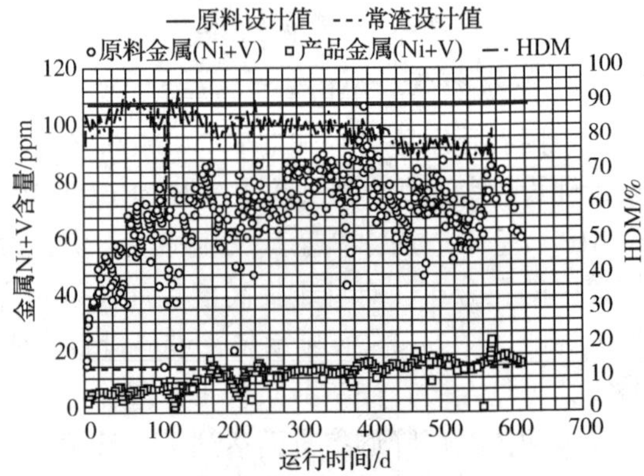

图 6-3-33　原料油和加氢常渣金属(Ni+V)含量变化

5. 结论

① DRIPP(FRIPP)开发的新型渣油加氢处理催化剂，进一步完善了催化剂级配体系，其反应性能显著提高，容垢、容金属能力强。

② 新型催化剂体系中的 S-Fitrap 体系，强化了渣油中重组分胶质、沥青质的转化，提高了体系的脱、容金属杂质的能力，有效保护了后段催化剂。

③ 后段深度转化催化剂更加专注脱硫、脱氮和脱残炭转化功能，使新型渣油加氢催化剂体系前后进一步趋于均衡，充分满足工业装置运转需求。最新催化剂体系的整体性能进一步提升，尤其在针对高氮等难加工原料的加氢处理过程中，其脱硫、脱氮和残炭转化性能表现突出。

④ FZC 系列加氢处理催化剂通过颗粒形状优化和催化剂级配技术创新性改进，使系统压降大幅降低，有利于提升催化剂体系的反应性能，延长运行周期，节能降耗。

⑤ DRIPP(FRIPP)开发的新型 FZC 系列渣油加氢处理催化剂具有生产成本低、性价比高的特点，是新一代低运行成本高效渣油加氢处理催化剂。

⑥ 工业应用数据表明，新型 FZC 系列渣油加氢处理催化剂表现出脱杂质能力好、装置压降低、装置运转稳定等特点。新型催化剂良好的综合性能能够有效提高固定床渣油加氢原料的适应性和延长固定床渣油加氢的运转寿命，最终实现渣油加氢装置与催化裂化装置运转周期的合理匹配。

（二）RIPP 工业应用情况

RIPP 开发了渣油加氢处理 RHT 技术及 RHT 系列渣油加氢催化剂，目前 RHT 系列渣油加氢催化剂已发展到第四代。RHT 系列渣油加氢催化剂已在中国石化齐鲁分公司、海南炼化、茂名分公司、长岭分公司、安庆分公司、上海石化、金陵分公司、九江分公司、石家庄炼化、荆门分公司、盘锦北方沥青燃料有限公司、利津石油化工厂、中国石油四川石化公司、中国石油广西石化公司、中化泉州石化有限公司、中海石油惠州炼油分公司、中科(广东)炼化有限公司、海国龙油石化股份有限公司以及台湾中油公司桃园炼厂和大林炼厂等 22 套渣油加氢装置上累计工业应用 90 次(见表 6-3-11)，取得了良好的工业应用业绩。工业应用结果表明，RHT 系列催化剂具有脱杂质反应活性高、容金属能力强、降低残炭值功效好、加氢反应选择性好和使用寿命长等特点。

表 6-3-11　渣油加氢处理 RHT 系列催化剂工业应用情况

应用厂家	装置规模/(10^4t/a)	应用时间	
中国石化齐鲁分公司	150(两列)	2002-10(A 列)	2005-04(A 列)
		2006-11(A 列)	2007-12(B 列)
		2009-05(B 列)	2010-07(A 列)
		2011-11(A 列)	2013-04(A 列+B 列)
		2014-06(A 列)	2015-10(A 列)
		2017-03(B 列)	2019-03(B 列)
		2020-12(B 列)	
中国石化海南炼化公司	310(两列)	2006-09(A 列)	2010-02(B 列)
		2011-04(B 列)	2012-01(A 列)
		2013-10(B 列)	2014-05(A 列)
		2015-06(A 列)	2016-05(A 列)
		2017-03(A 列)	2018-01(A 列)
		2019-05(B 列)	2021-01(B 列)

续表

应用厂家	装置规模/(10^4t/a)	应用时间	
中国石化茂名分公司	200(两列)	2007-08	2009-03
		2012-09(Ⅱ列)	2013-11(Ⅰ列)
		2018-03(Ⅰ列)	2020-08(Ⅰ列)
台湾中油公司桃园炼厂	75	2009-09	2010-09
		2013-04	2016-03
台湾中油公司大林炼厂	150	2012-10	
	200	2018-10	
中国石化长岭分公司	170	2011-09	2012-11
		2014-05	2015-05
		2017-05	2019-04
		2021-04	
中国石化上海石化公司	390(两列)	2012-11	2014-04(B列)
		2014-07(A列)	2015-10(B列)
		2016-03(A列)	2017-05(B列)
		2017-10(A列)	2018-11(B列)
		2019-05(A列)	2020-04(B列)
		2020-11(A列)	2021-05(B列)
中国石化安庆分公司	200	2013-10	2015-02
		2016-08	2018-04
		2019-12	2021-09
中国石化金陵分公司	180	2014-04	2017-01
		2019-01	
中国石化九江分公司	170	2015-09	2017-04
		2019-01	2021-05
中国石化石家庄炼化分公司	150	2015-04	2017-08
		2019-01	
中国石化荆门分公司	200	2017-05	2021-01
中化泉州石化有限公司	330(两列)	2015-03	2018-09(Ⅱ列)
		2019-01(Ⅰ列)	
盘锦北方沥青燃料有限公司	80/120	2014-08	2016-01
利津石油化工厂有限公司	260(两列)	2015-10(Ⅰ列)	2017-05(Ⅱ列)
		2019-05(Ⅱ列)	2021-05(Ⅱ列)
中国石油四川石化公司	300(两列)	2015-10	2018-05
中国石油广西石化公司	400(两列)	2019-03(Ⅰ列)	2020-03(Ⅰ列+Ⅱ列)
中海石油惠州炼油分公司	400(两列)	2019-12(Ⅰ列)	
中科(广东)炼化有限公司	440(两列)	2020-08(Ⅰ列+Ⅱ列)	
海国龙油石化股份有限公司	200(单列)	2021-04	

第四节　固定床渣油加氢催化剂级配技术

一、催化剂级配与原料性质的关系

影响固定床渣油加氢高效运行的因素很多，渣油加氢催化剂失活的原因主要是催化剂积炭和长时间金属沉积造成催化剂孔口堵塞，严重制约反应物扩散。加工不同反应特性的原料油需要相适应的催化剂和级配技术，加氢处理高铁和高钙含量渣油时保护反应器压降会快速升高；渣油的黏度较大，会影响反应器的物流分配和加氢反应效果等。

固定床渣油加氢催化组合体系的确立，要根据装置的具体情况差别化研判，特别是原料油性质。

① 渣油中 Fe 离子以悬浮颗粒物和油溶性铁存在，在催化剂的外表面反应易生成铁硫化物，与积炭结合成较大颗粒的固体物沉积在催化剂颗粒的外表面和颗粒之间，降低了床层容隙率，使床层顶部出现板结，导致床层压力降升高。原料油中的含钙化合物极易在催化剂颗粒表面发生加氢反应，生成的 CaS 沉积在催化剂外表面。CaS 和其他多属硫化物与焦炭等积垢在催化剂颗粒外表面形成一层“外壳”，这层“外壳”在催化剂使用过程中脱落下来并填充在催化剂颗粒之间的空隙内，减少催化剂床层空隙率，脱落的“外壳”与焦炭或金属硫化物相互作用粘连在一起，形成结块[1]。国内某渣油加氢装置曾出现因所加工的原料油铁、钙含量高引起保护反应器压力降增大而被迫停工的事例。

② 钠和催化剂的活性金属形成低熔点金属化合物，能使催化剂活性明显降低，稳定性变差。相关研究表明，金属钠对加氢催化剂的酸性活性中心破坏作用严重，其毒化作用是永久性的。

③ 渣油加氢处理过程是受扩散控制过程，原料油的黏度越大，渣油分子扩散至催化剂的内部速度越慢，限制了加氢反应速度，使加氢过程转化率降低。因此在进料中掺炼部分稀释油，以降低黏度，主要用 VGO，也可以掺炼少量糠醛装置抽出油(FEO)，由于 FEO 的极性芳烃含量高，对胶质沥青质的稀释效果优于 VGO，还有焦化蜡油、催化柴油等劣质二次加工油均可。

④ 原料的残炭含量高表明其易结焦物质多，对催化剂的活性和稳定性发挥不利。渣油加氢催化剂体系的寿命与催化剂积炭有关，在催化剂运转初期，催化剂快速积炭，并迅速达到平衡的水平，进入平稳期运行，催化剂积炭速度与积炭前身物加氢转化速度达到动态平衡，积炭量极其缓慢提高。处于稳态的焦炭含量，与氢分压是反比关系。装置运转初期催化剂失活主要是由结焦引起。装置运转初期催化剂活性高，高残炭值的原料易裂解缩合生焦。故在开工初期应适当减缓渣油的切油速度，减少原料中胶质、沥青质的含量，延缓催化剂积炭速率。

⑤ 镍、钒的含量与催化剂的使用寿命关系最为密切，其含量的增加使催化剂寿命迅速缩短。重油加氢过程中，原料油中的杂原子 V、Ni、Fe 等金属化合物和大分子沥青质很容易导致催化剂结焦、金属沉积，使催化剂运转周期缩短，乃至最终失活。不同性质、来源的渣油，由于组成的差异，对催化剂体系活性下降的速率是不同的。经过加氢裂化过程，导致金属在催化剂颗粒内的沉积，不同金属沉积规律差异较大，多数情况下，钒在催化剂孔口处

沉积，铁在催化剂孔内深度仅达到100~200μm，镍在颗粒内部分布较均匀。金属以 V_3S_4 或 NiS_2 硫化物的形式存在，对加氢脱金属活性没有毒化作用，这是因为沉积物本身具有脱金属催化活性，这种现象称为自催化作用。研究结果表明[2]，金属沉积物、积炭在催化剂孔口处不断累积，减小了孔口直径，反应物分子进入催化剂内部的扩散阻力增大，降低了催化剂有效扩散因子，催化剂脱杂质活性衰减。催化剂孔口堵塞，可使催化剂最终完全失去反应活性。渣油深度加氢脱杂质活性的关键因素是大分子沥青质的转化程度，分子量大，受扩散限制，引发催化剂体系失活。

催化剂体系的寿命与原料油中金属含量密切相关，其关系式为：

$$\log L = a/C_m + b \qquad (6-4-1)$$

式中 L——催化剂体系的寿命，L 油量/单位重量催化剂；

C_m——原料油的金属含量；

a、b——常数。

二、催化剂级配的原则

提高渣油加氢催化剂抗结焦和容垢能力，延缓前置反应器热点和压降的产生。维持保护剂的适宜活性，避免活性过高，金属脱除量过大，加快其失活速率。在提高床层空隙率、减少催化剂的装填量时，必须保证催化剂具有更高的活性和稳定性。适当提高脱金属催化剂的活性和容垢能力，使金属尽可能渐次脱除，减轻金属对脱硫、脱氮催化剂的毒害。渣油含胶质、沥青质较多，结焦倾向大，且脱硫、脱氮催化剂要求有一定的加氢裂解性能，因此脱硫、脱氮催化剂积炭不可避免。积炭是脱硫脱氮催化剂失活的主要原因，提高催化剂的抗积炭能力是保证装置脱硫、脱残炭活性的重要手段[3]。

在渣油加氢过程中需要脱硫催化剂(HDS)、脱氮催化剂(HDN)、脱金属催化剂(HDM)三种功能催化剂同时装填，同时还要有加氢保护剂(HG)，保证脱杂质的同时延缓床层压力降上升速度，延长运行周期。催化剂级配装填包括催化剂活性级配、催化剂形状和尺寸级配[4]。为了保证装置达到较长的运转周期，催化剂级配装填的原则为：

① 催化剂级配顺序：保护剂/HDM/HDS/HDN 催化剂；

② 催化剂颗粒尺寸：在反应器内由上到下逐渐减小；

③ 催化剂颗粒空隙：在反应器内由上到下逐渐减小；

④ 催化剂孔径：在反应器内由上到下逐渐减小；

⑤ 催化剂活性：在反应器内由上到下逐渐增加。

另外，各类催化剂可以是一种或两种以上不同功能的催化剂，也遵循上述级配原则进行装填。

三、催化剂级配与运转周期的关系

催化剂级配装填的主要功能是提高床层空隙率，捕捉原料中的各种垢物，避免垢物堆积，使垢物向床层深处分布。同时通过活性匹配，脱除原料中的金属杂质和减缓生焦速度，减少二者对主催化剂的污染，保护主催化剂活性和避免床层空隙的堵塞，延长催化剂寿命和装置运转周期。

国内外工业经验表明，催化剂外形与床层空隙率有密切的关系[2]，如表6-4-1所示。

表 6-4-1　催化剂外形与床层空隙率的关系

催化剂外形	常规装填空隙率/%	密相装填空隙率/%	常规装填可利用的空隙率/%
球形	33	—	33-22①=11
圆柱形	42	33	42-22①=20
三叶草或四叶草形	45	37	45-22①=23
拉西环形	53	—	53-22①=31

① 表中数字 22 是床层空隙率为平均 22%时，床层压降开始迅速上升。

催化剂级配直接影响各个反应器的反应负荷、床层温度，影响物流分布和床层压降，以及催化剂体系的失活速率，从而决定了装置的运转周期。实际的运转周期还受到操作模式、原料性质波动、催化剂装填等因素的影响。

合理的催化剂级配可以降低反应器压降，减少热点、径向温差的发生，最大程度上保护主催化剂活性，延长运转周期。

1. 催化剂级配直接影响催化剂体系容垢能力

渣油中包含的固体颗粒(包括焦炭颗粒及其他无机物颗粒)最先接触催化剂，堵塞催化剂表面及颗粒间的空隙。渣油中的盐分(包括钠、镁、钾、钙的氯化物)接触催化剂后，也会堵塞催化剂表面及颗粒间的空隙[5]。渣油中的金属(钒、镍、铁等)脱除后，形成金属硫化物，会部分沉积在催化剂表面及颗粒间隙。如表 6-4-2 所示为在某渣油加氢装置前置反应器中不同位置的垢样分析结果[6]。表 6-4-3 为另一装置上结垢催化剂的组成[7]。可以看出，结垢催化剂中沉积了大量的炭、钒、镍、铁、钙、硫等杂质。

表 6-4-2　前置反应器内垢样分析

距催化剂表面的距离/μm	元素分析/%					
	C	S	Fe	Ca	Ni	V
0	22.9	21.9	39.7	6.1	4.5	0.3
60	26.1	18.1	32.1	11.3	5.6	0.4
1200	32.5	17.3	34.4	5.7	5.1	0.6

表 6-4-3　结垢催化剂组成分析

元素分析/%	C	V	Fe	Ni
颗粒	13.06	46.56	39.70	10.43
粉末	39.07	20.28	32.10	10.87

在整个运行周期，如果生成油的性质满足下游装置要求，则在反应温度达到上限时，催化剂体系所容金属量接近“理论极限”。相应的，在相同空间体积下，催化剂体系对于金属、机械杂质等垢物的脱除和容纳能力，决定了该装置的运转周期。

研究表明，没有颗粒尺寸梯度的催化剂床层容易堵塞，而有颗粒尺寸梯度的催化剂床层具有很大的沉积空间。宫内爱光等[8]设计了 3 项实验(催化剂级配见图 6-4-1)，用含有细微颗粒的水流通过催化剂床层，并测量床层压力降。试验 1 是采用不同尺寸的催化剂级配装填的床层；试验 2 是在级配装填的基础上，催化剂上部装填型号为 KG-1 的保护剂床层；试验3是只有一种催化剂而没有任何尺寸梯度装填的床层。结果表明，试验2的相对压降最小，相对处理量最大；其次是试验1；试验3的压降最大。这个结果清楚地说明采用了级配的催化剂床层可大幅度降低床层压力降。而应用合适的保护剂(试验2)则可进一步改善床层压力降。试验2的结果并不是因为催化剂之间有很大的空隙，而是因为KG-1保护剂能够吸附进料中存在的尺寸在200μm以下、肉眼可见的细微颗粒，这说明不仅催化剂的空隙对颗粒的沉积起作用，而且催化剂自身的孔体积对颗粒的沉积也同样重要。

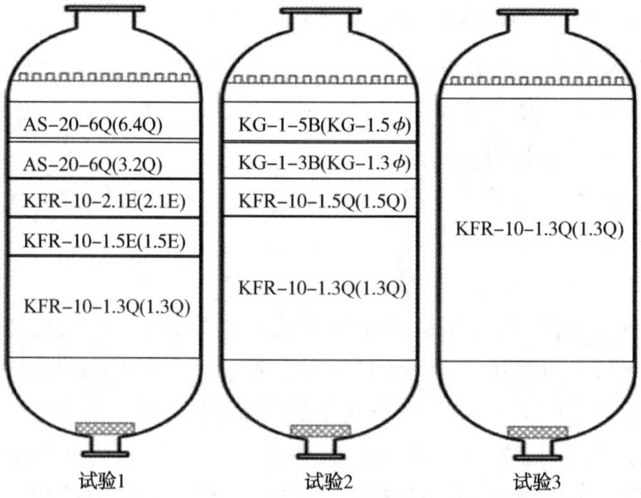

图 6-4-1　级配装填与床层压力降的关系试验[9]

不同形状催化剂的容金属能力也不同；相同形状催化剂，随颗粒增大，容金属能力增强。其中球形容金属能力最小，圆柱形次之，拉西环容金属能力最大[10]。

但是无限制地提高催化剂体系容垢能力是不合适的。适宜的容垢能力还应该匹配合适的催化剂活性，以满足固定床渣油加氢产品的性质指标要求。

2. 催化剂级配直接影响物流分布和床层压力降

催化剂的形状、大小直接影响床层内流体径向分布和床层压力降，其本质上是床层空隙率分布和均匀性的影响[11]。垢物、沉积金属、积炭堵塞床层，都会导致床层空隙率下降，而出现床层板结、压力降快速上升的问题。

对于固定床渣油加氢装置上，沿着物流方向，一般催化剂级配装填颗粒从大到小，其目的就是利用床层空隙率梯度配置的方式，一方面改善床层流体分布，另一方面扩大床层容垢能力，延缓压力降增加。

研究表明，经过有颗粒尺寸梯度的催化剂级配装填，可以有效地降低床层压降[8]。

另外，催化剂的装填方式也会影响压降。一般来说，采用密相装填方式比常规装填方式的床层压降高。但是随着运转时间的延长，两种状态方式的压降差别也将减小。而密相装填在催化剂装填量上的优势明显，对催化剂活性发挥更有利。因此合理设计密相装填催化剂的位置和比例，可以提高装置的处理量或有利于产品性质稳定。一般沿着物流方向的后部催化剂可以设计部分密相装填。

床层流体分布的均匀性直接影响反应器内径向温度分布和“热点”的形成，对长周期运行意义重大。同时，随着渣油加氢技术的发展，装置大型化已成为炼油行业的发展趋势，但是装置大型化同样带来了反应器内物流分布不均匀的问题。在某低流速区内，反应物与催化剂接触时间长，使得转化率增高，反应放出热量多，但携热能力弱，形成热量积累而出现高温区，并向周围扩散，最终形成“热点”，这将损害催化剂活性、产品质量、形成床层的热不稳定性。相反，在高流速区，空速偏大，反应接触时间缩短，造成转化率偏低，此时放热量小而物流携带能力强，形成低温区，进一步加剧了局部转化率降低的情况发生，这将损害产品质量。

一般而言，初始液相分布差的部位更容易出现“热点”。对于改善物流分配，不仅可以改进相关设备，还可以通过催化剂粒度梯度(级配)装填来解决。

3. 催化剂级配直接影响催化剂失活

催化剂级配直接影响催化剂失活的速度。雪佛龙公司的研究表明，采用分级装填的催化剂系统，催化剂寿命可比普通催化剂提高75%[12]。

根据对废催化剂的剖析[11,12]，运转后的催化剂孔结构发生了明显的改变，孔径和孔容都有不同程度的减小。保护剂、脱金属催化剂上金属沉积量较高，而对于低硫渣油来讲，全系列催化剂上的积炭量都很高；对于高硫渣油来讲，保护剂、脱硫催化剂和脱残炭催化剂上的积炭量较高。废催化剂的剖析结果见表6-4-4、表6-4-5。以上结果说明，导致脱金属催化剂失活的原因主要是金属沉积；导致脱硫、脱残炭催化剂失活的原因主要是积炭；而保护剂失活的原因可能是金属和炭共同沉积导致的。这也证明了保护剂和脱金属催化剂起到了很好的保护作用，有效地防止了高活性的脱硫、脱残炭等催化剂金属中毒。

表 6-4-4 催化剂上的金属沉积量[11]

催化剂	FZC-11	FZC-16	FZC-13	FZC-20	FZC-31
新鲜催化剂平均金属含量/[g/(100mL)]	0.98	0.59	0.78	1.3	11.25
运转后催化剂金属含量/[g/(100mL)]	16.84	32.86	28.50	28.85	23.13
运转后催化剂金属含量/[g/(100g)]	38.66	43.03	67.61	50.09	23.98
运转后催化剂上的S/[g/(100mL)]	10.77	22.49	17.87	16.12	10.95
运转后催化剂上的(Ni+V)/[g/(100g)]	33.10	28.93	42.61	47.16	10.72

表 6-4-5 加工两种类型原料的废催化剂的分析[12] g/100g

催化剂	低硫渣油		高硫渣油	
	(Ni+V)沉积量	积炭量	(Ni+V)沉积量	积炭量
保护剂	18.0	37.7	19.6	11.9
脱金属剂	36.7	19.9	76.2	5.4
脱金属脱硫剂	18.6	21.8	27.0	6.3
脱硫剂	5.6	18.0	8.6	8.9
脱残炭剂	4.1	21.4	6.7	7.8

有研究表明，在催化剂上金属沉积物达到65%(对新鲜催化剂)时，催化剂往往失去活性。但这种限制受到催化剂物理性质的影响，其倾向是：催化剂孔径越大，导致催化剂失活的金属沉积量越大，但是大孔容、大孔径的结构必然带来催化剂活性的下降。

另外也要关注反应器之间脱杂质能力的分配，防止局部出现“热点”和压降导致催化剂快速失活，整体反应性能下降甚至停工。在对茂名石化固定床渣油加氢第二周期催化剂的失活原因进行分析时发现[13]：第二周期时一反催化剂活性相对较高，金属杂质在该反应器内过分脱除，导致一反催化剂的快速失活和热点过早地形成，说明催化剂体系的活性匹配不合理。故在第三周期对保护剂的活性金属组分含量进行了调整，以使该反应器温升介于第一和第二周期之间，将反应负荷移至后部反应器。

综上，根据设计周期，在控制原料中各主要有害物质含量的基础上，催化剂级配设计，应关注催化剂之间的活性和粒度梯度分配、反应器之间杂质脱除能力的分配，具体体现在不同种类催化剂的合理设计和比例的选择上。这是催化剂性能均衡发挥，最大限度提高催化剂利用率的关键。

国内某 2. 0Mt/a 固定床渣油加氢装置第 N 周期实现了 609 天的长周期运转。分别较前两个周期延长 159 天和 59 天，并超设计周期运行 109 天。该周期共加工原料油 3. 726Mt，其中大于 538℃减压渣油加工量为 1. 958Mt，平均掺炼比例为 52. 55%[14]。

基于前两个周期的运转经验，第 N 周期采用了具有新技术的催化剂体系。通过强化保护催化剂体系的容垢能力，可以减少保护剂用量。节省的反应器空间可多装填更高活性的催化剂。第 N 周期与第 N-1 周期级配方案对比见表 6-4-6[14]。可见，通过合理的级配以及催化剂技术革新，大幅度地延长了固定床渣油加氢装置的运转周期。

表 6-4-6　某装置两个周期的催化剂级配方案对比

催化剂	第 N-1 周期	第 N 周期	催化剂	第 N-1 周期	第 N 周期
保护剂	基准	基准-4. 3	脱硫剂	基准	基准-11. 1
脱金属剂	基准	基准+1. 2	脱残炭剂	基准	基准+14. 2

采用催化剂级配装填技术，能够充分发挥催化剂活性、提高装置容纳杂质的能力，降低压降，解决热点、径向温差问题，延长运转周期。

四、渣油加氢催化剂级配与装置操作

渣油加氢催化剂级配方案一般是根据炼油厂提供的原料性质、产品性质要求以及装置设计参数来确定的，虽然催化剂级配方案对不同操作条件具有一定的适应性，但确定的催化剂级配方案必然对应有最优化的操作条件，不同的催化剂级配方案对操作条件要求也有所不同。而固定床渣油加氢装置操作过程中反应温度具有“不可逆”的特点，如果装置操作波动较大，很可能缩短催化剂使用寿命，因此在装置运转过程中首先应该保证装置操作条件平稳[14]。

1. 催化剂级配与空速

当空速过低时，由于分配盘需要在一定负荷下才能保证气液分配均匀性良好，反应器床层有可能会出现床层沟流。其次是空速小，原料油容易发生深度转化，导致催化剂局部过热，反应床层温度分布不均，出现热点，催化剂整体活性利用不充分，部分催化剂失活加剧，局部结焦严重。而空速过高时，原料油处理量大，金属沉积量增加，必然会造成快速提温、产品指标不合格、催化剂失活加速等后果。因此保持适当的空速是十分重要的，当装置处理量过低无法满足设计的最低处理量时，可以改部分产品油循环，提高进入反应器内流量，提高物流流速，保证原料在反应器内均匀分布。

海南炼化渣油加氢装置由于高空速和一反高径比大的特点，在前几个运行周期一直存在杂质脱除率低、一反下部易出现压降以及热点等问题，运转周期也通常只有 12 个月左右，更换国内外各专利商催化剂体系后，仍没有取得较大改善。为了彻底克服以上缺点，海南炼化在 2017 年大检修时给两个反应系列都增设了一个第三反应器，增设的三反直径为 5.2m，切线高度为 16m。改造后，装置的加工量从 3.1Mt/a 增加到 3.44Mt/a，总体积空速从 0.40~0.45h^{-1}降低到 0.25h^{-1}[15]。

装置改造后，由于总空速降低，海南炼化渣油加氢装置反应器可以在相对较低的温度下操作，同时还可以大幅提高保护催化剂的装填比例，通过增大床层空隙率来延缓反应器的压降上升。图 6-4-2 列出了装置改造前(Run-9)和改造后(Run-12)一反和二反压降的变化情况。从图 6-4-2 可以看出，与装置改造前相比，装置改造后一反和二反压降上升的拐点从开工后第 7~9 个月延后至开工后第 12 个月左右，压降上升的速率也有所降低，运转周期也从 12 个月左右延长到 17 个月左右，增设三反的改造达到了延长装置运转周期的目的。

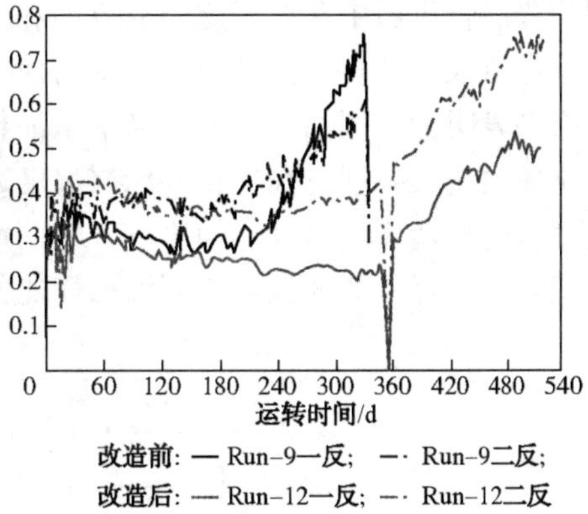

图 6-4-2　装置改造前后压降对比

表 6-4-7 为装置改造前后各周期的反应效果对比。从表中可以看出，装置改造后，通过降低空速和催化剂级配的优化，整个运转周期(Run-12)下的平均脱硫率、降残炭率、脱金属(Ni+V)率和脱氮率分别比装置改造前多个周期(Run-6 至 Run-11)的相应平均值增加了 2.9、5.1、9.6、11.6 个百分点，达到了提高装置杂质脱除率的目的。

表 6-4-7　装置改造前后杂质脱除率对比

项　　目	脱硫率/%	降残炭率/%	脱金属(Ni+V)率/%	脱氮率/%
Run-6，A 列	77.4	39.3	59.2	35.3
Run-7，B 列	74.4	38.8	54.3	27.3
Run-8，A 列	75.9	39.6	52.7	32.3
Run-9，A 列	78.2	42.1	57.7	31.3
Run-10，A 列	77.4	40.2	59.9	28.1
Run-11，A 列	76.3	42.0	58.8	27.0
Run-12，A 列	79.5	45.4	66.7	41.8

此外，生产实践证明，当装置生产负荷降低后再恢复时，催化剂床层径向温差和压降均有不同程度提高，且很难恢复至降低负荷之前的状态。因此，无论哪种催化剂级配方案，生产装置在整个运行周期都应保持负荷稳定，避免生产负荷大幅波动[16]。

2. 催化剂级配与原料性质

催化剂级配设计与原料性质关系密切，因此在装置运行过程中应保证进料原油性质稳定。我国炼油厂加工原油的种类大多是不固定的，频繁变化的原油或原油混合比例导致渣油加氢生产原料与设计原料性质差别大，必然引起设计级配的催化剂在非理想运行条件下生产[17]。

渣油加氢催化剂对原料的适应性是有限的，劣质原料中不但杂质含量高，而且存在的分子形态也不一样，劣质原料因黏度大、分子大，在催化剂孔隙中扩散效果差，阻碍了催化剂化学功能的发挥，难以实现杂质脱除目标[18]。

如图 6-4-3、图 6-4-4 所示，某固定床渣油加氢工业装置 A/B 两列的原料残炭都比设计原料残炭高，但都没有超过设计值(11.5%)，但是产品残炭已经上升到 7.0%左右，从而导致下游重油催化裂化装置(RFCC)生焦量大。造成以上现象的主要原因是由于渣油加氢处理装置混合进料中含有高比例的亚洲和非洲油(30%~60%，设计值为 26%)，由于原油特性导致进料残炭的转化活性降低，从而使得残炭脱除率未达到预期的目标。中试结果和工业实际结果表明，亚洲油和非洲油与中东油相比，其原油中的残炭、氮和金属更难脱除与转化。为避免通过大幅度提高催化剂床层温度来实现目标产品的残炭脱除率，使得催化剂床层温度过高超过预期床层温度平均值(CAT)而影响生产装置长周期运行，必须降低原料中难以转化的残炭量，降低亚洲油与非洲油掺炼比例[19]。

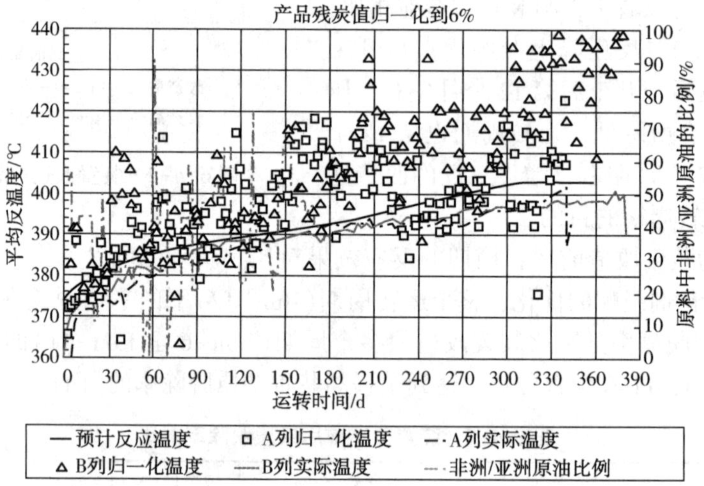

图 6-4-3　掺炼亚洲/非洲油工业装置的 CAT 温度以及归一化脱残炭温度

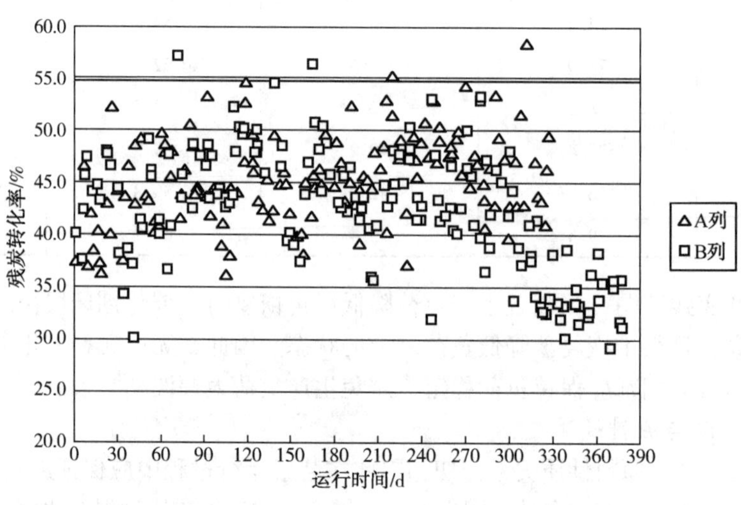

图 6-4-4　掺炼亚洲/非洲油工业装置的残炭转化率

固定床渣油加氢装置设计原料多为常压渣油或减压渣油与减压蜡油的混合油，实际加工原料可能含焦化蜡油、脱沥青油、催化裂化油浆等。原料组成的变化会改变每个反应器催化剂的效能和负荷，因此首先需要控制好原料油性质，避免原料油金属、残炭值等大幅度波动的情况[20]。其次，应避免原料油掺渣比例大幅调整，适当降低混合原料油中减压渣油的掺炼比例，这样不仅有利于装置长周期运转，还可进一步提高加氢催化剂的有效利用效率，充分发挥催化剂的加氢性能。如果有原料变化时，利用预测模型及时调整各反应器温度，尽可能使各反应器催化剂同步失活[21]。

3. 催化剂级配与氢分压(氢油比)

稳定装置新氢压力，保证装置用氢量，维持装置一反入口氢分压及氢油比在较高的水平，氢油比应保持在较高水平上，以保证反应热的正常带出以及原料油与氢气充分接触。较高的氢分压一方面能将催化剂上吸附的焦炭氢解，从而抑制催化剂结焦而延长催化剂寿命，利于装置长周期运转；另一方面还有利于渣油原料中杂质的脱除。

如图6-4-5所示，氢分压对氮与残炭的脱除反应影响较大，对硫和金属的脱除反应影响不明显，而且反应时并不是氢分压越大越好，当氢分压增大到一定程度时，各杂质的总脱除率都会有所降低，尤其是氮与残炭。这可能是因为氢分压增大会增加大量的活化氢原子，而过量的活化氢原子与大分子自由基的结合在一定程度上会抑制大分子的裂化反应，从而影响残炭和其他杂质的脱除率[22]。

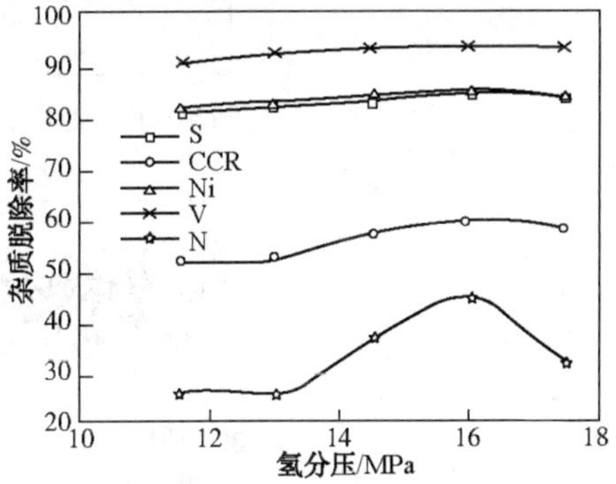

图6-4-5　氢分压对固定床渣油加氢杂质脱除率的影响

4. 催化剂级配与反应温度

根据固定床渣油加氢装置级配装填的催化剂性质以及各反应器的催化剂级配方案，在装置运转过程中，对装置各反应器的反应温度(BAT)要进行合理优化调整。其次，随着催化剂失活，需逐步提高催化剂床层反应温度，然而当反应温度提升到一定程度时，催化剂会快速积炭失活，因此在一个生产周期内，应按运行周期合理分配反应温度的提温速度[23]。

如图6-4-6、图6-4-7所示，某工业装置在运行280天后快速提温，导致催化剂结焦加剧，装置压降和径向温差增大，加快了催化剂活性损失，但脱硫转化率并未因催化剂床层CAT的增加而提高，因此在装置操作过程中应尽量缓慢地增加催化剂床层温度[24]。

各反应器的反应温度(BAT)优化调整的目标是使催化剂的均衡失活，均衡失活是指根据脱金属剂、保护剂、脱硫及脱氮催化剂的容垢能力，在装置不同的运转时间下调整操作温度分布，使上述催化剂的杂质脱除负荷适当，力求使其同时失活。为保证催化剂的均衡失活，应根据各种催化剂的使用特性、原料和产品的性质及时调整各床层催化剂的操作温度。在装置日常操作中，应以产品性质指标和催化剂的失活曲线为操作依据进行反应温度的优化操作，延长装置的运转周期，最大程度提高渣油加氢装置的经济效益。由于进料的冷热料比例、温度的不同，可能会出现反应器入口温度较设计值低的情况，这一情况也必须引起重视，及时调整，否则若前一床层的催化剂因反应温度较低不能发挥应有作用，可能造成后续床层脱硫、脱残炭催化剂失活，对装置的长周期运行产生较大影响[25]。表6-4-8为实验测定的某级配体系均衡失活金属沉积速率，表6-4-9为BAT温度分布对Ni、V沉积速率的影响。

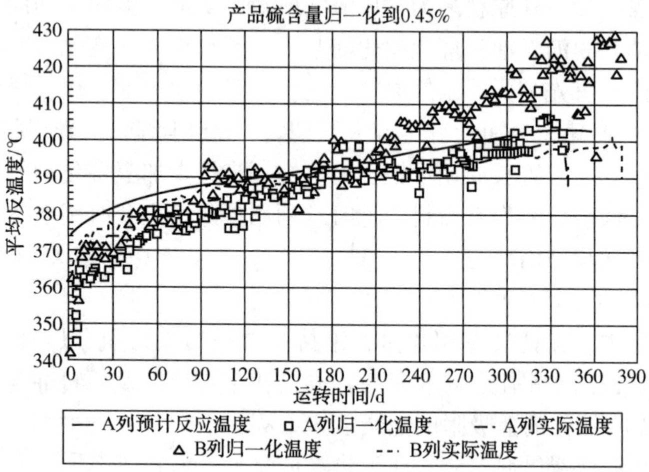

图 6-4-6　某工业装置 CAT 温度以及归一化脱残硫温度

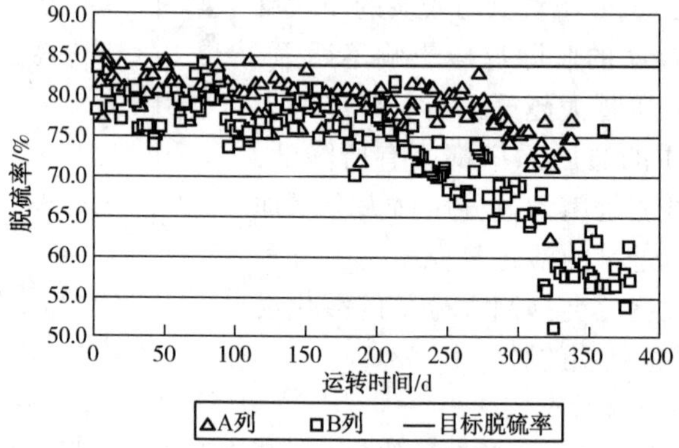

图 6-4-7　某工业装置硫转化率

表 6-4-8　均衡失活寿命实验金属沉积速率

项　目	催化剂		
	HDM	HDS	HDN
(Ni+V)沉积速率/[10^{-2}g/(100g · h)]	0.650	0.083	0.055

表 6-4-9　BAT 温度分布对 Ni、V 沉积速率的影响

项　目	方案 A			方案 B			方案 C			方案 D		
CAT	基准			基准			基准			基准		
催化剂类型	HDM	HDS	HDN	HDM	HDS	HDN	HDM	HDS	HDN	HDM	HDS	HDN
BAT 与 CAT 温差/℃	−2	+1	+2	−4	+2	+4	−6	+3	+6	−8	+4	+8
(Ni+V)沉积速率/[10^{-2}g/(100g · h)]	0.693	0.067	0.058	0.687	0.071	0.060	0.674	0.075	0.063	0.633	0.118	0.073

由表 6-4-8、表 6-4-9 可知，当脱金属(包括保护剂)催化剂床层反应温度逐渐降低时，脱金属催化剂的重金属脱除负荷逐渐低于均衡失活沉积负荷，而脱硫、脱氮催化剂的重金属(Ni+V)脱除负荷却逐渐高于均衡失活沉积负荷，以至于脱除的金属很快堵塞了脱硫与脱氮催化剂的孔道或覆盖其活性中心，使催化剂活性降低，加快了装置的结焦速率，最终造成渣

油加氢处理装置运转周期缩短[10]。同时加氢脱金属催化剂的操作温度有一低限值，脱金属催化剂应在低限值以上操作，才能有效防止下游催化剂的金属沉积负荷加大，延长装置运转周期。这个低限值由其加氢活性和其下游催化剂的活性和容垢能力决定。在脱金属催化剂满负荷操作时，脱金属与脱硫催化剂的反应温差不应太小，否则较低的脱硫催化剂反应温度会使金属脱除负荷后移至容垢能力更小的脱氮催化剂[14]。因此在工业渣油固定床加氢装置运转过程中，虽然不同温度的操作方案使加氢常压渣油的宏观性质差别不大，但非优化的催化剂床层反应温度操作方案会产生金属(Ni+V)在不同催化剂床层沉积负荷的不均，对渣油加氢装置的长周期运转不利。因此，工业装置在运转过程中，不应仅以产品性质指标作为温度操作的依据，随意调整反应温度，而应以产品性质指标和催化剂的失活曲线(包括结焦失活和金属沉积)为操作依据进行反应温度的优化操作，延长工业装置的运转周期，最大限度提高渣油加氢装置的经济效益[26]。

第五节　沸腾床渣油加氢催化剂应用

一、沸腾床渣油加氢反应特点

按反应过程的性质分类，采用沸腾床加氢裂化工艺加工重质渣油包括[27,28]：催化加氢反应和C—C键裂化的热裂化反应。加氢反应包括加氢脱硫、C—C键断裂生成油的加氢和芳环及烯烃的加氢饱和反应。

（一）加氢裂化

加氢裂化是大分子原料裂化成小分子、低沸点的产品。例如，C_{20}烷烃裂化为2个分子量不同的烷烃。

$$C_{20}H_{42}+H_2 \longrightarrow 2C_{10}H_{22} \tag{6-5-1}$$

$$C_{20}H_{42}+H_2 \longrightarrow C_{16}H_{34}+C_4H_{10} \tag{6-5-2}$$

与耗氢反应相同，加氢裂化也是放热反应。一般认为沸腾床加氢裂化过程中大部分的加氢裂化反应是按照C-C键的热裂化反应进行的，其反应速率与没有氢气和催化剂存在的纯热裂化反应速率是同一个数量级的。氢分压和催化剂活性的作用是抑制缩合反应，避免生成高度不饱和的化合物。缩合反应会导致工艺设备结焦和生成稳定性差的产品。

沸腾床加氢裂化工艺基本上属于热反应，这可以从收率分布及产品性质得到证实。气体产品的甲烷、乙烷、丙烷是呈等分子分布，与热裂化反应相同。与使用催化剂按照正碳离子反应机理进行的加氢裂化反应生成的气体分布与组成有明显差别。

（二）加氢饱和

加氢饱和反应是对裂化反应后的不饱和中间产物的加氢饱和，是避免大分子不饱和化合物缩聚生焦的重要反应。

（三）加氢脱硫

加氢脱硫反应为催化反应，与催化剂活性和氢分压密切相关。若工艺过程以加氢脱硫为主要工艺目标，应尽量降低反应温度，减小加氢裂化反应以降低氢耗和避免燃料油收率的损失。从同一馏分油中脱除不同的含硫化合物，耗氢量也不同。

$$C_4H_9SH+H_2 \longrightarrow C_4H_{10}+H_2S \tag{6-5-3}$$

$$C_4H_4S+4H_2 \longrightarrow C_4H_{10}+H_2S \tag{6-5-4}$$

从简单的硫醇分子结构中脱除硫比从芳环上脱除硫要容易得多(相差一个数量级)。馏分油和渣油中硫的存在形式有着根本的差别，所以渣油加氢脱硫比馏分油要困难得多。馏分油的加氢脱硫反应速率常数为一级，渣油加氢脱硫反应速率常数为二级，由此也可反映渣油加氢脱硫的难度。

(四) 加氢脱氮

原油中的氮大部分存在于渣油中，渣油中的氮化物可分为碱性和非碱性两类，典型的非碱性氮化合物有吡咯、吲哚和咔唑等。典型的碱性氮化合物有吡啶、喹啉、吖啶、二苯并吖啶等。

沸腾床加氢脱氮的脱除原理是：在催化剂作用下，经加氢后生成氨和烃类，氨从反应产物中脱除，而烃类留在产品中。与脱硫相比，脱氮要求更高的催化活性和更苛刻的工艺条件。因此在沸腾床加氢工艺过程中，脱氮率低于脱硫率。

(五) 加氢脱金属

加氢脱金属是渣油加氢与馏分油加氢最大的区别。加工过程中，大部分进料中的金属沉积在催化剂表面上，堵塞催化剂孔道，减小反应物分子与催化剂的有效接触表面，从而造成催化剂活性衰减。沸腾床反应器中催化剂上沉积金属量可达催化剂重量的30%。可根据催化剂的沉积金属量来确定催化剂的添加和取出量。

(六) 加氢脱残炭

按照定义，残炭是在不加氢的情况下高温加热渣油得到的固体残渣。在这样的条件下，沥青质和胶质上的侧链被裂解掉，得到的裂解产品及油中的其他轻分子被汽化，剩余的多环芳烃核心部分分解并与同类小分子聚合，形成类似焦炭的物质，这种物质被称为残炭。油品残炭量的多少代表了油品中的高沸点组分如多环芳烃、胶质和沥青质等在加工过程中的生焦趋势。根据化学分析，五环以及五环以上的缩合芳烃都是生成残炭的前身物。渣油中胶质和沥青质的残炭值最高，这与胶质和沥青质中含有大量的稠环芳烃和杂环芳烃是一致的。

在加氢反应器内，原料油中沥青质和胶质的侧链断裂生成了小分子并被加氢。脱残炭的步骤如下：饱和多环芳烃环，裂解已饱和的芳烃环，使大分子转化为小分子。

(七) 生焦反应

渣油加氢过程中，随着各种加氢反应的进行，会发生一定的缩合生焦反应。焦炭沉积在催化剂表面，会造成催化剂中毒与失活，带出反应器可能会使下游管线或设备发生堵塞，影响装置的正常运转及未转化渣油的稳定性。在沸腾床工艺中，每天加入和移出催化剂确保了反应器内总体催化剂的活性维持恒定。

沸腾床装置生焦的主要原因有：

① 反应器超温。主要是由于冷却介质缺少和反应物料在反应器内停留时间增加。

② 温度分布不均衡。由于反应器内混合不均导致局部温度升高。

③ 高转化率下操作。高转化率必须要有高的反应温度，高温会加剧裂化深度，生成高浓度的不饱和产物。

④ 低催化剂加氢活性。高温产生大量不饱和化合物超出了催化剂的处理能力，加氢饱和反应受到抑制，导致不饱和产物的聚合生成焦炭前驱物。

⑤ 沥青质溶解平衡被破坏，在油中形成沉淀物析出。渣油中生焦前驱物主要富集在胶

质和沥青质中，胶质和沥青质以胶束的状态存在，沥青质构成胶束的核心，胶质吸附在其表面起着稳定和分散的作用。胶质和沥青质的聚集体溶解在渣油中，通过弱的相互作用(如氢键键合)结合在一起，形成相对稳定的物理平衡状态。在高温下，氢键断开，胶质转化速率高于沥青质转化速率，胶质和沥青质之间就会失去相互胶溶的平衡状态，沥青质最终在油中形成淤泥样的有机沉淀物。

二、沸腾床渣油加氢催化剂特点

沸腾床反应器应具有良好的动力学平衡，以维持催化剂床层膨胀和流化均匀性，达到催化加氢反应平衡[29]，这就要求催化剂应具有某些特殊的理化性质。沸腾床工艺过程所用催化剂组成与固定床催化剂组成相近，但催化剂颗粒形状、颗粒尺寸及机械强度有较严格要求，以满足特殊的使用条件。催化剂主要性质及其对沸腾床反应器性能的影响归纳如下[30~32]：

（一）催化剂颗粒大小及分布

沸腾床反应器床层具有良好的流化状态，即流化均匀是沸腾床工艺所追求的目标之一。颗粒流化性质是与颗粒大小及分布相对应的，催化剂颗粒分布应控制在合理范围，以使催化剂床层流化状态达到最大均匀程度，避免分层和带出。通常要求颗粒尺寸要小于1mm，以利于在反应器内保持流化状态[33,34]。

（二）催化剂密度

反应器床层沸腾状态与催化剂密度有一定关系，应当与某一膨胀率下的液体循环流量相平衡。较低密度催化剂的流化需要较小的循环流量，但可能会低于维持催化床层反应温度曲线所需要的流量。然而，如果催化剂密度过高，则需要较高的流量，这将会增加循环泵的负荷(国外沸腾床工艺)。

（三）机械强度

本文中机械强度主要包括压碎强度和耐磨损强度。在沸腾床反应器中，催化剂要承受比较苛刻的动力学条件，如摩擦和碰撞。在这种条件下，条形催化剂有可能发生断裂，并产生一些细粉，从而引起系统堵塞。此外，细粉被带出反应器还会造成催化剂损失。因此要求催化剂具有良好的压碎强度和耐磨损强度，以保证运转中催化剂颗粒的完整性及粒度分布的稳定性。

（四）孔体积和孔径分布

大分子化合物的催化加氢反应是扩散限制反应。处理大分子反应物，催化剂应当具有足够大的孔容和适宜的孔径分布，以使反应物分子能够进入到催化剂内部，与内表面活性中心接触。如果孔径相对较小，则催化剂孔口将会迅速被堵塞，引起催化剂失活。如果大孔较多，则表面积过低，催化剂脱硫活性差，机械强度也难达到要求。

（五）比表面积

对于任何催化反应，催化剂的比表面积都是一个非常重要的参数。一般来说希望催化剂具有较高的比表面积，但前提是不会影响催化剂的其他性质(如孔径分布和机械强度)。

（六）化学组分

与固定床渣油加氢催化剂相似，主要以氧化铝为载体，MoNi或MoCo为活性组分。研究发现，NiMo催化剂具有较高的加氢活性。

三、国外沸腾床渣油加氢催化剂应用

采用 H-Oil 工艺技术的第一套沸腾床渣油加氢裂化工业装置于 1968 年在科威特国家石油公司(KNPC)Shuaiba 炼油厂建成投产，进入 20 世纪 80 年代中期，沸腾床加氢裂化工艺技术和工程技术趋于成熟。

渣油沸腾床加氢催化剂也取得较大进展，有许多公司都在致力于渣油沸腾床加氢催化剂的研究，所开发的沸腾床渣油加氢催化剂大多采用粒径 1.0mm 左右圆条形，以氧化铝为载体，以 Ni-Mo 或 Co-Mo 为活性组分。国外沸腾床渣油加氢催化剂牌号如表 6-5-1 所示[35~37]。

表 6-5-1　国外沸腾床渣油加氢催化剂牌号

公司名称	催化剂牌号	形　状	用　途
Axens	HOC458	圆柱条	高转化
	HOC845	球形	脱金属
Criterion	HDS-1442	圆柱条	脱硫(Mo-Co)
	HDS-1443	圆柱条	脱硫(Mo-Ni)
	HDS-2443	圆柱条	脱硫
	HDS-4443	圆柱条	脱硫
	TEX-2710/2720/2731/2910	圆柱条	脱硫，控制沉淀物生成
Chevron (ART)	AR-1	圆柱条	脱金属
	LS-10	圆柱条	脱硫，控制沉淀物生成
Albemarle (Akzo-Noble)	KF-1300	圆柱条	脱沥青质(Mo-Ni)
	KF-1302	圆柱条	脱硫
	KF-1303	圆柱条	脱硫
	KF-1310	圆柱条	脱硫/转化
	KF-1311	圆柱条	高脱沥青质活性及较低沉淀物
	KF-1312	圆柱条	高脱沥青质活性及较低沉淀物(对于第一代的 RX 最优)
	KF-1302T	圆柱条	高 HDS 活性
	KF1302T2	圆柱条	更高 HDS 活性
	KFSHDA	圆柱条	高 HDS 活性及脱沥青质活性(对于第二代的 RX 最优)
	KF 1312/KF1311	圆柱条	高脱沥青质活性，较低沉淀物及高 HDS 活性
	KF1312/KFSHDA	圆柱条	更高脱沥青质活性，更低沉淀物及更高的 HDS 活性
Grace-Davison	GR-12	圆柱条	裂化(Mo-Co)
	GR-14	圆柱条	裂化(Mo-Ni)
	GR-25	圆柱条	脱硫，裂化(Mo-Ni)
	GR-30	圆柱条	脱硫，裂化(Mo-Ni)
	GR-250	圆柱条	脱硫，脱残炭，裂化(Mo-Ni)
Haldor Topsøe	TK-821	圆柱条	裂化
	TK-867	圆柱条	裂化
	TK-871	圆柱条	

从国外沸腾床反应器历史发展进程看，H-Oil 工艺和 LC-Fining 工艺技术特征非常接近，国际市场供应的渣油沸腾床加氢催化剂既可用于 H-Oil 装置，也可用于 LC-Fining 装置。目前，国外每年约消耗沸腾床渣油加氢催化剂 30kt，约占加氢催化剂市场的 20%。

根据加工原料油和目的产品的不同，沸腾床反应器部分可以分为几个平行系列，每个系列包括几个串联反应器。通常一个沸腾床反应器中装填一个牌号的催化剂，不同反应器中可以装填相同(或不同)牌号的催化剂。

以三个沸腾床反应器串联为例，当三个反应器装填相同的催化剂时，通常是三反排出的平衡催化剂进入二反，然后三反补充足量的新鲜催化剂；二反置换出等体积的平衡催化剂进入一反，一反置换出等体积的废催化剂不再使用。该过程可有效地维持催化剂的活性，增加催化剂总的使用时间，减少催化剂的损失。当三个反应器装填不同的催化剂时，通常一反为孔径较大的加氢脱金属(HDM)催化剂，二反和三反为较高脱硫和渣油加氢转化活性催化剂。如 Amoco 公司的 LC-Fining 工艺过程，一反为 HDM 催化剂，二反和三反催化剂相同，为高活性 HDS 催化剂。一反和三反补充新鲜催化剂，三反排出的平衡催化剂进入二反，一反和二反置换出的催化剂送至废催化剂处理装置。

典型的沸腾床渣油加氢催化剂及操作性能如表 6-5-2 所示，该数据选自 2011 年韩国 GS Caltex LC-Max(LC-Fining 改进)装置所用催化剂性质及操作性能。

表 6-5-2　典型沸腾床催化剂及操作及性能

项　目	数　值	项　目	数　值
催化剂组成		渣油转化率/%	72
Al_2O_3/%	60~100	催化剂置换频次	3 次/4 天
MoO_3/%	7~13	催化剂添加量/(t/d)	6
NiO/%	1~5	杂质脱除率/%(质)	
工艺操作参数		HDS	80.0
反应温度/℃	418	HDN	34.7
反应压力/MPa	17~18	HD(Ni+V)	84.0

为了改善了沸腾床装置操作性能，国外催化剂研发人员也在不断地努力开发新的催化剂。使用这些新型催化剂可明显地改善装置的操作性能，尤其是提高了 HDS 和 HDCCR 水平及产品的稳定性，能够在渣油转化率较高的情况下控制有机沉淀物生成，生产稳定的低硫燃料油。有机沉淀物的生成不仅会影响生成油的稳定性，还会导致后续装置生焦结垢，这是限制沸腾床工业装置运转的主要因素[38~40]。为了解决这一问题，许多催化剂研发公司都在致力于降低沉淀物生成的催化剂技术研究。

(一) 先进炼油技术公司

Grace 与 Chevron 合资的先进炼油技术(Advanced Refining Technologies，简称 ART)公司开发了新的催化剂技术，可有效地降低有机沉淀物的生成，从而使装置结垢得到控制。与原用的催化剂相比，在脱硫、脱金属、脱残炭和渣油转化率略高的情况下，使用新催化剂可减少沉淀物生成 35%~40%(质)[41,42~45]。

ART 公司还开发了几种沸腾床渣油加氢技术平台(见表 6-5-3)，结合催化剂技术的应用，达到在特定的工况下得到最好的效果的目的。

表 6-5-3 ART 沸腾床渣油技术平台

沸腾床渣油技术平台	应用	沸腾床渣油技术平台	应用
HCRC™	高的渣油转化和杂质脱除催化活性	LS™	对于不同原料低沉淀物生成
HSLS™	低沉淀物，高稳定性和高脱金属功能		

LS 技术平台在 2002 年开发，第一个商业上使用沸腾床渣油加氢低沉积物催化剂(GR-LS-10)，是在波兰 PKN 公司的 Plock 炼厂用于处理石蜡基渣油原料(如乌拉尔渣油)。低沉淀物催化剂技术领域的进一步发展促进了 2007 年 HSLS 平台的商业化。HSLS 平台使炼油厂能够在控制沉淀物的过程中进一步提高稳定性和金属脱除率。HCRC 技术平台可在较低的反应苛刻度(更少的热转化)下灵活操作，显著减少了沉积物/焦炭的形成，并允许在沸腾床渣油加氢过程中进行更高的催化转化。

ART 公司还将上述技术进行组合应用(见表 6-5-4)，可带来更好的效果。HCRC/HSLS 组合体系，在相同转化率下操作，控制较低沉积物生成(见图 6-5-1)。二者结合可增加原料选择和催化剂成本优化的灵活性。HSLS/LS 组合体系则是针对易于形成沉淀物的石蜡基原料进行设计，可增加反应深度，控制较低沉积物生成，提高渣油转化活性(见图 6-5-2)。

表 6-5-4 ART 公司沸腾床渣油技术平台组合体系

第一反应阶段	第二/三反应阶段	第一反应阶段	第二/三反应阶段
HSLS	LS	HSLS	HCRC

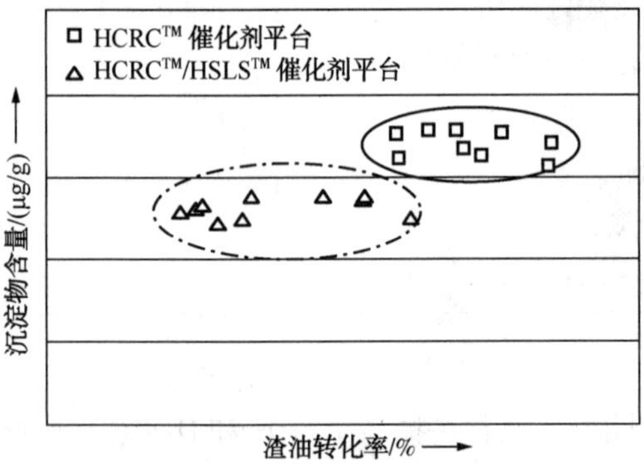

图 6-5-1 HCRC/HSLS 与
单独 HCRC 中不同转化率下沉淀物含量

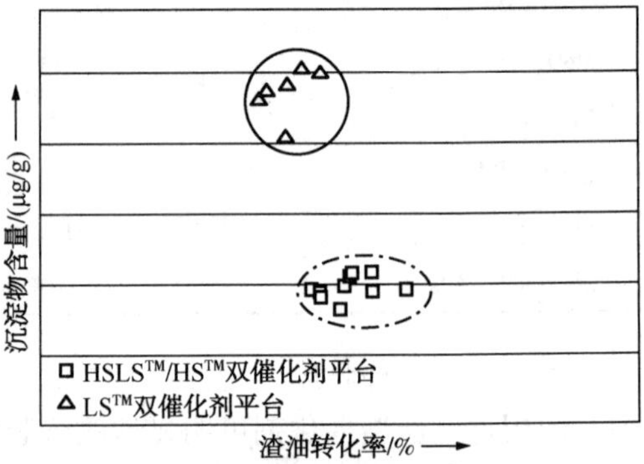

图 6-5-2 HSLS/LS 与
单独 LS 中不同转化率下沉淀物含量

(二) 标准催化剂技术公司

标准催化剂技术公司(Criterion Catalysts & Technologies，简称 Criterion/标准)是世界主要的催化剂供应商，在制备、销售、科研、安全和环保等方面具有丰富的经验。在沸腾床渣油加氢催化剂开发方面做得比较早，后来在降低沉淀物生成的沸腾床渣油加氢催化剂研究方面也做了大量工作，开发了系列催化剂[48,49]。

Criterion 公司早期开发的沸腾床渣油加氢催化剂的性质如表 6-5-5 所示，该催化剂在 Motiva Convent H-Oil 装置成功应用，以阿拉伯重质减压渣油为原料时的转化率为 75%(体)。

表 6-5-5　典型的沸腾床催化剂主要物化性质

催化剂	1443B	催化剂	1443B
MoO_3/%	13.2	孔径分布/%(体)	
NiO/%	3.6	<8nm	37.5
SiO_2/%	1.0	8~12nm	12.5
比表面积/(m^2/g)	280	>12nm	50.0
孔容/(mL/g)	0.8		

Criterion 公司不同时期开发的沸腾床催化剂如表 6-5-6 所示，催化剂性能评价对比试验结果如图 6-5-3 所示。

表 6-5-6　Criterion 公司开发的降低沉积物催化剂[48]

抑制沉积物催化剂	减渣原料	投入市场时间
HDS-1443(基准催化剂)	中东	1968 年
第一代 TEX-2710	中东	1994 年
第二代 HDS1490	中东	2002 年
第三代 TEX-2720PEM	玛雅	2004 年
第四代 RN-615/TEX-2910	油砂(沥青)	2005 年
第五代 RN625B/618	油砂(部分脱沥青后的沥青)	2005 年
第六代 TEX-2731/2740	乌拉尔	2008/2012 年

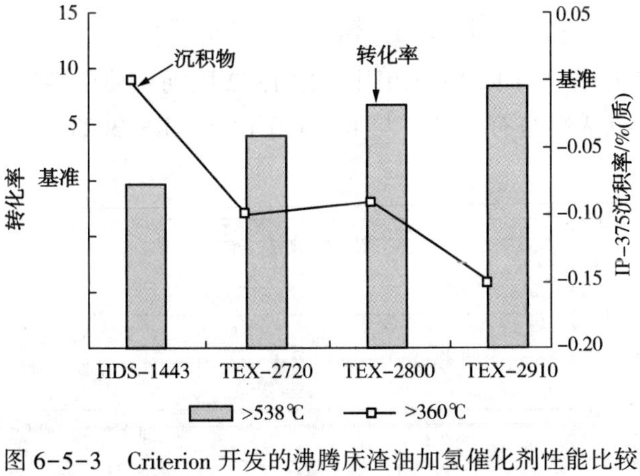

图 6-5-3　Criterion 开发的沸腾床渣油加氢催化剂性能比较

由图 6-5-3 可以看出，与首次工业化的 HDS1443 催化剂相比，后续开发的 TEX 系列催化剂，既能降低沉淀物生成，同时也能达到较高的渣油转化。

国内中国石化镇海炼化公司和大连恒力公司分别引进了 H-Oil 沸腾床渣油加氢裂化装置，催化剂均选用表 6-5-6 中的 TEX-2910。目前两家公司的沸腾床装置已经投入使用。该催化剂为标准公司第四代沸腾床催化剂，可在设计的减压渣油转化率下实现稳定的操作，并生产化工原料和稳定的燃料油。该催化剂结合了金属保留度高、沉积控制功效好及活性高等优点。通过催化剂级配加排(第二级废催化剂用作第一级反应器的更换催化剂)，将催化剂用量降至最低。

（三）雅宝催化剂公司

雅宝催化剂公司(Albemarle Catalyst Company)从20世纪70年代至今一直在进行沸腾床催化剂的开发工作，对有机沉淀物生成机理进行了详细研究，并开发了一系列降低沉淀物生成的催化剂[49]。

催化剂KF1300和KF1310为雅宝公司第一代和第二代沸腾床渣油加氢催化剂；KF1311和KF1312为后期开发的减少沉淀物生成的催化剂；KF302T、KFSHDA、KF302T2为高加氢类型催化剂。各种催化剂技术性能对比如图6-5-4所示，催化剂脱沥青质活性对比如图6-5-5所示，渣油转化与沉淀物生成关系如图6-5-6所示。

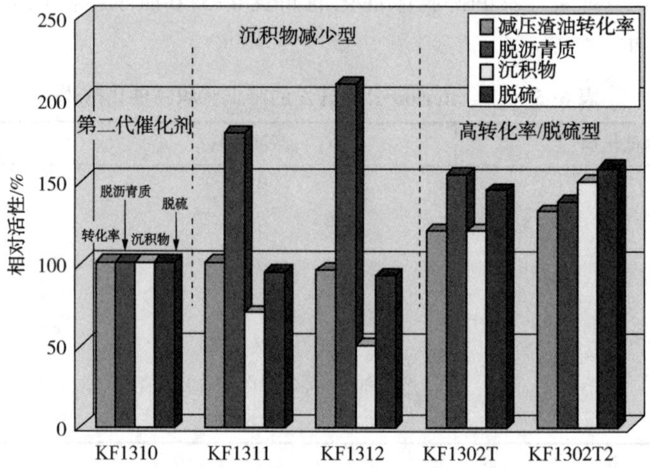

图6-5-4　不同催化剂性能对比

从图6-5-4可以看出：与KF1310相比，KF1312脱沥青质活性明显提高，沉淀物生成大幅度减少，加氢脱硫活性略有降低；与KF1310相比，KF1302T2加氢性能明显增加，但沉淀物生成量也较高。

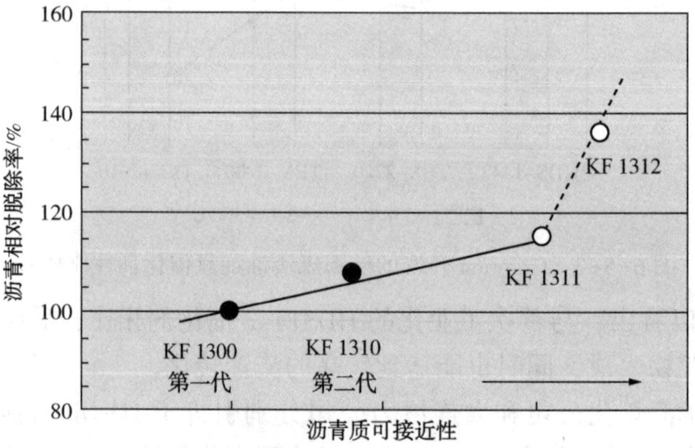

图6-5-5　催化剂脱沥青质活性对比

图6-5-5可以看出：与第一代和第二代催化剂相比，KF1312催化剂对沥青质大分子的可接近性增加，因此提高了沥青质脱除活性，同时沉淀物生成明显减少(见图6-5-6)。

为了提高加氢性能，保证产品最终产品质量，同时还要控制沉淀物生成，保证运转及渣油产品的稳定性，采用高加氢性能与低沉淀物生成的双催化剂组合体系，第一反应段选择具有高加氢脱沥青质活性的催化剂，减少沉淀物生成；二段选择高加氢活性催化剂，如图6-5-7所示，从图中可以看出：催化剂KF1312/KF SHDA组合使用效果最佳。

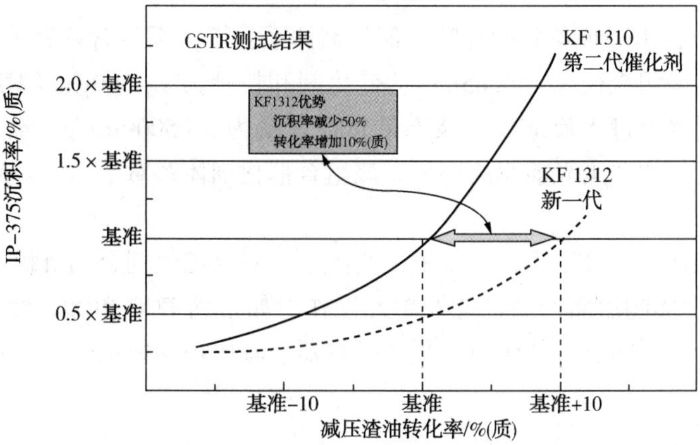

图6-5-6 渣油转化与沉淀物生成关系

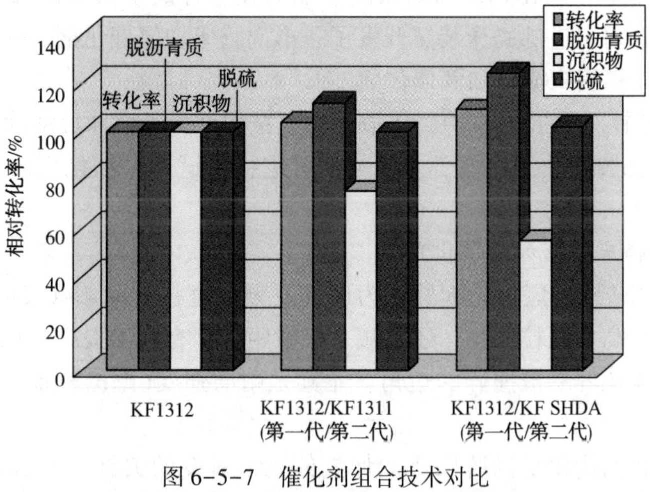

图6-5-7 催化剂组合技术对比

（四）Headwaters Technology Innovation（HTI）公司

Headwaters Technology Innovation（HTI）公司开发了HCAT的液体助剂，用于沸腾床加氢裂化装置中辅助沥青质的加氢裂化。美国相关专利[50~54]中对HCAT液体助剂做了介绍，该液体助剂为胶体或分子催化剂，该催化剂是通过把催化剂前躯体先与烃油稀释油混合，再与重油原料混合，然后加热原料到前躯体组分的分解温度形成的。在加氢过程中，液相催化剂与固体多孔颗粒催化剂联合使用，液相催化剂对固体颗粒催化剂可以起到很好的补充作用，从而改善了沸腾床加氢操作系统的性能。

HTI和Criterion公司合作，将HCAT与Criterion公司的沸腾床加氢裂化催化剂结合使用，有效减少了沥青质的结焦和聚集。HCAT的作用是促进氢向沥青质分子的传递，在加氢裂化催化剂外面对大分子加氢，由于HCAT是液相的，使得不仅沸腾床中发生催化剂加氢反应，而且整个反应器空间内部都发生催化加氢反应。有3家炼厂的H-Oil或LC-Fining沸腾床加氢裂化装置进行了工业试验。第一个主要的成功案例是加工阿拉伯和俄罗斯出口原油混合物的减压渣油，结果表明：沥青质转化、初馏点375℃以上馏分的沉积、538℃以上减压渣油的黏度以及产品的硫含量和°API均得到改善，汽油、柴油产率上升，燃料油质量得到提高。

美国专利[56,57]提出一种革新的沸腾床催化剂体系，该体系包含两种不同性质的催化剂，在膨胀的催化剂区采用粒径大于0.65mm的催化剂和粒径为1~300μm的浆态催化剂。该原料油与浆态催化剂混合进入反应区，浆态催化剂含量为5~5000μg/g，最优为5~100μg/g，浆态催化剂减少沉积物和焦炭前驱的形成。该组合催化剂体系对于高温、高转化率的渣油转化特别有效。

但液相催化剂在试验过程中也出现了一些问题。一反催化剂金属沉积增加；大量的金属Mo夹带后续单元，影响后面产品性能及单元操作，如带到FCC单元，影响其操作稳定性；而且没有缓解装置结垢问题，如燃料油预热换热器、减压塔燃料加热炉、常压塔等处仍会发生结垢现象。

四、国内沸腾床渣油加氢催化剂应用

DRIPP(FRIPP)针对STRONG沸腾床渣油加氢技术开发了微球形沸腾床渣油加氢催化剂。在此基础上，针对引进沸腾床装置开发了条形沸腾床加氢催化剂。

（一）STRONG沸腾床渣油加氢催化剂

DRIPP(FRIPP)针对STRONG沸腾床渣油加氢技术开发了微球形沸腾床渣油加氢催化剂技术，并在50kt/a沸腾床渣油加氢工业示范装置进行了试验，催化剂性能在工业化装置上得到了验证与肯定。

1. STRONG沸腾床渣油加氢催化剂

STRONG沸腾床渣油加氢催化剂外观为球形，颗粒直径为0.4~0.5mm。细小的球形颗粒利于流化，利用率高。颗粒细小，还可减少扩散距离，有利于提高催化剂表观活性。而且没有如其他形状中尖锐容易被撞碎的边角，尤其是耐磨强度(耐磨性能)要优于其他类型的颗粒。

孔容和孔径分布的优化是沸腾床渣油加氢催化剂研发的关键，<20nm的孔隙提供反应所需的内表面，有利于加氢脱硫和加氢脱残炭；>20nm的孔隙有利于内扩散，对大部分沥青分子扩散至催化剂内部有效；一定数量的>200nm的孔隙可使更大的沥青质分子容易进入催化剂内部达到最大程度加氢脱金属，同时使在大分子进行深度转化时控制生成沉淀物。

STRONG沸腾床渣油加氢催化剂化学成分与固定床催化剂相同，即以氧化铝为载体，MoNi为活性金属组分。在沸腾床反应器内，反应温度较高，优化活性金属数量及分布，以使反应分子扩散与深度转化达到最佳平衡。

由于现有技术很难生产粒度小、耐磨性能好的球形催化剂，DRIPP(FRIPP)开发了独特的微球形催化剂载体制备工艺技术，该技术于2017年获得中国石化技术发明二等奖。

采用DRIPP(FRIPP)开发的具有自主知识产权的微球形催化剂制备工艺技术解决了现有制备技术存在的难点，该工艺流程简便，生产效率和产品收率高，耐磨损性能良好。催化剂制备工艺对比如表6-5-7所示，不同工艺制备载体微观形貌如图6-5-8所示。

表 6-5-7 催化剂制备工艺技术对比

制备工艺技术	DRIPP (FRIPP)技术	参比技术	制备工艺技术	DRIPP (FRIPP)技术	参比技术
外观形状	球形	球形	0.4~0.5mm	90.0	28.0
产品收率/%	95.0	55.6	>0.5mm	7.4	48.5
粒度分布/%			磨损指数(0.4~0.5mm)/%(质)	0.6	2.6
<0.4mm	2.6	23.5			

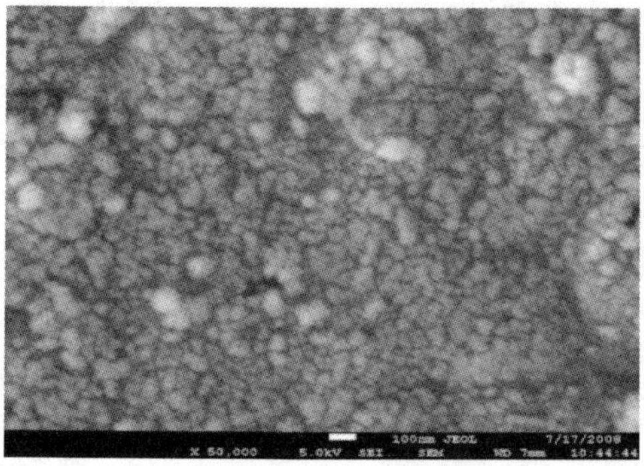
(a)DRIPP(FRIPP)技术

(b)参比技术

图 6-5-8 不同工艺技术制备载体微观形貌对比

从表 6-5-7 可以看出：采用 DRIPP(FRIPP)制备技术，产品收率高、粒度分布集中、耐磨损性能好。制备工艺对载体微观形貌如晶粒大小和结合方式都有很大影响。图 6-5-8(a)为本研究载体的颗粒形貌照片，图 6-5-8(b)为其他工艺制备载体的颗粒形貌照片。由图中可以看出，本研究载体晶粒较小、均匀致密，粒子之间接触点多，结合力较强；而参比样晶粒相对较大，晶粒之间接触点少，结合力较弱，颗粒内部存在明显裂缝，受内外应力的作用，容易发生剥离、脱落和破碎。由此可见，DRIPP(FRIPP)技术制备的微球载体耐磨损性能更好。

2. STRONG 沸腾床渣油加氢催化剂工业试验

2015 年，STRONG 沸腾床渣油加氢催化剂首次在 STRONG 50kt/a 沸腾床渣油加氢工业示范装置进行了试验。2016 年，50kt/a 示范装置进行了第二次长周期试验。两次试验结果均再现了小试水平，达到了设计指标，充分验证了 STRONG 技术的可靠性，为百万吨级工艺包的编制提供了翔实的基础数据。

2015 年和 2016 年 50kt/a 示范装置工业试验过程中，采用双催化剂反应体系，以确保稳定运转和反应性能，并减少催化剂的消耗量，有利于降低操作成本。双催化剂反应体系可以保证每个反应段的重点目标：第一反应段，主要将原料中易生焦的沥青质大分子反应物进行加氢转化，降低焦炭前驱物形成，增加金属脱除及沥青质转化，控制沉淀物生成，选择金属脱除及沥青质加氢转化活性高的 FEM-10 催化剂；第二反应段进料中大分子易生焦物种及金属等杂质减少，有利于进一步提高脱硫及脱残炭水平，在降低沉淀物形成的同时，最大程度提高渣油转化，采用加氢脱硫及转化活性较高的 FES-30 催化剂。一反的高金属脱除及沥青质转化功能，对二反的催化剂起到很好的保护作用，可以延缓二反催化剂失活，提高催化剂稳定性，降低新鲜催化剂添加率，降低催化剂的消耗量。双催化剂体系的协同作用，既可保证沸腾床装置的反应性能，又能提高装置的运行稳定性。STRONG 沸腾床催化剂主要性质和主要功能如表 6-5-8 所示。

表 6-5-8　STRONG 微球形沸腾床渣油加氢催化剂

催化剂牌号	FEM-10	FES-30	FES-31
外观形状	球形	球形	球形
颗粒直径/mm	0.4~0.5	0.4~0.5	0.4~0.5
磨损指数/%(质)	≤2.0	≤2.0	≤2.0
化学成分	MoO_3-NiO/Al_2O_3	MoO_3-NiO/Al_2O_3	MoO_3-NiO/Al_2O_3
催化剂功能	金属脱除及沥青质转化	加氢脱硫及转化	高加氢脱硫及转化

以金陵石化提供的减压渣油(科威特与巴士拉混合减压渣油)为原料，在 STRONG 示范装置进行工业试验。原料性质：密度(20℃)1.0360g/cm^3，100℃黏度 3063mm^2/s，硫含量 6.00%(质)，康氏残炭值 23.73%(质)，金属(镍+钒)含量 210.8μg/g，>540℃渣油收率 90.6%(体)。在>540℃渣油转化率为 73.6%(体)的操作条件下，加氢生成油性质：硫含量为 0.90%(质)，HDS 率为 85.0%；CCR4.49%(质)，HDCCR 率为 81.1%;，金属(Ni+V)含量为 6.85μg/g，金属脱除率为 96.8%。

随着全球环保法规不断趋严，促使清洁环保油品的使用日渐广泛，在继清洁汽柴油等大宗油品清洁化之后，低硫清洁的船用燃料和低硫石油焦等成为炼油业未来几年重点关注的主要产品。为了应对低硫石油产品的需求，DRIPP(FRIPP)开发了高脱硫催化剂 FES-31，其性质见表 6-5-8。2020 年在金陵石化 50kt/a STRONG 示范装置进行了第三周期生产低硫船用燃料试验，催化剂采用 FES-31。试验原料油性质：硫含量 5.18%，康氏残炭值 21.49%，金属含量 203μg/g。在>540℃渣油转化率为 62%~64%(体)的操作条件下，加氢生成油硫含量为 0.42%~0.49%，满足低硫船用燃料硫含量<0.5%的指标要求。试验结果表明，通过催化剂和工艺优化等，可实现劣质渣油沸腾床加氢脱硫生产低硫船用燃料调和组分。

3. 失活催化剂

为了考察运转前后 STRONG 沸腾床渣油加氢催化剂性能变化，采集了示范装置运转后的催化剂样品，对样品进行处理，除掉表面吸附的油，然后对样品进行表征。采用电子扫描法对运转后催化剂颗粒进行分析(见图 6-5-9)，检测沉积金属钒和碳在催化剂单一颗粒上的径向分布情况。

图 6-5-9 电子探针结果显示，杂质在催化剂整个颗粒上分布均匀，说明杂质在催化剂孔道均匀缓慢沉积，没有堵塞孔口，有利于延缓催化剂失活，提高催化剂的利用率。也证明催化剂孔结构和表面性质具有很好的平衡，达到良好的扩散与反应平衡。

运转后催化剂颗粒完整，与其新鲜状态时相比，催化剂的粒度分布没有太大变化(见图 6-5-10)，生成油中也没有检测到催化剂活性成分 Mo，说明催化剂具有良好的机械稳定性，即破碎强度和耐磨损强度高，能够满足工业装置使用要求，可以推广使用。

4. 3000t/a 微球形沸腾床加氢催化剂生产装置建设

50kt/a 沸腾床渣油加氢示范装置试验的成功，为其成套技术(包括工程/工艺/催化剂)的工业应用奠定了基础。已完成百万吨级沸腾床加氢装置工艺包的编制，通过了中国石化组织的技术评议。依托 DRIPP(FRIPP)微球形催化剂制备技术的 3000t/a 微球形沸腾床加氢催化剂生产装置也在进行设计。

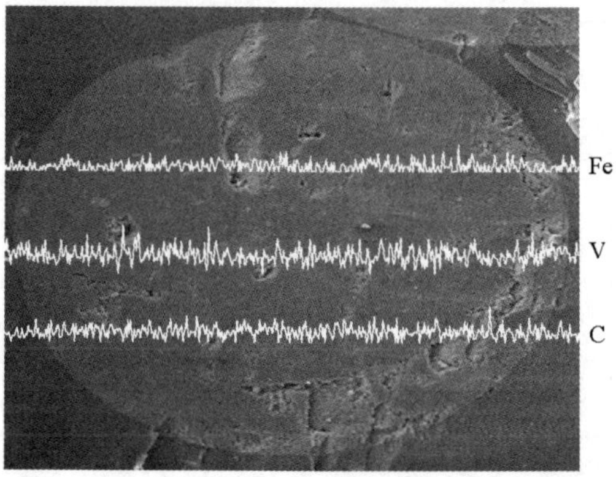

图 6-5-9 运转后催化剂

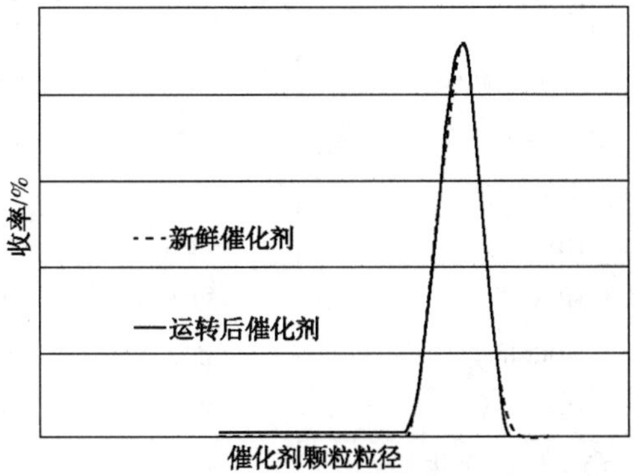

图 6-5-10 运转前后催化剂粒度

(二) 条形沸腾床渣油加氢催化剂

目前国内已引进四套沸腾床加氢装置，其中三套为沸腾床渣油加氢装置，均采用 H-Oil 工艺技术，已建成并投入使用，还有一套为神华煤直接液化工业装置中的煤液化油沸腾床加氢稳定装置，采用 T-Star 工艺技术。国内引进沸腾床加氢技术的厂家如表 6-5-9 所示。

表 6-5-9 国内引进沸腾床加氢技术的厂家

厂　家	工艺技术	原料类型	处理量/(10^4t/a)	投产时间/年份
神华鄂尔多斯	T-Star	煤液化油	320	2008
大连恒力	H-Oil	减压渣油	320×2	2019
镇海炼化	H-Oil	减压渣油	260	2019

DRIPP(FRIPP)应神华鄂尔多斯煤制油分公司要求，为实现煤液化油沸腾床催化剂国产化而开发了一种高性能催化剂，催化剂为直径 1.0mm 的圆条形，工业牌号 FFT-1B。2011 年，该催化剂在神华鄂尔多斯 T-Star 装置第二周期成功地进行了首次工业应用。FFT-1B 催化剂具有高芳烃部分饱和性能，显著改善了供氢溶剂的供氢性能和对煤粉的溶解能力；与国外参比剂相比，在线添加量降低一半，且活性稳定性较高；该催化剂机械强度优于国外催化剂。该催化剂已应用于该装置第二周期、第三周期和第四周期，取得了满意的应用效果，为装置高负荷运转时带来显著的经济效益。

前期针对 STRONG 沸腾床工艺，DRIPP(FRIPP)开发了微球形沸腾床加氢催化剂并在工业示范装置进行试验，达到了预期效果。这些催化剂的成功应用都为条形沸腾床渣油加氢催化剂的开发打下了基础。

DRIPP(FRIPP)开发的条形沸腾床渣油加氢催化剂以氧化铝为载体，MoNi 为活性金属组分，采用挤条制备工艺，催化剂的颗粒直条形径 1.0mm 左右，转鼓磨耗≤0.05%。催化剂技术水平与国外同类技术相当(见表 6-5-10)。目前已经完成实验室定型、工业放大和工业试生产，通过中国石化组织的技术评议，积极推进在引进沸腾床渣油加氢装置工业应用。

表 6-5-10　国内外条形沸腾床催化剂技术对比

项　目	DRIPP(FRIPP)催化剂[1]	国外[2]		国外[3]	
反应温度/℃	433/438	415~440	432/438	385~450	421/427
反应压力/MPa	18	16.8~20.7	18.2	6.8~18.4	18
总空速/h^{-1}	0.22	0.2~1.0	0.23	0.18~0.23	0.22
加氢活性/%					
HDS	92.6	75~92	91	60~90	80
HDN	59.5	45~85	61	30~50	34
HDCCR	82.3	65~75	82	35~80	61
HD(Ni+V)	98.0	65~90	96	50~98	89
>540℃渣油转化率/%	85.2	45~85	85	40~97	72

注：1. 原料油性质：S5.61%，Ni+V=226μg/g，CCR24.4%，N3675μg/g，>540℃渣油收率89.4%。

2. 原料油性质：S5.14%，Ni+V=321μg/g，CCR 25.3%。>540℃渣油收率83%。

3. 原料油性质：S5.81%，Ni+V=260μg/g，CCR 24.0%。>565℃渣油转化率72%。

腾床装置催化剂用量大，以镇海炼化2.6Mt/a沸腾床渣油加氢为例，每年需要置换22kt条形沸腾床渣油加氢催化剂。该催化剂可以替代进口催化剂用于引进装置，打破国外催化剂的垄断，同时使减压渣油得到有效转化，使石油资源得到有效利用。

(三) 沸腾床外排失活催化剂再利用技术

沸腾床反应器可以在不停工的情况下定期排出失活催化剂，并补充添加等量新鲜催化剂，以维持恒定的反应性能。每年沸腾床装置消耗的新鲜催化剂和外排失活催化剂的量都很大。由于沸腾床反应器具有返混的特征，排出的催化剂既有停留时间较长完全失活的催化剂，也有停留时间较短未完全失活的催化剂。如果这些外排催化剂直接作为废弃物埋入地下，既浪费资源，也会对环境(土壤、水源)带来污染。根据沸腾床排出的催化剂特性，中国石化开发了沸腾床外排催化剂再利用技术(包括催化剂活性分级筛选技术)，使外排催化剂得到有效回收和再利用，既节约了成本，也可减少废催化剂对环境的污染。

催化剂活性分级筛选技术，是根据沸腾床反应器排出催化剂性质存在差异而开发的一种分选技术，该技术工艺简单、操作方便、能耗低、分选效率高，不会对环境产生污染。采用该技术，可以使沸腾床反应器排出的不同活性的催化剂得以有效分离，失活较轻仍具有较高活性的催化剂可以重新使用，从而减少了催化剂消耗，延长了催化剂总的使用时间。分离出的失活较重的催化剂，中国石化也开发了相应的处理及再利用技术，使资源得到充分利用，减少对环境的污染。

参 考 文 献

[1] 曾松. 固定床渣油加氢催化剂失活的原因分析及对策[J]. 炼油技术与工程，2011，41(9)：39-43.
[2] 程之光. 重油加工技术[M]. 北京：中国石化出版社，1994.
[3] 郭大光，戴立顺. 工业装置渣油加氢脱金属催化剂结块成因的探讨[J]. 石油炼制与化工，2003，34(3)：48-50.
[4] 李江红. 渣油加氢处理成套技术研究[J]. 当代化工，2002(12)：4.

[5] 裘峰，李立权. 固定床渣油加氢技术工程化的问题及对策[J]. 炼油技术与工程，2013，43(6)：6-12.
[6] 王建信，胡福磊，蔡文军，等. 重油加氢反应系统结垢的原因分析[J]. 齐鲁石油化工，1999，27(1)：38-41.
[7] 许先焜，祝平，翁惠新. 渣油加氢装置前置反应器床层结焦原因分心及对策[J]. 炼油技术与工程，2004，34(2)：9-13.
[8] 宫内爱光，高田稔. 防止加氢装置固定床反应器压力降过快升高的对策[J]. 炼油设计，2000，30(1)：22-26.
[9] 韩崇仁. 加氢裂化工艺与工程[M]. 北京：中国石化出版社，2001.
[10] 李春年. 渣油加工工艺[M]. 北京：中国石化出版社，2002.
[11] 邵志才，戴立顺，聂红，等. 渣油加氢装置高效运行的影响因素及应对措施[J]. 石油炼制与化工，2018，49(11)：17-21.
[12] 朱金忠，张建明，庄强，等. 2.0Mt/a 渣油加氢装置长周期运行分析[J]. 当代化工，2020，49(3)：721-724.
[13] 董昌宏，魏翔. 固定床渣油加氢装置高效运行措施[J]. 石油炼制与化工，2020，51(5)：7-13.
[14] 张迪. ART 渣油加氢处理催化剂及工业应用[D]. 广州：华南理工大学，2015.
[15] 赵剑涛. 长庆石化 1.40Mt/a 重油催化裂化装置加工减压渣油运行分析[J]. 中外能源，2009，14(3)：4.
[16] 廖述波，陈章海，杨勤. 沿江炼油厂首套渣油加氢装置的运行分析[J]. 石油炼制与化工，2014，45(1)：5.
[17] 庄宇，张艳秋. 渣油加氢脱硫装置运行技术分析[J]. 河南石油，2003(3)：56-58.
[18] 章海春. 渣油加氢装置高苛刻度运行分析[J]. 石油炼制与化工，2017，48(3)：5.
[19] 李昊鹏. 3. 9Mt/a 渣油加氢装置运行情况分析[J]. 石油炼制与化工，2014，45(5)：77-82.
[20] 郭强，刘铁斌，韩坤鹏. 400 万 t/a 渣油加氢脱硫装置能耗分析及生产运行探讨[J]. 当代化工，2020.
[21] 赵哲甫. 渣油加氢装置单系列运行分析[J]. 2021，(21)：180-181.
[22] 胡雪，宫琳，刘铁斌. 渣油加氢装置改造优化运行分析[J]. 当代化工，2018，47(9)：4.
[23] 涂彬，夏登刚，杨勤，等. 1. 7Mt/a 渣油加氢装置超长周期运行分析[J]. 石油炼制与化工，2018，49(12)：4.
[24]刘荣. 渣油加氢装置前四周期运行情况分析[J]. 石油化工技术与经济，2019，35(6)：6.
[25] Jean-Marc Schweitze，Stéphane Kressmann. Ebullated Bed Reactor Modeling for Residue Conversion[J]. Chemical Engineering Science，2004(59)：5637-5645.
[26] 陈甘棠. 化学反应工程[M]. 北京：化学工业出版社，1981.
[27] None. Nippon Ketjeu Introduces New Catalysts for Residue Hydrotreating[J]. Focus on catalysts，2011，(4)：5.
[28] F Stoop，L Kraus. Resid hydrotreating[J]. Catalysts courier，2001，(47)：8-12.
[29] American Cyanamid Company. Catalyst for hydroconversion of heavy oil and method of making the catalyst[P]. USP 4652545，1987-3-24.
[30] K. Al-Dalama，A. Stanislaus. Comparison Between Deactivation Pattern of Catalysts in Fixed-bed and Ebullating-bed Residue Hydroprocessing Units[J]. Chemical Engineering Journal，2006(120)：33-42.
[31] R S Ruiz，F Alonso，J Ancheyta l. Pressure and Temperature Effects on the Hydrodynamic Characteristics of Ebullated-bed Systems [J]. Catalysis Today，2005 (109) ：205-213.
[32] Lott R K，Lee L-K. Headwaters heavy oil LTC. Ebullated bed hydroprocessing methods and systems and methods of upgrading an existing ebullated bed system[P]. USP 2005241991，2005-11-03.
[33] Cox J A. Amoco Co. Floating recycle pan for ebullated bed reactors[P]. USP 4911893，1990-3-27.

[34] Li A S, Eccles R M. Hydrocarbon research INC. Fluid flow distribution system for fluidized bed reactor[P]. USP 4702891, 1987-10-27.

[35] J Kunnas, Ovaskainen, Respini. Mitigate fouling in ebullated-bed hydrocrackers[J]. Hydrocarbon processing, 2010, 89(10): 59-64.

[36] Yudong Sun, Chaohe Yang, Hui zhao. Influence of asphaltene on the residue hydrotreating reaction[J]. Energy&Fuels, 2010, 24(9): 5008-5011.

[37] Joao Marques, Simon Maget, Jan J. Verstraete. Improvement of ebullated-bed effluent stability at high conversion operation[J]. Energy&Fuels, 2011, 25, 3867-3874.

[38] Buttke R D; Peck L B; Nikolaides C. Amoco Co. Reduced gas holdup in an ebullated bed reactor[P]. USP 5308476, 1994-3-3.

[39] Nippon KetjenCo. Ltd. High-macropore hydroprocessing catalyst and its use[P]. USP 7186329, 2007-3-6.

[40] Nippon Ketjen Co. Ltd. Hydroprocessing catalyst and use thereof[P]. USP 7169294, 2007-1-30.

[41] Akzo Nobel N V, Nippon Ketjen Co. Ltd. Hydroprocessing catalyst and use thereof[P]. USP 6893553, 2005-5-17.

[42] Wessel ljlstra. Advances in catalysts for processing difficult Urals vacuum residues in ebullated bed units[M]. 7th Russian BBTC, Moscow, Apirl 18-19, 2012.

[43] Lott R K; Lee L K. Headwaters Heavy oil LIC. Ebullated bed hydroprocessing methods and systems and methods of upgrading an existing ebullated bed system[P]. USP 7449103, 2005-4-28.

[44] Clarifying the Scope of Petroleum Hazardous Waste Listings: Supplemental Information Regarding Petroleum HydroprocessingUnits, May 2002, Prepared for U. S. Environmental Protection Agency Office of Solid Waste Ariel Rios Building 1200 Pennsylvania Avenue, N. W. Washington, D. C. 20460.

[45] E-bed catalystsCommercial performance and new developments[M]. 7th Russian BBTC, Moscow, Apirl 18-19, 2012.

[46] Lott R K; Lee L K. Headwaters Heavy oil LIC. Ebullated bed hydroprocessing methods and systems and methods of upgrading an existing ebullated bed system[P]. USP 7449103, 2005-4-28.

[47] Lott R K; Lee L K. Headwaters Heavy oil LIC. Ebullated bed hydroprocessing system [P]. USP 20080193345, 2008-8-14.

[48] Lott R K; Lee L K. Headwaters Heavy oil LIC. Methods for hydrocracking a heavy oil feedstock using an in situ colloidal or molecular catalyst and recycling the colloidal or molecular catalyst[P]. USP 8303802, 2011-5-26.

[49] Lott R K; Lee L K. Headwaters Heavy oil LIC. Methods and system for hydrocracking a heavy oil feedstock using an in situ colloidal or molecular catalyst[P]. USP 20110220553, 2011-9-15.

[50] Lott R K; Lee L K. Headwaters Heavy oil LIC. Methods for hydrocracking a heavy oil feedstock using an in situ colloidal or molecular catalyst and recycling the colloidal or moleculat catalyst[P]. USP 20110226667, 2011-9-22.

[51] Chabot Julie, Bruce E. Reynolds, Maris Erin et al. Hydroprocessing catalysts and methods for making thereof [P]. USP 20120152805, 2012-6-21.

[52] Bruce E. Reynolds Chabot Julie, Maris Erin et al. Hydroprocessing catalysts and methods for making thereof [P]. USP 6132597, 2000-10-17.

第七章 加氢裂化及渣油加氢设备

第一节 加氢设备发展概述

本章所述加氢设备是指加氢裂化渣油加氢工艺装置中所采用的关键设备，包括加氢反应器、高压换热器、高压空冷器、加氢加热炉、新氢压缩机组、循环氢压缩机组、进料泵组等。纵观近十几年来加氢设备的发展，呈现出以下特点：

① 材料设备的大型化，有力推动了装置的大型化发展。

在反应器方面，我国在加氢反应器的制造能力上取得了长足进步。国内攻克了大型加氢反应器用的2.25Cr-1Mo-0.25V钢超大直径超大厚度筒节、过渡段制造难关，形成了最小内径大于5400mm、最大壁厚可达400mm的锻焊加氢反应器成套制造技术。到2012年底，国内生产出内径5400mm、壁厚340mm的2.25Cr-1Mo-0.25V+堆焊的锻焊结构反应器；2018年底，又生产出内径5800mm、筒体最小设计壁厚为352mm的2.25Cr-1Mo-0.25V+堆焊的锻焊结构固定床渣油加氢反应器。在反应器单台重量方面，继1998年实现1000吨级2.25Cr-1Mo+堆焊的锻焊结构反应器制造工厂整体交付之后，2006年突破了2000吨级2.25Cr-1Mo-0.25V+堆焊的锻焊结构反应器用户现场组焊交付，2020年6月生产出世界上最重型，重量达3025t的2.25Cr-1Mo-0.25V+堆焊的锻焊结构反应器制造工厂整体交付。大型加氢反应器工厂制造和现场制造技术的掌握，也极大地推动了受大型设备运输条件限制的内陆地区建设大型石化项目的进程。反应器大型化的进步，使得2.5Mt/a规模的固定床渣油加氢装置实现了"单系列"反应流程，不仅使反应器的台数和总吨位大大减少，同时还大幅减少了配套的压缩机、高压泵、管线、阀门和仪表等的用量，节约了可观的工程投资和装置建设占地。

国内在高压换热器方面在成功制造出内径为1800mm高压隔膜式换热器后，又相继成功制造投用内径为1800mm的管/壳程压力分别为"高压-高压""高压-低压"的高压螺纹锁紧环式换热器。在传热面积方面，单台换热面积达约5000m^{2}的高压加氢缠绕管式换热器已在加氢裂化装置上成功运行。

加氢装置压缩机组也呈现大规格趋势。新氢压缩机组综合活塞力已达到150t，机组名义气体力已达到180t，并且机组入口压力高达90bar，对机组驱动机选型及现场开车要求难度加大；循环氢压缩机气量也有所增加，大规格新氢压缩机参数见表7-1-1：

② 新材料、新技术、新设备的开发应用，有力保障了装置的安全性，推动了装置的运行周期不断延长，降低了工程建设费用，提高了装置经济效益。

得益于信息技术的进步，加氢设备的设计和制造过程普遍采用有限元应力分析、计算流体动力学(CFD)、仿真技术等先进方法进行辅助设计研究验证，在设备制造前对不同工况下设备各部位的应力、温度、流体分布、流动状态等进行详尽分析考察，从源头上保证了设备的各项使用性能和安全可靠性。如加氢反应器制造中，随着大型 2.25Cr-1Mo-0.25V 钢空芯钢锭技术、大型过渡段近净成形技术、大型油压机、筒节整形机、轧环机、双丝窄间隙自动埋弧焊、多头带极堆焊、衍射时差法超声检测(TOFD)、相控阵超声检测(PAUT)以及大型加氢反应器现场制造成套组焊热处理等新装备新技术的应用，增强了反应器制造能力，确保了反应器材料的性能，保障了反应器制造质量，提高了生产效率，降低了制造成本。

表 7-1-1　大规格新氢压缩机参数表

项目	名称	介质	形式	排量/(Nm^3/h)	入口压力/MPa(绝)	入口温度/℃	出口压力/MPa(绝)	轴功率/kW
1	新氢压缩机	氢气	4 列往复式	93960	4.805	46	21.468	6200
	循环氢压缩机	氢气等	离心式	82184	16.253	67	21.354	5398
2	新氢压缩机	氢气	4 列往复式	88330	2.23	43	19.96	8444
	循环氢压缩机	氢气等	4 列往复式	82184	9.82	43	19.96	6425
3	新氢压缩机	氢气	4 列往复式	91301	2.25	40	17.84	8270
	循环氢压缩机	氢气等	离心式	281462	14.3	68	17.58	18972

机组智能型状态监测及调节技术的应用，实现了性能的动态和静态监测、特性参数的监测(如特殊部件温度、压力)及在线的状态分析及调节等功能，保障了机组的可靠运行。

目前往复压缩机组在线监测技术，可以实现机组的运行指标在线监测、记录与分析特殊数据，比如监测气缸内压力、温度、吸排气阀泄漏故障、填料气密故障、大小头瓦温度、缸体振动速度、活塞杆下沉；同时输出示功图、活塞杆综合受力图、活塞杆下沉趋势图、缸体及十字头振动柱状图、反向角及填料温升等参数，电机的转子温升检测、电机轴伸扭矩监测，监测电机相间绕组电气参数，判断短路故障及气隙变化等。运用神经网络等人工智能算法搭建工程专家库和分析平台，具备数据记录、数据梳理和筛选、比对学习、故障预警与诊断、智能专家建议输出等数据处理功能。如图 7-1-1 所示。

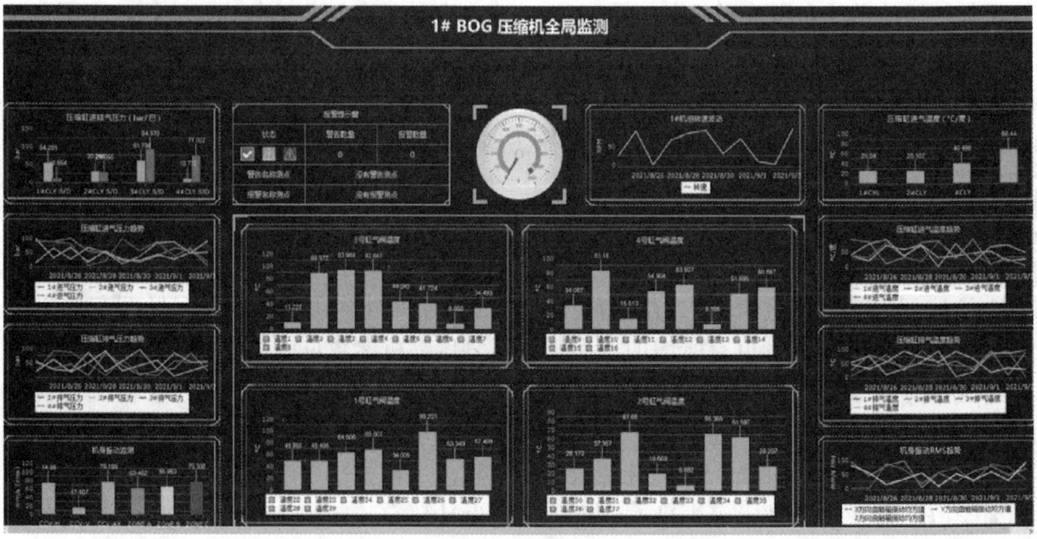

图 7-1-1　往复式压缩机状态监测

其他技术如流量无级调节技术的应用，如图 7-1-2 所示，实现正常 30%～100%的流量控制，实现反应器新氢气量的自动调节，并节省能耗。填料吹扫技术的应用，建立填料与火炬压力稳定差异，可以延长填料使用寿命。正压型防爆电机采用轴封技术，满足 GB 3836.5《爆炸性气体环境用电设备 第 5 部分：正压外壳型“P”》关于密封性的要求。

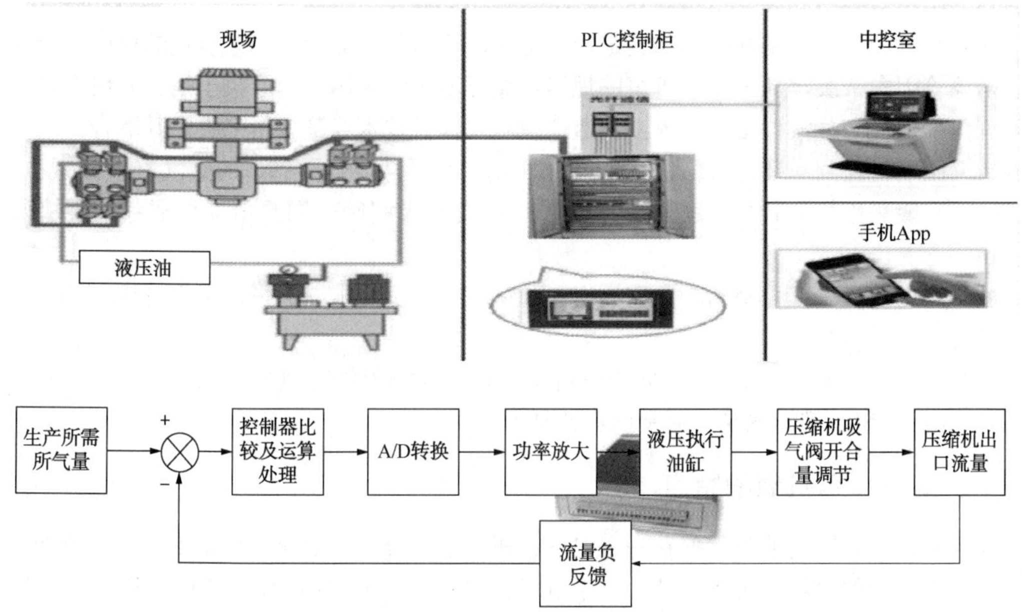

图 7-1-2 往复式压缩机无级流量调节系统

离心压缩机组在线监测内容包括：干气密封健康检测，连续输出密封腔参数，间隔更新输出密封泄漏曲线，并科学预测密封预期寿命，针对记录数据给出维修服务建议；轴振动及窜动在线监测技术分析、润滑和控制油系统油液在线分析；其他技术如背压蒸汽轮机轴封技术应用在背压蒸汽透平上，可以有效控制轴端蒸汽泄漏，节省密封凝汽设备，节约投资、占地和冷却水消耗，如图 7-1-3 蒸汽透平轴封结构所示。

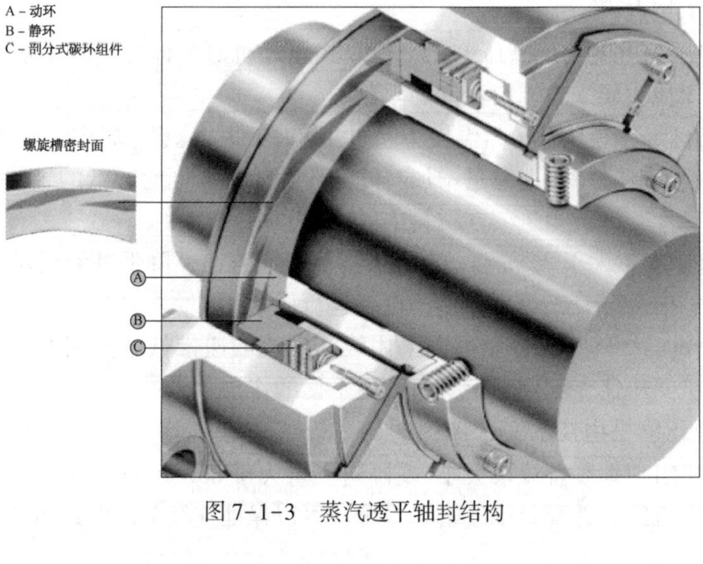

图 7-1-3 蒸汽透平轴封结构

第二节　加氢装置动设备

加氢装置中的转动设备主要包括新氢压缩机、循环氢压缩机、进料油泵以及其他机械类设备。

加氢装置中转动设备的应用与其采用的工艺流程有关，如根据工艺装置的反应压力以及新氢来源等因素来决定新氢压缩机组的规格；循环油泵的采用与否取决于是否采用未转化油循环流程；控制高分液位是否引入液力透平设施要通过技术经济分析来决定其取舍。

新氢压缩机起到对装置反应氢气的补充作用，介质为96%~99%的氢气，出口压力高、压比高，一般采用往复式压缩机组，通常采用增安型无刷励磁同步电动机驱动。要求设有备机。

循环氢压缩机一般采用离心压缩机组，为适应变工况要求一般采用蒸汽轮机驱动。一般不设备机。

工艺流程泵一般多采用离心泵，进料泵、循环油泵因操作温度高、扬程高，多采用API610标准的BB5型筒式泵。通常设有备泵。

一、氢气压缩机组的特点

加氢装置是将原料油与氢气在一定温度、压力下混合，在催化剂作用下，将原料油大分子转化为小分子的过程。过程中消耗大量氢气，由新氢压缩机(以反应器设定压力为标准压力)进行连续补充。加氢装置氢气通常来自下列途径：

① 制氢装置：包括以轻烃为原料的蒸汽转化制氢；以重油(减压渣油)为原料的部分氧化及蒸汽转化制氢。氢气的净化有化学吸收净化和变压吸附净化两种。

② 重整装置提供的副产品氢气。

③ 利用加氢装置排除的低浓度氢气，提纯回收氢气。

(一) 新氢压缩机组技术特点

新氢压缩机主要采用往复式压缩机，通过活塞的往复运动利用容积的改变使气体受到压缩。一般具有以下特点：

① 采用多级压缩方案实现高压缩比。往复式压缩机对气体分子量不敏感，可以实现单级压比2~3，高压比主要来自出口温度的限制。

② 新氢压缩机每一级压缩出口温度不超过135℃，由于氢气分子间相对滑移速度较大，压缩过程中会使活塞环、填料泄漏量增加，降低容积效率，同时较低的气体出口温度有利于气阀的寿命和可靠性，还减少氢气在材料中的渗透作用。

③ 控制活塞速度不大于3.5m/s，有利于提高气阀寿命、降低往复运动部件惯性力，降低活塞杆密封环、活塞环及支撑环磨损，提高运行周期。

④ 新氢压缩机的级间压力控制可以采用级间回流的递推低选控制方法，既对流量进行调节又可以稳定级间压比，起到稳定机组动力平衡的作用。

(二) 循环氢压缩机组技术特点

循环氢压缩机组根据装置规模大小(实际进气量大于60~100m^3/min)，大多选用蒸汽轮机驱动的离心压缩机组，并配置干气密封系统，可以保证连续不间断运行5年。

离心压缩机工作原理是：通过高速旋转的叶轮将其动能传递给被压缩的气体，进而在压缩机的静止部件(导流器、扩压器)中使速度能转变为静压能，提高气体的压力。由此可见，离心压缩机对气体分子量十分敏感。

通常使用以下公式估算压缩机叶轮数量：

$$H_{pol}=R\,T_1\cdot\frac{K\cdot\eta_{pol}}{K-1}\left[\left(\frac{P_2}{P_1}\right)^{\frac{K-1}{K_{pol}}}-1\right] \tag{7-2-1}$$

式中　H_{pol}——需提供的能量头，(kg · m)/kg；

R——气体常数，$R=848/M$；

K——绝热指数；

η_{pol}——多变效率；

P_2——出口压力，MPa；

P_1——入口压力，MPa；

T_1——入口温度，K。

不同气体在压缩时所需能量头的比较见表 7-2-1。

表 7-2-1　不同气体在压缩时所需能量头对照表①

气体	分子量	气体常数 R	绝热指数 K	密度/(kg/m³)	多变能量头/(kJ/kg)	叶轮顶尖速度 $V=280$m/s 所需叶轮个数/个
空气	28.94	29.3	1.4	1.293	9400	2
焦炉煤气	11.77	72	1.36	0.525	22000	5
氦气	4	212	1.66	0.178	71500	17
氢气	2.014	421	1.41	0.09	134500	32

注：操作条件压比 2.5，入口温度 $T=290$K，多变效率 0.83，绝对湿度 0.054。

由表 7-2-1 可见，要达到 2.5 压比，采用离心压缩机压缩氢气比压缩空气需要增加 30 个叶轮。通常离心压缩机每一个壳体最大可安装叶轮约 10 个，所以对于压缩氢气需要 4 个气缸(壳体)串联，这几乎是不可能的方案。

氢气在离心压缩机中的压缩方案一般具有以下特点：

① 压比不超过 1.3，由于氢气分子量低且单缸叶轮个数的限制以及叶轮最高圆周速度的限制，离心压缩机不可能达到较大压比。

② 离心压缩机由变转速的蒸汽轮机驱动，通过转速的改变来适应不同工况(分子量改变、流量或压比改变)的要求。

加氢裂化装置操作中的不同阶段如 SOR(操作初期)、EOR(操作末期)以及脱硫、再生等工况，压缩介质的分子量在较大范围内变化，通过改变压缩机转速来改变向气体提供的能量头，以适应工艺操作的要求。

理论上压缩机叶轮向气体提供的能量头为：

$$H_{pol}=\frac{1}{g}C_{2u}\cdot U_2 \tag{7-2-2}$$

式中　H_{pol}——叶轮提供的能量头，kJ/kg；

C_{2u}——叶轮出口绝对速度在周围速度方向的投影，m/s；

U_2——叶轮出口圆周速度，m/s；

g——重力加速度，m/s^2。

另一种表达式为：

$$H_{pol}=\psi_2\frac{U_2^2}{g} \tag{7-2-3}$$

式中　H_{pol}——叶轮提供的能量头，kJ/kg；

ψ_2——能量头系数；

U_2——叶轮出口圆周速度，m/s；

g——重力加速度，m/s^2。

U_2 的改变使压缩机向气体提供的能量改变，从而得到所要求的性能。

③ 循环氢压缩机可以不设置反飞动系统。在加氢裂化装置中，循环氢压缩机入口均设有可靠的压力控制系统，可保证压缩机入口流量和压力保持稳定，而压缩机出口亦有压力控制，所以循环氢压缩机可以不设置反喘振系统。

二、新氢压缩机

新氢压缩机又称补充氢压缩机，其主要参数根据所采用的工艺技术及氢气来源确定。新氢的耗量与原料油性质、产品方案及操作条件有关。对相关加氢装置的分析，总结了估算氢耗的方式，根据新氢的来源及其压力等级就可确定所需氢气压缩机的设计参数。新氢压缩机的设计参数通常为中小流量、高压力比，属于往复式压缩机应用范围。

（一）新氢压缩机单机参数的确定

1. 配置方案

在选择压缩机时，根据装置所需的新氢量，通常有三种方案可供选择，见表 7-2-2。

表 7-2-2　压缩机选型方案对照表

项目	方案一	方案二	方案三
	2×60%	3×50%	2×100%
操作方式	正常 2 台同时操作，一台故障装置降量	正常 2 台并联操作，1 台故障另 1 台备机投入工作，装置不降量	正常时一开一备
备用率	无备用	一台备用，备用率 50%	一台备用，备用率 100%
驱动电机	功率按照总量 60%，容量中等	功率按照总量 50%，容量最小	功率按照总量 100%，容量最大
操作可靠性	装置降量	机组故障，可迅速切换，保证装置处理量	机组故障，可迅速切换，保证装置处理量
占地	最小	最大	大
投资	最少	最大	大

以 2×60% 方案，通过 10% 余隙腔及入口卸荷控制，可实现如表 7-2-3 所示操作工况的组合。

表 7-2-3　2×60%方案操作工况组合

工况	A 机	B 机	总排量
1	60%	60%	120%
2	54%(余隙腔开)	60%	114%
3[①]	54%(余隙腔开)	54%(余隙腔开)	108%
4	30%(入口卸荷)	60%	90%
5	54%(余隙腔开)	30%(入口卸荷)	84%
6	60%	0	60%

① 工况 3 为正常工况。每台 4%用于压力控制回流。

2. 负荷调节问题

① 压缩机的排量控制及调节。往复压缩机可以通过固定式或可变式余隙腔及入口卸荷及无级调量设施的方式实现排量控制。

② 通过余隙腔可实现一定的排量控制。通过入口卸荷可使具有二列一级缸的压缩机实现 0%、25%、50%、75%、100% 的排量控制，对只有一列一级缸的压缩机可实现 0%、50%、100%的排量控制。

往复压缩机的气量调节方式有多种，常见的有驱动机转速调节、压开吸气阀调节、气缸的固定余隙及可变余隙调整、气体管路回路调节等。对化工工艺流程用的新氢压缩机来说，采用的方法多为全行程压开吸气阀调节(吸气阀卸荷器调节)、部分行程压开吸气阀调节(气量无级调节系统)以及气体管路的逐级返回或末回一调节。采用进气卸荷器调节，根据机组的配置最多可实现 0、25%、50%、75%、100%的五档排量控制；气量无级调节系统可实现 20%~100%的气量连续调节；气体回路调节最大可实现 0~100%的气量调节。

③ 为了使操作中当运行余隙调节及入口卸荷器调节时压缩机级压缩比能保持在设计值，新氢压缩机还需设置特殊的级间回流系统。

④ 采用无极流量调节设施，考虑反向角、扭矩峰值、气阀过热等因素影响，可以实现约 40%~100%调节范围。

⑤ 某些装置要求新氢压缩机在某一中间压力下抽出部分氢气，这将对压缩机级压缩比的选择提出要求。

(二) 新氢压缩机选型问题

1. 单台配置方案的优化

无论采用何种配置，对单台机选型均需考虑压缩比的合理分配、确定机组级数，并确定机组总列数及每级的气缸数，最后确定压缩机机型。目前国内往复式压缩机组应用的机型见表 7-2-4。根据确定的机组转速、行程、气缸尺寸、运动部件质量及各级压比等计算出机组载荷(包括拉应力及压应力)、曲轴安全系数及所需功率，据此确定机型系列。近代的往复压缩机多采用卧式对置或对称平衡型，按 API618 的要求，若配置单作用气缸，级差式活塞以及串联式气缸均需得到用户的同意。

对制造厂提出的选型报价，在单台配置方案上，需重点审查或讨论的问题包括 压缩比、压缩级数和列。

表 7-2-4　加氢装置新氢压缩机常见机型列表

列数	2.5	3.5	10	16	20	25	32	40	50	80	125	150
P(单列)	●											
2D(2 列)		●	●	●	●	●	●	●	●	●	●	●
4M(4 列)			●	●	●	●	●	●	●	●	●	●
6M(6 列)							●	●	●	●	●	●

氢气压缩机对每级出口温度有明确要求，从限制每级出口温度不超过 135℃的条件来确定每级的压比。制造厂在考虑配置方案时应综合考虑压比的分配及总列数，从动力平衡的角度选择偶数列的布置较为理想。

总列数：在确定总压缩级数及级压力比以后，根据每列为一个气缸原则确定总列数，一般采用偶数列。

每级气缸数：由每级要求的入口流量计算出气缸直径，再综合考虑缸径大小、受力以及机组列数等条件，确定每级缸数。

目前工业应用的往复压缩机从 2 列到 10 列，每列间相隔相同的角度。

为减少往复及旋转质量惯性力的影响，可应用以下方法：

① 对 2 列、4 列采取 90°布置；8 列采取 45°布置采取配重；6 列采取 120°布置可不需要配重；所有往复惯性力全部平衡；4 列采取 180°布置，8 列采取 180°布置虽然可不需要配重，但由于同时 4 个气缸压缩气体，因而会造成驱动机大的扭矩波动，因而需要较大曲轴直径，对飞轮或电机转子造成较大的附加惯性力影响，需要更大尺寸联轴器。

② 从设计角度最佳方案是，所有各列往复部分的质量相等，或相对的二列往复部分质量相等。最低要求是使相对的二列往复部分质量尽可能接近，并采用较重的活塞，在十字头上加重。

在确认压缩级数和总列数及其布置时，制造厂应提出或说明该方案的工业实践以及和其他方案比较的优缺点。

2. 主要气动计算结果的确认

新氢压缩机出口压力高，压缩过程应按实际气体方程进行修正，主要热力学参数如 C_P/C_V 及压缩性系数 Z，均应按入口和出口分别计算。

（1）平均活塞速度

$$V = S \times \frac{n}{30000} \tag{7-2-4}$$

式中　V——平均活塞速度，m/s；

S——活塞行程，mm；

n——主轴转速，r/min。

API618 对平均活塞速度的要求是制造厂根据规定的使用条件，为达到安全操作、减少维护的目的而确定的有足够余量的数值。

活塞平均速度低有利于提高可靠性，但却增加了设备制造成本，同时占地庞大。国内压缩机活塞速度限制值如表 7-2-5 所示。近些年，随着气阀设计制造水平的提高，压缩机越来越趋于高转速、短行程，即利于曲轴的安全运转，具有切向力均匀、飞轮距小等优点，同时驱动机(电机)极对数降低制造方便，但一定要进行扭振分析。

表 7-2-5　往复压缩机活塞速度限制值表

压缩机功率/kW	最大曲轴转速/(r/min)	最大活塞平均速度/(m/s)
25~150	500	5.0
150~250	428	5.0
≥250	375	4.0

气缸无油润滑时，压缩机转速和对应的平均活塞速度应小于同机型的气缸有油润滑压缩机的平均活塞速度。当压缩介质为饱和烃类气体或气缸为无油润滑时，平均活塞速度应小于或等于 3.5m/s。

高的活塞速度除了引起更大的惯性力和惯性力矩以外，还会造成活塞杆密封、活塞环及支撑环更快磨损，气阀阀片动作更加频繁，通过气阀的气流速度增加等。出于安全运行、减少维护的目的，对于活塞速度的要求综合了对转速和气缸的限制，从而也进一步对气缸直径的选择提出了要求。按照 SH/T 3143 标准的规定，活塞直径(mm)与压缩机曲轴转速(r/min)的乘积小于或等于 272500。最大活塞直径宜小于或等于 825mm。在低压进气工况，活塞速度不能超过此值。

在实际应用中，制造厂一般通过控制每个机组系列的许用转速和许用气缸直径，以及进行气缸载荷核算来满足要求。制造厂一般从标准气缸、标准系列以及驱动机转速等综合考虑得出总体方案，活塞速度有时会超过 3.5m/s，在电机转速不能改变的情况下，减少活塞行程会引起气缸直径的增大，造成动力平衡的改变，因而综合考虑活塞杆密封、活塞环及支撑环的材料等因素，可以对要求适当放宽，根据成功使用的经验，活塞速度最大 4.3m/s，对于加氢裂化可控制在 4m/s 以下。

(2) 级出口温度

按级压比计算的级出口(绝热压缩)温度为：

$$T_2 = T_1 \left(\frac{P_2}{P_1}\right)^{\frac{K_T-1}{K_T}} \qquad (7-2-5)$$

式中　T_2——压缩机级出口温度，K；

T_1——压缩机级入口温度，K；

P_2——压缩机级出口压力，MPa；

P_1——压缩机级入口压力，MPa；

K_T——温度绝热指数。

气缸有充分冷却的往复压缩机，其多变过程指数 n 一般均小于气体的 k 值，因而绝热压缩有较高的效率，实际出口温度会略低于绝热压缩过程的计算值。API618 标准中规定氢气压缩机出口温度应小于 135℃，为此应采用较小的级压比，有时不得不采用保守的设计，即增加压缩级数来满足这一要求。

控制出口温度的主要目的是提高机组运行可靠性，在制造厂有足够经验的情况下，也可以适当提高出口温度，工程实际经验最大允许值接近过 140℃。

(3) 不同工况下各级压比

在各级气缸尺寸及余隙容积确定的情况下，压缩机的总压比将按照压缩机气缸的排气容积分配，入口压力或出口压力的改变将会造成压比的重新分配。为使级压比尽量接近设计值，达到动力平衡的理想效果，通常要核实各级压比的变化，要求各制造厂对变工况条件下的动力平衡情况进行评估。

(4) 不同工况下各级的出口温度

在加氢裂化生产周期中，如催化剂再生时，往往要求新氢压缩机处理空气和氮气，由于其绝热指数较高，同时压力比也不同，可能造成更高的出口温度，对此工况应采取以下措施：

① 确定该工况合理的压力比，控制排气温度。

② 改变气缸润滑油牌号，使用耐温的合成润滑油，尽量减少油用量。

③ 禁止无冷却设施的闭路循环运行，不进行旁路循环的部分负荷运行。

④ 各级出口温度可运行比氢气运转时高15℃。

⑤ 对易积聚润滑油的部位，如出口缓冲器等处，注意经常排油。

3. 氢气压缩机的结构

在确认了单机配置方案即压比分配、级数、列数及各列的位置后，对单机结构的要求主要有下列各项。

(1) 机架

机架包括曲轴箱和十字头导轨两部分，有两种基本结构：一种是曲轴箱和十字头导轨分别铸造后，用螺栓连接在一起(美国某品牌)；另一种是曲轴箱和十字头导轨为整体铸造(德国某品牌)结构。

这两种结构在工业上均有成功的应用，整体式结构可使沿气缸轴线的载荷方向达到最大刚度，使活塞力引起的变形最小；分离式结构则通过精密加工保证两者的对中。通常在较大机架上采用整体结构。

曲轴箱本身也有整体铸造和分段铸造后用螺栓连接的两种结构(对2列以上的机架)。为了保证机架的刚性及在各种操作条件下机架的变形最小，通常在每一个轴承位置，在机架上均设置拉紧螺栓。

某压缩机厂压缩机机身采用曲轴箱和十字头导轨为整体式铸造，见图7-2-1。

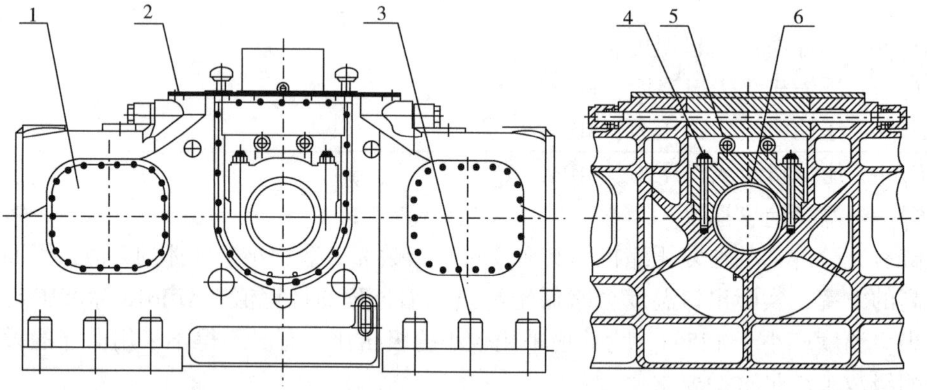

图7-2-1　往复压缩机机身图

1—滑道盖板；2—机身盖板；3—机身地脚螺栓孔；4—轴承紧固螺栓；5—吊环螺钉；6—主轴承

曲轴轴承支承方式有二种：全支承方式，即每个曲拐两侧均设有主轴承；非全支承方式，即每2~3个曲拐的两侧设两个主轴承。前者对曲轴的刚性以及奇数列机身有利；后者对缩短压缩机的长度有利。

某压缩机厂曲轴采用非全支承方式，见图7-2-2。

(2) 中体

API618标准规定，氢气压缩机适合采用D型双中体结构，这种结构适用于易燃、危险或有毒的气体。活塞杆上不应有任何部分交替进入刮油器填料和中间分隔填料。在中体上可放置充氮气保护、放空和排凝等设施。两室之间应装有中间分隔填料。C型一般不适用于工艺机，纯氧气装置应采用C型中体，并且要关注活塞杆的压杆稳定。

(3) 十字头和活塞杆的连接

螺纹连接是传统连接方法，采用精制滚压螺纹以提高疲劳强度和减少应力集中。另一种广泛应用的连接方法是采用液压预拉伸的连接方法。

常规的螺纹连接方法是通过活塞杆拧入十字头的深度来调节活塞死点间隙，液压连接中需要将配合部件预先精密磨削加工到规定值。在螺纹连接中，活塞杆根部的许用应力对切削螺纹为41.1MPa，切削后磨削螺纹为52.1MPa，滚压螺纹为56.2MPa。

活塞杆与密封接触部分应镀铬，硬度达到RC50-55表面硬度。

某压缩机厂往复压缩机十字头和活塞杆连接采用液压连接方式。见图7-2-3。

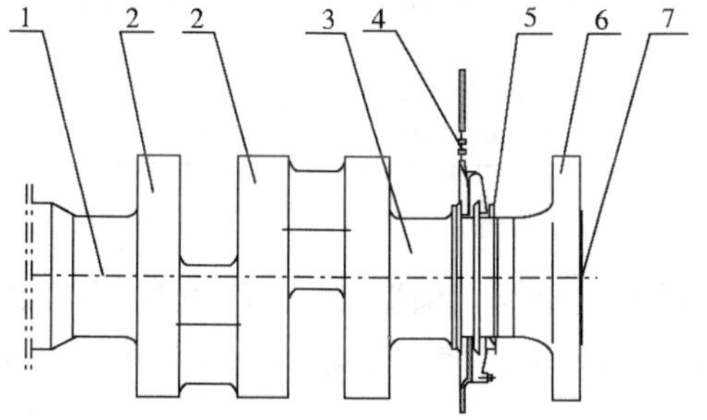

图7-2-2　往复压缩机曲轴图

1—主轴颈；2—曲柄臂；3—定位主轴颈；4—机身挡油盖；5—密封原件；6—曲轴联轴器法兰；7—定位止口

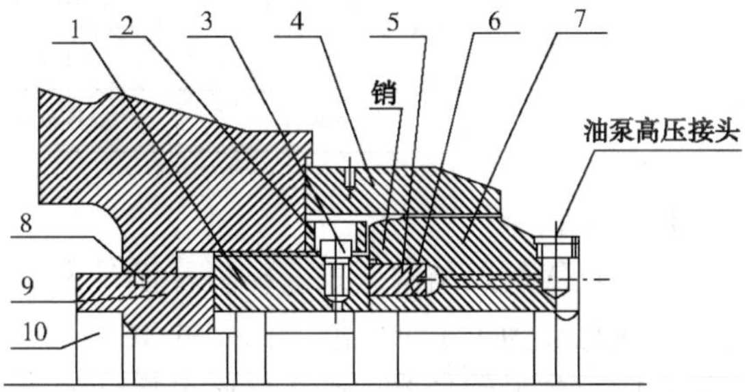

图7-2-3　往复压缩机十字头和活塞杆连接图

1—定位环；2—调整环；3—螺钉；4—锁紧螺母；5—压力活塞；6—密封圈；7—压力体；8—连接弹簧；9—止推环(两半)；10—活塞杆

如图7-2-3所示，液压连接紧固装置主要由连接装置和紧固装置两部分组成。通过连接紧固装置，将活塞杆与十字头进行连接后，将150MPa压力的液压油注入紧固装置中的压力体中，推动活塞，迫使活塞杆尾部产生弹性拉伸变形，再将锁紧螺母锁定后，将油泄压，即可达到连接所需的预紧力。通过调整定位环带动活塞杆以调整活塞止点间隙。

(4) 气阀、活塞杆密封、活塞环及支撑环

往复压缩机的易损件包括气阀、活塞杆密封及活塞环、支撑环。这些部件的寿命制约了压缩机的运行周期。根据美国SIEMENS(DR公司)对用户的调查统计，氢气压缩机非计划停车的原因，其中气阀占36%，活塞杆密封占17.8%，工艺原因占8.8%，活塞环占7.1%，支撑环占6.8%，卸荷器占6.8%，气缸润滑及仪表各占5.1%。有关新氢往复式压缩机活塞杆常用材料及性能见表7-2-6、表7-2-7。

表 7-2-6 国外氢气往复式压缩机活塞杆常用材料及性能对照表

项目		SAE-4140 热处理	SAE-4140 退火处理	SAE-B620 热处理	17-4PH 热处理
拉伸强度		844	668	809	1406
屈服极限/MPa		703	422	492	1301
疲劳强度/MPa		387	281	351	5270
硬度/MPa					
心部	max	40	22	22	4050
表面	min	50	50	50	4050
最大允许设计应力/MPa		60	42	53	70

表 7-2-7 国内氢气往复式压缩机活塞杆常用材料及性能表

项目		42CrMoE	20Cr13	17-4PH
拉伸强度/MPa		≥800	≥750	≥835
屈服极限/MPa		≥650	≥550	≥680
硬度		HBW241-286	HBW≥192	HRC≤33
摩擦面硬度	高频淬火	HRC48-56	HRC48-56	HRC40-50
	氮化	HV≥500		
	喷涂碳化钨	HV800-1100	HV800-1100	HV800-1100

1）气阀

对于氢气气阀结构形式、材料及设计参数的选择至关重要。根据美国 SIEMENS 公司的统计，在总数为 121 个气缸上使用的 1028 个气阀的寿命资料，使用最好的是环状阀，其次为网状阀，条形阀最差。影响气阀可靠性的因素主要有：

① 腐蚀：在阀板、弹簧上极小的蚀点均可引起疲劳破坏。

② 温度：阀板、弹簧使用材料的温度极限。

③ 对颗粒的耐受性：气流中携带的颗粒会引起泄漏和运动部件的疲劳。非金属材料对颗粒的耐受性较好，因为颗粒可嵌在上面不影响可靠性。

④ 差压：高差压如果和高温度组合，则易造成阀板的变形。

⑤ 冲击：阀板对阀座的冲击速度大会造成“冲击疲劳”，其值和材料及阀的结构设计有关。

⑥ 脉动：如果阀在打开的位置下，阀板在阀座和杆件间来回颤抖，则降低可靠性。SIEMENS 公司调研统计还表明，气阀的升程和气阀寿命直接相关，如一个气阀升程为 2mm 的气阀寿命为 8000h，而升程为 1mm 的气阀寿命可达到 25000h。所以在气阀的结构和形式的选择上，制造厂的经验和业绩非常重要，在相同使用条件下的经验更值得参考。

2）活塞环、支撑环及活塞杆密封

氢气压缩机的活塞环、支撑及活塞杆密封的设计及材料选择，取决于应用的温度、压力、气缸的润滑、填料的润滑和冷却。目前在氢气压缩机上广泛应用的是充填 4F（石墨、玻璃纤维增强的4F)，不同的专利结构也在设计上广泛应用。压缩机排气温度趋势与活塞环、支撑环及杆密封的关系见图7-2-4。

压缩机出口温度小于118℃时，其寿命可达到3年以上，个别可以达到7～10年，其原因是，出口温度增加时强度及耐磨性降低，润滑油黏度下降，减少材料的安全余量。图7-2-4所示的曲线适合于出口压力小于12.8MPa的场合，当出口压力超过这一值后，其寿命趋于降低。

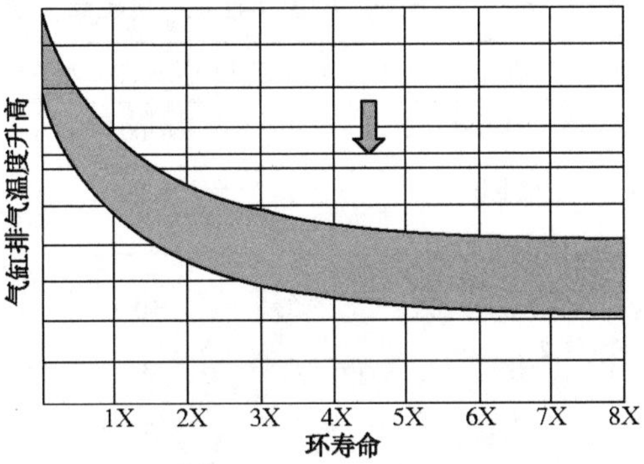

图7-2-4　压缩机排气温度趋势和环寿命关系图

4. 驱动机

(1) 防爆区划分

氢气是易燃、易爆气体，其爆炸极限为4%～75.6%(体)。循环氢和新氢压缩机的工作介质均为纯度很高的氢气，因而压缩机所在区域应视为爆炸危险场所。按照我国GB 50058—92和GB 3836的规定，氢气所在的场所属于2区。

按照爆炸气体的分类规定，氢气属于IIC类，按照国际电工协会标准IEC规定，氢气所在场所属于ZONE 2，IIC。按照上述场所爆炸危险区的划分，在选择压缩机配套电气、仪表设备时，因根据适应标准的类别仔细确定。原则上国内提供的电气、仪表设备按照GB执行，而GB标准和IEC标准等同使用。引进设备可以采用IEC标准。

氢气的引燃温度为560℃，属T1组，而在爆炸性气体分级中，按其引爆所需的能量IIC组，考虑到介质中除氢气外还有其他气体，在确定防爆标志时按照T3或更高温度组别选取。按照IEC和GB标准，目前的工程实践通常规定，隔爆电机采用dIICT4，增安电机采用eIICT3。新氢压缩机的主驱动机一般采用增安型无刷励磁同步电动机，或采用正压通风型外壳电机作为驱动机。

国内提供的电气、仪表设备按照GB 3836—2010执行，根据GB 3836.1—2010爆炸性环境第一部分：设备通用要求中规定氢气环境属于IIC类，II类的仪表设备的温度组别分T1～T6共6个组别，通常压缩机仪表选型选择T4组别，最高表面温度为135℃。II类环境本安型和隔爆型仪表均可以使用，根据用户的要求一般连续信号的仪表(如变送器、铂热电阻)选用本安型(可以参考GB 3836.4—2010爆炸性环境　第4部分：由本质安全型“i”保护的设备)，开关量仪表和电磁阀选用隔爆型(可以参考GB 3836.2—2010爆炸性环境　第2部分：由隔爆外壳“d”保护的设备)。综上所述，IIC类仪表防爆标志一般为Ex dIICT4、Ex iaIICT4。

(2) 驱动机选择

工艺气体用往复压缩机所采用的驱动电机，在充分考虑到电网条件的因素条件下，一般认为功率在600～700kW、转速500r/min或以上是同步和异步电动机的选择界限，在功率更大或转速更低时宜选择同步机。其主要优点是：低速同步机价格低于高速异步电动机加齿轮箱；效率略高(约2%)，启动电流小，对电网要求低，功率因数高，可不需要单独的飞轮。其主要缺点是需要励磁设施，控制系统较复杂，以及启动和拖入扭矩较低，要求压缩机无负荷启动。表7-2-8是某加氢装置大型往复压缩机驱动用增安型无刷励磁电动机的主要性能指标。

表 7-2-8　某加氢装置新氢压缩机驱动电机主要性能指标

性能	增安型无刷励磁电动机指标	性能	增安型无刷励磁电动机指标
额定功率/kW	6300	使用系数	1.0
额度电压/V	6000	效率/%	96.5
额定电流/A	698	功率因数	0.9(超前)
额度频率/Hz	50	堵转电流/额度电流	4.5
相数	3	堵转转矩/额度转矩	0.6
极数	20	牵入转矩/额度转矩	0.6
同步转速/(r/min)	300	失步转矩/额度转矩	1.6
定子绕组接法	Y	主体防护等级	IP54
绝缘等级	F	TEs	不小于 8
温升等级	B 级考核	防爆标志	eIICT3
冷却方式	IC81W(上水冷)	飞机矩 GD2/kg · m^2	65000
旋转方向	逆时针(从电机轴伸端看电机)	设备保护级别 EPL	Gc
定额	S1 连续工作制	振动限值/mm	<0.075

目前国内电动机制造厂与压缩机制造厂配套的增安型同步电机可以达到 8800kW(20 极，10kV)。

工程上确定驱动机规格时，为避免额定功率过大，可以对比安全阀设定值下的电机功率与各工况最大轴功率的 1.1 倍的值，取较大值者。当新氢压缩机入口压力比较高时，对驱动电机的启动扭矩要反复校核。API618 标准推荐的安全阀设定值见表 7-2-9。

表 7-2-9　API618 标准推荐的安全阀设定值

额度排气压力/bar	最小安全阀设定值	额度排气压力/bar	最小安全阀设定值
<10	加 1bar	>240~345	6%
>10~170	10%	>345	商定
>170~240	8%		

5. 辅助系统

往复压缩机的辅助系统主要有入口过滤及级间气液分离单元、级间冷却、进出口缓冲、润滑及冷却系统、在线监测系统等。

辅助系统的正确选择对压缩机的安全运行至关重要，上述各系统单元的主要功能是：

① 合理的过滤设施可以保证各级进入气缸的气体是干净的，不含杂质颗粒和液滴(水滴及油滴)。为了防止气体中所含水分在冷却气缸壁上会冷凝，API618 标准规定进入气缸的冷却水应比气体入口温度高 5℃，冷却水站和加热设施是必需的。

② 严格要求的级间冷却系统应能使压缩后的气体冷却到规定的入口温度，这不仅是节省压缩功率的需要，同时也是保证压缩机正常吸入容积的需要，级入口温度提高，降低级的吸入能力，导致级的入口压力提高，温度高则容积增加，造成各级间的不协调，改变级间压比。

③ 正确的进出口缓冲器的合理设计，可以抑制往复压缩机的脉动效应。

④ 润滑和冷却(气缸和填料)系统则是保证运动机构-曲轴、连杆、十字头及活塞和活塞杆正常运转的命脉。据某公司对往复压缩机的故障统计，活塞杆的填料、活塞环、支撑环、气缸润滑系统的故障共占37.5%，而活塞环、支撑环及杆填料的故障，除材料、操作等原因外，均和冷却和润滑有关。

(三) 新氢压缩机的出厂试验和检验

1. 制造过程中的主要检验项目

按照API618标准的规定需要对以下项目进行检查：

(1) 主要零部件材料的化学成分及机械性能数据

包括气缸体、缸盖、曲轴、连杆、活塞、活塞杆、十字头、机架、气阀阀盖、缓冲器、中间冷却器及分离器等。

(2) 重要零部件的无损探伤检查

对曲轴、连杆、十字头销、连杆大头螺栓、活塞杆等应进行磁粉检查和超声波探伤。对ASME Ⅷ DIV.1要求进行X射线检查的焊缝。

(3) 水压试验和氦气试验

对气缸夹套、冷却器及其他受压部件进行1.5倍最大设计压力的水压试验。对气缸、气缸盖及余隙腔进行1.0倍设计压力的氦气试验。

(4) 其他检查

按照制造厂的其他程序，常规的检查项目还包括气阀组件、阀座严密性、气路、油站及其组件等。电气及仪表的检查按有关标准单独进行。

2. 出厂试验项目

通常进行无负荷机构运转试验。按规定在拆除进出口气阀的条件下，轴承温度稳定后，进行4h的全速运转试验。在出厂试验及检验中应注意以下问题：

① 适用标准问题：在某些试验检查中对试验结果的合格性判断涉及适用标准问题，如磁粉、超声波、X射线检查，国内已有NB/T 47013等标准，国外一般采用ASME、ASTM及厂标等执行。进口设备随机资料中应附有产品制造执行标准规定的各项检查结果及合格性报告。

② 对采用X射线检查的部件的适用比例：焊缝的X射线检查，应用于级间管路及级间冷却器、分离器、缓冲器及其他附件。按GB 150—2011《压力容器》规定，正常先进行射线或超声检测，然后进行磁粉或渗透检测；无损检测比例按照产品制造执行标准规定执行。

③ 根据我国对进口压力容器及管道的有关规定，必须提供设备进口的SELO认证。同时，根据我国TSG 21—2016固定式压力容器安全技术监察规程的规定，须由设备使用地技术监督检验部门进行到港检验，同时要向设备使用单位提供有关设计计算及检查报告，如压力容器强度计算、安全阀排放能力、质量合格证包括材料检查、焊接热处理、气压、水压试验报告等。

(四) 管路振动的模拟分析

往复压缩机由于进气和排气的周期性，造成进气管和排气(包括级间)管内气流脉动，但进排气的激发频率与管道内气柱的固有频率相同或成倍时会出现气柱共振现象，过大的共振会引发管线剧烈振动进而导致过大的应力，从而造成管道破坏；气流脉动还会造成气阀的故障，而使压缩机的排量下降、效率降低。

为了在设计阶段比较准确地预测压缩机及其管路系统的气流脉动及管线特性并采取措施予以控制，必须进行压缩机机身及配管系统的管路振动的模拟分析。

工业上曾广泛应用电子声学模拟分析法和数学模拟分析法。电子声学模拟法是由一系列电子元件(电容、电感、电阻等)所组成的电路来模拟实际的压缩机及其管路系统，进行各种操作条件下的分析；数学模拟分析法是利用计算机程序模拟进行分析。两种方法都可以得到可靠的结果，但经验证明，当仔细考虑分析模型的阻尼特征时，数学模拟法可以达到更高的准确性。据某公司研究，电子模拟的准确度为：在非共振的条件下为-50%～+50%；在共振条件下为-50%～+400%，而数学模拟条件下为-50%～+100。随着计算机的广泛应用以及分析能力的增强，数字模拟分析成为目前主流分析方式。

API618 标准往复压缩机脉动分析的方法分类要求见表 7-2-10。

表 7-2-10　API618 标准往复压缩机脉动分析方法的分类表

绝对出口压力 P/bar	每列气缸额度功率 P_c/kW/气缸		
	<55	$55<P_c<220$	>220
<35	1 类	2 类	2 类
$35<P<70$	2 类	2 类	3 类
$70<P<200$	2 类	3 类	3 类
$200<P<350$	3 类	3 类	3 类

1. 模拟分析方法的说明

(1) 1 类模拟分析

采用标准的声学技术分析缓冲罐、孔板及选择合适的管线长度。在 1 类模拟分析中须满足：

① 按下列决定出口及进口缓冲器的最小尺寸：

$$V_S = 8.1 \times P_D \left(\frac{KT_S}{M}\right)^{\frac{1}{4}} \tag{7-2-6}$$

$$V_d = 1.6\left(\frac{V_S}{R^{\frac{1}{4}}}\right) \tag{7-2-7}$$

式中　V_S——最小的要求吸气缓冲容积，m^3；

V_d——最小的要求排气缓冲容积，m^3；

K——在平均气体运行压力和温度下的等熵压缩指数；

R——气缸法兰处的级压力比(绝对排气压力除以绝对吸气压力)；

T_S——绝对吸气温度，K；

M——摩尔质量；

P_D——要用集气管连接到缓冲容积的所有压缩机气缸每转总的净排出容积，m^3/r。

② 通过管路缓冲器的最大压力降应限制为管线压力的 0.25%，或按照式(7-2-9)计算结果中取大值。

$$\Delta P=1.67\left(\frac{R-1}{R}\right) \tag{7-2-8}$$

式中 ΔP——基于通过脉动抑制装置的稳定流的最大压力降，用装置进口平均绝对管线压力的百分比表示,%；

R——级压力比。

(2) 2类及3类模拟分析

均应包括的内容有压缩机及其配管系统的模拟，采用声学模拟，以及力学复核和管路约束力的分析技术达到有效的控制压缩机气缸及整个系统的脉冲。

(3) 3类模拟分析

3类还应增加包括压缩机及管路系统的结构固有频率分析，或包括压缩机及附属于配管系统的声学模拟及强制机械响应分析，并分析压缩机主管及辅助管线的应力水平。

(4) 对2类和3类模拟分析

应满足：

① 按1类分析初步决定入口及出口的缓冲器，最终尺寸规格由声学模拟结果决定。

② 在压缩机气缸法兰处最大允许P-P脉冲应限制在管线压力的7%，或由式(7-2-9)决定的值中较低者。

$$P_{ef}=3R \tag{7-2-9}$$

式中 P_{ef}——在压缩机气缸法兰处最大许用的未过滤峰-峰脉动值，用平均绝对管线的压力的百分比来表示,%；

R——级压力比。

③ 若通过声学模拟，对压缩性能及阀的寿命没有不良影响，较大数值也可以接受。

④ 对在0.35~35MPa的操作系统，在缓冲器以外的配管中的任何一处的单独脉冲抑制元件的峰-峰振幅最大允许值按照式(7-2-10)计算：

$$P_1=\sqrt{a/(350)}\left[\frac{400}{(P_L\times D_I\times f)^{0.5}}\right] \tag{7-2-10}$$

式中 P_1——与基频和谐频相应的各单独的脉动部件的最大许用峰-峰值，用管线平均绝对压力的百分比来表示,%；

a——气体的声速，m/s；

P_L——平均绝对管线压力，bar；

D_I——管线的内径，mm；

f——脉动频率，Hz。

2.3类模拟分析应注意的问题

① 对3类分析，应采用成熟的力学计算程序测算管线的振动响应及产生的合成循环应力，以保证和允许的循环应力的要求相符合。这样的计算应是三维应力分析，还包括管系中的主要元件，如冷却器、分离器等。

② API 618标准规定的允许循环应力值为183MPa，相当于一般碳钢和低合金钢在10^6循环次数下的允许次数应力值。ASME标准通过大量的故障实例分析，认为将此值确定在10^7循环次数下的允许循环应力值140MPa更为安全。

三、循环氢压缩机

（一）压缩机各工况参数的确定

1. 压缩机主要工况参数的选择

在加氢处理及加氢裂化装置中，循环氢压缩机通常选用离心式压缩机，由蒸汽轮机驱动，通过改变转数以适应多工况的操作要求。当装置规模较小时，亦可选用电机驱动的往复式压缩机，并配置备机。

在加氢裂化装置的整个操作周期中，从开工初期的反应系统气密（介质氮气），反应系统干燥、催化器的预硫化（采用以循环氢为载硫介质的气相硫化方法）、正常操作中的不同阶段（指因催化剂积炭活性降低引起循环氢流量改变，以及反应器床层积垢造成压力降加大），直到停工后催化剂采用氮气为热载体的器内再生阶段，循环氢压缩机均应能适应工况要求，并平稳而可靠地连续运行。表 7-2-11 为某 5.0Mt/a 渣油加氢装置循环氢压缩机操作条件。

表 7-2-11　某 5.0Mt/a 渣油加氢装置循环氢压缩机操作条件

工况	体积流量/(Nm^3/h)	质量流量/(kg/h)	入口压力/MPa(绝)	入口温度/℃	分子量	出口压力/MPa(绝)
SOR(正常)	346000	56501	16.267	67	3.7	20.124
EOR(正常)	354000	74712	16.247	66	4.7	20.589
SOR(额定)	376265	62151	16.253	67	3.7	20.792
EOR(额定)	389000	82184	16.229	66	4.7	21.354
情况 1	354000	74712	16.247	66	4.7	21.282
情况 2	346000	46038	16.267	67	3	20.124
情况 3	110000	137500	4.88	28	28.016	9.799

循环氢压缩机各工况参数由工艺操作要求确定，其进出口压力由工艺所选定的反应压力及操作周期中可预见的压力降决定，一般对直馏瓦斯油和轻蜡油可采用 8~10MPa，对重蜡油和二次加工生成油则按照氢油比来确定；在加氢裂化装置中采用大大超过化学反应所需的高氢油比来提高氢分压，降低催化剂表面积炭速度，以及有效导出反应热，使床层温度容易控制。对于重馏分油加氢裂化，氢油比通常为 1000~1500m^3/m^3。

循环氢压缩机的操作工况根据工艺要求由产品方案和生产周期的初期、末期气体组成的变化、反应器超温时急冷氢的最大排气量，以及开工阶段的氢气循环工况、催化剂预硫化工况及催化剂氮气再生工况等因素的变化而确定。在上述各工况中，介质主要是氢气时，尽管分子量略有变化，但对机器操作影响不大；唯有在催化剂再生工况时，由于分子量达 29，而出口压力仅需要 5~6MPa，采取降转速操作，通常由制造厂提出在该工况下可能达到的流量以保证所需要的操作压力。

2. 需要注意的工程技术问题

在压缩机操作所有工况中，应以正常工作点作为压缩机的性能保证点，亦是压缩机的设计点，使操作效率达到最佳。并应考虑保证点效率具体值是否优越，而不是单纯考虑是否在最高效率点上，并应兼顾考虑可操作范围是否宽，便于现场操作。

按照API617标准的规定，离心压缩机的额定操作点是指在100%转速曲线上所有规定操作点中对应最大流量的点。这是一个实际并不存在的点，仅是为了定义的目的，而正常工作点是压缩机操作周期中工作时间最长的点，它可以不在100%转速曲线上，也不应理解为压缩机的额定操作点。

关于装置初期压缩机的小分子量工况，由于操作时间较短，一般在一周左右，机组选型时可以考虑不按操作工况定义压缩机100%转速，以不超过最大连续转速为限。

（二）压缩机工程选型常见问题

1. 气动计算结果的复核及确认

制造厂按用户要求提供报价书时，根据介质物性、操作参数进行气动计算，并对机组进行优化选型，提出各操作工况下的气动计算结果。需要对计算结果进行技术上的复核，及对各厂商的报价进行分析比较以选择最佳的机型。

（1）压缩机主要参数的选择

循环氢压缩机属于大流量、低压比的多级压缩机，考虑到介质含有氢气的物性特点，在压缩机选型中叶轮级数及直径、转速的选择更为重要。

反映离心压缩机性能的主要参数有叶轮转速、马赫数、离心压缩机流量系数、压缩机进出口压比、压缩机多变效率及能量头系数，统称为压缩机气动性能参数。

1）叶轮转速

是压缩机起始参数，直接影响压缩机的质量流量、进出口总压比以及多变效率。

$$u=\omega r=\frac{2\pi nr}{60} \tag{7-2-11}$$

式中　u——叶轮顶尖线速度，m/s；

ω——叶轮角速度，rad/s；

r——叶轮半径，m；

n——叶轮转速，r/min。

2）马赫数

是可压缩流体重要的相似参数，它是用来表示可压缩性程度的性能参数，很大程度上影响可压缩流体流动的特性。当离心压缩机内部的流体是理想气体时，机器马赫数定义为：

$$Ma_{2u}=\frac{u_2}{\sqrt{kRT_1}} \tag{7-2-12}$$

式中　Ma_{2u}——机器马赫数；

u_2——叶轮出口圆周速度，m/s；

k——气体绝热指数；

R——气体常数，J/(kg·K)；

T_1——气体进气温度，K。

当压缩机内部流体为实际气体时，机器马赫数为：

$$Ma_{2u}=\frac{u_2}{a_1} \tag{7-2-13}$$

式中　Ma_{2u}——机器马赫数；

u_2——叶轮出口圆周速度，m/s；

a_1——压缩机进口处的当地音速，m/s。

3）级间压比

表示压缩机经过压缩后级间升高的压力值。

$$\varepsilon_i = \frac{P_2}{P_1} \tag{7-2-14}$$

式中　ε_i——压缩机级间压比；

P_1——压缩机进气压力，MPa(绝)；

P_2——压缩机出口压力，MPa(绝)。

4）压缩机的多变效率

是压缩机内的气体压力由 P_1 升到 P_2 的过程中所需要的多变压缩功与总功耗之间的比值。

$$\eta_{\mathrm{pol}} = \frac{1}{\dfrac{k}{k-1}} \cdot \frac{\lg\left(\dfrac{P_2}{P_1}\right)}{\lg\left(\dfrac{T_2}{T_1}\right)} \tag{7-2-15}$$

式中　k——绝热指数；

P_2——压缩机出口压力，MPa(绝)；

P_1——压缩机入口压力，MPa(绝)；

T_2——压缩机出口温度，K；

T_1——压缩机入口温度，K。

实际气体多变效率计算公式：

$$\eta_{\mathrm{pol}} = \frac{H_{\mathrm{p}}}{h_2 - h_1} \tag{7-2-16}$$

式中　H_{p}——压缩机多变能头，J/kg；

h_2、h_1——出口、进口气体实际焓值，J/kg。

5）多变能量头系数 ψ

$$\psi = \frac{H_{\mathrm{p}}}{u_2^{\ 2} \cdot i} \tag{7-2-17}$$

式中　u_2——叶轮出口圆周速度，m/s；

H_{p}——压缩机多变能量头，J/kg；

i——压缩机的级数。

6）流量系数

压缩机的流量表征压缩机流通的能力，一般用质量流量或体积流量来表示，也可用流量系数表示，它是无量纲系数。

$$\Phi = \frac{Q_{\mathrm{V}}}{1/4\pi D_2^{\ 2} u_2} \tag{7-2-18}$$

式中　Φ——流量系数，无量纲；

Q_V——进口体积流量，m^3/s；

D_2——叶轮出口直径，m；

u_2——叶轮出口圆周速度，m/s。

当流量系数 Φ 为 0.03~0.09 时，压缩机可以得到较为理想的效率；当流量系数增加时，气体在流道内的速度增加，导致效率下降；当流量系数减低时，由于叶轮轮毂的泄漏及叶轮轮盘和叶片的边界层摩擦的影响，效率下降更为明显。

可以通过下列途径提高流量系数以达到较高的效率：

① 加氢装置中，离心压缩机在最大连续转速下，叶轮顶尖速度一般不超过 280m/s，应综合考虑叶轮材料及允许应力及驱动机转速的限制来选择叶轮直径、级数。如果减小叶轮直径，叶轮级数不变，意味着增加转速才可以保证必需的能头。

② 增加叶轮级数而不改变叶轮直径，将使转速降低，由于叶轮级数的增加使转子加长，临界转速降低。

③ 采用上述两种综合的方案，利用计算机进行优化设计，综合考虑流量系数、轴向长度、不同直径的叶轮等方法使压缩机的参数得以优化。

（2）对制造厂报价的评定

对制造厂技术参数评定时，可以参考下列原则：

① 叶轮级数较少：在兼顾叶轮圆周速度的情况下，较少的叶轮表示转子长度较短。一般单级叶轮可以提供约 3000~3500(m·kg)/kg 能头。

② 圆周速度合适：评定时以正常工况为准，还应考虑在额定工况及 105%连续运转工况及 115%跳闸工况下的圆周速度，应保证有足够的强度安全系数。

③ 效率：在综合考虑叶轮级数、圆周速度(转速和叶轮直径)的情况下，选择较高效率者。

（3）对其余工况点的复核

压缩机所有工况点的复核包括速度、效率、功率是否合理和符合工艺操作要求。按正常工况点参数对压缩机进行初步选型后，根据已定的叶轮型式、直径及数量(级数)，就可以计算出不同转速下叶轮所能提供的能量头，按下式计算：

$$H_P = iu_2^{\ 2}\psi \tag{7-2-19}$$

式中 H_P——多变能量头，J/kg；

ψ——多变能量头系数，一般为 0.55~0.7；

u_2——叶轮出口圆周速度，m/s；

i——叶轮级数。

而每一个工况点，压缩气体所需的多变能量头按下式计算：

$$H_P' = \frac{8.314}{M_w} \cdot Z_{avg} \cdot T_1 \frac{k\eta_{pol}}{k-1}\left[\left(\frac{P_2}{P_1}\right)^{\frac{k \cdot 1}{k \cdot \eta_{pol}}} - 1\right] \tag{7-2-20}$$

式中 M_w——实际气体平均分子量；

Z_{avg}——平均压缩性系数；

T_1——入口温度，K；

k——绝热指数；

η_{pol}——多变效率；

P_2——出口压力，MPa(绝)；

P_1——入口压力，MPa(绝)。

对于每一个工况点，叶轮提供的能量头应等于压缩气体所需的能量头：

$$H_P = H_P' \tag{7-2-21}$$

压缩机不同工况点的复核，其主要参数的变化应符合以下原则：

① 分子量的增加趋向于降低转速；

② 压力比的降低趋向于降低转速；

③ 其他气体操作点的效率低于正常操作点；

④ 在复核中重点考虑在氮气或空气工况时的操作参数，如转速、进出口压力等。

(4) 按 API617 标准的要求复核性能曲线

压缩机的性能曲线应包括所有操作工况，每一个操作工况应提供在调速器操作范围内不同转速的性能曲线(通常 65%~105%额定转速)。对性能曲线的复核应主要检查在每一工况的操作转速下(对正常工况应检查其工作转速及额定转速)的性能参数，即流量、出口压力(或压比)、效率、轴功率。在正常工况下的性能曲线应检查在 100%转速曲线上的额定点到飞动点的流量范围(称为稳定性)，以及从额定点到额定点等压线与飞动线交点的距离(调节范围)。

在性能曲线复核中经常讨论的问题有：

① 正常工况点离飞动线过近；

② 正常转速与第一或第二临界转速隔离裕度不足；

③ 正常工作点的效率不够理想；

④ 正常工作点的转速。

上述 4 点中正常工作点的转速尤为重要，因为满足规定的压力比，转速越高意味可以采用较少的叶轮级数，而叶轮的圆周速度则越高，因而需要复核在 105%转速(MCR 转速)及跳闸转速下叶轮的圆周速度及应力水平。应注意的问题有：

① 操作点与飞动点的距离；

② 某些工况操作转速可能超过正常转速，应检查其与临界转速的隔离裕度。

③ 在氮气工况时的操作转速是否在调速器的控制范围内；

④ 由于压缩机主要按满足正常操作点要求而设计的限制，不能完全满足某些工况的特定要求时，当介质为氮气时受转速的限制造成流量或压力不足；

⑤ 按 API617 标准的要求，压缩机应有性能保证点，通常应规定正常工作点，该点的流量和能头比应无负偏差，轴功率允许+4%的偏差。

2. 压缩机典型结构

压缩机应参照 API617 的规定条款进行设计制造，如果设计中采用经过可靠性验证的新技术应得到用户的确认。

(1) 压缩机壳体

API617 规定，压缩机处理的介质中氢分压(最大允许工作压力下)大于 1.38MPa 时，压缩机应采用径向(垂直)剖分结构。

筒形压缩机由外壳、内壳(或机芯)及头盖三部分组成。

压缩机壳体应具备以下性能：

① 作为受压元件：压缩机的壳体设计借助有限元分析，应力强度应符合 ASME 标准Ⅷ卷第 2 册的技术规定。并且 API617 强调压缩机壳体的应力应符合在规定操作条件下所选的结构材料的推荐值。

② 保证气密性：壳体的设计应保证所处理的易燃、易爆、有毒气体的气密性，不发生泄漏。

③ 对其他组件如轴承、轴封、转子等起支撑和定位作用。

④ 提供平滑的气体通道，在进口、出口应对气体的加速、减速运动进行气体动力学优化设计。

1）外壳

通常整体锻造或钢板卷焊件，或部分锻件和卷焊件焊接而成。根据工艺要求，外壳上开口一般均焊接在外壳上。焊接外壳体上的接口法兰为锻钢件，按要求焊接后加工连接面及密封槽。

大多数制造厂按叶轮标准化的结构尺寸确定外壳的几何尺寸，相应标准化，并形成系列。沈阳某压缩机单位自主研发 34 个系列 345 个模型级，在加氢装置循环氢压缩机组领域常用机型为 BCL40X(X 为叶轮级数，根据具体设计参数确定)，壳体为垂直剖分结构，叶轮直径为 400mm。目前常用的 400 叶轮模型级为 92 个，其中用于循环氢压缩机的模型级约为 30 个，部分 BCL40X 参数见表 7-2-12。

表 7-2-12　部分 BCL40X 机型参数表

型号	介质/分子量	进气/出气压力/MPa(绝)	进气/出气温度/℃	进气流量/(Nm^3/h)	驱动方式/轴功率/kW	工作转速/(r/min)	叶轮名义直径/mm
BCL404	氢气/5.651	11/12.5	57.7/78.3	250992	汽驱/1373	10510	400
BCL404	氢气/5.9	14/16.14	58/74.6	219275	汽驱/1520	10445	400
BCL405	氢气/3.836	14.56/16.7	50/67.3	307859	汽驱/2271	10961	400
BCL406	氢气/3.88	15/17.6	55.5/74.4	340000	汽驱/2743	10730	400
BCL407	氢气/4.203	12.9/15.75	60/85.2	296000	汽驱/3177	10604	400
BCL408	氢气/3.3	12.8/15.5	48/69.8	520000	汽驱/4646	10910	400
BCL409	氢气/4.962	15.4/19	58/84.3	204000	汽驱/2373	9640	400
BCL409	氢气/3.279	15.8/19.5	57/85.3	210139	汽驱/2589	12100	400

筒形压缩机壳体均为锻造结构，其材质选择及厚度取决于压力等级。

2）内壳

筒形压缩机的内壳为水平(轴向)剖分，转子在内壳抽出后可以整体吊出，内壳仅承受内外壳体差压，上下壳间的密封易于解决。内壳体和转子也可以在外部完全装配调整。

内壳的上下壳通常整体铸造，垂直剖分面上用螺栓连接上下面的结构。

内壳和外壳的内表面间利用 O 形密封，也有的采用类似活塞环的金属密封圈。

水平剖分面的内壳体有如下优点：

① 不存在任何中间件，不存在附加的间隙及误差，因而转子和隔板、密封的对中性好。

② 在水平剖分面上，紧密结合的较大面积的连接面能得到更有效的密封。

采用这种结构，可以用到压力35MPa，并在很多机组上应用。静止元件(回流器、扩压器)则装配在内壳体上。

3）端盖

外壳体两端应与头盖连接，连接应考虑操作压力下的气密性、装入和抽出转子的方便性以及在抽出内壳时尽可能少拆卸有关辅助管线。

端盖与壳体的密封结构：传统的螺栓加O形圈的连接方式仍是目前使用最广泛的方法。采用螺栓连接的头盖不采用金属垫片来达到密封，因为难以控制合适的密封压力。螺栓的上紧主要靠上紧力矩来控制。

另一种广泛使用的结构是剪切环(卡环)结构。剪切环通常由几段组成，装入壳体上槽内，压力侧通过头盖的作用力和保持环反力组成的力矩被反力矩平衡，两者互相垂直，分段的剪切环均匀受力不会变弯，同时剪切环不会因弹性变形而使头盖沿轴向运动。剪切环还具有装卸方便、易于安装的优点，减少了螺栓连接中对上紧扭矩的控制要求。此结构受制于密封引气结构限制，仅适用于较大机组。

（2）转子及叶轮

压缩机转子包括叶轮、轴、轴套、推力盘、平衡盘及半连轴节。

转子是压缩机的核心部件，压缩机的性能主要取于转子上叶轮的型式、数量和转速，压缩机操作的平稳和可靠性取决于转子动力学的计算及参数的合理选择。转子的运行稳定性是离心压缩选型首先要保证的先决条件。

加氢装置循环氢压缩机所处理的介质是富氢气体，是多级非冷却式单轴压缩机，其转子的特征是：

① 叶轮为单向顺序排列，通常为同一直径，有时为了提高效率也可采用不同叶轮直径。

② 叶轮与轴为过盈配合加键或径向固紧，级间密封大多采用拉比令结构。

③ 推力盘或平衡盘紧配合装于轴上并以锁紧螺母可靠定位。

④ 径向轴承处通常与可倾瓦相配。

⑤ 联轴节处多为无键液压紧固的结构。

根据要求的气动性能确定叶轮的型式和数量以后，根据叶轮的选型尺寸进行一系列的计算后，最终确定压缩机转子的所有结构参数。这些计算应包括：

① 根据确定的轴承间距和各转动元件的质量分布进行转子横向振动特性的计算(临界转速)，以及根据API617要求的转子不平衡响应的计算。

② 根据压缩机的最大连续转速及跳闸转速进行强度校核。

③ 转子轴向力及轴向位移。

④ 有叶扩压器模型级进行频率校核。

目前的制造工艺中，叶片是直接铣制在轮盖或轮盘上的，然后轮盖与轮盘焊接，中间不用任何胎具。相比采用胎具三件焊接具有更高的焊接精度。

1）主轴

应为整体锻造件，经严格的热处理和精密加工，达到要求的尺寸精确度和表面光洁度，在安装轴振动及轴位移探头处应按要求进行去磁处理，以限制该处的磁跳动。

按照规定推力盘最好和轴做成整体，当需要拆卸密封轴套时，允许采用可拆卸的推力盘，并采用可靠的锁紧装置。

由于循环氢压缩机每缸要求的压比不高，一般小于 1.3，且压差小，因而正常情况下不采用背靠背的叶轮布置方式来平衡轴向力，而是采用平衡盘或平衡活塞。如平衡盘或平衡活塞与轴不做成整体，应对其固定方式进行认真复核。目前多采用平衡盘结构。

2）联轴器

联轴节的型式通常为无润滑膜片联轴器或膜盘联轴器，瑞士 SULZER 是唯一广泛使用刚性联轴器的厂家。高速旋转的离心压缩机推荐采用膜片或膜盘联轴器，以减少转子对中找正敏感性，同时可吸收转子的部分轴向力，保证机组长周期运行。

3）轴套

为保护碳钢轴不受磨损和腐蚀，在工艺介质流经处、级间密封处都应装设可拆换的轴套。轴套和叶轮组装时可以留有一定的间隙，保证转子在高温运行时不发生暂时和永久的变形。

为保证转子在高速运转中的稳定性，也有将拉比令密封齿装在转子上的结构，这样既可以不加轴套，也易于更换，同时还可防止在动静部分发生摩擦时转子的局部过热。

4）叶轮

加氢装置循环氢压缩机叶轮采用闭式叶轮结构，流量系数一般为 0.05~0.14，属于低比转速型，可以采用准三元或全三元叶轮结构。

流量系数≤0.05 的窄叶轮通常为二元轮，≤0.14 的宽叶轮为三元叶轮，宽叶轮采用大的叶片出口角，以提高能量头，窄叶轮采用较小的叶轮出口角以改善效率。

压缩机叶轮通常按照直径、流量系数及几何级数分类。叶轮的直径和流量系数、叶片形状三者的组合可以达到理想的性能和效率。

叶轮还可以进行三维的有限元应力和应变分析，并计算和分析在最大圆周速度下叶轮的应力和应变。叶轮的制造方法有铆接、铸造、电火花加工及焊接、整体铣制。加氢装置压缩机的叶轮主要采用焊接和铸造叶轮。

① 焊接叶轮：槽焊和钎焊，用于叶轮的制造。对于较大型叶轮，沈阳鼓风机集团拥有整体铣制能力，可以有效保障流道的光洁度。

② 槽焊叶轮：当叶轮出口宽度在 16mm 以上时，可以采用通常的焊接方法，即轮盖、轮盘和叶片分别加工，然后将叶片与轮盖焊接，再和轮盘焊接。采用定位夹具使精确找正。当出口宽度小于 16mm 时，将叶片和轮盖作为整体锻造，在轮盖上将叶片加工成型后，在和轮盘焊接，事先在轮盘上按照叶轮型线铣出空槽，将轮盖和叶片放入后，在轮盘的背面焊接。

为保证叶轮的气动气体通道及详细尺寸和性能，所有叶轮均在数控机床上加工，叶轮的形状均按照计算机优化设计的结果精密制造成型，制造过程中对叶轮材料要进行严格的检查，每次焊接后均要进行磁粉探伤检查，每次热处理前后也要进行磁粉探伤，在最终安装在转子上以前，经过动平衡及超速试验以后还要进行磁粉探伤。

③ 钎焊叶轮：钎焊又称高温真空钎焊，其主要优点为：可制造出宽度极窄的叶轮；叶轮出口宽度误差小，精确度高；接头处的屈服强度可与母材相同；叶片通道内无焊渣；沿叶片全长焊接质量均匀可靠；在施焊时可以进行热处理；无需采用焊剂。

钎焊用含金 82%、镍 18%的合金作为焊料，钎焊间隙一般为 0.07~0.12mm，在真空炉中加热到1050℃形成钎焊层，再经保温、冷却、再加热、再冷却形成高强度的结合层。

④ 铸造叶轮：精密铸造的叶轮采用高强度低合金钢整体精密铸造叶轮，对每种叶轮在加工前均进行X射线探伤磁粉或表面渗透检查，在叶轮加工完成后，以及动平衡和超速试验后除进行尺寸检查外，还要进行最终的磁粉或液体渗透检查。并且每种新叶轮还要进行140%正常的超速试验以确定叶轮的变形。

某些制造厂的铸造叶轮一般用于小于500mm、流量系数大于0.015、圆周速度小于295m/s的场合。

叶轮在轴上的安装，通常为热压配合和键或径向销的组合。

(3) 轴端密封

轴端密封是离心压缩机组安全运行的关键部件，目前炼化工业广泛采用干气密封及其系统，可以达到连续运行50000h的指标。干气密封及其系统可以参照API692标准执行。

对干气密封型式总的要求是：

① 满足所有工况下介质气体密封的要求，特别是蒸汽透平低速暖机过程。

② 在压缩机开车过程中，应保证主密封气通过介质侧拉比令密封的流速不小于5m/s，可以考虑设置开车增压泵设施。

③ 在压缩机开车中，润滑油泵投入前应保证隔离气建立压力。

④ 运转可靠，维修方便。

干气密封是由在转动的碳化钨硬质合金上加工出一系列深度为1~8μm的螺旋槽和在弹簧作用下的石墨静环接触，当轴转动后，气体被吸入螺旋槽并提高压力使静环和动环表面分开，其间隙约为0.005~0.025mm，从外部气源(或引自压缩机出口)经精细过滤(0.001mm级)后被送到密封处，通过压力控制以实现对气体介质的密封。

干气密封系统流程：来自压缩机出口或其他外部气源的气体，经过1μm的双联过滤器(通常为恒流转换)精细过滤后，以一定压力注入密封处，通过密封后的气体经过一个限流孔板放空或排入火炬。双联过滤器由差压指示和差压变送器监视过滤器差压；放空气体通过压力和流量变化监测密封泄漏压力，进入密封腔的主密封气则通过调节阀控制压力，并通过压力和流量对主密封气报警监测。

一般要求注入的主密封气压力高于入口压力0.1~0.3MPa，泄漏气约0.014~0.14m^3/min。

目前，国产循环氢压缩机常用干气密封规格按名义轴径可分为92mm/91mm、100mm/99mm、105mm/104mm三档。

(4) 轴承

循环氢压缩机属于高速轻载型转子，轴承的选用需要考虑转子结构、轴承比压与转子动力学性能等因素。其径向轴承应采用可倾瓦型，推力轴承采用双向多块型，如kingsbury型。

① 布置方式：推力轴承一般在非驱动端，非驱动端通常也是压缩机的入口端。

② 测温元件：预埋测量元件以准确测量轴瓦温度。测温元件通常为Pt100热电阻。也有采用k型热电偶的，一般要求每组径向轴承埋2块，止推轴承主推面埋3块，副推面埋2块。备用瓦块也应预埋同样数量。

③ 轴承承载能力：推力轴承承载轴向推力应小于止推轴承额定负载能力的50%。径向

轴承和推力轴承通常采用薄壁瓦，巴氏合金层厚度 1.5～1.7mm，径向轴承有 4 块瓦也有 5 块瓦的型式，推力轴承一般采用 6～8 块或者 10 块。轴承的型式、尺寸及承载情况通常由制造厂选择，由制造厂自制或外购，在选型时应了解制造厂的经验和有关资料。在没有特殊要求的情况下，BCL40X 机型所用轴承已经进行了统一，如表 7-2-13 所示。

表 7-2-13　BCL40X 轴承规格表

型式	规格	型式	规格
可倾瓦式	80mm	金斯伯雷式	7″
	90mm		

3. 压缩机零部件的材料及规格

压缩机零部件的材料选择应兼顾材料的适用性和经济性。材料既要符合操作条件、介质组成的要求，又要考虑制造、使用、维护成本。选型设计时材料的选择可以参照 API617 标准或其他适用标准。

（1）壳体

机壳与端盖是承压件，其结构设计主要取决于压缩机工作压力和转子结构。按照 API617 标准规定，循环氢压缩机处理可燃性气体，其材料应为碳钢。

外壳通常为锻钢（按照 ASME A266 class1 或 ASME A336 CLASS F1）或偶有钢板卷制（按 ASTM A414）。国内制造单位多采用 20 或 20CrMo 材料。

内壳体包括隔板，无论为整体或用螺栓连接一般为铸铁（按 ASTM A48）。铸铁可用在最大工作压力小于 2.76MPa、温度小于 260℃的场合。

沈阳某单位对产品机壳与端盖展开系列化工作，取工作压力点 7.0MPa、10MPa、20MPa 为界点。各机型的机壳长度由转子结构决定，表 7-2-14 是机壳与端盖尺寸系列表，表 7-2-15 是机壳与端盖材料选择表。

表 7-2-14　机壳与端盖尺寸系列表　mm

机型	筒体 外径（内径）×长度	左端盖 外径（内径）×厚度	右端盖 外径（内径）×厚度
BCL403 BCL404 BCL405 BCL406 BCL407 BCL408 BCL409	Φ1050（Φ728）×915 Φ1050（Φ728）×970 Φ1050（Φ728）×1015 Φ1050（Φ728）×1075 Φ1050（Φ728）×1120 Φ1050（Φ728）×1170 Φ1050（Φ728）×1215 Φ1050（Φ728）×1275 Φ1050（Φ728）×1315 Φ1050（Φ728）×1360 Φ1050（Φ728）×1420 Φ1090（Φ825）×1215 Φ1150（Φ728）×1315	Φ1056（Φ164）×469 Φ1056（Φ164）×487 Φ1090（Φ168）×505 Φ1156（Φ165）×469	Φ1056（Φ142）×334 Φ1056（Φ142）×347 Φ1056（Φ142）×373 Φ1090（Φ168）×332 Φ1156（Φ164）×365

表 7-2-15　机壳与端盖材料选择表

机型	筒体	端盖
BCL40X	机组工作压力≤7.0MPa 20#钢; 机组工作压力>7.0MPa 20CrMo	机组工作压力≤7.0MPa 20#钢; 机组工作压力>7.0MPa KMN

(2) 叶轮

按照 API617 标准的规定，当处理含氢气的介质，氢气分压大于 0.69MPa 或氢摩尔浓度大于 90%时，叶轮材料的屈服强度不应大于 826MPa，硬度小于 RC34。沈阳鼓风机集团制造的压缩机多采用 FV520B-S(相当于美国牌号 17-4PH)材料。

(3) 轴

轴应为整体锻造，并经过适当热处理和精密加工，常用材料标准为 AISI4140。国内制造单位多采用 40NiCrMo7 材料，其 σ_s≤735MPa。

(4) 隔板

通常采用灰铸铁(按 ASTM A48 或 A278 CL30)或球磨铸铁(ASTM A536)制造。国内制造单位多采用 ZG230-450，20，Q235B、Q345R 材料。

(5) 隔套、平衡盘、轴端螺母

通常采用 12Cr13 材料。

(6) 推力盘

通常采用 45#钢。

(7) 拉别令密封

拉别令密封包括叶轮口圈密封和级间密封。叶轮口圈密封大小受叶轮轮盖尺寸影响，不同叶轮口圈密封不一致。国内制造单位根据循环氢压缩机常用叶轮考虑，口圈密封按密封名义直径共计为 11 种规格，密封内径从 205mm 至 278mm 不等。级间密封尺寸取决于转子与隔套，目前常用级间密封按密封名义直径分为 3 种规格：170mm，173mm，176mm，见表 7-2-16。

表 7-2-16　密封规格表

拉别令密封	密封规格/mm
口圈密封(11 种规格)	205/213/220/228/235/244/248/256/266/272/278
级间密封(3 种规格)	170/173/176

四、蒸汽轮机

由于高压加氢装置循环氢离心压缩机的多工况操作、介质分子量有一定变化以及爆炸性环境场所的要求，驱动机多采用蒸汽轮机。

驱动压缩机的蒸汽轮机应按照 API612 标准的要求执行，对蒸汽轮机的参数、材料选择、结构、试验、检验及仪表控制系统等制定详细的技术协议，并根据压缩机的各工况要求对整个机组的总体性能及操作范围进行复核。

目前根据循环氢压缩机配用的蒸汽轮机功率范围及现场新蒸汽条件，可以采用背压式或凝汽式透平。

为保证压缩机组可靠而稳定地工作，蒸汽轮机的选型应根据工厂汽源条件、蒸汽平衡要求、装置能耗指标及操作运转的可靠性和经济性等多方面因素，结合蒸汽轮机的功率、转速、焓降及压力比的范围，对蒸汽轮机的型式进行合理的选择和比较。目前加氢装置背压蒸汽轮机应用相对较多，也有凝气式蒸汽轮机的应用，并且采用空气冷凝器(ACC)的应用案例逐渐增加。

(一) 汽轮机型式的选择

1. 蒸汽轮机型式选择条件

在选择凝汽式或背压式具体型式时应考虑以下各项内容：

(1) 新蒸汽条件

目前炼油厂通常采用3.5MPa、435℃和1.0MPa、280℃蒸汽作为新蒸汽条件的首选参数，也有采用10MPa、535℃蒸汽锅炉配抽凝发电机组，抽出3.5MPa、435℃的蒸汽作为驱动用蒸汽。

按照蒸汽能量逐级利用的原则，一般低压蒸汽管网为1.0MPa和0.5MPa两档，视蒸汽平衡情况而定；凝汽透平排汽压力一般按照0.005~0.035MPa(绝)考虑。

(2) 功率和转速

根据加氢装置规模的差异，驱动循环氢离心压缩机中的蒸汽轮机功率约在1000~6000kW，转速为9000~14000r/min之间。表7-2-17为某加氢装置相关机组操作参数表。

表7-2-17　某加氢装置相关机组操作参数表

项目	种类	气量/($10^4Nm^3/h$)	入口压力/MPa(绝)	出口压力/MPa(绝)	入口温度/℃	分子量	额定转速/(r/min)	轴功率/kW
1	循环氢	38.9	16.229	21.354	67	4.7	8717	5398

(3) 蒸汽应用的指导原则

目前国内炼油厂对装置能耗及全厂能耗的计算方法中，有关汽轮机的蒸汽及凝结水的统一耗能指标为：

3.5MPa过热蒸汽，88kgEO/t；

1.0MPa过热蒸汽，76kgEO/t；

0.3~0.6MPa蒸汽，66kgEO/t；

循环水，0.1kgEO/t；

汽轮机凝结水，3.4kgEO/t。

(4) 汽轮机的选用

为提高蒸汽轮机的热效率，当绝热焓降大于250~340kJ/kg时，必须采用多级透平。凝气式和背压式多级透平(包括冲动式和反动式)均可以选择，从工厂应用的角度其选用原则为：加氢装置工艺气压缩机要求可以变转数调节。相对高转速的蒸汽轮机可使设备外形尺寸减小，通流效率适当改善，价格降低。

凝气式透平由于每单位功率的制造成本明显超过背压式透平，所以其极限功率系数远小于背压透平的极限功率系数，即凝汽式透平的极限功率在一定转速下是比较小的。

极限功率系数：

$$\psi=\frac{H_{\mathrm{b}}C_2}{V_2 \cdot k} \tag{7-2-22}$$

式中 H_{b}——通过透平的绝热焓降，kJ/kg；

C_2——末级排汽速度，m/s；

V_2——末级排汽比容，m^3/kg；

k——叶片维度系数。直叶片 $k=1$，扭叶片 $k=0.3\sim0.8$；

对背压式，一般 $H=420\sim630$kJ/kg，$C_2=70\sim110$m/s，$V_2=0.25\sim1.25m^3/kg$，$k=1$；

极限功率系数 $=1.17\times10^5\sim3.77\times10^4$；

对凝气式，一般 $H=1050\sim1260$kJ/kg，$C_2=180\sim220$m/s，$V_2=13\sim30m^3/kg$，$k=0.35\sim0.5$；

极限功率系数 $=2.3\times10^4\sim2.93\times10^4$。

由于极限功率系数是从透平设计角度用来衡量透平允许最高转速高低的参数，因而用是否达到极限功率来判断转速的高低时，当凝气式透平已达到与极限功率相对应的高转速时，而背压式透平往往还是较低的转速。

从能量角度，显然背压式透平能耗远低于凝汽式透平；从蒸汽平衡角度，从全厂蒸汽平衡的优化结果，供给蒸汽轮机的进排汽参数及可供的蒸汽量决定以后，可对汽轮机的选型进行比较，或以背压式和凝气式的不同汽耗量进行初步平衡计算。

从背压式和凝汽式汽轮机的结构及辅助系统来比较，凝气式通常级数较多，辅助系统复杂，操作变量多，因为有凝汽设备，占地更多，以杭汽反动式汽轮机为例，背压机的内效率一般高于凝汽机，约3%~5%。

随着目前装置规模逐渐变大，要求蒸汽轮机规格越来越大，从实现大功率驱动角度考虑，凝气式蒸汽轮机应用越来越广泛。同时，考虑节约冷却水耗量，空气冷凝器应用越来越多。

从上述比较看，选用哪种型式的汽轮机及其系统，要根据具体应用需求合理选择型式和配置。下面介绍蒸汽透平相关技术选型要求。

估算汽耗量由下式决定：

$$Q=\frac{3600N}{(h_{\mathrm{adm}}-h_{\mathrm{exh}})\times\eta_{\mathrm{pol}}} \tag{7-2-23}$$

式中 N——透平功率，kW；

h_{adm}——进汽热焓，kJ/kg；

h_{exh}——排汽热焓，kJ/kg；

η_{pol}——预估透平效率。

理论汽耗率由下式决定：

$$Q_{\mathrm{TH}}=\frac{3600}{h_{\mathrm{adm}}-h_{\mathrm{exh}}} \tag{7-2-24}$$

式中 h_{adm}——进汽热焓，kJ/kg；

h_{exh}——排汽热焓，kJ/kg。

2. 汽轮机型式的选择

(1) 蒸汽参数

蒸汽轮机进出口蒸汽参数是选择蒸汽轮机结构、材料以及保证蒸汽轮机安全运行的基础。

1) 进汽参数

蒸汽进口的压力和温度应根据工厂或装置所能保证提供至蒸汽轮机入口法兰处的压力及温度值仔细确定。通常为3.5MPa、425℃的中压蒸汽，或1.0MPa、280℃的低压蒸汽，其压力波动范围为±0.2MPa，温度波动范围±15℃或+5℃/-15℃，取决于气源条件。

但过大的波动范围是汽轮机不能承受的，在汽轮机设计时需考虑最低进汽参数时汽轮机仍然能够满足压缩机的各工况要求，导致汽轮机设计过大，正常运行点偏离过多，会影响整机效率，杭汽一般按照±5℃设计。

但原则上符合NEMA SM-23的规定，汽轮机可以在105%的最大进汽压力下操作，但在每12个月的操作周期内进汽压力平均值不应超过最大进汽压力，而且在正常操作条件下为保证其平均值，进汽压力不应超过110%最大进汽压力。

在不正常操作条件下，进汽压力可以为120%最大进汽压力，但在12个月的操作周期中超过105%最大进汽压力以上的波动累计应小于12h。

对于进汽温度，NEMA SM-23规定在12个月的操作周期中进气温度的平均值不应超过最大进气温度，但在正常操作中进气温度不应超过最大进气温度8℃，在不正常操作中每12个月内超过14℃的时间累计小于400h，或超过28℃每次15min，12个月中总累计不超过80h。

2) 排汽参数

背压式汽轮机，排汽压力取决于工厂或装置的低压管网压力，一般为1.0MPa和0.5MPa；背压机的排汽温度是设备决定的，效率高的背压机在相同进汽参数和相同排汽压力下，排汽温度相对低些，最终由减温减压器作用满足排汽管网要求。排汽压力应比管网压力高0.1~0.2MPa，允许在考虑管网压力波动后提出压力的波动值，一般为±0.1MPa。

NEMA SM-23对排汽压力波动的规定是，在12个月的操作周期内允许排汽压力的平均值不超过最大值，但不应超过最大排汽压力的10%或低于最低排汽压力的20%。

凝汽式汽轮机，采用空气冷凝器时，一般排汽条件为0.015~0.035MPa(绝)，温度为排汽压力对应的饱和温度；采用水冷凝器时，排汽条件一般为0.005~0.015MPa(绝)，温度为排汽压力对应的饱和温度。

(2) 汽轮机结构的选择

对应于规定的进出口蒸汽参数及要求的额定功率和额定速度，汽轮机结构有多种选择。为保证压缩机组可靠而稳定地工作，在汽轮机结构的选择上应注意以下几点：

1) 结构的选择

蒸汽轮机绝大多数为轴流式，径向流动的辐流式的汽轮机为数不多，用于驱动循环氢压缩机的汽轮机的结构型式在API 612中未作规定，根据经验应选择两端支撑的轴流式。

对于驱动功率在1000kW以下的蒸汽轮机，在汽轮机制造厂的初选型中，有时配用单级(或复速级)的悬臂式轴流或径流式汽轮机，尽管其设计制造要求符合API612的规定，但考虑到悬臂式结构在转子动力学、轮盘和轴的连接结构、安装维护等方面与两端支撑式相比较，存在缺陷或影响长周期操作的因素，因而不推荐选用。

考虑到离心式压缩机长周期无故障操作的要求，推荐采用汽轮机和压缩机直联，不通过增速或减速齿轮箱连接的方案。

2）级的选择

汽轮机的级可分为速度级和压力级，无论是冲动式还是反动式都存在压力级和速度级。冲动式汽轮机选用的通流部分直叶片反动度为0，即速度级；反动式汽轮机选用的通流部分直叶片反动度为0.5，即压力级，例如反动式进汽第一级(也就是调节级)就是略带反动度的冲动速度级，而冲动式和反动式低压扭叶片往往都是反动度不为0的级。

单级汽轮机最常见的型式为双列速度级汽轮机(又称复速级)。其他还有回流式、周向旋流式(又称terry汽轮机，最大功率约为1000kW)及辐流式(径流式单级或复速级)。

多级汽轮机可分为冲动式和反动式，用于驱动压缩机组的多级汽轮机一般为冲动式的复速级(curtis级)，压力级(reteau级)与反动式压力级的组合、纯冲动式的多级汽轮机也有广泛的应用，纯反动式的多级汽轮机则应用很少。

反动式多级汽轮机有下列特点：

① 理想条件下，由于反动式的蒸汽在静叶和动叶中均有膨胀，而冲动式动叶蒸汽没有膨胀，所以叶片损失较小，其效率比冲动式要高约5%(最大值)。

② 对效率及流通能力允许的偏差范围小。

③ 对于负荷的调节，需要调节级进行控制，即通过调节阀控制流量来调节负荷。

④ 由于级数多(一般多50%以上)，因而价格贵。

⑤ 反动式安全系数相比冲动式更高，因为采用不调频叶片设计方法，叶片更粗壮，转子为轮鼓式，其振动也较冲动式明显小。

⑥ 叶片故障时因有双层结构(静叶持环和外缸)，相对于冲动机组的单层结构，叶片发生危险时，危险性小(叶片不脱落不易击穿汽缸)。

冲动式多级汽轮机有下列特点：

① 效率较低。

② 由于对间隙变化不敏感，在苛刻的工况下仍可保护效率。

③ 变工况时效率相对下降明显。

④ 改造性能好，而且费用不高。

3）调节阀(控制阀)数的选择

单级汽轮机通常为一个调节阀加若干手阀来调节蒸汽流量，多级蒸汽轮机有单阀加手阀或多阀加手阀的选择。从适应符合变化范围以及操作的可靠性、经济性方面考虑，推荐采用多阀型式。

(二) 蒸汽轮机选型中的工程问题

根据汽轮机的进、排汽参数、机组的长周期安全运行以及减低装置能耗，及配套离心压缩机的多个工况参数，可以选择多级背压式或凝汽式汽轮机。在汽轮机的结构型式、级数及调节阀数确定以后，为使全机组配置先进、合理及操作可靠，下列工程问题应仔细研究确定。

1. 操作运行中的技术问题

(1) 汽轮机的额定功率及额定转速

用于驱动循环氢压缩机的汽轮机必须适应多工况操作条件，而作为设计基准必须有相应的功率和转速。汽轮机的额定功率应为压缩机所有工况中最大耗功功率的1.1倍。额定转速应为转速最高的工况的转速。汽轮机的额定功率及额定转速作为气动及结构设计的基础，额定转速也是确定转速范围的基础。

按照API612标准的规定，汽轮机能在最小能量条件下，在额定转速下发出额定功率。额定功率和额定转速在汽轮机的所有操作工况中并不实际存在。额定功率定义为1.1倍最大功率充分考虑了汽轮机的设计、制造误差以及压缩机功率的误差，在最小能量条件下也能发出额定功率则是考虑了蒸汽条件波动的另一个保证，总的目的是保证压缩机在最极端的工况条件以及汽轮机的蒸汽条件最为苛刻时，有满足工艺操作条件的要求。

在某些情况下要满足上述条件可能使汽轮机的选择偏于过分保守或其效率过低，在大驱动功率条件下，可能会出现蒸汽透平过度设计问题，需要根据具体情况确定机型，API612允许以协商的方式确定合适的比例。

(2) 汽轮机的特性曲线

汽轮机的特性曲线通常包括以下几项：

① 调节气阀开度和蒸汽的关系(多阀的蒸汽轮机调节汽阀依序开启)。

② 蒸汽流量和蒸汽轮机输出功率间的关系(在某一速度下)。

③ 汽室压力(调节级后压力级前和蒸汽流量的关系)。

④ 调速汽阀升程和蒸汽流量的关系。

⑤ 不同转速下蒸汽流量与输出功率间的关系。

(3) 汽轮机的最大负荷能力

当汽轮机操作在最低进汽和最高排汽条件下，仍需要发生额定功率时，其耗汽量是所有工况中最大的，使通过主汽门的蒸汽体积流量提高，在选择主汽门、调节汽门及相应设施时应充分考虑其通过能力，不应使某一环节成为蒸汽流通时的“瓶颈”。另外，为了使汽轮机在以后有扩容的可能性，调节级前的喷嘴环的部分进汽度以60%~70%为好。作为参考，按照NEMA23标准相关规定，对蒸汽管线的流速作如下规定：进汽管线53.34m/s，排汽管线背压76.2m/s，凝气137.16m/s。

(4) 轴电流

在旋转的转子内由于各种电磁设备的应用，如磁力探伤、磁力吊车、焊接等使残存于汽轮机机壳内的磁场在转子中感应产生电流，在转子内部流通，因而造成和静止部分的电位差(电压)，会在动静间隙较小的部分如汽封和轴承处形成放电的现象，引起上述零件的损坏。通常在凝气式汽轮机中是由静电作用引起轴电流，在末级湿蒸汽中的雾滴冲击叶片时形成静电，当电位达到一定等级时便形成周期性放电，电压可达30V至几百伏，极易在径向或推力轴承油膜处、联轴器、调速器或齿轮箱等齿轮啮合处引起故障。电磁感应而生的内部感应电流则极为严重，这种感应电流通常变为热量，在产生动静摩擦的瞬间会产生类似焊接的效应，造成零部件的损坏。

为防止轴电流的影响，可在轴端设电刷以导出转子内的电流。同时还应对转子等进行退磁处理，按API 612要求，经退磁处理后的残留磁场强度应小于5高斯。

(5) 联接法兰

T&T阀与主蒸汽管道的联接法兰及其与汽轮机壳体的联接法兰，是汽轮机联结法兰条件最为苛刻的部位，除压力、温度外，还要承受两者经常的波动，对3.5MPa、425℃的进汽参数，按照规定可以选择凸凹带颈法兰即RF连接，但在操作中往往发生泄漏，所以在选型中应明确要求为槽型金属垫即RJ型，以增加可靠性。

2. 主要部件的工程要求

（1）节流及跳闸阀(T&T阀)

汽轮机的T&T阀有多种型式，如全油压不带手轮操作型(SIEMENS公司)、带手轮的油压操作型(典型的GIMPEL公司)。带手轮操作的T&T阀在汽轮机启动时可用作节流阀，正常操作时则处于全开位置作为跳闸保护用。T&T阀在选型时要注意如下几方面：

① 按照API612标准的要求应能手动调节蒸汽量，利用弹簧作用关阀使汽轮机跳闸。

② 在最大蒸汽压力下能重新设定。

③ 阀杆、阀座及入口过滤器应采用防腐蚀材料。

④ 应核算在最低的蒸汽入口压力及最高的蒸汽入口温度情况下，该阀的通流能力是否满足耗气量的要求。

⑤ 阀的连接法兰等级通常应要求ANSI600LB。法兰面为RJ面，材料按照蒸汽温度选择。

（2）汽轮机的壳体

通常为水平剖分，要求上下壳间为金属对金属的密封。在存在高压缸和低压缸时，两者间可以垂直剖分连接。某些汽轮机还采用中间承缸将静叶固定。

① 受压壳体的环向应力计算应按ASME规定的最大允许应力。

② 壳体上应设排凝口。

③ 壳体上的进出口连接法兰，对3.5MPa进汽，原则上应按照如下要求：进口一般为600LB，法兰面RJ；出口300LB，法兰面RF。

（3）汽轮机转子

根据确定的汽轮机型式和级数，汽轮机转子包括轴、各级轮盘(含叶片)以及推力盘、平衡活塞等，它的设计、制造应按照API 612标准的要求，对制造厂提出的修改意见应仔细讨论。

① 转子叶片的叶顶圆周转速：API 612要求，当超过250m/s时，应复核材料的应力水平。

② 应根据叶片的CAMPBELL图确定叶片的自振频率、通道频率(NPF)和操作速度的裕量，GOODMAN用于确定叶片动应力水平。

③ 轴向力平衡活塞通常与轴成为一整体。对反动式汽轮机，其推力是可以通过调整通流布置、平衡活塞等进行调整的，平衡后的残余推力由推力轴承承担，在高压汽轮机中可达到2~3X108kN，在冲击式汽轮机中可达到10~1000kN。平衡活塞采用迷宫式汽封。

④ 转子上半联轴器，某些汽轮机中采用和转子成整体的半联轴器方式。

（4）轴封

汽轮机轴封采用迷宫式，有两种方式：一种是轴上安装，一种是壳体上安装。

（5）轴承

径向轴承和推力轴承的要求，和对压缩机轴承的要求一样。

（6）材料

汽轮机的材料选择，主要取决于温度，选材标准参考如下：

① 蒸汽室(壳体)：	398℃	碳钢	A216GRADEWCB
	398~468℃	含钼钢	A217 WCI
② 排汽壳体：	260℃	铸铁	A48 30B
	398℃	铸钢	A216 WCB

(7) 调节汽阀的执行机构

当采用电子调速器时，则需通过以电子信号(调速器输出)进入电液伺服阀控制的油缸以控制调节汽阀，或将电信号以 I/P 进入由气动定位器控制的气动执行机构再通过油缸控制调节汽阀。

当采用 WOOD WARD VS 一体化执行器时，VS 电液执行器内部电路含有一个 4~20mA 输出以指示控制阀位置，同时具有报警和停机继电器输出用于设备的运行状态指示。另有可冗余的 4~20mA 设定值输入和双冗余阀位传感器，使得系统可在单个给定输入或反馈传感器故障时继续保持工作，在强制停机之前进行不停机维护，确保并延长透平机械运行时间。

(8) 蒸汽轮机的调速、超速跳闸系统

按照 API612 标准的规定，驱动压缩机的蒸汽轮机的调速器，按照 NEMA SM-23 CLASS D 级的要求，最大稳态转速调节率(转速不等率)为 0.5%额定转速，其定义为：

$$最大稳态转速调节率=(高于设定转速的变化值+低于设定转速的变化值)/2\times额定转速\times100\% \quad (7-2-25)$$

最大转速飞升为 7%额定转速，其定义为：

$$最大转率飞升=(零输出功率时最大转速-额定转速)/额定转速\times100\% \quad (7-2-26)$$

即以汽轮机操作在额定功率和额定转速下，当突然完全丧失负荷时，转速飞升到的最大值为基准。

蒸汽轮机速度调节和跳闸保护系统通过 CCS 系统控制回路实现。现场设置 7 个速度探头实现速度检测，3 个用于联锁，3 个用于调速功能，1 个用于连续记录；通过 CCS 系统控制回路进行速度调节，以及三取二表决后发出信号，实现现场超速跳闸功能。

跳闸系统有机械和电子(控制)式两种。

机械式跳闸系统通常由弹簧和撞块组成，尽管这种方式已沿用多年且有足够的可靠性，但存在以下缺点：操作时不能改变设定值；没有冗余的可能；仅在超速时才能试验；存在运动和磨损部件。而电气式跳闸完全克服以上缺点，采用非接触式的速度检测，跳闸速度设定方便以及无运动磨损部件，无需修理(故障时更换回路板)。

实践证明，对汽轮机的超速跳闸应采用以下方式：机械和电气跳闸联合使用，一般设定电子跳闸为最大连续转速的 108%，机械跳闸设计为最大连续转速的 110%。

五、离心压缩机组的辅助系统

(一) 油系统

离心压缩机的油系统主要由润滑及控制油系统组成，是机组重要的辅助系统，对机组正常运行关系极大，因而在选型中应予以重视。油系统除提供润滑功能以外，控制油系统提供给汽轮机的主汽门作为控制汽轮机的启动、转速调节及紧急停车用。

循环氢压缩机组润滑及控制油系统常用油箱规格一般为(按油箱容积大小)：4000L、7000L、9000L、11000L。

润滑和控制油系统的选择和配置中应注意的主要问题有：

① 油系统的设计、制造、检验及验收按照 API614 要求进行。

② 润滑油泵一般选择螺杆泵(三螺杆)。可以采用双电泵配置的方案，也可采用主泵由汽轮机驱动，备用泵由电动机驱动的方案。一汽一电方案，小透平通常采用和蒸汽轮机相同蒸汽参数，在电源故障时，仍能保证机组维持一段时间的运行。

③ 润滑油泵出口压力按汽轮机控制油压力确定，油泵的流量是润滑和控制(汽轮机)油量的总和加上规定的裕量。而控制系统除正常量外，为防止在过渡状态下因用油量增加而引起油压下降，及平稳油压和双泵切换需要，增加蓄能器，油站蓄能器一般按 4S 全流量考虑。

④ 油箱加热器推荐采用防爆电加热器。油过滤器的滤油精度，按控制油要求 10μm。润滑油压过低，停车联锁应设置三取二表决方式。

(二) 控制系统

离心压缩机组的控制系统包括主机的性能调节控制及安保报警联锁两部分。性能调节内容主要进行机组的转速调节及反飞动控制；安保报警联锁内容主要包括机组轴振动、轴位移、相位及轴承温度、润滑油、干气密封以及其他辅助系统的检测、报警及联锁保护控制。机组参数均进入 DCS 系统，实现对机组的控制保护。

1. 开车及报警、联锁条件

机组紧急停车项目主要有：润滑油压力过低，转速过高，轴位移(压缩机和汽轮机)过大等。其他项目，如轴振动、轴瓦温度、汽轮机背压等有时制造厂会推荐为停车项目，但为防止停车项目过多或仪表误动作，除上述停车项目外，均作为报警项目。

(1) 开机条件

① 润滑油压力正常，≥0.25MPa(表)；

② 润滑油温度正常，≥35℃；

③ 高位油箱液位正常，≥16.5kPa；

④ 汽轮机速关阀全开；

⑤ 盘车脱开；

⑥ 密封气/平衡管压差正常，≥0.05MPa；

⑦ 干气密封隔离气压力正常；

⑧ 反喘振阀全开。

(2) 为了本机组的安全运行，特设有以下控制和保护系统

① 机组转速调节控制系统；

② 机组轴承温度、轴位移、轴振动检测系统；

③ 润滑油压力调节控制系统；

④ 干气密封调节控制系统；

⑤ 防喘振控制系统；

⑥ 机组紧急停机保护系统，当发生下列故障时机组应自动跳闸紧急停机：压缩机轴振动过大；汽轮机轴振动过大；压缩机轴位移过大；汽轮机轴位移过大；润滑油总管压力过低；汽轮机排气压力过低；汽轮机转速过高；干气密封气泄漏放火炬压力过高；手动紧急停车。

2. 报警、联锁一览表

表 7-2-18　背压式汽轮机驱动离心压缩机报警联锁一览表

序号	项　目	单位	报警限	报警值	停车值	备注
1	压缩机轴承温度	℃	H / HH	105 / 115	115	每端二取二联锁停机
2	汽轮机轴承温度	℃	H / HH	105 / 115	115	每端二取二联锁停机
3	压缩机轴振动	μm	H / HH	±63.5 / ±88.9	±88.9	每端二取二联锁停机
4	汽轮机轴振动	μm	H / HH	±54 / ±79	±79	每端二取二联锁停机
5	压缩机轴位移	mm	H / HH	±0.5 / ±0.7	±0.7	二取二联锁停机
6	汽轮机轴位移	mm	H / HH	±0.56 / ±0.8	±0.8	三取二联锁停机
7	润滑油总管压力	MPa(表)	L / LL	0.15 / 0.1	— / 0.1	启动备泵 / 三取二联锁停机
8	油泵出口压力	MPa(表)	L	1.05		启动备泵
9	润滑油过滤器差压	MPa	H	0.15		
10	汽轮机控制油压力低	MPa(表)	L	0.6		启动备泵
11	汽轮机排汽压力	MPa(绝)	H / L / LL	1.55 / 1.05 / 1.0	1.0	三取二联锁停机
12	汽轮机速关油压力	MPa(表)	L	0.15		速关阀关闭
13	汽轮机转速	r/min	HH	10527	10527	三取二联锁
14	润滑油冷却器后温度	℃	H / L	55 / ≥35		允许启机
15	润滑油箱液位	kPa	L	≤6.5		
16	干气密封一级密封气过滤器、除液器差压	MPa	H	0.06		
17	氮气过滤器差压	MPa	H	0.06		
18	调节阀后一级密封气过与平衡管差压	MPa	L	0.05		

续表

序号	项　目	单位	报警限	报警值	停车值	备注
19	干气密封聚结器液位		H	500mmH_2O		
20	隔离气氮气供气压力	MPa(表)	L H	0.1 0.15		 允许启动油泵
21	主密封气驱动端流量	Nm^3/h	L	310		
22	主密封气非驱动端流量	Nm^3/h	L	310		
23	二次密封气驱动端流量	Nm^3/h	L	3.2		
24	二次密封气非驱动端流量	Nm^3/h	L	3.2		
25	一级密封泄漏放火炬流量（驱动端、非驱动端）	Nm^3/h	H HH	≥32.67 ≥54.54	54.54	每端三取二联锁停机
26	一级密封泄漏放火炬（驱动端、非驱动端）	MPa(表)	L H HH	0.05 0.5 0.7		
27	增压泵放空管线孔板前压力	MPa(表)	H	0.2		
28	一级密封气温度	℃	L H	40 110	开加热器 停加热器	

（三）空气冷凝系统(ACC)

凝汽式蒸汽轮机的冷凝系统可以采用水冷凝器和空气冷凝器(ACC)两种。由于机组大型化，考虑降低水耗，直接式空气冷凝器应用越来越多。

空气冷凝器系统由空冷器、热井、热井凝结水泵、集液箱、疏水膨胀箱、两级射汽抽气装置、排汽安全阀及相关管道和阀门等组成。汽轮机排出的低压蒸汽经汽轮机排汽接管进入空冷器被凝结为水，流入热井；而汽轮机各疏水点的凝结水流入疏水膨胀箱中，疏水膨胀箱与集液箱连通，冷凝水集中排进热井中。另外，为了防止机组在冬季开工引起空冷器冻裂，设置暖机蒸汽旁路，并安装蒸汽减温减压器，当汽轮机蒸汽流量小于空冷器所需要的最小流量时，先打开蒸汽旁路向空冷器中补充蒸汽。

图 7-2-5 为典型汽轮机专用空气冷凝器系统流程图。

ACC 工程技术要求需要注意问题如下：

① 空气冷凝系统的设计、制造及检验参照 API 661 或 NB/T-47007 标准。

② 换热管路采用石化标准无缝钢管标准 GB 9948 或 ASME SA179。

③ 系统压力设计 1.0/FV，保证管路内外承压。

④ 冷却管箱、水箱满足 GB 150 规范的相关要求。

⑤ 蒸汽轮机乏气出口到 ACC 集合管压降小于 8mbar。

⑥ 推荐采用多冷却单元操作的方式，并采用变频调节设施进行复核调节。

⑦ 根据环境气象资料，按照 API 661 标准相关规定设置 ACC 环境设计温度。

⑧ 制造单位应提供寒冷季节最小蒸汽对照曲线，并合理设置防冻设施。

⑨ 制造单位应根据环境条件合理设置清洗设施。

⑩ 热井采用双阀分程控制液位。

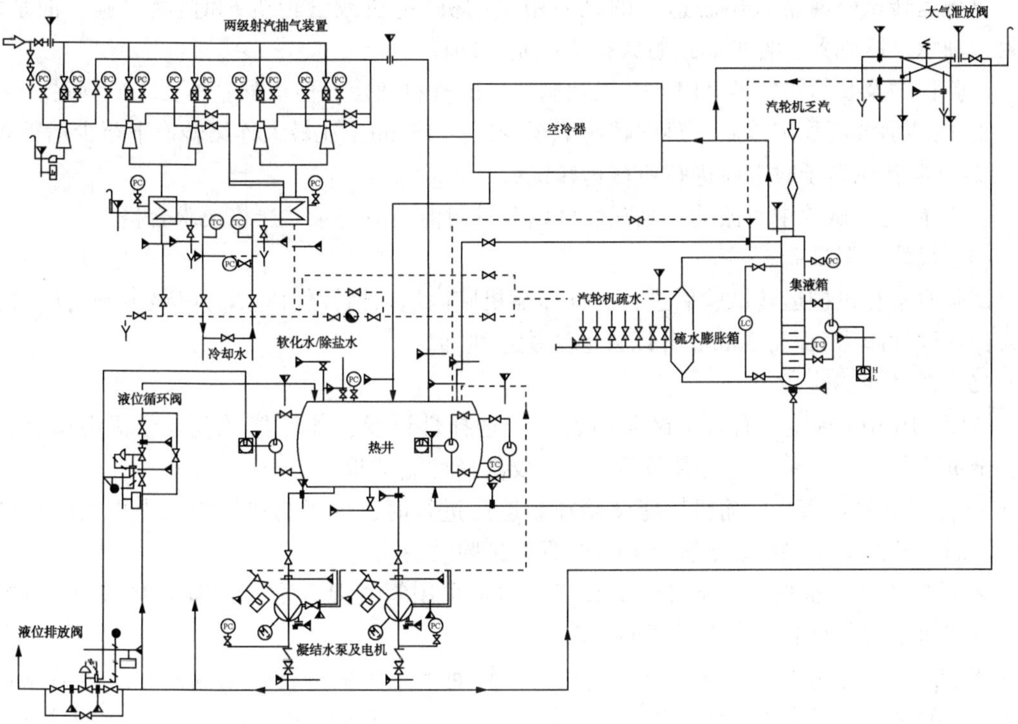

图 7-2-5　典型汽轮机专用空气冷凝器系统流程图

六、离心压缩机组的试验及检验

（一）离心压缩机的试验及检验

1. 不需要买方见证的项目

（1）主要零部件材料的化学组分及机械性能数据

这些数据包括壳体（内、外）隔板、主轴、叶轮、轴套（如果有的话）、平衡活塞、轴承以及外壳固定螺栓和螺母。

（2）无损探伤检查

包括 PT（渗透）、MT 磁粉、UT 超声及 RT 射线，对壳体焊缝通常要求 100%RT 检查。UT 检查通常在加工后进行（主要对轴），对壳体和叶轮通常为 MT 磁粉检查。

（3）尺寸检查、间隙检查及外观检查

2. 需买方见证的检查项目

下列需要买方见证的试验是指对压缩机运行及性能有较大影响的项目。

（1）水压试验（由卖方规定其程序和要求）

通常所有受压元件应进行 1.5 倍最大允许工作压力的试验，至少持续 30min。

（2）叶轮超速试验（由卖方规定其程序及要求）

每个叶轮应该在最大边界操作转速的 115%的转速下，超速 1min。

（3）机械运转试验

机械运转试验的程序、方法和要求通常应由买卖双方共同商定，卖方应事先提供有关资料。

机械运转试验通常采用制造厂的试验用驱动机(电机或汽轮机)和监测设施。油系统、轴封、轴承、联轴器、各种非接触式探头应是合同设备。

试验程序及步骤可按照 API 617 以及制造厂的资料商定，但下列基本要求应满足：

① 在轴承温度稳定以后，跳闸转速下至少运行 15min；在最大连续转速下至少运行 4h。

② 订购备用转子时，应进行机械运转试验。

③ 机械运转试验中对振动、轴瓦温度以及轴封泄漏应记录并严格要求合格。

(4) 气体泄漏试验

试验通常在机械运转试验后进行，向压缩机腔内送入惰性气体(N_2)以最大密封压力(或最大密封设计压力)保持 30min 并以冒泡法检查泄漏。

(5) 选择性试验

按照 API 617 规定，有若干试验项目属于选择性试验，如性能试验、全机组试验，全压、全负荷、全压检验、氦气泄漏等。通常仅选择性能试验。

① 性能试验：离心压缩机性能试验在制造厂进行时，由于制造厂无法提供实际处理的介质，通常按照 PTC-10 规定进行 CLASSⅢ类试验。

② 试验气体：根据设计条件，试验气体通常采用氦气混合物，并满足 PTC-10 对容积比、容积速度比、马赫数和雷诺数的要求。

③ 试验要求：按照 API 617 规定，在正常转速下至少应进行包括喘振和过负荷点在内的 5 个点的试验，通常规定为：飞动点，额定点，飞动点与额定点之间一点，最大流量点，额定点与最大流量点之间一点，共 5 点。对变转速压缩机，多工况的操作要求有多种操作转速，可以在其他转速下增加试验点，由于考虑费用问题，一般只试 5 点。

④ 试验结果换算：按照 PTC-10 CLASSⅢ类试验，由于 K 值及压缩机系数偏差超出了理想气体范围，应用真实气体方程计算。在性能试验后应将试验结果换算到设计条件，并和设计结果进行比较。

⑤ 性能试验需要注意的工程问题：性能试验是一项耗费很大的试验，其重要性在于在投产前可以比较准确地预见压缩机的性能或发现问题；事实证明，性能试验后通常会发现预计的性能(计算值)和实际值存在差别，特别是飞动点(小流量点)和效率值。用户在决定是否进行这一试验时，应主要考虑制造厂的经验和业绩以及选购的压缩机在操作条件上有无特殊性。如确定进行这一试验，应该在合同中明确按 PTC-10 CALSSⅢ以及试验气体、要求的试验点及见证要求。对有备用转子的机组，不需要两个转子都进行性能试验。

通常在投产前后还要进行现场的性能试验，也称为验收试验。由于现场的仪表配置、管线安装以及辅助条件，如数据采集整理均达不到 ASTM PTC-10 的要求，因而试验结果不可能和性能试验结果很吻合，这是正常的。

(二) 蒸汽轮机的试验及检查

1. 不需要买方见证的项目

(1) 主要零部件的化学成分及机械性能数据

包括壳体、隔板、轮盘、轴、叶片等。

(2) 无损探伤检查

包括 MT 磁粉，UT 超声，RT 射线；对壳体、轴、轮盘、叶片及静叶(喷嘴)进行 MT，叶片、轴及轮盘在粗加工后进行 UT，对焊缝(壳体上)通常要求 100%RT 检测。

(3) 尺寸检查及间隔检查

2. 需买方见证的检查项目

(1) 壳体的水压试验

所有受压元件应承受 1.5 倍最大允许工作压力的水压试验，至少 30min，某些大型壳体可以要求更长的时间。

(2) 机械运转试验

机械运转试验的程序、方法和要求通常应由双方共同商定。试验通常在汽轮机制造厂进行，油系统为试验台车间设施，轴振动、位移、转速、相位探头应采用合同元件，检测和记录仪器可以采用车间设施。包括：调速系统应进行试验；应进行转子的不平衡响应试验；有备用转子的也应进行机械运行试验；试验时轴振动、轴承温度应记录。

第三节 加氢装置静设备

加氢装置的静设备主要分为高压和低压两部分，即反应部分中加氢反应器、高压换热器、反应加热炉、高压分离器、高压空冷器、循环氢脱硫塔等为代表的高压设备，低压分馏部分中脱硫化氢汽提塔、分馏塔等为代表的低压设备。本节将主要介绍加氢反应器、高压换热器、反应流出物空冷器等典型设备可能的失效模式、腐蚀损伤，介绍相关设备设计、制造、操作、维护中的注意事项。

一、加氢反应器

渣油加氢和加氢裂化反应器的操作温度一般为 350~440℃，设计温度一般为 454℃；操作压力大约为 10.0~18.0MPa(表)，设计压力约为 11.0~21.0MPa(表)左右；操作介质主要包含油汽、H_2、H_2S、NH_3、HCl 等。其中 H_2S、NH_3 是原料油中含硫、含氮化合物在加氢过程中与氢反应生成的，HCl 是原料油和氢中所含的微量有机或无机含氯杂质在加氢过程中与氢反应生成的。加氢反应器将重组分的蜡油、渣油裂解为轻组分的油品，同时脱除原料中所含的 S、N 及重金属。

(一) 反应器型式

渣油加氢和加氢裂化装置中最常见的是固定床加氢反应器，近年来沸腾床加氢反应器也应用于渣油加氢装置。典型的固定床加氢裂化反应器和固定床渣油加氢反应器结构如图 7-3-1所示。

(二) 加氢反应器主要损伤模式

加氢反应器在长期的操作使用中发生的主要损伤模式有：高温氢侵蚀、高温 H_2+H_2S 腐蚀、氢脆、Cr-Mo 钢回火脆化、堆焊层氢致剥离、连多硫酸应力腐蚀等。

1. 高温氢侵蚀

高温氢侵蚀，也称高温氢腐蚀，是在高温(通常 200℃以上)、高压条件下扩散侵入钢中的氢与钢中不稳定的碳化物发生化学反应，生成甲烷气泡，而甲烷又不能扩散出钢外，就聚集于晶界空穴和夹杂物附近，形成了很高的局部应力，使钢材内部产生裂纹，同时使钢材的强度、延性和韧性等力学性能发生显著劣化的现象。高温氢腐蚀是不可逆的，一旦形成损伤

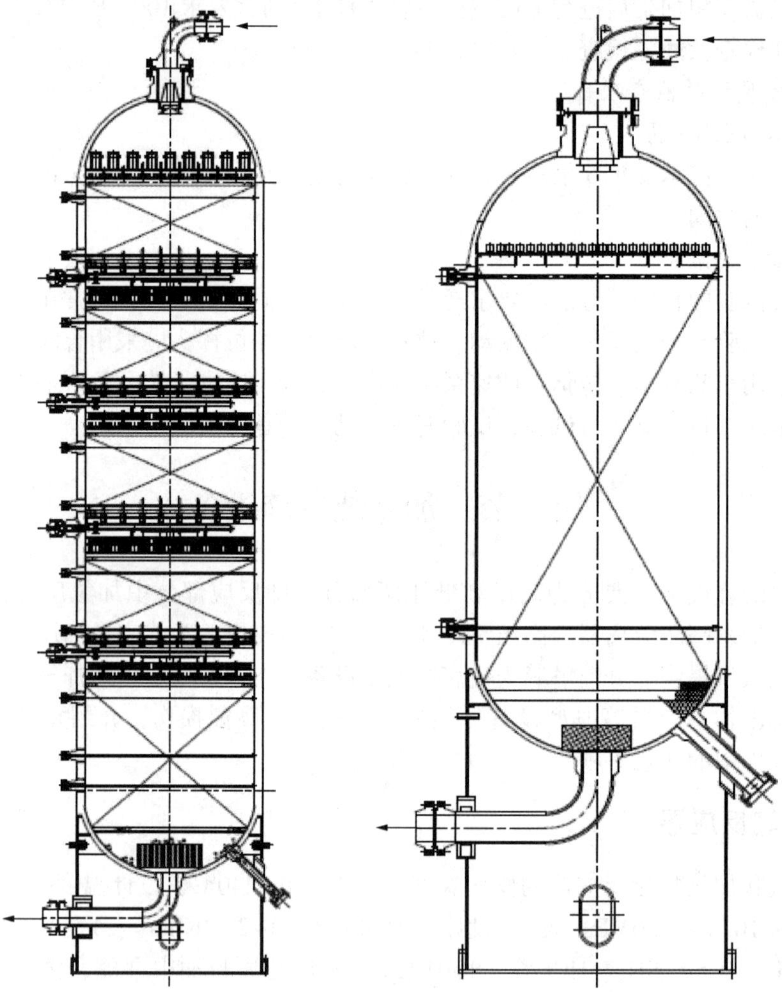

(a)固定床加氢裂化反应器　(b)固定床渣油加氢反应器

图 7-3-1　典型加氢反应器结构示意图

就不可恢复。影响高温氢腐蚀的主要因素有：

① 操作温度：温度越高，氢腐蚀越严重。

② 氢分压：氢分压越高，氢腐蚀越严重。

③ 材料：钢中添加 Cr、Mo、W、V、Ti、Nb 等合金元素，可形成更稳定的合金碳化物，提高了抗氢破坏能力，降低形成甲烷的倾向，从而有助于减少钢的高温氢腐蚀；钢中 C 含量越高，促进空穴形成的非金属夹杂物以及杂质元素越多，其氢腐蚀越严重。

④ 时间(孕育期)：从氢腐蚀开始到用合适的检测技术发现的这段时间为材料氢腐蚀的孕育期，材料孕育期越长，耐氢腐蚀性能越好。材料的孕育期受钢类型、热处理状态、冷加工程度、是否焊后热处理、应力大小、氢分压和温度等因素影响。

2. 高温 H_2+H_2S 腐蚀

碳钢和 Cr-Mo 低合金钢在含 H_2S 的高温环境中将发生均匀腐蚀，生成厚度大约为腐蚀掉的金属的 5 倍的硫化亚铁锈皮。在有 H_2 存在的情况下，腐蚀更加严重。影响高温 H_2+

H_2S 腐蚀的因素主要有：

① 温度：通常温度高于 260℃时，碳钢和 Cr-Mo 低合金钢开始发生腐蚀，并随温度增高，腐蚀速率增大。

② H_2S 分压：随 H_2S 分压增高，腐蚀速率增大。

③ 氢分压：临氢环境下的腐蚀速率相比于无氢环境下硫化物的腐蚀速率要高得多。

④ 材料中 Cr 含量越高，耐硫化物腐蚀能力越强。

⑤ 粗汽油、柴油系统中高温 H_2+H_2S 腐蚀速率比石脑油系统中相同含量高温 H_2+H_2S 腐蚀速率大。

3. 氢脆

氢脆是由于侵入钢中的原子氢使晶格之间的原子结合力变弱，或在钢中聚集为分子时，在钢材内部形成巨大的压力，使得材料的韧性和塑性显著降低的现象，即氢脆开裂是钢中氢的含量、钢中应力大小和钢的氢脆敏感性三者相互作用的结果。发生氢脆的钢材表现出明显的脆性，严重时在没有外力的作用下可形成裂纹。发生氢脆的材料可通过加热的方式使侵入钢中的氢释放出来，钢材的力学性能仍可得到恢复，即氢脆是可逆的。影响钢材氢脆敏感性的因素主要是：

① 氢脆的敏感性随钢材的强度增高而增加，对普通 2. 25Cr-1Mo 钢，工程上一般将其抗拉强度限制在低于 690MPa，以避免过高的氢脆敏感性。

② 钢的显微组织对氢脆敏感性有影响，回火马氏体比马氏体和珠光体的氢脆敏感性低。

③ 钢材氢脆化的程度与钢中残留的氢含量密切相关。高强钢或氢脆敏感性强的钢只要吸收少量的氢，就可引起很严重的脆化。

金属温度高于 82℃时，氢脆开裂通常不会发生。对于操作在高温、高压、氢环境下的设备，在操作状态下，器壁中会吸收一定量的氢。在停工过程中，若冷却速度太快，使吸藏的氢来不及扩散出来，造成过饱和氢残留在器壁内，就可能在常温下引起亚临界裂纹扩展；或者，在开工升压过程中，随着压力的增加，吸收了氢的设备材料在过高的压力作用下也易引起压临界裂纹扩展，威胁设备的安全使用。

4. Cr-Mo 钢回火脆化

Cr-Mo 钢回火脆化是指 Cr-Mo 钢长期在 343～593℃下停留，或者从这温度范围缓慢地冷却时，材料的延脆性转变温度将向高温侧迁移的现象。它产生的原因是由于钢中的杂质元素和某些合金元素在钢中原奥氏体晶界偏析，使晶界凝聚力下降所至。发生回火脆化的材料，其抗拉强度和延伸率几乎不受影响，主要是在进行冲击性能试验时其延脆性转变温度向高温侧迁移。将已经脆化了的钢加热到 600℃以上，然后急冷，钢材就可以恢复到原来的韧性，即回火脆化现象是可逆的。影响 Cr-Mo 钢回火脆化的主要因素有：

① 钢材化学成分：Si、Mn、P、Sn、Sb 和 As 元素可显著增加回火脆性，需控制其含量。Cr-Mo 钢回火脆化以 2. 25Cr-1Mo 钢和 3Cr-1Mo 钢最为明显。

② 温度：材料长期在 343～593℃下使用。

③ 时间：通常设备回火脆化大多数在脆化温度范围服役数年后发生，在加工热处理阶段有时也会发生回火脆化。

④ 位置：焊缝金属和热影响区比母材的回火脆化更敏感。

5. 堆焊层氢致剥离

堆焊层氢致剥离是指高温、高压、氢环境下操作的带不锈钢堆焊层反应器，停工时由于侵入器壁中的氢和不锈钢堆焊层 Cr-Mo 钢母材界面上的应力共同作用下，使得堆焊层与母材发生宏观分离的现象。堆焊层氢致剥离是一种特别的氢脆现象。从微观上看，剥离裂纹有沿着熔合线上的碳化物析出区扩展和沿着粗大的奥氏体晶界扩展两种。在役反应器通过检测发现的堆焊层剥离基本上都是沿堆焊层与母材界面扩展。影响堆焊层氢致剥离的主要因素是操作中反应器内氢分压、操作温度、冷却速度、反复加热冷却，以及制造时的焊后热处理、焊接工艺方法和焊接条件等。

6. 连多硫酸应力腐蚀

连多硫酸($H_2S_xO_6$，$x=3\sim6$)是由于设备在含有高温硫化氢的气氛下操作时生成了硫化铁，在停工或检修时，与出现的水分和进入设备内的空气中的氧发生反应形成的。反应器内的奥氏体不锈钢堆焊层以及内构件在连多硫酸环境中属于敏感性材料，易发生应力腐蚀开裂。影响连多硫酸应力腐蚀开裂的主要因素有：

① 环境：金属部件存在硫化物，硫化物与空气和水反应生成连多硫酸。

② 材料：材料处于敏化状态或为敏感性材料，材料敏化通常在焊接或高温热加工或在高温下使用时发生。材料在温度≤427℃使用的敏感性低于在温度≥427℃使用的敏感性；常用不锈钢在连多硫酸中的敏感性为 TP347 最低，TP304L 和 TP316L 次之，TP321 再次之，普通 TP304 和 TP316 最高。

③ 应力：焊接或制造中存在较大的残余应力，或载荷引起的外加应力。

(三) 加氢反应器设计

加氢反应器设计主要包括反应器的机械设计，涉及材料选择、结构设计、制造及检验检测。

1. 材料选择

压力容器选材一般根据其操作条件，在综合满足安全、可靠和经济性等因素后确定，包括：容器操作压力、操作温度、介质特性，材料的耐腐蚀性，可焊性及冷热加工性能，材料来源及经济合理性，容器设计寿命及检维修，容器结构及制造工艺等。在高温、高压、临氢条件下操作的加氢反应器，除应考虑其材料的强度韧性外，还应特别考虑防止其在整个设计寿命期内发生高温氢腐蚀、高温 H_2+H_2S 腐蚀、停工期间的连多硫酸应力腐蚀、氢脆、回火脆化、高温持久及蠕变失效。反应器选材主要包括反应器壳体母材和堆焊层及内构件。

(1) 反应器壳体母材

加氢反应器母材一般应按照 API RP 941“炼油厂和石油化工厂用高温高压临氢作业用钢”的规定选择合适的材料。图 7-3-2 为该标准给出的防止高温氢侵蚀的临氢作业用钢操作极限——Nelson 曲线。

从图 7-3-2 可以看出，该图的纵坐标为操作温度，横坐标为操作氢分压(绝压)，当该纵横坐标的交点处于图中某种材料曲线下方时，则表示该材料在此条件下可以抗高温氢侵蚀，反之则不能。它表示了钢材在临氢条件下的使用界限。该曲线是总结材料在高温、高压、临氢实际装置中的成功和失败案例的基础上，并结合实验室试验数据统计绘制的，一直是指导抗高温氢侵蚀选材的基础性文件。该曲线作为 API 出版物 941(第 1 版)于 1970 年公开发行以来，陆续出现一些按当时的 Nelson 曲线认为处于安全区的材料，在其后的使用中

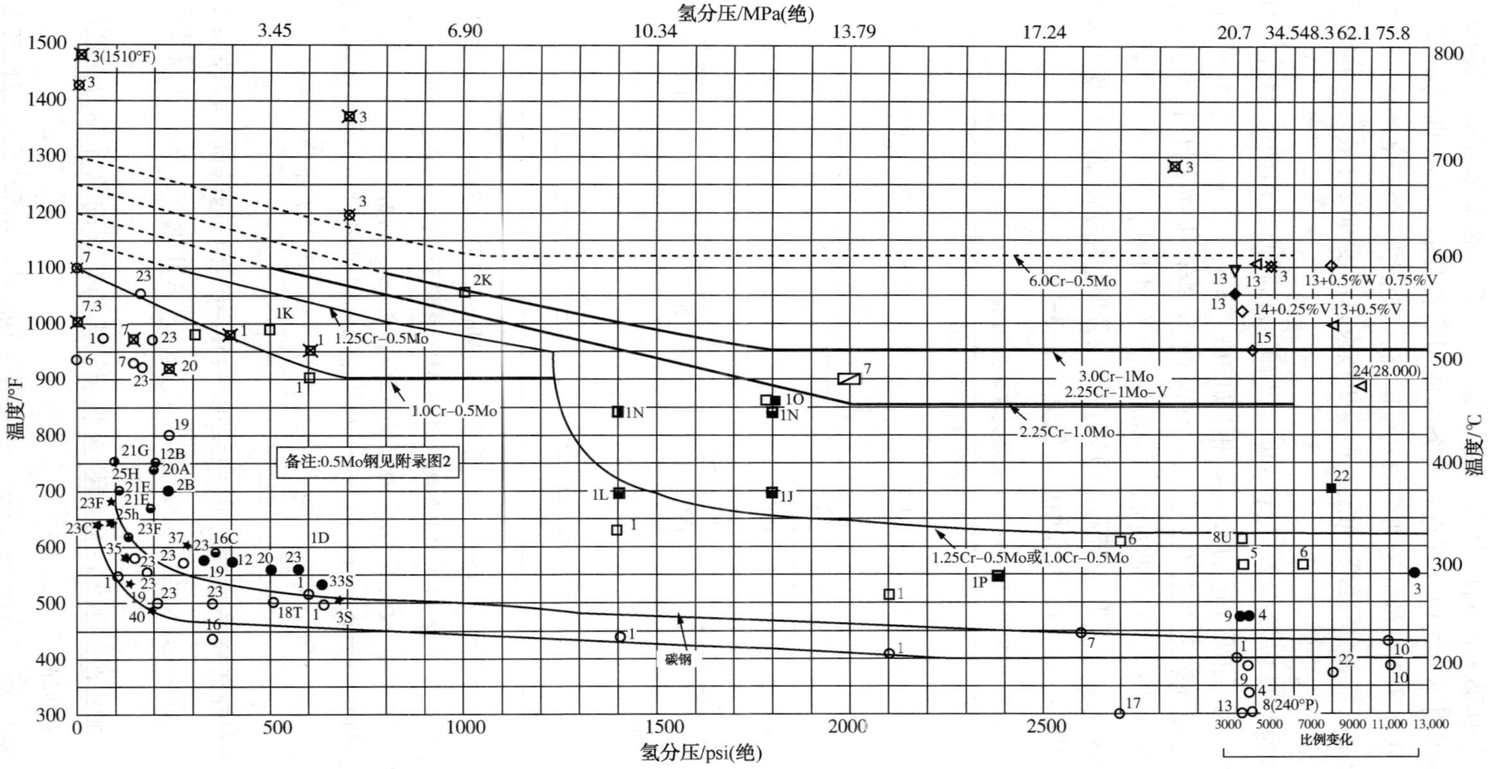

注 1　这些曲线描述的使用极限基于G.A.纳尔逊收集的服役经验以及API收集或提供的附加信息。

注 2　奥氏体不锈钢一般不会在任何温度或氢气压力下在氢气中脱碳。

注 3　这些曲线描述的使用极限基于铸钢、退火钢和正火钢在ASME规范第八节第1部分规定的应力水平下的实用经验。更多信息，请参见API941 正文中的5.3和5.4节。

注 4　在使用安全区域，1.25Cr 1-Mo 钢也有报告失效案例。详情见API941 附件B。

注 5　2.25Cr-1Mo-V 级钢的加入基于10000 小时以上的实验室试验，这些合金至少与3Cr-1Mo 钢相当。参见API941 参考文献 [22]中列出的参考文献。

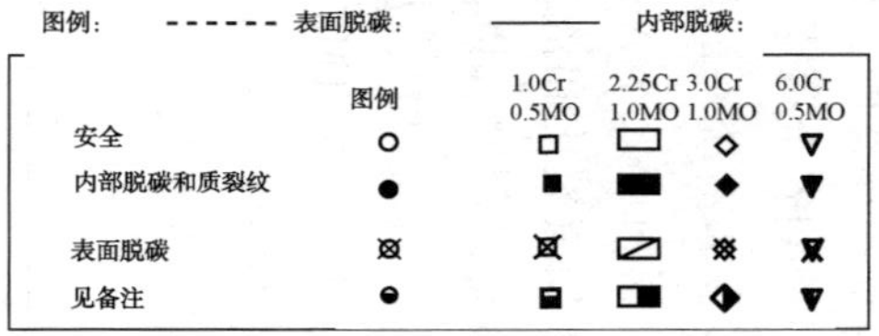

图7–3–2　临氢作业用钢防止脱碳和微裂的操作极限

发生了氢侵蚀破坏的事例，从而相继对曲线进行多次修订，现最新版本为 API RP 941-2016(第 8 版)。Nelson 曲线仅表明材料是否耐高温下氢侵蚀，并没考虑高温下其他因素引起的材料损伤，如系统中存在的 H_2S 腐蚀介质、回火脆性、蠕变、高温氢与结构应力以及高温氢侵蚀与蠕变的叠加作用等。所以，在选材时务必使用最新版的 Nelson 曲线。为保证使用材料长期安全可靠，除使所选材料处于曲线的安全区外，宜预留一个安全裕量，这个裕量留多少，未有统一的规定，依各公司经验而定，但至少按设计温度和设计最大氢分压查图时，相应材料应处于 Nelson 曲线中的安全区。

由于加氢裂化和渣油加氢反应器壳体母材一般可选用 Nelson 曲线中的 2.25Cr-1Mo、3Cr-1Mo 传统材料，以及称为“加钒改进的 Cr-Mo 钢”如 3Cr-1Mo-0.25V 和 2.25Cr-1Mo-0.25V 钢。目前的大型加氢反应器更多采用 2.25Cr-1Mo-0.25V 钢作为壳体材料。与传统的 2.25Cr-1Mo、3Cr-1Mo 钢相比较，“加钒改进的 Cr-Mo 钢”具有以下优点：

① 强度更高。根据 ASME 锅炉及压力容器规范Ⅷ卷第二分册《压力容器建造另一规则》2007 年以后版的规定，常用 Cr-Mo 钢最大许用应力值见表 7-3-1。

表 7-3-1 常用 Cr-Mo 钢最大许用应力值

金属温度/℃	最大许用应力 S_m/MPa			
	2.25Cr-1Mo	3Cr-1Mo	2.25Cr-1Mo-0.25V	3Cr-1Mo-0.25V
350	165	165	244	239
375	163	163	240	234
400	161	161	235	229
425	158	158	231	223
450	154	154	205	183
475	128	98.2	173	153
500	88.4	73.5	143	125
525	64.0	54.7		

从表 7-3-1 中可见，在设计温度为 450℃时，2.25Cr-1Mo-0.25V、3Cr-1Mo-0.25V 及 2.25Cr-1Mo 钢的设计许用应力值分别为 205MPa、183MPa 和 154MPa，即 2.25Cr-1Mo-0.25V 相比于 3Cr-1Mo-0.25V 钢，设计许用应力高约 12%；2.25Cr-1Mo-0.25V 相比于比常规 2.25Cr-1Mo 钢，设计许用应力高约 33.1%。因此在同样的设计条件下，2.25Cr-1Mo-0.25V 钢经济性更好。这是目前加氢反应器普遍采用 2.25Cr-1Mo-0.25V 钢作壳体材料的根本原因。

② 抗高温氢侵蚀温度大幅提高。试验证明，2.25Cr-1Mo-0.25V 钢的抗氢侵蚀温度比常规的 2.25Cr-1Mo 钢提高 50℃以上，在 Nelson 曲线中，相同氢分压下，两者极限使用温度分别是 510℃和 454℃。

③ 抗氢脆性能更好。“加钒改进的 Cr-Mo 钢”氢脆裂纹失稳扩展的临界应力强度因子 K_{IH}值比常规 2.25Cr-1Mo 钢的提高 50%，如图 7-3-3 所示。

④ 抗回火脆性能力明显改善。“加钒改进的 Cr-Mo 钢”经过“步冷试验”后，脆性转变温度增加值几乎为零，见图 7-3-4，说明无明显回火脆化。

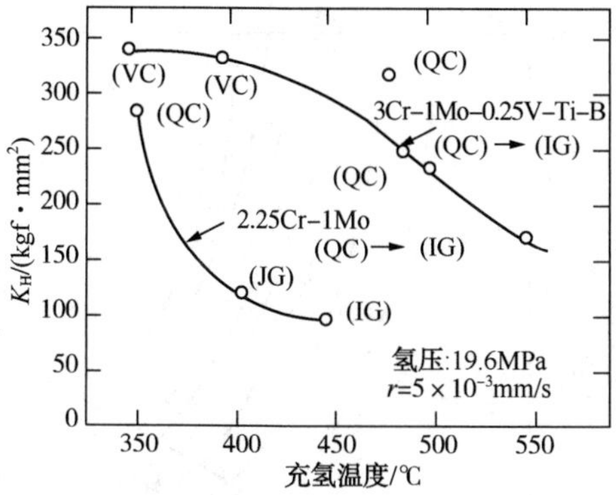

图 7-3-3　充氢温度对 2. 25Cr-1Mo 钢和 3Cr-1Mo-0. 25V-Ti-B 钢 K_{IH} 的影响

VC—纤维空隙；QC—准解理裂纹；IG—晶间裂纹

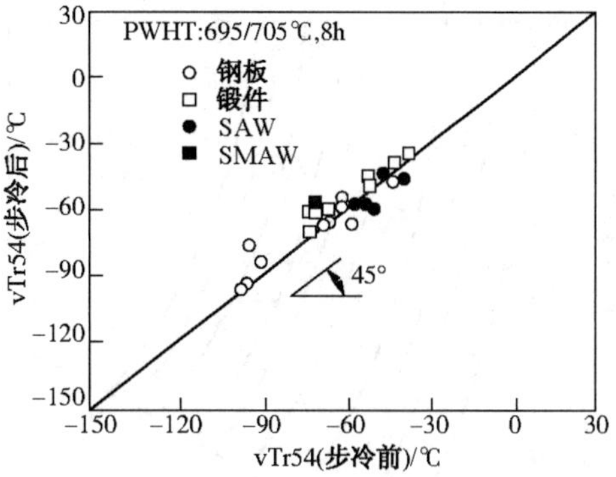

图 7-3-4　改进型 3Cr-1Mo-0. 25V 钢焊接部件阶冷前后的 vTr54

⑤ 堆焊层抗氢致剥离性能更优。图 7-3-5 是经对比试验得出的“加钒改进的 Cr-Mo 钢”堆焊层和常规 2. 25Cr-1Mo 钢堆焊层发生氢剥离的临界曲线。

（2）堆焊层及内构件材料

加氢反应器是在高温高压下操作，介质中含有高温 H_2S 和 H_2。对于接触高温 H_2S+H_2 共存条件下的材料选择，一是参考相似条件的经验数据来预计材料的腐蚀速率后确定；二是在无经验数据时，可根据柯珀-哥曼（Couper-Gorman）曲线来估算材料的腐蚀速率。图 7-3-6~图 7-3-9 是常用几种材料在 H_2S+H_2 共存条件下的等腐蚀曲线。

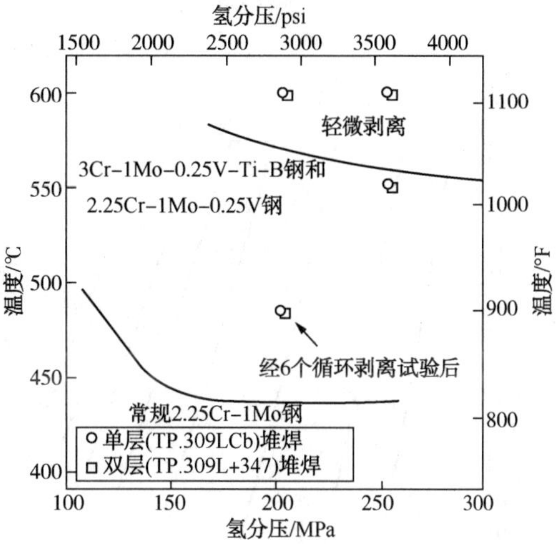

图 7-3-5　堆焊层氢致剥离临界曲线

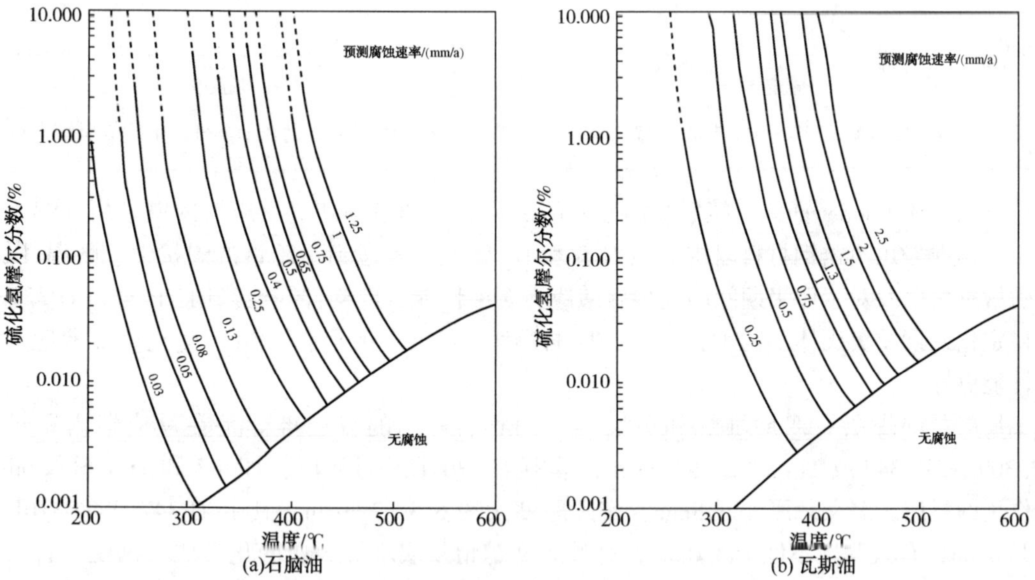

图 7-3-6　碳钢在 H_2S+H_2 中的等腐蚀曲线

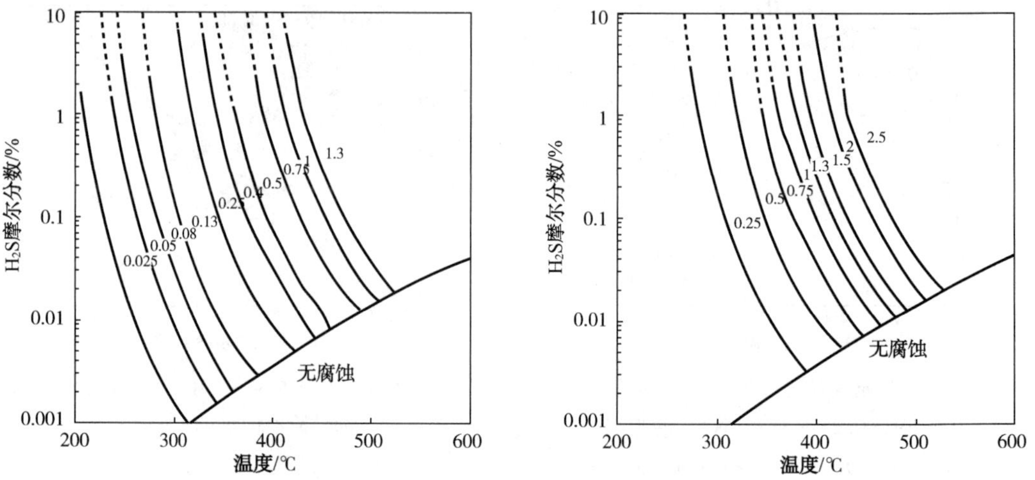

(a)石脑油　　(b) 汽油

图 7-3-7　2.25Cr-1Mo 钢在 H_2S+H_2 中的等腐蚀曲线

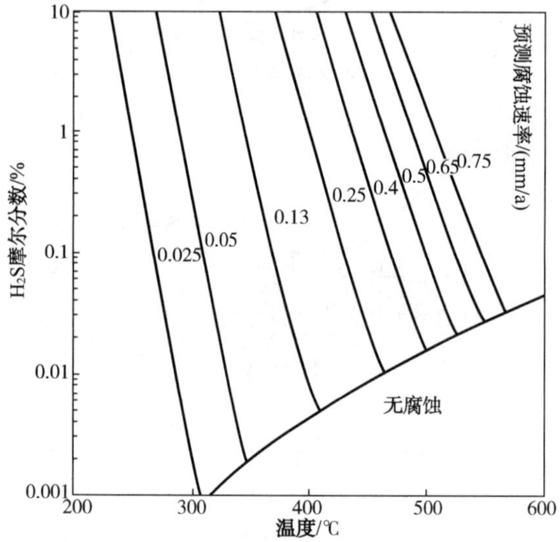

图 7-3-8　12Cr 钢在 H_2S+H_2 中的等腐蚀曲线

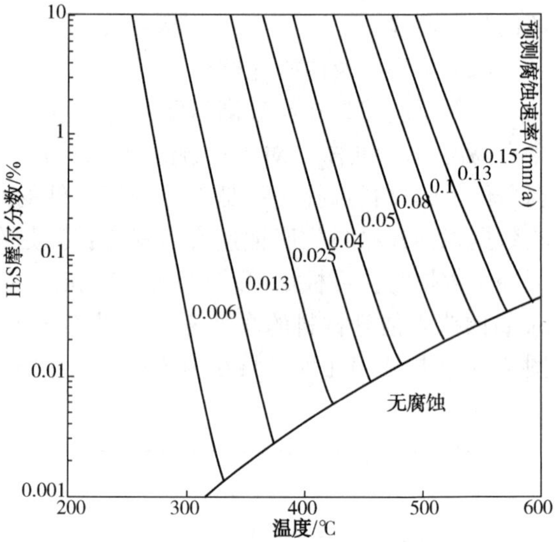

图 7-3-9　18-8 钢在 H_2S+H_2 中的等腐蚀曲线

根据上述 Couper 曲线，接触高温介质的加氢裂化和渣油加氢反应器内壁采用堆焊不锈钢，内构件采用不锈钢材料以抗高温 H_2S 和 H_2 腐蚀。考虑到不锈钢的焊接性、耐温性能、氢脆敏感性以及对于停工期间耐连多硫酸应力腐蚀性能，内构件一般采用 TP347、TP321 等带稳定化元素的奥氏体不锈钢，其中，TP347 因含有稳定化元素铌 Nb，耐连多硫酸应力腐蚀性能更好。

反应器堆焊层有双层堆焊和单层堆焊两种。常用的双层堆焊是在反应器内壁堆焊 TP. 309L+TP. 347 或 TP. 309L+TP. 316L，其中 TP. 309L 是过渡层，TP347 和 TP316L 是起防腐作用的复层，名义总厚度 6. 5mm，实际厚度大约 6. 5～7. 5mm，其中 TP347 或 TP316L 厚度约 4mm，有效厚度不低于 3. 0mm，有效厚度是指复层堆焊金属的化学成分满足设计要求的厚度。常用的单层堆焊是在反应器内壁堆焊一层 TP347，名义总厚度大约在 4.0mm，实际厚度大约 4.0~5.0mm，有效厚度不低于 3.0mm。

反应器上采用的双层堆焊或单层堆焊一般都是带极堆焊，只是在一些无法进行带极堆焊的部位才采用 TIG 钨极氩弧焊、MIG 熔化极气体保护焊等方法。国内一般常用焊带宽度是 60~90mm，国外有采用 150mm 宽的焊带。带极堆焊方法有电渣堆焊和埋弧堆焊两种。带极电渣堆焊相对于带极埋弧堆焊，因稀释率较低、熔深较浅、不锈钢堆焊层增碳倾向小、耐蚀性能易保障、焊接效率高、焊道成形美观、焊剂消耗少而得到更多的应用。

双层堆焊的技术难度小，容易控制焊接质量，但焊材消耗高，焊接工作量大，制造成本高，工期长。单层堆焊的焊材消耗低，焊接工作量小，制造成本低，工期短，但堆焊的技术难度大，不易控制焊接质量。目前，双层堆焊和单层堆焊都比较成熟。相对地，在高压加氢裂化、渣油加氢装置等处理含硫原料较高的反应器上采用双层堆焊较多一些。此外，对于接管内壁、小直径封头等部位一般采用双层堆焊更能保障堆焊层的质量。

2. 结构设计

加氢反应器结构主要分为随专利商工艺技术决定的反应器内构件和为保障反应器本体具有良好安全性能的壳体结构两部分。反应器内构件主要受反应器床型、催化剂性能以及专利商工艺技术等影响，本节主要介绍加氢反应器壳体结构设计。虽然不同专利商的加氢反应器结构各不相同，其技术指标各有差异，但在壳体结构的要求上基本一致。对壳体结构的要求主要体现在：应具有比较均匀的结构应力、可靠的密封性能、尽量小的应力集中、较小的温差应力，利于结构材料保持较高的韧性和耐蚀性能状态、方便制造和在役时的检测维护等。

（1）本体结构

随着反应器用材料设备制造技术和能力的发展，近 20 多年来，高压加氢裂化和渣油加氢反应器大多是单层锻焊热壁结构，较少采用板焊热壁结构。

在单层结构中，锻焊结构的优点更为明显：①以实心锭锻造时，在锻造过程中要把钢锭镦粗和冲孔，可清除钢锭中的偏析和夹杂，从而提高了锻件的纯洁性。若以中空锭锻造时，由于中空锭的凝固时间比实心锭大大缩短，因而既可降低锭中的碳偏析，又可提高钢水的利用率、缩短锻件制造周期；②锻造变形过程的拔长、扩孔等工艺，使锻件各向性能差别减小，增加内部致密度，所以材料的均质性和致密性较好；③焊缝较少，特别是没有纵焊缝，从而提高了反应器耐周向应力的可靠性，同时也可缩短制造周期及减少制造和使用过程中对焊缝检查的工作量；④锻造筒的尺寸精度高，可方便筒节对接，错边量小；⑤反应器的支承结构，如支持圈、裙座与壳体连接，可加工成与壳体为一体的结构，有利于减小应力集中、焊接残余应力，防止脆性损伤，方便检测。

大型化高压加氢反应器更适合锻焊结构。目前国内外钢厂可供加氢反应器使用的 Cr-Mo 厚钢板情况是，国外最大厚度约 250mm，单张钢板最大重量约 70t；国内最大厚度约 200mm，单张钢板最大重量约 50t。对于内径大于 4500~5000mm、厚约 200mm 以上的高压加氢反应器，若采用板焊结构，反应器筒节要么数量多、筒节短、有较多环焊缝，要么需要至少 2 张钢板制作成有至少 2 条纵焊缝的筒节，这将给制造和维护检测都带来难度。而对于锻焊结构的反应器，就不存在这样的问题。当然，筒节锻件由于从钢锭锻造到机加工成型的过程中材料的利用率要比板焊结构低，在反应器壁较薄时，其制造费用相对较高。但随着壁厚的增大，尤其是由于铸锭技术和锻造技术的进步，特别是目前，国内外已开发出筒形碾压机生产筒形锻件的技术，即将钢锭通过“压机初锻制坯+碾压机碾压成形”方式生产大型筒节，影响筒节内在质量的锻造比，晶粒度等由前期的锻造工序予以保障，影响筒节成形的内外直径、高度、壁厚等尺寸及精度由碾压工序保障。这种方式生产的筒节锻件，钢锭的利用率、成材率大大提高，制造成本大幅降低，生产制造周期大大缩短。总体上，直径越大，壁厚越厚，锻焊结构的经济性更有优势。实际工程中，是采用板焊结构还是锻焊结构，主要取决于钢板和容器制造条件以及经济上的合理性和用户的需要。依据当前的水平，当厚度约大于 150~180mm 时，锻焊结构加氢反应器在经济上的竞争力，就可与板焊结构相比拟。

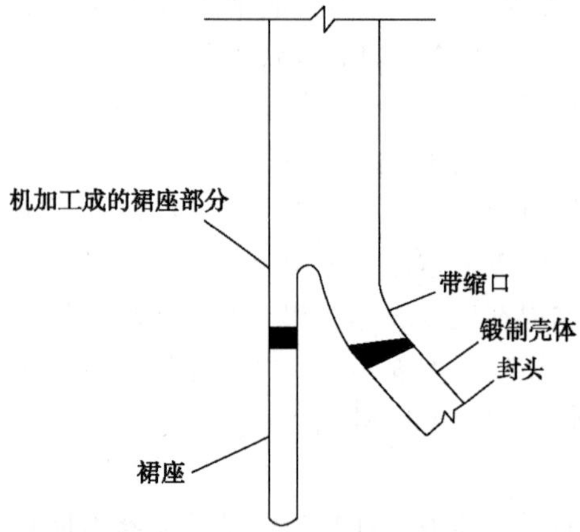

图 7-3-10　裙座-锻件对焊结构

近年来，为充分利用板焊结构和锻焊结构反应器的优点，人们提出一种板-锻结合反应器。即在条件合适时利用钢板制作筒节，同时在凸台密集区、裙座与封头连接处利用锻件制作筒节的反应器结构。如图 7-3-10 所示。

(2) 封头

一般加氢裂化和渣油加氢反应器的封头都采用球形封头，有图 7-3-11 所示的四种形式。随着加氢装置的大型化，反应器整体球形封头的制造难度增加，如，一个内径为 5m 的反应器所需的封头板宽将达到 8m，超出了目前世界能提供的最大~5. 2m 宽度钢板。如果采用锻板，则板幅也受水压机开裆尺寸的限制。为避免钢板板幅对封头尺寸的限制，可将封头设计成球冠+过渡段，或者设计成球冠+收口筒节形式，这些方法虽然可以解决封头尺寸超大的问题，但是同时也极大地增加了制造成本和生产周期。近年来，如图 7-3-11(d)拼焊式封头因焊缝长度短、制造成本低而得到广泛应用。

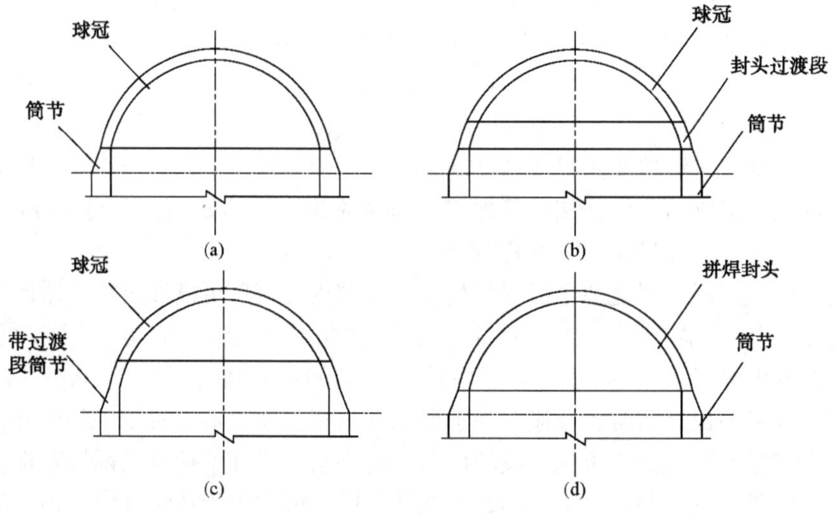

图 7-3-11　球形封头形式

(3) 反应器密封形式

在加氢反应器人孔、各种开口接管上采用的密封形式主要有：八角垫梯形槽密封、平面密封以及自紧法兰连接如 Grayloc 等几种密封形式。

① 八角垫梯形槽密封：如图 7-3-12 所示，因结构简单、加工容易、易实现密封，成为国内加氢反应器上用得最多的一种密封结构形式。操作中垫片—法兰—螺栓组合体的相对变形对密封性能影响较大，当器内温度、压力发生较大波动时，密封容易泄漏，所以，高温场合较大的八角垫梯形槽密封，常常伴设有蒸汽保护设施。该种密封，在法兰密封槽底拐角处存在较大的应力集中，槽底堆焊层时有发生开裂现象。

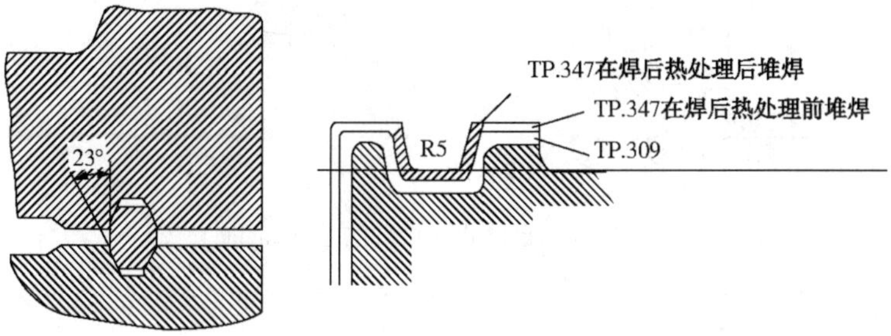

图 7-3-12　梯形槽八角垫密封

② 平面密封：可采用不锈钢带+膨胀石墨的带加强环的缠绕式垫片，也可采用经特殊设计的多级恒应力密封垫片，如图 7-3-13 所示。多级恒应力密封垫片是近年来新研制的成功应用于高温高压沸腾床加氢反应器、加排催化剂罐上的密封垫片。该垫片采用所谓"金属碰金属"设计理念设计，上紧后在法兰密封面和垫片之间形成恒定的密封比压，阻止介质流出实现密封目的。法兰密封面承受压缩应力，使用中法兰密封面易加工、好安装，不易开裂，好维护。该垫片一经安装，其密封性能稳定，可承受循环载荷的作用，也不易受系统温度、压力波动的影响。该垫片的主要缺点是密封所需的螺栓力较大，螺栓较粗。

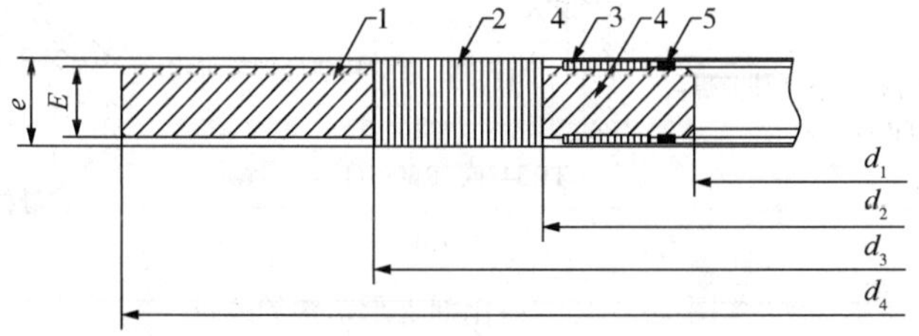

图 7-3-13　多级恒应力密封垫片示意图

1—金属外环；2—主密封环；3—非金属柔性覆层；4—金属内环；5—柔性金属环

③ 自紧法兰密封：是近些年国外和引进装置中应用较多的一种高温高压自紧式设备管道法兰连接件，其密封形式如图 7-3-14 所示，密封环置于两个套节间，一对卡套将套节卡住，卡套一般被两组螺栓连接，以使密封环与套节密封面形成初始密封，然后利用介质压力产生密封力，使法兰处于密封状态，从而实现自紧密封。与传统法兰相比，该连接结构体积小、重量轻，密封所需螺栓少，同时密封可靠，安装方便，使用寿命长，尤其在高温、高压、循环载荷工况下能够保持密封性能，使得设备能长期稳定运行，从而受到用户的青睐。目前，此种自紧法兰在国外装置设备上应用较为广泛，在国内的一些重要装置设备部位也逐

渐得到应用。该密封结构对各密封元件的机加工精度高，尺寸公差配合要求严格。目前，自紧法兰密封产品以进口为主。

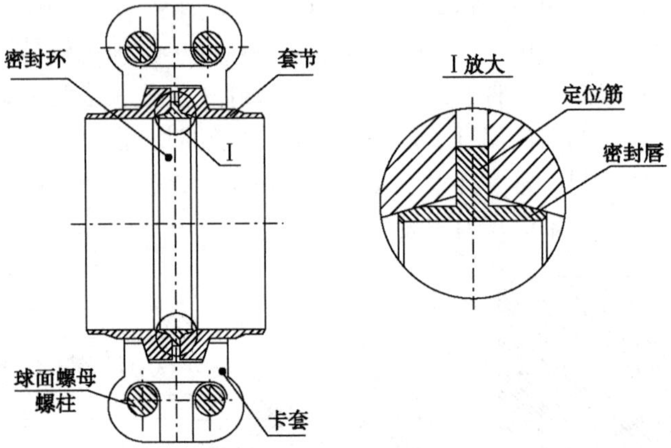

图 7-3-14　自紧式连接件法兰(Grayloc)

（4）支承圈

反应器中的支承圈形式根据其承受的载荷大小、支承圈厚度而定。一般承受较大载荷的支持圈，如支承床层催化剂的格栅支持圈，采用堆焊 Cr-Mo 钢+堆焊不锈钢的形式；支受载荷较小的支持圈则采用在器壁堆焊层上焊接不锈钢的形式。早期支承催化剂的支持圈多半都是直接焊于筒体上，如图 7-3-15(a)所示。使用中在支持圈处发现多起裂纹，而改进为图 7-3-15(b)、(c)的结构。

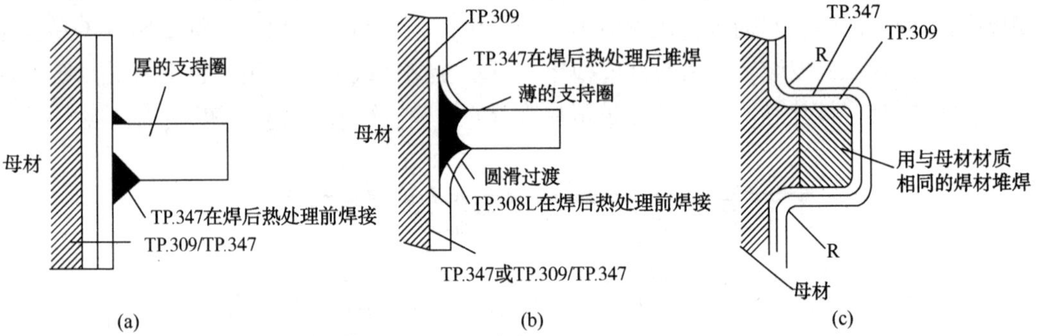

图 7-3-15　催化剂支承结构的改进

（5）反应器裙座支承

为了改善反应器裙座支承部位的应力状况和为使裙座连接处焊缝在制造与使用检修时能够进行超声和射线检测，将此处结构由图 7-3-16(a)的各种形式改进为图 7-3-16(b)的相应形式。

（6）带堆焊层弯管

加氢反应器顶部或底部一般都设有进出物料的接管口，该接管口通过弯管与管道相连。因进出口与反应器壳体焊接，为避免异种钢焊接，接管材质采用 Cr-Mo 钢+堆焊层。传统上，带堆焊层的弯头制造工艺通常是将 90°弯头分割成三段分别堆焊后再组焊成为一个整体

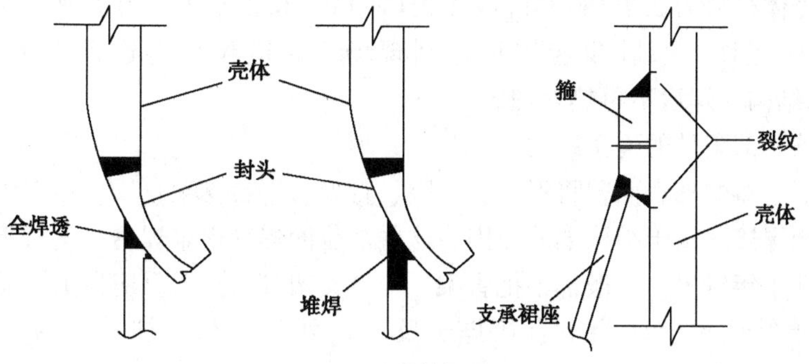

(a)过去的结构

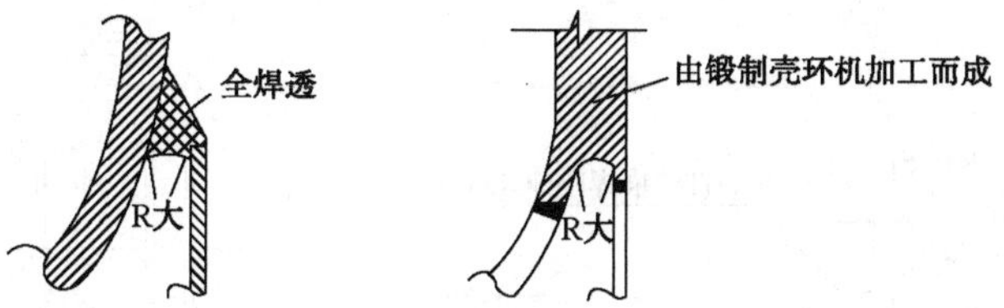

(b)新的结构

图 7-3-16　反应器支承结构的改进

如图 7-3-17(a)所示的分段结构。按以上方法制造的 90°弯头需完成坡口加工、内壁堆焊、Cr-Mo 钢弯头逐个组焊环缝、环缝射线、超声检测、环缝内壁补堆焊等工序，制造环节多，时间长，生产效率低，影响产品的制造周期和成本。弯头中间两条 Cr-Mo 钢环缝的组焊只能采用手工电弧焊、内壁补堆焊时受空间位置限制，造成焊缝及补堆焊处的焊接质量不易保证，更增加产品质量风险。近年来，随着制造技术的进步，在加氢反应器上已经完全实现了如图 7-3-17(b)所示的带堆焊层的 90°整体弯管结构。直径较小的弯头采用的是“先堆焊直管+弯管成形”工艺制造，对于较大直径的弯头采用的是“先弯管成形+堆焊”工艺制造。

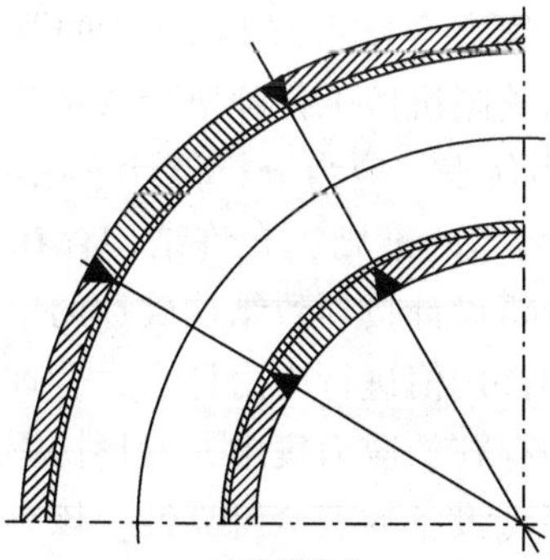

(a)分段弯头

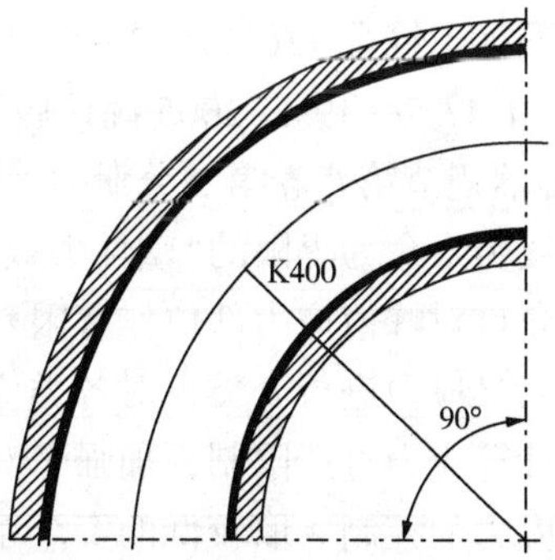

(b)整体弯头

图 7-3-17　90°弯管

(7) 反应器外部热电偶

加氢反应器内部是一个强放热的过程，为了避免操作中“飞温”危及反应器安全，通常在反应器器壁上设有表面热电偶以监控器壁温度。固定热偶的螺柱材料一般为 S32168 不锈钢，而反应器壳体材料为 2.25Cr-1Mo 或 2.25Cr-1Mo-0.25V 钢。为了避免在反应器运输过程中受损，这些螺柱一般在反应器运送到现场安装就位后再进行焊接，因此采用如图 7-3-18所示结构，焊后不再热处理。

（8）反应器外部附件的连接结构

过去，在反应器的外表面曾将保温支持圈、管架、平台支架、反应器本体表面热电偶等外部附件与其相焊接。由于结构上的原因，这些部位的焊缝很难焊透，这对于安全使用极为不利。因此近几十年以来，一般都不把管架、平台支架等放置于反应器上，而是另设钢结构支承。保温支承结构也多改为不直接焊于反应器外部而是披挂其上的鼠笼式结构（如图 7-3-19所示）。

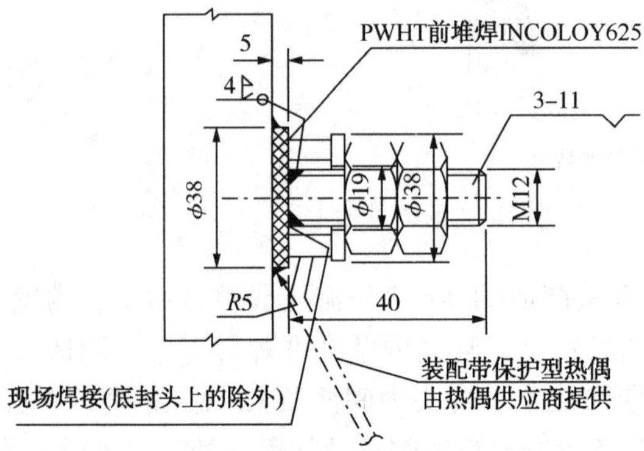

图 7-3-18　反应器外部热电偶示意图

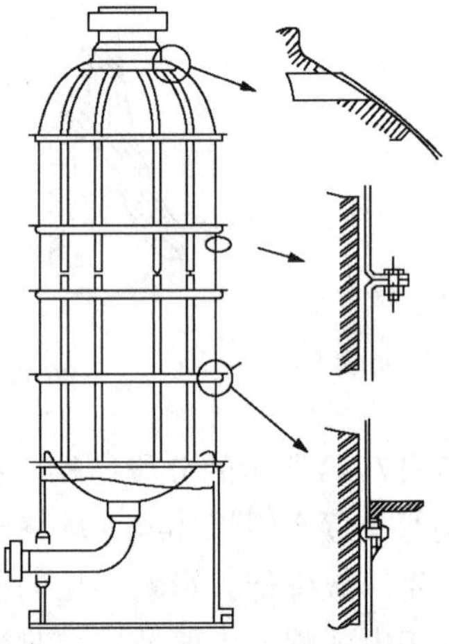

图 7-3-19　鼠笼式保温支承结构

3. 设计标准及设计载荷

由于在高温、高压、临氢条件下操作以及装置大型化，加氢反应器一般都采用以应力分析为基础的设计，符合 TSG 21—2016“固定式压力容器安全技术监察规程”的要求。国内设计标准为 JB/T 4732—1995（2005 确认版），国际上以美国机械工程师协会 ASME BPVC. Ⅷ.2《锅炉压力容器规范第八卷第 2 分册——另一规则》为代表。应力分析设计采用以极限载荷、安定载荷和疲劳寿命为界限的“塑性失效”与“弹塑性失效”准则，允许结构存在可控制的局部塑性区，允许对峰值应力部位作有限寿命设计。分析设计按导致结构破坏的危险性不同而将计算出的名义应力进行分类，对各类应力取不同的许用值进行应力评定，合理地放松了对结构中总体计算应力过严限制，加强了对局部结构中存在的应力集中、变形协调引起的局部应力、峰值应力的控制。取较低的安全系数，但不降低设备的安全可靠性。该方法设计的反应器相比于传统规则设计具有较薄的壁厚、较轻的重量和更好的经济性。同时，分析设计对于材料的要求更高，设计计算更为详尽精确，制造过程中的试验、检验检测以及质量控制标准更加严格。

为了对反应器从制造时的试验到投用后的整个设计寿命期间的结构中的各种应力进行详尽精确计算，必须提前知晓包括试验、安装、开工、正常/非正常生产、停工、检维修等过程中整个反应器设计寿命期内可能遭遇的各种工况载荷条件。通常这些载荷包括：

① 内压、外压或者最大压差；

② 液柱静压力，当液柱静压力小于设计压力的5%时，可忽略不计；

③ 容器的自重，以及正常工作条件下或者耐压试验状态下内装介质、催化剂、内件等的重力载荷；

④ 附属设备及隔热材料、衬里、管道、扶梯、平台等的重力载荷；

⑤ 风载荷、地震载荷、雪载荷；

⑥ 支座、底座圈、支耳及其他形式支承件的反作用力；

⑦ 连接管道和其他部件的作用力；

⑧ 温度梯度或者热膨胀量不同引起的作用力；

⑨ 冲击载荷，包括压力波动、流体冲击引起的反力等；

⑩ 运输或者吊装时的作用力。

4. *反应器主要技术要求*

反应器的建造除了满足相关的法规、标准的规定外，还应当根据反应器的操作设计条件以及所采用的材料，提出详尽的技术要求。本节以 2.25Cr-1Mo-0.25V 钢+堆焊 TP309L+TP347 不锈钢的锻焊热壁结构加氢反应器为例，说明应关注的主要技术方面。

（1）壳体材料

作为反应器壳体材料的 2.25Cr-1Mo-0.25V 钢在符合材料标准的前提下，应具有高纯洁度、低有害杂质含量、良好的抗回火脆化性能、优良的常温和高温力学性能、较好的强度和韧性匹配、较好的焊接性和冷热加工等性能。为此，壳体材料应满足如下条件：

① 炼钢及化学成分。根据炼钢工艺特点，采取精选炉料、深度脱磷脱硫、精炼炉精炼、真空浇注等特殊措施，严格限制钢中的 P、S、As、Sn、Sb、N、H、O 等有害元素，以及影响回火脆化的 Si、Mn、Ni 的含量。表 7-3-2 是 2.25Cr-1Mo-0.25V 钢的典型有害元素的化学成分要求。

表 7-3-2 2.25Cr-1Mo-0.25V 钢有害元素化学成分 %

P	S	As	Sn	Sb	N	O	H
≤0.008	≤0.005	≤0.012	≤0.010	≤0.003	$\leq 8\times10^{-3}$	$\leq 2\times10^{-3}$	$\leq 2\times10^{-4}$
Ni	Cu	*J* 系数—母材		P+Sn—母材		*X* 系数—焊缝	
≤0.25	≤0.20	≤100%		≤0.012		≤15×10	

其中：$J=(Si+Mn)\cdot(P+Sn)\times10^4(\%)$ （7-3-1）

$X=(10P+5Sb+4Sn+As)\times10^{-2}$ （7-3-2）

J 系数用于控制母材的化学成分，式(7-3-1)中化学成分按质量百分数计；

X 系数用于控制焊接金属的化学成分，式(7-3-2)中化学成分按 μg/g 计。

② 热处理状态。2.25Cr-1Mo-0.25V 钢的强度、韧性等性能不仅受到化学成分的影响，还受到钢材热处理的极大影响。加氢反应器用 2.25Cr-1Mo-0.25V 钢的使用状态一般是经淬火加回火(调质)的热处理，对于厚度较薄的钢板的使用状态也可采用正火(加速冷却)加回火的热处理。

③ 钢的组织、晶粒度及夹杂物。反应器壳体材料应具有致密的组织和各向均匀一致的

力学性能。这就要求控制钢中的金相组织、晶粒大小以及非金属夹杂物含量。对于 2.25Cr-1Mo-0.25V 钢，其全截面金相组织应控制在 100% 贝氏体；按 GB/T 6394—2017“金属平均晶粒度测定法”进行测定的晶粒度，应不粗于 5 级；各类非金属夹杂物应按 GB/T 10561—2005“钢中非金属夹杂物含量的测定　标准评级图显微检验法”进行评定，其中硫化物类(A 类)、氧化铝类(B 类)、硅酸盐类(C 类)及球状氧化物类(D 类)、单颗粒球状类(DS 类)均不得大于 1.5 级，且应满足 A+C≤2.0 级，B+D≤2.0 级，总和 A+B+C+D+DS≤4.5 级。

④ 力学性能。反应器筒节、封头等主要受压元件应逐件取试样进行力学性能检验，且应符合如表 7-3-3 所示的指标。考虑到反应器的规格结构的复杂性，各个元件在整个反应器实际制造中会经历不同的焊接工序、不同的中间热处理温度及次数、不同次数的最终焊后热处理，甚至焊缝或许经历返修等，为了确保所有元件性能都达到预期要求，对力学性能试块分别进行最小程度和最大程度的焊后热处理后再进行性能测试。这种模拟最小程度焊后热处理 Min. PWHT 和最大程度焊后热处理 Max. PWHT 的含义是：

Min. PWHT：模拟制造过程中最小程度的热处理，包括奥氏体化和回火、所有高于 482℃的中间热处理以及一次最终焊后热处理。对于 2.25Cr-1Mo-0.25V 钢其热处理规范一般为 705℃、8h。

Max. PWHT：模拟制造和使用过程中最大程度的热处理，包括奥氏体化和回火、所有高于 482℃的中间热处理、一次制造返修后的焊后热处理、最终焊后热处理以及至少一次额外的留给用户将来使用的焊后热处理。对于 2.25Cr-1Mo-0.25V 钢其热处理规范为 705℃×(26~32)h。

表 7-3-3　2.25Cr-1Mo-0.25V 钢力学性能

检验项目	2.25Cr-1Mo-0.25V 锻件
抗拉强度 R_m/MPa	585~760
屈服强度 $R_{p0.2}$/MPa	≥415
断后伸长率 A/%	≥18
断后收缩率 Z/%	≥45
试验温度-30℃时冲击吸收能量/J	≥54(三个试样平均值)，≥48(一个试样最低值)

注：1. 高温拉伸强度和屈服强度值随具体设备的设计温度而变化。
2. 设计温度≥440℃时，应考虑高温持久强度的影响。

⑤ 阶梯冷却试验。对于 2.25Cr-1Mo-0.25V 钢，为了提前验证材料的回火脆化倾向，测定材料抗回火脆化的性能，即进行阶梯冷却试验，阶梯冷却工艺见图 7-3-20。制备 2 组冲击试样，一组试样仅经 Min. PWHT 处理，另一组试样经 Min. PWHT+加阶梯冷却工艺处理。然后制成 2mm V 形缺口夏比冲击试样，在不同的温度条件下进行冲击试验，以获得材料夏比冲击功与试验温度的关系曲线，如图 7-3-21 所示。对于 2.25Cr-1Mo-0.25V 钢，其回火脆化倾向应满足下式的要求：

$$vTr54+3.0\Delta vTr54 \leq 0℃ \qquad (7-3-3)$$

式中　vTr54——试样经 Min. PWHT 后的夏比冲击功为 54J 时对应的转变温度(见图 7-3-21)，℃；

ΔvTr54——试样经 Min. PWHT+加阶梯冷却后和经 Min. PWHT 后的夏比冲击功为 54J 时对应的转变温度的增量，℃。

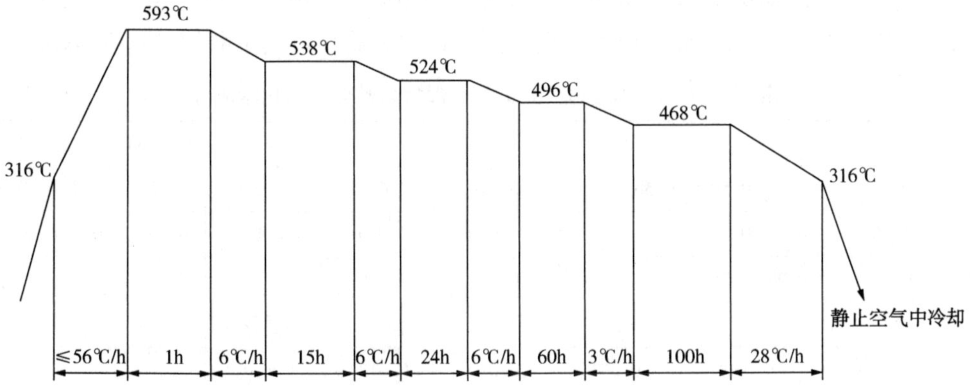

图 7-3-20　阶梯冷却工艺

⑥ 超声检测。为避免钢材中存在裂纹、夹层、皱褶、夹渣和白点等有害缺陷，锻件和钢板都应经 100%的超声检测，I 级合格。

（2）主焊缝焊接材料

焊接是压力容器制造中非常重要的制造环节，为保障加氢反应器焊接接头的性能，必须做好焊接材料的选择和焊接工艺评定。焊接材料的选用原则是：一是遵循焊缝金属与母材性能相当的原则，即焊缝金属的强度不超出母材设计规定的范围，焊缝金属的韧性以及抗回火脆化性能不低于母材设计规定的下限，其他如耐腐蚀性能也应满足设计预期；二是焊接材料应具有良好的焊接工艺性。为此，制造单位应对焊接材料进行焊接试验，以充分掌握焊接材料的焊接特性。在此基础上，为验证所选材料和预先拟定的焊接工艺的正确性，在产品焊接前应按规定进行焊接工艺评定试验，并将试验和验证结果形成焊接工艺评定报告（PQR）。再根据各项性能及要求都符合相关标准和设计要求的焊接工艺评定报告，编制用于指导产品施焊的焊接工艺规程（WPS）。

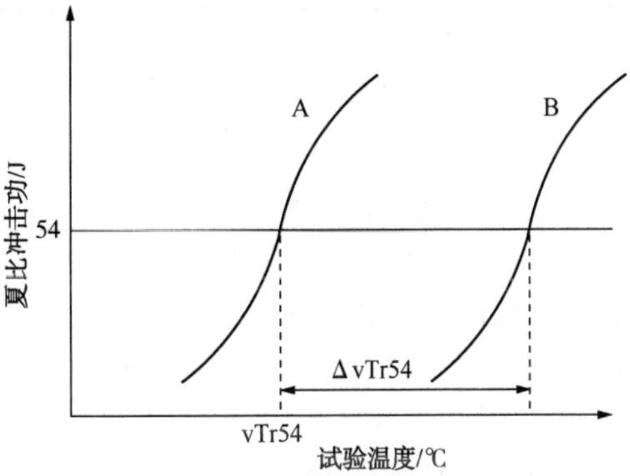

图 7-3-21　夏比冲击功与试验温度的关系曲线

A—试样经 Min. PWHT 后的夏比冲击功与试验温度的关系曲线

B—试样经 Min. PWHT+阶梯冷却后的夏比冲击功与试验温度的关系曲线

2.25Cr-1Mo-0.25V 钢壳体主焊缝焊材除了满足一般产品标准等规定外，还应符合以下要求：

① 应采用超低氢焊接材料，通常按 GB/T 3965—2012“熔敷金属中扩散氢测定方法”测定的扩散氢含量不超过 5mL/100g。

② 严格控制焊接材料各组分的化学成分，一般 2.25Cr-1Mo-0.25V 钢熔敷金属的化学成分如表 7-3-4 所示。

③ 对于设计温度高于 440℃的反应器，由于 2.25Cr-1Mo-0.25V 钢材料的许用应力强度已经进入高温持久强度和蠕变强度影响温度区，而反应器各部位的壁厚是以设计温度下的许用应力为基础确定的，为确保反应器所用材料，包括母材及主焊缝金属的焊接接头，具有不

低于规范规定的高温持久强度和蠕变断裂强度，ASME 标准规定了对经 Max. PWHT 后的焊接接头试样在 540℃、210MPa 拉应力作用下进行拉伸试验，持续不断的时间应≥900h。

表 7-3-4　2.25Cr-1Mo-0.25V 焊材熔敷金属的化学成分　%

项目	C	Si	Mn	P	S	Cr	Mo	V
SMAW	0.05~0.15	0.20~0.50	0.50~1.30	≤0.010	≤0.010	2.00~2.60	0.90~1.20	0.20~0.40
SAW	0.05~0.15	0.05~0.35	0.50~1.30	≤0.010	≤0.010	2.00~2.60	0.90~1.20	0.20~0.40
GTAW	0.05~0.15	0.05~0.35	0.30~1.10	≤0.010	≤0.010	2.00~2.60	0.90~1.20	0.20~0.40
	Nb	Ti	Sb	Sn	As	X 系数	K_f	
SMAW	0.010~0.040	≤0.030	≤0.003	≤0.010	≤0.012	$\leq 15\times10^{-6}$		
SAW	0.010~0.040	≤0.030	≤0.003	≤0.010	≤0.012	$\leq 15\times10^{-6}$	$\leq 1.5\times10^{-6}$	
GTAW	0.010~0.040	≤0.030	≤0.003	≤0.010	≤0.012	$\leq 15\times10^{-6}$		

注：(1) Ni≤0.25%，Cu≤0.20%；

(2) X 系数=(10P+5Sb+4Sn+As)$\times10^{-2}$，式中元素以质量$\times10^{-6}$含量代入；

(3) K_f=Pb+Bi+0.03Sb，式中元素以质量$\times10^{-6}$含量代入。

(3) 制造及检验检测

在制造时，加氢反应器材料应复验合格后才能使用，使用前应妥善保管。对所有的主焊缝、堆焊层以及附加和临时焊接，在焊接前都应进行焊接工艺评定，制定出合格的焊接工艺规程；焊接操作者应经培训，取得相应许可资格后才能进行焊接作业。

1) 主焊缝焊接接头

2.25Cr-1Mo-0.25V 钢因其强度高，含有 Cr、Mo、V 等合金元素，其焊接接头的延迟裂纹敏感性高，再热裂纹倾向大。需要采取严格措施，防止产生延迟裂纹和再热裂纹。

① 延迟裂纹预防措施：为防止 2.25Cr-1Mo-0.25V 钢焊接延迟裂纹，除了采用符合设计和相关标准要求外，还应采取以下措施：一是焊前充分预热。焊接前，应对待焊件进行充分预热，严格控制焊接坡口及周边金属温度≥177℃。二是严格后热管理。焊接后，应保持焊件温度≥177℃，或在停焊后立刻对焊件进行后热处理。只有经后热处理后，才能让焊件冷却到环境温度。应坚决杜绝焊件焊后未经后热或后热不充分就冷却到环境温度的情况。后热处理工艺包括消氢处理(DHT)、中间消除应力热处理(ISR)以及最终焊后热处理(PWHT)三种。由于 2.25Cr-1Mo-0.25V 钢焊接接头的强度高、焊接状态下的接头硬度高、脆性大、韧性低，为防止延迟裂纹开裂，对 2.25Cr-1Mo-0.25V 钢焊接完成后热一般都应进行温度不低于 650℃，保温至少 4h 或温度不低于 680℃，保温至少 2h 的中间消除应力热处理。对 2.25Cr-1Mo-0.25V 钢反应器，采用消氢热处理工艺要十分谨慎，只对那些焊接拘束度较小和焊接应力较低的环焊缝在经试验验证后才可允许。2.25Cr-1Mo-0.25V 钢焊后消氢处理的温度应不低于 350℃，保温时间至少 4h。三是 2.25Cr-1Mo-0.25V 钢焊接接头的无损检测应在该焊缝焊接完成并经 DHT 或 ISR 或 PWHT 后的 24h 后进行。四是反应器制造完成后，应进行整体最终焊后热处理，热处理温度为 705℃，保温时间至少为 8h。并控制热处理后焊缝及热影响区的硬度低于 235HBW。

② 横向再热裂纹及预防措施：2008 年时，在欧洲生产的多台 2.25Cr-1Mo-0.25V 钢反应器焊缝中陆续发现横向再热裂纹。该裂纹是在反应器制造期间，焊缝在经历首次 620℃以

上如中间消除应力热处理或最终焊后热处理过程中产生的。裂纹处于焊缝近表面以下，其方向垂直或近似垂直于焊缝焊接方向和焊缝表面；裂纹很细小，大约 4~10mm 长，2~5mm 高；裂纹出现在筒体纵缝、环焊缝、封头经向焊缝以及接管焊缝宽度的不同深度、不同位置；裂纹往往以“族”形式出现在焊缝中，裂纹分布如图 7-3-22 所示。该裂纹不同于常规 Cr-Mo 钢出现的传统再热裂纹。传统再热裂纹是在焊缝热影响区的粗晶部位，沿焊缝纵向开裂。为区别于常规 Cr-Mo 钢出现的传统再热裂纹，API RP 934A 特将此裂纹定义为横向再热裂纹。

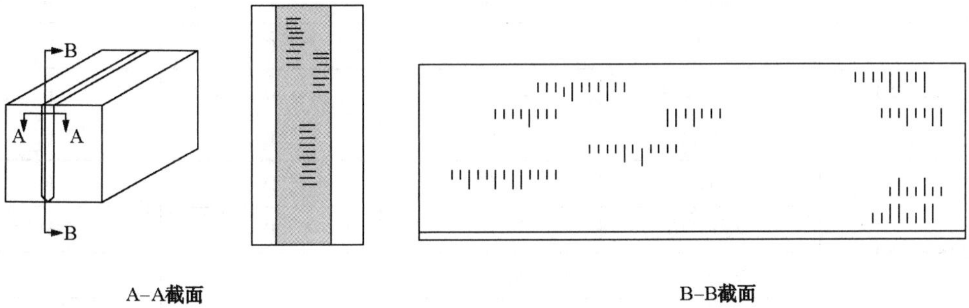

图 7-3-22　横向再热裂纹示意图

为防止 2.25Cr-1Mo-0.25V 钢横向再热裂纹，除了采用符合设计和相关标准要求的焊材外，对所用焊材、焊接工艺、检测方法、以及检测时机等方面进行严格要求和管理主要是：

a. 控制焊材杂质元素的含量：控制焊材熔敷金属中的低熔点杂质元素的含量。

$$K_f = Pb+Bi+0.03Sb \leq 1.5\times10^{-6} \quad (7-3-4)$$

式中元素以$\times10^{-6}$含量代入。

b. 对所用焊接材料再热裂纹敏感性进行试验，试验可按照 API RP 934 A 附录 B 规定。

c. 通过工艺性焊接试验，验证不产生再热裂纹的焊接工艺。

d. 对焊接接头进行针对性的无损检测，以确保焊接接头无任何微小裂纹。实际工程上按 API 934 A 附录 A 规定的手工超声或 TOFD 方法进行检测。

e. 在制造过程中及时对经历 620℃以上的焊接接头进行横向再裂纹检测。对首次 ISR 后的焊接接头、PWHT 后的焊接接头进行横向再热裂纹检测。做到及时发现，及时清除，不带后续工序。

反应器制造完成后一般应在炉内进行整体热处理。对于反应器因超长以及现场组焊的特殊情况，在严格评估后也可进行局部热处理。为防止反应器在压力试验、开工、操作运行、停工以及检维修时发生各类裂纹甚至脆性开裂，应严格控制包括焊缝金属、热影响区及母材在内的焊接接头的表面硬度低于 235HB 或 247HV10。

2）堆焊层堆焊

反应器堆焊层是反应器内保护反应器正常运行的重要部分，在进行堆焊层焊接时，应特别控制堆焊层复层 TP.347 在经 PWHT 前的焊态下的铁素体数在 3Fn~10Fn 范围。同时应对拟采用的堆焊层焊接材料及堆焊工艺进行试验验证，试验项目应包括：TP309L 和 TP347 化学成分，TP309L、TP347 各层厚度以及 TP347 最小有效厚度，堆焊稀释率，堆焊层力学性能试验(拉伸、剪切强度、面弯和侧弯等)，铁素体含量测定、晶间腐蚀试验以及氢剥离试验等。API RP 934 A 推荐的450℃下剥离试验对应的反应器最大操作条件见表7-3-5，剥离试验条件见表7-3-6。

表7-3-5　450℃下剥离试验对应的反应器最大操作条件

反应器条件		最高操作温度		
壁厚/mm	最高操作压力/bar	>450℃	425~449℃	<425℃
$g \geqslant 250$	≥170	A	B	C
	≥140<170	B	C	D
$180 \leqslant g < 250$	≥140	B	C	D
	≥110<140	C	D	E
	≥80<110	D	E	F
$130 \leqslant g < 180$	≥110	C	D	E
	≥80<110	D	E	F
	≥60<80	E	F	F
	<60	F	F	F
$100 \leqslant g < 130$	≥80	D	E	F
	≥60<80	E	F	F
	<60	F	F	F
$80 \leqslant g < 100$	≥60	E	F	F
	<60	F	F	F
<80	<60	F	F	F

表7-3-6　剥离试验条件范围

反应器操作范围	剥离试验条件		
	温度/℃	压力/bar	冷却速率/(℃/h)
A①	450	150	150
B	450	150	150
C	450	120	150
D	450	90	150
E	450	70	150
F	450	50	150

① 对于A操作范围也可以下述剥离试验条件代替：温度450℃，压力175bar，冷却速率150℃/h。

大型加氢反应器制造时因工序多、流程长、焊缝多、焊接量大、难度高等，为防止结构中存在微小的超标缺陷危及反应器的安全运行，在反应器制造阶段，应本着将可能的缺陷即时发现，即时清除，绝不带入后续工序的原则，选择适合的检测方法，制定详细的无损检测工艺和检测计划。在选用无损检测方法时，应当充分认识到每一种检测方法都有其局限性，因此应尽量将多种无损检测方法联合应用，以防止漏检超标缺陷。近10年来，无损检测技术发展较快，除传统的射线、超声、磁粉、渗透检测方法外，现已开发出衍射时差法超声检测 TOFD、相控阵超声检测等新技术，并因其对线性缺陷的检测灵敏度高、检测结果可记录、使用方便快捷、对人身伤害小、安全性高等优点而在加氢反应器上得到快速推广应用。对于超厚焊接接头，ASME 标准已允许采用“超声检测+TOFD 检测”替代“传统超声检测+射线检测”，大大提高了检测质量和效率，加快了制造进度。

（四）反应器应用时的对策

虽然加氢反应器在材料选择、设计、制造时已针对可能的损伤采取了一系列的措施，但要达到保障反应器长期安全平稳运行的目的，离不开实际应用时的严格管理、精心操作、精细维护。本节从避免反应器发生腐蚀损伤出发，讨论在反应器操作维护时应采取的对策。

1. 严防反应器“飞温”

加氢裂化和渣油加氢装置在生产过程中由于反应热的存在，极易导致催化剂床层温度远超正常操作温度的情况，发生“飞温”现象。床层的“飞温”除影响催化剂寿命外，对反应器将产生以下几方面危害：一是床层“飞温”相对于整个反应器是一小部分区域，局部“飞温”增大了反应器壳体上的温度梯度，增大反应器壳体上的温差应力，危及局部强度；二是“飞温”将使反应器材料超出纳尔逊曲线的安全使用范围，促使材料产生高温氢侵蚀损伤；三是严重的“飞温”将使反应器器壁金属温度远超过设计温度，改变材料的组织结构，导致壳体材料的力学性能大幅降低，使得反应器承压能力下降，危及反应器壳体安全。因此操作时必须采取严格措施防止床层“飞温”或当出现“飞温”时即刻加注冷氢降温，甚至紧急放空。

2. 采用热态型的开停工方案

当反应器处于正常的操作温度时，是不会发生由回火脆性和氢脆引起的破坏的，因为这时的温度要比钢材的脆性转变温度高得多。但是，像 2. 25Cr-1Mo、2. 25Cr-1Mo-0. 25V 钢制反应器在经长期的使用后，材料中已产生一定程度的回火脆化，再加上器壁中吸藏的氢导致的脆性，两种脆化叠加，材料的脆性转变温度提高更大。在这种情况下，反应器在器壁温度较低时的开停工过程中产生脆性破坏的风险就更高。同时，一个已脆化了的钢材要发生突然的脆性破坏还与应力水平和结构中缺陷大小两个因素有关。当材料中的应力值很高时，即使很小的缺陷也可以引起材料中缺陷扩展断裂。一般认为，如果应力值不超过材料屈服强度的 20%，发生脆断的可能性是很小的。为此，人们采用“热态型的开停工方法”，即在开工时先升温后升压，在停工时先降压后降温。目的是当反应器在低于最低升压温度时，将反应器应力控制在较低水平。

我国于 20 世纪 70 年代末期引进了一批 2. 25Cr-1Mo 钢制的热壁加氢反应器，当时规定的钢材中反映回火脆化的技术指标见表 7-3-7。专利商在“设计基础”中建议“温度在 121℃以下时，2. 25Cr-1Mo 和 3Cr-1Mo 钢设备内的压力限制在产生的应力不超过材料屈服强度的 20%的压力范围”。考虑到反应器内的温度与反应器外壁温度的差异，操作手册中将此温度改成了 135℃。装置建成投产后，操作执行的最低升压温度为 135℃，以及壁温低于最低升压温度时，控制压力产生的应力低于材料屈服极限的 20%。这个做法经多年的应用证明是合适的。

也有标准规定，装置开车过程中，若设备温度低于最低升压温度时，操作压力应至少降至最大设计压力的 25%。已投用多年早期钢材回火脆化敏感性高的，最低升压温度为

171℃；新型抗回火脆化钢材的最低升压温度可达 38℃或更低。

随着冶金技术进步，近 20 多年来钢材的纯洁度大幅提高，反映材料回火脆化倾向的技术指标大幅降低，见表 7-3-7，特别是 2.25Cr-1Mo-0.25V 钢的应用，其优良的抗回火脆化倾向和良好的耐氢脆性能，都较之于早期反应器的性能有大幅提升。因此近 20 多年来，2.25Cr-1Mo 和 2.25Cr-1Mo-0.25V 钢制反应器最低升压温度就降至 93℃，实践证明也是安全可靠的。

表 7-3-7　反应器回火脆化技术指标的变化

脆化系数	20 世纪 70 年代引进反应器	近 20 年新建反应器
$J=(Si+Mn)\cdot(P+Sn)\times10^4$	≤200	≤100~150
$X=(10P+5Sb+4Sn+As)\times10^{-2}$	$\leqslant25\times10^{-6}$2.25Cr-1Mo	$\leqslant10\sim15\times10^{-6}$
vTr54+α · ΔvTr54	≤38℃(2.25Cr-1Mo，α=1.5)	≤10℃(2.25Cr-1Mo，α=2.5)
		≤0℃(2.25Cr-1Mo-0.25V，α=3.0)

在确定最低升压温度时，不仅考虑材料回火脆化敏感性、回火脆化程度，还应考虑材料的氢脆敏感性。对于具体反应器的最低升压温度，应结合其材质种类、材料的技术质量水平、操作服役时间、设备质量状态等因素综合考虑。

3. 装置开停工时，升降温速度不应过快

加氢反应器在操作运行期间，器壁吸收了大量的氢，由于不锈钢堆焊层对氢的溶解度大约比 Cr-Mo 钢母材大一个数量级，而氢在 Cr-Mo 钢母材中的扩散速度大约比在不锈钢中快两个数量级。氢在材料中的扩散速度随温度升高而加快，随温度降低而减慢。在操作时，母材和堆焊层一般都处于氢饱和状态，堆焊层中吸藏的氢浓度远高于母材中吸藏的氢浓度。由于高温下材料的韧性好，堆焊层、母材及熔合区都不会发生氢致开裂。但在停工时，如停工冷却速度过快，一方面器壁中吸收的氢如果来不及扩散出去，将以过饱和状态残留于壳体中，促使氢在晶界、夹杂物、位错、制造中存在的未超标缺陷等薄弱处聚集、析出，加大材料氢致开裂危害；另一方面，因氢在堆焊层中扩散缓慢，而母材中的氢扩散较快，导致熔合线处的堆焊层侧出现高浓度的氢，促使熔合线产生开裂；同时，升降温速度过快，也易造成反应器壳体上某些部位出现较大的温度梯度，产生较大的热应力，如凸台拐角、梯形槽底等部位。同时，这些部位既是应力集中区域，又是堆焊层中 δ 铁素体转变为 σ 相的韧性较低区域，在应力的作用下使其开裂。

因此，为使母材和堆焊层中吸藏的氢尽可能扩散出去，降低熔合线处的氢浓度和停工时的热应力，实践中升降温速度基本都不超过 25℃/h。如具备条件，在停工期间设置脱氢工艺有利于降低器壁中残留的氢含量，也有利于防止氢致开裂。

4. 防止连多硫酸应力腐蚀

为防止加氢反应器中奥氏体不锈钢堆焊层和内构件发生防止连多硫酸应力腐蚀，应尽量创造一个不产生连多硫酸应力腐蚀的缓和环境，或当连多硫酸形成时，即时予以中和清洗。可根据不同的停工方案，用 1.5%~2%浓度的碳酸钠溶液进行中和清洗或用惰性气(如氮气)封闭，以隔绝空气进入到设备中或向系统中供给一定的热量(加热)，以防止水汽析出等都是有效的措施。

二、高压换热器

(一) 概述

加氢高压换热器是加氢装置的关键设备，其操作条件相当苛刻复杂，不仅处于高温高压、含氢、硫化氢和氨环境，在不同温位还可能存在水和氯离子。处理的物料不仅具有一定的腐蚀性，还具有结垢倾向，这就要求高压换热器除了满足工艺传热、机械强度及刚度要求外，还必须具有可靠的密封性、耐腐蚀、抗结垢、防振动、易检维修。在安全可靠的基础上还应传热效率高、投资费用低。要做到这些要求，高压换热器的设计、制造难度是很大的。多年来，围绕密封可靠、降低投资，先后发展了U形管式法兰密封结构、螺纹锁紧环式密封结构、密封盖板封焊式(也称隔膜板式)以及缠绕管式等几种高压加氢换热器结构。本节将主要介绍常用的几种高压加氢换热器设计时的结构选择、选材及应用。

(二) 高压换热器常用结构

1. 法兰密封式换热器

U形管式法兰密封结构换热器是炼油厂中普遍应用的一种管壳式换热器，其结构如图7-3-23所示。该形式换热器具有结构简单、制造难度小、投资费用低的优点，但是在高温、高压、临氢条件下，管程法兰-管板-壳程法兰间的密封易泄漏，危及操作安全。

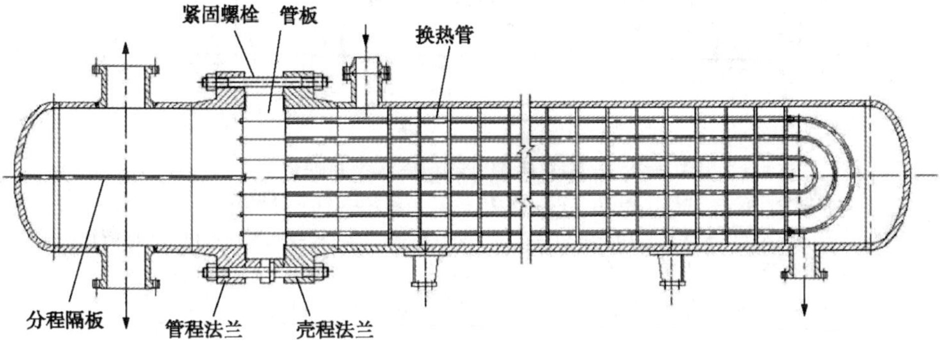

图7-3-23　法兰密封式换热器

2. 螺纹锁紧式密封换热器

螺纹锁紧式密封换热器，最早是由美国Chevron公司和日本千代田公司共同开发研究成功的。有管程、壳程均为高压的H-H型和管程高压、壳程低压的H-L型两种，其结构简图如图7-3-24和图7-3-25所示。相对于法兰密封式换热器，该形式换热器具有密封性能可靠、泄漏点少、压紧垫片的螺栓小、拆装方便、结构紧凑、金属耗量少、占地面积小等优点；但是其结构较复杂，需要高精度大型机械加工装备，公差与配合要求高。随着装置的大型化以及生产超低硫清洁燃料的要求，H-H型螺纹锁紧式密封换热器的中间管板易受装置操作条件的变化发生内漏，使得原料油渗入加氢后的反应流出物中，使其中的有机硫含量升高，影响产品质量。

3. 密封盖板封焊式换热器

密封盖板封焊式换热器是在法兰密封式结构基础上，将密封垫片改成了密封焊接，它的特点是管箱部分的密封是依靠在盖板的外圆周上施行密封焊来实现的，从而避免了大尺寸法兰密封泄漏，其结构如图 7-3-26 所示，密封焊接结构有图中节点Ⅰ、节点Ⅱ、节点Ⅲ三种形式。该种换热器管箱-管板-壳程法兰具有密封性能可靠、加工简单、不需要大型加工机床、金属耗量小、投资费用少等优点；这种换热器的主要缺点是，拆装不方便、检修困难。每次清洗检修时，需要切割密封盖板或 Ω 环密封焊缝才能打开盖板，完成清洗检查回装后再封焊。而换热器在整个使用寿命中不可避免地会进行多次管束抽查、清洗或更换，因而也就需要在密封盖板处多次进行打磨焊肉和重焊的作业。这样重复在一个局部区域进行焊接-切割-焊接作业，使得该区域的晶粒易粗大、易敏化、耐蚀性降低。此外，密封环间的缝隙易存液，易产生缝隙腐蚀开裂。

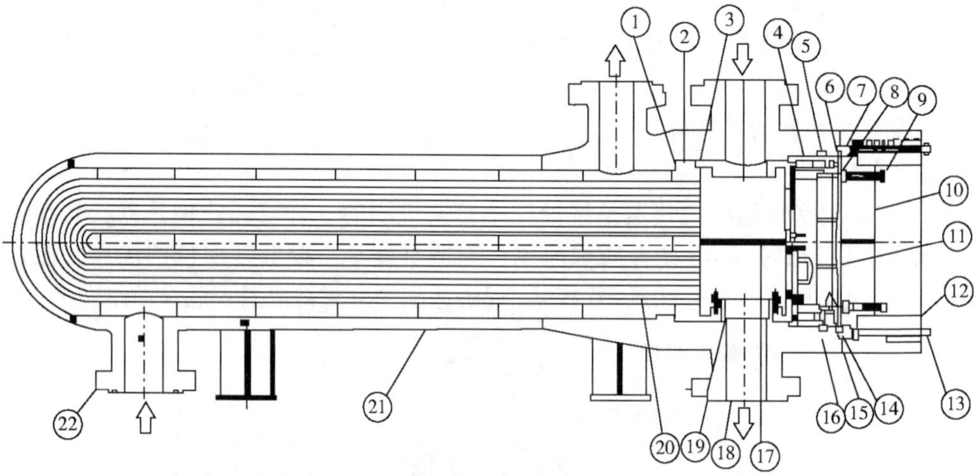

图 7-3-24　H-H 型螺纹锁紧式密封换热器

1—壳程垫片；2—管板；3—垫片；4—内法兰；5—多合环；6—管程垫片；7—固定环；8—压紧环；9—内圈螺栓；10—管箱盖；11—垫片压板；12—螺纹锁紧环；13—外圈螺栓；14—内套筒；15—内法兰螺栓；16—管箱壳体；17—分程隔板箱；18—管程开口接管；19—密封装置；20—换热管；21—壳体；22—壳程开口接管

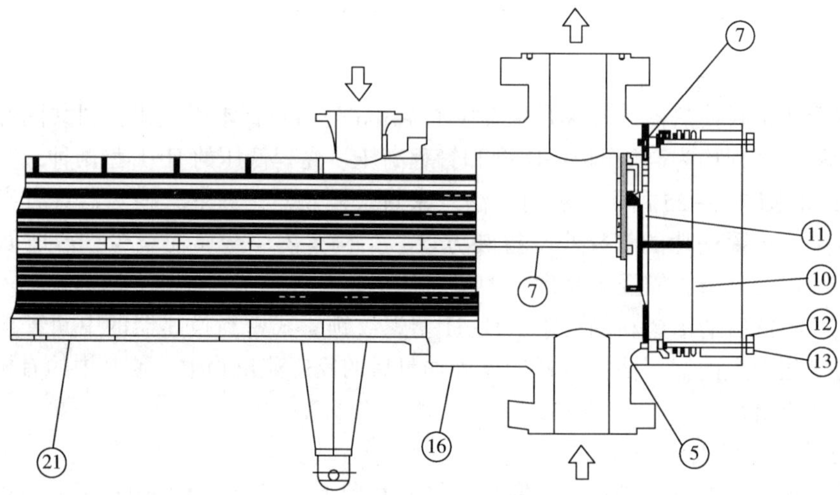

图 7-3-25　H-L 型螺纹锁紧式密封换热器

（符号说明同图 7-3-24）

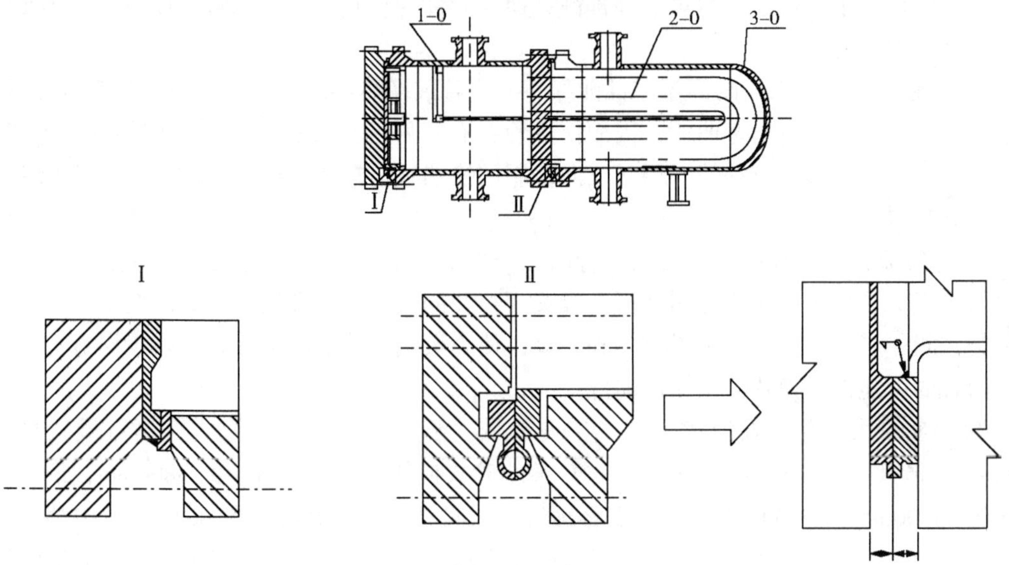

图 7-3-26　密封盖板封焊式换热器

4. 缠绕管式换热器

缠绕管式换热器最早由 Linde 公司发明，类似于固定管板换热器，但其直管管束变成了螺旋状的盘管管束。每层换热管的缠绕方向相反，每层换热管之间由垫条控制层间距，管与管之间由隔条控制管间距，其结构如图 7-3-27 所示。缠绕管式换热器的主要特点是：

① 结构紧凑、单位容积具有较大的传热面积。缠绕管式换热器单位容积具有的传热面积是普通换热器的 2 倍以上。对管径为 8~21mm 的传热管，每 $1m^3$ 容积的传热面积可达 100~170m^2；而普通列管式换热器，每 $1m^3$ 容积的传热面积只有 54~77m^2，是缠绕管式换热器的 45%左右。

② 传热系数较高、介质温度端差小。缠绕管式换热器实现了管程与壳程的纯逆流传热，层与层之间换热管反向缠绕，这种特殊结构极大地改变了流体流动状态，形成强烈的湍流效果，提高了传热系数，减小了传热面积。或者同样的换热面积和流动压降下，可以实现更深的换热深度，使介质的温度端差更低，回收更多的热量。

③ 耐高压、密封简单、可靠性高。除了进出口接管外，没有了大直径的法兰密封，降低了密封难度；同时，因管束两端是固定管板结构，减少了密封

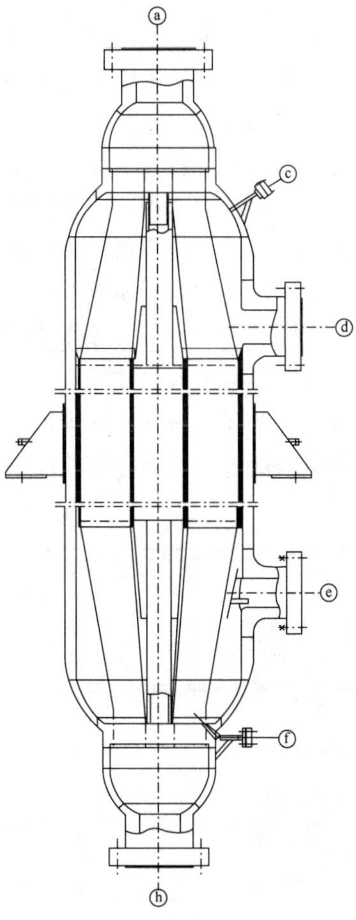

图 7-3-27　缠绕管式换热器示意图

泄漏点，使得整个换热器密封可靠性提高；换热元件为相互缠绕的钢管，提高了换热元件耐高温、高压的性能。

④ 抗振动、热补偿、耐高温差性能好。缠绕管式换热器由于换热管绕制为螺旋盘管状，管端存在一定长度的自由弯曲段，因而换热管具有很好的挠性，管束与壳体间的热膨胀差，可通过换热管的变形自行补偿。层间反向绕制的换热管与垫条/管箍组合形成一个紧密结构，既紧凑又抗振。

⑤ 介质流畅、不存在换热死区。管内介质以螺旋方式通过，壳程介质逆流横向交叉通过绕管，避免了传统结构换热器在折流板背面存在的换热死区和垢物积聚沉淀；同时流体在相邻管之间、层与层之间不断地分离和汇合，使壳层侧流体的湍流加强，减少层流，降低了壁面附着的可能性，换热器结垢倾向低。

⑥ 易实现大型化。在液化天然气工业领域，国外应用的缠绕管式换热器最大直径约4500mm，最大换热面积约50000m^2；国产缠绕管式换热器的最大直径约3800mm，最大换热面积约45000m^2。自2007年国内首次将缠绕管式换热器成功用于加氢裂化装置中替代原螺纹锁紧式密封换热器以来，现已交付使用的高压加氢缠绕管式换热器的最大直径约2600mm，单台最大换热面积已达约5000m^2。

⑦ 壳程不能拆卸，对壳体在役检查难度较大。管束不能抽芯清洗、检查，如要对管束外表面清洗只能采用化学清洗方式；对壳体的检测，只能采用从外壁进行超声检测。

总体来说，除了管束不能抽芯清洗检查的缺点外，应用缠绕管式换热器的优势还是很明显的。主要表现在：一是因易于大型化且单位容积的换热面积较大，可以减少设备台数和配管工程量，大大节省高压壳体的金属耗量，降低工程投资；二是因缠绕管式换热器是立式安装，可以节省占地面积；三是同样的装置采用缠绕管式换热器后，其设备台位数量少，开口接管相应减少，高压换热系统的操作压降也减小，加之换热深度大、回收的反应热量多，以至正常操作仅通过高压换热器换热即可使反应器进料达到所需的温度，无需反应进料加热炉加热，这样可以大大节省操作费用，有利于节能减排。四是因缠绕管式换热器管束采用的是固定管板，消除了大尺寸的管板密封结构，大大降低了高压换热器的密封难度，只要做好换热管破损和换热管与管板接头损伤预防工作，一般不会发生介质内漏现象，对于生产超低硫清洁燃料的装置有利于保障产品的质量。几种常用加氢高压换热器特点见表7-3-8。

表7-3-8　几种加氢高压换热器特点比较

项目	法兰密封式	螺纹锁紧式	密封盖板封焊式	缠绕管式
换热效率	一般	一般	一般	高
换热压降	一般	一般	一般	低
外部密封可靠性	差	高	高	高
内部密封可靠性		差	差	
抗结垢性	差	差	差	好/自清洁
抗振动性能	一般	一般	一般	好
耐温差性能	一般	一般	一般	好
结构紧凑度	低	较低	较低	高

续表

项目	法兰密封式	螺纹锁紧式	密封盖板封焊式	缠绕管式
结构复杂程度	简单	复杂	较复杂	较复杂
机械设计计算	简单	复杂	较复杂	简单
制造难易程度	易	难	较易	难
管束拆装清洗	拆易装难易清洗	易装拆清洗需经验	难装拆易清洗	不可拆/管内 可清洗/可堵管
适宜的范围	$P \leqslant 10$MPa $D \leqslant 1000$mm	压力不限 $D \leqslant 2000$mm	$P \leqslant 10$MPa	压力不限
国内应用情况	$D \leqslant 800$mm	最大直径 1800mm	最大直径 1800mm	最大直径 2600mm 最大面积 5000mm^2
换热器总投资	较高	高	较高	低

（三）高压换热器的选材

1. 高压换热流程

不同工艺的渣油加氢及加氢裂化装置中的高压换热流程基本上都是围绕着如何充分利用反应流出物所含的热量进行换热。通常都是以进反应器前的原料油+氢气与反应器后的反应流出物进行换热，图 7-3-28 为加氢反应系统高压换热工艺流程示意图。根据反应系统高压分离器设置不同，又进一步分为冷高分换热流程（如图 7-3-29 所示）和热高分换热流程（如图 7-3-30所示）。

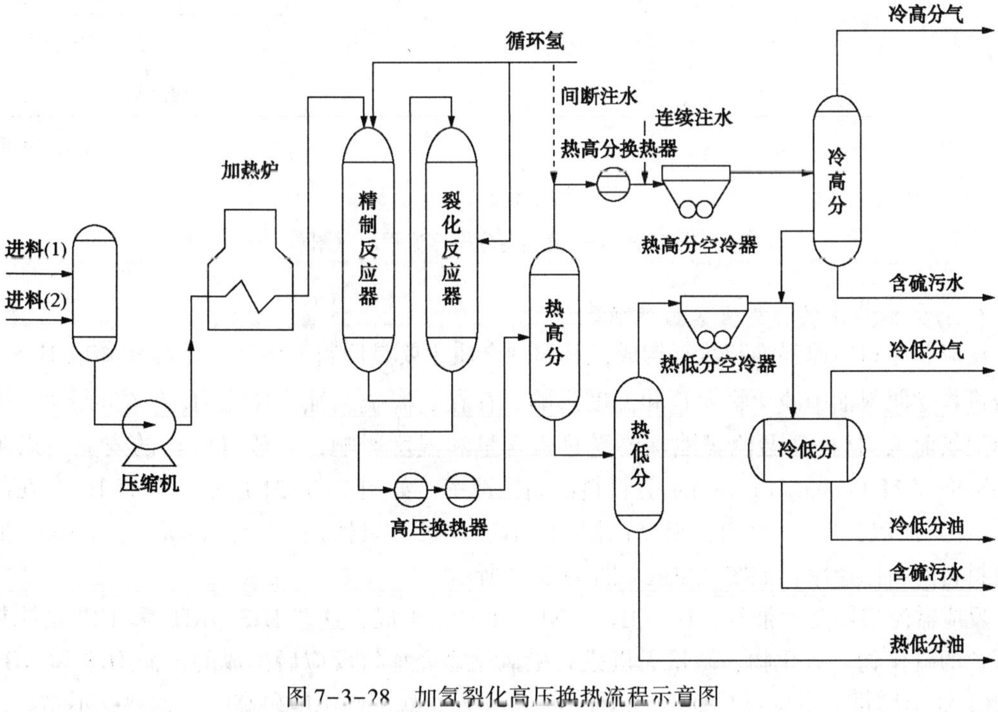

图 7-3-28　加氢裂化高压换热流程示意图

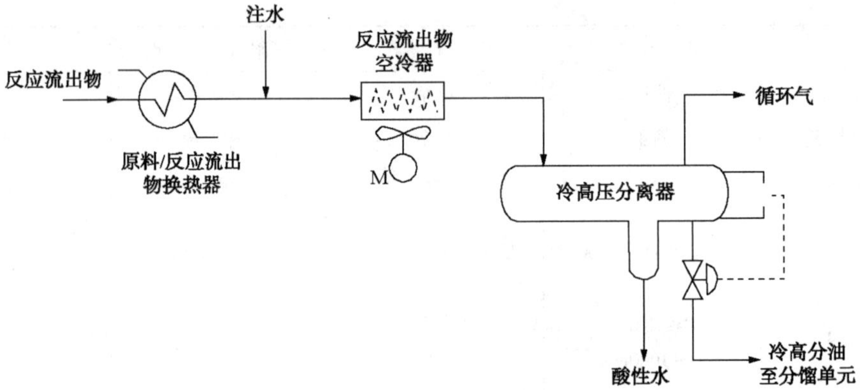

图 7-3-29　设冷高分换热流程示意图

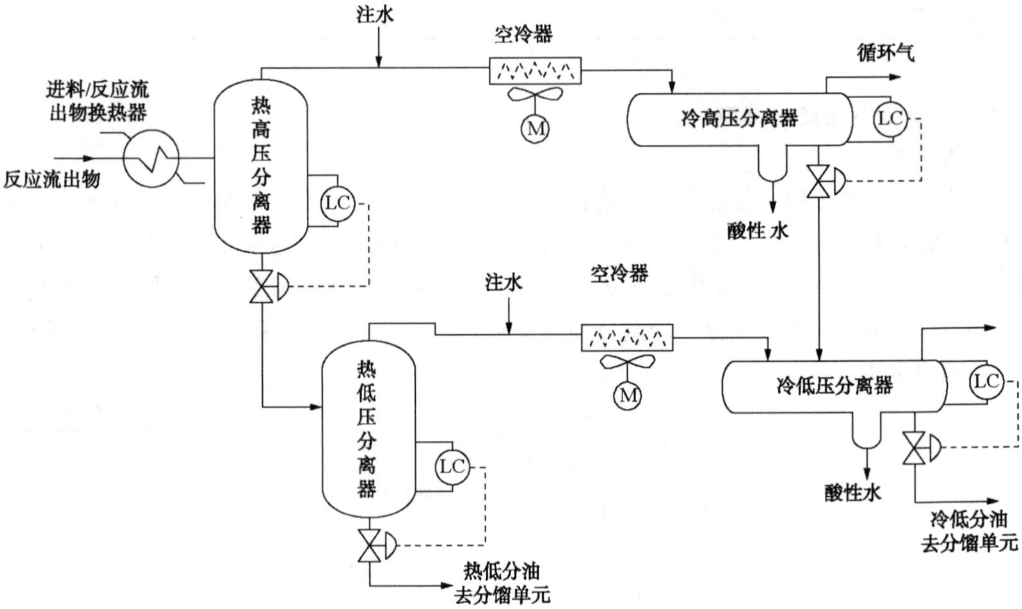

图 7-3-30　设热高分换热流程示意图

2. 高压换热器腐蚀介质及腐蚀损伤

反应器进料由原料油和氢气构成，其腐蚀介质主要是原料油中所含的硫化物或 H_2S。反应器进料受原料油中硫化物含量和温度影响，存在高温硫腐蚀。在无 H_2 存在的条件下(原料油混氢前)，材料高温硫腐蚀主要受总硫含量和温度影响，一般以修正的麦克柯诺米曲线(Modified McConomy Curves)估算材料的腐蚀速率，如图 7-3-31 所示。在有 H_2 存在的条件下(原料油混氢后)，材料主要受高温 H_2+H_2S 腐蚀，以柯珀-哥曼(Couper-Gorman)曲线估算材料的腐蚀速率，如图 7-3-6~图 7-3-9 所示。

反应器流出物是由油气、H_2、H_2S、NH_3 和 HCl 组成，这些 H_2S、NH_3 和 HCl 是原料油中所含的硫化物、氮化物、微量无机或有机氯化物经加氢反应后生成的。而 H_2S 和 NH_3 以及 HCl 和 NH_3 进一步反应分别生成 NH_4HS 和 NH_4Cl 盐。当温度较高时，这些盐不结晶，以

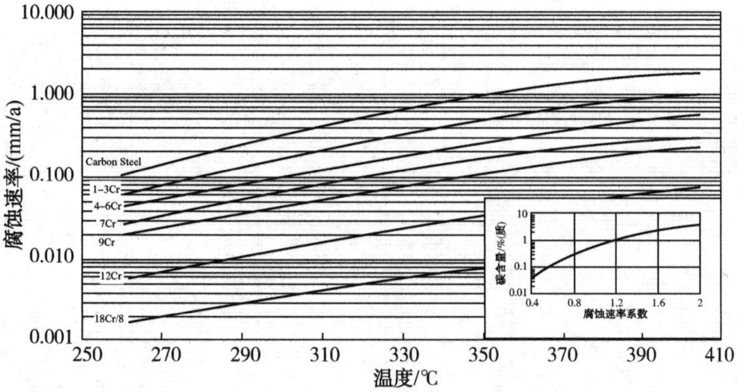

图 7-3-31　修正的麦克柯诺米曲线

气相方式存在于物流中；随着反应流出物温度的降低，NH_4HS 和 NH_4Cl 盐将结成固体颗粒并沉积于系统的器壁管壁，见图 7-3-32。干的 NH_4Cl 和 NH_4HS 盐对系统材料基本没有腐蚀性。但这些盐沉积于设备管线中，影响系统中介质流动，增大系统流体流动压降，严重时甚至堵塞设备管线，影响系统操作。为防止积盐堵塞系统，工程上在积盐温度上游设置注水点，向系统注水，使盐溶于水中，并带到下游予以排出。

对于反应器流出物在注水点上游发生的积盐往往是 NH_4Cl 盐，这是因为如果加工的原料中所含的 Cl 或 S、N 等含量较高，导致 HCl 和 NH_3 含量高于设计预期；或实际操作反应时反应流出物温度低于设计预期。则在注水点上游即可发生积盐。如果气相物料中存在较多的水分时，铵盐可能具有较强的腐蚀性。这种情况应当极力避免。在注水点及下游，根据注水量、注水分布情况、注水量、注水洗盐效果以及所用材料，反应器流出物的腐蚀性以及腐蚀形态各有不同。如果再结合实际生产加工过程中原料所含硫、氮、氯的变化情况，以及注水操作等因素，高压换热器中腐蚀损伤类型主要有：

（1）反应器进料侧

① 高温氢侵蚀，操作温度高于 200℃ 混氢后的部位；

② 高温 H_2+H_2S 腐蚀，操作温度高于 230℃ 混氢后的部位；

③ 高温硫腐蚀，操作温度高于 230℃ 的部位。

（2）热高压分离器上游（含临时注水点上游）反应器流出物侧

① 高温氢侵蚀，操作温度高于 200℃ 的部位；

② 高温 H_2+H_2S 腐蚀，操作温度高于 230℃ 的部位。

（3）临时注水或连续注水点下游反应器流出物侧

① 高温氢侵蚀，当操作温度高于 200℃ 的部位；

② 高温 H_2+H_2S 腐蚀，操作温度高于 230℃ 的部位；

③ NH_4HS 溶液的腐蚀，NH_4HS 溶于水形成碱式酸性水溶液，其腐蚀性随着浓度、H_2S 分压、流速和湍流程度的升高而增强，表现为局部冲刷腐蚀。NH_4HS 浓度≤2%时，对碳钢的腐蚀很轻微；NH_4HS 浓度不超过 8%且介质流速不超过 6.1m/s 时，碳钢的耐蚀性可以接受。

④ NH_4Cl 溶液及 NH_4Cl 盐垢下腐蚀。NH_4Cl 是一种强酸弱碱盐，其水解后呈酸性。由于加氢裂化渣油加氢装置原料油中 S、N 含量远高于 Cl 的含量，在反应流出物中的盐大量由

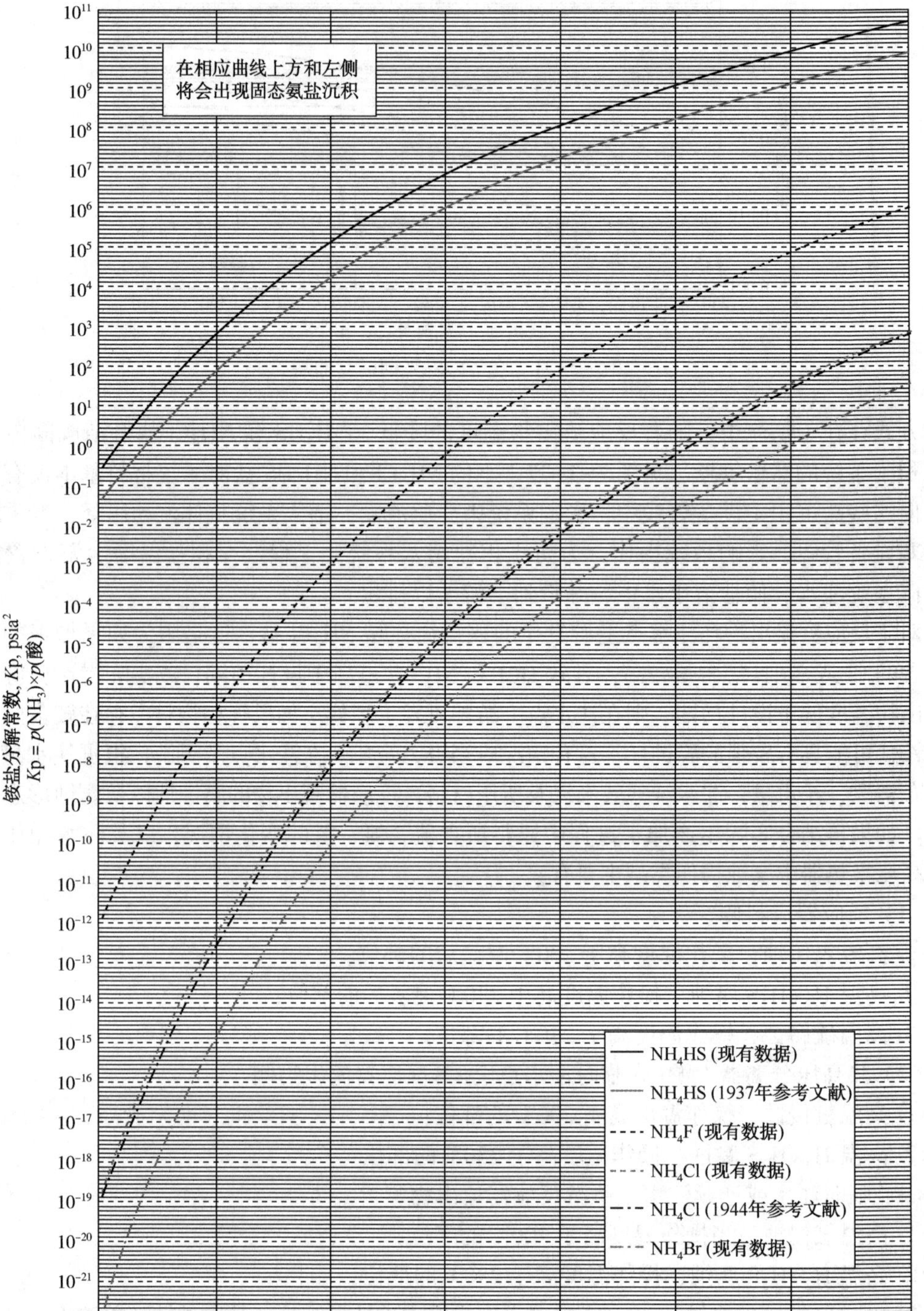

图 7-3-32　铵盐沉积温度

NH_4HS、少量由 NH_4Cl 组成。有实验表明，在 NH_4HS 溶液中，氯离子的存在并不增加腐蚀的严重程度。在1%~15%范围内的 NH_4HS 水溶液中，氯离子浓度增加至1000μg/g，碳钢的均匀腐蚀速率也没有明显增加，表明碳钢的腐蚀主要受 NH_4HS 溶液控制。对于系统中没有被洗涤水完全冲洗溶解的 NH_4Cl 盐垢部位，将形成高浓度酸性环境，其腐蚀性类似于 HCl 溶液。高浓度 NH_4Cl 溶液及 NH_4Cl 积盐吸潮部位对碳钢、低合金钢、300 系列不锈钢的腐蚀率极高，一般需采用 NS1402(Incoloy 825)或 NS3306(Inconel 625)合金。

⑤ 湿 H_2S 环境系列腐蚀。在注水点下游尤其是 NH_4Cl 盐比较少的反应流出物属于典型的湿硫化氢环境，针对碳钢和低合金钢，存在氢鼓包(HB)、硫化物应力腐蚀开裂(SSCC)、氢致开裂(HIC)以及应力导向氢致开裂(SOHIC)等系列腐蚀损伤形式。

3. 选材

高压换热器材料应根据换热器各种操作条件，综合考虑各种腐蚀损伤因素，结合原料特别是其中腐蚀性杂质元素的含量变化，以及预期设计使用年限要求的基础上，选择安全、可靠、经济合理的材料。通常高压换热器的材料按管壳程壳体、换热管根据以下方式选用：

(1) 管壳程壳体材料

根据管壳程各工况下介质温度、氢分压、S 及 H_2S 含量、NH_4HS 浓度、是否含有液相水等情况，按下述步骤选材。

① 根据各工况下最高操作温度、最高氢分压，按 API RP 941 确定壳体主体材料。常用壳体主体材料有 2. 25Cr-1Mo、1. 25Cr-0. 5Mo、1Cr-0. 5Mo、C-Mn 或 C 钢等。

② 根据各工况下最高操作温度、S 及 H_2S 含量、有无 H_2 存在等条件，按柯珀-哥曼曲线或修正的麦克柯诺米曲线分别估算管程和壳程壳体预设主体材料的腐蚀率，结合设计使用年限，确定管程和壳程预设主体材料的腐蚀裕量。如估算的腐蚀裕量超过6mm 时，应选用更耐蚀的材料。工程上一般采用主体材料+耐蚀复层的防腐策略，即在主体材料上堆焊或复合奥氏体不锈钢，常用的堆焊层为 TP. 309L+TP. 347 或 TP. 309L+TP. 316L，复合板的复层为 S32168 或 S31603。

③ 对于湿硫化氢环境，可根据液相水中硫化物含量、pH 值、NH_4HS 浓度、气相中 H_2S 分压等按 SH/T 3193—2017 选择壳体材料。一般采用 Q345R(HIC)或 Q345R+耐蚀复层，耐蚀复层材料可采用 S32168、S30403 或 S31603 等。

(2) 换热管

换热管材料应在综合考虑管壳程各工况下管壳程压差、介质温度、氢分压、S 及 H_2S 含量、有无液相水、NH_4HS 浓度、NH_4Cl 积盐风险、管内流速等因素后预选换热管材料，分别估算换热管在管程侧和壳程侧的腐蚀速率，再结合管束设计使用年限确定。换热管的设计使用年限应至少长于装置正常运行一个周期。所选用的换热管材料在设计使用年限内除应满足腐蚀所需外，还应满足装置运行所需的强度和刚度。实际工程中，高压换热器换热管材料可按下述情况确定：

① 对于操作温度≥240~288℃一般可采用 S32168 或 S31603 不锈钢；

② 对于操作温度<240~288℃，且在临时注水点下游，根据管内流速、NH_4HS 浓度和 NH_4Cl 垢下腐蚀风险大小可按以下几种情况选用：

a. 3. 0m/s<管内流速≤6. 0m/s，NH_4HS 浓度≤4%，可采用 CrMo 钢或碳钢；

b. 3. 0m/s<管内流速≤9. 0m/s，或 NH_4HS 浓度>4%，可采用 NS1402 或 S22053(2205 双

相钢，仅限换热器）；

c. 3.0m/s<管内流速≤12.0m/s，或 NH_4HS 浓度>4%，可采用 NS1402 或 S25073（2507 双相钢，仅限换热器）；

d. 对于 NH_4Cl 垢下腐蚀风险较大情况，宜采用 NS3306，至少采用 NS1402。

③ 注水和临时注水后的换热管应尽可能不采用 S32168、S31603 等对氯离子腐蚀敏感的奥氏体不锈钢，以防止氯离子引起的点蚀、应力腐蚀、晶间腐蚀等。

（四）高压换热器应用中常见的几个问题

渣油加氢和加氢裂化装置中高压换热器应用中常见问题有 H-H 型螺纹锁紧环式换热器管板密封垫内漏、换热管腐蚀破裂、换热管-管板接头腐蚀及开裂、换热器结盐堵塞等。

1. H-H 型螺纹锁紧环式换热器管板密封内漏

H-H 型螺纹锁紧环式换热器管板密封内漏是压力较高的反应器进料在管板密封垫片处漏到了压力较低的反应器流出物流中，使得少量反应器进料未经加氢反应直接“短路”了，导致含有较高 S、N 的原料混入反应产物中，严重时会影响产品质量。通常引起这个情况发生的原因有以下几个方面：

① 垫片形式不合适，可采用易形成密封的双金属波齿复合垫。

② 分程箱刚度较小，操作中产生较大变形，导致传导至垫片处的密封力不足。

③ 对于大直径换热器，螺栓力沿“螺栓-套筒-分程箱-垫片-管板-垫片”路径传导的效率较低，导致作用于垫片上的有效密封载荷小。

④ 操作压力、操作温度波动过大，使得“螺栓-套筒-分程箱-垫片-管板-垫片”体系的变形不一致、不协调，增大了垫片密封载荷不均匀度，降低了密封可靠性。

2. 换热管腐蚀破裂

除管束振动导致换热管破裂外，换热管发生腐蚀或破裂的地点常常出现在注水点（含临时注水点）后的换热器中。其原因主要有以下几个方面：

① 在注水点或临时注水点下游的换热管采用了 S32168、S31603 等“300 系列”奥氏体不锈钢材料，引起奥氏体不锈钢的点腐蚀、晶间腐蚀、氯离子应力腐蚀。

② 换热管采用了 S22053 或 S25073 双相不锈钢材料，因制造加工中换热管历经冷热成形后，其热处理状态被破坏，或未完全恢复其性能，或操作时温度较高如高于 300℃ 以上造成“475℃脆化”等原因，同时换热管处于 H_2 环境，致使双相钢耐蚀性能降低和材料脆化，引起材料腐蚀和损伤。

③ 换热管采用了材质偏低的如 CrMo 钢，由于原料中 S、N、Cl 的变化及注水量、注水分布、注水水质等，导致反应流出物中 NH_4Cl 或 NH_4HS 浓度过高，或流速偏高（如>6m/s）、或流速偏低（如<3m/s）等原因，引起管束材料发生冲刷腐蚀、垢下腐蚀。

④ 制造时换热管-管板焊接接头质量存在缺陷，如存在焊接缺陷、贴胀不足导致管子与管孔存在间隙发生缝隙腐蚀；CrMo 管接头，因焊后热处理不足等导致硬度超标，发生脆性开裂或应力腐蚀开裂；双相钢管接头焊缝中奥氏体相与铁素体相比例失衡导致应力腐蚀开裂等。

3. 换热器积盐堵塞

发生换热器积盐堵塞的原因主要有：

① 原料油和氢气中的氯含量超出预期，导致铵盐在注水点上游沉积；

② 虽然原料油和氢气中的氯含量未超预期，但操作中反应流出物温度远低于预期，导致铵盐在注水点上游沉积。

综合上述情况，除了做好高压换热器选型、选材、设计、制造外，生产中还应密切监控加工原料中氯含量的变化，加强注水管控，注入质量合格的水、注入足量的水，加强操作管理对于保障高压换热器长期安全平稳运行十分关键。

三、高压空冷器

（一）概述

加氢反应流出物在流经几台高压换热器换热后，一般都要进入高压空冷器，也称为反应流出物空冷器（Reactor Effluent Air Cooler，简称 REAC）进一步冷却到 38～66℃（即空冷器出口温度）。REAC 是加氢装置的关键设备，也是加氢装置中发生腐蚀泄漏比较多的高压设备之一。REAC 管束操作条件苛刻，介质复杂，气液两相共存，流型流态多变，腐蚀性强，腐蚀模式多。空冷器管束直接暴露在大气中，一旦泄漏对装置的安全造成极大威胁。因此，REAC 多年来受到国内外的高度关注，形成了一系列选材、设计、制造、操作的指导准则，其中以 API RP 932 B—2019“加氢反应流出物空冷器（REAC）系统腐蚀控制的设计、选材、制造、操作和检查指南”最为全面。本节主要介绍 REAC 的选材、设计、制造要求及应用中的注意事项。

（二）REAC 高压空冷器型式

常用的 REAC 结构型式为水平鼓风式空冷器，如图 7-3-33 所示。为保障气液两相流体在空冷器及进出管道系统中均匀分布，空冷器管束及进出管道一般都采用对称平衡型布置，如图 7-3-34 所示。

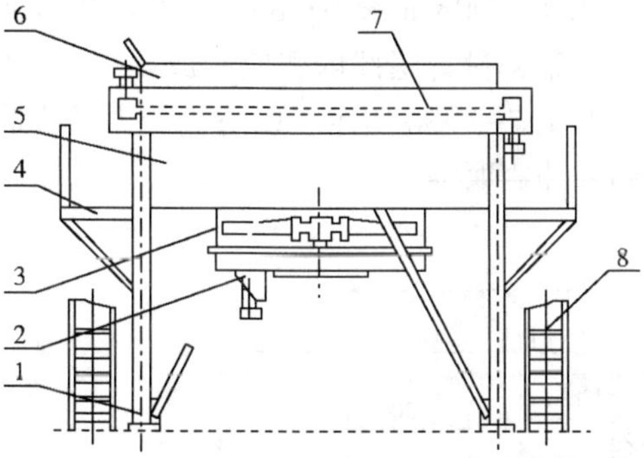

图 7-3-33　水平鼓风式空冷器示意图

1—构架；2—风机；3—风筒；4—平台；5—风箱；6—百叶窗；7—管束；8—梯子

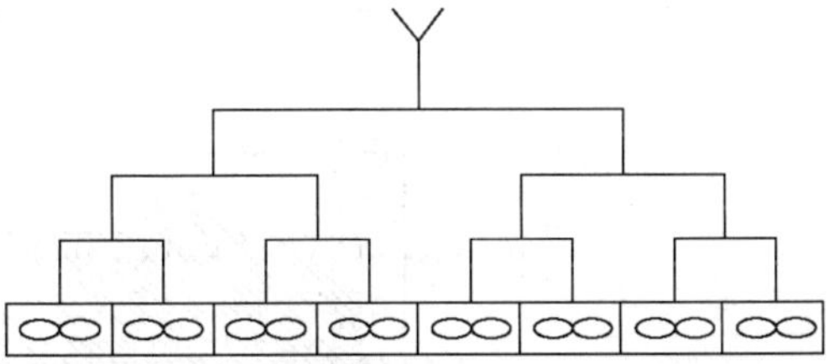

图 7-3-34　空冷器及出入口集合管对称布置示意图

（三）REAC 腐蚀类型及选材

1. REAC 腐蚀类型

REAC 中腐蚀环境分析在前文已有介绍，REAC 腐蚀损伤类型主要有：

① 高温氢侵蚀，操作温度高于 200℃的部位；

② 高温 H_2+H_2S 腐蚀，操作温度高于 230℃的部位；

③ NH_4HS 溶液的腐蚀；

④ NH_4Cl 溶液及 NH_4Cl 盐垢下腐蚀；

⑤ 湿 H_2S 环境系列腐蚀。

2. 选材

一般根据预期设计使用年限要求，根据加工原料的硫、氮、氯的含量及操作设计条件等情况，结合工艺防腐要求，REAC 系统可按下述方法进行选材：

① 当系统中 NH_4HS 浓度≤2%～3%，流速为 3.0～6.0m/s 时，可采用耐 HIC 碳钢(当操作温度高于 200℃时，采用 CrMo 钢)。

② 当系统中 NH_4HS 浓度>3%，或管内流速>6.0m/s 时，可采用 NS1402；

③ 当系统中 NH_4Cl 垢下腐蚀风险较大时，宜采用 NS3306 合金，至少采用 NS1402；

④ REAC 系统应尽可能不采用 S32168、S31603 等对氯离子腐蚀敏感的奥氏体不锈钢，以防止氯离子引起的点蚀、应力腐蚀、晶间腐蚀和氢脆等；

⑤ REAC 系统不宜采用双相不锈钢，以防止发生氢脆损伤。

（四）高压空冷器的设计

1. 管束

REAC 管箱一般采用水平板焊双丝堵分解式管箱，丝堵型式如图 7-3-35 所示。除管箱端板焊缝外，都应是双面焊或全焊透的结构，进出管箱的接管应保持圆形截面。设计时尽可能采用每次只通过一层管束或者首次只通过一层管束的管箱，以减少管束内流量分布不均的影响。

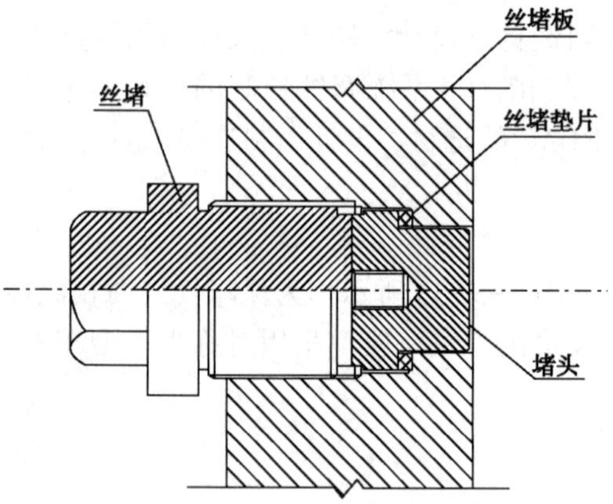

图 7-3-35　双丝堵结构示意图

采用碳钢或 CrMo 钢管束时，应在换热管入口端设 200～300mm 长 S31603 衬管，并与换热管紧密贴胀，衬管尾部内侧应制成至少 1∶4 的锥度，如图 7-3-36 所示，以防止产生涡流造成管子局部冲刷腐蚀。

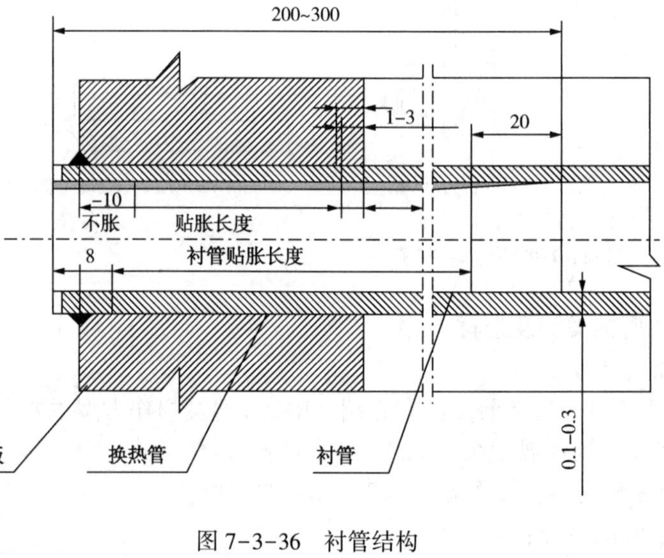

图 7-3-36　衬管结构

2. 制造及检验检测

高压空冷器的制造除严格按照技术标准规范和设计文件的要求外，还应特别关注：

① 换热管内外、外径、壁厚的精度，控制其偏差尽量小，以利于管子与管板的焊接、胀接和无损检测。

② 应确保管箱的角焊缝是双面焊全焊透的(堵板与管箱焊缝除外)。

③ 换热管与管板的焊接接头应随机抽取进行射线或超声相控阵等检测，符合 NB/T47013 等标准的要求。设计压力高于 10MPa 的，抽检比例不低于 10%；设计压力低于 10MPa 的，抽检比例不低于 5%。检测中发现超标缺陷，应扩大一倍检测比例重新检测，若再次发现超标缺陷则检测比例扩至 100%。

④ 对于碳钢或 CrMo 钢管束制造前，制造厂应做好关于换热管与管板接头焊后热处理设备、热处理方法、热处理有效性的技术准备。

⑤ 对于碳钢或 CrMo 钢管束，应检查入口端的衬管长度及末端扩口形状。

(五) 高压空冷器运行注意事项

高压空冷器运行时除严格遵守操作规程，保证高压空冷器工艺指标，确保高压空冷器在设计允许范围内操作，严禁超温、超压、超负荷运行外，还应关注：

① 装置应连续平稳操作，处理量应控制在设计范围内，偏离该范围时应核算反应流出物系统硫化氢铵浓度、流速、注水量等。

② 应定期分析原料油中硫、氮、氯含量，以及新氢中氯化氢含量，并核算反应流出物系统氯化铵结晶温度、注水量、酸性水中硫氢化铵浓度等。

③ 应管理好注水操作，关注注水水量、水质及注水效果。保证在注水部位不少于 25% 液态水，且对碳钢或 CrMo 钢的高压空冷器，酸性水中 NH_4HS 浓度<3%。同时，防止高压空冷中存在偏流和结垢。

四、加氢装置选材案例

(一) 加氢裂化装置典型设备选材案例

加氢裂化装置典型设备选材案例见表 7-3-9。

表 7-3-9　某公司 4.0Mt/a 蜡油加氢裂化装置典型设备选材

序号	设备名称	设计条件			主体材料	备注
		操作介质	温度/℃	压力/MPa		
一	反应器					
1	加氢精制反应器	油、油气、H_2、H_2S、NH_3	454	17.6	12Cr2Mo1V 锻+堆焊 TP.309L+TP.347 内件 S32168	焊后热处理
2	加氢裂化反应器	油、油气、H_2、H_2S、NH_3	454	17.5	12Cr2Mo1V 锻+堆焊 TP.309L+TP.347 内件 S32168	焊后热处理
二	塔器					

续表

序号	设备名称	设计条件			主体材料	备注
		操作介质	温度/℃	压力/MPa		
1	循环氢脱硫塔	循环氢、H_2S、富胺液	175/61	14.55	Q345R(R-HIC) 塔盘：S30408 丝网：S31603	焊后热处理
2	低分气脱硫塔	H_2、H_2S、轻烃、富胺液	245	2.95	Q245R 塔盘：S30408 丝网：S31603	焊后热处理
3	汽提塔	蜡油、柴油、石脑油、油气、水、H_2、H_2S	425	1.3	S31603+Q345R(上部) Q345R(下部) 塔盘：S31608(顶部3层) S11306(其他)	碳钢部分焊后热处理
4	分馏塔	蜡油、柴油、煤油、轻重石脑油	320/287(46层塔盘以上) 405/374(46层塔盘以下)	0.35	Q345R 塔盘：Q235B	
5	喷气燃料侧线汽提塔	煤油	280/252	0.4	Q345R 塔盘：Q235B	
6	柴油侧线汽提塔	柴油、水蒸气	320/307	0.4	Q345R 塔盘：Q235B	
7	重石脑油侧线汽提塔	石脑油	220/186	0.4	Q345R 塔盘：Q235B	
8	脱丁烷塔	粗液化气、石脑油	235	1.35	Q245R 塔盘：S11306	焊后热处理
9	石脑油分馏塔	轻、重石脑油	190/157	0.35	Q345R 塔盘：Q235B	
10	脱异戊烷塔	异戊烷油、轻石脑油	135/105	0.4	Q345R 塔盘：Q235B	
三	换热器					
1	反冲洗污油冷却器	管：低温热水	120	1.05	S30403+Q345R 换热管 S30403	管箱热处理
		壳：反冲洗油	290/142	1.35	Q345R	
2	喷气燃料中段回流/原料油换热器	管：混合进料	220	3.25	Q345R 换热管：10	管箱热处理
		壳：喷气燃料中段抽出物	245/214	2.5	Q345R	

续表

序号	设备名称	设计条件			主体材料	备注
		操作介质	温度/℃	压力/MPa		
3	反应流出物/热循环氢换热器	管：热循环氢	420/175	18.2	12Cr2Mo1 锻+堆焊 TP.309L+TP.347 换热管：S32168	焊后热处理
		壳：反应流出物	454/175	16	12Cr2Mo1R+堆焊 TP.309L+TP.347	
4	反应流出物/热原料油换热器	管：混合进料	415/175	19.1	12Cr2Mo1 锻+堆焊 TP.309L+TP.347 换热管：S32168	两台串联，焊后热处理
		壳：反应流出物	425/175	15.9	12Cr2Mo1R+堆焊 TP.309L+TP.347	
5	反应流出物/汽提塔底油换热器	管：反应流出物	415/175	15.8	12Cr2Mo1 锻+堆焊 TP.309L+TP.347 换热管：S32168	焊后热处理
		壳：汽提塔底液	345	12.2	Q345R	
6	反应流出物/冷原料油换热器	管：冷进料	390/175	19.2	12Cr2Mo1 锻+堆焊 TP.309L+TP.347 换热管：S32168	焊后热处理
		壳：反应流出物	390/175	15.7	12Cr2Mo1R+堆焊 TP.309L+TP.347	
7	反应流出物/冷循环氢换热器	管：冷循环氢	380/175	18.3	12Cr2Mo1 锻 换热管：S32168	焊后热处理
		壳：反应流出物	390/175	15.65	12Cr2Mo1R+堆焊 TP.309L+TP.347	
8	热高分气/热汽提塔进料换热器	管：热高分气	375/175	15.55	12Cr2Mo1 锻+堆焊 TP.309L+TP.347 换热管：S32168	焊后热处理
		壳：热汽提塔进料	325	12	Q345R	
9	热高分气/原料油换热器	管：原料油	330/175	19.4	14Cr1Mo 锻 换热管：SA-213 T11	两台串联，焊后热处理
		壳：热高分气	330/175	15.45	14Cr1MoR	

续表

序号	设备名称	设计条件			主体材料	备注
		操作介质	温度/℃	压力/MPa		
10	热高分气/冷汽提塔进料换热器	管：热高分气	330/175	15.35	14Cr1Mo 锻 换热管：SA-213 T11	焊后热处理
		壳：冷汽提塔进料	240	12	Q345R(R-HIC)	
11	热高分气/循环氢换热器	管：循环氢	215/175	18.4	14Cr1Mo 锻 换热管：SA-213 T11	焊后热处理
		壳：热高分气	165/175	15.25	14Cr1MoR	
12	除氧水冷却器	管：循环冷却水	120	1.95	Q345R 换热管：10	管箱热处理，管束内防腐
		壳：除氧水	180	2.5	Q345R	
13	新氢压缩机级间冷却器	管：循环冷却水			随机组带	焊后热处理，管束内防腐
		壳：新氢				
14	含硫低分气冷却器	管：循环冷却水	120	2.4	Q245R 换热管：08Cr2AlMo	焊后热处理，管束内防腐
		壳：冷低分气	245	3.1	Q245R	
15	脱硫低分气冷却器	管：循环冷却水	120	2.3	Q245R 换热管：08Cr2AlMo	焊后热处理，管束内防腐
		壳：脱硫冷低分气	245	2.95	Q245R	
16	开工加热器	管：低压蒸汽	280/121	0.8	Q345R 换热管：10	管箱热处理
		壳：原料油	220/125	3.25	Q345R	
17	一反产物采样冷却器	管：反应产物、	454	17.6	换热管：NS1402	
		壳：循环冷却水	常温	常压	20	
18	汽提塔顶水冷器	管：循环冷却水	120	1.05	Q245R 换热管：08Cr2AlMo	焊后热处理，管束内防腐
		壳：汽提塔顶气	185	1.35	Q245R	
19	喷气燃料产品水冷器	管：循环冷却水	120	1.55	Q345R 换热管：10	焊后热处理，管束内防腐
		壳：喷气燃料	190/50	2	Q345R	
20	喷气燃料侧线汽提塔底重沸器	管：分馏塔底油	370/341	3.2	Q345R 换热管：10	管箱热处理
		壳：喷气燃料汽提塔底油	280/252	0.45	Q345R	

续表

序号	设备名称	设计条件			主体材料	备注
		操作介质	温度/℃	压力/MPa		
21	分馏塔底油/低温热水换热器	管：低温热水	120	2.5	S30403+Q345R 换热管：S30403	两台串联，管箱热处理
		壳：分馏塔底油	370/341	3.2	Q345R	
22	柴油产品/低温热水换热器	管：低温热水	120	2.5	S30403+Q345R 换热管：S30403	两台串联，管箱热处理
		壳：柴油产品	370/341	3.2	Q345R	
23	重石脑油侧线汽提塔底重沸器	管：柴油产品	300/267	1.95	Q345R 换热管：10	管箱热处理
		壳：重石脑油提塔底油	220/186	0.45	Q345R	
24	分馏塔顶凝结水冷却器	管：循环冷却水	120	1.1	Q345R 换热管：10	管箱热处理，管束内防腐
		壳：分馏塔顶酸性水	165/83	1.4	Q345R	
25	脱丁烷塔顶水冷器	管：循环冷却水	120	1.1	Q245R 换热管：08Cr2AlMo	焊后热处理，管束内防腐
		壳：脱丁烷塔顶气	120	1.4	Q245R	
26	脱丁烷塔进料/煤油产品换热器	管：煤油产品	280/247	2	Q345R 换热管：10	焊后热处理
		壳：脱丁烷塔进料	225	1.95	Q345R	
27	脱丁烷塔进料/脱丁烷塔底油换热器	管：脱丁烷塔底油	225	1.55	Q345R 换热管：10	焊后热处理
		壳：脱丁烷塔进料	190	1.95	Q345R	
28	脱丁烷塔进料/石脑油分馏塔底油换热器	管：石脑油分馏塔底油	195/165	2.5	Q245R 换热管：08Cr2AlMo	焊后热处理
		壳：脱丁烷塔进料	155	1.95	Q245R	

续表

序号	设备名称	设计条件			主体材料	备注
		操作介质	温度/℃	压力/MPa		
29	柴油中段回流油/脱丁烷塔底重沸器	管：柴油中段回流油	320/287	1.55	Q345R 换热管：10	焊后热处理
		壳：脱丁烷塔底液	235	1.4	Q345R	
30	分馏塔底油/脱丁烷塔底重沸器	管：分馏塔底油	345/290	3.2	Q345R 换热管：10	焊后热处理
		壳：脱丁烷塔底液	235	1.4	Q345R	
31	石脑油分馏塔底重沸器	管：柴油中段回流油	295/266	0.75	Q345R 换热管：10	管箱热处理
		壳：石脑油分馏塔底液	190/157	0.45	Q345R	
32	重石脑油产品水冷器	管：循环冷却水	120	1.95	Q345R 换热管：10	管箱热处理，管束内防腐
		壳：重石脑油	120/50	2.5	Q345R	
33	轻石脑油水冷器	管：循环冷却水	120	1.35	Q345R 换热管：10	管箱热处理，管束内防腐
		壳：轻石脑油	120/64	1.75	Q345R	
34	脱异戊烷塔进料/脱异戊烷塔底油换热器	管：脱异戊烷塔底油	135/104	2.15	Q345R 换热管：10	管箱热处理
		壳：脱异戊烷进料	120/71	1.7	Q345R	
35	脱异戊烷塔进料/喷气燃料产品换热器	管：煤油产品	250/185	2	Q345R 换热管：10	管箱热处理
		壳：脱异戊烷进料	125/96	1.55	Q345R	
36	脱异戊烷塔底重沸器	管：低压蒸汽	290/120	0.8	Q345R 换热管：10	两台并联，管箱热处理
		壳：脱异戊烷塔底油	135/105	0.5	Q345R	

续表

序号	设备名称	设计条件			主体材料	备注
		操作介质	温度/℃	压力/MPa		
37	异戊烷产品水冷器	管：循环冷却水	120	1.35	Q345R 换热管：10	管箱热处理，管束内防腐
		壳：异戊烷产品	120/52	1.75	Q345R	
38	轻石脑油产品水冷器	管：循环冷却水	120	1.7	Q345R 换热管：10	管箱热处理，管束内防腐
		壳：轻石脑油产品	120/50	2.15	Q345R	
39	轻轻污油冷却器	管：循环冷却水	120	1.6	Q245R 换热管：10	焊后热处理，管束内防腐
		壳：轻轻污油	200/150	1.6	Q245R	
40	轻污油冷却器	管：循环冷却水	120	1.6	Q245R 换热管：10	焊后热处理，管束内防腐
		壳：轻污油	200/150	1.6	Q245R	
四	空冷器					
1	热低分气空冷器	热低分气、H_2O、H_2S	375	3.2	管箱：NS1402 管：NS1402	
2	热高分气空冷器	热高分气、H_2O、H_2S	245/175	15.1	管箱：NS1402 管：NS1402	
3	汽提塔顶空冷器	汽提塔顶气、H_2O、H_2S	215	2.5	管箱：S22053 管：S22053	
4	喷气燃料产品空冷器	喷气燃料产品	215/175	2.0	管箱：Q345R 管：10	
5	未转化油空冷器	未转化蜡油	345/95	3.2	管箱：Q345R 管：10	
6	柴油产品空冷器	柴油产品	230/95	2.5	管箱：Q345R 管：10	
7	分馏塔顶空冷器	分馏塔顶气	165/123	2.5	管箱：Q345R 管：10	
8	脱丁烷塔顶空冷器	脱丁烷塔顶气	120	2.5	管箱：S22053 管：S22053	
9	石脑油分馏塔顶空冷器	石脑油分馏塔顶气	120/83	2.5	管箱：Q345R 管：10	

续表

序号	设备名称	设计条件			主体材料	备注
		操作介质	温度/℃	压力/MPa		
10	重石脑油产品空冷器	重石脑油	165/121	2.5	管箱：Q345R 管：10	
11	脱异戊烷塔顶空冷器	脱异戊烷塔顶气	120/62	0.45	管箱：Q345R 管：10	
12	轻石脑油产品空冷器	轻石脑油	120/73	2.5	管箱：Q345R 管：10	
五	容器					
1	反冲洗污油罐	反冲洗污油	290	0.35	Q345R	
2	原料油缓冲罐	原料油	220	3.25	Q345R	焊后热处理
3	热高压分离器	油、轻烃、H_2、H_2S、NH_3	375/175	15.6	12Cr2Mo1V 锻+堆焊 TP.309L+TP.347	焊后热处理
4	热低压分离器	油、轻烃、H_2、H_2S、NH_3	375	3.2	14Cr1MoR	焊后热处理
5	注水罐	除氧水、净化水	245	1.2	Q345R	
6	冷高压分离器	油、轻烃、H_2、H_2S、NH_3	245/52	14.55	16Mn 锻+堆焊 TP.309L+TP.316L 丝网：S31603	焊后热处理
7	冷低压分离器	油、轻烃、H_2、H_2S、NH_3	245	3.1	S31603+Q345R 丝网：S31603	焊后热处理
8	酸性水闪蒸罐	酸性水、轻烃、H_2S	245	1.7	Q245R	焊后热处理
9	高压贫胺液缓冲罐	贫胺液	120	1.05	Q245R	焊后热处理
10	高压富胺液闪蒸罐	富胺液、轻烃、H_2S	175	1.25	Q245R	焊后热处理
11	循环氢压缩机入口分液罐	富胺液、循环氢	175/61	14.5	Q345R(R-HIC) 丝网：S31603	焊后热处理
12	新氢压缩机入口分液罐	轻烃、H_2	120/40	5.75	Q345R 丝网：S30403	
13	新氢压缩机二级入口分液罐	轻烃、H_2	120/43	10.9	随机组带	

续表

序号	设备名称	设计条件			主体材料	备注
		操作介质	温度/℃	压力/MPa		
14	低分气分液罐	轻烃、H_2、富胺液	245	2.95	Q245R 丝网：S31603	焊后热处理
15	中压贫胺液缓冲罐	贫胺液	120	1.05	Q245R	焊后热处理
16	中压富胺液闪蒸罐	富胺液、轻烃、H_2S	175	1.25	Q245R	焊后热处理
17	硫化剂罐	DMDS	120/35	0.35	Q345R	
18	液氨罐	液氨	120/35	2.65	Q345R	焊后热处理
19	液氨计量罐	液氨	120/35	2.65	20，Q245R	焊后热处理
20	一反产物采样收集器	油、油气、H_2S、H_2	200	2.157	20	焊后热处理
21	一反产物采样分离器	油、油气、H_2S、H_2	200	17.6	16Mn(R-HIC)锻	焊后热处理
22	汽提塔顶回流罐	石脑油、油气、酸性水	185	1.35	Q245R	焊后热处理
23	分馏塔进料闪蒸罐	分馏塔进料	330/301	1.4	Q345R	
24	盐干燥罐	柴油	195/50	1.95	Q345R	
25	分馏塔顶回流罐	石脑油、酸性水	165/83	0.4	Q345R	
26	脱丁烷塔顶回流罐	油气、粗液化气、酸性水	120	1.4	Q245R	焊后热处理
27	石脑油分馏塔顶回流罐	轻石脑油	120/63	0.4	Q345R	
28	重石脑油脱硫罐	重石脑油	195	2.5	Q345R	
29	脱异戊烷塔顶回流罐	异戊烷油	120/51	0.45	Q345R	
30	高压放空罐	油、油气、H_2S、水	200	0.58	Q245R	焊后热处理
31	低压放空罐	油、油气、H_2S、水	200	0.35	Q245R	焊后热处理

续表

序号	设备名称	设计条件			主体材料	备注
		操作介质	温度/℃	压力/MPa		
32	地下轻污油罐	污油、H_2S、油气	150	0.35	Q245R	焊后热处理
33	地下重污油罐	污油、H_2S、油气	200	0.35	Q245R	焊后热处理
34	地下溶剂罐	MDEA、H_2S、水	120	0.35	Q245R	焊后热处理
35	冲洗油罐	柴油	120	0.58	Q345R	
36	燃料气分液罐	燃料气	120	0.58	Q345R	
37	净化压缩空气罐	净化风	65	1.3	Q345R	

(二) 渣油加氢装置典型设备选材案例

渣油加氢装置典型设备选材案例见表 7-3-10。

表 7-3-10 某公司 5.0Mt/a(两系列)渣油加氢装置典型设备选材

序号	设备名称	设计条件			主体材料	备注
		操作介质	温度/℃	压力/MPa		
一	反应器					
1	第一加氢反应器Ⅰ/Ⅱ	油、油气、H_2、H_2S	430	21.9	12Cr2Mo1V 锻+堆焊 TP.309L+TP.347 内件 S32168	
2	第二加氢反应器Ⅰ/Ⅱ	油、油气、H_2、H_2S	435	21.4	12Cr2Mo1V 锻+堆焊 TP.309L+TP.347 内件 S32168	
3	第三加氢反应器Ⅰ/Ⅱ	油、油气、H_2、H_2S	454	20.9	12Cr2Mo1V 锻+堆焊 TP.309L+TP.347 内件 S32168	
4	第四加氢反应器Ⅰ/Ⅱ	油、油气、H_2、H_2S	454	20.9	12Cr2Mo1V 锻+堆焊 TP.309L+TP.347 内件 S32168	
5	第五加氢反应器Ⅰ/Ⅱ	油、油气、H_2、H_2S	454	20.9	12Cr2Mo1V 锻+堆焊 TP.309L+TP.347 内件 S32168	
二	塔器					

续表

序号	设备名称	设计条件			主体材料	备注
		操作介质	温度/℃	压力/MPa		
1	循环氢脱硫塔Ⅰ/Ⅱ	循环氢、H_2S、MDEA	175	17.15	Q345R(R-HIC) 塔盘 S30408 丝网 S31608	焊后热处理
2	汽提塔Ⅰ/Ⅱ	油、油气、H_2S、蒸汽	425	1.3	S31603+Q345R(上)S30403+Q345R(下)内件 S31608(上)S30408(下)	
3	分馏塔	油、油气、蒸汽	320/385	0.35	Q245R (上)/S30403 + Q245R(下)内件 S30408	焊后热处理(上)
4	柴油汽提塔	柴油、油气	320	0.4	Q245R 内件 Q235B	
三	换热器					
1	柴油中段回流/原料油换热器Ⅰ/Ⅱ	管：柴油	320	3.85	Q345R 换热管 10	焊后热处理
		壳：原料油	240	5.0	Q345R	
2	分馏塔底油/原料油换热器Ⅰ/Ⅱ	管：分馏塔底油	345	4.15	S30403+Q345R 换热管：S30403	焊后热处理
		壳：原料油	300	4.85	Q345R	
3	反应流出物/热循环氢换热器Ⅰ/Ⅱ	管：循环氢	454	22.70	12Cr2Mo1 锻 换热管：S32168	焊后热处理
		壳：反应流出物	454	18.80	12Cr2Mo1R+TP.309L+TP.347	
4	反应流出物/热原料油换热器Ⅰ/Ⅱ	管：反应流出物	430	18.75	12Cr2Mo1 锻+TP.309L+TP.347 换热管：S32168	焊后热处理
		壳：原料油	410	23.60	12Cr2Mo1R+ TP.309L+TP.347	
5	反应流出物/冷循环氢换热器Ⅰ/Ⅱ	管：循环氢	390	22.80	12Cr2Mo1 锻 换热管：S32168	焊后热处理
		壳：反应流出物	415	18.65	12Cr2Mo1R+TP.309L+TP.347	
6	热高分气/冷原料油换热器Ⅰ/Ⅱ	管：热高分气	405	17.60	12Cr2Mo1 锻+TP.309L+TP.347 换热管：S32168	焊后热处理
		壳：原料油	405	23.65	12Cr2Mo1R+TP.309L+TP.347	
7	热高分气/热循环氢换热器Ⅰ/Ⅱ	管：循环氢	345	22.90	12Cr2Mo1 锻管 换热管：S32168	焊后热处理
		壳：热高分气	405	17.50	12Cr2Mo1R+TP.309L+TP.347	

续表

序号	设备名称	设计条件			主体材料	备注
		操作介质	温度/℃	压力/MPa		
8	热高分气/冷低分油换热器Ⅰ/Ⅱ	管：热高分气	325	17.50	12Cr2Mo1 锻 换热管：NS1402	焊后热处理
		壳：冷低分油	305	13.5	Q345R(R-HIC)	
9	热高分气/冷循环氢换热器Ⅰ/Ⅱ	管：循环氢	250	23.05	14Cr1Mo 锻 换热管：SA213 T11	焊后热处理
		壳：热高分气	310	17.40	14Cr1MoR	
10	除氧水冷却器	管：循环冷却水	120	1.95	Q345R 换热管 10	管箱热处理，管束内防腐
		壳：除氧水	180	2.5	Q345R	
11	低分气冷却器	管：循环冷却水	120	2.5	Q245R 换热管：10	焊后热处理，管束内防腐
		壳：低分气	235	3.2	Q245R	
12	开工油加热器	管：中压蒸汽	340	1.6	Q345R 换热管：10	管箱热处理
		壳：蜡油	185	2.9	Q345R	
13	汽提塔顶后冷器Ⅰ/Ⅱ	管：循环冷却水	120	1.05	Q245R 换热管：10	焊后热处理，管束内防腐
		壳：汽提塔顶汽	170	1.35	Q245R	
14	加氢渣油中压蒸汽发生器	管：加氢渣油	375	4.15	NS1402+Q345R 换热管：NS1402	管箱热处理
		壳：除氧水、蒸汽	345	1.85	Q345R	
15	加氢渣油冷却器	管：低温热水	120	3.2	Q345R 换热管：S30403	管箱热处理
		壳：加氢渣油、蜡油	345	4.15	S30403+Q345R	
16	柴油冷却器	管：低温热水	120	1.65	Q345R 换热管：S30403	管箱热处理
		壳：柴油	320	2.15	S30403+Q345R	
17	石脑油冷却器	循环冷却水	120	1.4	管/管箱：10/20	Hair pin
		石脑油	190	1.80	20	
18	含油污水冷却器	管：循环冷却水	120	1.4	Q245R 换热管：10	管箱热处理，管束内防腐
		壳：含油污水	190	1.40	Q245R	

续表

序号	设备名称	设计条件			主体材料	备注
		操作介质	温度/℃	压力/MPa		
19	开工冷却器	管：低温热水	120	3.2	Q345R 换热管：S30403	管箱热处理
		壳：加氢渣油、蜡油	345	4.15	S30403+Q345R	
20	轻污油冷却器	管：循环冷却水	120	1.3	Q245R 换热管：10	管箱热处理，管束内防腐
		壳：轻污油	220	1.3	Q245R	
四	空冷器					
1	热低分气空冷器Ⅰ/Ⅱ	热低分气、H_2O、H_2S	155.8/54.4	3.01	管箱：NS1402 管：NS1402	
2	热高分气空冷器Ⅰ/Ⅱ	热高分气、H_2O、H_2S	129/52	16.29	管箱：NS1402 管：NS1402	
3	汽提塔顶空冷器Ⅰ/Ⅱ	汽提塔顶气、H_2O、H_2S	155.8/50	1.07	管箱：S22053 管：S22053	
4	柴油空冷器	柴油	120/50	1.32	管箱：Q345R 管：10	管箱热处理
5	分馏塔顶空冷器	分馏塔顶气	146.7/98	0.07	管箱：Q345R 管：10	管箱热处理
五	容器					
1	原料油缓冲罐Ⅰ/Ⅱ	原料油	290	4.15	Q345R	
2	滤后原料油缓冲罐Ⅰ/Ⅱ	原料油	300	1.6	Q345R	
3	热高压分离器Ⅰ/Ⅱ	反应流出物、H_2、H_2S	405	18.6	12Cr2Mo1锻+TP.309L+TP.347	焊后热处理
4	热低压分离器Ⅰ/Ⅱ	反应流出物、H_2、H_2S	405	3.4	S30403+15CrMoR(H)	焊后热处理
5	冷高压分离器Ⅰ/Ⅱ	油、油气、H_2、H_2S	255	17.15	16Mn锻+TP.309L+TP.316L 丝网：S31608	焊后热处理
6	冷低压分离器Ⅰ/Ⅱ	油、油气、H_2、H_2S	255	3.3	S31603+Q345R 丝网：S31603	焊后热处理
7	酸性水闪蒸罐	酸性水、H_2S	255	1.6	Q245R	焊后热处理

续表

序号	设备名称	设计条件			主体材料	备注
		操作介质	温度/℃	压力/MPa		
8	循环氢压缩机入口分液罐Ⅰ/Ⅱ	循环氢、MDEA	175	17.15	Q345R(R-HIC) 丝网：S31608	焊后热处理
9	新氢压缩机一级入口分液罐	新氢	120	5.75	Q345R 丝网：S30403	
10	贫胺液缓冲罐	贫胺液	120	1.05	Q245R	焊后热处理
11	富胺液闪蒸罐	富胺液	175	1.3	Q245R	焊后热处理
12	注水罐	除氧水、净化水	255	1.15	Q345R	
13	低分气分液罐	干气	255	3.1	Q245R 丝网：S31608	焊后热处理
14	硫化剂罐	硫化剂	120	0.35	Q345R	
15	汽提塔顶回流罐Ⅰ/Ⅱ	油、油气、水、H_2S	170	1.35	Q245R	焊后热处理
16	分馏塔进料闪蒸罐	油、油气	360	1.45	S30403+Q345R	
17	分馏塔顶回流罐	油、油气、水	190	0.4	Q245R	
18	蒸汽分水罐	蒸汽、水	345	1.85	Q345R	
19	放空罐Ⅰ/Ⅱ	油气、H_2S	300	0.58	Q245R	焊后热处理
20	地下轻污油罐	污油、H_2S	220	0.35	Q245R	焊后热处理
21	地下胺液罐	废胺液、H_2S	120	0.35	Q245R	焊后热处理
22	燃料气分液罐	燃料气	120	0.75	Q345R	
23	冲洗油罐	冲洗油	120	0.75	Q345R	
24	净化风罐	净化空气	65	1.3	Q345R	
25	排污扩容器	含盐污水	225	0.35	Q345R	

第四节　加氢裂化及渣油加氢反应加热炉

一、加氢裂化反应进料加热炉

(一) 概述

加氢裂化装置反应进料加热炉用于加热其反应器进料以达到要求的反应入口条件，其反应进料一般为常压重油、减压渣油和循环氢，具有高温、高压和临氢的特点。

按照流程特点，反应进料加热炉通常分为炉前混氢反应进料加热炉和炉后混氢反应进料加热炉。炉后混氢反应进料加热炉又称循环氢加热炉或氢气加热炉，用于加热循环氢，加热后的循环氢与进料换热器换热后与工艺物流混合进入加氢反应器。炉前混氢反应进料加热炉通常用于加热工艺物流和循环氢的混合物，混合物流经加热炉后进入反应器。

（二）氢气加热炉的设计特点

氢气加热炉加热的工艺介质为高压循环氢，介质出口温度高，但不易结焦。这种加热炉的设计控制因素一般是管壁温度，在管壁温度许可的范围内选择适宜的辐射平均热强度。设计中一般需要考虑下列因素：

① 适宜的管内质量流速，以降低管壁温度；

② 适宜的允许压降，以获得进料的均匀性；

③ 优化炉膛布置，以获得较为均匀的温度场，避免炉管出现过热点；

④ 优化燃烧器选型和布置，以获得较为均匀的温度场，避免炉管出现过热点；

⑤ 管内流量要均匀，要有严格的水力学对称措施或采用进料流量平衡控制。

（三）反应进料加热炉设计特点

炉前混氢反应进料加热炉加热的物料通常为常压重油、减压渣油和循环氢的混合物，操作温度高、设计压力大，且加热物流组分较重，易于结焦和裂解。这种加热炉的设计主要控制因素为油膜温度和管壁温度，需要在油膜温度许可的范围内选择适宜的辐射平均热强度，要求炉内烟气温度场分布均匀；要考虑加热介质易结焦、易裂解特性，管壁温度操作较大波动时容易超温，确定炉管设计温度时要采用较高的结垢热阻，要有适宜的设计裕量。设计中一般需要考虑下列因素：

① 较高的管内质量流速，以降低管壁温度；

② 较高的允许压降，以获得进料的均匀性；

③ 优化炉膛布置，以获得较为均匀的烟气温度场，避免炉管出现过热点；

④ 排管宜采用卧管布置，以获得较为均匀的管壁温度场，避免炉管出现过热点；

⑤ 优化燃烧器选型和布置，以获得较为均匀的温度场，避免炉管出现过热点；

⑥ 管内流量要均匀，要有严格的水力学对称措施或采用进料流量平衡控制。

二、渣油加氢脱硫反应进料加热炉

（一）概述

渣油加氢脱硫装置反应进料加热炉用于加热其反应器进料，以达到要求的反应入口条件。其反应进料一般为减压渣油和循环氢，具有高温、高压和临氢的特点。反应进料加热炉通常采用炉前混氢进料。

（二）设计特点

反应进料加热炉加热的物料通常为减压渣油和循环氢的混合物，是高温、高压加氢，且加热物流组分重，易于结焦和裂解。这种加热炉的设计主要控制因素为油膜温度和管壁温度，需要在油膜温度许可的范围内选择适宜的辐射平均热强度，要求炉内烟气温度场分布更均匀；要考虑加热介质易结焦、易裂解特性，管壁温度在操作较大波动时管内工艺介质结焦时容易超温，确定炉管设计温度时要采用较高的结垢热阻，要有较大的设计裕量。设计中一般需要考虑下列因素：

① 高的管内质量流速，以降低管壁温度；
② 高的允许压降，以获得进料的均匀性；
③ 优化炉膛布置，以获得较为均匀的烟气温度场，避免炉管出现过热点；
④ 排管应采用卧管布置，以降低管壁温度，避免炉管出现过热点；
⑤ 优化燃烧器选型和布置，以获得较为均匀的温度场，避免炉管出现过热点；
⑥ 管内流量要均匀，要有严格的水力学对称措施或采用进料流量平衡控制。

三、炉型选择

(一) 炉型选择的一般原则

反应进料加热炉炉型选择时需要考虑下列因素：
① 需满足工艺操作要求和设备长周期运转的需要；
② 需符合经济性的原则，应统筹考虑投资、运行和维护费用；
③ 需要便于检修；
④ 当被加热介质易结焦时，宜采用水平管立式炉；
⑤ 重质油加氢进料不宜布置在对流室加热。较大的反应进料加热炉(如加氢裂化反应进料加热炉、渣油加氢脱硫反应进料加热炉等)对流室可设置废热锅炉或/和加热其他工艺物流；
⑥ 使用材料价格昂贵的炉管，应优先选用双面辐射管排的炉型。

(二) 循环氢加热炉

加氢裂化循环氢加热炉加热介质为不易结焦、裂解的循环氢，通常采用单排双面辐射立管加热炉就能满足要求。其炉管在高温、高压、临氢条件下操作，多采用价格较高的TP347H炉管或TP321H炉管，其盘管多采用常规规格直径的炉管和单排双面辐射设计以降低工程造价。

(三) 反应进料加热炉

炉前混氢反应进料加热炉，管内工艺介质为重质油品(常压重油、减压渣油等)和循环氢混合物料，炉出口温度较高，操作条件较苛刻，要求炉内传热均匀，以避免管内物流结焦和裂解。通常情况下，多采用双面辐射卧管立式炉。近年来，一些较轻质的工艺物流在较缓和的操作条件下，也有采用多管程单排双面辐射立管立式炉，其各路流量常采用流量控制仪表以平衡各路流量。

四、主要工艺参数

(一) 辐射炉管平均表面热强度

辐射炉管平均表面热强度上限应根据介质最高油膜温度、炉管管壁使用温度上限、最高炉膛温度限制、体积热强度限制等确定。在任何情况下，一般炼油装置用火焰加热炉辐射炉管平均表面热强度不应超过37000W/m^2，且过热点不应出现在遮蔽段。

对于常规加热炉，辐射管表面平均设计热强度可根据已有的设计经验确定。除注明双面辐射者外，单面辐射、单排管可按表7-4-1选用；其他双面辐射、单排管可取表7-4-1中数值的1.5倍。

表 7-4-1　辐射炉管平均表面热强度、最高油膜温度典型值

加热炉名称	平均表面热强度/(W/m^2)	最高油膜温度限制/℃
加氢裂化循环氢反应进料加热炉	37500~47220(双)	
加氢裂化反应进料加热炉(炉前混氢)	37500~47220(双)	482
蜡油加氢精制反应进料加热炉	24000~31600	430
渣油加氢脱硫反应进料加热炉	25000~31600(双)	454

表 7-4-1 的炉管表面平均设计热强度推荐值和最高油膜温度限制值是在现有常规工艺设计条件下，且炉型、炉膛结构合理和管内质量流速合适的情况下制定的，实际应用时应当根据实际工艺条件和特殊要求或设计者的特殊考量，确定合理的辐射炉管平均表面热强度值。对于表 7-4-1 中渣油加氢脱硫反应进料加热炉，如其炉膛温度场分布相对均匀、工艺介质出口温度较低、流速较高且各支路采用流量控制避免分配不均，在最高油膜控制温度范围内有较大的安全边际时，其热强度可适当提高，但不应超过 41000W/m^2(双面辐射)。

(二) 管内质量流速

管内质量流速确定的一般原则是：

① 在工艺设计条件(压力降)许可的情况下，尽可能地提高管内质量流速，以提高传热效果和各支路流量分配均匀性、降低介质油膜温度和管壁温度；

② 加热炉管内液相质量流速不应低于 1000$kg/(m^2 \cdot s)$；

③ 加热炉管内气相介质线速度不应低于 15m/s；

④ 对混相加热炉应获得合理的流型。

管内质量流速和结垢热阻可按表 7-4-2 选用。渣油加氢脱硫反应进料加热炉各支路在没有采用流量控制措施时，压降不宜低于 0.5MPa，质量流速不宜低于 1400$kg/(m^2 \cdot s)$，在各支路采用流量控制措施时，压降不宜低于 0.3MPa，质量流速不宜低于 1200$kg/(m^2 \cdot s)$。加氢裂化反应进料加热炉(炉前混氢)和蜡油加氢精制反应进料加热炉压降不宜低于 0.3MPa。

表 7-4-2　管内质量流速和结垢热阻

管式炉名称	质量流速/[$kg/(m^2 \cdot s)$]	结垢热阻/($m^2 \cdot ℃/W$)
加氢裂化循环氢反应进料加热炉	~350	0.00026
加氢裂化反应进料加热炉(炉前混氢)	1200~1500	0.00036~0.0005
蜡油加氢精制反应进料加热炉	1000~1500	0.00035~0.0005
渣油加氢脱硫反应进料加热炉①	1200~2400	~0.0007

① 管壁设计温度一般不低于介质温度加 100℃。

渣油加氢脱硫反应进料加热炉、加氢裂化反应进料加热炉(炉前混氢)、蜡油加氢精制反应进料加热炉等重质油高压加氢加热炉在支路没有流量控制措施时管路数不宜大于 2 管程。

五、燃烧器的选择

反应进料加热炉操作条件苛刻，炉管承受高温高压，其管壁设计温度接近断裂设计区

域，设计温度升高时其许用应力下降较快，尤其是炉前混氢的反应加热炉管内介质易结焦、易裂解，容易引起各炉流量分布不均和管壁温度超温，带来安全风险。

燃烧器的布置和选型，对于保证反应进料加热炉炉内温度场均匀、防止偏流和管壁温度升高、避免结焦、延长炉管使用寿命和操作周期具有重要作用。

燃烧器布置和选择时应考虑下列因素：

① 采用小能量燃烧器，均匀布置，可提高烟气温度场沿炉膛长度方向的均匀性；

② 适宜的火焰长度，与炉膛高度相匹配；

③ 燃烧器到管排保持合理的间距，以降低局部过热；

④ 采用燃料分级燃烧型超低氮氧化物燃烧器，其烟气温度场分布较均匀，可降低氮氧化物和管排的局部过热，是理想的选择之一。这种燃烧器的外圈燃料气高速喷射作用可以将炉膛低温烟气引入高温燃烧区，降低了燃烧区的峰值温度；

⑤ 底烧附墙式燃烧器是可选方案之一，其能量释放较慢，火焰长度较长，可提高烟气温度场沿炉膛高度方向的均匀性；其离管排的距离较大，可减少局部过热。

六、炉管选材

反应加热炉炉管选材时需要考虑高温硫腐蚀和临氢条件下的高温硫化氢腐蚀，并应满足临氢条件下的选材要求。

反应进料加热炉管路系统设计压力、设计温度较高，通常选用许用应力较高的 TP347H 炉管以降低炉管厚度和材料费用，也可采用 TP321H 炉管。

七、管内流量分配

反应进料加热炉由于其管内工艺介质高温、高压特点和管壁设计温度接近其稳定的弹性设计许用应力温度边缘的特点，要求其各路工艺进料应分布均匀，避免单路进料出口温度升高引起管内结焦和超温，这是设计中需要考虑的关键因素。

反应进料加热炉操作压力高，各路流量平衡仪表的费用昂贵，设计时应尽量采用水力学对称等措施提高进料的均匀性，以避免采用这些昂贵的仪表。这些措施包括：

① 完全的水力学对称。

② 进料采用一分二结构，分开点距总管的上一个转弯处要保持足够的距离，以避免旋流引起支路流量分配不均。

③ 合理的管内压降，减缓流量分配不均。

④ 较少管路数可以降低流量分配不均，限制偏流。偏流时会引起压降的明显升高，系统会平衡避免过度偏流。

⑤ 提高传热均匀性的其他措施。

近年来，随着装置大型化的发展，炉前混氢两相流反应进料加热炉进料规模较大，需要的反应进料加热进料路数较多，单纯水力学对称措施可能不足以克服加热炉运行时的各种变化和波动，这就需要在加热炉各路进料混合前的液相和气相支路上分别设置流量平衡仪表。

加氢裂化循环氢加热炉进料为气相进料，一般认为通过加热炉管路系统的水力学对称布置措施和保持合理的加热炉管路压降和流速，就能够维持各路进料的均匀性，这种情况下要有一定的安全边际，以克服较轻的运行波动。

加氢裂化和渣油加氢装置的炉前混氢反应进料加热炉可采用前述水力学对称措施减少偏流以避免采用昂贵的流量平衡仪表，在这种情况下应当采用较高的管路压降和管内流速以及较低的炉管平均辐射热强度，以增强传热的均匀性，炉管设计温度也应留有适当的设计裕量，以避免运行波动时的安全风险。

当加氢裂化和渣油加氢装置的炉前混氢反应进料加热炉采用前述水力学控制措施不足以有效平衡各路流量分布不均时，在加热炉的各路进料上应当采取主动的流量平衡措施。这种情况主要发生在大型化的加氢装置上，水力学平衡措施和两路进料不足以满足装置大型化的要求。近年来，有些采用流量平衡仪表控制各路流量平衡的炉前混氢蜡油加氢裂化反应进料加热炉上开始采用了单排双面辐射立管结构，这得益于各路进料流量平衡控制的改进和缓和的进料物流。

第八章　加氢工艺工程计算

第一节　加氢裂化原料及产品物性计算

加氢裂化装置原料油性质一般包括密度、馏程、特性因数、相对分子质量、残炭、沥青质、烃族组成、硫含量、烯烃含量、氮含量、金属含量、氢含量、API、BMCI、黏度、黏度指数、酸值、黏重常数、倾点(或凝点)、水含量、折光率、闪点、蜡含量、固性物等。不同类型、生产不同目的产品的加氢裂化装置关注不同的原料油性质，需要不同的设计理念。

一、原料油性质计算

(一) 原料油拟组分切割及蒸馏曲线的换算

1. 原料油拟组分切割

(1) 拟组分

加氢裂化装置原料油的蒸馏曲线可看作有限数目精确切割的窄馏分混合物。每一个窄馏分都可被当作一个纯组分处理，称为“拟组分”或“虚拟组分”。

(2) 拟组分表征

以窄馏分的平均沸点、密度、平均相对分子质量等表征各个拟组分的性质。

(3) 拟组分与纯组分

在工艺计算过程中，将“拟组分”等同于纯组分进行模拟计算。

(4) 拟组分切割

将蒸馏曲线按一定温度范围切割。

(5) 拟组分切割温度范围

切割的温度范围越窄，得到的计算结果越精确。

2. 原料油拟组分蒸馏曲线的换算[1~6]

(1) 恩氏蒸馏与实沸点蒸馏曲线换算

$$\Delta T_{t_1}=a_1\times\Delta T_{a_1}+a_2\times\Delta T_{a_1}^{1.65}+a_3\times\Delta T_{a_1}^{2}+a_4\times\Delta T_{a_1}^{4.5} \tag{8-1-1}$$

$$\Delta T_{t_2}=a_1\times\Delta T_{a_2}+a_2\times\Delta T_{a_2}^{1.5}+a_3\times\Delta T_{a_2}^{3.79}+a_4\times\Delta T_{a_2}^{4.99} \tag{8-1-2}$$

$$\Delta T_{t_3}=a_1\times\Delta T_{a_3}+a_2\times\Delta T_{a_3}^{1.5}+a_3\times\Delta T_{a_3}^{3.8}+a_4\times\Delta T_{a_3}^{6} \tag{8-1-3}$$

$$\Delta T_{t_4}=a_1\times\Delta T_{a_4}+a_2\times\Delta T_{a_4}^{1.55}+a_3\times\Delta T_{a_4}^{3.79}+a_4\times\Delta T_{a_4}^{3.3} \tag{8-1-4}$$

$$\Delta T_{t_5}=a_1\times\Delta T_{a_5}+a_2\times\Delta T_{a_5}^{1.65}+a_3\times\Delta T_{a_5}^{3.3} \tag{8-1-5}$$

$$\Delta T_{t_6}=a_1\times\Delta T_{a_6}+a_2\times\Delta T_{a_6}^{2.59}+a_3\times\Delta T_{a_6}^{2.92} \tag{8-1-6}$$

$$\Delta T_{a_1}=a_1\times\Delta T_{t_1}^{1.29}+a_2\times\Delta T_{t_1}^{1.3}+a_3\times\Delta T_{t_1}^{3.5} \tag{8-1-7}$$

$$\Delta T_{a_2}=a_1\times\Delta T_{t_2}^{0.9}+a_2\times\Delta T_{t_2}^{2.8}+a_3\times\Delta T_{t_2}^{3.8}+a_4\times\Delta T_{t_2}^{6} \tag{8-1-8}$$

$$\Delta T_{a_3}=a_1\times\Delta T_{t_3}^{0.9}+a_2\times\Delta T_{t_3}^{2.8}+a_3\times\Delta T_{t_3}^{3.8}+a_4\times\Delta T_{t_3}^{5.5} \tag{8-1-9}$$

$$\Delta T_{a_4}=a_1\times\Delta T_{t_4}^{0.9}+a_2\times\Delta T_{t_4}^{2.2}+a_3\times\Delta T_{t_4}^{2.89}+a_4\times\Delta T_{t_4}^{6} \tag{8-1-10}$$

$$\Delta T_{a_5}=a_1\times\Delta T_{t_5}^{0.9}+a_2\times\Delta T_{t_5}^{1.9}+a_3\times\Delta T_{t_5}^{3.1}+a_4\times\Delta T_{t_5}^{4} \tag{8-1-11}$$

$$\Delta T_{a_6}=a_1\times\Delta T_{t_6}^{0.3}+a_2\times\Delta T_{t_6}^{1.4}+a_3\times\Delta T_{t_6}^{2.3}+a_4\times\Delta T_{t_6}^{4} \tag{8-1-12}$$

式中 ΔT_{a_1}、ΔT_{a_2}、ΔT_{a_3}、ΔT_{a_4}、ΔT_{a_5}、ΔT_{a_6}——依次为恩氏蒸馏馏出体积分数 0~10%、10% ~ 30%、10% ~ 30%、30% ~ 50%、50%~70%、70%~90%、90%~100%各段温度差,℃;

ΔT_{t_1}、ΔT_{t_2}、ΔT_{t_3}、ΔT_{t_4}、ΔT_{t_5}、ΔT_{t_6}——依次为实沸点蒸馏馏出体积分数 0~10%、10% ~ 30%、10% ~ 30%、30% ~ 50%、50%~70%、70%~90%、90%~100%各段温度差,℃;

a_1、a_2、a_3、a_4——公式系数。

由恩氏蒸馏 50%点温度计算两曲线 50%点温差的数学模型如下:

$$\Delta T=a_1+a_2\times T_a^2+a_3\times T_a^3+a_4\times\Delta T_a^{3.7} \tag{8-1-13}$$

式中 T_a——恩氏蒸馏 50%点温度,℃;

ΔT——实沸点蒸馏 50%点温度与恩氏蒸馏 50%点温度温差,℃。

上述公式使用时应注意:

① 适用于特性因数 $K=11.8$,沸点低于 427℃的油品。

② 凡恩氏蒸馏温度>246℃时,考虑到裂化的影响,须进行温度校正:

$$\lg D=0.00852T-1.691 \tag{8-1-14}$$

式中 D——温度校正值(加至 T 上),℃;

T——超过 246℃的恩氏蒸馏温度,℃。

③ ΔT_{a_1}使用的温差为 0~50℃,ΔT_{a_2}、ΔT_{a_3}、ΔT_{a_4}、ΔT_{a_5}使用的温差为 0~100℃,ΔT_{a_6}使用的温差为 0~53℃。

④ 适用的加氢裂化原料馏出温度为 38~483℃。

⑤ ΔT_{t_1}和 ΔT_{t_6}适用温差为 0~70℃,ΔT_{t_2}、ΔT_{t_3}、ΔT_{t_4}、ΔT_{t_5}适用温差为 0~114℃。

(2) 常压恩氏蒸馏与实沸点蒸馏曲线换算

1) 计算方法 1

$$T_{\mathrm{b}}=a_1T_{\mathrm{n}}^{a_2} \tag{8-1-15}$$

式中 T_{b}——实沸点蒸馏温度,℃;

T_{n}——恩氏蒸馏温度,℃;

a_1、a_2——模型参数,见表 8-1-1。

表 8-1-1　模型参数

分率/%(体)	a_1	a_2
0	0. 91772	1. 0019
10	0. 55637	1. 0900
30	0. 76169	1. 0425
50	0. 90128	1. 0176
70	0. 88214	1. 0226
90	0. 95516	1. 0110
95	0. 81769	1. 0355

2)计算方法 2

① 将常压 ASTM D1160 曲线转换为 10mmHg 压力下的 ASTM D1160 曲线;

② 将 10mmHg 压力下的 ASTM D1160 曲线转换为 10mmHg 压力下实沸点蒸馏曲线;

③ 将 10mm 压力下实沸点蒸馏曲线转换为常压实沸点蒸馏曲线。

其中，常压 ASTM D1160 曲线向 10mmHg 压力 ASTM D1160 转换时采用：给定正常沸点，计算不同压力下沸点温度，其换算关系为：

$$\lg P^* = \frac{3000.538\chi - 6.7615}{43\chi - 0.9876} \qquad \chi > 0.0022$$

$$\chi = \frac{6.7615 - 0.9876\lg P^*}{3000.538 - 43\lg P^*} \qquad P^* < 2\text{mmHg}$$

$$\lg P^* = \frac{2663.129\chi - 5.9943}{95.75\chi - 0.9725} \qquad 0.0013 \leqslant \chi \leqslant 0.0022$$

$$\chi = \frac{5.9943 - 0.9725\lg P^*}{2663.129 - 95.76\lg P^*} \qquad 2\text{mmHg} \leqslant P^* \leqslant 760\text{mmHg}$$

$$\lg P^* = \frac{2770.085\chi - 6.4126}{36\chi - 0.9896} \qquad \chi < 0.0013$$

$$\chi = \frac{6.4126 - 0.9896\lg P^*}{2770.085 - 36\lg P^*} \qquad P^* > 760\text{mmHg}$$

$$\chi = \frac{\dfrac{T'_{760}}{T} - 0.000516T'_{760}}{748.1 - 0.3861'_{760}}$$

$$T = \frac{T'_{760}}{(748.1 - 0.3861T'_{760})\chi + 0.000516T'_{760}}$$

$$T'_{760} = T_{760} - \frac{25f}{18}(K - 12)\lg\frac{P^*}{760}$$

$$f = 0.0 \qquad (T_{760} < 366.48\text{K})$$

$$f = 1.0 \qquad (P^* < 760\text{mmHg},\ T_{760} > 477.59\text{K})$$

$$f=\frac{1.8T_{760}-659.7}{200} \quad (P^{*}>760\text{mmHg},\ 366.48\leqslant T_{760}\leqslant 477.59\text{K})$$

式中　P^{*}——蒸气压，mmHg；

χ——沸点参数；

T——沸点温度，K；

T_{760}——常压沸点，K；

T'_{760}——校正到 K 值为 12 的常压沸点，K；

K——特性因数；

f——校正因子。

3）Riazi-Daubert 计算方法

$$T_{B,0}=0.91772\times T_{N,0}^{1.0019}$$
$$T_{B,10}=0.55637\times T_{N,10}^{1.0900}$$
$$T_{B,30}=0.76169\times T_{N,30}^{1.0425}$$
$$T_{B,50}=0.90128\times T_{N,30}^{1.0176}$$
$$T_{B,70}=0.88214\times T_{N,70}^{1.0226}$$
$$T_{B,90}=0.95516\times T_{N,90}^{1.0110}$$
$$T_{B,100}=0.81769\times T_{N,100}^{1.0355}$$

式中　T_B——实沸点 0%、10%、30%、50%、70%、90%和 100%馏出温度，K；

T_N——恩氏蒸馏 0%、10%、30%、50%、70%、90%和 100%馏出温度，K。

该方法适用范围：恩氏蒸馏初馏点 22.8～315.0℃，10%馏出温度 36.1～306.1℃，30%馏出温度 48.3～313.3℃，50%馏出温度 38.9～320.0℃，70%馏出温度 66.1～327.20℃，90%馏出温度 74.4～341.7℃，95%馏出温度 72.2～398.9℃。

4）何良知计算方法

$$t_{B,50}=t_{N,50}-24.5738+0.275744t_{N,50}-1.87950\times10^{-3}t_{N,50}^{2}+6.56031\times10^{-6}t_{N,50}^{3}-1.14018\times10^{-8}t_{N,50}^{4}+9.68698\times10^{-12}t_{N,50}^{5}-313186\times10^{-15}t_{N,50}^{6}$$

$$t_{B,30}=t_{B,50}-2.0462\Delta t_{50,30}+2.250\times10^{-2}\Delta t_{50,30}^{2}-2.79179\times10^{-4}\Delta t_{50,30}^{3}+2.31541\times10^{-6}\Delta t_{50,30}^{4}-1.07892\times10^{-8}\Delta t_{50,30}^{5}+0.198323\times10^{-10}\Delta t_{50,30}^{6}$$

$$t_{B,10}=t_{B,30}-2.34422\Delta t_{30,10}+2.41584\times10^{-2}\Delta t_{30,10}^{2}-1.89694\times10^{-4}\Delta t_{30,10}^{3}+0.895562\times10^{-6}\Delta t_{30,10}^{4}-0.310959\times10^{-8}\Delta t_{30,10}^{5}+0.0553478\times10^{-10}\Delta t_{30,10}^{6}$$

$$t_{B,0}=t_{B,10}-2.84582\Delta t_{10,0}+5.71924\times10^{-2}\Delta t_{10,0}^{2}-10.4465\times10^{-4}\Delta t_{10,0}^{3}+0.1842\times10^{-6}\Delta t_{10,0}^{4}-4.98280\times10^{-8}\Delta t_{10,0}^{5}+0.953795\times10^{-10}\Delta t_{10,0}^{6}$$

$$t_{B,70}=t_{B,50}+1.79075\Delta t_{70,50}-1.63738\times10^{-2}\Delta t_{70,50}^{2}+1.91835\times10^{-4}\Delta t_{70,50}^{3}-1.54753\times10^{-6}\Delta t_{70,50}^{4}+0.718894\times10^{-8}\Delta t_{70,50}^{5}-0.131073\times10^{-10}\Delta t_{70,50}^{6}$$

$$t_{B,90}=t_{B,70}+1.64169\Delta t_{90,70}-1.45976\times10^{-2}\Delta t_{90,70}^{2}+1.69881\times10^{-4}\Delta t_{90,70}^{3}-1.26118\times10^{-6}\Delta t_{90,70}^{4}+0.540098\times10^{-8}\Delta t_{90,70}^{5}-0.0924859\times10^{-10}\Delta t_{90,70}^{6}$$

$$t_{B,100}=t_{B,90}+1.20092\Delta t_{100,90}+0.661377\times10^{-2}\Delta t_{100,90}^{2}-6.50227\times10^{-4}\Delta t_{100,90}^{3}+16.3615\times10^{-6}\Delta t_{100,90}^{4}-17.1884\times10^{-8}\Delta t_{100,90}^{5}+6.86720\times10^{-10}\Delta t_{100,90}^{6}$$

当恩氏蒸馏温度大于246℃时，需进行热裂解温度校正：

$$\lg D = 0.008514 t_N - 1.6909 \quad (8-1-16)$$

式中　t_B——实沸点0%、10%、30%、50%、70%、90%和100%馏出温度，℉；

t_N——恩氏蒸馏0%、10%、30%、50%、70%、90%和100%馏出温度，℉；

Δt——恩氏蒸馏温差，℉；

D——温度校正值，℃。

5）刘文静计算方法

$$t_{B,50} = t_{N,50} - 2.47818 + 3.89481\times10^{-4} t_{N,50}^{2} - 1.84764\times10^{-6} t_{N,50}^{3} + 2.19849\times10^{-8} t_{N,50}^{3.7}$$

$$t_{B,30} = t_{B,50} - 2.12522\Delta t_{50,30} + 0.14244\Delta t_{50,30}^{1.5} - 1.22458\times10^{-6}\Delta t_{50,30}^{3.8} + 6.33659\times10^{-12}\Delta t_{50,30}^{6.0}$$

$$t_{B,10} = t_{B,30} - 2.58839\Delta t_{30,10} + 0.21065\Delta t_{30,10}^{1.5} - 2.88001\times10^{-6}\Delta t_{30,10}^{3.79} + 4.60199\times10^{-9}\Delta t_{30,10}^{4.99}$$

$$t_{B,0} = t_{B,10} - 2.85546\Delta t_{10,0} + 0.28507\Delta t_{10,0}^{1.65} - 4.44710\times10^{-2}\Delta t_{10,0}^{2} + 3.14593\times10^{-8}\Delta t_{10,0}^{4.5}$$

$$t_{B,70} = t_{B,50} + 1.81045\Delta t_{70,50} - 8.75259\times10^{-2}\Delta t_{70,50}^{1.55} + 9.85845\times10^{-6}\Delta t_{70,50}^{3.3}$$

$$t_{B,90} = t_{B,70} + 1.54637\Delta t_{90,70} - 4.21720\times10^{-2}\Delta t_{90,70}^{1.65} + 9.43662\times10^{-6}\Delta t_{90,70}^{3.3}$$

$$t_{B,100} = t_{B,90} + 1.22977\Delta t_{100,90} - 4.36972\times10^{-3}\Delta t_{100,90}^{2.59} + 1.20771\times10^{-3}\Delta t_{100,90}^{2.92}$$

当恩氏蒸馏温度大于246℃时，需进行热裂解温度校正：

$$\lg D = 0.008514 t_N - 1.6909 \quad (8-1-17)$$

式中　t_B——实沸点0%、10%、30%、50%、70%、90%和100%馏出温度，℉；

t_N——恩氏蒸馏0%、10%、30%、50%、70%、90%和100%馏出温度，℉；

Δt——恩氏蒸馏温差，℉；

D——温度校正值，℃。

6）KBC计算方法

$t_{N,90}-t_{N,10}\geq 76$℃时，$t_{B,50} = t_{N,50} - 5.15871 + 0.053636 t_{N,50} - 0.03681(t_{N,90}-t_{N,10})$

$t_{N,90}-t_{N,10}<76$℃时，$t_{B,50} = t_{N,50} - 7.50499 + 0.053636 t_{N,50} - 0.05983(t_{N,90}-t_{N,10})$

$t_{N,50}-t_{N,30}\geq 11$℃时，$t_{B,30} = t_{B,50} - 8.70333 - 1.0167(t_{N,50}-t_{N,30})$

$t_{N,50}-t_{N,30}<11$℃时，$t_{B,30} = t_{B,50} - 5.55555 - 1.3(t_{N,50}-t_{N,30})$

$t_{N,30}-t_{N,10}\geq 17$℃时，$t_{B,10} = t_{B,30} - 10.97222 - 1.075(t_{N,50}-t_{N,30})$

$t_{N,30}-t_{N,10}<17$℃时，$t_{B,10} = t_{B,30} - 8.05555 - 1.25(t_{N,50}-t_{N,30})$

$$t_{B,5} = t_{B,10} - 2.22222 - 1.1714(t_{N,10}-t_{N,5})$$

$$t_{B,0} = t_{B,10} - 2.77777 - 1.16(t_{N,10}-t_{N,0})$$

$t_{N,70}-t_{N,50}\geq 17$℃时，$t_{B,70} = t_{B,50} + 9.04666 + 0.9572(t_{N,70}-t_{N,50})$

$t_{N,70}-t_{N,50}<17$℃时，$t_{B,70} = t_{B,50} + 4.445 + 1.2333(t_{N,70}-t_{N,50})$

$t_{N,90}-t_{N,70}\geq 17$℃时，$t_{B,90} = t_{B,70} + 3.47222 + 1.125(t_{N,90}-t_{N,70})$

$t_{N,70}-t_{N,50}<17$℃时，$t_{B,90} = t_{B,70} + 2.77722 + 1.1667(t_{N,90}-t_{N,70})$

$$t_{B,95} = t_{B,90} + 0.55555 + 1.0889(t_{N,95}-t_{N,90})$$

$$t_{B,100} = t_{B,90} + 1.11111 + 1.09286(t_{N,100}-t_{N,90})$$

（3）常压恩氏蒸馏与平衡汽化曲线换算

1）Riazi-Daubert计算方法

$$T_{E,0} = 2.97481\times T_{N,0}^{0.8466} S^{0.4208}$$

$$T_{E,10}=1.44594\times T_{N,10}^{0.9511}S^{0.1287}$$

$$T_{E,30}=0.85060\times T_{N,30}^{1.0315}S^{0.0817}$$

$$T_{E,50}=3.26805\times T_{N,50}^{0.8274}S^{0.6214}$$

$$T_{E,70}=8.28734\times T_{N,70}^{0.6871}S^{0.9340}$$

$$T_{E,90}=10.62656\times T_{N,90}^{0.6529}S^{1.1025}$$

$$T_{E,100}=7.99502\times T_{N,100}^{0.6949}S^{1.0737}$$

$$S=8.3423\times 10^{-2}T_{N,10}^{0.10741}T_{N,50}^{0.26288}$$

式中　T_E——平衡汽化0%、10%、30%、50%、70%、90%和100%温度，K；

T_N——恩氏蒸馏0%、10%、30%、50%、70%、90%和100%馏出温度，K；

S——中间参数。

该方法适用范围：恩氏蒸馏初馏点10.0～265.6℃，10%馏出温度62.8～322.2℃，30%馏出温度93.3～340.6℃，50%馏出温度112.8～354.4℃，70%馏出温度131.1～399.4℃，90%馏出温度162.8～465.0℃，100%馏出温度187.8～484.4℃。

2）曹睿计算方法

$$t_{E,50}=a+bt_{N,50}^{c}$$

其中$a=8.76762-23.61559s^{1.00963}-2.57113s^2$

$$b=0.05664+0.40452EXP\left(\frac{s}{1.76896}\right)$$

$$c=1.142-0.08122s$$

$$s=\frac{t_{N,70}-t_{N,10}}{60}$$

$$t_{E,30}=t_{E,50}-3.31788-0.12278\Delta t_{50,30}-0.01252\Delta t_{50,30}^2+6.79876\times 10^{-5}\Delta t_{50,30}^3$$

$$t_{E,10}=t_{E,30}-0.41888-0.39481\Delta t_{30,10}-0.00771\Delta t_{30,10}^2+4.00932\times 10^{-5}\Delta t_{30,10}^3$$

$$t_{E,0}=t_{E,10}+0.06667-0.27702\Delta t_{10,0}-0.00577\Delta t_{10,0}^2+1.66667\times 10^{-5}\Delta t_{10,0}^3$$

$$t_{E,70}=t_{E,50}+0.83651+0.24990\Delta t_{70,50}+0.00960\Delta t_{70,50}^2-5.00000\times 10^{-5}\Delta t_{70,50}^3$$

$$t_{E,90}=t_{E,70}+0.02273+0.25258\Delta t_{90,70}+0.00974\Delta t_{90,70}^2-5.61189\times 10^{-5}\Delta t_{90,70}^3$$

$$t_{E,100}=t_{E,90}-0.05000+0.19341\Delta t_{100,90}+0.00558\Delta t_{100,90}^2+0.27778\times 10^{-5}\Delta t_{100,90}^3$$

当恩氏蒸馏温度大于246℃时，需进行热裂解温度校正：

$$\lg D=0.008514t_N-1.6909 \quad (8-1-18)$$

式中　t_E——平衡汽化0%、10%、30%、50%、70%、90%和100%温度，℃；

t_N——恩氏蒸馏0%、10%、30%、50%、70%、90%和100%馏出温度，℃；

s——恩氏蒸馏70%与10%馏出温度斜率，℃/%；

Δt——恩氏蒸馏温差，℃；

D——温度校正值。

（二）密度、*API*计算[7~11]

1. 密度计算

（1）方法1

$$d_{15.6}^{15.6}-d_4^{20}+\Delta d$$

式中　$d_{15.6}^{15.6}$——15.6℃的试油密度与15.6℃水的密度之比；

d_4^{20}——20℃标准相对密度；

Δd——相对密度换算校正值。

表 8-1-2　相对密度换算表

$d_{15.6}^{15.6}$或d_4^{20}	Δd	$d_{15.6}^{15.6}$或d_4^{20}	Δd
0.7000~0.7100	0.0051	0.8400~0.8500	0.0043
0.7100~0.7300	0.0050	0.8500~0.8700	0.0042
0.7300~0.7500	0.0049	0.8700~0.8900	0.0041
0.7500~0.7700	0.0048	0.8900~0.9100	0.0040
0.7700~0.7800	0.0047	0.9100~0.9200	0.0039
0.7800~0.7900	0.0046	0.9200~0.9400	0.0038
0.8000~0.8200	0.0045	0.8400~0.9500	0.0037
0.8200~0.8400	0.0044		

（2）方法2

吴子明在完成2017年加氢裂化、渣油加氢专家班学员大作业时为便于在线优化计算，假定国际标准相对密度与标准相对密度为一阶线性方程，通过最小二乘法回归公式为：

$$d_{15.6}^{15.6}=0.994267d_4^{20}+0.009142$$

（3）方法3

徐春明等归纳相对密度换算校正值公式为：

$$\Delta d=\frac{1.598-d_4^{20}}{176.1-d_4^{20}}$$

（4）常压沸点下的液体密度

1）Benson法

$$d_b=d_c\cdot\frac{V_c}{V_b}$$

或　$$d_b=0.4221\log P_c+1.981$$

式中　d_b——常压沸点下的液体密度，g/cm³；

d_c——临界密度，g/cm³；

V_c——临界体积，cm³/g；

V_b——常压沸点下的液体体积，cm³/g；

P_c——临界压力，atm(1atm=101.3kPa)。

2）Tyn-Calus法

$$d_b=0.285d_c^{1.048}$$

加氢裂化原料油密度与温度关系见图8-1-1。

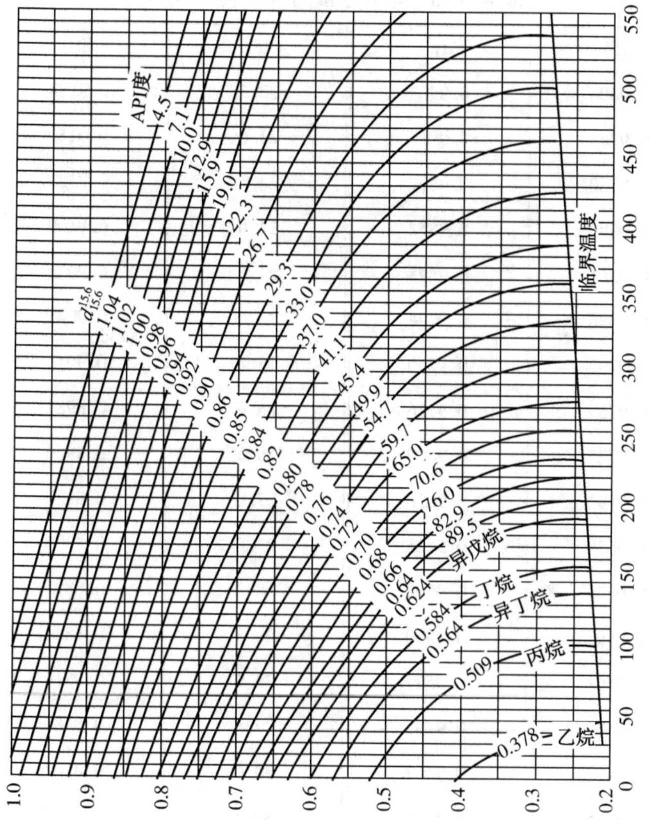

图 8-1-1　加氢裂化原料油密度

（5）原料油的混合密度

当两种或更多原料混合形成加氢裂化原料时，原料油的混合密度可近似地按可加性进行计算。

$$d_{混} = V_1 d_1 + V_2 d_2 + \cdots + V_i d_i$$

或

$$d_{混} = \frac{1}{\dfrac{W_1}{d_1} + \dfrac{W_2}{d_2} + \cdots + \dfrac{W_i}{d_i}}$$

式中　$d_{混}$——原料油的混合密度，g/cm³；

V_1、V_2、…、V_i——原料油中各组分的体积分数，%；

W_1、W_2、…、W_i——原料油中各组分的质量分数，%；

d_1、d_2、…、d_i——原料油中各组分的密度，g/cm³。

（6）密度与油品化学组成的关系

烃类分子中所含碳原子数相同时，芳烃的密度最大，烷烃的密度最小，环烷烃介于二者之间。同族烃类中，所含碳原子数越多，则密度越大。

2. *API* 计算

$$API = \frac{141.5}{d_{15.6}^{15.6}} - 131.5$$

表 8-1-3　相对密度与 *API* 换算表

API	$d_{15.6}^{15.6}$	d_4^{20}	*API*	$d_{15.6}^{15.6}$	d_4^{20}
10	1.0000	0.9968	22.5	0.9188	0.9149
10.5	0.9965	0.9933	23.0	0.9159	0.9120
11.0	0.9930	0.9897	23.5	0.9129	0.9090
11.5	0.9895	0.9852	24.0	0.9100	0.9060
12.0	0.9861	0.9828	24.5	0.9071	0.9031
12.5	0.9826	0.9794	25.0	0.9042	0.9002
13.0	0.9792	0.9760	25.5	0.9013	0.8973
13.5	0.9759	0.9726	26.0	0.8984	0.8944
14.0	0.9725	0.9629	26.5	0.8956	0.8916
14.5	0.9692	0.9658	27.0	0.8927	0.8887
15.0	0.9659	0.9625	27.5	0.8899	0.8858
15.5	0.9626	0.9592	28.0	0.8871	0.8830
16.0	0.9593	0.9560	28.5	0.8844	0.8803
16.5	0.9561	0.9527	29.0	0.8816	0.8775
17.0	0.9529	0.9495	29.5	0.8789	0.8748
17.5	0.9497	0.9463	30.0	0.8762	0.8721
18.0	0.9465	0.9430	30.5	0.8735	0.8694
18.5	0.9433	0.9399	31.0	0.8708	0.8667
19.0	0.9402	0.9368	31.5	0.8681	0.8639
19.5	0.9371	0.9337	32.0	0.8654	0.8612
20.0	0.9340	0.9306	32.5	0.8628	0.8586
20.5	0.9309	0.9271	33.0	0.8602	0.8560
21.0	0.9279	0.9241	33.5	0.8576	0.8534
21.5	0.9248	0.9210	34.0	0.8550	0.8508
22.0	0.9218	0.9180	34.5	0.8524	0.8482

(三) 相对分子量计算[2,12~20]

1. *API*-1987 法

$$M=42.965[\exp(2.097\times10^{-4}T_b-7.78712d_{15.6}^{15.6}+2.0848\times10^{-3}T_bd_{15.6}^{15.6})]T_b^{1.26007}(d_{15.6}^{15.6})^{4.98308}$$

2. Sim-Daubert 方法

$$M=5.805\times10^{-5}T_b^{2.3770}(d_{15.6}^{15.6})^{-0.9371}$$

3. 改进的 Riazi-Daubert 方法

$$M=0.654494\times10^{-4}T_b^{2.3489}d_{20}^{-1.07276}$$

4. Lee-Kesler 方法

$$M=-12272.6+9486.4d_{15.6}^{15.6}+(8.37414-5.99166d_{15.6}^{15.6})T_b+[1-0.77084d_{15.6}^{15.6}-0.02058(d_{15.6}^{15.6})^2]\left(0.7465-\frac{222.466}{T_b}\right)\times\frac{10^7}{T_b}+[1-0.80882d_{15.6}^{15.6}-0.02226(d_{15.6}^{15.6})^2]\left(0.32284-\frac{17.3354}{T_b}\right)\times\frac{10^{12}}{T_b^3}$$

Lee-Kesler 计算相对分子质量的方法与 Lee-Kesler 计算焓等热力学性质的方法相对应。

5. 改进的 Cavett 方法

$$M=(1.712001734-0.01029424API)API+(0.323547365+0.01067433API+0.3333483058API^2)\times T_b+(8.188248556\times10^{-4}+2.654179942\times10^{-5}API+1.650658662\times10^{-7}API^2)T_b^2+26.868$$

此式应用于加工平均沸点大于 149℃ 的加氢裂化装置原料油，与计算气液相平衡的 CS、GS 方法相对应。

6. 寿德清等建立的方法

$$M=184.534+2.29451T_b-0.23324T_b\times K+0.132853\times10^{-4}(T_b\times K)^2-0.62217\rho\times T_b$$

此式适用于我国原油的二次加工馏分油，误差为 6%～7%。

7. 经验方法

$$M=a+bT_m+cT_m^2$$

式中　a、b、c——随馏分特性因数不同而变化的常数，见表 8-1-4。

表 8-1-4　计算相对分子质量经验公式中的常数与特性因数的关系

K	10.0	10.5	11.0	11.5	12.0
a	56	57	59	63	69
b	0.23	0.24	0.24	0.225	0.18
c	0.0008	0.0009	0.0010	0.00115	0.0014

8. 石油大学的计算方法

$$M=184.534+2.29451T_b-0.2332K\cdot T_b+1.32853\times10^{-5}(K\cdot T_b)^2-0.6222d_{20}\cdot T_b$$

9. Total 方法

$$M=17.8312\times10^{-3}\times(d_{15.6}^{15.6})^{-0.0976}AP^{0.1238}T_v^{1.6971}$$

式中　AP——苯胺点，℃。

10. 翁汉波等建立的方法

$$M=139.4-0.381T_b+0.00152T_b^2+0.306T_bd_{20}-0.457.8d_{20}+560.8(d_{20})^2$$

该计算式试验原料温度范围 54～500℃。

11. 孙昱东等建立的方法

$$M=0.010726T_b^{\left(1.52849+0.06435ln\frac{T_b}{1078-\frac{T_b}{d_4^{20}}}\right)}$$

该计算式适用范围：$M=76\sim1685$；$d_4^{20}=0.63\sim1.09$；$T_b=150\sim545$℃。

12. 陈雄华建立的方法

陈雄华给出的基于50℃运动黏度和100℃运动黏度的方法为：

$$M=250.1948\nu_{50}^{0.11318}\nu_{100}^{0.05068}$$

式中　ν_{50}——50℃时的运动黏度，mm^2/s；

ν_{100}——100℃时的运动黏度，mm^2/s。

13. 程从礼建立的方法

程从礼给出的基于相对密度、残炭值和50%馏出温度的催化裂化原料平均相对分子质量方法为：

$$M=\frac{-28.11920+112.75048(1+CCR)^{0.18797}+0.01175T_{50}^{1.63663}}{d_4^{20}}$$

式中　d_4^{20}——20℃相对密度；

CCR——残炭值,%；

T_{50}——50%馏出温度,℃。

14. 混合物的相对分子质量

加氢裂化混合原料的平均相对分子质量在工艺计算中是必不可少的。当已知混合原料在气相时的质量流率，要求得体积流率时，根据理想气体方程，必须先求定平均相对分子质量才能算出体积流率；在加氢裂化分馏部分的汽提塔计算中，一般都用水蒸气汽提，为求定油气分压，也必须先求得相对分子质量；在热平衡计算中为求得汽化潜热，也需要相对分子质量数值等。

当两种以上原料油混合时，混合原料油的平均相对分子质量可以用加和法计算。

$$M_{混}=\frac{W_1+W_2+\cdots+W_i}{\dfrac{W_1}{M_1}+\dfrac{W_2}{M_2}+\cdots+\dfrac{W_i}{M_i}}$$

式中　$M_{混}$——混合原料油的平均相对分子质量；

M_1、M_2、……、M_i——各原料油的平均相对分子质量。

(四) 黏度计算[17~24]

1. 运动黏度

运动黏度等于动力黏度与同温度下液体密度之比，即：

$$v=\frac{\eta_t}{\rho_t}$$

式中　v——运动黏度，mm^2/s；

η_t——t温度下内摩擦系数，Pa·s；

ρ_t——t温度下液体密度，kg/m^3。

2. 相对黏度

(1) 恩氏黏度(Engler Viscosity)

是一定量试样在规定温度(50℃、80℃、100℃)下从恩氏黏度计流出200mL所需的秒数$\tau_{t,油}$与一定量20℃的蒸馏水从恩氏黏度计流出200mL所需的秒数$\tau_{t,水}$的比值，用^0E表示，即：

$$^{0}E=\frac{\tau_{t,油}}{\tau_{t,水}}$$

在同一温度下，^{0}E 越大，油品的黏度越大。

(2) 赛氏黏度(Saybolt Viscosity)

是一定量试样在规定温度(100℉、200℉)下，从赛氏黏度计流出 60mL 所需的秒数，单位：赛氏秒(s)。同一温度下，该时间越长，黏度越大。

(3) 雷氏黏度(Redwood Viscosity)

是一定量试样在规定温度下，从雷氏黏度计流出 50mL 所需的秒数，单位：雷氏秒(s)。

3. 黏度换算

(1) 运动黏度换算成赛氏通用黏度

$$v_{t'}=[1+0.0001098(t-37.778)]v_{eq'}$$

$$v'_{eq}=4.6324+\frac{(1.0+0.3264v_t)\times10^5}{3930.2+262.7v_t+2397v_t^2+1.646v_t^3}$$

式中　t——温度,℃；

v_t——温度 t 下运动黏度，mm^2/s；

$v_{t'}$——温度 t 下赛氏通用黏度，s(或 SUS)；

$v_{eq'}$——温度 t 下等价赛氏通用黏度，s，当 $t=37.778$℃时，$v_{eq'}$ 为实际的通用赛氏黏度。换算关系见表 8-1-5。

表 8-1-5　运动黏度与赛氏通用黏度的换算表

运动黏度/(mm^2/s)	对应的赛氏通用黏度/s	
	100℉	200℉
1.81	32.0	32.2
2.71	35.0	35.2
4.26	40.0	40.3
7.37	50.0	50.3
10.33	60.0	60.4
13.08	70.0	70.5
15.66	80.0	80.5
18.12	90.0	90.6
20.54	100.0	100.7
43.0	200.0	202.0
64.6	300.0	302.0
86.2	400.0	402.0
108.0	500.0	504.0
129.5	600.0	604.0
139.8	648.0	652.0

续表

运动黏度/(mm²/s)	对应的赛氏通用黏度/s	
	100℉	200℉
151.0	700.0	—
172.6	800.0	—
194.2	900.0	—
215.8	1000.0	—

(2) 运动黏度换算成赛氏重油黏度

$$v_{50'}=0.4717v_{50}+\frac{13924}{(v_{50})^2-72.59v_{50}+6816}$$

$$v_{98.9'}=0.4792v_{98.9}+\frac{5610}{(v_{98.9})^2+2130}$$

式中　$v_{50'}$、$v_{98.9'}$——温度50℃和98.9℃下赛氏通用黏度，s；

v_{50}、$v_{98.9}$——温度50℃和98.9℃下运动黏度，mm²/s。

(3) 雷氏黏度、恩氏黏度与运动黏度的换算

从运动黏度换算雷氏黏度、恩氏黏度：

$$\chi=a_0v+\frac{1}{a_1+a_2v+a_3v^2+a_4v^3}$$

从雷氏黏度、恩氏黏度换算运动黏度：

$$v=b_0\chi-\frac{b_1\chi}{\chi^3+b_2}$$

式中　χ——运动时间(s)或恩氏度；

$a_0\sim a_4$，$b_0\sim b_2$——参数，按表8-1-6取值。

表8-1-6　雷氏黏度、恩氏黏度与运动黏度的换算

参数	60℃雷氏1号黏度	雷氏2号黏度	恩氏黏度
	$v>4.0$	$v>73$	$v>1.0$
a_0	4.0984	0.40984	0.13158
a_1	0.038014	0.38014	1.1326
a_2	1.919×10^{-3}	0.01919	0.01040
a_3	2.78×10^{-5}	2.78×10^{-4}	0.000656
a_4	5.21×10^{-6}	5.21×10^{-5}	0.0
	$\chi>35$	$\chi>31$	$\chi>1.0$
b_0	0.244	2.44	7.60
b_1	8000	3410	18.0
b_2	12500	9550	1.7273

（4）常压下加氢裂化原料油的黏度计算

加氢裂化原料油在 0.1MPa、37.78℃和 98.89℃的黏度计算式为：

$$\lg v_{37.78}=4.39371-1.94733K+0.12769K^2+3.2629\times10^{-4}API-0.0118246K\cdot API+\frac{0.171617K^2+10.9943API+0.0950663API^2-0.860218K\cdot API}{API+50.3642-4.78231K}$$

$$\lg v_{98.89}=-0.463634-0.166532API+5.13447\times10^{-4}API^2-8.48995\times10^{-3}K\cdot API+\frac{0.080325K+1.24899API+0.197687API^2}{API+26.786-2.6296K}$$

式中　$v_{37.78}$、$v_{98.89}$——温度 37.78℃和 98.89℃下运动黏度，mm^2/s。

当已知两点温度（一般专利商会给出 50℃和 100℃）下的黏度时，4.0MPa 以下加氢裂化原料油（未经高压原料油泵升压前）任意换热温度后的黏度可用下式计算：

$$v=\exp[\exp(a+b\ln T)]-0.6$$

式中的系数 a、b 可用下式计算：

$$a=\ln[\ln(v_1+0.6)]-b\ln T_1$$

$$b=\frac{\ln[\ln(v_1+0.6)]-\ln[\ln(v_2+0.6)]}{\ln T_1-\ln T_2}$$

式中　v、v_1、v_2——加氢裂化原料油在温度 T、T_1、T_2 下的运动黏度，mm^2/s。

（5）高压下加氢裂化原料油的黏度计算

经高压原料油泵升压后，加氢裂化原料油的黏度计算式：

$$\lg\left(\frac{\mu_p}{\mu_a}\right)=P\frac{-0.0102+0.04042\mu_a^{0.181}}{6.89476}$$

加氢裂化原料油的黏度计算式：

$$\lg\left(\frac{\mu_p}{\mu_a}\right)=P\frac{0.0239+0.01638\mu_a^{0.278}}{6.89476}$$

式中　μ_p——给定温度和压力下的黏度，mm^2/s；

μ_a——给定温度和 0.1MPa 压力下的黏度，mm^2/s；

P——给定压力，MPa。

（五）闪点、倾点计算[17,22,23]

1. 闪点

（1）加氢裂化单一原料油闪点的计算式

1）恩式蒸馏温度关联式

由恩式蒸馏 10%（体）点温度，可计算原料油的闭口闪点。

$$T_{FF}=\frac{1}{-0.024209+\frac{2.84947}{T_{10}}+3.4254\times10^{-3}\ln T_{10}}$$

式中　T_{FF}——闭口闪点，K。

适用范围：闪点：−26.1～162.8℃；恩式蒸馏 10%（体）点温度：65.5～621.1℃。

2）平均沸点关联式

$$T_F = 0.683T_b + 71.7$$

式中　T_F——原料油的闪点，℃。

适用范围：原料油的馏程>350℃的馏分。

（2）加氢裂化混合原料油闪点的计算式

由于闪点不具备加和性，在重质加氢裂化原料中加入较轻的馏分油，闪点会降低很多，但并非按比例降低。

1）质量分数关联式

$$T_{混} = \frac{AT_A + BT_B - f(T_A - T_B)}{100}$$

式中　$T_{混}$——混合原料油的闪点，℃；

T_A——混合原料油中高闪点油品的闪点，℃；

T_B——混合原料油中低闪点油品的闪点，℃；

A——混合原料油中高闪点油品的质量分数，%；

B——混合原料油中低闪点油品的质量分数，%；

f——常数，换算系数见表 8-1-7。

表 8-1-7　混合原料油闪点计算式中的常数值

A/%	B/%	f	A/%	B/%	f
5	95	3.3	55	45	27.6
10	90	6.5	60	40	29.0
15	85	9.2	65	35	30.0
20	80	11.9	70	30	30.3
25	75	14.5	75	25	30.4
30	70	17.0	80	20	29.2
35	65	19.4	85	15	26.0
40	60	21.1	90	10	20.0
45	55	23.9	95	5	12.0
50	50	25.9	100	0	

2）闪点差值关联式

$$T_{混} = -\Delta T \lg\left(\frac{A}{10^{\frac{T_A}{\Delta T}}} + \frac{B}{10^{\frac{T_B}{\Delta T}}}\right) - B\Delta T^A$$

式中　ΔT、$T_{混}$、T_A、T_B，A，B 同前；ΔT<115℃时，计算得到的混合原料油的闪点误差值±1℃；ΔT≥115℃时，计算得到的混合原料油的闪点误差值±2℃。

（3）倾点

$$T_{pp} = 130.472\,(d_{15.6}^{15.6})^{2.970566} M^{(0.61235-0.473575S)} (v_{100})^{(0.310311-0.32834S)}$$

式中　T_{PP}——原料油的倾点，K。

适用范围：$T_{PP}=-78.9\sim60℃$；$M=140\sim800kg/kmol$；$v_{100}=1\sim3500mm^2/s$；$API=1\sim50$；$d_{15.6}^{15.6}=0.78\sim1.07$。

二、产品性质计算

（一）通用性质计算[17~17,24~26]

1. 比热容

（1）平均比热容

$$C_{平}=\frac{1}{t_2-t_1}\cdot\sum_{i}^{n}C_i\Delta t_i$$

式中 $C_{平}$——平均比热容，kJ/(kg·℃)；

n——从 t_1 到 t_2 间分成的段数；

C_i——i 段的算术平均比热容，kJ/(kg·℃)；

Δt_i——i 段的温差，℃；

t_1、t_2——温度，℃。

（2）加氢裂化产品液相比热容

加氢裂化液相产品：重石脑油、喷气燃料、柴油、尾油的对比压力均≤0.85，其某温度下的质量定压比热容(C_p)计算方式如下：

$$C_p=A_1+A_2+A_3T^2$$

$$A_1=-4.90383+(0.099319+0.104281\times d_{15.6}^{15.6})K+\frac{4.81407-0.194833K}{d_{15.6}^{15.6}}$$

$$A_2=(7.53624+6.21461K)\times\left(1.12172-\frac{0.27634}{d_{15.6}^{15.6}}\right)\times10^{-4}$$

$$A_3=-(1.35652+1.11863K)\times\left(2.9027-\frac{0.70958}{d_{15.6}^{15.6}}\right)\times10^{-7}$$

$$C_p=A_1+A_2+A_3T^2$$

从一已知温度和压力下的液体比热容换算为另一温度和压力下的比热容，可按下式计算：

$$C_{p1}=C_{p2}\left(\frac{\omega_1}{\omega_2}\right)^{2.8}$$

式中 C_{p1}、C_{p2}——在 t_1、p_1 和在 t_2、p_2 时的比热容，kcal/(kg·℃)，可按图 8-1-2 查取；

ω_1、ω_2——在 t_1、p_1 和在 t_2、p_2 时的液体膨胀系数，可从图 8-1-3 查取。

（3）混合液体比热容

混合物的比热容可按下式计算：

$$C_m=\sum W_iC_i$$

式中 C_m——加氢裂化产品的混合物的比热容，kcal/(kg·℃)；

W_i——i 组分的质量分数，%；

C_i——i 组分的比热容，kcal/(kg·℃)。

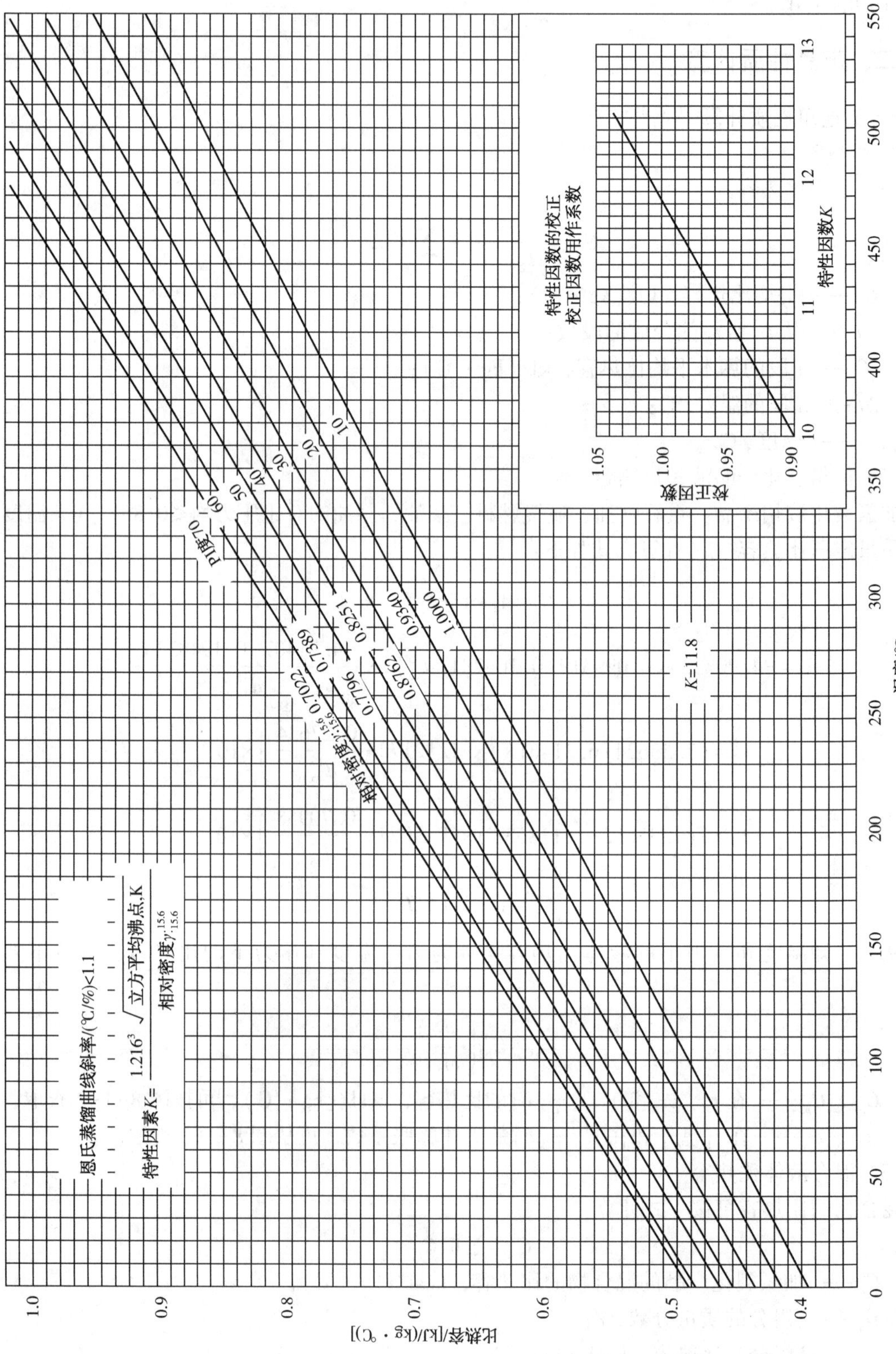

图8-1-2　加氢裂化产品的液体比热容

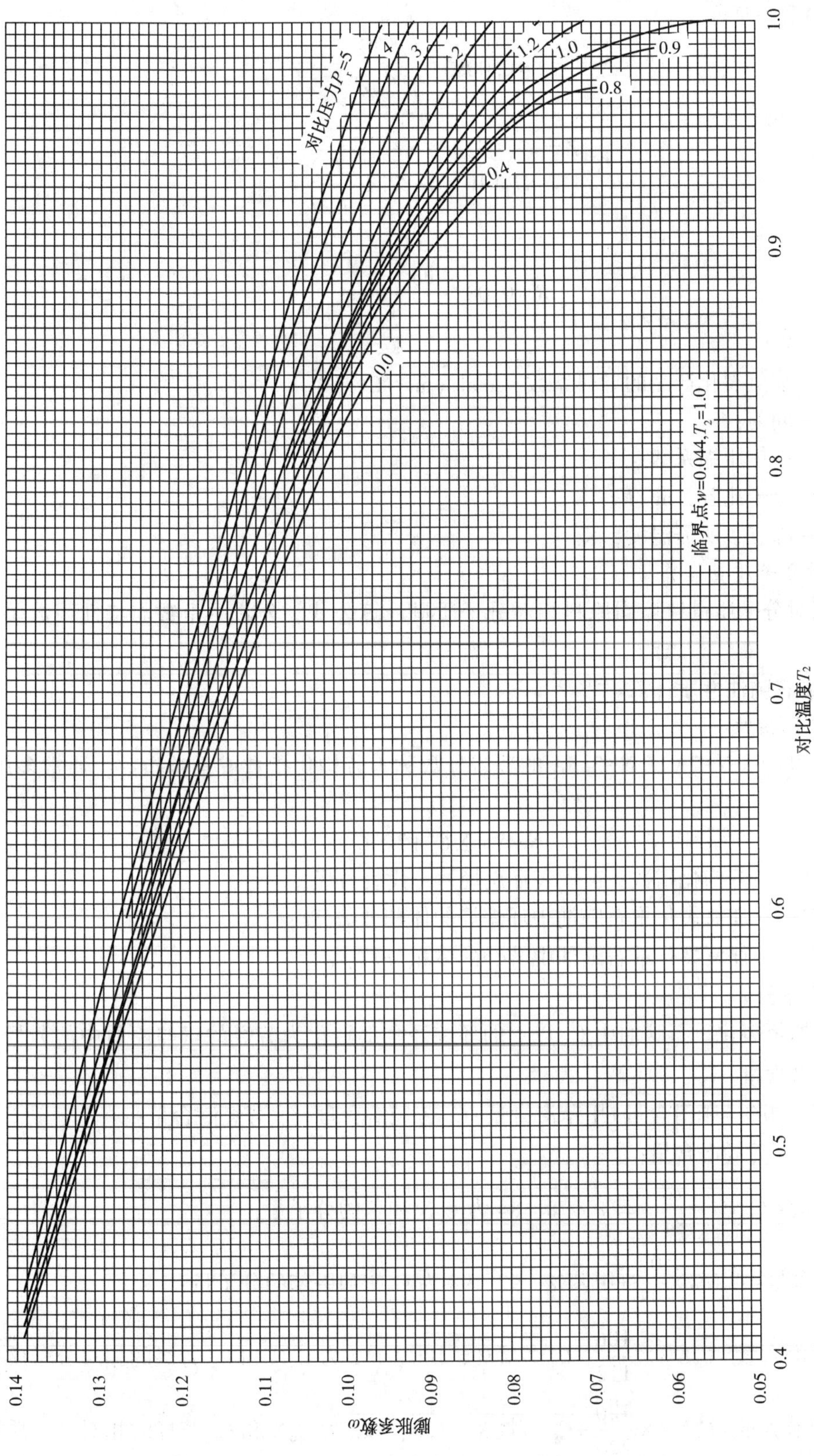

图8-1-3　加氢裂化产品的液体膨胀系数

2. 导热系数计算

$$\lambda = 0.0083\frac{d^{0.167}}{M^{0.661}Z^{0.5}}$$

$$Z = \frac{V_{L}}{RT_{b}\left(101.6 - 82.4\frac{T}{T_{b}}\right)}$$

$$R = 0.082\frac{\frac{kg}{cm^{2}}\cdot m^{3}}{\frac{K}{kg}}$$

式中　λ——加氢裂化产品的导热系数，kcal/(m·℃·h)；

d、M——同前；

Z——液体压缩系数；

V_L——分子比容，m^3/kg；

T_b、T——沸点、所需温度，K。

3. 相对分子质量计算

产品相对分子质量计算同原料相对分子质量计算公式，公式中常数与特性因数关系同表 8-1-4。

（二）重石脑油性质计算[17~19,24]

1. 芳构化指数

一般将 N+A、N+2A 或 N+3.5A 的液体分数称为芳构化指数或重整指数，通常多用 N+2A 表示。

$$N+A = \sum C_{i}^{N} + 2\sum C_{i}^{A}$$

式中　N+2A——芳构化指数，N 代表环烷烃，A 代表芳烃；

C_i^N——加氢裂化重石脑油中环烷烃的体积分数，%；

C_i^A——加氢裂化重石脑油中芳烃的体积分数，%。

2. 芳烃潜含量

一般将加氢裂化重石脑油中 C_6 以上的环烷烃全部转化为芳烃的量与原料中的芳烃量之和称为芳烃潜含量。

$$Ar\% = 苯潜含量 + 甲苯潜含量 + C_8\ 芳烃潜含量 + C_9\ 芳烃潜含量 + \cdots$$

式中　$Ar\%$——芳烃潜含量；

苯潜含量 $= C_6N\% \times \frac{78}{84} +$ 苯%，78、84 为 C_6N 和苯的分子量；

甲苯潜含量 $= C_7N\% \times \frac{92}{98} +$ 甲苯%，92、98 为 C_7N 和甲苯的分子量；

C_8 芳烃潜含量 $= C_8N\% \times \frac{106}{112} + C_8$ 芳烃%，106、112 为 C_8N 和 C_8 芳烃的相对分子质量；

C_9 芳烃潜含量 $= C_9N\% \times \frac{120}{126} + C_9$ 芳烃%，120、126 为 C_9N 和 C_9 芳烃的相对分子质量；

C_{10}等芳烃潜含量依此类推。

（三）喷气燃料性质计算[17~19,24,27]

1. 声学性质

喷气燃料在冰点至沸点温度范围内，燃料中的音速可用下式计算：

$$\alpha = A\left(\frac{\sigma_t}{d_t}\right)^{\frac{2}{3}}$$

式中　α——温度 t℃时喷气燃料中的音速，m/s；

σ_t——温度 t℃时喷气燃料中的表面张力，N/m；

d_t——喷气燃料在 t℃时的密度，g/cm^3；

A——与温度有关的比例系数，可从表 8-1-8 中查出。

表 8-1-8　喷气燃料声学性质计算中的比例系数

温度/℃	-50	-40	-20	0	20	40	60	80	100	120	140
$A\times10^{-4}$	135	132	128	123	120	117	114	112	111	110	100

2. 电性质计算

喷气燃料基本上是由非极性或极性很弱的烃类分子组成，当喷气燃料中的芳烃和高沸点馏分含量增多时，介电常数增大。

$$\varepsilon = 1.667d_4^t + 0.785$$

式中　ε——喷气燃料的介电常数；

d_4^t——喷气燃料在 t℃时的相对密度，g/cm^3。

喷气燃料的介电常数随温度的变化并不是线形关系。

$$(TK_\varepsilon) = \frac{1}{\varepsilon}\cdot\frac{d_\varepsilon}{d_t}$$

式中　(TK_ε)——温度系数，可从表 8-1-9 中查出；

t——喷气燃料的温度，℃。

表 8-1-9　喷气燃料电性质计算中的温度系数

温度/℃	-60	-20	20	60	100	140
$(TK_\varepsilon)\times10^{-4}$	-6.57	-6.77	-6.96	-7.16	-7.36	-7.58

3. 氢含量计算

$$H = \frac{9.1959 + 0.01448T_v - 0.07018A}{d_{15.6}^{15.6}} + 0.02644A + 0.0001298A\cdot T_v - 0.01345T_v + 2.014$$

式中　H、T_v、$d_{15.6}^{15.6}$——同前；

A——喷气燃料的芳烃含量，%。

4. 相对分子质量计算

$$M = (n_{20} - d_{20})\exp(4.5489 + 0.00442T_v)$$

$$\text{或}\quad \lg M = 1.9778 + 0.00192T_v + \lg(n_{20} - d_{20})$$

5. 黏度计算

（1）常压下喷气燃料的黏度计算

$$\lg\lg(\nu+0.73)=\alpha-3.8265T$$

式中　ν、T——同前；

α——系数，同一个油品此值相同。

计算时，将已知温度及该温度下的黏度输入，即可计算出该油品的 α 值，然后将需要求取的温度和求得的 α 值代入，即可得该温度下的黏度。

常压下喷气燃料黏度的典型值见表 8-1-10。

表 8-1-10　典型喷气燃料的黏度值　　mm^2/s

温度	新疆	胜利	大庆	管输	孤岛
20℃	1.42	1.32	1.45	2.19	2.98
30℃	1.23	1.15	1.27	1.84	2.53
40℃	1.08	1.01	1.11	1.57	2.11
50℃	0.96	0.91	1.00	1.36	1.79
60℃	0.86	0.81	0.88	1.20	1.55

（2）加压下喷气燃料的黏度计算

$$\lg\frac{\nu_1}{\nu_0}=\frac{10^{-5}P-10}{70.31}\times[0.0239+0.01638(10^3\nu_0)^{0.278}]$$

式中　P——绝对压力，Pa；

ν_0——喷气燃料在温度 T 和常压(0.1MPa)下的运动黏度，$10^{-3}\ mm^2/s$；

ν_1——喷气燃料在温度 T 和压力 P 下的运动黏度，$10^{-3}\ mm^2/s$。

（3）两种喷气燃料的混合黏度计算

$$\lg\nu_{mix}=m_1\lg\nu_1+m_2\lg\nu_2$$

式中　ν_{mix}——两种喷气燃料的混合运动黏度，mm^2/s；

ν_1、ν_2——喷气燃料组分 1 和喷气燃料组分 2 的运动黏度，mm^2/s；

m_1、m_2——喷气燃料组分 1 和喷气燃料组分 2 的摩尔分数，%。

（四）柴油性质计算[17~19,24,28]

1. 十六烷指数

（1）关联式 1

$$CI=162.41\lg\frac{T_{50}}{d_{20}}-418.51$$

式中　CI——十六烷指数；

T_{50}——柴油 50%馏出温度，℃。

（2）关联式 2

GB/T 11139 规定的柴油十六烷指数计算关联式为：

$$CI=431.29-1586.88d_{20}+730.97(d_{20})^2+12.392(d_{20})^3+0.0515(d_{20})^4-0.554T_b+97.803(\lg T_b)^2$$

（3）关联式 3

ASTM D976 规定的计算方法：

$$CI=454.74-1641.416d_{15.6}^{15.6}+774.74(d_{15.6}^{15.6})^2-0.554T_b+97.803(\lg T_b)^2$$

（4）关联式 4

ASTM D4737—96a 规定的计算方法：

$$CI=45.2+0.0892T_{10N}+(0.131+0.901B)T_{50N}+(0.0523-0.420B)T_{90N}+0.00049(T_{10N}^2-T_{90N}^2)+107B+60B^2$$

式中 $T_{10N}=T_{10}-215$；

$T_{50N}=T_{50}-260$；

$T_{90N}=T_{90}-310$；

$B=e^{-3.5D}-1$；

T_{10}、T_{50}、T_{90}——ASTM D86 规定的 10%、50%、90%馏出温度，℃。

（5）关联式 5

在日本的柴油标准（JISK 2204）中，列有求十六烷指数的公式。

$CI=0.49-83+1.06577X-0.0010552X^2$

$X=97.833(\lg A)^2+2.2088\mathrm{API}\lg A+0.01247\mathrm{API}^2-42351\lg A-4.7808\mathrm{API}+419.59$

$A=\frac{9}{5}$（760mmHg 的 50%馏出温度）+32，℃。

2. 十六烷值

（1）关联式 1

我国柴油十六烷值与密度的关联式如下：

$$CN=442.8-462.9d_{20}$$

（2）关联式 2

Ethyl 开发的关联式被 ASTM 十六烷值预测工作组审查认为是最好的方法。

$$CN=5.28+0.371CI+0.112(CI)^2$$

（3）关联式 3

混合柴油的十六烷值可用下式计算：

$$CN=16.419-1.1332\frac{AP}{100}+12.9676\left(\frac{AP}{100}\right)^2-0.205\left(\frac{AP}{100}\right)^3+1.1723\left(\frac{AP}{100}\right)^4$$

（4）关联式 4

$$CN=\frac{2}{3}\times\text{柴油指数}+14$$

或 $CN=0.744AP+11.6$

3. 苯胺点

（1）*HPI* 关联式

$$AP=-336.82-2.6964CN+\frac{180.9}{3d_{15.6}^{15.6}}$$

$$CN=3.48453+\frac{1.35067T_b}{100}+0.179368\left(\frac{T_b}{100}\right)^2-0.01246\left(\frac{T_b}{100}\right)^3+0.001963\left(\frac{T_b}{100}\right)^4$$

式中　AP——苯胺点,℉;

CN——碳数。

(2) 混合柴油苯胺点计算

首先计算混合柴油的混合指数

$$I_m = V_1 \cdot I_1 + V_2 \cdot I_2 + \cdots + V_n \cdot I_n$$

式中　I_m——混合柴油的混合指数;

I_1、I_2、$\cdots I_n$——混合柴油1、2、$\cdots n$的混合指数;

V_1、V_2、$\cdots V_n$——混合柴油1、2、$\cdots n$的体积分数,%。

然后由表8-1-11查出混合柴油苯胺点。

表8-1-11　混合柴油的苯胺点

$AP_{混}$/℉	0	1	2	3	4	5	6	7	8	9
-20		1.00	2.46	4.17	6.06	8.10	10.3	12.6	14.9	17.4
-10	20.0	22.6	25.3	28.1	30.9	33.8	36.8	39.8	42.8	46.0
0	49.1	52.4	55.6	58.9	62.3	65.7	69.1	72.6	76.1	79.6
10	83.2	86.8	90.5	94.2	97.9	102	105	109	113	117
20	121	125	129	133	137	141	145	149	153	157
30	162	166	170	174	179	183	187	192	196	200
40	205	209	214	218	223	227	232	237	241	246
50	250	255	260	264	269	274	279	283	288	293
60	298	303	308	312	317	322	327	332	337	342
70	347	352	357	362	367	372	377	382	388	393
80	398	403	408	414	419	424	429	435	440	445
90	451	456	461	467	472	477	483	488	494	499
100	505	510	516	521	527	532	538	543	549	554
110	560	566	571	577	582	588	594	599	605	611
120	617	622	628	634	640	645	651	657	663	669
130	674	680	686	692	698	704	710	716	722	727
140	733	739	745	751	757	763	769	775	781	788
150	794	800	806	812	818	824	830	836	842	849
160	855	861	867	873	880	886	892	898	904	911
170	917	923	930	936	942	948	955	961	967	974
180	980	986	993	999	1006	1012	1019	1025	1031	1038
190	1044	1050	1057	1064	1070	1077	1083	1090	1096	1103
200	1110	1116	1122	1129	1136	1142	1149	1156	1162	1169
210	1176	1182	1189	1196	1202	1209	1216	1222	1229	1236
220	1242	1249	1256	1262	1269	1276	1283	1290	1330	1337
230	1310	1317	1324	1331	1337	1344	1351	1358	1365	1372
240	1379	1386	1392	1400	1406	1413	1420	1427	1434	1441

续表

$AP_{混}$/°F	0	1	2	3	4	5	6	7	8	9
0	-736	-730	-723	-716	-709	-703	-696	-689	-682	-675
10	-668	-660	-653	-646	-639	-631	-623	-616	-608	-600
20	-593	-584	-577	-569	-561	-552	-544	-536	-528	-519
30	-511	-503	-494	-488	-477	-468	-460	-451	-442	-433
40	-425	-416	-407	-398	-389	-380	-371	-361	-352	-343
50	-334	-324	-315	-306	-296	-287	-277	-267	-258	-248
60	-239	-229	-219	-210	-200	-190	-180	-170	-160	-150
70	-140	-130	-120	-110	-100	-89.6	-79.4	-69.2	-58.9	-48.6
80	-38.3	-27.9	-17.5	-7.06	3.39	13.9	24.4	35.0	45.5	56.1
90	66.8	77.4	88.1	98.8	110	120	131	142	153	164
100	175	186	197	208	219	230	241	252	263	274
110	285	297	308	319	330	342	353	364	376	387
120	399	410	422	433	445	456	468	479	491	503
130	514	526	538	550	561	573	585	597	609	620
140	632	644	656	668	680	692	704	716	728	741

4. 凝点

当加氢裂化产品柴油的凝点≤11℃时，混合柴油的凝点可由下式计算：

$$SP=9.4656\delta^3-57.0821\delta^2+129.075\delta-99.2741$$

当加氢裂化产品柴油的凝点>11℃时，混合柴油的凝点可由下式计算：

$$SP=-0.0105\delta^3-0.864\delta^2+13.811\delta-16.2033$$

式中　SP——混合柴油的凝点,℃；

δ——凝点换算因子，$\sum\delta_i\cdot W_i=A\cdot\delta_A$

其中：δ_i——i 组分的凝点换算因子；

W_i——i 组分的质量，kg/h；

A——混合后的产品质量，kg/h；

δ_A——产品的凝点换算因子。

混合柴油的凝点换算因子也可从表 8-1-12 中查得。

表 8-1-12　柴油凝点与换算因子对应关系表

凝点/℃	0	0.5	1.0	1.5	2.0	2.5	3.0	3.5	4.0	4.5
-50	0.4891	0.4927	0.4959	0.4989	0.5017	0.5046	0.5077	0.5112	0.5152	0.5200
-45	0.5272	0.5350	0.5432	0.5516	0.5600	0.5668	0.534	0.5800	0.5865	0.5932
-40	0.6000	0.6077	0.6156	0.6239	0.6323	0.6411	0.6500	0.6597	0.6695	0.6793
-35	0.6889	0.6982	0.7062	0.7137	0.7208	0.7277	0.7340	0.7414	0.7486	0.7559
-30	0.7632	0.7707	0.7784	0.7868	0.7954	0.8041	0.8128	0.8215	0.8300	0.8369
-25	0.8437	0.8508	0.8584	0.8665	0.8768	0.8886	0.9011	0.9140	0.9270	0.9400

续表

凝点/℃	0	0.5	1.0	1.5	2.0	2.5	3.0	3.5	4.0	4.5
-20	0.9512	0.9623	0.9733	0.9848	0.9955	1.0074	1.0200	1.0326	1.0452	1.0577
-15	1.0700	1.0803	1.0905	1.1008	1.1115	1.1228	1.1358	1.1507	1.1665	1.1828
-10	1.1995	1.2166	1.2324	1.2481	1.2643	1.2811	1.2989	1.3185	1.3404	1.3633
-5.0	1.3868	1.4109	1.4351	1.4586	1.4818	1.5050	1.5282	1.5514	1.5744	1.5962
0.0	1.6184	1.6412	1.6649	1.6897	1.7176	1.7481	1.7795	1.8115	1.8440	1.8759
5.0	1.9051	1.9345	1.9643	1.9950	2.0269	2.0614	2.0982	2.1365	2.1763	2.2177
10.0	2.2600	2.3044	2.3499	2.3963	2.4434	2.4912	2.5381	2.5838	2.6304	2.6784
15.0	2.7281	2.7800	2.8382	2.8988	2.9612	3.0252	3.0904	3.1555	3.2198	3.2850
20.0	3.3510	3.4180	3.4862	3.5564	3.6279	3.7006	3.7745	3.8494	3.9248	3.9993
25.0	4.0753	4.1531	4.2333	4.3160	4.4014	4.4899	4.5827	4.6803	4.7833	4.8923
30.0	5.0079									

5. 闪点

可燃柴油蒸气与空气的混合气在一定浓度范围内临近火焰时，发生短暂闪火(爆炸)的最低温度，称为柴油闪点。

(1) 闭口闪点

由恩式蒸馏10%(体)点温度，可计算柴油的闭口闪点。

$$T_{FF}=\frac{1}{-0.024209+\dfrac{2.84947}{T_{N,10}}+3.4254\times10^{-3}\ln T_{N,10}}$$

式中 T_{FF}——闭口闪点，K；

$T_{N,10}$——原料油恩式蒸馏10%(体)点温度，K。

适用范围：闪点：-26.1~162.8℃；恩式蒸馏10%(体)点温度：65.5~621.1℃。

(2) 两种混合柴油闪点计算

1) 重量法

由于闪点不具备加和性，两种柴油混合时，混合柴油闪点可用如下重量法公式计算：

$$T_{混}=\frac{A\cdot t_a+B\cdot t_b-f(t_a-t_b)}{100}$$

式中 $T_{混}$——混合柴油的闪点,℃；

A、B——柴油馏分a和柴油馏分b的体积分数,%；

t_a、t_b——柴油馏分a和柴油馏分b的闪点，且$t_a>t_b$,℃；

f——系数，可从表8-1-7查取。

当闪点在35~150℃范围时，两种柴油的调和可采用闪点调和计算图，见图8-1-4。当甲、乙两种柴油的闪点为已知数，连接这两点的直线即可求出该两种柴油混合后的闪点。其计算结果与生产实测值绝对误差小于±2℃。

2）闪点差值关联式

同原料两种原料油闪点差值关联式计算方法。

（3）多种混合柴油闪点计算

$$0.929^{t}=0.929^{t_1}\cdot V_1+0.929^{t_2}\cdot V_2+\cdots+0.929^{t_n}\cdot V_n$$

式中　t——混合柴油的闪点，℃；

t_1、$t_2\cdots t_n$——混合柴油 1、2…n 的闪点，℃；

V_1、$V_2\cdots V_n$——混合柴油 1、2…n 的体积分数，%。

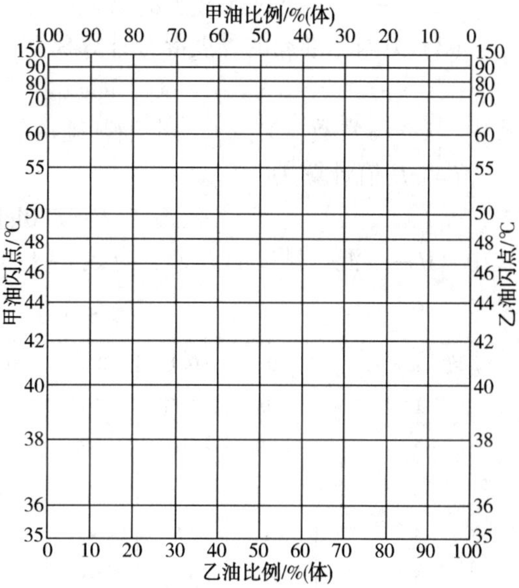

图 8-1-4　两种柴油混合后的闪点计算图

（五）尾油性质计算[17~19,24]

1. *BMCI* 值

$$BMCI=\frac{48640}{T_c}+473.7d_{15.6}^{15.6}-456.8$$

式中　*BMCI*——美国矿务局关联指数（U. S. Bureau of Mines Correlation Index），

T_c——立方平均沸点，K。

2. 黏度计算

（1）查图计算（图 8-1-5）

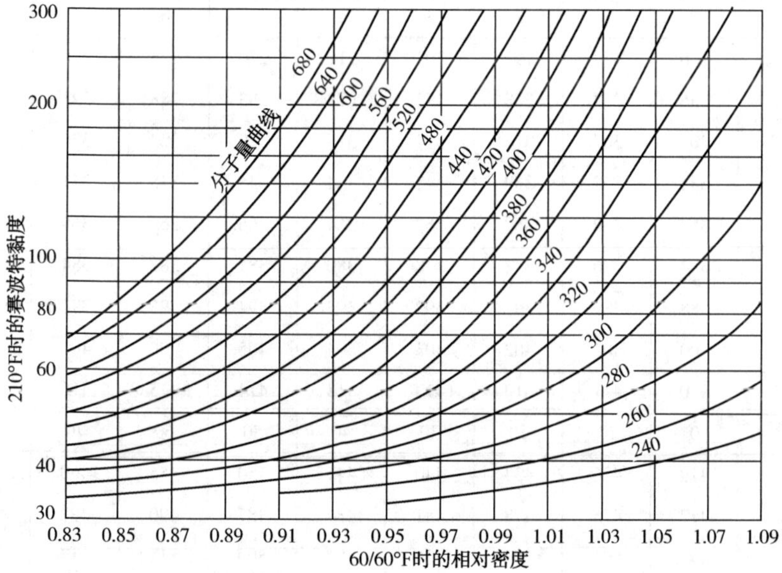

图 8-1-5　润滑油基础油在 98.9℃时赛波特通用黏度

（2）国际通用的黏度混合计算模型

$$\lg\mu_{混}=\sum V_i\cdot\lg\mu_i$$

式中　$\mu_{混}$——混合油的黏度，mm^2/s；

μ_i——i 组分的黏度，mm^2/s；

V_i——i 组分的体积分数,%。

(3) 美国标准局的黏度混合计算模型

$$\lg\lg\mu_{混} = \sum V_i \cdot \lg\lg(\mu_i + K)$$

式中　K——常数，37.8℃润滑油基础油的 K=0.6。

(4) H 值计算法

$$H \approx 870\lg\lg(\mu + 0.7) + 154$$

式中　H——混合黏度的 H 值，见表 8-1-13。

表 8-1-13　混合黏度的 H 值表

黏度/(mm^2/s)	0	0.1	0.2	0.3	0.4	0.5	0.6	0.7	0.8	0.9
1	-300	-271	-247	-222	-199	-179	-161	-145	-131	-119
2	-108	-97	-88	-79	-70	-62	-55	-48	-41	-35
3	-29	-23	-17	-12	-7	-2	3	8	12	17
4	21	25	30	34	37	41	45	49	52	56
5	59	63	66	69	72	76	79	82	85	88
6	91	93	96	99	102	106	108	110	112	114
7	116	118	120	122	124	126	128	129	131	133
8	135	137	138	140	142	143	145	147	148	150
9	151	153	154	156	157	159	160	162	163	164
黏度/(mm^2/s)	0	1	2	3	4	5	6	7	8	9
10	166	179	191	201	211	220	225	236	243	250
20	256	262	268	273	278	283	288	292	296	300
30	304	307	311	314	317	320	323	326	329	332
40	334	337	339	342	344	346	348	351	353	355
50	357	359	360	362	364	366	368	369	371	372
60	374	376	377	378	380	381	383	384	385	387
70	388	389	391	392	393	394	395	396	398	399
80	400	401	402	403	404	405	406	407	408	409
90	410	411	412	413	413	414	415	416	417	418
黏度/(mm^2/s)	0	10	20	30	40	50	60	70	80	90
100	419	426	433	440	445	450	455	460	464	468
200	472	475	478	481	484	487	490	492	495	497
300	499	501	503	505	507	509	511	513	514	516
400	518	519	521	522	523	525	526	527	529	530
500	531	532	534	535	536	537	538	539	540	541
600	542	543	544	545	546	547	547	548	549	550
700	551	552	552	553	554	555	555	556	557	558
800	558	559	560	560	561	562	562	563	564	564
900	565	565	566	567	567	568	568	569	569	570

续表

黏度/(mm^2/s)	0	100	200	300	400	500	600	700	800	900
1000	571	576	580	584	588	592	595	598	601	604
2000	606	608	611	613	615	617	619	621	622	624
3000	625	627	628	630	631	633	634	635	636	637
4000	639	640	641	642	643	644	645	646	647	648
5000	648	649	650	651	652	653	653	654	655	656
6000	656	657	658	658	659	660	660	661	662	662
7000	663	663	664	665	665	666	666	667	667	668
8000	668	669	669	670	670	671	671	672	672	673
9000	673	674	674	675	675	676	676	676	677	677

（5）黏度混合指数法

$$VF_b = \sum V_i \cdot VF_i$$

式中　VF_b——混合油的黏度混合指数(表 8-1-14)；

VF_i——i 组分的黏度混合指数；

V_i——i 组分的体积分数，%。

表 8-1-14　黏度混合指数

黏度/(mm^2/s)	0.00	0.01	0.02	0.03	0.04	0.05	0.06	0.07	0.08	0.09
0.5	0.000	0.006	0.013	0.019	0.025	0.03	0.036	0.041	0.046	0.051
0.6	0.056	0.061	0.065	0.069	0.074	0.078	0.082	0.086	0.089	0.093
0.7	0.097	0.100	0.104	0.107	0.110	0.114	0.117	0.120	0.123	0.126
0.8	0.128	0.131	0.134	0.137	0.139	0.142	0.144	0.147	0.149	0.152
0.9	0.154	0.156	0.159	0.161	0.163	0.165	0.167	0.169	0.172	0.174
黏度/(mm^2/s)	0.0	0.1	0.2	0.3	0.4	0.5	0.6	0.7	0.8	0.9
1	0.176	0.194	0.210	0.224	0.236	0.247	0.257	0.266	0.275	0.283
2	0.290	0.297	0.303	0.309	0.314	0.320	0.325	0.329	0.334	0.338
3	0.342	0.346	0.350	0.353	0.357	0.360	0.363	0.366	0.369	0.372
4	0.375	0.378	0.380	0.383	0.385	0.387	0.390	0.392	0.394	0.396
5	0.398	0.400	0.402	0.404	0.406	0.408	0.410	0.411	0.413	0.414
6	0.416	0.418	0.419	0.421	0.422	0.423	0.425	0.426	0.428	0.429
7	0.431	0.432	0.433	0.434	0.436	0.437	0.438	0.439	0.440	0.442
8	0.443	0.444	0.445	0.446	0.447	0.448	0.449	0.450	0.451	0.452
9	0.453	0.454	0.455	0.456	0.456	0.457	0.458	0.459	0.460	0.461
黏度/(mm^2/s)	0	1	2	3	4	5	6	7	8	9
10	0.462	0.470	0.477	0.483	0.489	0.494	0.499	0.503	0.508	0.511
20	0.513	0.519	0.522	0.525	0.528	0.531	0.533	0.536	0.538	0.541
30	0.543	0.545	0.547	0.549	0.551	0.553	0.555	0.557	0.558	0.559

续表

黏度/(mm^2/s)	0	1	2	3	4	5	6	7	8	9
40	0.561	0.563	0.564	0.566	0.567	0.568	0.570	0.571	0.572	0.573
50	0.575	0.576	0.577	0.578	0.579	0.580	0.581	0.582	0.583	0.584
60	0.585	0.586	0.587	0.588	0.589	0.590	0.591	0.592	0.592	0.593
70	0.594	0.595	0.596	0.596	0.597	0.598	0.599	0.599	0.600	0.601
80	0.602	0.602	0.603	0.603	0.604	0.605	0.605	0.606	0.607	0.607
90	0.608	0.608	0.609	0.610	0.610	0.611	0.611	0.612	0.612	0.613

黏度/(mm^2/s)	0	10	20	30	40	50	60	70	80	90
100	0.613	0.618	0.623	0.627	0.631	0.634	0.637	0.640	0.643	0.646
200	0.648	0.651	0.653	0.655	0.657	0.659	0.661	0.662	0.664	0.666
300	0.667	0.669	0.670	0.671	0.673	0.674	0.675	0.676	0.678	0.679
400	0.680	0.681	0.682	0.683	0.684	0.685	0.686	0.687	0.688	0.688
500	0.689	0.690	0.691	0.692	0.692	0.693	0.694	0.695	0.696	0.696
600	0.697	0.698	0.698	0.699	0.700	0.700	0.701	0.701	0.702	0.702
700	0.703	0.704	0.704	0.705	0.705	0.706	0.706	0.707	0.707	0.708
800	0.708	0.709	0.709	0.710	0.710	0.711	0.711	0.712	0.712	0.713
900	0.713	0.714	0.714	0.715	0.715	0.715	0.716	0.716	0.716	0.717

黏度/(mm^2/s)	0	100	200	300	400	500	600	700	800	900
1000	0.717	0.721	0.724	0.727	0.730	0.733	0.735	0.737	0.739	0.741
2000	0.743	0.745	0.747	0.748	0.750	0.751	0.752	0.754	0.755	0.756
3000	0.757	0.758	0.759	0.761	0.762	0.763	0.764	0.765	0.765	0.766
4000	0.767	0.768	0.769	0.770	0.770	0.771	0.772	0.772	0.773	0.774
5000	0.775	0.775	0.776	0.777	0.778	0.778	0.778	0.779	0.779	0.780
6000	0.780	0.781	0.781	0.782	0.782	0.783	0.783	0.784	0.784	0.785
7000	0.785	0.786	0.786	0.787	0.787	0.787	0.788	0.788	0.789	0.790
8000	0.790	0.790	0.790	0.791	0.791	0.791	0.792	0.792	0.792	0.793
9000	0.793	0.794	0.794	0.794	0.795	0.795	0.795	0.796	0.796	0.797

黏度/(mm^2/s)	0	1000	2000	3000	4000	5000	6000	7000	8000	9000
10000	0.796	0.799	0.802	0.804	0.806	0.808	0.810	0.812	0.814	0.815
20000	0.817	0.818	0.820	0.821	0.822	0.823	0.824	0.825	0.826	0.827
30000	0.828	0.829	0.830	0.831	0.832	0.833	0.833	0.834	0.835	0.836
40000	0.836	0.837	0.838	0.838	0.839	0.839	0.840	0.841	0.841	0.842
50000	0.842	0.843	0.843	0.844	0.844	0.845	0.845	0.846	0.846	0.847
60000	0.847	0.848	0.848	0.848	0.849	0.849	0.850	0.850	0.850	0.851
70000	0.851	—	—	—	—	—	—	—	—	—
80000	0.854	—	—	—	—	—	—	—	—	—
90000	0.858	—	—	—	—	—	—	—	—	—

(6)黏度系数法

$$C_{混} = \sum V_i \cdot C_i$$

式中　$C_{混}$——混合油的黏度系数；

V_i——i 组分的体积分数,%；

C_i——i 组分的黏度系数，$C_i = 1000\lg\lg(\mu+0.8)$。

计算方法：通过表 8-1-15 查出各加氢裂化润滑油基础油的黏度系数，按上式计算出混合后的加氢裂化润滑油基础油的黏度系数，再从表 8-1-15 查出对应的黏度。

表 8-1-15　加氢裂化润滑油基础油的黏度系数

黏度/(mm^2/s)	黏度系数	黏度/(mm^2/s)	黏度系数	黏度/(mm^2/s)	黏度系数	黏度/(mm^2/s)	黏度系数
1	-593.00	29	168.58	57	245.97	84	285.20
2	-349.54	30	172.76	58	247.82	85	286.34
3	-236.74	31	176.79	59	249.62	86	287.47
4	-166.70	32	180.66	60	251.34	87	288.58
5	-117.23	33	184.39	61	253.09	88	289.68
6	-79.61	34	187.98	62	254.78	89	290.76
7	-49.59	35	191.41	63	250.44	90	291.83
8	-24.81	36	194.74	64	258.06	91	292.89
9	-3.82	37	197.97	65	259.64	92	293.92
10	14.27	38	201.07	66	261.21	93	294.95
11	30.14	39	204.11	67	262.75	94	295.97
12	44.13	40	207.00	68	264.25	95	296.96
13	56.86	41	209.83	69	265.61	96	297.95
14	68.28	42	212.57	70	267.18	97	298.92
15	78.72	43	215.23	71	208.01	98	299.89
16	87.33	44	217.82	72	270.01	99	300.84
17	97.05	45	220.33	73	271.39	100	301.03
18	105.22	46	222.79	74	272.75	110	309.93
19	112.83	47	225.10	75	274.08	120	317.89
20	119.94	48	227.48	76	275.39	130	325.09
21	126.61	49	229.74	77	276.68	140	331.66
22	132.84	50	231.94	78	277.96	150	337.68
23	138.80	51	234.09	79	279.21	160	343.23
24	144.39	52	236.19	80	280.44	170	348.39
25	149.72	53	238.24	81	281.66	180	353.20
26	154.77	54	240.20	82	282.86	190	357.09
27	159.58	55	242.20	83	284.03	200	361.93
28	164.21	56	244.41				

3. 黏度指数

当黏度指数(VI)为0~100时，VI按下式计算：

$$VI=100\frac{L-U}{L-H}$$

当黏度指数(VI)为≥100时，VI按下式计算：

$$VI=100+\frac{10^N-1}{0.00715}$$

其中：

$$N=\frac{\lg H-\lg U}{\lg Y}$$

式中　U——加氢裂化产生的润滑油基础油40℃时的运动黏度，mm^2/s；

Y——加氢裂化产生的润滑油基础油100℃时的运动黏度，mm^2/s；

H——与加氢裂化产生的润滑油基础油100℃运动黏度相同、黏度指数为100的H标准油在40℃时的运动黏度，mm^2/s；

L——与加氢裂化产生的润滑油基础油100℃运动黏度相同、黏度指数为0的L标准油在40℃时的运动黏度，mm^2/s。

4. 闪点计算

两种加氢裂化所产润滑油基础油混合后闪点可采用下式计算：

$$F_{混}=100\lg\left[\left(\frac{V_1}{V_1+V_2}\right)10^{\frac{F_1}{10}}+\left(\frac{V_1}{V_1+V_2}\right)10^{\frac{-F_2}{10}}\right]$$

式中　$F_{混}$——混合油的闪点,℃；

F_1、F_2——组分1、组分2的闪点,℃；

V_1、V_2——组分1、组分2的体积分数,%。

第二节　加氢裂化反应过程物料、热量及压力三大平衡计算

一、物料平衡计算

(一) 概述

输入物料的总质量=输出物料的总质量+系统内积累的物料质量+系统损耗的物料质量

即：

$$\sum(m_i)_r=\sum(m_i)_c+\sum(m_i)_1+\sum(m_i)_s$$

式中　$\sum(m_i)_r$——输入物料的总质量，kg/h、t/d或kmol/h；

$\sum(m_i)_c$——输出物料的总质量，kg/h、t/d或kmol/h；

$\sum(m_i)_1$——系统内积累的物料质量，kg/h、t/d或kmol/h；

$\sum(m_i)_s$——系统损耗的物料质量，kg/h、t/d或kmol/h。

正常生产的加氢过程是连续稳流操作过程，操作条件不随时间而变，系统内无物料积累，上式可简化为：

$$\sum(m_i)_r=\sum(m_i)_c+\sum(m_i)_s$$

加氢裂化装置在进行理论物料平衡、设计计算物料平衡时，不计算漏损，上式可进一步简化为：

$$\Sigma(m_i)_r = \Sigma(m_i)_c$$

（二）理论物料平衡

加氢裂化装置的理论物料平衡一般由工艺技术专利商(或催化剂供应商)提供，由纯理论计算或将试验结果经过理论计算处理后得到。它反映了催化剂(或催化剂级配)的特性，在同一装置、加工相同原料、相同操作条件(如操作压力、操作温度、空速等)下，不同工艺技术专利商给出的耗氢不同，得到的物料平衡不同；同一工艺技术专利商采用不同催化剂系列或催化剂级配时，得到的物料平衡不同；由于加氢裂化催化剂在运行过程中会失活，一般通过提高温度来补偿，因此，在同一装置、加工相同原料、相同的操作条件、相同的催化剂系列或催化剂级配，不同运转阶段的物料平衡也不同。

1. 加氢裂化装置理论物料平衡、试验物料平衡

加氢裂化装置理论物料平衡、试验物料平衡见表8-2-1。

表8-2-1　不同压力下加氢裂化装置的试验物料平衡

项目	IFP		RIPP	
反应压力/MPa	14.0	7.0	14.5	9.5
入方/%				
原料油	100	100	100	100
氢气	2.3	1.7	2.6	2.4
合计	102.3	101.7	102.6	102.4
出方/%				
H_2S+NH_3	2.5	2.5	3.2	3.2
C_1+C_2	0.5	0.5	0.4	0.4
C_3+C_4	3.8	4.1	2.5	2.5
石脑油	19.0	20.0	21.0	18.7
喷气燃料	34.8	34.0	32.8	32.7
柴油	41.7	40.6	21.9	23.7
尾油	–	–	20.8	21.2
合计	102.3	101.7	102.6	102.4

2. 加氢裂化装置单体设备理论物料平衡

加氢裂化装置单体设备理论物料平衡见表8-2-2。

表8-2-2　加氢裂化高压分离器的物料平衡计算比较　kmol/h

组分	进料	出料		
		液相	气相	水相
水	349.965	0.198	6.346	343.421
氨	12.919	0.0	0.0	12.919
硫化氢	35.638	6.981	15.738	12.919

续表

组分	进料	出料		
		液相	气相	水相
氢	7356.023	117.371	7238.652	—
甲烷	1193.915	84.712	1109.201	—
乙烷	22.841	4.889	17.952	—
丙烷	56.458	23.863	32.595	—
异丁烷	86.851	53.192	33.659	—
正丁烷	40.697	27.620	13.078	—
异戊烷	61.882	50.781	11.101	—
正戊烷	24.215	20.740	3.476	—
轻石脑油	84.578	79.237	5.342	—
重石脑油	156.667	153.455	3.212	—
喷气燃料	328.225	327.414	0.812	—
柴油	66.987	66.986	0.001	—
循环油	157.378	157.378	0.000	—
总计	10035.215	1174.815	8491.137	369.260

（三）设计计算物料平衡

1. 加氢裂化装置设计计算物料平衡

加氢裂化装置设计计算物料平衡见表 8-2-3。

表 8-2-3 加氢裂化装置设计计算物料平衡

项目	运转初期	
	占比/%	物料流量/(kg/h)
入方		
原料油	100	71250
氢气	2.23	1589
注水	8.42	6000
汽提蒸汽	2.61	1863
贫胺液	1.4	1000
合计	114.66	81702
出方		
干气	0.54	388
脱硫后低分气	0.9	644
液化石油气	2.51	1791
轻石脑油	6.43	4578

续表

项目	运转初期	
	占比/%	物料流量/(kg/h)
重石脑油	10.67	7600
喷气燃料	35.42	25237
柴油	14.96	10657
乙烯原料	5.73	4084
轻质润滑油	11.58	8251
中质润滑油	6.39	4550
重质润滑油	6.58	4688
含硫污水	8.91	6349
含油污水	2.6	1850
富胺液	1.45	1035
合计	114.66	81702

2. 加氢裂化装置单体设备设计计算物料平衡

加氢裂化装置单体设备设计计算物料平衡见表 8-2-4。

表 8-2-4　加氢裂化装置热高分空冷器设计计算物料平衡　kmol/h

项目	热高分空冷器入口	热高分空冷器出口
H_2	13449.01	13449.01
H_2S	292.72	292.72
NH_3	35.45	35.45
H_2O	2466.63	2466.63
N_2	2.32	2.32
甲烷	711.92	711.92
乙烷	199.02	199.02
丙烷	177.86	177.86
异丁烷	59.04	59.04
正丁烷	49.82	49.82
拟组分 28~33	24.08	24.08
拟组分 33~40	29.97	29.97
拟组分 40~56	59.81	59.81
拟组分 56~77	70.73	70.73
拟组分 77~107	85.96	85.96
拟组分 107~129	50.85	50.85
拟组分 129~138	19.27	19.27

续表

项目	热高分空冷器入口	热高分空冷器出口
拟组分 138~142	8.40	8.40
拟组分 142~146	8.20	8.20
拟组分 146~150	7.42	7.42
拟组分 150~156	48.01	48.01
拟组分 156~164	55.60	55.60
拟组分 164~175	55.56	55.56
拟组分 175~193	76.01	76.01
拟组分 193~220	114.65	114.65
拟组分 220~250	118.21	118.21
拟组分 250~280	132.25	132.25
拟组分 280~299	44.07	44.07
拟组分 299~310	29.01	29.01
拟组分 310~316	16.43	16.43
拟组分 316~320	9.10	9.10
拟组分 320~325	13.67	13.67
拟组分 325~335	21.86	21.86
拟组分 335~350	25.65	25.65
拟组分 350~375	27.69	27.69
拟组分 375~412	18.94	18.94
拟组分 412~480	7.03	7.03
拟组分 480~550	0.57	0.57
拟组分 550~630	0.02	0.02
总计	18622.78	18622.78

注：拟组分 28~33 中的 28~33 表示拟组分的实沸点切割范围为 28℃到 33℃，其他拟组分表示方法同此。

（四）工业生产物料平衡

加氢裂化装置工业生产物料平衡见表 8-2-5。

表 8-2-5　加氢裂化装置工业生产物料平衡①

项目	物料流量/(t/h)	占进料量比例/%
入方		
原料油	282.98	100
氢气	8.46	2.99
渣加低分气	1.32	0.47
合计	292.76	103.46

续表

项目	物料流量/(t/h)	占进料量比例/%
出方		
含硫干气	4.05	1.43
脱硫低分气	3.96	1.40
粗液化气	5.26	1.86
轻石脑油	11.34	4.01
重石脑油	40.09	14.17
喷气燃料	50.03	17.68
柴油	105.72	37.36
尾油	74.20	26.22
轻污油	—	—
合计	294.65	104.12
损失	-1.88	-0.67

① 2018年加氢裂化专家班郑树坚学员作业。

(五) 元素平衡计算

1. 硫平衡

(1) 加氢裂化装置硫元素理论物料平衡

加氢裂化装置硫元素理论物料平衡见表8-2-6。

表8-2-6　加氢裂化装置硫元素理论物料平衡①　t

项目	2014.1.17	2014.1.18	2014.1.19
入方			
催柴原料	8.41	7.23	5.52
合计	8.41	7.23	5.52
出方			
H_2S	8.38	7.20	5.50
轻石脑油	0.00078	0.00084	0.00083
重石脑油	0.0023	0.0030	0.0028
汽油	0.0072	0.0024	0.0020
柴油	0.023	0.023	0.013
合计	8.41	7.23	5.52

① 2018年加氢裂化专家班柳伟学员作业。

(2) 加氢裂化装置工业生产硫元素物料平衡

加氢裂化装置工业生产硫元素物料平衡见表8-2-7。

2. 氮平衡

(1) 加氢裂化装置氮元素理论物料平衡

加氢裂化装置氮元素理论物料平衡见表 8-2-8。

表 8-2-7　加氢裂化装置工业生产硫元素物料平衡①

物料名称	物料质量/(kg/h)	总硫/(kg/h)
入方		
原料油	188456	138.72
化学耗氢	4375	0
合计	192831	138.72
出方		
H_2S	4375	0
NH_3	168	138.69
C_1	1208	0
C_2	1091	0
C_3	3357	0
iC_4	3284	0
nC_4	1040	0
气体中 C_5	422	0
C_5～80℃	11514	0.000
80～174℃	31903	0.000
174～280℃	62728	0.000
280～365℃	56153	0.000
>365℃	13972	0.03
损失	1616	0.000
合计	192831	138.72

① 2018 年加氢裂化专家班姜来学员作业。

表 8-2-8　加氢裂化装置氮元素理论物料平衡①　　t

项目	流量/(t/d)	N/(μg/g)	N/(t/d)	N/%
入方				
原料油	4191	1450	6.07695	100
补充氢	119	—	0	0
合计	—	—	6.07695	100
出方				
石脑油	1058.82	0.2	0.000212	0.003
喷气燃料	1295.5	0.1	0.00013	0.002
柴油	506.5	0.1	0.0000507	0.001
尾油	1142	1.0	0.001142	0.019
酸性水	—	—	6.075416	99.975
合计	—	—	6.07695	100

① 2018 年加氢裂化专家班赵广乐学员作业。

(2) 加氢裂化装置工业生产氮元素物料平衡

加氢裂化装置工业生产氮元素物料平衡见表 8-2-9。

表 8-2-9 加氢裂化装置工业生产氮元素物料平衡①

项目	流量/(t/h)	N/(μg/g)	N/(kg/h)	N/%
入方				
直馏煤油	121.38	26	3.156	5.21
直馏柴油	259.81	127.3	33.074	54.58
催化柴油	31.9	763.7	24.362	40.21
合计	413.09	146.7	60.592	100.00
出方				
低分气	3.83	9.7	0.031	0.05
C205 干气	3.02	255	0.634	1.05
液化气	16.63	0	0.000	0.00
轻石脑油	25.83	1.36	0.035	0.06
重石脑油	98.88	0.24	0.024	0.04
喷气燃料	133.79	0.22	0.029	0.05
柴油	143.85	0.21	0.030	0.05
酸性水	18	3270	58.86	97.14
损失	—	—	0.948	1.57
合计	—	—	60.592	100.00

① 2018 年加氢裂化专家班杨杰学员作业。

3. 氢平衡

(1) 加氢裂化装置氢元素理论物料平衡

加氢裂化装置氢元素理论物料平衡见表 8-2-10。

表 8-2-10 加氢裂化装置氢元素理论物料平衡①

项目	流量/(t/d)	占比/%	H/%	H/(t/d)
入方				
原料油	4191.00	100.00	12.40	524.74
H_2	99.43	2.37	100	99.43
合计	4290.43	102.37	—	624.17
出方				
H_2S	61.92	1.48	5.88	3.64
NH_3	7.38	0.18	17.65	1.30
C_1	5.96	0.14	25	1.49
C_2	9.14	0.22	20	1.83

续表

项目	流量/(t/d)	占比/%	H/%	H/(t/d)
C_3	24.24	0.58	18.18	4.41
C_4	91.17	2.18	17.24	15.72
C_5	38.83	0.93	16.67	6.47
石脑油	1071.77	25.57	15.14	162.27
喷气燃料	1311.35	31.29	14.21	186.34
柴油	512.70	12.23	14.30	73.32
尾油	1155.98	27.58	14.48	167.39
合计	4290.43	102.37	—	624.17

① 2018 年加氢裂化专家班赵广乐学员作业。

(2) 加氢裂化装置工业生产化学氢耗物料平衡

加氢裂化装置工业生产化学氢耗物料平衡见表 8-2-11。

表 8-2-11　加氢裂化装置工业生产化学氢耗物料平衡①

物料名称	C/H	H/%	流量/(kg/h)	H/(kg/h)
入方				
裂化原料油	85.52/12.45	0.1245	144675.1	18012.05
精制原料油	83.96/11.68	0.1168	103090.8	12041.01
化学氢耗				**4647.66**
合计				**30053.06**
出方				
H_2S		0.05915	5400.894	319.4629
NH_3		0.17755	355.968	63.20
C_1		0.25131	426.4307	107.1663
C_2		0.2011	390.4214	78.51374
C_3		0.18286	784.3409	143.4246
iC_4		0.17341	1023.988	177.5698
nC_4		0.17341	569.8368	98.81539
液化气		0	79.75646	14.02548
轻石	84.08/15.11	0.1511	3283.334	496.1118
重石	85.08/14.74	0.1474	26208.3	3863.103
喷气燃料	85.69/14.15	0.1415	34349.47	4860.449
柴油	85.96/14.04	0.1404	16694.97	2343.974
白油	85.71/14.33	0.1433	4305.786	617.0191
尾油	85.57/14.37	0.1437	59138.45	8498.196
精制蜡油	86.79/12.90	0.129	100925	13019.33
合计				34700.7

① 2018 年加氢裂化专家班孙兴学员作业。

(3) 加氢裂化装置工业氢耗物料平衡

加氢裂化装置工业氢耗物料平衡见表8-2-12。

表8-2-12 加氢裂化装置工业氢耗物料平衡①

物料	占进料量比例/%	流量/(kg/h)	H含量/%	H流量/(kg/h)	H分率/%
入方					
原料油	100.00	163540.00	12.74	20835.00	86.46
耗氢	2.02	3301.00	99.75	3264.00	13.54
合计	102.02	166841.00		24099.00	100.00
出方					
H_2S	0.91	1494.20	5.8824	87.89	0.36
NH_3	0.09	151.97	17.6471	26.82	0.11
C_1	0.14	233.07	25.0000	58.27	0.24
C_2	0.23	382.24	20.0000	76.45	0.32
C_3	0.87	1425.46	18.1818	259.17	1.08
C_4	2.88	4707.00	17.2414	811.55	3.37
C_5	0.15	238.20	16.6667	39.70	0.16
轻石脑油	1.88	3080.00	16.6600	513.13	2.13
重石脑油	23.24	38000.00	15.0000	5700.00	23.71
喷气燃料	21.46	35100.00	13.8000	4843.80	20.1
柴油	29.45	48170.00	13.7000	6599.29	27.38
尾油	20.36	33300.00	13.9000	4628.70	19.21
低分气和干气中氢气		437.85		437.85	1.83
溶解、泄漏		116.68			
合计		166841.00			

① 2018年加氢裂化专家班宫琳学员作业。

二、热量平衡

(一) 概述

热量衡算就是在物料平衡基础上，根据能量守恒定律，定量表示工艺过程中能量传递和转化的数量关系，确定需要加入或可利用的能量，从而确定加热量、冷却量、泵及压缩机等输送设备的功率、换热设备的尺寸、工艺流程的热利用、反应器结构的设计及过程的能量利用效率；也可以考察能量的传递和转化对过程操作条件的影响。通过加氢裂化装置能量衡算可以得到过程能量指标(也称能耗)，分析能量利用是否合理，以便节能降耗，提高过程的能量利用水平。因此，能量衡算是一项很重要的加氢裂化工艺计算。

热量衡算的基本依据是稳流体系热力学第一定律表达式，即能量衡算通式：

$$\Delta H+g\cdot\Delta h+\frac{1}{2}\Delta u^2=Q+W$$

式中 ΔH——单位质量流体的焓变；

Q——单位质量流体所吸收的热或放出的热，吸收热量时为正，放出热量则为负；

W——单位质量流体所接受的外功或所作的外功，接受外功时 W 为正，向外界做功

时 W 为负；

$g\cdot\Delta h$——单位质量流体的位能变化；

$\frac{1}{2}\Delta u^2$——单位质量流体的动能变化。

在进行设备的热量衡算时，位能变化、动能变化、外功等项相对较小，可忽略不计，因此可简化为：

输入能量(基准点以上)+产生能量=输出能量(基准点以上)

全面的能量衡算应该包括热能、动能、电能、化学能和辐射能等。但在加氢裂化装置操作中，经常涉及的能量是热能，所以加氢裂化装置的能量衡算主要是热量衡算，即通常所说的热量平衡。

以上计算均未包括反应热，包括反应热的热量平衡方程可用下式表示：

$$Q_1+Q_2+Q_3=Q_4+Q_5+Q_6+Q_7$$

式中 Q_1——物料带入的热，如有多股物料进入，应是各股物料带入热量之和；

Q_2——过程放出的热，包括反应放热、冷凝放热、溶解放热、混合放热等；

Q_3——从加热介质获得的热；

Q_4——物料带出的热，如有多股物料带出，应是各股物料带出热量之和；

Q_5——冷却介质带出的热；

Q_6——过程吸收的热；

Q_7——热损失。

对加氢装置反应器的热平衡可表示为

原料油+氢气=生成油+生成气+反应热

热量平衡与物料平衡的差别在于：物料平衡的总质量是已知的，而某一组分(或馏分)的总能量却很难表示。因此，物料的总能通常以其在给定温度的标准态的相对量表示。如：蒸汽的热量或焓是以压力等于其饱和蒸气压、温度 273K 时的液体水的相对质量表示。

(二) 反应热计算

1. 经验估算

反应热的分项估算见表 8-2-13。

表 8-2-13　反应热的分项估算

<table>
<tr><th colspan="2" rowspan="2">项目</th><th colspan="5">反应热/(kcal/m^{3}H$_2$)</th></tr>
<tr><th>断健设计法 1</th><th>断健设计法 2</th><th>宏观估算 1</th><th colspan="2">宏观估算 2</th></tr>
<tr><td colspan="2">加氢脱氮反应</td><td>962.05</td><td>—</td><td>—</td><td colspan="2">585~675</td></tr>
<tr><td colspan="2">加氢脱硫反应</td><td>695</td><td>426.34</td><td>603</td><td colspan="2">585~675</td></tr>
<tr><td colspan="2">烯烃加氢反应</td><td>1339.3</td><td>—</td><td>1341</td><td colspan="2">1260</td></tr>
<tr><td colspan="2">芳烃饱和反应</td><td>1339.3</td><td>759.2</td><td>—</td><td colspan="2">360~720</td></tr>
<tr><td colspan="2">单环芳烃饱和反应</td><td>—</td><td>—</td><td>720</td><td colspan="2">—</td></tr>
<tr><td colspan="2">脱氢生成烯烃</td><td>—</td><td>—</td><td>-1341</td><td colspan="2">—</td></tr>
<tr><td rowspan="2">加氢裂化反应</td><td>环烷烃裂化</td><td>491.1</td><td>447.8</td><td>—</td><td rowspan="2">450</td><td rowspan="2">450~530</td></tr>
<tr><td>链烷烃裂化</td><td>491.1</td><td>447.8</td><td>—</td></tr>
</table>

2. 利用燃烧热进行计算

物质与氧生成特定产物的反应称为燃烧反应。由于燃烧反应生成的物质可以是气态，也可以是液态，因此，燃烧反应有高热值和低热值之分。以1mol 化合物为基础，298K 条件下的燃烧热称为标准燃烧热。

$$\Delta H_{反} = 反应物的燃烧热 - 生成物的燃烧热$$

式中　反应物——原料油+氢气；

生成物——生成油+生成气。

因为燃烧为放热反应，所以应以负值代入。

测定物质燃烧热的仪器称为卡(路里)计(calorimeter)或量热计，被测反应物装入卡计中，和空气混合，然后点火燃烧。燃烧计的周围有水汽套，流动的水可将燃烧产物冷却到反应物的温度，由于卡计的设备能使势能和动能的变化忽略不计，很明显，水吸收的热量就等于燃烧反应放出的热量。

$$\Delta H_c = 81C + 300H - 26(O - S)$$

式中　C、H、O、S——元素分析数据，%。

3. 利用生成热进行计算

由元素生成一个化合物的反应称为生成反应，如：

$C + 0.5O_2 + 2H_2 \rightarrow CH_3OH$　　生成反应

$H_2O + SO_3 \rightarrow H_2SO_4$　　不是生成反应

由元素生成化合物的生成反应中内能和焓的变化，称为生成热。生成热与物质的状态有关。以1mol 化合物为基础，298K 条件下的生成热称为标准生成热。氢气和加氢裂化产生的纯组分的标准生成热见表 8-2-14。

表 8-2-14　氢气和加氢裂化产生的纯组分的标准生成热

组分	相对分子质量	沸点/K	生成热/(J/mol)
H_2	2.016	33.0	0
NH_3	17.031	405.5	-45720
H_2S	31.080	373.2	-20180
H_2O	18.015	647.3	-242000
CH_4	16.04	190.4	-74900
C_2H_6	30.07	305.4	-84740
C_3H_8	44.10	369.8	-103900
$n-C_4H_{10}$	58.12	425.2	-126200
$i-C_4H_{10}$	58.12	408.2	-134600
$n-C_5H_{12}$	72.15	469.7	-146500
$i-C_5H_{12}$	72.15	460.4	-154600

由于化学反应可以用加法和减法合并，与每一个化学方程相联系的标准反应热，也同样可以合并得到与合并后的方程相关联的标准反应热。

由元素生成热计算反应热：

$$\Delta H_{\mathrm{R}}=(\Delta H_{\mathrm{f}}^{T})_{产物}-(\Delta H_{\mathrm{f}}^{T})_{反应物}$$

当化合物和元素都处于单位活度标准态时可表示为：

$$\Delta H_{\mathrm{f},T}^{0}=[(\Delta H_{T}^{0}-\Delta H_{0}^{0})+\Delta H_{\mathrm{f},0}^{0}]_{化合物}-[\sum(\Delta H_{T}^{0}-\Delta H_{0}^{0})]_{元素}$$

式中　$\Delta H_{\mathrm{f},T}^{0}$——温度 T 时的标准生成热，kJ；

ΔH_{T}^{0}——温度 T 时化合物或元素的焓，kJ；

ΔH_{0}^{0}——温度 0K 时化合物或元素的焓，kJ；

$\Delta H_{\mathrm{f},0}^{0}$——温度 0K 时的标准生成热，kJ。

4. 利用键断裂的能量进行计算

物质分子内部各原子之间存在着一种稳定的结合力，形象化这种结合力为连接原子之间的键，称为化学键。每种化学键在分子中代表着一种结合力，也代表一种能量，利用键断裂的能量是基于它是牢固的特征分子(表 8-2-15)，对不同反应计算的热效应有足够的准确性。

表 8-2-15　典型的键能数据　　kcal/mol

项目	CC	NN	OO	CO	CN
单键	C—C 83	N—N 38	O—O 33	C—O 84	C—N 70
双键	＞C═C＜ 147	—N═N— 100	O═O 118	＞C═O 176	＞C═N— 147
三键	—C≡C— 194	N≡N 226			—C≡N 210

按键断裂的能量计算加氢裂化的反应热，就像计算氢耗一样，需进行以下的基本步骤：① 非均质有机化合物的氢解；② 芳烃环的加氢；③ 本质为加氢裂化的环烷烃断裂；④ 环烷基分子的加氢脱烷基；⑤ 烷烃根据氢的自由健裂解。

按消耗 1mol 氢计算的反应热如下：

$$Q=51.2(n_{\mathrm{H_2}}^{\mathrm{C-S}}+n_{\mathrm{H_2}}^{H}+n_{\mathrm{H_2}}^{1-k})+80.4n_{\mathrm{H_2}}^{a}$$

$$n_{\mathrm{H_2}}^{a}=\frac{Y_{\mathrm{H_2}}M_{\mathrm{C}}}{100M_{\mathrm{H_2}}}$$

式中　Q——反应热，kcal/mol；

$n_{\mathrm{H_2}}^{\mathrm{C-S}}$——有机硫化物氢解时氢的摩尔数，mol；

$n_{\mathrm{H_2}}^{\mathrm{H}}$——环烷烃裂解时氢的摩尔数，mol；

$n_{\mathrm{H_2}}^{1-k}$——加氢裂化时氢的摩尔数，mol；

$Y_{\mathrm{H_2}}$——以原料为基准的氢耗,%；

M_{C}——原料的分子量；

$M_{\mathrm{H_2}}$——氢的相对分子质量。

5. 实验室测量反应热

在高温高压实验条件下，用实验的方法测定小型试验装置或中型试验装置的热平衡，求取反应热。

$$原料油+H_2 \xrightarrow{\Delta H_{反}} 生成油+生成气$$

式中　$\Delta H_{反}$——反应热，负值表示放热，正值表示吸热，kcal/kg 原料油。

实验室测量反应热存在高温高压实验条件下得到的原料、生成油、生成气的热容和热焓数据有一定的误差，试验设备的热损失很难测定，加之物料平衡、热量平衡不可避免地会出现误差，使结果的准确性变差。

典型的热平衡计算反应热的方法为：

反应热=(反应产物带走的热-原料油带入的热)+(循环氢气及反应生成气带走的热-循环氢气带入的热)+冷氢气吸收的热-热损失

用公式表示为：

$$\Delta H_{反}=(W_{P,OUT}H_{P,OUT}-W_{F,IN}H_{F,IN})+(V_{RG+G,OUT}C_{RG+G,OUT}T_{RG+G,OUT}-V_{RG+G,IN}C_{RG+G,IN}T_{RG+G,IN})-[V_{LRG,IN}C_{LRG,P}(T_{LRG,OUT}-T_{LRG,IN})]-F_R\times\alpha\times\Delta T$$

式中　$W_{P,OUT}$——反应器出口反应产物量，kg/h；

$H_{P,OUT}$——反应器出口温度条件下反应产物的焓，kcal/kg；

$W_{F,IN}$——反应器入口原料油量，kg/h；

$H_{F,IN}$——反应器入口温度条件下原料油的焓，kcal/kg；

$V_{RG+G,OUT}$——反应器出口循环氢气及反应生成气量，Nm^3/h；

$C_{RG+G,OUT}$——反应器出口循环氢气及反应生成气的平均比热容，kcal/(kg·℃)；

$T_{RG+G,OUT}$——反应器出口温度,℃；

$V_{RG+G,IN}$——反应器入口循环氢气量，Nm^3/h；

$C_{RG+G,IN}$——反应器入口循环氢气的比热容，kcal/(kg·℃)；

$T_{RG+G,IN}$——反应器入口温度,℃；

$V_{LRG,IN}$——冷氢气量，Nm^3/h；

$C_{LRG,P}$——冷氢气的平均比热容，kcal/(kg·℃)；

$T_{LRG,OUT}$——冷氢气出反应器温度(等于反应器出口温度),℃；

$T_{LRG,IN}$——冷氢气进反应器温度,℃；

F_R——反应器外表面积，m^2；

α——传热系数，$\alpha=\alpha_\kappa+\alpha_r$；

α_κ——对流传热系数，$\alpha_\kappa=2.2(t_f-t_a)$；

t_f——器壁表面温度,℃；

t_a——反应器周围空气温度,℃；

a_r——辐射系数，$a_r=\dfrac{\left(\dfrac{t_f-273}{100}\right)^{\frac{1}{2}}-\left(\dfrac{t_a-273}{100}\right)^{\frac{1}{2}}}{t_f-t_a}$；

Δt——温差，$\Delta t=t_f-t_a$,℃。

(三)反应热平衡及冷介质量计算

1. 单反应器床层热量平衡及冷介质量计算

$$Q_1+Q_R=Q_2+Q_L$$

$$Q_1=Q_{入1}+Q_{入2}+Q_{入3}$$

$$Q_{入1}=+Q_{入1气}+Q_{入1液}$$

$$Q_{入1气}=F\cdot\delta\cdot H_{入1气}$$

$$Q_{入1液}=G\cdot(1-\delta)\cdot H_{入1液}$$

$$Q_2=Q_{出1}+Q_{出2}+Q_{出3}+Q_{出4}+Q_{出5}$$

$$Q_{出1}=+Q_{出1气}+Q_{出1液}$$

$$Q_{出1气}=G\cdot\beta\cdot H_{出1气}$$

$$Q_{出1液}=G\cdot(1-\beta)\cdot H_{出1液}$$

$$Q_L=\alpha_1\cdot A_1\cdot\Delta t_1\cdot\alpha_2\cdot A_2\cdot\Delta t_2+\cdots+\alpha_n\cdot A_n\cdot\Delta t_n$$

式中　Q_1——催化剂床层入口条件下的反应物热量(此时，催化剂床层入口未注冷介质)，kJ/h；

$Q_{入1}$——催化剂床层入口条件下原料油的热量，kJ/h；

F——原料油流量，kg/h；

δ——原料油气化率,%；

$H_{入1气}$、$H_{入1液}$——气、液相原料油焓值，kJ/h；

$Q_{入2}$——催化剂床层入口条件下新氢的热量，kJ/h；

$Q_{入3}$——催化剂床层入口条件下循环氢的热量，kJ/h；

Q_R——反应热，kJ/h；

Q_2——催化剂床层出口条件下的生成物热量，kJ/h,

$Q_{出1}$——催化剂床层出口条件下生成油的热量，kJ/h,

G——生成油流量，kg/h；

β——生成油气化率,%；

$H_{出1气}$、$H_{出1液}$——气、液相生成油焓值，kJ/h；

$Q_{出2}$——催化剂床层出口条件下生成气的热量，kJ/h；

$Q_{出3}$——催化剂床层出口条件下溶解气的热量，kJ/h；

$Q_{出4}$——催化剂床层出口条件下循环氢的热量，kJ/h；

$Q_{出5}$——(如果排放氢的话)催化剂床层出口条件下排放氢的热量，kJ/h；

Q_L——反应器热损失，kJ/h；

A_1、A_2、…、A_n——反应器外壁各部分的表面积，m^2；

Δt_1、Δt_2、…、Δt_n——反应器外壁各部分表面温度(保温层内温度)与环境温度(保温层外表面温度)差,℃；

α_1、α_2、…α_n——反应器外壁表面自然对流传热系数(α_C)和辐射传热系数(α_R)之和，kJ/(m^2·h·℃)；

$$\alpha_c=5.98(t_w-t_0)^{\frac{1}{3}}$$

$$\alpha_r=14.2\frac{\left(\frac{t_w+273}{100}\right)^4-\left(\frac{t_0+273}{100}\right)^4}{t_w-t_0}$$

式中　t_w——反应器外壁表面温度(保温层内温度),℃；

t_0——反应器保温层外表面温度(或环境温度),℃。

工程设计时，保温材料、保温厚度的选择一般要求满足：$Q_L<0.02Q_R$，也有的工程公司要求：$Q_L<0.01Q_R$。

2. 多反应器床层中带冷介质的单反应器床层热量平衡及冷介质量计算

$$Q_2+Q_3+Q_R=Q_4+Q_L$$

$$Q_2=Q_{出1}+Q_{出2}+Q_{出3}+Q_{出4}+Q_{出5}$$

$$Q_{出1}=+Q_{出1气}+Q_{出1液}$$

$$Q_{出1气}=G\cdot\beta\cdot H_{出1气}$$

$$Q_{出1液}=G\cdot(1-\beta)\cdot H_{出1液}$$

$$Q_4=Q_{出11}+Q_{出12}+Q_{出13}+Q_{出14}+Q_{出15}+Q_{出16}$$

$$Q_{出11}=+Q_{出11气}+Q_{出11液}$$

$$Q_{出11气}=G\cdot\beta\cdot H_{出11气}$$

$$Q_{出11液}=G\cdot(1-\beta)\cdot H_{出11液}$$

式中　Q_2——多反应器床层中上催化剂床层出口条件下的生成物热量，kJ/h；

$Q_{出1}$——多反应器床层中上催化剂床层出口条件下生成油的热量，kJ/h；

G——生成油流量，kg/h；

β——生成油气化率,%；

$H_{出1气}$、$H_{出1液}$——气、液相生成油焓值，kJ/h；

$Q_{出2}$——多反应器床层中上催化剂床层出口条件下生成气的热量，kJ/h；

$Q_{出3}$——多反应器床层中上催化剂床层出口条件下溶解气的热量，kJ/h；

$Q_{出4}$——多反应器床层中上催化剂床层出口条件下循环氢的热量，kJ/h；

$Q_{出5}$——多反应器床层中上催化剂床层出口条件下排放氢的热量(如果排放氢的话)，kJ/h；

Q_3——冷介质带入两反应器床层间的热量，kJ/h；

Q_R——反应热，kJ/h；

Q_4——多反应器床层中带冷介质的催化剂床层出口条件下的生成物热量，kJ/h；

$Q_{出11}$——多反应器床层中带冷介质的催化剂床层出口条件下生成油的热量，kJ/h；

$Q_{出12}$——多反应器床层中带冷介质的催化剂床层出口条件下生成气的热量，kJ/h；

$Q_{出13}$——多反应器床层中带冷介质的催化剂床层出口条件下溶解气的热量，kJ/h；

$Q_{出14}$——多反应器床层中带冷介质的催化剂床层出口条件下循环氢的热量，kJ/h；

$Q_{出15}$——多反应器床层中带冷介质的催化剂床层出口条件下排放氢的热量(如果排放氢的话)，kJ/h；

$Q_{出16}$——多反应器床层中带冷介质的催化剂床层出口条件下冷介质的热量(如果排放氢的话)，kJ/h；

Q_L——反应器热损失，kJ/h，计算方法同单反应器床层热量平衡中的Q_L。

工程设计时，保温材料、保温厚度的选择一般要求满足：$Q_L<0.02Q_R$，对于反应热较大的催化剂床层也有要求：$Q_L<0.01Q_R$。

(四) 反应热排除

加氢反应宏观上表现为放热反应，这些反应在装有催化剂的厚壁反应器内进行，反应温度 200~450℃，为了减少热损失，提高能量利用率，一般加氢反应器均采用热壁结构(20 世纪 80 年代以前，个别装置采用冷壁结构，目前已不用)的外保温形式，并要求有极小的散热损失。为保证加氢反应过程能够在最佳温度条件下运行，并使加氢反应尽可能在等温条件下操作，从而充分发挥催化剂的性能，适当提高催化反应速度，就必须及时将反应热引起的温升降下来，降低反应热引起温升的过程称为反应热的排除。

反应热的排除，一般采用注入冷介质的方式降低反应热引起的温升，即：注入轻质饱和的加氢生成油或冷氢气的方式。轻质饱和的加氢生成油一般为中压分离器底油、采用热高压分离流程的冷高压分离器底油，轻质油品加氢装置也可采用饱和的高压分离器底油或低压分离器底油。冷氢气一般为循环氢压缩机出口的氢气(可以是循环氢，也可以是循环氢与新氢的混合物)、循环氢压缩机出口的循环氢与新氢压缩机出口新鲜氢气的混合氢。

对于大多数加氢装置，设计推荐的冷介质为循环氢压缩机出口的循环氢。虽然循环氢相对分子质量小，热容量低，降低相同反应温度需要注入体积量大，引起反应器内反应物体积增大的程度远远大于轻质饱和的加氢生成油，缩短了反应物在反应器内的停留时间，但有利于加快反应速度，加快的结果可以抵消缩短停留时间的影响，且总效果使反应速度加快；循环氢扩散快，能快速与反应物均匀混合，使温度降低；大量循环氢的存在，可避免降低反应氢分压，对加氢反应的平衡转化、催化剂的稳定性、单位反应空间的效率有利；同时具有调节温度灵敏和操作方便的特点。

对于加氢裂化装置，注入轻质饱和的加氢生成油会增加气体产率和氢气消耗，增加操作费用，降低装置的经济效益；从安全角度讲，循环氢压缩机是整个装置的核心，事故率低于任何动设备；当装置发生飞温时，循环氢是有效的降温剂。因此，加氢裂化装置采用的冷介质应为循环氢压缩机出口的循环氢。

（五）热损失计算

1. 反应器壳体的热损失

生产中的加氢裂化装置反应器外壁温度高于周围环境(大气)的温度，反应器壁的热量将由壁面以对流和辐射两种方式损失于周围环境中，为减少散热损失，必须对反应器壁进行隔热保温。

（1）反应器壳体热损失计算方法 1

$$Q=\frac{h_0 \cdot F \cdot (T_0-T_a)}{1000}$$

$$h_0=\frac{\left\{3.72\dfrac{\left[\left(\dfrac{T_0}{100}\right)^4-\left(\dfrac{T_a}{100}\right)^4\right]}{T_0-T_a}+1.26(T_0-T_a)^{\frac{1}{3}}+3.75\dfrac{V^{0.6}}{D^{0.4}}\right\}}{1.163}$$

式中　Q——反应器热损失，kW；

h_0——对流及辐射联合传热系数，W/(m^2·K)；

F——反应器外表面积，m^2；

t_0——反应器表面温度，K；

t_a——环境温度，K；

W——风速，m/s；

D——反应器外径，m。

（2）反应器壳体热损失计算方法 2

$$Q=h_0F\Delta t$$

$$\Delta t=t_0-t_a$$

$$h_0=\frac{1}{\dfrac{1}{a_0}+\dfrac{1}{a_1}+\dfrac{\delta}{\lambda}}$$

$$a_0=a_r+a_k$$

$$a_r=\frac{C}{(t_s-t_a)\left[\left(\dfrac{t_s+273}{100}\right)^4-\left(\dfrac{t_a+273}{100}\right)^4\right]}$$

$$a_k=\frac{26.38}{(t_{cp}+397)^{0.5}\left(\dfrac{t_s-t_a}{D_1}\right)^{0.25}}$$

$$t_{cp}=\frac{t_s-t_a}{2}$$

式中 a_1——设备外壁至保温层内侧空隙间空气的给热系数，W/(m^2·℃)，一般去 11.61~13.95；

δ——保温隔热层厚度，m；

λ——保温隔热层热导率，W/(m·℃)；

D_1——反应器保温隔热层外径，m。

当 $VD_1<0.8\text{m}^2/\text{s}$ 时，

$$a_k=4.04\frac{V^{0.618}}{D_1^{0.382}}$$

当 $VD_1>0.8\text{m}^2/\text{s}$ 时，

$$a_k=4.24\frac{V^{0.805}}{D_1^{0.15}}$$

（3）反应器壳体热损失计算方法 3

$$Q=h_0F\Delta t$$

$$h_0=4.33\frac{\left(\dfrac{t_0}{100}\right)^4-\left(\dfrac{t_a}{100}\right)^4}{\Delta t}+1.47\Delta t^{\frac{1}{3}}+4.36\frac{V^{0.6}}{D_1^{0.4}}$$

2. 反应加热炉热损失

（1）加热炉烟气热损失计算方法 1

$$Q=\eta_{烟}Q_{设}$$

$$\eta_{烟}=\frac{(0.006549+0.032685\alpha)(t_{烟}+1.3475\times10^{-4}t_{烟}^2)-1.1+(4.043\alpha-0.252)\times10^{-4}g_{CO}}{100+0.04\alpha\cdot\Delta t}$$

$$\alpha=\frac{21-0.0627g_{O_2}}{21\quad g_{O_2}}\qquad（干烟气）$$

$$\alpha=\frac{21-0.116g_{O_2}}{21-g_{O_2}}\qquad（湿烟气）$$

式中　Q——加热炉烟气热损失，MW；

$\eta_{烟}$——加热炉烟气热损失占设计负荷的百分数,%；也可从图 8-2-1 查取，有空气预热置于炉顶时，查取值+0.5%；

$Q_{设}$——加热炉设计负荷，MW；

α——过剩空气系数，也可从图 8-2-2 查取；

$t_{烟}$——排烟温度,℃；

g_{O_2}——排烟中氧含量百分数,%；

Δt——空气预热温度-15.6℃，不预热或自身烟气预热时为 0；

g_{CO}——排烟中一氧化碳含量，μg/g。

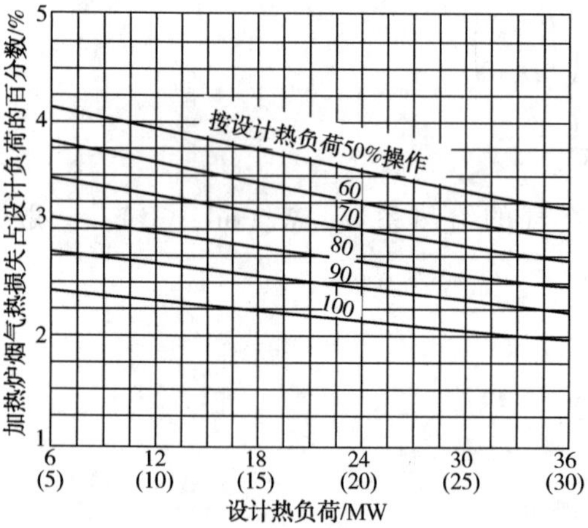

图 8-2-1　加热炉烟气热损失与设计负荷的关系

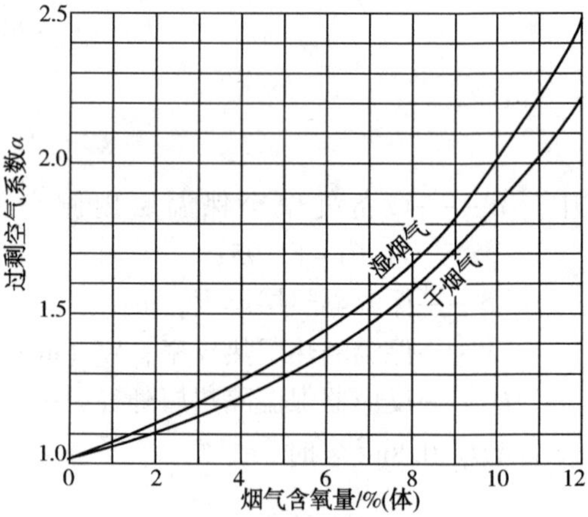

图 8-2-2　烟气含氧量与过剩空气系数的关系

（2）加热炉烟气热损失计算方法 2

$$Q=\eta_{烟}\,Q_{设}$$

$$\eta_{烟}=K(\eta_{显}+\eta_{不燃})$$

式中　K——外部热源预热空气温度的校正系数，可从图 8-2-3 查取，不预热或自身烟气预热时为 1；

$\eta_{显}$——排烟显热损失百分数,%，可从图 8-2-4 查取；

$\eta_{不燃}$——排烟化学不完全燃烧损失百分数,%，可从图 8-2-5 查取。

（3）加热炉炉墙热损失计算

$$Q=q_{强度}F_{炉面}=h_{炉墙}(t_{炉墙表}-t_{空气})F_{炉面}$$

式中　Q——加热炉炉墙热损失，kW；

$q_{强度}$——加热炉炉墙散热强度，kW/(m^2·h)；

$t_{炉墙表}$——反应(或分馏)加热炉炉墙温度,℃；

$h_{炉墙}$——加热炉炉墙的传热系数，kW/(m^2·℃)；

$t_{空气}$——反应(或分馏)加热炉炉墙外空气温度,℃；

$F_{炉面}$——加热炉炉墙热外表面积，m^2。

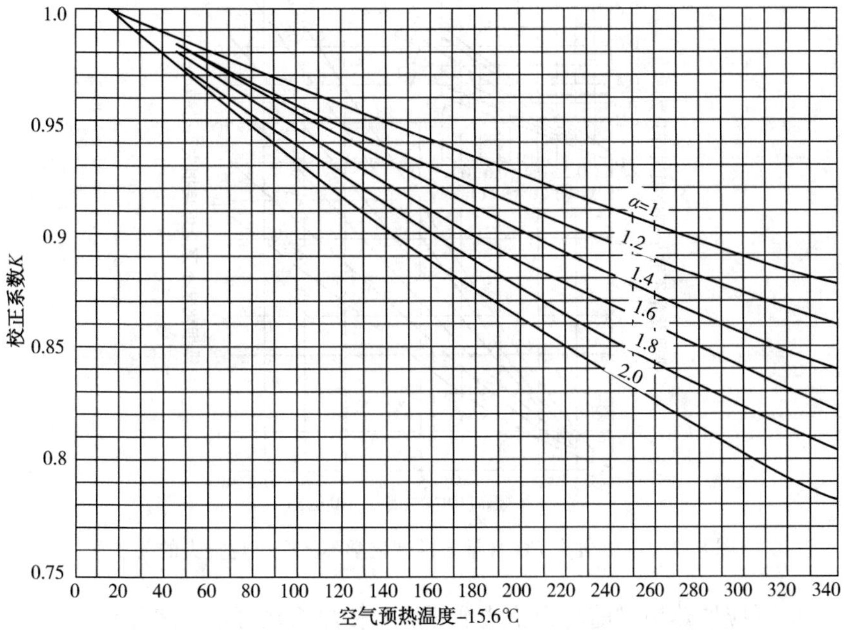

图 8-2-3　外部热源预热空气温度与校正系数的关系

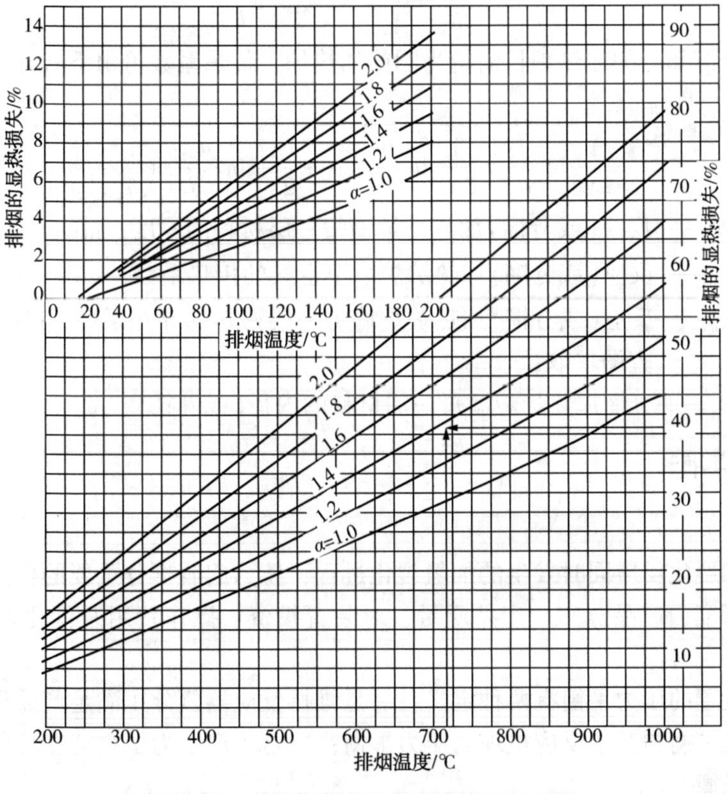

图 8-2-4　排烟温度与排烟热损失的关系

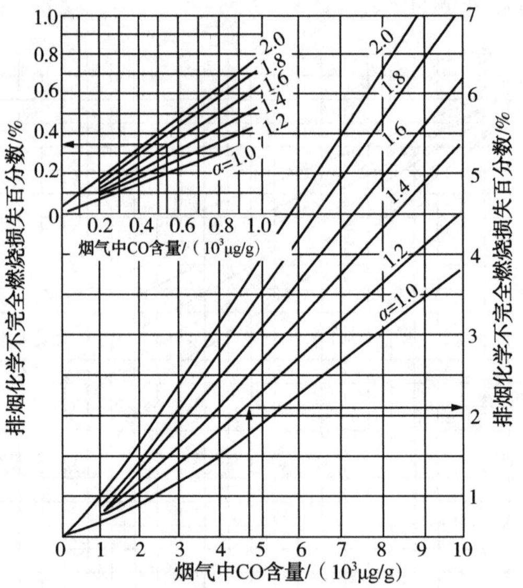

图 8-2-5　烟气中 CO 含量与排烟化学不完全燃烧损失的关系

加氢裂化的反应加热炉目前均为箱式加热炉，传热系数可由下式计算：

$$h_{\text{反应炉墙}}=\frac{1}{\dfrac{\delta_1}{\lambda_1}+\dfrac{\delta_2}{\lambda_2}+\cdots+\dfrac{\delta_n}{\lambda_n}+\dfrac{1}{h_{\text{炉墙空气}}}}$$

加氢裂化分馏部分的加热炉目前均为圆筒加热炉，传热系数可由下式计算：

$$h_{\text{分馏炉墙}}=\frac{1}{\dfrac{1}{2\lambda_1}\ln\dfrac{d_2}{d_1}+\dfrac{1}{2\lambda_2}\ln\dfrac{d_3}{d_2}+\cdots+\dfrac{1}{2\lambda_n}\ln\dfrac{d_{n+1}}{d_2}+\dfrac{1}{h_{\text{炉墙空气}}d_{n+1}}}$$

式中　δ_1、δ_2、δ_n——反应(或分馏)加热炉炉墙每一层材料的厚度，m；

$h_{\text{炉墙空气}}$——反应(或分馏)加热炉炉墙至空气的传热系数，kW/(m^2 · ℃)；

λ_1、λ_2、$\cdots\lambda_n$——反应(或分馏)加热炉炉墙每一层材料的导热系数，kW/(m^2 · ℃)；可查图求取；

d_1、d_2、$\cdots d_n$——分馏加热炉炉墙每一层材料的内径(或外径)，m。

三、压力平衡

(一) 概述

对于加氢和裂化反应同时发生的加氢裂化过程，压力起着十分重要的作用。压力的变化不仅影响转化深度、产品分布、产品质量，对装置投资、操作费用及催化剂寿命也有重要影响。

加氢裂化装置的压力平衡有两种定义：一是维持反应器氢分压满足产品质量和收率要求的压力平衡，此平衡是基于反应机理的压力平衡；二是生产上为了维持循环氢压缩机正常运转所需的压力平衡。

加氢裂化装置工程设计中的压力平衡一般为高压部分(即反应部分)压力平衡，低压部分的压力平衡一般可通过作单体设备压力平衡分别计算。

高压部分的压力平衡因整个高压回路没有可切断的阀门(个别装置设置高压空冷器入口和出口阀门，这种设置理念假定高压空冷器 2^n 个入口阀门或 2^n 个出口阀门不会全部同时出现故障)或设备(反应器被堵死的情况例外)，系统的压力最高点是循环氢压缩机的出口压力，系统压力最低点是循环氢压缩机的入口压力，因此，高压部分压力平衡的差压即为循环氢压缩机的差压，或者说循环氢压缩机出口的高压循环氢不可能由于中途受阻而无法回到循环氢压缩机入口。

工程设计中，高压部分压力平衡一般以确定高压分离器压力作为压力平衡的低点来进行，通过压力平衡可以得到下面各种工况下的设计参数：

① 高压分离器压力：也可以循环氢压缩机入口分液罐压力作为计算基准。

② 升压设备的出口压力及扬程：升压设备包括原料油泵、循环油泵、高压注水泵、新氢压缩机、注氨泵、注硫泵等。

③ 换热设备的差压：换热设备包括高压换热器、冷却器、空冷器、蒸汽发生器等。

④ 加热设备的差压：加热设备包括反应进料加热炉或氢气加热炉等。

⑤ 反应器的差压：包括预加氢反应器、加氢精制反应器、加氢裂化反应器及反应分离器等。

⑥ 管道的差压：包括管线、管件压降。

⑦ 混合器的差压：如：原料油和氢气混合器，反应流出物和注水的混合器，正常生产期间未拆卸的碱液混合器等。

⑧ 孔板的差压：包括循环氢流量孔板，氢气加热炉每路的计量孔板。

⑨ 阀门的差压：如：高压空冷器入口阀门或出口阀门。

⑩ 循环氢压缩机的差压。

近年来，也有工程公司采用变高压分离器压力(或循环氢压缩机入口分液罐压力)的办法来实现设计意义上的精确控制反应部分氢分压的理念，此时的压力平衡由于基点为反应器的氢分压(可以是入口氢分压、出口氢分压或平均氢分压，但这些值均为动态变量)，故循环氢压缩机的入口压力、出口压力也是一个动态变量。因此，采用变高压分离器压力(或循环氢压缩机入口分液罐压力)的加氢裂化装置高压部分压力平衡广义上是一个动态平衡，但设计意义上的高压部分压力平衡也可以高压分离器压力(或循环氢压缩机入口分液罐压力)作为压力平衡的低点来进行，只是这一个低点在设计运行的不同阶段需要随时变化。

(二) 反应器压力降计算

在压力平衡计算中，加氢裂化装置运转初期反应器压力降一般占系统压力降的30%～45%，运转末期一般占系统压力降的45%～55%(早期设计的加氢裂化装置由于空速较低，装填催化剂量较多，运转末期压力降所占比例更大)，而由于压力平衡无法满足，造成循环氢压缩机出、入口压差过大被迫停工的装置，主要是由于反应器压力降增加过多导致反应器内构件的无法承载。因此，计算和确定反应器压力降是压力平衡计算的重要环节。

1. 内构件压力降计算

内构件压力降计算主要是分配器的压力降计算。

（1）泡罩型分配器压力降计算

$$\lg(\Delta P') = 1.5095\left(\frac{Q}{1000}\right)^{-0.088} + 0.035u_g$$

$$\Delta P = 0.7218\Delta P'$$

式中 ΔP——分配器的压力降，MPa；

Q——操作状态下的液相负荷，cm^3/h；

u_g——操作状态下的喷口气速，m/s。

1）节流孔压力降计算

① 计算公式 1(通用型)：

$$\Delta P_1 = C_1 \cdot \frac{G_2^2}{2\rho_L} \cdot \left(1+\frac{\rho_L}{\rho_G} \cdot \chi^{1.5}\right) \cdot \left[1-\left(\frac{2A_2}{A_1}\right)^2\right]$$

② 计算公式 2(UOC 型)：

$$\Delta P_1 = K_1 \cdot e^{\beta_1} \cdot \frac{G_1^2}{2\rho_L} \cdot \left(1+\frac{\rho_L}{\rho_G - 1} \cdot \chi^{1.5}\right)$$

③ 计算公式 3(新型)：

$$\Delta P_1 = K_2 \cdot e^{\beta_2} \cdot \frac{G_2^2}{2\rho_L} \cdot \left(1+\frac{\rho_L}{\rho_G - 1} \cdot \chi^{1.5}\right)$$

式中 ΔP_1——节流孔的压力降，Pa；

K_1、K_2、β_1、β_2、C_1——回归系数；

G_1、G_2——节流孔的质量流量，$kg/(m^2 \cdot s)$；

χ——质量含气率，%；

A_1、A_2——急冷氢各流道的面积，m^2；

ρ_L、ρ_G——操作状态下的液体密度、气体密度，kg/cm^3。

2）方箱压力降计算

① 计算公式 1(通用型)：

$$\Delta P_2 = C_2 \cdot \frac{G_1^2}{2\rho_L} \cdot \left(1+\frac{\rho_L}{\rho_G - 1} \cdot \chi^{1.5}\right)\left[1-\left(\frac{A_4}{A_3}\right)^2 \cdot \left(\frac{A_2}{A_4}\right)^2\right]$$

式中 A_2、A_3、A_4——急冷氢各流道的面积，m^2；

C_2——回归系数；

G_1——方箱的质量流量，$kg/(m^2 \cdot s)$。

② 计算公式 2(UOC 型)：

$$\Delta P_2 = K_3 \cdot \frac{G_1^2}{2\rho_L} \cdot \left(1+\frac{\rho_L}{\rho_G - 1} \cdot \chi^{1.5}\right) - 264.44$$

式中 K_3——回归系数。

③ 计算公式 3(新型)：

$$\Delta P_2 = K_4 \cdot \frac{G_1^2}{2\rho_L} \cdot \left(1+\frac{\rho_L}{\rho_G - 1} \cdot \chi^{1.5}\right) - 400.4$$

式中 K_4——回归系数。

3）筛孔板压力降计算

$$\Delta P_3 = C_3 \cdot \left(\frac{A_2}{A_4}\right)^2 \cdot \left(1-\frac{2A_4}{A_5}\right)^2 \cdot \left(\frac{G_1^2}{2\rho_L}\right) \cdot \left(1+\frac{\rho_L}{\rho_G-1} \cdot \chi\right)$$

式中 C_3——回归系数。

4）急冷氢箱的总压力降计算

$$\Delta P = \Delta P_1 + \Delta P_2 + \Delta P_3$$

（2）喷射型分配器压力降计算

$$\lg(\Delta P') = 1.0485(u_g)^{0.366} + 2.6483(u_L)^{0.549}$$

$$\Delta P = 1.3332 \times 10^{-4} \Delta P'$$

式中 u_L——操作状态下的喷口液速，m/s。

2. 催化剂床层压力降计算公式

加氢裂化装置的反应器为典型的滴流床反应器。滴流床反应器内催化剂床层压力降大小与床中流型有很大关系。在反应器尺度上，一般可将气、液两相流动划分四个主要的流型：滴流、脉动流、喷射流以及鼓泡流。在颗粒尺度上，颗粒表面上液体流动形态也有不同，如膜、溪流、液滴等形态。滴流出现在气液进料流速相对较低的情况下；脉动流则发生在气液进料流速相对较高的情况下；当气体流速很高而液体流速仍然很低时发生喷射流；相反，高液速低气速则发生鼓泡流。反应器在加氢裂化装置这样的高压下操作时，流型转变与常压下不同。差异在于对流型转变的定量描述。现有模型或为经验关联，或基于流动稳定性原理导出不同的判据，多用于滴流与脉动流间的界定。

大量经验关联式用于计算压降，适用不同的物系及操作范围。主要的两相压降关联法有：纯经验关联式；以动量、能量守恒为基础，用相似参数表示的关联式；根据因次分析建立无因次关联式；方程计算压降。计算压降的模型大致可分为两类，即确定性模型和随机模型。

（1）Larkin 公式

$$\lg\left(\frac{\delta_{lg}}{\delta_l+\delta_g}\right) = \frac{K_1}{(\lg\chi)^2+K_2}$$

$$\delta = \left(150\mu\,\frac{1-\varepsilon_b}{d_p \cdot \rho \cdot u_0}\right) + 1.75\left[\frac{(1-\varepsilon_b)}{(\varepsilon_b)^3}\,\frac{\rho \cdot u_0^2}{d_p}\right]$$

$$\left(\frac{\Delta P}{\Delta L}\right)_{lg} = \delta_{lg} - h_1 \cdot \rho_1 - (1-h_1) \cdot \rho_g$$

$$\lg h_1 = A + B\lg\chi - C(\lg\chi)^2$$

$$\chi = (\delta_1+\delta_g)^{\frac{1}{2}}$$

式中 ΔP——催化剂床层压力降，MPa；

K_1——气液传质系数，cm/s；

K_2——液固传质系数，cm/s；

d_p——催化剂颗粒粒径，cm；

ε_b——床层空隙率；

h_1——床层空隙容积持液分率；

ΔL——床层高度，m；

μ——操作状态下的黏度，kg/(m · s)；

μ_0——操作状态下的表观气速，m/s；

δ_{lg}——流体通过单位床层高度的能量损失；

δ_l——液体通过单位床层高度的能量损失；

δ_g——气体通过单位床层高度的能量损失；

A、B、C——系数。

适用范围：催化剂直径大于1.59mm。

对于加氢裂化反应：$K_1=0.62$，$K_2=0.83$，$A=0.440$，$B=0.4$，$C=0.12$。

（2）Clements-Schmidt 公式

$$\frac{\left(\frac{\Delta P}{\Delta L}\right)_{lg}}{\left(\frac{\Delta P}{\Delta L}\right)_{g}}=1.507\mu\cdot d_p\left(\frac{\varepsilon_b}{1-\varepsilon_b}\right)^3\cdot\left(\frac{Re_G\cdot We_G}{Re_L}\right)^{-\frac{1}{3}}$$

$$We_G=\frac{(\mu_g)^2\cdot d_p\cdot\rho_g}{\delta_l}$$

（3）Turpin-H 公式

$$\ln f_{lg}=7.625-1.047\ln z'+0.009(\ln z')^2-0.022(\ln z')^3$$

$$f_{lg}=\left(\frac{\Delta P}{\Delta Z}\right)\cdot\frac{d_e}{2(u_g)^2\cdot\rho_G}$$

$$z'=\frac{(Re_G)^{1.167}}{(Re_L)^{0.767}}$$

$$d_e=\frac{2\varepsilon_b\cdot d_p}{3(1-\varepsilon_b)}$$

（4）Ergun 方程

1）单相流 Ergun 方程

单相流体质量速度分别与两相同时通过床层时相同。

$$\Delta P=A\left[\frac{(1-\varepsilon_b)^2\cdot\mu\cdot u}{(d_p)^2\cdot(\varepsilon_b)^3}\right]+B\cdot\frac{1-\varepsilon_b}{(\varepsilon_b)^3}\cdot\frac{\rho\cdot u^2}{d_p}$$

式中　A——常数，150；

B——常数，1.75；

u——操作状态下的线速度，m/s。

2）两相流 Ergun 方程

黏性力与惯性阻力系数 A、B 不是常数，与催化剂及床层特性有关。

$$\Delta P=A\left[\frac{(1-\varepsilon_b)^2\cdot\mu\cdot u}{(d_p)^2\cdot(\varepsilon_b)^3}\right]+B\cdot\frac{1-\varepsilon_b}{(\varepsilon_b)^3}\cdot\frac{\rho\cdot u^2}{d_p}$$

式中　A——常数，$A=73C^2\cdot r$；

B——常数，$B=0.5808C^3$；

其中　$C=1-d\ln\varepsilon$

$$d=0.7184+0.03634\frac{\delta}{\varphi_s}$$

$$r=-0.3086+\frac{1.3135}{\delta}$$

$$\delta=\frac{3(1-\varepsilon)}{2\varepsilon}$$

（5）Levec 方程

Levec 利用传统的相对渗透率概念和毛细管压力降计算方法，模拟气、液两相并流的滴流床反应器，提出了床层压力降与液体动持留量的关联式。

$$\Delta P_{LG}=\left[\frac{A\cdot Re_G}{Ge_G}+\frac{\frac{B\cdot(Re_G)^2}{(Ga)_G}}{K_G-1}\right]\cdot\rho_G$$

床层中液体动持留量：

$$\left[\frac{ARe_G+\frac{B\cdot(Re_G)^2}{(Ga)_G}}{K_G}\right]-\left(\frac{A\cdot(Re)_L}{Ga}+\frac{B\cdot(Re_L)^2}{(Ga)_L}\right)\cdot\rho_G\cdot(K_L\cdot\rho_L)=1$$

式中　ΔP_{LG}——气、液两相通过催化剂床层压力降，MPa/m；

K_G——气相的相对渗透率，$K_G=S_G^{4.8}$，$S_G=\frac{1-\varepsilon_L}{\varepsilon}$；

K_L——液相的相对渗透率，$K_L=S_L^{4.3}$，$S_L=\frac{\varepsilon_0}{\varepsilon-\varepsilon_s}$；

ε_0——液体在床层中的动持留量占床层体积的比率；

ε_s——液体在床层中的静持留量占床层体积的比率；

Ga_G、Ga_L——气、液相的伽利略常数；

A、B——系数。

（6）王月霞方程

王月霞等通过试验，发展了有效空隙率的概念。试验发现，两相并流通过滴流床反应器的过程中，气、液两相在各自有效的空间内流动，产生的压力降遵循 Ergun 方程的规律性：

$$\Delta P_G=A_G\left[\frac{(1-\varepsilon_G)^2\cdot\mu_G\cdot u_G}{(d_p)^2\cdot(\varepsilon_G)^3}\right]+B_G\cdot\frac{1-\varepsilon_G}{(\varepsilon_G)^3}\cdot\frac{\rho_G\cdot(u_G)^2}{d_p}$$

$$\Delta P_L=A_L\left[\frac{(1-\varepsilon_L)^2\cdot\mu_L\cdot u_L}{(d_p)^2\cdot(\varepsilon_L)^3}\right]+B_L\cdot\frac{1-\varepsilon_L}{(\varepsilon_L)^3}\cdot\frac{\rho_L\cdot(u_L)^2}{d_p}$$

式中　ΔP_G、ΔP_L——气、液通过催化剂床层压力降，MPa/m，在稳定条件下，$\Delta P_G=\Delta P_L=\Delta P_{LG}$；

μ_G、μ_L——操作状态下气、液的动力黏度，kg/(m · s)；

u_G、u_L——操作状态下气、液的空塔线速，m/s；

ρ_G、ρ_L——操作状态下气、液的密度，kg/cm³；

A_G、A_L、B_G、B_L——气、液两相的黏性阻力系数与惯性阻力系数，在催化剂特性和床层特性相同的情况下，$A_G=A_L$，$B_G=B_L$；

d_p——催化剂颗粒的当量粒径，$d_p=6\times\frac{V_p}{S_p}$，m；

V_p——催化剂体积，m³；

S_p——催化剂的外表面积，m²；

ε_G、ε_L——气、液并流通过滴流床反应器时各自的有效空隙率，它们与床层空隙率及床层剩余空隙率的关系为：$\varepsilon=\varepsilon_L+\varepsilon_G+\varepsilon_K$；

其中 $\varepsilon_K=\varepsilon_S\left[1-\exp\frac{-b}{(Re)^c}\right]$；

$b=20.473(\varphi_s)^2\cdot\varepsilon-2.396$；

$c=1.409(\varphi_s)^2\cdot\varepsilon^{0.5}-0.3696$；

$Re=Re_G+Re_L$；

$$Re_G=\frac{2d_p\cdot\rho_G\cdot u_G}{3(1-\varepsilon_G)};$$

$$Re_L=\frac{2d_p\cdot\rho_L\cdot u_L}{3(1-\varepsilon_L)};$$

$$\varepsilon_s=0.0586+\frac{0.003386}{E_\sigma};$$

$$E_\sigma=\frac{2d_p\cdot\rho_{LG}\cdot\varepsilon}{\sigma_L(1-\varepsilon)};$$

其中 φ_s——催化剂球形度，无因次；

σ——流体的表面张力，N/m；

G——气相；

L——液相。

这些压降关联式形式不同，其偏差的主要原因在于催化剂颗粒尺寸、操作条件和测试手段不同。在用以上各式计算压降时，实际上是假定整个催化剂床层空隙率恒定不变，但是在实际工业操作中，由于固体杂物的沉积使催化剂床层空隙率明显降低，因而催化剂床层的压力降在床层运转一段时间后会随时间延长急剧增大。

（7）经验公式 1

2017 年加氢裂化及渣油加氢专家班学员刘涛在完成大作业时，在实验室测定了蝶形催化剂直径 1.1~2.4mm 的催化剂的空隙率，如表 8-2-16 所示。

表 8-2-16 蝶形催化剂直径与孔隙率的关系

直径/mm	空隙率/%	直径/mm	空隙率/%
1.1	39.87	2.1	44.09
1.3	40.86	2.4	45.08
1.5	42.03		

对所得到的数据作图，见图 8-2-6。

从图 8-2-6 可以看到，催化剂直径和空隙率呈线性关系，$R^2=0.9894$。

加氢催化剂空隙率在 0.35~0.65 之间，拟合得到：压降与催化剂空隙率的 4.65 次方呈反比。结合 Ergun 方程：压降与催化剂床层高度呈正比、与物流黏度呈正比、与进料进料量呈正比、与反应器质量流速呈正比，得出以下经验公式：

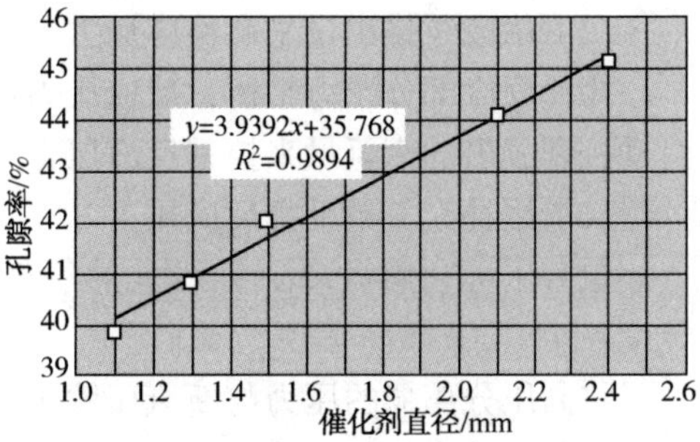

图 8-2-6　蝶形催化剂直径与孔隙率的关系

$$\Delta P=\alpha\cdot\Delta L\cdot\lg\frac{\mu\cdot F}{\varepsilon_{b}^{4.65}\cdot D^{2}}$$

式中　α——系数；

μ——原料油黏度(100℃)，mm^2/s；

F——原料油流量，t/h；

D——反应器直径，m；

上式对渣油加氢有较好的适应性。

(8) 经验公式 2

2017 年加氢裂化及渣油加氢专家班学员姚立松在完成大作业时，结合所在加氢裂化装置现状，总结的反应器压降计算公式为：

$$\Delta P=\alpha^{2}\cdot\frac{33.7857}{\mathrm{UOP}\cdot K}\cdot 10^{-5}\cdot\Delta L\cdot D\cdot\left(\frac{19}{P}\right)^{\left[1-\left(\frac{CAT+273.15}{653.15}\right)\right]}\cdot\rho\cdot F^{0.62}\cdot V^{0.67}\cdot\mu^{0.35}\cdot\varepsilon_{b}^{\left(\frac{2600}{CAT+275.15}\right)}$$

式中　α——污垢系数，对加氢裂化(SOR 及 EOR)取 1.0；拓展到渣油加氢，SOR：1.0，EOR：1.1~1.3；

P——反应器入口操作压力，MPa(表)；

CAT——催化剂平均操作温度,℃；

ρ——催化剂装填密度，kg/m^3；

F——原料油标准体积流率(15.6℃)，m^3/h；

V——反应器入口气体标准体积流率，Nm^3/h；

UOP·K——特性因数；

ΔL、μ——同前述 Larkin 公式；

D、ε——同前述经验公式 1。

(三) 反应部分压力平衡

1. 反应部分压力平衡的目的

加氢裂化装置的主要反应包括加氢精制反应和加氢裂化反应。加氢精制反应一般指杂原子的脱除反应，如加氢脱硫、加氢脱氮、加氢脱氧、加氢脱金属以及不饱和烃的加氢饱和等反应；加氢裂化反应主要是烃类的加氢异构化和裂化(包括开环)反应。这些反应都需要在氢压和双功能催化剂上进行，因此，为了维持反应系统氢压和提供反应所需的氢气，必须补充新鲜氢气或同时排放循环氢气，维持反应系统的压力平衡。

2. 反应部分压力平衡的方法

(1) 用废氢排出量平衡反应压力

为使反应部分压力平衡，反应压力可利用高压分离器后部废氢出口管线上的压力调节器自动控制放出的废氢量来控制反应压力。

(2) 用补充氢量平衡反应压力

氢分压可利用循环氢管线上的氢气分析器自动控制补入的新氢量，以保持循环氢的纯度。

将高压分离器的压力与新氢压缩机的流量串级，当高压分离器的压力下降时，说明化学氢耗增加，通过新氢压缩机的旁路线自动控制补充新氢，维持反应压力在规定的范围内；当高压分离器的压力上升时，说明化学氢耗减少，通过新氢压缩机的旁路线自动控制减少补充新氢，维持反应压力在规定的范围内。当然，为使反应压力在规定的范围内运转，在系统阻力增加以后，在新氢压缩机允许操作指标内，也可适当提高控制点的压力。

1) 补充新氢与循环氢压缩机出口的循环氢混合进入反应系统

高分压力及新氢压缩机压力控制系统流程见图 8-2-7。

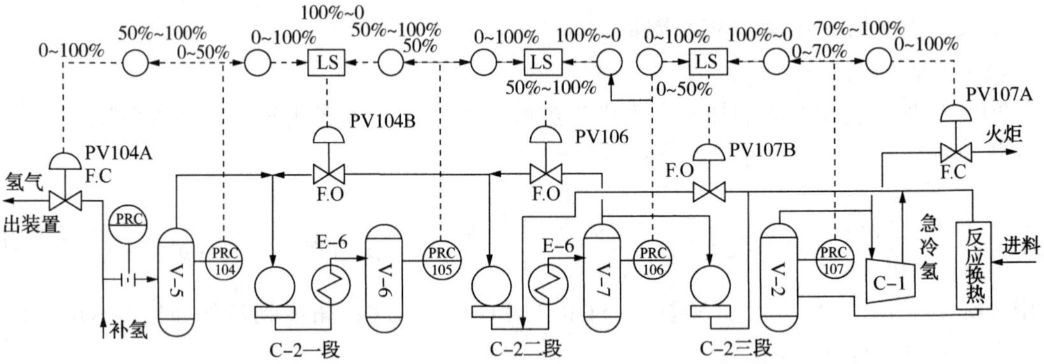

图 8-2-7　高分压力及新氢压缩机压力控制系统流程

C-2—新氢压缩机；V-5—新氢压缩机一段入口分液罐；V-6—新氢压缩机二段入口分液罐；V-7—新氢压缩机三段入口分液罐；V-2—高压分离器；C-1—循环氢压缩机；E-5、E-6—新氢压缩机级间冷却器；LS—低值选择器；O—转换器

当高压分离器压力下降，其容器上的压力调节器 PRCl07 为正作用，因此输出在 0~70% 范围内时，经转换(反向)为 100%~0 进入低值选择器(LS)，当选上时，则由 PRCl07 控制补充氢压缩机三段出口返回阀 PVl07B。高分压力下降，则 PV107B 开度减小，返回量少，则去高分的氢气量多，促使高分压力上升；高分压力上升时调节器输出趋近 70%，经转换(反向)趋近于 0，三段出口返回阀 PVl07B 开度加大，返回量多，去高分的氢气量小，因而压力下降达到给定值。

当高压分离器压力上升，PRCl07 输出在 70%~100%范围时，经转换为 0~100%去作用 PV107A，即排废氢至火炬系统，只有在不正常时，加氢裂化装置才会出现。PRCl07 输出的另一路 0~70%信号经转换(反向)为 100%~0。因为信号>70%去低值选择器的信号为 0，当选上 PVl07B 时，则全开新氢压缩机三段出口返回阀 PVl07B，因此新氢压缩机三段入口分液罐压力上升，依此类推，返回量多，去高分的氢气量小，因而压力下降达到给定值。

每台调节器的输出，调节阀的开度见图 8-2-8。

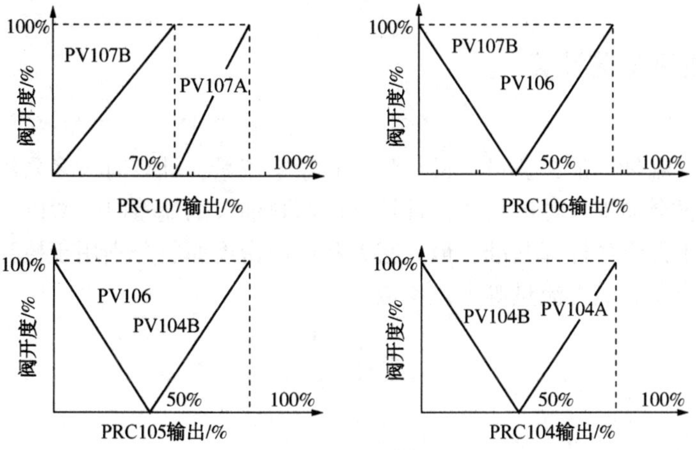

图 8-2-8　调节器的输出与调节阀开度的关系

2）补充氢气直接进入高压分离器

高分压力及新氢压缩机压力控制系统流程见图 8-2-9。

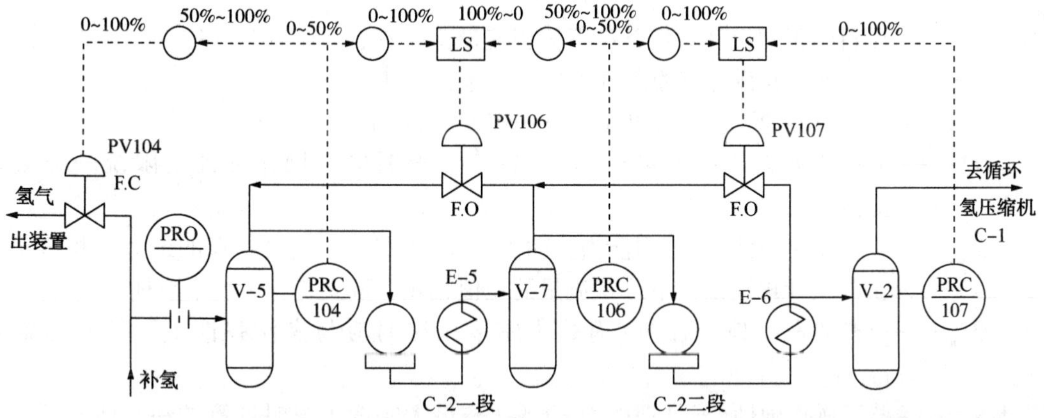

图 8-2-9　高分压力及新氢压缩机压力控制系统流程

C-2—新氢压缩机；V-5—新氢压缩机一段入口分液罐；V-6—新氢压缩机二段入口分液罐；V-7—新氢压缩机三段入口分液罐；V-2—高压分离器；C-1—循环氢压缩机；E-5、E-6—新氢压缩机级间冷却器；LS—低值选择器；O—转换器

如果氢气源的压力较高，经二段压缩后可以直接进入高压分离器时，可采用此控制系统流程。高压分离器上设有压力调节器 PRCl07，其输出经低值选择后控制压缩机二级出口返回二级入口调节阀的开度。PRCl07 为反作用调节器，高压分离器压力下降时，输出上升，使返回阀 PVC107 开度变小，因而返回的氢气量少而向高压分离器补充的氢气量多，促使高压分离器压力上升达到给定值。根据往复式压缩机的性能，新氢压缩机一段入口分液罐(V-5)压力也低，则自动增加补充氢气量。当高分压力上升时与此过程相反。

第三节 加氢裂化设备工艺计算

一、原料油泵工艺计算

(一) 流量

一般包括正常流量、最大流量、最小流量和额定流量，计算时大多采用体积流量。

加氢裂化装置会加工几种原料油，计算高压原料油泵的流量时一般以

设计原料为正常流量计算基准，最大密度和最小密度原料分别用于核算最大扬程、电动机功率、调节阀压降和最大流量等工艺参数。

正常流量：
$$Q_{nor}=\frac{W}{\rho}$$

最大流量：
$$Q_{max}=\frac{W\times x_{max}\%}{\rho}$$

最小流量：
$$Q_{min}=\frac{W\times x_{min}\%}{\rho}$$

额定流量：
$$Q_{rate}=\left(\frac{W\times x_{max}\%}{\rho}\right)\times(100\%-110\%)$$

式中 Q_{nor}——原料油正常设计规模条件下体积流量，m^3/h；

W——原料油正常设计规模条件下质量流量，kg/h；

ρ——高压原料油泵入口温度条件下的密度，kg/m^3；

Q_{max}——原料油最大体积流量(有最小密度工况时应与操作弹性上限统一考虑)，m^3/h；

x_{max}——装置操作弹性(或处理能力)上限(与最小密度工况时计算的最大体积流量与正常设计规模条件下体积流量的比值相比，取大者，一般不叠加)；

Q_{min}——原料油最小体积流量(有最大密度工况时应与操作弹性下限统一考虑)，m^3/h；

x_{min}——装置操作弹性(或处理能力)下限(与最大密度工况时计算的最小体积流量与正常设计规模条件下体积流量的比值相比，取小者)；

Q_{rate}——原料油额定体积流量(设计已考虑最大流量时，一般同最大流量，不再额外增加量)，m^3/h。

(二) 入口压力

加氢裂化装置存在冷进料和热进料工况时，计算泵入口系统阻力总和时应用冷进料工况的黏度；泵入口缓冲罐或分离器的液位应采用低低液位(联锁停泵前的液位)为计算基准；泵入口缓冲罐或分离器的压力应采用可能的最低压力。

$$P_{入}=P_{罐}+\frac{H_{液}\rho}{10^4}\times0.0980665-\Delta P_{管}-\Delta P_{过}-\Delta P_{孔}-\Delta P_{阀}$$

式中 $P_{入}$——泵的入口压力，MPa；

$P_{罐}$——泵入口罐的压力，MPa；

$H_{液}$——泵入口罐液位至泵轴入口中心线的液位高度，m；

ρ——泵入口温度条件下的密度，kg/m^3；

$\Delta P_{管}$——泵入口罐至泵入口的管线(弯头、三通可折合成当量长度)压降，MPa；

$\Delta P_{过}$——泵入口罐至泵入口设置的过滤器压降，MPa；

$\Delta P_{孔}$——泵入口罐至泵入口设置的孔板压降，MPa；

$\Delta P_{阀}$——泵入口罐至泵入口设置的阀门压降，MPa。

(三) 出口压力

加氢裂化装置加工的原料密度会变化、系统压力降会随着运转时间延长而增加，高压原料油泵出口压力应考虑最小原料密度工况、系统压力最苛刻工况和调节阀的适宜调节范围。

$$P_{出}=P_{入}+\frac{H\rho}{10^4}\times 0.0980665$$

对炉前混氢流程： $P_{出}=P_{压出}-\Delta P_{氢}+\Delta P_{换}+\Delta P_{阀}+\Delta P_{孔}+\Delta P_{管}$

对炉后混氢流程 $P_{出}=P_{压出}-\Delta P_{氢}+\Delta P_{换}+\Delta P_{阀}+\Delta P_{孔}+\Delta P_{管}+\Delta P_{炉}$

式中 $P_{出}$——高压原料油泵出口压力，MPa；

$P_{入}$——高压原料油泵入口压力，MPa；

H——高压原料油泵的扬程(取决于反应系统压力、调节阀压降等，随反应系统压力升高而升高)，m；

ρ——高压原料油泵入口温度条件下的密度，kg/m^3；

$P_{压出}$——循环氢压缩机的出口压力，MPa；

$\Delta P_{氢}$——循环氢压缩机出口至与原料油混合时的压降，MPa；

$\Delta P_{换}$——原料油与循环氢混合前原料油换热器的压降，MPa；

$\Delta P_{阀}$——原料油与循环氢混合前原料油经过的阀门压降，MPa；

$\Delta P_{孔}$——原料油与循环氢混合前原料油经过的孔板压降，MPa；

$\Delta P_{管}$——原料油与循环氢混合前原料油经过的管线(弯头、三通可折合成当量长度)压降，MPa；

$\Delta P_{炉}$——原料油与循环氢混合前原料油经过的加热炉压降，MPa。

(四) 功率和效率

1. 有效功率

$$N_C=\frac{QH\rho}{102} \quad 或 \quad N_C=\frac{Q'H\gamma}{367}$$

式中 N_C——有效功率，kW；

Q——输送温度下的流量，m^3/s；

Q'——输送温度下的流量，m^3/h；

H——扬程，m；

ρ——入口温度条件下的密度，kg/m^3；

γ——入口温度条件下的相对密度。

2. 轴功率

$$N=\frac{QH\rho}{102\eta} \quad 或 \quad N=\frac{Q'H\gamma}{367\eta}$$

式中 N——轴功率，kW；

η——泵的效率。

3. 效率

$$\eta=\frac{N_c}{N}\times100\%$$

一般高压原料油泵的效率在 50%~85%之间。

4. 电动机功率

$$N_m=K\frac{N}{\eta_t}$$

式中 η_t——电动机的传动效率，一般采用联轴器与轴直接传动时，取 $\eta_t=1$；采用齿轮传动时，取 $\eta_t=0.9\sim0.97$，一般不建议采用齿轮传动；

K——电动机额定功率安全系数，电动机的额定功率必须大于或等于 N_m，由于加氢裂化高压原料油泵轴功率均大于 75kW，一般取 $K=1.10$。

(五) 汽蚀余量

1. 汽蚀余量

泵进口处单位重量液体所具有的超过汽化压力的富余能量。

$$NPSH=\frac{100(P_S-P_V)}{\gamma}+\frac{V_S^2}{2g}$$

式中 $NPSH$——汽蚀余量，m；

P_S——泵基准面算起的入口压力，MPa；

P_V——泵入口温度条件下液体的饱和蒸气压，MPa，以蜡油为原料的加氢裂化装置高压原料油泵可取 $P_V=0$；

γ——泵入口温度条件下的相对密度；

V_S——泵入口温度压力条件下进口侧管线的流速(一般为平均速度)，m/s；

g——重力加速度，9.81m/s²。

基准面定义：由于加氢裂化装置高压原料油泵一般均为多级离心泵，基准面为泵轴入口中心线(也有以第一级叶轮为基准的说法)。

2. 必需汽蚀余量

泵进口处所必须具有的超过汽化压力的能量，表示为$(NPSH)_r$，一般由泵制造厂通过试验测定。估算$(NPSH)_{min}$的公式为：

$$(NPSH)_{min}=10\left(\frac{n\sqrt{Q}}{C}\right)^{1.33}$$

式中 $(NPSH)_{min}$——最小汽蚀余量，m；

n——泵轴转速，r/min；

Q——入口温度条件下的液体流量，m³/s(双吸时为$\frac{1}{2}Q$)；

C——汽蚀比转速，可由表 8-3-1、表 8-3-2 查取。

表 8-3-1　用泵轴转速求汽蚀比转速 C 值

$Q/(m^3/h)$	6	20	60	100	150	200	300	>300
$n/$(2900r/min)	400~450	550~600	750~800	900~1000	1000~1100	1100~1200	1200~1300	1250~1350
$n/$(1450r/min)	—	—	—	550~600	650~750	700~750	750~850	850~1000

表 8-3-2　用泵的比转速求汽蚀比转速 C 值

泵的比转速 n_s	50~70	71~80	81~150	151~200
C	600~750	800	800~1000	1000~1200

表 8-3-2 中大直径的高压泵取下线，泵的比转速 n_s 反映了叶轮的形状和泵的性能。

$$n_s=\frac{3.65n\sqrt{Q}}{H^{\frac{3}{4}}}$$

式中　n——泵轴转速，r/min；

Q——泵入口温度条件下的液体额定流量，m^3/s（双吸时为 $\frac{1}{2}Q$）；

H——扬程，m，多级泵为 $\frac{H}{i}$（i 为级数）。

3. 有效汽蚀余量

泵进口处系统提供给泵超过汽化压力的能量，表示为 $(NPSH)_a$，由泵入口管路特性决定，与泵结构无关。

加氢裂化装置存在冷进料和热进料工况时，计算有效汽蚀余量时应用热进料工况的温度条件，计算泵入口系统阻力总合时应用冷进料工况的黏度。

泵入口缓冲罐或分离器的液位应采用低低液位（联锁停泵前的液位）为计算基准；泵入口缓冲罐或分离器的压力应采用可能的最低压力。

$$(NPSH)_a=\frac{P_{VS}}{\gamma}\times100-h_{ls}+H_{gs}$$

式中　$(NPSH)_a$——有效汽蚀余量，m；

P_{VS}——入口缓冲罐压力，MPa；

γ——入口温度条件下的相对密度；

h_{ls}——入口系统阻力总合，m；

H_{gs}——入口缓冲罐低低液位至泵轴入口中心线的几何高度，m，泵轴入口中心线距地面的几何高度至少应考虑 0.3m。

4. 有效汽蚀余量的安全裕量

加氢裂化装置的高压离心泵由于投资大，设计计算时应充分考虑有效汽蚀余量的安全裕量 S。

$$(NPSH)_a-(NPSH)_r\geq S$$

高压原料油泵 S 值应不小于 0.8m；另一说法：$(NPSH)_a\geq1.25(NPSH)_r$

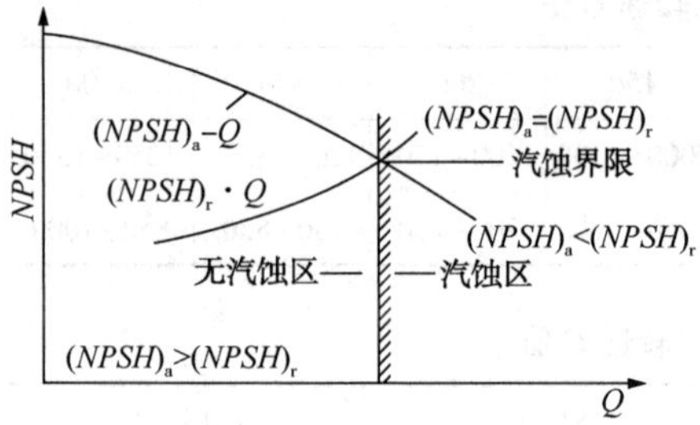

图 8-3-1　离心泵开始发生汽蚀的界限

5. 汽蚀的基本方程式

由图 8-3-1 可得出汽蚀基本方程式为：

$(NPSH)_a=(NPSH)_r$，汽蚀；

$(NPSH)_a<(NPSH)_r$，严重汽蚀；

$(NPSH)_a>(NPSH)_r$，无汽蚀。

（六）最小连续流量

1. 最小连续稳定流量

最小连续稳定流量是指泵在不超过标准规定的噪声和振动的限度下能够正常工作的最小流量，一般由泵厂通过试验测定并提供给用户。

2. 理论最小连续热流量 Q_{minr}

最小连续热流量是指泵在小流量条件下工作时，部分液体的能量转换成热能使进口处液体的温度升高，当液体温度达到使$(NPSH)_a$等于$(NPSH)_r$时，这一温度即为产生汽蚀的临界温度，泵在低于该点温度下能够正常工作的流量就是泵的最小连续热流量，计算方法：

① 高压泵进口处液体温升原则：使$(NPSH)_a>(NPSH)_r$；

② 高压泵进口处液体温升计算公式：

$$\Delta t=\frac{(1-\eta)\cdot H}{102Cp\cdot\eta}$$

$$\Delta t=t_2-t_1$$

式中　Δt——高压泵入口操作条件下液体温升，℃；

t_1——高压泵入口操作条件下液体温度，℃；

t_2——高压泵入口操作条件下液体温升后的温度，℃；

η——高压泵操作条件下的效率，%；

Cp——高压泵入口操作条件下液体定压比热容，kJ/(kg·K)。

③ 高压泵进口处液体允许温升 Δt_a 的计算方法：

$$t_2\Rightarrow(P_V)_{t_2}\xrightarrow{+(NPSH)_a}P_0\Rightarrow t_2'\xrightarrow{-t_1}\Delta t_a$$

式中　t_2——高压泵入口操作条件下液体温升后的温度，℃；

$(P_V)_{t_2}$——t_2 温度下高压泵入口液体的饱和蒸气压，MPa；

P_0——高压泵入口压力，MPa；

t_2'-P_0 对应的液体饱和温度，℃。

一般要求 $\Delta t_a>\Delta t$。

④ 最小连续热流量下的效率计算：

$$\eta_m=\frac{H_0}{102\Delta t_a\cdot Cp+H_0}$$

式中　η_m——高压泵最小连续热流量下的效率，%；

H_0——高压泵出口阀接近关闭（流量近视近似为 0）时的扬程，m。

⑤ 实际最小连续热流量 Q_{minr}：

$$\eta_m\xrightarrow{\text{泵实际的 }\eta-Q\text{ 曲线}}Q_{minr}$$

⑥ 一般高压原料油泵、高压循环油泵、高压油洗泵和高压贫溶剂泵的最小连续热流量按 $Q_{minr}=(30\%\sim40\%)Q_{rate}$ 估算。

3. 最小流量的设置

最小流量的设置如图 8-3-2 所示。

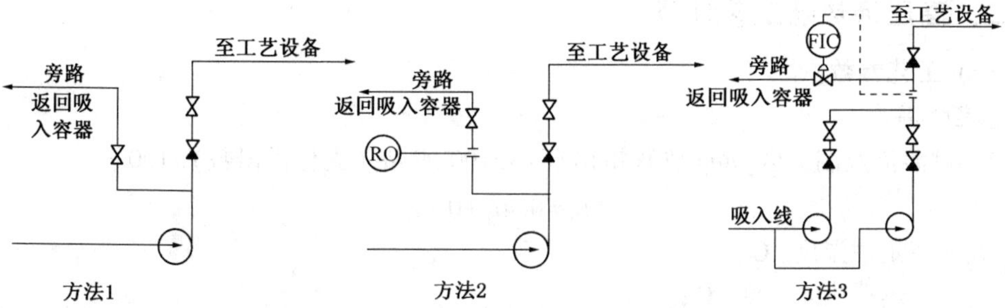

图 8-3-2　高压泵最小流量的设置

由于高压原料油泵、高压循环油泵、高压油洗泵和高压贫溶剂泵要求高的可靠性，建议采用方法 3 的设置方式设计最小流量线。

（七）关闭压力和关闭扬程

关闭扬程是泵为零流量下的扬程（H_1），一般 $H_1=nH_3$（H_3 为额定流量对应的泵扬程），其中 $n=1.1\sim1.25$，最终值由制造厂提供。要求泵具有平坦连续上升型性能曲线，不许有驼峰时，可要求额定工况点到关死点扬程上升不超过 20%。如图 8-3-3 所示。

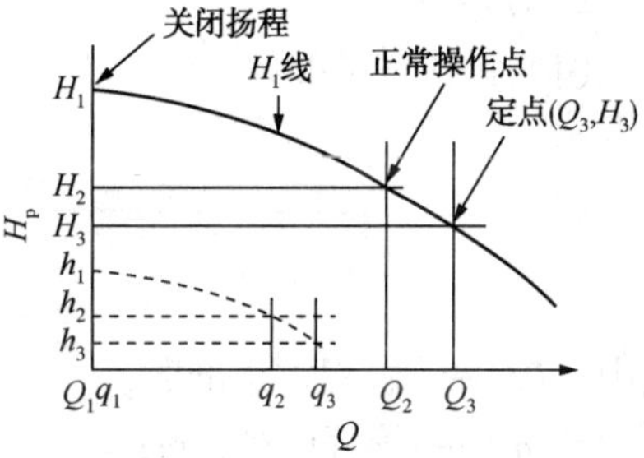

图 8-3-3　离心式高压泵关闭扬程

关闭压力是指离心式高压泵为零流量时泵的出口压力等于泵零流量的入口压力加上泵的关闭扬程 H_1，即 $P_{出}=P_{0入}+H_1$。

泵出口管线、阀门及所在设备的设计压力应等于或大于关闭压力。关闭压力大，则设计压力高；反之亦然。

（八）安装高度

$$H_{gs}=\frac{10^2(P_{VS}-P_V)}{\gamma}-(NPSH)_r-h_{ls}$$

式中　H_{gs}——高压泵的允许安装高度，m。

（九）扬程

一般扬程计算通式：

$$H_{gs}=\frac{(P_{VS}-P_d)}{9.81\times\gamma}+H_d+H_s+h_d+h_s+\frac{V_d^2-V_s^2}{2\times9.81}$$

式中　H——高压泵的扬程，m；

P_d——排出侧容器液面的压力或排出侧需要的压力，m；

H_d——高压泵排出侧低低液位至泵轴入口中心线的几何高度，m；

H_s——高压泵入口缓冲罐低低液位至泵轴入口中心线的几何高度，m；

h_d——排出侧管系的阻力头，m，以排出侧需要的压力为基准时，此值为 0；

h_s——吸入侧管系的阻力头，m；

V_d——排出侧管内液体的流速，m/s；

V_s——吸入侧管内液体的流速，m/s。

加氢裂化装置扬程的计算随系统压力的不同而变化，富余的扬程一般由调节阀消耗。

二、高压换热器工艺计算

（一）工艺参数

1. 定性温度

（1）过渡流及湍流区[Re_i(管程雷诺数)>2100 或 Re_o(壳程雷诺数)>100]

$$t_D = 0.4t_h + 0.6t_c$$

式中 t_D——定性温度,℃；

t_h——热端流体温度,℃；

t_c——冷端流体温度,℃。

（2）层流区($Re_i \leqslant 2100$ 或 $Re_o \leqslant 100$)

$$t_D = 0.5(t_h + t_c)$$

2. 雷诺准数

（1）管程雷诺准数

$$Re_i = \frac{d_i G_i}{\mu_{iD}}$$

$$G_i = \frac{W_i}{S_i}$$

式中 Re_i——管程雷诺准数；

d_i——管程内径，m；

G_i——管程介质的质量流速，kg/(m² · s)；

S_i——管程流通截面积，m²；

W_i——管程介质流率，kg/s；

μ_{iD}——管程介质在定性温度下的黏度，Pa · s。

（2）壳程雷诺准数

$$Re_o = \frac{d_e G_o}{\mu_{oD}}$$

$$G_o = \frac{W_o}{S_o}$$

式中 Re_o——壳程雷诺准数；

G_o——壳程介质的质量流速，kg/(m² · s)；

W_o——壳程介质流率，kg/s；

μ_{oD}——壳程介质在定性温度下的黏度，Pa · s。

3. 普兰特准数

（1）管程普兰特准数

$$Pr_i = \frac{Cp_{iD} \cdot \mu_{iD}}{\lambda_{iD}} \times 1000$$

式中　Pr_i——管程普兰特准数；

Cp_{iD}——管程介质在定性温度下的比热容，kJ/(kg·K)；

λ_{iD}——管程介质在定性温度下的导热系数，W/(m·K)。

(2) 壳程普兰特准数

$$Pr_o = \frac{Cp_{oD} \cdot \mu_{oD}}{\lambda_{oD}} \times 1000$$

式中　Pr_o——壳程普兰特准数；

Cp_{oD}——壳程介质在定性温度下的比热容，kJ/(kg·K)；

λ_{oD}——壳程介质在定性温度下的导热系数，W/(m·K)。

4. *管壁温度*

(1) 热流体走管程时

$$t_w = \frac{h_{io}}{h_{io}+h_o}(t_{iD}+t_{oD})+t_{oD}$$

式中　t_w——管壁温度，℃；

h_{io}——管内膜传热系数(以光管外表面积为基准)，W/(m²·K)；

h_o——管外膜传热系数(以光管外表面积为基准)，W/(m²·K)；

t_{iD}——管程介质的定性温度，℃；

t_{oD}——壳程介质的定性温度，℃。

(2) 热流体走壳程时

$$t_w = \frac{h_o}{h_{io}+h_o}(t_{oD}+t_{iD})+t_{iD}$$

5. *有效平均温差*

(1) 算术平均温差(图 8-3-4)

$$\Delta t_m = \frac{\Delta t_h + \Delta t_c}{2}$$

$$\Delta t_h = T_1 - t_2$$

$$\Delta t_c = T_2 - t_1$$

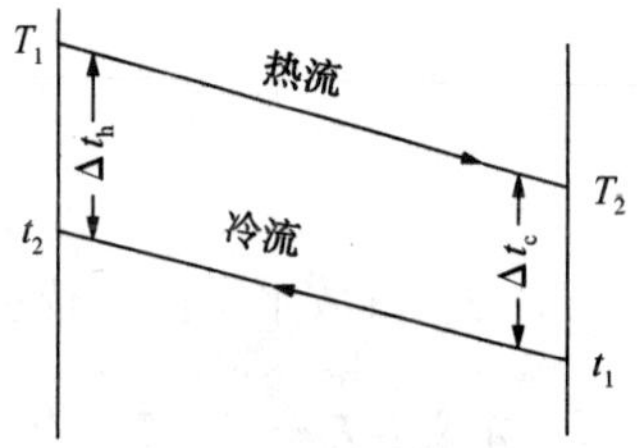

图 8-3-4　管壳式高压换热器温差计算示意

式中　Δt_m——算术平均温差，℃，适用于 $\left|\frac{\Delta t_h}{\Delta t_c}-1\right|<0.1$；

Δt_h——热端温差，℃；

T_1——热流体进口温度，℃；

t_2——冷流体出口温度，℃；

Δt_c——冷端温差，℃；

T_2——热流体出口温度，℃；

t_1——冷流体进口温度，℃。

(2) 对数平均温差(图 8-3-5)

$$\Delta T_{\mathrm{m}}=\frac{\Delta t_{\mathrm{h}}+\Delta t_{\mathrm{c}}}{\ln\left(\frac{\Delta t_{\mathrm{h}}}{\Delta t_{\mathrm{c}}}\right)}$$

式中　ΔT_{m}——对数平均温差,℃，适用于$\left|\frac{\Delta t_{\mathrm{h}}}{\Delta t_{\mathrm{c}}}-1\right|\geqslant 0.1$。

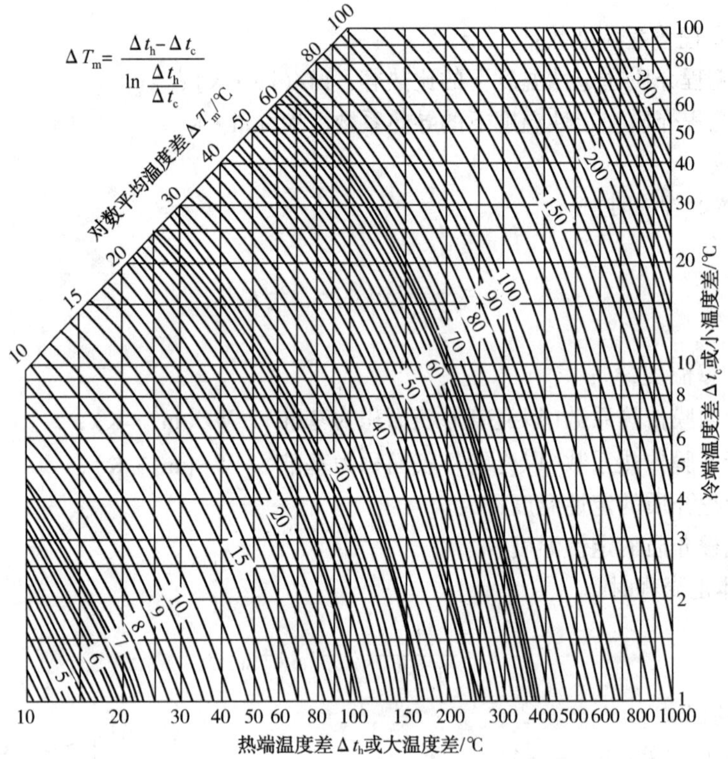

图 8-3-5　对数平均温差计算示意图

(3) 对数平均温差校正系数

定义：$R=\frac{T_1-T_2}{t_2-t_1}$，$P=\frac{t_2-t_1}{T_1-t_1}$

当$|R-1|\leqslant 10^{-3}$时,

$$P_{\mathrm{n}}=\frac{P}{N-N\cdot P+P}$$

$$F_{\mathrm{T}}=\frac{\dfrac{\sqrt{2}P_{\mathrm{n}}}{1-P_{\mathrm{n}}}}{\ln\left(\dfrac{\dfrac{2}{P_{\mathrm{n}}}-1-R+\sqrt{R^2+1}}{\dfrac{2}{P_{\mathrm{n}}}-1-R-\sqrt{R^2+1}}\right)}$$

当$|R-1|>10^{-3}$时，

$$P_n=\frac{1-\left(\dfrac{1-P\cdot R}{1-P}\right)^{\frac{1}{N}}}{R-\left(\dfrac{1-P\cdot R}{1-P}\right)^{\frac{1}{N}}}$$

$$F_T=\frac{\dfrac{\sqrt{R^2+1}}{R-1}\ln\dfrac{1-P_n}{1-P_n\cdot R}}{\ln\left(\dfrac{\dfrac{2}{P_n}-1-R+\sqrt{R^2+1}}{\dfrac{2}{P_n}-1-R-\sqrt{R^2+1}}\right)}$$

式中　F_T——对数平均温差校正系数(图8-3-6~图8-3-8)；

N——换热器串联台数或串联壳程数；

P_n——换热器的错流数。

当计算F_T时，若分母对数项为零或负数时，可将原来的R取成倒数$\frac{1}{R}$，并用$P\times R$代替公式中的P，重新代入公式计算，看是否能得到解。若F_T无解或F_T虽有解但小于0.7时，表明应增加换热器串联台数N或重新切割冷热流温度。

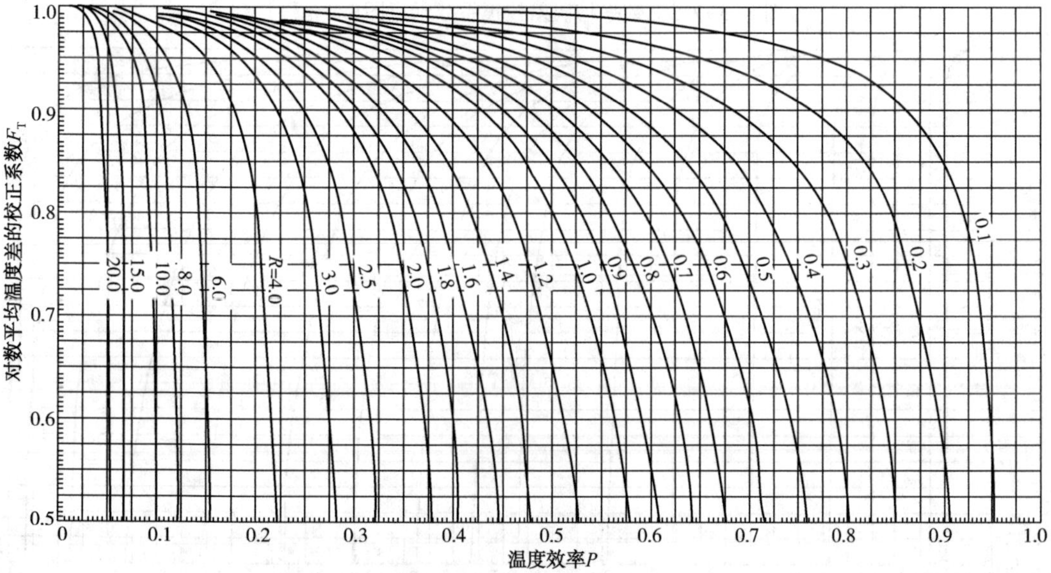

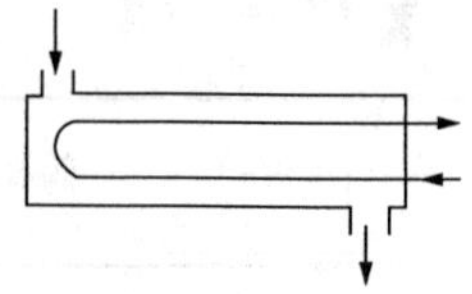	单壳程换热器	一台	(管程数=2、4……偶数)
	$P=\dfrac{t_2-t_1}{T_1-t_1}$	$R=\dfrac{T_1-T_2}{t_2-t_1}$	$F=\dfrac{\Delta T}{\Delta T_m}$

图8-3-6　对数平均温差校正系数示意图(单壳程)

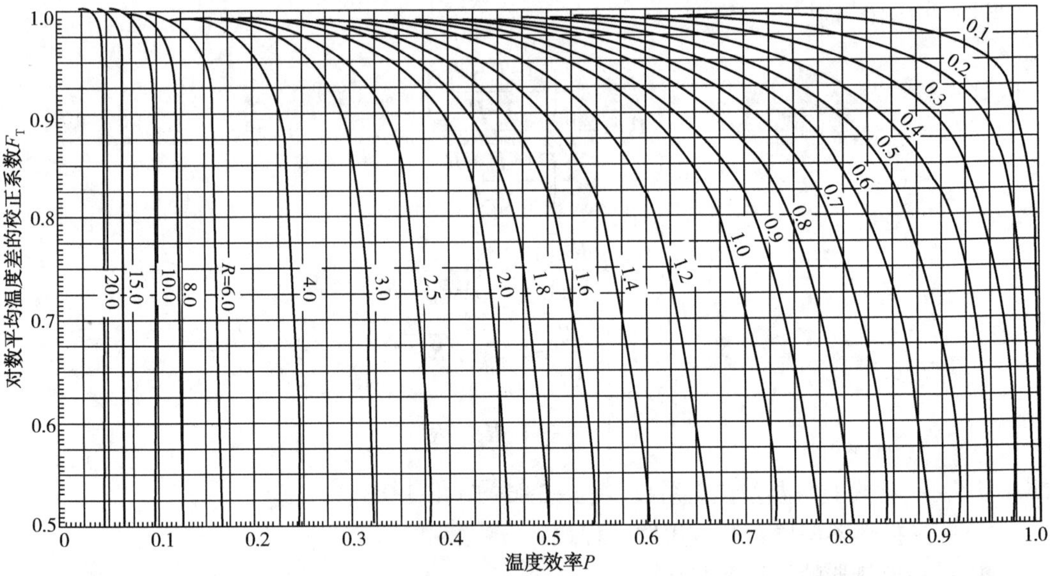

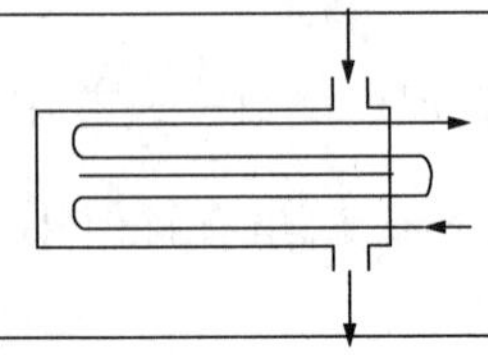

单壳程换热器　两台串联　(管程数=2、4……偶数)

双壳程换热器　一台　(管程数=4、8……偶数)

$P=\frac{t_2-t_1}{T_1-t_1}$　$R=\frac{T_1-T_3}{t_3-t_1}$　$F=\frac{\Delta T}{\Delta T_m}$

图 8-3-7　对数平均温差校正系数示意图(双壳程)

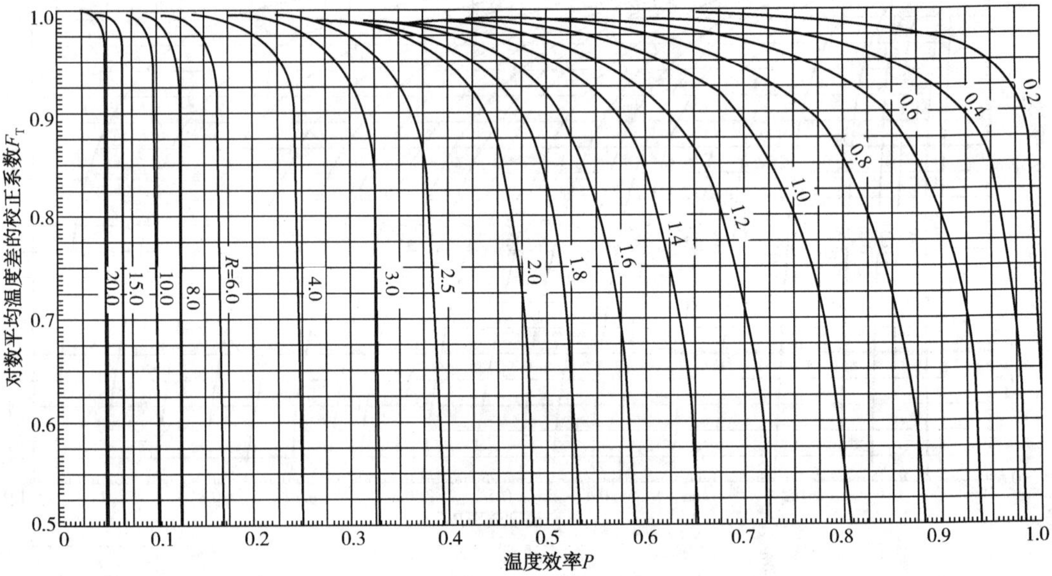

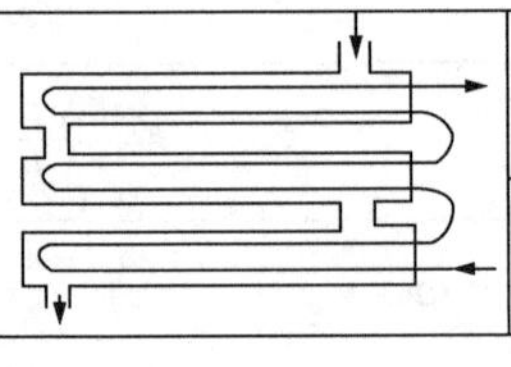

单壳程换热器　三台串联　(管程数=2、4……偶数)

$P=\frac{t_2-t_1}{T_1-t_1}$　$R=\frac{T_1-T_2}{t_2-t_1}$　$F=\frac{\Delta T}{\Delta T_m}$

图 8-3-8　对数平均温差校正系数示意图(三壳程)

(4) 有效平均温差

$$\Delta t=\Delta t_{m}\times F_{T}$$

式中　Δt——有效平均温差,℃。

6. 结垢热阻

Kern 从理论上得出的管内结垢热阻与流速和运转时间等因数的关系为：

$$r_{\theta}=\frac{\delta_{\theta}}{\lambda_{d}}=r_{\theta}^{*}[1-\exp(-B\theta)]$$

$$r_{\theta}^{*}=A_{i}\frac{d_{i}^{4}}{W_{i}}$$

$$B=A_{2}\frac{W_{i}^{2}}{d_{i}^{4}}$$

式中　r_{θ}——运转时间为 θ 时的结垢热阻，$(m^2\cdot K)/W$；

θ——运转时间，h；

δ_{θ}——运转时间为 θ 时的污垢厚度，mm；

λ_{d}——污垢的导热系数，$W/(m\cdot K)$；

r_{θ}^{*}——运转时间无限长的结垢热阻，$(m^2\cdot K)/W$；

A_1——与管程介质性质、温度等因数有关的常数；

A_2——与管程介质性质、温度等因数有关的常数。

(二) 管程膜传热系数

1. 管程传热因子

① 当 $Re_{i}\leqslant 2100$ 时：

$$J_{Hi}=1.86(Re_{i})^{\frac{1}{3}}\left(\frac{d_{i}}{L}\right)^{\frac{1}{3}}\times C_{1}$$

式中　J_{Hi}——管程传热因子(图 8-3-9)；

L——管长，m；

C_1——修正因子，一般取 1.2~1.3。

② 当 $2100<Re_{i}<10^4$ 时：

$$J_{Hi}=0.116[(Re_{i})^{\frac{2}{3}}-125]\cdot\left[1+\left(\frac{d_{i}}{L}\right)^{\frac{2}{3}}\right]$$

③ 当 $Re_{i}\geqslant 10^4$ 时：

$$J_{Hi}=0.023(Re_{i})^{0.8}$$

公式的实验误差：层流区($Re_{i}\leqslant 2100$)为±12%，湍流区($Re_{i}\geqslant 10^4$)为+15%~-10%。

2. 管内膜传热系数

$$h_{io}=\frac{\lambda_{iD}}{d_{o}}\cdot J_{Hi}\cdot Pr^{\frac{1}{3}}\cdot\phi_{i}$$

$$\phi_{i}=\left(\frac{\mu_{iD}}{\mu_{W}}\right)^{0.14}$$

式中　h_{io}——管内膜传热系数(以光管外表面积为基准)，W/(m^2·K)；

Φ_i——管程壁温校正系数；

μ_W——壁温下的黏度，Pa·s。

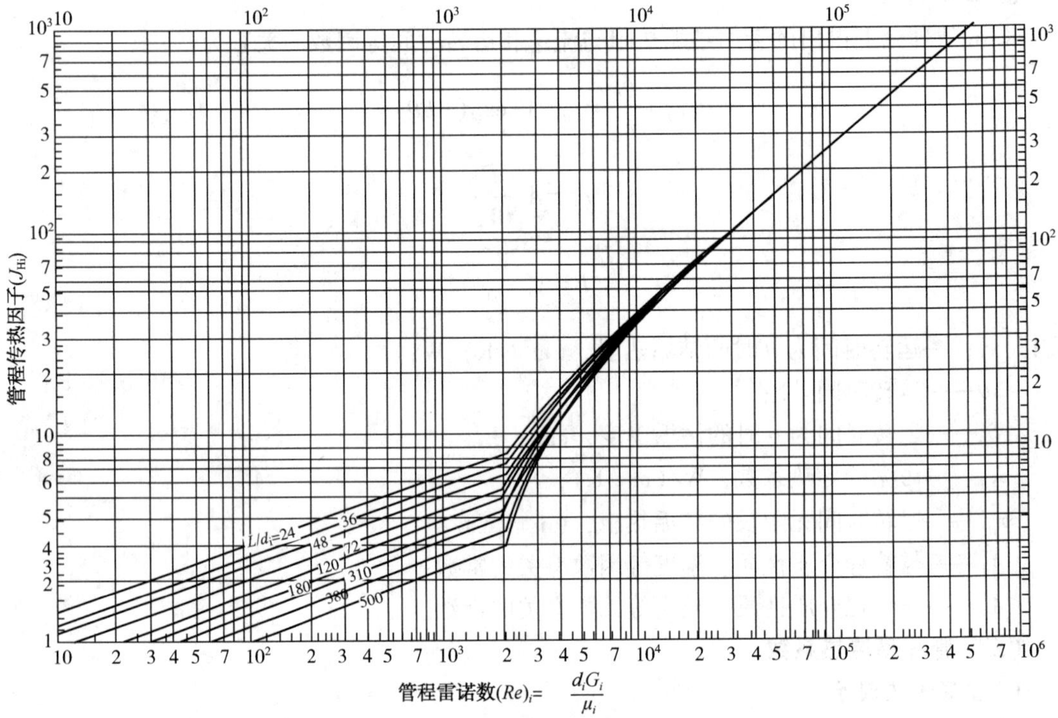

图 8-3-9　管程传热因子图

(三) 壳程膜传热系数

1. 壳程传热因子

(1) 单弓正方形或正方形排列斜转 45°排列的管束

① 当 $Re_o \leqslant 200$ 时：

$$J_{Ho}=0.641(Re_o)^{0.46}\cdot\left(\frac{Z-15}{10}\right)+0.731(Re_o)^{0.473}\cdot\left(\frac{25-Z}{10}\right)$$

式中　J_{Ho}——壳程传热因子；

Z——弓形折流挡板缺圆高度百分数，m，国标 $Z=25$。

② 当 $200<Re_o<10^3$ 时：

$$J_{Ho}=0.491(Re_o)^{0.51}\cdot\left(\frac{Z-15}{10}\right)+0.673(Re_o)^{0.49}\cdot\left(\frac{25-Z}{10}\right)$$

③ 当 $Re_o \geqslant 10^3$ 时：

$$J_{Ho}=0.378(Re_o)^{0.554}\cdot\left(\frac{Z-15}{10}\right)+0.41(Re_o)^{0.5634}\cdot\left(\frac{25-Z}{10}\right)$$

(2) 单弓正三角形排列的管束

① 当 $Re_o \leqslant 200$ 时：

$$J_{Ho}=0.641(Re_o)^{0.46}\cdot\left(\frac{Z-15}{10}\right)+0.731(Re_o)^{0.473}\cdot\left(\frac{25-Z}{10}\right)$$

② 当 $200<Re_o<5000$ 时：

$$J_{Ho}=0.491(Re_o)^{0.51}\cdot\left(\frac{Z-15}{10}\right)+0.673(Re_o)^{0.49}\cdot\left(\frac{25-Z}{10}\right)$$

③ 当 $Re_o \geqslant 5000$ 时：

$$J_{Ho}=0.350(Re_o)^{0.55}\cdot\left(\frac{Z-15}{10}\right)+0.473(Re_o)^{0.539}\cdot\left(\frac{25-Z}{10}\right)$$

2. 壳程膜传热系数

$$h_o=\frac{\lambda_{oD}}{d_e}\cdot J_{Ho}\cdot Pr^{\frac{1}{3}}\cdot\phi_o\cdot\varepsilon_h$$

$$\phi_o=\left(\frac{\mu_{oD}}{\mu_W}\right)^{0.14}$$

式中 h_o——壳程膜传热系数(以光管外表面积为基准)，W/(m^2·K)；

ϕ_o——壳程壁温校正系数；

ε_h——旁路挡板传热校正系数，推荐值见表 8-3-3。

表 8-3-3 旁路挡板传热校正系数

d_0/mm	700	800	900	1000	1100	1200	1300	1400	1500	1600	1700	1800
ε_h	1.18	1.17	1.15	1.14	1.13	1.12	1.11	1.10	1.09	1.08	1.07	1.06

(四) 总传热系数

$$K=\frac{1}{\frac{A_o}{A_i}\cdot\left(\frac{1}{h_i}+r_i\right)+\left(\frac{1}{h_o}+r_o\right)+r_p}$$

式中 K——总传热系数，(以光管外表面积为基准)，W/(m^2·K)；

A_o——光管外表面积，m^2；

A_i——光管内表面积，m^2；

h_i——管内膜传热系数(以光管内表面积为基准)，W/(m^2·K)；

h_o——管外膜传热系数(以光管外表面积为基准)，W/(m^2·K)；

r_i——管内流体的结垢热阻(以光管内表面积为基准)，(m^2·K)/W；

r_o——管外流体的结垢热阻(以光管外表面积为基准)，(m^2·K)/W；

r_p——管壁热阻，(m^2·K)/W，$r_p=\frac{d_o}{2\lambda_w}\cdot\ln\left(\frac{d_o}{d_i}\right)$，加氢裂化装置高压换热器常用材料典型管壁热阻见表 8-3-4。

表 8-3-4　加氢裂化装置高压换热器常用材料典型热阻

材料名称	导热系数/[W/(m^2·K)]	金属热阻/[(m^2·K)/W]			
		Φ19mm×1.665mm	Φ19mm×2mm	Φ25mm×2.5mm	Φ25mm×4.572mm
碳钢	46.7	0.000039	0.000048	0.00006	0.00074
铬钼钢	43.3	0.000042	0.000052	0.000064	0.0008
不锈钢	19	0.000096	0.000118	0.00015	0.00182

（五）热负荷

加氢裂化装置高压换热器热负荷计算时，一般不考虑热损失。热负荷一般按流体的平均比热和进口、出口温度来计算。

① 热流体放热量按下式计算：

$$Q=W_h \cdot \Delta H_h \qquad 或 \qquad Q=W_h \cdot C_{ph} \cdot (T_1-T_2)$$

式中　Q——热负荷，即热流体放热量，kW；

W_h——热流体流率，kg/s；

ΔH_h——热流体进口、出口焓差，kJ/kg；

C_{ph}——热流体平均比热容，kJ/(kg·K)；

T_1——热流体进口温度,℃；

T_2——热流体出口温度,℃。

② 冷流体吸热量按下式计算：

$$Q=W_c \cdot \Delta H_c \qquad 或 \qquad Q=W_c \cdot C_{pc} \cdot (t_2-t_1)$$

式中　Q——热负荷，即冷流体吸热量，kW；

W_c——冷流体流率，kg/s；

ΔH_c——冷流体进口、出口焓差，kJ/kg；

C_{pc}——冷流体平均比热容，kJ/(kg·K)；

t_1——冷流体进口温度,℃；

t_2——冷流体出口温度,℃。

（六）换热面积

1. 计算的换热面积

$$A_o=\frac{Q}{K \cdot \Delta t}$$

式中　A_o——计算的换热面积，m^2。

2. 换热面积富余量

$$CF=\frac{A_T-A_o}{A_o}\times 100\%$$

$$A_T=A \cdot N \cdot N_{pp}$$

式中　CF——换热面积富余量,%；

A_T——选用的换热面积，m^2；

A——单台换热器的工程传热面积，m^2；

N——串联台数；

N_{pp}——并联路数。

（七）管程压力降

1. 管内流动压力降

$$\Delta P_i = \frac{G_i^2}{2\rho_{iD}} \cdot \frac{L \cdot N_{tp}}{d_i} \cdot \frac{f_i}{\phi_i}$$

式中　ΔP_i——管内流动压力降，Pa；

N_{tp}——管程数；

ρ_{iD}——管程流体在定性温度下的密度，kg/m³；

f_i——管内摩擦系数(图 8-3-10)。

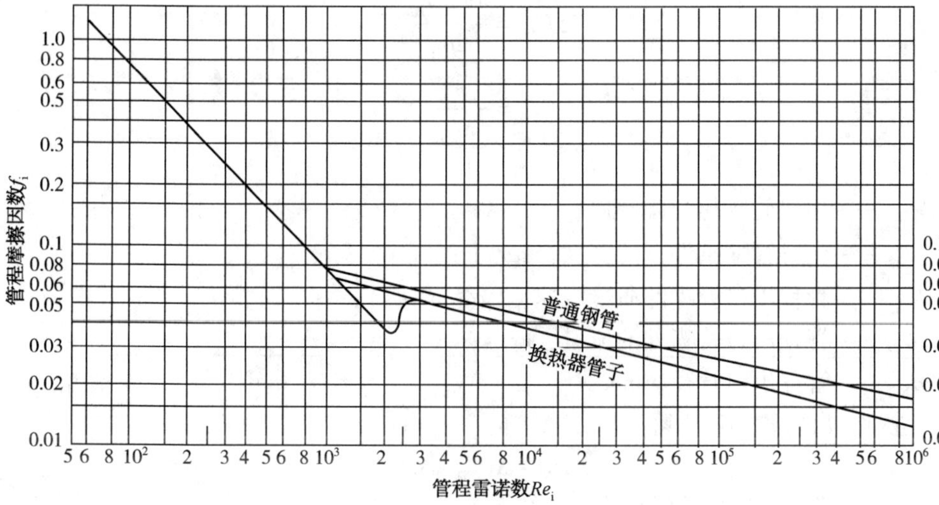

图 8-3-10　管程摩擦系数图

① 当 $Re_i<10^3$ 时：

$$f_i = 67.63 \cdot Re_i^{-0.9873}$$

② 当 $Re_i = 10^3 \sim 10^5$ 时：

$$f_i = 0.4513 \cdot Re_i^{-0.2653}$$

③ 当 $Re_i>10^5$ 时：

$$f_i = 0.2864 \cdot Re_i^{-0.2258}$$

2. 管程回弯压力降

$$\Delta P_r = \frac{G_i^2}{2\rho_{iD}} \cdot (4N_{tp})$$

式中　ΔP_r——管程回弯压力降，Pa。

3. 进口、出口管嘴压力降

(1) 进口管嘴压力降

$$\Delta P_{Ni1} = \frac{G_{Ni1}^2}{2\rho_{iD1}}$$

$$G_{Ni1}=\frac{W_{i1}}{\frac{\pi}{4}d_{Ni1}^2}$$

式中　ΔP_{Ni1}——进口管嘴压力降，Pa；

ρ_{iD1}——进口管嘴条件下的密度，kg/m^3；

G_{Ni1}——管程进口管嘴的质量流速，$kg/(m^2 \cdot s)$；

W_{i1}——管程进口管嘴处的流量，kg/s；

d_{Ni1}——管程进口管径，mm。

（2）出口管嘴压力降

$$\Delta P_{Ni2}=\frac{0.5G_{Ni2}^2}{2\rho_{iD2}}$$

$$G_{Ni2}=\frac{W_{i2}}{\frac{\pi}{4}d_{Ni2}^2}$$

式中　ΔP_{Ni2}——出口管嘴压力降，Pa；

ρ_{iD2}——出口管嘴条件下的密度，kg/m^3；

G_{Ni2}——管程出口管嘴的质量流速，$kg/(m^2 \cdot s)$；

W_{i2}——管程出口管嘴处的流量，kg/s；

d_{Ni2}——管程出口管径，mm。

（3）进口、出口管嘴压力降

$$\Delta P_{Ni}=\Delta P_{Ni1}+\Delta P_{Ni2}$$

式中　ΔP_{Ni}——进口、出口管嘴压力降，Pa。

（4）管程压力降

$$\Delta P_t=(\Delta P_i+\Delta P_r)\cdot F_t+\Delta P_{Ni}$$

式中　ΔP_t——管程压力降，Pa；

F_i——管程压力降污垢校正系数，可由表 8-3-5 查取。

表 8-3-5　管程压力降污垢校正系数

结垢热阻/[$(m^2 \cdot K)/W$]	0	0.00017	0.00034	0.00043	0.00052	0.00069	0.00086	0.00129	0.00172
F_i	1.00	1.20	1.35	1.40	1.45	1.50	1.60	1.70	1.80

（八）壳程压力降

1. 管束压力降

$$\Delta P_o=\frac{G_o^2}{2\rho_{oD}}\cdot\frac{D_s\cdot(N_b+1)}{d_e}\cdot\frac{f_o}{\phi_o}\cdot\varepsilon_{\Delta p}$$

式中　ΔP_o——管束压力降，Pa；

N_b——折流挡板数；

ρ_{oD}——壳程流体在定性温度下的密度，kg/m^3；

$\varepsilon_{\Delta p}$——旁路挡板压力降校正系数，推荐值见表 8-3-6；

表 8-3-6　旁路挡板压力降校正系数

d_0/mm	700	800	900	1000	1100	1200	1300	1400	1500	1600	1700	1800
$\varepsilon_{\Delta p}$	1.64	1.58	1.52	1.51	1.50	1.45	1.40	1.35	1.30	1.25	1.20	1.15

f_o——壳程摩擦系数，$Z=25$ 的标准尺寸，$f_o=f'_o$；

$$f_o=f'_o\cdot\frac{35}{Z+10}$$

其中　f'_o可按以下各式计算。

1）单弓正方形或正方形排列斜转 45°排列的管束

① 当 $10<Re_o\leqslant100$ 时：

$$f'_o=119.3\cdot Re_o^{-0.93}$$

② 当 $100<Re_o\leqslant1500$ 时：

$$f'_o=0.402+3.1\cdot Re_o^{-1}+3.51\times10^4\cdot Re_o^{-2}-6.85\times10^6\cdot Re_o^{-3}+4.175\times10^8\cdot Re_o^{-4}$$

③ 当 $1500<Re_o\leqslant15000$ 时：

$$f'_o=0.731\cdot Re_o^{-0.0774}$$

④ 当 $Re_o>15000$ 时：

$$f'_o=1.52\cdot Re_o^{-0.153}$$

2）单弓正三角形排列的管束

① 当 $10<Re_o\leqslant100$ 时：

$$f'_o=207.4\cdot Re_o^{-1.106}$$

② 当 $100<Re_o\leqslant1500$ 时：

$$f'_o=0.354+240.6\cdot Re_o^{-1}-8.28\times10^4\cdot Re_o^{-2}+1.852\times10^7\cdot Re_o^{-3}-1.107\times10^9\cdot Re_o^{-4}$$

③ 当 $1500<Re_o\leqslant15000$ 时：

$$f'_o=1.148\cdot Re_o^{-0.1475}$$

④ 当 $Re_o>15000$ 时：

$$f'_o=1.52\cdot Re_o^{-0.153}$$

2. 导流板或导流筒压力降

$$\Delta P_{ro}=\frac{G_{No}^2}{2\rho_{oD}}\cdot\varepsilon_{Ip}$$

式中　ΔP_{ro}——导流板或导流筒压力降，Pa。

3. 进口、出口管嘴压力降

（1）进口管嘴压力降

$$\Delta P_{No1}=\frac{G_{No1}^2}{2\rho_{oD1}}$$

$$G_{No1}=\frac{W_{o1}}{\frac{\pi}{4}d_{No1}^2}$$

式中　ΔP_{No1}——壳程进口管嘴压力降，Pa；

ρ_{oD1}——壳程进口管嘴条件下的密度，kg/m^3；

G_{No1}——壳程进口管嘴的质量流速，$kg/(m^2 \cdot s)$；

W_{o1}——壳程进口管嘴处的流量，kg/s；

d_{No1}——壳程进口管径，mm。

（2）出口管嘴压力降

$$\Delta P_{No2} = \frac{0.5G_{No2}^2}{2\rho_{oD2}}$$

$$G_{No2} = \frac{W_{o2}}{\frac{\pi}{4}d_{No2}^2}$$

式中　ΔP_{No2}——壳程出口管嘴压力降，Pa；

ρ_{oD2}——壳程出口管嘴条件下的密度，kg/m^3；

G_{No2}——壳程出口管嘴的质量流速，$kg/(m^2 \cdot s)$；

W_{o2}——壳程出口管嘴处的流量，kg/s；

d_{No2}——壳程出口管径，mm。

（3）进口、出口管嘴压力降

$$\Delta P_{No} = \Delta P_{No1} + \Delta P_{No2}$$

式中　ΔP_{No}——壳程进口、出口管嘴压力降，Pa。

（4）壳程压力降

$$\Delta P_s = \Delta P_o \cdot F_o + \Delta P_{ro} + \Delta P_{No}$$

式中　ΔP_s——壳程压力降，Pa；

F_o——壳程压力降污垢校正系数，可由表 8-3-7 查取。

表 8-3-7　壳程压力降污垢校正系数

结垢热阻/[$(m^2 \cdot K)/W$]	0	0.00017	0.00034	0.00043	0.00052	0.00069	0.00086	0.00129	0.00172
F_o	1.00	1.20	1.30	1.40	1.45	1.45	1.50	1.65	1.75

三、反应器工艺计算

（一）工艺参数

1. 催化剂加入量

在专利商提供操作条件后，根据反应器内不同催化剂的空速、催化剂的装填密度和加工原料的质量及体积流率，可分别计算催化剂的质量加入量和体积加入量。

$$V_Z = \frac{V_{LZ}}{V_{LS}} = \frac{C}{T} \cdot \frac{1}{V_{LS}} \qquad 或 \qquad V_V = \frac{V_{LV}}{V_{LV}} = \frac{C}{T} \cdot \frac{1}{\rho} \cdot \frac{1}{V_{LV}}$$

式中　V_Z——催化剂的质量加入量，t；

V_{LZ}——加工原料油的质量流率，t/h；

V_{LS}——计算催化剂的质量空速，h^{-1}；

C——装置的年加工量，t/a；

T——装置年加工时数，h；

V_V——催化剂的体积加入量，m^3；

V_{LV}——加工原料油的体积流率，m^3/h；

V_{LS}——计算催化剂的体积空速，h^{-1}；

ρ——原料油在标准状态下的密度，t/m^3。

催化剂的质量加入量与体积加入量的换算关系为：

$$V_Z = V_V \cdot d$$

式中　d——催化剂的装填密度，t/m^3。

催化剂的加入量也可由图 8-3-11 求取。

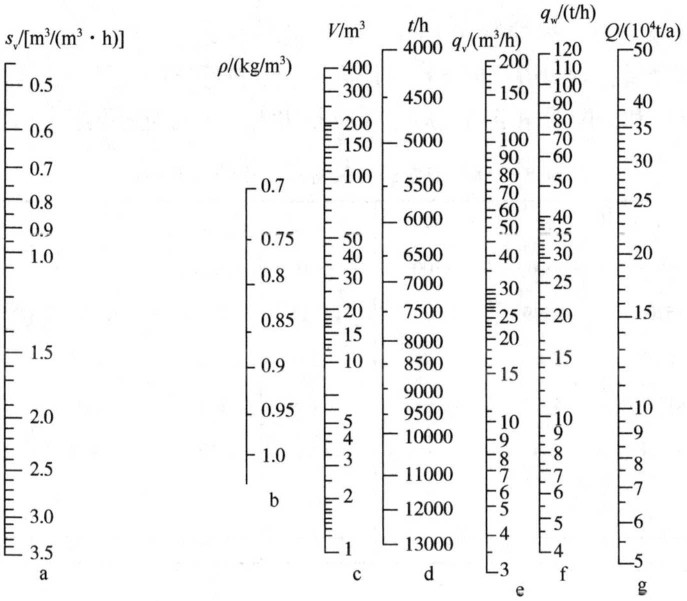

图 8-3-11　原料油量、空速和催化剂加入量的关系

2. 反应器的容积

$$V_r = \frac{V_V}{F_V}$$

式中　V_r——反应器容积，m^3；

V_V——催化剂的体积加入量，m^3；

F_V——有效利用系数(可装入催化剂的体积与反应器容积之比)。

由于反应器内件都要占据一定的空间，而这些空间本来是可以用来填充催化剂的。一般情况下，设有内保温的反应器，有效利用系数 0.5~0.6；无内保温的反应器，单床层反应器有效利用系数 0.75~0.94，两床层反应器有效利用系数 0.70~0.86，三床层反应器有效利用系数 0.68~0.80，四床层反应器有效利用系数 0.65~0.80。

3. 反应器的直径和高度

反应器的直径和高度没有严格限制，但考虑到反应热的排除、反应物与催化剂的接触效率、催化剂床层压降、流体分配、制造成本、大型化后的运输等原因，反应器直径不可过大和过小；考虑安全、催化剂压碎等因素，也不能过长或太短。因此，通常反应器设计是采用合理的总床高与直径之比，即高/径比确定。

高/径比的选择范围较广，2.5~17 均可。对于油品较轻、反应热不大的气相进料，当流体处于均相状态时，易于均匀分布，催化剂不需要分层设置时，可采用低的高/径比，如 1.5~5；而对于较重油品，分配情况是压力降和催化剂床层深度的函数，一方面需要一定高度的床层，即一定的压力降保证液体的良好起始分配；另一方面，床层深度过高，反而产生液体短路的机会，所以，在床层内必须设置再分配设施。由于反应热的排除和液体再分配都需要催化剂分层设置，因此，就需要较大的高/径比，一般选择 3.5~17，并通过床层压力降核算后确定。

反应器单个床层高度一般控制在 15m 以下，最好不要超过 9m。

确定反应器直径后，就知道了催化剂床层高度。安排好床层数量后，再加上冷氢盘空间高度、惰性填充物高度和分配器净空高度后，反应器切线高度就确定下来了，如表 8-3-8 所示。

表 8-3-8　加氢裂化装置反应器的工艺参数

装置	A	B	C	D	E	F	G	H
内径/mm	5200	3000	3800	3500	4200	3800	4400	4600
高度/mm	15700	18449	18186	14500	17900	12704	36400	28400
高/径比	3.02	6.15	4.79	4.14	4.26	3.34	8.27	6.17
容积/m^3	413.4	144.4	239	163.6	289.5	141	596.7	522.7
催化剂/m^3	351.8	126	191	120.2	197	94.7	416.1	315.6
床层数	1	2	2	3	4	4	6	6
有效利用系数	0.851	0.872	0.799	0.735	0.681	0.672	0.697	0.604

4. 反应器的冷氢量

石油加氢反应的脱硫、脱氮、烯烃饱和、芳烃饱和以及加氢裂化等大多为放热反应，只有蜡分子的异构化反应为吸热反应。因此，一般加氢反应总体表现出放热现象。为了使反应受控，并得到理想的产品分布，通常控制反应温升：一般加氢精制≤60℃；加氢裂化前加氢精制≤45℃；加氢裂化≤10~20℃。

为了取出反应器中多余热量，一般采用循环氢急冷。对于放热量特别大的情况，也有采用急冷油注入反应器床层间。一般急冷氢控制阀的设计最大流量为其正常量的 1~2 倍。

5. 反应器的压力降

压力降不可设计得过小，因为过小的压力降会使床层内流体分布不均；更不能设计过大，这不仅会使装置能耗增加，还会加大支撑内件的负荷，以及造成催化剂压碎。

合理的压力降范围是在开工初期干净床层情况下，反应器压降为：一般装填为 0.08~0.12MPa，密相装填为 0.18~0.25MPa。

反应器的压力降计算，应包括入口分配器、分布盘、冷氢箱、出口收集器和催化剂床层的阻力降。反应器内件的阻力降在设计内件尺寸时就应加以确定，如：入口分配器为0.003~0.006MPa；泡帽分布器为0.004~0.008MPa；冷氢箱为0.010~0.030MPa；支撑盘为0.003~0.006MPa；收集盘为0.004~0.007MPa。

催化剂床层的阻力降计算有多种关联式可供采用，如Larkins方程、Turpin公式、修正的Ergun和Larachi方程等可供选择。

（二）流体力学性能

1. 润湿率

润湿率是用来计算总反应速率方程，可通过示踪技术和化学反应法测定润湿率，其中化学法应用较多。

（1）计算方法1

$$f_w = 1.617 Re_i^{0.1461} Ga_i^{-0.07}$$

当 $0.161 < Re_i < 32$，$1.06\times10^4 < Ga_i < 7.23\times10^5$ 时

$$Re = \frac{L \cdot d_p}{\mu}$$

$$Ga = \frac{d_p^3 \cdot \rho_L^2 \cdot g}{u_L^2}$$

式中　f_w——润湿率；

Re——Reynolds准数，无因次；

L——表观质量流速，kg/(m²·s)；

μ——黏度，kg/(m·s)；

d_p——催化剂颗粒粒径，cm；

Ga——Galileo准数，无因次；

ρ_L——液体密度，kg/m³；

μ_L——液体黏度，kg/(m·s)。

（2）计算方法2

$$f_w = 1.104 Re_i^{\frac{1}{3}} \left(1 + \frac{\frac{\Delta p}{z} \rho_i g}{Ga_i^{\frac{1}{8}}} \right)$$

$$Re_i = \frac{u_{0l} \cdot d_p \cdot \rho_i}{\mu_i (1-\varepsilon_b)}$$

$$Ga_i = \frac{d_p^3 \cdot \rho_i^3 \cdot g \cdot \varepsilon_b^3}{u_i (1-\varepsilon_b)^3}$$

式中　Δp——床层压降，Pa；

z——滴流床反应器轴向坐标，cm；

ρ_i——液体密度，kg/m³；

u_{0l}——液体表观气速，cm/s；

d_p——催化剂颗粒粒径，cm；

σ_b——床层空隙率，%。

2. 传质系数

在滴流床中，气-液-固三相存在传质过程，加氢反应中用的是纯氢，气膜不存在，其阻力自然为零。

Dwivedi-Upadhyay 关联式如下：

$$\frac{\varepsilon_b \cdot K_{gs}}{u_{0g}} \cdot \left(\frac{\mu_g}{\rho_g \cdot D_I}\right)^{\frac{2}{3}} = 0.765\left(\frac{d_p \cdot G_m}{\mu_g}\right)^{-0.82} + 0.365\left(\frac{d_p \cdot G_m}{\mu_g}\right)^{-0.386}$$

式中　K_{gs}——气固传质系数，cm/s；

μ_g——气体黏度，kg/(m · s)；

u_{0g}——气体表观气速，cm/s；

ρ_g——气体密度，kg/m^3；

D_I——分子内部组分 i 有效扩散系数，cm^2/s；

G_m——液体表观流速，$g/(m^2 \cdot s)$。

（三）物料衡算

根据物质不灭定律，加氢裂化反应器物料衡算式为：

流入量=流出量+反应消耗量+累计量

加氢裂化反应器计算时也可取关键组分进行物料衡算。

① 对于液相中反应物 b 进行物料衡算：

$$-u_{0l} \cdot \frac{dc_b}{dZ} = a_i \cdot \eta_0 \cdot \rho_s \cdot r(c_1^*, a, c_i, b, T)$$

式中　u_{0l}——液体表观气速，cm/s；

c_b——组分 b 在反应液中的浓度，mol/cm^3；

Z——滴流床反应器轴向坐标，cm；

a_i——催化剂表面活性；

η_0——有效因子；

ρ_s——催化剂填料密度，g/cm^3；

r——径向坐标；

c_1^*——液体组分在液体中的平衡浓度，mol/cm^3；

a——传质有效外表面积，cm^2/cm^3；

c_1——组分 i 在反应溶液中的浓度，mol/cm^3；

T——温度，K。

② 对于液相中气体反应物 a 进行物料衡算：

$$k_1 \cdot a(c_{1,a}^* - c_{1,a}) - u_{0l} \cdot \frac{dc_{1,a}}{dZ} = a_i \cdot \eta_0 \cdot \rho_s \cdot r(c_1^*, a, c_1, b, T)$$

式中　k_1——气液传质系数，cm/s；

$c_{1,a}^*$——液体组分 a 在液体中的平衡浓度，mol/cm^3，

其他同上式。

（四）热量衡算

根据能量守恒定律，在微元时间内对加氢裂化反应器热量衡算：

物料带入热=物料带出热+反应的焓变+传给外界的热量+累计热

一般加氢裂化反应器为绝热反应器，在外保温良好的情况下，可忽略传给外界的热量。但当两个反应器之间有换热器时，传给外界的热量为换热器的热量。

1. 活塞流滴流床反应器热量衡算

以微元体积为例：

轴向流入的热量-轴向流出的热量+反应产生的热量=0

$$\text{液相中轴向流入的热量}=T|_Z\cdot\frac{\pi}{4}\cdot D_T^2\cdot u_L\cdot\rho_L\cdot C_{PL}\cdot\varepsilon_L$$

$$\text{液相中轴向流出的热量}=T|_{Z+\Delta Z}\cdot\frac{\pi}{4}\cdot D_T^2\cdot u_L\cdot\rho_L\cdot C_{PL}\cdot\varepsilon_L$$

$$\text{反应产生的热量}=\sum[(-\Delta H)\cdot\psi]\cdot\frac{\pi}{4}D_T^2\cdot\Delta Z\cdot\varepsilon_L$$

$$\text{气相中轴向流入的热量}=T|_Z\cdot\frac{\pi}{4}\cdot D_T^2\cdot u\cdot\rho\cdot C_P\cdot\varepsilon_G$$

$$\text{气相中轴向流出的热量}=T|_{Z+\Delta Z}\cdot\frac{\pi}{4}\cdot D_T^2\cdot u\cdot\rho\cdot C_P\cdot\varepsilon_G$$

当 $\Delta Z\to 0$，令 $\frac{T|_{Z+\Delta Z}-T|_Z}{\Delta Z}\to\frac{dT}{dz}$

$$\frac{dT}{dz}=\sum[(-\Delta H)\cdot\psi]\cdot\frac{\pi}{4}D_T^2\cdot\Delta Z\cdot\varepsilon_L$$

式中　D_T——加氢裂化反应器内径，cm；

u_L——液相的空塔速度，m/s；

ρ_L——液相密度，kg/m^3；

C_{PL}——液体比热容，kJ/(kg·K)；

ε_L——液相分数或持液量，无因次；

ΔH——反应热，kJ/mol；

ψ——总反应速率，$kmol/(s\cdot m^3)$；

Z——反应器中的无因次轴向坐标；

u——气相的空塔速度，m/s；

ρ——气相密度，kg/m^3；

C_P——气体比热容，kJ/(kg·K)；

ε_G——气相分数，无因次。

加氢裂化反应发生在催化剂颗粒中，所以热量是在颗粒内释放，并穿过催化剂颗粒外表面扩散到整个液相，再从液相扩散到氢气流中。因此在催化剂颗粒内部和其外表面之间就有一个温度梯度。但由于加氢裂化催化剂的导热率高，可以合理地假定催化剂颗粒内部的温度是恒定的，连续不断地被液体冲洗的催化剂颗粒的温度基本上等于整个流体的温度。

2. 有轴向扩散的滴流床反应器热量衡算

当加氢裂化反应器尺寸较小时，就可能存在轴向扩散。

以微元体积为例：

（轴向流入的热量-轴向流出的热量）+（通过轴向扩散的热量-通过轴向扩散流出的热量）+反应产生的热量=0

$$液相中流入的热量=T|_{Z}\cdot\frac{\pi}{4}D_{T}^{2}\cdot u_{L}\cdot\rho_{L}\cdot C_{PL}\cdot\varepsilon_{L}$$

$$液相中流出的热量=T|_{Z+\Delta Z}\cdot\frac{\pi}{4}D_{T}^{2}\cdot u_{L}\cdot\rho_{L}\cdot C_{PL}\cdot\varepsilon_{L}$$

$$气相中流入的热量=T|_{Z}\cdot\frac{\pi}{4}D_{T}^{2}\cdot u\cdot\rho\cdot C_{P}\cdot\varepsilon_{G}$$

$$气相中流出的热量=T|_{Z+\Delta Z}\cdot\frac{\pi}{4}D_{T}^{2}\cdot u\cdot\rho\cdot C_{P}\cdot\varepsilon_{G}$$

$$液相通过轴向扩散流入的热量=-\frac{\pi}{4}D_{T}^{2}\cdot u_{L}\cdot\rho_{L}\cdot C_{PL}\cdot K_{PL}\cdot\frac{dT}{dz}\bigg|_{Z}$$

$$液相通过轴向扩散流出的热量=-\frac{\pi}{4}D_{T}^{2}\cdot u_{L}\cdot\rho_{L}\cdot C_{PL}\cdot K_{PL}\cdot\frac{dT}{dz}\bigg|_{Z+\Delta Z}$$

$$气相通过轴向扩散流入的热量=-\frac{\pi}{4}D_{T}^{2}\cdot u\cdot\rho\cdot C_{P}\cdot K_{G}\cdot\frac{dT}{dz}\bigg|_{Z}$$

$$气相通过轴向扩散流出的热量=-\frac{\pi}{4}D_{T}^{2}\cdot u\cdot\rho\cdot C_{P}\cdot K_{G}\cdot\frac{dT}{dz}\bigg|_{Z+\Delta Z}$$

$$反应产生的热量=\sum[(-\Delta H)\cdot\psi]\cdot\frac{\pi}{4}D_{T}^{2}\cdot\Delta Z\cdot\varepsilon_{L}$$

令 $Pe_{haz}=\dfrac{d_{p}\cdot(\varepsilon_{C}\cdot\rho\cdot C_{P}\cdot u+\varepsilon_{L}\cdot\rho_{L}\cdot C_{PL}\cdot u_{L})}{\varepsilon_{C}\cdot\rho\cdot C_{P}\cdot K_{a}+\varepsilon_{L}\cdot\rho_{L}\cdot C_{PL}\cdot K_{aL}}$，则热量衡算方程就为

$$\frac{dT_{r}}{dz}=\frac{1}{Pe_{haz}}\cdot\frac{d^{2}T_{r}}{dz^{2}}+\sum[(-\Delta H)\cdot\psi]\cdot\frac{\pi}{4}D_{T}^{2}\cdot\Delta Z\cdot\varepsilon_{L}$$

式中　K_{PL}——催化剂床层中的液相扩散系数，m^2/s；

K_{G}——催化剂床层中的气相扩散系数，m^2/s；

Pe_{haz}——液相中质量和轴向扩散的 Peclet 数，无因次；

T_{r}——对比温度，无因次。

3. 动量衡算

将牛顿第二定律应用于运动着的流体，可进行加氢裂化反应器动量衡算：

输入动量=输出动量+动量损失

（五）动力学方程

1. 加氢脱硫的动力学方程

图 8-3-12 为二苯并噻吩加氢脱硫反应网络。

$$-\frac{dc_{S}}{d_{t}}=k_{HDS}\cdot c_{S}^{2}$$

$$或\frac{1}{c_{S}}-\frac{1}{c_{S0}}=k_{HDS}\cdot\frac{1}{LHSV}$$

式中　c_{S}、c_{S0}——产品、原料的硫化物浓度,%；

$LHSV$——液时空速或反应时间的倒数，h^{-1}；

k_{HDS}——加氢脱硫的反应速度常数，是催化剂性质、氢分压、原料性质及反应温度的函数。

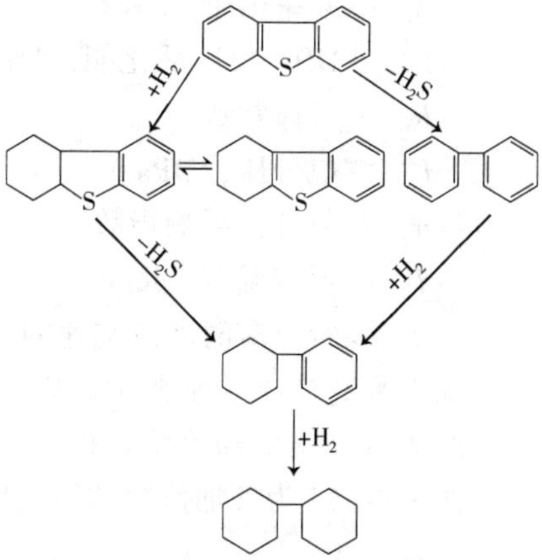

图 8-3-12　二苯并噻吩加氢脱硫反应网络

加氢脱硫符合对总硫的二级反应速率方程。

RIPP 建立的多集总加氢脱硫反应动力学方程为：

$$\Delta S = k_s \cdot \frac{1}{1+K_{H_2S} \cdot P_{H_2S}} \cdot f(K,\ MW) \cdot \exp\left(\frac{-E_S}{RT}\right) \cdot P_{H_2}^{\alpha} \cdot \frac{S}{LHSV}$$

$$E_s = f(S_f,\ N_f,\ \rho,\ T_{90\%})$$

式中　ΔS——窄馏分脱硫率，%；

S——窄馏分硫含量，%；

K_s——指前因子；

K_{H_2S}——硫化氢吸附常数；

P_{H_2S}——硫化氢分压，MPa；

K——UOP 原料油特性因子；

MW——窄馏分相对分子质量；

α——氢分压指数；

E_S——反应活化能，J/mol；

S_F——原料油硫含量，%；

N_F——原料油氮含量，%；

ρ——原料油密度，kg/m^3；

T——反应温度，K；

$T_{90\%}$——原料油 90%馏出点温度，K。

2. 加氢脱氮的动力学方程

图 8-3-13 为喹啉 HDN 反应网络。

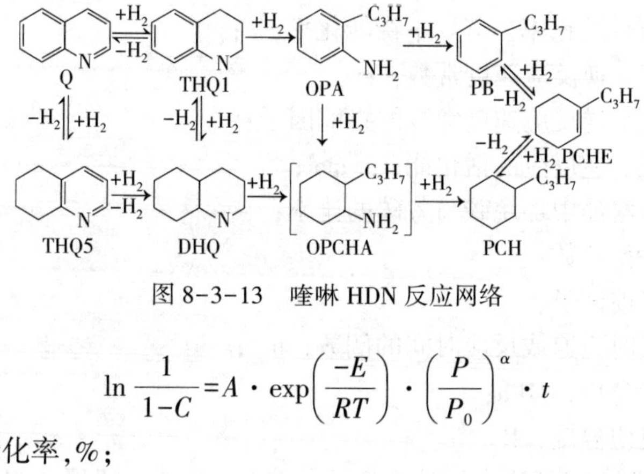

图 8-3-13　喹啉 HDN 反应网络

$$\ln\frac{1}{1-C} = A \cdot \exp\left(\frac{-E}{RT}\right) \cdot \left(\frac{P}{P_0}\right)^{\alpha} \cdot t$$

式中　C——HDN 转化率，%；

A——频率因子；

E——HDN 反应活化能，J/mol；

R——气体常数；

P——氢分压，MPa；

α——氢分压影响指数；

T——反应温度，K；

t——视反应时间或空速的倒数，h。

加氢脱氮符合一级动力学规律。

3. 加氢脱芳的动力学方程

图 8-3-14 为萘加氢饱和简化反应网络。

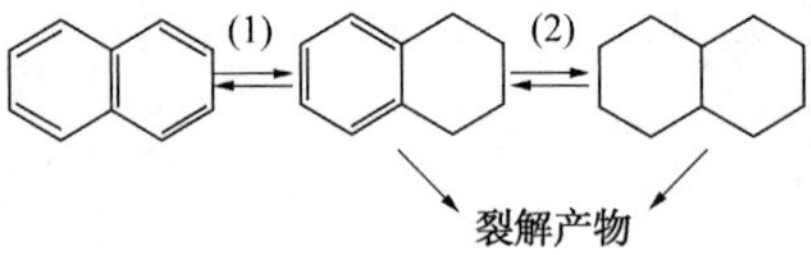

图 8-3-14　萘加氢饱和简化反应网络

$$X_A=\left(\frac{k_f P_{H_2}^{0.5}-k_r M}{k_f P_{H_2}^{0.5}+k_r}\right)\left(1-\exp\frac{-k_f P_{H_2}^{0.5}+k_r}{LHSV^{\alpha}}\right)$$

$$k_f=k_{fo}\exp\left(\frac{-E_f}{RT}\right)$$

$$k_r=k_{ro}\exp\left(\frac{-E_r}{RT}\right)$$

$$E_r=E_f+32.5$$

$$X_{Ae}=\left(\frac{K_P P_{H_2}^{0.5}-M}{K_P P_{H_2}^{0.5}+1}\right)$$

$$K_P=\frac{k_{fo}}{k_{ro}}\exp\left(\frac{E_r-E_f}{RT}\right)$$

式中　X_A、X_{Ae}——芳烃转化率、芳烃平衡转化率，%；

k_f、k_r——正、逆反应速度常数；

k_{fo}、k_{ro}——正、逆反应速度常数的指前因子；

E_f、E_r——正、逆反应的活化能，J/mol；

M——原料油中环烷碳与芳碳的比率；

K_P——平衡常数；

α——指前因子；

$LHSV$——液时空速或反应时间的倒数，h^{-1}；

P_{H_2}——氢分压，MPa；

T——反应温度，K。

加氢脱芳的动力学方程可认为是对总芳烃含量为一级或一级可逆的动力学方程。

4. 加氢裂化的动力学方程

图 8-3-15 为正构烷烃加氢裂化反应历程。

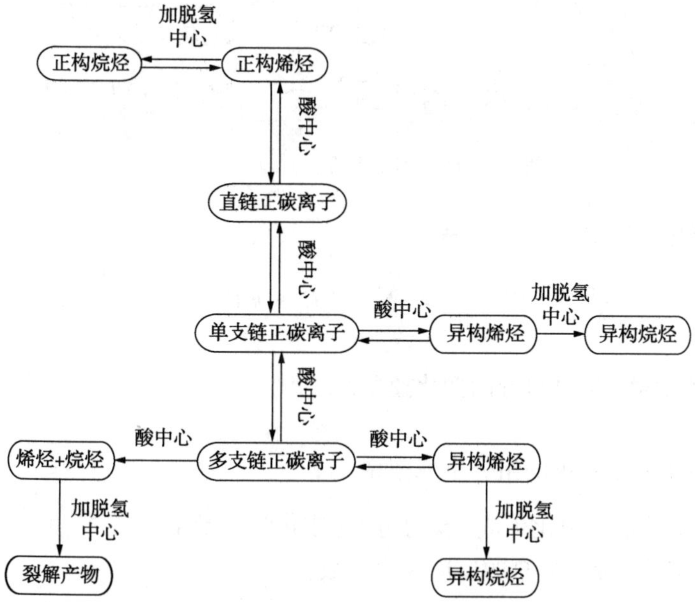

图 8-3-15 正构烷烃加氢裂化反应历程

（1）按固定馏程集总的动力学方程

$$\frac{\mathrm{d}C_i}{\mathrm{d}t}=\sum_{j=1}^{i-1}k_{ji}C_j-\sum_{j=i+1}^{n}k_{ij}C_i$$

式中 n——集总的数量；

$\frac{\mathrm{d}C_i}{\mathrm{d}t}$——表示第 i 集总组分的变化速率；

$\sum_{j=1}^{i-1}k_{ji}C_j$——所有比 i 集重的组分生成速率；

$\sum_{j=i+1}^{n}k_{ij}C_i$——$i$ 集总因加氢裂化为比之更轻集总而消耗的速率；

k_{ij}——i 集总生成 j 集总的反应速率常数。

集总模型的特征：

① 把原料油和生成油按照馏程的差异（或切割方案）分成若干个集总组分，且反应物沸点与其生成物沸点均在同一集总馏程内的反应不予考虑。

② 加氢裂化反应是由一系列的平行顺序反应所组成，即较重集总可以裂化生成所有比它轻的集总组分。

③ 加氢裂化反应中，虽然芳烃饱和反应会受到热力学平衡的限制，但该反应不会影响馏程的改变，能够影响馏程改变的主要是裂化反应。一般情况下，裂化反应可认为是不可逆的，因此加氢裂化各集总之间的反应可认为是不可逆的。

④ 所有反应均可用一级反应动力学方程来描述。

按集总模型的特征所建立的加氢裂化反应网络如图 8-3-16 所示。

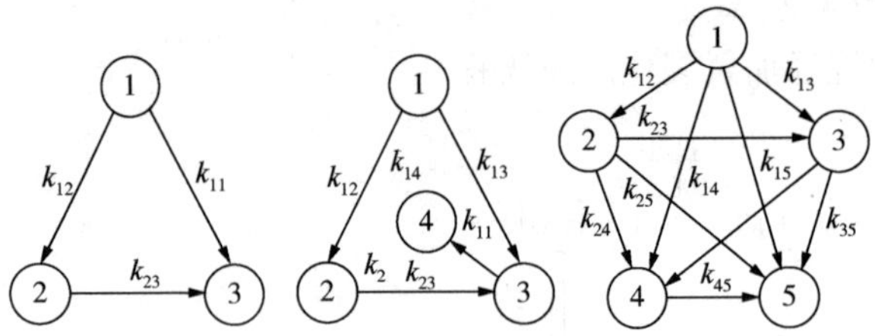

图 8-3-16　固定馏程集总反应网络图

(2) 按可变馏程集总的动力学方程

$$\frac{dC_i}{dt} = \sum_{j=1}^{i-1} k_j P_{ij} C_j - k_i C_i$$

式中 $\frac{dC_i}{dt}$——表示第 i 集总组分的变化速率；

$\sum_{j=1}^{i-1} k_j C_j$——所有比 i 集重的组分生成速率；

P_{ij}——j 集总加氢裂化生成 i 集总分率(或化学计量系数)；

k_{ij}——i 集总生成 j 集总的反应速率常数；

i——1，2，…，n。

理论上，按馏程划分的集总数目越多，其对实际加氢裂化过程的模拟近似度也越高，但数据处理的难度将呈几何级数地增加。实际生产中，加氢裂化产品切割方案灵活是其重要的优势之一。因此，实际生产中往往会要求加氢裂化动力学方程能够估算出产品切割方案改变所产生的后果。

四、新氢压缩机工艺计算

(一) 工艺参数

1. 入口压力

$$P_{压入} = P_{装入} - \Delta P_{管} - \Delta P_{孔} - \Delta P_{过} - \Delta P_{罐} - \Delta P_{阀}$$

式中 $P_{压入}$——新氢压缩机的入口压力，MPa；

$P_{装入}$——气体(H_2、N_2 或压缩空气)至加氢装置边界压力，MPa；

$\Delta P_{管}$——气体(H_2、N_2 或压缩空气)管线至新氢压缩机一级缸入口管线(弯头、三通可折合成当量长度)的压降，MPa；

$\Delta P_{孔}$——用于计量气体流量的孔板压降，MPa；

$\Delta P_{过}$——新氢压缩机的入口设置的过滤器压降，MPa；

$\Delta P_{罐}$——新氢压缩机的入口设置的分液罐压降，MPa；

$\Delta P_{阀}$——加氢装置边界处的气体至新氢压缩机一级缸入口之间的阀门压降，MPa。

新氢压缩机压缩的气体不同，入口压力不同，此压力值与加氢装置的运转时间无关。

2. 出口压力

当新氢压缩机出口氢气打到循环氢压缩机出口时：

$$P_{压出} = P_{循出}$$

式中　$P_{压出}$——新氢压缩机的出口压力，MPa；

$P_{循出}$——循环氢压缩机的出口压力，MPa。

新氢压缩机压缩的气体(H_2、N_2 或压缩空气)不同，出口压力不同；此值随系统压力而变化，随运转时间延长而增加。

当新氢压缩机出口氢气打到循环氢压缩机入口时：

$$P_{压出}=P_{循入}$$

式中　$P_{压出}$——新氢压缩机的出口压力，MPa；

$P_{循入}$——循环氢压缩机的入口压力，MPa。

新氢压缩机压缩的气体(H_2、N_2 或压缩空气)不同，出口压力不同；以高压分离器压力作为反应部分压力控制点时，此值不随系统压力变化而变化，与运转时间无关。

3. 流量

(1) 运转初期流量

$$Q'_{SOR}=\frac{H_{SOR化}+H_{SOR溶}+H_{SOR泄}+H_{SOR排}}{Y_{H_2}}\times110\%$$

$$或\ Q_{SOR}=\frac{H_{SOR化}+H_{SOR溶}+H_{SOR泄}+H_{SOR排}}{Y_{H_2}}\times100\%$$

式中　Q'_{SOR}、Q_{SOR}——110%、100%负荷运转初期新氢压缩机的入口流量，m^3/h；

$H_{SOR化}$——运转初期化学氢耗，m^3/h；

$H_{SOR溶}$——运转初期溶解氢耗，m^3/h；

$H_{SOR泄}$——运转初期机械泄漏氢耗，m^3/h；

$H_{SOR排}$——运转初期排放氢耗，m^3/h；

Y_{H_2}——氢气的摩尔分数,%。

(2) 运转末期流量

$$Q'_{EOR}=\frac{H_{EOR化}+H_{EOR溶}+H_{EOR泄}+H_{EOR排}}{Y_{H_2}}\times110\%$$

$$或\ Q_{EOR}=\frac{H_{EOR化}+H_{EOR溶}+H_{EOR泄}+H_{EOR排}}{Y_{H_2}}\times100\%$$

式中　Q'_{EOR}、Q_{EOR}——110%、100%负荷运转末期新氢压缩机的入口流量，m^3/h；

$H_{EOR化}$——运转末期化学氢耗，m^3/h；

$H_{EOR溶}$——运转末期溶解氢耗，m^3/h；

$H_{EOR泄}$——运转末期机械泄漏氢耗(一般情况下等于运转初期机械泄漏氢耗)，m^3/h；

$H_{EOR排}$——运转末期排放氢耗，m^3/h；

Y_{H_2}——氢气的摩尔分数,%。

(3) 额定流量

① 当 $H_{H_2排}=0$ 时：

$$Q_{H_2R}=\frac{H_{H_2化}+H_{H_2溶}+H_{H_2泄}}{Y_{H_2}}\times(1+C_{FO}+C_C)$$

式中 Q_{H_2R}——新氢压缩机额定流量，m^3/h；

$H_{H_2化}$——最大化学氢耗，m^3/h；

$H_{H_2溶}$——最大化学氢耗对应的溶解氢耗，m^3/h；

$H_{H_2泄}$——最大化学氢耗对应的机械泄漏氢耗，m^3/h；

Y_{H_2}——氢气的摩尔分数,%；

C_{FO}——装置的操作余量,%；

C_C——压缩机需要的控制流量,%。

② 当 $H_{H_2化}+H_{H_2排}$最大时：

$$Q_{H_2R}=\frac{H_{H_2化}+H_{H_2溶}+H_{H_2泄}+H_{H_2排}}{Y_{H_2}}\times(1+C_{FO}+C_C)$$

式中 Q_{H_2R}——新氢压缩机额定流量，m^3/h；

$H_{H_2化}$——$H_{H_2化}+H_{H_2排}$最大时的化学氢耗，m^3/h；

$H_{H_2溶}$——$H_{H_2化}+H_{H_2排}$最大时对应的溶解氢耗，m^3/h；

$H_{H_2泄}$——$H_{H_2化}+H_{H_2排}$最大时对应的机械泄漏氢耗，m^3/h；

$H_{H_2排}$——$H_{H_2化}+H_{H_2排}$最大时对应的排放氢耗，m^3/h；

Y_{H_2}——氢气的摩尔分数,%。

C_{FO}——装置的操作余量,%；

C_C——压缩机需要的控制流量,%。

(4) 氮气工况流量

压缩机制造厂根据运转初期流量、运转末期流量和额定流量(或用合同约定的保证值)设计、制造的压缩机，根据装置氮气条件，在压缩机配套电机功率不变的情况下核算得到的氮气流量，或用制造好的压缩机用装置氮气条件进行性能试验测得的氮气流量。

氮气工况流量指导氮气气密、反应加热炉烘炉、催化剂干燥、紧急事故补氮等操作。

(5) 压缩空气工况流量

压缩机制造厂根据运转初期流量、运转末期流量和额定流量(或用合同约定的保证值)设计、制造的压缩机，根据装置压缩空气条件，在压缩机配套电机功率不变的情况下核算得到的压缩空气流量，或用制造好的压缩机用装置压缩空气条件进行性能试验测得的压缩空气流量。

压缩空气流量指导催化剂再生操作。采用器外再生时，不需要给出压缩空气工况流量。

(二) 热力工艺

1. 绝热压缩

新氢压缩机的压缩过程为绝热压缩过程时，气体与外界没有热交换，此时有：

$$P_1V_1^{\ k}=P_2V_2^{\ k}=常数$$

式中 P_1——新氢压缩机的入口压力，MPa；

V_1——新氢压缩机的入口条件下的体积流量，m^3/h；

P_2——新氢压缩机的出口压力，MPa；

V_2——新氢压缩机的出口条件下的体积流量，m^3/h；

k——绝热指数，对理想气体 $k=C_P/C_V$，混合气体的绝热指数 k 可由下式计算：

$$\frac{1}{k-1}=\sum\frac{y_i}{k_i-1}$$

其中　k_i——i 组分的绝热指数；

y_i——气体中 i 组分的摩尔分数；

C_P——气体的等压比热容，kJ/(kg·℃)；

C_V——气体的等容比热容，kJ/(kg·℃)；

(1) 排气温度(图 8-3-17)

$$T_2=T_1\varepsilon^{\frac{k-1}{k}}$$

式中　T_2——排气温度，K；

T_1——吸气温度，K；

ε——压缩比，$\varepsilon=\dfrac{P_2}{P_1}$；

k——混合气体的绝热指数。

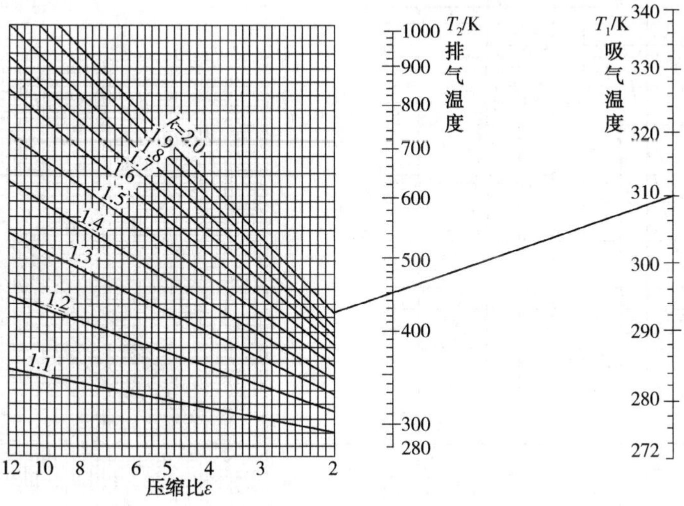

图 8-3-17　排气温度计算图

(2) 理论功率

$$N=16.34P_1V_1\frac{k}{k-1}(\varepsilon_a^{\frac{k-1}{k}}-1)$$

$$=P_1V_1\varphi$$

$$\varepsilon_a=\frac{P_2}{P_1(1-a_1)(1-a_2)}$$

$$\varphi=1.634\frac{k}{k-1}[\varepsilon_a^{\frac{k-1}{k}}-1]$$

式中　N——理论功率，kW；

P_1——新氢压缩机的入口压力，MPa；

V_1——新氢压缩机的入口条件下的体积流量，m^3/min；

k——混合气体的绝热指数；

ε_a——包括压缩机进、排气阀压力损失在内的实际压缩比，由图 8-3-18 查取；

a_1——进气阀的压力损失系数，气阀阻力大时取高限，气阀阻力小时取低限；压力越高，进气阀的压力损失系数越小；

a_2——排气阀的压力损失系数，气阀阻力大时取高限，气阀阻力小时取低限；压力越高，排气阀的压力损失系数也越小；

φ——系数，由图 8-3-19 查取。

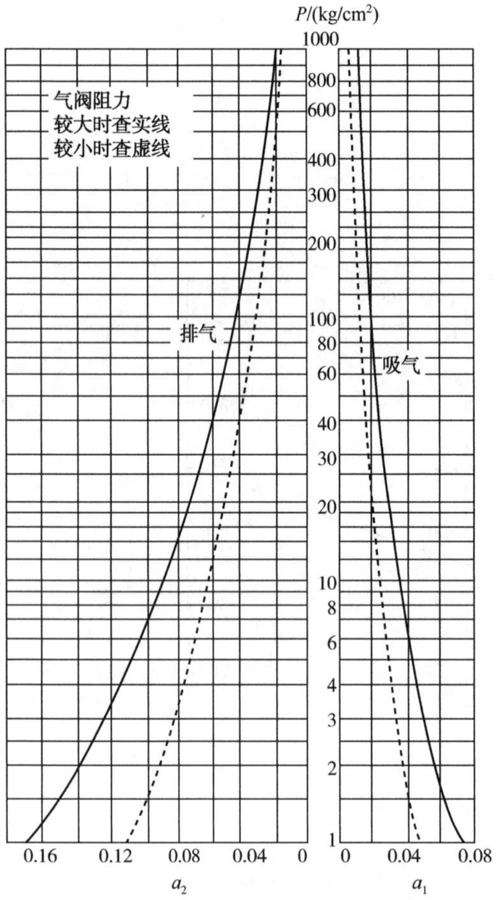

图 8-3-18　不同公称压力下的相对压力损失系数

$1kg/cm^2 = 98.066kPa$

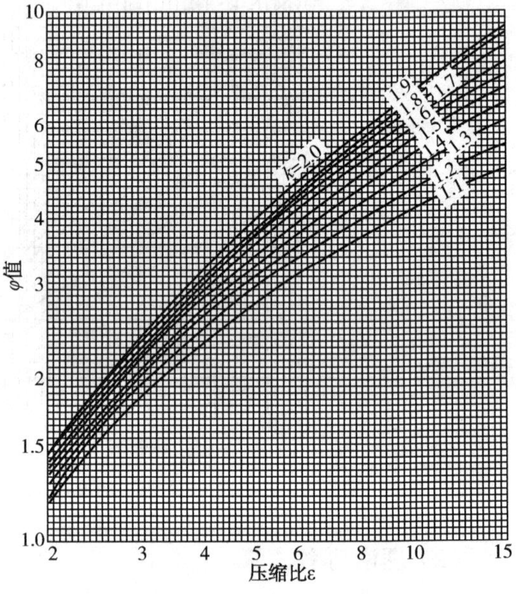

图 8-3-19　φ 值计算图

（3）实际功率

$$N_s = \frac{N}{\eta_g \eta_c}$$

式中　N_s——实际功率，kW；

N——理论功率，kW；

η_g——机械效率，大中型压缩机，$\eta_g = 0.9 \sim 0.95$；小型压缩机，$\eta_g = 0.85 \sim 0.9$；

η_c——传动效率，皮带传动，$\eta_c = 0.96 \sim 0.99$；齿轮传动，$\eta_c = 0.97 \sim 0.99$；直联，$\eta_c = 1$。

(4) 电机功率

当计算出实际功率后，一般电机功率可按如下计算：

$$N_d=(1.10\sim1.25)N_s$$

大中型压缩机取下线，小型压缩机取上限。

(5) 绝热效率

起始温度、压力相同、压缩比相同的条件下，新氢绝热压缩的温升与多变压缩的温升之比。

$$\eta_j=\frac{h_j}{h_p}=\frac{\Delta t_j}{\Delta t_p}=\frac{\varepsilon^{\frac{k-1}{k}}-1}{\varepsilon^{\frac{m-1}{m}}-1}$$

式中　η_j——绝热效率；

h_j——绝热能量头；

h_p——多变能量头；

Δt_j——绝热压缩时的温升，℃；

Δt_p——多变压缩时的温升，℃。

2. 多变压缩

新氢压缩机的压缩过程为多变压缩过程时，气体与外界有热交换，此时有：

$$P_1V_1^m=P_2V_2^m=\text{常数}$$

$$\eta_p=\frac{\dfrac{m}{m-1}}{\dfrac{k}{k-1}}$$

式中　m——多变指数，由图 8-3-20 查取；

η_p——多变效率。

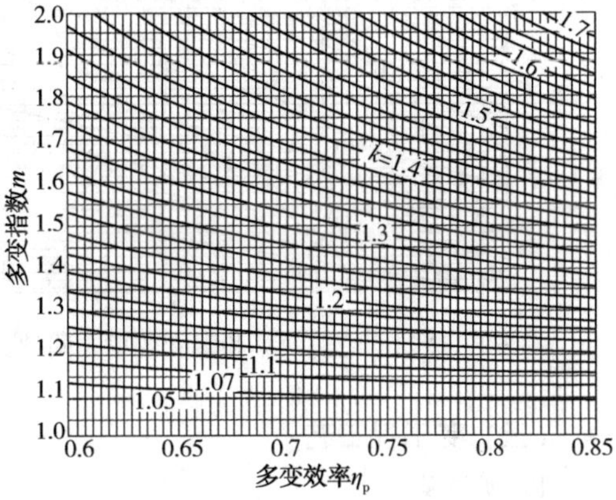

图 8-3-20　多变指数和绝热指数的关系

(1) 排气温度

$$T_2=T_1\varepsilon^{\frac{m-1}{m}}$$

(2) 理论功率

$$N=\frac{1.634P_1V_1\dfrac{m}{m-1}[\varepsilon_a^{\frac{m-1}{B\cdot m}}-1]}{\eta_p}$$

$$=\frac{P_1V_1\phi}{\eta_p}$$

多变效率与绝热效率之间的关系可由图 8-3-21 查取。

(3) 多变压缩理论功率

$$N=\frac{1.634F\cdot B\cdot P_1V_1\dfrac{m}{m-1}[\varepsilon^{\frac{m-1}{B\cdot m}}-1]}{\eta_p}$$

$$=F \cdot \frac{\phi \cdot P_1 \cdot V_1}{\eta_p}$$

(4) 省功比

采用中间冷却，使压缩机分段压缩，可以节省功率。新氢压缩机总压缩比越大，采用中间冷却所节省的功率也就越多，如图 8-3-22 所示。

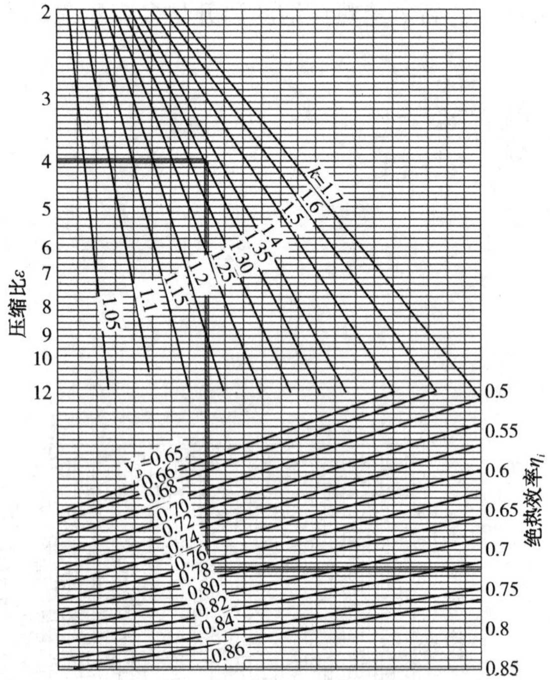

图 8-3-21　绝热效率和多变效率之间的关系

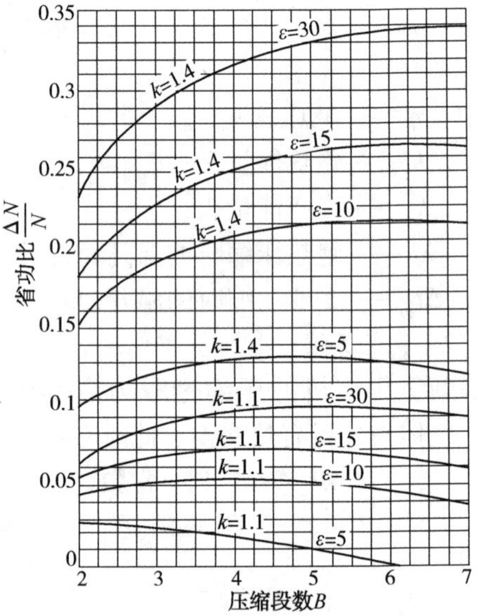

图 8-3-22　多段压缩的省功比

(三) 变工况工艺

1. 排气量

新氢压缩机单位时间内排气端测得的气体体积，换算到吸气条件下的数值称为排气量(V，m^3/min)。

2. 气缸容积

新氢压缩机单位时间内气缸的理论吸气容积称为气缸行程容积，简称气缸容积。

$$V_t = \frac{\pi}{4} D^2 SnI$$

式中　V_t——气缸容积，m^3/min；

D——气缸直径，m；

S——活塞行程，m；

n——曲轴转速，r/min；

I——同级气缸数。

当气缸不贯穿时，双作用气缸的行程容积按下式计算：

$$V_t=\frac{\pi}{4}(2D^2-d^2)SnI$$

式中　d——活塞杆直径，m。

3. 排气系数

新氢压缩机运行时，由于存在余隙容积和气体泄漏等因数影响，实际的排气量小于气缸行程容积，工艺计算时，考虑到这些影响因数对排气量的影响而引起的系数，称为排气系数。

$$\lambda=\frac{V}{V_t}\cdot\lambda_v\cdot\lambda_p\cdot\lambda_t\cdot\lambda_g$$

式中　λ——排气系数；

λ_v——容积系数；

λ_p——压力系数；

λ_t——温度系数；

λ_g——气密系数。

（1）容积系数

$$\lambda_V=1-a[\varepsilon^{\frac{1}{m'}}-1]$$

式中　λ_V——容积系数；

a——余隙容积占气缸工作容积的百分数，余隙容积为压缩机压缩终了时，活塞不能完全走到气缸的尽头，而留有的容积；

m'——膨胀过程指数，可按表 8-3-9 计算或由图 8-3-23 查取。

表 8-3-9　不同吸入压力的膨胀过程指数

吸入压力/MPa	膨胀过程指数	吸入压力/MPa	膨胀过程指数
$P\leqslant0.15$	$m'=1+0.15(k-1)$	$1.0<P\leqslant3.0$	$m'=1+0.88(k-1)$
$0.15<P\leqslant0.4$	$m'=1+0.62(k-1)$	$P>3.0$	$m'=k$
$0.4<P\leqslant1.0$	$m'=1+0.75(k-1)$		

（2）压力系数

$\lambda_p=0.95$，适用于常压吸入，且通道截面较小或具有弹簧作用的气阀；

$\lambda_p=0.98\sim1.0$，适用于新氢压缩机的第二段；

$\lambda_p=1.0$，适用于新氢压缩机的第三段。

当设计的新氢压缩机导管长、气流速度高、导管与气缸间缓冲容积不够大时，可能发生很大的压力波动，此时上述范围不适用。

（3）温度系数

$\varepsilon=2.0$，$\lambda_t=0.955\sim0.985$；

$\varepsilon=2.5$，$\lambda_t=0.946\sim0.98$；

$\varepsilon=3.0$，$\lambda_t=0.938\sim0.975$；

$\varepsilon=3.5$，$\lambda_t=0.93\sim0.97$；

按上式取值或图 8-3-24 查取时，新氢压缩机排气量越大，λ_t越大；冷却效果越好，λ_t越大；转速越大，λ_t越大；气阀阻力越大，λ_t越大；相对余隙容积越小，λ_t越大。

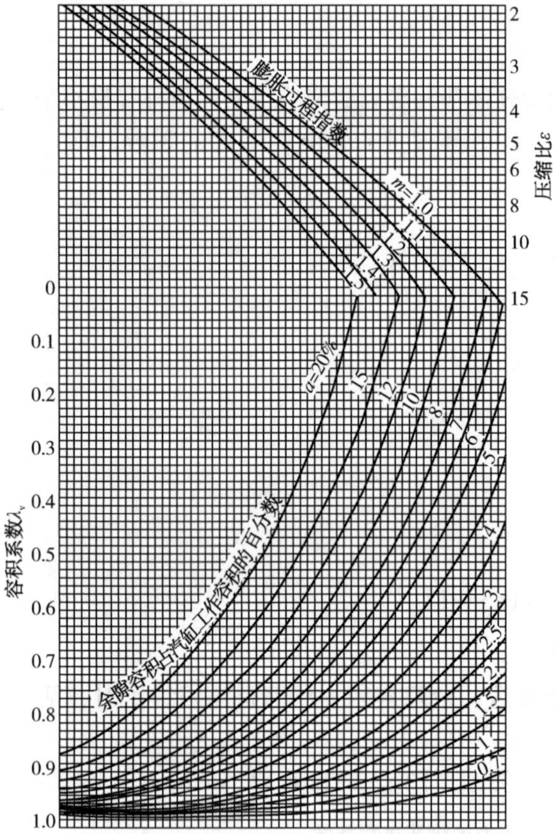

图 8-3-23　容积系数 λ_v 计算图

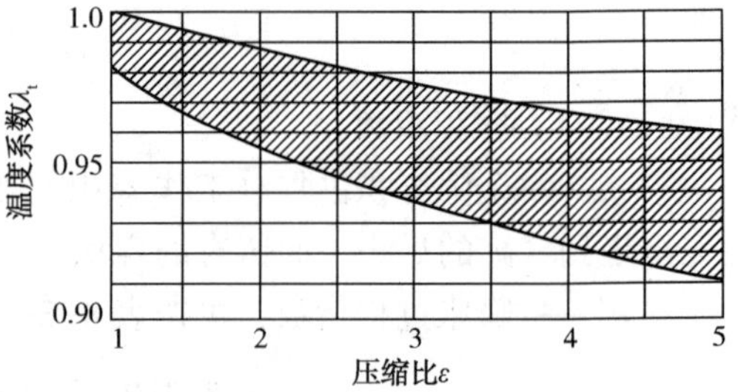

图 8-3-24　温度系数 λ_t 计算图

（4）气密系数

λ_g=0.9~0.98。

一般情况下，大直径的气缸 λ_g取大值，小直径气缸 λ_g取小值；无油润滑压缩机 λ_g取小值；高转数压缩机 λ_g取大值；压力高、段数多，λ_g取小值；氢纯度越高，λ_g取值应越小。

（四）真实气体工艺

由于加氢装置一般操作压力高，新氢从压缩机入口的 0.6~2.4MPa，到压缩机出口的 4.0~20.0MPa，压缩过程中气体的性质与理想气体有较大差距，此时的气体状态方程为：

$$PV=ZRT$$

式中　Z——压缩因子，可由表 8-3-10 或图 8-3-25 求取。

表 8-3-10　新氢压缩机入口（包括级间入口）压缩因子

入口压力/MPa	≤1.0	≤3.0	≤4.0	≤6.0	≤8.0	≤10.0
压缩因子	1.0	1.01	1.02	1.03	1.04	1.05

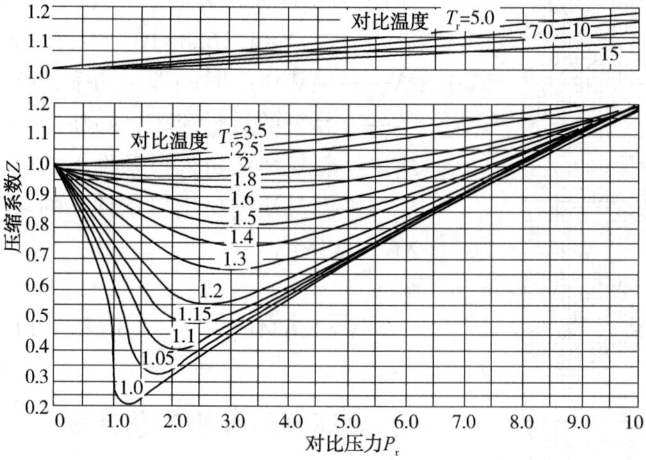

图 8-3-25　新氢的压缩因子计算图

1. 排气温度

$$T_2 = T_1 \varepsilon^{\frac{k_T - 1}{k_T}}$$

式中　T_2——排气温度，K；

T_1——吸气温度，K；

k_T——温度绝热指数，可由图 8-3-26 求取，也可根据 $P_1 V_1^{k_V} = P_2 V_2^{k_V}$ = 常数，求取出 k_V，再由图 8-3-27 求取。

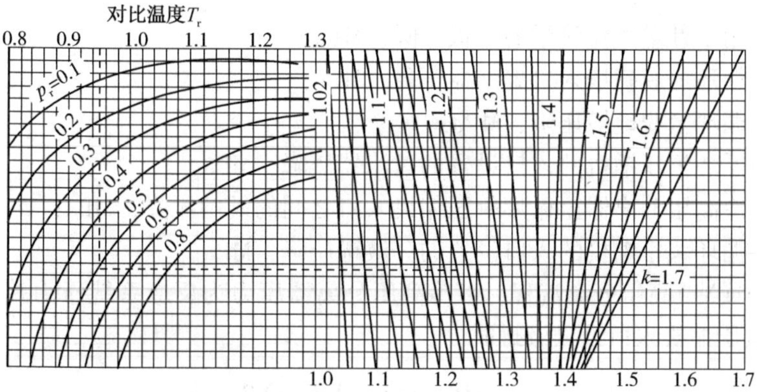

图 8-3-26　新氢的 k_T 计算图

2. 理论功率

（1）绝热压缩

$$N = 1.634 P_1 V_1 \frac{k_T}{k_T - 1} [\varepsilon^{\frac{k_T - 1}{k_T}} - 1] \times \frac{Z_1 + Z_2}{2 Z_1}$$

式中　Z_1——新氢压缩机入口条件下的压缩系数；

Z_2——新氢压缩机出口条件下的压缩系数。

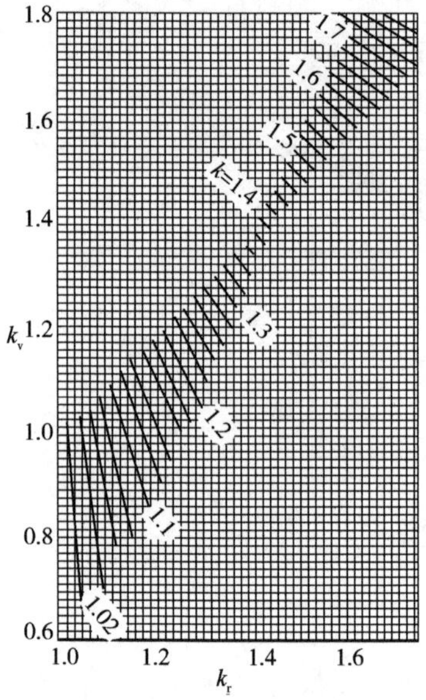

图 8-3-27 用 k、k_V 计算新氢的 k_T 图

利用热力学性质计算时：

$$N=1.1628\times10^{-5}\times G(H_1-H_2)$$

式中 N——绝热压缩时的理论功率，kW；

G——新氢的重量流率，kg/h；

H_1——新氢压缩机入口条件下的热焓，kW/kg；

H_2——新氢压缩机出口条件下的热焓，kW/kg。

（2）多变压缩

$$N=1.634P_1V_1\frac{k_T}{k_T-1}[\varepsilon^{\frac{k_T-1}{k_T\eta_p}}-1]\times\frac{Z_1+Z_2}{2Z_1}$$

五、循环氢压缩机工艺计算

（一）工艺参数

1. 入口压力

① 采用热(或冷)高压分离流程，以冷高压分离器压力为反应系统压力控制点，循环氢脱硫、循环氢脱硫塔入口设聚结器、循环氢压缩机入口设分液罐时：

$$P_{压入}=P_{高}-\Delta P_{管}-\Delta P_{孔}-\Delta P_{聚}-\Delta P_{塔}-\Delta P_{过}-\Delta P_{阀}-\Delta P_{罐}$$

式中 $P_{压入}$——循环氢压缩机的入口压力，MPa；

$\Delta P_{管}$——冷高压分离器至循环氢压缩机入口管线(弯头、三通可折合成当量长度)的压降，MPa；

$\Delta P_{孔}$——用于计量气体流量的孔板压降，MPa；

$\Delta P_{聚}$——循环氢脱硫塔入口聚结器压降，MPa；

$\Delta P_{塔}$——循环氢脱硫塔压降，MPa；

$\Delta P_{过}$——循环氢压缩机的入口设置的过滤器压降，MPa；

$\Delta P_{阀}$——冷高压分离器至循环氢压缩机入口之间的阀门压降，MPa；

$\Delta P_{罐}$——循环氢压缩机的入口设置的分液罐压降，MPa。

② 采用热(或冷)高压分离流程，以冷高压分离器压力为反应系统压力控制点，循环氢不脱硫、循环氢压缩机入口设分液罐时：

$$P_{压入}=P_{高}-\Delta P_{管}-\Delta P_{孔}-\Delta P_{过}-\Delta P_{阀}-\Delta P_{罐}$$

以循环氢压缩机入口设分液罐压力为反应系统压力控制点时：

$$P_{压入}=\Delta P_{罐}$$

2. 出口压力

$$P_{压出}=P_{压入}+\Delta P_{压}$$

式中 $P_{压出}$——循环氢压缩机的出口压力，MPa；

$P_{压入}$——循环氢压缩机的入口压力，MPa；

$\Delta P_{压}$——循环氢压缩机差压，MPa。

循环氢压缩机差压$\Delta P_{压}$取决于反应系统压降，随反应系统压降升高而升高；随运转时间延长而增加。

3. 流量

（1）运转初期流量

① 工艺计算流量：

$$Q_{SOR}=Q_{SOR气}+Q_{SOR冷}$$

式中　Q_{SOR}——运转初期循环氢压缩机的入口流量，m^3/h；

$Q_{SOR气}$——运转初期反应器气油比计算的流量，m^3/h；

$Q_{SOR冷}$——运转初期反应器冷氢流量，m^3/h。

② 实际生产运转初期流量：

$$Q_{SOR}=Q_{SOR气}+Q_{SOR冷}+Q_{SOR反}$$

式中　Q_{SOR}——运转初期循环氢压缩机的入口流量，m^3/h；

$Q_{SOR气}$——运转初期反应器入口循环氢的流量，m^3/h；

$Q_{SOR冷}$——运转初期反应器的冷氢流量，m^3/h；

$Q_{SOR反}$——运转初期反飞动线上的流量，m^3/h。

（2）运转末期流量

① 工艺计算流量：

$$Q_{EOR}=Q_{EOR气}+Q_{EOR冷}$$

式中　Q_{EOR}——运转末期循环氢压缩机的入口流量，m^3/h；

$Q_{EOR气}$——运转末期反应器气油比计算的流量，m^3/h；

$Q_{EOR冷}$——运转末期反应器冷氢流量，m^3/h。

② 实际生产运转初期流量：

$$Q_{EOR}=Q_{EOR气}+Q_{EOR冷}+Q_{EOR反}$$

式中　Q_{EOR}——运转末期循环氢压缩机的入口流量，m^3/h；

$Q_{EOR气}$——运转末期反应器入口循环氢的流量，m^3/h；

$Q_{EOR冷}$——运转末期反应器的冷氢流量，m^3/h；

$Q_{EOR反}$——运转末期反飞动线上的流量，m^3/h。

（3）额定流量

$$Q'_{SORR}=(Q_{SOR气}+Q_{SOR冷}+Q_{SOR备})\times110\%$$

或

$$Q_{SORR}=Q_{SOR气}+Q_{SOR冷}+Q_{SOR备}$$

式中　Q'_{SORR}、Q_{SORR}——110%、100%运转初期循环氢压缩机的入口流量，m^3/h；

$Q_{SOR气}$——运转初期反应器入口循环氢的流量，m^3/h；

$Q_{SOR冷}$——运转初期反应器的冷氢流量，m^3/h；

$Q_{SOR备}$——运转初期备用冷氢流量，m^3/h。

$$Q'_{EORR}=(Q_{EOR气}+Q_{EOR冷}+Q_{EOR备})\times110\%$$

$$或\quad Q_{EORR}=Q_{EOR气}+Q_{EOR冷}+Q_{EOR备}$$

式中　Q'_{EORR}、Q_{EORR}——110%、100%运转末期循环氢压缩机的入口流量，m^3/h；

$Q_{EOR气}$——运转末期反应器入口循环氢的流量，m^3/h；

$Q_{EOR冷}$——运转末期反应器的冷氢流量，m^3/h；

$Q_{EOR备}$——运转末期备用冷氢流量，m^3/h。

当装置按100%设计时，取Q_{SORR}与Q_{EORR}的最大值作为循环氢压缩机的额定流量；当装置有110%操作弹性要求时，取Q'_{SORR}与Q'_{EORR}的最大值作为循环氢压缩机的额定流量。

(4) 氮气工况流量

压缩机制造厂根据运转初期流量、运转末期流量和额定流量(或用合同约定的保证值)设计、制造的压缩机，根据装置氮气条件，在压缩机配套电机功率不变的情况下核算得到的氮气流量；或用制造好的压缩机用装置氮气条件进行性能试验测得的氮气流量。

氮气工况流量指导氮气气密、反应加热炉烘炉、催化剂干燥等操作。

(5) 氢气工况流量

压缩机制造厂根据运转初期流量、运转末期流量和额定流量(或用合同约定的保证值)设计、制造的压缩机，根据装置氢气条件，在压缩机配套电机功率不变的情况下核算得到的氢气流量。

氢气工况流量指导氢气气密、紧急卸压试验等操作。

(6) 再生工况流量

压缩机制造厂根据运转初期流量、运转末期流量和额定流量(或用合同约定的保证值)设计、制造的压缩机，根据装置再生条件下压力、流量(随再生进行而变化)、相对分子质量(随再生进行而变化)，在压缩机配套电机功率不变的情况下核算得到的再生工况流量。

再生工况流量指导催化剂再生操作。采用器外再生时，不需要给出压缩空气工况流量。

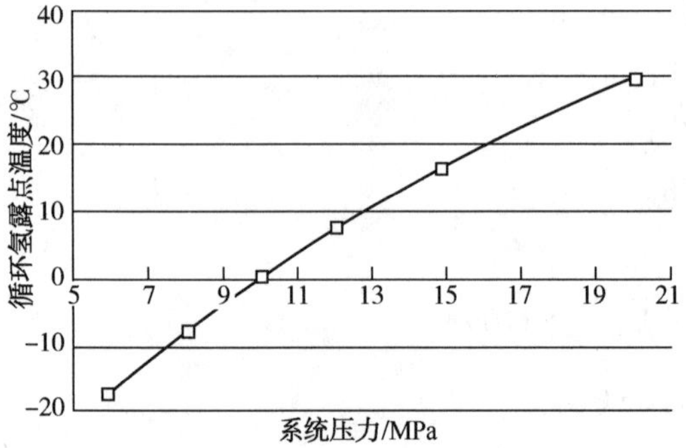

图 8-3-28　系统压力与循环氢露点关系

4. 循环氢露点

循环氢一般作为干气密封的密封气，产生的凝液会导致干气密封损坏。《炼油企业离心压缩机干气密封管理指导意见(暂行)》要求，高压临氢干气密封，一级密封气应从循环氢压缩机出口管线顶部垂直引出；应设置除液聚结器，在聚结器和压缩机本体之间应伴热，保证进密封的干气温度高于露点温度20℃。

柳伟在完成2018年加氢裂化及渣油加氢专家班学员大作业时总结了压力、烃组成对循环氢露点的影响，见图8-3-28～图8-3-32。

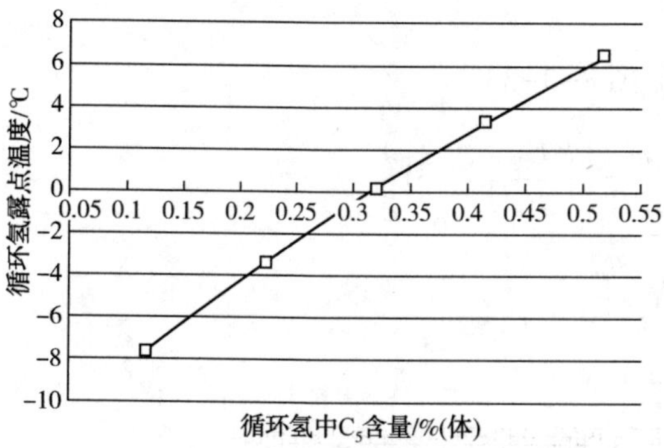

图 8-3-29　循环氢中 C_5 含量与循环氢露点关系

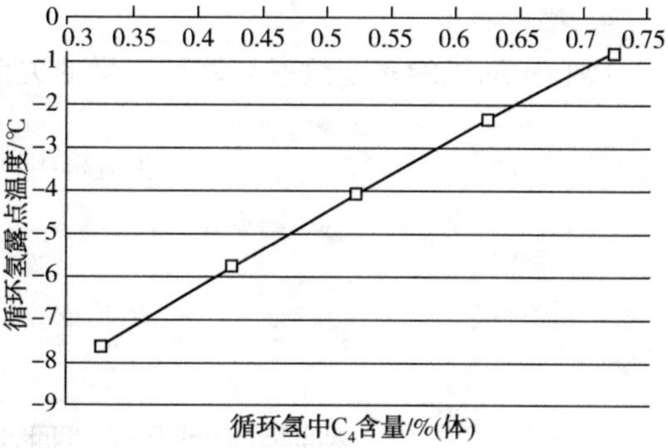

图 8-3-30　循环氢中 C_4 含量与循环氢露点关系

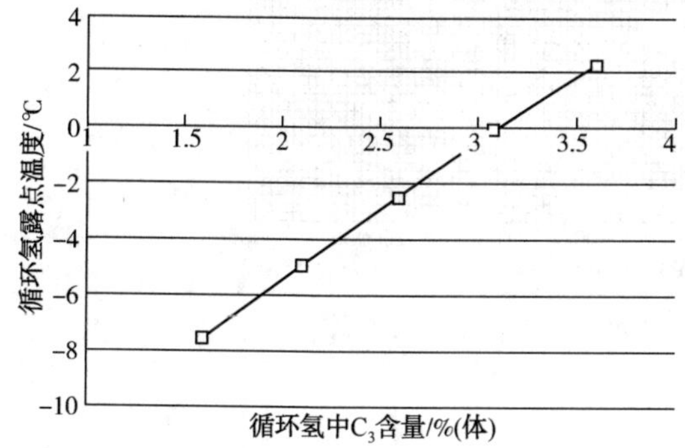

图 8-3-31　循环氢中 C_3 含量与循环氢露点关系

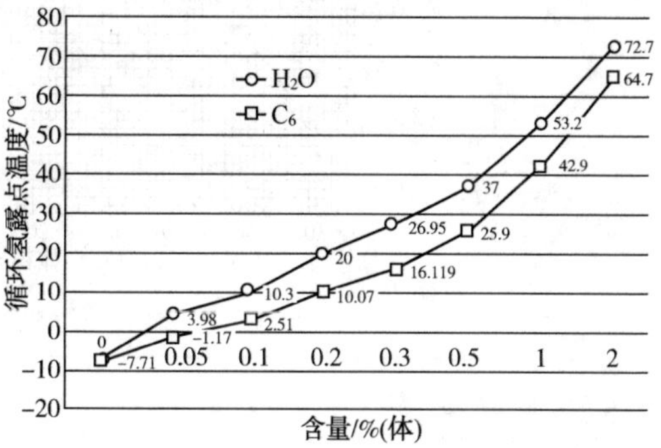

图 8-3-32　循环氢中 H_2O、C_6 含量与循环氢露点的关系

（二）热力工艺

1. 排气温度

$$T_2 = T_1 \varepsilon^{\frac{m-1}{m}}$$

2. 多变能量头

离心压缩机的多变能量头相当于泵的扬程。

$$h_p = \frac{m}{m-1} \cdot ZRT_1 \cdot (\varepsilon^{\frac{m-1}{m}} - 1)$$

式中　h_p——多变能量头。

3. 马赫数

气流速度与气体音速的比值。

$$M_h = \frac{u_2}{\sqrt{gkRT_1}}$$

式中　M_h——马赫数；

u_2——叶轮圆周速率，m/h；

g　重力加速度，9.81m/s^2。

4. 理论功率

离心压缩机的多变效率与体积流量的关系见图 8-3-33。

$$N=\frac{1.634P_1V_1\frac{m}{m-1}\left[\left(\frac{P_2}{P_1}\right)^{\frac{m-1}{m}}-1\right]}{\eta_p}$$

$$=\frac{P_1V_1\phi}{\eta_p}$$

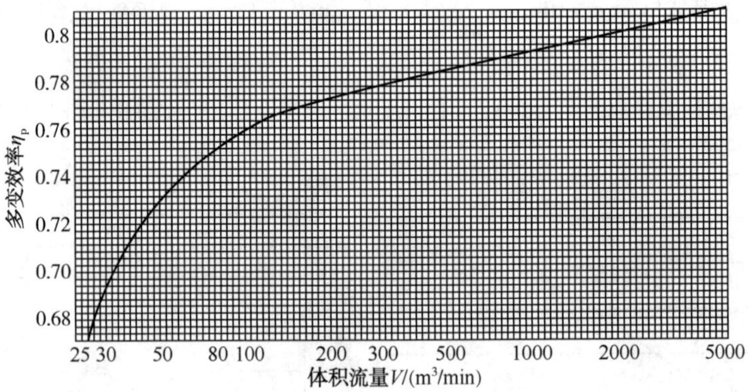

图 8-3-33　离心压缩机的多变效率与体积流量的关系

5. 实际功率

$$N_S=\frac{N}{\eta_g\times\eta_c}$$

式中　N_S——实际功率；

N——理论功率；

η_c——传动效率，直接传动：$\eta_c=1.0$，齿轮增速箱传动：$\eta_c=0.93\sim0.98$；

η_g——机械效率，$N>2000$kW：$\eta_g=0.97\sim0.98$；$N=1000\sim2000$kW：$\eta_g=0.96\sim0.97$；$N<1000$kW：$\eta_g=0.94\sim0.96$。

（三）变工况工艺

循环氢压缩机在开工时需打氮气进行氮气气密、反应加热炉烘炉、催化剂干燥、氮氢混合气进行混合气密、氢气进行氢气气密、完成紧急卸压试验等操作，空气用于催化剂再生、正常生产的循环气也会随裂解产生的气体产率变化而变化、事故状态也会把氮气打入循环气中，这些气体组成的变化及伴随的压力变化，都会引起压缩机性能的变化。

1. 基本工艺计算公式的换算

$$V=\frac{n}{n^0}\times V^0$$

$$G=\frac{n}{n^0}\times\frac{\rho_1}{\rho_1^0}\times G^0$$

$$N=\left(\frac{n}{n^0}\right)^3\times\frac{\rho_1}{\rho_1^0}\times N^0$$

$$\varepsilon=\left[\left(\frac{n}{n^0}\right)^2\times\frac{P_1^2m^0(m-1)\rho_1}{P_1m(m^0-1)\rho_1^0}\times(\varepsilon^{0\left(\frac{m^0-1}{m^0}\right)}-1)+1\right]^{\frac{m}{m-1}}$$

式中，带上标“0”的均为原始工况的数据，不带上标“0”的为改变工况以后的数据，下同。

2. 只改变入口温度的工艺计算

$$V=V^0$$

$$G=\frac{T_1^0}{T_1}\times G^0$$

$$N=\frac{T_1^0}{T_1}\times N^0$$

$$\varepsilon=\left[\frac{T_1^0}{T_1}\times(\varepsilon^{0\left(\frac{m^0-1}{m^0}\right)}-1)+1\right]^{\frac{m^0}{m^0-1}}$$

3. 只改变入口压力的工艺计算

$$V=V^0$$

$$G=\frac{P_1^0}{P_1}\times G^0$$

$$N=\frac{P_1^0}{P_1}\times N^0$$

$$\varepsilon=\varepsilon^0$$

4. 只改变转速的工艺计算

$$V=\frac{n}{n^0}V^0$$

$$G=\frac{n}{n_0}\times G^0$$

$$N=\left(\frac{n}{n^0}\right)^3\times N^0$$

$$\varepsilon=\left\{\left(\frac{n}{n^0}\right)^2\times[\varepsilon^{0\left(\frac{m^0-1}{m^0}\right)}-1]+1\right\}^{\frac{m}{m-1}}$$

5. 只改变气体相对分子质量的工艺计算

循环氢相对分子质量变化范围较大，一般为-15%~30%。

$$V=V^0$$

$$G=\frac{m}{m^0}\times G^0$$

$$N=\left(\frac{m}{m^0}\right)\times N^0$$

$$\varepsilon=\left\{\left(\frac{m}{m^0}\right)\times[\varepsilon^{0\left(\frac{m^0-1}{m^0}\right)}-1]+1\right\}^{\frac{m^0}{m^0-1}}$$

6. 只改变绝热指数的工艺计算

$$V=V^0$$

$$G=G^0$$

$$N=N^0$$

$$\varepsilon=\left\{\left[\frac{k^0(k-1)}{k(k^0-1)}\right]\times[\varepsilon^{0\left(\frac{m^0-1}{m^0}\right)}-1]+1\right\}^{\frac{m}{m-1}}$$

7. 改变气体重度和绝热指数的工艺计算

$$V=V^0$$

$$G=\frac{\rho_1}{\rho_1^0}G^0$$

$$N=\frac{\rho_1}{\rho_1^0}N^0$$

$$\varepsilon=\left\{\left[\frac{m^0(m-1)\rho_1}{m(m^0-1)\rho_1^0}\right]\times[\varepsilon^{0\left(\frac{m^0-1}{m^0}\right)}-1]+1\right\}^{\frac{m}{m-1}}$$

8. 气体性质和转速改变，入口压力和入口温度不变的工艺计算

$$V=\frac{n}{n_0}V^0$$

$$G=\frac{n}{n^0}\times\frac{m}{m^0}\times G^0$$

$$N=\left(\frac{n}{n^0}\right)^3\times\frac{m}{m^0}\times N^0$$

$$\varepsilon=\left\{\left(\frac{n}{n^0}\right)^2\left[\frac{m^0(m-1)m}{m(m^0-1)m^0}\right]\times[\varepsilon^{0\left(\frac{m^0-1}{m^0}\right)}-1]+1\right\}^{\frac{m}{m-1}}$$

六、循环油泵工艺计算

（一）流量

循环油量由于受催化剂性能影响，一般运转初期和运转末期的循环油量、循环油密度、循环油温度会有变化，计算时可以某一最大工况按如下公式计算：

正常流量：
$$Q_{nor}=\frac{W}{\rho}$$

最大流量：
$$Q_{max}=\frac{W\times x_{max}\%}{\rho}$$

最小流量：
$$Q_{min}=\frac{W\times x_{min}\%}{\rho}$$

额定流量：
$$Q_{rate}=\left(\frac{W\times x_{max}\%}{\rho}\right)\times(100\%-105\%)$$

式中　Q_{nor}——设计正常质量(国外用体积)转化率条件下的循环油(循环油泵入口温度)体积流量，m^3/h；

W——设计正常质量转化率条件下的循环油(循环油泵入口温度)质量流量，kg/h；

ρ——入口温度条件下的密度，kg/m³；

Q_{max}——循环油可能的最大体积流量，m³/h；

χ_{max}——设计考虑的循环油操作弹性上限(如：转化率降低、分馏塔操作波动等)；

Q_{min}——循环油最小体积流量，m³/h；

χ_{min}——设计考虑的循环油操作弹性下限(如：负荷下线的影响、转化率升高、分馏塔操作波动等)；

Q_{rate}——循环油额定体积流量(设计已考虑最大流量时，一般同最大流量，不再额外增加量)，m³/h。

(二) 入口压力

$$P_{入}=P_{罐}+\frac{H_{液}\rho}{10^4}\times0.0980665-\Delta P_{管}-\Delta P_{过}-\Delta P_{孔}-\Delta P_{阀}$$

式中 $P_{入}$——泵的入口压力，MPa；

$P_{罐}$——泵入口罐的压力，MPa；

$H_{液}$——泵入口罐液位至泵轴入口中心线的液位高度，m；

ρ——泵入口温度条件下的密度，kg/m³；

$\Delta P_{管}$——泵入口罐至泵入口的管线(弯头、三通可折合成当量长度)压降，MPa；

$\Delta P_{过}$——泵入口罐至泵入口设置的过滤器压降，MPa；

$\Delta P_{孔}$——泵入口罐至泵入口设置的孔板压降，MPa；

$\Delta P_{阀}$——泵入口罐至泵入口设置的阀门压降，MPa。

(三) 出口压力

$$P_{出}=P_{入}+\frac{H\rho}{10^4}\times0.0980665$$

或

$$P_{出}=P_{压出}-\Delta P_{管氢}-\Delta P_{换氢}-\Delta P_{炉氢}-\Delta P_{反氢}+\Delta P_{换}+\Delta P_{阀}+\Delta P_{孔}+\Delta P_{管}$$

式中 $P_{出}$——出口压力，MPa；

$P_{入}$——入口压力，MPa；

H——扬程(取决于反应系统压力、精制反应器压降变化、调节阀压降等，随反应系统压力升高而升高)，m；

ρ——入口温度条件下的密度，kg/m³；

$P_{压出}$——循环氢压缩机的出口压力，MPa；

$\Delta P_{管氢}$——循环氢压缩机出口至与循环油混合时管线的压降，MPa；

$\Delta P_{换氢}$——循环氢与循环油混合前循环氢换热器的压降，MPa；

$\Delta P_{炉氢}$——循环氢与循环油混合前循环氢经过的加热炉压降，MPa；

$\Delta P_{反氢}$——循环氢与循环油混合前循环氢经过的反应器压降，MPa；

$\Delta P_{换}$——循环油与循环氢混合前循环油换热器的压降，MPa；

$\Delta P_{阀}$——循环油与循环氢混合前循环油经过的阀门压降，MPa；

$\Delta P_{孔}$——循环油与循环氢混合前循环油经过的孔板压降，MPa；

$\Delta P_{管}$——循环油与循环氢混合前循环油经过的管线(弯头、三通可折合成当量长度)压降，MPa。

(四) 功率和效率

1. 有效功率

$$N_{C}=\frac{QH\rho}{102} \quad \text{或} \quad N_{C}=\frac{Q'H\gamma}{367}$$

式中 N_{C}——有效功率，kW；

Q——输送温度下的流量，m^3/s；

Q'——输送温度下的流量，m^3/h；

H——扬程，m；

ρ——入口温度条件下的密度，kg/m^3；

γ——入口温度条件下的相对密度。

2. 轴功率

$$N_{C}=\frac{QH\rho}{102\eta} \quad \text{或} \quad N=\frac{Q'H\gamma}{367\eta}$$

式中 N——轴功率，kW；

η——泵的效率。

3. 效率

$$\eta=\frac{N_{c}}{N}\times 100\%$$

一般高压循环油泵的效率在50%~85%之间。

4. 电动机功率

$$N_{m}=K\frac{N}{\eta_{t}}$$

式中 η_{t}——电动机的传动效率，一般高压循环油泵采用联轴器与轴直接传动时，取 $\eta_{t}=1$；采用齿轮传动时，取 $\eta_{t}=0.9\sim0.97$，一般不建议采用齿轮传动。

K——电动机额定功率安全系数，电动机的额定功率必须大于或等于 N_{m}，由于高压循环油泵轴功率均大于75kW，一般取 $K=1.10$。

(五) 汽蚀余量

1. 汽蚀余量

泵进口处单位质量液体所具有的超过汽化压力的富余能量。

$$NPSH=\frac{100(P_{S}-P_{V})}{\gamma}+\frac{V_{S}^{2}}{2g}$$

式中 $NPSH$——汽蚀余量，m；

P_{S}——泵基准面算起的入口压力，MPa；

P_{V}——入口温度条件下液体的饱和蒸气压，MPa；

γ——入口温度条件下的相对密度；

V_{S}——入口温度压力条件下进口侧管线的流速(一般为平均速度)，m/s；

g——重力加速度，$9.81m/s^2$。

基准面定义：由于高压循环油泵一般均为多级离心泵，基准面为泵轴入口中心线(也有以第一级叶轮为基准的说法)。

2. 必需汽蚀余量

泵进口处所必需具有的超过汽化压力的能量，表示为$(NPSH)_r$，一般由泵制造厂通过试验测定。估算$(NPSH)_{min}$的公式为：

$$(NPSH)_{min}=10\left(\frac{n\sqrt{Q}}{C}\right)^{1.33}$$

式中　$(NPSH)_{min}$——最小汽蚀余量，m；

n——轴转速，r/min；

Q——入口温度条件下的液体流量，m^3/s（双吸时为$\frac{1}{2}Q$）；

C——汽蚀比转速，可由表 8-3-1、表 8-3-2 查取。

3. 有效汽蚀余量

泵进口处系统提供给泵超过汽化压力的能量，表示为$(NPSH)_a$，由泵入口管路特性决定，与泵结构无关。

① 设置循环油缓冲罐时：

$$(NPSH)_a=\frac{P_{VS}}{\gamma}\times100-h_{ls}+H_{gs}$$

式中　$(NPSH)_a$——有效汽蚀余量，m；

P_{Vs}——入口缓冲罐压力，MPa；

γ——入口温度条件下的相对密度；

h_{ls}——入口系统阻力总合，m；

H_{gs}——入口缓冲罐低低液位至泵轴入口中心线的几何高度，m，泵轴入口中心线距地面的几何高度至少应考虑 0.3m。

② 不设置循环油缓冲罐，利用常压分馏塔或减压分馏塔作为循环油缓冲罐时：

$$(NPSH)_a=\frac{P_{VS}-P_V}{\gamma}\times100-h_{ls}+H_{gs}$$

式中　$(NPSH)_a$——有效汽蚀余量，m；

P_{Vs}——常压分馏塔或减压分馏塔底压力，MPa；

P_V——入口温度条件下液体的饱和蒸气压，MPa；

γ——常压分馏塔或减压分馏塔底温度条件下的相对密度；

h_{ls}——常压分馏塔或减压分馏塔底至高压循环油泵入口系统阻力总合，m；

H_{gs}——常压分馏塔或减压分馏塔底低低液位至泵轴入口中心线的几何高度，m。

4. 有效汽蚀余量的安全裕量

加氢裂化装置的高压离心泵由于投资大，设计计算时应充分考虑有效汽蚀余量的安全裕量 S。

$$(NPSH)_a-(NPSH)_r\geqslant S$$

设置循环油缓冲罐时，高压循环油泵 S 应不小于 0.8m；不设置循环油缓冲罐时，高压循环油泵 S 应不小于 2.1m。

另一说法：$(NPSH)_a \geq 1.25(NPSH)_r$

5. 汽蚀的基本方程式

高压循环油泵的汽蚀基本方程式与高压原料油泵相同。

（六）最小连续流量

高压循环油泵的最小连续稳定流量、理论最小连续热流量 Q_{minr}、进口处液体允许温升 Δt_a 的计算方法、最小连续热流量下的效率计算、实际最小连续热流量 Q_{minr} 及最小流量的设置与高压原料油泵相同。

（七）关闭压力和关闭扬程

高压循环油泵关闭压力和关闭扬程的计算方法及确定原则与高压原料油泵相同。

（八）安装高度

高压循环油泵的安装高度计算方法及确定原则与高压原料油泵相同。

（九）扬程

高压循环油泵的扬程计算方法及确定原则与高压原料油泵相同。

第四节　加氢裂化过程能耗计算

能耗是指规定的体系在一段时间内所消耗的能源数量，分为实物能耗和综合能耗。一般所指能耗为综合能耗，即在生产过程中所消耗的各种燃料、电和耗能工质，按规定的计算方法和单位折算为一次能源的总和。加氢裂化装置所用的单位能耗系加工单位原料的能耗，而设计能耗是按燃料、电和耗能工质的设计消耗量计算的能耗，装置标定能耗是按燃料、电和耗能工质的实测消耗量计算的能耗。

一、能量评价指标

（一）单位能量因数耗能指标

1. 汤姆逊计算

由美国阿莫科公司的汤姆逊于 20 世纪 80 年代提出，其要点如下：

① 以当时美国炼油厂工艺装置的平均能耗为基础。原油蒸馏（常压）装置的能耗为 1201MJ/t，令其能量因数为 1。单位能量因数能耗 U 定义为：

$$U = \frac{\sum_{i=1}^{n}\left(\frac{A_iE_i}{A_i}\right)}{\sum_{i=1}^{n}\left(\frac{A_iC_i}{A_1C_1}\right)}$$

式中　n——装置套数；

A_1、A_2……A_n——装置加工量；

E_1、E_2……E_n——装置能耗；

C_1、C_2……C_n——标准能耗。

② 各工艺装置的平均电耗、蒸汽消耗和热能消耗以纳尔逊发表的数据为准（表 8-4-1）。蒸汽消耗和热能消耗的热效率为 80%。

③ 其他工艺装置的能量因数是将该装置每加工一桶原料油所消耗的能量与原油蒸馏装

置每加工一桶原油所消耗的能量进行对比，按原油蒸馏装置的能量因数为 1 换算而得（表 8-4-2）。

④ 计算装置实际能耗时，以装置实际处理量乘以其能量因数求取。

表 8-4-1　主要装置复杂系数及公用工程消耗对比

装置名称	复杂系数	电 力	蒸 汽	热 量	能 量
原油蒸馏	1	1.0	1.0	1.0	1.0
烷基化	11	7.0	21.6	3.6	6.8
延迟焦化	5.5	2.0	2.1	2.8	2.5
催化裂化	6	3.3	6.0	1.1	3.7
加氢裂化	6	16.0	0.5	2.3	2.7
加氢处理	1.7	1.5	0.6	0.6	0.6
加氢脱硫	3	2.7	0.5	0.7	0.7
催化重整	5	2.7	1.5	3.0	2.7
减压闪蒸	1	0.8	1.3	0.7	0.9
润滑油生产	64	25.0	89.0	8.5	23.1

表 8-4-2　主要工艺装置能量因数

装置名称	$E/(10^3 \times BTU/bbl)$	U
常减压	187	1.2
常压	154	1.0
催化裂化	503	3.3
延迟焦化	396	2.6
加氢精制	90	0.6
加氢裂化	404	2.6
渣油加氢	244	1.6
加氢处理	95	0.6
烷基化	940	6.1
催化重整	432	2.8
芳烃装置	400	2.6
溶剂脱沥青	407	2.6
润滑油	3044	19.8

2. 国标计算

① GB/T 50441—2016 给出的炼油单位因数能耗计算公式为：

$$e_{cf}=\frac{e}{f}$$

式中　e_{cf}——炼油单位因数能耗，kg/t；

e——炼油单位能耗，kg/t；

f——炼油能耗因数，无量纲。

② GB/T 50441—2016 给出的炼油单位能耗计算公式为：

$$e=\frac{E}{G}$$

式中　E——炼油能耗，kg/h；

G——原料加工量，t/h 或 t/a；

f——炼油能耗因数，无量纲。

（二）能耗系数

由壳牌公司提出，其要点如下：

① 将各种形式的能耗换算为标准的炼厂燃料：

标准燃料：高热值 431.2MJ/kg；

蒸汽：12t 蒸汽 = 1t 标准燃料；

电力：3000kW/h = 1t 标准燃料。

装置能耗和全厂能耗均以进料量百分数表示。

② 根据该集团炼油厂的平均数据，确定各工艺装置的能耗系数和公用工程的能耗系数。对各工艺装置来讲：

$$E_{\mathrm{T}}=A\times\xi\times100\%$$

$$E_{\mathrm{T}}=\sum_{i=1}^{n}E_{\mathrm{T}_i}\times100\%$$

$$\gamma=\frac{E}{E_{\mathrm{T}}}\times100\%$$

式中　E_{T_i}、E_{T}——i 装置理论能耗、全厂理论能耗；

ξ——能耗系数；

γ——能耗指数。

如果 $\gamma>100\%$，则能耗存在不合理之处；如果 $\gamma<100\%$，则说明节能工作富有成效。

③ 加工损失的理论值 Δ_T 也可以用相似的方法计算：

$$\Delta_T=A\times\Delta_\chi\times100\%$$

式中　Δ_χ——损耗系数。

壳牌集团炼厂主要工艺装置能耗系数 ξ 和损耗系数 Δ_χ 见表 8-4-3。

表 8-4-3　壳牌集团炼厂主要工艺装置 ξ 和 Δ_χ

装置名称	ξ/%	Δ_χ/%
常压装置	1.9	0.3
减压装置	1.8	0.2
铂重整	5.6	0.2
柴油加氢	2.5	0.2
氧化沥青	4.4	0.5
气体处理	2.6	0.3
硫黄回收	2.5	12.2
润滑油调和	1.2	0.2

（三）复杂系数

纳尔逊提出的复杂系数以操作费用的高低作为衡量工艺装置复杂程度的标志。其要点如下：

① 令美国平均规模炼油厂的常压装置的复杂系数为1。其他装置每加工一桶原料的操作费用和常压装置每加工一桶原油的操作费用相比，前者为后者的多少倍，就称某装置比常压装置“复杂”多少倍，或者说某装置的复杂系数为多少。

② 炼厂复杂系数表示整个炼厂每加工一桶原油的操作费用为常压装置每加工一桶原油操作费用的倍数。

③ 炼厂主要工艺装置的复杂系数 C_i 见表8-4-4。全厂复杂系数 C 的计算方法如下：

$$C=\sum C_i\times F_i+C_t$$

式中 C_t——常压装置的复杂系数1.0；

C_i——各二次加工装置的复杂系数；

F_i——各二次加工装置的进料量占常压装置进料量的百分数。

表8-4-4 各主要工艺装置的复杂系数 C_i

装置名称	C_i	装置名称	C_i
常压装置	1	流化焦化	5
减压装置	2	延迟焦化	5
热裂化	3	制氢	1.2
催化裂化	5.5	溶剂脱沥青	5
催化重整	4	溶剂抽提	4.5
加氢裂化	6	烷基化	9
加氢处理	3	异构化	3
加氢精制	4		

全厂复杂系数 C 和平均能耗 E_A 的关系见表8-4-5。

表8-4-5 全厂 C 和 E_A 的关系

C	$E_A/(10^6\times BTU/bbl)$	C	$E_A/(10^6\times BTU/bbl)$
6.0	525	9.0	760
7.0	600	10.0	850
8.0	675		

（四）能耗基准因数

由EXXON公司提出，其要点如下：

① 对常压、减压、催化裂化等42套工艺装置，分别建立标准的能量平衡，并将主要工艺参数（如常压重油收率、催化<430℉的转化率等）与装置能耗相关联，制定出标准状况下的能耗基准因数（Energy Guideline Factor，EGF）。在标准状况下，装置的关键工艺参数发生变化，EGF也随着变化。

② 对上述42套工艺装置中的任何一套，均可根据其处理量、开工天数、能耗基准因数

等求出有效能耗。装置的实际能耗与有效能耗之比称为基准线(Guideline)。若基准线值为100%，说明装置在有效用能方面达到标准状况；若基准线值大于100%，说明装置在使用能量方面有浪费现象，有待改进；若基准线值低于100%，则说明装置在使用能量方面优于标准状况。

(五) 能量密度指数(EII)

EII(Energy Intensity Index)是Solomon公司于1981年建立的评价能耗水平的指标。炼油工艺装置的工艺水平、结构、复杂度和利用率不同，会对装置能耗产生很大的影响。EII方法在综合考虑装置类型、进料性质、操作条件及产品质量的条件下，为每个加工单元制定了一个标准。EII是炼油厂实际能耗与其原油加工设施的理论能耗的比值。

EII的计算方法：每个工艺装置的利用能力乘以“装置标准能耗”。所有工艺装置的标准能耗结果加和就得到炼厂标准能耗。EII是实际能耗除以炼厂标准能耗的比值。公式如下：

$$EII = \frac{\sum_{i=1}^{n}(A_i E_i)}{\sum_{i=1}^{n}(A_i C_i)}$$

各工艺装置公用工程消耗平均值见表8-4-6。

表8-4-6 主要工艺装置公用工程消耗平均值

装置名称	电力/[(kW·h)/bbl]	蒸汽/(kg/bbl)	吸热/(MJ/bbl)	冷却/(m^3/bbl)
常压装置	0.6	7.39	108.67	0.93
常减压	0.71	8.89	131.88	1.49
催化裂化	1.97	44.45	119.22	2.46
催化重整	1.6	10.89	331.29	1.61
延迟焦化	1.2	15.42	303.86	2.65
加氢裂化	9.6	3.85	251.11	--
渣油加氢	6.0	17.69	113.95	1.89
溶剂脱沥青	1.87	70.31	164.59	4.24
制氢	1.9	34.47	208.90	0.40
烷基化	4.2	159.67	386.15	12.53
异构化	2.9	77.56	141.38	1.51

各工艺装置标准能耗C见表8-4-7。

表8-4-7 EII方法中的各工艺装置C值

装置名称	工艺类型	复杂系数	标准能耗
一、常规装置			
1. 原油常压蒸馏	-	1	$3+1.23\times API_{crude}$
2. 减压蒸馏	-	-	
减压闪蒸(VFL)	VFL	0.8	30

续表

装置名称	工艺类型	复杂系数	标准能耗
标准减压装置(VAC)	VAC	1	$15+1.23\times API_{crude}$
特大型减压装置(VFR)	VFR	1.2	$25+1.25\times API_{crude}$
3. 减黏装置			
减渣减黏(VBF)	VBF	3.2	140
常渣减黏(VAR)	VAR	3.2	140
4. 热裂化	—	3.8	220
5. 焦化	—	—	
延迟焦化(DC)	DC	7.5	180
流化焦化(FC)	FC	7.5	400
灵活焦化(FX)	FX	11	575
6. 催化裂化			
蓄热式催化裂化(TCC)	TCC	8.2	$100+40\times w\%_{coke}$
Houdry 裂化(HCC)	HCC	8.2	$100+40\times w\%_{coke}$
流化催化裂化(FCC)	FCC	8.2	$70+40\times w\%_{coke}$
重油催化裂化(HOC)	HOC	10	$70+40\times w\%_{coke}$
渣油催化裂化(RCC)	RCC	10	$70+40\times w\%_{coke}$
7. 加氢裂化			
石脑油裂化(HNP)	HNP	5.4	180
缓和加氢裂化(HMD)	HMD	7	$300+[0.08\times(psi-1500)]$
苛刻加氢裂化(HSD)	HSD	8	$w\%_{disel}+1.5\times(w\%_{VGO}+w\%_{other})$
氢-油法加氢裂化(HOL)	HOL	11	250
LC-Fining(LCF)	LF	11	350
8. 催化重整			
半再生(RSR)	RSR	3.4	$3.56\times RON_{C_{5+}}-120$
循环再生(RCY)	RCY	3.5	$3.56\times RON_{C_{5+}}-120$
连续再生(RCR)	RCR	3.6	$3.56\times RON_{C_{5+}}-133$
9. 制氢(产品)，KSCF/天			
蒸汽转化			
石脑油蒸汽转化(HSN)	HSN	3	200
甲烷蒸汽转化(HSM)	HSM	3	200
部分氧化(POX)	POX	4	400
煤气化	—	1.4	80
10. 氢气提纯(产品)，KSCF/天			

续表

装置名称	工艺类型	复杂系数	标准能耗
深冷处理法(CRYO)	CRYO	0.5	20
膜分离法(PRSM)	PRSM	0.5	20
变压吸附法(PSA)	PSA	0.5	20
11. 迭合(产品)			
丙烯(PC3)	PC3	8.5	145
丙烯/丁烯混合物(PMIX)	PMIX	8.5	145
12. 丙烯选择性二聚合(产品)	—	7.5	130
13. MTBE(醚产品)	—	7	300
14. 烷基化(产品)			
HF 法(AHF)	AHF	8	450
H_2SO_4 法(ASA)	ASA	8	400
15. C_4 异构化		4	75
16. C_5/C_6 异构化		3.7	100
17. 加氢处理			
汽油/石脑油加氢处理		2	90
煤油加氢处理		2.5	90
中间馏分油加氢处理		2.5	90
选择性加氢处理			
二烯烃转化为烯烃作原料	DIO	2.5	90
汽油选择性加氢处理	GASO	2.5	100
馏分油选择性加氢处理	DIST	2.5	100
18. 裂化原料或减压馏分油加氢脱硫			10335
VHDS, <1500psig(10335 kPa)	VHDS	3.5	120
VHDN, >1500psig(10335 kPa)	VHDN	5	170
19. 渣油脱硫处理			
常压渣油(DAR)	DAR	7.4	190
减压渣油(DVR)	DVR	7.4	190
20. 溶剂脱沥青		3	230
21. 硫黄回收(产品)/长吨		300	12000
22. 尾气回收(产品)/长吨		250	18000
23. 硫酸再生(产品)/短吨		150	3000
24. 沥青装置(产品)		1.1	115
25. 石油焦煅烧(产品)/短吨		150	4000

续表

装置名称	工艺类型	复杂系数	标准能耗
26. 脱盐装置		35	2600
27. CO_2 液化(产品)/短吨		49	3920
28. 芳烃溶剂抽提		1.1	150
29. 异丙苯(产品)		9	100
30. 环己烷(产品)		5.3	220
31. 加氢脱烷基		8	170
32. 甲苯歧化/烷基转移(反应器进料)		3.3	55
33. 二甲苯异构化		2.9	400
34. 对二甲苯(产品)			
吸附法(ADS)		15	850
结晶法(CRY)		15	900
35. 乙苯		30	125
二、特种蒸馏			
1. 脱乙烷		0.7	120
2. 脱丙烷		0.8	120
3. 丙烷/丙烯分离		1	150
4. 脱丁烷		0.9	120
5. 脱异丁烷		1.5	135
6. 脱戊烷		1	120
7. 脱异戊烷		1.5	130
8. 脱己烷		1	120
9. 脱异己烷装置		1	60
10. 脱庚烷装置		0.7	60
11. 脱异庚烷装置		1	130
12. 烷基化油分离		0.5	55
13. 重整生成油分离		0.5	55
14. Splitter w/Heartcut，U69		1.5	60
15. 催化裂化汽油再蒸馏		0.5	55
16. 苯塔		0.7	70
17. 甲苯塔		0.7	70
18. 二甲苯回收塔		0.7	70
19. 二甲苯分离塔		0.7	70

续表

装置名称	工艺类型	复杂系数	标准能耗
20. 临二甲苯回收塔		0.7	70
21. 重芳烃分离塔		0.7	70
22. 石脑油分离塔		0.5	55
三、其他工艺装置			
1. 胺再生(循环量)		0.5	100
2. 沥青残渣处理(ART)		6.2	410
3. 汽油苯饱和		2.9	130
4. CANMET(U63)		18	330
5. 凝析油分馏		1	50
6. LPG 深冷分离(进料)/(KSCF/d)		1.3	20
7. 馏分油芳烃饱和		3.5	200
8. 乙烷液化		1.6	40
9. 乙基叔丁基醚(醚产品)		7.5	350
10. 火炬气体回收/(KSCF/d)		0.5	10
11. 燃料气脱硫/(KSCF/d)		0.3	0.6
12. H_2S 脱除装置(产品)/长吨		140	4400
13. 异丁烷脱氢(产品)		3	175
14. Isosiv(U18)		1.5	100
15. 甲醇生产装置		4	400
16. 中间馏分油脱蜡		3	110
17. Phosam(U59)(产品)/短吨		450	55000
18. 环烷酸(产品)		3	60
19. 外购瓦斯油分馏		1	35
20. Pyrotol(U23)(产品)		3	300
21. 油浆焚烧炉/短吨		200	7400
22. TAME(醚产品)		8.3	400
23. Unisol(26)		1	150
24. 显热			$44-0.23\times API_{crude}$
25. 公用工程、界外设施和损失			44+4C

注：1. 1 长吨=1016.046kg，1 短吨=907kg；

2. 不同装置的标准能耗可以矫正，如原油常压蒸馏装置，可根据原油 API 变化按公式 $3+1.23\times API_{crude}$ 修正标准能耗；缓和加氢裂化，可根据压力变化按公式 $300+[0.08\times(PSI-1500)]$ 修正标准能耗。

某企业的计算结果见表 8-4-8。

表 8-4-8　EII 方法中的计算实例结果

装置名称	A/(t/d)	C/(10^9×J/d)
原油常压蒸馏	29872.88	8507.04
原油减压蒸馏	15348.55	5432.45
焦化	8915.62	10795.59
催化裂化	6082.19	15064.27
加氢裂化	5504.11	12244.61
催化重整	1644.29	3630.22
制氢	45.21	3386.45
氢提浓	11.51	86.20
MTBE	161.64	436.93
汽油/石脑油加氢处理	3586.22	2985.93
煤油加氢处理	0.00	0.00
中间馏分油加氢处理	10265.51	4252.52
选择性加氢处理	0.00	0.00
裂化原料或减压蜡油脱硫	1394.25	1194.37
硫黄回收	256.99	2454.97
芳烃溶剂抽提	869.56	1182.89
丙烷/丙烯分离装置	295.34	527.46
苯塔	507.44	272.53
甲苯塔	438.78	236.67
二甲苯分离塔	814.59	439.49
临二甲苯回收塔	443.12	238.74
特种蒸馏	2499.27	1714.90
显热		8327.21
公用工程、界外设施和损失		19608.92
$\sum C$		101305.45

（六）基准能耗

中国石化系统分析了加氢裂化用能情况，提出了加氢裂化装置的基准能耗计算方法。

1. 燃料的计算

$$E_1=[18.7-0.078(T_{RO}-T_E)]Y_G+[16.4-0.077(T_{RO}-T_E)]Y_{LPG}+[23.5-0.075(T_{RO}-T_E)]Y_{LN}+[9.5-0.069(T_{RO}-T_E)]Y_{HN}+[10.8-0.066(T_{RO}-T_E)]Y_J+[25.8-0.067(T_{RO}-T_E)]Y_D+[0.367(T_{RI}-T_{MH})]+0.1M_{RG}(T_{RO}-T_E)-0.1M_{RG}(T_{RI}-T_{RG})Y_H+0.061(T_{RI}-60)+[35.5-0.068(T_{RO}-T_{RI}-T_E+370)]\frac{1-C}{C}+\frac{0.2M_{RG}[R_{\frac{H}{O}}(T_{RI}-T_{RG})-RT_{\frac{H}{O}}(T_{RO}-T_E)]}{22414D}$$

式中　Y_G——干气产率,%;

Y_{LPG}——液化气产率,%;
Y_{LN}——轻石脑油产率,%;
Y_{HN}——重石脑油产率,%;
Y_{J}——喷气燃料产率,%;
Y_{D}——柴油产率,%;
T_{RI}——反应器入口温度,℃;
T_{RO}——反应器出口温度,℃;
$R_{\frac{H}{O}}$——反应器入口氢油体积比;
$RT_{\frac{H}{O}}$——总氢油体积比;
T_{E}——反应流出物换热终温,℃;
T_{MH}——新氢压缩机出口温度,℃;
M_{RG}——循环氢分子量。

2. 电耗的计算

气体绝热压缩的电耗:

$$W_1 = 4136 \times F \times \frac{Y_H}{(2 \times C_H)} \times B \times \left[\left(\frac{P_{HS} + \Delta P}{P_{MH}} \right)^{\frac{0.2857}{B}} - 1 \right]$$

反应进料泵:

$$W_2 = 0.272 \times \frac{V_F (P_{HS} + \Delta P)}{\eta_1}$$

循环油泵:

$$W_3 = 0.272 \times \frac{V_U (P_{HS} + \Delta P)}{\eta_2}$$

式中　F——新鲜进料量, t/h;
Y_H——氢耗,%;
C_H——新氢纯度,%;
B——新氢压缩机级数;
P_{HS}——高分压力, MPa;
ΔP——循环氢压缩机出入口压差, MPa;
P_{MH}——新氢压力, MPa;
V_F——反应进料泵体积流量, m^3/h;
V_U——循环油泵体积流量, m^3/h;
η_1——反应进料泵效率;
η_2——循环油泵效率。

3. 3.5MPa 蒸汽耗量的计算

气体绝热压缩的蒸汽耗量:

$$W_4 = 0.00036 \times V_H \times \left[\left(\frac{P_{HS} + \Delta P}{P_{HS}} \right)^{0.408} - 1 \right] \times (T_{HS} + 273.13) + 100$$

式中　V_H——循环氢压缩机体积流量, m^3/h;

T_{HS}——高分温度,℃。

4. 水耗量的计算

循环水：

$$E_2=0.12Y_G+0.2Y_{LPG}+0.29Y_{LN}+0.18Y_{HN}+0.18Y_J+0.42Y_D+0.27\times\frac{1-C}{C}+0.01\times\frac{W_1}{F}$$

基准能耗法计算中可能还有：低压电耗、1.0MPa 蒸汽、0.3(或 0.5)MPa 蒸汽、脱氧水、新鲜水、软化水、净化水、净化压缩空气、氮气等，所有能耗汇总即为装置基准能耗。随着工艺流程的变化，基准能耗也需要相应调整。

二、装置设计能耗计算

（一）设计能耗计算规定

GB/T 50441—2016 规定：设计能耗按设计条件计算，开工、停工、事故、消防、临时吹扫等工况下的消耗不应计入能耗。正常生产过程中的间断消耗或输出应折算为平均值后再计入能耗。输入能量和输出能量应以能耗计算的正负值计入能耗；装置加工的原料不计入能耗；正常生产过程中消耗的净化压缩空气、非净化压缩空气、氧气、氮气等各种气体介质和产生的含硫污水、含油污水应计入能耗。

GB/T 50441—2016 同时规定：热进料和热出料的温度等于或大于 120℃时，全部计入能耗；油品规定温度与 120℃之间的热量折半计入能耗；油品规定温度以下的热量不计入能耗。如：热用户物流通过热交换得到热量后，温度升至 120℃以上的中高温位热量全部计入能耗；60~120℃之间的低温位热量折半计入能耗；60℃以下的热量不计入能耗。有关油品的规定温度：汽油 60℃，柴油 70℃，蜡油 80℃，渣油 120℃。

加氢裂化装置常用的设计能耗计算的统一折算值见表 8-4-9。

表 8-4-9　能耗指标计算的统一折算值

类别	单位	能耗折算值/(kgEO)	备注
耗电量	kW·h	0.22	
10.0MPa 级蒸汽	t	92	$P\geq7$MPa
5.0MPa 级蒸汽	t	90	7MPa>$P\geq$4.5MPa
3.5MPa 级蒸汽	t	88	4.5MPa>$P\geq$3MPa
2.5MPa 级蒸汽	t	85	3MPa>$P\geq$2MPa
1.5MPa 级蒸汽	t	80	2MPa>$P\geq$1.2MPa
1.0MPa 级蒸汽	t	76	1.2MPa>$P\geq$0.8MPa
0.7MPa 级蒸汽	t	72	0.8MPa>$P\geq$0.6MPa
0.3MPa 级蒸汽	t	66	0.6MPa>$P\geq$0.3MPa
<0.3MPa 级蒸汽	t	55	$P<0.3$MPa
新鲜水	t	0.15	
循环水	t	0.06	
软化水	t	0.20	
除盐水	t	1.0	

续表

类别	单位	能耗折算值/(kgEO)	备注
104℃除氧水	t	6.5	
凝汽机的凝结水	t	1.0	
净化压缩空气	m^3	0.038	
非净化压缩空气	m^3	0.028	
氮气	m^3	0.15	

(二) 典型装置设计能耗

表 8-4-10 列出了几种类型加氢裂化装置的设计能耗，表 8-4-11 列出了几套渣油加氢装置的设计能耗。

表 8-4-10　加氢裂化装置的设计能耗

项目	A 装置	B 装置	C 装置	D 装置	E 装置	F 装置	D 装置
原料油	VGO	VGO、HCO	VGO	VGO	VGO、CGO	VGO、CGO	VGO
馏程/℃	280~559 (98%)	192~540	360~531 (95%)	326~568	221~547	372~443 (90%)	345~525
处理量/(Mt/a)	1.2	1.2	2.2	1.0	1.5	4.0	1.5
流程	一段串联一次通过	一段串联一次通过	单段全循环	单段全循环	单段全循环	一段串联一次通过	反序串联全循环
反应压力(氢分压)/MPa	(13.5)	(10.6)	16.87	14.7 (冷高分压力)	(15.0)	15.25	(13.17)
一反反应温度/℃	368	368	375	385	400	410	400.5
二反反应温度/℃	372	375	—	395	—	407	371.5
单位能耗/(MJ/t)							
净化水	—	—	—	—	—	(60.67)	—
循环水	26.38	22.65	24.09	24.75	35.17	21.16	20.9
脱盐水	—	5.66	—	24.89	60.71	—	24.9
脱氧水	107.18	43.14	49.52	—	—	19.51	—
凝结水	-4.61	-5.39	-4.75	—	—	-1.38	-10.9
净化污水	1.67	—	—	—	—	—	—
燃料油	993.11	—	444.83	573.84	254.14	—	769.1
燃料气	363.41	808.45	371.53	—	643.30	761.34	238.3
电	671.56	371.16	782.76	543.00	690.82	633.56	1124.4
9.5MPa 蒸汽	—	—	—	—	—	1095.24	—
3.5MPa 蒸汽	1143.82	601.78	1051.45	557.02	728.5	-1047.62	87.8
1.0MPa 蒸汽	-1474.59	-514.42	-818.63	-241.42	-524.19	99.90	-363.7

续表

项目	A 装置	B 装置	C 装置	D 装置	E 装置	F 装置	D 装置
0.5MPa 蒸汽 (0.35MPa 蒸汽)	-249.95	-143.27	(-148.54)	-92.96	—	-158.71	—
氮气	7.95	7.9	—	3.18	—	7.91	—
净化压缩空气	4.19	3.34	—	4.11	—	3.13	—
透平回收	—	—	-71.77	—	—	—	—
低温热回收	—	—	-143.17	-103.77	—	—	—
热进料	—	—	65.43	42.35	—	—	—
能耗	1590.12	1201.00	1602.75	1334.97	1888.45	1494.71	1890.8

从表 8-4-10 可看出：加氢裂化装置设计能耗在 30~44MJ/t，电耗占比 29.8%~59.59%，燃料占比 42.98%~85%，蒸汽占比-36.5%~16.67%。节能的重点是燃料和电能。

表 8-4-11　渣油加氢装置的设计能耗

项目	A 装置	B 装置	C 装置	D 装置	E 装置	F 装置	G 装置
原料油/% 常渣/减渣/蜡油	53.15/44/2	48/30.2/21.8	—60.83/39.17	—74.6/25.4	—76.8/23.2	11.35/61.23/ 27.42	29/56/15
处理量/(Mt/a)	3.44	3.9	2.0	2.0	4.0	2.0	2.6
流程特点	反应双系列 单塔分馏 PSA	反应双系列 双塔分馏 低分气脱硫	反应单系列 单塔分馏 低分气脱硫	反应单系列 单塔分馏	反应双系列 双塔分馏	反应单系列 双塔分馏 低分气脱硫 PSA 溶剂再生	反应单系列 UGR+固定床 双塔分馏 低分气脱硫 PSA
冷高分操作 压力/MPa	14.8	16.0	16.0	16.0	16.14	16.0	16.0
一反入口氢油 比/(Nm^3/m^3)	600	750	650	600	750	700	210~260/ 600
平均反应 温度/℃	374~403	378~405	378~403	382~410	379~403	385~407	365~393/ 375~406
单位能耗/(MJ/t)							
循环水	20.3	22.07	16.44	36.6	30.43	22.61	12.12
脱盐水	0.82	13.06	18.01	14.00	13.75	8.79	7.41
脱氧水	69.56	38.17	48.03	32.36	38.43	6.28	14.23
凝结水	-2.14	-1.38	-3.99	-7.53	-3.77	-36.84	-1.54
净化污水	—	—	—	—	—	8.79	—
燃料气	482.97	307.85	343.55	285.43	300.58	196.37	205.38
电	397.48	372.6	505.79	501.65	609.34	512.49	524.54

续表

项目	A 装置	B 装置	C 装置	D 装置	E 装置	F 装置	G 装置
3.5MPa 蒸汽	741.3	698.26	211.29	140.25	991.26	425.82	272.02
1.0MPa 蒸汽	-840.14	-696.5	-84.37	-81.97	-908.02	34.4	-48.36
0.5MPa 蒸汽（0.35MPa 蒸汽）	-173.51	-131.99	-336.12	-117.52	-155.08	-43.13	-202.62
氮气	4.59	4.06	20.36	27.43	3.96	3.35	7.92
净化压缩空气	3.10	1.75	4.76	4.27	2.00	3.77	2.98
热进料/热出料	—	-55.63	-45.00	-114.53	-57.06	-52.34	-117.24
能耗	704.4	572.22	698.75	720.54	865.82	1087.36	676.84

从表 8-4-11 可看出：由于装置处理量、单元组成、一反入口氢油比和公用工程条件的不同，各渣油加氢装置的设计能耗不同，在 572～1087MJ/t，电耗占比 47.1%～77.5%，燃料占比 18.1%～68.6%，蒸汽占比-38.7%～38.3%。

（三）设计能耗分析

1. 用能“三环节”分析

对某加氢裂化装置的用能状况采用用能“三环节”分析，结果见图 8-4-1。该装置处理能力 0.8Mt/a，原料为直馏减压蜡油，主要产品为石脑油，兼产喷气燃料和柴油，一段串联全循环流程，反应压力 16.6MPa，精制反应平均温度 343℃，裂化反应平均温度 350℃。

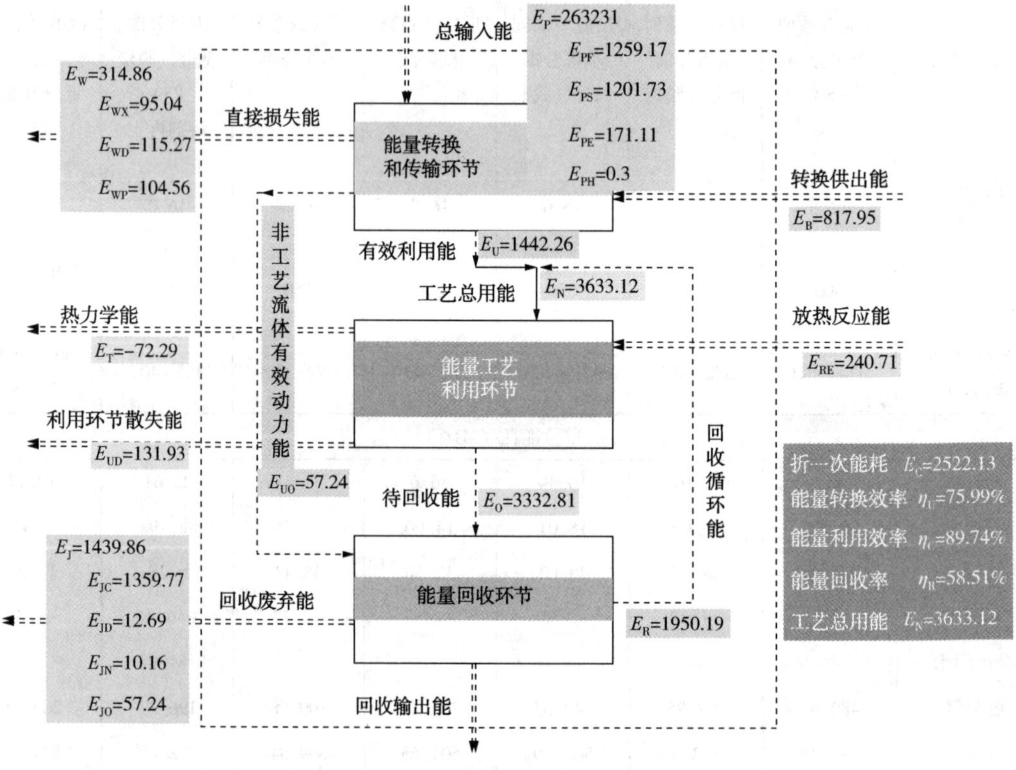

图 8-4-1　加氢裂化装置能量分析汇总图

2. 装置组成

加氢裂化装置包括反应部分、压缩部分(也可合到反应部分)、分馏部分、气体分馏部分、气体脱硫部分、溶剂再生部分、酸性水处理部分、氢气回收部分和公用工程部分等(图 8-4-2)。不同组成的加氢裂化装置能耗绝对值、能耗组成也不同。

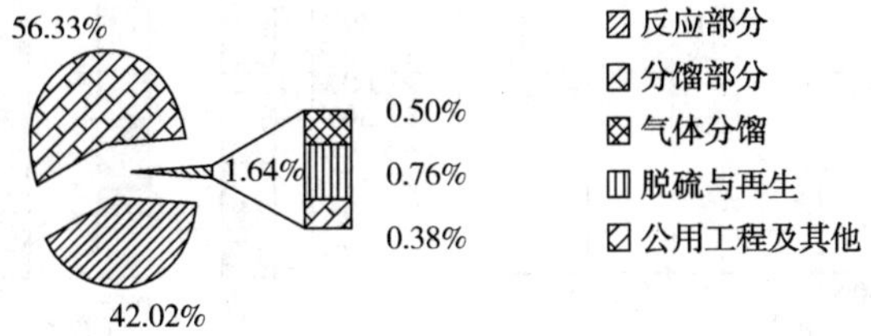

图 8-4-2　国内某加氢裂化装置组成与能耗

3. 能耗构成

加氢裂化装置的主要能耗为燃料、电和蒸汽(采用背压蒸汽透平驱动时)，见表 8-4-12、表 8-4-13。

表 8-4-12　某企业 11.0kt/a 加氢裂化装置能耗构成

项目	实物单耗/(kg/t)	能耗/(MJ/t)	构成/%
中压蒸汽	0.24	872.1	38.53
燃料油	14.04	587.8	25.97
燃料气	17.00	676.2	29.87
循环水	18.18	76.2	3.37
脱盐水	0.19	18.4	0.81
外排低压蒸汽	-0.27	-863.3	-38.14
电	82.30(kWh/t)	896.0	39.58
新鲜水	0.039	0.3	0.01
Σ		2263.7	100

表 8-4-13　加氢裂化装置能耗构成　　%

项目	M 装置	J 装置	Y 装置	Z 装置	CG 装置	IF 装置
水	4.64	3.66	3.18	2.34	2.09	0.87
电	37.44	36.23	25.52	33.89	32.80	26.15
蒸汽	4.27	5.71	12.39	19.24	2.88	1.34
燃料	53.65	54.40	58.91	44.53	62.23	71.64
Σ	100.00	100.00	100.00	100.00	100.00	100.00

由以上加氢裂化装置的能耗构成可看出，不同类型、不同专利公司的加氢裂化装置能耗构成差别较大，燃料消耗在能耗中所占比例最高，一般在 40%~70%；其次为电耗，一般在 25%~40%；蒸汽消耗差异较大，为 2%~20%；水所占比例较低，一般为 1%~5%。

4. 能耗组成与转化率

加氢裂化装置不同转化率条件下的能耗组成不同。转化率越高，放热量越大，燃料消耗越低，如图 8-4-3 所示。

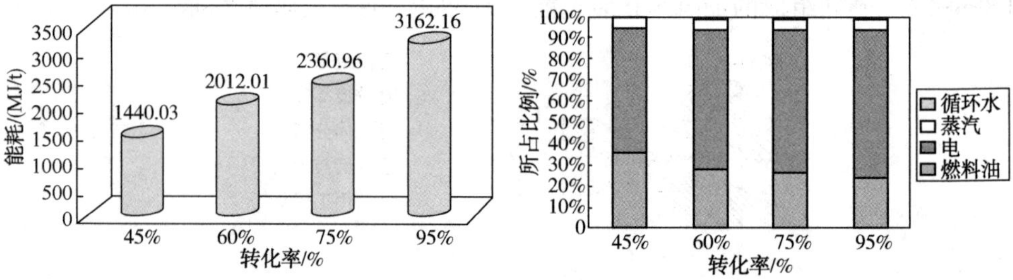

图 8-4-3　某加氢裂化装置不同转化率条件下的能耗及能耗组成

三、生产能耗

(一) 生产能耗计算规定

生产能耗的计算首先需要对装置进行标定：实测物料温度、压力、流量等操作数据，按标定要求采样分析、化验相关物料数据，记录和测量设备转数、电流等，汇总整理形成装置初步标定报告；对初步标定报告进行分析，对可能产生的计量误差进行矫正，形成最终标定报告。

1. 物料标定计量

表 8-4-14 为某加氢裂化装置两天标定期间物料计量统计表，表 8-4-15 为某加氢裂化装置两天标定期间净物料平衡(不含胺液、蒸汽、水)及计量仪表型式。

表 8-4-14　某加氢裂化装置标定期间物料计量统计表

项目	仪表位号	单位	13 日 10 点	13 日 16 点	13 日 22 点	14 日 4 点	14 日 10 点
冷原料油	FQ-7000A	m^3/h	145574. 2	146136. 0	146661. 1	147201	147843. 1
热原料油	FQ-7000B	m^3/h	484619. 8	486628. 7	488521. 7	490493. 9	492843. 9
新氢	FQ-7000D	NK	147244. 55	147833. 30	148385. 32	148960. 97	149646. 16
渣油富氢气	FQ-7039	NK	13311. 65	13356. 21	13398. 18	13441. 2	13492. 58
低分气	FQ-7038	NK	31852. 76	31963. 56	32066. 83	32174. 27	32302. 27
汽提塔顶气	FQ-7604	NK	7207. 646	7233. 109	7256. 571	7280. 596	7309. 607
汽提塔顶液	FQ-7600A	m^3/h	133461. 7	134068. 2	134632. 6	135238. 2	135946. 5
石脑油	FQ-7600E	m^3/h	16608. 60	16609. 80	16610. 98	16612. 21	16613. 67
喷气燃料	FQ-7600C	m^3/h	55014. 6	55015. 5	55016. 6	55017. 7	55019. 0
柴油	FQ-7600B	m^3/h	344769. 9	346348. 7	347844. 2	349438	351329. 2
尾油	FQ-7600D	m^3/h	56556. 5	56716. 2	56853. 1	56991. 4	57411. 1
反冲洗油	FQ-7000C	m^3/h	6022. 1	56716. 3	6037. 9	6045. 6	6061. 1
酸性水	FQ-7057	t/h	83095. 7	83404. 3	83693. 4	83999. 0	84362. 7
贫胺	FQ-7059	t/h	215138. 6	215922. 9	216654. 9	217407. 8	218304. 0
富胺	FQ-7061	t/h	257242. 5	258194. 1	259078. 3	259987. 7	261071. 9

注：2017 年加氢裂化专家班牛贵峰学员作业。

装置生产标定期间，有来自渣油加氢的低分气参与物料平衡，原料油过滤器反冲洗消耗了部分油品。

表 8-4-15 某加氢裂化装置两天标定期间物料平衡及计量仪表型式

项目名称		流量/t	占比/%	流量计类型
热原料油		6519.50		UF-II 螺旋转子流量计
冷原料油		1884.76		UF-II 螺旋转子流量计
渣油富氢气来		27.11	0.32	文丘里流量计
氢气进		214.67	2.55	锥形体流量计
总进料		8646.04	102.87	
反冲洗油出		33.82	0.4	UF-II 螺旋转子流量计
汽提塔顶气		65.34	0.77	内文丘里流量计
脱硫低分气		109.52	1.3	文丘里流量计
石脑油	汽提塔顶油	1110.74	12.90	涡轮流量计
	分馏塔顶油	547.14	6.35	涡轮流量计
柴油		5044.11	60.02	UF-II 螺旋转子流量计
尾油		1642.94	19.55	UF-II 螺旋转子流量计
酸性气		92.41	1.1	文丘里流量计
总出料		8646.02	102.86	

注：2017 年加氢裂化专家班牛贵峰学员作业。

2. 操作条件

表 8-4-16 为某加氢裂化装置标定期间部分操作条件。

表 8-4-16 某加氢裂化装置标定期间部分操作条件

项目	单位	仪表位号	13 日 10 点	13 日 16 点	13 日 22 点	14 日 4 点	14 日 10 点
F-1701-I 入口温度	℃	TIC-7005	367.5	363	363.2	362.8	363.2/71.7
F-1701-I 出口温度	℃	TIC-7008	453.5	447.9	439.2	441.3	445.4
F-1701-I 第一路循环氢流量	Nm^3/h	FIC-7012A	63.67	63.05	65.02	63.87	63.78
F-1701-I 第二路循环氢流量	Nm^3/h	FIC-7012B	63.10	62.52	64.44	63.28	63.26
F-1701-I 第三路循环氢流量	Nm^3/h	FIC-7012C	63.72	63.15	64.92	63.82	63.81
F-1701-I 第四路循环氢流量	Nm^3/h	FIC-7012D	64.08	63.50	65.62	64.20	64.16
F1701-I 第一路循环氢出口温度	℃	TI-7009A	449.5	444.2	436.3	437.5	441.2
F1701-I 第二路循环氢出口温度	℃	TI-7009B	460.1	453.3	445.8	447.2	450.9
F1701-I 第三路循环氢出口温度	℃	TI-7009C	451.1	446.7	437.9	439.0	442.9
F1701-I 第四路循环氢出口温度	℃	TI-7009D	454.8	447.8	441.8	441.3	446.0
F-1701-II 入口温度	℃	TIC-7114	368.2	362.9	363.0	363.3	363.1/62
F-1701-II 出口温度	℃	TIC-7257	446.8	442.4	437.1	438.5	440.6

续表

项目	单位	仪表位号	13 日 10 点	13 日 16 点	13 日 22 点	14 日 4 点	14 日 10 点
F-1701-Ⅱ第一路循环氢流量	Nm^3/h	FIC-7023A	63.59	62.79	64.28	64.03	63.27
F-1701-Ⅱ第二路循环氢流量	Nm^3/h	FIC-7023B	63.46	32.72	64.24	63.99	63.19
F-1701-Ⅱ第三路循环氢流量	Nm^3/h	FIC-7023C	62.43	61.75	63.22	63.01	62.24
F-1701-Ⅱ第四路循环氢流量	Nm^3/h	FIC-7023D	63.52	62.88	64.47	64.18	63.36
F1701Ⅱ第一路循环氢出口温度	℃	TI-7255A	446.4	442.4	437.1	437.5	440.1
F1701Ⅱ第二路循环氢出口温度	℃	TI-7255B	445.5	441.1	436.5	436.8	439.4
F1701Ⅱ第三路循环氢出口温度	℃	TI-7255C	449.7	445.8	440.6	440.8	443.0
F1701Ⅱ第四路循环氢出口温度	℃	TI-7255D	446.4	442.1	437.1	437.6	439.8
反应注水流量	t/h	FI-7030	36.9	36.5	36.6	37.0	36.0
K-1701 入口温度	℃	TI-7501	56	55.2	56.1	54.6	54.4
K-1701 入口压力	MPa	PI-7063	13.93	13.94	13.990	13.950	13.940
K-1701 入口流量	Nm^3/h	FI-7041	583.12	580.22	585.9	573.41	575.98
K-1701 出口温度	℃	TI-7511A	72.9	71.7	72.8	71.0	70.8
K-1701 出口压力	MPa	PI-7029	15.776	15.784	15.850	15.810	15.790
K-1701 反飞动量	Nm^3/h	FIC-7041	0	0	0	0	0
汽轮机入口压力	MPa	PI7062	3.46	3.48	3.52	3.56	3.35
汽轮机出口压力	MPa		1.04	1.05	1.01	1.04	1.05
汽轮机蒸汽流量	t/h	FI7062	82.16/63	81.43/63	81.96/63	79.42/62	83.41/64
新氢进装置流量	Nm^3/h	FQI-7000D	97.56	98.64	94.16	96.71	99.02
新氢进装置压力	MPa	PI-7030C	2.28	2.12	2.115	2.00	2.16
新氢压缩机出口流量	Nm^3/h	FI-7042	102.49	104.16	98.66	101.41	104.68
新氢压缩机出口压力	MPa	PI-7031	15.842	15.837	15.872	15.811	15.823

注：2017 年加氢裂化专家班牛贵峰学员作业。

3. 设备标定

表 8-4-17 为某加氢裂化装置标定期间部分设备标定数据。

表 8-4-17　某加氢裂化装置标定期间部分设备标定数据

项目	仪表位号	单位	13 日 10 点	13 日 16 点	13 日 22 点	14 日 4 点	14 日 10 点
第一路流量	FIC-7606A	t/h	36.1	36.3	35.8	36.8	36.2/45
第二路流量	FIC-7606B	t/h	36.2	36.1	36.0	36.8	36.0/43
第三路流量	FIC-7606C	t/h	36.5	36.7	36.0	36.6	36.0/46
第四路流量	FIC-7606D	t/h	36.6	36.2	36.0	36.7	36.4/42
第五路流量	FIC-7606E	t/h	36.4	36.3	36.0	36.7	36.1/44
第六路流量	FIC-7606F	t/h	36.2	36.2	36.1	36.4	36.2/43

续表

项目	仪表位号	单位	13 日 10 点	13 日 16 点	13 日 22 点	14 日 4 点	14 日 10 点
第一路出口温度	TI-7605A	℃	370.7	370.5	369.6	368.9	374.2
第二路出口温度	TI-7605B	℃	371.3	370.9	371.4	368.3	358.0
第三路出口温度	TI-7605C	℃	370.4	370.0	371.3	369.9	365.4
第四路出口温度	TI-7605D	℃	369.1	370.1	367.4	366.5	365.0
第五路出口温度	TI-7605E	℃	365.4	370.9	365.3	362.2	357.9
第六路出口温度	TI-7605F	℃	370.9	373.4	371.8	369.3	373.0
燃烧空气流量	FIC-7654	kg/h	32816	35503	37198	34291	31839/36
瓦斯密度	AI-7001	kg/m	1.89	1.92	1.80	1.79	1.80
瓦斯流量	FI-7650A	Nm^3/h	1202	1272	1264	1227	1456/28
燃料油流量	FI-7653	kg/h	1006.4	916.2	1020.4	964.5	661
出口烟气氧含量	AI-7603	%	2.7	3.4	3.5	3.2	2.6
出口烟气温度	TI-7636	℃	651.7	650.8	648	646.8	661.4
炉膛压力	PIC-7670	Pa	-220	-220	-220	-219	-220

注：2017 年加氢裂化专家班牛贵峰学员作业。

（二）典型生产装置能耗

1. 物料平衡矫正

表 8-4-15 中的孔板的设计参数是根据计算条件(温度和压力)及计算介质(组成和密度)而得，标定期间的操作条件和反应生成的气体组成与设计值有一定的偏差，就需要进行孔板流量温压补偿和密度矫正。

$$V_{实}=\left(\frac{\rho_{设}\times P_{实}\times T_{设}}{\rho_{实}\times P_{设}\times T_{实}}\right)^{\frac{1}{2}}\times V_{设}$$

式中　$\rho_{设}$——设计条件下压力，kPa；

$P_{设}$——温度，K；

$T_{设}$——标准条件下密度，kg/m^3；

$\rho_{实}$——实际条件下压力，kPa；

$P_{实}$——温度，K；

$T_{实}$——标准条件下密度，kg/m^3；

$V_{设}$、$V_{实}$——分别为矫正前、矫正后气体的标准条件下体积流量，Nm^3/h。

液体测量为质量流量，只有当输送介质与设计介质组成、密度、温度、压力等发生较大变化时，测量的质量流量需要矫正。

$$\frac{G_{实}}{G_{设}}=\sqrt{\frac{\rho_{实}}{\rho_{设}}}$$

式中　$G_{实}$——实际条件下流体的质量流量，kg/h；

$\rho_{实}$——实际条件下流体的密度，kg/m^3；

$G_{设}$——设计条件下流体的质量流量，kg/h；

$\rho_{设}$——设计条件下流体第密度，kg/m³。

表 8-4-18 为某加氢裂化装置两天标定期间物料平衡与按以上方法矫正得到的物料平衡对比。

表 8-4-18　某加氢裂化装置两天标定期间物料平衡与矫正物料平衡对比

项目名称		原始记录		矫正后	
		流量/t	占比/%	流量/t	占比/%
热原料油		6519.50		6519.5	77.6
冷原料油		1884.76		1884.8	22.4
渣油富氢气来		27.11	0.32	34.7	0.41
氢气进		214.67	2.55	208.8	2.48
总进料		8646.04	102.87	8647.8	102.89
反冲洗油出		33.82	0.4	33.82	0.4
汽提塔顶气		65.34	0.77	64.1	0.76
脱硫低分气		109.52	1.3	102.0	1.21
石脑油	汽提塔顶油	1110.74	13.21	1110.74	13.21
	分馏塔顶油	547.14	6.51	547.14	6.51
柴油		5044.11	60.02	5044.11	60.02
尾油		1642.94	19.55	1642.94	19.55
酸性气		92.41	1.1	106.5	1.26
总出料		8646.02	102.86	8651.35	102.92

注：2017 年加氢裂化专家班牛贵峰学员作业。

装置冷、热原料两天的进料量为 8404.26t，但冲洗油损失 33.82t，作为单位能耗计算的原料，两天的进料量应为 8370.44t。

2. 生产装置能耗

表 8-4-19 为某加氢裂化装置生产能耗。

表 8-4-19　某加氢裂化装置生产能耗

项目	单位	消耗量	能耗折算值/(kgEO)	生产能耗/(kgEO/t)	设计值/(kgEO/t)
循环水	t/t	10.08	0.1	1.01	0.82
新鲜水	t/t	0	0.17	0	—
凝结水(产生)	t/t	0.03	7.65	-0.23	-0.09
中压蒸汽	t/t	0.25	88	22	19.16
低压蒸汽(产生)	t/t	0.23	76	-17.48	-15.61
电	kWh/t	63.21	0.26	16.43	16.39
燃料气	Nm³/t	0.02	950	19.0	19.10

续表

项目	单位	消耗量	能耗折算值/(kgEO)	生产能耗/(kgEO/t)	设计值/(kgEO/t)
N_2	Nm^3/t	0.16	0.15	0.02	0.44
仪表风	Nm^3/t	3.07	0.038	0.12	0.13
工厂风	Nm^3/t	0.11	0.028	0.003	—
净化水	t/t	0.09	0.07	0.01	0.54
除盐水	t/t	0.09	2.3	0.21	
除氧水	t/t	0.01	9.2	0.09	0.13
合计				41.18	41.02

注：2017年加氢裂化专家班曲惠勇学员作业。

（三）典型生产装置能耗分析

1. 生产能耗与节能降耗

表8-4-20为国内某加氢裂化装置生产能耗随节能降耗工作开展的变化情况。

表8-4-20　加氢裂化装置生产能耗与节能降耗

炼厂	装置规模/(10^4t/a)	装置类型	首次投产时间	单程转化率/%	脱硫再生系统	2006年综合能耗/(kgEO/t)	2016年综合能耗/(kgEO/t)
MM	110	中油型	1982	80	有	50	39.36
JL	100	中油型	1986	65	有	51.85	45.87
	150	中油型	2005	65	有	34.72	28.92
JS	150	轻油型	1985	80	无循环氢脱硫	50	31.71
YZ	200	轻油型	1990	65	无循环氢脱硫	48.06	34.48
QL	140	中油型	2001	65	有	35.32	18.45
YS	200	中油型	2007	60	有	31.56	18.97
GZ	120	中油型	2006	75，全循环	无溶剂再生	43.59	16.32
HN	120	中油型	2006	60，全循环	计入渣油加氢	36.57	13.5
ZH	220	中油型	1993	90	有	42	23.37
	150	轻油型	2007	75	有	37	30.74
TJ	120	轻油型	1999	60	无溶剂再生	45.4	35.39

2. 生产能耗与装置加工能力

同样加工流程、相同操作条件的加氢裂化装置处理能力越大，单位能耗越低。某企业加氢裂化装置1982年11月投产，采用单段串联部分循环工艺。包括反应、分馏、脱硫和溶剂再生系统。原设计能力8000t/a，经过1994年、2004年两次扩能改造，目前处理能力达到11kt/a，2004年改造增设了循环氢脱硫系统。图8-4-4为某加氢裂化装置生产能耗与装置实际加工能力的关系。

同一套加氢裂化装置的负荷率越高，能耗越低。如某加氢裂化装置负荷率与能耗的关系见表 8-4-21。

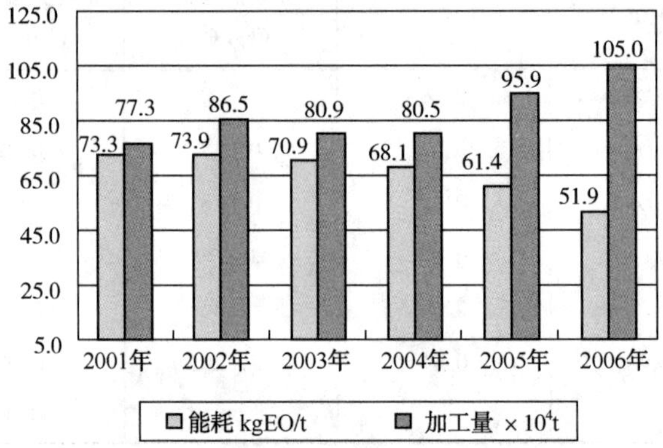

图 8-4-4　加氢裂化装置生产能耗与装置实际加工能力

表 8-4-21　加氢裂化装置负荷率与能耗的关系

负荷率/%	100	76	70	66
能耗	基准	基准+1.32	基准+2.03	基准+4.41

3. 生产能耗与流程设置

同一套加氢裂化装置改造为不同流程的装置，则能耗不同。某加氢裂化装置从两段全循环流程改造为单段一次通过流程后的能耗变化见表 8-4-22，从冷高分与热高分流程的能耗变化见表 8-4-23。

表 8-4-22　加氢裂化装置生产能耗与工艺流程设置的关系

项目	两段全循环流程		改造为单段一次通过	
设计规模/kt/a	12		20	
加工负荷率/%	96.24	99.31	92.4	99.7
能耗/(kgEO/t)	73.7	67.14	57.86	57.13

表 8-4-23　加氢裂化装置生产能耗与冷热高分流程设置的关系

项目	2002 年冷高分流程		2003 年改为热高分流程	
	kgEO/t	MJ/t	kgEO/t	MJ/t
燃料气	19.029	796.706	16.625	696.056
新鲜水	0.001	0.060	0.002	0.079
循环水	1.24	51.916	1.66	69.5
电	10.083	421.563	11.21	469.34
蒸汽	9.48	396.291	4.45	186.313
能耗	39.833	1665.311	33.947	1421.288

4. 生产能耗与催化剂

同一套加氢裂化装置，随着使用催化剂活性的提高，装置能耗降低。某加氢裂化装置更换催化剂前后的能耗变化见表 8-4-24。

表 8-4-24 加氢裂化装置能耗与催化剂的关系

项目	催化剂系列 1		催化剂系列 2	
	kgEO/t	MJ/t	kgEO/t	MJ/t
燃料气	20.72	867.505	17.993	753.331
新鲜水	0.001	0.042	0.0017	0.071
循环水	1.186	49.655	1.013	42.412
电	9.102	381.083	7.8702	329.51
蒸汽	3.8	159.098	4.56	190.918
能耗	34.809	1457.383	31.4379	1316.242

第五节 渣油加氢反应过程物料、热量及压力三大平衡简捷法计算

渣油是石油馏分中最复杂的组分，不同产地的原油其渣油的微观性质千差万别。但值得庆幸的是，现有固定床渣油加氢处理装置的反应条件、物料平衡、流程方案等大同小异，因此采用简捷的计算方法，其结果准确性较高并有较强的规律性可循，这为长年奋斗在生产一线、缺少复杂计算软件的技术管理人员带来了福音。本节通过对比以往不同渣油加氢装置的工程设计，从众多软件计算结果中经充分归纳整理得出经验公式，其计算误差均能控制在10%以内，满足日常管理定量估算的要求。

一、物料平衡计算

（一）总物料平衡

全装置理论物料平衡表见表 8-5-1。

表 8-5-1 全装置理论物料平衡表

项目	物料名称	原料/%	流率/(kg/h)
入方	原料油	100.00	由 DCS 直接读出
	化学耗氢	由氢平衡得出	
	合计		
出方	H_2S	由脱硫率反算得出	
	NH_3	由脱氮率反算得出	
	C_1	由气体平衡得出	
	C_2	由气体平衡得出	
	C_3	由气体平衡得出	
	iC_4	由气体平衡得出	
	nC_4	由气体平衡得出	

续表

项目	物料名称	原料/%	流率/(kg/h)
出方	轻烃	由 DCS 直接读出	
	石脑油(C_5~160℃)	由 DCS 直接读出	
	柴油(160~350℃)	由 DCS 直接读出	
	加氢渣油(350℃+)	由 DCS 直接读出	
	合计		

(二) 脱除率计算

脱除率定义：杂质减少的百分数。

以硫脱除率举例说明如下：

$$硫脱除率=(S_F-S_P)/S_F\times100\%$$

式中　S_F——原料中的硫含量,%；

S_P——整个液体产品中(C_{5+})的硫含量,%。

其他杂质脱除率的定义相同。

全装置杂质脱除率计算示例如表 8-5-2 所示。

表 8-5-2　杂质脱除率计算表

项目	占进料量的/%②	杂质含量①			
		S/%	N/(μg/g)	Ni+V/(μg/g)	残炭/%
进料					
原料渣油	100	4.107	2659	96.5	13.37
合计	100	4.107	2659	96.5	13.37
产品					
轻烃	0.2	0	0	0	0
石脑油	1.3	0.005	20	0	0
柴油	7.5	0.035	200	0	0
加氢渣油	88	0.4	1400	11	5.6
合计	97	0.3547	1247	9.68	4.928
脱除率计算结果					
HDS/%	91.36				
HDN/%	53.1				
HDM/%	90.0				
HDCCR/%	63.14				

① 液体原料/液体产品的杂质含量由分析化验室给出。

② 液体原料/液体产品的质量流率由 DCS 直接读出，与原料渣油折算后得出占比。

则总物料平衡中出方的 H_2S=(100-HDS)/100×进料中的总 S×(34.08/32.065)

出方的 NH_3=(100-HDN)/100×进料中的总 N/10000×(17.03/14)

（三）气体平衡计算

气体平衡可通过表 8-5-3 进行计算，其中"√"表示可以通过 DCS 或分析化验室或经简单计算得到，由此求得总物料平衡中出方的 C_1～C_4 的含量。注意补充氢带入装置的各气体组分流量均为"负"值。

表 8-5-3　气体平衡计算表

项目	补充氢		低分气		外排废氢		脱硫化氢汽提塔顶气		分子量	计算结果		
										组分总流量/(Nm³/h)	组分质量流率/(kg/h)	组分收率/%
总流量/(Nm³/h)①	√		√		√		√					
组分②	组分分析/%(体)	组分流量/(Nm³/h)	组分分析/%(体)	组分流量/(Nm³/h)	组分分析/%(体)	组分流量/(Nm³/h)	组分分析/%(体)	组分流量/(Nm³/h)				
C_1	√	-√	√	√	√	√	√	√	16.043	√	√	√
C_2	√	-√	√	√	√	√	√	√	30.07	√	√	√
C_3	√	-√	√	√	√	√	√	√	44.097	√	√	√
iC_4	√	-√	√	√	√	√	√	√	58.124	√	√	√
nC_4	√	-√	√	√	√	√	√	√	58.124	√	√	√

① 总流量由 DCS 直接读出。

② 组分分析由分析化验室给出。

（四）氢平衡计算

渣油加氢装置氢耗量大，氢平衡如图 8-5-1 所示。

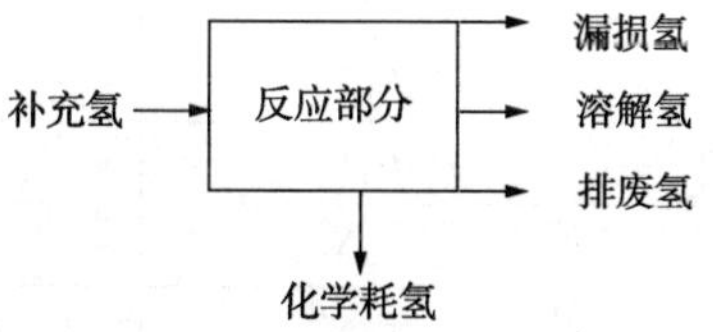

图 8-5-1　渣油加氢装置氢平衡图

$$化学氢耗量=补充氢量-漏损氢量-溶解损失氢量-排放废氢量$$

$$溶解损失氢量=低分气中氢量+脱硫化氢汽提塔顶气中氢量$$

漏损氢无法定量计算出，假设为零泄漏。

氢平衡可通过表 8-5-4 进行计算，其中"√"表示可以通过 DCS 或分析化验室或经简单计算得到，由此求得总物料平衡中入方化学耗氢的百分比。注意除补充氢外，低分气、外排废氢及脱硫化氢汽提塔顶气中的 H_2 流量均为"负"值。

表 8-5-4　氢平衡计算表

<table>
<tr><td rowspan="2">项目</td><td colspan="2" rowspan="2">补充氢</td><td colspan="2" rowspan="2">低分气</td><td colspan="2" rowspan="2">外排废氢</td><td colspan="2" rowspan="2">脱硫化氢汽提塔顶气</td><td rowspan="2">分子量</td><td colspan="3">化学耗氢计算结果</td></tr>
<tr><td>总流量/(Nm³/h)</td><td>质量流率/(kg/h)</td><td>化学耗氢/%</td></tr>
<tr><td>总流量/(Nm³/h)①</td><td colspan="2">√</td><td colspan="2">√</td><td colspan="2">√</td><td colspan="2">√</td><td rowspan="3">2.016</td><td rowspan="3">√</td><td rowspan="3">√</td><td rowspan="3">√</td></tr>
<tr><td>组分②</td><td>组分分析/%(体)</td><td>组分流量/(Nm³/h)</td><td>组分分析/%(体)</td><td>组分流量/(Nm³/h)</td><td>组分分析/%(体)</td><td>组分流量/(Nm³/h)</td><td>组分分析/%(体)</td><td>组分流量/(Nm³/h)</td></tr>
<tr><td>H_2</td><td>√</td><td>√</td><td>√</td><td>-√</td><td>√</td><td>-√</td><td>√</td><td>-√</td></tr>
</table>

① 总流量由 DCS 直接读出。

② 组分分析由分析化验室给出。

(五) 加氢渣油上氢量计算

渣油加氢装置在脱除原料中的杂质后，主产品加氢渣油通常作为重油催化裂化装置的原料。提高加氢渣油的氢含量将为下游的重油催化裂化装置带来如下显著效果：提高转化率、丙烯收率和汽油收率，大幅降低油浆产率。加氢渣油的上氢量也是衡量渣油加氢催化剂性能的指标，即在脱除杂质的同时，氢是否真正“加到”主产品中。

若企业拥有氢元素分析仪，则分别测得加氢渣油与原料渣油的氢元素含量，其差值即为加氢渣油的上氢量。当企业不具备条件时，可采用表 8-5-5 进行估算。

表 8-5-5　加氢渣油上氢量计算表

项目	物料名称	原料/%	氢含量/%	总氢量/%
入方	原料渣油	100.00	X	$100X$
	化学耗氢	A√	1.00	A
	合计	—	—	$A+100X$
出方	H_2S	B_1√	0.05915	√
	NH_3	B_2√	0.17755	√
	C_1	B_3√	0.25131	√
	C_2	B_4√	0.20111	√
	C_3	B_5√	0.18286	√
	iC_4	B_6√	0.17341	√
	nC_4	B_7√	0.17341	√
	轻烃	B_8√	0.148	√
	石脑油(C_5~160℃)	B_9√	0.148	√
	柴油(160~350℃)	B_{10}√	0.128	√
	加氢渣油(350℃+)	B_{11}√	Y	√
	合计			$A+100X$

表 8-5-5 中 A、$B_1 \sim B_{11}$ 为引用表 8-5-1 中已求得的数值，列出如下等式：

$$A+100X=0.05915B_1+0.17755B_2+0.25131B_3+0.2011B_4+0.18286B_5+0.17341B_6+0.17341B_7+0.148B_8+0.148B_9+0.128B_{10}+YB_{11}$$

先假设 $X=M$（M 值在 0.105～0.11 间），求出 $Y=N$（N 值在 0.119～0.125 间），则加氢渣油上氢量为：$\Delta=N-M$

（六）平衡估算框图

渣油加氢装置的溶解氢，反应生成的 H_2S、NH_3 在装置中的分布见图 8-5-2、图 8-5-3。

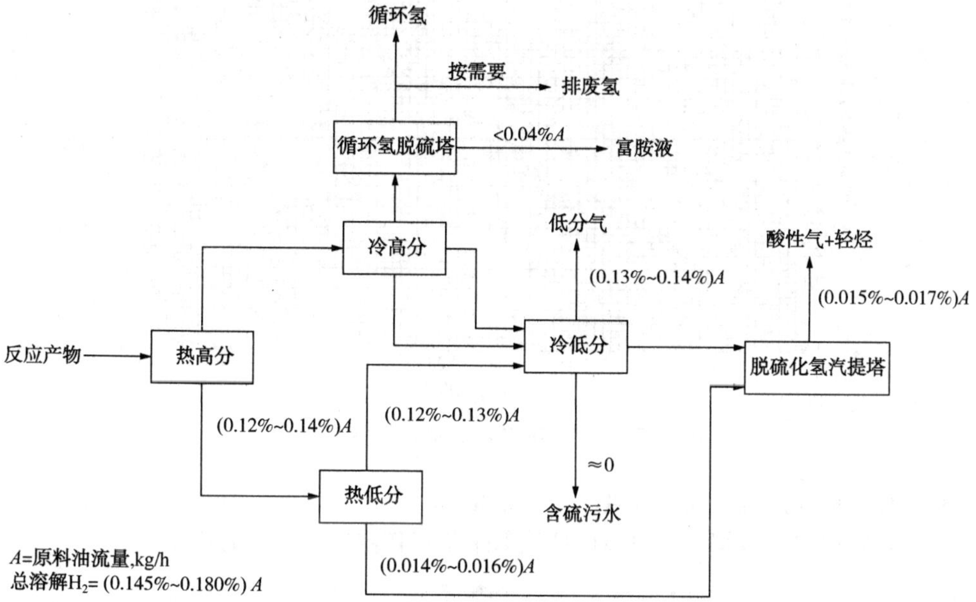

图 8-5-2　溶解氢平衡估算框图

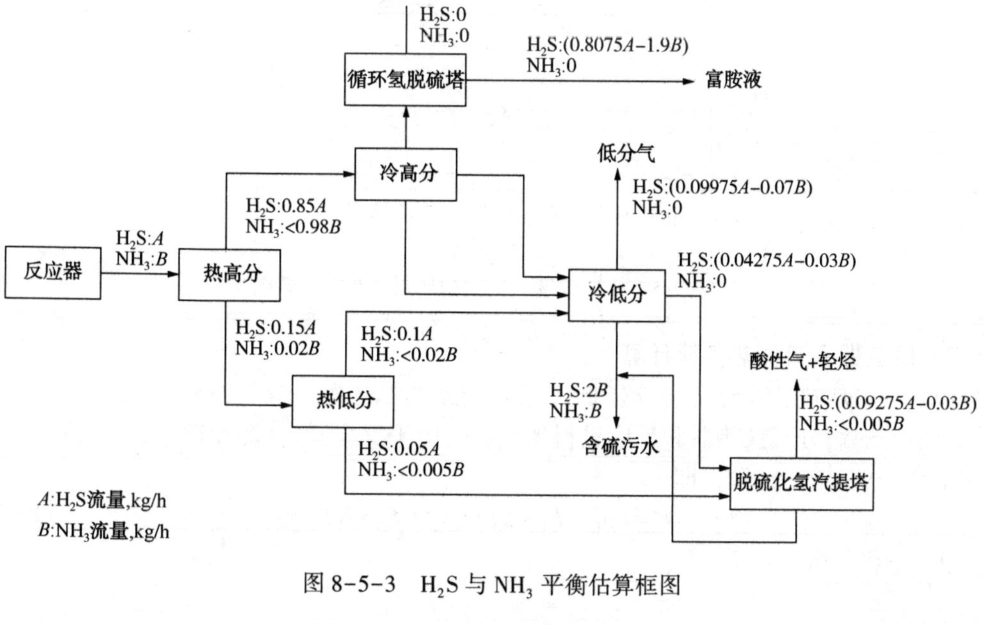

图 8-5-3　H_2S 与 NH_3 平衡估算框图

二、热量平衡

(一) 比热容曲线

液相油品的比热容与操作温度近似线性关系，见图 8-5-4。计算时可以取平均操作温度所对应的比热值。

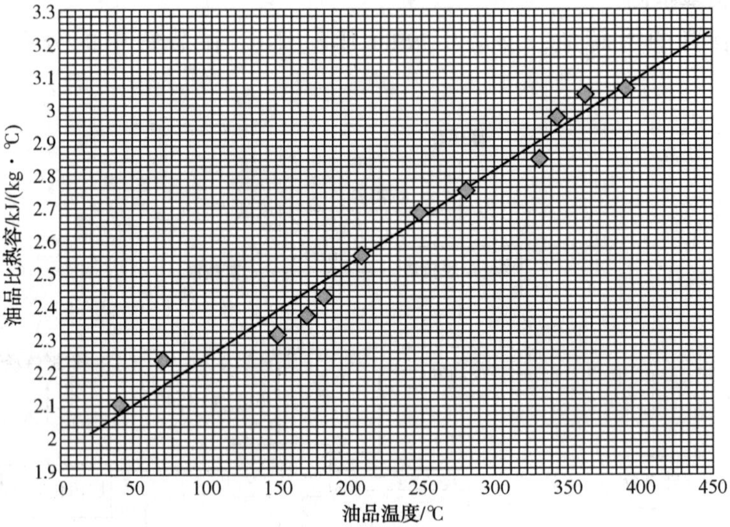

图 8-5-4　操作温度与油品比热容关系图

气相循环氢的比热容与操作温度、分子量相关。分子量越大，所对应的比热值越小，见图 8-5-5。计算时可以根据分子量按内插法取平均操作温度所对应的比热值。

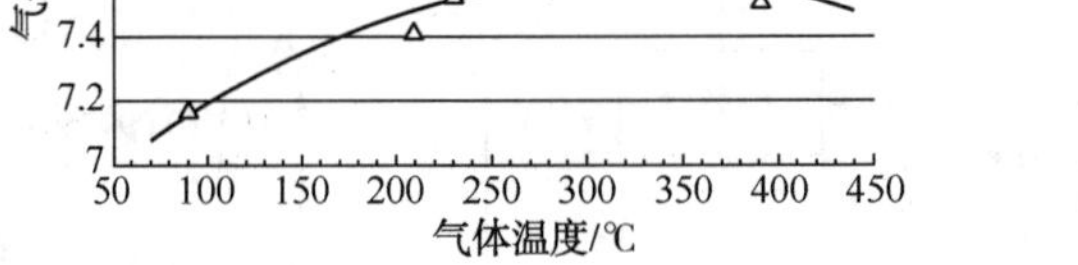

图 8-5-5　操作温度与气相循环氢比热容关系图

(二) 反应器入口侧热负荷计算

反应器入口侧热负荷计算包含：低压原料油预热换热器、混氢原料油与反应产物换热器、混合氢与热高分气换热器和反应进料加热炉。由于反应器入口侧渣油几乎不汽化，可以按液相焓变+气相焓变计算，即：

$$Q = Cp_L \times F_F \times \Delta T + Cp_V \times F_V \times \Delta T \tag{8-5-1}$$

式中　Q——热负荷，kJ/h；

Cp_L——原料油平均比热容，kJ/(kg·℃)，查图 8-5-4 获得；

F_F——原料油质量流率，kg/h，由 DCS 获得；

Cp_V——混合氢平均比热容，kJ/(kg·℃)，查图 8-5-5 获得；

F_V——混合氢质量流率，kg/h；由 DCS 结合分析化验得到的分子量并经简单计算获得；

ΔT——温度变化,℃，由 DCS 获得。

（三）反应器热平衡计算

反应器热平衡计算包含：每催化剂床层反应放热量计算及催化剂床层间冷氢流率的计算。

1. 反应热计算

每个催化剂床层的反应放热量可以按式(8-5-2)进行计算(误差在 10%以内)，反应器总放热量则将各床层的放热量累加求和。

$$Q=Cp_L\times F_F\times\Delta T+Cp_{RH}\times F_{RH}\times\Delta T=(Cp_L\times F_F+Cp_{RH}\times F_{RH})\times\Delta T \quad (8-5-2)$$

式中 Q——反应热，kJ/h；

Cp_L——原料油平均比热容，kJ/(kg·℃)，查图 8-5-4 获得；

F_F——原料油质量流率，kg/h，由 DCS 获得；

Cp_{RH}——循环氢平均比热容，kJ/(kg·℃)，查图 8-5-5 获得；

F_{RH}——循环氢质量流率(包括上游所有的冷氢)，kg/h，由 DCS 结合分析化验得到的分子量并经简单计算获得；

ΔT——反应器温升,℃，由 DCS 获得。

2. 冷氢量计算

催化剂床层之间的冷氢量可以按式(8-5-3)计算，误差在 10%以内。注意计算出的流量为质量流率，按操作习惯宜转换为标准体积流率。

$$Cp_L\times F_F\times(T_O-T)+Cp_{RH}\times F_{RH}\times(T_O-T)=(Cp_{QH}\times F_{QH})\times(T-t_o) \quad (8-5-3)$$

则 $F_{QH}=(Cp_L\times F_F+Cp_{RH}\times F_{RH})\times(T_O-T)/[Cp_{QH}\times(T-t_o)]$

式中 F_{QH}——冷氢质量流率，kg/h；

Cp_L——原料油平均比热容，kJ/(kg·℃)，查图 8-5-4 获得；

F_F——原料油质量流率，kg/h，由 DCS 获得；

Cp_{RH}——循环氢平均比热容，kJ/(kg·℃)，查图 8-5-5 获得；

F_{RH}——循环氢质量流率(包括上游床层间所有的冷氢)，kg/h，由 DCS 获得；

T_O——上游床层出口平均温度,℃，由 DCS 获得；

T——期望的冷后温度,℃；

Cp_{QH}——冷氢平均比热容，kJ/(kg·℃)，查图 8-5-5 获得；

t_o——床层冷氢入口的温度,℃，由 DCS 获得。

（四）分馏塔进料加热炉热负荷计算

分馏塔进料加热炉出口温度控制在小于 380℃，出口汽化率通常≤5%，则热负荷计算可以按全液相考虑，计算方法同“反应器入口侧热负荷计算”，误差在 5%以内。

（五）其他冷换设备热负荷计算

分馏部分油品冷却均是单一液相温降过程，其载体的冷换设备热负荷计算方法同“反应器入口侧热负荷计算”。

对于有大量介质发生冷凝相变的冷换设备，如热高分气空冷器、热低分气空冷器、脱硫化氢汽提塔顶冷却设备和产品分馏塔顶冷却设备，冷凝相变热受介质组成、操作压力影响较大，热负荷计算的规律性差，暂无简捷法计算公式提供。

三、压力平衡

（一）概述

固定床渣油加氢装置具有原料与产品黏度大、催化剂体积空速低、操作周期短的显著特点。如图 8-5-6 所示，装置通常设有 4~5 台反应器，反应器总压降在循环氢回路系统中所占的比例大，一旦循环氢回路的总压降达到循环氢压缩机的额定压差，装置将被迫停工。因此准确计算反应器的压降及了解循环氢回路系统压力分布的特点对生产、运维具有重要的指导意义。

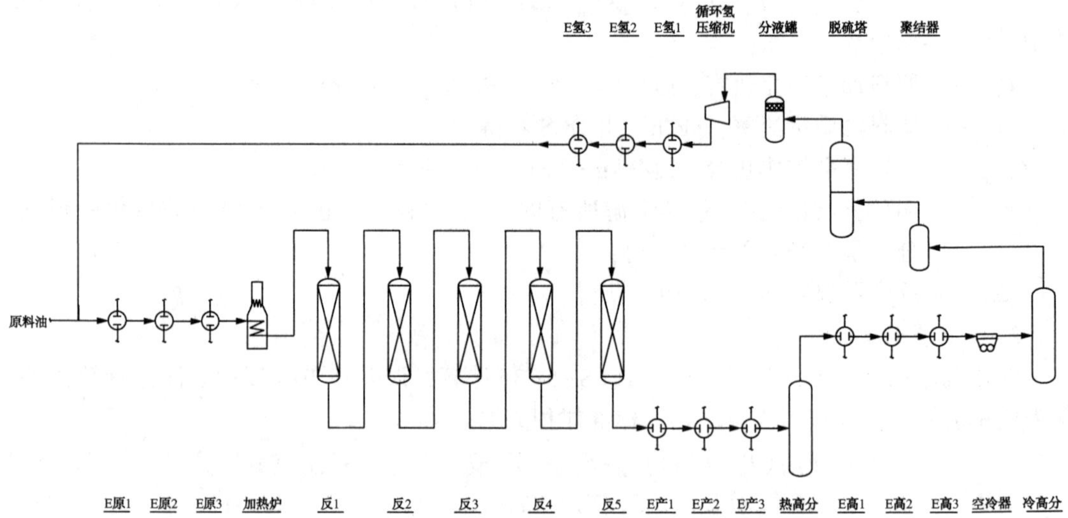

图 8-5-6　循环氢回路系统示意图

（二）反应器压力降计算

反应器的压力降由内构件压力降与催化剂床层压力降组成，渣油加氢装置反应器内构件总压力降通常小于 50kPa，可以忽略不计，催化剂床层压力降的经验公式见式(8-5-4)。单床层的压力降可以采用该经验公式进行计算，然后将所有床层的压力降进行累加即得到反应器总压力降。但出于操作数据易获得的目的，可以将所有串联的反应器当作一个整体进行考虑，所得的计算结果与实际值的偏差同样令人满意。

$$\Delta P = f^2 \times 4.565 \times 10^{-5} \times L \times D^{-2} \times (19/P)^{1-(CAT+273.15)/653.15} \times \rho_{堆} \times (Feed\ Rate)^{0.62} \times (Gas\ Rate)^{0.67} \times (Visc)^{0.35} \times e^{2600/(CAT+273.15)} \tag{8-5-4}$$

式中　ΔP——反应器压降，MPa；

f——床层污垢系数，操作初期(SOR)取 1.0，操作末期(EOR)取 1.2~1.3；

L——催化剂总高度，m；

D——反应器内径，mm；

P——反应器入口操作压力，MPa(表)；

$\rho_{堆}$——催化剂平均堆密度，kg/m^3；

Feed Rate——原料油标准体积流率(15.6℃)，m^3/h；

Gas Rate——反应器入口气体标准体积流率，Nm^3/h；

CAT——催化剂平均操作温度,℃；

Visc——原料油 100℃黏度，cSt。

上述经验公式结合图 8-5-7 可以发现：随着装置处理量的增加、反应器入口气/油的增加、原料劣质化程度的加剧(即黏度增加)，反应器总压力降随之增加；但提高反应温度，压力降随之下降；在操作初期，由于装填的是新鲜催化剂，可以不考虑污垢的影响，而在操作末期，随着催化剂表面结焦及溶金属逐渐堵塞催化剂孔道，床层污垢对反应器压力降增加影响显著。

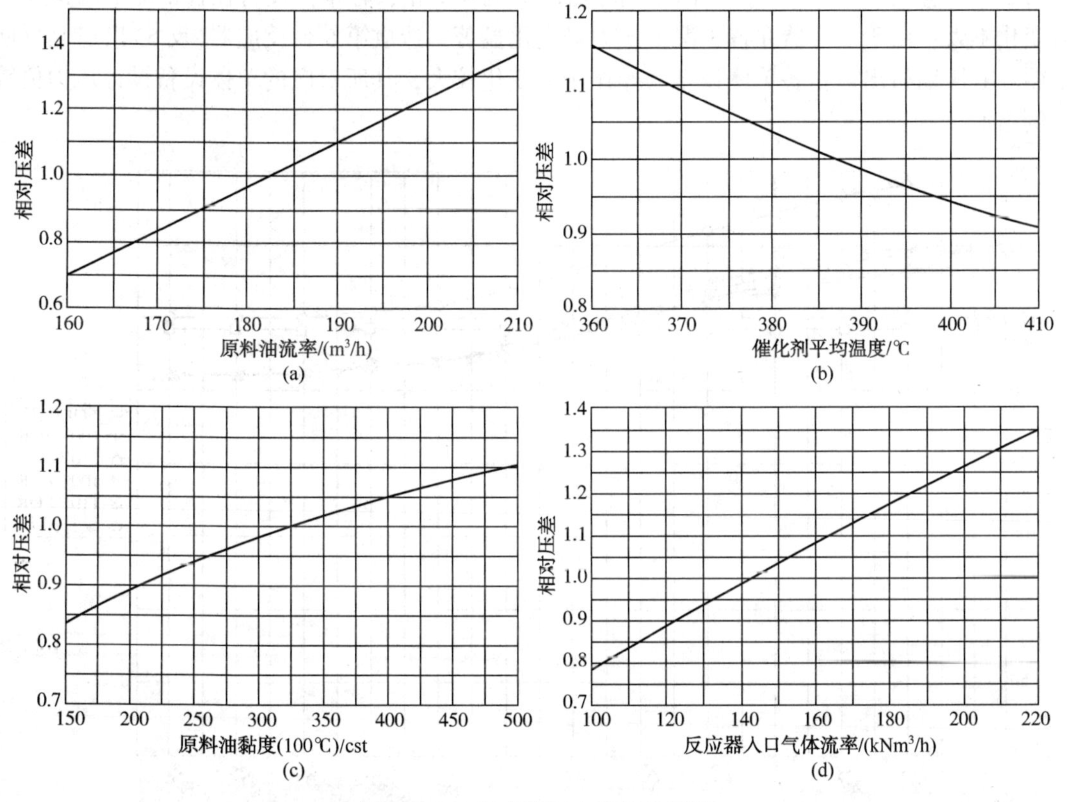

图 8-5-7　反应器压力降相关规律

(三) 反应部分压力平衡

渣油加氢装置循环氢回路系统包含众多的单体设备，这些设备间无阻断气体流通的隔离设施，因此该系统通常以冷高压分离器顶部为压力控制点并维持稳定，并只在冷高压分离器顶部设置一组安全阀以保护整个回路不超压。该组安全阀的设计原则如下：

① 安全阀的定压不大于该系统内任何单体设备的设计压力；

② 当安全阀启跳时，该系统内任何单体设备的操作压力不应超过其设计压力；

③ 安全阀的定压值宜大于循环氢回路系统的滞止压力，以减少安全阀启跳频次。

滞止压力(Settling-Out Pressure)是指当循环氢压缩机故障停机时，若此时高压循环氢回路系统不向系统外连续排气，则循环氢回路系统内各单体设备的操作压力将趋于一致，此一致的操作压力即为滞止压力。

结合图 8-5-8 进行说明，循环氢回路系统共有 6 条压力曲线，分别为：

单体设备设计压力曲线；

110%工况操作末期(EOR)单体设备操作压力曲线；

100%工况操作末期(EOR)单体设备操作压力曲线；

110%工况操作初期(SOR)单体设备操作压力曲线；

100%工况操作初期(SOR)单体设备操作压力曲线；

滞止压力水平直线。

从图 8-5-8 中可以看出：回路系统中循环氢压缩机入口的操作压力最低，出口最高；从第 5 台反应器(反 5)出口起正向至循环氢压缩机入口止，各单体设备在各工况下的操作压力变化不大；由于反应器在各工况下压力降变化显著，造成第 5 台反应器(反 5)出口起反向至循环氢压缩机出口止各单体设备的操作压力变化较大，其所对应的单体设备设计压力值等比例增加。

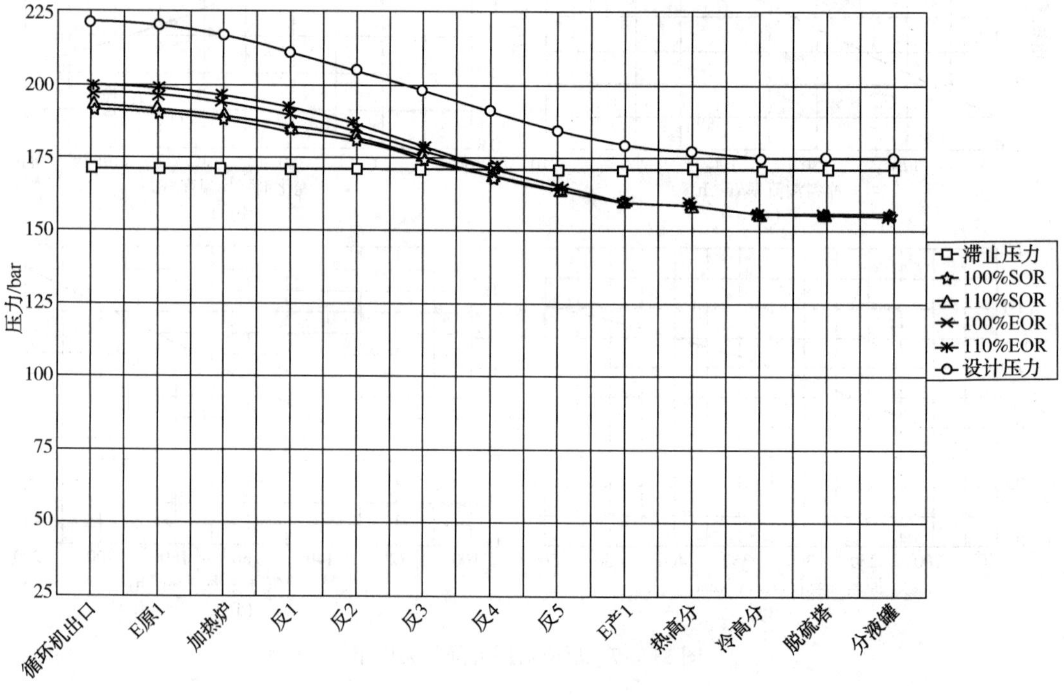

图 8-5-8　循环氢回路系统压力平衡图

参 考 文 献

[1] 李立权 . 加氢裂化工艺计算与技术分析[M]. 北京：中国石化出版社，2009.

[2] 王松汉 . 石油化工设计手册 . 第 1 卷 . 石油化工基础数据[M]. 北京：化学工业出版社，2002.

[3] 何良知．石油化工工艺计算程序[M]．北京：烃加工出版社，1993.
[4] 刘文静，仇汝臣，方晨昭．石油馏分实沸点蒸馏曲线与恩氏蒸馏曲线关系的新数学模型[J]．青岛科技大学学报(自然科学版)，2006，27(4)：304-308.
[5] 肖磊，曹睿，王俊，等．常压下石油馏分蒸馏曲线换算的数学模型[J]．炼油技术与工程，2009，39(12)：49-53.
[6] 徐春明，杨朝合．石油炼制工程[M]．北京：石油工业出版社，2009.
[7] 翁汉波，马春曦，赵晓非．石油馏分平均相对分子质量数学关联式的建立 [J]．大庆石油学院学报，1995，19(3)：64-67.
[8] 孙星东，杨朝合．一种计算石油馏分相对分子质量的新方法[J]．石油大学学报(自然科学版)，2000，24(3)：5-7.
[9] 陈雄华．两黏度计算国外中间基原油 VGO 相对分子质量的公式[J]．广东化工，2012，39(12)：75-76.
[10] 程从礼．催化裂化原料平均相对分子质量的计算[J]．石油学报(石油加工)，2014，30(1)：83-86.
[11] 寿德清，向正为．中国石油基础物性的研究(一) [J]．石油炼制，1984，(4)：1-7.
[12] 曹汉昌，郝希仁，张韩．催化裂化工艺计算与技术分析[M]．北京：中国石化出版社，2000.
[13] 梁文杰．石油化学[M]．东营：石油大学出版社，1996.
[14] 程玉明，方家乐．油品分析[M]．北京：中国石化出版社，2001.
[15] 侯芙生．炼油工程师手册[M]．北京：石油工业出版社，1995.
[16] 陈俊武，曹汉昌．催化裂化工艺与工程．北京：中国石化出版社，1995.
[17] 廖克俭．天然气及石油产品分析[M]．北京：中国石化出版社，2006.
[18] 侯祥麟．中国炼油技术[M]. 2 版．北京：中国石化出版社，2001.
[19] 邹仁鋆．石油化工裂解原理与技术[M]．北京：化学工业出版社，1981.
[20] [美]J. H. 加里，G. E. 汉德书克著，王加讳，胡德铭译．石油炼制技术与经济[M]. 2 版．北京：中国石化出版社，1991.
[21] 刘济瀛．中国喷气燃料[M]．北京：中国石化出版社，1991.
[22] 李成武，苏桂荣．石油产品分析[M]．哈尔滨：哈尔滨船舶工程学院出版社，1989.
[23] GB/T 50441—2016 石油化工设计能耗计算标准[S]．北京：中华人民共和国建设部，2016.
[24] 李立权．加氢装置的能耗与节能[C]．加氢裂化协作组第三届年会报告论文集．抚顺：中国石化抚顺石油化工研究院，加氢裂化协作组编辑出版，1999.
[25] 张英，赵威，孙荣．加氢裂化装置用能三环节分析与改进，加氢裂化装置生产运行交流会会议交流报告．抚顺：中国石油化工股份有限公司炼油事业部，中国石化抚顺石油化工研究院编辑出版，2007，523-527.
[26] 华贲．工艺过程用能分析及综合[M]．北京：烃加工出版社，1989.
[27] 陈安民．石油化工过程节能方法和技术[M]．北京：中国石化出版社，1995.
[28] 张崇伟，王志刚，田 慧．国内外炼厂能耗评价方法概述[J]．当代化工，2011，40(10)：1062-1065.
[29] 龚燕，王广河，郭彦，等．国内外炼油用能评价方法分析及应用探讨[J]．当代石油石化，2011，201(9)：25-28.
[30] 郭文豪，许金林．炼油厂的能耗评价指标及其对比[J]．炼油技术与工程，2003，33 (11)：55-58.
[31] 苟蔚勇，刘绪春．炼油能量因数及其平均值的计算[J]．油田节能，1996，(1)，20-21.
[32] 赛江海，孙丽丽，董贺双．海南 1. 2Mt/a 加氢裂化装置的设计及运行[J]．炼油技术与工程，2008，38(1)：7-11.
[33] 赛江海，李浩．湛江 1. 20 Mt/a 加氢裂化装置的设计及运行[J]．炼油技术与工程，2006，36(10)：7-9.

[34] 李学华，王志勇，王国旗，等．220 万 t/a 蜡油加氢裂化装置工程设计和标定[J]．当代化工，2012，41(10)：1124-1127.

[35] 康东华．1.0 Mt/a 加氢裂化装置运行状况标定[J]．石化技术与应用，2013，31(6)：506-508.

[36] 赵颖，王国旗．1.5 Mt/a 单段两剂全循环加氢裂化装置设计与标定[J]．炼油技术与工程，2006，36(9)：35-41.

[37] 张树广，熊守文，赵晨曦．中海油 400 万 t/a 加氢裂化装置工艺特点及运行工况[J]．石化技术与应用，2010，28(5)：430-433.

[38] 吴青．炼油企业技术与管理-中国海油惠州专辑[M]．北京：中国石化出版社，2010.

[39] 柳广厦，于承祖，杨兴．单段反序串联工艺在加氢裂化装置上的工业应用[J]．石油炼制与化工，2010，41(8)：21~24.

第九章　操作参数对加氢裂化及渣油加氢产品性质的影响

第一节　操作参数对加氢裂化产品分布及性质的影响

任何以化学反应为基础的工艺过程，反应条件都是影响反应速率、历程及反应方向的主要因素。在各种石油加工工艺过程中，通过化学反应以改变各种烃和/或非烃类化合物的结构及分子大小的工艺过程，都要受到反应参数的影响。这些影响对于工业装置而言，则具体化为装置的操作参数。一方面它们将直接关系到装置的加工能力、各种产品，特别是目的产品的收率和分布，关系到各种产物或产品的质量。对于多相催化反应过程，还将影响到催化剂的使用寿命及装置运转周期。另一方面则要影响到工业装置的公用工程消耗及操作成本。因此，研究和获得各种主要操作参数对工艺过程的影响，具有十分重要的意义。

对多相催化反应，参数与反应结果的关系还受到所使用催化剂活性稳定性的影响，假如催化剂的失活速度很快，即使操作参数恒定，反应过程的转化率、产品分布、产品质量也都将发生变化，同样会影响所取数据的可靠性和代表性。但加氢裂化工艺过程催化剂失活速度很慢，故即使在相当长的一个时间区间内改变操作参数，也可以将催化剂失活的影响忽略不计。

影响加氢裂化反应过程的反应参数主要包括反应压力、温度、空速(停留时间)及氢油比等，这四大操作参数对加氢裂化可加工的原料性质、裂化转化深度、产品分布及产品质量以及催化剂运行周期都有显著影响。

一、反应温度

反应温度是加氢裂化过程的主要反应工艺参数之一，也是工业装置最灵活、最有效和最常采用的调控手段：通过对反应温度的调整，可以在一定范围内改变加氢裂化的转化深度、产品分布和产品质量。同时反应温度也是操作人员最需要关注和严格控制的操作参数：如果操作不当，就可能引发加氢裂化装置发生“飞温”的风险。

（一）反应温度的定义

加氢裂化反应器都是采用多床层设置，通过床层间冷氢来调控加氢裂化的反应温度，相应的，反应温度也有多种不同的表述方式。

1. 反应器入口温度、反应器出口温度

反应器入口温度是指物料进入反应器，接触催化剂前的温度。反应器入口温度是加氢裂化装置生产操作中最重要的控制参数之一。通常加氢精制反应器入口温度是与进料加热炉的燃料量/燃料压力实行串级控制，加氢裂化反应器的入口温度由反应器间冷氢量来调控。

反应器出口温度是指物料离开反应器最后一个催化剂床层的温度。加氢裂化装置实际生产中，反应器出口温度一般不作为控制参数，但可作为催化剂或反应器允许最高温度的判断依据。

2. 催化剂床层入口温度、催化剂床层出口温度

加氢裂化装置每个催化剂床层都设有两组或两组以上的热电偶，用于检测催化剂床层不同横截面上的温度。催化剂床层入口温度和出口温度分别是指各催化剂床层顶部和床层底部热电偶检测到的温度。加氢反应器内催化剂床层同一个横截面一般都有多个温度检测点，由于受热电偶本身的精度以及催化剂装填、物流分布等因素影响，同一催化剂截面各个热电偶检测到的温度有时也会不尽相同，因此，一般用所有热电偶指示温度的算术平均反应温度代表该截面的温度。

3. 催化剂床层平均反应温度(*BAT*)

催化剂床层平均反应温度是该催化剂床层顶部温度与底部温度之和的算术平均值。

$$BAT_i = \frac{T_{\mathrm{in}i} + T_{\mathrm{out}i}}{2}$$

式中　$T_{\mathrm{in}i}$——第 i 个催化剂床层入口平均温度,℃；

$T_{\mathrm{out}i}$——第 i 个催化剂床层出口平均温度,℃。

4. 反应温升

尽管裂化反应属吸热反应，但加氢反应属放热反应，而且加氢反应所产生的反应热远大于裂化所需的热量，因此，加氢裂化总体表现为放热反应。加氢裂化装置正常运行情况下，反应热在催化剂床层中传递、累积，使得催化剂床层不同横截面的温度是不一样的，即催化剂床层底部温度高于催化剂床层顶部温度，这种温度差值即为温升。加氢裂化过程对温升的描述通常包括以下几种：

① 催化剂床层温升：等于该催化剂床层底部温度减去该催化剂床层顶部温度。

② 反应器催化剂床层总温升：为各个催化剂床层温升之和。

③ 反应器温升：为反应器出口温度减去反应器入口温度。

原料性质、反应压力、氢油比及反应程度等都会影响温升。当原料性质、反应压力、氢油比不变时，每个床层的温升情况基本可以表征该催化剂床层的反应程度(反应负荷)，反应器催化剂床层总温升基本可以表征整体反应程度(反应负荷)。

催化剂床层温升的控制以能达到预期的精制效果和/或裂化深度为宜，当原料性质、反应压力、氢油比保持不变时：温升小于正常值，对于精制而言，表明加氢不足，产品质量不能满足要求；对于裂化而言，表明转化率偏低。温升大于正常值，对于精制而言，表明加氢过度，增加生产成本；对于裂化而言，表明转化率偏高，不仅影响目标产品产率，还有可能导致装置“飞温”。

催化剂床层最高允许温升与催化剂性能、操作工艺流程、工业装置设计条件及专利商的习惯或经验等因素有关。早期联合油公司的专利装置要求裂化反应器催化剂床层最高允许温升为 17℃。而 UOP 公司[1]对沸石载体的催化剂而言，要求平均温升不可超过 28℃，或者对于每个催化剂床层最大温度上升不可超过 33℃，对加氢精制催化剂而言，最大床层温差要求不超过 42℃见表 9-1-1。

表 9-1-1　早期联合油、UOP 公司对加氢裂化温升的限制

项目	温升/℃	专利商
裂化床层最高允许温升	≯17	联合油
裂化床层平均温升	≯28	UOP
裂化床层最大温升	≯33	UOP
精制床层最大温升	≯42	UOP

尽管从理论上讲，只要催化剂床层间的备用冷氢量足够大，加氢裂化床层允许的最大操作温升可以很高。如果反应总温升一定，单床层允许温升越大，则所需催化剂床层数就越少，对节省反应器投资有利；但是，对于裂化催化剂，反应温升与催化剂的选择性关系密切，温升越大，加氢裂化产物中气体及轻烃产率越高，催化剂的选择性越差，相应的耗氢量越大，操作成本也就越大。因此，综合考虑各种因素，目前加氢裂化装置的裂化反应器基本上设置 3~5 个床层，每个床层最高温升按 8~15℃设计。

5. 平均反应温度

对于工业装置而言，由于加氢反应器轴向不同截面反应温度不一样，处在不同温度区域的催化剂数量也不同，故通常用催化剂加权平均反应温度来表示平均反应温度。加氢裂化平均反应温度一般有以下两种计算方法。

（1）催化剂体积加权平均反应温度（*CAT*）

当反应器内催化剂采用同种装填方式时，*CAT* 定义为每个催化剂床层中活性催化剂体积分数与其催化剂床层平均温度乘积的算术平均数，即：

$$CAT = \sum_{i}^{n} \varepsilon_i \times BAT_i$$

式中　ε_i——第 i 个床层活性催化剂体积分数，%；

BAT_i——第 i 个床层平均温度，℃；

n——催化剂床层总数。

（2）催化剂质量加权平均温度（*WABT*）

当反应器内同一床层催化剂采用不同装填方式时，*WABT* 为每一种装填层的平均温度与该层催化剂质量的乘积相加所得到的温度。反应器中催化剂在每一次的卸料和装填后，如果催化剂的数量有变化，那么平均床层温度的计算应做调整。因此，装填时有必要对催化剂的数量做精确的统计记录。

$$WABT = \sum_{i}^{n} \varepsilon_i \times BAT_i$$

式中　BAT_i——第 i 个床层平均温度，℃；

δ_i——第 i 个床层活性催化剂质量分数，%；

n——催化剂床层总数。

6. 径向温差

加氢裂化反应器内同一横截面上通常设有多点（少则 3 点，多则 10 多个点）热电偶来检测温度。工业装置正常运行时这些测温点显示的温度不一定相同，反应器内同一截面上最高点温度与最低点温度之差即为径向温差。

加氢裂化装置产生径向温差的主要原因包括：

① 热电偶本身的测量误差。

② 热电偶测温点不在同一截面(目前大量采用的柔性电偶出现此现象的概率较大)导致的径向温差。

③ 催化剂装填不均匀。

④ 冷氢箱、分配盘等内构件设计不合理或未按规范安装。

⑤ 装置运行过程中由于某种原因导致催化剂产生局部结焦区或沟流。

①和②导致的径向温差，虽然不会对装置的运行结果产生不利的影响，但会影响我们做出正确的判定，因此，当装置出现径向温差时，首先要想到并排除①和②的影响；③、④和⑤直观反映了加氢反应器内物流分布的均匀情况。

当加氢反应器内物流分配均匀时，同一横截面上显示的温度基本相同，径向温差小；反之，当物流分配不均匀时，亦即通过同一横截面反应物流速不同时，则径向温差大。如果反应器长时间处在大径向温差下操作，高温区域催化剂会出现结焦、结块，严重时会影响产品质量及生产安全。通常认为，加氢裂化装置径向温差在3℃以内说明反应物流分配效果较好，当径向温差超过11℃时说明物流分配效果较差，而当径向温差超过17℃时就应该考虑停工处理。

加氢裂化装置产生径向温差的根本原因是参与反应的物流分布不均匀，当径向温差产生时(排除热偶检测误差方面的因素)用户可从以上几方面来查找原因。

7. 飞温

虽然烃类的裂化反应属吸热反应，但对裂化中间产物的加氢饱和反应则属放热反应，且加氢反应的放热量远大于裂化反应的吸热量，因此，加氢裂化过程总体表现为强放热反应。正常情况下，反应过程产生的热量和反应物料流动带走的热量是平衡的，因此可以确保装置平稳运行。而当反应过程产生的热量大于物料流动所能带走的热量时，反应温度将上升，此时若没有及时发现并果断采取有效措施加以控制，则容易发生下述这种情况：反应温度的上升进一步加剧加氢裂化反应，而加氢裂化反应又产生更多的反应热，由此形成的连锁反应最终将导致反应温度失控，加氢裂化反应器温度快速(几分钟之内)升高到600℃甚至1000℃以上，这种情况被称为“飞温”。飞温对加氢裂化装置而言是非常严重的情况(事故)，可能会对催化剂和反应器造成不可逆转的损害。加氢裂化装置运行过程中可能引发“飞温”风险的几种情况包括：

① 原料油性质发生较大程度变化而未及时调整操作参数(原料油中芳烃、烯烃含量急剧增加，如大比例掺入二次加工油的情况)。

② 反应加热炉瓦斯组成和/或压力发生波动。

③ 反应进料量发生波动。

④ 未按操作规程要求的升温速度调整反应温度，升温速度过快。

⑤ 加氢裂化催化剂床层(裂化)有局部热点，装置操作的波动在热点处放大而引发“飞温”。

⑥ 高压注水泵故障，长时间停注洗涤水，恢复注水时未按要求适当降低裂化反应器入口温度(尤其是在停注洗涤水期间，为维持转化深度而提高裂化温度的，恢复注水前，切记要先将反应器入口温度降至比停注水前低5℃左右)。

⑦ 加氢裂化装置紧急停工时未按操作规程要求彻底泄压就急于恢复操作重新引入新氢和启动循环氢压缩机，引发“飞温”(俗称二次飞温)。

不同专利商开发的催化剂，对温度的敏感度不同；同一专利商开发的不同类型催化剂，对温度的敏感度也不同。图 9-1-1～图 9-1-4 为 UOP 公司[1]和 FRIPP 不同类型加氢裂化催化剂对反应温度的敏感性。由图中可以看出，转化率同样提高 10 个百分点，有些催化剂只需提温 4℃，而有些催化剂则需要提温 10℃。因此，在装置的实际生产操作中，要严格按照专利商的要求提升反应温度，避免装置发生“飞温”。

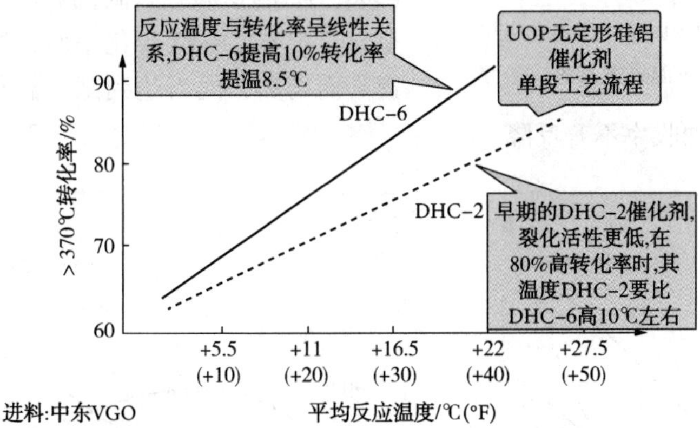

图 9-1-1　UOP 公司不同类型裂化催化剂对反应温度敏感性

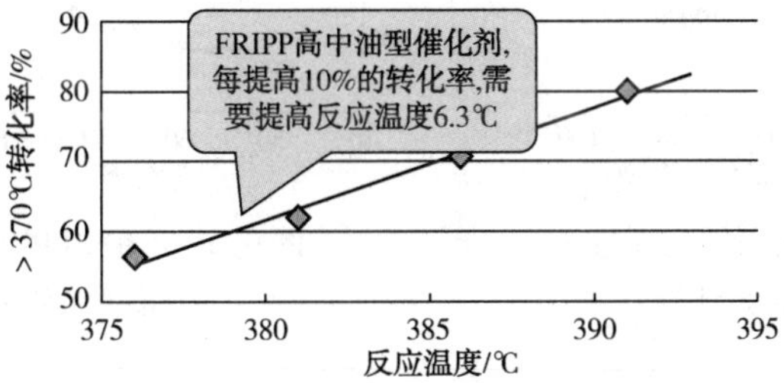

图 9-1-2　FRIPP 高中油型裂化催化剂对反应温度敏感性

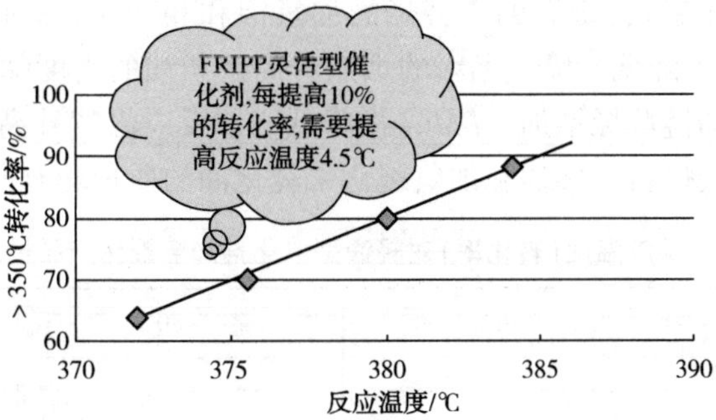

图 9-1-3　FRIPP 灵活型裂化催化剂对反应温度敏感性

(二) 反应温度对加氢裂化产品分布及性质的影响

反应温度是影响加氢裂化反应的重要因素，在其他反应参数不变的情况下，改变反应温

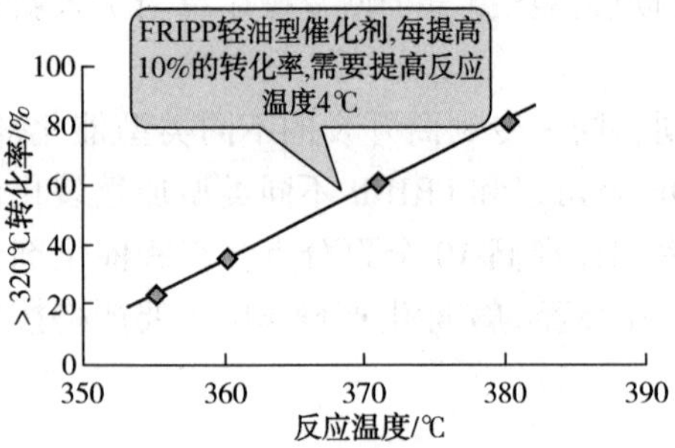

图 9-1-4　FRIPP 轻油型裂化催化剂对反应温度敏感性

度，即意味着改变裂化转化率，最终将改变加氢裂化产品分布。提高反应温度，裂化转化率增加，产品分布朝轻组分偏移。图 9-1-5 和图 9-1-6 分别为 Union 公司[1]和 FRIPP 有关反应温度(转化率)与产品分布关系的研究结果。

由图 9-1-5 和图 9-1-6 可以看出，Union 公司和 FRIPP 的研究结果基本一致：随着反应温度(转化率)的提高，石脑油和喷气燃料产率都几乎呈直线上升；在低转化率时，柴油产率随转化率提高而增加，但当达到某一转化率时，再继续提高转化率，此时柴油收率不升反降。

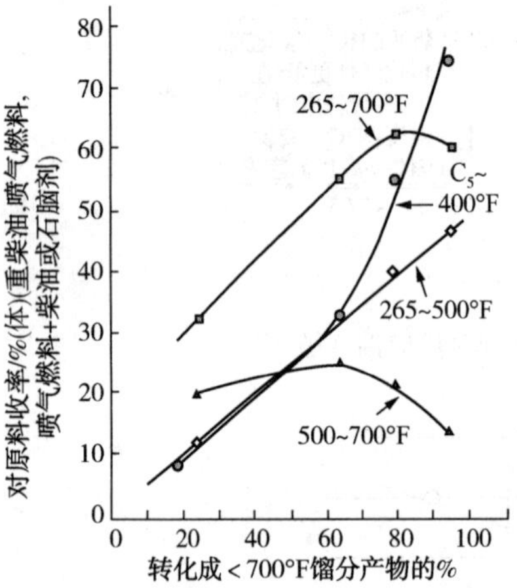

图 9-1-5　Union 公司转化率与产品分布关系研究结果

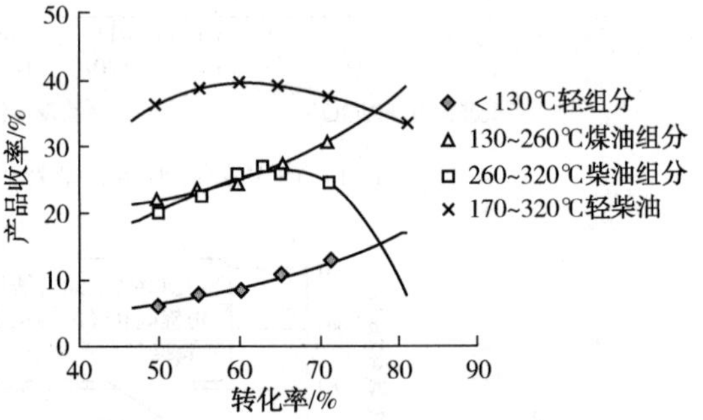

图 9-1-6　FRIPP 转化率与产品分布关系研究结果

表 9-1-2～表 9-1-4 为反应温度(转化率)对 FRIPP 开发的轻油型、灵活型和高中油型加氢裂化催化剂产品主要性质影响的中式结果。可以看出，不管是何种类型加氢裂化催化剂，提高反应温度(转化率)，都有助于芳烃的加氢饱和和转化，总体表现为：随着反应温度的提升，重石脑油芳潜降低，喷气燃料的烟点升高，柴油的密度降低、十六烷值(或十六烷指数)提高，未转化油链烷烃增加，*BMCI* 值降低。即反应温度升高，除重石脑油质量(主要是芳潜)下降外，喷气燃料、柴油和加氢裂化未转化油的质量均有所提高。

表 9-1-2　反应温度(转化率)对轻油型催化剂加氢裂化产品性质的影响

转化率(反应温度)/%(质)	～60	～80	～86
65～177℃重石脑油			
芳潜/%	60.7	58.3	53.8
177～260℃喷气燃料			
烟点/mm	26	27	29

续表

转化率(反应温度)/%(质)	~60	~80	~86
芳烃/%(体)	4.6	3.7	2.9
260~320℃柴油			
密度(20℃)/(g/cm³)	0.8328	0.8187	0.8101
十六烷指数	61.6	67.0	71.8
>320℃尾油			
BMCI 值	9.9	6.9	5.2
链烷烃/%	57.3	69.4	77.3
芳烃/%	0.8	0.4	0.2

原料油：伊朗 VGO。反应压力：15.7MPa。

表 9-1-3　反应温度(转化率)对灵活型催化剂加氢裂化产品性质的影响

转化率(反应温度)/%(质)	~73	~82	~89
60~177℃重石脑油			
芳潜/%	56.2	51.6	49.5
177~260℃喷气燃料			
烟点/mm	26.0	28.0	29.0
芳烃/%(体)	7.4	5.0	4.7
260~320℃柴油			
密度(20℃)/(g/cm³)	0.8127	0.8052	0.8033
十六烷指数	71.0	74.6	77.8
>320℃尾油			
BMCI 值	8.9	8.1	7.8
链烷烃/%	59.3	63.8	69.1

原料油：伊朗 VGO。反应压力：15.7MPa。

表 9-1-4　反应温度(转化率)对高中油型催化剂加氢裂化产品性质的影响

转化率(反应温度)/%(质)	~65	~75	~83
82~132℃重石脑油			
芳潜/%	62.0	61.4	58.5
132~282℃喷气燃料			
烟点/mm	26	26	27
282~370℃柴油			
密度(20℃)/(g/cm³)	0.8348	0.8242	0.8195
十六烷指数	72.2	73.8	79.3
>370℃尾油			
BMCI 值	12.1	10.6	8.8

原料油：伊朗 VGO。反应压力：15.7MPa。

二、反应压力

(一) 反应压力的定义

压力是加氢工艺的重要操作参数，所有的加氢反应都与压力有关。虽然绝大多数工业装置在实际运行中，反应压力基本不做调整，但反应压力的选择和确定对加氢裂化的影响非常大，包括装置的建设投资、加工原料油的适应性、装置的操作灵活性、加氢裂化产品的品质以及催化剂的运行寿命等。

反应压力有两种表示方法：反应总压和反应氢分压。反应总压是指反应系统压力，也叫操作压力。在反应系统中除含有氢气外，还含有以液体形式存在的原料和裂化产物，以及以气相形式存在的 H_2S、NH_3、C_1、C_2、C_3、C_4、石脑油，甚至喷气燃料、柴油等，反应氢分压是指氢气在反应系统的气相中所占分压。

反应氢分压不仅与反应总压、新氢及循环氢组成、纯度、反应温度、氢油比相关，同时还与原料性质、转化深度、物流的气液平衡(汽化率)及变化等多种因素有关，因此精确计算反应器各部位氢分压很烦琐、很复杂。在生产中，一般使用简易方法计算氢分压：

$$氢分压=反应总压\times循环氢纯度$$

影响加氢反应的决定性因素是反应物流中的氢分压。但影响装置建设投资和操作费用的是反应总压。反应总压与循环氢纯度成反比，即循环氢纯度越高，达到期望氢分压时，反应总压越低。影响循环氢纯度的因素有很多，主要包括补充新氢的纯度和组成、所加工原料类型、裂化深度、催化剂使用时间、催化剂类型以及高压分离器操作条件(冷高分或热高分)、循环氢是否脱硫等。

(二) 反应压力对加氢裂化产品分布及性质的影响

1. 反应压力对加氢裂化产品分布的影响

表 9-1-5 为采用两段法加氢裂化工艺流程和含沸石分子筛催化剂，以馏分范围 340~530℃、含硫 2.3%，含氮 0.08%的 VGO 为原料，分别在 7.0MPa 和 14.0MPa 下尾油全循环时的试验结果[1]

表 9-1-5　两段工艺流程不同压力对产品分布影响比较

项目	高压	中压
反应压力/MPa	14.0	7.0
产品分布/%		
H_2S+NH_3	2.5	2.5
C_1+C_2	0.5	0.5
C_3+C_4	3.8	4.1
石脑油	19.0	20.0
喷气燃料	34.8	34.0
柴油	41.7	40.6

表 9-1-6 为 UOP 公司[1]使用单段工艺流程和多产中馏分油的 DHC-6 无定形催化剂，以中东 VGO 为原料，在反应压力 5.6~9.1MPa 的压力范围产品分布变化的试验结果。

表 9-1-6　压力对产品分布的影响

压力	较高	较低	较高
催化剂运转时间/月	1	3	8
产品分布/%			
$C_1 \sim C_4$	1.2	1.4	1.5
$C_5 \sim C_6$	1.1	1.0	1.0
C_7 ~166℃	1.9	2.0	2.0
166~249℃	6.4	6.0	6.2
249~343℃	18.4	18.6	18.5
343℃$^+$	69.2	69.1	69.2

表 9-1-7 则为 FRIPP 以管输 VGO 为原料，采用单段串联一次通过流程，裂化段为分子筛型催化剂，控制反应单程转化率 73.7%时，考察压力对产品分布影响结果。

表 9-1-7　管输 VGO 不同压力下的产品分布

反应氢分压/MPa	9.81	7.85
>350℃转化率/%	73.7	73.4
产品分布/%		
<180℃	38.8	37.0
180~260℃	18.2	19.0
260~320℃	9.2	9.4
320~350℃	8.6	9.0
350℃$^+$	25.2	25.6

从上述国内外专利上的研究结果可以看出，不管是采用单段、单段串联还是两段加氢裂化工艺，不管是采用尾油全循环深度转化，还是高转化率或缓和裂化的单程一次通过流程，也不管是采用含分子筛加氢裂化催化剂还是无定形催化剂，在同一转化率下比较，反应压力对产品分布基本没有影响。这是由于加氢裂化催化剂的裂化功能主要由无定形硅-铝或沸石分子筛的固体酸所提供，它遵循正碳离子反应和β键断裂的反应机理，而这一催化反应过程基本上与氢气分压无关。

2. 反应压力对加氢裂化转化率的影响

FRIPP 分别以密度 0.8972g/cm^3、馏分范围 293 ~ 512℃、硫含量 0.34%、氮含量 0.074%的管输减二线和密度 0.8478g/cm^3、馏分范围 257~536℃、硫含量 0.10%、氮含量 0.0374%的大庆减二线为原料，考察了压力对两种原料油转化深度的影响，结果如图 9-1-7 和图 9-1-8。当控制裂化体积空速、氢油体积比、裂化段进料氮含量以及裂化转化率等条件均相同，处理管输减二线时，反应氢分压由 9.8MPa 降低至 6.37MPa，为了保持裂化转化率不变，反应温度需要由 363℃提高到约 375℃，提高差约 12℃。同样。处理大庆减二线时，反应氢分压从 9.80MPa 降至 6.37MPa 时，反应温度需提高 13.6℃。说明压力对转化深度是正影响。

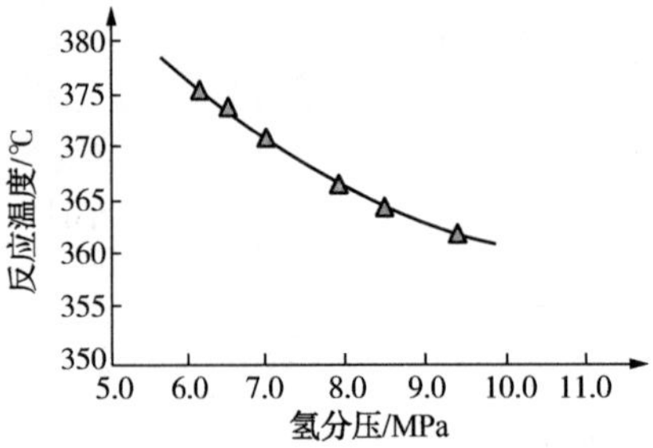

图 9-1-7　相同转化率下反应氢分压对管输减二线裂化反应温度的影响

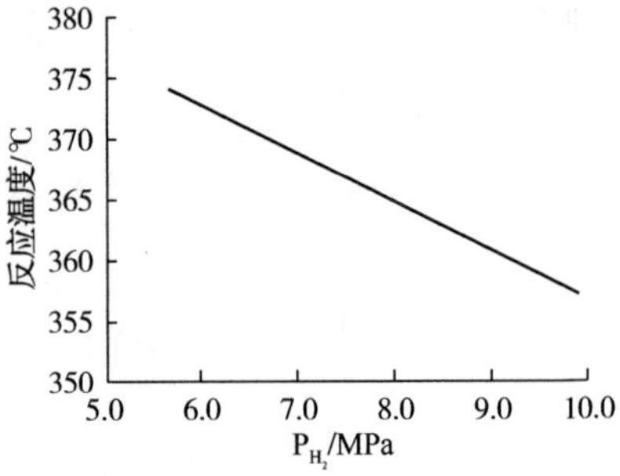

图 9-1-8　相同转化率下反应氢分压对大庆减二线裂化反应温度的影响

3. 反应压力对加氢裂化产品质量的影响

提高反应器压力意味着提高反应氢分压，原料中芳烃化合物的加氢饱和程度相应提高，因此，加氢裂化各产品中与芳烃含量相关的性质，如密度、芳潜、烟点、十六烷值和 BMCI 值等都将发生变化。表 9-1-8、表 9-1-9 分别为反应压力对大港 VGO 和大庆 VGO 加氢裂化产品质量的影响。可以看出，提高反应压力，加氢裂化各产品的密度、芳烃含量下降，具体表现为石脑油芳潜下降，喷气燃料烟点和柴油十六烷值提高，加氢裂化尾油 BMCI 值降低。

表 9-1-8　反应压力对大港 VGO 加氢裂化产品质量的影响

氢分压/MPa	14.7	8.3	6.4
产品主要性质			
65~165℃重石脑油			
收率/%	41.7	38.7	33.9
密度(20℃)/(g/cm^3)	0.7384	0.7423	0.7469
芳烃/%	1.9	7.7	12.0
芳潜/%	52.2	52.2	54.8
喷气燃料			
收率/%	26.3	27.0	24.0
馏程/℃	165-260	165-240	165-240
密度(20℃)/(g/cm^3)	0.7901	0.8014	0.8180
烟点/mm	32	22	16
芳烃/%(体)	5.4	16.1	27.4
柴油			
收率/%	7.6	14.9	19.3
馏程/℃	260-350	240-350	240-350
密度(20℃)/(g/cm^3)	0.8056	0.8026	0.8159
十六烷值	67.5	66.1	61.8

表 9-1-9　反应压力对大庆 VGO 加氢裂化产品性质的影响

氢分压/MPa	9.8	7.84	6.37
65～180℃重石脑油			
芳烃/%	3.8	5.9	7.1
芳烃潜含量/%	46.2	41.3	39.4
180～260℃喷气燃料			
密度(20℃)/(g/cm³)	0.7916	0.7985	0.8061
芳烃/%(体)	8.0	11.8	15.7
烟点/mm	30	27	23
180～350℃轻柴油			
十六烷值	75	—	71
>350℃尾油			
BMCI 值	5.1	6.4	7.2

4. 反应压力对催化剂活性稳定性的影响

图 9-1-9 为反应压力对裂化催化剂失活速率的影响。可以看出，压力对催化剂活性稳定性有显著影响，过低的反应压力将导致催化剂快速失活，当反应压力超过 6.0MPa 时，催化剂的失活速率明显减少。这是因为高压可以抑止原料油中的多环(稠环)芳烃聚合反应及结焦，维持催化剂活性；同时在转化率一定时，高压可以显著降低起始反应温度，增加提温区间，延长催化剂使用周期。

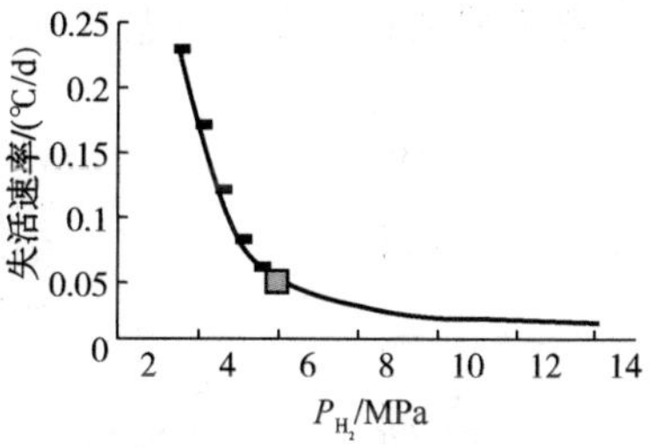

图 9-1-9　反应压力与对裂化催化剂失活速率的影响

三、空速

空速是空间速度的简称，是加氢裂化工艺过程四大操作参数之一，也是加氢裂化装置重要的技术经济指标，当其他条件不变时，空速决定了反应物流在催化剂床层的停留时间。对于新建装置，空速大小直接影响反应器的大小和催化剂用量；对于现有装置，空速大小直接影响装置的加工量。在一定条件下，空速对加氢裂化的单程转化率、产品分布和产品性质都有明显的影响。

(一) 空速的定义

空速的表述方式有两种：体积空速和质量空速。在试验研究中，一般习惯使用体积空速(*LHSV*)。在工业实际操作中，欧美等国家进料量采用体积计量单位，故基本都是采用体积空速。我国进料量采用质量计量单位，为了减少单位换算的麻烦，也有采用质量体积空速。

1. 体积空速

体积空速的定义：单位时间内每单位体积催化剂所通过的原料油体积数。其表达式为：

$$LHSV = V_{feed}/V_{cat}$$

式中　V_{feed}——单位时间原料油进料的体积数，m^3/h；

V_{cat}——催化剂的体积，m^3。

2. 质量空速（*WHSV*）

质量空速的定义：单位时间内每单位质量催化剂所通过的原料油质量数。其表达式为：

$$WHSV = W_{feed}/W_{cat}$$

式中　W_{feed}——单位时间原料油进料的质量数，t/h；

W_{cat}——催化剂的重量，t。

从空速的表达式看，空速倒数的单位是时间（h），所以在工程上空速又被称为假反应时间。工业装置空速的选取是由原料油的性质、催化剂的活性、反应深度及目的产品的质量要求等多因素来决定的。

（二）空速对加氢裂化产品分布及性质的影响

加氢裂化与其他多相催化反应过程一样，空速与反应温度在一定范围内可以互补，即当提高空速而要保持一定的转化深度时，可以用提高反应温度来进行补偿，反之亦然。

图 9-1-10 为体积空速与转化率的关系，可以看出，在保持原料及反应温度、压力等操作条件不变的前提下，提高体积空速，则裂化转化率降低。图 9-1-11 为体积空速与反应温度的关系，在保持反应压力不变的前提下，当体积空速提高时，若要保持相同的裂化转化率，则需要通过提高反应温度进行补偿。

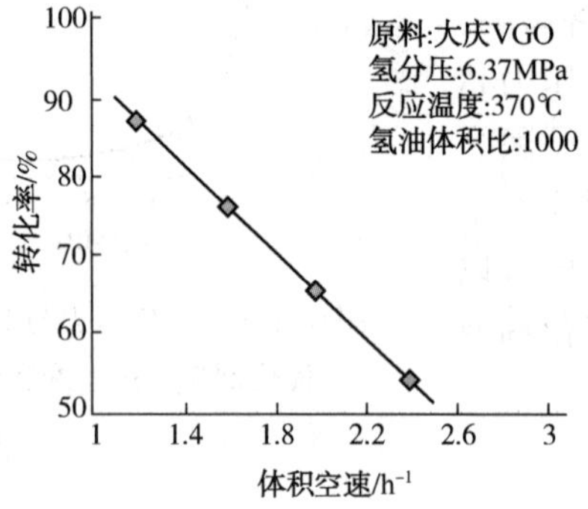

图 9-1-10　体积空速与转化率的关系

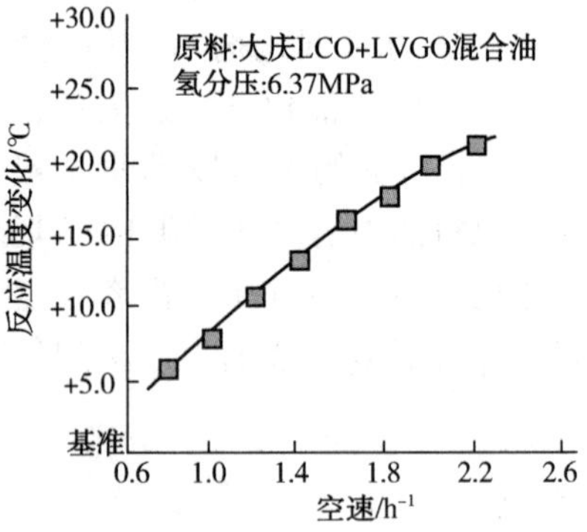

图 9-1-11　体积空速与反应温度的关系

但是，空速与温度的互补是有限的，因为固定床反应要求较长运转周期，过高的空速与温度一方面会使运转周期变短，另一方面高空速下反应温度过高，将导致过程选择性变差，气体和低碳氢烃产率显著增加，目的产品收率明显下降，影响经济效益。降低空速，虽然对延长催化剂的运行周期有利，但如果空速过低，可能会造成反应器内物流分布不均，发生沟流，产生径向温差，对装置运行周期、产品分布及质量也不利。工业装置一般按 60%～110%负荷设计，其中 110%只是工程水力学负荷，表示物料在 110%负荷下通过装置，机泵能力、系统换热能力和系统压降等不会出现瓶颈，但并不意味着装置可以在 110%负荷下长周期安全、稳定生产。因此，加氢裂化装置一般要求在设计空速的 60%～100%之间操作。

四、氢油比

氢油比同样是影响加氢裂化工艺过程的重要参数，其对加氢裂化技术的主要影响有三个方面：加氢裂化的反应过程、催化剂寿命和装置的操作费用及设备投资。工业装置氢油比是通过循环氢流率来控制和调节，它是营造临氢气氛、相关水力学条件和提供加氢过程热平衡的重要手段，为了保持催化剂活性、稳定性，确保产品质量和装置安全平稳操作，加氢裂化装置一般维持较高的氢油比。

（一）氢油比的定义

氢油比是氢油体积比的简称，其定义为：每小时单位标准体积(20℃或15.6℃)的原料油所需要通过的循环气中氢气的标准体积量。

由于计算氢油比时还需要知道循环气中的氢纯度，需要采样分析，比较烦琐，耗时也较长。为了方便计算，人们又提出了气油比的概念。

气油比是气油体积比的简称，其定义为：每小时单位标准体积的原料油所需要通过的循环气体的标准体积量。

不管是氢油比还是气油比，都是指进入反应器总氢气(气体)量，即包括从反应器入口进入的量和从反应器各床层间注入的冷氢量的总合。由于从反应器各催化剂床层间注入的冷氢量时时刻刻都在波动、变化，因此，氢油比(气油比)也是时时刻刻都在波动。为此，人们又提出了反应器入口氢油比及反应器入口气油比的概念。

反应器入口氢油比是指在反应器入口每小时单位标准体积的原料油所通过的循环气体中氢气的标准体积量。

反应器入口气油比是指在反应器入口每小时单位标准体积的原料油所通过的循环气体的标准体积量。

（二）氢油比对加氢裂化产品分布及性质的影响

氢油比的变化实质上主要影响过程的氢分压，从某种意义上讲，氢油比对加氢裂化过程的影响机理与氢分压的影响基本上是相同的：氢油比减少，实际降低了氢分压，在其他条件不变时，会降低加氢脱氮、芳烃饱和以及裂化转化率，只能用提温来加以补偿。但提高氢油比并不是一直对加氢和裂化过程产生正影响。图9-1-12~图9-1-14分别为氢油比对加氢脱硫、脱氮和加氢裂化的影响。

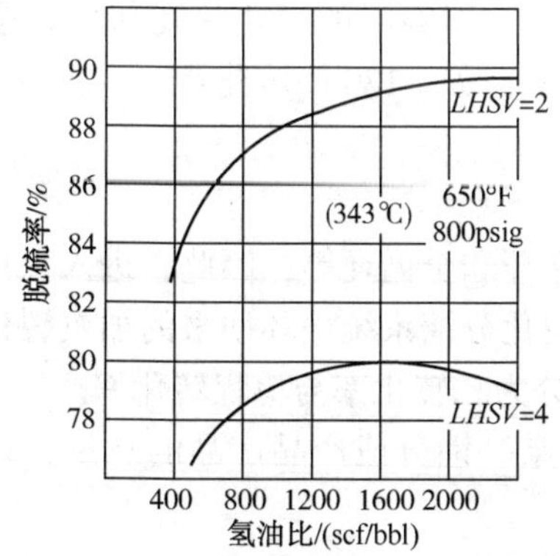

图9-1-12　氢油比对加氢脱硫的影响

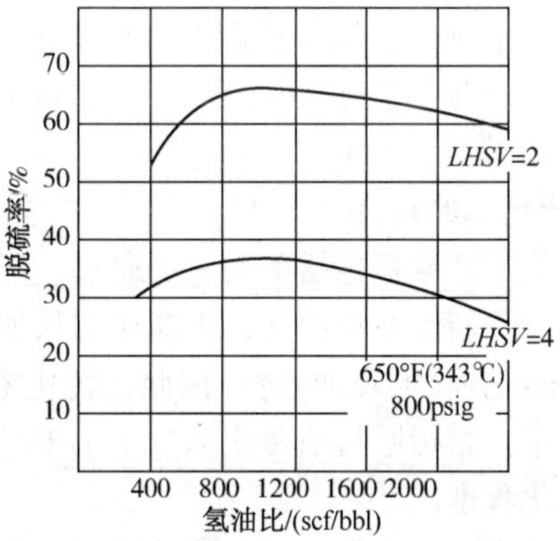

图9-1-13　氢油比对加氢脱氮的影响

可以看出，当氢油比较低时，提高氢油比，不管是对加氢脱硫、加氢脱氮，还是加氢裂化都有较明显的正效应；当达到较高氢油比时，再继续提高氢油比，此时对加氢脱硫、脱氮和加氢裂化的正影响效果逐渐减弱，直至出现负影响，即继续提高氢油比，加氢脱硫、脱氮

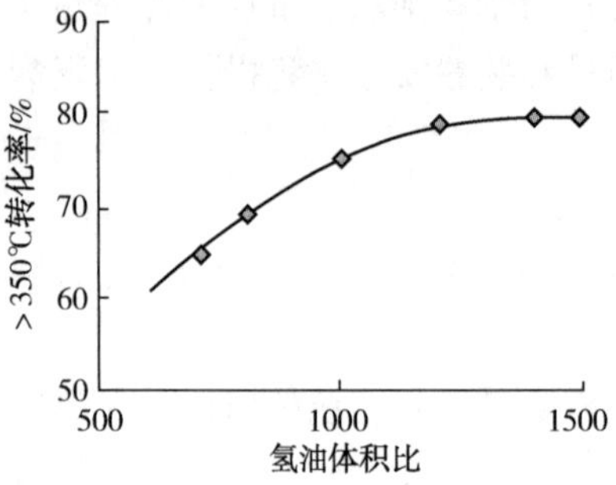

图 9-1-14　氢油比对加氢裂化的影响

和加氢裂化的效果下降。造成这种情况的原因可以有如下解释：低氢油比导致反应氢分压下降(在反应化学氢耗较大时更为突出)，造成脱硫、脱氮及裂化转化率都有所下降；当氢油比过高时，对增加系统氢分压已没有什么帮助，但此时反应床层中的气流速度相当大，而 VGO 的加氢及加氢裂化是典型的滴流床反应过程(滴流床催化反应过程：反应物料被催化剂吸附→内扩散→加氢/裂化反应→外扩散→反应物料从催化剂上脱附)，有相当一部分进料处在液相状态，过高的气流速度减少了催化剂床层的液体藏量，从而减少了液体反应物在催化剂床层的停留时间，因而降低了加氢/裂化反应效果。

由此可见，工业装置采用较大氢油比操作，可以增强装置的携热能力，有利于反应温度的控制；促使原料油的雾化，保证良好的物流分布；保持较高的氢气氛围(氢分压)，有利于加氢反应；减缓催化剂的积炭失活；降低催化剂表面液膜厚度，有利于化学反应的进行。但如果氢油比过大，一方面将不利于加氢脱硫、脱氮、芳烃烯烃加氢和加氢裂化，另一方面，将增加循环氢压缩机的循环量，从而增加装置投资和操作费用。

加氢裂化装置精制反应器入口氢油比一般为(600~750)：1，裂化反应器一般在(1000~1500)：1。对于全(部分)循环加氢裂化装置，不管循环油是循环至精制反应器入口还是裂化反应器入口，计算氢油比时，都需要将循环油的进料量考虑在内。

五、转化率

原料油加氢裂化生成的产物包括干气、液化气、石脑油、喷气燃料、柴油、加氢裂化尾油等馏分或产物。转化率是指将原料油中大于某一馏分或产品的反应物料转化为分子小于/等于某一馏分或产品的总量，因此，转化率是衡量加氢裂化反应的程度。但转化率是一个相对值而不是绝对值，比如用相同的原料油，一个是石脑油及以下转化率 60%，另一个是柴油及以下转化率 60%，虽然它们的转化率都是 60%，但实际的裂化深度却是天壤之别，因此，提到转化率时，需指明是某个馏分的转化率，如 >180℃ 转化率、>260℃ 转化率或 >370℃ 转化率等。

(一) 转化率的定义

加氢裂化工艺流程包括单程一次通过、部分循环和全循环等，因此，进入裂化反应器的反应物料中，除新鲜原料油外，可能还有从加氢裂化分馏系统循环回来的加氢裂化产物，如加氢裂化未转化油(循环油)等，因此，转化率又分为总转化率与单程转化率。

总转化率：是指原料油转化为分子小于/等于某一馏分或产品产品的总量，它体现的是原料油的转化程度。

单程转化率：是指裂化反应器总进料转化为分子小于某一馏分或产品的总量，它体现的是裂化反应器总进料的裂化程度。

因此，提到转化率时，需指明是单程转化率还是总转化率。对于单程一次通过工艺流程，总转化率和单程转化率是相同的；但对于部分循环和全循环工艺流程，总转化率和单程转化率是不同的。

不管是单程转化率还是总转化率，都有体积转化率和质量转化率两种表述方法。欧美等国家习惯采用体积计量仪表测量原料油和裂化产物，故他们一般采用体积转化率。我国则习惯采用重量计量仪表测量原料油和裂化产物，故一般采用质量转化率。因此，提到转化率时，需指明是体积转化率还是质量转化率。

1. 单程一次通过转化率计算

以将原料油转化为小于350℃馏分油为例，即>350℃馏分转化率。式中若都用体积单位，则计算结果为体积转化率；若用质量单位，则为质量转化率。

（1）精确计算法

$$>350℃\text{馏分转化率}=\frac{\text{原料中}>350℃\text{馏分}-\text{产物中}>350℃\text{馏分}}{\text{原料中}>350℃\text{馏分}}\times 100\%$$

（2）简易计算法

对于与裂化产物相同馏分含量<10%的原料油，可采用简易方法计算转化率。仍以>350℃馏分转化率为例：

$$>350℃\text{馏分转化率}=100\%-\text{沸点高于}350℃\text{馏分的产率}$$

2. 尾油全循环单程转化率和循环油量计算

对于尾油全循环操作流程，其新鲜原料的总转化率为100%。但对于裂化反应器，因为反应物料除新鲜原料外，还有循环油，故其转化率并非100%。尾油全循环时，裂化反应器单程转化率计算公式为：

$$\text{单程转化率}=[W_{\text{原料}}/(W_{\text{原料}}+W_{\text{循环油}})]\times 100\%$$

式中，$W_{\text{原料}}$和$W_{\text{循环油}}$如果采用质量单位，则为质量转化率；如果采用体积单位，则为体积转化率。另外，如果原料中与裂化产物相同馏分的含量>10%，也需要进行扣除。仍以>350℃馏分转化率为例：

$$\text{单程转化率}=[W_{\text{原料中}>350℃\text{馏分}}/(W_{\text{原料中}>350℃\text{馏分}}+W_{\text{循环油}})]\times 100\%$$

在装置的实际生产操作中，一般是先设定转化率，并计算出循环油量，然后通过调整反应温度，使循环油进出平衡。

循环油量与单程转化率关系如下：

$$W_{\text{循环油}}=W_{\text{原料}}\times\frac{100\%-\text{转化率}}{\text{转化率}}$$

以单程转化率50%为例，其循环油量$W_{\text{循环油}}=(100-50)W_{\text{原料}}/50=W_{\text{原料}}$，即循环油与新鲜进料量相同。在实际生产中，只要保证循环油的切割精度满足要求，则只需通过调整反应温度，使循环油量进出平衡，即可达到期望的裂化转化率。

3. 尾油部分循环单程转化率和循环油量计算

尾油部分循环时，一部分尾油作为循环油回到裂化反应器中进行循环裂解，另一部分尾油则作为产品出装置，因此，尾油部分循环时，对新鲜原料而言，其转化率不是100%转化。此时，原料油裂化总转化率计算如下：

$$\text{总转化率}=100\%-W_{\text{尾油外甩量}}$$

尾油部分全循环时，裂化反应器的总进料包括原料油+循环油，单程转化率计算公式如下：

$$\text{单程转化率}=[(W_{\text{原料}}-W_{\text{外甩尾油}})/(W_{\text{原料}}+W_{\text{循环油}})]\times 100\%$$

则循环油量与单程转化率关系如下：

$$W_{\text{循环油}} = \frac{(1 - \text{转化率})W_{\text{原料}} - W_{\text{外甩尾油}}}{\text{转化率}}$$

（二）转化率对加氢裂化产品分布及性质的影响

改变转化率主要是通过改变反应温度来实现的，故转化率对加氢裂化产品分布及性质的影响与本节中“反应温度对加氢裂化产品分布及性质的影响”及前文“典型加氢裂化工艺过程及其特点”中，在介绍单段串联加氢裂化工艺过程技术优点时均有详细描述，这里就不再重复。

第二节　操作参数对重油加氢产品性质的影响

由于渣油固定床加氢所用的原料是富集有大量杂质和非理想组分的劣质原料[2~4]，致使该过程的反应性能差，催化剂容易中毒失活，原料油的特点决定了渣油加氢过程的工艺条件要比馏分油加氢精制工艺条件苛刻得多，渣油加氢通常均采用高温、高压、高氢油比和低空速的操作条件，即使是这样，运转周期也比较短，一般为1~2年。

在渣油加氢处理过程中，工艺条件对于充分发挥催化剂性能和延长催化剂使用寿命是极为重要的影响因素。

一、反应温度对渣油加氢过程的影响

（一）反应温度的表示方法

渣油固定床加氢反应过程中，通常有以下三种反应温度的表示方法。

1. 催化剂床层不同测温点的热电偶指示温度 T

如某一种催化剂的床层设置了两层热电偶，每层有 3 个测温点，则可分别记为 T_{A1}、T_{A2}、T_{A3}和 T_{B1}、T_{B2}、T_{B3}。

2. 催化剂床层平均反应温度(BAT)

把渣油加氢反应系统中的每一个催化剂床层，在床层自上而下的上部、中间及底部位置，分别设置的若干测温点(即各热电偶的位置)所指示的温度算术平均值，则定义为催化剂单一床层的平均反应温度，以 BAT 表示。

举例，如某一催化剂床层设有两层热电偶，每层有 3 个测温点，则该催化剂床层平均反应温度为：

$$BAT = \left[\frac{(T_{A1}、T_{A2}、T_{A3})}{3} + \frac{(T_{B1}、T_{B2}、T_{B3})}{3}\right]/2$$

3. 催化剂床层总平均温度(CAT)

催化剂床层总平均温度是用反应系统中催化剂加权平均温度表示的，记为 CAT。以反应系统全部催化剂装填量(体积)为基准，对各个床层温度进行平均，即可得到催化剂加权平均反应温度 CAT。

实际上 CAT 就等于各个 BAT 的加权平均值。当所有的反应器直径相等时，每个 BAT 的权重就等于该床层高度除以所有床层高度的总和，可用下式表示：

$$CAT = \frac{1}{\sum_i l_i} \times \sum_i l_i (BAT)_i$$

式中 l_i——第 i 个床层高度；

$(BAT)_i$——第 i 个床层平均温度；

$\sum_i l_i$——反应系统中所有床层高度的总和。

以某渣油加氢处理装置为例，该装置为两个系列(R_1及 R_2系列)，每个系列有五台反应器，其中第一台反应器催化剂床层高度占总(五台反应器)高度的 11.6%，其他四台反应器大小相同，每台反应器催化剂床层高度占总高度的 22.1%，五台反应器有 5 个 BAT(BAT_1、BAT_2、BAT_3、BAT_4、BAT_5)，则其中的一个系列，如 R_1系列的催化剂床层加权温度为：

$$CAT = 0.116BAT_1 + 0.221(BAT_2 + BAT_3 + BAT_4 + BAT_5)$$

(二) 反应温度对渣油加氢过程的影响

反应温度是影响渣油加氢过程的重要因素之一。在正常情况下，渣油加氢处理催化剂随着装置运转时间的延长，由于积炭和金属沉积等原因而逐渐使得催化剂活性降低，欲获得质量合格的产品，提高催化剂活性仍是行之有效的调控措施之一，补偿催化剂活性损失最简捷、最重要的途径之一是提高催化剂床层的反应温度。从阿累尼乌斯公式($K = Ae^{-E/RT}$)明显看出，提高反应温度(T)对提高化学反应速度(K 速度常数)是很敏感的因素。将阿累尼乌斯微分得到公式：

$$\frac{\mathrm{d}\ln K}{\mathrm{d}T} = \frac{E}{RT^2}$$

式中 K——反应速度常数；

E——反应活化能，J/mol 或 kJ/mol；

T——绝对反应温度，K；

R——气体常数。

经移项再积分则得到公式：

$$\ln \frac{K_2}{K_1} = \frac{E}{R}\left(\frac{T_2 - T_1}{T_2 T_1}\right)$$

从该积分式计算可得出，反应温度每提高 10℃，反应速率可提高 2~4 倍。因此，在渣油加氢过程中，和馏分油加氢精制一样，也是随着反应温度的提升，使得渣油加氢反应速度加快，以补偿催化剂的活性损失。

反应温度对 HDM 催化剂反应性能的影响如图 9-2-1 所示。

提高反应温度也不是无限制的，它是有条件的，即通常受催化剂的颗粒强度、催化剂材料的热稳定性、操作的边界条件和设备材质等限制。一旦催化剂床层反应温度达到了该装置设定的最高使用温度时，则装置必须停工，重新更换或补充新鲜催化剂以供下一次运作。

二、反应压力对渣油加氢过程的影响

渣油加氢与馏分油加氢精制相比，由于渣油原料组成及其结构特点，渣油加氢工艺条件是非常苛刻的，反应压力多半是在高压下进行。

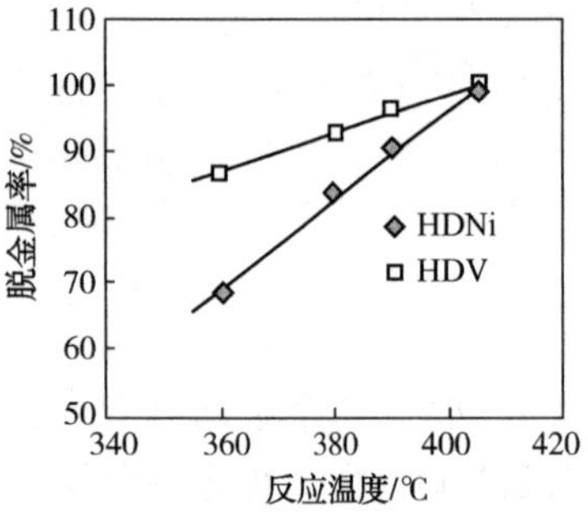

图 9-2-1　反应温度对加氢脱金属的影响

(一) 反应系统压力的影响

在渣油加氢处理过程中，反应系统压力对渣油加氢过程具有重要的影响，压力越高，硫、氮、残炭和金属等杂质的脱除率亦越高，而且压力越高，越有利于抑制生焦反应速度，减缓床层压力降升高速度，延长装置运转周期。因此，渣油加氢装置在确保高压系统的工作压力处于设计范围之内时，应尽量维持较高的系统压力进行操作。

(二) 反应氢分压的影响

氢分压取决于反应系统压力和氢纯度，当系统压力固定时，氢纯度越高，氢分压也就越高。提高氢分压，意味着为加氢反应过程有效地提供更多的氢，因此，它可以提高硫、氮、残炭和金属等杂质的脱除率，以及促进稠环芳烃加氢饱和反应。此外，提高氢分压，亦可有效地抑制生焦反应，降低催化剂失活速率。所以，在设备和操作规范允许的条件下，应尽量在高反应系统氢分压状况下进行操作。

三、体积空速对渣油加氢过程的影响

体积空速的定义是在单位时间内，单位体积的催化剂所通过的原料油体积，以下式表示：

$$体积空速 = V_f / V_p$$

式中　V_f——原料油体积流率，m^3/h；

V_p——反应器内催化剂总体积，m^3。

在渣油加氢处理过程中，通常采用体积空速，显然，当反应器内催化剂装填体积一定时，操作时的体积空速越大，则意味着该装置的处理量或加工能力也越大。在原料油质量固定及产品质量相同的情况下，体积空速越大，表明该装置的技术水平也越高，催化剂具有更高的活性。

空速在渣油加氢过程是一重要工艺参数，与馏分油加氢精制相比，渣油加氢过程的空速都比较低，一般为 $0.2 \sim 1.0h^{-1}$，实际操作多控制在 $0.2 \sim 0.5h^{-1}$的居多。

在反应温度、操作压力等工艺参数不变的情况下，提高空速即提高进料流量，意味着反应物种与催化剂接触时间缩短或反应时间缩短，因此表现在产品质量上则是硫、氮、残炭和金属等杂质脱除率降低，为了实现既要提高空速又要不降低产品质量的装置操作，则提高催化剂床层总平均温度(CAT)是最佳选择。反之，降低操作空速，即降低进料流量，反应物流与催化剂的接触时间延长，则各种杂质的脱除率相应提高，产品质量会更好，也减轻了催化剂负荷，对于延长装置操作时间更有利。但是装置加工能力和运行的效率将降低。

高空速条件下操作，为了达到相同的杂质脱除率，需要在较高的反应温度下操作，不仅加快催化剂失活，由于裂解率增加，因此还会增加装置化学氢耗。

四、气油比对渣油加氢过程的影响

(一) 气油比定义

气油比定义：单位时间内循环气体的体积流率与原料油体积流率的比值。

$$气油比 = V_g / V_f$$

式中 V_g——循环气体的体积流率，Nm^3/h；

V_f——原料油体积流率，m^3/h。

（二）循环氢的作用

循环氢的主要作用有以下三点：

① 使反应系统保持高的氢分压。

② 循环氢作为热载体，可以将催化剂与物种发生化学反应所产生的热量带走，以防催化剂床层温度升高。

③ 促使液体进料更加均匀地分布在整个催化剂床层，防止局部过热和催化剂半熔，提高催化剂各反应性能。

（三）气油比对渣油加氢过程的影响

当氢分压固定时，提高气油比意味着循环氢流量提高，这样对充分发挥催化剂活性、选择性和寿命，抑制催化剂结焦等都是有利的。因此，在运转的整个周期内，应使循环氢流量保持在允许的最高值上进行操作。显然不能无限提高气油比，因为气油比过高，将导致催化剂床层压降增加，同时也迅速增加氢气压缩机的负荷和能耗，最终导致装置投资和操作费用增加。反之，气油比过低，对渣油加氢也是不利的，催化剂床层物流分配及温度分布不均，严重时甚至产生偏流和沟流现象，影响装置正常运作。一般情况下，均应按原设定的气油比条件进行操作。

（四）循环氢纯度对渣油加氢过程的影响

循环氢纯度直接影响反应的氢分压。当系统总压不变时，循环氢纯度越高，对渣油加氢反应越有利，硫、氮、残炭及金属等杂质的脱除率均有提高。同时，它还会抑制结焦反应，减缓催化剂失活率。

以上介绍了各工艺参数对渣油加氢过程的影响。实际上影响渣油加氢的因素还有很多，如上述的催化剂理化性质、原料油的组成、物理性质和化学性质、反应操作条件、催化剂的优化和组合装填，反应器的内构件——物流分配器，催化剂床层压降增长速度，原料油过滤器应用效果等，而且这些因素之间还会发生相互作用，因此使得渣油加氢装置的优化操作变得很复杂，所有这些都为一个目标服务，即在保证产品质量合格的前提下，尽量延长装置的运转周期，以获取最佳的经济效益为目标。

五、原料油性质对催化剂的影响

（一）原料中金属含量的影响

1. 金属钠含量的影响

金属钠是强碱金属，对催化剂的酸性活性中心具有强烈的破坏作用，造成催化剂永久性失活。即使短时间处理钠含量较高的进料，也会明显地影响催化剂的活性和稳定性。因此，应严格控制进料中的金属钠离子的含量。固定床渣油加氢一般控制 Na^+含量 $<3\mu g/g$。

2. 金属镍和钒含量的影响

原料中的金属（镍和钒）含量，对脱金属催化剂的使用寿命有重要影响[5~7]。催化剂的使用寿命与进料的金属含量的关系，如下所示：

$$\lg L = \frac{a}{C_M} + b$$

式中　L——催化剂寿命，m^3油/kg 催化剂；

C_M——金属含量；

a、b——反应条件和反应速率决定的常数。

随进料中金属含量的增加，催化剂的使用寿命将明显缩短。因此，应严格控制渣油加氢处理装置进料中的金属(钒和镍)含量不超标，是保证催化剂的使用寿命的先决条件。

(二) 原料油中固体粒子含量的影响

进料中的固体粒子主要包括铁、钙等金属悬浮颗粒物、类积炭物质和机械杂质等[8]。无论是何种固体粒子，都应尽量过滤掉，否则将使第一床层顶部板结，从而使床层压降快速升高导致装置停工。

(三) 原料油初馏点的影响

渣油的初馏点越高，渣油越“重”、密度越大，其性质也越差，具体表现为杂质和非理想组分含量多、黏度大等。所以，原料油初馏点过高将不利于加氢处理反应的进行。

(四) 原料油中盐含量的影响

这里的盐主要指的是 Na 离子和氯离子等。

Na 对所用加氢处理催化剂而言是种毒物。这种毒物不但使催化剂活性明显降低，而且使其稳定性变差。所以，应严格控制原料油中的 Na 离子含量小于 3μg/g。

氯离子的危害是：在催化剂床层沉积，使床层压降升高；在热高分气/混氢换热器中造成积垢并引起应力腐蚀裂纹；与反应生成的 NH_3 相结合生成氯化铵，堵塞和腐蚀反应物的换热器和冷却器。因此，要控制原料油中氯离子含量不大于 4μg/g。

(五) 原料油残炭值的影响

残炭并非渣油的有机组成部分，它只是与某一特定的分析方法相关联的一个概念，用以反映渣油原料中不宜挥发物或易生焦物的多少。原料油的残炭含量高表明其易结焦物质多，对催化剂活性发挥不利[5,9,10]。

脱残炭率与渣油的转化率相关联，在一定程度内，转化率越高，脱残炭率也越高。当催化剂酸性适当，孔分布集中和比表面较大时，有利于脱残炭反应。对于选定的渣油加氢处理催化剂体系，其进料的残炭值不宜超过设计原料的限定值。

(六) 原料油黏度的影响

渣油加氢处理反应受扩散控制。原料油黏度大既不利于反应物流分布，也不利于反应物分子在催化剂孔道内扩散传质，同时还会使床层压降增加。因此，对于选定的渣油加氢处理催化剂体系，其进料的黏度不宜超过设计原料的限定值。

第三节　氢气纯度及杂质对加氢装置运行的影响

一、氢气纯度对加氢装置运行的影响

(一) 炼油厂氢气的主要来源和组成

炼油厂的新氢主要有三大来源：一是来自含碳氢，如干气、石脑油、煤和天然气等为原

料的制氢装置生产的氢气；二是来自催化重整装置的副产氢气；三是来自乙烯装置的副产氢气。

由于来自制氢装置的氢气都已经过 PSA 提纯，故氢气纯度比较高，一般 98%~99.9%，其余主要是 CH_4和 N_2。

来自催化重整装置的氢气纯度则随着重整工艺的不同而不同，半再生重整比连续式重整的操作压力高，操作苛刻度低，故氢气纯度也相对较低。重整装置的氢气纯度一般为 86%~93%，多数为 90%~92%，其余的主要是 C_1~C_4低分子烃。

乙烯氢是来自乙烯生产装置的副产氢，其纯度一般为 95%~96%，其余的主要是 C_1。

从上述几种方法所产氢气的典型组成可知，水蒸气转化法和部分氧化法的制氢所得氢气纯度一般>98%，其余主要是 CH_4和 N_2，以及微量的 CO 和 CO_2；而催化重整氢气则随着工艺的不同氢含量亦不同，半再生式重整比连续式重整的操作压力较高，苛刻度较低，故氢气纯度相对较低。重整装置的氢气纯度一般为 86%~92%，同时还有较多的 C_1~C_4低分子烃和微量的氯，但不含 CO 和 CO_2。重整氢中的低分子烃在加氢裂化反应过程中，一部分溶于液体产物内被带出反应系统，一部分存留于气体组分中，最终在循环氢气中达到某一平衡浓度，导致循环氢的氢纯度降低。

为提高氢分压和循环氢纯度，减少或除去循环氢中非氢组分，可有两条途径：一是将原料氢中的非氢组分预先除去，另一是在加氢裂化系统中将非氢组分去除。将各种原料氢经过变压吸附工艺(PSA)处理，氢纯度大多可达 99%以上，其回收率达 90%以上。水蒸气制氢经变压吸附后纯度可达 99.9%，其他杂质组分含量极少，这样可避免带入较多的非氢组分，有利于提高氢气纯度。然而这种方法不能完全避免氢纯度的下降，因为原料油裂解时也会生成低分子烃导致氢纯度的降低。故也可在加氢裂化系统中采取以下四种措施提高氢纯度：①排除废氢；②膜分离；③变压吸附；④油洗涤。

加氢裂化不同于其他热转化工艺，主要是有氢的存在，催化剂与工艺过程的可变性也与“氢”密切相关，否则就不能应用加氢、裂化双功能催化剂并保持催化剂的长周期运行，同时在工艺方面可调变的手段也少了很多，精制-裂化串联工艺、两段裂化等工艺也无从进行。加氢裂化处理能力的增长也导致了氢气消耗量的增大。

(二) 氢气纯度对加氢装置运行的影响

1. 氢气纯度对循环氢纯度的影响

补充新氢纯度一般为 90%~99.9%，还有 0.1%~10%的其他物质，主要是 C_1~C_4轻烃。这些轻烃随补充新氢进入反应系统后，一部分会溶解在反应产物中并随反应产物排出反应系统(反应压力越高或轻烃的碳原子数越大，越容易溶解在反应产物中并随反应产物排出反应系统)，另一部分则停留在反应系统的循环氢中并不断累积，导致循环氢纯度下降。循环氢纯度降低，在反应总压不变的情况下，意味着反应氢分压下降。反应氢分压对加氢装置的影响已在前文反应压力部分做了详细描述，在此不再重复。

2. 企业用氢原则

虽然影响循环氢纯度的因素有很多，如：裂化反应深度，裂化反应深度越高，循环氢纯度越低；反应总压，反应总压越高，循环氢纯度越高；高分流程，热高分氢气的溶解度远高于冷高分，因此，采用热高分流程的循环氢纯度低于冷高分流程。但补充新氢的品质也是影响循环氢纯度的重要因素之一。

对于有多种补充氢源、多种类型加氢装置的企业，其用氢基本原则为：高品质补充氢优先用于高加氢苛刻度的加氢装置，如加氢裂化、渣油加氢等；低品质补充氢用于低加氢苛刻度的加氢装置，如汽油加氢、喷气燃料加氢等。

氢气的品质不仅与氢气纯度有关，还与氢气中所含轻烃组成有关。重整氢的纯度虽然只有90%~93%，但其余的主要是 C_3 及以上轻烃，这些轻烃会溶解在反应产物中并随反应产物排出反应系统，不会在反应系统中累积，因此不会对循环氢纯度产生明显影响；而乙烯氢的纯度虽然能达到95%~96%，但剩余的基本是难以溶解在反应产物中并随反应产物排出反应系统的 C_1，这些 C_1 组分在反应系统的循环氢中不断累积，从而导致循环氢纯度下降。根据补充氢对循环氢纯度的影响程度，补充氢气品质的排列顺序为：

来自制氢装置的高纯氢>重整氢>乙烯氢

二、氢气中杂质对加氢装置运行的影响

补充氢气中除了含有少量轻烃外，还含有微量的杂质如 CO、CO_2、Cl 和水等，这些杂质将对催化剂、设备或装置的长周期安全平稳生产产生不利影响。

（一）CO 和 CO_2

由水蒸气法或部分氧化法制氢装置提供氢气，经 PSA 提纯后，氢气纯度都很高，一般都在99%以上，但这种氢气中会携带微量 CO 和 CO_2。通过制氢装置的净化单元可以将 CO 和 CO_2脱除到很低，但如果净化单元生产操作出现故障或净化深度不够，这时 CO 和 CO_2 含量就会显著增加。过高的 CO+CO_2 含量对加氢裂化过程产生的主要影响有：

① CO 会导致催化剂暂时性中毒。CO 对催化剂会产生暂时性中毒现象，但这种情况是可逆的；CO_2则会在反应系统中累积，从而降低了氢分压(与 C1 的危害相似)。

② CO 和 CO_2与氢反应时会产生反应热。CO 和 CO_2与氢反应生成 CH_4和 H_2O 时产生反应热，增加了催化剂床层的温升，所产生的水还可促使催化剂生焦率的增加。

③ CO 会覆盖催化剂的加氢活性中心。CO 会覆盖加氢催化剂的加氢活性中心，因此对加氢催化剂脱氮活性的影响比裂化活性的影响更大一些。

④ CO 是一种强还原剂。CO 是一种强还原剂，会将催化剂的活性金属硫化镍还原为金属镍，导致催化剂失活。

⑤ CO 与催化剂上的镍反应会生成高致癌物质羰基镍。生成羰基镍，当加氢装置降温停工时，在200℃左右与催化剂上的镍反应生成高致癌物质羰基镍。

加氢装置通常要求补充氢中 CO+CO_2 含量小于 20μg/g。

（二）Cl

补充氢的 Cl 主要来自重整氢。这是因为在重整装置的运行过程中，为了保持重整催化剂的反应活性，需要定时向系统中补充氯，以弥补随氢气流失的氯。虽然重整氢出装置前都经过脱 Cl，但当脱 Cl 剂失效且未及时更换或装置操作波动时，重整氢中的 Cl 含量就会超标。Cl 对加氢装置的危害主要包括：

① NH_4Cl 结晶析出导致反应系统压力降上升。Cl 与氢气反应生成 HCl，HCl 与氢气中的 NH_3反应生成 NH_4Cl，这种化合物比$(NH_4)_2S$ 在系统中更易析出，而且 NH_4Cl 分压越高，结晶析出的温度也越高。NH_4Cl 结晶析出主要发生在高压换热器的低温部位(低于 220℃)或循环氢压缩机入口处。NH_4Cl 结晶析出将会导致反应系统压力降上升，严重时装置需要停工

处理。

② 导致容器管线腐蚀。Cl 与氢气反应生成 HCl，HCl 在高温下还会与容器或管线中的 Ni 形成 $NiCl_2$，与 Fe 形成 $FeCl_3$而造成设备腐蚀。$NiCl_2$遇氢气后 Ni 会被还原成金属 Ni 而沉积在加热炉管内使炉管堵塞。

加氢装置要求重整氢 Cl 含量小于 1μg/g。

（三）水

所有补充氢都含有微量的水，这些水在反应系统中基本是以气态与催化剂接触，当浓度较低，对催化剂的活性和理化性质基本没有影响。但如果水含量超标，甚至以明水或高浓度水蒸气与催化剂接触将会造成催化剂上的金属聚结、晶体变化及外形改变，严重时导致催化剂破碎、失活等。水对含分子筛加氢裂化催化剂的危害比对加氢精制催化剂的危害更大。

加氢装置要求补充氢水含量小于 500μg/g。

参 考 文 献

[1] 方向晨．加氢裂化工艺与工程[M]．2 版．北京：中国石化出版社，2017.

[2] 孙昱东．原料组成对渣油加氢转化性能及催化剂性质的影响[D]．上海：华东理工大学，2011.

[3] 石铁磐，胡云翔，许志明，等．减压渣油特征化参数的研究[J]．石油学报(石油加工)，1997(02)：5-11.

[4] 韩睿超，凌凤香，马波，等．渣油加氢处理技术对劣质原料产物性质的影响[J]．炼油技术与工程，2010，40(06)：8-11.

[5] 侯彩丽，马波，王少军，等．渣油固定床加氢处理前后硫、氮和残炭质量分数变化研究[J]．燃料化学学报，2007(06)：758-762.

[6] 杨刚，张成，隋宝宽，等．典型固定床渣油加氢处理装置金属沉积规律的共性研究[J]．当代化工，2017，46(06)：1092-1094，+1098.

[7] 张会成，颜涌捷，赵荣林，等．渣油加氢处理过程中金属分布与脱除规律的研究[J]．石油炼制与化工，2006(11)：7-10.

[8] 杨刚，隋宝宽，张成，等．Fe 在固定床渣油加氢处理装置中的沉积及对装置操作的影响[J]．当代化工，2017，46(07)：1326-1328，+1332.

[9] 张会成，马波，李景斌，等．渣油加氢处理催化剂积炭分析[J]．当代化工，2008(03)：277-282.

[10] 许先焜，祝平，翁惠新．渣油加氢装置前置反应器床层结焦原因分析及对策[J]．炼油技术与工程，2004(02)：9-13.

第十章　过程监测、控制与联锁

第一节　自动控制系统简介

自动控制系统是指用一些自动控制装置对生产中某些参数进行自动控制，使它们在受到外界干扰(扰动)的影响而偏离正常状态时能够被自动地调节而回到工艺所要求的数值范围内。自动控制系统主要由控制器、被控对象、执行器和测量变送单元四个环节组成。在自动控制系统设计时，首先要分析被控对象的特性，然后根据工艺过程的需求选择被控变量，合理选择控制系统中的测量变送单元、控制器和执行器，建立一个较为合理的控制系统。

一、自动控制基本原理

(一) 常规控制系统结构

在装置中，被控参数主要是生产过程中温度、压力、流量和液位等一些过程变量。一个简单的常规控制回路示例如图 10-1-1。

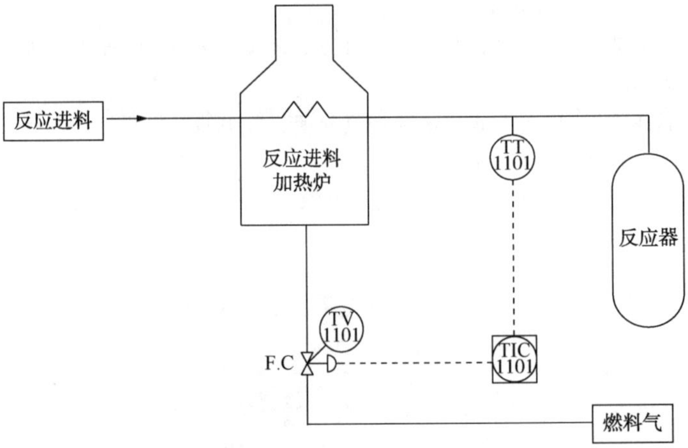

图 10-1-1　反应进料加热炉出口温度控制

加热炉—被控对象(通过加热炉炉膛温度加热炉管内介质)

TT—加热炉介质出口温度测量仪表——被控参数测量变送器；

TIC—温度控制器；TV(调节阀)—执行器

为便于分析，在自动控制中常采用直观图形的方法来表达，即用框图方式直观表示。加热炉出口温度控制回路框图如图 10-1-2 所示。

框图中箭头方向表示的是信号的流向，指向与指离的关系(或输入/输出的关系)，是原

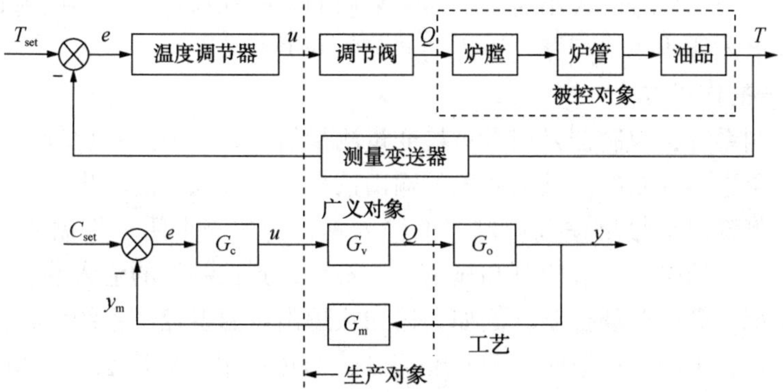

图 10-1-2　加热炉出口温度控制框图

T_{set}—温度设定值；e—过程被控参数测量值(温度测量值)与设定值的偏差；
u—温度调节器(控制器)输出指令；Q—调节阀开度(对应管道介质的流量)；T—加热炉出口介质温度；
G_c—控制器的传递函数；G_v—执行器的传递函数；G_o—被控对象的传递函数；G_m—检测及变送装置的传递函数

因与结果的关系。

所以一个常规控制系统的结构主要由被控对象(加热炉)、测量变送单元、控制器(温度调节器)以及执行器(调节阀)组成。

1. 被控对象

被控对象又称控制对象，作为广义的控制对象，除控制器(调节器)以外的执行器(调节阀)及测量变送单元都包括在内。作为狭义的控制对象，其端部参数(输入、输出)有被控变量、操纵变量和扰动变量，它们通过控制对象的内部状态而相互联系。被控变量是被控对象上的一个“输出”。影响被控变量的外部因素则是被控对象的“输入”，显然，影响被控变量的“输入”不止一个，在影响被控变量的诸多输入中选择其中一个可控性良好的“输入”作为操纵变量，而其他没有被选中的“输入”则作为扰动变量。

2. 测量变送器

工艺参数需用不同的测量仪表进行自动检测以获得可靠的过程生产信息，其中需要进行自动控制的参数称为被控变量，测量仪表将被控变量的测量值转换为标准电信号输送到控制器。一般标准电信号为 4~20mA 直流电流信号。

3. 控制器

控制器也称调节器，它接收测量变送器的输出信号(被控变量测量信号)。将被控变量的设定值与测量值进行比较得出偏差信号按一定控制规律(控制算法)给出控制信号，当其符合工艺要求时，控制器的输出保持不变，否则，控制器的输出发生变化，控制器就发出控制命令，对系统施加控制作用，使被控变量回到设定值。常规控制器一般采用 PID(比例、积分、微分)算法，被控变量的测量值与设定值在控制器内进行比较后得到的偏差值，控制器根据偏差值的大小按控制器规定的控制算法 PID 控制等进行运算后，输出控制信号。

4. 执行器

控制器的输出控制信号经传输和放大后去推动执行器调节过程操纵变量，从而使被控变量趋向设定值。执行器主要包括气动调节阀、电动调节阀及变频调速器等。一般执行器应用较多的是气动调节阀，控制器的输出电信号经过电/气转换器转化成气信号作用到气动调节阀，调节阀的开度与气信号的大小对应。如果采用的是电动执行器，则控制器的输出信号经伺服放大器放大后才能驱动执行器，以推动调节阀开关。

（二）控制器的作用方式

对于常规控制系统，控制器是根据被控变量测量值与设定值进行比较得出的偏差值进行计算后对被控对象进行控制的。被控对象的输出信号即控制系统的输出，通过传感器检测与变送器的作用，将输出信号反馈到控制器的输入端，构成一个闭环控制回路，简称闭环控制。如果系统的输出信号只是被检测和显示，并不反馈到控制器的输入端，则是一个没有闭合的开环控制系统，简称开环控制。例如上述加热炉出口温度控制系统，将控制器的输出与调节阀的输入断开，手动给调节阀一个开度信号，加热炉出口温度会基本稳定在某一值上。如果燃料气的压力发生变化，虽然调节阀的开度没有变化，但燃料气的流量会发生变化，加热炉出口温度也会跟随变化，所以开环控制系统只按对象的输入量变化进行控制，即使系统是稳定的，其控制品质也较低。开环控制一般是自动控制系统因故障而失效后或在某些紧急情况下或在某些控制品质要求不高的场合，对系统进行手动控制。

在闭环控制回路中，控制系统的输出通过测量变送器返回到控制系统的输入，反过来作用于控制系统，这种控制称为反馈控制。有两种形式的反馈，即正反馈与负反馈。正反馈的作用会扩大不平衡量，是不稳定的。如采用正反馈去控制加热炉出口温度，当温度超过设定值时，加热炉会增加热量，使加热炉出口温度继续升高；当温度低于设定值时，它又减少热量，使加热炉出口温度进一步降低。所以具有正反馈的控制回路，总是将被控变量锁定在高端或低端的极值状态下，这种性质是不符合控制目的的。如采用负反馈，其作用与正反馈相反，总是力求系统恢复到设定温度，即保持在规定的设定值范围内。具有负反馈作用的控制回路，一般称为反馈控制。这种控制系统能密切监视和控制被控对象输出变量的变化，抗干扰能力强，能有效地克服对象特性变化的影响，有一定的自适应能力，因而控制品质较高，是在过程控制领域应用最广、研究最多的控制系统。

控制回路通过选择控制器作用方式来实现控制系统负反馈功能。控制器的作用方式有正作用和反作用两种：控制器的输出与输入正相关，即控制器的输入信号增加控制器的输出也增加，则该控制器的作用方式为正作用；反之控制器的输入信号增加，控制器的输出减小，则该控制器的作用方式为反作用。在工程实践中，如何确定控制器的作用方式，应首先确认调节阀的作用方式，调节阀在小信号作用下处于关闭状态为气开阀，用 FC 表示，该调节阀输入信号增大，调节阀的开度增大。调节阀在小信号作用下处于开启状态为气关阀，用 FO 表示，该调节阀输入信号增大，调节阀的开度减小。以图 10-1-1 为例确定温度控制器 TIC 的作用方式，该控制回路中调节阀的作用方式为 FC，即调节阀输入信号增大，调节阀的开度增大。假设 TIC 控制器的作用方式为正作用，如果加热炉出口温度升高，温度测量变送器输出信号增大，温度控制器 TIC 的输入信号增大，温度控制器 TIC 的输出信号增大，调节阀输入信号增大，调节阀的开度增大，进加热炉的燃料量增大，加热炉炉膛温度升高，加热炉出口温度进一步升高，显然 TIC 控制器的作用方式为正作用使得控制进一步偏离了设定温度，所以 TIC 控制器的作用方式为反作用才能力求系统恢复到设定温度，这样就确定 TIC 控制器的作用方式为反作用。

（三）控制系统的性能指标

一个控制系统的优劣在于该控制系统的设定值发生变化或系统受到扰动作用后，能否在控制器的作用下稳定下来，以及克服扰动造成的偏差而回到设定值的准确性、平稳性和快速性如何。通过对控制系统的准确性、平稳性和快速性性能指标评价来确定控制系统优劣。

当一个稳定的控制系统受到外界干扰以后，被控变量的变化应是一条衰减的曲线。图10-1-3表示了一个控制系统受到外界阶跃干扰以后的响应曲线。

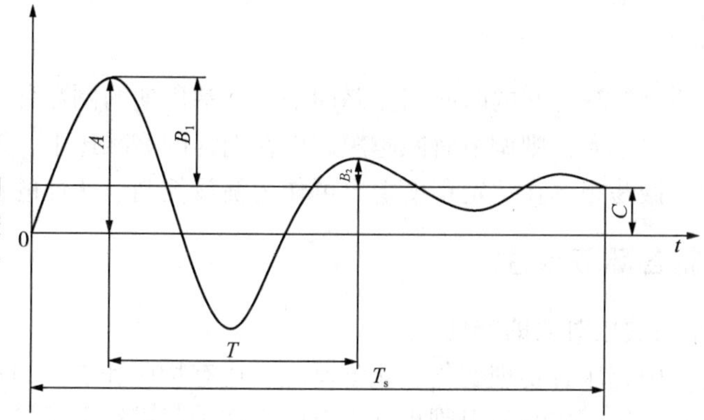

图 10-1-3 过程阶跃响应曲线图

1. 衰减比

衰减比是衡量过渡过程稳定程度的动态指标，设定值或干扰产生阶跃变化时，设被控变量经过衰减最终达到稳态，其过程中超出其最终稳态值的第一个波峰瞬态偏差为 B_1，超出其最终稳态值的第二个波峰瞬态偏差为 B_2。B_1 与 B_2 的比值为衰减比 n，$n=B_1/B_2$。

当 $n<1$ 时为发散振荡，如图 10-1-4(a)所示；当 $n=1$ 时为等幅振荡，如图 10-1-4(b)所示；当 $n>1$ 时为衰减振荡，如图 10-1-4(c)所示。

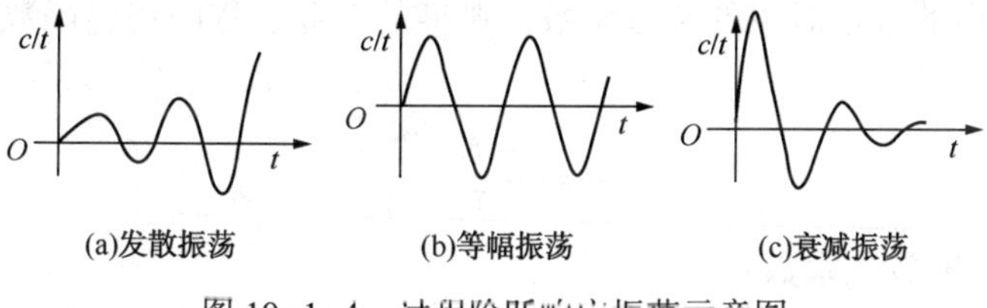

图 10-1-4 过程阶跃响应振荡示意图

n 越大，衰减越大，系统越接近非周期过程。为保持足够的稳定裕度，在整定控制器PID参数时，衰减比一般取4~10之间，这样，大约经过两个周期，系统趋于新的稳态值。

2. 余差

图 10-1-3 中余差 C 是系统的最终稳态偏差，即过渡过程终了时新稳态值与给定值之差。

余差是反映控制精确度的一个稳态指标，相当于生产中允许的被控变量与理论目标值之间长期存在的偏差。有的被控变量是不允许有余差的，此时 $C=0$。

3. 最大偏差

最大偏差表示被控变量偏离最终稳态值的最大程度。对于一个衰减的过程，最大偏差就是超出其最终稳态值的第一个波峰瞬态偏差，即图 10-1-3 中的 A 值，对于一个没有余差的过渡过程，$A=B_1$。

4. 调节时间 T_s

调节时间是指从过渡过程开始到结束所需的时间。过渡过程要绝对地达到新的稳态，理论上需要无限长的时间，一般认为当被控变量进入新稳态值附近±5%或±2%以内区域，并保持在该区域内时，过渡过程结束，此时所需要的时间称为调节时间 T_s。调节时间是反映控制系统快速性的一个指标。

5. 振荡周期 T

被控变量相邻两个波峰之间的时间叫振荡周期，振荡周期的倒数称为振荡频率。在同样的振荡频率下，衰减比越大，则调节时间越短。而在同样的衰减比下，振荡频率越高，则调节时间越短。因此，振荡频率在一定程度上也可作为衡量控制快速性的指标。

二、过程控制各环节特性

（一）过程控制中被控对象的特性

在炼油生产过程中充斥着物理变化、化学反应，还有物质和能量的转换和传递，生产过程的复杂性决定了对它进行控制的艰难程度。有的生产过程进行很缓慢，有的则进行得非常迅速，过程中许多参数之间互相关联耦合，这就为对象的辨识带来困难。

控制方案的确定、控制参数的整定都要以对象的特性为依据，而对象的特性有时因复杂而难以充分地认识，要完全通过理论计算进行控制系统设计与控制参数的整定至今仍不可能实现，目前已设计出各种各样的控制系统，一般是通过必要的理论论证和通过对过程长期的运行、试验、分析、总结起来的，只要对各控制回路的参数整定方法得当，就能够得到相当满意的控制效果。

过程对象的特性如上述那样复杂很难建立完整准确的数学模型，为便于分析被控对象的特性，采用简单近似的过程对象的传递函数。典型的工业过程的传递函数可以用一阶惯性加纯滞后表示：

$$G(s) = \frac{K\mathrm{e}^{-\tau s}}{T_s + 1} \qquad (10-1-1)$$

式中 K——被控对象放大系数；

T——被控对象的时间常数，图 10-1-5A 点为曲线在开始变化点的切线与稳态值的交点；

τ——被控对象时滞系数，输入阶跃发生后输出开始变化的时间；

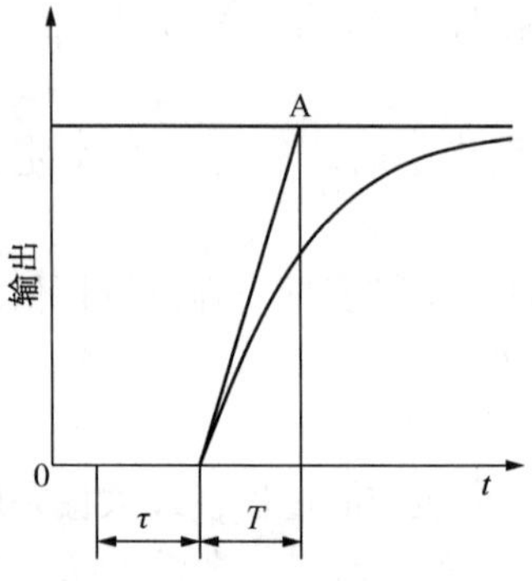

图 10-1-5 一阶惯性加纯滞后对象的阶跃响应曲线

用曲线图表示被控对象的开环阶跃输入下，其输出响应趋势图如图 10-1-5 所示。

实际上炼油化工领域的过程对象的数学模型非常复杂，特别是动态数学模型更为复杂，但被控对象的主要特性是比较相似。被控对象近似传递函数中各参数的特性说明如下：

1. 放大系数 K 的影响

被控对象的增益 K 越大，则控制器控制作用的效应越强；反之，K 越小，则控制作用的影响越弱。对于图 10-1-1 所示的被控对象，K 越大说明加热炉的燃料气的流量变化会迅速反映到加热炉介质出口温度。

2. 时间常数 T 的影响

T 的变动主要影响控制过程的快慢，T 越大，则响应过程越慢。T 的变动将同时影响系统的稳定性。T 越大，系统越易稳定，过渡过程越是平稳。

3. 时滞系数 τ 的影响

滞后的大小决定于生产设备的结构和规模，生产设备的规模越大，物质传输的距离越长，热量传递的阻力越大，过程响应滞后越严重。τ 的存在不利于控制。测量方面有了时滞，使控制器无法及时发现被控变量的变化情况；控制对象有了时滞，使控制作用不能及时产生效应。

（二）控制器特性及对调节品质的影响

在炼油化工领域，实际工程应用比较广泛的常规控制器具有比例(Proportion)、积分(Integral)、微分(Differential)等特性功能，简称 PID 控制器。

1. PID 控制算法

在控制器中，设定值 s 与测量值 y 相比较，得出偏差 $e=s-y$，控制器依据偏差的情况，通过相应的控制策略，给出控制作用，作用到被控对象，使得被控对象稳定在设定值或附近。常规控制规律的组成有以下三种形式：

形式 1：与 e 呈比例的分量，称为比例(P)控制作用。

形式 2：与 e 对时间的积分 $\int_0^t e\mathrm{d}t$ 呈比例的分量，称为积分(I)控制作用。

形式 3：与 e 对时间的导数 $\mathrm{e}=\frac{\mathrm{d}e}{\mathrm{d}t}$ 呈比例的分量，称为微分(D)控制作用。

2. PID 控制器参数的作用

(1) 比例(P)作用的控制算法

P 作用控制算法的方程式：

$$u=K_c e \tag{10-1-2}$$

① 比例(P)作用的控制称作比例调节，比例调节及时，响应速度快，比例度越大，控制作用越强。

② 比例调节一般会存在稳态误差，也就是说控制趋于稳态时，只有比例调节的控制被控变量和设定值之间存在一定的偏差。

③ K_c 为控制器的放大倍数，会影响闭环系统的稳定性，K_c 越大，闭环系统的稳定性越低。另外，K_c 越大，控制系统的振荡频率越高，振荡倾向越强。

(2) 积分(I)作用的控制算法

$$u=\frac{1}{T_i}\int_0^t e\mathrm{d}t \tag{10-1-3}$$

式中　T_i——积分时间，在一般的控制器中，T_i 可在数秒至数十分钟的范围内调整。

1）积分对控制系统的影响：

T_i 越短，则积分作用越强，减小 T_i，导致闭环系统的振荡倾向加强，稳定裕度会下降。

2）积分规律可消除稳态误差：

由于积分的作用，微小的偏差随着时间的推移都能使控制作用增强，使系统回到稳定值内。

3）积分饱和及其防止：

积分饱和是控制器输出达到一定限值后不再继续上升或下降了，但控制器的积分仍在进行，这是一种饱和特性，是一种积分过量现象。这种积分过量会导致输入偏差反向，控制器的输出会推迟一段时间起作用，这一时间上的推迟，使初始偏差加大，也使以后调节过程中的动态偏差加大，甚至失控。

为防止出现积分饱和现象，一般在控制器增加一个判断条件去除积分功能，即当控制器的输出大于允许最大值或小于允许输出最小值时，控制器的积分功能被去除，以防止积分饱和现象的出现。现在一般控制系统的控制器都具有抗积分饱和功能。

(3) 微分(D)作用的控制算法

微分作用控制算法的方程式是

$$u = T_d \frac{de}{dt} \tag{10-1-4}$$

式中 T_d——微分时间，或者称为预调时间。

微分作用适当，可使系统的稳定裕度提高；微分作用太强，会降低控制系统的稳定裕度。所以选择微分时，微分时间小一点有好处。

引入微分作用的目的是为改善高阶对象的控制品质。微分作用是按照偏差的变化趋势来控制，控制作用更加及时。所以对温度和成分控制系统，引入微分作用往往是必要的。

3. 控制器PID参数整定

设置和调节控制回路中控制器的PID参数，使控制系统达到满意的品质，这一过程统称为控制器参数整定。控制回路的性能好坏取决于该控制回路中控制器PID参数的整定。在石油化工领域，过程控制对象十分复杂，各被控制参数相互关联，所以整定好相关控制回路控制器PID参数是十分困难的，需要长期的实践摸索和经验总结。以下是控制器PID参数的整定的一些基本规则。

① 被控对象的传递函数的增益(放大系数)为K，控制器的放大倍数是K_c，当K大的时候，K_c应该小一些；K小的时候，K_c应该大一些。设某一温度控制系统变送器的测量范围原为0~500℃现改为200~300℃，K_c应降为原来的1/5。

② 被控对象的动态参数，可取τ/T作为特征值。τ/T越大，系统越不易稳定，因此K_c应该选择小一点。一般常取积分$T_i=2\tau$左右，微分$T_d=0.5\tau$左右。

③ 在P、I、D三个作用中，P作用往往是最基本的控制作用，所以一般先用单纯的P作用，选出合适的K_c值，然后适当引入T_i和T_d，对T_i和T_d值进行挑选。

④ 积分I作用的引入既有利又有弊。应尽量发挥I作用消除余差，缩小I作用不利于稳定的弊。一般取$T_i \approx 2\tau$，或$T_i \approx (0.5 \sim 1) T_p$，$T_p$是振荡周期。在引入I作用后，$K_c$应比单纯P作用时减小10%左右。

⑤ 微分D作用的引入是为了减少(或消除)被控对象的过渡滞后对调节过程的不利影响。D作用主要用于以温度或成分为被控变量的系统，一般取$T_d \approx (0.25 \sim 0.5) T_i$。$T_d$太小，效果不够；$T_d$太大，会带来较大的相位超前，振幅值比增加，会导致系统稳定性的下降。一般情况下，在引入D作用后，K_c可比单纯P作用时增加10%左右。

4. PID 参数整定简单经验方法

在 PID 参数整定时习惯使用比例度概念，比例度 δ 与放大倍数 K_c 的关系如下：

$$\delta = \frac{1}{K_c} \times 100\% \tag{10-1-5}$$

（1）衰减曲线法

先在单纯 P 作用下凑试比例度 δ 值，衰减比 n 取 4∶1，找出满足该衰减比下的比例度 δ'，同时测出振荡周期 T(即从被控变量第一个峰值与第二个峰值之间所需的时间)。表 10-1-1 给出了采用衰减曲线法的整定控制器参数。

表 10-1-1 衰减曲线法的 PID 参数的经验取值

控制作用	比例度 δ	积分时间 T_i	微分时间 T_d
P	δ'	—	—
PI	$1.2\delta'$	$0.5T$	—
PID	$0.8\delta'$	$0.3T$	$0.1T$

注：曲线振荡两次后基本平衡可以近似认为衰减比达到 4∶1。

（2）临界振荡比例度法

控制系统达到等幅振荡时相对容易观察到。先用单纯 P 作用，比例度自宽向窄做调整，当系统达到等幅振荡时，此时的比例度称为临界比例度 δ''，这时候的临界振荡周期表示为 T，然后按表 10-1-2 整定控制器的 PID 参数。

表 10-1-2　临界振荡比例度法的 PID 参数的经验取值

控制作用	比例度 δ	积分时间 T_i	微分时间 T_d
P	$2\delta''$	—	—
PI	$2.2\delta''$	$0.85T$	—
PID	$1.7\delta''$	$0.5T$	$0.125T$

这种方法危险性比较大，一般工艺过程不允许，特别是装置在运行过程中，被控参数波动大可能会引起装置停车或对产品质量造成较大的影响。

(3) 反应曲线法

当操作变量作单位阶跃变化时，被控制变量随时间的变化曲线称为反应曲线。通过反应曲线用图解法可以得出被控对象的特性参数 K(放大系数)、τ(滞后时间)及 T(时间常数)，然后按照表 10-1-3 整定控制器的 PID 参数。

表 10-1-3　反应曲线法的 PID 参数的经验取值

控制作用	比例度 δ	积分时间 T_i	微分时间 T_d
P	$K(\tau/T)$	—	—
PI	$1.1K(\tau/T)$	3.3τ	—
PID	$0.85K(\tau/T)$	2.2τ	0.5τ

三、常用控制回路简介

(一) 串级控制

如图 10-1-6 所示，串级控制系统有两个调节器。调节器 1 为主调节器，调节器 2 为副调节器，主调节器的输出作为副调节器的给定；系统有两个测量变送单元，一个测量主被控变量，另一个测量副被控变量，主要目的在于控制主被控变量稳定。

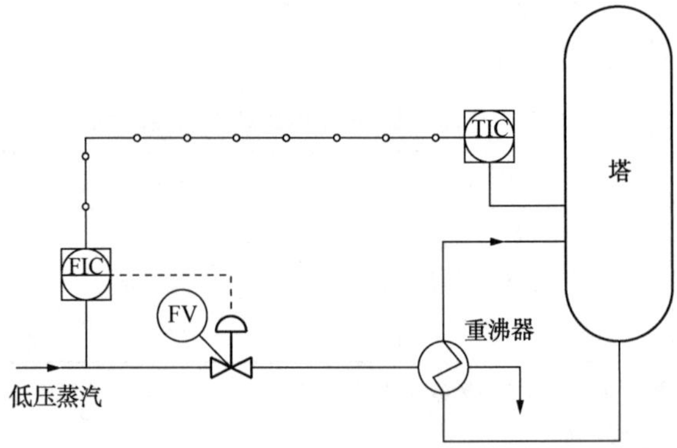

图 10-1-6　串级控制系统

1. 串级控制的特点

① 对进入副回路的干扰有很强的抑制能力。

② 减小了调节通道的惯性，提高系统的工作频率，在主、副调节器的同时作用下，加快了调节阀动作速度，即加强了控制作用。

③ 副回路具有先调、粗调、快调的特点，主回路具有后调、细调、慢调的特点。

2. 串级控制主、副回路的匹配

(1) 主、副控制器的控制规律的选择

在串级控制系统中，主控制器是定值控制，副控制器是随动控制。主回路一般要求无差，主控制器的控制规律应选取 PI 或 PID 控制规律；副控制回路要求控制的快速性，可以有余差，一般情况选取 P 控制规律而不引入 I 或 D 控制。如果引入 I 控制，会延长控制过程，减弱副回路的快速控制作用；也没有必要引入 D 控制，引入 D 控制会使调节阀的动作过大，不利于整个系统的稳定控制。

(2) 主、副控制器的正反作用的确定

一个过程控制系统正常工作必须使控制回路采用的反馈是负反馈。串级控制系统有两个回路，主、副控制器作用方式的确定必须要保证两个回路均为负反馈。一般先确定副控制器的作用方式，然后再确定主控制器的作用方式。

如图 10-1-6 所示串级控制回路，调节阀的作用方式为 FC(故障关或气开式)，调节阀的输入信号增加，调节阀的开度增大。假设流量控制器的作用方式为正作用，当流量增加时，流量检测仪表信号增加，流量控制器的输出信号增加，调节阀开度增大，流量会进一步增大，无法使流量稳定，所以假设不成立，流量控制器的作用方式应为反作用。同样假设主控制器 TIC 为正作用，当塔顶温度升高(相比设定值)，温度检测仪表信号增加，主控制器的输出信号增加，则流量控制器设定值增加，意味着流量控制器检测值减少，这样会开大调节阀，使塔顶温度进一步升高，所以主控制器为正作用的假设不成立，确定主控制器为反作用。

（二）均匀控制

在连续生产过程中，前一设备的出料往往是后一设备的进料，前后生产过程相互关联。如图 10-1-7 中的前塔要求液位稳定，后塔要求进料稳定。稳定前塔的液位要通过改变后塔的进料流量来实现，而稳定后塔进料的流量又要通过改变前塔的液位来实现，前后系统的控制存在一定的矛盾。如果在设计中只是局部系统的控制指标，不能很好地照顾到前后设备物料之间的协调关系，整个系统的就无法正常运行。所以在设计包含多个塔串联工作的控制系统时，既要考虑到各个"子系统"的控制要求，又要协调各个"子系统"间的配合关系。

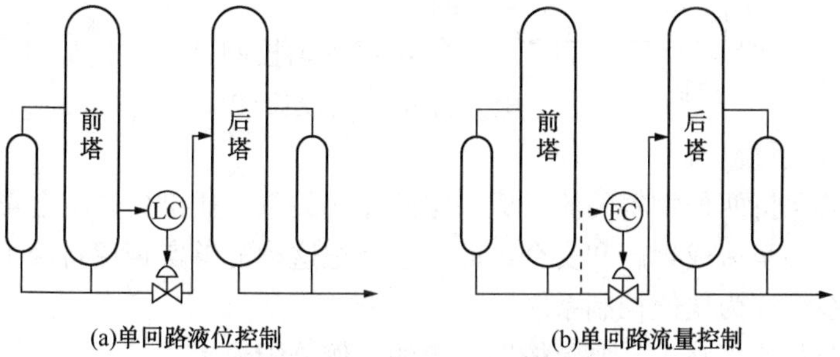

图 10-1-7　前后分馏塔的控制

均匀控制是解决此类问题的较好的控制方案。所谓的均匀控制系统，就是在一个含有多个相互串联"子系统"的系统中兼顾两个被控量控制的控制系统。图 10-1-7 中的两个控制系统都可以设计成为均匀控制系统，它的控制策略是既要照顾到前塔的液位波动不大，又要照顾后塔进料稳定。即通过均匀控制系统使液位在允许的范围内波动，物料的流量变化也可以控制在被控过程允许的变化范围，图 10-1-8 是液位控制、流量控制和均匀控制的控制效果比较图，可见均匀控制系统是以降低了两个被控量的控制标准来实现兼顾对两个量的同时控制。

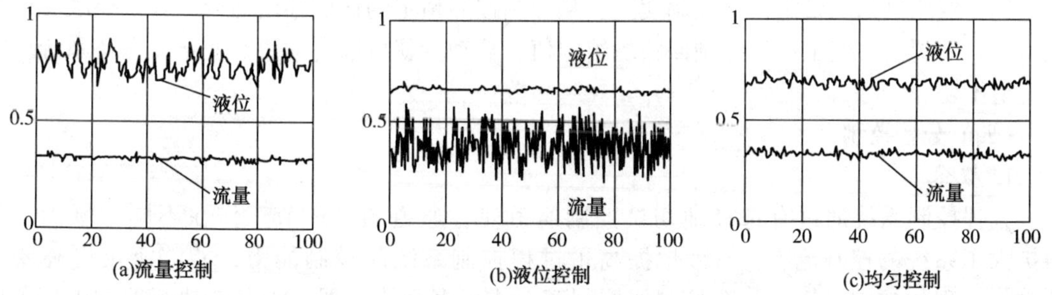

图 10-1-8　液位控制、流量控制和均匀控制的效果图

均匀控制是一种控制方案目标，在实施方案上可以分为简单均匀控制系统、串级均匀控制系统和双冲量均匀控制系统，其中较为常用的为串级均匀控制系统。

1. 串级均匀控制系统

图 10-1-9 为串级均匀控制系统示意图，将前塔塔底的液位作为主被控量，进料流量作为副被控量，组成串级均匀控制系统。副回路的调节作用可以很大程度上削弱流量变化对液

位的影响，提高系统的控制质量。串级均匀控制系统与普通串级控制系统的区别主要体现在整定控制器参数时液位控制器参数整定得松些，其比例度更大些，积分时间更长些。副控制器常采用比例积分调节器，加入积分的目的是为了增强控制作用，是均匀控制系统应用最为普遍的一种控制形式。

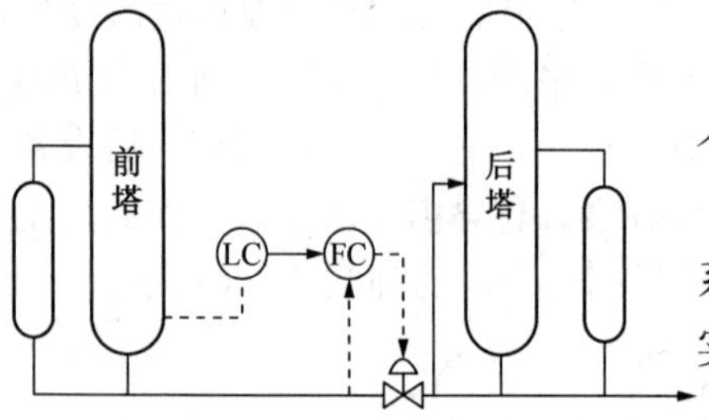

图 10-1-9　串级均匀控制系统

2. 串级均匀控制系统的特点

① 串级均匀控制系统采用一个控制器实现对两个被控量的控制。

② 串级均匀控制系统采用的系统与普通的控制系统结构相似，均匀控制是通过控制器参数合理整定实现的。

③ 串级均匀控制器的整定原则是比例度较大些，积分时间常数较长些。

（三）比值控制系统

生产过程常需保持两种物料的流量成一定的比例关系，比例失调就会影响产品质量和增加装置运行成本，甚至造成生产和安全事故。通常把这种能够实现保持两个或多个参数比值关系的过程控制系统称为比值控制系统。

例如装置的两路或多路进料要求按照一定的比例分配流量。

1. 概念

比值控制系统是指实现两个或多个参数符合一定比例关系的调节系统。

2. 控制的目的

实现副流量 F_2 与主流量 F_1 呈一定的比值关系。

K 为实际流量比值系数：

$$K = F_1/F_2$$

例如图 10-1-10 两路进料流量控制由主动量回路和一个跟随主动量变化的随动控制回路组成，调节器 FIC-1101 的设定值为人工定值设定，调节器 FIC-1102 的设定值按进料 1 流量的一定比例随动设定，该控制使主、从控制按照预定的比例稳定运行。如果要改变进料流量，只需缓慢改变主动量控制回路的给定值，从动量就可以自动跟踪变化，保持系统设定的比值不变。

（四）分程控制

1. 概念

分程控制系统通过有选择地切换控制通道使各通道的各环节工作在不同区域内，从而扩大了系统的控制范围，有效地提高了过程控制系统的控制能力，能够满足更高要求的被控过程的控制指标。一个控制器控制两个或更多个执行器，而各个执行器的工作范围不同。

2. 工作范围

控制器的输出信号一般可分为 2~4 段，每一段带动一个控制阀或执行器动作。

3. 分程控制的类型

(1) 类型一(见图 10-1-11)

该类型分程控制的一种典型应用为罐的压力控制，如图 10-1-12 所示，一个 PID 控制器将以分程方式控制两个阀门。如果我们将 PV-A 作为补充压力调节阀，PV-B 作为排放减压调节阀，如果压力低于调节器设定值，调节器输出(O. P.)先逐渐关闭 PV-B，再逐渐打开 PV-A。如果压力升高高于调节器设定值上限，调节器输出(O. P.)先逐渐关闭 PV-A，再逐渐打开 PV-B。可以在 PV-A 和 PV-B 的交叉点处设置一段死区，以避免该区域的不稳定性。

(2) 类型二(见图 10-1-13)

该类型分程控制一种典型应用为当一个调节阀不足以确保在小流量和大流量下均进行良好控制时，采用 2 个阀门并联，如图 10-1-14 所示，如果将 FV-A 作为低流量控制阀，FV-B 作为高流量控制阀，当流量低于调节器设定值时，则调节器输出(O. P.)逐渐打开 FV-A，如果 FV-A 完全打开，则逐渐打开 FV-B。当流量高于调节器设定值时，则调节器输出(O. P)

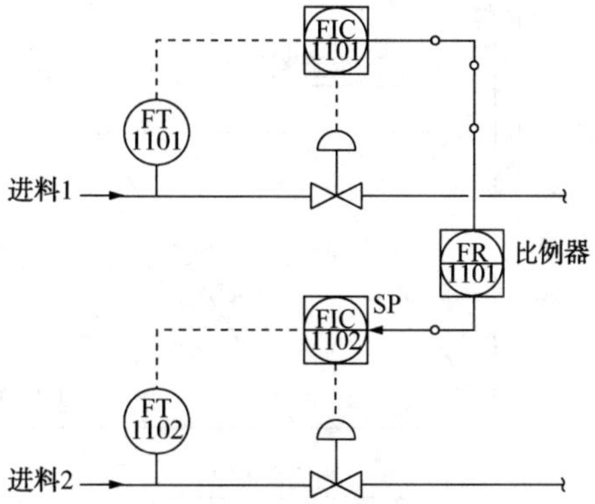

图 10-1-10　比值控制系统

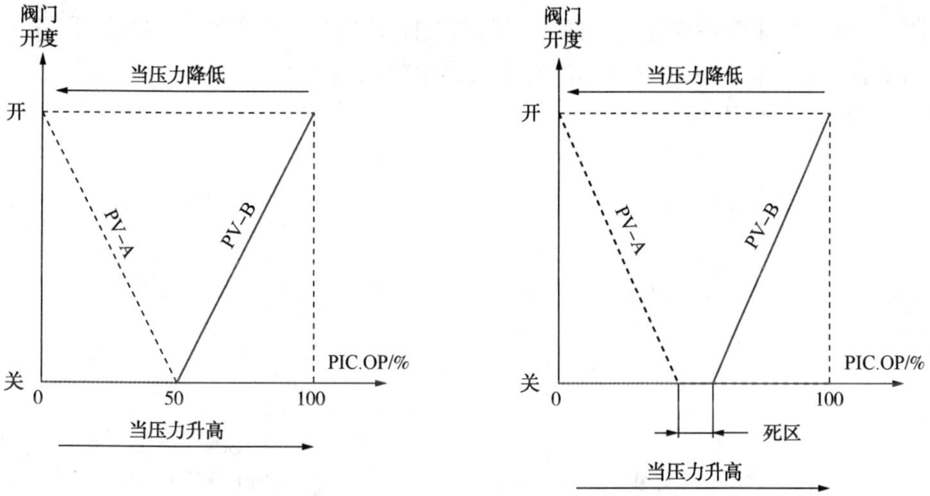

图 10-1-11　分程控制系统(一)：调节阀开度与调节器输出关系图

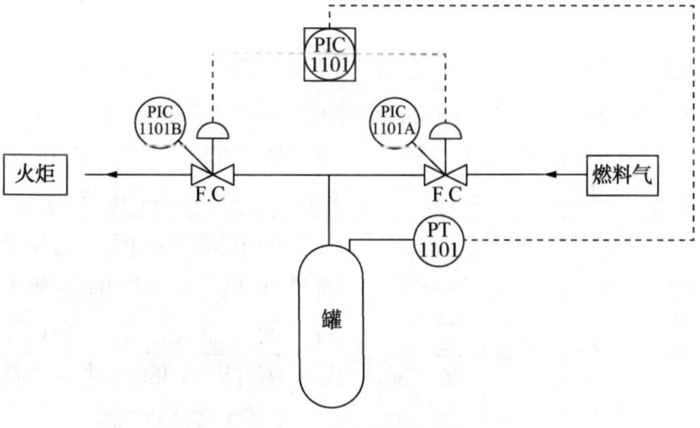

图 10-1-12　分程控制系统(一)

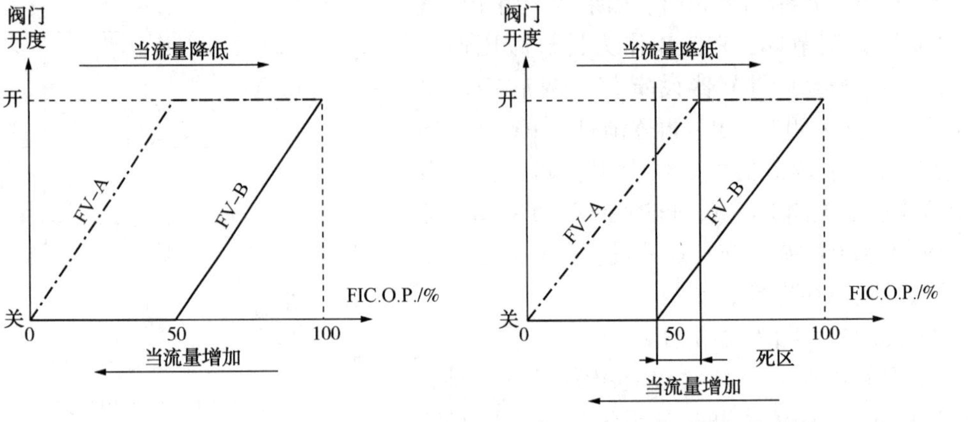

图 10-1-13　分程控制系统(二)：调节阀开度与调节器输出关系图

逐渐关闭 FV-B，如果 FV-B 完全关闭，则逐渐关闭 FV-A。可以在一个阀全开(全关)时设置一定的重叠，以确保在两个阀之间的转换过程中能适当地控制。

(3) 类型三(见图 10-1-15)

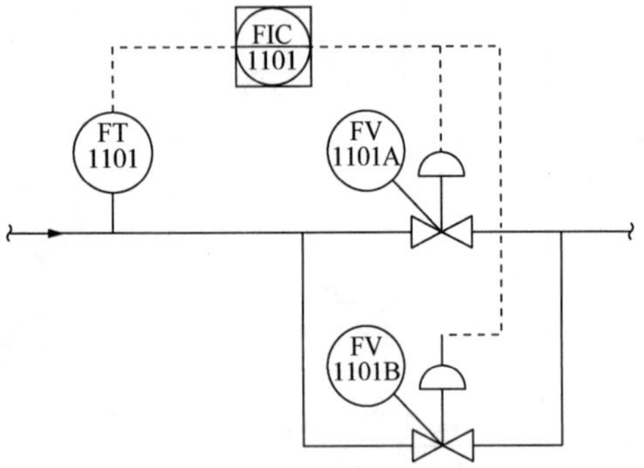

图 10-1-14　分程控制系统(二)

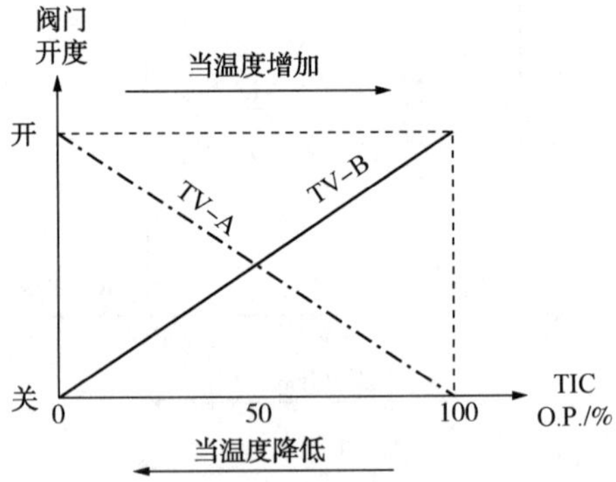

图 10-1-15　调节阀开度与调节器输出关系图

该类型分程控制一种典型应用为换热器出口温度控制，如图 10-1-16 所示，该换热器的目标是通过热源加热物料，控制换热器出口物料温度，在换热器主路和旁路分别设置 2 个调节阀，TV-A 作为换热器入口调节阀，TV-B 作为旁路上的调节阀。当换热器出口温度低于调节器设定值，则调节器输出(O. P.)逐渐打开 TV-A 的同时逐渐关闭 TV-B。当温度高于调节器设定值，则调节器输出(O. P.)逐渐关闭 TV-A 的同时逐渐打开 TV-B。

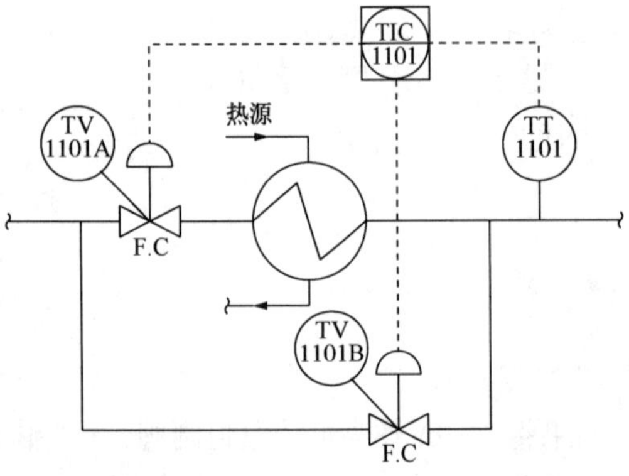

图 10-1-16　分程控制系统(三)

(五) 选择控制

1. 概念

选择性控制系统是把生产过程中的限制条件所构成的逻辑关系叠加到正常的自动控制系统上去的一种组合控制方法。在控制回路中引入选择器(高选或低选)的控制称为选择性控制系统，或称取代(超弛)控制系统。

2. 选择控制系统和结构

选择控制系统中通常有两个控制器，通过(高、低值)选择器选出能适应生产安全状况的控制信号，实现对生产过程的自动控制。正常情况下当生产过程趋近于危险极限区，但还未进入危险区时，用于控制不安全情况的控制器通过高、低值选择器将取代正常生产情况下工作的控制器，限制生产过程进一步趋于危险极限区，当生产过程重新恢复正常，又通过选择器使原来的控制器重新恢复工作。

3. 选择控制的应用示例

图 10-1-17 为加热炉燃料气选择控制，在正常情况下，用控制燃料气的流量来维持加热炉出口介质温度的稳定。当出口介质温度高于设定值时，温度调节器的输出信号会减小，调节阀(FC)会逐渐关小，同时，调节阀后燃料气压力也随燃料气流量的减小而降低。当燃料气压力过低，低于某一安全极限压力时，会产生失火现象，造成生产停车。为此，设计加热炉燃料气流量控制与燃料气压力控制的选择控制系统。在正常情况下，加热炉出口温度调节器 TIC 输出信号大于燃料气压力调节器 PIC 输出信号，高值选择器 HS 选中 TIC 去控制调节阀。当 TIC 输出信号大幅度降低、调节阀关得过大、阀后压力接近失火压力时，压力控制器 PIC 输出信号迅速增加被 HS 选中来取代温度调节器去开启调节阀的开度，避免失火现象的发生，起到自动保护作用。当燃料气的流量恢复正常时，经自动切换，温度调节器 TIC 重新恢复运行。

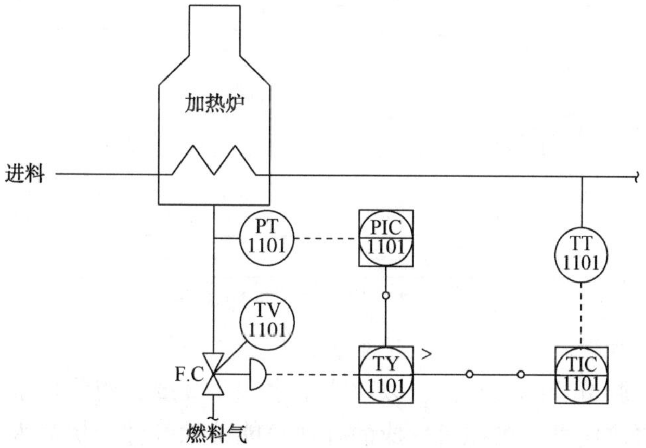

图 10-1-17　选择控制系统

在选择控制中，总有一个调节器处于开环状态，此时一定存在偏差，所以一段时间后调节器的输出会不断增加或减少，直到积分到其上下极限值，一旦被重新选择上时，调节器不可能迅速地做出反应，这种现象被称为“积分饱和”，通过让处于开环的调节器输出始终跟踪被选择调节器的输出就能克服“积分饱和”现象。

(六) 前馈控制系统

1. 前馈控制的原理

在系统中通过建立另外一个通道——前馈控制通道，使同一个扰动通过两个通道对被控量产生影响。合理选择前馈补偿器的传递函数，使两个通道的作用完全相反，就可以“补偿”扰动量通过扰动通道对被控量的影响。

2. 前馈控制的应用示例

在石油炼化过程中，汽包的液位三冲量控制是典型的前馈控制。汽包液位控制主要是为了保证加热炉汽包的安全运行，为此必须维持汽包水位基本恒定。在汽包给水自动控制中，以汽包水液位作为被控参数。而引起水位变化的扰动量很多，如汽包的蒸汽量、给水流量、炉膛热负荷及汽包压力等。蒸汽量是汽包的负荷，显然这是一个可测而不可控的扰动，因此对蒸汽负荷可以考虑采用前馈补偿，以改善在蒸汽负荷扰动下的控制品质。最后，从物质平衡关系可知，为适应蒸汽负荷的变化，应以给水流量为控制变量。在三冲量给水控制系统中，调节器接受汽包水液位、蒸汽流量及给水流量三个信号(冲量)，如图 10-1-18 所示。图中 FT-1102、FT-1101、LT-1101 分别为蒸汽流量、给水流量、水位测量变送器。

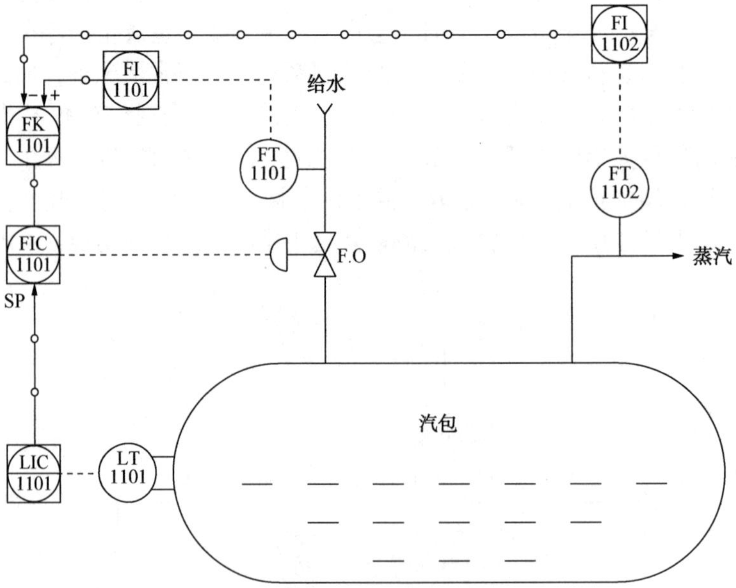

图 10-1-18　前馈控制系统

在这种三冲量给水控制系统中，汽包水位信号是主信号，也是反馈信号，在任何扰动引起汽包水位变化时，调节器都会动作，以改变给水阀门开度，使汽包水位恢复到允许的波动范围内。因此，以水位信号为被控量形成的外回路能消除各种干扰对水位的影响，保证汽包水位维持在工艺允许的变动范围内。蒸汽流量是系统的主要干扰，而应用了前馈补偿后，就可以在蒸汽负荷变化的同时按准确方向及时改变给水流量，以保证汽包中物料平衡关系，从而保证水位的平稳。另外，蒸汽流量与给水流量的恰当配合，又可消除系统的静态偏差。给水流量信号是内回路反馈信号，它能及时地反映给水量的变化，当给水调节阀门的开度没有变化，而由于其他原因使给水压力发生波动引起给水流量变化时，测量给水量的流量计信号迅速响应，在被控量水位还未来得及变化时，流量调节器就可消除给水的扰动而使过程稳定下来，因此，由给水信号局部反馈形成的内回路能迅速消除该系统的内部扰动，以稳定给水量。

第二节　加氢装置反应系统控制与监测

一、反应系统温度控制与监视

（一）反应器入口温度和床层温度控制与监视

以加氢裂化装置为例，反应系统第一台反应器的入口温度通过反应进料加热炉的燃料气燃烧量控制，反应器各段床层（不含精制反应器最上段床层）入口温度由该床层与上一床层之间的急冷氢注入量控制，如图 10-2-1 所示。当床层入口温度高于给定值时，温度测量值与调节器给定值产生偏差，调节器输出改变并使注冷氢调节阀开度增加，更多的急冷氢注入反应器，床层入口温度降至给定值。反之，当床层入口温度低于给定值时，注冷氢调节阀开度减小，急冷氢注入反应器量减少，床层入口温度升至给定值。通过保证各段床层入口温度的稳定，可以控制反应器床层的总温升。冷氢调节阀的尺寸应能保证反应器严重超温时，仍能提供大量的急冷氢，即调节阀应有较大的流通能力，此阀的正常开度应为全行程的 1/3 左右。冷氢仅仅在两个反应器之间和两个床层之间加入，其并不足以保证反应器内的热量被快速带走，只有保持反应器中大量的气体（新氢和循环氢）持续流动，才能限制催化剂床层温度的上升。

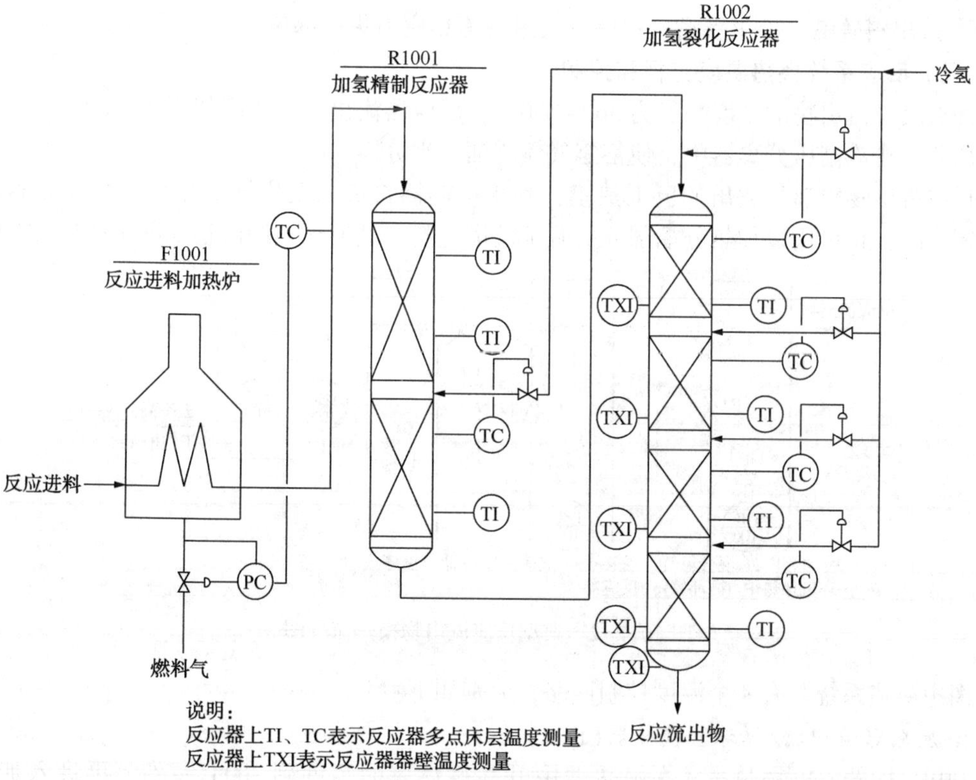

图 10-2-1　加氢裂化装置反应器温度监控流程图

根据工艺专利商的不同要求，床层温度控制有床层中间点温度控制和床层平均温度控制两种方案。当床层多点热电偶分布在反应器同一半径截圆上时，其理论数值是相同的，宜采用床层平均温度控制；当床层多点热电偶分布在反应器不同截圆上时，宜采用中间点温度控制。

对于固定床渣油加氢反应器，一般由多台反应器串联组成，由于每台反应器只有一段床层，没有多段床层间的冷氢箱注入急冷氢，所以反应器床层温度是通过控制各反应器入口温度实现的，除第一个反应器入口温度通过控制进料加热炉的燃料气燃烧量控制，其他反应器的入口温度是通过注入反应器进料管线的急冷氢量控制。

对于沸腾床渣油加氢反应器一般有 2 台，由于沸腾床反应器催化剂处于沸腾状态，与原料混合充分，整个反应器内床层温度分布均匀，其反应器床层温度控制采用不同层高对点截面温度的总平均温度作为被控变量，其中第一反应器的平均温度控制进料加热炉的燃料气燃烧量，第二反应器的平均温度控制第二反应器进料混合器中急冷油的混入量。

（二）反应器器壁表面温度监视

反应器器壁表面温度监视的目的是为了保证反应器本身安全，也为了监视反应器内靠近器壁区域局部“热点”产生，为了保证反应器用钢的机械强度在开停工中不受损或防止反应器“飞温”造成反应器本体永久损坏。表面温度监视点位置一般设置在：

① 反应器筒体上。一般与反应器床层底部（或床层上部和底部）温度测点高度一致的圆周上均布。

② 进出料管嘴、冷氢管嘴、裙座及底封头等热应力集中部位。

（三）反应系统换热温度监视和控制

加氢反应流出物的温度一般为 360~400℃，反应器流出物需要冷却到 40~60℃进入冷高压分离器，在冷高压分离器中，使富氢气体与油、水分离。

反应流出物降温释放出的巨大热量，利用换热器将进入反应器的循环氢气及原料油加热，需要时，也可用以加热分馏部分的脱丁烷塔进料。其换热控制流程如图 10-2-2 所示。

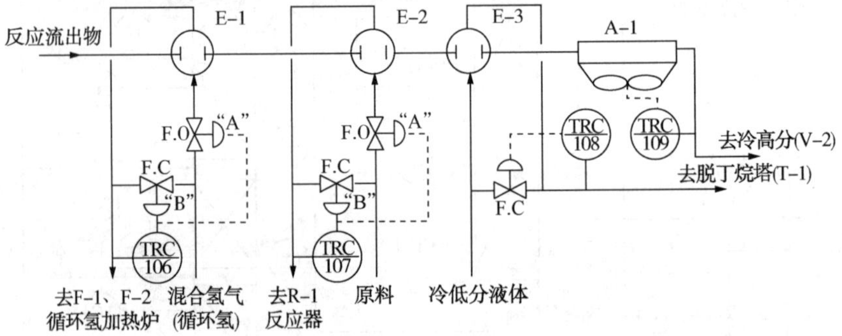

图 10-2-2　典型反应流出物换热流程图

图中换热系统共有 4 个温度控制回路，分别如下：

1. 反应器流出物/循环氢换热器（E-1）

利用反应器流出物热量，在换热器中升高循环氢的温度到 300℃左右，再进入加热炉（F-1、F-2）升温。

TRC-106 的测温点放在 E-1 循环氢出口与旁路氢气汇合点的下游侧，此点代表冷热流混合后的温度。采用分程控制，两个调节阀，一台设在E-1氢气入口线上，另一台设在旁路线上。当混合温度低于给定值，调节作用的结果使A阀开度加大，进入E-1的循环氢量大，吸收更多的热量，而旁路阀B开度减小，即旁路流量小，因此混合后温度上升达到给定值；相反，则A阀开度减少，B阀开度加大，混合后温度下降达到给定值。

2. 反应流出物/原料油换热器(E-2)

原料油换热后的温度不能超过规定的反应器入口温度，既要充分利用反应器流出物的热量，又要使循环氢加热炉有一定的热负荷。

TRC-107测温点及调节阀的选择与TRC-106类似。但当原料油为易凝介质时，原料油旁路调节阀B(FC)宜带机械式最小阀位限制器，提高原料油换热温度的稳定性和防止旁路阀关闭致旁路管道介质凝结堵塞管道。

3. 反应器流出物/低分液体(脱丁烷塔进料)换热器(E-3)

低压分离器底液体换热升温后作为脱丁烷塔(T-1)的进料，其温度控制TRC-108使热交换器出口温度满足脱丁烷塔进料要求。

测温点设在低分液体从E-3出口与旁路物流混合的下游侧，仅在旁路线上设置调节阀。这种方法主要基于换热器和换热管路的阻力降计算，调整的范围有限，但能满足工艺要求。

4. 反应流出物冷却空冷器(A-1)

反应流出物换热降温后进入空冷器(A-1)，A-1出口温度即冷高压分离器入口温度，设置TRC-109控制空冷出口温度。

TRC-109测温点在A-1出口管线上，温度调节器的输出信号调节A-1叶片的角度或电机变频，以改变风量，如出口温度大于给定值，则调节器的输出值使叶片角度加大或电机转速升高，风量上升，因而使出口温度下降达到给定值。

二、反应系统压力控制与监视

(一) 进料缓冲罐(V-1)压力控制

进料缓冲罐下部为原料油，上部空间充入氮气(或燃料气)，形成一个气相保护层，防止原料油被空气氧化变质。当原料油进入罐内时，液位上升；原料油被泵抽出时，液位下降。正常操作时液位在一定范围内波动，液位上升时上部气体去火炬，液位下降时则向上部空间补充氮气，保证缓冲罐一直为正压，空气不能进入缓冲罐。为此缓冲罐设置了压力控制PIC-1101，见图10-2-3。PIC-1101的取压点在缓冲罐(V-1)顶或罐顶连接的管道上。压力调节器PIC1101为正作用，调节器输出至两个调节阀：充气阀PV-1101A，阀开时向罐内补充氮气；排气阀PV1101B，阀开时罐内的气体排至火炬。调节器的输出分为两部分：0~50%和50%~100%，分别作用于PV-1101A和PV-1101B，这种方式称为分程控制。两个调节阀均选用气开式(F.C)，当净化压缩空气故障(即停风)时，两个阀都处于关闭状态，以便封闭气体进出口保持缓冲罐的气垫压力，减少恢复正常操作的时间以及氮气损失。当PIC-1101输出在0~50%范围(即罐内压力虽低于给定值但缓慢上升)时，排气阀PV-1101B处于全关，输出的0~50%经过反向转换为100%~0作用于充气阀PV-1101A(A阀)，使之开度由大慢慢变小直至完全关闭。当罐内测量压力大于给定值，A阀关闭、进入缓冲罐氮气量停止，因而气垫压力慢慢下降，维持给定的压力；当压力继续上升，调节器的输出在50%~100%范围时，阀PV-1101A全关，而PV-1101B开始动作，阀开度加大，去火炬的气体量

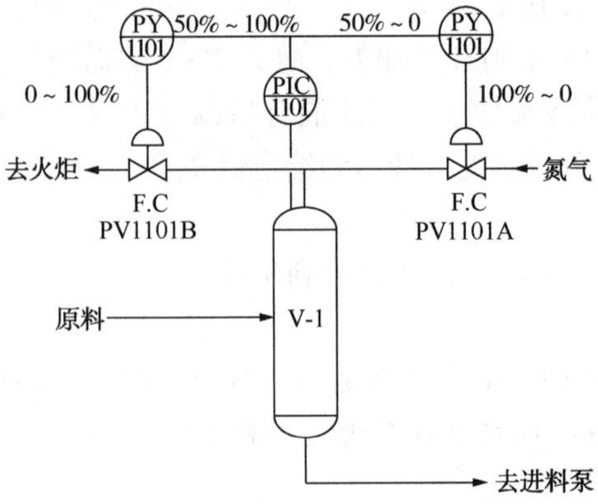

图 10-2-3　进料缓冲罐压力控制

增多，缓冲罐压力下降，达到给定值。

（二）反应器床层压降监视

通过反应器催化剂床层温度数据的变化，可以了解装置的工作情况，但仅有温度数据，有时还很难判定工况发生变化的原因。如果能进一步了解催化剂床层压力降（差压）数据，对分析情况有利。例如反应器床层差压发生变化，加氢生成油变坏时，有可能是床层中催化剂积炭、结块、堵塞和短路等。因此，反应器的差压测定是十分重要的。

反应器的压力降包括入口扩大、出口收缩、内部构件和催化剂床层产生的压力降。由于加氢装置的操作压力较高（几 MPa~二十几 MPa），而反应器的总压降一般<1.0MPa，单床层压力降<0.1MPa。根据经验，反应器的第一床层最易结焦，因此，应注意测量催化剂床层的压力降，特别是反应器顶部催化剂床层的压力降。

反应器压力降测量一般采用分段测量每个床层进出口压力降和整个反应器进出口总压力降，引压管路中设置切断用根部阀用于床层测压切换。床层差压变送器置于反应器顶部最高处。为防止引压管路堵塞，可采用冷氢反吹，反吹采用高静压内藏孔板流量计配合手阀调节或高精度自力式流量控制阀（PCV）。

（三）反应压力控制

反应压力控制是通过不断向反应系统补入新氢稳定反应系统压力。

由于从制氢装置或其他产氢装置来的氢气压力一般只有 1~2MPa，因此要经过压缩机升压后才能进入反应系统。往复式压缩机具有低排量、高出口压力的特点，适合于新氢压缩机的工艺要求，一般新氢压缩机都采用往复式。

往复式压缩机主要的应用特性：

$$R = P_d/P_s \tag{10-2-1}$$

式中　R——压缩比；

P_d——压缩机出口压力，MPa；

P_s——压缩机入口压力，MPa。

通常反应压力控制往往与新氢压缩机压力控制系统联系在一起，典型控制方案如图 10-2-4 所示。

当反应压力升高，反应压力调节器为正作用，由该调节器控制新氢压缩机三级压缩出口返回阀。压力上升时，调节器输出增大，经反向器后至低选器的信号变小，则返回阀开度加大，返回量多，去反应系统的氢气量小，因而反应压力下降达到给定值。从三级出口返三级入口调节阀返回的新氢会改变三级压缩入口（即二级压缩出口）压力，该压力测量点设在二、三级之间的分离罐顶出口处，其通过分程调节三级出口返三级入口调节阀和二级出口返二级入口调节阀。二级入口压力、一级入口压力控制方式同理，递推，由此组成往复式新氢压缩机各级压力的分程选择控制，通常称为压力递推自平衡控制。

采用这套低值选择逐级递推的压力控制系统，通过逐级返回，在反应系统压力高于设定

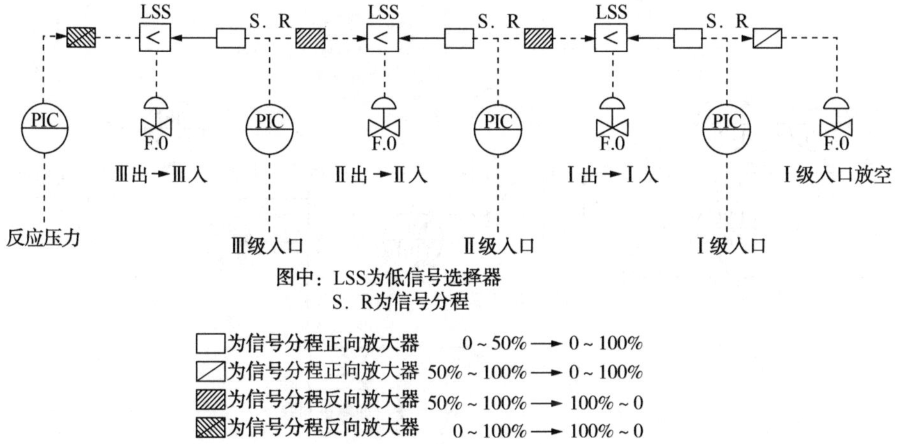

图 10-2-4　往复式新氢压缩机逐级压力递推控制原理图

值时，其阀门的动作是不断接收相邻两级间压力低选器的小信号，将多余的氢气逐级排出系统外，直至系统压力降至设定点。反之，是将新氢不断补充到反应系统，直至系统压力上升到设定值。该压力低选系统的另一个潜在的安全度是，当压缩机一级入口(制氢装置氢气来源或其他氢气来源)突然供氢压力降低，甚至中断，该系统能够保证一级入口压力的平衡，保护压缩机入口管道和压缩机不致损坏。

三、反应系统流量控制与监视

(一) 进料流量控制与监视

原料油进料泵担负着向加氢反应系统输送原料的重任，也是整个装置中液体物料流动推动力的源头。因此，一旦原料油泵故障，反应系统将中断进料，物料停滞在设备和管道中，可能造成事故。所以，反应进料泵应设置多重控制和保护手段及措施，保证高压进料泵安全、可靠、长周期运行。

如图 10-2-5 所示，一种或多种原料油进入缓冲罐(V-1)，通常采用缓冲罐液位与一种原料流量串级控制，即缓冲罐液位调节器作为主调节器，它的输出作为流量调节器的给定值，而流量调节器的输出去调节阀，改变它的开度而使流量变化。

通常装置的进料是几种原料油的混合油，进料组成的变化会给生产操作带来困难，因此要求各种物料要按一定比例，以稳定操作条件、产品质量及收率。图 11-2-5 中，假定进料油为 A、B 两种原料油的混合油，A 为主流量，B 为从流量，A 物流的流量 F_a 乘以比率系数 K 即 $K \times F_a$ 作为 B 物流的给定值，因此 A、B 两物流按比率进入缓冲罐(V-1)。

进料缓冲罐液位—进料流量串级控制系统，当加氢进料量变化时，流量调节器快速响应对进料调节阀进行调节，而此时缓冲罐液位调节器输出变化不大，充分发挥了此罐容积大所起的缓冲作用。

进料泵(P-1)出口有两个流量控制回路 FIC-1103 及 FRC-1105，FRC-1105 为反应进料流量，它随工艺操作要求变化。P-1 为高压泵，通常大型的高压泵均有一个固有的最低流量，为保护泵不受损坏，当装置低负荷操作即低于泵的最低流量时，有一部分泵出口流体返回入口的缓冲罐，使 FIC-1103 流量大于泵的最低流量，因此，FIC-1103 对高压泵起着保护

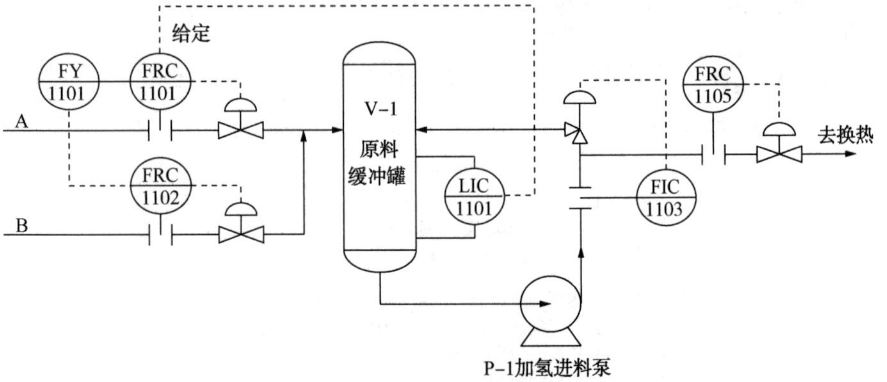

图 10-2-5　原料油流量控制

作用，同时 FRC-1105 又可根据工艺要求调节反应进料流量。

(二) 炉子进料流量控制与监视

反应系统加热炉根据加热介质的不同，在工艺流程设计中可分为纯氢气加热炉、纯原料加热炉和氢气+原料的混相加热炉，进料流量控制的主要目的是控制各路分支进料流量的平衡。各分支流量的均衡可以通过严格的分支炉管对称均匀布置使各分支流路阻力相等来实现，但对于无法完全对称均匀布置，尤其对于重质易结焦进料的加热炉，加热炉进料分支的流量均衡控制就尤为重要。下面介绍几种常用的加热炉进料控制方案。

1. 方案一

如图 10-2-6 所示，常用于介质干净的进料加热炉，如氢气加热炉，分支流量采用流量均衡控制。

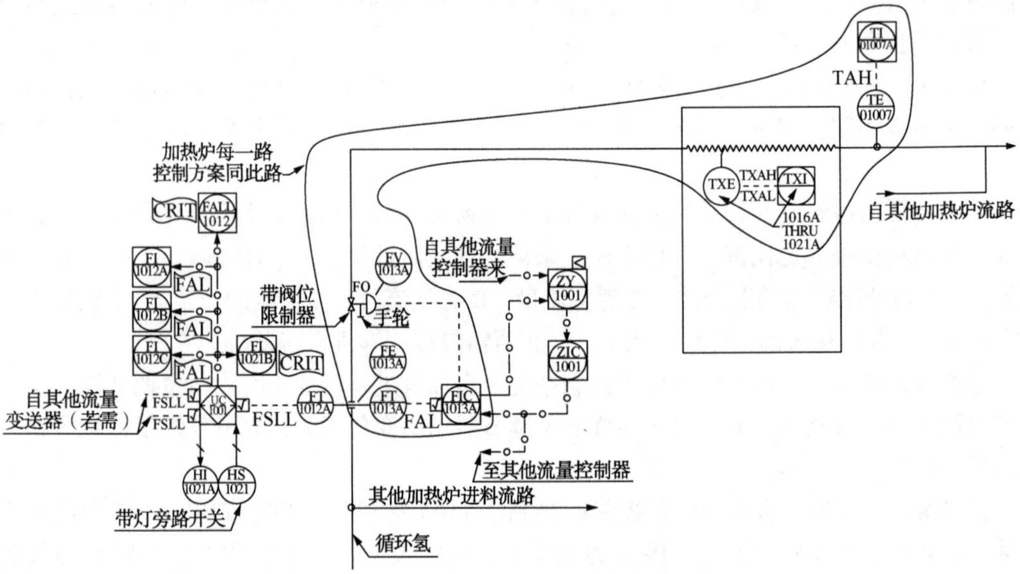

图 10-2-6　氢气加热炉入口支路流量均衡控制方案示意图

图 10-2-6 中控制方案的目的是保持加热炉各分支流量的均衡。这种均衡流量是通过控制其中某路分支上的一个调节阀处于一个较大开度下，而使其他分支的调节阀相应关小开度来实现的。处于较大开度的调节阀是根据各支路阻力变化而自动选择的。当某一路压降增加，流量(PV)偏低时，调节器输出(OP)较其他回路低，被低值选择器选中作为 ZIC1001 的 PV 值，与 SP 值比较后输出作为每路分支流量调节器的给定值，这个 SP 与各路分支流量 PV 比较，流量大者偏差大、调节器输出大、阀门关闭幅度大，使得各路支路按当前流量分别不同幅度调节各路调节阀开度，以减少压降较小支路的流量来提高压降较大支路的流量，这样就保证了各路流量的平衡。ZIC 的设定值是一般可以选择 10%，目的是保证其中一路分支上的调节阀处于一个较大的开度下。

2. 方案二

如图 10-2-7 所示，常用于易于发生结焦问题的重质原料加热炉，所以对各分支炉管出口温度要严格控制，同时要保证各路分支流量均衡。

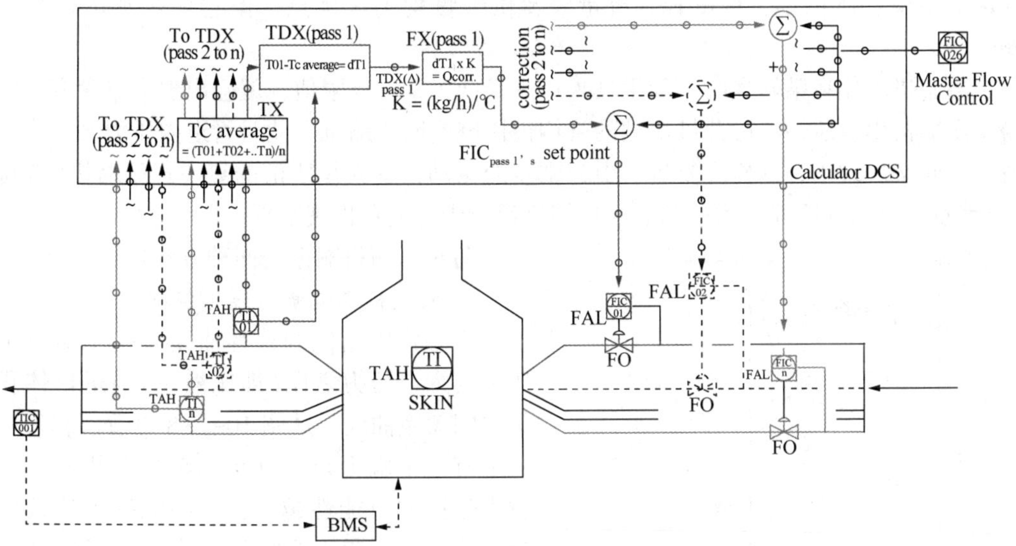

图 10-2-7 原料加热炉入口支路流量均衡控制方案示意图

图 10-2-7 中，通过平衡控制将作用于各分支流量调节阀，以纠正通过出口温度，以获得所有通道的相同出口温度，同时保持主 FIC-026 要求的总流量恒定。如果一个通道的出口温度升高，则通道平衡控制将要求该通道的流量增加。

其工作原理如下：

计算所有分支的出口平均温度：

$$\overline{TX} = TX(\sum)/n = (T_{\text{pass 1}} + T_{\text{pass 2}} + \cdots + T_{\text{pass }n})/n \tag{10-2-2}$$

计算每路分支出口温度与平均温度的差值：

$$TDX(\Delta)_{\text{pass 1}} = T_{\text{pass 1}} - \overline{TX} \tag{10-2-3}$$

$$TDX(\Delta)_{\text{pass 2}} = T_{\text{pass 2}} - \overline{TX} \tag{10-2-4}$$

$$\cdots$$

$$TDX(\Delta)_{\text{pass }n} = T_{\text{pass }n} - \overline{TX} \tag{10-2-5}$$

计算各路分支温度与平均值的差值乘以比例因子加上总流量调节器的输出作为各分支流量调节器的设定值：

$$\text{FIC}-01\text{的设定点}=K_{\text{pass }1}\times TDX(\Delta)_{\text{pass }1}+\text{FIC}-026_{\text{output}} \qquad (10\text{-}2\text{-}6)$$

$$\text{FIC}-02\text{的设定点}=K_{\text{pass }2}\times TDX(\Delta)_{\text{pass }2}+\text{FIC}-026_{\text{output}} \qquad (10\text{-}2\text{-}7)$$

$$\cdots$$

$$\text{FIC}-n\text{的设定点}=K_{\text{pass }n}\times TDX(\Delta)_{\text{pass }n}+\text{FC}-026_{\text{output}} \qquad (10\text{-}2\text{-}8)$$

K 系数可针对每个分支由操作人员进行调整，用于反应温度对分支流量设定点的影响，在开工阶段，每一分支的 *K* 值可设置相同，必要时将进行调整。当 *K* 系数设置为 0 时，温度的前馈作用不起作用。

（三）循环氢压缩机防喘振流量控制与监视

加氢装置的循环氢压缩机一般采用蒸汽透平驱动的离心式循环氢压缩机，能适应加氢装置负荷变化大的要求。和往复式压缩机相比，其具有调节性能好、运行率高、输送气体不会被润滑油污染、体积小、重量轻、流量大及供气量均匀等优点。但它存在着特有的喘振问题。

当离心机工作在某转速时，如果其入口流最低于某一极限值，就会出现出口管道中的压力高于压缩机出口压力，因此被压缩的气体很快倒流回压缩机，此时管道内压力又下降，气体流动方向又反过来，这样反复进行引起剧烈的振动，这就是所谓的离心式压缩机“喘振现象”，严重时会损坏机器，为此离心式压缩机运行中要避免出现喘振。

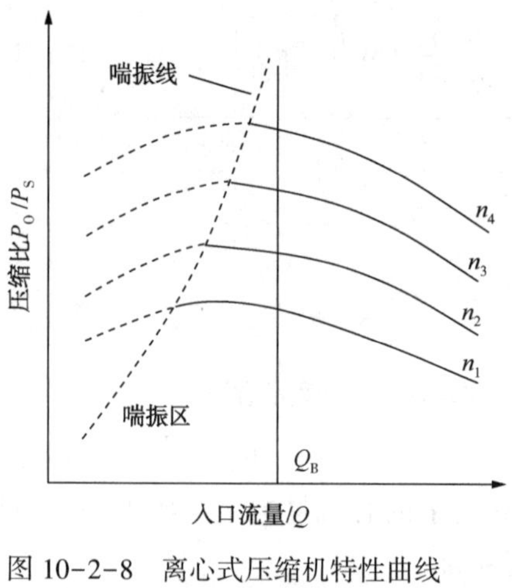

图 10-2-8　离心式压缩机特性曲线

防止压缩机喘振的两种方法：

1. 固定极限流量防喘振控制

离心式压缩机的特性曲线是指压缩机出口压力与入口压力之比(即压缩比)与进口体积流量之间关系曲线。从图 10-2-8 可看出，每一转速下有一个喘振点，且转速越高在相同流量下发生喘振的可能性越大，这些喘振点连接成一条曲线就是所谓的压缩机喘振线，如图 10-2-8 中虚线所示，虚线左边的区域叫作喘振区。

从图 10-2-8 可以看出，只要能保证压缩机入口流量始终大于某一极限值，就能保证压缩机操作稳定，不会发生喘振现象。图中的 Q_B 就是固定流量的极限值，它大于任何转速下的喘振点流量，只要压缩机入口流量 $Q\geqslant Q_B$，就不会出现喘振。压缩机入口流量调节器 FRC-111 的给定值为 Q_B，一旦入口流量小于极限值 Q_B 时，则调节阀自动打开，一部分出口气体返回入口(气体经冷却进入高分)，以保证入口流量 $Q\geqslant Q_B$，从而防止喘振发生。固定极限流量防喘振控制方法简单，可靠性高，投资少，但压缩机在低转速运行时能耗较大，不够经济。

2. 可变极限流量防喘振控制(即随动防喘振控制)

变转速运行的离心式压缩机宜采用随动防喘振控制系统，随压缩机的不同工况(压缩比、出口压力或转速)自动改变防喘振流量调节器的给定值，克服了固定极限流量防喘振控制能耗较大的缺点。

随动防喘振流量控制系统采用如下所示的数学模型：

$$h/P_1 = V \cdot P_2/P_1 + k \tag{10-2-9}$$

式中 h——压缩机入口流量差压变送器量程的百分数；

P_1——压缩机入口压力(绝)变送器量程的百分数；

P_2——压缩机出口压力(绝)变送器量程的百分数；

V——喘振限直线的斜率，见图 10-2-9；

k——随动防喘振控制操作线的截距，见图 10-2-9。

图 10-2-9 所示喘振限为一直线，选择两个不同的转速(如 100%额定转速，70%额定转速)下两个喘振点 M_1 和 M_2，连接 M_1M_2 则作出喘振限的直线，此线左侧为喘振区域。为了保证压缩机在安全区运行，在喘振限直线右侧划一条与它平行的直线即为防喘振流量控制给定值直线，两个直线的间距为 7%~8%流量值。

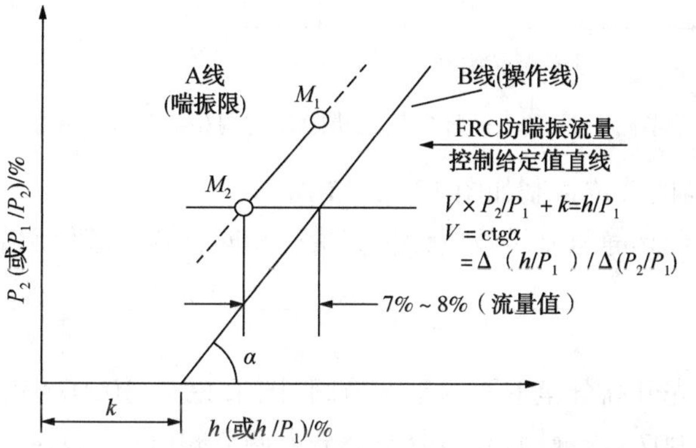

图 10-2-9 循环氢压缩机喘振限及随动防喘振控制操作线

随动防喘振控制系统如图 10-2-10 所示。

从上述看出，除作出防喘振流量控制给定值线外，还应把压力变送器测量值从表压换算为绝压。这样就能保证压缩机在安全区域内操作。反喘振线也可以进一步细化为多段直线，以使反喘振控制更为精确。

四、反应系统液位控制与监视

(一) 高压分离器液位控制与监视

反应器流出物先与各种物料换热至一定温度进入热高压分离器，热高分油经液位调节阀减压进入热低压分离器；热高分顶气经换热降温，再经高压空冷器冷却至 50℃左右进入冷高压分离器，冷高分油经液位调节阀减压进入冷低压分离器，热低分油和冷低分油送入分馏系统，冷高分顶部的气体进入循环氢压缩机，下部的液体进入冷低压分离器。如果液位太低而脱空，热高压分离器高压气体会串入热低压分离器，冷高分气高压气体会串入冷低压分离器，将引起事故。因此高分液位是一个十分重要的控制参数。

1. 带有液力透平的冷/热高压分离器液位控制

冷/热高分的高压液体能量回收对经济效益起一定的作用，因此有的加氢装置利用热高分的高压液体驱动液力透平带动一台高压进料泵，以回收能量。

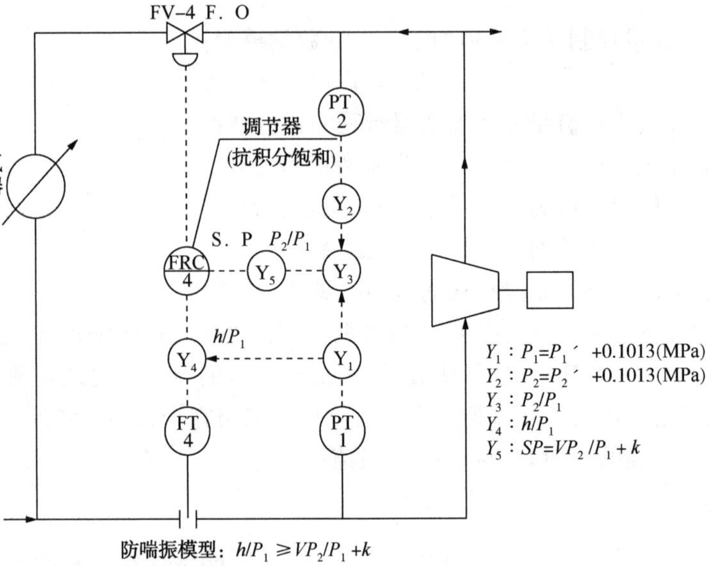

图 10-2-10　循环氢压缩机随动防喘振流量控制系统

冷/热高压分离器的液位控制如图 10-2-11 所示。

高分液位设置 2 台高静压差压液位计，其量程相同，两个液位调节器的输出取高值作为各分程器的测量值。

(1) 正常工况下

高分液位升高时先开高分至液力透平调节阀(图示 LCV-10007A)，其次开高分至低分小调节阀(图示 LCV-10007B)，最后开高分至低分大调节阀(图示 LCV-10007C)。为了手动控制至液力透平的量，在液力透平调节阀回路设置一低选器，引入一个 HIC 信号，假设 HIC 信号为 90%，则当高分液位调节器输出信号高于 90%时，将高分至液力透平调节阀的开度限制在 90%，液位再高则开小调节阀。如果没有这个低选器和 HIC 则只有当高分至透平调节阀全开时才渐开小调节阀。HIC 的设置需根据是否调节至液力透平的量来确定，HIC 信号值(0~100%)需根据调节至液力透平的量的多少来确定。

(2) 液力透平超速停车或液力透平人工切除投运时

自动打开至低分小调节阀至全开位，待小调节阀全开时自动打开大调节阀。

如果担心大调节阀响应不及时，则可以将分程段重叠，如：小调节阀：33%~66%；大调节阀：60%~100%，这样即保证在小调节阀还未全开时，已经开始开启大调节阀。分程范围重叠段的确定以在正常工况(液力透平投运)下大调节阀全关为前提。

为提高调节阀的使用性能和延长使用寿命，在高分液位正常后，操作人员应在 DCS 上通过手操器，应将小调节阀逐渐关闭，但在液力透平投运(即液力透平切断阀复位)后应将小调节阀的手操器投自动。

2. 未设置液力透平时的冷/热高压分离器液位控制

在图 10-2-11 中去掉高分至透平调节阀，高分的液体直接去低压分离器。液位调节器的输出信号 0~100%去控制高分到低分之间的调节阀，当液位上升时，调节阀开度加大，去低分的液体流量增多，高分的液体下降以保持液位达到给定值，反之亦然。高分至低

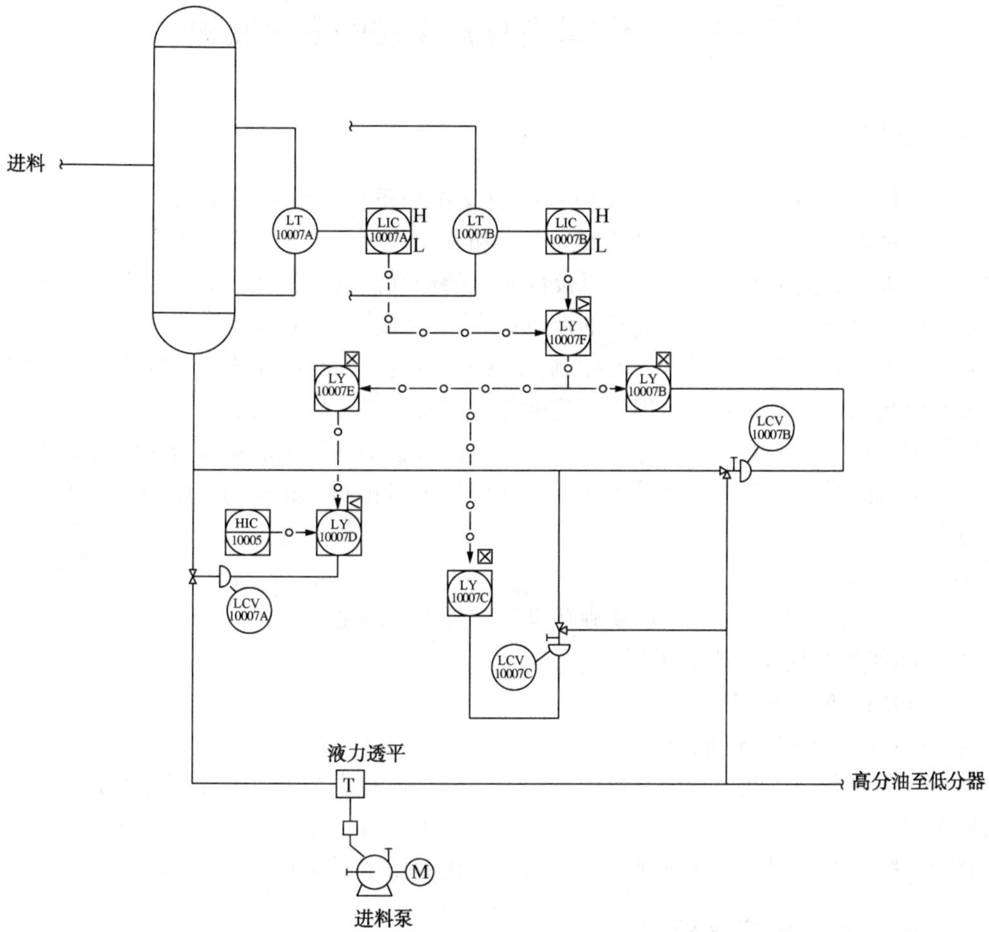

图 10-2-11 冷/热高压分离器的液位控制示意图

分的调节阀因其重要性和阀门冲刷腐蚀较为严重工况的原因而一般采用 2 个相同的阀门互备设置。

(二) 冷高压分离器界位控制与监视

冷高压分离器底部为油-水界位，油在上层，水在下层。由于油水密度一般相差较大，较容易检测。冷高分底部界位控制采用单回路调节，控制冷高分底部的含硫污水抽出量，避免污水带油造成事故和经济损失。当界位上升时，界位调节器的输出增加。调节阀的开度加大，流量上升，而使界位回到给定值，反之亦然。界位调节阀因其重要性和阀门冲刷腐蚀较为严重工况的原因而一般采用 2 个相同的阀门互备设置。

(三) 循环氢脱硫塔液位控制与监视

循环氢脱硫塔通过注入贫胺液脱出循环氢中多余的硫化氢，脱硫后的循环氢经循环氢压缩机压缩后与新氢混合用于反应系统的加氢原料循环使用。

循环氢脱硫塔的液位控制与高压分离器的液位控制方案一致，也可以分为设置了高压贫液泵富胺液能量回收液力透平和不设透平两种方案。

第三节　加氢装置反应系统的安全联锁

一、概述

加氢裂化装置和渣油加氢装置反应系统的操作介质有大量氢气及烃、非烃类等危险介质。泄漏的可燃性、爆炸性物料可能发生火灾和爆炸危险，由于反应系统在高压下操作，其爆炸、火灾事故的危害尤其严重。而且反应系统的动静设备及催化剂等造价高，在操作过程中有被损坏的可能，会造成企业资产的严重损失。因此，在装置全生命周期内，如果出现异常必须采取可靠的措施，将异常工况控制在可控范围内，甚至停止生产以规避生产异常进一步扩大而引起人员、装备的重大损失，这就是设置安全联锁保护的必要性。

联锁逻辑功能是根据工艺的过程需求确定的，对于不同类型的加氢裂化装置和渣油加氢装置反应系统的联锁逻辑功能要求有许多共性但又不尽相同，其不同的原因主要产生于以下几个方面：

① 不同加氢工艺路线；

② 不同设备类型(如离心或往复旋转设备、是否带透平等)；

③ 不同加氢专利商的理念差异；

④ 不同用户的习惯要求；

⑤ 不同的安全等级评估机构的理念。

加氢裂化装置和渣油加氢装置反应系统安全联锁逻辑主要由以下几部分组成：反应器泄压联锁逻辑；加氢进料泵联锁逻辑；进料加热炉联锁逻辑；循环氢压缩机联锁逻辑；新氢压缩机联锁逻辑；贫溶剂泵、注水泵联锁逻辑；防止高压窜低压联锁逻辑。

二、联锁逻辑内容分析

图 10-3-1 为典型的加氢裂化装置反应系统的联锁逻辑内容。

下面以某典型加氢裂化装置为例，详细分析其安全联锁的内容及理念。

(一) 反应器泄压联锁逻辑

加氢裂化装置的紧急泄压一般分为高速泄压(见图 10-3-2)和低速泄压(见图 10-3-3)两种情况，高速泄压是装置最高级别的联锁保护，在装置发生火灾或反应器“飞温”时联锁动作，动作结果基本是停掉整个加氢裂化装置的反应部分。低速泄压是重要程度和紧急程度相对较低的泄压保护，低速泄压时循环氢系统还在运转。可以说低速泄压是高速泄压的前一级保护，通过低速泄压保护尽量避免高速泄压启动，从而降低对催化剂的损害程度和降低装置完全停工的可能。

(二) 加氢进料泵联锁逻辑

图 10-3-4 为 2 台互备的加氢进料泵的联锁逻辑，其中 A 泵为液力透平及电机驱动，S 泵为电机驱动。停液力透平联锁用于保护防止液力透平转速超高或热高分液位抽空引起高压串低压；分别停主/备泵联锁用于保护泵不发生喘振或其他泵体自身异常造成对泵的损坏；切断泵出口总管联锁用于保护装置进料量不低于装置最小处理负荷量和避免泵出口总管发生流量倒流造成高压反串低压。

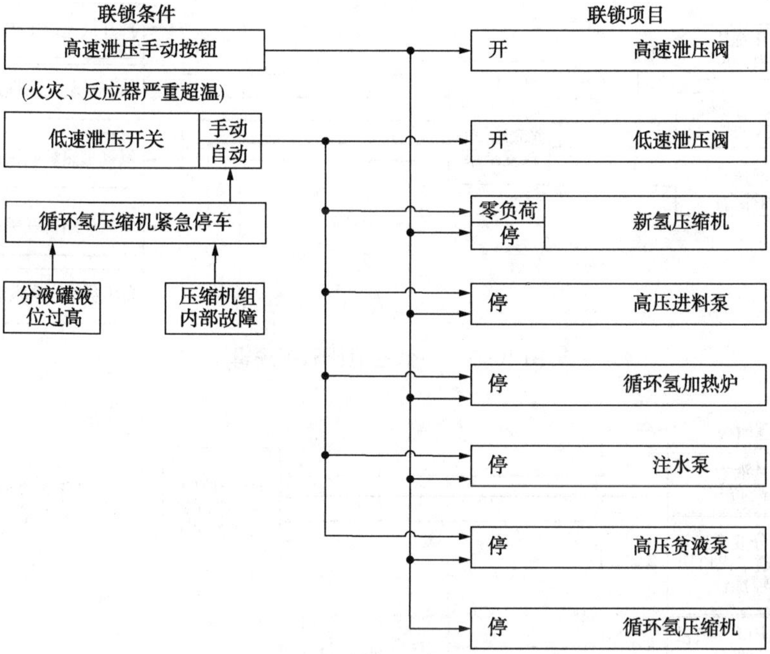

图 10-3-1　加氢裂化装置反应系统主要联锁逻辑框图

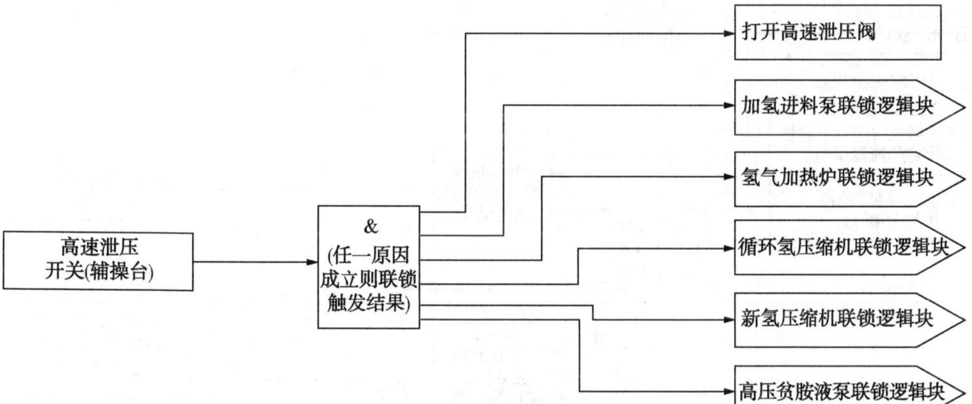

图 10-3-2　高速泄压联锁逻辑

（三）进料加热炉联锁逻辑

进料加热炉分为不同类型的进料介质类型，图 10-3-5 为氢气加热炉的联锁保护，其主要目的是保护加热炉炉管由于炉管内物料中断或者流量过低而引起干烧造成炉管破坏。对于工艺工程中的停炉通常只是指炉子的主燃料气切断，而不切断炉子的长明灯燃料气。图中引起加热炉联锁保护的条件未包含该炉子的燃料气系统和送风系统故障方面的原因。

（四）循环氢压缩机联锁逻辑

加氢裂化装置和渣油加氢装置的循环氢压缩机通常采用蒸汽透平驱动的大型离心式压缩机，由于变转速控制和反喘振控制的需要，离心压缩机通常会设置专用的机组保护系统(CCS)用于压缩机的监控和联锁保护。图 10-3-6 循环氢压缩机联锁逻辑是基于该配置的方

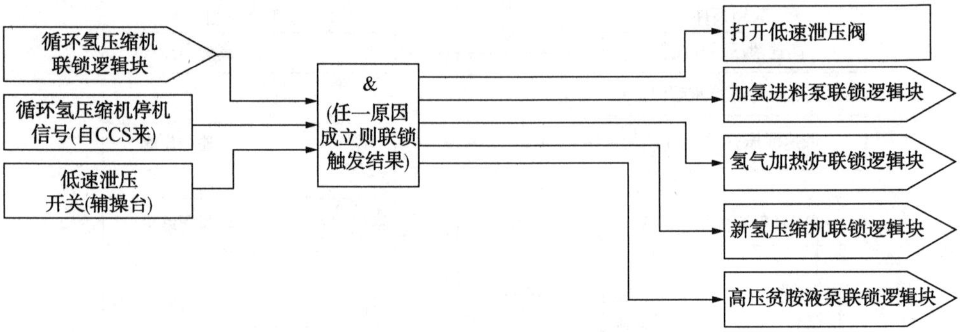

图 10-3-3　低速泄压联锁逻辑

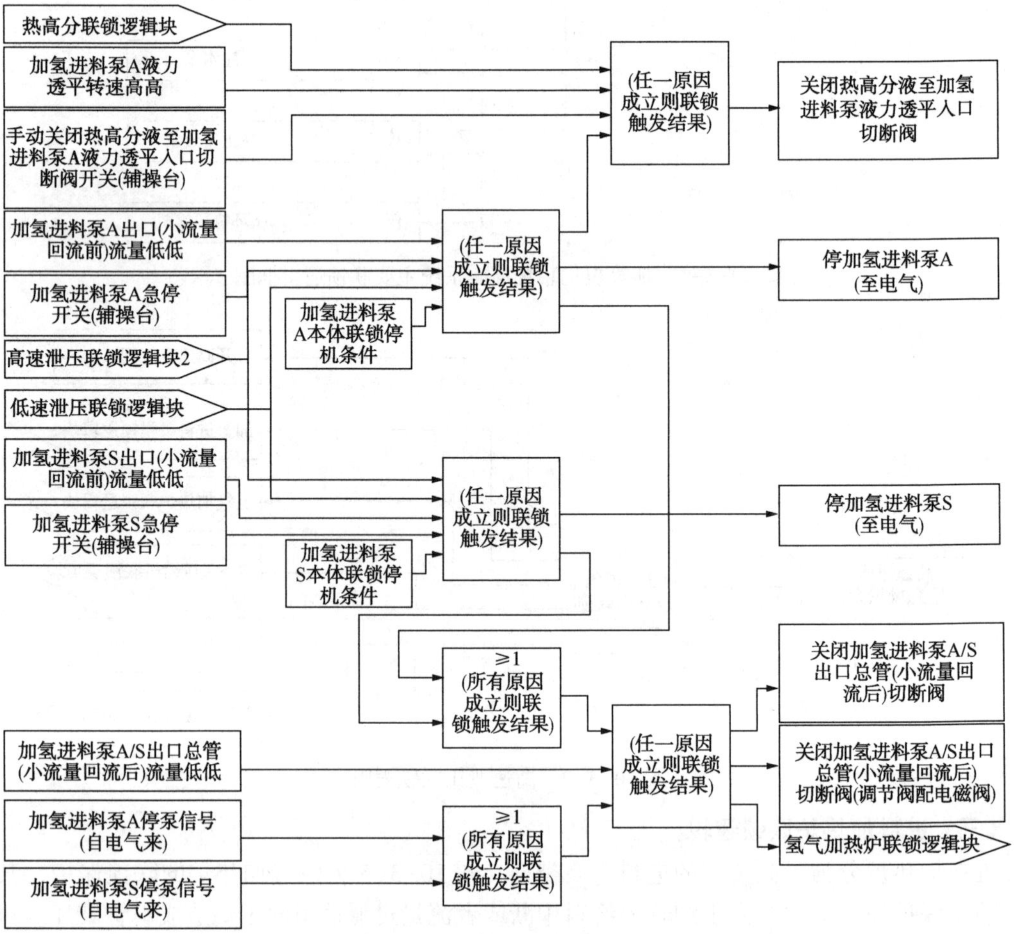

图 10-3-4　加氢进料泵联锁逻辑

案，循环氢压缩机的自身联锁逻辑功能在 CCS 中实现。

（五）新氢压缩机联锁逻辑

加氢裂化装置和渣油加氢装置的新氢压缩机通常采用大型往复式压缩机，新氢压缩机联锁逻辑如图 10-3-7 所示。

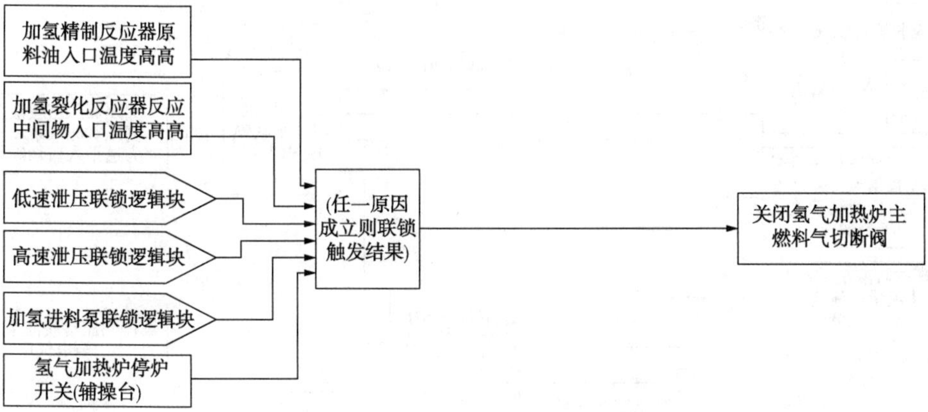

图 10-3-5　氢气加热炉联锁逻辑

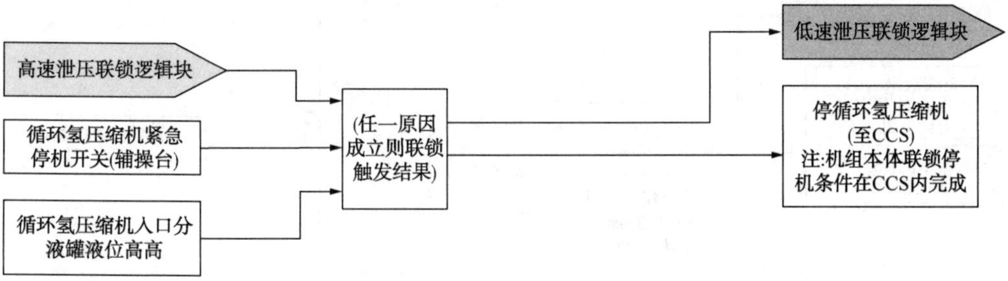

图 10-3-6　循环氢压缩机联锁逻辑

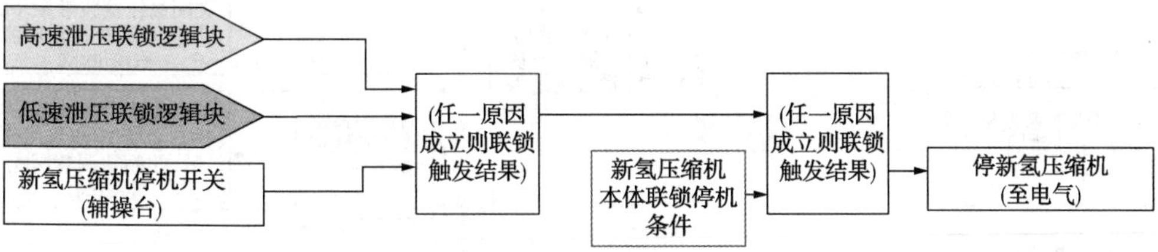

图 10-3-7　新氢压缩机联锁逻辑

（六）贫溶剂泵、注水泵联锁逻辑

贫溶剂泵的联锁逻辑内容基本与加氢进料泵一致，只是贫溶剂泵的停车不会引起进料加热炉的联锁，如图 10-3-8 所示。

注水泵的联锁逻辑较为简单，但根据注水泵采用离心泵或往复泵有所不同，当采用离心泵时需考虑泵出口流量低低防止倒流的联锁保护。

（七）防止高压窜低压联锁逻辑

高压窜低压保护主要设置物料从高压设备液相进入下游低压设备的减压管线上，用于防止由于高压设备中的高压液相物料抽空造成高压气体大量进入低压设备造成事故风险。在加氢裂化装置和渣油加氢装置中，此类联锁保护通常设置在热高分和热低分之间、冷高分和冷低分之间、循环氢脱硫塔和塔底富液闪蒸罐之间。其联锁关系较为简单，就是用上游高压设备的液位低低联锁切断高低压设备间物流管线的紧急切断阀。对于高压物流用于驱动能量回收液力透平的情况，同时切断至液力透平入口的紧急切断阀。

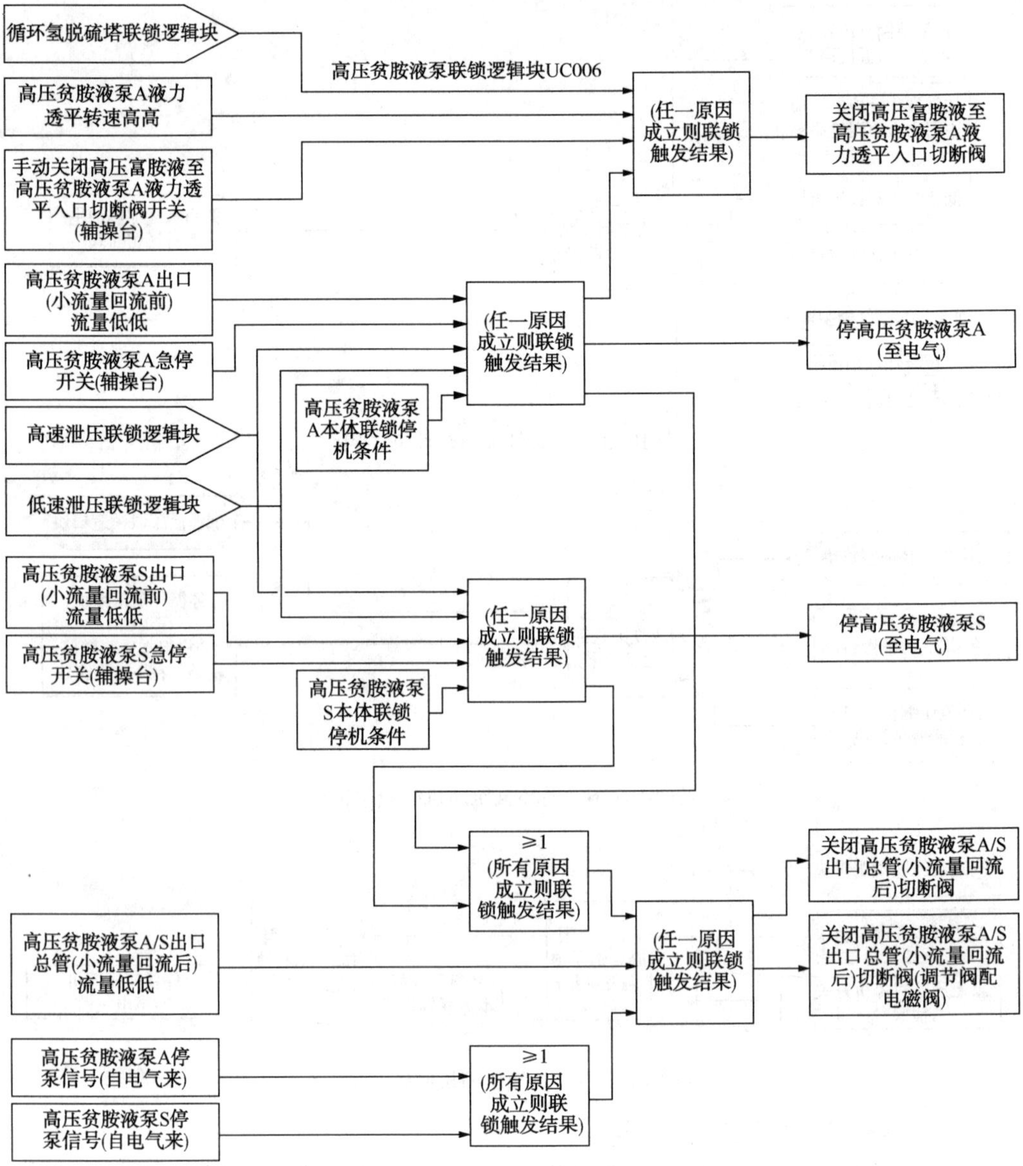

图 10-3-8　贫溶剂泵联锁逻辑

以热高分为例，自热高分流出的热高分液物料一路至冷高分，一路至加氢进料泵液力透平，则其防止高压窜低压的联锁逻辑如图 10-3-9 所示。

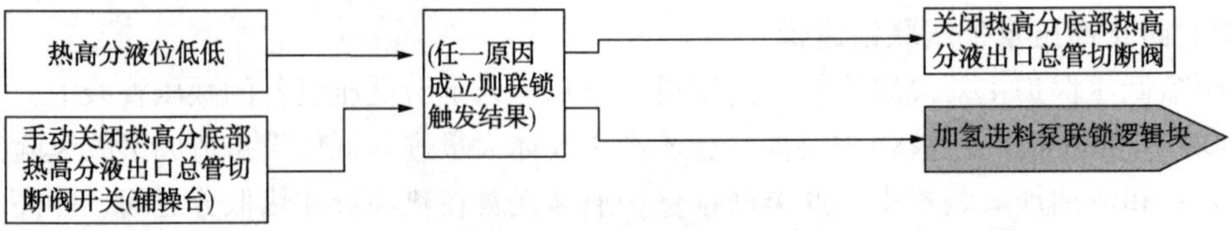

图 10-3-9　热高分联锁逻辑

上面关于加氢裂化装置联锁保护内容的分析仅是针对某一典型加氢裂化装置，对于各类型加氢裂化和渣油加氢装置的联锁保护，专利商和工程设计单位均十分重视，各技术流派对于联锁保护的核心内容虽基本一致，但是对于联锁保护的手段以及联锁保护的范围还是不尽相同，这是由于其各自工艺技术特点、应用经验以及安全理念的差异造成的。近年来伴随着加氢装置大型化和原料劣质化的趋势，装置的投资成本不断增大，装置操作的苛刻性增强，装置事故的人身危害性和财产损失度也不断增大，安全重要性不断提高，所以装置安全联锁保护的内容不断完善，联锁保护措施也不断增强。

三、安全仪表功能和安全完整性定级

（一）安全仪表功能和安全完整性等级

通过上面对加氢装置安全联锁逻辑功能要求的分析，接下来就是要面对如何配置相应的安全仪表功能。

安全仪表功能(SIF)的定义：为了防止、减少危险事件发生或保持过程安全状态，用测量仪表、逻辑控制器、最终元件及相关软件等实现的安全保护功能或安全控制功能。

安全仪表功能是具有安全完整性等级的安全功能。安全完整性等级由低到高为 SIL1～SIL4，安全完整性等级的分级定义如下：

SIL1 级：很少发生事故，如发生事故，对装置和产品有轻微的影响，不会立即造成环境污染和人员伤亡，经济损失不大。

SIL2 级：偶尔发生事故，如发生事故，对装置和产品有较大的影响，并有可能造成环境污染和人员伤亡，经济损失较大。

SIL3 级：经常发生事故，如发生事故，对装置和产品将造成严重的影响，并造成严重的环境污染和人员伤亡，经济损失严重。

SIL4 级：灾难性伤害或结果。

低要求操作模式安全仪表功能的 SIL 等级见表 10-3-1。

表 10-3-1　低要求操作模式安全仪表功能的 SIL 等级

安全完整性等级(SIL)	平均失效概率(PFDavg)
4	$\geq 10^{-5} \sim < 10^{-4}$
3	$\geq 10^{-4} \sim < 10^{-3}$
2	$\geq 10^{-3} \sim < 10^{-2}$
1	$\geq 10^{-2} \sim < 10^{-1}$

石油化工工厂和装置的 SIS 系统一般属于低要求操作模式。

注：低要求操作模式的安全仪表功能被执行频率不大于每年一次，在低要求操作模式时，安全仪表功能的安全完整性等级应采用平均失效概率衡量。安全仪表功能回路在要求时的平均失效概率，是通过计算回路中所有子单元在要求时的平均失效概率之和来确定的。安全仪表回路的子单元结构如图 10-3-10 所示。

图 10-3-10　安全仪表回路的子单元结构

则 SIF 回路的要求时的平均失效概率为：

$$PFD_{SYS} = PFD_S + PFD_L + PFD_{FE}$$

式中 PFD_{SYS} ——SIF 回路在要求时的平均失效概率；

PFD_{S} ——传感器子单元在要求时的平均失效概率；

PFD_{L} ——逻辑子单元在要求时的平均失效概率；

PFD_{FE} ——执行元件子单元在要求时的平均失效概率。

（二）安全完整性定级

SIL 定级是实现安全仪表功能的科学理论手段，可以为安全仪表功能的实施提供计算方法和理论依据。SIL 定级需要通过 SIL 评估的过程，SIL 评估的方式宜采用审查会方式，评估主要参加人员包括工艺、HSE、仪表、设备、操作及管理相关人员，对主要审查文件进行评估并确定安全完整性等级。

1. SIL 定级的过程

① 建立工艺工程的安全目标(可容许的风险)；

② 完成危险和风险分析，评估存在的风险；

③ 辨识需要的保护功能；

④ 将保护功能指定为各种保护层；

⑤ 确定是否需要安全仪表功能(SIF)；

⑥ 确定各 SIF 需要的安全完整性等级(SIL)。

2. SIL 定级的常用技术和方法

① 风险矩阵；

② 安全层矩阵；

③ 风险图；

④ 保护层分析(LOPA)(与 HAZOP 等配合使用)；

⑤ 事件树分析(ETA)(用于火气系统安全有效性确定)；

⑥ 经验法；

⑦ 其他方法。

3. SIL 评估主要审查文件

① PID；

② 工艺说明书；

③ 装置及设备布置图；

④ 危险区域划分图；

⑤ 安全联锁因果表及有关文件。

4. SIL 评估的内容

① 辨识每个安全仪表功能(SIF)；

② 确定每个安全仪表功能的 SIL 等级；

③ 确定诊断、维护和测试要求等。

四、安全仪表系统的设计

确定了装置安全联锁功能需求和安全仪表功能定级后，就要设计一套安全仪表系统来实现装置安全生产的需要。

加氢裂化装置和渣油加氢装置是炼油厂中爆炸和火灾危险的甲类装置，因此应对装置的重要工艺参数、关键单体设备(机组、泵组等)设置安全仪表系统，用于保护单体设备和人员的安全。

实现一个或多个安全仪表功能的仪表系统称为安全仪表系统(Safe Instrument System)，英文简称 SIS。安全仪表系统应由测量仪表、逻辑控制器和最终元件等组成，安全仪表系统的工程设计应满足安全仪表功能、安全完整性等级的要求。

（一）安全仪表系统设计的一般要求

① 安全仪表系统的工程设计应兼顾可靠性、可用性、可维护性、可追溯性和经济性。防止设计不足或过度设计。

② 安全仪表系统应独立于基本过程控制系统(BPCS)，独立完成安全保护功能。

③ 安全仪表系统应设计成故障安全型。当安全仪表系统内部产生故障时，按设计预定方式将过程转入安全状态。

④ 安全仪表系统逻辑控制器应具有硬件和软件自诊断功能，并获得国家权威机构的功能安全认证。

⑤ 安全仪表系统的中间环节应尽可能少。

⑥ 安全仪表系统的交流供电宜采用双路 UPS 供电方式。

⑦ 安全仪表系统的接地应采用等电位连接方式。

⑧ 安全仪表系统的电缆和现场接线箱应独立设置。

⑨ 安全仪表系统的硬件、操作系统及编程软件应采用正式发布版本。

（二）安全仪表系统设计原则

安全仪表系统应设计成故障安全型，即正常时最终元件上的电磁阀励磁带电，非励磁失电即动作。

SIS 系统的配置应根据装置 SIL 定级评估结果确定，配置原则简述如下。

1. 测量仪表设计

测量仪表包括模拟量和开关量测量仪表。除紧急停车用的手动开关、按钮、继电器触点采用开关量外，安全仪表系统应优先采用模拟量测量仪表。其原因是现场开关量仪表长期不动作，会出现触点粘合或接触不良，导致不动作或误动作，影响安全仪表功能的实现。测量仪表宜采用 4~20mA 叠加 HART 传输信号的智能变送器，不采用现场总线或气动方式作为安全仪表的输入信号。

（1）测量仪表独立设置原则

① SIL 1 级安全仪表功能的，测量仪表可与基本过程控制系统共用；

② SIL 2 级安全仪表功能的，测量仪表宜与基本过程控制系统分开；

③ SIL 3 级安全仪表功能的，测量仪表应与基本过程控制系统分开。

（2）测量仪表冗余的设置原则

① SIL 1 级安全仪表功能的，可采用单一的测量仪表；

② SIL 2 级安全仪表功能的，宜采用冗余的测量仪表；

③ SIL 3 级安全仪表功能的，应采用冗余的测量仪表。

（3）测量仪表冗余的选择原则

① 当要求高安全性时，应采用二选一或三选一的“或”逻辑结构(即：一个环节动作，SIS 就动作)；

② 当要求高可用性时，应采用二选二的“与”逻辑结构(即：二个环节均动作，SIS 才动作)；

③ 当需要兼顾高安全性和高可用性时，宜采用“三取二”或“四取二”的逻辑结构。

2. 逻辑控制器及人机接口设计

(1) 逻辑控制器

大、中型的加氢装置安全仪表系统的逻辑控制器应采用以可编程逻辑控制器组成的电子系统。

逻辑控制器的结构选择见表 10-3-2。

加氢类装置属于高危险性的重要装置，因此，其逻辑控制器的 SIL 等级应为 SIL3，其逻辑控制器应为冗余容错型。

逻辑控制器应具有自诊断功能，自诊断功能应满足 SIL3 要求。逻辑控制器应具有防止外部直接访问，设置系统不同层次访问的私密性和对应用程序修改的跟踪记录功能。

表 10-3-2　SIS 系统逻辑控制器结构选择表

逻辑单元结构	IEC61508 SIL	TUV AK	DIN V19250
1oo1	1	AK2、AK3	1、2
1oo1D	2	AK4	3、4
1oo2	2	AK4	3、4
1oo2D	3	AK5、AK6	5、6
2oo3	3	AK5、AK6	5、6
2oo4D	3	AK5、AK6	5、6

(2) 人机接口

安全仪表系统 SIS 的人机接口包括操作员站、工程师站、事件顺序记录站、辅助操作台等。

工程师站、操作站、辅助操作台应单独设置，事件顺序记录站可以独立设置或与工程师站或操作员站共用。

操作员站可采用 SIS 系统的操作员站，也可采用 DCS 系统的操作员站，且操作员站失效时 SIS 系统的逻辑处理功能不应受影响。

工程上，SIS 系统宜采用自己的操作员站，构成独立的 SIS 网络；而且，SIS 系统只能单向向 DCS 传输有关 SIS 的某些数据，不允许 DCS 向 SIS 系统写数据。

紧急停车按钮、开关、信号报警器、信号灯等，应安装在安全仪表系统的辅助操作台。

3. 最终元件设计

SIS 系统的最终元件包括控制阀(调节阀、切断阀)、电磁阀、电机等。

最终元件独立设置和冗余设置原则：

(1) 最终元件独立设置原则

① SIL1 级安全仪表功能，在确保 SIS 动作优先的前提下，控制阀可与基本过程控制系

统的控制阀共用；

② SIL2 级安全仪表功能，控制阀宜与基本过程控制系统的控制阀分开；

③ SIL3 级安全仪表功能，控制阀应与基本过程控制系统的控制阀分开。

（2）最终元件冗余设置原则

① SIL1 级安全仪表功能，可采用单一控制阀；

② SIL2 级安全仪表功能，宜采用冗余控制阀；

③ SIL3 级安全仪表功能，应采用冗余控制阀。

控制阀冗余方式可采用一个调节阀和一个切断阀，也可采用两个切断阀。当一台切断阀配置冗余电磁阀时，可根据安全性和可用性要求采用两种配置方案。当考虑高安全性(可靠性)时，建议采用两个二位三通电磁阀串联，即其中一个电磁阀失电开关阀就动作，如图 10-3-11 所示。

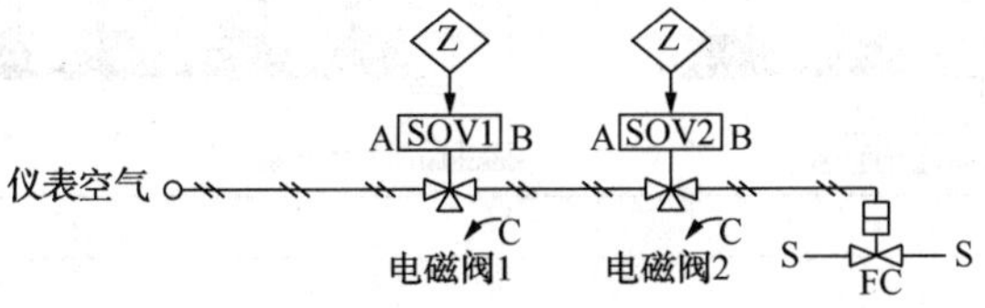

图 10-3-11　阀门带冗余电磁阀配置示意(高安全性)

当考虑高考虑高可用性(减少误动作)，建议采用两个二位三通电磁阀并联，即两个电磁阀均失电开关阀才动作，如图 10-3-12 所示。

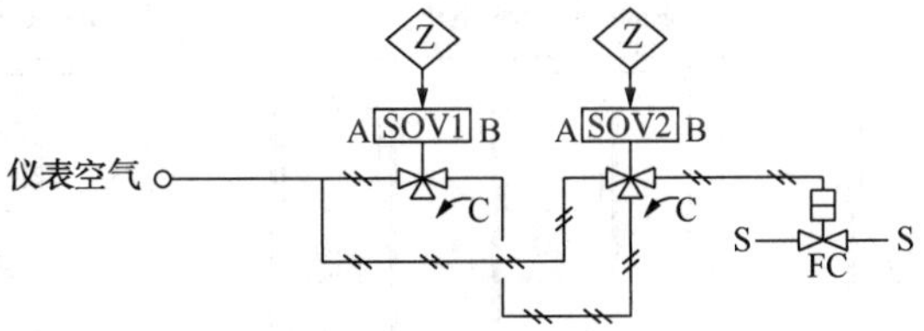

图 10-3-12　阀门带冗余电磁阀配置示意(高可用性)

第四节　加氢装置主要控制系统及仪表

一、控制系统

控制系统是用于装置监控和保护的核心控制设备，渣油加氢和加氢裂化装置的控制系统类型主要有分散控制系统(DCS)、安全仪表系统(SIS)、可燃气体和有毒气体检测报警系统(GDS)。

（一）分散控制系统(DCS)

DCS 用于对生产装置的过程控制、监测、操作和管理，为工艺操作人员提供工艺运行参数、报警等信息，还能实现与其他控制系统的数据通信。其总体结构可分为过程控制层、操作监控层和数据服务层，网络设备主要包括控制站、操作站、工程师站、历史工作站、网络服务器、交换机、防火墙等。DCS 的网络配置如图 10-4-1 所示。

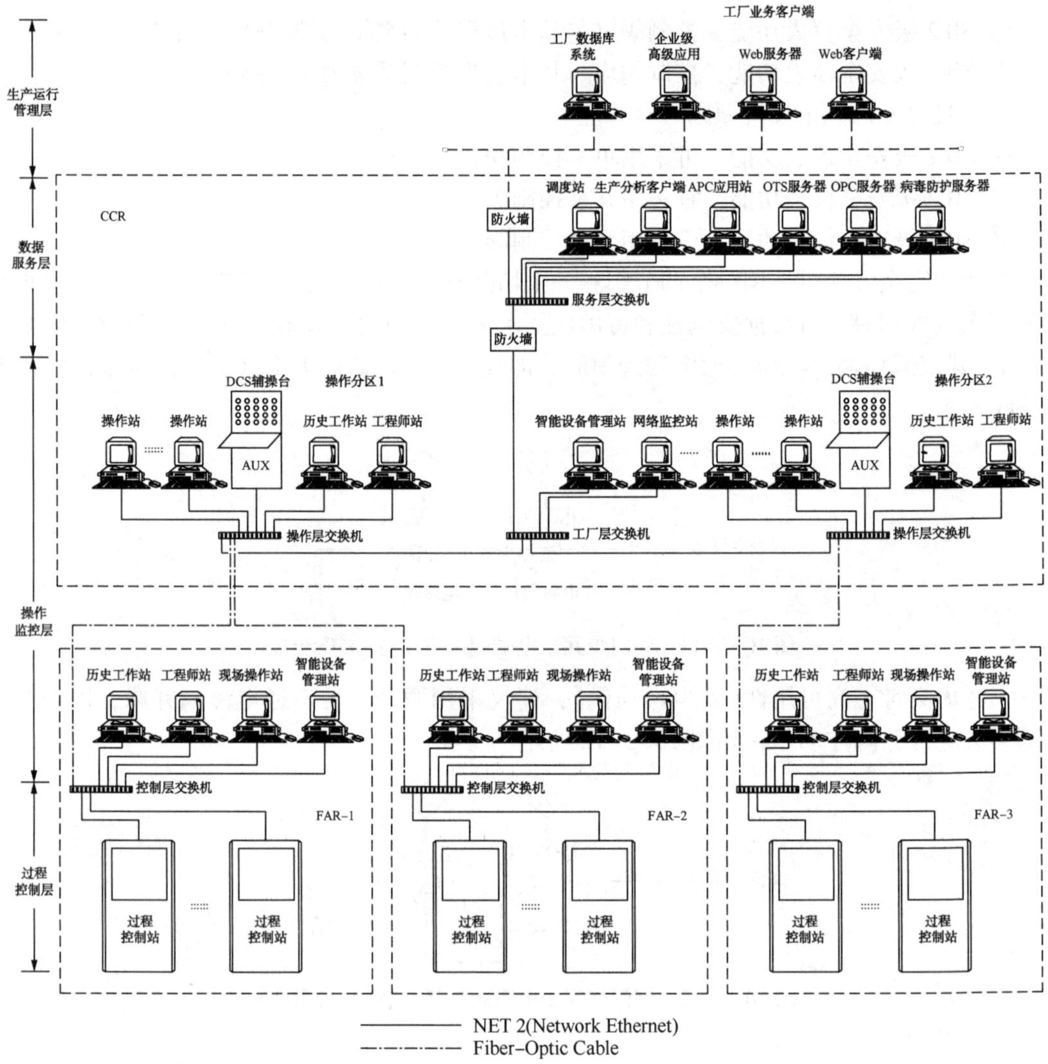

图 10-4-1　DCS 网络结构示意图

（二）安全仪表系统（SIS）

SIS 用于对生产装置的安全联锁保护，实现一个或多个安全仪表功能。SIS 应设计成故障安全型，当 SIS 内部产生故障时，SIS 应能按设计预定方式将装置转入安全停车状态，接入 SIS 的用于安全联锁用途的检测单元和执行单元也应在自身故障或接线故障时按设计预定方式将装置转入安全停车状态。SIS 的数据信息通讯至 DCS 供工艺操作人员使用。SIS 的网络配置如图 10-4-2 所示。

对于大型加氢装置，循环氢压缩机通常采用透平驱动的离心式压缩机，鉴于此类机组的调速控制和防喘振控制具有高度专业化的特殊性，常常采用专用的集机组控制和联锁保护功能于一体的机组控制系统（CCS），用于完成机组的调速、防喘振控制等特殊控制功能以及机组的其他监控和联锁保护功能。CCS 的系统配置和网络结构参见 SIS。

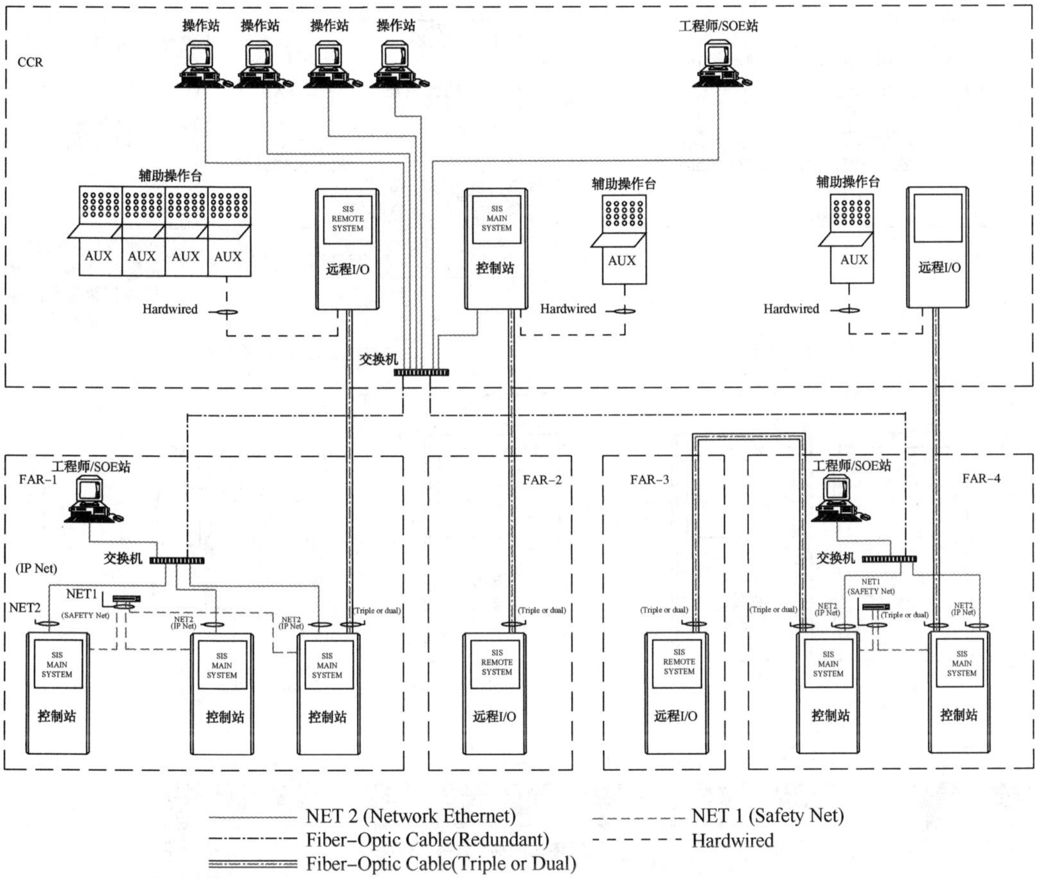

图 10-4-2　SIS 网络结构示意图

（三）可燃气体和有毒气体检测报警系统（GDS）

GDS 用于生产装置中的可燃气体和有毒气体泄漏的监测，及时向操作人员发出泄漏报警信息，预防人身伤害以及火灾爆炸事故的发生。GDS 的网络配置如图 10-4-3 所示。

二、温度仪表

加氢裂化和渣油加氢装置的工艺过程温度测量主要采用热电偶测量，对于常规管道上或设备上安装的管道插入式热电偶就不做介绍和说明了，下面介绍几种用于反应器床层温度测量的特殊型式的热电偶。

（一）T 形梁 3 点式热电偶

采用 T 形梁作为支撑架，热电偶的外保护套管、铠装套管由热电偶制造厂整体加工，可以做到基本无间隙配合，热电偶与 T 形梁整体供货，现场只需整体插入反应器做端部支撑固定即可，施工十分方便。同时为了提高测量精度和相应速度，热电偶在制造过程中还采用了以下措施：①保护套管端部设置有热传导块，能与热电偶端部良好接触。②热电偶保护套管在端部稍微外弯，脱离 T 形梁，直接和床层介质接触。③采用了外保护套管和铠装套管双道密封，保证即使在外保护套管泄漏时，反应介质依然不会泄漏，提高了产品的安全性。结构形式见图 10-4-4。

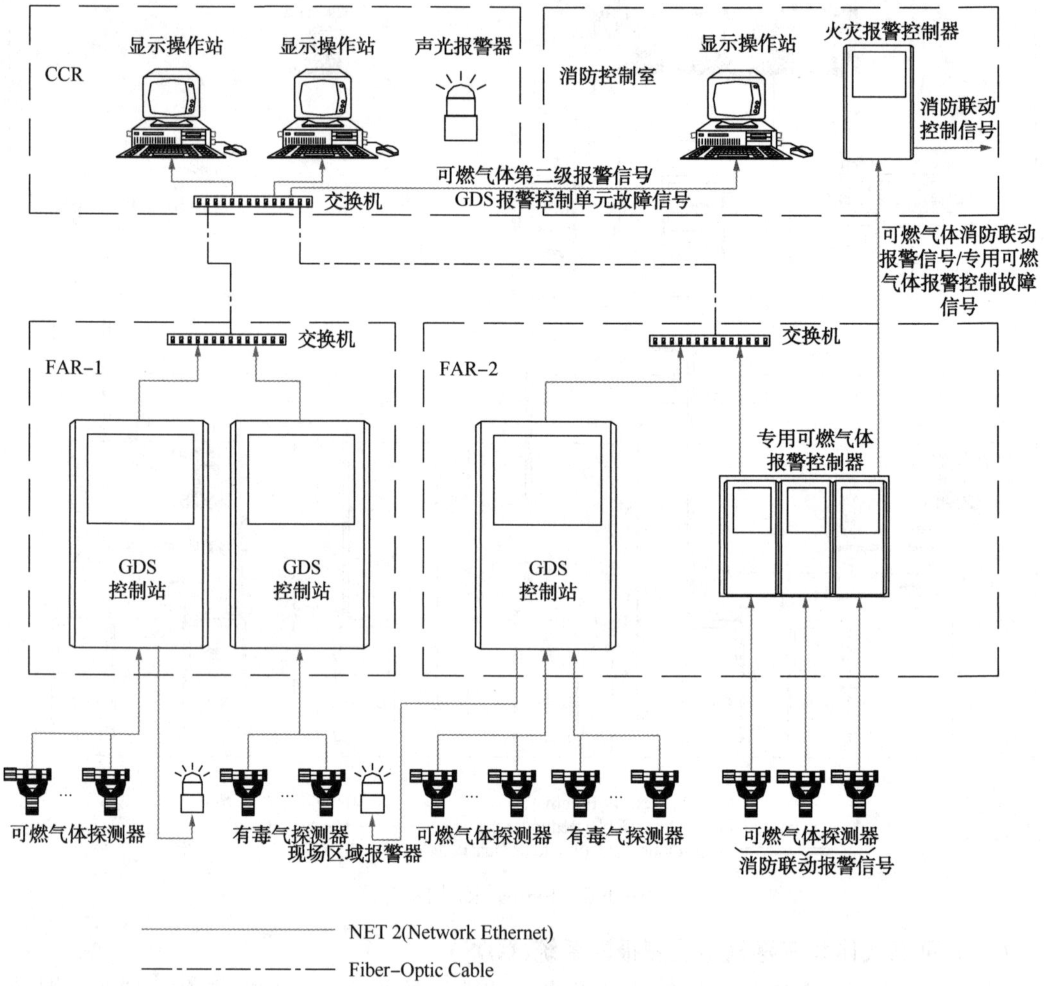

图 10-4-3　GDS 网络结构示意图

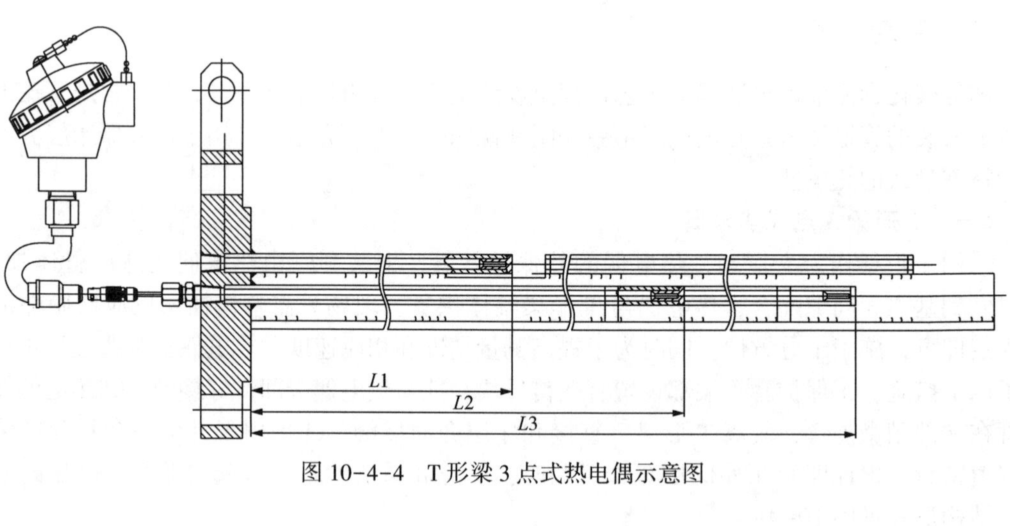

图 10-4-4　T 形梁 3 点式热电偶示意图

（二）多点柔性热电偶

多点柔性热电偶组件由热电偶、反应器插入件、高压连接件、压力密封腔组件、延伸电缆、接线箱、压力表等组成。它具有以下三大优势：①解决在不同直线上更多温度测点检测的测量方法，可根据检测位置的需要任意确定测量点数，热偶铠管能柔性弯曲，测温点可设在反应器内任何位置。②采用热电偶铠装套管直接承压，测量响应速度和测量精度大大提高。③设置了密封腔，采用双道密封，并在密封腔设置测漏压力表可以检测第一道密封的泄漏情况，进一步提高了产品的安全性能。结构型式见图 10-4-5。

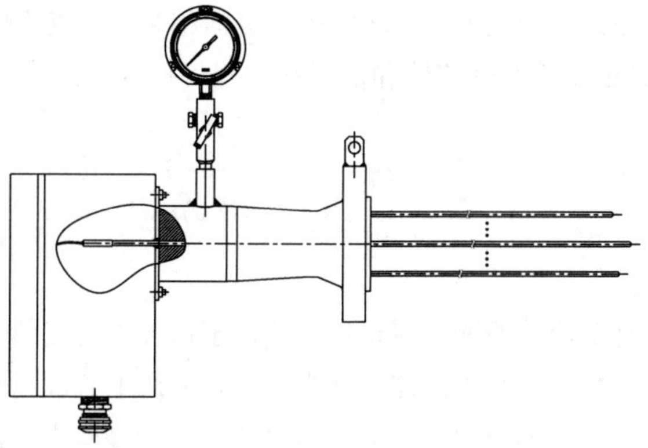

图 10-4-5　多点柔性热电偶示意图

（三）顶装式整体套管多点式热电偶

采用一根刚性套管，大量热电偶铠管在外保护套管内自上而下插入不同高度，测温端通过双金属片使热电偶测量端在温度升高时贴紧套管内壁，保证良好的测温精度和快速响应。采用了外保护套管和铠装套管双道密封，保证即使在外保护套管泄漏时，反应介质依然不会泄漏，同时在外保护套管内设计了氮气反吹系统，防止潮气或空气中的物质进入外保护套管而造成外保护套管腐蚀开裂。结构见图 10-4-6。

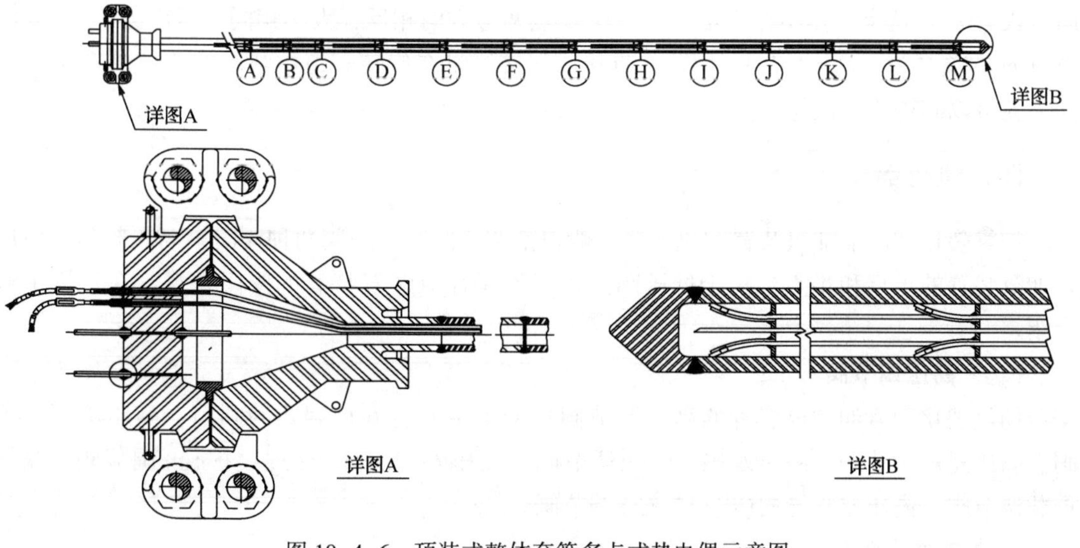

图 10-4-6　顶装式整体套管多点式热电偶示意图

三、流量仪表

（一）差压式流量计

在流量测量中最常用到的流量计就是差压式测量原理的流量计，包括孔板流量计、文丘里管流量计、楔式流量计等都属于这种原理的流量计。其测量原理为在充满单相连续流体的管道中安装一个节流装置，当流体通过节流装置的节流孔时，由于节流孔的流通面积比管道截面小，流束形成局部收缩，在压头的推动下，流体骤然加速，动能增加，静压下降，在节流件的前后产生一个静压差，即 $\Delta P=P_1-P_2$，若节流面积为 F，流体的体积流量为 Q 或质量流量为 G，密度为 ρ，则根据连续性流体和伯努利方程可推导出压力差与流体流量之间的关系式：

$$Q = CF\sqrt{\frac{\Delta P}{\rho}} \text{ 或 } G = CF\sqrt{\rho\Delta P}$$

（二）超声波流量计

超声波流量计是一种常用的速度型流量计，适用于可导声的流体，特别是对于大口径管道、非导电流体及强腐蚀性、易生焦流体等恶劣工况在使用上有较高的性价比优势。超声波流量计是以声波的传播时间差的原理工作的，超声波在被测介质中传播时，与液体流动方向相同时的传播速度比逆向时的传播速度快，超声波传播的时间差（Δt）正比于被测介质的平均流速（V_m）。单位时间内的体积流量=平均流速（V_m）×管道截面积，检测超声波的传播时间差即可测量被测介质的流量。

（三）质量流量计

质量流量计通常用于高精度流量的测量，其测量原理是当截取一根支管，流体在其内以速度 V 从 A 流向 B，将此管置于以角速度 ω 旋转的系统中。设旋转轴为 X，与管的交点为 O，由于管内流体质点在轴向以速度 V、在径向以角速度 ω 运动，此时流体质点受到一个切向科氏力 F_c。这个力作用在丈量管上，在 O 点两边方向相反，大小相同，科氏力 F_c 与流体质量 m 的关系为：$F_c=2\omega Vm$。因此，直接或间接测量在旋转管道中活动的流体所产生的科氏力就可以测得质量流量。

四、执行器

加氢裂化和渣油加氢装置的执行器一般包括调节阀和开关阀两种阀门，高压阀门的应用是加氢装置的重点和难点，对于低压阀门由于不是加氢装置特有的阀门类型，在这里不做介绍。

（一）高压调节阀

加氢裂化和渣油加氢装置的高压调节阀选型中主要有 6 种型式的阀门：高压单座调节阀、高压笼式调节阀、高压差多级降压调节阀、高压差多级降压（逐级扩径）调节阀、高压重载调节阀、高压差长导向（出口扩径）调节阀。

1. 高压单座调节阀

适用于高压、低压差、小口径（一般小于 $DN80$）场合。结构特点有：顶部阀杆导向；单座；非平衡式。结构示意图见图 10-4-7。

2. 高压笼式调节阀

适用于高压、低压差、大口径（一般不小于 *DN*50）场合。结构特点有：笼式导向；单座；平衡式。结构示意图见图 10-4-8。

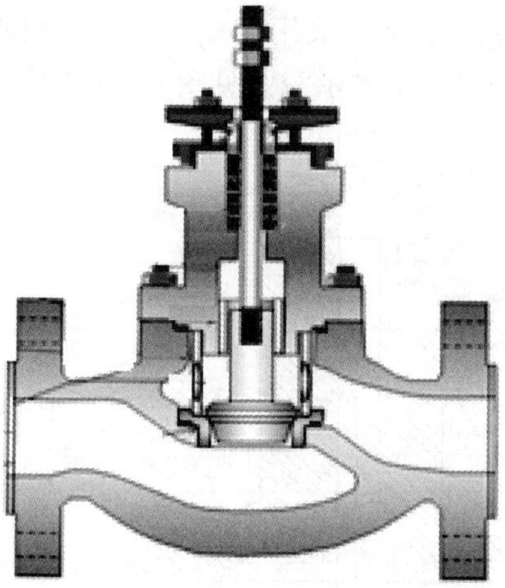

图 10-4-7　高压单座调节阀结构示意图

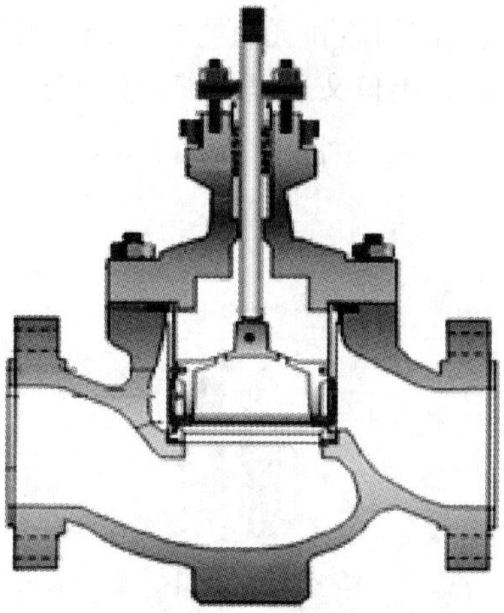

图 10-4-8　笼式调节阀结构示意图

3. 高压差多级降压调节阀

适用于高压、高压差、没有或少量气体闪蒸和气蚀场合。结构特点有：阀芯导向；多级降压阀芯；平衡式或非平衡式；直通或角型阀体。结构示意图见图 10-4-9。

4. 高压差多级降压（逐级扩径）调节阀

适用于高压、高压差、大量气体闪蒸和气蚀场合。结构特点有：阀杆导向；多级降压阀芯；非平衡式；侧进底出；流通面积逐级加大。结构示意图见图 10-4-10。

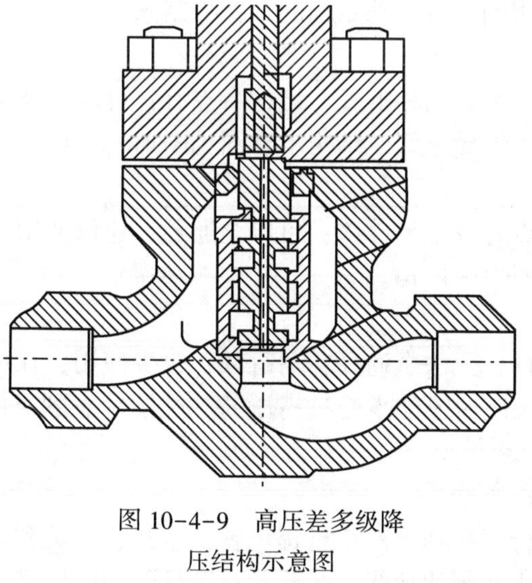

图 10-4-9　高压差多级降压结构示意图

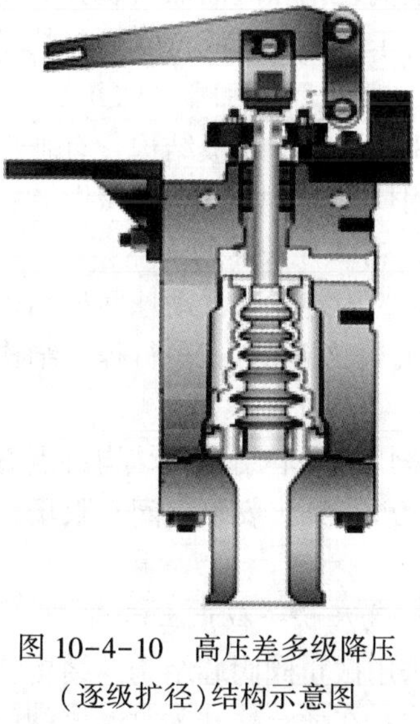

图 10-4-10　高压差多级降压（逐级扩径）结构示意图

5. 高压重载调节阀

适用于高压、高冲刷、含固、易生焦场合。结构特点有：重载阀芯导向；重载阀芯；非平衡式；带冲洗口；结构示意图见图 10-4-11。

6. 高压差长导向(出口扩径)调节阀

适用于高压、高压差、高冲刷、含固、易生焦、

大量气体闪蒸和气蚀场合。结构特点有：阀芯阀座流道采用陶瓷、碳化钨材料；“长笛”型阀芯，出口文丘里式扩径；非平衡式；带冲洗口。结构示意图见图 10-4-12。

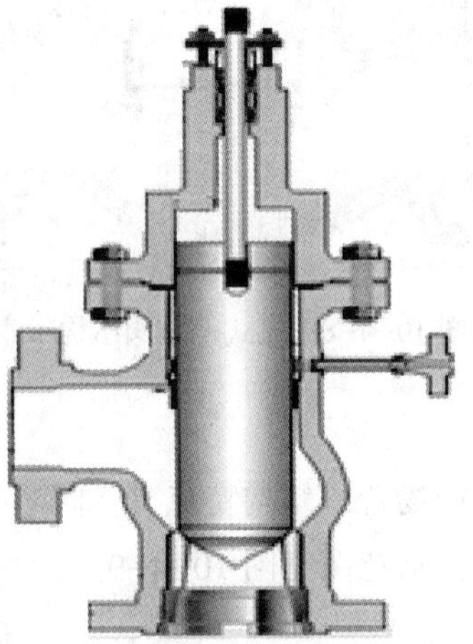

图 10-4-11　高压重载调节阀结构示意图

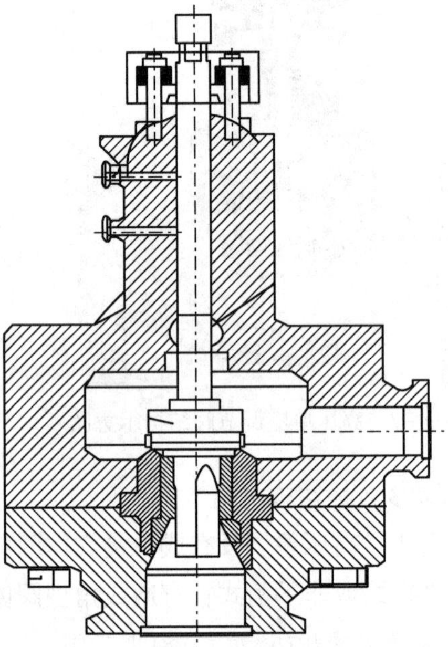

图 10-4-12　高压重载调节阀结构示意图

（二）高压开关控制阀

加氢裂化和渣油加氢装置的高压开关控制阀选型中主要有闸阀、球阀、蝶阀三种阀体型式，对于特殊工况或特殊要求的场合也会使用到一些特殊结构的开关控制阀。

1. 高压开关闸阀

采用平行双闸板结构，有弹性密封和胀块密封两种形式。结构特点有：可以全通径；建议使用口径≤*DN*450(价格因素)；直行程；可带导流管。结构示意图见图 10-4-13。

2. 高压开关球阀

分为固定球和浮动球两种结构。结构特点有：金属球体；可以全通径；建议使用口径≤*DN*350(价格因素)；角行程。结构示意图见图 10-4-14。

3. 高压开关蝶阀

采用三偏心结构。结构特点有：整体阀杆；无法全通径；角行程；较少使用，在口径较大(≥*DN*450)、安装空间有限场合使用，但关闭时不能承受过高压差。结构示意图见图 10-4-15。

4. 高压快关截止止回阀

采用截止阀阀芯结构。结构特点有：直行程；具有三个行程位置，全开、全关和随流体开关位；在随流体开关时，该阀门具有截止止回阀的功能。结构示意图见图 10-4-16。

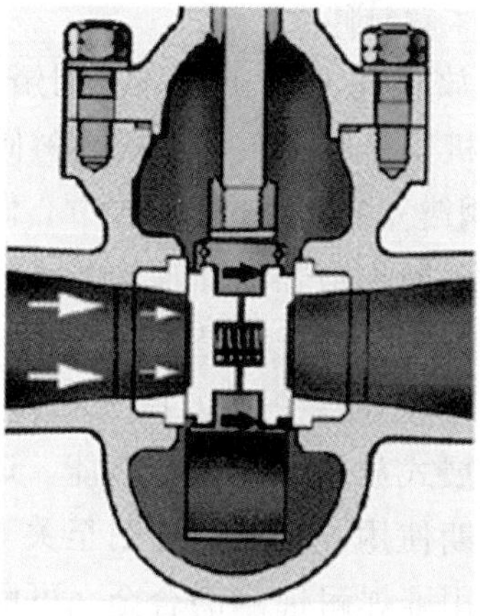

图 10-4-13　高压开关闸阀结构示意图

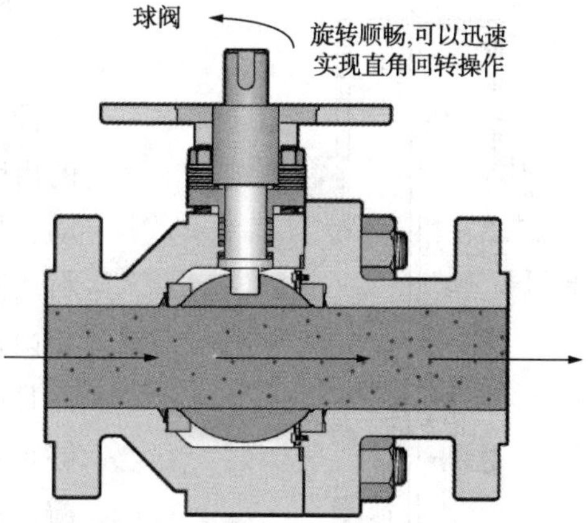

图 10-4-14　高压开关球阀结构示意图

图 10-4-15　高压开关蝶阀结构示意图

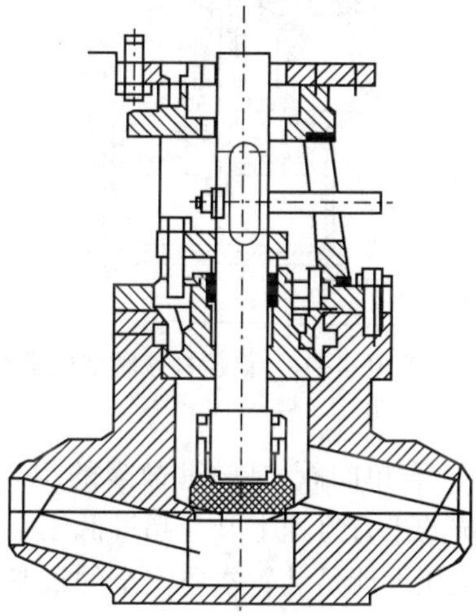

图 10-4-16　快关截止止回阀结构示意图

5. 高压柱塞阀

采用柱塞式阀芯结构。结构特点有：直行程；阀体流道无死角，避免介质凝固堵塞流道；可采用多路柱塞阀，用于合流和分流目的。结构示意图见图 10-4-17。

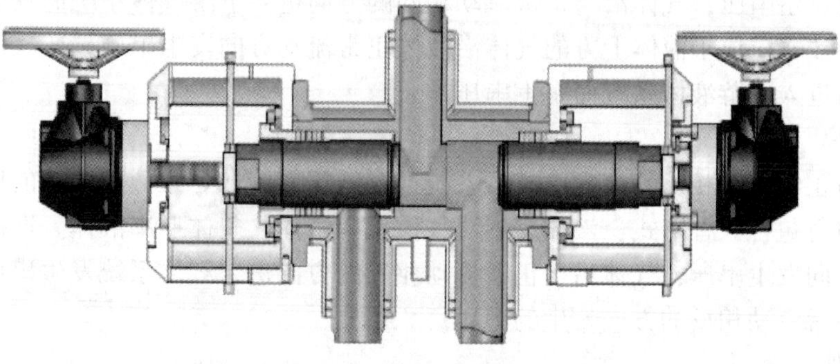

图 10-4-17　高压柱塞阀结构示意图

6. 下展式放料阀

下展式放料阀主要由阀体、阀瓣、阀座、阀杆、驱动机构等组成。下展式放料阀是指它的启闭件(阀瓣)沿着阀座通道的中心做上下运动，接通或截断反应器、储罐、釜底管道的物料。阀瓣、阀座、阀杆等是下展式放料阀的重要内件，它不仅承受介质的压力和腐蚀耗损，而且决定下展式放料阀的密封性能。该阀门能够正常并长期使用，其材料选用至关重要。阀瓣、阀座采用堆焊耐蚀耐磨合金，可耐较高温度，耐介质腐蚀、耐磨损，达到性能要求，结构示意图见图 10-4-18。

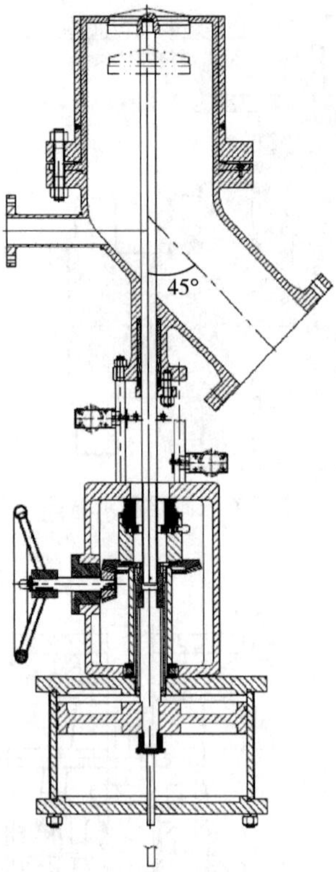

图 10-4-18　高压柱塞阀结构示意图

第五节　加氢装置防串压设计

一、概述

加氢装置操作压力高、操作温度高、临氢，介质含有硫化氢等有毒、有害组分，若由于设备故障、仪表故障、联锁或联锁切断阀故障、阀门故障(含单向阀)或这些故障的组合，使系统中的介质由高压系统串入低压系统，造成低压系统的压力急速上升，超过低压系统的设计压力时，将产生严重的安全事故。因此加氢装置防串压设计是装置本质安全的最基本、最重要的保证。

二、串压的分类

(一) 正串

介质沿与正常流动相同的方向由高压系统进入低压系统，导致低压系统的压力超过其设计压力。正串包含三种形式：液体正串、气体正串气体和气体正串液体。即液体沿与正常流动相同的方向发生串压；气体沿与正常流动相同的方向进入下游气体系统而发生串压；液体失去液位，导致本应位于液体上方的气体沿液体正常流动方向发生串压，或气体沿与正常流动相同的方向进入下游液体系统而发生串压。

(二) 反串

介质沿与正常流动相反的方向由高压系统进入低压系统，导致低压系统的压力超过其设计压力。反串也包含三种形式：液体反串、气体反串气体、气体反串液体。即液体沿与正常流动相反的方向发生串压；气体沿与正常流动相反的方向进入气体系统发生串压；气体突破液封，沿与正常流动相反的方向发生的串压。

(三) 其他

由换热器换热管破裂引起的串压，尤其是高压侧含有气相介质的换热管破裂引起的串压所造成的风险更大。

三、串压的防控措施

应根据危险和有害因素辨识和分析的结果，设置工艺报警、联锁、紧急切断设施等措施。装置之间的串压风险应在风险源装置解决，并兼顾技术经济合理性。

根据串压原因及风险，可采用以下一种或几种串压防控措施：①设置安全阀/爆破片安全装置；②设置紧急泄放系统；③设置单向阀；④设置紧急切断阀或其他必要的自动/手动切断设施；⑤设置特殊机械部件(阀门锁开LO/锁关LC/铅封开CSO/铅封关CSC、机械限位等)；⑥设置盲板；⑦设置串联式多组阀门；⑧设置限流设备；⑨设置在线检测仪表；⑩设置多套平行检测仪表；⑪设置异常状态报警及联锁；⑫提高设计条件。

(一) 防控液体正串

可采取以下措施：

① 高压系统设置液位监测及异常状态报警；

② 高压系统设置液位低低关闭底部出口调节阀或切断阀的联锁；

③ 低压系统安全阀满足串压工况要求或者低压系统设计条件提高至与高压系统相同。

(二) 防控气体正串气体

可采取以下措施：

① 低压系统设置压力监测及异常状态报警；

② 高压系统至低压系统的管线设置低压系统压力高高或流量高高关闭调节阀或切断阀的联锁；

③ 低压系统设置紧急泄放设施；

④ 低压系统安全阀满足串压工况要求或者低压系统设计条件提高至与高压系统相同。

(三) 防控气体正串液体

可采取以下措施：

① 高压系统设置液位监测及异常状态报警；

② 低压系统设置压力监测及异常状态报警；

③ 高压系统设置液位低低关闭底部出口管线调节阀或切断阀的联锁；

④ 低压系统安全阀满足串压工况要求或者低压系统设计条件提高至与高压系统相同。

(四) 防控液体反串

可采取以下措施：

① 低压系统和高压系统连接管线设置单向阀防止液体倒流；当高低压系统压差大于4.0MPa时，宜设置两个不同类型的单向阀；

② 设置液体流量监测及异常状态报警；

③ 高低压系统连接管线设置流量异常或压力异常关闭调节阀或紧急切断阀的联锁；

④ 低压系统安全阀满足串压工况要求或者低压系统设计条件提高至与高压系统相同。

(五) 防控气体反串气体

可采取以下措施：

① 低压系统和高压系统连接管线设置单向阀防止气体倒流；当高低压系统压差大于4.0MPa时，宜设置两个不同类型的单向阀；

② 设置气体流量监测及异常状态报警；

③ 高低压系统连接管线设置气体流量异常或压力异常关闭调节阀或切断阀的联锁；

④ 低压系统安全阀满足串压工况要求或者低压系统设计条件提高至与高压系统相同。

（六）防控气体反串液体

可采取以下措施：

① 低压系统和高压系统连接管线设置单向阀防止气体倒流；当高低压系统压差大于4.0MPa 时，宜设置两个不同类型的单向阀；

② 设置液体流量监测及异常状态报警；

③ 高低压系统连接管线设置液体流量异常或压力异常关闭调节阀或切断阀的联锁；

④ 低压系统安全阀满足串压工况要求或者低压系统设计条件提高至与高压系统相同。

四、加氢装置串压防控设计要点

典型加氢装置的常用串压防控设计要点见表 10-5-1。

表 10-5-1　加氢装置的串压风险防控设计要点

序号	系统名称	流程描述	串压类型	串压原因及风险	风险防控设计要点
1	高压原料系统				
1.1		原料油自原料油缓冲罐经泵增压后与循环氢混合	气体反串液体	高压泵非正常停泵时，高压油气串入原料油缓冲罐导致其超压	1）每台泵出口设置两个不同类型单向阀； 2）泵出口总管设置独立于 DCS 的联锁紧急切断阀； 3）原料油缓冲罐安全阀满足串压工况要求
1.2		泵最小流量线返回至原料油缓冲罐	气体反串液体	高压泵非正常停泵时，高压油气经最小流量线串入原料油缓冲罐导致其超压	泵最小流量线应从泵出口第一个单向阀上游引出
1.3		原料油缓冲罐	气体反串液体		1)原料油缓冲罐的设计压力宜不小于 1.0MPa(表)； 2)原料油缓冲罐安全阀满足串压工况要求
2	高压贫胺液系统				
2.1		贫胺液自胺液缓冲罐经泵增压后至循环氢脱硫塔	气体反串液体	高压泵非正常停泵时，高压油气串入贫胺液缓冲罐导致其超压	1）每台泵出口设置两个不同类型单向阀； 2）泵出口总管设置独立于 DCS 的联锁紧急切断阀； 3）贫胺液缓冲罐安全阀满足串压工况要求
2.2		泵最小流量线返回至贫胺液缓冲罐	气体反串液体	高压泵非正常停泵时，高压油气经最小流量线串入贫胺液缓冲罐导致其超压	泵最小流量线应从泵出口第一个单向阀上游引出

续表

序号	系统名称	流程描述	串压类型	串压原因及风险	风险防控设计要点
2.3		贫胺液缓冲罐	气体反串液体		1）贫胺液缓冲罐的设计压力宜不小于1.0MPa(表)； 2）贫胺液缓冲罐安全阀满足串压工况要求
3	高压注水系统				
3.1		水自注水罐经泵增压后至高压空冷器或高压换热器	气体反串液体	高压泵非正常停泵时，高压油气串入注水罐导致其超压	1）每台泵出口设置两个不同类型单向阀； 2）泵出口总管设置独立于DCS的联锁紧急切断阀； 3）注水罐安全阀满足串压工况要求
3.2		泵最小流量线返回至注水罐	气体反串液体	高压泵非正常停泵时，高压油气经最小流量线串入注水罐导致其超压	泵最小流量线应从泵出口第一个单向阀上游引出
3.3		注水缓冲罐	气体反串液体		1）注水缓冲罐的设计压力宜不小于1.0MPa(表)； 2）注水缓冲罐安全阀满足串压工况要求
4	新氢压缩系统				
4.1		氢气经过新氢压缩机升压后与循环氢混合	气体反串气体	高压循环氢串入新氢压缩机入口分液罐导致其超压	1）新氢压缩机出口至与循环氢混合点之间设置两个不同类型的单向阀； 2）新氢压缩机分液罐的安全阀满足串压工况要求
4.2		新氢压缩机级间分液罐凝液排放至低压系统	气体正串液体	氢气串入凝液排放的低压系统导致其超压	凝液排入的低压系统满足串压工况泄放要求
5	高低压分离系统				
5.1		含硫化氢油品经热高分液控阀或液力透平至热低分	气体正串液体	热高分失去液位，高压油气串入热低分导致其超压	1）热高分设置低低液位联锁切断液控调节阀或切断阀； 2）热低分设置安全阀，安全阀泄放量满足热高分串压工况要求；或者热低分不设置安全阀，在冷低分设置安全阀，冷低分安全阀满足热高分串压工况要求，热低分到冷低分间气相管线及设备的设计压力满足串压工况要求，热低分到冷低分间气相管线上不设置阀门

续表

序号	系统名称	流程描述	串压类型	串压原因及风险	风险防控设计要点
5.2		含硫化氢油品经冷高分液控阀或液力透平至冷低分	气体正串液体	冷高分失去液位，高压油气串入冷低分导致其超压	1）冷高分设置低低液位联锁切断调节阀或联锁切断阀； 2）冷低分安全阀满足冷高分串压工况要求
5.3		冷高分含硫化氢酸性水经调节阀至酸性水闪蒸罐	气体正串液体	冷高分失去界位和液位，高压油气串入酸性水闪蒸罐导致其超压	1）冷高分设置低低界位联锁切断调节阀或联锁切断阀； 2）酸性水闪蒸罐安全阀满足串压工况要求； 3）酸性水闪蒸罐设置液位低低联锁关闭调节阀或切断阀
5.4		冷低分含硫化氢酸性水经调节阀至酸性水闪蒸罐或送出装置	气体正串液体	冷低分失去界位和液位，冷低分气串入酸性水闪蒸罐或装置外酸性水闪蒸罐导致其超压	1）冷低分水相设置低低界位联锁关闭液控阀； 2）酸性水闪蒸罐或装置外酸性水闪蒸罐的安全阀满足串压工况要求； 3）酸性水闪蒸罐设置液位低低联锁关闭调节阀或切断阀
5.5		热低分油经调节阀至分馏部分第一台分馏塔	气体正串液体	热低分失去液位，热低分气串入分馏塔导致其超压	分馏塔安全阀满足串压工况要求
5.6		冷低分油经调节阀至分馏部分第一台分馏塔	气体正串液体	冷低分失去液位，冷低分气串入分馏塔导致其超压	分馏塔安全阀满足串压工况要求
5.7		低分气经调节阀至脱硫塔或氢提浓装置	气体正串气体	低分气压控阀失效，过量低分气串入脱硫塔或氢提浓装置而导致其超压	低分气脱硫塔或氢提浓装置的低压设备的安全阀满足串压工况要求
6	循环氢脱硫系统				
6.1		循环氢脱硫塔底富胺液经液控阀或液力透平至富胺液闪蒸罐	气体正串液体	循环氢脱硫塔失去液位，循环氢串入富胺液闪蒸罐导致其超压	1）循环氢脱硫塔设置低低液位联锁切断调节阀或联锁切断阀； 2）富胺液闪蒸罐安全阀满足串压工况要求； 3）富胺液闪蒸罐设置液位低低联锁关闭调节阀或切断阀
6.2		循环氢经撇油线至低压设备	气体正串液体	撇油线手阀故障，循环氢串入低压系统导致其超压	低压系统的泄放能力满足串压工况要求
6.3		循环氢脱硫塔进/出口分液罐底部排液至低压设备	气体正串液体	循环氢脱硫塔进/出口分液罐在排液过程中失去液位，循环氢串入低压系统导致其超压	低压系统的泄放能力满足串压工况要求

续表

序号	系统名称	流程描述	串压类型	串压原因及风险	风险防控设计要点
7	低分气脱硫系统				
7.1		低分气脱硫塔富胺液经调节阀至富胺液闪蒸罐或下游胺液再生装置	气体正串液体	低分气脱硫塔失去液位，塔内气体经塔底调节阀串入富胺液闪蒸罐或下游胺液再生装置低压设备导致其超压	1）富胺液闪蒸罐安全阀或下游胺液再生装置低压设备安全阀满足串压工况要求； 2）富胺液闪蒸罐设置液位低低联锁关闭调节阀或切断阀
7.2		贫胺液自缓冲罐经泵升压至低分气脱硫塔	气体反串液体	贫胺液泵非正常停泵时，油气串入贫胺液缓冲罐导致其超压	贫胺液缓冲罐的安全阀满足串压工况要求
8	其他系统				
8.1	反应部分产品经高低压换热器至分馏系统	高低压换热器出口至分馏部分第一台分馏塔	高低压换热器换热管破裂	换热器爆管，高压油气串入分馏系统而导致其超压	1）高低压换热器下游安全阀的泄放能力应满足爆管工况的要求； 2）高低压换热器至下游分馏塔之间所有阀门应设置为LO
8.2	排废氢系统	循环氢通过排废氢调节阀排放至低压系统	气体正串气体	排废氢调节阀失效，过量氢气排入低压系统导致其超压	1）排废氢调节阀下游的低压设备应设置安全阀，安全阀满足串压工况要求； 2）安全阀应安装在调节阀下游第一个低压手阀之前的管线上，或者安装在调节阀下游第一台低压设备上，且调节阀与该设备之间的所有阀门均设置为LO
8.3	泵出口多支路	泵出口分多路，将泵送介质送至不同位置	液体反串或气体反串液体	非正常停泵时，高压支路向低压支路串压导致其超压	1）泵出口各支路应设置防串压设施（如单向阀），其设置应满足标准要求； 2）低压设备的安全阀满足串压工况要求
8.4	高压采样系统	介质经高压采样系统的排放线排放至低压设备	液体正串或气体正串气体	采样管线阀门故障，导致高压介质经采样排放线串入低压设备而导致其超压	低压系统的泄放能力满足串压工况要求

参考文献

[1] 黄步余．石油化工自动控制设计手册[M]．北京：化学工业出版社，2020.

[2] 李立权．加氢裂化装置操作指南[M]．北京：中国石化出版社，2005.

[3] 韩崇仁．加氢裂化工艺与工程[M]．北京：中国石化出版社，2001.

[4] 中国仪器仪表学会，上海工业自动化仪表研究所．工业自动化仪表和系统手册[M]．北京：中国电力

出版社，2008.
[5] GB/T 50770—2013 石油化工安全仪表系统设计规范[S]. 北京：中国计划出版社，2013.
[6] GB/T 50493—2019 石油化工可燃气体和有毒气体检测报警设计标准[S]. 北京：中国计划出版社，2019.
[7] 林融，黄步余，任军，等 . SH/T 3005—2016 石油化工自动化仪表选型设计规范[S]. 北京：中国石化出版社，2013.
[8] 杨刚，冯欣，叶向东 . SH/T 3092—2013 石油化工分散控制系统设计规范[S]. 北京：中国石化出版社，2013.
[9] 金哲 . 加氢裂化装置安全联锁的逻辑关系分析[J]. 石油化工自动化，2018，54(06)：46-49.
[10] 金哲 . 炼油厂加氢反应器床层温度检测技术[J]. 石油化工自动化，2019，55(03)：53-56.
[11] 李秀清 . 加氢工艺自动化与安全联锁设计及安全性分析[J]. 石化技术，2015，22(09)：18-19.

第十一章　工艺防腐与监测

第一节　工艺防腐措施

加氢装置原料油和新氢中的氯化物在加氢反应过程转化为 HCl，HCl 可形成盐酸、NH_4Cl等腐蚀设备和管道。另外，新氢中含有氯化氢可导致新氢与循环氢混合处积盐。

加氢装置原料油中的硫化物，在加氢过程中生成硫化氢，硫化氢可形成硫化氢水溶液以及 NH_4HS 溶液腐蚀管道、设备。

反应馏出物系统主要的腐蚀类型是高温 H_2/H_2S 腐蚀、氯化铵腐蚀以及碱性酸型水（硫氢化铵）腐蚀。分馏系统主要是碱性酸型水（硫氢化铵）腐蚀，以及氯化铵腐蚀。

一、氯化铵腐蚀控制

反应流出物中 NH_3和 HCl 可反应形成固体 NH_4Cl 盐，其盐生成条件取决于 NH_3/HCl 浓度和温度，NH_4Cl 盐的结晶温度通常在水露点温度以上，可在 400℉（204℃）或更高的温度下沉积。NH_4Cl 的沉积部位主要发生在反应流出物换热器、高压空冷器入口端，脱硫化氢汽提塔或分馏塔的顶部和塔顶系统也有发生的可能。

如果热高压分离器操作温度较低，也可能发生 NH_4Cl 沉积。另外 NH_4Cl 也可能在安全阀入口、控制阀旁路管线、仪表连接小管线以及间歇使用的工艺管道连接处等具有盲管段的低温部位发生沉积。干燥的 NH_4Cl 盐不具有腐蚀性，但会产生显著的结垢及堵塞问题。“干燥”的定义是铵盐处于湿度低于 10%的气相平衡状态条件下。然而，由于铵盐具有较强的吸湿性，并容易从工艺物流中吸收水分，吸湿后铵盐呈酸性，因此具有很强的腐蚀性。

针对 NH_4Cl 腐蚀和结垢的控制措施，通常采用以下几种方式消除或减少铵盐的沉积：

① 确定氯化物来源，并尽量从源头降低或脱除加氢原料（油和氢）中氯化物。

② 保持设备和管道的操作温度在铵盐结晶温度以上。

③ 注水冲洗。

因此，了解和掌握铵盐的结晶温度、监测物料中氯化物含量及变化情况，对于控制铵盐的腐蚀和结垢是至关重要的。

（一）工艺参数控制

1. 氯化铵结晶温度核算

核算反应流出系统铵盐结晶温度，控制结盐部位，并根据情况注水及缓蚀剂。通常控制注水点前操作温度高于氯化铵结盐温度。进行 NH_4Cl 沉积温度的计算时，首先按式（11-1-1）计算 NH_4Cl 盐的分解常数 K_p 值，即反应流出物中 NH_3分压和 HCl 分压的乘积，然后基于图 11-1-1 得到 NH_4Cl 盐的沉积温度。反应流出物气相中氢/烃的摩尔流量，通常与冷高压分离器的气相流量非常接近，可以采用循环氢摩尔数乘以 1.05 进行估算。

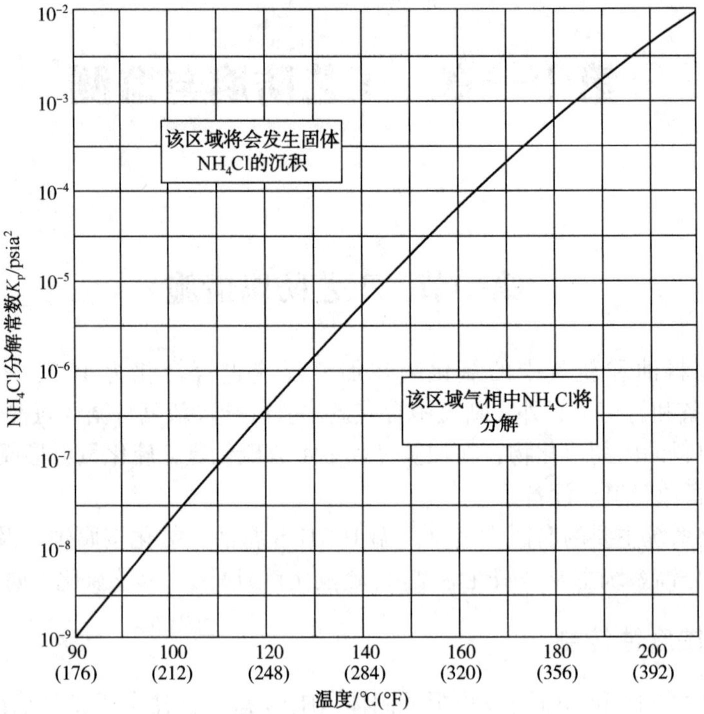

图 11-1-1　反应流出物中 NH_4Cl 沉积温度与 K_p 关系曲线

$$K_{p\,NH_4Cl} = [P_{NH_3}] \times [P_{HCl}] \tag{11-1-1}$$

式中　$K_{p\,NH_4Cl}$——NH_4Cl 分解常数 K_p 值，psi(绝)^2；

$[P_{NH_3}]$——氨气分压，psi(绝)；

$[P_{HCl}]$——HCl 分压，psi(绝)。

每个组分的分压 P_i，可以通过将气相中单个组分的摩尔数，除以气相的总摩尔数，再乘以工艺过程的绝对总压力的方式计算：

$$P_i = [(n_i\ \text{单个组分的摩尔数})/(\text{总摩尔数})] \times P$$

式中　n_i——单个组分 i 在气相中的摩尔数；

P——总压，psi(绝)。

反应流出物中 NH_3的生成量可通过原料油氮含量及其脱氮率来计算。计算查图不太方便，下列公式是依据图 11-1-1 拟合的计算公式：

$$K_{p\,NH_4Cl} = P_{NH_3} \times P_{HCl}/6.895/6.895 \tag{11-1-2}$$

$$\lg K_{p\,NH_4Cl} = \log10(K_{p\,NH_4Cl}) \tag{11-1-3}$$

$$T_{Crystal} = 137.082823755327 - 15.2777879818219 \times \lg(K_{pNH_4Cl}) - 198.097144306005/\lg(K_{pNH_4Cl}) - 7.66352259931441 \times \lg(K_{pNH_4Cl})^2 - 181.711546927558/\lg(K_{pNH_4Cl})^2 - 0.987715491728223 \times \lg(K_{pNH_4Cl})^3 - 97.5817568063283/\lg(K_{pNH_4Cl})^3 - 0.0613002562068913 \times \lg(K_{pNH_4Cl})^4 - 27.7115559723052/\lg(K_{pNH_4Cl})^4 - 0.00149733645724099 \times \lg(K_{pNH_4Cl})^5 - 3.19389917820176/\lg(K_{pNH_4Cl})^5 \tag{11-1-4}$$

式中 P_{NH_3}——氨气分压，kPa；

P_{HCl}——HCl 分压，kPa；

$T_{Crystal}$——NH_4Cl 结晶温度，℃。

2. 工艺参数控制

反应馏出物系统是氯化铵沉积腐蚀的重点部位，通过工艺参数调整控制氯化铵结晶位置，避免高温设备出现氯化铵结晶。

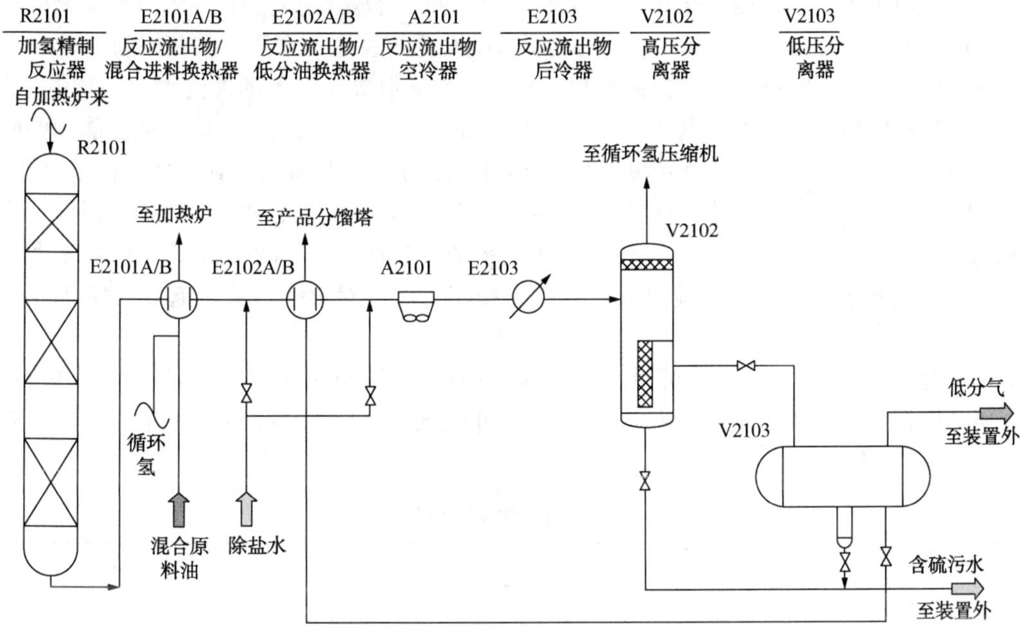

图 11-1-2 加氢装置流程示意图

如图 11-1-2 所示的加氢装置流程示意图，必须合理控制反应流出物出换热器 E2101A/B(反应流出物/混合进料换热器)的温度，保证 E2101A/B 不出现氯化铵结晶。因为 E2101A/B 入口温度太高，注入水很难保持液态，E2101A/B 内沉积的氯化铵基本无法处理。另外，高温换热器一般选用奥氏体不锈钢，积盐冲洗可导致氯化物应力腐蚀开裂。一般情况下，控制反应流出物出前一级换热器的温度在 220℃ 左右。尽可能降低 HCl 和 NH_3 的分压，如在工艺条件允许下提高循环氢流量。

(二) 注水及其注入方式

1. 注入方式选择

注水方式可以选择连续注水或间断注水。操作条件较为缓和的装置，可以采用间断注水定期冲洗沉积的铵盐。连续注水通常用于操作条件苛刻的装置，因为这些装置铵盐沉积量较大，会造成设备和管道的堵塞和腐蚀，从而影响装置的操作运行，因此需要采用连续注水以消除这种潜在的危险因素。

间断注水冲洗有利有弊。有利方面是间断注水既可以减少装置注水的用量，又能减少酸性水的生成量，这对装置的节能节水是有利的，降低了装置的操作成本。然而，与连续注水相比，间断注水存在潜在的腐蚀风险；间断注水时必须将设备和管道内铵盐彻底的冲洗干净，不留残余，尤其是在存在干燥铵盐的注水点的上游，否则湿润的铵盐将导致设备和管道发生严重的腐蚀。

如果采用间断注水，应制定注水操作规程，包括工艺调整、注水量、注水持续时间和分析检测等。分析检测应确保注入水将设备和管道内氯化物盐完全脱除。通常采用检测分析或通过电导率测量冲洗水中氯离子浓度与分离器酸性水中氯离子浓度，当两者相同时则认为冲洗完全。注水后，注水系统应与正常工艺过程进行有效隔离，防止酸性水泄漏。

2. 注水水质

冲洗水的来源包括汽提净化水、蒸汽冷凝水和锅炉给水，应避免使用含有氰化物的汽提净化水作为冲洗水的来源。表 11-1-1 列出了 REAC 系统注水的水质参数及控制指标。

氧含量是冲洗水的一个关键控制参数，其影响程度取决于注入的冲洗水的 pH 值。冲洗水中氧的存在增加了注水点附近和下游部位由氯离子点蚀引起的潜在风险。氧也能加剧硫化物引起的腐蚀，特别是在硫化物浓度较低(低 pH 值)的注水点部位。氧气是一种强氧化剂，它能与硫化物反应生成元素硫，在较低 pH 值和温度的条件下，元素硫存在状态稳定，会导致 REAC 系统发生结垢和腐蚀。但是，在冲洗水的 pH 值大于 8 的条件下，元素硫将会与 NH_4HS 反应生成多硫化铵，多硫化铵具有缓蚀作用，进而对 REAC 系统起到一定程度保护作用。

应控制冲洗水中铁含量在较低水平，因为水中铁离子会形成不溶于水的硫化铁并沉积在管束和设备表面。例如，注水量为 11.3m^3/h 的冲洗水中仅含 1μg/g 的铁离子，一年内就会生成超过 14kg 的硫化亚铁。

表 11-1-1　注水水质指标

成分	最高值	期望值	分析方法
氧/(μg/kg)	50	15	HJ 506
pH 值	9.5	7.0~9.0	GB/T 6920
总硬度/(μg/g)	1	0.1	GB/T 6909
溶解的铁离子/(μg/g)	1	0.1	HJ/T 345
氯离子/(μg/g)	100	5	GB/T 15453
硫化氢/(μg/g)	—	小于 45	HJ/T 60
氨氮/(μg/g)	—	小于 100	HJ 535 HJ 536 HJ 537
CN^-/(μg/g)	—	0	HJ 484
固体悬浮物/(μg/g)	0.2	少到可忽略	GB 11901

3. 注入量

连续注水量要保证总水量的 25%在注水部位为液态，不得以节水为名停止注水或减少注水。

注水量通常采用工艺过程模拟的方法来计算反应流出物气相的蒸汽饱和所需的水量。缺少相应工具，也可以按照以下步骤采用手工计算饱和蒸汽相中所需的水量。需要注意的是，此计算方法仅为估计值，并且可能与模拟计算的结果相差 5%左右。

① 估算注水点注水后的平衡温度。如果没有热高压分离器，温度通常应比注入前的操

作温度低 30~100℉(17~55℃)；如果存在热高压分离器，温度可能比操作温度低 200℉(110℃)或更低。

② 基于水的饱和蒸气表，确定在上述温度下的饱和水蒸气压力。

③ 估算在注水点反应流出物气相中氢/烃的摩尔流量(参考氯化铵结晶点计算)。

④ 采用下列公式估算给定条件下水蒸气达到饱和压力所需注入水的摩尔流量：

$$冲洗水的摩尔流量 = F_c \times 气相摩尔流量\ HC \times \frac{P_{satsm}/P_{system}}{1 - P_{satsm}/P_{system}}$$

式中　气相摩尔流量 HC——注入点处气相中 H_2 和烃的摩尔流量；

$P_{sat\ stm}$——注入水的温度下饱和蒸气的绝对压力；

P_{system}——注水点的绝对压力；

F_c——在表 11-1-2 中定义，其他操作压力可使用插值获得 F_c 值。

该计算公式针对反应流出物系统注水点估算使注水点处的气相达到水蒸气饱和时所需的注水量。为了达到注水点注入冲洗水后不少于 25%的过量水(25%的冲洗水保持液态水)要求，则需要将由上述公式计算出的水量乘以 1.25，即得到反应流出物系统注水点需要注入的水量。

表 11-1-2　F_c 值

操作压力		F_c
psi	kPa	
500	3450	1.1
1000	6900	1.2
1500	10300	1.3
2000	13800	1.4

(三) 其他注意事项

HCl 在液相水中具有很强溶解性，即使在高温条件下，反应流出物气相中大部分 HCl 都溶于露点部位的冷凝水。NH_3 在冷凝水中溶解度较小，尤其是高温条件下更不容易被水吸收。因此，在露点部位冷凝水的 pH 值可能比下游分离器中完全冷凝的酸性水要低，其可能为酸性，腐蚀性也更强。如果反应流出物气相与注入点冲洗水没有良好的接触与混合，在注水点下游的其他区域也可能发生腐蚀问题。

采用可使水分散均匀的喷头，或者静态混合器，保证所有的 HCl 进入到液态水中。必要时，可使用缓蚀剂。若在注水中加入多硫化物，水的 pH 值必须≥7.5。

二、碱性酸性水腐蚀控制

碱性酸性水腐蚀发生反应流出物系统空冷器及其后继设备、管道、冷高压分离器、冷低压分离器、硫化氢汽提塔塔顶系统、分馏塔塔顶系统等。

(一) 工艺参数控制

1. 硫氢化铵结晶温度核算及生成量估算

与 NH_4Cl 结盐温度计算类似，进行 NH_4Cl 沉积温度的计算时，应首先计算 NH_4HS 盐的结盐平衡常数 K_p，即反应流出物中 NH_3 分压和 H_2S 分压的乘积，然后基于图 11-1-3 由平衡

常数 K_p 得到 NH_4HS 盐的沉积温度：

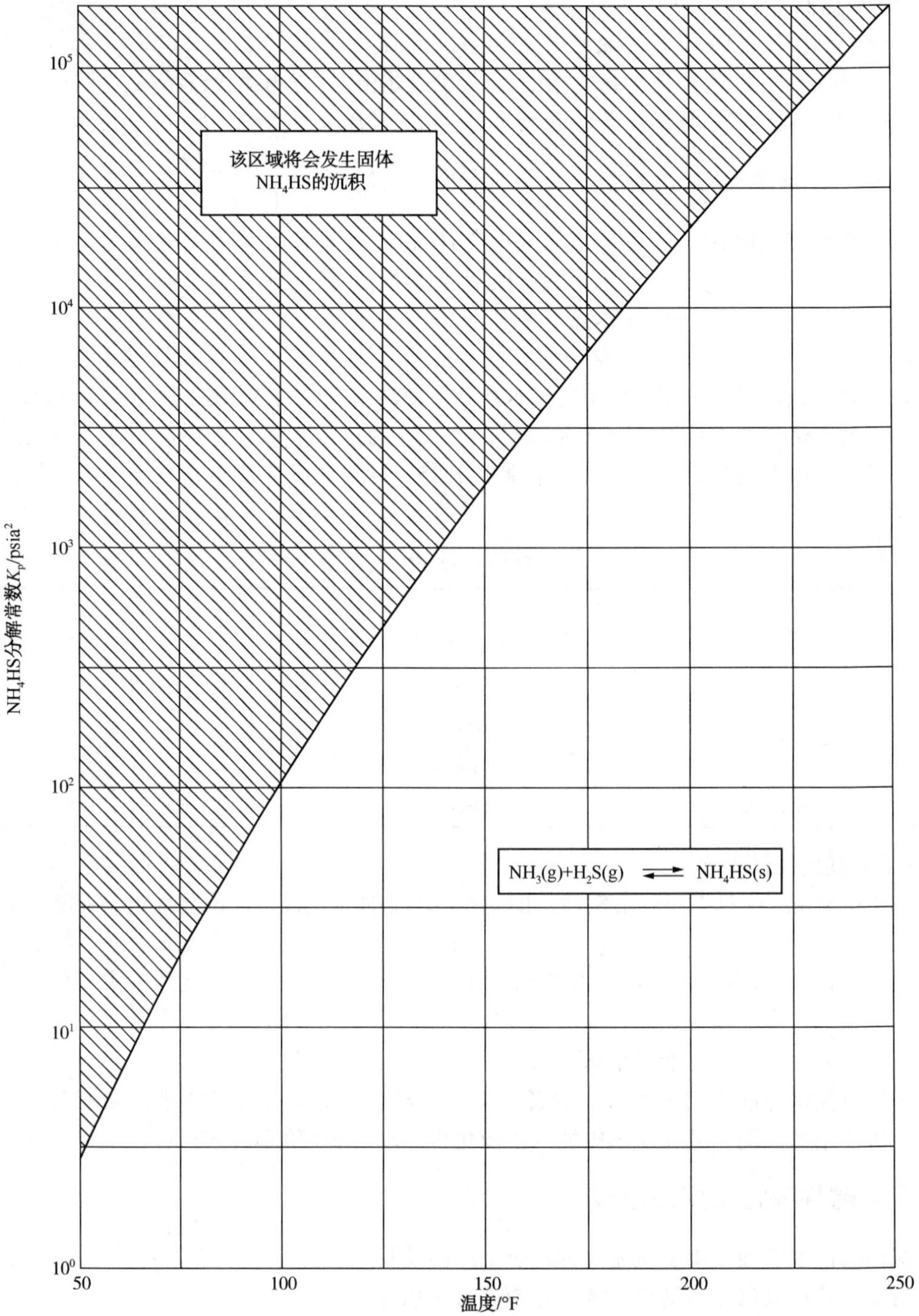

图 11-1-3　反应流出物中 NH_4HS 沉积温度与 K_p 关系曲线

$$K_{p\,NH_4HS} = [P_{NH_3}] \times [P_{H_2S}]$$

式中　$K_{p\,NH_4HS}$ ——NH_4HS 分解常数 K_p 值，$psia^2$；

$[P_{NH_3}]$ ——氨气分压，psia；

$[P_{H_2S}]$ ——H_2S 分压，psia。

同样，每个组分的分压，可以通过将气相中单个组分的摩尔数，除以气相的总摩尔数，再乘以工艺过程的绝对总压力的方式计算。

NH_4HS 的生成量取决于反应流出物中 NH_3 和 H_2S 的浓度，因为硫化氢的生成量远大于氨的生成量，所以可以基于加氢反应氮的转化率以及原料油中氮含量计算 NH_4HS 的生成量。也可以根据下列关系条件计算酸性水中 NH_4HS 的浓度：

如果 H_2S <2%×NH_3百分含量，

那么 NH_4HS 生成量=1.5×H_2S 百分含量

如果 H_2S>2%×NH_3百分含量，

那么 NH_4HS 生成量=3×NH_3百分含量(最常见情况)

这些关系式很容易从 NH_4HS 由等摩尔量的 NH_3 和 H_2S 组成的这一事实中推导出来。因此，酸性水中形成的 NH_4HS 的含量受到 NH_3 和 H_2S 中任一组分的最小摩尔浓度的限制。

2. 工艺参数设置

碱性酸性水腐蚀主要是硫氢化铵造成的腐蚀，其腐蚀性与硫氢化铵浓度、流速以及硫化氢分压相关。

碱式酸性水(NH_4HS 溶液)体系，340kPa(绝)、55℃条件下碳钢腐蚀速率与流速和 NH_4HS 浓度的关系见图 11-1-4，腐蚀规律如下：

① 在低 NH_4HS 浓度(≤2%)、低流速条件下，碳钢腐蚀速率较低；随着流速的增加，碳钢的腐蚀速率略有增加。

② 在中等 NH_4HS 浓度(2%~8%)、低流速条件下，碳钢显现出较低至中等腐蚀速率；碳钢的腐蚀速率随流速的增加而显著增大。

③ 在高 NH_4HS 浓度(≥8%)、低流速条件下，碳钢显现出中等至较高腐蚀速率；碳钢的腐蚀速率随流速的增加而显著升高。

加氢装置 REAC 系统一般用硫化氢和氨的摩尔百分数乘积 K_{pm} 来表征硫氢化铵的腐蚀程度($K_{pm}=n_{H_2S}$，$n_{NH_3}n_{H_2S}$、n_{NH_3}分别为 H_2S，NH_3 的摩尔分数,%)。K_{pm}值越大，即硫氢化铵浓度越高，发生腐蚀风险越严重。高压空冷器选用碳钢设备时，要控制 K_{pm}在 0.5 以下，流速控制在 3~6m/s，否则进行材质升级。

加氢反应馏出物系统应控制冷高分入口温度 40~55℃。

此外，高压空冷器应禁止局部停风机、局部关闭百叶窗，以及局部调节风机的频率，必要时应进行红外热成像测试，确定空冷器组及空冷器管束是否存在偏流。

(二) 注水

加氢装置反应流出物系统应采用注水冲洗操作，因为注水后反应过程中所有生成的 NH_3 几乎均被吸收到分离器中水相中，不再进入循环氢中。如果反应流出物系统没有采取注水冲洗的操作，生成的 NH_3 将随循环氢一起进入反应器中，然后再进入反应流出物，可导致反应流出物中 NH_3 含量将会高很多。

对于反应流出物系统，如果在高换前没有注水，高压空冷器前注水必须保证注水部位有25%的液态水，并控制高分水 NH_4HS 浓度小于 4%。关于注水量的估算和注水水质要求请参考氯化铵腐蚀控制注水部分。

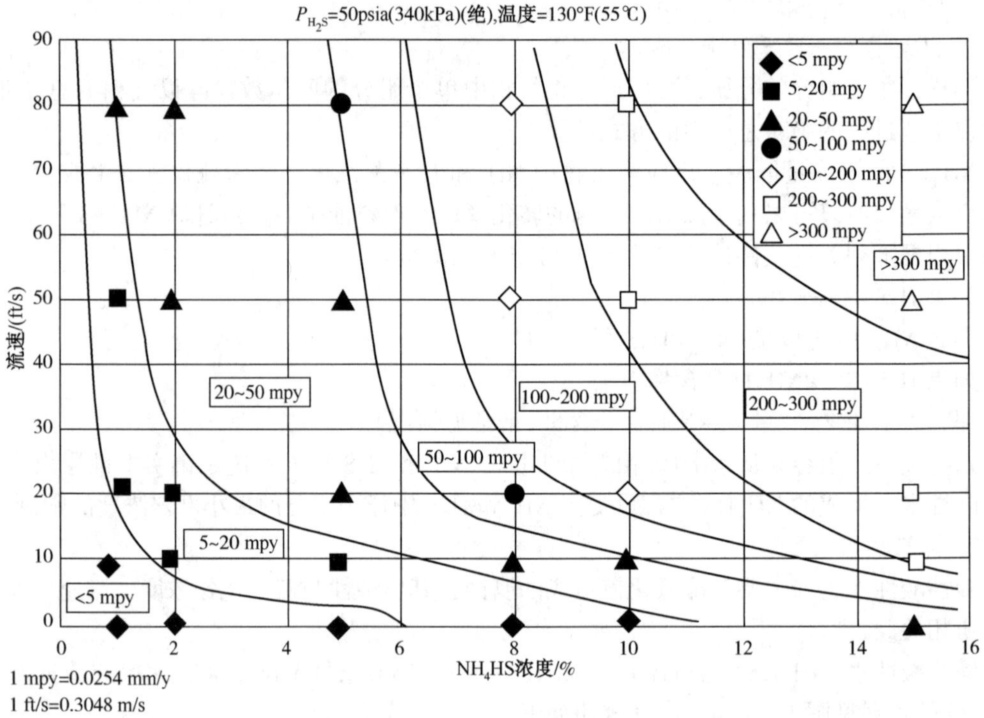

图 11-1-4　340kPa(绝)55℃条件下碳钢腐蚀速率与流速和 NH_4HS 浓度的关系

对于硫化氢汽提塔塔顶系统、分馏塔塔顶系统如果决定注水，同样必须保证注水部位有25%的液态水，否则可导致严重腐蚀。

(三) 其他注意事项

注水采用宜使水分散均匀的喷头，或者静态混合器。

对于碱式酸性水(NH_4HS 溶液)体系，添加 50~500mg/L 的多硫化铵(APS)，可将碳钢的腐蚀速率降低 75%~90%。在低流速(壁面剪切应力)条件下，APS 在金属表面能形成稳定的保护膜，从而提供较好的保护作用；在较高流速(壁面剪切应力)条件下，保护膜稳定性下降，导致保护作用降低。添加 100~500mg/L 的咪唑啉缓蚀剂，可将碳钢的腐蚀速率降低 35%~95%，但咪唑啉的缓蚀性能表现出较大的差异性。因为咪唑啉的缓蚀性能主要依赖其在体系中充分混合，以确保咪唑啉与金属表面接触，因此，在某些流态下(尤其是层流状态)，由于咪唑啉无法在体系中混合完全，所以难以发挥其缓释作用。

三、其他工艺防腐

(一) 原料与处理量控制

装置应连续平稳操作，处理量应控制在设计范围内，超出该范围应请设计单位核算。

装置加工的原料油必须符合设计要求，原料中硫、氮、氯离子、铁离子和金属含量等应严格控制在设计值范围内。

补充氢气必须符合设计要求，氢气中不含氯化物或氯离子。控制循环氢气脱后的 H_2S 含量≤0.1%(体)。

（二）循环水控制

循环冷却水管程流速不宜小于 1.0m/s。当循环冷却水壳程流速小于 0.3m/s 时，应采取防腐涂层、反向冲洗等措施。循环冷却水水冷器出口温度推荐不超过 50℃。

（三）加热炉操作

温度：控制加热炉炉管表面不能超过设计温度。

露点腐蚀控制：控制排烟温度，确保管壁温度高于烟气露点温度 8℃以上，含硫烟气露点温度可通过露点测试仪检测得到或相关烟气硫酸露点计算方法估算（参考中国石化《炼油工艺防腐蚀管理规定》实施细则）。

（四）停工期间维护

防止硫化亚铁自燃：推荐停工时采取 FeS 清洗钝化措施。

注意临氢系统的 Cr-Mo 钢回火脆性问题。在开停工过程中，凡临氢设备、管线应遵循“先升温、后升压，先降压、后降温”的原则。

防止 300 系列不锈钢连多硫酸应力腐蚀开裂：参考 NACE RP0170“炼油厂设备停工期间避免奥氏体不锈钢出现连多硫酸应力腐蚀开裂的防护措施”实施。

四、工艺防腐案例

（一）硫化氢汽提塔顶挥发线腐蚀

某企业 2#加氢装置 T201 汽提塔塔顶挥发线腐蚀严重，2016 年 9 月更换使用至今，材质为 20#钢。温度约为 200℃，压力为 0.6MPa。汽提塔塔底通入汽提蒸汽，流量约 1.8t/h；塔顶为轻烃进料，流量约 6t/h。腐蚀最严重区域位于注剂点后直管段约 1.2m 处，支撑架上方，即示意图 11-1-5 中位置 1。该处管道内壁为全面减薄，管道原始壁厚为 8mm。测厚结果显示，最薄点处壁厚值仅为 3.74mm。管道剖开后，宏观形貌如图 11-1-6 所示，可以看出管壁厚度不均，内壁附着黑褐色垢物。此外，注剂管下部发生严重腐蚀，最底端已完全腐蚀掉。

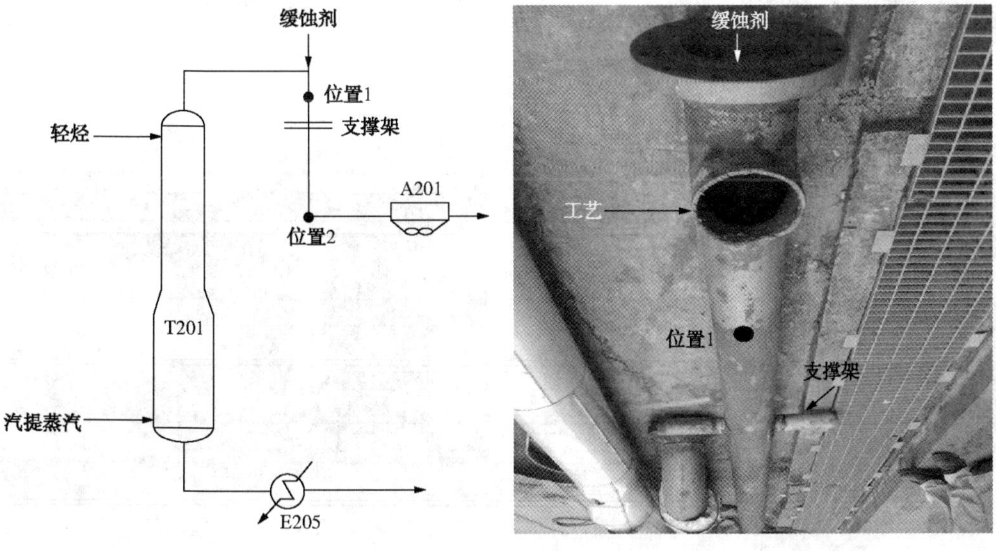

图 11-1-5　汽提塔腐蚀部位示意图

此处腐蚀是由注缓蚀剂过程中引入的液态水导致：轻烃中的腐蚀性物质，如 H_2S、HCl 等溶解于液态水中，形成酸性溶液，碳钢管线在高温酸性溶液的作用下全面减薄。由于轻烃温度较高，液态水在向下流动的过程中逐渐蒸发，腐蚀减轻直至消失，因此仅位置 1 的减薄最为严重。

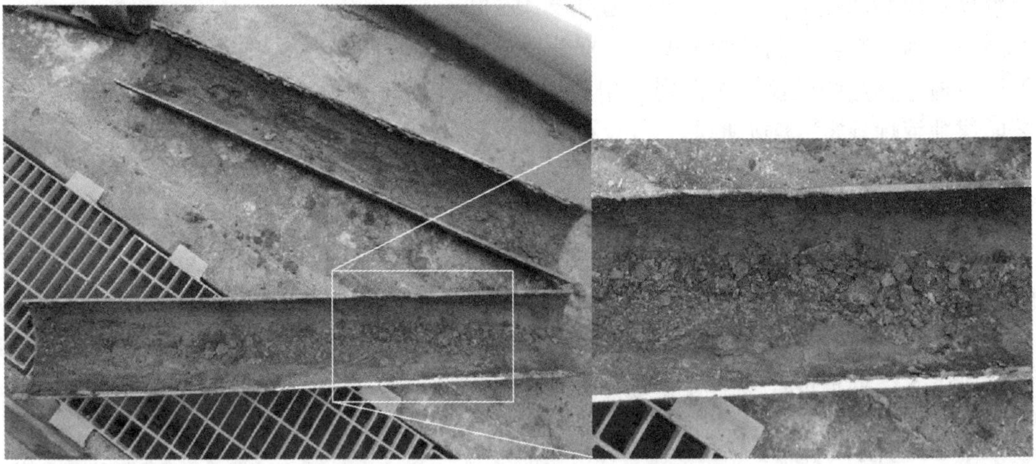

图 11-1-6　汽提塔直管段(位置 1)腐蚀部位形貌

注剂点后挥发线第一弯头处有明显沟槽，减薄处位于弯头外侧，宏观形貌如图 11-1-7 所示。弯头曲率半径由原有的 1.5*D* 改为 3*D*，使用周期由原有的不到两年提高至一个运行周期。该处介质总流速约为 8~9m/s。分析腐蚀原因，初步认为是由液滴冲击导致的，弯头曲率半径的提高有助于减缓液滴冲击，因此使用周期提高。

(二) 加氢裂化装置高压换热器失效

某炼油厂加氢裂化装置高压换热器 1992 年 6 月失效，不锈钢 U 形管下部腐蚀严重，一根列管 2 处泄漏。材质为 1Cr18Ni9Ti，腐蚀性介质含量为硫离子 5.7%，氯离子 0.182%。腐蚀原因为大量不均匀沉积的油焦在管束外壁导致溃疡性腐蚀坑，在氯离子的作用下，在坑底诱发应力腐蚀，见图 11-1-8。

建议措施：

① 原料中严格控制氯离子含量。

图 11-1-7　汽提塔弯管段(位置 2)腐蚀部位形貌

图 11-1-8　加氢裂化装置高压换热器管束外壁腐蚀形貌

② 定期清除油焦层。

（三）加氢裂化装置高压器空冷管束腐蚀

原因：操作条件恶劣，注水不够，管内结垢引起流动状态不均匀，局部冲刷腐蚀。见图 11-1-9。

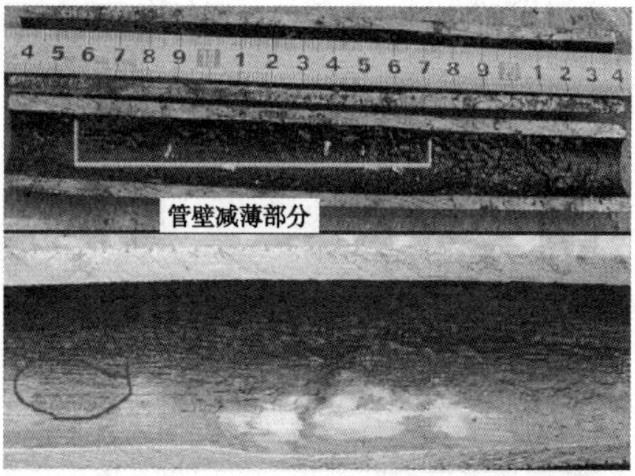

图 11-1-9　加氢裂化高压空冷管内腐蚀形貌

建议措施：进行流速核算，根据核算结果调整注水量，保证注入点部位存在 25%液态水。

（四）高分油管线泄漏

操作压力为：2.75MPa（设计压力为：3.03MPa）；操作温度为：326℃（设计温度为：340℃）。该管线长约 300m，规格为：Φ219.1×8.8mm，为进口产品；有弯头 27 只，弯头材质：0Cr18Ni9，规格为：Φ219.1×8.8mm。投产 1.5 年后进行了停工检修，管线进行了氮气吹扫，但未进行蒸汽吹扫及中和清洗，开车后发现弯头处有漏油现象，经检查 27 个弯头有 19 个发现有渗漏。

原因：管道焊接造成了残余拉应力，热影响区处于敏化温度而造成的晶界高度贫铬，使应力腐蚀裂纹很容易沿晶界扩展。弯管的材质存在着严重的热处理缺陷，晶界有明显链状碳化物析出，造成晶界贫铬区，因此非常容易引发晶间腐蚀和沿晶型应力腐蚀开裂；弯头外壁在受岩棉保温层中氯离子和高温水汽的作用下容易发生晶间腐蚀和氯化物应力腐蚀开裂。从腐蚀形态看穿透管壁的裂纹是由管内介质引起的应力腐蚀破裂造成的，内壁引发应力腐蚀开裂是弯头失效的主要原因。弯头的失效是连多硫酸引起的应力腐蚀破裂。焊接热影响区敏化和参与拉应力是奥氏体不锈钢应力腐蚀开裂的内因，连多硫酸是敏化奥氏体不锈钢应力腐蚀开裂的外因。

措施：严格控制焊接工艺，选用较少或不含 Cl^- 的保温材料。停车后马上用碱液中和清洗，预防连多硫酸应力腐蚀开裂发生。

第二节　腐蚀监测

腐蚀监检测方式包括在线监测（在线 pH 计、高温电感或电阻探针、低温电感或电阻探针、电化学探头、在线测厚等）、化学分析、定点测厚（含在线测厚）、腐蚀挂片、红外热测试、烟气露点测试等。各装置应根据实际情况建立腐蚀监检测系统和腐蚀管理系统，保证生产的安全运行。

腐蚀探针安装在脱丁烷塔、脱乙烷塔和分馏塔顶冷凝器的入口管线上，对腐蚀速率进行实时监测，根据监测结果对评价工艺防腐措施的有效性，调节缓蚀剂的注入量。

装置运行中的定点测厚重点部位有：高压空冷器管箱和进出口管线、弯头、三通，高分油高压泄放至低压的管线，冷高压分离器、冷低压分离器的酸性水管线，反应系统超压泄放管线，高压进料系统的超过 240℃的碳钢和铬钼钢管线；分馏系统塔顶挥发线，重沸炉的出入口管线等。对于盲肠、死角部位，如排凝管、采样口、调节阀副线、开停工旁路、扫线头等在定点测厚中应引起足够的重视，其他根据装置检修腐蚀状况适当增减在线定点测厚点。

对于加热炉，需要定期对原料中硫等杂质和烟气露点进行分析，大修期间对炉管进行测厚检查。

一、定点测厚

加氢裂化装置的定点测厚布点应一般控制在400~800个左右，定点测厚选点时应重点考虑如下部位：

① 反应流出物管道弯头、大小头；

② 高压进料系统超过240℃的碳钢和铬钼钢管道，反应系统超压泄放管道；

③ 混氢点部位管道，加热炉进出口管道、弯头；

④ 高压空冷器的管箱、进出口管道、弯头和三通等部位；

⑤ 冷高分酸性水出口管道、弯头和高压换热设备出入口短节；

⑥ 汽提塔顶挥发线、回流线，以及分馏塔顶挥发线和回流线；

⑦ 空冷器、冷却器壳体及出入口短节；

⑧ 对于盲端、死角部位，如排凝管、采样口、调节阀副线、开停工旁路和扫线头也应引起重视。

二、腐蚀挂片

加氢装置主要设备腐蚀挂片推荐位置见表11-2-1。

表11-2-1 加氢装置腐蚀挂片推荐位置

序号	位置	监测内容
1	冷高压分离器	冷高分油气对设备的腐蚀性
2	冷低压分离器	冷低分油气对设备的腐蚀性
3	硫化氢汽提塔顶部	塔顶油气对设备的腐蚀性
4	硫化氢分馏塔进料段	油气对设备的高温腐蚀性
5	产品分馏塔顶部	塔顶油气对设备的腐蚀性
6	产品分馏塔进料段	油气对设备的高温腐蚀性
7	喷气燃料汽提塔进料段	喷气燃料对设备的高温腐蚀性
8	柴油汽提塔进料段	柴油对设备的高温腐蚀性
9	吸收脱吸塔顶部	塔顶油气对设备的腐蚀性
10	石脑油稳定塔顶部	塔顶油气对设备的腐蚀性
11	石脑油稳定塔进料段	油气对设备的腐蚀性
12	脱戊烷塔(石脑油分馏塔)顶部	塔顶油气对设备的腐蚀性
13	脱戊烷塔(石脑油分馏塔)进料段	油气对设备的腐蚀性
14	硫化氢汽提塔顶回流罐	罐内污水对设备的腐蚀性
15	产品分馏塔顶回流罐	罐内污水腐蚀性能
16	稳定塔顶回流罐	罐内污水腐蚀性能
17	脱戊烷塔顶(石脑油分馏塔)回流罐	罐内污水腐蚀性能
18	循环氢压缩机入口分液罐	罐内气和水的腐蚀性能

注：根据装置具体情况选用腐蚀挂片。

低温部位腐蚀挂片的悬挂位置应处于水相或与水相接触的部位。挂片材质应根据挂片部位设备的材质和腐蚀环境，按照材质等级选取 1~3 种材料。每种材料需要 2~3 个平行挂片。

三、腐蚀探针

加氢裂化装置腐蚀探针的安装位置及探针类型见表 11-2-2。监测低温水相腐蚀时，腐蚀探针安装应保证探针浸入到有冷凝水的位置。腐蚀探针材质应选用监测部位设备或管道相同的材质。安装腐蚀探针时管道开孔、底座焊接等按照相关标准规范，安装后腐蚀探针应具有在线拆卸、更换等功能。

表 11-2-2 加氢裂化装置腐蚀探针安装位置及探针类型

序号	位置	探针类型	检测内容
1	硫化氢汽提塔顶油气空冷器之前总管	连续低温电感或电阻探针	塔顶油气和水的腐蚀
2	分馏塔顶油气空冷器之前总管	连续低温电感或电阻探针	塔顶油气和水的腐蚀
3	脱丁烷塔顶油气空冷器之前总管	连续低温电感或电阻探针	塔顶油气和水的腐蚀

注：根据装置具体情况选用腐蚀探针。

四、化学分析

加氢裂化装置与腐蚀检测相关的化学分析介质、分析项目、分析频率及分析方法见表 11-2-3。

表 11-2-3 加氢裂化装置与腐蚀相关的化学分析项目

分析介质	分析项目	单位	最低分析频次	建议分析方法
原料油	总氯含量	μg/g	1 次/周	GB/T 18612
	金属含量	μg/g	按需	Q/SH 3200-134
	硫含量	%	1 次/周	GB/T380
	氮含量	μg/g	1 次/周	NB/SH/T 0704
	酸值	mgKOH/g	按需	GB/T 18609
循环氢	氯化氢	mg/m^3	按需	Q/SH 3200-109
	硫化氢含量	%	1 次/周	GB/T11060. 1
分馏塔回流罐(V2109)排出水、冷高压分离器(V2102)排出水、冷低压分离器(V2103)排出水	pH 值	mg/L	1 次/周	GB/T 6920
	氯离子含量		1 次/周	GB/T 15453
	硫化物含量		按需	HJ/T 60
	铁离子含量		1 次/周	HJ/T 345
	氨氮		按需	HJ 537

注：原料油分析项目应测定 Na、Fe、Ca、Ni 和 V 金属含量。

五、红外监测

在装置运行期间，应通过红外热成像检测设备和管道保温隔热材质的破损情况、检测加热炉炉管的温度分布状况、检测空冷器入口管道和管束中介质的流动状况。红外热成像测试周期应根据设备和管道的具体情况以及测量结果确定。

六、腐蚀检查

腐蚀检查工作应遵循普查与重点检查相结合的原则，应与设备、管道的点检、日常维修、停车大修、定期检验等工作紧密结合。装置检修时将腐蚀检查工作列入检修计划，了解腐蚀形态，分析腐蚀原因，预测腐蚀发展趋势，提出维修和下一运行周期的防腐措施。

①加氢裂化装置的重点检查部位包括：冷高压分离器、冷低压分离器、脱丁烷塔顶冷却器、回流罐；脱乙烷塔顶冷却器、回流罐、高压空冷器等。

② 加热炉腐蚀检查的重点包括：反应进料加热炉辐射炉管蠕变测量；分馏加热炉炉管及进出管测厚；奥氏体不锈钢炉管焊缝裂纹检查。

③ 加氢反应器的腐蚀检查重点包括：检查堆焊层裂纹和堆焊层剥离情况；催化剂支撑凸台裂纹情况；检查主焊缝和接管焊缝裂纹情况；法兰梯形密封槽底部拐角处裂纹检查。

④ 高压换热器的腐蚀检查重点包括：检查堆焊层裂纹和堆焊层剥离情况；检查主焊缝和接管焊缝裂纹情况；检查换热管与管板焊缝裂纹；换热管内外壁检查、测厚，管内涡流探伤或管内充水超声波探伤，内窥镜检查；密封面检查。

⑤ 高低压分离器的腐蚀检查重点包括：热高压分离器检查要求与反应器相同；冷高压分离器、冷低压分离器检查内壁湿硫化氢环境下的裂纹，以及底部排水管和管线、阀门的冲刷腐蚀检查。

⑥ 高压空冷器的腐蚀检查重点包括：翅片管壁外观检查；翅片管内壁涡流探伤或管内充水超声波探伤、内窥镜检查；高压空冷器注水管附近，出入口连接管弯头的冲刷腐蚀检查。

⑦ 管道的腐蚀检查重点包括：检查奥氏体不锈钢材质管道焊缝及阀门的裂纹；铬钼钢管线材质鉴定、测厚。

第三节　腐蚀控制回路

一、概述

腐蚀控制回路操作窗口是借鉴腐蚀回路和完整性操作窗口的理念，针对装置重点腐蚀部位，尤其是低温腐蚀的高风险部位，建立重点操作参数、工艺防腐参数及腐蚀监检测参数等的管控清单，并集成在同一操作窗口内进行展现及管理，便于工艺防腐措施的有效实施及腐蚀状态的有效监控，以保障装置的安全稳定运行。

其中，所借鉴的腐蚀回路(Corrosion Loop，CL)是将流程中具有相同工艺介质、相近的操作温度和压力(温度差<13℃，压力差<0.4MPa)、相同或相近损伤机理的结构材料、相同相变状态的设备和管线划分为同一条回路，通过对装置高腐蚀风险部位编制腐蚀回路，制定对应的防腐措施和监检测方案，或对装置进行腐蚀适应性评估。

所借鉴的完整性操作窗口(Integrity Operating Windows，IOW)是预先设定并建立一些工艺操作边界或工艺参数的临界值，使操作或工艺严格控制在这些界定的范围内，在此范围内的腐蚀速率是可预测和接受的。建立和维护这个操作边界，有助于防止因工艺条件由缓慢变化到可能导致设备严重劣化的程度。任何超出操作边界的操作都会引起变更管理(MOC)过程。由于几个相互关联的工艺参数会影响到腐蚀潜在的可能性，因此很难准确建立操作边界。需要仔细考虑每个工艺参数的影响，以及对腐蚀的任何协同效应。某些情况下，特定类型装置的成功经验有助于更好地理解该类型装置的腐蚀特性，并且可能增强了操作边界设置的灵活性。然而，这种经验仅针对某种类型装置，并不一定广泛适用。

二、腐蚀控制回路示例

下面以某一类型加氢裂化装置反应流出物系统和分馏塔顶系统为例介绍腐蚀控制回路的构建过程。需要注意腐蚀控制回路的构建需基于装置工艺流程、设备管线材质、工艺防腐及腐蚀监检测措施等相关信息，下文腐蚀控制回路构建实例并不能完全适用于所有加氢装置。

(一) 反应流出物系统

某加氢装置反应及单元工艺流程如图 11-3-1 所示。反应流出物系统为加氢装置重点腐蚀区域之一，主要腐蚀机理包括氯化铵腐蚀、含硫氢化铵酸性水的腐蚀、湿硫化氢引起的损伤。主要工艺防腐措施为温度控制、注水、注缓蚀剂等，相关防腐措施见第一节。为了保证工艺防腐措施的有效实施及腐蚀状态的有效监控，建立反应流出物系统腐蚀控制回路。

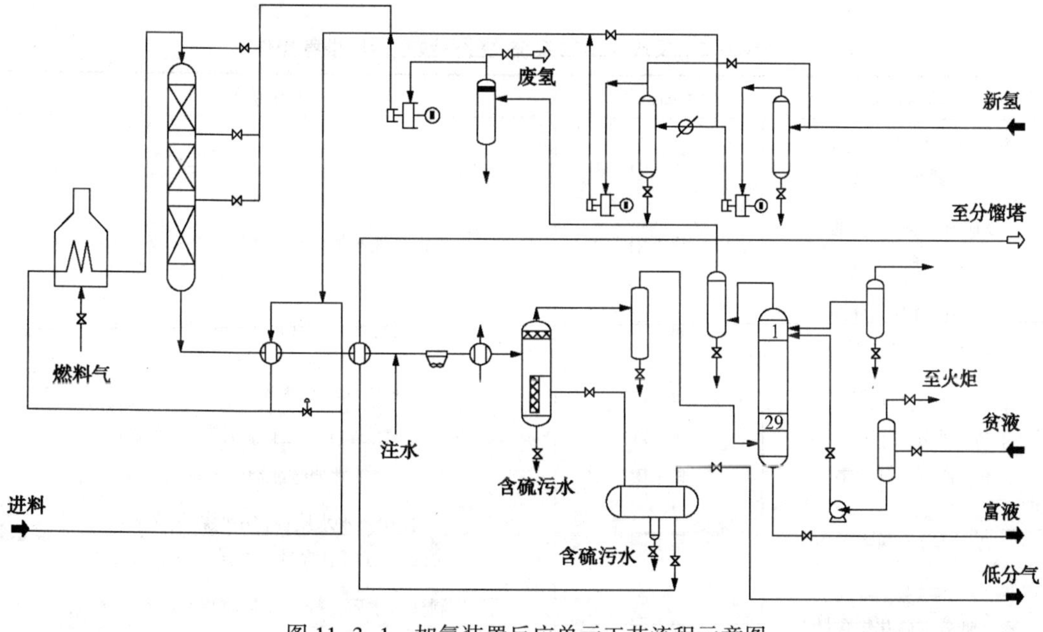

图 11-3-1 加氢装置反应单元工艺流程示意图

反应流出物系统所涉及的设备管线主要包括：反应流出物/混合进料换热器、反应流出物/低分油换热器、反应流出物空冷器、反应流出物后冷器、高压分离器、低压分离器及与这些设备相连接的主要工艺管线。

加氢反应流出物系统关键参数及推荐控制范围如表 11-3-1 所示，关键参数超标后的相关推荐措施见表 11-3-2。建立的腐蚀控制回路操作窗口如图 11-3-2 所示。

表 11-3-1　反应流出物系统关键参数及推荐控制范围

参数名称	单位	推荐上限值	推荐下限值
反应流出物/混合进料换热器出口温度	℃	—	氯化铵结盐温度+5
反应流出物/低分油换热器前注水量	t/h	保证高分分水效果	保证 10%~25%液态水
反应流出物/低分油换热器前注水量	t/h		
高、低分水 pH 值		9	7
高、低分水铁离子	mg/L	3	—
高、低分水氯离子	mg/L	30	—
高、低分水硫化物含量	mg/L		
高、低分水氨氮含量	mg/L		
在线测厚(如有)	mm/a	0.2	—
注缓蚀剂量	kg/h		根据高、低分水铁离子控制上限调整
系统压降	MPa		

表 11-3-2　反应流出物系统关键参数超标后推荐操作

参数名称	超标状态	推荐操作
反应流出物/混合进料换热器出口温度	超下限	升高温度至氯化铵结盐温度+5℃以上
反应流出物/低分油换热器前注水量	超下限	提高注水量，保证 10%~25%液态水
反应流出物/低分油换热器前注水量	超下限	提高注水量，保证 10%~25%液态水
高、低分水 pH 值	超上限	控制注水水质达标；控制 N 转化率
高、低分水 pH 值	超下限	控制注水水质达标；控制 N 转化率
高、低分水铁离子	超上限	增加缓蚀剂注入量
高、低分水氯离子	超上限	控制注水水质；控制原料氯含量；控制循环氢氯含量；加强高换系统监测
高、低分水硫化物含量	超上限	控制注水水质；控制原料油及循环氢硫含量；核算流速，加强空冷系统监测
高、低分水氨氮含量	超上限	控制注水水质；控制 N 转化率
在线测厚	超上限	增加中和剂和缓蚀剂注入量；加强监测
系统压降	超上限	加大注水量冲洗铵盐结晶

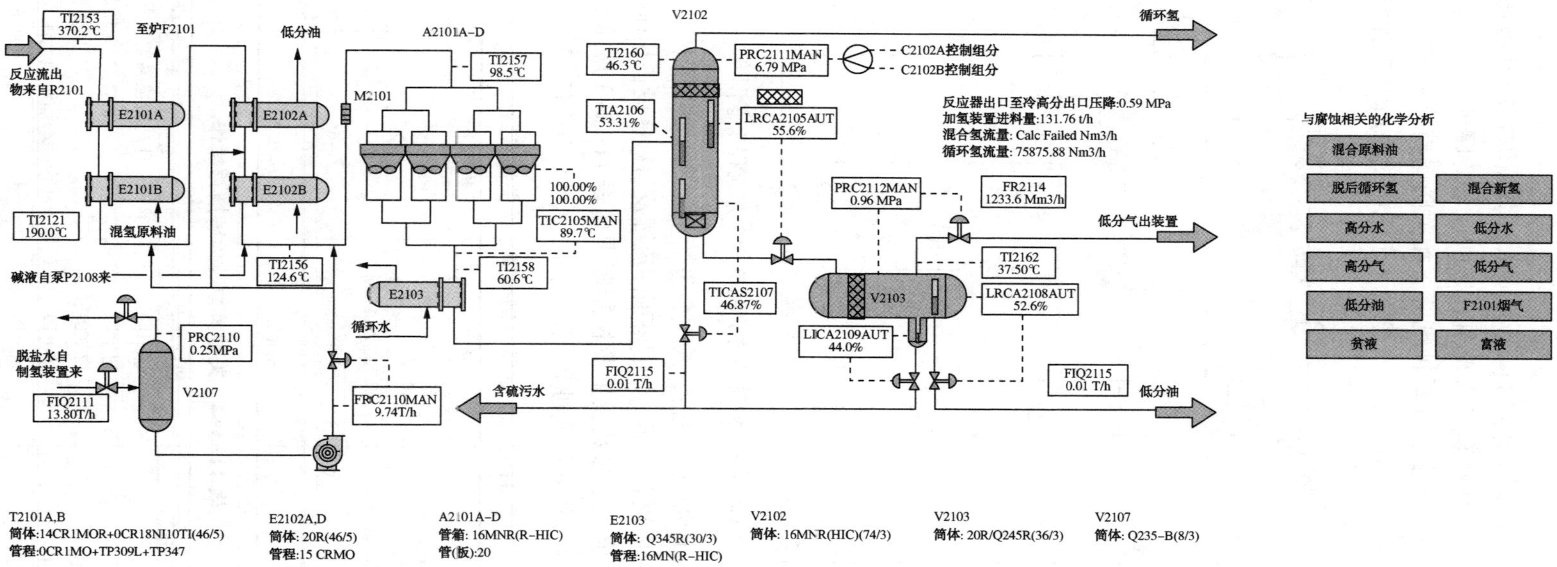

图11-3-2　反应流出物系统腐蚀控制回路操作窗口

（二）分馏塔顶系统

某加氢装置分馏单元工艺流程如图 11-3-3 所示。分馏塔顶冷凝冷却系统为该加氢装置另一重点腐蚀区域，主要腐蚀机理包括含硫氢化铵酸性水的腐蚀、湿硫化氢引起的损伤。主要工艺防腐措施为温度控制、注水、注缓蚀剂等，相关防腐措施见第一节。为了保证工艺防腐措施的有效实施及腐蚀状态的有效监控，建立反应流出物系统腐蚀控制回路。

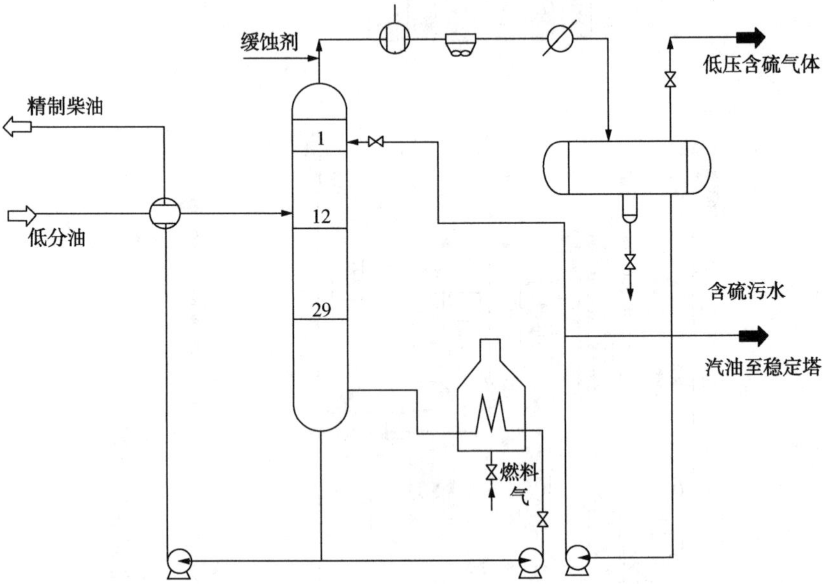

图 11-3-3　加氢装置分馏单元工艺流程示意图

分馏塔顶冷凝冷却系统所涉及的设备管线主要包括：分馏塔顶部壳体及内件、分馏塔顶换热器、分馏塔顶空冷器、分馏塔顶后冷器、分馏塔顶回流罐及与这些设备相连接的主要工艺管线。

分馏塔顶冷凝冷却系统关键参数及推荐控制范围如表 11-3-3 所示，关键参数超标后的相关推荐措施见表 11-3-4。建立的腐蚀控制回路操作窗口如图 11-3-4 所示。

表 11-3-3　加氢分馏塔顶系统关键参数

参数名称	单位	推荐上限值	推荐下限值
分馏塔顶温度	℃	—	露点温度+14
塔顶回流罐排水 pH 值		9	7
塔顶回流罐排水铁离子	mg/L	3	—
塔顶回流罐排水氯离子	mg/L	30	—
在线腐蚀探针(如有)	mm/a	0.2	—
在线测厚(如有)	mm/a	0.2	—

表 11-3-4　关键参数超标后推荐操作

参数名称	超标状态	推荐操作
分馏塔顶温度	超下限	升高塔顶温度至露点温度+14℃以上
塔顶回流罐排水 pH 值	超上限	加强监控；
塔顶回流罐排水 pH 值	超下限	加强监控；
塔顶回流罐排水铁离子	超上限	增加缓蚀剂注入量；加强监控；
塔顶回流罐排水氯离子	超上限	加强监控；
在线腐蚀探针	超上限	增加缓蚀剂注入量；加强监测
在线测厚	超上限	增加缓蚀剂注入量；加强监测

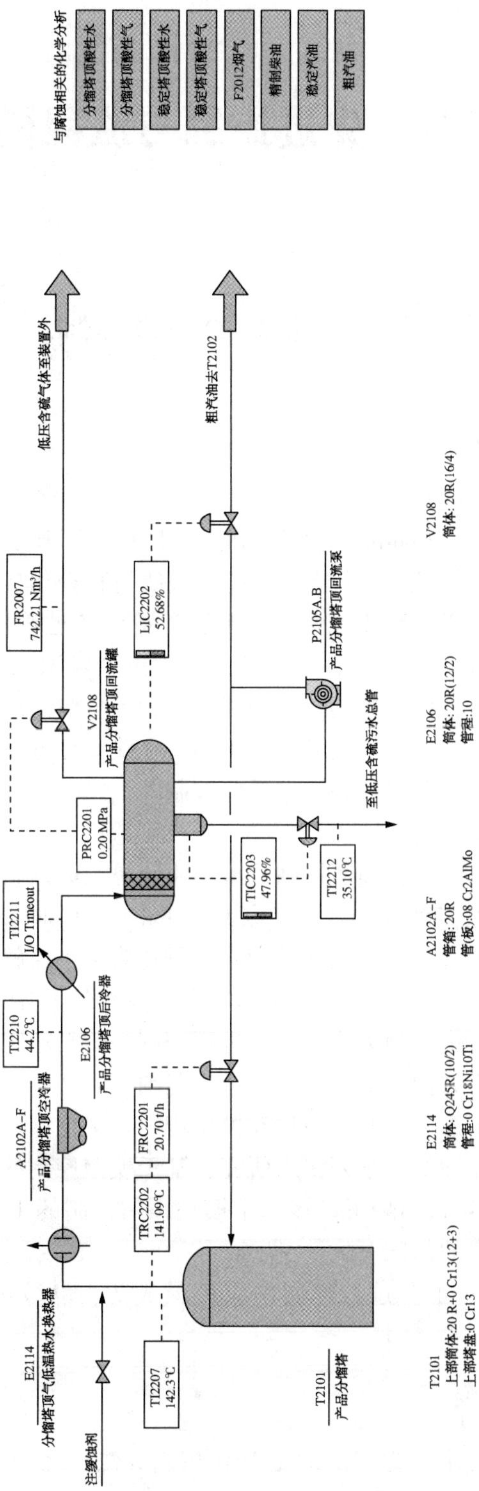

图11-3-4　分馏塔顶系统腐蚀控制回路

第十二章　先进控制与流程模拟

第一节　加氢装置先进控制

一、先进控制基本概念

（一）先进控制技术的发展历程

先进控制(Advanced Process Control，简称 APC)，是相对于基于比例积分微分(PID)控制的传统经典控制技术而言的、基于现代控制理论的高级过程控制技术。

为了把现代控制理论应用于过程控制领域，解决工业生产过程控制中的难题，20 世纪 70 年代初开始，人们进行了不懈的努力，加强了建模理论、辨识技术及最优控制等工程化的研究，对深入认识连续生产过程控制的特点和规律起到了重要作用。在此基础上，并从工业过程的特点出发，提出了一些对数学模型要求不高，在线计算方便并有较强鲁棒性的实用控制策略和方法，如推理控制、鲁棒控制、自适应控制等，并在实际生产过程中得到了一些应用。

但直到 20 世纪 70 年代末，模型预估控制的出现才使得先进控制技术逐渐被工业界广泛接受。1980 年前后，来自过程控制界的两位专家 J. Richalet 和 C. R. Cutler 分别报道了解决实时动态环境下带约束多变量耦合系统控制问题的有关研究成果，这就是著名的模型预测启发式控制(MPHC)和动态矩阵控制(DMC)。自此，过程工业界便开始广泛接触现代控制理论的概念，引发了预估控制等先进控制策略在工业过程控制中的大量实际应用。

模型预估控制，具有建模方便、鲁棒性强、适应范围广、便于实施等优点，与其相应的理论基础和设计方法也得到了深入研究。通过在模型辨识、优化算法、控制结构分析、参数整定和有关控制稳定性和鲁棒性等一系列深入研究，基于模型控制的理论体系和工程技术体系逐步形成和完善。整个 80 年代出现了许多基于模型预估控制的工程化软件包，为先进控制技术的工业应用打下了坚实的基础。

模型预估控制已成为目前工业过程控制中应用最成功、也最具发展前景的先进控制策略。

（二）先进控制的特点

1. 与常规 PID 控制的不同

在生产过程自动控制中使用最为广泛的是 PID 控制算法，缘于 PID 算法鲁棒性强、操作简单方便。但由于装置处理量不断增大，工艺过程越来越复杂，对自动控制的要求也越来越高。为追求更好的控制性能、更有效的抗干扰能力和更能控制体现产品质量的性能指标，PID 算法已不能满足人们的要求。开发和应用更先进的控制方法，便成了近 30 多年来的热点。

常规 PID 适用于单回路对象或者由快慢回路组成的串级控制对象，无法将一个操作单元作为整体对象来处理。先进控制可以理解为一个多对多的大串级控制器，与串级的区别是其采用的算法不是 PID，而是基于对象模型矩阵的预估控制算法。

PID 控制算法是单输入单输出简单反馈控制回路的核心算法，其理论基础是经典控制理论，主要采用频域分析方法进行控制系统的分析设计和综合。预估控制是直接从工业过程应用中提出的一类基于模型的优化控制算法。它的产生首先是工业实践的迫切需求，也是来自对生产过程及其特点深入观察研究的灵感。它的出现使得过程控制中强耦合、大迟延等难题迎刃而解，为过程控制增添了新的活力。

2. 对于装置对象的针对性

常规 PID 控制仅有三个参数可以调整，比例度 P、积分时间 I、微分时间 D，无法准确应对被控对象的动态特性与稳态特性，控制效果不一定是最佳的。

预估控制普遍采用参数模型或者非参数模型，能够有效地表达被控指标(因变量)受操作手段以及干扰因素(自变量)的影响。

3. 系统实现与运行特点

先进控制系统的实现，往往需要基于大规模的计算：数据处理与传输，模型辨识与预测计算，控制规律的计算，控制性能的评价，整体系统的监视(包括统计计算、各种图形显示)等，均依赖于计算机，因而需要借助于上位机的计算资源来实现。

先进控制系统采取周期性方式运行，根据对象的时间常数特性确定合适的运行间隔，多数情形为 1min 或 30s。每一运行周期首先从 DCS 控制系统读取变量参数数据，进行计算，然后输出到 DCS 控制系统执行。

(三) 先进控制的作用

1. 先进控制最基本的作用是提高装置运行的平稳性

先进控制通过装置或过程单元的多变量协调控制和约束控制，可以充分发挥 DCS 常规控制回路的潜力，协调管理各调节回路，克服延迟、耦合、干扰的影响，降低各被控参数的运行波动。先进控制能提高装置操作的平稳性。如图 12-1-1 所示。

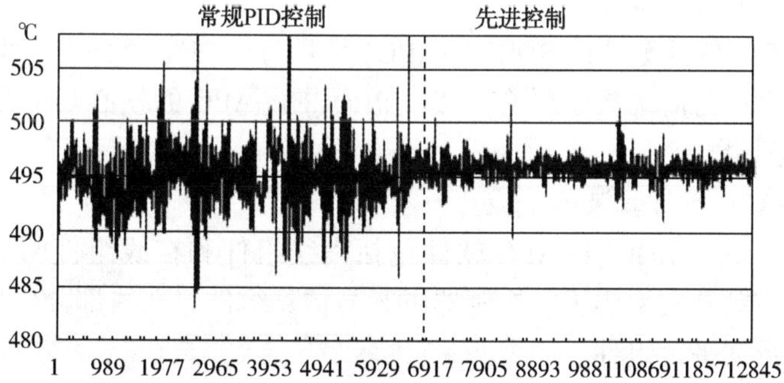

图 12-1-1　先进控制最基本的作用是提高工艺参数运行的平稳性

2. 先进控制能提高装置自动控制水平，降低操作人员劳动强度

先进控制通过软仪表或在线质量分析仪，实现产品(或中间产物)质量的在线实时检测和直接闭环控制，提高质量控制平稳性。

先进控制为装置操作人员提供一个方便的协调控制工具，承担大多数常规平稳操作的任务，相当于一个优秀的操作员全天 24h 持续工作。先进控制能降低操作人员的劳动强度。

3. 先进控制可以获得直接经济效益

在提高装置平稳性的基础上，先进控制采用成熟的寻优技术，在操作弹性区域中找出最优操作点，并协调管理各调节回路，实现实时卡边优化控制，将装置稳定在最优点，从而提高高价值产物的收率、降低装置能耗、提高装置处理量等，获得直接经济效益，见图 12-1-2。

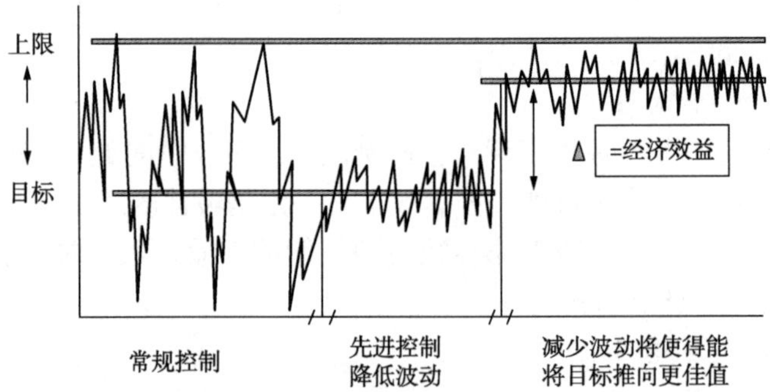

图 12-1-2 先进控制器通过实时卡边优化控制实现直接经济效益

（四）中国石化先进控制技术推广应用中主流 APC 软件简介

在中国石化各炼化企业的先进控制系统建设中，采用的 APC 软件主要是：美国艾斯本科技公司的 Aspen DMCplus 控制器软件及 Aspen IQ 软仪表软件；美国霍尼韦尔公司的 Honeywell Profit Suite 软件，该软件的控制器部分，过去被称为 RMPCT 控制器软件。由于这两个品牌的 APC 软件应用广泛，本文就不再详细介绍了。

近年来，国内自主品牌的 APC 软件也取得了长足的进步。其中：起步于 2013 年的石化盈科 PROCET-APC 先进控制软件套装，近几年已经在催化裂化、常减压蒸馏、气体分馏、重整、延迟焦化、加氢裂化、S-Zorb 等装置和一些加热炉上成功应用。浙江中控的 SUPCON APC Suite，也已经在化工领域和石化企业也有了不少的应用案例。

1. PCITC PROCET-APC 软件

PROCET 先进控制软件套装（PROCET-APC）是具有国内完全自主知识产权的先进控制套装软件，由石化盈科与清华大学联合开发。PROCET-APC 的核心功能是实现多变量协调控制和质量指标软测量。

（1）PROCET-APC 软件套装的组成

如图 12-1-3 所示，PROCET-APC 软件包括离线组件和在线组件两大部分。离线部分包括软测量建模、控制器模型辨识、控制器组态与仿真组件。在线部分包括软测量、多变量控制器、监控器和数据平台组件。

（2）PROCET-APC 多变量控制器

多变量控制器是 PROCET-APC 的核心软件，其相关的组件包括模型辨识器、组态与仿真器、在线控制器等。其功能特点为：

① 以预估控制算法为基础，对工艺复杂、相互关联严重、大滞后的多变量系统，实现快速平稳控制；

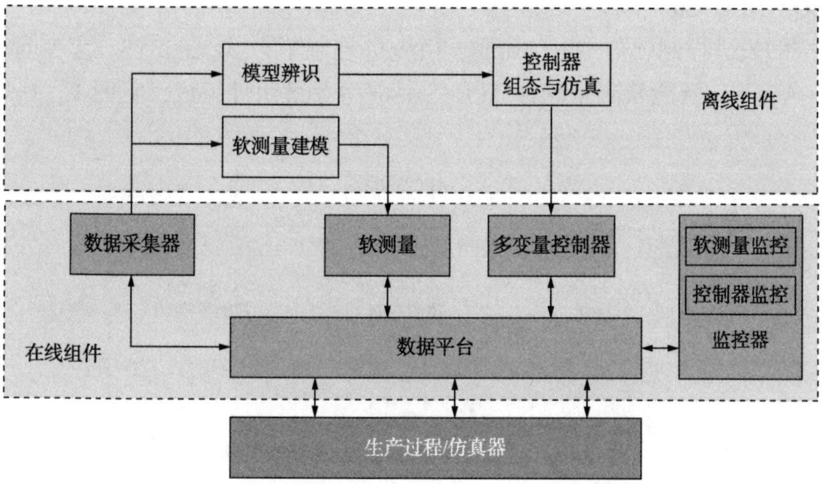

图 12-1-3　PROCET-APC 软件套装的组成

② 对多变量约束过程进行实时决策，提供快速协调或全局优化二种决策机制的多变量协调策略；

③ 提高控制鲁棒性，包括区域控制和解决动态矩阵病态下求解问题等技术；

④ 采用与动态控制融合为一体的局部稳态在线优化，根据生产实际情况实现增加高价值产品收率或节能降耗等。例如，使常压塔、减压塔的轻质油收率最大化；

⑤ 模型辨识采用正则化最小二乘法、高阶积分等技术，提高辨识精度和鲁棒性；

⑥ 所有控制和模型参数可在线调整，易于在线整定和维护。

(3) PROCET-APC 软测量

PROCET-APC 软测量软件包括软测量建模和在线组件，通过软测量软件建立质量指标的静态或动态模型，并在线实时计算，实现质量指标开环指导或闭环控制。其功能特点为：

① 提供了多种建模方法，可支持数据驱动的建模和自定义机理建模。数据驱动的建模方法包括偏最小二乘 PLS、神经元网络等；

② 提供了适应动态变化过程的动态软测量技术，支持稀疏化验数据条件下的动态软测量建模；

③ 可对原始变量进行机理变换，方便融入机理知识；

④ 提供化验室数据和在线分析仪数据两种校正，提高在线计算的精度；

⑤ 提供炼油化工过程特定工艺对象的机理计算模型。

(4) 专用智能控制器

PROCET-APC 软件还包括专用智能控制器。专用控制器是在通用多变量预估控制技术无法满足控制需求或不能取得更好的控制效果的情况下，采用人工智能、工艺机理、专家知识、预估控制等先进控制技术和在线优化技术，针对一类生产装置对象开发的控制器，以取得更好的控制效果。

目前已开发了延迟焦化炉智能控制器。专用智能控制器在总体架构下具有扩展性，可根据特殊生产需求而开发特殊控制算法。

2. SUPCON APC-Suite 软件

浙江中控的先进控制软件 APC-Suite，由先进控制平台 APC-iSYS、多变量鲁棒预估控制软件 APC-Adcon、智能软测量软件 APC-Sensor 等关键组件组成，见图 12-1-4。

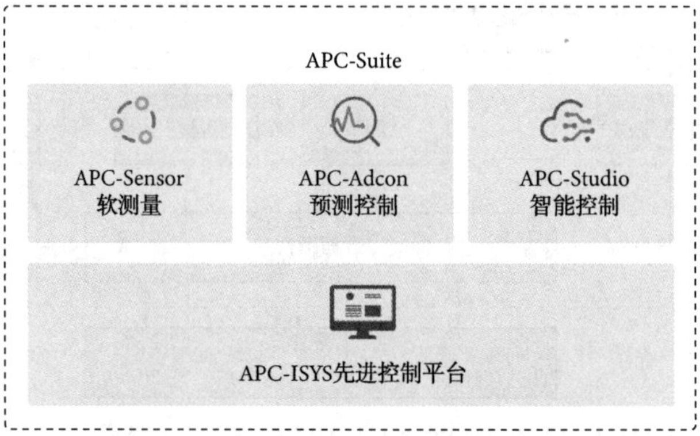

图 12-1-4　SUPCON APC-Suite 的组成

（1）APC-iSYS 先进控制平台

APC-iSYS 先进控制平台是一个模块化、标准化、开放性的数据平台，可实现工业生产过程数据的采集、处理、存储和应用，并支持对生产过程的监控、先进控制与优化以及过程统计管理等，为先进控制系统提供数据支撑。由核心实时数据库、应用组件、组态组件等模块组成，是实现先进控制、软测量、工艺计算和过程模拟优化的基础数据平台，可提供以下功能：

① 提供秒级、长期(2~3 年以上)生产运行数据的存储；

② 支持对生产实时数据、历史数据的采集；

③ 支持数据的历史回溯与备份，强大的数据分析和数据管理；

④ 提供标准的 OPC DA2.0 接口，支持 OPC 协议通讯。

（2）APC-Adcon 多变量预估控制软件

APC-Adcon 多变量预估控制软件是 APC-Suite 的核心软件，适用于多变量、强耦合、大时滞、带约束的复杂生产过程的平稳控制和动态优化，包括建模、控制器设计、仿真、组态和在线应用等多个组件，可提供以下功能：

① 实现定值控制和区域控制：可以将被控变量(CV)设置为设定值控制，也可以设置为区域控制，满足工艺变量多元化控制需求，通过对工艺变量的平稳控制和“卡边”优化，在确保安全的前提下将装置运行工况逐渐推进到最优状态。

② 有效抑制可测扰动：对可测扰动(如进料量、蒸汽压力、冷却水温度等)同时建模，预测扰动变量(DV)对过程的影响，实现自动有效补偿，提高装置运行的平稳性，降低劳动强度。

③ 提供多目标动态优化：通过对表征装置运行过程中的安全、稳定、质量、产量、能耗等方面的多个工艺参数进行优先级设置，按照权重优先级依次满足，自动解耦寻优，实现在确保装置安全、稳定、产品质量合格的前提下，达到提高产品收率、降低能耗等目的。

（3）APC-Sensor 智能软测量软件

APC-Sensor 智能软测量软件以工艺机理建模、神经网络和多元统计回归等技术方法为核心，集数据预处理、辅助变量选择、离线建模与仿真、在线运行、数据校正等功能于一体，利用可测工艺变量实时估算未知变量，是生产操作和先进控制的重要辅助软件，可提供以下功能：

① 实时、准确的预测生产过程不可直接测量的关键工艺参数；

② 提供炼油、石化、化工过程特定工艺对象的工艺机理模型和数据驱动模型；

③ 采用独特的在线模型滚动校正和化验室数据偏差校正的双重校正技术，对预测结果或预测模型进行校正，提高在线预测精度。

（4）APC-Studio 智能控制软件

APC-Studio 智能控制软件是采用模块化组态方式进行先进控制方案设计的有效工具。可提供以下功能：

① 提供一系列以功能块为单位的标准控制算法；

② 支持工艺与控制专家经验的控制功能模块的自定义开发和固化；

③ 提供便捷的功能块拖放和数据连接，支持特殊控制功能的自定义实现；

④ 为多元化解决方案提供模块化设计环境，支持解决方案的标准化实现，提高实施效率。

二、先进控制技术基础

（一）基本术语

1. 被控对象

先进控制器所控制的工艺单元，称为被控对象，有时也称为被控系统，或被控过程。

炼油化工装置通常是一系列由大型工艺处理设备为核心的基本工艺单元组成，例如：反应、再生、加热炉、分馏、吸收稳定、萃取单元等。一个先进控制器，一般设计为控制一个基本工艺单元，或包含及其附属基本单元，或相互关系复杂密切的两个或多个基本工艺单元。

2. 被控变量

被控变量(Controlled Variable，简称 CV)，是先进控制器的非独立变量(Dependent Variable)，指在被控对象中不能直接进行调节，而只能受操作变量、干扰变量的变化影响而改变的变量，可以理解为数学意义上的因变量。

从过程控制动态特性角度，被控变量可被划分为自衡被控变量、积分变量。

自衡被控变量：当系统的平衡关系被打破后，经过一定时间，能自动地稳定在新的平衡点上的被控变量，称为自衡被控变量。

积分变量(Integrating Variable)，也称为斜坡变量(Ramp Variable)：当系统的平衡关系被打破后，经过一定时间，不能自动地稳定在新的平衡点上的被控变量。

3. 操作变量

操作变量(Manipulating Variable，简称 MV)，是先进控制器的可操作调节的独立变量

(Independent Variable)，其值不受被控系统内其他变量的影响。例如：设计为 MV 的常规 PID 控制回路的设定值、或常规手操回路的输出(阀位)值。

4. 干扰变量

干扰变量(Disturbing Variable，简称 DV)，是先进控制器的不可调节的独立变量，其值不受被控系统内其他变量的影响。有测量信息、对被控对象有影响的、本系统中不能调节的变量，均应设计为干扰变量，例如：被控单元无法控制的进料压力、随天气改变的冷却水温度、外来物料温度等。

干扰变量，也称为前馈变量(Feedforward Variable，简称 FF)。

5. 控制器模型

控制器模型是用来在控制算法中表达被控对象特性的数学模型，用模型预测未来时刻被控对象的运动和误差，以其作为确定当前控制作用的依据。一般可以是阶跃响应曲线、脉冲响应曲线、传递函数等。

现阶段，炼油化工装置应用的先进控制系统，采用商品化先进控制软件辨识、调整装配、展示控制器模型时，通常表现为阶跃响应曲线矩阵，如图 12-1-5 所示。

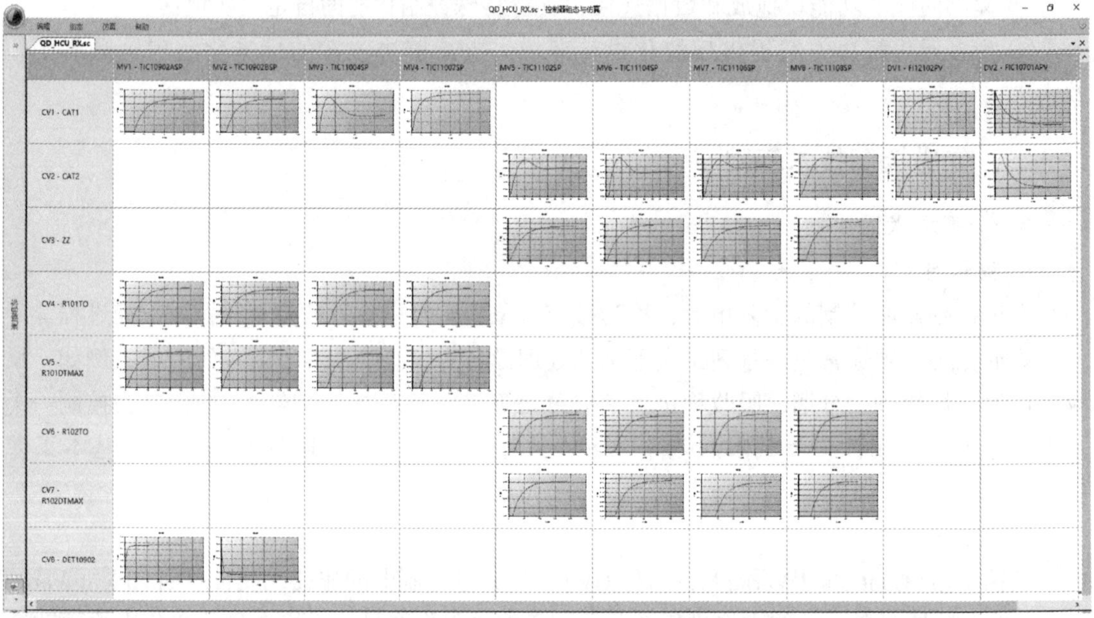

图 12-1-5　先进控制器模型示例

图 12-1-5 以表格状图示形式展示一个“8CVs-8MVs-2DVs”的控制器模型。最左一列列出了 8 个 CVs 变量的位号，顶上一行，从左至右依次列出了 8 个 MVs 变量和 2 个 DVs 变量的为位号。每一个基于绿底网格或蓝底网格的模型曲线，表示一个“子模型”，即该 CV 对于该 MV 或 DV 的单位阶跃响应曲线。

CV 行和 MV/DV 列相交的子模型区域为空白，表示该 MV/DV 的变化，对该 CV 没有影响，或影响极小、可忽略。

在 PROCET-Model 模型辨识工具的如图 12-1-5 所示的模型，可以查看每一个子模型的传递函数形式。子模型的传递函数形式如下：

$$G(s)=\boxed{-0.01424}\,\frac{1}{S^{\wedge}\boxed{0}}\,\frac{\boxed{4.63965}\,S+1}{\boxed{108.193}\,S^{\wedge 2}+\boxed{24.53254}\,S+1}\,e^{-\boxed{1.65369}\,S}$$

（二）预估控制

预估控制，是采用“模型预估、反馈校正、滚动优化”的控制算法，根据对将来几步的预测，决定走当前一步，如图 12-1-6 所示。

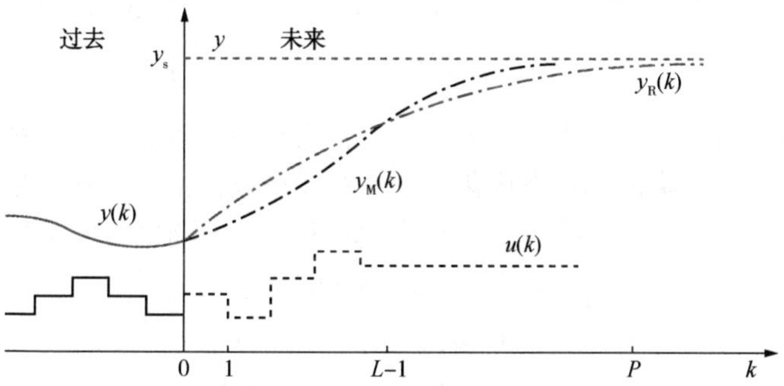

图 12-1-6　预估控制的基本原理

1. 模型预估

用模型来预测未来时刻被控对象的运动规律和被控参数的误差，以之作为确定当前控制作用的依据，使控制策略适应被控对象的存储性、因果性和滞后性，可得到预想的控制效果。

2. 反馈校正

利用可测信息，在每个控制周期对被控参数的预测值进行修正，抑制模型失配和干扰带来的误差。用校正后的预测值作为计算最优控制的依据，使控制系统的鲁棒性得到明显提高。

3. 滚动优化

预估控制是一种最优控制策略，其控制目标是使某项性能指标最小，并采用预测偏差来计算控制作用序列，但只有第一个控制作用序列是实际加以执行的。在下一个采样时刻还要根据当时的预测偏差重新计算控制作用序列。这种控制作用序列的计算，不像最优控制那样一次计算出最优结果，而是按控制周期周而复始地不断进行，故被称为滚动优化。

预估控制的上述三个基本特征，是控制论中模型、反馈控制、优化概念的具体体现。它继承了最优的思想，提高了鲁棒性，可处理多目标及各种约束，因而符合工业过程的实际要求，故在理论和应用中得到迅速发展。

到目前为止，预估控制代表性的算法有基于阶跃响应模型的 DMC 算法、基于卷积模型的 MAC、基于差分方程模型的广义预估控制算法 GPC、基于状态空间模型的 SFPC 算法和基于系统矩阵模型的 UPC 等算法。近年来，基于非线性模型和神经网络模型的预估控制也受到了关注，并有一些应用案例。

动态矩阵控制（DMC）是一种基于对象阶跃响应模型的预估控制算法。模型算法控制（MAC）是一种基于脉冲响应模型的计算机控制算法，其基本思想与动态矩阵控制一样。基于状态空间模型的预估控制算法综合了预估控制和状态反馈控制的优点，具有跟踪和抑制噪声能力强的优点，能方便地应用于多变量过程。在状态可测时，该算法适合于开环不稳定的被控过程。

（三）先进控制器中的实时优化

1. 动态控制与稳态优化

生产过程处于不断变化的动态中，但是稳态过程才是操作追求的终极目标。在先进控制系统中，稳态优化为动态控制提供终值目标，动态控制是实现稳态优化的具体调节手段。常规的思路是通过建立线性规划模型求解稳态优化问题，然后通过一系列动态控制步骤来实现稳态优化目标。

2. 线性规划

先进控制实施的目的是平稳操作，卡边优化，实现经济效益，经济效益可以看作是产品收益增加或者生产成本的降低。稳态优化一般针对经济效益指标，其目标是最小化一系列操作手段的成本之和，或者最大化一系列产品收益之和，以及前两者的某种线性组合，多采用线性规划来计算。一个标准的线性规划如下面描述的数学表达式：

$$\begin{array}{ll} \text{minimize} & c^{T}x \\ \text{subject to} & Ax \leqslant b \\ \text{and} & x \geqslant 0 \end{array}$$

求解上述问题，可以得到 X 向量的各个决策变量数值。

3. 先进控制器的实时优化设计

在先进控制器的每个控制周期，首先进行稳态优化计算，确定 CV、MV 的稳态目标值，然后通过优化求解，计算 MV 动作序列，使得过程对象从当前状态平稳过渡到稳态目标值，并执行第一步动作；采用这种滚动时域（Receding Horizon Control）的方式周而复始。

（四）软仪表技术

软仪表（Soft-Instrument）也称之为软测量（Soft-Sensor）。它是对一些难于测量或暂时不能测量的重要变量，选择过程对象中相关的一些常规仪表测量的变量，通过构成某种数学关系用计算机软件来推断和估计，以用来代替仪表功能。

软仪表通过一种建模方法，得到主导变量与输入变量的数学关系，从而在线实时估计主导变量的值。

主导变量，即被软仪表估计（观测）的工艺参数，通常是产品质量指标，也可以是反应再生等复杂过程的一些难以采用常规仪表直接检测的过程参数。

软仪表建模的理论依据，基于工艺机理分析、物理化学工程、线性系统理论和数据统计分析。

1. 软仪表可行性

软测量与常规测量仪表相比，在原理上并无本质的区别。像流量变送器将压力传感器测量信号通过变送器内的电子元件或气动元件转换为流量输出信号、早期通过单元组合仪表实现分馏塔的内回流的计算，也是利用类似的方法得到不能直接测量的变量，只不过是它们是利用测量仪表内的模拟计算元件或模拟单元组合仪表来实现简单的计算，而不是利用计算机软件来实现的。

2. 软仪表建模

软仪表建模方法，一般有机理建模、半机理建模、黑箱回归建模三种。

（1）机理建模

机理建模就是依据物理化学原理和工艺过程机理，推导出主导变量和输入变量的数学关系，逐步解构、组合成主导变量与中间变量的简单数学关系。机理模型的系数，通常可由工艺设计、运行数据计算获得。有时，为简化计算，也可由生产运行数据回归获得。

（2）半机理建模

同机理建模过程基本相同，模型型式需要解构组合成中间变量(X_1、X_2、…)的简单线性关系：

$$Y = A_0 + A_1 \times X_1 + A_2 \times X_2 + \cdots$$

因工艺过程的复杂性，在机理推导过程中，需要确定一些经验假定，并采用线性系统理论来处理一些难以确定的局部数学关系。模型系数通常难以直接计算得出，而是采用实际运行数据回归获得。因此，称为半机理模型。对于半机理模型，上式中线性项的系数(即模型系数)的正负应当是明确的，线性项不应过多，以1、2项或3项为常见。零位项A_0通常也是能够确定正负的。

（3）黑箱回归建模

采用机理、半机理建模方法无法建立主导变量与输入变量确定的简单数学关系时，就只能采用黑箱回归方法来建立软仪表模型。

黑箱回归建模方法的理论基础在于非线性系统线性化理论。线性系统理论的基本结论指出：非线性系统，可以通过划分工作点区间，分段线性化。对于炼油化工过程单元，从温度、压力、流量等可测参数，到质量指标，通常是严重非线性的，但被控过程通常运行在比较小的波动范围。因此，在正常操作条件下，可以将它们之间的关系线性化。

先进控制工程应用经验表明：模型关系越简单(输入变量少)，模型稳定性越好；反之，模型关系越复杂(输入变量多)，模型稳定性越差。

3. 软仪表建模数据

软仪表的建模，需要采集一定时间段的建模数据。建模数据中，包括所有输入变量、主导变量的过程运行数据，必须包含运行数据的时间戳(采样时刻)。

选择建模数据，需要考虑：数据及采样时刻的准确性、过程运行变化的显著性以及主导变量数据来源、建模方法。软仪表建模数据应满足以下要求：

① 建模数据段，应做到“样本遍历”，即：应包含主导变量数值的显著变化，在正常数值范围内变化幅度越大越好，重复多次变化是有利于提高模型精度的。同时，应尽可能地挑选到各输入变量均有显著变化的过程。

② 建模数据中，样本采样时刻的准确性，是非常关键的。输入变量通常是DCS历史数据，采样时刻是准确的。主导变量数据如果是在线分析仪数值，则采样时刻也是准确的。主导变量数据如果是人工采样化验值，则采样时刻往往存在较大的随机偏差，甚至化验数值也存在一定的随机误差，这是导致过去许多软仪表预测精度差的主要原因，需要通过管理和技术手段的改进，达到采样时刻和数值的准确性。

③ 采用不同的建模方法，需要的样本数据长度是不同的。机理建模时，只要主导变量数值有一两次显著变化即可；半机理建模，需要主导变量、各输入变量均有显著变化；而灰箱回归建模，则需要主导变量、各输入变量均有多次重复的显著变化。

4. 实时校正

多数软仪表，采用半机理或黑箱回归模型，并非严格的机理推算建模，因而具有对不同工况的适应性；而装置原料性质、反应深度、操作条件的变化，必然会造成新的模型偏差，特别是零位飘移。因此，实时校正是必要的。

实时校正数据源，通常有化验数据、在线分析仪数据。

既然有了在线质量分析仪，为啥还要建立软仪表呢？由于在线分析仪数据存在一些不持续准确的因素：有的分析仪，需要周期性的停用来清洗采样系统等保养维护；有的分析仪，本身采样间隔就比较长，例如数十分钟。建立软仪表，可以充分发挥计算机软件的优势，剔除非正常数据、侦测分析仪不出结果的时间段里的过程变化。

先进控制软件中的软仪表组件，本身均具有实时校正模块，在系统建设时完成组态配置，即可实现实时校正功能。

(五) 阶跃测试

1. 阶跃测试

作为目前先进控制技术的主要手段，多变量预估控制建立在装置被控过程的多变量动态模型的基础上。

要得到这个模型，需要在现场进行装置测试试验，逐个对 MV 和可控 DV 施加扰动，得到相应的 CV 响应数据，由专用的辨识软件对测试数据进行处理，得到数学模型。因此，装置测试是实施先进控制项目非常重要的一步。

先进控制建模实施中的装置试验，通常采用阶跃测试法，即：采用事先设计好的阶跃变化序列，逐个对先进控制器的 MV、可控 DV，进行扰动调节，以获取建模数据。通用的先进控制软件，要求是开环测试，即测试某个 MV 或可控 DV 时，要求被控对象的其他 MV 和 DV 保持稳定不变。

阶跃测试的一种阶跃变化序列设计，如图 12-1-7 所示。图中 T_{au} 表示 CV 的响应达到稳态值 63.2%所用的时间，如有多个 CV，则取其最大值。图中方波的振幅表示测试幅度。测试序列不是固定不变的，也可以根据现场实际情况做出调整。

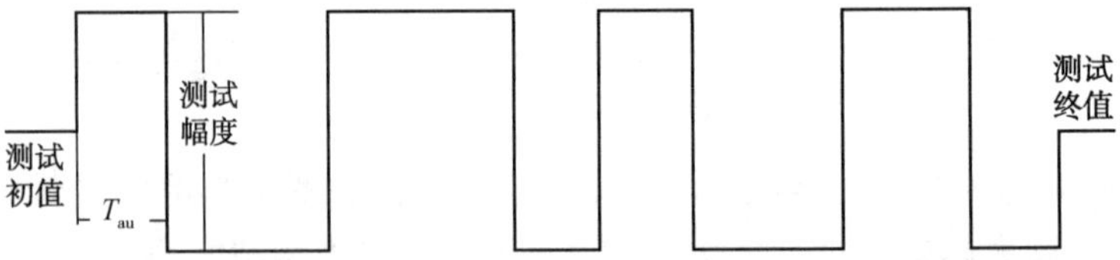

图 12-1-7 阶跃测试变化序列示例

由于是开环测试，为确保装置安全操作并适当兼顾产品质量，阶跃测试的幅度不应过大。但为了获得较好的模型，必须保证主要 CV 有足够大的信噪比。

2. 阶跃测试的执行

装置模型的准确性对先进控制器的控制品质好坏非常关键。为了能够从装置测试数据中得到准确的模型，需要尽量减少影响装置的其它扰动。

(1) 阶跃测试期间对装置操作要求

① 装置运行正常，负荷维持在正常范围；

② 先进控制涉及的调节阀和相关的主要调节阀，应维持在非饱和状态(饱和状态指调节

阀开度停留在0%以下或100%以上)；

③ 装置进料，应维持在正常品质，尽可能减少原料性质的波动；

④ 产品质量、产量要求，均处于正常操作水平；

⑤ 在测试期间不安排会影响测试的操作，例如设备检修、切换等等。

(2) 阶跃测试开始之前的准备工作

① 所有相关的测量仪表(包括在线分析仪表)工作正常；

② 先进控制所涉及的控制回路，应在要求的控制模式，参数整定好且控制运行良好；

③ 数据采集程序工作正常，需采集的数据点已全部建立完毕。

④ 数据通信接口不能有启停现象。

阶跃测试工作，在遵守装置生产安全管理规章的前提下，按批准的阶跃测试方案执行。阶跃测试的前提是安全生产，当班操作人员及工艺技术人员配合测试人员进行测试，避免装置出现安全或质量事故。

3. 阶跃测试对加氢裂化和加氢处理装置运行和产品质量的影响

在进行阶跃测试期间，生产调度需要保持装置原料性质、处理量、生产方案的稳定，减小原料性质和生产负荷变化对装置的干扰。

测试期间，维持测试变量相关的各部分工艺过程的平稳操作，除装置安全要求之外，不作任何调整。即：除当前测试变量之外，各 MV、可控 DV 的控制回路，均保持先进控制设计的控制模式，不做调节。

在加氢裂化装置，阶跃测试必然会对石脑油、喷气燃料、柴油、液化气等产品的质量控制、加热炉的热效率等产生扰动。

在加氢处理装置，阶跃测试会对石脑油、柴油、加氢渣油(蜡油/尾油)等产品的质量控制、加热炉热效率等产生扰动。

生产质量管理部门应适当放宽测试期间对产品、中间产品质量指标的考核，但测试时不应出现产品质量严重不合格(例如导致污油产出)的状况。

(六) 模型辨识

1. 模型辨识

控制工程的模型辨识是：在输入输出数据的基础上，从一类特定的系统(模型)中确定一个在某种准则下与所测系统等价的系统(模型)。

在商业 APC 软件中广泛使用的是非参数模型，包括有限脉冲响应模型(FIR 模型)或有限阶跃响应模型(FSR 模型)。FIR 模型与 FSR 模型的关系为：

$$S_j = \sum_{k=1}^{j} g_k$$

式中　S_j——j 时刻阶跃响应系数；

g_k——k 时刻脉冲响应系数。

目前应用较广泛的模型辨识方法包括最小二乘法和子空间辨识方法。

2. 先进控制工程应用中的模型辨识

在先进控制工程实际应用中，模型辨识就是：采用商品化 APC 软件工具，对阶跃测试获得的试验数据，进行一系列的数据预处理、数据分析、运算处理，再结合装置工艺特点和控制工程经验，构建先进控制器的模型矩阵。

图 12-1-8~图 12-1-11 给出了 APC 软件模型辨识的部分工作页面图示。

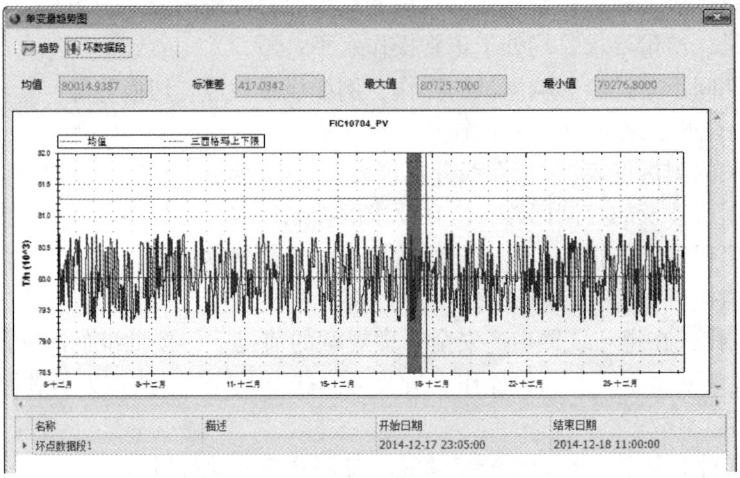

图 12-1-8　先进控制模型辨识软件的工作页面——数据预处理

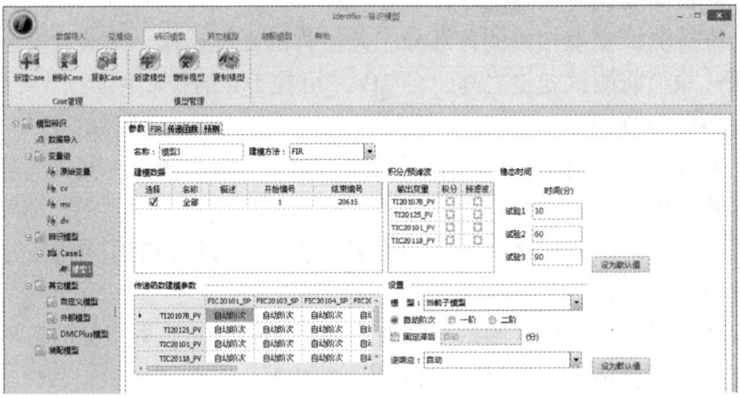

图 12-1-9　先进控制模型辨识软件的工作页面——辨识模型

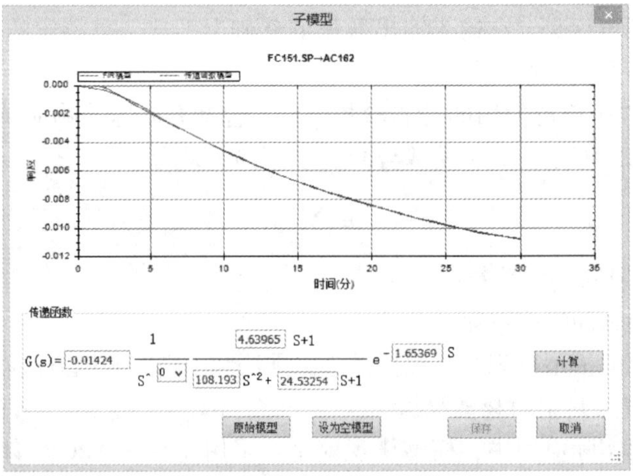

图 12-1-10　先进控制模型辨识软件的工作页面——子模型的调整

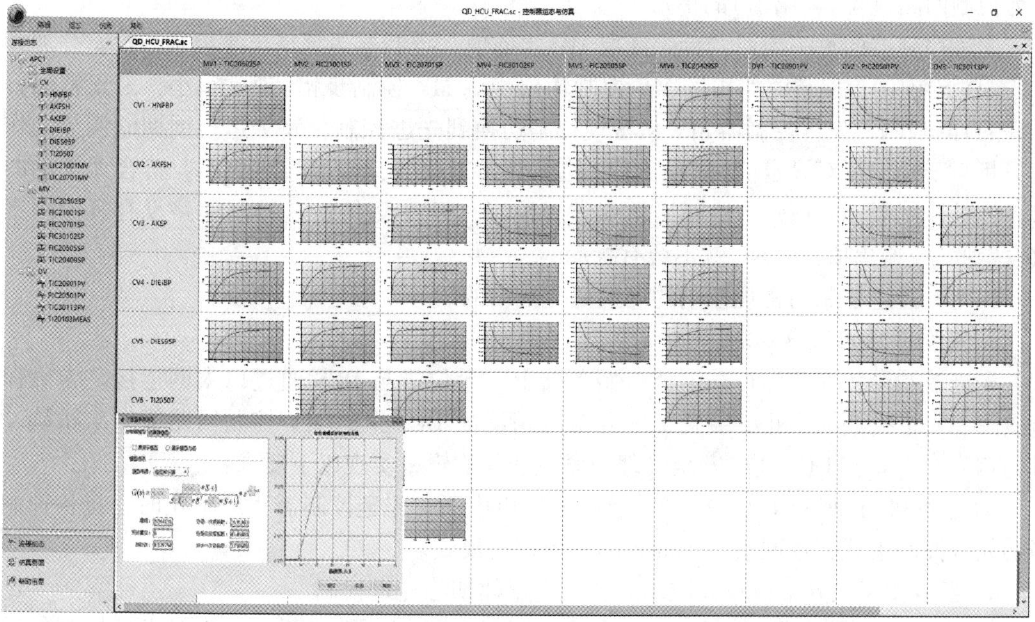

图 12-1-11 先进控制模型辨识软件的工作页面——装配模型

(七)控制策略

一般来说，先进控制器的控制策略包括三个方面：第一，先进控制器的变量表，即 CV、MV、DV 变量设计；第二，控制器模型矩阵结构；第三，变量优先级等 APC 参数设置以及由先进控制控制器组件的自定义逻辑运算功能实现的特殊执行策略。第三方面的策略与装置工况特点、设备状况、生产方案、和先进控制设计人员的工程经验密切相关。本文后续的介绍，主要涉及第一方面的策略。

另外，对于各被控变量的区别管理，也可以称为控制策略的组成部分。例如：在先进控制器的操作和运行管理中，被控变量通常分为两种情形：被控目标、安全约束变量。

被控目标 CV 是指需要被控制在较窄范围内的工艺参数，如石脑油终馏点、喷气燃料终馏点、液化气 C_{5+} 含量、加热炉烟气氧含量等。被控目标 CV 的控制高/低限，一般设置得比较窄。

安全约束 CV 是指为保证安全生产、物流平衡，而需要限制在一定范围内的工艺参数，如反应床层温升、回流罐液位等，以及 CV 中一些 MV 自控回路的输出(阀位)约束等。安全约束 CV 的控制高/低限，一般可设置得比较宽。

对于具体的 APC 控制器，哪些 CV 设计为“被控”，哪些 CV 设计为“约束”，需要 APC 设计实施人员和工艺技术人员根据工艺运行特点和生产方案要求，充分沟通和讨论确定。

(八)无扰切换和安全管理

1. 无扰切换的机理

常规自动控制回路的控制模式无扰切换体现在：在控制模式切换时，控制回路的输出是连续的，没有显著阶跃性或脉冲性的变化。先进控制与常规控制之间的无扰切换也参照这一原则要求。

先进控制器的 MV 通常是 DCS 常规控制回路的设定值，当然也有先进控制的 MV 直接设计为控制回路阀位(输出值)的情形。

先进控制器的每一周期，首先读取 MV 当前值，控制器运算得出是控制增量，叠加到读入的 MV 当前值上，最终给出的 MV 控制输出受到 MV 控制步幅(通常很小，是正常运行所允许的)的限制。先进控制器 MV 从常规控制切换到先进控制，一个运行周期的调节动作幅度，相当于操作员对设定值(或输出值)的正常人工调节，幅度甚至更小，符合无扰动的要求。先进控制器 MV 从先进控制切换到常规控制，只要没有 DCS 控制回路没有其他因素导致设定值(或输出值)突变，就不会有扰动。

因此，先进控制与常规控制的切换是无扰动的。

2. 安全管理与紧急切除

先进控制系统通常运行在上位机服务器上，上位机与 DCS 通过以太网连接。为确保通信故障、先进控制器中止、装置工况异常等情况时 DCS 上的 MV 控制回路能做出正确、及时的响应，需要在 DCS 建立安全管理与紧急切除逻辑，实现以下要求：

① 上位机与 DCS 通讯监控(看门狗)：通讯中断、先进控制器程序中止时，将各控制回路切先进控制模式，返回到预先确定的常规控制模式。

② 当装置工况异常或较大波动时，一键整体切除先进控制。

③ 检查 MV 控制回路的模式是否符合先进控制设定的模式要求，确保先进控制能够正常地调节。

为防止通信接口中异常因素的影响，也可以在安全管理逻辑中增加 MV 调节幅度检查限制以及其他实时跟踪措施。

(九) 先进控制系统集成架构

1. 系统集成架构

先进控制系统的集成结构一般采取上位机方式，通信接口实现上位机与 DCS 之间数据的实时交换。常规 PID 控制运行在 DCS 上，多变量预估控制器、软测量在上位机运行，并最终通过常规 PID 控制来实现。另外上位机服务器可与企业管理网相连。如图 12-1-12 所示。

2. 通信接口

通信接口是指 APC 服务器与 DCS 间的数据通信接口。

该通信接口，现今绝大多数情形均采用 OPC 通讯方式，通常配置为 OPC 服务器。OPC 是 OLE for Process Control 的缩写，即把 OLE 应用于工业控制领域。OPC 建立在 OLE 规范之上，它为工业控制领域提供了一种标准的数据访问机制。

由于 APC 控制器需要实时调节 DCS 控制回路的设定值或输出值，因此，APC 系统的通信接口需要对 DCS 的“读/写”双向权限。因此，APC 系统的通信接口通常单独配置(不与企业其他数据采集接口共用)。但对于一套 DCS 系统，向上连接多台 APC 上位机，则共用一台通信接口，在数据通信能力允许时是可行的也是通行的安排。

为防范 APC 系统与 DCS 系统间的非正常数据传输，保障企业信息系统与网络安全，在 DCS 和 APC 通信接口之间还需要配置工业防火墙。

3. 先进控制平台

APC 平台硬件设备主要包括 APC 服务器、APC 工作站和通信接口(通常即 OPC 服务器)。APC 服务器、OPC 服务器软硬件系统需选择兼容性好、稳定、可靠，满足企业级工业

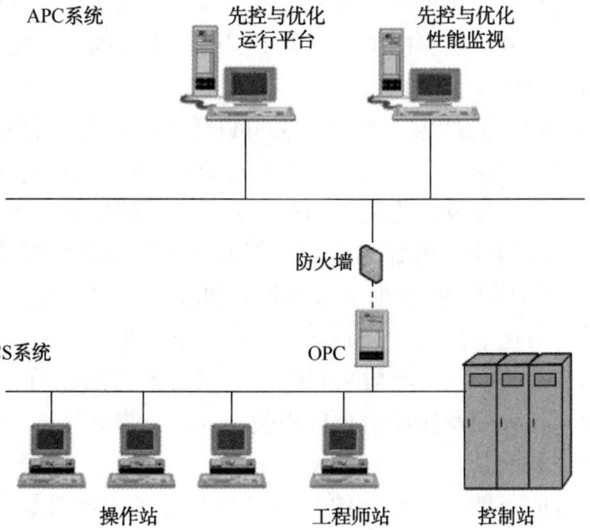

图 12-1-12　先进控制系统集成架构示意图

标准的服务器。

4. DCS 配套功能组态

(1) 先进控制器在 DCS 上的配套组态工作

① 建立一批 APC 参数缓存点、操作开关点；

② 建立 DCS 操作画面，供操作人员使用：监视 APC 运行状态，投用、切除、调整 CV/MV 的上/下限；

③ 建立先进控制器"投用与紧急切除"管理逻辑，该逻辑监控上位机与 DCS 的通讯状态，并据此管理控制器和各 MV 的投用和紧急切除。

(2) 软仪表在 DCS 上的配套组态工作

① 对于每一软仪表，在 DCS 上新建一个数据缓存点，该缓存点接受上位机软仪表程序写下来的计算结果，在 APC 操作画面上显示，并可以被先进控制器读为 CV 当前值；

② 化验校正 DCS 操作画面及所需的缓存数据点。

另外，加氢裂化装置先进控制系统，通常需要在 DCS 上建立一些在线工艺计算数据点，例如：支路温差、转化率、床层温升、液气比、原料混合比等。这些在线工艺计算点通常设计为先进控制器的 CV 或 DV，且算法简单，正常运行中也不需要调整算法系数。

三、加氢裂化装置的先进控制技术应用

(一) 从过程控制角度看加氢裂化装置的工艺特点

加氢裂化是重油深加工的重要工艺之一，是在较高氢分压和催化剂存在的条件下，使重质油烃类发生加氢、大分子裂化、异构化反应，转化为气体、汽油、喷气燃料、柴油等的工艺过程。可加工的原料范围广，包括减压蜡油、直馏柴油、石脑油，其他装置二次加工得到的原料如焦化柴油、焦化蜡油，以及脱沥青油等。产品质量稳定性好(含硫、氧、氮等杂质少)，通常可直接生产优质的液化气、汽油、喷气燃料、柴油等清洁燃料和轻石脑油等优质化工原料。

加氢裂化技术可以说是催化裂化的改进。在高压、临氢条件下进行催化裂化，可抑制裂化时发生脱氢缩合反应，避免焦炭的生成；可得到不含烯烃的高品质产品，液体收率可高达100%以上(因有氢加入产物分子中)。

加氢裂化装置的生产灵活性大，产品产率可以用不同操作条件控制：或以生产汽油为主，或以生产喷气燃料、柴油为主，或以生产轻石脑油等化工原料、润滑油原料优先等。

从过程控制角度考虑，加氢裂化装置具有以下几方面的特点：①装置对原料油的适应性强，生产运行中可以有原料性质的显著变化；②装置工艺流程方案有两种：一次通过方案(尾油直接出装置)、全循环方案(尾油全部返回再进反应)；③工艺流程方案和操作条件的选择，与原料油性质、催化剂性能、产品方案、产品质量要求、装置规模、设备约束条件及装置生产灵活性等因素有关；④产品质量和收率不仅受原料油性质和反应条件的直接影响，还与分馏塔和稳定分离过程的操作控制直接相关，装置工艺流程长、热交换流程复杂，可以说，加氢裂化是一个关联耦合严重、时延大的复杂工业过程；⑤装置运行在高温、高压、易燃、易爆、临氢、有毒的条件下，良好的自动控制系统对于加氢裂化装置的平稳运行十分重要。

(二) 先进控制在加氢裂化装置应用能发挥的作用

加氢裂化装置包括反应、主分馏、吸收稳定过程(或脱丁烷和石脑油分离过程)、气体脱硫、公用工程等部分。其中气体脱硫、公用工程部分，控制方案比较简单，采用常规PID控制通常就能满足平稳操作的要求。先进控制通常考虑反应、主分馏、吸收稳定(或脱丁烷塔+石脑油分离塔)以及加热炉的热效率控制。

先进控制应用于加氢裂化装置，可发挥以下三方面的作用：

① 平稳装置的操作：实现装置安全、平稳运行，关键点主要有：反应温度、反应深度，各分馏塔及稳定塔(或脱丁烷塔)分离精度，以及加热炉热效率的平稳控制。

例如：某加氢裂化装置，先进控制投用后，25个关键被控CV参数运行波动标准偏差平均降低了53.48%，其中最高降幅为92.26%、最低降幅为31.07%。

② 产品质量直接闭环控制：实现喷气燃料、柴油、轻/重石脑油、液化气等产品质量指标的平稳有效控制。

③ 在平稳控制、产品质量合格的基础上，根据生产管理要求和经济优化考虑，实现卡边操作，提高高附加值产品的收率，降低装置综合能耗。

例如：某加氢裂化装置在先进控制投用后，重石脑油收率提高了0.43%，喷气燃料收率提高了0.62%。

(三) 加氢裂化装置先进控制策略

1. 反应过程

反应部分包括原料进料系统、反应进料加热炉、加氢精制反应器、加氢裂化反应器、反应产物油气水分离等基本工艺单元。反应产物油气水的分离，即通过热高分、冷高分、热低分、冷低分四个分离器，将反应产物分离为循环氢、低分气、低分油(热、冷两股)、含硫污水。进料缓冲罐液位、四个分离器的液位及压力、反应进料加热炉出口温度的控制，采用常规PID控制，可实现安全平稳操作。

反应部分APC的控制策略一般考虑以下几点(见表12-1-7)：

① 以精制反应器CAT为关键被控CV，在遵守反应床层最大温升约束的前提下，通过

调节各床层入口温度，平稳控制 CAT 在设定的范围，实现设定的原料油的脱硫、脱氮、脱氧和脱金属的精制效果。

② 实现精制反应的脱硫、脱氮、脱氧、脱金属效果的直接在线实时检测，是投资大、较复杂的工程。因此，精制反应 CAT 的控制范围，通常根据产品化验结果，以反应深度适当富裕为尺度来设定。

③ 以裂化反应转化率为关键被控 CV，通过调节各床层入口温度，平稳控制转化率；同时，在遵守反应床层温升的前提下，实现转化率的实时卡边优化。由于实测转化率的计算，受主分馏和后分馏的分离精度、中间塔器液位蓄积量、各流量测量点时间滞后差的影响，存在一定误差，因涉及的流量仪表较多而导致一定的故障风险；而预测转化率的精度，则受原料性质、催化剂活性等难以实时在线检测的限制。因此，裂化反应器 CAT 通常还需要设计为关键被控 CV。当转化率计算正常且准确性较高时，以转化率为主，CAT 作为约束变量 CV 对待，其控制范围放宽；当转化率计算故障或偏差较大时，以 CAT 控制为主，其控制范围压窄。

④ 反应床层温升，是最为重要的安全约束变量。将床层温升控制在一定的限值之内，是维持催化剂正常寿命、防止催化剂局部结焦的基本手段。

⑤ 精制反应器第一床层入口温度为反应进料加热炉出口温度，由炉出口温度控制回路设定调节，是反应 APC 控制器的重要调节手段。加氢裂化反应进料加热炉的出口温度，一般是两个支路出口温度分别与各自的燃气流量(燃气压力)串级的控制。支路出口温度设定，作为两个 MV，就需要设计一个“两支路温差”的约束 CV，来保证它们的同步均衡调节。同时，为确保加热炉运行安全，可根据过往运行经验，决定是否需要考虑加热炉内进料支路管壁最高温度为安全约束 CV。

⑥ 其他精制反应器床层入口温度和裂化反应各床层入口温度，均由加入床层入口的冷氢量来调节。为确保反应器运行安全，可根据过往运行经验，决定是否需要考虑各床层的最高温度为安全约束 CV。

⑦ 在关键被控 CV 平稳控制、约束 CV 不超限的前提下，APC 控制器通过裂化反应转化率或裂化反应 CAT 的实时卡边控制，提高轻质油产率。

⑧ 反应压力，即循环氢系统压力，主要是通过调节补充氢量来控制。提高反应器压力意味着提高反应氢分压，反应速度加快，转化率提高。提高反应氢分压也有利于氧、硫、氮化合物和胶质、沥青质的脱除，有利于芳烃化合物的加氢饱和，从而改善加氢裂化相关产品的质量。反应氢分压的提高，还可以减缓催化剂的结焦速率，可以明显延长催化剂的使用寿命，降低催化剂的使用费用。但是，提高反应氢分压，装置的操作费用会增加，同时装置设备也约束了其压力范围。反应压力一般由常规 PID 定值控制，而不纳入先进控制器。

⑨ 反应进料流量(装置处理量)，当生产调度允许实时调节时，可设计为操作变量 MV。进料流量的变化，则反应时间也会变化，因此，进料量是重要的反应条件之一。在反应温度、压力条件、加热炉热负荷等约束允许的前提下，提高处理量可以获得更大的经济效益。

⑩ 反应进料加热炉热效率(烟气氧含量、炉膛负压等)的先进控制策略，通常与分馏加热炉热效率控制合并考虑，另外设计 APC 控制器；当然，在反应过程控制策略附加考虑也是可以的。

表 12-1-1 为某加氢裂化反应过程 APC 控制器的变量设计，该控制器变量设计策略应

对之生产方案和操作管理特点有：原料反应一次通过；装置处理量、反应压力由生产调度安排操作员人工设定；反应进料加热炉出口温度的控制，由两支路出口温度控制回路各自独立执行。

表 12-1-1　某加氢裂化装置反应过程先进控制器变量表

被控变量 CV	操作变量 MV	干扰变量 DV
精制反应器加权平均温度	进料加热炉支路 A 出口温度设定	装置进料流量
裂化反应器加权平均温度	进料加热炉支路 B 出口温度设定	炉前循环氢流量
裂化反应总转化率	精制二床层入口温度设定	炉后循环氢流量
精制反应器总温升	精制三床层入口温度设定	新氢流量
精制反应一床层温升	裂化一床层入口温度设定	反应器压力
精制反应二床层温升	裂化二床层入口温度设定	
精制反应三床层温升	裂化三床层入口温度设定	
裂化反应器总温升	裂化四床层入口温度设定	
裂化反应一床层温升		
裂化反应二床层温升		
裂化反应三床层温升		
裂化反应四床层温升		
进料加热炉两支路出口温差		

2. 主分馏过程

主分馏部分包括硫化氢汽提塔、闪蒸罐(有的加氢裂化装置设计为分液罐)、分馏进料加热炉、主分馏塔及侧线汽提塔等基本工艺单元。硫化氢汽提塔的顶温和顶压是控制反应生成油脱除硫化氢效果的关键参数，在装置运行中，只要根据原料硫含量控制好该顶温、顶压，硫化氢的脱除效果通常就可以保证。闪蒸罐气相直接进主分馏塔，液相经加热后进主分馏塔。因此，汽提塔顶温、顶压、液位，闪蒸罐顶压、液位，均维持各自的常规 PID 控制，不必纳入先进控制器。先进控制策略主要考虑主分馏塔。

主分馏塔的运行操作目标是：按产品(或中间产物)的质量指标要求，分离出喷气燃料产品和柴油产品；塔顶石脑油进后续流程进一步分离；塔底加氢尾油出装置(一次通过方案)或返回反应器进料(全循环方案)。

从过程控制角度讲，主分馏塔产物的质量被控指标 CV 主要为：重石脑油终馏点、喷气燃料闪点(/初馏点)、喷气燃料终馏点、柴油初馏点(闪点/10%馏程点)、柴油 95%馏程点。主分馏塔 APC 的设计考虑通常是：以上述质量指标以及塔釜温度等为关键被控变量 CV，通过多变量协调调节：塔顶温度、中段回流流量、中段回流返塔温度、喷气燃料抽出流量、柴油抽出流量、分馏加热炉出口温度等调节手段(MV)，实现产物质量指标的平稳控制。同时，按经济优化目标方案，通过石脑油终馏点、喷气燃料终馏点或柴油 95%馏程点等质量指标的实时卡边控制，提高石脑油、喷气燃料或柴油的收率。

从节能的角度考虑，应当尽量使分馏塔的高温位回流的流量更大，但塔上部的产物分离精度，需要塔上部回流保持一定的流量；并且，当装置处理量、裂化反应深度及原料性质变化时，各段回流的流量需要跟随变化。因此，在装置正常运行中，塔顶回流量、中段回流量及各回流返塔温度需要限制在一定范围。以回流流量设定值为 MV 时，可以由 MV 的操作上下限限制；而对于塔顶，如果设计塔顶温控回路为 MV，若塔顶回流流量为塔顶温控的串级副回路，则应当设计塔顶回流流量或其控制阀阀位为安全约束 CV。一中、二中回流返塔温度的约束限制，可以通过设计为安全约束 CV，或通过 APC 控制器的自定义运算功能实现。

此外，主分馏的喷气燃料汽提塔、柴油汽提塔采用塔底重沸或蒸汽汽提，从主分馏塔侧线抽出的喷气燃料或柴油中的轻组分分离出返回主分馏塔。汽提塔的塔底重沸热源或蒸汽量也是喷气燃料闪点、柴油初馏点等质量指标的调节手段。根据工艺运行过往情况，也可考虑设计为 APC 的操作变量 MV。

分馏塔是一个典型的多变量被控对象，基于模型预测控制的 APC 控制器，能够实现多变量协调控制；如果质量指标的检测能够比较准确地实时获得，则先进控制器就能很好地抵御装置处理量、原料性质、转化率变化等干扰因素对分馏塔的扰动，及时调节各 MV 变量，平稳控制产品质量并实时卡边优化。

主分馏塔产品(中间产品)质量指标的在线实时检测，可采用在线分析仪；或采用先进控制软件中的软测量组件建立软仪表模型在线实时推断其变化趋势。

分馏部分的先进控制策略，还包括分馏加热炉的热效率、支路平衡控制，附加在分馏 APC 控制器中也是可以的。但通常的加氢裂化 APC 设计，这一部分是和反应进料加热炉热效率控制合并考虑。

表 12-1-2 展示某加氢裂化装置主分馏过程 APC 控制器的变量设计策略。

表 12-1-2 某加氢裂化装置主分馏过程先进控制器变量表

被控变量 CV	操作变量 MV	干扰变量 DV
重石脑油终馏点温度	分馏塔顶温度设定	分馏塔顶冷回流返塔温度
喷气燃料闪点温度	喷气燃料抽出流量设定	分馏塔顶压力
喷气燃料初馏点温度	柴油抽出流量设定	分馏一中返塔温度
喷气燃料终馏点温度	分馏一中回流量设定	分馏二中返塔温度
柴油初馏点温度	分馏二中回流量设定	
柴油 95%馏程点温度	分馏塔进料温度设定	
分馏塔塔底温度		
喷气燃料汽提塔液控输出		
柴油汽提塔液控输出		

3. 加热炉热效率控制

加氢裂化装置的两个加热炉分别加热反应器进料和主分馏塔进料。加热炉应始终处于平稳运行状态，各相关被控参数处于最佳状态，燃烧充分，换热良好，热损失低。当负荷变化时，通过及时对加热炉的供风量、排风量进行调整，持续保持平稳控制、节约燃料的效果。

加热炉 APC 控制器，通常以烟气氧含量、炉膛负压为关键被控变量 CV，以鼓风机变频、引风机变频以及进风道和烟道上的调节挡板(或蝶阀)开度为调节手段 MV，通过多变量协调控制，及时克服加热炉负荷变化的影响，平稳控制各炉膛的烟气氧含量和负压，在平稳时通过实时卡边控制，将各加热炉的过剩空气系数卡在安全范围的低限，从而保持较高的热效率。

对于加热炉进料支路较多(三个支路以上)时，建立支路平衡控制，平衡各支路出口温度，同时实时约束支路流量的偏离度，对于提高加热炉热效率、及时掌握炉管结焦程度是必要的。另外，加氢裂化主分馏加热炉的进料流量还是闪蒸罐/分液罐液位的调节手段，因此，闪蒸罐/分液罐液位也应考虑为 APC 控制器的 CV 之一。表 12-1-3 给出一个示例，可供装置 APC 设计实施参考。

表 12-1-3　某加氢裂化装置加热炉热效率 APC 控制器变量表

被控变量 CV	操作变量 MV	干扰变量 DV
反应进料炉氧含量	加热炉鼓风机变频	反应进料炉进料量
反应进料炉炉膛负压	反应进料炉供风挡板	反应进料炉出口温度设定值
反应进料炉热效率	分馏进料炉供风挡板	闪蒸罐进料流量
分馏进料炉氧含量	引风机变频	分馏进料炉出口温度设定值
分馏进料炉炉膛负压	反应进料炉烟道挡板	分馏炉进料温度
分馏进料炉热效率	分馏炉进料支路 1 流量阀位	
分馏炉 1-2 支路出口温差	分馏炉进料支路 2 流量阀位	
分馏炉 2-3 支路出口温差	分馏炉进料支路 3 流量阀位	
分馏炉 3-4 支路出口温差	分馏炉进料支路 4 流量阀位	
闪蒸罐液位		

4. 吸收稳定(或脱丁烷塔+石脑油分馏塔)过程控制

加氢裂化装置的主分馏塔顶回流罐油相产物和硫化氢汽提塔塔顶回流罐油相产物继续分离的后续流程，通常有两种不同的方案：①吸收稳定方案：吸收脱吸塔+石脑油稳定塔+石脑油分馏塔；②脱丁烷塔+石脑油分馏塔方案。不同之处在于：

① 吸收稳定方案：有干气吸收处理，主分馏部分的硫化氢汽提塔顶酸性气和其他装置来的干气一起进入吸收脱吸塔中部，主分馏塔顶重石脑油和补充吸收剂稳定石脑油从塔顶打入；硫化氢汽提塔顶回流罐轻石脑油抽出，则打入吸收脱吸塔二中段回流入口附近。吸收后的塔顶酸性气送至干气脱硫塔。吸收脱吸塔设两个中段回流取热。吸收脱吸塔塔底油再进石脑油稳定塔，塔顶分离出液化气。石脑油稳定塔底油经换热后送至石脑油分馏塔中部，分离出轻、重石脑油。

② 脱丁烷塔+石脑油分馏塔方案：主分馏部分的硫化氢汽提塔顶回流罐轻石脑油抽出，经换热后进入脱丁烷塔中部。脱丁烷塔塔顶油气冷却后在顶回流罐分离出少量不凝气和水，油相则作为塔顶回流和液化气产物。脱丁烷塔塔底轻石脑油和主分馏塔顶重石脑油混合，经换热后进入石脑油分馏塔中部，分离出轻、重石脑油。

从过程控制角度讲，对于吸收稳定过程方案，分离产物的质量被控指标 CV 主要为：干气 C_{3+}含量，液化气 C_2 含量、液化气 C_{5+}含量，轻石脑油初馏点（或 C_{4-}含量）、终馏点（或 C_{6+}含量），重石脑油初馏点。对于脱丁烷塔+石脑油分馏塔方案，分离产物的质量被控指标 CV 主要为：液化气 C_{5+}含量，轻石脑油初馏点（或 C_4 含量）、终馏点（或 C_{6+}含量），重石脑油初馏点。

吸收稳定过程，或者是脱丁烷塔+石脑油分馏塔，先进控制器的首要目标是实现产品质量的直接控制，提高质量平稳性；其次，在遵守质量约束的前提下，实时卡边控制，节约吸收脱吸塔、稳定塔/脱丁烷塔和石脑油分离塔的能耗，同时，根据产品经济方案，提高高价值产品回收率。

稳定塔、脱丁烷塔、石脑油分馏塔，从过程控制角度可近似看作二元分馏塔，主要的调节手段（MV）是塔顶回流量和塔底热源量以及塔顶压力。从工程经验来看，塔底热源量通常是由塔底重沸返塔温度控制回路调节的，在 DCS 上由返塔温控 PID 控制回路管理热源流量，整体平稳性和抗干扰能力更佳。因此，APC 设计通常以“塔底重沸返塔温控”设定值作为 MV。

吸收脱吸塔主要的调节手段是补充吸收剂流量、塔底重沸返塔温控、塔顶压控，一般都设计其设定值作为 MV。

另外，为确保 APC 控制器的有效、安全运行，可设计一些安全约束变量 CV。例如：吸收塔液气比、吸收脱吸塔塔底液相温度，稳定塔、脱丁烷塔、石脑油分馏塔的塔顶温度。如果质量指标 CV 的在线分析仪或软仪表的可靠性较高，MV 的操作区间设置合理，这些安全约束 CV 也不是必要的了。

表 12-1-4 和表 12-1-5 分别给出吸收稳定方案和脱丁烷塔+石脑油分馏塔方案的 APC 控制器变量策略示例。对于具体的装置，会因工艺流程特点、产品方案和运行条件的不同，需要局部增加或调整。

表 12-1-4　某加氢裂化装置吸收稳定过程先进控制器变量表

被控变量 CV	操作变量 MV	干扰变量 DV
干气中 C_{3+}含量	吸收塔顶压力设定	吸收塔干气进料量
吸收塔液气比	补充吸收剂流量设定	干气进吸收塔温度
液化气中 C_2 含量	解吸塔底返塔温度设定	石脑油吸收剂流量
液化气中 C_{5+}含量	稳定塔顶压力设定	脱吸塔底抽出流量
轻石脑油初馏点	稳定塔顶回流量设定	稳定塔进料温度
轻石脑油终馏点	稳定塔底重沸返塔温度设定	石脑油分馏塔进料温度
重石脑油初馏点	石脑油分馏塔压力设定	预加氢轻烃来量
解吸塔底温度	石脑油塔顶回流设定	稳定塔塔顶冷后温度
稳定塔上部灵敏温度	石脑油塔重沸返塔温度设定	石脑油塔顶冷后温度
石脑油塔上部灵敏温度		
稳定塔顶压控阀阀位		

表 12-1-5　某加氢裂化装置脱丁烷塔+石脑油分馏塔先进控制器变量表

被控变量 CV	操作变量 MV	干扰变量 DV
液化气中 C_{5+} 含量	脱丁烷塔顶压力设定	脱丁烷塔进料流量
轻石脑油 C_{4-} 含量	脱丁烷塔顶回流量设定	脱丁烷塔塔顶冷后温度
轻石脑油 C_{6+} 含量	脱丁烷塔底重沸返塔温度设定	石脑油塔塔顶冷后温度
重石脑油初馏点	石脑油分馏塔压力设定	
脱丁烷塔上部灵敏温度	石脑油分馏塔塔顶回流设定	
石脑油塔上部灵敏温度	石脑油分馏塔重沸返塔温度设定	
脱丁烷塔顶压控阀阀位		

(四) 加氢裂化装置先进控制应用中质量指标的在线检测

炼油化工装置的常规测量仪表，仅获得温度、压力、流量、液位等过程参数，已经不能满足工艺操作和控制的要求。随着经济、技术发展和环境管理的进步，生产装置对产品质量控制要求越来越高。分馏塔的产品终馏点、闪点、其他馏程温度等以及轻组分分离过程的产物组成等质量指标，在线实时检测需求越来越强烈。

为解决工业过程的质量测量需求，经常采用两种测量途径：一是实现直接测量，即采用在线分析仪表；二是采用间接测量，即利用直接获得的有关常规测量信息，通过计算机来实现对常规不可测变量的预测计算，即软测量。

采用在线分析仪表，需要较大的设备投资，许多在线质量分析仪的后续维护投入也比较大。采用软仪表，需要准确、足够的建模数据，且需要经常校准。

加氢裂化装置的先进控制器设计实施中，通常考虑的质量指标参数有：

① 喷气燃料闪点、初馏点、终馏点；

② 喷气燃料初馏点、闪点、95%馏程点；

③ 干气 C_{3+} 含量，液化气 C_2 含量；

④ 液化气 C_{5+} 含量，轻石脑油初馏点(C_{4-} 含量)、终馏点(C_{6+} 含量)；

⑤ 重石脑油初馏点、终馏点。

这些质量指标也并非一定全部设计为 APC 控制器的 CV。例如：对于近似二元分离塔的，如果分离塔的被分离进料品质非常平稳，且杂质含量可以忽略，则将塔顶压力和灵敏温度控制平稳，塔顶产品质量就能平稳；同样，将塔釜压力和温度控制平稳，塔底产品质量也能平稳。结合实际的生产装置，充分地了解过程机理和生产运行特点，根据装置具体情况确定质量指标的控制，是先进控制工程设计的最重要的关键技术之一。

加氢裂化的重石脑油从石脑油分馏塔底出装置，但其终馏点，从过程控制角度考虑，通常是控制主分馏塔顶抽出重石脑油的终馏点，而不是石脑油分馏塔塔底石脑油的终馏点。

加氢裂化装置多为近几年新建设的装置，常规测量仪表配置通常比较全面，塔顶、塔釜的温度、压力、烃分压等与质量指标密切关联的参数均有测量仪表信息，或通过仪表信息简单计算获得，这对于软仪表建模是有利的。

但需要强调的是，软仪表建模需要样本数足够的准确的化验数据，化验采样时刻和化验数值都需要是准确的。软仪表运行中，采用准确的化验数据经常校正也是必要的。但现阶段不少炼化企业的化验数据的随机误差还经常存在，特别是实际采样时刻与设定采样时刻的偏差大，而实际采样时刻往往没有记录。不少企业APC软仪表运行效果还不理想，不过，随着企业化验采样工作的逐步自动化和智能化，使得采样时刻、化验数值准确可靠，软仪表模型推断技术应用水平将会大大提高。

对于以石脑油收率最大化为目标的装置，配置石脑油在线馏程分析仪(或终馏点分析仪)可提高终馏点的实时检测精度。

喷气燃料闪点、初馏点、终馏点，柴油初馏点、闪点、冰点、95%馏程点等，采用软仪表技术建模实现质量指标在线变化趋势预测，也是一种方案。但这些质量指标的软仪表模型，输入变量相对较多，影响关系也较为复杂。实际运行中，趋势预测的偏差通常就比较大。喷气燃料从主分馏塔抽出，经过汽提后出装置直接作为产品出厂。对于以喷气燃料收率最大化为目标的装置，还是建议配置喷气燃料在线馏程分析仪，以提高质量检测精度。

提高质量指标的在线检测精度，有利于实现更加精准的卡边控制，可以获得更高的经济效益。

(五) 加氢裂化装置先进控制应用的经济效益

1. 先进控制的经济效益

先进控制的经济效益，体现为间接经济效益和直接经济效益。

不便于核算的或核算方法复杂的，但显然具有的经济效益，一般称为间接经济效益。例如，装置平稳性的提高和产品质量的直接闭环控制，可以降低操作人员劳动强度，降低产品的不合格率，显然具有经济效益。

但降低操作人员劳动强度所形成的经济效益通常难以准确核算。而不合格产品通常要返回处理或进污油系统，因此，降低产品不合格率最终体现在装置能耗或操作费用的降低、和/或装置处理量的提高。不合格产品的处理通常涉及其他装置，效益核算比较复杂，且不一定能单独准确核算。这两方面的效益，通常归入间接经济效益。

可以通过本装置相关数据、简单核算得出数据的经济效益，称为直接经济效益。例如：提高高价值产物的收率、提高装置处理量、降低装置能耗等，就是可以简单核算的直接经济效益。

2. 直接经济效益核算

对于加氢裂化装置，APC可以获得的直接经济效益主要体现在：①石脑油、喷气燃料和液化气、柴油等高价值产品收率的提高；②降低干气中C_3组分跑损；③加热炉热效率的提高和石脑油分馏塔、稳定塔或脱丁烷塔能耗的降低；④装置处理量的提高。

提高轻质油收率，通常伴随着分馏塔热回收的降低；降低干气中C_3组分跑损，通常伴随吸收解吸过程能耗的增加；APC卡边控制，也会使加热炉效率有所提高和石脑油分馏塔等重沸热源消耗有所降低，核算时均应考虑。通常，APC在加氢裂化装置总体能耗降低方面的经济效益，与高价值产品收率提高方面的经济效益相比，数值要小得多。

装置处理量的提高能带来一部分经济效益。但处理量，多数企业的加氢裂化装置不由APC实时控制，且受到反应器、催化剂等的约束，应以保设备和生产安全为主。我国的炼油加工能力总体已处于过剩状态，提高装置处理量不是APC的关注重点。

因此，对于加氢裂化装置，应用APC技术提高经济效益的着力点，在于提高高价值产品的收率。

经济效益的核算需要首先确定对比数据时间段，考虑到数据可获得性、原料性质变化、产品方案变化等因素。为简化核算过程，通常选择先进控制全面投用后一段时间的数据，和阶跃测试之前的相同时间长度一段时间的数据。

时间长度可以是一周、两周、一个月，更长时间的数据是没有必要的。如果原料性质不稳定、产品方案有变化，反而影响对比结果的客观性。对比数据的获得方法可以是装置标定数据，也可以是实际运行数据。

表 12-1-6 为加氢裂化装置先进控制的直接经济效益核算的一个案例。

表 12-1-6　某加氢裂化 APC 投用前后装置经济效益对比核算表

对比项/单位	APC 实施前	APC 投用后	对比差值	单价/元	对比时间段产值差/万元
	时间段(2 周) 2016. 6. 16~6. 30	时间段(2 周) 2016. 11. 11~11. 25			
原料加工量/t	76134	76175	41	-4100	-16. 81
燃料干气/t	1165	1105	-60	3600	-21. 60
液化气/t	1408	1341	-67	4200	-28. 14
轻石脑油/t	3929	4220	63	4500	28. 35
重石脑油/t	14268	14664	243	4700	114. 21
喷气燃料/t	16156	16781	321	4850	155. 69
柴油/t	10750	10337	-108	4560	-49. 25
尾油/t	27918	27271	-266	4300	-114. 38
污油及损失/t	541	457	-84	3800	-31. 92
总能耗/MJ	91，893，738	91，538，675	-355，063	-0. 1295	4. 5981
	两周对比时间段产值变化额：				40. 7451
年经济效益/万元					727. 59

注：(1)本装置采用反应进料一次通过方案；(2)APC 有效投用率按 75%计算；(3)装置先进控制年投用时间按 8000h 计算；(4)年经济效益=两周对比时间段产值变化额×0. 75÷(14×24)×8000。

四、加氢处理装置的先进控制技术应用

(一) 从过程控制角度看加氢处理装置的工艺特点

加氢处理装置的基本特征为：在合适的温度、压力、氢油比和空速条件下，渣油、蜡油或其混合原料，与氢气在催化剂的作用下进行反应，使原料中的硫、氮、氧化物等杂质转化成为相应的易于除去的 H_2S、NH_3 和 H_2O 而脱除，重金属杂质则与 H_2S 反应生成金属硫化物沉积在催化剂上而脱除，为催化裂化装置提供优质低硫原料。加氢处理反应过程中还伴有少量的加氢裂化反应，部分不饱和烃也得到加氢饱和。因而装置同时产出部分柴油，并副产少量粗石脑油和气体。

加氢处理装置的原料可以是：减压渣油、减压蜡油、焦化蜡油、常压重蜡油、催化循环油或它们的混合物。原料以渣油为主，通常称为渣油加氢装置；以蜡油为原料，则称为蜡油加氢装置。原料品种不同或混合配比不同，则反应条件和催化剂就不同。但从过程控制角度来看，装置的工艺流程特征、主要被控参数、控制策略都是一样的。

由于加氢处理装置的轻质油收率不高，分馏塔部分的实际运行方案会有不同的安排。如

果柴油的产率很低，拔出柴油的最终收益不抵分馏进料加热炉的能耗，那么分馏塔就按不出柴油方案运行，即：汽提硫化氢之后的反应产物不经加热，只在分馏塔顶拔出少量石脑油，其余全部从塔底抽出作为加氢尾油。

加氢处理装置拔出轻质油后的加氢重质油产物，因原料或生产方案不同，在不同的加氢处理装置有不同的称谓，例如：加氢重油、加氢蜡油、加氢渣油、加氢尾油。从过程控制角度来说，它们都是加氢处理装置分馏塔塔底抽出的产物。为后续叙述方便，本章后续统称为“加氢重油”。

（二）先进控制在加氢处理装置应用中的作用

加氢处理装置，包括反应部分、分馏部分及辅助和公用工程部分。先进控制通常考虑反应和分馏部分以及加热炉的热效率控制。

先进控制应用于加氢处理装置，可实现以下三方面的目标：

① 平稳装置的操作：实现装置安全、平稳运行，关键点主要有：反应温度及尾油硫含量，分馏塔石脑油及柴油分离精度，加热炉热效率的平稳控制。

例如：某加氢处理装置，先进控制投用后，11 个关键被控 CV 参数运行波动标准偏差平均降低了 56.26%，其中最高降幅为 89.04%、最低降幅为 35.91%。

② 产品质量直接闭环控制：实现粗石脑油终馏点的平稳有效控制。对于分馏塔产出柴油的生产方案，也可实现柴油初馏点、95%馏程点的平稳有效控制。

③ 在平稳控制、产品质量合格的基础上，根据生产管理要求和经济优化考虑，实现卡边操作，降低氢耗和装置能耗，提高装置处理量，提高分馏塔粗石脑油及柴油的拔出率。

例如：某加氢处理装置，先进控制投用后，氢气单耗从 28.9034kg/t(原料)降低到 27.7973kg/t(原料)，降低了 0.1061kg/t(原料)，即降低了 0.37%；原料处理量从 375.10t/h 提高到 390.83t/h，提高了 5.26%。

虽然加氢处理装置的轻质油收率本来就不高，但因其属于低硫优质轻油，卡边控制其终馏点，提高轻质油的拔出率，可以节省后续加工费用。当然，柴油在催化裂化装置里，还可裂化生成汽油、液化气组分。加氢处理装置的分馏塔部分，最终实际执行的优化产品分布的卡边控制方案，需要根据当时的汽油、柴油、液化气的价格差别情况、高价值产品收率最大化所需要的能耗代价、加工费用等，综合权衡确定。

（三）加氢处理装置先进控制策略

1. *反应过程*

反应部分，包括原料进料系统、反应进料加热炉、加氢反应器、反应产物油气水分离等基本工艺单元。

以渣油为主要原料的加氢处理装置，反应器部分通常是四个串联的反应器，冷氢从反应器之间打入用以控制反应温度。而蜡油加氢处理装置的反应器，通常是由三个床层构成，急冷氢从催化剂床层间打入来控制反应温度。

反应产物油气水的分离，即通过热高分、冷高分、热低分、冷低分四个分离器，将反应产物分离为循环氢、低分气、低分油(热、冷两股)、含硫污水。进料缓冲罐液位、四个分离器的液位及压力、反应进料加热炉出口温度的控制，采用常规 PID 控制，可实现安全平稳操作。

反应部分 APC 的控制策略一般考虑以下几点(见表 12-1-7)：

① 以反应器 CAT 为关键被控 CV，在遵守反应器之间(或床层之间)最大温升的前提下，通过调节各反应器(或床层)的入口温度，平稳控制 CAT 在设定的范围，实现设定的原料油的脱硫、脱氮、脱氧和脱金属的精制效果。如配置了加氢重油硫含量在线分析仪，则应以该硫含量参数为关键被控 CV，而 CAT 作为约束变量 CV 对待，其控制范围放宽。

② 反应器之间(或床层之间)温升是最为重要的安全约束变量。将这几个温升控制在一定的限值之内，是维持催化剂正常寿命、防止催化剂局部结焦的基本手段。

③ 第一反应器(或第一床层)入口温度，是反应进料加热炉出口温度，由炉出口温度控制回路设定调节，是反应 APC 控制器的重要调节手段。反应进料加热炉的出口温度，一般是两个支路出口温度分别与各自的燃气压力/燃气流量串级的控制。支路出口温度设定，作为两个 MV，就需要设计一个“两支路温差”的约束 CV，来保证它们的同步均衡调节。同时，为确保加热炉运行安全，可根据过往运行经验，决定是否需要考虑加热炉内进料支路管壁最高温度为安全约束 CV。

④ 其他反应器(或床层)入口温度，由其入口打入的冷氢量来调节。为确保反应器运行安全，可根据过往运行经验决定是否需要考虑各反应器/床层的最高温度为安全约束 CV。为防止冷氢调节阀饱和而影响 APC 的控制品质，可在约束变量 CV 中增加这些调节阀的阀位，或在自定义计算组态中设置约束管理控制策略。

⑤ 在关键被控 CV 平稳控制、约束 CV 不超限的前提下，APC 控制器通过加氢重油硫含量的实时卡边控制，降低装置氢耗和能耗。

⑥ 反应压力，即循环氢系统压力，主要是通过调节补充氢量来控制。提高反应器压力，意味着提高反应氢分压，有利于氧、硫、氮化合物、金属杂质等的脱除，还可以减缓催化剂的结焦速率，延长催化剂的使用寿命，降低催化剂的使用费用。但是，提高反应氢分压，装置的操作费用会增加，同时装置设备也约束了其压力范围。反应压力一般由常规 PID 定值控制，而不纳入先进控制器。

⑦ 反应进料流量(装置处理量)，当生产调度允许实时调节时，可设计为操作变量 MV。进料流量的变化，则反应时间也会变化，因此，进料量是重要的反应条件之一。在反应温度、压力条件、加热炉热负荷等约束允许的前提下，提高处理量可以获得更大的经济效益。

表 12-1-7 某加氢处理装置反应过程先进控制器变量表

被控变量 CV	操作变量 MV	干扰变量 DV
尾油硫含量	反应炉支路 A 出口温度设定	原料油硫含量
反应器加权平均温度	反应炉支路 B 出口温度设定	反应进料量
反应炉两支路出口温差	反应二床层入口温度设定	反应器入口氢油比
反应器二一床层温升	反应三床层入口温度设定	新氢流量
反应器三二床层温升		反应压力
入二床层冷氢量调节阀阀位		循环氢进料温度
入三床层冷氢量调节阀阀位		

2. 分馏过程

分馏部分包括硫化氢汽提塔、分馏进料加热炉、分馏塔及柴油汽提塔等基本工艺单元。硫化氢汽提塔的顶温和顶压是控制反应生成油脱除硫化氢效果的关键参数，在装置运行中，只要根据原料硫含量控制好该顶温、顶压，硫化氢的脱除效果通常就可以保证。汽提塔底抽出经分馏炉加热后进分馏塔。因此，汽提塔顶温、顶压、液位以及分馏塔液位，一般均维持各自的常规 PID 控制，不必纳入先进控制器。先进控制策略主要考虑分馏塔。

分馏塔的运行操作目标是：按产品质量指标要求，分离出粗石脑油(不稳定石脑油)、柴油、加氢尾油(或称为加氢重油/加氢渣油/加氢蜡油)。某加氢处理装置过程先进控制器变量表见表 12-1-8。

从过程控制角度讲，分馏塔产物的质量被控指标 CV 主要为：石脑油终馏点、柴油初馏点、柴油 95%馏程点。主分馏塔 APC 的设计考虑通常是：以上述质量指标以及塔釜温度等为关键被控变量 CV，通过多变量协调调节：塔顶温控、中段回流流量、中段回流返塔温度、柴油抽出流量、分馏加热炉出口温度、柴油汽提塔重沸热源量或汽提蒸汽流量等调节手段(MV)，实现产物质量指标的平稳控制。同时，通过石脑油终馏点或柴油 95%馏程点指标的实时卡边控制，提高石脑油、柴油的收率。此外，分馏加热炉的进料通常分为四个支路，需要建立支路平衡控制策略；分馏炉的进料量，又是硫化氢汽提塔液位的调节手段。

因原料性质或反应深度因素导致轻质油产率非常低时，经过工艺衡算决定不出柴油时，则只需要控制好石脑油终馏点即可。

加氢处理的分馏塔，APC 的卡边优化设置，还应着重考虑节能：在满足柴油 95%馏程点或石脑油终馏点合格的前提下，尽量降低分馏进料加热炉出口温度。

分馏 APC 控制器的安全约束 CV 设计，可参考加氢裂化主分馏控制器安全约束 CV 设计思想，结合本装置实际情况确定。

分馏塔的石脑油终馏点、柴油 95%馏程点等质量指标的在线实时检测，可采用在线分析仪，或采用先进控制软件中的软测量组件建立软仪表模型在线实时推断其变化趋势。

表 12-1-8 某加氢处理装置分馏过程先进控制器变量表

被控变量 CV	操作变量 MV	干扰变量 DV
石脑油终馏点	分馏塔塔顶回流量设定	分馏塔顶压力
分馏塔顶温度	分馏中段回流流量设定	塔顶冷回流返塔温度
柴油 95%馏程点	分馏中段返塔温度设定	柴油汽提塔吹蒸汽量
分馏塔柴油抽出温度	柴油抽出流量设定	热低分油流量
分馏塔底温度	分馏炉出口温度设定	冷低分油流量
硫化氢汽提塔液位	塔底尾油抽出流量设定	
分馏塔液位	分馏炉进料支路一流量设定	
分馏炉进料支路二一温差	分馏炉进料支路二流量设定	
分馏炉进料支路三二温差	分馏炉进料支路三流量设定	
分馏炉进料支路四三温差	分馏炉进料支路四流量设定	
分馏炉支路流量最大偏离值		
分馏塔塔顶回流量阀位		

3. 加热炉热效率控制

加氢处理装置配置有反应进料加热炉、分馏塔进料加热炉。两个加热炉的热效率控制包括炉热效率、烟气氧含量、炉膛负压等，通常有供风、排风的耦合关联，合并在一个 APC 控制器里更有利于平稳控制。

不过，一些加氢处理装置或装置的某些运行时间，分馏加热炉不开或者热负荷非常低，此时，分馏炉的 APC 控制会发挥不了控制作用。根据装置过往运行历史情况，也可以不考虑分馏加热炉的先进控制。此时，反应炉的热效率控制策略，放在反应控制器里也是可以的。

加氢处理加热炉热效率和分馏炉支路平衡 APC 控制器，可参考加氢裂化的加热炉 APC 控制策略。

(四) 加氢处理装置先进控制应用中质量指标的在线检测

加氢处理装置的先进控制器变量中，通常考虑的质量指标参数有：

① 石脑油终馏点，柴油初馏点、95%馏程点；

② 原料硫含量、加氢重油硫含量，加氢重油残炭。

根据加氢处理装置 APC 的工程经验，结合其他装置的分馏塔顶石脑油(或粗汽油)终馏点软仪表的建模经验，加氢处理分馏塔顶石脑油终馏点的软仪表趋势预测比较准确，可以实现质量闭环控制和实时卡边优化。柴油初馏点、95%馏程点指标，软仪表预测偏差通常就比较大一些。若需要更加准确的在线数据，柴油馏程在线分析仪是更好的选择。

加氢处理的石脑油收率通常在 3%以下，柴油收率通常在 7%左右(因原料不同而部分装置能到 10%以上)。轻质油收率比较低，是否在先进控制系统建设时增加柴油馏程在线分析仪，主要从综合经济效益考虑。

加氢处理装置的实时卡边优化，重点是关注脱硫效果。因此，先进控制建设时，通常应配置加氢重油硫含量及原料硫含量的在线分析仪。加氢重油硫含量的卡边控制，在装置氢耗和能耗降低方面，可取得更为可观的经济效益。加氢重油硫含量在线软仪表建模更复杂、难度更大；而原料硫含量无法建立在线软仪表。

(五) 加氢处理装置先进控制应用的直接经济效益核算

对于加氢处理装置，APC 可以获得的直接经济效益主要体现在：①单位原料氢耗的降低；②单位原料能耗的降低；③石脑油和柴油收率的提高。

直接经济效益核算，可参考加氢裂化装置。

五、先进控制系统的操作与运维

(一) 先进控制操作界面

1. PC 机操作界面

先进控制的 PC 机操作界面，即 APC 软件本身配置的 APC 操作界面，因 APC 软件厂家不同而各异，一般均包括 APC 操作员级信息、工程师级信息、日志信息等。因中国石化以前采用的 APC 软件多为国外的品牌，PC 机操作界面(见图 12-1-13)均为英文，APC 参数比常规控制 PID 参数多得多，操作人员看起来是比较繁杂的，不符合我国操作人员的操作习惯；且 PC 机操作界面运行在单独的 PC 显示器上，监视起来也比较麻烦。

另外，随着 DCS 系统的逐步改造或升级，各炼化企业的装置 DCS 控制系统已经趋向于集中到一个中央控制室。一个操作台要监控管理几套装置，各装置在操作台上为 APC 安排一台 PC 机客户端显示器已经存在很大困难，多数企业的中控室已经不太可能。

因此，除 APC 应用初期一些装置之外，中国石化绝大多数 APC 应用装置并未直接采用 PC 机操作界面为操作人员所用。PC 操作界面通常置于工程师站，供工艺工程师使用。对于

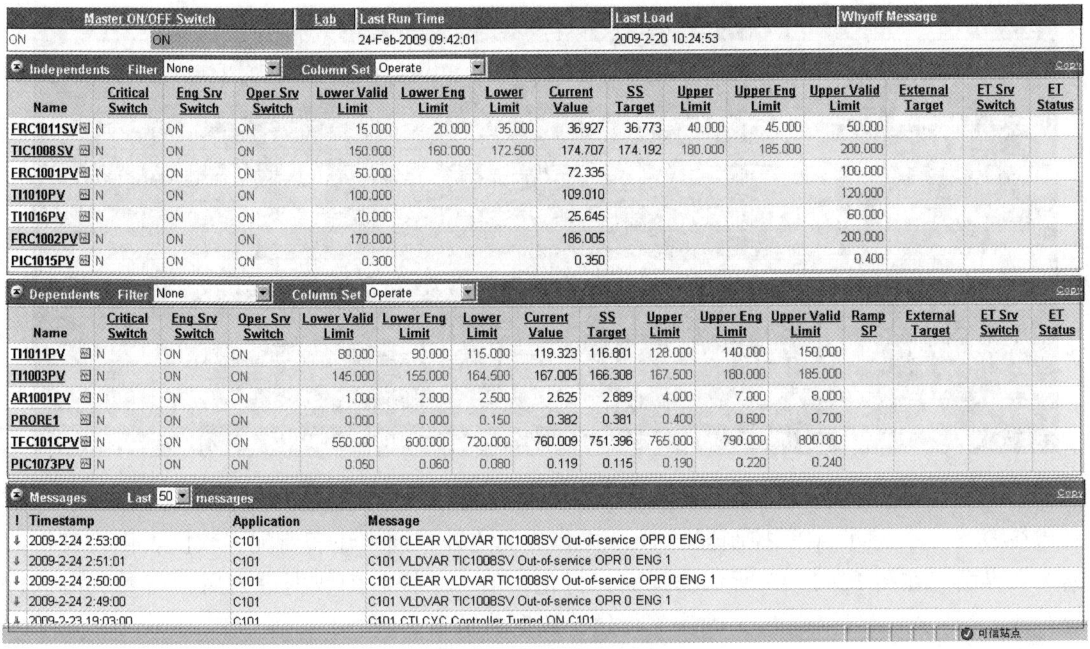

图 12-1-13　先进控制的 PC 机操作画面示例

操作员所用的操作界面，通常在 DCS 上另行设计实施。

2. DCS 操作画面

为遵循操作人员的习惯，便利操作人员的监视、操作，APC 系统建设时通常在 DCS 上设计实施 APC 控制器的操作界面。

APC 系统 DCS 操作界面的设计应符合企业 DCS 系统技术和管理规范，在具体实施时，还应充分考虑操作人员的习惯，同时要做到视觉舒适、清晰、美观。

在先进控制器的 DCS 界面上，至少应当给出以下信息：

① 控制器总开关：操作人员通过操作该开关量，进行整个控制器的启动/切除的请求操作。

② 控制器状态：上位机 APC 控制器返回的状态信息，表明控制器是否正常运行。

③ 通讯监控计时器：计时器(减法/加法计时)的当前值，或其他代表不断变化的图形元素。如果不停地变化，则说明 APC 控制器与 DCS 通讯正常。

④ 变量位号：显示 CV/MV 变量的 DCS 位号。

⑤ 变量开关：该值为一开关量，由操作人员操作“投用/切除”。

⑥ 变量状态：上位机 APC 控制器返回的状态信息，表明该变量每一周期的运行情况。

⑦ 变量下限：由操作人员设定的 CV/MV 的控制/操作下限。

⑧ 变量上限：由操作人员设定的 CV/MV 的控制/操作上限。

⑨ 当前值：该 CV/MV 变量的当前值。

⑩ 稳态值：上位机 APC 计算该 CV/MV 变量将要达到的值或控制目标值。

⑪ 当前调节量：该列只适用于 MV 变量，已经实现的当前周期 MV 改变量。

如图 12-1-14 所示为一个 APC 控制器的 DCS 操作画面实例。DV 信息在画面上可以不显示，只要 DV 值在正常范围内变化，该 DV 就投用。

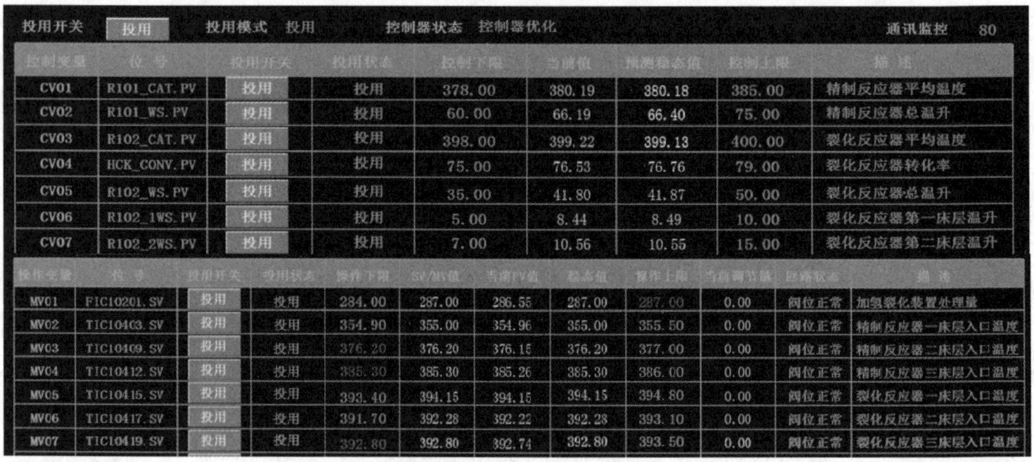

投用开关 投用　投用模式 投用　控制器状态 控制器优化　通讯监控 80

控制变量	位号	投用开关	投用状态	控制下限	当前值	预测稳态值	控制上限	描述
CV01	R101_CAT.PV	投用	投用	378.00	380.19	380.18	385.00	精制反应器平均温度
CV02	R101_WS.PV	投用	投用	60.00	66.19	66.40	75.00	精制反应器总温升
CV03	R102_CAT.PV	投用	投用	398.00	399.22	399.13	400.00	裂化反应器平均温度
CV04	HCK_CONV.PV	投用	投用	75.00	76.53	76.76	79.00	裂化反应器转化率
CV05	R102_WS.PV	投用	投用	35.00	41.80	41.87	50.00	裂化反应器总温升
CV06	R102_1WS.PV	投用	投用	5.00	8.44	8.49	10.00	裂化反应器第一床层温升
CV07	R102_2WS.PV	投用	投用	7.00	10.56	10.55	15.00	裂化反应器第二床层温升

操作变量	位号	投用开关	投用状态	操作下限	SP/MV值	当前PV值	稳态值	操作上限	当前调节量	回路状态	描述
MV01	FIC10201.SV	投用	投用	284.00	287.00	286.55	287.00	287.00	0.00	阀位正常	加氢裂化装置处理量
MV02	TIC10403.SV	投用	投用	354.90	355.00	354.96	355.00	355.50	0.00	阀位正常	精制反应器一床层入口温度
MV03	TIC10409.SV	投用	投用	376.20	376.20	376.15	376.20	377.00	0.00	阀位正常	精制反应器二床层入口温度
MV04	TIC10412.SV	投用	投用	385.30	385.30	385.26	385.30	386.00	0.00	阀位正常	精制反应器三床层入口温度
MV05	TIC10415.SV	投用	投用	393.40	394.15	394.15	394.15	394.80	0.00	阀位正常	裂化反应器一床层入口温度
MV06	TIC10417.SV	投用	投用	391.70	392.28	392.22	392.28	393.10	0.00	阀位正常	裂化反应器二床层入口温度
MV07	TIC10419.SV	投用	投用	392.80	392.80	392.74	392.80	393.50	0.00	阀位正常	裂化反应器三床层入口温度

图 12-1-14　先进控制器的 DCS 操作画面示例

在 DCS 上，除了 APC 控制器的 DCS 操作界面之外，通常还需要配置软仪表化验校正数据录入界面。在图 12-1-15 所示的画面，将化验值、采样时刻数据键入后，需要点击该行最右侧的“待录入”(隐按钮)，确认该行化验数据的录入。

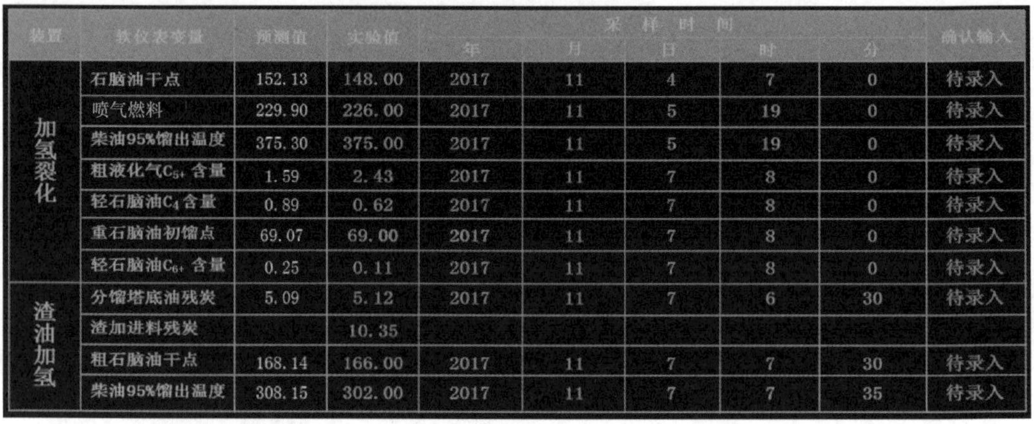

装置	软仪表变量	预测值	实验值	采样时间					确认输入
				年	月	日	时	分	
加氢裂化	石脑油干点	152.13	148.00	2017	11	4	7	0	待录入
	喷气燃料	229.90	226.00	2017	11	5	19	0	待录入
	柴油95%馏出温度	375.30	375.00	2017	11	5	19	0	待录入
	粗液化气C_{5+}含量	1.59	2.43	2017	11	7	8	0	待录入
	轻石脑油C_4含量	0.89	0.62	2017	11	7	8	0	待录入
	重石脑油初馏点	69.07	69.00	2017	11	7	8	0	待录入
	轻石脑油C_{6+}含量	0.25	0.11	2017	11	7	8	0	待录入
渣油加氢	分馏塔底油残炭	5.09	5.12	2017	11	7	6	30	待录入
	渣加进料残炭		10.35						
	粗石脑油干点	168.14	166.00	2017	11	7	7	30	待录入
	柴油95%馏出温度	308.15	302.00	2017	11	7	7	35	待录入

图 12-1-15　软仪表化验校正数据录入画面示例

(二) 先进控制运行操作与监控

1. 日常操作监控要点

先进控制系统日常操作监控，主要包括如下几个方面：

① 监视装置和各 APC 控制器的运行；

② 及时完成质量指标软仪表的化验校正数据录入工作，比对软仪表值和化验数值的趋势变化的一致性，对趋势偏差值做到心中有数；

③ 根据生产管理和工况变化，调整 CV 的控制上/下限、MV 的操作上/下限；

④ 由于故障维护或其他原因，切除某个 CV/MV 变量以及恢复正常后的投用；

⑤ 因 APC 控制器所管理的工艺单元工况异常而切除 APC 控制器，或工况正常之后的 APC 控制器启动与各变量恢复投用；

⑥ 向工艺工程师报告 APC 调整及运行情况。

先进控制系统的日常操作监控，其具体的操作方法，与 APC 系统的 DCS 画面设计实施有关，需要参照 APC 操作手册。以下，仅就 MV 和 CV 的上/下限设置与调整给出指南性的说明。

2. MV 操作上/下限的设置与调整

MV 的操作上、下限是允许 APC 控制器 MV 值变化的范围。在控制器正常运行中，MV 值不会超出这个范围。

(1) MV 操作上/下限的设置与调整原则

MV 操作上/下限的设置原则：装置正常生产工况，允许该 MV 变量的调节范围。但基于以下原因，适当的安全裕量是必要的：

① APC 控制器是多变量协调控制，因实时寻优的作用，会有使某个或某几个 MV 变量推向最大或最小的趋向；

② 随着 APC 投用时间的逐渐加长，控制器模型和被控过程的匹配性会逐渐变差，从而导致 MV 预测偏差的加大。

③ CV 中的软仪表或在线质量分析仪的误差，会导致 MV 的预测偏差。

但如果 MV 操作上、下限范围太窄，就会削弱 APC 控制器的协调调节能力。不必要地压缩关键 MV 的允许调节区间，会使被控过程始终运行在某个状态点上，控制器将无法实现最优目标和经济效益，甚至满足不了 CV 的调节需要。同时，也会降低 APC 的有效投用率。

APC 控制模型预测各 CV 的变化趋势、相应给出的 MV 调节动作，与被控工艺过程的实际变化趋势和调节需求是一致的。因此，在 APC 控制器运行中，只要操作者用心观察和分析，就能够将各 MV 的操作上/下限设置好。在装置原料、产品方案、相关条件变化不大时，通常是不需要调整的。

(2) 特殊情形说明

前面提到，在 APC 控制器正常运行时，MV 值不会超出其操作上、下限范围。但请操作人员注意：当 MV 设计为 DCS 控制回路的设定值时，MV 值等于 DCS 回路的设定值，而不是回路的测量值！当该 MV 对应 DCS 控制回路 PID 参数整定不好或因其他原因导致测量值跟踪不好时，测量值往往会与设定值有显著的差值，此时，务请区分清楚：MV 对应控制回路的测量值，有时会显著超出 MV 的操作上/下限，但 MV 值(即回路设定值)是不会超限的。

如果 MV 投入 APC 控制之前没有检查操作上/下限，或在 APC 控制器运行中有“切除该 MV，调整其控制回路设定值(或输出值)，然后再投入 APC 控制”的操作过程，就可能会出现 MV 当前值超出 MV 控制上/下限的情形。此时，不同的 APC 软件品牌及相关参数设置会有不同的结果：

① 或者 APC 控制器会强制地逐步调整 MV 值，使之进入其操作上、下限之内(跟踪速率取决于 MV 最大步幅的设置)，这种情形称为 MV“跟踪”功能；

② 或者该 MV 会切至前馈状态；

③ 或者会使 APC 控制器故障切除。

当 APC 运行中，要避免“调整 MV 的操作上/下限值，导致 MV 超限”的情形发生。这时，原则上应当先切除该 MV，再调整、恢复投用。MV 有“跟踪”功能的时候，可缓慢调整，逐步移动。

3. CV 控制上/下限的设置与调整

CV 的控制上、下限，是根据生产、质量管理要求，需要将该 CV 控制在其内的区间范围。在 APC 正常运行时，一旦某 CV 的值超出这个范围，控制器就会调节相关的 MV，使该 CV 的值逐渐回到其控制上、下限之内。

与 MV 不同，在 APC 正常运行中，CV 常有超出其上、下限范围的情形。

根据装置工艺、质量、安全管理要求，设置 CV 的控制上/下限。

由于 CV 常有超出其控制上/下限之时，因此，实际设定的 CV 控制上/下限比工艺卡片控制要求的范围要窄很多。实际设定的下限，高于控制要求的下限；实际设定的上限，低于控制要求的下限。一般可参考以下原则：

① 对于温度、氧含量、转化率、比值等常规仪表测量(或简单计算)参数的 CV 变量，考虑一定的裕量，压缩设置其控制上、下限。

② 对于软仪表或在线质量分析仪 CV，在考虑安全裕量的基础上，还要附加考虑误差，再进一步压缩其控制区间。

③ 具有实时优化(卡边)功能的 APC 控制器，对于质量卡边(或消耗卡边)的指标性 CV，可从前一段时间的运行检验中，根据其超限幅度情况、软仪表或在线分析仪误差情况，逐步减小安全裕量，以利于装置高价值产物的增加或消耗的降低。

④ 液位、床层温升、支路流量最大偏离等，一般是安全约束 CV；某 CV 是 MV 自控回路的阀位输出值时，通常也是安全约束 CV。对于安全约束 CV，可从前一段时间的运行检验中，根据其超限幅度情况，逐步减小安全裕量，以利于被控工艺过程的寻优。

当拟调整到的 CV 控制上/下限值，会使 CV 超限或超限幅度更大，则需要小幅、缓慢调整，避免给装置运行造成较大的扰动。

4. 工艺工程师的监控管理

工艺工程师的监控管理主要包括：

① 监视上位机的运行，保证上位机与 DCS 之间通讯正常；

② 定期比对软仪表值和化验数值的趋势变化的一致性，趋势偏离程度过大时，分析原因，如果不是工况异常或化验采样分析误差造成，则联系 APC 系统维护人员检查处理；

③ 在需要时，调整相关工程师参数，如 CV 优先级、MV 调节速率等；

④ 遇到 APC 故障或异常问题时，联系 APC 系统维护人员检查处理。

(三) 先进控制系统日常维护

先进控制系统的日常巡检与维护工作，通常是由信息技术专业或自控仪表专业的技术人员负责。

1. 日常巡检与维护

① 检查 APC 服务器的运行状态是否正常，OPC 通讯是否正常，各 APC 控制器的投用状态是否正常；

② 检查各 CV 变量的当前值，各 MV 控制回路的测量值，各 MV 控制回路 PID 控制跟踪是否正常；

③ 查看 APC 系统运行日志，对所有可能的异常情况进行分析，并处理导致异常的原因以消除影响；

④ 同操作人员沟通，了解各 APC 控制器运行情况；

⑤ 定期检查软件授权是否有效。

2. 先进控制系统常见故障

① OPC 通讯中断，APC 控制器全部掉线。需要查找原因，恢复 OPC 服务器，重新启动 APC 服务器，投用所有控制器。

② APC 服务器运行时间过长，有时会出现系统锁死的情况。需要重新启动 APC 服务器，重新投用所有控制器。

③ 由于操作人员在 DCS 的 PID 操作面板上直接改变 MV 控制回路的模式，APC 控制器还认为该 MV 还在投用状态，有时会出现通讯错误，造成 APC 控制器掉线。需要在服务器后台重新启动控制器，并投用该控制器。

3. CV 的常见故障与处理

① CV 的常见故障与处理参考本节“先进控制运行操作与监控”部分内容。

② 主要被控变量 CV 的控制上/下限范围设置太宽，APC 控制器未能起到应有的调节作用。此时，需要根据工艺操作和质量管理要求，压缩该 CV 的控制上/下限范围。

③ 安全约束变量 CV 的控制上/下限范围设置太窄，因安全约束变量的优先级通常高于被控变量 CV，从而钳制了其他被控变量 CV 所需要调节的 MV 的调节。此时，对于约束变量 CV，应在满足安全约束要求的前提下，放宽其控制上、下限范围。

④ 两个或两个以上相关的 CV 控制上/下限冲突，例如：塔顶石脑油终馏点和塔顶温度或灵敏温度，一个卡上限，另一个卡下限，相关的 MV 变量就无法调节。此时，应根据工艺特点和控制要求，将两个 CV 的控制/下限调整到合理的范围。或者确定其中一个 CV 作为主要被控变量；而另外的 CV 作为约束变量，适当放宽控制范围。

⑤ 多个 CV 对应相同的 MV，要根据工艺特点和控制要求，确定清楚谁是被控 CV，谁是安全约束 CV。按照“被控 CV 适当收窄控制范围，约束 CV 适当放宽控制范围”的原则，分别调整好控制上/下限。

4. MV 的常见故障与处理

① MV 的常见故障与处理参考本节“先进控制运行操作与监控”部分的内容。

② MV 的操作上、下限范围设置太窄，控制器无法根据 CV 的要求及时调整，也无法发挥 APC 控制器的卡边优化作用，同时还会导致 APC 的有效投用率降低。此时，应根据工艺运行状态和操作要求，逐步放宽 MV 的操作上、下限范围。

③ MV 一段时间持续卡在操作上限/下限。此时，应根据工艺运行、相关 CV 运行情况进行分析，该卡限状态是否合理？如果工艺状态允许该 MV 继续调节，则调整 MV 的上/下限，使其不再被卡住。如果对于当前工艺状态，该 MV 卡限是合理的，则维持不变。

第二节　加氢装置流程模拟

一、流程模拟的必要性

（一）流程模拟的概念

流程模拟技术是近几十年来发展起来的一门综合学科，是过程系统工程中一门重要的技术。不论过程系统的分析和优化，还是过程系统的综合，都是以流程模拟为基础的。

流程模拟是一种采用数学方法来描述过程的静态/动态特性，通过计算机进行物料平衡、热平衡、化学平衡、压力平衡等计算，对生产过程进行模拟的过程[1]。可以将流程模拟系统定义为应用过程工程理论、系统工程理论、计算数学理论同计算机系统软件相结合而建立起来的一种计算机综合软件系统，专用于模拟流程工业的过程和设备以及整个流程系统。

流程模拟技术可以在项目规划阶段对工艺过程进行可行性分析，评价各种方案；在研究阶段进行概念设计，弄清研究的重点；在进行实验室研究的同时开展数学模型的研究，进行模拟实验，使两者互相补充，提高研究质量、加快研究进度；在工程设计阶段对初步设计进行方案比较、寻求最优设计；在生产阶段通过对过程性能进行监控，克服“瓶颈”，实现操作优化，离线指导生产来实现企业节能降耗、挖潜增效、提高经济效益的目的。总而言之，流程模拟技术在流程工业中应用十分广泛。相对一般的化工过程，石油化工和炼油工业的大型化为流程模拟技术的应用带来了更大的舞台和应用空间。

（二）流程模拟的基础

流程模拟软件系统涉及基础物性、物性参数、物流数据、能流数据、单元模块数据、各功能模块数据等各种数据，需要对这些数据进行有效的管理，以实现不同模块之间、不同功能之间以及同其他系统之间进行数据的传递与共享。

1. 物性数据库

物性系统在流程模拟中具有重要的意义，这可以从两个方面来看：一方面，模拟的质量好坏首先取决于数学模型的质量，但最终却受物性数据的准确程度限制；另一方面，在整个模拟计算中，物性的计算占有举足轻重的地位。例如，在一个精馏塔的模拟中，可能要求反复计算逸度和热焓上万次(通常更多)，因而，这种物性计算往往可以占整个计算机计算时间的80%或更多。

物性分为平衡性质(热力学性质)和非平衡性质(传递性质)。热力学性质又可分为：①体积或密度，是与状态方程有关的物性；②热焓、熵及自由能的计算，这是计算热量平衡以及化学反应能量平衡时所需的物性；③气-液平衡计算所需的物性为平衡常数 K 值及逸度系数等；④传递性质有热导率 λ、黏度 μ、扩散系数 D_{ab}、表面张力 σ 等。

2. 物性估算

石油化工过程涉及化合物的数量和种类非常多，即使物性数据库包括的组分数再多或允许用户添加纯组分物性，要使模拟软件具有通用性和更大的应用范围，流程模拟软件也必须具有物性估算功能，否则就不能处理包括物性数据库中没有、用户无法添加的组分的模拟与优化。物性估算通常包括基础物性估算(包括临界物性估算、偏心因子、理想气体热容等)、传递物性估算(包括气液黏度、导热系数、扩散系数、表面张力)和热力学性质估算(包括液体密度、饱和蒸气压、汽化潜热，气液热容等)；由于流程工业涉及的物质种类非常多，具有不同的特性，需要分门别类地建立其物性估算方法，因此，模拟软件具有适用的物性估算方法也成为关键技术之一。

3. 热力学性质计算

即使有了纯组分的物性数据，模拟软件需要采用适用的热力学性质计算技术来计算模拟所需要的各种热力学性质。热力学性质计算方法是化工分离计算的基础，可用于计算焓、熵、逸度系数、活度系数等，决定相平衡计算、热负荷计算、分离计算的准确性和可靠性。不同热力学方法适用于不同的操作体系。热力学计算方法从功能上分为立方型状态方程、多参数状态方程、活度系数模型、经验关联式等，以及每种模型的默认路线和方法。

4. 石油馏分计算

当工艺流程中包含石油成分时，石油成分往往只能得到实验蒸馏数据，而分离计算只能对普通化合物进行处理，这就需要将蒸馏数据转换为虚拟组分，并估算虚拟组分物性，然后作为普通组分进行计算，最后再次拟合为蒸馏曲线。石油馏分的处理包括：蒸馏数据的转换、拟合、外延；虚拟组分物性的估算；初馏点、终馏点的处理；虚拟组分拟合为蒸馏曲线等。

5. 单元模块模拟

石油化工过程涉及各种各样的过程。不同的过程包括不同的设备，对应于过程模拟软件中不同的单元模块。因此，单元模块的数量与种类将决定过程模拟系统的应用范围和推广应用程度。单元操作模块是对实际工业装置的抽象和建模，包含进料和出料，可对实际工业装置在计算机环境下进行模拟计算，确定操作所需的进料条件以及出料产品的状态与指标。单元操作模块从功能上可以划分为塔系列、压力改变系列、分离系列、反应器系列等，适用于不同的工艺过程。

6. 流程模拟算法

有了过程涉及的纯组分数据、热力学性质计算方法和单元模块模拟技术，还需要能处理整个过程系统模拟的模拟算法。流程模拟算法用来对复杂的流程尤其是循环流程进行流程的分块、判断撕裂流股、撕裂流股赋初值、判断求解次序，并对流程求解过程进行加速等。流程模拟系统依据模拟方法可分为：序贯模块法模拟系统，联立方程法模拟系统，联立模块法模拟系统[2]。

（三）流程模拟的必要性

炼油与石油化工是化工过程中两个非常重要的与石油相关的行业，因为它们是提供能源、化学纤维，尤其是交通运输燃料和有机化工原料的最重要的流程工业[3]。与其他化工过程一样，希望其设计和操作都处于最优状态。在计算机技术日益渗透到各个领域的今天，为炼油与石油化工过程的最优设计和最优操作与控制创造了物质基础。

近年来，随着世界能源短缺以及我国加入 WTO 所带来的国际市场的激烈竞争，特别是国内许多石油化工企业由于生产设备陈旧、工艺技术落后等原因，和国外发达国家同类企业相比，生产成本高，经济效益的差距较大，在国际同行面前缺乏竞争力。因此，如何加快老企业的技术改造，组织装置达标和新技术开发，如何在装置达标后保标、超标，进一步挖潜增效以使我们的生产能力和效率赶上世界先进水平，已成为一个非常迫切的企业战略决策问题。流程模拟技术是最切合实际、适用范围广、受约束因素最少的技术之一，是提高炼化企业市场竞争力的重要途径和措施之一。

目前通用石油化工过程模拟软件在工程设计、科研和炼化生产单位中广泛应用，已成为石油化工科研、设计和生产部门开发新技术、开展工程设计、优化生产运行不可或缺和极为重要的辅助工具，且依赖性日益加大。中国石化目前正在进行智能工厂试点的建设，智能工厂的一大特征就是模型化，对生产的感知能力、预测能力和分析优化能力，这也是智能工厂的几个关键能力之一，这一切也都离不开流程模拟技术作为支撑。

二、加氢装置流程模拟特点

（一）加氢装置流程模拟的特点

加氢裂化反应的原料馏程广，构成极为繁多，其中所发生的反应成千上万，精确的动力学建模非常困难，因此必须采用集总动力学建模。为了准确地反映加氢裂化反应的复杂机理，目前，流程模拟反应器部分应采用基于反应集总的动力学模型进行建模，但由于复杂反应其产物也很复杂，故一般均需根据目的产物的要求通过分馏将其进行分离，而由于反应部分采用反应集总会导致产物的流程不连续，集总反应的馏程精度不适用于分馏塔部分建模，因此在分馏部分建模一般采用馏程集总建模。两种集总划分依据的不同会给全流程模拟带来困难和偏差，目前修正此类偏差的方法有：采用校正参数进行修正、采用实沸点蒸馏曲线进行切换等。

（二）加氢装置流程模拟的价值

加氢裂化装置是炼油厂二次加工手段的核心工艺，进料组成复杂，其操作状况、用能水平对炼油厂能耗及经济效益至关重要。与国外同类装置相比，我国加氢裂化装置存在能耗偏高，产品分割不清晰等问题。因此，如何降低装置能耗，提高装置用能水平、产品切割度，是加氢裂化装置操作中亟待解决的问题。

由于加氢裂化过程中涉及反应复杂，且整个加氢裂化装置涉及单元多、系统复杂、设备投资巨大，通过实验或者装置联调的方式对其进行研究存在较大的难度，而从系统视角出发，结合化学、数学、计算机诸学科，收集该装置运行的数据，通过运用先进的流程模拟软件建立加氢裂化装置模拟模型，在模型与工艺数据吻合良好的基础上，对加氢装置的反应、分馏及吸收稳定系统的复杂过程的质量平衡、能量平衡、传质和传热过程进行精确模拟计算，可对各类不同工艺流程、不同操作条件、不同目标产品的加氢装置进行定量的诊断，为装置技改技措提供技术支撑，进而可节省大量的人力、财力，并通过对加氢裂化物料及能量数据进行系统分析，创建整体节能方案，通过对关键参数如产品质量、收率的变化影响的模拟分析，提出操作优化及工艺改进方案，确保装置工艺流程最优化，从而降低常减压装置能耗，增加装置经济效益。

三、加氢装置流程模拟建模

（一）数据准备

建模过程中需要原料和产品的化验分析数据、装置流程及装置操作数据、设备数据、物料平衡数据等，见表 12-2-1。

表 12-2-1　加氢装置流程模拟所需数据源

类型	需　求
原料和产品的分析数据	原料的实沸点蒸馏数据，原料的溴指数、硫含量、总氮及基氮，各产品密度、化学元素组成及馏程数据，干气、液化气的组成，新氢组成及排气组成分析
装置操作参数	加氢反应器、加氢裂化反应器的床层温度、温升及压降、床层氢耗、高压分离及循环氢压缩机操作参数、催化剂性能参数、循环或冷剂量、补氢量及循环气排放量，脱 H_2S 塔、产品分馏塔、吸收稳定塔顶底温度与压力、采出量，产品分馏塔中段循环抽出位置及返回位置、抽出量，产品汽提塔采出及返回位置、温度等
装置流程及设备数据	包括：精馏塔、泵、换热器以及各设备连接顺序，塔板数、进料位置、各侧线抽出位置、塔板设计数据、中段回流抽出和返回数据
物料平衡数据	一段时间内的原料和各产品的物料平衡数据

以下以某套加氢裂化装置为例进行说明。

1. 分析数据

各分析数据见表12-2-2～表12-2-6。

表12-2-2　原料油分析数据

项　　目		数　　值
密度(60℉)/(kg/m³)		0.9205
总氮/(μg/g)		600
基准氮/(μg/g)		200
硫含量/%		2.5
溴指数		8
馏程(D2887)/℃	0%	330
	5%	346
	10%	400
	30%	440
	50%	460
	70%	480
	90%	525
	95%	535
	100%	555

表12-2-3　轻端及轻烃组成

项目	燃料气	液化气	轻石脑油	重石脑油
组成	%(摩尔)	%(体)		
N_2	0	0	0	0
H_2S	5.90	0	0	0
H_2	30.92	0	0	0
C_1	46.85	0	0	0
C_2	16.29	37	0	0
C_3	0.03	63	0	0
C_4	0	0	0	0
C_5	0	0	52.7	0
C_{6+}	0	0	47.3	100

表 12-2-4　重端组成

项目		轻石脑油	重石脑油	馏分油	塔底尾油
质量流量/(kg/h)		19185.62	42253.55	8642.12	39600.39
体积流量/(m^3/h)		29.44	54.80	10.57	47.46
温度/℃		48.90	48.90	48.90	48.90
馏程(D2287)/℃	初馏点	10.17	58.17	111.40	135.60
	5%	13.28	75.72	128.50	167.80
	10%	14.06	80.11	132.80	186.10
	30%	32.50	103.78	156.20	220.60
	50%	43.61	119.89	171.40	249.40
	70%	51.67	136.44	182.90	281.70
	90%	67.78	160.00	196.10	324.40
	95%	69.67	165.00	198.70	343.90
	终馏点	77.28	184.89	208.90	383.90
°*API*		85.60	52.00	41.60	38.10
密度/(g/cm^3)		0.65	0.77	0.82	0.83
化学元素组成/%	H	12	11.00	10	9.99
	C	88	89.00	90.00	90
	S	0	0.001	0.0004	0.008
	N	0	0	0	0.002

表 12-2-5　新氢组成

	补氢 1	补氢 2
标准体积流量/(m^3/h)	46403.71	0.00
温度/℃	65.56	65.56
压力/MPa	12.9	12.9
组成/%(摩尔)	含量	含量
N_2	0	0
H_2S	0	0
H_2	0.85	0.85
NH_3	0	0
C_1	0.1	0.1
C_2	0.05	0.05
C_3	0	0
C_4	0	0
C_5	0	0

表 12-2-6 排气组成

组成	含量/%(体)	组成	含量/%(体)
N_2	0.005	C_5	3.71E-05
H_2	0.800	C_6P	6.43E-05
H_2S	0.04	C_6N	1.86E-06
C_1	0.12	C_6A	1.04E-06
C_2	0.034	C_7P	2.04E-05
C_3	0.001	C_7N	8.54E-07
C_4	0.002	C_7A	4.39E-07

2. 操作数据

各操作数据见表 12-2-7~表 12-2-19。

表 12-2-7 进料参数(一)

原料	质量流量/(t/h)	温度/℃	压力/MPa	进料位置
进料	138.07	205	12.9	一反
循环尾油	进料参数见表 12-2-8			

表 12-2-8 进料参数(二)

项目	一反	二反
进料量/(t/h)	138.07	
总进料压力/MPa	12.9	12.9
总进料温度/℃	205	127
气油比/(m^3/m^3)	500	
床层 1 冷激量/(m^3/h)		53820

表 12-2-9 反应器温度

项 目		1 反	2 反
床层 1	入口温度/℃	371	371
	出口温度/℃	401	377
床层 2	入口温度/℃	371.1	371.1
	出口温度/℃	385.8	383.7

表 12-2-10 高压分离及循环氢压缩机

项 目		数值
高压闪蒸	温度/℃	65.56
	压力/MPa	12.9

续表

项　目		数值
氢气排放	排放比例	0.1
	排放量/(Nm³/h)	
压缩机	压缩机出口压力/bar(g)	129
	压缩机出口温度/℃	63.54
	至反应器入口压差/MPa	0.1
产品	产品温度/℃	250
	产品压力/MPa	12.9

表 12-2-11　催化剂性能

项　目		数值
平均床层温度	初期/℃	365.8
	当前/℃	
	末期/C	415.6
投料天数/天		60

表 12-2-12　反应床层温升、压降及氢耗

		一段反应器	二段反应器
反应温升/℃	床层 1	24.02	5.50
	床层 2	13.43	10.90
床层压降/MPa	床层 1	0.03	0.03
	床层 2	0.06	0.03
氢气消耗量/(Nm³/h)	床层 1	6510.00	3896.00
	床层 2	7103.00	8316.00

表 12-2-13　循环或冷剂量

项　目		流量/(Nm³/h)
一反	床层 1	75002.66
	床层 2	30166.39
二反	床层 1	52816.71
	床层 2	4006.95

表 12-2-14　补氢量及循环气排放量

项　目	数值	项　目	数值
脱氨/(kg/h)	60.54	总化学氢消耗量/(Nm³/m³)	67.99
循环气排放量/(Nm³/h)	14925.08	一反液相产品氮含量/×10⁻⁶	337.91
氢气补充量/(Nm³/h)	27666.99		

表 12-2-15 脱 H_2S 塔操作参数

操作参数	实际值	操作参数	实际值
塔板数	30	塔顶出液量/(t/h)	17.9
回流比	2.36	进料位置	24
塔底采出量/(t/h)	187	塔顶压力/MPa(g)	0.777
塔顶出气量/(m^3/h)	1187	塔顶冷凝器温度/℃	37.2

表 12-2-16 主分馏塔操作参数

操作参数	实际值	操作参数	实际值
塔板数	52	C6204 汽提塔返回位置	26
塔底采出量/(t/h)	57.08	C6204 塔板数	8
气相进料位置	20	C6204 塔底采出量/(t/h)	42.31
液相进料位置	9	一中回流抽出位置	39
汽提蒸汽进料位置	底部	一中回流返回位置	41
塔顶压力/MPa(g)	0.082	一中回流量/(t/h)	183
全塔压降/kPa	26	一中回流抽出温度/℃	188.1
塔顶温度/℃	137.3	一中返塔温度/℃	144
塔底温度/℃	315.2	二中回流抽出位置	23
C6203 汽提塔抽出位置	39	二中回流返回位置	25
C6203 汽提塔返回位置	42	二中抽出温度/℃	253.8
C6203 塔板数	8	二中返塔温度/℃	192.6
C6203 塔底采出量/(t/h)	51.8	二中回流量/(t/h)	179.3
C6204 汽提塔抽出位置	23		

表 12-2-17 吸收解析塔塔操作参数

操作参数	实际值	操作参数	实际值
塔顶温度/℃	32.8	中段回流抽出量/(t/h)	0
塔顶混石进料位置	52	中段回流抽出温度/℃	0
塔顶混石进料量/(t/h)	32.9	中段回流返塔温度/℃	0
塔顶混石进料温度/℃	31.2	气相进料位置	1
塔顶会流量/(t/h)	0	气相进料量/(m^3/h)	1187
塔板数	52	气相进料温度/℃	52
中部轻烃进料位置	25	塔顶压力/MPa(g)	0.502
中部轻烃进料量/(t/h)	17.9	塔底温度/℃	103.3
中部轻烃进料温度/℃	37.2	塔底流量/(t/h)	45
中段回流抽出位置	39	25~52 层压降/kPa	16
中段回流返塔位置	38	全塔压降/kPa	90

表 12-2-18　石脑油稳定塔操作参数

操作参数	实际值	操作参数	实际值
塔板数	46	回流罐压力/MPa(g)	0.783
塔顶采出量/(t/h)	5.86	塔顶压力/MPa(g)	0.922
回流量/(t/h)	11.8	全塔压降/kPa	27
进料位置	23		

表 12-2-19　石脑油分馏塔操作参数

操作参数	实际值	操作参数	实际值
塔底温度/℃	138.9	进料位置	13
塔板数	30	塔顶压力/MPa(g)	0.14
塔顶采出量/(t/h)	9.28	全塔压降/kPa	13
回流量/(t/h)	16.04	回流温度/℃	49

3. 设备数据

各设备数据见表 12-2-20、表 12-2-21。

表 12-2-20　工艺类型

说明		数值
工艺类型		单段加氢裂化工艺
反应器个数		2
反应器床层数	一反	2
	二反	2
反应器加氢精制个数		1
高压分离器个数		1
是否包含氨洗涤		0
是否包含分馏塔		0

表 12-2-21　反应器及催化剂装填参数

项目		直径/m	催化剂装填量/kg	催化剂密度/(kg/m³)	床层空隙率
一反	Bed1	4	100	1000	0.1
	Bed2	4	150	1000	0.1
二反	Bed1	4	45	1000	0.1
	Bed2	4	50	1000	0.1

（二）物性系统准备

物性方法是进行流程模拟的基础，不同的物性方法，模拟结果大相径庭，对于不同的体系或流程，选择合适的物性方法至关重要。一方面，模拟的质量好坏显然首先取决于数学模型的质量，但最终却受物性数据的准确程度限制；另一方面，在整个模拟计算中，物性的计算占有举足轻重的地位。例如，在一个精馏塔的模拟中，可能要求反复计算逸度和热焓上万次(通常更多)。因而，这种物性计算往往可以占整个计算机计算时间的80%或更多。物性方法可以计算焓差、熵差、摩尔体积等热力学物性，以及在相平衡计算中需要的逸度系数、活度系数。

含有炼油油品虚拟组分的系统可供选择的物性方法见表12-2-22。通常情况下，压力小于10atm时，选用BK-10或MXBONEEL；压力较高时，选用CHAO-SEA或GRAYSON；混合物中有轻气体时，选用CHAO-SEA或GRAYSON，不过轻气体中含有氢气时，只能选用GRAYSON。下面分别对适用于加氢裂化装置的物性方法进行阐述。

表12-2-22　适用于石油组分的物性方法对比

物性方法	选用模型	适用温度/℃	适用压力/atm	其他
BK10	Braun K10 K-值模型	大于-140小于826	<10	不适用有轻气体的混合物
CHAO-SEA	Chao-seader液相逸度；Scatchard-Hildebrand活度系数	大于-73小于260	<140	不适用含氢气的混合物
GRAYSON/GRAYSON2	Grayson-Streed液相逸度，Scatchard-Hildebrand活度系数	大于16小于426	<204	
MXBONNEL	Maxwell-Bonnell液相逸度		<10	与BK-10类似，可用于混合物临界点附近

(三)加氢装置工程模型开发

1. 建模范围

根据建模范围确定建模所需数据，建立加氢裂化装置流程模拟模型。模型涉及工艺范围为：自原料进入加工流程开始，加氢精制、加氢裂化、高闪、低闪、脱H_2S塔、分馏塔、吸收脱吸塔、石脑油稳定塔、石脑油分馏塔及相关换热网络，至成品或半成品油出装置。

2. 流程模拟

(1) 建立反应器初步模型

采用流程模拟软件对加氢裂化反应器进行建模，反应器采用模型Hydrocracker模块，模拟流程如图12-2-1所示。

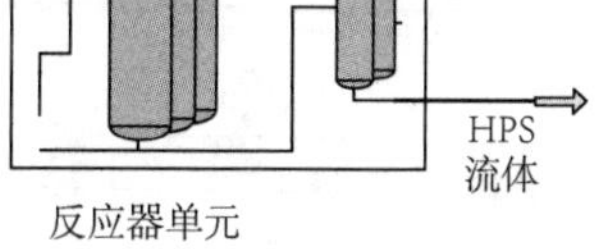

图12-2-1　加氢裂化反应模型

① 模型输入组分列表，加氢裂化反应体系模拟组分；加氢裂化模拟体系中，轻端以实组分表示，重质馏分以虚拟组分表示。

② 物性方法的选择：物性方法选择Peng-Robinson及SRK，如图12-2-2所示。

③ 反应器设置：包括设置反应器尺寸及催化藏量，如图12-2-3所示。

④ 输入原料分析参数：如图12-2-4所示。

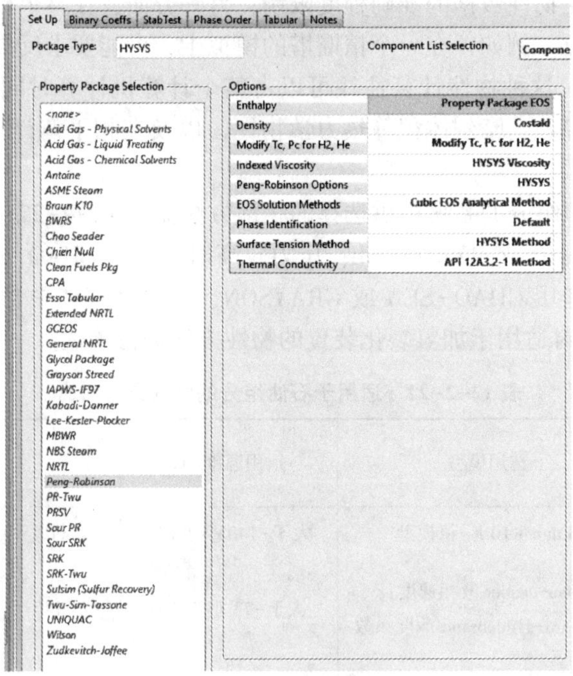

图 12-2-2　选择物性方法

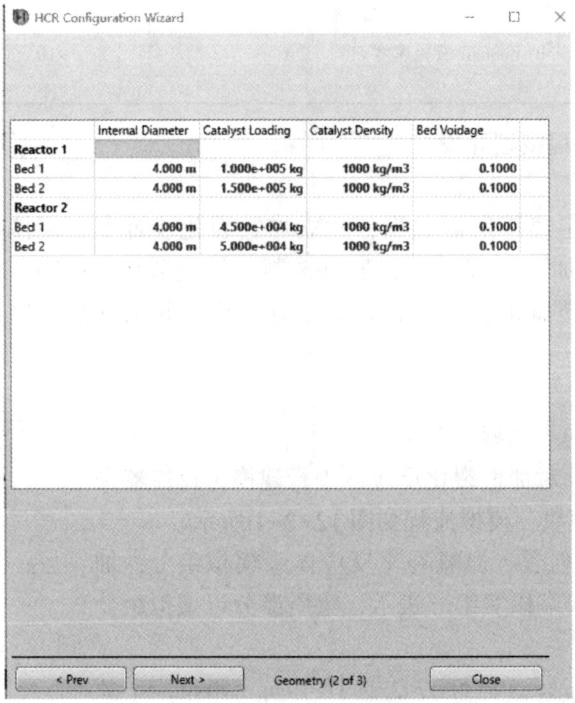

图 12-2-3　设置反应器尺寸及催化藏量

⑤ 输入操作条件；输入反应器床层参数、循环氢系统参数、催化剂失活参数等数据，如图 12-2-5 所示。

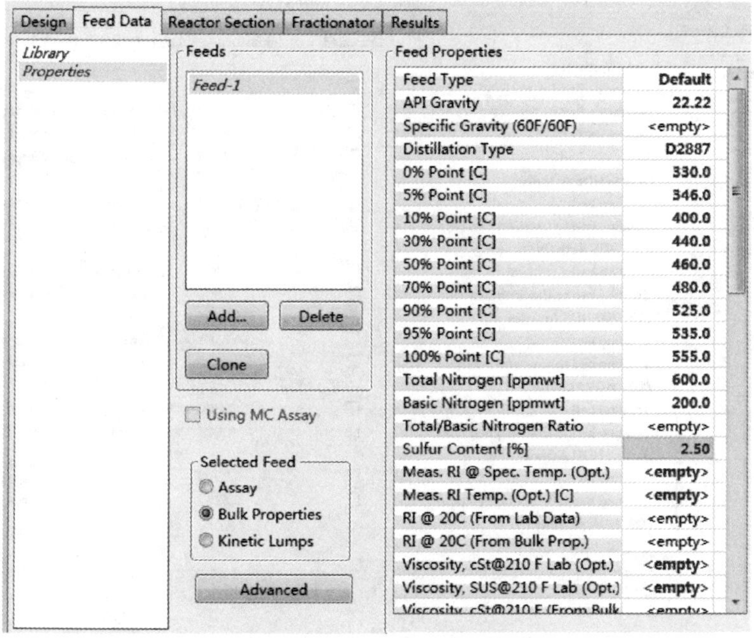

图 12-2-4　输入进料性质

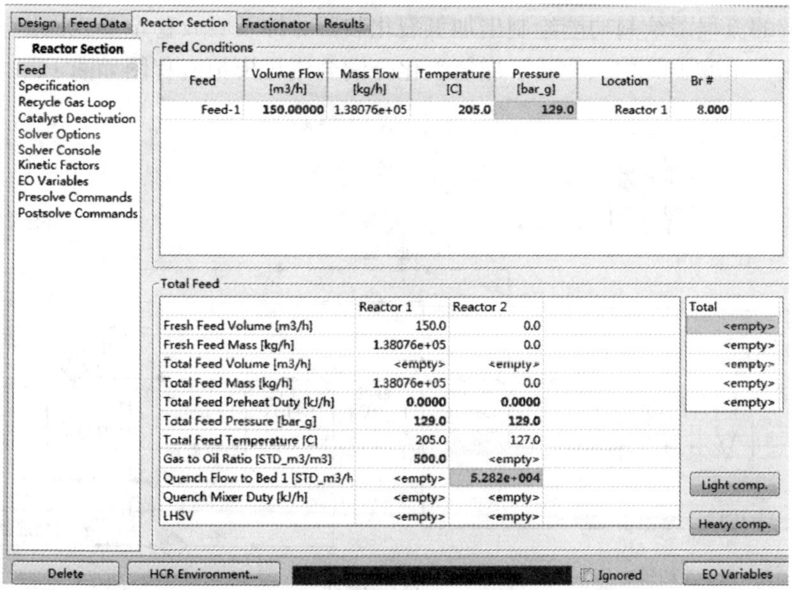

图 12-2-5　输入反应进料条件

（2）动力学参数校正

在建立的初步反应模型基础上，在校正环境中输入反应器及各产品的生产数据，作为动力学参数校正的依据。一般而言，我们校正的步骤是首先选择目标函数，再指定适当的动力学参数及范围做优化运算，在指定的范围内，改变指定的动力学参数，找到最接近工厂数据的计算结果。校正参数界面如图 12-2-6 所示。

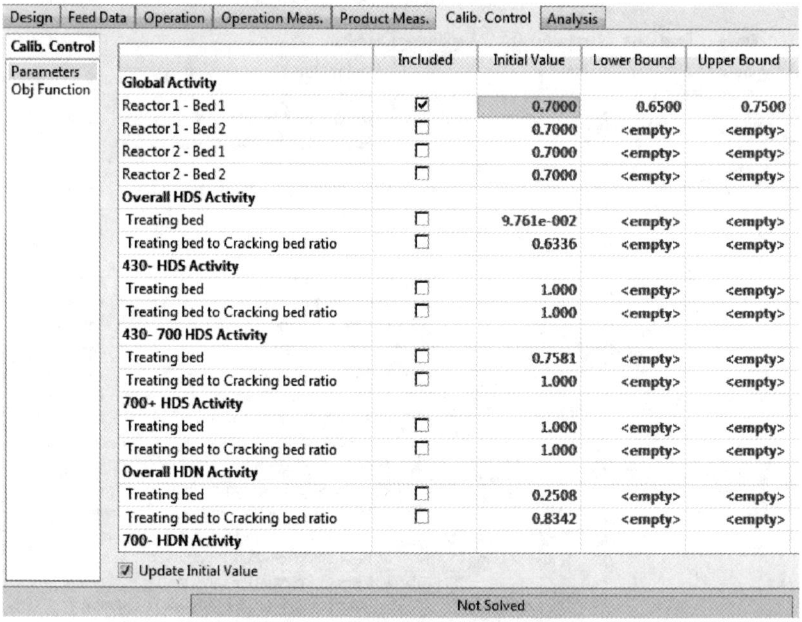

	Included	Initial Value	Lower Bound	Upper Bound
Global Activity				
Reactor 1 - Bed 1	☑	0.7000	0.6500	0.7500
Reactor 1 - Bed 2	☐	0.7000	<empty>	<empty>
Reactor 2 - Bed 1	☐	0.7000	<empty>	<empty>
Reactor 2 - Bed 2	☐	0.7000	<empty>	<empty>
Overall HDS Activity				
Treating bed	☐	9.761e-002	<empty>	<empty>
Treating bed to Cracking bed ratio	☐	0.6336	<empty>	<empty>
430- HDS Activity				
Treating bed	☐	1.000	<empty>	<empty>
Treating bed to Cracking bed ratio	☐	1.000	<empty>	<empty>
430- 700 HDS Activity				
Treating bed	☐	0.7581	<empty>	<empty>
Treating bed to Cracking bed ratio	☐	1.000	<empty>	<empty>
700+ HDS Activity				
Treating bed	☐	1.000	<empty>	<empty>
Treating bed to Cracking bed ratio	☐	1.000	<empty>	<empty>
Overall HDN Activity				
Treating bed	☐	0.2508	<empty>	<empty>
Treating bed to Cracking bed ratio	☐	0.8342	<empty>	<empty>
700- HDN Activity				

图 12-2-6　定义校正活性因子

（3）全流程模拟

应用自带的流程图绘制功能绘制出加氢裂化装置分馏及吸收稳定单元操作流程图，对部分复杂操作流程采取了简化或变通。加氢裂化分馏全流程模拟流程图如图 12-2-7 所示。

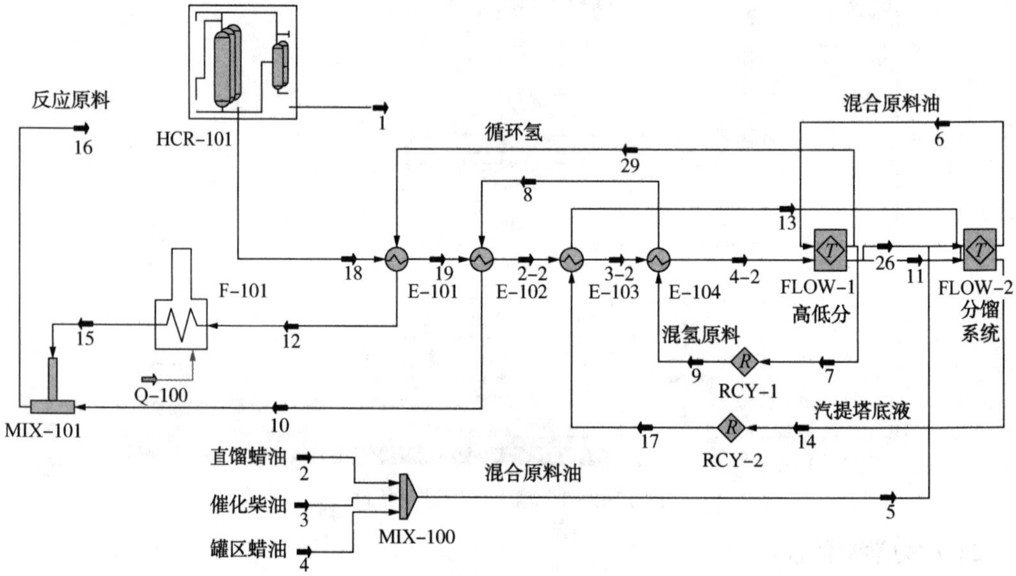

图 12-2-7　加氢裂化分馏全流程模拟图

完成模型的物流与模块设定后，即完成了全流程模型。对模型进行运算，并通过调整热平衡、设备效率等，使模型计算值与实际值接近，同时满足工艺指标的要求，然后对全流程模型进行模型验证与模型分析，见图 12-2-8。

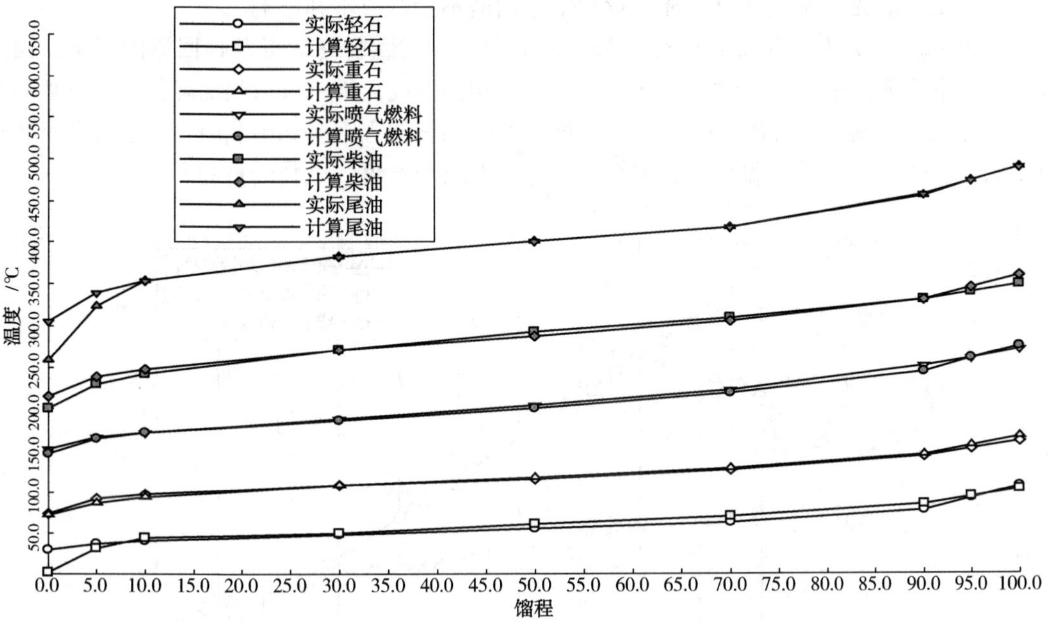

图 12-2-8 模型计算各产品馏程与实际产品馏程对比

(四) 加氢装置模型的应用

应用建立的加氢装置模型，可对装置的运行状况进行评估，离线指导生产，提出相应的操作优化方案，以实现节能降耗、挖潜增效的目的。主要优化分析如下。

1. 优化分馏喷气燃料采出量及中段取热，提高喷气燃料采出量

在保证塔顶抽出量和底部尾油量不变(馏程基本不变)的情况下，研究逐渐提高喷气燃料的抽出量对产品性质的影响，图 12-2-9 为喷气燃料采出量对柴油初馏点及喷气燃料终馏点的影响。由分析可知，随喷气燃料采出量的增加，喷气燃料终馏点提高，柴油的初馏点提高，而喷气燃料的收率提高，则柴油产量相应减少，塔顶石脑油的终馏点和塔底尾油的终馏

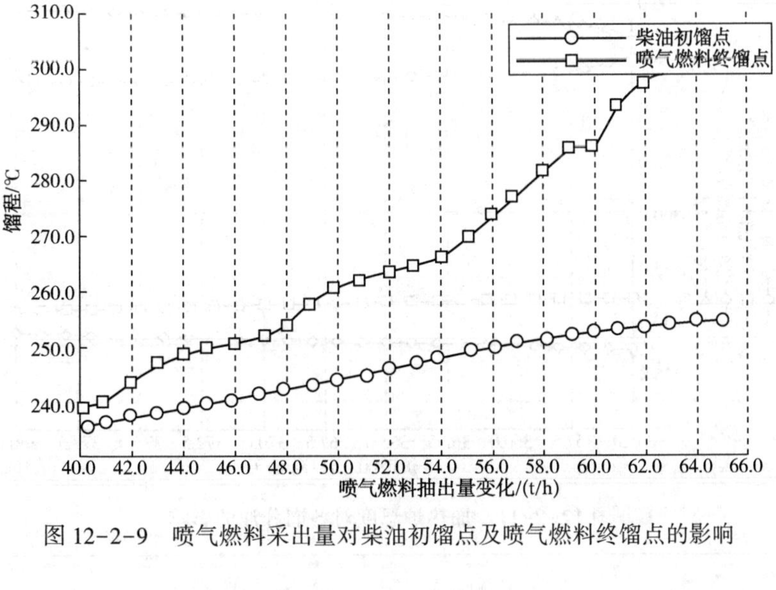

图 12-2-9 喷气燃料采出量对柴油初馏点及喷气燃料终馏点的影响

点基本不变，故提高喷气燃料的抽出量对主分馏塔不会造成不利影响。

图 12-2-10 为中段回流取热对对柴油初馏点、喷气燃料终馏点及顶回流的影响，由分析可知，中段取热主要影响喷气燃料终馏和柴油初馏温度，随中段取热的降低，喷气燃料终馏温度降低，柴油初馏温度提高。当直接增产喷气燃料的方案受到限制时，可通过降低中段回流取热，降低喷气燃料和柴油的重叠度，达到继续增产喷气燃料的目的。

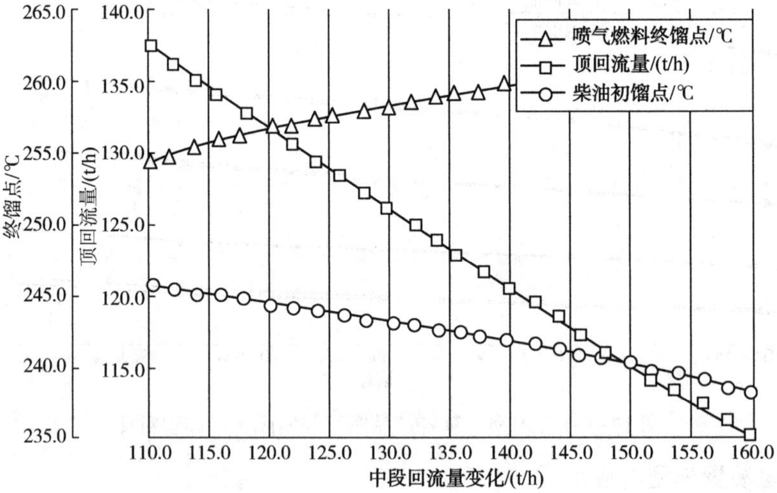

图 12-2-10　中段取热对柴油初馏点、喷气燃料终馏点及顶回流的影响

2. 优化分馏塔操作压力，增加喷气燃料产量

改变炉出口温度主要会影响喷气燃料、柴油和尾油的切割，降低炉温，会使喷气燃料终馏点、柴油 95%点温度上升，而柴油初馏和尾油 5%点温度下降，喷气燃料与柴油、柴油与尾油之间的重叠度增加(图 12-2-11)，不利于产品切割，故实际生产中可通过优化加热炉温度，优化产品的切割度。

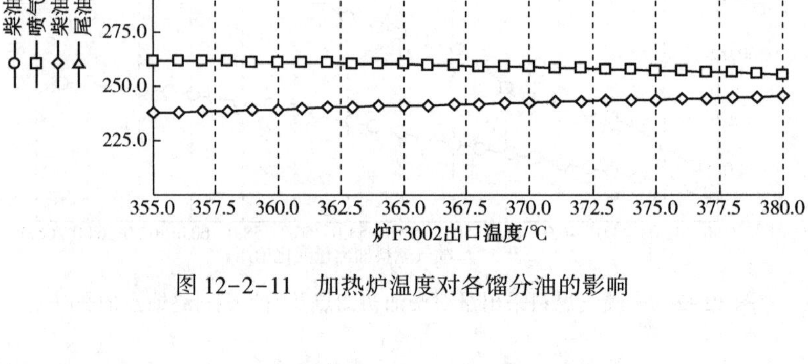

图 12-2-11　加热炉温度对各馏分油的影响

通过调整重石、喷气燃料及柴油量分别控制控制重石终馏点、柴油95%温度及喷气燃料终馏点温度不变，在加热炉温度不变的情况下，分析分离塔操作压力各产品产量及产品性质的影响，表12-2-23为分馏塔压力对各馏分产品产量及性质的影响情况。由表中分析结果可知，随着分馏塔压力的降低，重石量、喷气燃料量及柴油量增加，喷气燃料闪点稍微升高，即各馏程的重叠度降低，产品切割更清晰，故实际装置如果产品切割重叠度较大，而装置操作压力较高的时候，可通过降低操作压力，增产喷气燃料，提高各产品的切割度。

表12-2-23 分馏塔压力对各馏分产品产量及性质的影响

分馏塔压力/MPa(表)	重石量/(t/h)	喷气燃料量/(t/h)	柴油量/(t/h)	尾油量/(t/h)	喷气燃料闪点/℃	喷气燃料初馏点/℃	柴油初馏点/℃	尾油初馏点/℃
0.000	37.64	68.16	70.88	50.26	42.39	160.36	201.40	332.04
0.004	37.59	67.39	71.42	50.53	42.24	160.24	199.63	329.78
0.009	37.54	66.63	71.96	50.81	42.08	160.11	197.91	327.87
0.013	37.49	65.84	72.52	51.08	41.93	159.99	196.24	330.10
0.018	37.44	65.06	73.07	51.36	41.78	159.86	194.84	328.97
0.022	37.39	64.28	73.62	51.63	41.64	159.74	193.78	327.50
0.027	37.35	63.51	74.17	51.91	41.49	159.62	192.80	325.84
0.031	37.30	62.74	74.71	52.19	41.35	159.50	191.78	324.08
0.036	37.25	61.96	75.27	52.46	41.21	159.37	190.67	322.33
0.040	37.21	61.21	75.78	52.73	41.07	159.26	189.49	320.62

3. 优化加热炉进料温度，增产喷气燃料

通过调整重石、喷气燃料及柴油量分别控制控制重石终馏点、柴油95%温度及喷气燃料终馏点温度不变，在分馏塔操作压力不变的情况下，分析分离塔加热炉温度对各产品产量及产品性质的影响，表12-2-24为加热炉温度对各馏分产品产量及性质的影响情况，由表中分析结果可知，随着加热炉温度的提高，重石量、喷气燃料量及柴油量增加，喷气燃料闪点稍微升高，即各馏程的重叠度降低，产品切割更清晰，故可通过提高加热炉温度，增产喷气燃料，实际装置在产品重叠度较大的情况下，在加热炉进料温度低于370℃时，可适当提高加热炉出口温度，提高产品的切割度。

表12-2-24 加热炉温度对各馏分产品产量及性质的影响

加热炉温度/℃	重石量/(t/h)	喷气燃料量/(t/h)	柴油量/(t/h)	尾油量/(t/h)	喷气燃料闪点/℃	喷气燃料初馏点/℃	柴油初馏点/℃	尾油初馏点/℃
335	37.17	58.98	73.20	57.58	40.77	158.99	185.22	306.61
340	37.18	59.77	74.40	55.58	40.87	159.08	186.91	313.82
345	37.20	60.64	75.36	53.74	40.99	159.19	188.54	317.76
348	37.21	61.21	75.78	52.74	41.07	159.26	189.50	320.61
350	37.21	61.61	76.01	52.10	41.13	159.31	190.11	323.82
355	37.22	62.71	76.35	50.65	41.28	159.44	191.64	330.18

续表

加热炉温度/℃	重石量/(t/h)	喷气燃料量/(t/h)	柴油量/(t/h)	尾油量/(t/h)	喷气燃料闪点/℃	喷气燃料初馏点/℃	柴油初馏点/℃	尾油初馏点/℃
360	37.24	63.92	76.40	49.37	41.45	159.59	193.13	334.92
365	37.25	65.22	76.19	48.28	41.63	159.75	194.70	342.14
370	37.26	66.56	75.76	47.36	41.82	159.91	196.89	346.90

4. 优化稳定塔操作参数，降低装置能耗，提高分离效果

进料位置及进料温度对于稳定塔能耗及分离效果有较大影响，图 12-2-12 及图 12-2-13 分别为进料位置对吸收稳定塔能耗的影响及进料温度对吸收稳定塔分离效果的影响。由图 12-2-12 可知，随着进料位置的上移，稳定塔塔顶的冷凝负荷和塔底的热负荷先升高后逐渐降低，但是产品液化气中 C_{5+} 含量先降低后逐渐升高，即吸收稳定塔存在最优进料位置；由图 12-2-13 可知，在进料位置相同的情况下，随稳定塔进料温度的升高，液化气中 C_5 及以上组分含量会增加，吸收稳定塔的分离效果降低，故吸收稳定塔实际操作时，在换热允许的情况下，应尽量降低进料温度。

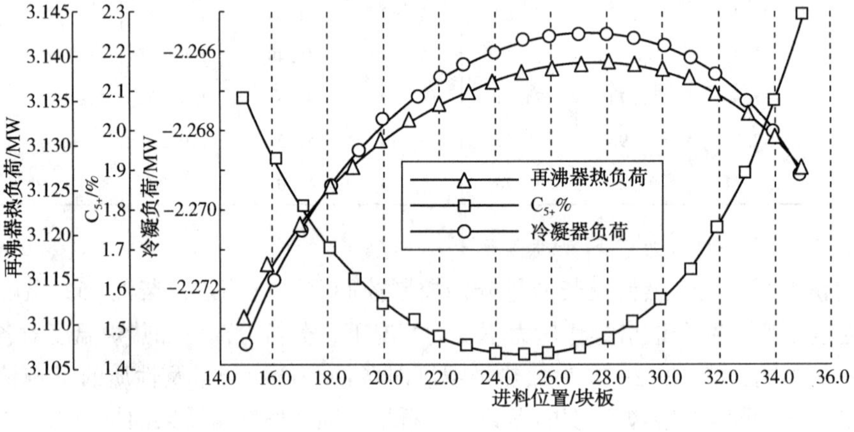

图 12-2-12　进料位置对稳定塔能耗的影响

5. 优化吸收解析塔操作参数，降低装置能耗，提高分离效果

图 12-2-14 为吸收解析塔塔底温度控制对干气 C_3 及液化气中 C_2 含量的影响，由图中分析结果可知，随着吸收解析塔底温的升高干气中 C_3 含量逐渐增加，液化气中 C_2 含量逐渐降低，当底温 144℃后 C_3 含量快速增加，C_2 含量降速缓慢，由此可见，吸收解析塔底温的最佳控制温度为 144℃，同时提高底温有利于降低主分馏塔空冷负荷。

对吸收塔干气 C_3 及以上组分的影响进行分析，找出吸收油量对干气 C_3 及以上组分的影响，最大程度地回收液化气组分。图 12-2-15 为吸收解析塔吸收剂量对 C_3 及以上组分的影响，由图中分析可知，随着吸收塔吸收油量的升高干气中 C_3 及以上组分逐渐降低，在故在实际生产过程中，在操作工况允许的情况下适当提高吸收油量是最佳选择。

6. 优化液化气采出量，控制轻石雷氏蒸气压

实际生产过程中，为了保证汽油的饱和蒸气压力的影响，经常需要调整石脑油稳定塔液

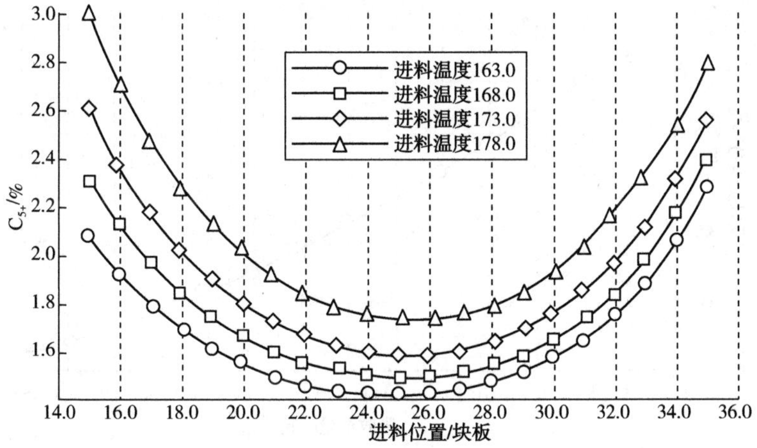

图 12-2-13　进料温度对稳定塔分离效果的影响

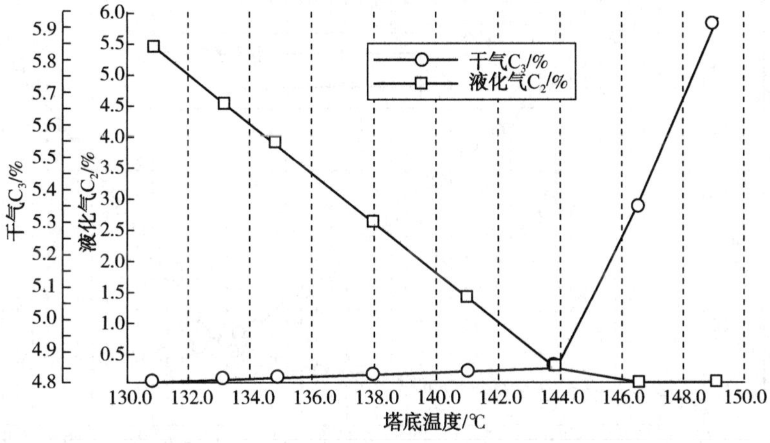

图 12-2-14　吸收解析塔底温对干气 C_3 含量的影响

化气采出量，图 12-2-16 为塔液化气采出量对液化气 C_5 含量及轻石雷氏蒸气压的影响，模型中通过改变液化气采出，保证重石产量的情况下进料了模拟研究，由模拟分析结果可知，随着液化气采出量增加，轻石的雷氏蒸气压先快速降低，当液化气采出量大于 9.1t/h 时，轻石的雷氏蒸气压变化趋缓，由于随着液化气采出量的增加，塔顶液化气产品中的 C_5 含量先缓慢增加，当采出量超过 9.1t/h 时，液化气中的 C_5 含量急剧增加，故在实际生产过程中，为了保证轻石的雷氏蒸气压合格，采出量不应大于 9.5t/h，实际生产应依据冬夏季的指标情况来适当调整液化气采出量。

7. 优化装置工艺，进行新工艺的模拟计算

某企业加氢裂化分馏工艺流程简图见图 12-2-17，该分离流程为脱 H_2S 塔塔底物料经过换热后及分馏塔进料加热炉之后直接进入主分馏塔，该装置存在加热炉温度超过 340℃后，加热炉气化率过高会震动，而导致主分馏整体热负荷不够，馏分油重叠度高产品分割不

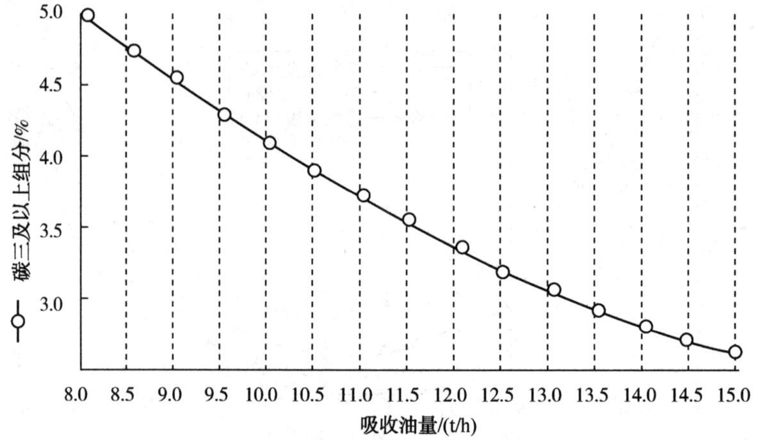

图 12-2-15　吸收解析塔吸收剂量对 C_3 含量的影响

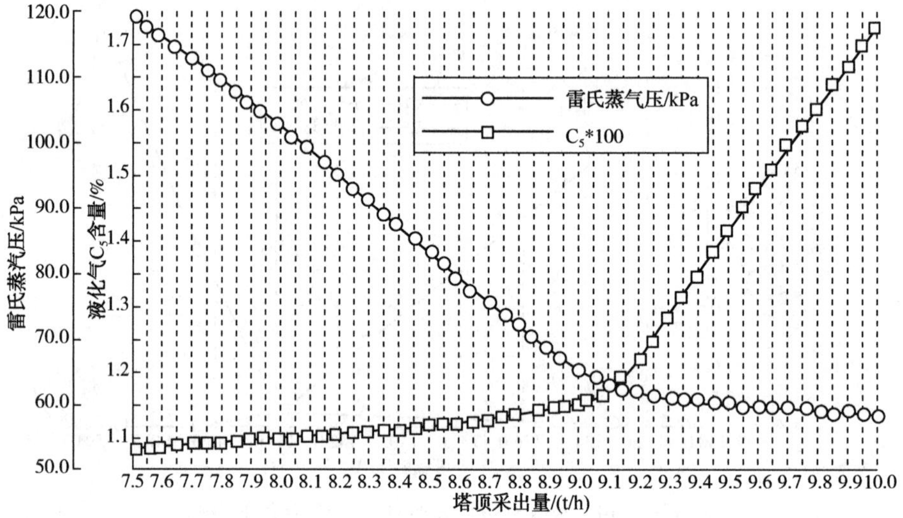

图 12-2-16　液化气采出量对液化气 C_5 含量及轻石雷氏蒸汽压的影响

清晰，为解决该问题，提出了图 12-2-18 所示的在加热炉之前增加进料闪蒸罐的新工艺。通过流程模拟软件对新工艺进行了模拟计算，图 12-2-19 为闪蒸压力对分馏产品及加热炉温度的影响。

由模拟分析可知，要保证喷气燃料 5%点温度为 255℃、喷气燃料终馏点温度为 280℃，如果不增加进料闪蒸罐，则加热炉的温度需提高至 360℃，喷气燃料的产量可从 36.16t/h 提高至 42.72t/h，且随闪蒸压力的降低，喷气燃料产量逐渐增加，装置的操作弹性更好，因此该装置可在装置附近有空间新增闪蒸罐的情况下，可以对该装置进行改造从而降低产品的重叠度，增产高价值的喷气燃料。

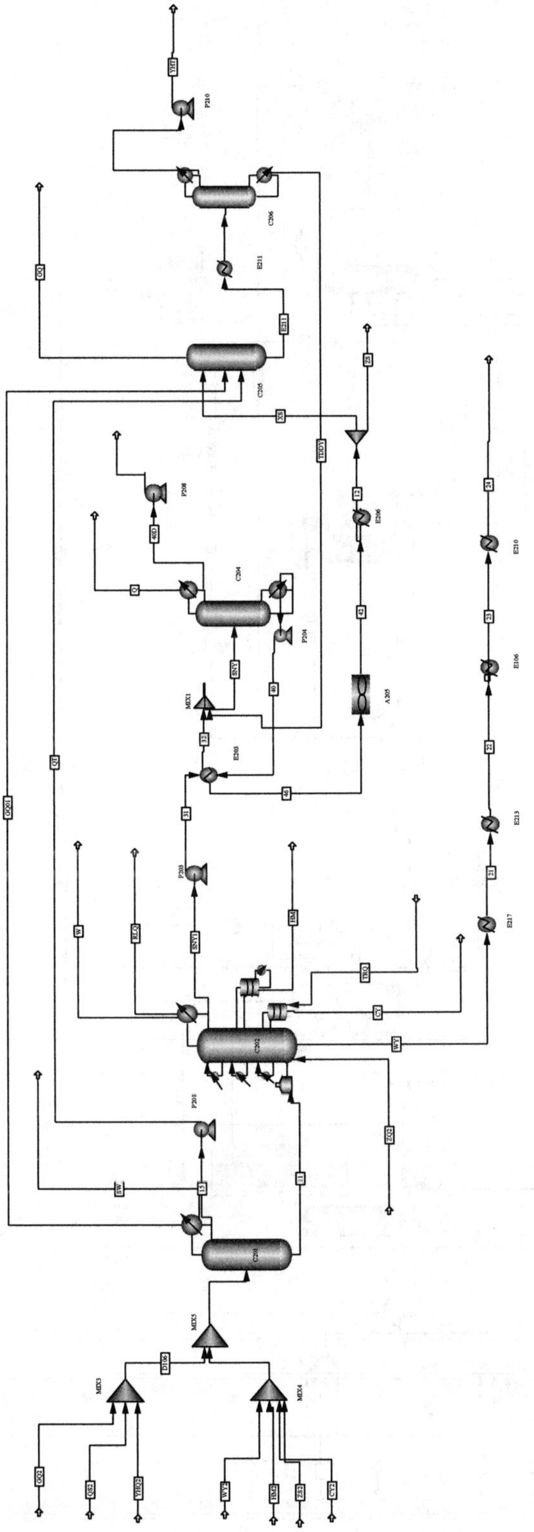

图12-2-17　原加氢裂化分馏工艺流程简图

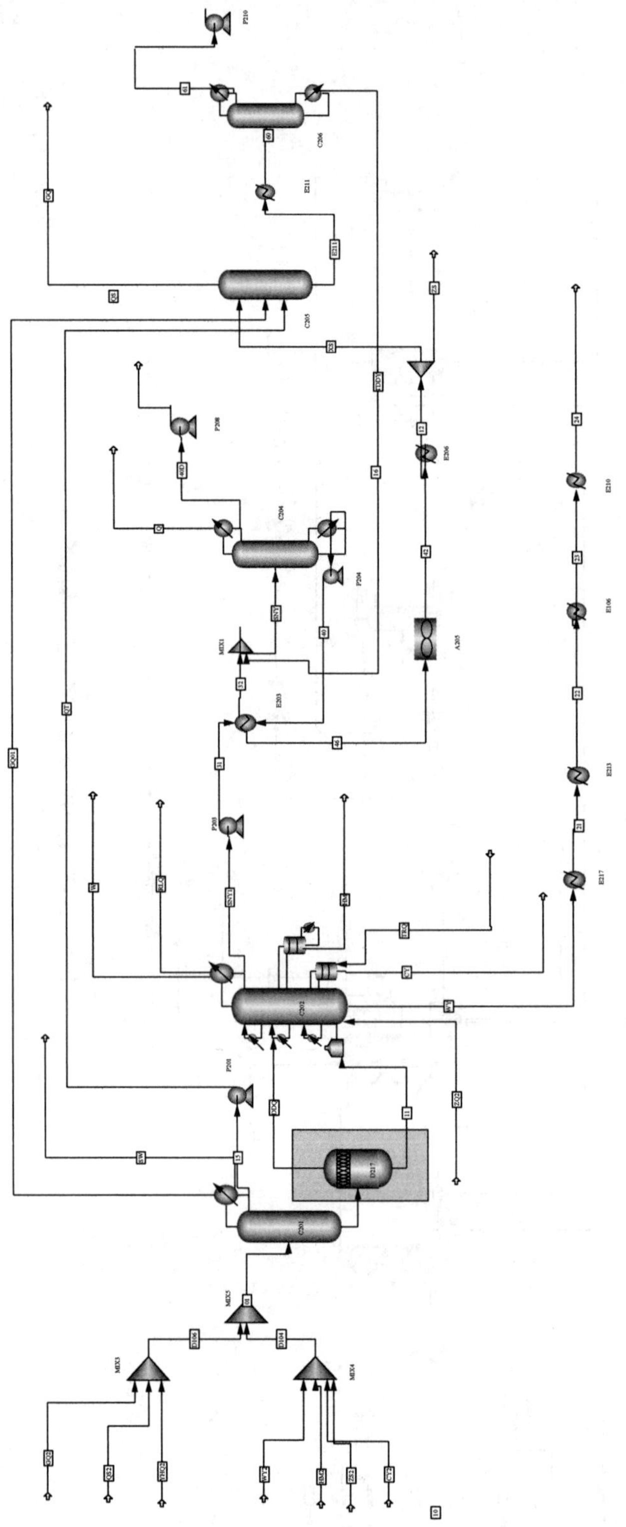

图12-2-18　加氢裂化分馏新工艺流程简图

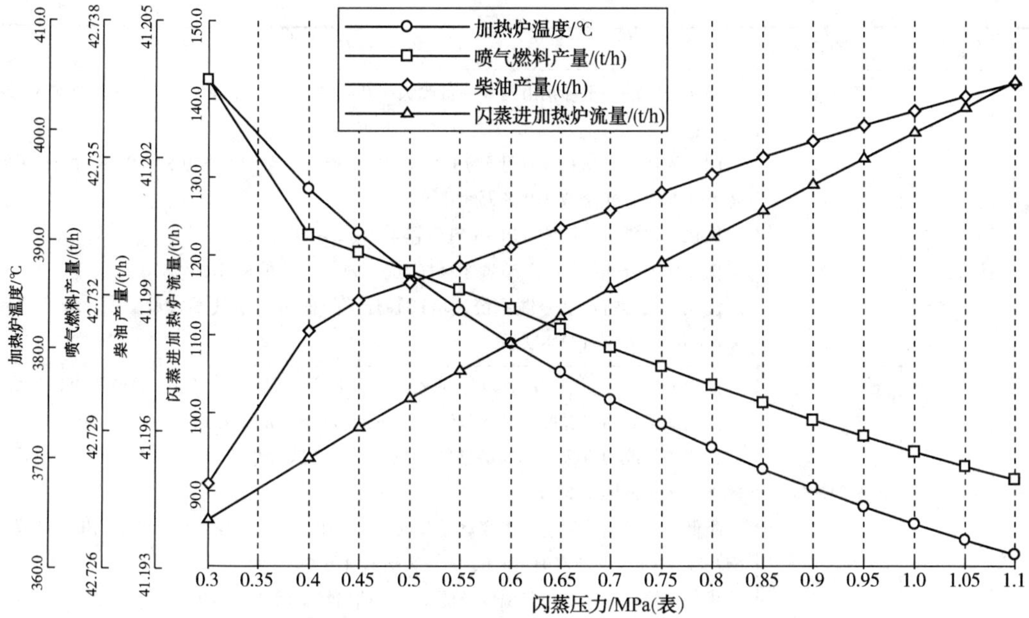

图 12-2-19　闪蒸压力对主分馏产品及加热炉温度影响

(五) 加氢装置模拟应用案例

1. 中国石化加氢装置流程模拟应用业绩

在中国石化炼油事业部和科技部的推动下，由石化盈科联合中石化生产企业，利用流程模拟技术，对约 50 套加氢装置进行优化，提出并实施了优化方案，取得直接经济效益约 1.4 亿元/年，各装置应用效益点汇总见表 12-2-25。

表 12-2-25　加氢压装置应用汇总表

编号	企业名称	装置名称	效益点
1	镇海炼化	Ⅰ加氢裂化	液化气 C_5 卡边，优化脱丁烷塔顶回流量； 保证喷气燃料馏程与闪点达标，优化汽提塔重沸器循环量，降低装置能耗 1.713kgEo/t，年节能效益 471.72 万元； 重石终馏点卡边操作提高石脑油产量，年增产重石脑油 4921t，年增效 504.84 万元
2		Ⅳ柴油加氢	优化分馏塔回流比，石脑油终馏点卡边操作，汽油产量增加 2.37%，年增效 120 万元； 优化汽提塔，保证脱气效果，年增效 12.77 万元
3		Ⅴ蜡油加氢	优化柴油与粗汽油抽出量，调整后，粗汽油增产 0.11%，增产柴油 1.15%，蜡油收入年增效 207.4 万元
4		喷气燃料加氢	对分馏塔进行能量核算，提出重沸炉负荷优化建议
5		Ⅱ加氢裂化	在保证分馏塔产品合格前提下，降低分馏塔进料温度 34℃，节省燃料气 $286Nm^3/h$，年节能效益 946.8 万元
6		Ⅱ加氢精制	在保障脱气效果前提下，对优化汽提蒸汽量提出优化
7		Ⅲ加氢精制	实行卡边操作，优化柴汽比，汽油产量增加 3.65%，年增效 96 万元； 更换硫化氢汽提塔填料，提高汽提效率，节约蒸汽 0.2t/h，年节能效益 25.54 万元
8		裂解汽油加氢	优化脱 C_5 塔回流比，节省 1.0MPa 蒸汽 0.5t/h； 优化脱 C_9 塔回流比，节省 1.0MPa 蒸汽 0.2t/h； 优化稳定塔塔压，节省 1.0MPa 蒸汽 0.8t/h； 三项措施共计经济效益 107.5 万元/年

续表

编号	企业名称	装置名称	效益点
9	青岛炼化	柴油加氢	优化分馏塔，重沸泵由两开一备改为一开两备，节电 72kW·h，年节能增效 36.28 万元； 调整操作，由 9.67%上升至 13.16%增加 3.49%，柴油产率由 84.60%降至 81.01%降低 3.59%，年增效 319.8 万元； 优化汽提塔，轻烃产量由 18.7t/h 降低至 12.4t/h； 优化柴油分馏塔压力，节省燃料气 400m^3/h，年节能增效 604.8 万元。 优化喷气燃料加氢分馏系统，增产轻烃，降低精制喷气燃料重叠度，增产轻烃 0.72t/h，年增效 172.8 万元
10		蜡油加氢	优化分馏塔，石脑油产量增加 0.32%，柴油产量增加由 2.38%，年增效 460 万元； 优化加热炉出口温度，增产柴油 0.5t/h，年增效 99.92 万元； 将重沸炉改为直接为分馏塔进料加热的供热方式提供支撑，实施改造后，分馏系统外供热负荷降至 67.3%。 降低分馏炉出口温度、塔底汽提蒸汽及柴汽比，节约瓦斯 450~500Nm^3/h，月节电 64438kW·h，增产汽油 10t/h，月增效合计 476.24 万元。 优化分馏塔加热炉出口温度及侧线产品抽出量，增产汽油 0.8t/h，年增效 202 万元
11	天津石化	加氢裂化	优化干气中 C_3 含量，LPG 产量增加 1.5%，年增效 150 万元
12		加氢精制	优化分馏塔操作，年增产石脑油 1320t，年增效 106 万元
13		2#加氢裂化	优化一中回与二中回流量，提高喷气燃料终馏点，喷气燃料产量增加 2%，年增效 724.71 万元
15	金陵石化	Ⅱ柴油加氢	优化分馏塔(塔底温度、柴油抽出量和分子筛料抽出量)，增产分子筛料 2.6t/h，年增效 121 万元； 优化分馏塔，增产柴油 3.5t/h，年增效 260 万元
16		Ⅲ柴油加氢	优化脱硫化氢汽提塔，降低汽提蒸汽量 0.5t/h，年节能增效 50 万元
			优化分馏塔顶温，石脑油的收率提高了 2%，年增效 180 万元
17		Ⅰ加氢裂化	优化脱丁烷塔进料温度，节约燃料气 0.1t/h，年节能增效 105 万元
18		Ⅱ加氢裂化	优化换热流程，增加柴油与冷低分油的换热，节电 25.2×10^{4}kW·h/a、节约燃料气 65kg/h，年节能增效 149.1 万元
19	九江石化	加氢精制	优化硫化氢汽提塔，降低 1.0MPa 汽提蒸汽量 1.4t/h； 优化产品分馏塔，多产石脑油 1t/h；合计年增效 1280 万元
20		加氢裂化	塔顶回流温度、回流量及采出量不变，进料闪蒸罐压力由 0.3MPa 降至 0.2MPa，瓦斯耗量降低 50Nm^3/h，年节能效益 153 万元； 保证喷气燃料闪点不变的前提下，逐渐提高喷气燃料的抽出量，增产喷气燃料 3t/h，年增效约 420 万元
21	青岛石化	Ⅰ加氢精制	优化汽提塔的汽提蒸汽量，节省蒸汽 0.05t/h，节能效益 8.4 万元/年
22		Ⅱ加氢精制	优化重沸炉出口温度，节省瓦斯 60Nm^3/h，年增效 240 万元； 优化塔底抽出量，降低石脑油的初馏点，增产石脑油 1t/h，年增效 672 万元

续表

编号	企业名称	装置名称	效益点
23	齐鲁石化	裂解汽油加氢	优化脱戊烷塔和BTX塔回流比及塔底加热负荷，C_5中苯损失降低0.586%，邻苯损失降低0.82%； 优化三套加氢装置负荷，每月停开一套装置15天，年增效1884.9万元
24		加氢裂化	保证塔顶抽出量和底部尾油量不变，喷气燃料终馏点卡边270℃，提高喷气燃料的抽出量增产喷气燃料5t/h。 加热炉出口温度从335℃降至325℃各产品仍合格，降低了装置能耗
25	湛江东兴	柴油加氢	优化硫化氢汽提蒸汽量，节约蒸汽2.0t/h，年增效336万元； 优化稳定塔，液化气收率0.14%，年增产液化气1988t，增效489.1万元/年
26		汽油加氢	优化预分馏塔压力，年节约瓦斯235.62t，节能效益65.5万元/年
27	海南炼化	柴油加氢	保证石脑油终馏点、柴油闪点情况下，优化分馏塔塔底温，节省燃料气146.25Nm^3/h，年增效221.13万元
28		喷气燃料加氢	对分馏塔进行能量核算，对如何降低重沸炉提出优化建议
29		加氢裂化	保证喷气燃料5%点温度255℃、喷气燃料终馏点温度280℃，加热炉的温度从330℃提高至360℃，增产喷气燃料6.56t/h
30	济南石化	Ⅱ加氢精制	优化分馏塔，增产轻油0.0941t/h，年增效3.95万元；节约1.0MPa蒸汽0.0497t/h，年增效4.42万元
31		Ⅰ加氢精制	在保障脱气效果前提下，对优化汽提蒸汽量提出优化
32	洛阳石化	汽柴油加氢	提出降低气提蒸汽量，降低装置能耗的建议
33	石炼	Ⅰ加氢精制	在保证柴油闪点、粗汽油终馏点、柴油含水量的前提下，节约柴油汽提塔蒸汽消耗1.3t/h，节能效益163.8万元/年； 在保证石脑油和柴油产品质量前提下，增产石脑油5.21t/h，增效618.42万元/年
34		Ⅱ加氢精制	对多产石脑油提出优化建议方案
35	沧州石化	加氢精制	对硫化氢汽提塔和产品分馏塔进行模拟，对降低装置能耗提出建议
36	安庆石化	汽油加氢	蒸汽量从1000kg/h增加到1400kg/h，柴油产量提高0.888t/h，年增效172万元
37	塔河石化	Ⅰ加氢精制	对硫化氢汽提塔和产品分馏塔进行模拟，对降低装置能耗提出建议
38		Ⅱ加氢精制	对硫化氢汽提塔和产品分馏塔进行模拟，对降低装置能耗提出建议
39	武汉石化	蜡油加氢	提出了通过调整操作，降低能量消耗的建议
40		加氢裂化	保证塔顶抽出量和底部尾油量不变，当喷气燃料终馏点卡边280℃，增产喷气燃料约2t/h，且喷气燃料闪点45.62℃，密度808.6kg/m^3，均满足质量控制要求，年增效约400万元
41	茂名石化	加氢裂化	优化加热炉出口温度和中段回流量，拔高尾油5%馏点，多产白油1.5t/h，少产尾油1.62t/h，多耗瓦斯167.8Nm^3/h，年增效27.58万元
42	扬子石化	2#加氢裂化	当提高分馏塔进料加热炉出口温度以及分馏塔塔釜汽提蒸汽量。加热炉出口温度由343℃逐步提高至350℃，将分馏塔塔釜汽提蒸汽量由2.0t/h提高至2.5t/h，喷气燃料产量增加了约2t/h，年增效408.5万元

续表

编号	企业名称	装置名称	效益点
43	高桥石化	润滑油加氢	优化减压真空度，节省蒸汽 1.25t/h，年增效 198.72 万元
44		加氢裂化	对脱丁烷塔如何降低能耗提出优化建议
45		Ⅳ加氢精制	对硫化氢汽提塔和产品分馏塔进行模拟，对降低装置能耗提出建议
46	广州石化	加氢裂化	保证塔顶抽出量和底部尾油量不变，逐渐提高喷气燃料的抽出量，喷气燃料终馏点卡边 270℃，增产喷气燃料约 3t/h，年增效 720 万元
47	燕山石化	高压加氢裂化	喷气燃料终馏点卡边 298℃，喷气燃料采出量提高至 90t/h，喷气燃料终馏点在控制范围，可增产喷气燃料 34.5t/h，装置经济效益提高，但在实际生产中，喷气燃料产量根据实际生产需要调整
48	上海石化	中压加氢	喷气燃料终馏点卡边 260℃，喷气燃料终馏点基本实现上限控制，增产喷气燃料 15t/h，实际生产需计划生产

2. 流程模拟案例

（1）镇海炼化Ⅰ加氢裂化装置

镇海炼化Ⅰ加氢裂化装置利用模拟模型在确保产品质量、增加石脑油收率、节能降耗等方面进行了分析，并依据模拟计算结果进行了如下优化。

① 优化脱丁烷塔顶回流量，实现液化气 C_5 卡边；

② 优化汽提塔底重沸器循环量，实现喷气燃料终馏点与闪点指标卡边；

③ 重石终馏点卡边，提高石脑油产量；

优化方案实施后，装置能耗从 32.99kgEO/t 降低至 31.277kgEO/t，降耗 1.713kgEO/t，重石脑油终馏点提高了 5℃，重石脑油收率从 25%提高至 26.43%，合计实现年增效 976.56 万元。

（2）镇海炼化Ⅱ加氢裂化装置

镇海炼化Ⅱ加氢裂化装置利用模型对分馏塔进行分析，随着进料温度的降低，尾油与柴油的分离精度下降，切割点重叠程度增大，所需的回流比下降，因此可通过降低入口温度，实现产品质量卡边操作，以降低分馏塔进料加热炉能耗。

优化方案实施前，T1002 进料加热炉 F1003 出口温度平均 334℃，燃料气消耗 689.94Nm^3/h，优化方案实施后，加热炉出口温度降低到 315℃，产品质量均在工艺指标范围内，燃料气消耗量下降量超过 80Nm^3/h，之后逐步将炉出口温度降至 300℃，产品质量仍合格，燃料气消耗下降至 404Nm^3/h，节能效果明显。加热炉 F1003 出口温度调整见图 12-2-20。

整个优化方案实施后，燃料气平均消耗从 689.94Nm^3/h 降至 404Nm^3/h（燃料气耗量变化见图 12-2-21），节省 286Nm^3/h，按每吨燃料气 2700 元计算，装置实现年节能增效 946.8 万元。

（3）石家庄炼化 1#加氢精制装置

石家庄 1#加氢精制利用模型在降低柴油汽提塔蒸汽用量和增产石脑油方面进行了优化应用。

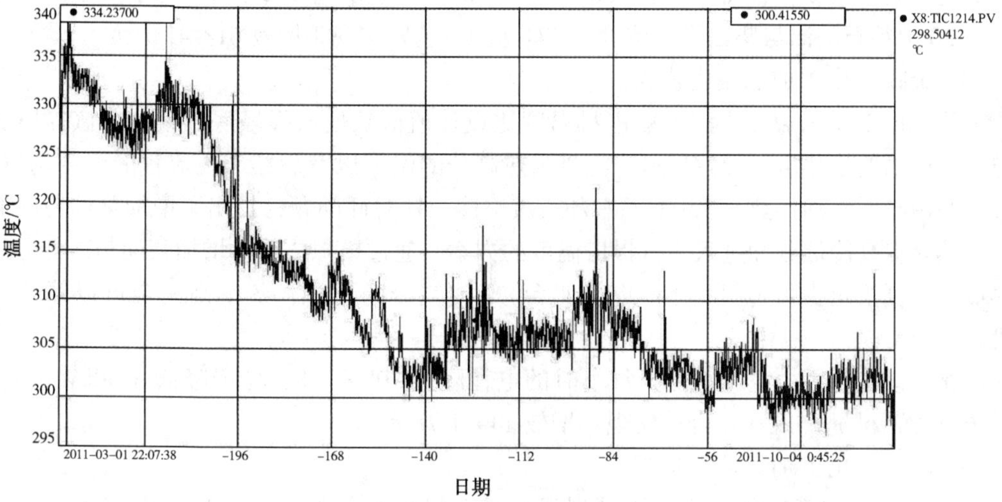

图 12-2-20 F1003 出口温度(3~10 月)

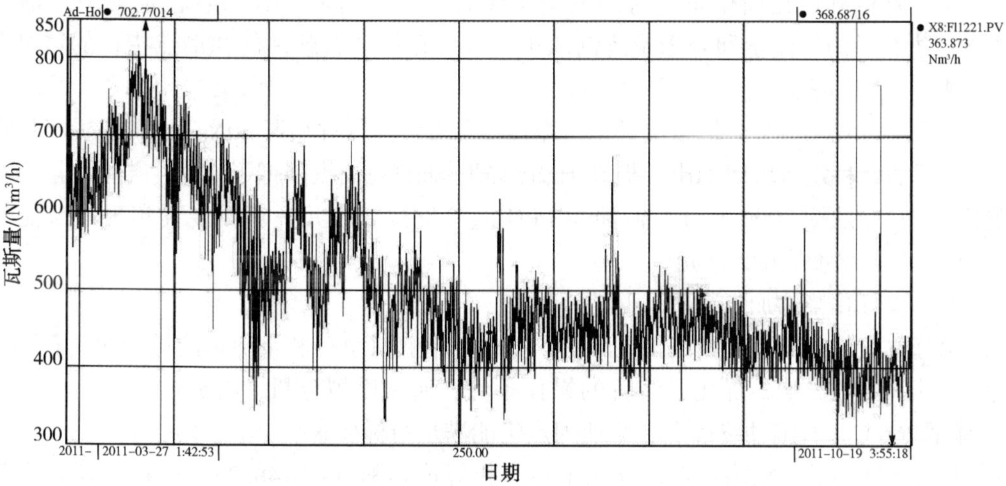

图 12-2-21 F1003 燃料气耗量(3~10 月)

① 在保证柴油闪点、粗汽油终馏点、柴油含水量的前提下，节约蒸汽消耗。

针对柴油汽提塔，应用模型分析发现在顶温不变的情况下，随着汽提蒸汽流量提高，柴油闪点逐步升高，石脑油终馏点也逐步升高，但是变化平缓，柴油含水量随汽提蒸汽量的提高而提高，因此在柴油闪点卡边的情况下汽提蒸汽用量最小。

优化后，控制柴油汽提塔顶温 136.5℃、汽提蒸汽量由 3.3t/h 降至 2.0t/h 时，柴油闪点 57℃，柴油终馏点 364.6℃，粗汽油终馏点 176.7℃，均满足产品指标，装置节省蒸汽 1.3t/h，吨蒸汽按 150 元计算，年节能增效 163.8 万元。

② 优化分馏塔，增产石脑油，提升装置效益。

针对分馏塔，应用模型分析发现随着顶温的提高，回流量的下降，石脑油终馏点升高、精柴闪点略有上升，故可以通过提高 C-1201 顶部温度，降低回流量，提高石脑油终馏点(≯195℃)而增产石脑油。

优化方案实施后，分馏塔顶温 160℃，石脑油终馏点卡边 192℃时，每小时增产石脑油 5.21t，2011 年石脑油与柴油平均差价为 271 元/t，装置实现年增效 618.42 万元。

(4) 金陵石化 2#加氢裂化装置

金陵石化 2#加氢裂化主汽提塔进料温度比设计值低致使汽提塔底温偏低，汽提塔底物料与反应产物的换热后，导致反应产物进入热高分的温度以及后续工艺流程的温度均偏低，而装置柴油与原料油换热后 150℃左右却直接空冷，针对此问题，提出了增加柴油与冷低分油的换热，提高冷低分油进入主汽提塔温度的方案，通过模拟核算，增加柴油与冷低分油的换热器后，夏季至少可停开一台(现开 4 台)柴油空冷的风机，冬季则完全可以停开二台风机。

优化方案实施后，空冷器夏天每小时的电耗降低 30kW · h，冬天降低 6030kW · h，反应系统节省燃料量 65kg/h，合计实现年增效 149.1 万元。

(5) 青岛石化 2#加氢精制装置

青岛石化 2#加氢精制装置利用模型研究了分馏塔加热炉负荷、稳定塔塔底抽出量对装置能耗及经济效益的影响，依据模拟分析结果，适当降低加热炉出口温度，可以提高柴油收率，且可降低瓦斯用量，对降低整个装置的能耗有利，且随着稳定塔塔底抽出量的增加，液态烃的回流量和外送量逐渐减少，故可在保证石脑油的初馏点指标的情况下增产石脑油。

实际生产过程中，分馏塔重沸炉出口温度降低 8℃，节省瓦斯 60Nm^3/h，装置能耗降低了 0.8 个标油，稳定塔塔底抽出量提高 1t/h，石脑油的初馏点降低了 2℃，产品质量仍在指标范围内，吨标油按 3000 元计，汽油与 LPG 的差价按 800 元计算，装置实现年节能效益 240 万元，年增产效益 672 万元。

(6) 海南炼化柴油加氢装置

海南炼化柴油加氢装置利用模型分析了分馏塔塔底热负荷和重沸炉流量变化对石脑油终馏点、柴油闪点的影响，优化了装置的操作条件。通过模拟分析，将分馏塔的塔底温度从 273℃降至 266℃，石脑油终馏点、柴油闪点仍能满足指标要求。

优化方案实施后，塔底热负荷降低 13%，折算成燃料气约 146.25Nm^3/h，1Nm^3 燃料气按 1.8 元计算，实现年增效 221.13 万元。

(7) 金陵分公司Ⅱ柴油加氢装置

金陵分公司Ⅱ柴油加氢装置运用模型进行两个方面优化：

① 优化分馏塔(塔底温度、柴油抽出量和分子筛料抽出量)，增产分子筛料。

金陵分公司柴油加氢分馏塔主要任务是生产分子筛料，为烷基苯装置提供优质的烷基苯原料，故在保证分子筛料终馏点、初馏点合格的前提下，尽量多出分子筛料。优化方案实施后，控制进料温度 253℃、回流量 9.3t/h，中段循环量 119t/h、中段返塔温度 120℃、回流温度 31℃、侧线抽出温度 208℃，将分馏塔 C401 塔底温度调整至 300℃后，分子筛料抽出量由 12.4t/h 提高到 15t/h，增产分子筛 2.6t/h，吨分子筛按 53 元计算，实现年增效 121.7 实现年增效 121.7 万元。

② 优化分馏塔，增产柴油。

为达到增产柴油的目的，应用模型优化与控制对增产柴油的生产方案进行了模拟。在增产柴油时要求分子筛料的终馏点控制在≯245℃，初馏点≯185℃，汽油终馏点≯180℃，分馏塔优化前后控制参数对比见表12-2-26。

表12-2-26　分馏塔优化前后参数对比

项目	优化后	优化前	优化效果
C401底温度/℃	292	293	-1
精制柴油量/(t/h)	216.2	212.7	3.5
回流量/(t/h)	20.80	21.47	-0.67
回流温度/℃	36	26	-10
C401进料温度/℃	253	253.9	-0.9
C401进料量/(kg/h)	243	243	0
分子筛料抽出量/(t/h)	15	18	-3
分子筛料抽出温度/℃	204	203	1
分子筛料终馏点/℃	240	253	-13

优化方案实施后，增产柴油3.5t/h，按中国石化增产柴油每吨奖励1000元、一年增产一个月计算，实现增效260万元。

（8）青岛炼化柴油加氢装置

① 2009年，青岛炼化柴油加氢装置主要通过模拟对降低分馏塔能耗、增产汽油产量和降低轻烃产量等三方面做了优化工作。

青岛炼化柴油加氢分馏塔底设计重沸炉流程，三台重沸泵，正常为两开一备。通过模拟计算，随着重沸炉流量提高，柴油闪点逐步升高，当重沸炉流量为540t/h时，柴油闪点、石脑油终馏点分别为61.3℃、168.2℃，仍任产品指标范围之内，而此时重沸泵可实行一开两备的运行方案。优化方案实施后，柴油加氢分馏塔底重沸泵由两开一备运行，改为一开两备运行，每小时降低能耗72kW，电价按0.6元/度计算，实现年节能增效36.28万元。

依据青岛炼化柴油加氢装置间歇增产汽油方案，石脑油终馏点≯205℃，运用模型分析，在保证石脑油终馏点、柴油闪点合格的前提下，通过调整顶回流量控制顶温，提高石脑油抽出量可增产汽油。

在装置间歇增产汽油方案过程中对优化方案进行了实施，实施后，控制回流量27~28t/h，顶温165℃时，产品质量可快速达标，石脑油产量由9.67%上升至13.16%，柴油产率由84.60%降至81.01%。

实现年增效：6400×410×3.49%-6200×410×3.59%=319.8万元。

青岛炼化柴油加氢装置加氢轻烃经焦化装置分离处理后，部分液态轻烃与焦化汽油混合后进入柴油加氢作原料。由于柴油加氢汽提塔塔顶分离效果不佳导致轻烃在柴油加氢、延迟焦化两套装置内循环量变大，导致装置自开工以来，长期存在轻烃量过高、汽提塔顶负荷大、轻烃外送困难的装置瓶颈问题。针对以上问题，装置应用模型柴油汽提塔进行了模拟分析，分析结果表明，在保证石脑油、柴油产品质量的前提下，通过优化操作变量为硫化氢汽提操作压力、塔顶温度、吹汽量等参数，可以实现轻烃产量最小化。优化方案实施后，轻烃产量降低了 48%，消除了装置由于轻烃产量过高导致的瓶颈问题。

② 2010 年青岛炼化柴油加氢装置应用模型分析了分馏塔顶压力对分馏塔操作及产品质量的影响。

优化方案实施后，分馏塔顶部压力由 0.16MPa 降 0.07MPa 后，产品指标仍达标，重沸器热负荷由 19.3MW 降至 7.3MW，燃料气量由 1500Nm^3/h 降至 1100Nm^3/h，1Nm^{3}燃料气价格按 1.8 元计算，实现年节能增效 604.8 万元。

(9) 青岛炼化蜡油加氢处理装置

① 2009 年青岛炼化蜡油加氢处理装置运用模型在围绕提高轻油收率方面做了优化调整工作。

依据模拟分析结果，随着柴油抽出量提高，塔顶部温度下降，石脑油终馏点降低，石脑油产量降低，柴油终馏点升高。在保证柴油终馏点，石脑油终馏点达标情况下，加氢处理装置执行多产汽油方案，则应控制柴油抽出量 18t/h，柴油终馏点 327.46℃，分馏塔顶温(110±1)℃。

优化方案实施后，石脑油产量提高 0.32%，柴油产量由提高 1.58%，蜡油收率下降 3.05%，装置综合能耗变化不大，石脑油按 5500 元/t、柴油按 6200 元/t、蜡油按 3500 元/t 计算，合计实现年增效 460 万元。

② 2010 年青岛炼化再次利用模型进行了降低分馏炉出口温度和分馏塔底吹汽量，实现增产汽油、降低能耗方案的模拟计算。经模拟计算，随着分馏炉出口温度降低，柴油抽出量逐步降低，分馏炉出口温度 252℃时，柴油抽出量仅 2.1t/h，分馏炉出口温度对加氢处理装置柴油产量影响非常明显，依据模拟结果，提出了降低加热炉入口温度，关闭中断回流及侧线抽出，降低柴汽比，增产汽油方案。

加氢处理装置分馏炉主火嘴全熄灭，节省瓦斯 450~500Nm^3/h(见图 12-2-22)，分馏炉出口温度优化调整后(调整过程见图 12-2-23)，分馏塔中段回流及侧线抽出关闭后，每小时节省电量 89.5kW · h，增加汽油 10t/h。1Nm^{3}天然气价格按 3.1 元、吨柴油与汽油差价按 500 元、年执行增产汽油方案一个月计算，实现年增效 476.24 万元。

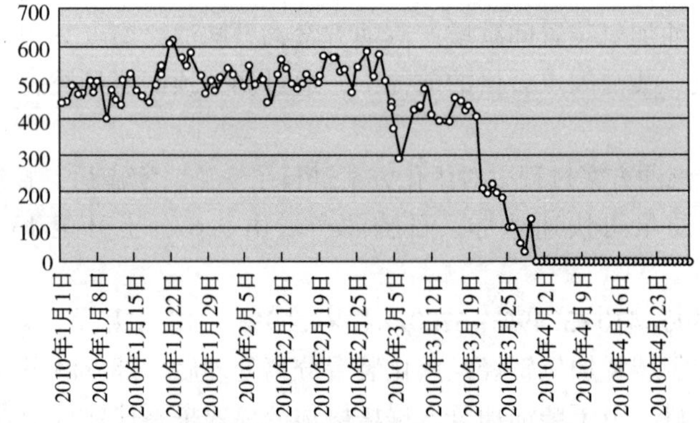

图 12-2-22　分馏炉瓦斯耗量变化趋势

③ 2011 年，青岛炼化依据中国石化关于降低柴汽比，提高汽油收率、降低柴油收率的要求，利用模型进行了部分柴油组分压入加氢处理尾油，以增加装置汽油收率方案的研究。

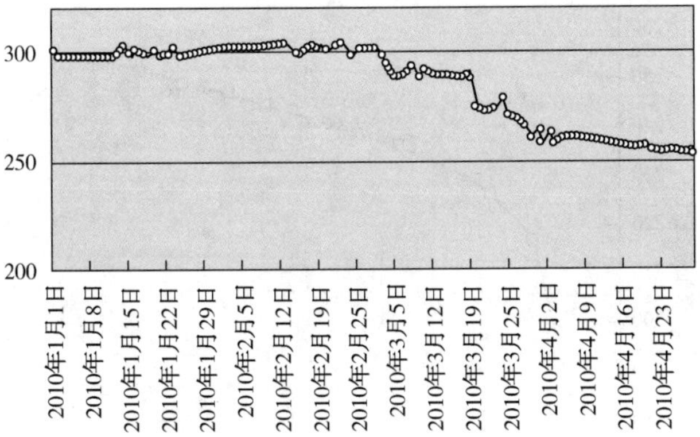

图 12-2-23　分馏炉出口温度变化趋势

经模拟分析，控制分馏塔顶温度在 110℃±1℃，柴油抽出量 18t/h 时，石脑油、柴油产品质量均合格，此时柴油终馏点 327.5℃，石脑油终馏点 173.3℃，可实现降低柴汽比，提高汽油收率、降低柴油收率。优化方案实施后，柴油抽出量降低 1.6t/h，增产汽油 0.8t/h，吨汽油与柴油差价 300 元计算，实现年增效 202 万元。

（10）金陵分公司Ⅲ柴油加氢装置

金陵分公司Ⅲ柴油加氢装置运用模型进行了两方面的优化应用。

① 优化硫化氢汽提塔，保证产品合格下，降低蒸汽用量。

方案实施后，H_2S 汽提塔汽提蒸汽量从 5t/h 降低到 4.5t/h，汽提塔顶的干气经过脱硫塔后 H_2S 含量小于 20ppm，且汽提塔的塔底油经主分馏塔进行分离后，产品石脑油的总硫也能控制在 40~80ppm，吨蒸汽按 125 元计算，实现年增效节 50 万元。

② 优化分馏塔，保证石脑油终馏点、柴油闪点，增产石脑油。

金陵分公司从 2010 年 5 月开始要求本装置实行增产石脑油方案，使用模拟模型计算调整方案后，将 T2002 顶温从 165℃提至 178℃时，石脑油的收率从 1.8%提高至 3.8%，且此时石脑油终馏点为 225℃，仍满足产品指标要求，方案实施后完成了公司增产石脑油的任务，月增产石脑油 1200t，吨汽油和柴油差价按 300 元计算，实现年增效 432 万元。

（11）扬子石化 2#加氢裂化装置

扬子 2#加氢裂化装置由于柴油产品带水、柴油汽提塔汽提蒸汽未投用，导致柴油初馏点偏低，喷气燃料和柴油分割不清，部分喷气燃料组分混入柴油，扬子石化利用模型研究了逐渐增大柴油的汽提蒸汽量、适当提高分馏塔进料加热炉出口温度与分馏塔塔釜汽提蒸汽量对降低喷气燃料与柴油重叠度及喷气燃料产量的影响，模拟分析结果见图 12-2-24 与图 12-2-25。

由模拟分析可知，通过调整分馏塔塔顶回流量控制住塔顶温度、调整喷气燃料汽提塔热负荷控制喷气燃料终馏点、调整喷气燃料抽出量控制喷气燃料的闪点，当汽提蒸汽量为 1t/h 时能实现柴油与喷气燃料的清晰分割，而当加热炉出口温度由 343℃逐步提高至 350℃后，将分馏塔塔釜汽提蒸汽量由 2.0t/h 提高至 2.5t/h，控制柴油抽出温度 260~270℃，柴油汽提蒸汽量 1t/h 时，可实现柴油与喷气燃料清晰分割，并增产喷气燃料约 2t/h。

以上优化方案实施后，柴油的初馏点由 175℃提高至 252℃，表 12-3-27 为优化前后关键指标对情况。

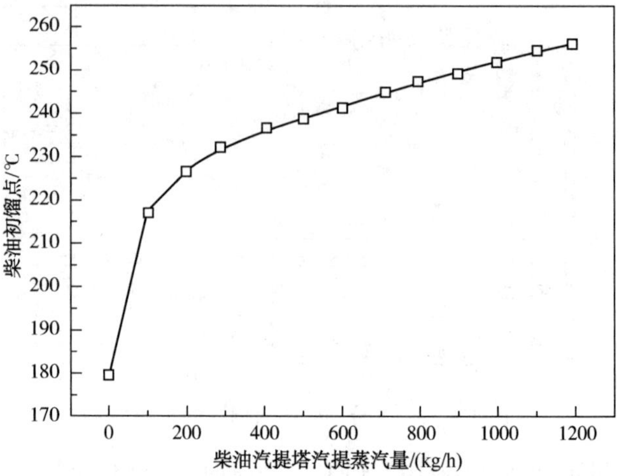

图 12-2-24　柴油汽提塔汽提蒸汽量对柴油初馏点的影响

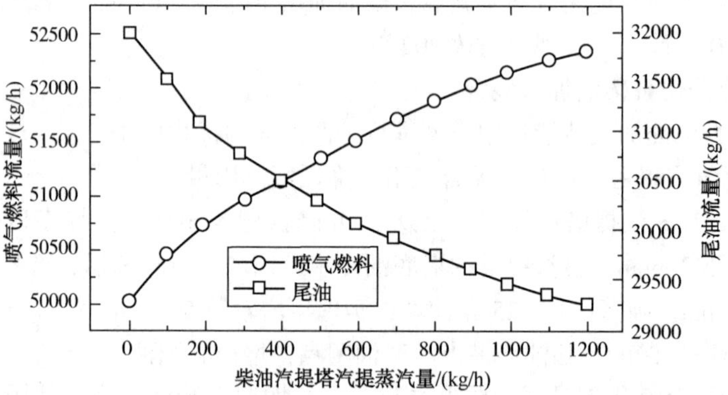

图 12-2-25　柴油汽提塔汽提蒸汽量对喷气燃料及尾油流量的影响

表 12-2-27　优化方案实施前后关键指标对比

产品	分析项目	单位	优化前	优化后
重石脑油	馏程	℃	83～163	84～169
喷气燃料	馏程	℃	159～246	161～251
	闪点	℃	48.5	48.8
柴油	馏程	℃	175～313	252～352
尾油	馏程	℃	212～486	242～495
	BMCI 值		15.1	13.8

由表 12-2-27 可知，尾油中柴油组分降低后，尾油 BMCI 值有所下降，可以提高乙烯裂解收率，喷气燃料产量增加了约 2t/h，尾油产品降低了约 2t/h，低、中压蒸汽总量增加约 1t/h(价格 115 元/t)，燃料气量增加约 200m^3/h(约 0.15t/h，价格 2711 元/t)，喷气燃料与尾油的内部结算价相差约 494 元/吨，装置实现年增效 408.5 万元。

3. 结论

加氢装置是石化领域主要使用的油品质量改善技术，其运行的好坏对环境及石化企业的能耗与经济效益会产生重要影响。实践证明，流程模拟技术是加氢装置挖潜增效、节能降耗的可靠、有效的手段，应用流程模拟技术可以较好地把脉加氢装置的运行状态，并提出优化改进措施，各优化方案实施后降低了加氢装置的能耗、产品重叠度，提高了高价值产品的产量，经济效益及社会效益明显。

参 考 文 献

[1] 韩方煌，郑世清，荣本光．过程系统稳态模拟技术[M]．北京：中国石化出版社，1999.
[2] 张瑞生，王弘轼，宋宏宇．过程系统工程概论[M]．北京：科学出版社，2001.
[3] 林世雄．石油炼制工程[M]．3 版．北京：石油工业出版社，2007.

第十三章　加氢裂化及渣油加氢装置操作优化

第一节　加氢装置生产日常管理

一、原料油管理

（一）原料油组成管理

1. 加氢裂化原料管理

加氢裂化原料性质对装置操作有重要影响，具体分为以下方面：

（1）硫含量

原料中硫化物的含量和结构对加氢反应过程有很大影响。原料油硫化物主要包括硫醇类、硫醚类、二硫化物类、噻吩类、苯并噻吩（BT）类、二苯并噻吩（DBT）类等，较难反应的硫化物存在于沸点较高的重馏分中。

（2）氮含量

原料的氮含量大幅增高往往意味着原料油变重、变差，稠环化合物、芳烃含量相应增加，其他杂质含量也上升，使催化剂失活速度加快。原料中的氮化合物不仅影响催化剂稳定性，对活性影响也很大，特别是碱性氮化合物，对依靠酸性而产生裂解活性的加氢裂化催化剂的裂解性能有抑制作用，因此需要严格控制进入裂化反应器原料油中的有机氮含量，一般要求低于10μg/g。氮化合物本身也不稳定，容易缩合生焦造成催化剂失活；脱氮生成的铵盐堵塞冷换设备，影响换热效率，同时也容易造成设备腐蚀。对柴油原料类加氢装置的碳钢或Cr-Mo高压空冷器，酸性水中的硫氢化铵浓度按小于4%控制；对蜡油原料类加氢装置采用碳钢或Cr-Mo的高压空冷器，酸性水中硫氢化铵浓度按小于3%控制。对加氢类高压空冷器采用NS1402材质，酸性水中硫氢化铵浓度按小于4%控制；因此在各项指标中首要关注的是原料中的氮含量。

（3）烯烃

烯烃含量的高低对催化剂HDS、HDN、芳烃饱和的活性影响较小。但是，烯烃易发生聚合反应，其聚合物会引起床层上部催化剂表面的结焦，使反应器催化剂床层压降迅速增加，缩短装置的运转周期。此外，烯烃的加氢饱和是强放热反应，溴价每降低1个单位，耗氢量约为1.07~1.42Nm^3/m^3，放出反应热为16.2kJ/kg进料。因此原料油中高的烯烃含量会引起催化剂床层高的温升以及大的化学氢耗。

（4）芳烃

原料油的芳烃含量主要和原油的种类及上游加工工艺有关。直馏馏分油芳烃含量较低，二次加工馏分油尤其是催化裂化柴油的芳烃、硫、氮含量较高，十六烷值较低。而且其中的硫、氮化合物多数为带有芳环的杂环类。

(5) 原料油馏程

馏程对原料油性质影响很大，一般来说原料馏程提高，除了黏度增加以致原料向催化剂内部扩散的速度减慢，从而降低了反应速度外，还带来数量更多、结构更复杂的非烃化合物及多环芳烃、胶质、沥青质、重金属等杂质，大大增加了加氢难度，同时这些杂质很不稳定，容易缩合生焦而使催化剂加速失活。稠环芳烃还会在加氢裂化产品中析出固体结晶物而造成系统压降或堵塞现象。因此在选择原料油终馏点或馏程范围时必须从兼顾技术水平和经济效益两方面加以考虑。

(6) 残炭

残炭值的大小反映了油品中多环芳烃、胶质、沥青质等易缩合物质的多少。在加氢裂化装置中，原料油的残炭值增加对产品收率影响较小，加氢所得尾油的残炭值增加不多，但催化剂结焦速度加快，这将严重地影响到催化剂的运转周期，因此在装置设计时均限定了原料油的残炭值。装置的原料油残炭限值均低于 0.3%。

(7) 沥青质

沥青质是加氢过程中一种主要的结焦前驱物，即使其含量微小地增加，也会使催化剂失活速率大幅度增加。而且沥青质中常包括有一些金属，它也是催化剂的毒物。因此，必须严格控制原料油中的沥青质含量。沥青质对产品收率影响较小，但会影响加氢尾油的颜色，严重时产品变黑。对于常规加氢处理过程，通常要求进料中的沥青质含量低于 100μg/g。

(8) 铁、镁、钙、钠

铁在石油及其馏分油中既能以悬浮无机物形式存在，又能以油溶性铁(如环烷酸铁)和络合物(如卟啉铁)的形式存在。这些铁中少量来源于原油本身，叫作原有铁；而多数是由于与油接触的管道、储罐、加工设备的腐蚀而导入的，叫作过程铁。铁离子对催化剂活性的影响较小，但是，它很容易成为硫化物而沉积在催化剂床层表面，而且由于其反应速度快，因此一般以结壳的形式出现在催化剂床层的顶部，引起床层压降的上升。一般要求加氢装置进料中铁含量小于 2μg/g，最好小于 1μg/g。与铁相似，高的钙、镁、钠含量也会导致催化剂床层表面的污垢沉积。钠离子混入加氢原料，最终导致催化剂永久失活。因此对加氢装置而言，需要严格控制含碱的操作单元产品或管线，必须确保没有钠离子残留才能够投用。

(9) 镍、钒和其他金属

重金属，特别是镍、钒、铜、铅等，极易使催化剂中毒，痕量的此类金属的存在也会导致催化剂永久失活，缩短装置的运转周期。重金属镍、钒几乎全部集中于渣油中。重金属对催化剂的中毒作用主要是由于其沉积在催化剂的孔隙中，覆盖了催化剂表面活性中心，因而降低催化剂的活性，同时不能通过催化剂再生来恢复。在一般的馏分油加氢处理工艺中，通常要求除铁以外的金属含量小于 1μg/g。进料的沥青质和金属必须控制在非常低的水平，以防止催化剂迅速失活。

(10) 砷和硅

砷和硅是加氢催化剂的毒物，催化剂上即使沉积少量的砷和硅，其活性也会大幅度下降。

砷是由原油带入的，并且大多含在原油的轻、重石脑油中。砷对加氢催化剂的毒性极大，即使是高抗砷中毒能力的催化剂上沉积 0.5%的砷时就会造成 30%以上的活性损失，而对于低抗砷中毒能力的催化剂，当其上沉积的砷含量达到0.1%时，活性下降幅度可以达到50%。砷沉积的形态为砷化物。当催化剂上砷含量超过500~1000μg/g时不再进行再生。通常要求加氢处理催化剂能耐受的原料油中砷含量小于200μg/kg。硅主要由上游装置带入，如焦化装置注消泡剂引起的焦化馏出油含硅。原料中的硅不容易完全脱除，少量的硅沉积就可使催化剂孔口堵塞、活性下降，并使得催化剂无法再生使用。加氢原料含2μg/g的硅时就需要在反应器顶部加装专门吸附硅的催化剂，或者加保护反应器。

通常会对原料油的氮含量、残炭、沥青质和金属含量以及原料终馏点等性质进行控制，具体控制指标如表13-1-1所示。

表13-1-1 加氢裂化原料控制指标

项目	单位	指标	项目	单位	指标
密度	kg/m^3	≤925	Fe	mg/kg	≤1
硫含量	%	≤3.0	Na	mg/kg	≤1
总氮	mg/kg	≤2000	终馏点	℃	≤545
残炭	%	≤0.30	Cl	mg/kg	≤1
Ni+V	mg/kg	≤1			

为保证装置的长周期运行，加氢裂化原料一般在工艺上做如下调整：

(1) 控制好原料缓冲罐的气封，保证原料油不被氧化

原料油的气封主要是防止原料油在储存时接触空气。防止油中的芳香硫醇氧化产生的磺酸与吡咯发生缩合反应而产生沉渣，防止烯烃与氧可以发生反应形成氧化产物，氧化产物又可以与含硫、氧、氮的活性杂原子化合物发生聚合反应而形成沉渣。这些物质很容易在温度较高的部位，如生成油/原料油换热器及反应器顶部，进一步缩合结焦。因此对原料油加强保护，防止与氧气接触，是防止换热器和催化剂床层顶部结焦的必要措施。

原料油储罐的保护方法主要有惰性气体保护和内浮顶储罐保护。惰性气体保护一般用氮气或炼厂的瓦斯气充满油面以上空间，使原料油与氧气隔绝。装置原料油缓冲罐通常采用燃料气气封，滤后原料油缓冲罐通常采用氮气气封。装置运转期间应对原料油保护气进行定期采样，分析氧含量，一般惰性气体中的氧含量应低于5μL/L。

(2) 加强原料油脱水，防止催化剂老化聚结

原料油中含水有多方面的危害：一是装置原料带水将引起反应温度的波动，产品质量受到影响；二是如原料中带入大量水分，水汽化后引起装置压力变化，同时降低了氢分压；三是原料油带水容易引起催化剂表面活性金属组分的老化，活性下降；同时将导致催化剂机械强度下降，催化剂颗粒发生粉化现象，反应器床层压降上升。

若原料油带有少量的水，通常在装置内原料油缓冲罐进行静置脱水，加氢催化剂的设计一般要求原料油中含水低于300μg/g。若原料严重带水，则改原料进加氢原料罐区静置进行脱水。

(3) 加强上游操作，从源头上控制金属杂质

原料油中的金属大部分来之于原油，因此只要操作好原油脱盐等工艺，基本上可以保证进料质量。铁离子的来源有两种：一种是本身存在于原油中的油溶性环烷酸铁，另一种则是在原油储运、常减压蒸馏等过程中设备腐蚀进入馏分油中的。硅主要来自焦化蜡油。因此上

游常减压装置及储输系统的工艺防腐、焦化装置消泡剂管理必须加强控制。

(4) 利用反冲洗过滤器过滤原料油中的杂质，防止原料油中杂质堵塞催化剂床层

加氢裂化装置设有原料油反冲洗过滤装置，可以处理原料油中带有的一定量的机械杂质。操作时除用原料油进行反冲洗以外，还应定期检查过滤装置，确保过滤效果。多采用自动切换的多列原料过滤器。固体颗粒沉积在过滤元件上，当压降升高到预先设定的差压值时，差压开关启动过滤器的反冲洗程序，并将原料油自动切换到另一列过滤器。反冲洗下来的油必须经沉降后才能再进入加氢装置。过滤器的滤芯孔一般小于20~25μm。

2. 渣油加氢原料管理

渣油一般指的是常压渣油和减压渣油。原油的类型和来源不同，其渣油的性质差别很大。根据在溶剂中溶解度的不同，以及在吸附剂上吸附性能的不同，渣油一般可分为饱和分、芳香分、胶质和沥青质。这四组分的化学组成以及它们的含量决定了渣油的性质。影响固定床渣油加氢装置加工工艺选择的渣油性质中最主要的有：金属(通常指Ni、V)含量、残炭值、沥青质、硫、氮含量及黏度等。

(1) 进料中氮含量影响

原料中的氮化合物经加氢脱除后生成铵盐，对换热器换热效率、高压空冷腐蚀等造成影响，因此在各项指标中首要关注的是原料中的氮含量。对渣油加氢装置采用碳钢或Cr-Mo的高压空冷器，酸性水中硫氢化铵浓度按小于3%控制；对渣油加氢装置采用NS1402的空冷器，酸性水中硫氢化铵浓度按小于4%控制。

(2) 原料油中的固体粒子及盐含量

固体颗粒物包括焦炭粒、砂子、硫化铁等污染物。环烷酸含量较高的原油，在加工过程中会腐蚀设备和管线，并产生环烷酸铁等腐蚀物。环烷酸铁在H_2气氛下与H_2S反应极快，生成FeS。各种颗粒物及FeS沉积于最先接触的催化剂表面而堵塞催化剂颗粒间的空隙，引起催化剂结块，使反应系统压降增加并造成在反应器内的液体分配不均，催化剂床层产生热点，甚至装置被迫停工，所以原料油进反应器之前要经过过滤。

Na对所有的加氢处理催化剂而言都是毒物。这种毒物不但使催化剂活性明显降低，而且使其稳定性变差。所以，为了充分发挥催化剂的效能，应严格控制原料油中的Na离子含量小于3μg/g。

Cl离子的危害是：第一，在催化剂床层沉积使床层压降升高；第二，在热高分气/混氢换热器中造成积垢并引起应力腐蚀裂纹；第三，与反应生成的NH_3相结合生成氯化铵，堵塞和腐蚀反应物的换热器和冷却器。因此，要控制原料油中Cl离子含量不大于4μg/g。

(3) 原料油的黏度

渣油分子大、黏度高，在催化剂颗粒孔内扩散速度慢，因此内扩散常常是渣油加氢过程的控制步骤。大颗粒反应物在液体中的分子扩散系数可由Einstein-Stokes公式描述。扩散系数和黏度、反应物分子大小密切相关。VR比AR黏度大、分子量高，因此VR的反应性能低于AR。有时为了降低加工VR的难度，需要在其中掺入一定量的VGO、LCO、回炼油等。

(4) 硫含量

进料硫含量高时，为了达到一定的脱硫水平，需要提高反应温度，这将加速结焦，从而导致催化剂更快失活。

(5) 金属镍和钒

原料中的V和Ni化合物的含量对催化剂的使用寿命有直接的重要影响，催化剂的使用寿命与金属化合物的含量成反比对数关系，随进料中的微量金属杂质的增加，催化剂的使用寿命将迅速缩短，因此，应严格控制装置进料中的金属杂质(V和Ni)含量不要超标，以保证催化剂的使用寿命。Ni和V的金属化合物加氢反应后以金属硫化物的形式沉积在催化剂颗粒内和颗粒外表面，在催化剂颗粒内沉积时，对催化剂活性不利；在颗粒外表面沉积时，其主要副作用是引起床层压降的升高。

(6) 残炭值和沥青质

在其他条件相同的情况下，沉积在催化剂上的焦炭量随原料残炭值的提高而线性增加。脱硫和残炭前驱物加氢转化反应密切相关，残炭值降低率随脱硫率的提高基本呈线性增加，催化剂类型对这种关系的影响较小。

沥青质是渣油中反应性能最差的分子，沥青质硫比非沥青质硫更难脱除。由于沥青质及其类似物的高黏度、高稠合度及强吸附特性，使沥青质在催化剂表面滞留时间长，因此，加工高沥青质、高黏度原料时，需要的反应温度高，易发生热裂化反应，催化剂上焦炭增加，使催化剂失活加快。可见沥青质是决定催化剂上结焦的最关键因素。

渣油加氢原料控制指标见表13-1-2。

表13-1-2 渣油加氢原料控制指标

项目	单位	指标	项目	单位	指标
密度(20℃)	kg/m^3	≤970	Ni+V	mg/kg	≤62
硫含量	%	≤2.10	Fe	mg/kg	≤10
总氮	μg/g	≤4000	Na	mg/kg	<3
黏度(100℃)	mm^2/s	≤120	Ca	mg/kg	<8
残炭	%	≤11.6			

(二) 原料油分析项目优化

1. 加氢裂化原料分析项目

考虑原料性质对装置稳定操作及运行周期的影响，加氢裂化原料油化验分析项目及频次建议如表13-1-3所示。

表13-1-3 原料油化验分析项目及频次

分析项目	分析方法	控制指标	分析频次	
			开工时	正常时
密度/(kg/m^3)	GB/T1884	实测	1次/天	一次/周
馏程/℃	GB/T9168	—	1次/天	一次/天
硫/(μg/g)	GB/T380	—	1次/天	一次/天
氮/(μg/g)	GB/T17674	—	1次/天	一次/天
碱氮/(μg/g)	SH/T0162	—	1次/天	一次/周
残炭	GB/T268	—	1次/天	一次/周
BMCI值	—	—	1次/天	一次/周
金属含量(Fe、Ni、V、Na、Ca)/(μg/g)	RIPP124	—	1次/天	一次/周
氯含量/(μg/g)	GB/T18612	—	1次/天	一次/周

续表

分析项目	分析方法	控制指标	分析频次	
			开工时	正常时
水分	—	—	1次/天	一次/周
运动黏度(20℃)/(mm^2/s)	GB/T 265	—	需要时	一次/月
酸度/(mgKOH/100mL)	GB/T 264	—	需要时	一次/月
凝点/℃	GB/T 510	—	需要时	一次/月
沥青质	—	—	需要时	一次/月
胶质	—	—	需要时	一次/月

2. 渣油加氢原料分析项目优化

考虑原料性质对装置稳定操作及运行周期的影响，渣油加氢装置原料油化验分析项目及频次建议如表13-1-4所示。

表13-1-4 渣油加氢原料油化验分析项目及频次

样品名称	分析项目	试验方法	质量指标	分析频次	
				开工时	正常时
原料油(混合)	硫含量/%	ASTM D1552	≤3.86	1次/天	3次/周
	残炭/%	GB/T 17144	≤19.2	1次/天	3次/周
	黏度(100℃)/(mm^2/s)	GB/T 11137	≤2580	按需	1次/周
	酸值/(mgKOH/g)	GB/T 264	≤0.61	按需	1次/周
	密度/(kg/m^3)	SH/T 0604	≤1018	1次/天	1次/月
	馏程/℃	SH/T 0165	实测	1次/天	1次/月
	氮含量/%	NB/SH/T0704	≤0.525	1次/天	1次/月
	沥青质/%	SH/T 0266	≤4.71	按需	1次/月
	氯盐/(mgNaCl/L)	SY/T 0536	≤2.85	按需	1次/月
	机械杂质/%	GB/T 511	≤0.004	按需	1次/月
	铁/(mg/kg)	GB/T 18608	≤6	按需	1次/月
	镍/(mg/kg)	GB/T 18608	≤43	按需	1次/月
	钒/(mg/kg)	GB/T 18608	≤64	按需	1次/月
	钙/(mg/kg)	GB/T 18608	≤5	按需	1次/月
	钠/(mg/kg)	GB/T 18608	≤3	按需	1次/月
原料油(纯渣油)	密度/(kg/m^3)	SH/T 0604	实测	1次/天	1次/季
	馏程/℃	SH/T 0165	实测	按需	1次/季
	硫含量/%	ASTM D1552	实测	1次/天	1次/季
	残炭/%	GB/T 17144	实测	1次/天	1次/季
	机械杂质/%	GB/T 511	实测	按需	1次/季
	黏度(100℃)/(mm^2/s)	GB/T 11137	实测	按需	1次/季
	Fe、Ni、V、Ca、Na/(mg/kg)	GB/T 18608	实测	按需	1次/季
	氯盐/(mgNaCl/L)	SY/T 0536	实测	按需	1次/季
	氮含量/%	NB/SH/T 0704	实测	1次/天	1次/季
	四组分/%	RIPP 10-90	实测	按需	标定时

续表

样品名称	分析项目	试验方法	质量指标	分析频次	
				开工时	正常时
常压渣油	硫含量/%	ASTM D1552	≤0.6	1次/天	3次/周
	残炭/%(初期)	GB/T 17144	≤5.0	按需	3次/周
	残炭/%(末期)	GB/T 17144	≤6.0	按需	3次/周
	馏程/℃	SH/T 0165	实测	按需	1次/月
	氮含量/%	NB/SH/T 0704	实测	1次/天	2次/月
	氯盐/(mgNaCl/L)	SY/T 0536	实测	按需	2次/月
	黏度(100℃)/(mm^2/s)	GB/T 11137	实测	按需	1次/月
	密度/(kg/m^3)	SH/T 0604	实测	1次/天	1次/月
	机械杂质/%	GB/T 511	实测	按需	1次/月
	Fe、Ni、V、Ca、Na/(mg/kg)	GB/T 18608	实测	按需	1次/月
	四组分	RIPP 10-90	实测	按需	按需

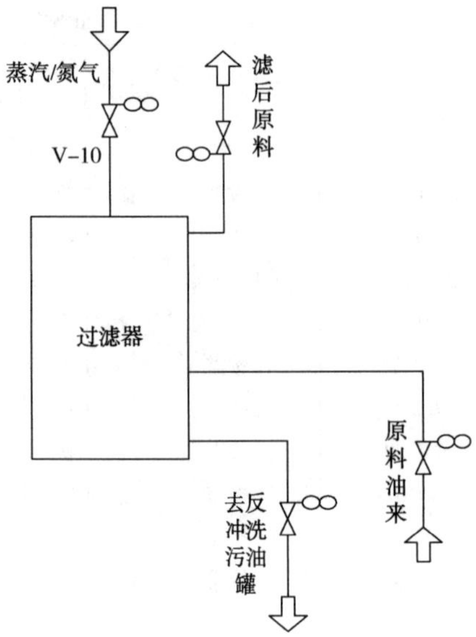

图 13-1-1　原料油过滤器示意图

(三) 原料油过滤器管理

1. 原料油过滤器的作用

原料油过滤器的作用主要是为了把原料油中的固体颗粒杂质过滤去除，确保洁净原料进入反应系统，防止固体杂质损坏进料泵和反应器床层压降上升，保证装置催化剂长周期运行。

原料油过滤示意图如图 13-1-1 所示。

2. 两种常见自动反冲洗过滤器

(1) ZFG-Ⅱ气体辅助反冲洗过滤器

ZFG-Ⅱ气体辅助反冲洗过滤系统一般包括 2 组过滤器、一台污油回收罐、一台储气罐和过滤控制系统。当其中一组在反冲洗时另外一组正常工作，过滤器所配置的阀门全部采用气动阀门，通过 DCS 进行控制。该型过滤器技术成熟，应用广泛。

(2) ReactoGard V 自动反冲洗过滤器

每套 ReactoGard V 自动反冲洗过滤器由 6 个滤桶、转向阀及其附件(电磁阀、锁销、接近开关等)组成，其外形结构如图 13-1-2 所示。

在正常过滤过程中，未经过滤的原料由下部进料口流入进口总管，然后均匀流入各滤筒中；原料由外到内流经各滤棒；滤后液通过出口收集箱流入装置下游；在过滤过程中，颗粒聚集在滤棒外表面，产生压差，滤后干净的流体从每个滤筒上部汇集到出口油路块，进入原料油缓冲罐。当压差达到设定值 120kPa 或达到定时时间时，由程序控制进行反冲洗。

反冲洗时，过滤器底部转向阀执行机构旋转，将阀芯对准 6 个滤筒中的其中一个，此时该滤筒不再进行过滤工作，而转入反冲洗工作；下部排污阀会打开，出口收集腔和排污管口产生压差，使部分出口收集腔的滤液通过该滤筒逆向流动；滤液从滤芯内流出，把滤网外的杂质冲出排污口进入反冲洗油罐；然后排污阀关闭，将转向阀旋转至下个滤筒，周而复始，直到8组过滤器全部冲洗完毕。该过滤器自动化程度高，过滤精度高，能有效减少原料油中的杂质，为蜡油加氢裂化装置提供合格的原料，为装置的安全稳定运行提供保障。

3. 过滤器运行管理优化措施（以ZFG-Ⅱ气体辅助反冲洗过滤器为例）

1）采用常减压装置的直接热进料，不经过罐区储存，防止氧化自由基反应带来的机械杂质。

2）控制原料油酸值，酸值高产生腐蚀会造成过滤器切换频繁。

3）提高原料油入过滤器温度，降低原料油黏度。

4）加强原料油过滤器监控，加强过滤器保温维护。

5）减少过滤器换罐频率，减少罐底污油对过滤器的影响。

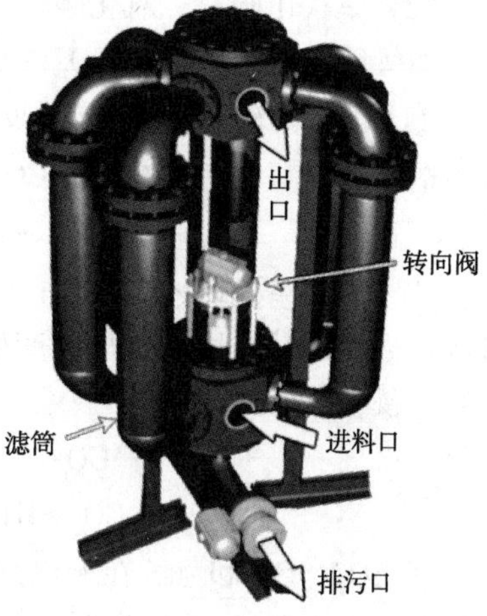

图13-1-2　ReactoGard V 自动反冲洗过滤器

6）选用更好的程控阀门。

7）加强反冲洗能力。

① 过滤器上部反冲洗空腔的体积由原来的不足滤液的0.5倍扩大至1倍多，投用效果很好；

② 置换油增加一减压阀，增加置换油置换步骤；

③ 排污线由 *DN*250 扩径为 *DN*400；

④ 后部污油接收罐顶对火炬管线避免缩径产生阻力；

⑤ 氮气反吹线由 *DN*25 扩径为 *DN*50；

⑥ 改进使用了绕丝管形式的过滤芯，加强反冲洗效果。

二、氢气管理

（一）氢气组成管理

1. 新氢组成

（1）氢气纯度

新氢纯度不但对氢分压有直接影响，而且对循环氢纯度和氢耗量有重大影响。新氢中的惰性气体（如氮气、氩气等）在油中的溶解度很低，气液平衡常数小，这些组分会在高分气相中累积。只有当这些组分在气相中的浓度足够高时，才会使高分生成油中溶解的量与带入的量达成平衡，随着高分生成油而排出高压系统。因此新氢中带有惰性气体时将显著降低循环氢的氢纯度，系统氢分压下降。新氢中的轻烃主要是甲烷，其溶解度接近惰性气体，这些烃类随着新氢进入装置并在循环气中累积，使得循环氢纯度下降。为了维持循环氢的氢浓度及系统的氢分压，在实际操作中不得不排放一定量的循环氢并补充新氢，从而增加氢气耗量。

一般加氢处理可直接使用重整氢作为新氢的补充。非贵金属加氢处理催化剂允许使用纯度较低的新氢。加氢裂化对氢纯度要求较高，特别是对CO和CO_2总量有较严格的要求。贵金属催化剂和渣油加氢过程也要求使用较高纯度的新氢。

（2）一氧化碳及二氧化碳

加氢反应系统中含有 CO、CO_2时，有如下影响：

① CO_2加氢转化为 CO。该反应为吸热反应，在加氢反应条件下有利于平衡向正向进行，从而造成循环氢中 CO 浓度比 CO_2浓度高：

$$CO_2+H_2=CO+H_2O,\ \Delta H=36.90kJ/mol$$

② 在含镍或钴催化剂作用下，CO、CO_2与氢气在 200～350℃条件下反应生成甲烷，同时放出大量的热。甲烷化反应产生的热使反应器内催化剂床层温升过高，温度分布不均，恶化装置操作：

$$CO+3H_2=CH_4+H_2O,\ \Delta H=-206.4kJ/mol$$

$$CO_2+4H_2=CH_4+2H_2O,\ \Delta H=-164.9kJ/mol$$

③ CO_2、CO 和氢气在催化剂活性中心会发生竞争吸附，影响加氢活性中心的利用；CO 可与催化剂上的金属组分形成有毒的易挥发羰基化合物而造成催化剂腐蚀，降低催化剂活性。

$$4CO+Ni\xrightarrow{50℃}Ni(CO)_4\xrightarrow{230℃}Ni+4CO$$

由于上述反应在低温下较易发生，因而当循环氢中存在 CO 时，每次开停工都会使催化剂活性受到损失。因为低温下 CO 和催化剂上的 Ni 组分反应生成羰基镍，升温后，羰基镍挥发升华，使得催化剂表面裸露出金属 Ni 组分，金属 Ni 组分的氢解活性非常高，极易引起结焦失活。

加氢装置使用的非贵金属催化剂一般要求新氢中的（$CO+CO_2$）含量不应超过 20μL/L。

2. 氢气网络优化

（1）氢气网络优化原因

炼厂进行氢气网络优化主要基于以下原因：一是为满足氢气需要，增加制氢（含干气制氢、煤制氢等）能力；二是氢气成本高，加氢裂化装置氢耗量一般在 2.0%～4.0%，占加氢裂化装置操作费用的约 80%。；三是炼厂大量低分气、塔顶气等含氢气体排放到燃料气管网，造成氢资源浪费，同时含氢气体热值低，不利于安全。

（2）氢气网络优化途径

① 优化氢气管网压力等级，减少氢气提降压所带来的能量损失。

② 提高新氢纯度。将各种原料氢经过变压吸附工艺（PSA）处理或低温甲醇洗等工艺，将原料氢中的非氢组分预先除去，得到氢纯度达 98%以上的新氢。

③ 提高循环氢纯度。加氢裂化系统中因为原料油裂解时也会生成低分子烃导致氢纯度的降低，可在加氢裂化系统中采取排除废氢、膜分离、PSA、油洗涤等四种措施提高循环氢纯度。

④ 回收含氢气体的氢气。通过 VPSA、浅油洗涤加 PSA 等措施，可以将炼厂的含氢量大于 26%的含氢气体进行回收，提高全厂的氢气利用率及降低氢气成本。

（二）冷氢使用管理

1. 冷氢的控制

注入冷氢的目的是消除过高的温度点，带走该床层的反应热，使反应器内的温度分布更为合理，更加有效地利用催化剂，可防止因过度加氢反应而导致的床层温度失控，为装置的安全提供保障。采用冷氢调节反应温度的方式主要为调节每个床层入口冷氢的注入量，使得每个催化剂床层入口温度相同。一般控制加氢裂化催化剂精致反应器每段床层的温升不大于30℃，加氢裂化催化剂每段床层的温升不大于15℃，并且尽量控制各床层的入口温度相同，以有利于延长催化剂的使用寿命。

2. 冷氢注入注意事项

使用冷氢时，应根据床层温度的升降趋势提前调节，而且正常生产中冷氢量不宜过大，一般不要超过阀门开度的70%，否则超温时冷氢不能发挥作用。当床层温度急升时，应用冷氢迎面截住温波，同时先降低炉出口温度。在事故状态下，特别是新氢中断时，只要反应器不超温就尽量保持冷氢量不变，让所有氢气经过催化剂床层均匀冷却。装置开工阶段要对冷氢系统的调节阀、单向阀及手阀进行试验及检查，确保好用。

（三）循环氢脱硫系统管理

在反应过程中会产生硫化氢，若不控制循环氢中的硫化氢的量，将导致循环氢纯度下降、氢分压降低、整个反应系统腐蚀严重、损害设备等问题，所以要通过循环氢脱硫塔来脱除循环氢中一部分硫化氢，保证系统运行稳定。

1. 脱硫系统的主要控制要求

（1）操作压力

吸收反应是体积减小的反应，压力越高对吸收反应越有利，较高的压力有利于提高气-液的溶解吸收效果。

（2）温度

温度对脱硫系统的影响主要体现在：温度较低时，一是可增强MDEA碱性，有利于化学吸收反应；二是使贫液中的酸性气平衡分压降低，有利于气体吸收；但过低的温度将造成气相中的轻烃液化，液化后的轻烃将导致胺液发泡，从而影响脱硫效果。因此，在脱硫塔运行过程中，一般要求控制贫胺液温度较气相温度高3~6℃。正常控制气相的温度为45℃，贫胺液的温度为50℃。

（3）MDEA溶液浓度

提高MDEA的浓度有利于吸收H_2S，提高净化气质量。当MDEA循环量不变时，提高胺液浓度，则可减少富MDEA液的酸性气负荷；当酸性气负荷不变时，提高胺液浓度则可以降低循环量。但是胺液浓度不能过高，否则会使胺液发泡，系统的腐蚀增加。浓度宜控制在32%~35%左右。

（4）MDEA的流量

提高MDEA流量能增加吸收H_2S的效果。由于工艺设备等条件的限制，吸收往往达不到平衡，需要适当地增加胺液的流量，才能保证吸收效果。但是过大的流量会使MDEA发泡冲塔，并且加大了再生系统的负荷，增加动力消耗。MDEA与H_2S摩尔流量比不宜小于3，不宜大于5。

2. 脱硫系统的优化操作

（1）循环氢脱硫塔撇油操作

冷高分顶循环氢进入脱硫塔前需经分液罐进行脱液，以除去循环氢携带的轻烃，但是在实际生产中依然会有少量轻烃随循环氢进入脱硫塔，对脱硫塔的操作造成不利影响，需要定期进行撇油操作。循环氢脱硫塔撇油流程见图13-1-3。

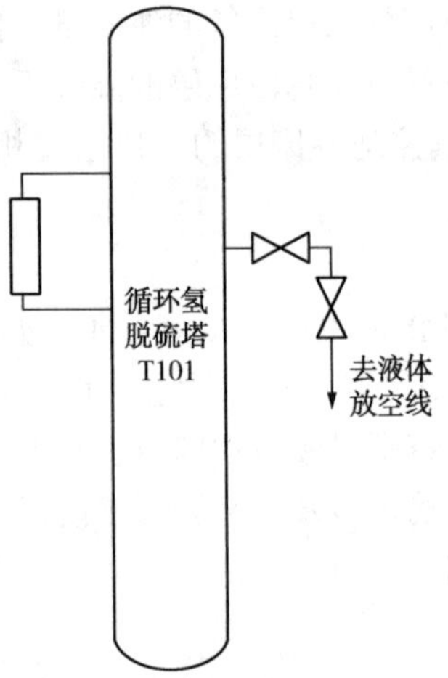

图 13-1-3　循环氢脱硫塔撇油流程

循环氢脱硫塔撇油操作步骤如下：

① 观察循环氢脱硫塔现场撇油玻璃板液位计，判断胺液带油情况。

② 联系内操逐渐控高脱硫塔液位至撇油线以上。

③ 联系外操慢慢打开撇油线手阀，通过手摸管线温度变化判断是否畅通。

④ 观察撇油玻璃板液位计液位，控好下降速度，撇至液位低于撇油线，关回撇油线手阀。

⑤ 联系内操重新拉低脱硫塔液位至撇油玻璃板液位计以下，再缓慢提高至撇油线以上，观察玻璃板液位计判断撇油干净，若不干净重新撇油。

⑥ 撇油完成后根据放空罐液位外送污油。

（2）胺液质量控制

胺液浓度对循环氢脱硫效果有较大的影响，控制浓度在(32～35)g/100m，硫化氢含量控制<1.2g/L。胺液系统运行会产生热稳定性盐，热稳定性盐会束缚硫化氢，增加装置能耗，因此增加胺液净化设施可有效降低胺液热稳定性盐，进一步改善胺液质量。加强胺液产品采样，目测，根据颜色变化情况及时调整蒸汽量。每月两次分析泡高及消泡时间。

（3）注消泡剂

日常生产中需关注循环氢脱硫塔压差的变化，当整塔压差持续升高或者塔压差发生波动时需要及时调整操作，当调整塔负荷、贫液温度以及撇油操作后效果依然不明显，则选择注消泡剂；部分装置选择连续注入消泡剂。

（4）循环氢脱硫塔喷射塔盘的应用

循环氢脱硫塔喷射塔盘的应用可改善塔负荷高造成的发泡现象。某公司渣油加氢装置循环氢脱硫塔塔盘结构原为双溢流浮阀塔盘，装置在高负荷运行时，循环氢脱硫塔极易发泡，尤其到了生产末期，发泡较严重，影响装置安全、平稳运行，2014 年全年共发泡 6 次。2015 年 1 月将渣油加氢循环氢脱硫塔塔盘结构改造为喷射塔盘，改造后，没有出现过循环氢脱硫塔发泡现象。

（5）高压贫胺液泵密封冲洗形式改造

贫胺液泵密封冲洗，一般有介质自冲洗、无盐水外冲洗、串级密封冲洗等形式。自冲洗及外冲洗均为单端面密封，其中自冲洗密封存在密封泄漏到外界，造成环境污染风险。使用无盐水外冲洗密封容易造成胺液浓度下降，降低脱硫效果，同时在操作中可能存在胺液与水互串的风险。建议采用串级密封，一级密封自冲洗，二级密封是外部冲洗，二级密封介质通过外部循环，不进入一级密封。

三、催化剂运行管理

（一）催化剂寿命管理

加氢催化剂在加氢工艺过程中起着核心作用，催化剂的寿命周期基本上决定了装置的运行周期，因此催化剂寿命管理为工艺管理的重中之重。

1. 加氢裂化催化剂寿命优化管理

为实现加氢催化剂的长寿命周期，工艺上一般做如下优化：

① 控制好原料缓冲罐的气封和原料储罐氮气密封，保证原料油不被氧化。

② 提高反应器空间利用率。

a. 采用专门用于拦截垢物和杂质的积垢盘技术。积垢盘充分利用并合理设置在原闲置的反应器上封头空间，通过积垢器特殊结构设计，对反应进料进行流速和流态控制，将进料中大颗粒垢物和细小颗粒垢物实现分级拦截和存储，有效地将反应进料中夹带的多种机械杂质、油泥、铁锈、焦粉等容易引发结焦和已结焦垢物进行拦截而沉积下来。

b. 采用新型减冲盘。新型减冲盘具有占用空间小、结构简单、无压力降的特点，能够有效消除和调整斜线流流态，保证分配盘盘面上适宜的液面高度，提高分配盘均匀度，还能够降低物料分布效果对反应器分配盘水平度的依赖，实现物料的均匀分布。

c. 采用齿球形催化剂替代惰性瓷球。齿球形催化剂在有效改善反应器内物料均匀分配的同时，通过缩减瓷球填装量，多装填催化剂，从而降低体积空速，齿球形催化剂还可以有效降低反应器压降，有效避免反应器因反应器入口压降快速升高造成的非计划停工。

③ 精制反应器级配使用新一代常规加氢精制剂与 FTX 体相催化剂体系。

新一代常规加氢精制剂制备工艺简单，通过金属分散技术和催化剂活化技术改进，催化剂的表面镍铝原子比较高，硫化后有利于形成 Ni-Mo-S 活性相，并具有较适宜的酸性质和金属-载体相互作用力，有利于催化剂性能的提高和长周期运转。通过采用廉价原料及降低催化剂的堆积密度，单位体积催化剂原材料成本降幅较大，有利于降低炼化装置的采购成本。

FTX 体相加氢催化剂是基于新理念开发的加氢精制催化剂，该催化剂活性金属组分为钨、钼、镍，采用共沉淀方法制备，与传统催化剂相比，体相催化剂突破了传统催化剂对活性金属总量的限制，金属氧化物含量达 70%以上，催化剂孔道由活性金属组元组成。FTX 催化剂具有孔容大、比表面积高、活性中心数量多、分散均匀、加氢活性高、稳定性好等特点，适用于馏分油加氢精制和加氢裂化预处理工艺。

研究表明，在加氢精制反应器上部优先发生加氢脱硫反应，其次是脱氮反应，芳烃的深度饱和主要发生在加氢精制反应器下部。而加氢精制反应器底部氢分压低、氨分压高，不利于芳烃的深度饱和。新一代常规加氢精制/FTX 体相催化剂级配使用，可以降低反应平均温度，提高芳烃饱和能力，有效降低柴油(白油)及加氢尾油中的芳烃含量，延长运转周期，提高装置的经济效益。

④ 优化加氢裂化装置冷氢能力。

某加氢裂化装置精制反应器二、三床层之间及精制和裂化反应器之间冷氢阀开度均在 70%以上，精制反应器第三床层入口温度和裂化反应器入口温度均只能降低~15℃，导致精制反应器无法提温(精制平均反应温度只有~385℃)，影响装置运行周期、处理量及产品质量。优化方案：增加冷氢调节阀副线，增加冷氢量，提高精制反应器反应温度，使得精制油氮含量在 20μg/g 以下，达到提高产品质量以及延长装置运行周期的目标。

⑤ 加强原料油脱水，防止催化剂老化聚结。

若原料油带有少量的水，通常在装置内原料油缓冲罐进行静置脱水；若原料严重带水，则改原料进加氢原料罐区静置进行脱水。

⑥ 利用反冲洗过滤器过滤原料油中的杂质，防止原料油中杂质堵塞催化剂床层。

⑦ 反应器入口加保护剂脱金属，防止催化剂中毒。

⑧ 加强上游装置操作，从源头上控制 Fe、Ca、Mg、As、Si 的带入。

⑨ 从工艺上要保证装置的氢油比大于装置的设计值，同时保证脱硫前循环氢中含有 500μg/g 的硫化氢，防止催化剂失活。

⑩ 平时要加强对新氢质量的监控，确保新氢中的氯、甲烷、一氧化碳等杂质含量不超标，而且要确保新氢不带水。

⑪ 停工时尽量吹去催化剂中的烃类残留物，避免再生过程中催化剂活性的损失。

⑫ 再生时保证再生效果，延长催化剂使用寿命。

2. 渣油加氢催化剂寿命优化管理

渣油加氢由于原料组分重、杂质多，容易造成催化剂结焦，为实现装置的长周期运行，需要严格控制渣油加氢的原料和其他操作条件，加强原料管理、催化剂级配管理、冷氢管理以及反应器空间优化利用等。渣油加氢催化剂管理与加氢裂化催化剂管理的不同之处有：

（1）进料量管理

如果进料性质及其他参数不变，则当进料量提高时，必须提高反应温度以保证产品质量。此外，进料量的提高将加快催化剂失活、增加化学氢耗量，以及增加离开反应部分液体中的溶解氢数量。

（2）循环氢管理

在整个运转期内，应使循环氢的流量保持在允许的最高值。当进料空速降低后，可以不降低循环氢的流量，但当进料空速增加时，应相应提高循环氢流量。

（3）反应器压差管理

渣油加氢反应器压差是影响催化剂寿命的关键因素，为避免反应器压差增长过快，其措施为：

① 做好过滤器运行的操作。

严禁开过滤器的副线，加强对过滤器的操作运行情况检查，尽可能防止机械杂质进入反应器。

② 严格控制原料性质。

原料性质是影响床层压降上升的主要原因，尤其是金属含量。由于铁和钙主要在催化剂表面沉积，容易引起催化剂结盖而导致反应器压降升高，建议监控好原料中的铁和钙含量，控制 Fe+Ca 含量在 15μg/g 以下。

③ 提高催化剂床层的容垢能力。

在催化剂装填时，就要考虑催化剂床层的容垢能力，可以采用不同规格、不同强度的填料或者保护剂的分级装填技术进行装填，增加催化剂床层的空隙率。采用反应器封头设置防垢盘，可大幅增加容垢能力。

（二）操作参数管理

对工业装置，反应参数就具体化为装置的操作参数，直接关系到装置的加工能力、产品的收率及分布、产品质量；影响到催化剂使用寿命及装置运转周期；公用工程消耗及操作成本。

1. 加氢裂化操作参数管理

（1）反应温度管理

① 在确保精制油指标合格和转化率满足生产需求的前提下，要保证催化剂失活速率最低。为使催化剂失活速率最小，不但需要对催化剂反应平均温度进行严格控制，而且也需要各个床层平均温度的严格控制，要通过调整反应器入口温度和床层间的冷氢量来控制催化剂床层温度。在较低的反应平均温度下操作，延长精制催化剂的寿命。

② 严防反应温升过高，实现各床层等寿命运行。随着运转时间的推移，催化剂逐渐失活，需要提高反应温度加以弥补。但在催化剂床层温升过高而不加以控制的情况下，这种反应温度的提高将使得靠近反应器下部的一部分高温区的催化剂过早地到达设计最高操作温度，需要停工再生，缩短了装置的运转周期。而处于反应器上部低温区的催化剂则有很大的活性潜力，反应器内低温区催化剂没有得到较好的利用，缩短了催化剂的整体寿命。在操作上，尽可能做到各催化剂床层入口温度等温操作是重要途径。

③ 要坚持“径向温差最小，纵向(各床层)温差一致”的原则。

④ 当床层温度出现不稳时，如果冷氢能控制情况下，可保持炉出口温度稳定；若温度仍有上升趋势，则应及时降低炉出口温度，同时增大冷氢流量。

（2）反应压力管理

反应压力的影响是通过氢分压来体现的。系统中氢分压决定于操作压力、氢油比、循环氢纯度以及原料的汽化率。反应压力不仅是一个操作因素，而且也关系到工业装置的设备投资和能量消耗。从降低设备投资、操作方便和生产安全角度考虑，希望反应压力愈低愈好，但是压力低对于杂质脱除、产品质量和催化剂的生焦都有很大的影响。相反，氢分压提高可促进加氢反应的进行，对于脱除胶质、沥青质的反应都有好处。反应补充氢流量、排放氢流量、反应耗氢量、反应温度等都会影响反应压力。反应补充氢流量越大，排废氢量越小、反应耗氢量越小、反应温度越低，反应压力就越高；反之，反应补充氢流量越小，排废氢量越大、反应耗氢量越大、反应温度越高，反应压力就越低。

（3）空速管理

对于加氢裂化反应来说，原料油在催化剂上停留的时间可以用空间速度(简称空速)来表示。表示的方法有两种：一种是质量空速，它的定义是单位时间内在单位质量催化剂上通过的原料油质量。通常用 *WHSV* 表示质量空速，它的单位为：

$$WHSV=\frac{\text{吨原料油}}{\text{吨催化剂}\cdot\text{小时}}=\text{小时}^{-1}$$

另一种是体积空速，又称液时空速，它的定义是单位时间内单位体积催化剂上通过液体原料油的体积，通常用 *LHSV* 表示液时空速，它的单位为：

$$LHSV=\frac{\text{立方米原料油}}{\text{立方米催化剂}\cdot\text{小时}}=\text{小时}^{-1}$$

由上面两式可以看出，质量空速和体积空速的单位是一样的，所以表示空速时必须注明是质量空速还是体积空速。

对于加氢裂化反应来说，空速反映了原料油在催化剂上停留的时间。空速过大，则原料油在催化剂床层的停留时间缩短，影响脱硫脱氮效果；如果空速过小，则单位体积催化剂的利用率下降，不仅经济上不合算，而且还会造成原料在催化剂表面传递速率下降、分配不均等不利影响。改变空速和改变温度一样，直接影响反应深度。提高空速，反应深度减少，轻质油品的收率降低；反之，降低空速，反应深度增加，轻质油品的收率增加。实际操作中在保证脱氮率的情况下，也常利用这一规律来微调加氢裂化的产品分布。

(4) 氢油比管理

氢油比是指反应器入口的循环氢的纯氢量(m^3/h)与进入反应器的新鲜原料油量(m^3/h)之比值。加氢系统需要维持较高的氢分压，因为较高的氢分压有利于传质和加氢反应的进行，也能抑制生成积炭的缩合反应。同时加氢过程是放热反应，大量的循环氢可以提高反应系统的热容量，从而减少反应温度变化的幅度。但氢油比过高会增加投资和操作费用。在正常生产条件下，氢油比的少量波动对产品质量和收率影响不十分明显。但是为了保护催化剂，需采用适当高的氢油比，至少要维持最低设计值，如不能维持，必须减少进料量。调节氢油比，主要通过调节循环氢量、氢气纯度及反应进料量来实现。

2. 渣油加氢操作参数

(1) 反应温度管理

温度是加氢反应工艺最主要的操作参数，温度对反应速度有直接的影响。反应温度的确定取决于多种因素，如原料的质量和流率、氢分压、催化剂的活性、产品的质量要求等。提高反应温度，脱硫、脱氮、脱金属及脱残炭率都相应提高，裂化反应速度加快，裂解程度加深，生成油中低沸点组分和气体产率增加，与此同时伴随着更多热量的释放，这也加快了催化剂表面的传递速度，热裂化反应加速，催化剂结焦量增加，从而加速催化剂失活速度，操作周期缩短。工业装置运行中的不同阶段，反应温度大致范围为：运转初期为360~380℃，运转时间从两周到一个月；运转中期为380~410℃；运转末期为405~410℃，有时达425℃，此阶段运转时间约为一个月。一般来说，当温度>430℃时，沥青-胶质、金属化合物发生热反应显著增强；>450℃时，这些物质的热解反应进行得相当迅速和完全。所以过高的反应温度将导致过多的热反应和生焦，缩短操作周期。

因此，以两个反应器为例，提出了有关反应温度的几个概念。

1) 催化剂床层平均温度(*BAT*)

为方便起见，把*BAT*定义为单个床层入口和出口温度(实际上是热偶点位置)的算术平均值。如果反应温度沿床层轴向的分布接近直线则这种算术平均具有相当准确性。

*BAT*更详细的表示如下：如果床层热偶点为每层3点，共两层，温度*BAT*：见示意图13-1-4(a)，则床层平均温度为：

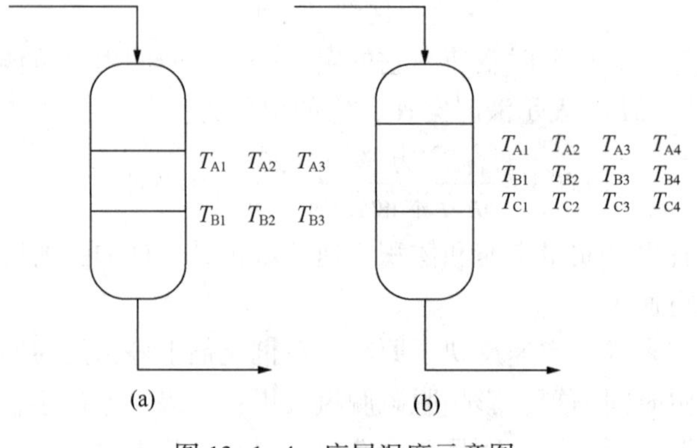

图13-1-4 床层温度示意图

$$BAT=1/6(T_{A1}+T_{A2}+T_{A3})+1/6(T_{B1}+T_{B2}+T_{B3})$$

如果床层热电偶点为每层 4 点，共三层，见示意图 13-1-4(b)，则床层平均温度 BAT 为：

$$BAT=1/16(T_{A1}+T_{A2}+T_{A3}+T_{A4})+1/8(T_{B1}+T_{B2}+T_{B3}+T_{B4})+1/16(T_{C1}+T_{C2}+T_{C3}+T_{C4})$$

2）催化剂加权平均温度(*CAT*)

以全部催化剂装填量(体积)为基准，对各个床层温度进行平均，即可以得到催化剂加权平均温度 *CAT*。因为已经有了催化剂床层平均温度 *BAT* 的概念，所以 *CAT* 等于各个 *BAT* 的加权平均值。在所有反应器直径相同的情况下，每个 *BAT* 的权重等于该床层高度除以所有床层高度的总和，即：

$$CAT = 1/\sum L_i \times \sum L_i(BAT)_i$$

式中　L_i——第 i 个床层高度；

$(BAT)_i$——第 i 个床层平均温度；

$\sum L_i$——所有床层高度的总和。

渣油加氢处理装置每系列有 2 个反应器，每个反应器均为单床层，亦即 2 个床层平均温度 *BAT*(见图 13-1-5)，根据每个床层的高度，催化剂床层加权平均温度 *CAT* 表达式为：

$$CAT=0.443BA_{T1}+0.557BA_{T2}$$

当原料油性质、进料流率和氢分压等工艺参数发生变化时，为了保证产品合格，应及时调整 *CAT*，当产品性质偏移时，也应适当调整 *CAT*。

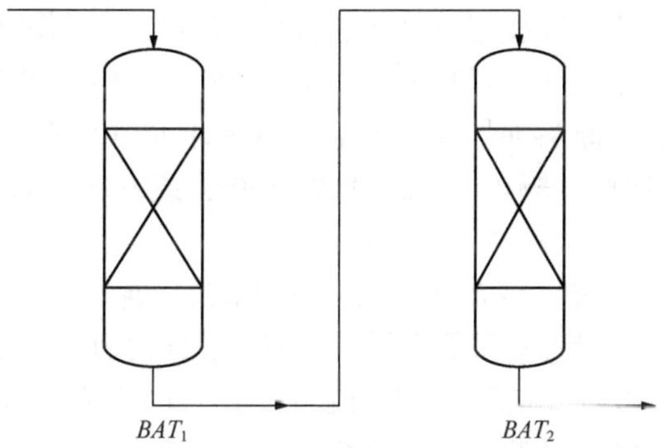

图 13-1-5　装置催化剂床层示意图

3）温度分布的优化

温度分布优化的目的：一是提高整个反应系统的反应性能；二是延长装置运转周期。

第一反应器 *BAT* 如果太低，将引起两种副作用：一是使整个系统 *CAT* 太低，达不到要求，产品不合格；二是反应负荷迁移到第二反应器，使之负担过重。如果第一反应器 *BAT* 太高，则有如下不良效果：一是反应负荷过重固体物沉积速度太快，床层压降将快速升高；二是反应快于扩散，固体物在催化剂外表面和颗粒间沉积比例变大，也使床层压降升高速度加快；三是此床层催化剂加氢性能较差，此床层的高温反应所产生的轻质油在后续床层不会显著优化。

第二反应器 *BAT* 略高于第一床层时，总体反应性能较佳，但温差过高时将引起严重积炭，使催化剂快速失活并引起床层压差迅速升高。

（2）氢分压管理

反应系统的氢分压对渣油加氢过程有重要的影响，压力越高，脱硫、脱氮、脱残炭和脱金属率越高，因此，在确保高压回路系统的全部设备的工作压力处于允许范围之内的同时，应尽可能维持冷高分的入口压力接近设计值，以达到提高氢分压目的。提高氢分压有两方面的好处：一是提高杂质的脱除率，促进稠环芳烃加氢饱和，降低残值，改善产品质量；二是通过对焦炭前驱物的加氢，抑制焦炭的生成，降低催化剂失活速度，延长其使用寿命。中型试验数据表明，氢分压短时间内下降 1.0MPa，将使催化剂脱硫活性损失 3℃，其中 1℃属永久性损失，在氢分压恢复正常时是不能恢复的。原料愈重，沥青质、胶质、多环芳烃含量越高所需氢分压也越高。UOP 公司选用氢分压的经验是：加工 DAO 时为 7.0~10.6MPa；加工 AR 时为 10.6~17.6MPa；加工 VR 时为 14.1~21.0MPa。

以下操作调整可增加氢分压：提高整个系统的压力；提高补充氢纯度；提高循环氢纯度；提高循环氢排放量，同时加大补充氢量；降低冷高分的温度。

（3）空速管理

空速的选取是根据进料油的性质、催化剂的活性和反应的类型及目的产品的要求来决定的。空速的变化对加氢脱硫反应有很大的影响。当装置进料量减少，相应的空速就降低，反应苛刻度增加，氢耗增加，结焦加剧，这时，必须降低反应温度；反之，当装置进料量增加，空速提高，转化率将会下降，这时则需提高反应温度，以达到希望的转化率要求。

可以通过下列操作避免结焦的形成：

① 在降低进料流率之前降低反应器入口温度（即先降温后降量）。

② 在增加原料量时，先维持反应温度不变，提量之后再调整操作温度（即先提量后提温）。

③ 当原料油为 AR 时，空速一般为 $0.22 \sim 0.30h^{-1}$，加工 VR 时，空速一般为 $0.15 \sim 0.25h^{-1}$。空速的选择应根据原料油性质、产品质量要求及其他操作条件而定。例如，产品硫含量从 0.3%降到 0.1%时，进料空速需降低约 50%，或者催化剂用量增加 50%。

（4）氢油比管理

控制合理的氢油比非常关键，氢油比越大，对加氢反应越有利，但动力消耗大，受设备限制。如果氢油比降低，催化剂结焦的可能性增大，缩短了催化剂的寿命。当氢油比 $<500Nm^3/m^3$ 时，氢油比的减小会导致 HDS 反应速率下降。渣油加氢装置氢油比一般不超过 $1000Nm^3/m^3$。

（5）各操作参数对催化剂性能影响参照图

① 反应温度对催化剂反应性能的影响（见图 13-1-6~图 13-1-9）。

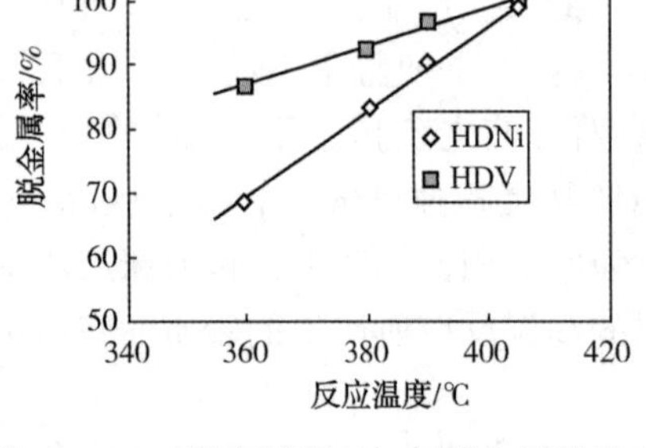

图 13-1-6 反应温度对加氢脱金属的影响

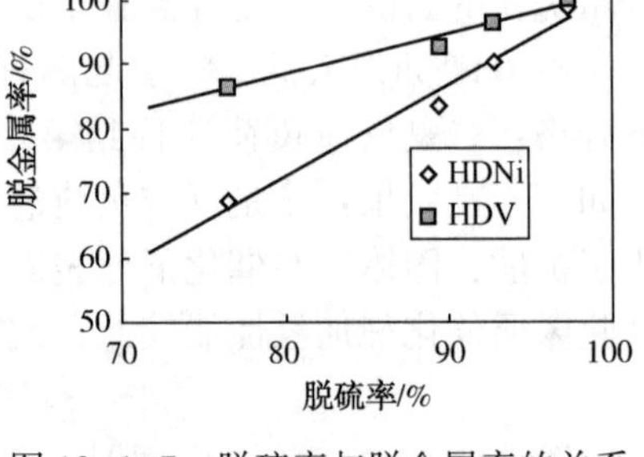

图 13-1-7 脱硫率与脱金属率的关系

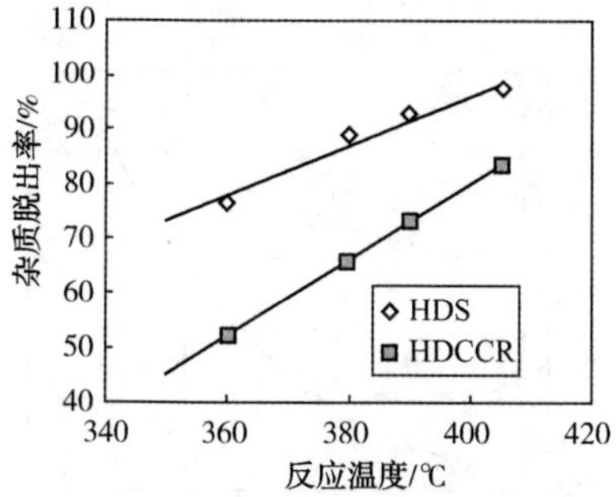

图 13-1-8 反应温度对加氢脱硫和残炭的影响

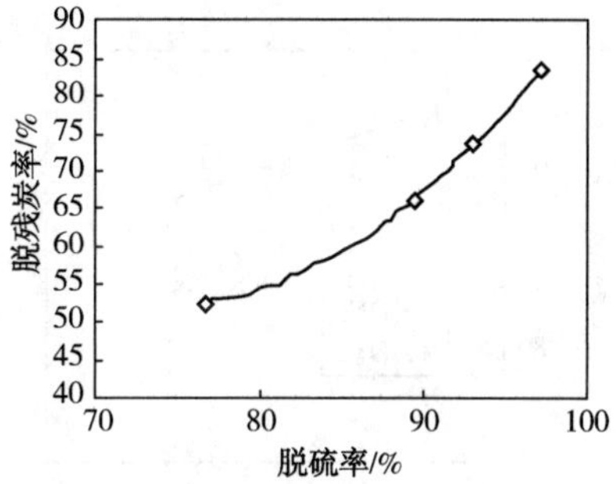

图 13-1-9 脱硫率与脱残炭率的关系

由图可见，随着反应温度的升高，脱硫率、脱氮率、脱残炭率和脱金属率均增加，反应温度对金属镍的脱除影响较大，即在较低的反应温度下，金属钒比较容易脱除，而金属镍脱除率较低。

② 反应压力对催化剂反应性能的影响(见图 13-1-10~图 13-1-13)。

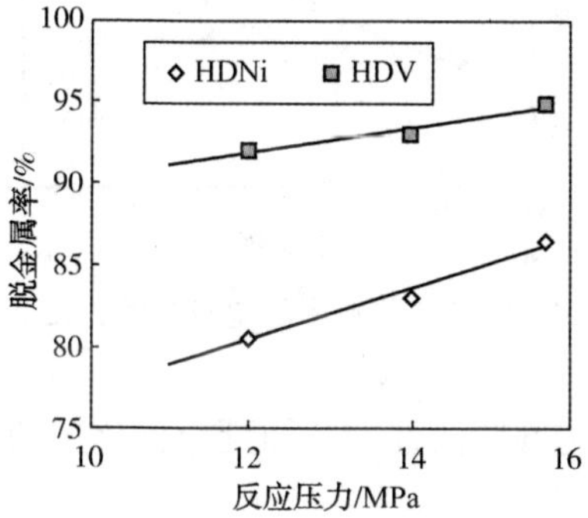

图 13-1-10 反应压力对加氢脱金属的影响

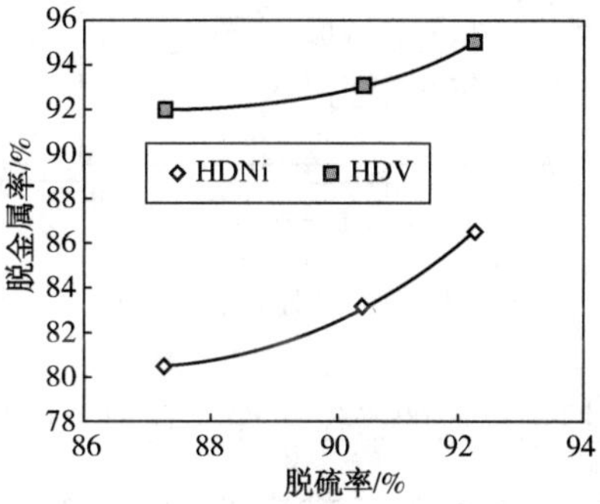

图 13-1-11 脱硫率与脱金属率的关系

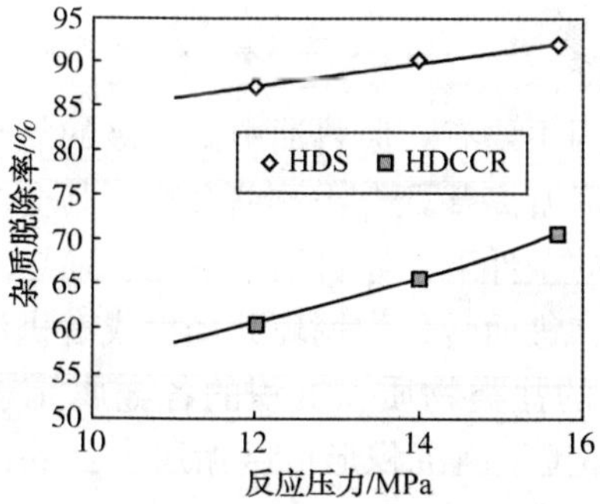

图 13-1-12 反应压力对加氢脱硫和残炭的影响

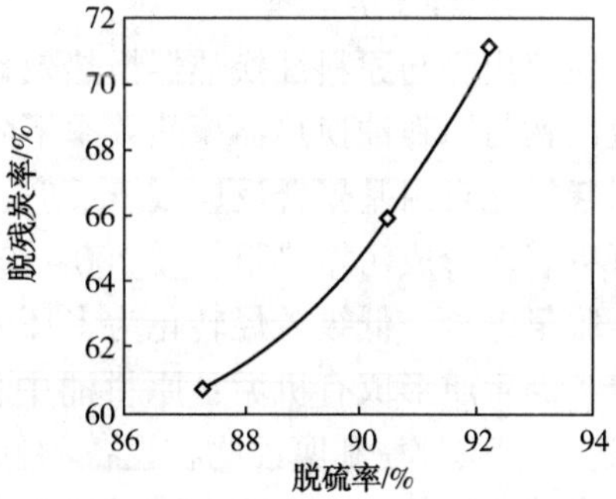

图 13-1-13 脱硫率与脱残炭率的关系

③ 空速对催化剂反应性能的影响(见图 13-1-14~图 13-1-17)。

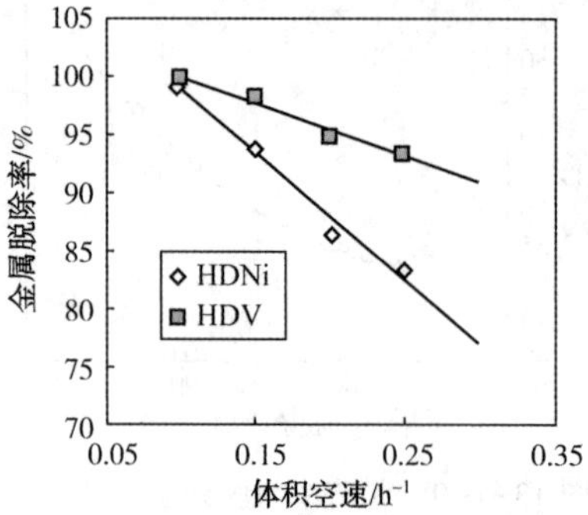

图 13-1-14　体积空速对加氢脱金属的影响

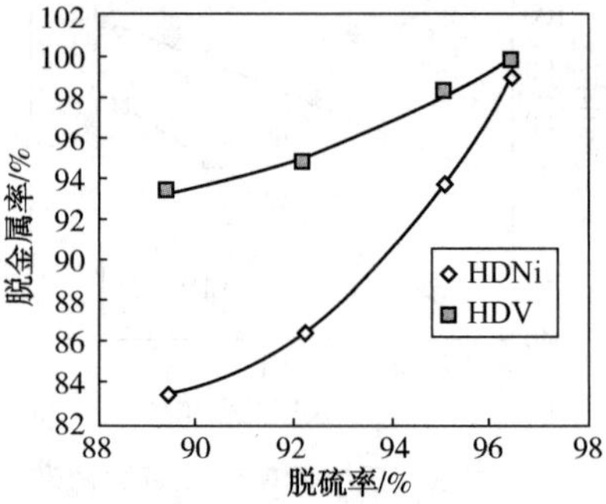

图 13-1-15　脱硫率与脱金属率的关系

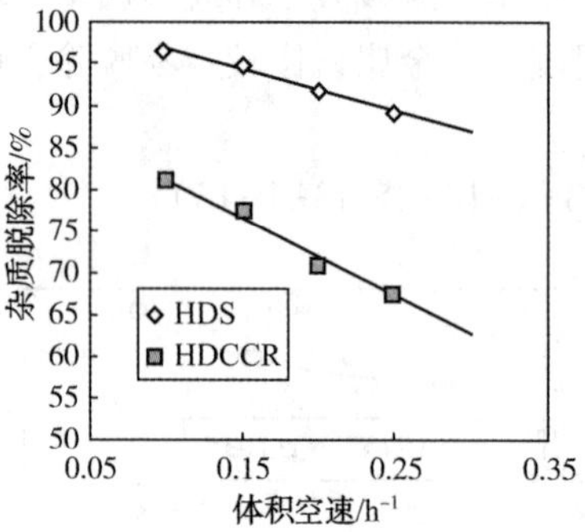

图 13-1-16　体积空速对加氢脱杂质的影响

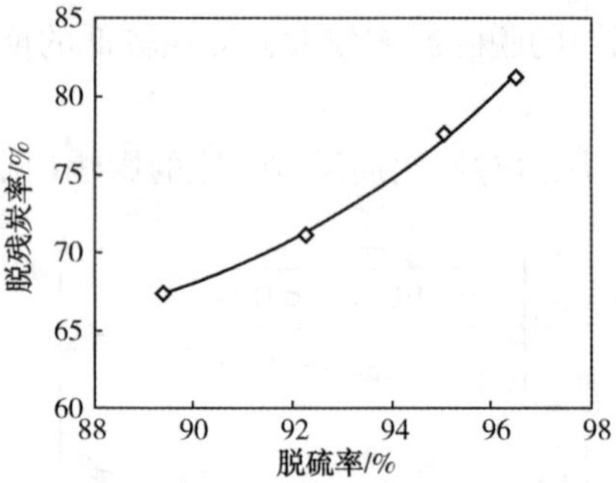

图 13-1-17　脱硫率与脱残炭率的关系

合理地控制反应的操作条件，有利于保持催化剂的活性，从而延长催化剂的寿命。

四、高压换热器及高压空冷管理

(一) 高压换热器管理

高压换热器可分为反应流出物与其他物流换热器、热高分气与其他物流换热器两大类。

1. 高压换热器热效率下降

(1) 反应流出物与原料油换热器换热效率下降

反应流出物与原料油换热器换热效率下降原因主要有：原料油中微量级的氧与烷烃、烯烃、芳烃引起氧化自由基聚合反应或链反应，生成游离基聚合物、缩合物，其会沉积或黏附在换热器管束表面形成污垢热阻；在 200~400℃的条件下，原料油中烷烃、烯烃发生自聚环化，并逐步脱氢缩合，低级芳烃转化为多环芳烃，进而转化为稠环芳烃生成有机油垢；原料油中的胶质、沥青质形成有机垢；原料油中析出的盐类物质、沉积的各金属元素(铁、镍、钠、钙、钒)、杂质颗粒和腐蚀物在设备的低速部位不断沉积形成结垢层[1]；除此之外，换热器内漏也会造成换热效率下降，同时严重影响产品质量。

(2) 反应流出物与混合氢换热器换热效率下降

反应流出物与混合氢换热器换热效率下降的主要原因是：内漏导致混合氢走短路，内漏对装置长周期运行造成极大的影响。

(3) 热高分气与混合氢以及冷低分油换热器换热效率下降

此类换热器除内漏的影响外，铵盐结晶导致的换热效率下降也是重要的影响因素。加氢反应生成物流的气相组分中包含 H_2、H_2S、NH_3 以及汽化的轻烃。原料油和氢气中带有的氯离子与反应生成的硫化氢、氨生成硫氢化铵和氯化铵。氯化铵结晶温度是 180~200℃，硫化氢氨结晶温度 150℃[2]。铵盐结晶发生后导致高压换热器换热效率大幅下降，同时引发腐蚀。日常生产中主要通过换热器 K 值的变化来监控热高分气高压换热器的结盐情况。

换热器换热系数 K 值计算公式如下：

$$Q=W_hC_{ph}(T_1-T_2)=W_cC_{pc}(t_2-t_1) \tag{13-1-1}$$

式中 Q——传热速率，W；

W_h——热流质量流量，kg/h；

W_c——冷流质量流量，kg/h；

C_{ph}——热流定压比热容，J/(kg·℃)；

C_{pc}——冷流定压比热容，J/(kg·℃)；

T_1、T_2——换热器热流进出口温度；

t_1、t_2——换热器冷流进出口温度。

$$Q=KS\Delta t_m \tag{13-1-2}$$

式中 Q——传热速率，W；

K——换热器总传热系数，W/(m²·℃)；

S——换热器传热面积，m²；

Δt_m——传热温差，℃。

将式(13-1-1)和式(13-1-2)关联得：

$$KS\Delta t_m=W_hC_{ph}(T_1-T_2)=W_cC_{pc}(t_2-t_1)$$

$$K=\frac{W_hC_{ph}(T_1-T_2)}{S\Delta t_m}=\frac{W_cC_{pc}(t_2-t_1)}{S\Delta t_m} \tag{13-1-3}$$

其中，传热温差为：

$$\Delta t_m=\frac{\Delta t_2-\Delta t_1}{\ln\frac{\Delta t_2}{\Delta t_1}} \tag{13-1-4}$$

$$\Delta t_m=\frac{(T_1-t_2)-(T_2-t_1)}{\ln\frac{(T_1-t_2)}{(T_2-t_1)}} \tag{13-1-5}$$

将式(13-1-5)代入式(13-1-3)得：

$$K=\frac{W_hc_{ph}(T_1-T_2)}{S\frac{(T_1-t_2)-(T_2-t_1)}{\ln\frac{(T_1-t_2)}{(T_2-t_1)}}}=\frac{W_cc_{pc}(t_2-t_1)}{S\frac{(T_1-t_2)-(T_2-t_1)}{\ln\frac{(T_1-t_2)}{(T_2-t_1)}}} \tag{13-1-6}$$

从式(13-1-6)可知，K 值下降说明换热效率下降。

2. 反应流出物/原料油高压换热器日常管理方法

① 监控高压换热器是否存在内漏。换热器发生内漏时，热物流出口温度会发生波动；

反应生成油颜色深，甚至引起生成油乳化，使高低分脱水困难。如果内漏并不严重时，可以定期对精制油和低分油的氮含量进行比较，如果低分生成油氮含量明显高于精制油氮含量，就可以判断反应流出物/原料油高压换热器内漏。

② 将换热器 K 值公式组态到 DCS 中实现在线监控换热器换热效率，当 K 值有逐渐下降的趋势时说明换热器结垢严重，当 K 值发生异常降低时需要停工处理换热器。

③ 适当注入原料阻垢剂，防止胶质、沥青质以及盐类、杂质的沉积。

④ 原料油高压换热器增加扰动氢。热阻主要集中在靠近管壁的边界层，增设扰动氢后换热器壳程内由单相流变成两相流，形成湍流状态，减少了边界层厚度，传热系数增加。扰动氢的流量根据热物流进出口温差以及参考 K 值进行调节，扰动氢量过大会增加热物流热量损失，同时造成壳程压降过大。

3. 反应流出物/混合氢高压换热器日常管理方法

① 监控高压换热器是否存在内漏。换热器发生内漏时混合氢直接进入管程的反应流出物中，进入反应器的氢气量减少，反应炉出口温度会发生波动；循环氢压缩机进出口压差下降、出口循环氢流量会增加，且呈现锯齿状周期性波动。

② 将换热器 K 值公式组态到 DCS 中实现在线监控换热器换热效率，当 K 值有逐渐下降的趋势时说明换热器结垢严重，当 K 值降低至 50%时需要停工处理换热器。

4. 热高分气/冷低分油、混合氢高压换热器日常管理方法

① 监控高压换热器是否存在内漏。热高分气与冷低分油高压换热器内漏时，热高分气进入管程冷低分油中，脱硫化氢汽提塔顶酸性气量增加，塔顶压力升高；循环氢压缩机入口流量下降。热高分气与混合氢高压换热器发生内漏时，混合氢进入热高分气中，换热器热物流出口温度下降较多，但是换热器冷物流出口温度升高较小，同时换热器 K 值下降。

② 监控热高分顶至冷高分顶压力降变化，防止铵盐结晶影响换热效率并且压降增大。原料中的氯含量对于氯化铵盐的结晶析出起着至关重要的作用，氯含量增加则氯化铵盐结晶温度升高，原料中的氯含量不超过 2μg/g 为宜。日常操作中通过调节高压换热器旁路阀开度改变换热器出口温度，避免热高分气换冷后温度处于铵盐结晶温度范围内。

③ 热高分气/混合氢高压换热器管程入口注水。该高压换热器热物流终温处于氯化铵盐结晶温度范围内，需要通过注水溶解析出的铵盐，防止结垢。计算得出热高分气中 HCl、H_2S、NH_3的气相分压，计算出 H_2S 分压 P_{H_2S}（单位 psia）NH_3分压 P_{NH_3}（单位 psia）可得出 NH_4HS的 K_p 值 $=P_{H_2S}\times P_{NH_3}$，查图 11-1-3 可得硫化氢氨结盐温度。同理，根据 HCl 分压 P_{HCl}计算出 NH_4Cl 的 K_p 值$=P_{HCl}\times P_{NH_3}$，查图 11-1-1 可得氯化铵结盐温度。

（二）高压空冷日常管理方法

高压空冷的作用是降热高分气进一步冷却至 40~50℃，温度过高不利于循环氢脱硫，携带烃类导致胺液发泡，严重时影响循环氢压缩机运行。热高分气中含有 H_2S、NH_3、HCl 等气体，生成的 NH_4HS 在高压空冷操作温度范围内结晶析出，成为影响高压空冷正常运行的主要因素。

1. 高压空冷设防值管理

（1）装置原料设防值管理

高压空冷器运行中要严格遵守操作规程，保证高压空冷器工艺指标，确保高压空冷器在设计允许范围内运行。严禁超温、超压、超负荷和超设防运行。监控的设防值包括：原料的

硫、氮、氯、铁离子和金属含量及补充氢(新氢)中的 HCl 含量。

(2) 高压空冷排水 NH_4HS 设防值管理

美国腐蚀工程师协会(NACE)在 1975 年的研究表明，碳钢材质的空冷器，排水中 NH_4HS 质量分数低于 2%时不发生腐蚀，该值成为注水稀释的界限。雪弗龙公司对碳钢材质高压空冷器研究提出高压空冷排水 NH_4HS 质量分数应小于 4%。中国石化根据装置的实际运行情况制定了最新的规定：使用碳钢材质高压空冷的高压空冷排水的 NH_4HS 浓度不超 3%，使用 825 材质高压空冷的冷高分排水的 NH_4HS 浓度不超 4%。

2. 注水管理

注水量的多少与所加工的原料有很大关系，一般注水量要求 8%~10%左右，维持循环氢中氨含量小于 10μg/g；注水量还应使碳钢材质高压空冷的冷高分含硫污水的氨化合物总浓度不超 3%，825 材质高压空冷的冷高分含硫污水的氨化合物总浓度不超 4%。注水点要有 25%的液相水。反应注水来源主要包括除氧水和汽提净化水，反应注水的质量要求中最严格的是氧含量，因为水中所溶解的氧会氧化硫化物生成单质硫造成堵塞管路、腐蚀和无法从产品中分离等方面的问题。

(1) 注水方式管理

① 平衡对称的高压空冷器进口管道系统，建议采用单点注水方式，结合注水喷头和静态混合器，能保证洗涤水与反应流出物油气充分接触混合。单点注水位置应设置在高压空冷器前的总管；

② 若高压空冷器进口管道系统采用多点注水方式，应采用雾化喷嘴方式，各注水点应设置在油气管道的垂直管段，至少距离第一个流向改变处(弯头和三通)上游的 10 倍管径以上；

③ 注入系统的管道推荐采用伴热系统结构，且注入点部位应采用保温结构。

(2) 注水水质管理

推荐选用除氧水或临氢系统净化水，其中临氢系统净化水的用量最大不能超过总注水量的 50%；也可采用其他来源作为注水，且注水水质的各项控制指标应满足注水水质指标要求，见表 13-1-5。

表 13-1-5　注水水质指标

成分	最高值	期望值	分析方法
氧/(μg/kg)	50	15	HJ506
pH 值	9.5	7.0~9.0	GB/T 6920
总硬度/(μg/g)	1	0.1	GB/T 6909
溶解的铁离子/(μg/g)	1	0.1	HJ/T 345
氯离子/(μg/g)	100	5	GB/T 15453
硫化氢/(μg/g)	—	小于 45	HJ/T 60
氨氮	—	小于 100	HJ 535 HJ 536 HJ 537
CN^-/(μg/g)	—	0	HJ 484
固体悬浮物/(μg/g)	0.2	少到可忽略	GB 11901

(3) 酸性水中硫氢化铵浓度的计算方法及注水量管理

1) 常规算法

硫氢化铵的生成量取决于反应流出物中 NH_3和 H_2S 的浓度。

① 若 H_2S 生成量(摩尔流量)大于 NH_3生成量(摩尔流量)，则酸性水中硫氢化铵浓度(质量分数)的计算公式如下：

$$c_{NH_4HS}= 0.0364\times W_f\times F_n\times C_n WW_r$$

式中 c_{NH_4HS}——酸性水中硫氢化铵浓度,%(质);

W_f——装置原料油的质量流量，kg/h;

F_n——装置原料油中氮含量,%(质);

C_n——反应器中脱氮率(氮的净转化率),%;

WW_r——反应流出物系统中注入冲洗水的质量流量，kg/h。

② 若 H_2S 生成量(摩尔流量)小于 NH_3生成量(摩尔流量)，则酸性水中硫氢化铵浓度(质量分数)的计算公式如下：

$$c_{NH_4HS}=1.594\times W_f\times F_m WW_r$$

式中 c_{NH_4HS}——酸性水中硫氢化铵浓度,%(质);

W_f——装置原料油的质量流量，kg/h;

F_m——装置原料油中硫含量,%(质);

WW_r——反应流出物系统中注入冲洗水的质量流量，kg/h;

这些关系式很容易从硫氢化铵由等摩尔量的 NH_3和 H_2S 组成的这一事实中推导出来。因此，酸性水中形成的硫氢化铵的含量受到 NH_3和 H_2S 中任一组分的最小摩尔浓度的限制。通常情况下，反应流出物中 H_2S 生成量(摩尔流量)大于 NH_3生成量(摩尔流量)，大多数加氢装置都采取第一种计算方法。

2) 无热高分流程的算法

在没有热高分(HHPS)且反应器中 H_2S 的生成量大于 NH_3的生成量的情况下，针对冷高分(CHPS)酸性水中硫氢化铵浓度(质量分数)的计算公式如下：

$$c_{NH_4HS}=0.0364\times W_f\times F_n\times C_n/WW$$

式中 c_{NH_4HS}——酸性水中硫氢化铵浓度,%(质);

W_f——装置原料油的质量流量，kg/h;

F_n——装置原料油中氮含量,%;

C_n——反应器中脱氮率(氮的净转化率),%;

WW_r——反应流出物系统中注入冲洗水的质量流量，kg/h;

MW_{NH_4HS}——硫氢化铵的相对分子质量，51;

MW_N——氮的相对分子质量，14。

上述计算公式是基于在冷高分操作条件下，所有的 NH_3被酸性水吸收并转化为硫氢化铵的假设前提。这个假设前提是合理的，因为装置的现场数据和工艺模拟结果表明，反应流出物中99%以上的 NH_3 在冷却后都会溶解到液相水中。该计算公式的另一个假设前提是反应流出物系统中所有的水都已被冷凝，这是一个合理的假设，虽然冷高分气相和液相烃中含有少量的水，但其所占比例较少。

基于该计算公式，可以计算出在给定硫氢化铵浓度条件下所需的注水量。

(4) 高压空冷寿命管理

根据高压空冷使用情况，结合每次停工检查的情况，对高压空冷管束制定预防性的更换计划，并结合停工检修进行实施，并对更换下来的管束进行失效分析。对空冷管束和空冷风机制定预防性维护策略。碳钢管束应结合原料性质、工艺防腐措施落实情况、运行管理情况以及监检测情况进行全面评估，合理制定更换周期：加氢裂化装置检修周期按4年计，2个检修周期应进行更换；渣油加氢装置检修周期按16个月计，按4个检修周期进行更换。

(5) 日常操作及巡检管理

① 控制高压空冷的入口温度在150~160℃之间，有利于注水的汽化和分配，提高NH_{4+}离子的溶解效果。过低的温度会导致铵盐的结晶析出，阻塞空冷管路。发现高压空冷结盐后，可通过给大高压空冷注水的方式冲洗结盐。

② 注意高压空冷入口注水量的变化，特别是当注水量低的时候，更应该注意每路注水与支流流量的均衡。

③ 注意检查空冷风机启动的对称性和均匀性，注意散热的均衡性；注意每路出口温度的均匀，可用测温仪现场测温判断是否发生偏流。如果发生偏流，可通过调节风机分布、百叶窗开度、入口温度等解决。

④ 强化易泄漏部位检查。在正常生产巡检过程中要强化对弯头、堵头等部位的检查，泄漏量不大时现场会有硫化氢、氨等刺激性气味，泄漏部位会有油，泄漏量大时有明显的嘶鸣声音。为了能够及时发现高压空冷泄漏，现场应该配备一定数量的可燃气体检测仪和硫化氢检测仪，周围应该有高清视频监控设备。

五、产品质量管理

(一) 产品质量管理原则

装置平稳生产时，应控制好系统各塔罐的操作参数，保证产品质量。当操作发生大的波动或产品不合格时应及时改不合格线，避免污染产品罐，同时调整并联系质检中心加样分析。

1. 加氢裂化质量管理原则

正常生产过程中，影响加氢裂化产品质量的因素有很多，但分馏系统、吸收稳定系统、脱硫系统是与产品质量最紧密相连的部位，因此它们的管理是控制产品质量的关键点。

(1) 分馏系统控制原则

分馏系统是依靠塔的操作来实现混合物的分离，从理论上和实际生产经验中我们归纳出影响分馏正常生产的四个主要因素：塔的操作温度、塔压、回流比以及进料组分的性质。

1) 塔的操作温度控制原则。

塔的操作温度包括塔顶温度、塔底温度、进料温度、产品抽出温度、塔顶回流温度，以及各塔板的温度分布等。塔的温度是一个非常重要的参数，温度的高低直接影响产品的质量和塔的稳定操作。

① 塔顶温度控制。硫化氢汽提塔的顶温对液化气产品的收率和质量以及轻石脑油的组成有着较大的影响。当硫化氢汽提塔的压力恒定时，塔的操作温度是一个重要的参数，须严格控制硫化氢汽提塔塔顶温度。过高的塔顶温度对脱除硫化氢和C_3、C_4有利，但会造成C_{5+}组分的损失，同时也会加大塔顶冷凝和回流泵的负荷；温度过低则不利于硫化氢和C_3、C_4

的脱除，对后部操作及产品的性能影响较大。操作温度应尽可能按设计条件来操作。分馏塔的操作对全装置的平稳操作起着重要作用，它不仅直接影响到主要产品的质量，而且对后部的吸收稳定及脱硫系统操作起到举足轻重的作用。塔顶温度直接影响到轻石脑油的终馏点及产率，同时也影响到重石脑油的馏分。较高的塔顶温度会使的轻石脑油馏分变重，终馏点变高，同时也不利于塔顶回流罐的压力及液面等参数的控制。

② 塔底温度控制。塔底温度是提供塔底物料产生上升气流热源和建立正常塔的温度分布的重要参数，塔底温度的高低决定塔的分离效果。塔在开工过程中，起初组分较重，塔底温度较低，当组分变轻后，升高塔底温度，使轻组分尽可能蒸出，塔底在升温过程中一定要注意缓慢进行。

2）塔的操作压力控制原则。

对于硫化氢汽提塔，过高的压力不利于硫化氢和 C_3、C_4 的脱除，给后部分馏操作带来不便，过低的压力不利于 C_{5+} 组分的回收，而造成 C_{5+} 组分的损失。所以正常操作时应保持平稳，符合工艺指标要求。对于分馏塔来说，严格控制分馏塔塔顶压力，塔压直接影响分馏效果和产品质量。增加塔顶的压力，会加大轻组分馏出的难度，不利于产品的收率。塔压在操作时要维持稳定不变，塔压的选择，应能使塔顶的气相组分有足够的冷凝。如果塔压过高，要达到同样的分馏效果，必然要增加进料的热负荷。

3）回流比控制原则。

为了使混合组分达到某种程度的分离，需要有一定的顶回流，回流比越大，分离程度越高。调节回流比的大小。主要是调整塔温度的分布，回流比过小达不到分离要求，因而，回流比不宜太小，但过大的回流比也没有必要，因为对于一定的板效率和要求的分离纯度，回流比过大对分离程度影响不大，反而会加大加热炉的负荷或者再沸器的加热蒸汽量，增加了能耗。

4）进料组分控制原则。

进料组成的轻重对硫化氢汽提塔的影响较大，当来料组分变重时，对硫化氢汽提塔要做及时调整，在保证产品质量的前提下适当调节塔的压力。如果来料太重，还应适当减少塔顶回流量，或降低塔操作压力。当反应深度变浅时，组分变重，分馏应作及时调整，适当降低加热炉的负荷、调整回流比以保证产品质量。反之，也应作相应的调整。

（2）吸收稳定控制原则

吸收过程是利用气体混合物中各组分在液体中有不同的溶解度来分离气体混合物。在吸收过程中，气液两相在塔板上接触时，在一定的温度、压力下，因各种气体烃在吸收剂中有不同的溶解度而不同程度地被吸收，随着各种烃类在吸收剂中的浓度增加的同时，又有相当数量的各种烃类从吸收剂中跑到气相中去，直到被吸收的各种烃类的分子和从吸收剂中跑到气相的分子数量相等时，就达到了吸收过程的气液相平衡。

用相平衡方程式表示为：

$$Y = KX$$

式中　Y——某组分在气体中的分子数；

K——相平衡常数；

X——某组分在饱和吸收剂中的分子数。

要想使吸收过程继续进行，必须改变温度、压力等条件来破坏这种平衡状态，也就是说，改变相平衡常数 K 值，来满足生产所需要的吸收程度。

吸收中进料气体量(V)、吸收剂量(L)和相平衡常数(K)有一定的关系，这种关系可以用吸收因数(A_i)来表示：

$$A_i = L/(V \cdot K_i)$$

式中　A_i——某一组分的吸收因数；

L——吸收剂量，kg/h；

V——原料气体量，kg/h；

K_i——某一种组分的相平衡常数。

吸收因数(A_i)的大小是取决于液气比(L/V)和相平衡常数(K_i)，相平衡常数与吸收的温度、压力有关。当理论塔板数一定，吸收因数越大，吸收率越高。

溶质自液相逸出转入气相的过程称为解吸过程，所以吸收、解吸是一对相反过程，解吸过程的原理、操作条件正好与吸收过程相反。

吸收与蒸馏的区别主要在于：第一，吸收是利用混合气体中各组分在溶剂中的溶解度不同分离混合气体，蒸馏则是利用混合液体中各组分挥发度不同而将混合物分离。第二，吸收是单向扩散的过程，如富气中的 C_3、C_4、C_5等组分向汽油中扩散，蒸馏则是双向的过程，混合物的组分相互都能扩散。从理论上和实际生产经验中我们归纳出影响吸收稳定系统效果的六个主要因素：吸收流程、吸收剂、塔的操作温度、塔压、回流比的大小、进料组分的性质。

1）吸收压力控制原则。

当液气比和吸收温度一定时，提高吸收压力，可增加气体的吸收率，对吸收有利，这是因为压力增加时溶解度增加，表现为相平衡常数减小，由式 $A_i = L/(V \cdot K_i)$ 可以看出，当 L/V 一定，K 值减小时，A 值增大，且塔板数一定，A 值越大，吸收率越高。

相平衡常数 K 值随着压力增加而减少，当压力增加到一定程度时，K 值降低的程度越来越小，而且分子量较小的单体烃平衡常数降低的幅度较大，例如乙烷比丙烷的 K 值降低的幅度大，这就是说，液气比和吸收温度一定时，提高吸收压力可以增加吸收率，当吸收压力达到某一数值后，因 K 值降低的幅度很小，吸收率增加的幅度也很小。而且过高的压力下，乙烷吸收率增加的幅度比丙烷大，引起吸收过度，C_2组分过多地被吸收，对解吸操作不利。

吸收压力过低，C_3组分吸收不完全，干气中 C_3组分增加，液化气收率低，目前国内装置的吸收压力为0.7~1.3MPa。

2）吸收温度控制原则。

吸收温度越低，吸收率越高，这是因为温度降低相平衡常数 K 值减小。但是在生产中，由于受到冷却水温度和冷却器能力的限制，吸收温度不可能降得太低，吸收温度一般控制在40℃左右。因吸收过程是放热过程，特别是当干气中被吸收的组分如 C_3、C_4等浓度较大时，吸收部分的温度将显著上升，这将影响吸收效率。为了取走吸收热量，降低吸收温度，可增大顶部补充吸收剂量或用中段回流控制吸收温度。

3）液气比控制原则。

液气比就是吸收剂量与进入吸收部分干气量之比，即式 $A = L/(V \cdot K_i)$ 中的 L/V。由式中可以看出，液气比增加大，吸收因数也增大，吸收率随着增大。但应注意，当吸收因数达到一定值时，继续增加液气比，吸收率的增加并不明显。而增加吸收剂量势必增加动力消耗，又增加吸收解吸塔和石脑油稳定塔的负荷，因此过大的液气比既不经济又不合理。

吸收过程的液气比与精馏过程的回流比一样，也存在一个最小的液气比问题，实际操作的液气比可取最小液气比的1.2~2.0倍。

4）吸收剂质量控制原则。

吸收剂的质量对气体的吸收率也有很大的影响。在吸收过程中若吸收剂石脑油中含有过多的C_3、C_4组分，那么对C_3、C_4的吸收率要降低。吸收剂的C_4含量可以控制在10%以下，吸收剂的质量是可以保证的，重石脑油比轻石脑油作吸收剂效果稍好。

5）空塔线速度控制原则。

吸收解吸塔吸收部分空塔线速度过高，将有大量的吸收剂从塔顶带走；气速过低，气液两相在塔板上不能很好的接触，吸收率降低。

解吸过程与吸收过程相反，希望有较高的温度和较低的压力，因此解吸条件的影响因素恰好与吸收条件相反。

2. 渣油加氢产品质量管理原则

渣油加氢的主要产品为石脑油、柴油和常压渣油组分，控制石脑油的终馏点及柴油的95%点、闪点等质量指标。这些产品的分离由分馏系统完成。以下讨论分馏部分控制原则。

（1）分馏温度控制原则

温度是热平衡和物料平衡的主要影响因素，是决定拔出率和产品质量的主要操作参数，对于分馏塔来说，分馏塔的重烃、轻烃进料温度都有一个最佳值。重烃的进料温度控制在385℃左右，这个温度主要是为分馏塔提供足够的热量进行产品分离。此温度一般保持恒定不作调整。轻烃的进料温度控制在320℃左右。

塔顶温度是决定石脑油终馏点和产量的主要因素，通过调节塔顶回流量来保证产品的终馏点不超标。塔顶温度用塔顶回流量来控制，塔顶温度高，产品偏重，应加大回流量来控制产品质量，但回流量不宜过大，防止塔盘和塔顶超负荷；侧线抽出温度与侧线抽出量成正，侧线抽出温度是反映柴油终馏点和侧线拨出率的最灵敏的温度点，侧线抽出温度太高，柴油终馏点会上升，如柴油的终馏点超指标，应减少柴油的产量增加中段回流量进行调整。侧线抽出温度太低，则柴油的产量会下降，此时可根据侧线抽出温度的变化增大柴油的抽出量。

回流温度对分馏塔的热平衡和分馏精确度均有较大的影响，回流罐温度主要由空冷运转情况、水冷效果、塔顶气相负荷和环境温度来决定。

塔底温度是衡量物料在该塔蒸发量大小的主要依据。温度高，蒸发量大，温度过高甚至造成携带现象，使侧线产品终馏点高，颜色变深，严重时会生焦，但塔底温度太低时合理组分蒸发不了，降低了产品收率，也加大了下游设备的负荷。塔底温度决定塔底液相中轻组分的含量，含量越高，底温越低；如果塔底温度太高，必须加大中段回流。

（2）分馏压力控制原则

压力对整个分馏塔组分的沸点有影响，随着塔压的升高，产品的沸点也会升高，以致给组分的分离带来更大的困难。如果塔的压力降低，在塔温不变的情况下，拨出率就会上升，产品容易变重，排出气体的流率就会增加。在操作中压力不能作为一种调节产品质量的手段，应保持恒定为好。

（3）进料量控制原则

进料量增加或减少时，必须按比例增加或减少分馏塔的顶回流量和中段回流量，以保证分馏塔各点温度、压力的相对稳定，确保石脑油、柴油的质量稳定。同时还要相应地增加或减少石脑油和柴油的产品量。

（4）产品产量控制原则

塔顶石脑油产量的控制对产品的切割点有直接影响，要仔细调节塔顶产品的产量，以保证柴油的收率和质量。当石脑油终馏点偏低时，应适当提高塔顶温度增加产品量，反之则降低抽出量。当柴油凝点偏低时，说明柴油的抽出量还有余地，可适当加大产品量，尽可能将柴油拔出来。

（5）回流量控制原则

回流量是提高分馏精确度和切割产品的主要手段。自动控制条件下，如果顶回流突然增加，而顶温又降不下来，说明重组分已带到了塔顶，此时应加大中段回流量，以降低塔顶负荷。如果顶回流温度降低时塔的内回流增加，此时应适当降低回流量，但正常操作中应尽量保持回流比和回流温度的恒定，一般不要做大的调整。

（6）侧线汽提塔操作原则

侧线汽提塔是调节柴油闪点和腐蚀的主要手段，它的作用是用塔底汽提蒸汽将侧线产品中夹带的轻组分汽提上去。塔底温度过高或者汽提蒸汽量过大将会增加分馏塔的塔顶负荷，降低柴油收率，影响石脑油的终馏点。

（二）产品质量调节管理

1. 加氢裂化质量调节管理

（1）干气的质量调节

干气质量控制主要分为两部分：第一部分是吸收稳定部分，主要控制干气中的重组分含量；第二部分是干气脱硫部分，主要控制干气中 H_2S 含量。干气质量不合格的主要因素及调整方法如下：

① 干气吸收脱吸塔的质量调节，见表 13-1-6。

表 13-1-6 干气吸收脱吸塔的质量调节

影响因素	表现特征	调节方法
吸收脱吸塔塔顶温度高	吸收脱吸塔顶温度高	①降低吸收脱吸塔底温度； ②降低石脑油、轻烃进塔温度； ③降低中段回流抽出温度； ④降低循环重石脑油温度
吸收脱吸塔气剂比增大，吸收选择性不好	①石脑油进塔流量低； ②干气进塔总量高； ③汽提塔来轻烃量低	①若是石脑油进塔流量低，调节分馏塔操作，恢复石脑油流量； ②若是干气流量高，稳定干气流量，若本装置无异常联系调度及重整、常减压、加氢处理装置，稳定干气来量
中段抽出温度高	①吸收脱吸塔一中回流抽出温度高； ②吸收脱吸塔二中回流抽出温度高	①参考中段回流的温度，手动调节循环水的量，适当降低中段回流的温度； ②参考中段抽出温度变化，适当增大中段抽出流量
吸收脱吸塔压力降低	吸收脱吸塔，压力低	适当提高吸收脱吸塔的操作压力

续表

影响因素	表现特征	调节方法
干气进塔温度或者气量波动	①干气进塔温度波动 ②干气进塔总量波动	调整石脑油稳定塔或者硫化氢汽提塔的操作，保证吸收脱吸塔的进料干气温度和气量稳定，若本装置无异常，联系上游重整、常减压、加氢处理装置保持干气温度和气量稳定
石脑油循环流量波动	①吸收脱吸塔底流量波动 ②吸收脱吸塔底底温波动。	手动稳定好石脑油循环量

② 干气脱硫塔的质量调节，见表 13-1-7。

表 13-1-7　干气脱硫塔的质量调节

影响因素	表现特征	调节方法
干气脱硫塔气液相温差太大或太小	贫液温差太大或太小	①检查干气进塔温度有无变化，调节换热器循环水量，保持干气进塔温度稳定； ②检查贫胺液进塔温度有无变化，调节换热器循环水量，保持贫胺液进塔温度稳定
贫胺液质量差	①溶剂再生装置贫胺液质量分析有不合格项或较平时异常项； ②干气旋流脱胺器频繁脱液	①若是贫胺液中 H_2S 等杂质含量超标，联系溶剂再生装置调整； ②若是贫胺液中 *N*-甲基二乙醇胺含量不足，联系溶剂再生装置添加 *N*-甲基二乙醇胺
塔液面存油	干气旋流脱胺器频繁脱液	室外按撇油操作法对干气脱硫塔进行撇油操作
干气带液	干气分液罐频繁脱液	①检查富胺液闪蒸罐液位是否偏高，与外操校对液位； ②检查富胺液闪蒸罐压力是否异常，调节富胺液闪蒸罐压力至正常值； ③检查富胺液闪蒸罐出口气体温度是否异常，调节富胺液闪蒸罐出口气体温度至正常值； ④检查吸收脱吸塔顶温、顶压是否正常，稳定吸收脱吸塔操作
干气流量太大或贫胺液流量偏小	①脱硫后干气流量变大； ②贫胺液进塔流量偏小	适当调大贫胺液进塔流量
干气脱硫塔操作压力偏高	干气脱硫塔压控偏高	适当降低干气脱硫塔压控给定值

（2）液化气的质量调节

液化气质量控制主要分为两部分：第一部分是吸收稳定部分，主要控制液化气中的 C_2 和 C_5组分的含量；第二部分是液化气脱硫部分，主要控制液化气中 H_2S 含量。液化气质量不合格的主要因素及调整方法如下：

① 液化气的质量调节：

a. 对液化气中 C_2 组分调整见表 13-1-8。

表 13-1-8　液化气中 C_2 组分调整

影响因素	表现特征	调节方法
吸收脱吸塔底温度低，C_2组分增加	吸收脱吸塔底温度低	提高重沸器出口温度，提高吸收脱吸塔底温度
吸收脱吸塔气剂比减小，脱吸选择性不好	①石脑油进塔流量高； ②干气进塔总量低	(1)若是石脑油进塔流量高，调节分馏塔操作，恢复石脑油流量； ②若是干气流量低，稳定汽提塔回流罐及稳定塔顶回流罐干气流量，若本装置无异常联系调度及重整、常减压、加氢处理装置，稳定干气来量
中段抽出温度低	①吸收脱吸塔一中回流抽出温度低； ②吸收脱吸塔二中回流抽出温度低	参考中段回流的温度，手动调节循环水的量，适当提高中段回流的温度
吸收脱吸塔压力高	吸收脱吸塔顶压力高	降低吸收脱吸塔的操作压力
干气进塔温度或者气量波动	①干气进塔温度波动； ②干气进塔总量波动	调整石脑油稳定塔或者硫化氢汽提塔的操作，保证吸收脱吸塔的进料干气温度和气量稳定。若本装置无异常，联系上游重整、常减压、加氢处理装置保持干气温度和气量稳定
稳定塔顶回流罐入口温度过低	稳定塔顶回流罐入口温度过低	关小水冷换热器循环水流量或停部分空冷
稳定塔顶回流罐压力过高	稳定塔顶回流罐压力过高	适当降低稳定塔顶回流罐压控给定值
柴油加氢装置来轻烃流量或者温度波动	①吸收脱吸塔底流量波动； ②吸收脱吸塔底底温波动	联系上游柴油加氢装置保持轻烃流量稳定

b. 对液化气中 C_5 组分调整见表 13-1-9。

表 13-1-9　液化气中 C_5 组分调整

影响因素	表现特征	调节方法
石脑油稳定塔压力低	石脑油稳定塔顶压力低	调节流量，提高塔压
石脑油稳定塔塔底温度高	石脑油稳定塔底温度高	调节塔底重沸器，降低重沸出口温度
石脑油稳定塔塔顶温度高	石脑油稳定塔顶温度高	①提高塔顶回流量，降低塔顶温度； ②降低塔顶回流温度，降低塔顶温度
石脑油稳定塔进塔温度高	石脑油稳定塔进塔温度高	降低石脑油稳定塔进料温度
石脑油稳定塔进塔塔盘层数偏高	石脑油稳定塔塔盘温度高	降低石脑油稳定塔进料位置

② 液化气脱硫塔的质量调节，见表 13-1-10。

表 13-1-10　液化气脱硫塔的质量调节

影响因素	表现特征	调节方法
贫胺液进塔温度偏高或偏低	温度偏高或偏低	调节液化气脱硫贫胺液冷却器循环水，保持贫胺液进塔温度至合适值

续表

影响因素	表现特征	调节方法
贫胺液质量差	①溶剂再生装置贫胺液质量分析有不合格项或较平时异常项； ②液化气旋流脱胺器频繁脱液	①若是贫胺液中 H_2S 等杂质含量超标，联系溶剂再生装置调整； ②若是贫胺液中 *N*–甲基二乙醇胺含量不足，联系溶剂再生装置添加 *N*–甲基二乙醇胺
液化气流量太大或贫胺液流量偏小	①脱硫后液化气流量变大； ②贫胺液进塔流量偏小	适当调大贫胺液进塔流量
液化气脱硫塔操作压力偏低	液化气脱硫塔压控偏低	适当提高液化气脱硫塔压控给定值
液化气脱硫塔压力波动	液化气脱硫塔压控压力高低波动	①若为稳定塔顶回流罐液控波动，手动稳定稳定塔顶回流罐至液化气脱硫塔液化气流量； ②若为液化气出装置背压波动，联系调度、下游装置稳定操作，确保后路稳定

(3) 轻石脑油的质量调节

① 轻石脑油干点、腐蚀的调节：

影响轻石脑油干点过高的因素及调节方法见表 13–1–11。

表 13–1–11 影响轻石脑油干点过高的因素及调节方法

影响因素	表现特征	调节方法
石脑油分馏塔进料温度太高	石脑油分馏塔进料温度高	降低进料温度
石脑油分馏塔底温度太高	石脑油分馏塔塔底温度高	调节重沸器出口温度，降低塔底温度
石脑油分馏塔顶温度太高	石脑油分馏塔塔顶温度高	①提高塔顶回流量，降低塔顶温度； ②降低塔顶回流温度，降低塔顶温度
石脑油分馏塔顶压力太低	石脑油分馏塔塔顶压力低	调节石脑油分馏塔顶压，降低塔顶压力
塔顶回流带水	石脑油分馏塔塔顶压力及塔顶温度波动	①加强塔顶回流罐水包脱水； ②定期与室外校对界位

② 影响轻石脑油腐蚀不合格的因素及调节办法见表 13–1–12。

表 13–1–12 影响轻石脑油腐蚀不合格的因素及调节办法

影响因素	表现特征	调节方法
吸收脱吸塔底底温过低	吸收脱吸塔底底温偏低	调节重沸器出口温度，增加塔底温度
石脑油分馏塔底温度太高	石脑油稳定塔底温度偏低	调节重沸器出口温度，增加塔底温度

(4) 重石脑油的质量调节

① 影响重石脑油干点过高的因素及调节方法见表 13–1–13。

表 13-1-13 影响重石脑油干点过高的因素及调节方法

影响因素	表现特征	调节方法
分馏塔塔顶温度高	分馏塔塔顶温度高	①提高塔顶回流量，降低塔顶温度； ②降低塔顶回流温度，降低塔顶温度
分馏塔中段抽出温度高	①分馏塔一中回流抽出温度高； ②分馏塔二中回流抽出温度高	①若是由于喷气燃料侧线抽出流量增大，视喷气燃料产品质量适当降低喷气燃料侧线抽出量或调节一中回流温度及流量降低塔抽出温度； ②若是由于柴油侧线抽出流量增大，视柴油产品质量适当降低柴油侧线抽出量或调节二中回流温度及流量，降低塔抽出温度
分馏塔塔顶压力低	分馏塔塔顶压力低	适当提高塔顶压力
分馏塔塔进料温度高	分馏塔进料温度高	降低分馏炉出口温度
分馏塔塔底吹汽量大	分馏塔汽提蒸汽流量高	降低汽提蒸汽流量
塔顶回流带水	分馏塔塔顶压力及塔顶温度波动	①加强塔顶回流罐水包脱水； ②定期与室外校对界位

② 影响重石脑油硫含量过高的因素及调节方法见表 13-1-14。

表 13-1-14 影响重石脑油硫含量过高的因素及调节方法

影响因素	表现特征	调节方法
反应深度不够	①反应系统压力降低较多或循环氢纯度下降； ②进料量或原料性质发生变化，CAT 未做相应调整； ③精制反应器床层温升或裂化反应器第四床层温升降低较多	①提高反应系统压力至正常值； ②提高反应 CAT； ③提高循环氢纯度

分馏流程也是重石脑油硫含量影响因素之一，装置有石脑油分馏塔的用重石脑油作吸收剂，吸收塔底重石脑油进脱丁烷塔，脱丁烷塔底油进石脑油分馏塔分出轻重石脑油，这样分馏流程设计重石硫含量不高。

（5）喷气燃料的质量调节

喷气燃料的质量控制主要有闪点、终馏点、腐蚀、冰点、烟点等。喷气燃料质量不合格的主要因素及调整方法如下：

① 喷气燃料闪点的调节见表 13-1-15。

表 13-1-15 喷气燃料闪点的调节

影响因素	表现特征	调节方法
喷气燃料汽提塔塔底温度低	喷气燃料汽提塔塔底温度低	提高喷气燃料汽提塔底再沸器的负荷，但不易过大，否则喷气燃料汽提塔汽相超负荷，造成液泛，使分馏效果变差，闪点反而变低
喷气燃料汽提塔塔顶温度低	喷气燃料汽提塔塔顶返分馏塔温度低	视重石脑油终馏点稍提分馏塔顶温

续表

影响因素	表现特征	调节方法
分馏塔顶温低	分馏塔顶温低	提高分馏塔顶温
喷气燃料抽出量过小	喷气燃料进流量低	适当增大喷气燃料抽出量
分馏塔一中抽出温度低	分馏塔二中抽出温度低	①提高一中回流温度； ②降低一中回流量； ③适当提高煤油抽出量
分馏塔二中抽出温度低	分馏塔二中抽出温度低	①提高二中回流温度； ②降低二中回流量； ③视柴油质量，适当提高柴油抽出量
分馏塔底温度低	分馏塔底温度低	①提高分馏炉出口温度； ②提高汽提蒸汽流量； ③提高汽提蒸汽温度
分馏塔进料温度低	分馏塔进料温度低	提高分馏炉出口温度，以提高分馏塔进料温度
分馏塔塔底吹汽量低	分馏塔汽提蒸汽流量低	提高汽提蒸汽流量
分馏塔塔底吹汽温度低	分馏塔汽提蒸汽温度低	提高汽提蒸汽温度

② 喷气燃料终馏点的调节见表 13-1-16。

表 13-1-16　喷气燃料终馏点的调节

影响因素	表现特征	调节方法
喷气燃料抽出量过大	①喷气燃料进流量高； ②抽出温度高	适当降低喷气燃料抽出量
分馏塔一中抽出温度高	分馏塔一中抽出温度高	①降低一中回流温度； ②提高一中回流量； ③适当降低煤油抽出量
分馏塔二中抽出温度高	分馏塔二中抽出温度高	①降低二中回流温度； ②提高二中回流量； ③视柴油质量，适当降低柴油抽出量
分馏塔进料温度高	分馏塔进料温度高	降低分馏炉出口温度，以降低分馏塔进料温度
分馏塔底温度高	分馏塔底温度高	①降低分馏炉出口温度； ②降低汽提蒸汽流量； ③降低汽提蒸汽温度
分馏塔塔底吹汽量大	分馏塔汽提蒸汽流量高	降低汽提蒸汽流量
分馏塔塔底吹汽温度高	分馏塔汽提蒸汽温度高	降低汽提蒸汽流量
喷气燃料终馏点高	抽出温度高	降低煤油抽出量

③ 喷气燃料腐蚀的调节见表 13-1-17。

表 13-1-17　喷气燃料腐蚀的调节

影响因素	表现特征	调节方法
脱硫醇后精制床层温度不够	①反应系统压力降低较多或循环氢纯度下降； ②进料量或原料性质发生变化，*CAT* 未做相应调整； ③反应器后部精制床层温度低	①提高反应系统压力至正常值； ②提高反应 *CAT*； ③通过排废氢或提高循环氢脱硫塔贫胺液量提高循环氢纯度
硫化氢汽提塔汽提不彻底	①硫化氢汽提塔顶干气流量降低； ②硫化氢汽提塔汽提蒸汽流量或温度降低； ③硫化氢汽提塔热低分油进料温度及冷低分油进料温度降低； ④硫化氢汽提塔顶回流罐压力被提高，造成塔顶压力提高； ⑤硫化氢汽提塔顶温被降低	①提高汽提蒸汽流量或温度； ②提高热低分油进料温度及冷低分油进料温度； ③降低硫化氢汽提塔顶压力； ④提高硫化氢汽提塔顶温
硫化氢汽提塔进料带水	硫化氢汽提塔压力及温度波动	严格监控冷低分和汽提塔回流罐的界面，按时与外操校对液位
硫化氢汽提塔超负荷	硫化氢汽提塔顶温及塔顶回流量异常高，且持续高	①适当降低硫化氢汽提塔顶压力； ②若是反应深度引起，降低裂解反应深度； ③若是提反应进料量引起，降反应进料量； ④若是原料变化引起，联系检验中心分析原料，并联系上游调整
分馏塔塔顶温度低	塔顶温度低	降低塔顶回流量
喷气燃料汽提塔塔底温度低	重沸器返塔温度低	提高重沸器返塔温度

④ 喷气燃料冰点、烟点、腐蚀的调节见表 13-1-18。

表 13-1-18　喷气燃料冰点、烟点、腐蚀的调节

影响因素	表现特征	调节方法
反应深度不够	①反应系统压力降低较多或循环氢纯度下降； ②进料量或原料性质发生变化，*CAT* 未做相应调整	①提高反应系统压力至正常值； ②提高反应 *CAT*； ③通过排废氢或提高循环氢脱硫塔贫胺液量提高循环氢纯度
喷气燃料终馏点高	检验分析显示喷气燃料终馏点增高，冰点增高	按“喷气燃料终馏点的控制”调整喷气燃料终馏点至正常值
全循环流程时，尾油中稠环芳烃含量高	检验分析喷气燃料烟点降低	适当外甩一段时间尾油
分馏塔顶回流带水	喷气燃料冰点不合格	降低分馏塔回流罐水包界位
喷气燃料侧线塔低温度低	腐蚀不合格、闪点低	①适当提高喷气燃料汽提塔底温度 ②调整分馏塔压力

（6）柴油的质量调节

柴油的质量控制主要有闪点、终馏点、腐蚀等。柴油质量不合格的主要因素及调整方法如下：

① 柴油闪点的控制见表 13-1-19。

表 13-1-19　柴油闪点的控制

影响因素	表现特征	调节方法
采用重沸器生产时，柴油汽提塔塔底温度低	柴油汽提塔塔底温度低	提高柴油汽提塔底再沸器的负荷，但不易过大，否则柴油汽提塔汽相超负荷，造成液泛，使分馏效果变差，闪点反而变低
采用汽提蒸汽生产时，柴油汽提塔汽提效果差	柴油汽提塔汽提蒸汽流量低	稍提汽提蒸汽流量
分馏塔顶温低	分馏塔顶温低	提高分馏塔顶温
柴油抽出量过小	柴油进柴油汽提塔流量低	适当增大柴油抽出量
分馏塔一中抽出温度低	分馏塔一中抽出温度低	①提高一中回流温度； ②降低一中回流量； ③视煤油质量，适当提高煤油抽出量
分馏塔二中抽出温度低	分馏塔二中抽出温度低	①提高二中回流温度； ②降低二中回流量； ③适当提高柴油抽出量
分馏塔底温度低	分馏塔底温度低	①提高分馏炉出口温度； ②提高汽提蒸汽流量； ③提高汽提蒸汽温度
分馏塔进料温度低	分馏塔进料温度低	提高分馏炉出口温度，以提高分馏塔进料温度
分馏塔塔底吹汽量低	分馏塔汽提蒸汽流量低	提高汽提蒸汽流量
分馏塔塔底吹汽温度低	分馏塔汽提蒸汽温度低	提高汽提蒸汽温度

② 柴油终馏点的调节见表 13-1-20。

表 13-1-20　柴油终馏点的控制

影响因素	表现特征	调节方法
柴油抽出量过大	柴油进柴油汽提塔流量高	适当降低柴油抽出量
分馏塔一中抽出温度高	分馏塔一中抽出温度高	①降低一中回流温度； ②提高一中回流量； ③适当降低煤油抽出量
分馏塔二中抽出温度高	分馏塔二中抽出温度高	①降低二中回流温度； ②提高二中回流量； ③视柴油质量，适当降低柴油抽出量
分馏塔进料温度高	分馏塔进料温度高	降低分馏炉出口温度，以降低分馏塔进料温度
分馏塔底温度高	分馏塔底温度高	①降低分馏炉出口温度； ②降低汽提蒸汽流量； ③降低汽提蒸汽温度
分馏塔塔底吹汽量大	分馏塔汽提蒸汽流量高	降低汽提蒸汽流量
分馏塔塔底吹汽温度高	分馏塔汽提蒸汽温度高	降低汽提蒸汽流量

3）柴油腐蚀的调节见表 13-1-21。

表 13-1-21　柴油腐蚀的调节

影响因素	表现特征	调节方法
反应深度不够	①反应系统压力降低较多或循环氢纯度下降； ②进料量或原料性质发生变化，CAT 未做相应调整； ③精制反应器 R101 床层温升或裂解反应器 R102 第四床层温升降低较多	①提高反应系统压力至正常值； ②提高反应 CAT； ③通过排废氢或提高循环氢脱硫塔贫胺液量提高循环氢纯度
硫化氢汽提塔汽提不彻底	①硫化氢汽提塔顶干气流量降低； ②硫化氢汽提塔汽提蒸汽流量或温度降低； ③硫化氢汽提塔热低分油进料温度及冷低分油进料温度降低； ④硫化氢汽提塔顶回流罐压力被提高，造成塔顶压力提高； ⑤硫化氢汽提塔顶温被降低	①提高汽提蒸汽流量或温度； ②提高热低分油进料温度及冷低分油进料温度； ③降低硫化氢汽提塔顶压力； ④提高硫化氢汽提塔顶温
硫化氢汽提塔进料带水	硫化氢汽提塔压力及温度波动	严格监控冷低分和汽提塔回流罐的界面，按时与外操校对液位
硫化氢汽提塔超负荷	硫化氢汽提塔顶温及塔顶回流量异常高，且持续高	①适当降低硫化氢汽提塔顶压力； ②若是反应深度引起，降低裂解反应深度； ③若是提反应进料量引起，降反应进料量； ④若是原料变化引起，联系检验中心分析原料，并联系上游调整

（7）尾油的质量调节

尾油的质量指标主要是 *BMCI* 值。*BMCI* 是芳烃指数的英文缩写，是表示油品芳构性的指标，故 *BMCI* 值也称芳烃指数，是依据油品的馏程和密度两个基本性质建立起来的关联指标，其数值表示油品芳烃含量的多少，数值高表示芳烃含量高。它的基础是以正己烷的 *BMCI* 值为 0，苯的 *BMCI* 值为 100。

要求加氢裂化尾油 *BMCI* 值不能超过 20，一般以小于 10 为佳。反应深度越大，*BMCI* 值越低，乙烯收率越高。

其计算公式如下：

$$BMCI=48640/t_{体}+473.7\times d_{15.6}^{15.6}-456.8$$

式中　$t_{体}$——体积平均沸点；

$d_{15.6}^{15.6}$——油品在 15.6℃时的相对密度，或称为°API。

表 13-1-22 列出了尾油质量的影响因数及调节方法。

表 13-1-22　尾油质量的影响因数及调节方法

影响因素	表现特征	调节方法
转化率低	检验结果，尾油密度偏高	适当提高反应深度
尾油初馏点低	检验结果，尾油初馏点偏低	根据柴油质量控制方法，适当提高柴油终馏点
原料组成变化	检验结果，原料环烷烃、芳烃含量高，密度大	调整原料组成配比

2. 渣油加氢质量调节

(1) 分馏塔顶石脑油终馏点调节

分馏塔顶石脑油终馏点是分馏塔顶产品的主要质量控制指标，控制石脑油终馏点的关键是控制好分馏塔顶温度和压力，一般塔顶温度高、压力低，易造成石脑油终馏点高；反之，终馏点降低。而塔顶温度和压力主要通过调节塔顶回流量和塔顶空冷开启的数量及干气排放量来实现。石脑油终馏点调节可参考加氢裂化装置石脑油终馏点调节方法。

(2) 柴油的质量调节

柴油的质量控制主要有闪点、终馏点等。柴油质量不合格的主要因素及调整方法可参考加氢裂化装置柴油质量调节方法。

(3) 生成油硫、残炭含量调节

生成油中硫、残炭含量是主要的质量指标。

控制目标：硫≤0.5%、残炭≤5.5%。

相关调整参数：反应器催化剂床层温度、循环氢氢纯度。

控制方式：在保持高循环氢氢纯度和系统压力前提下，提高催化剂各床层温度，达到降低硫、残炭含量的目的。

表 13-1-23 列出了生成油硫、残炭的影响因数及调节方法。

表 13-1-23　生成油硫、残炭的影响因数及调节方法

影响因素	表现特征	调节方法
高换内漏	生成油含硫、残炭高	热低分油采样化验分析含硫、残炭量居高不下，调整反应温度无果后，判断换热器内漏，需停工处理
生产末期，催化剂床层温度任意一点温度>427℃且生成油含硫、残炭量高于质量指标	生成油含硫、残炭高	催化剂已逐步失活需停工换剂
补充氢量不足，系统压力不能维持	生成油含硫、残炭高	减少减渣量，改入循环油，降低反应温度

六、在线分析仪管理

加氢装置常见在线分析仪主要为总硫分析仪和循环氢纯度在线分析仪。加强在线分析仪管理，可提高分析仪示值准确性，有效降低化验分析频次。

1. 工作原理

(1) 工业级在线总硫分析仪

一般采用单波长色散 X 荧光分析技术，检测下限最低为 0.6mg/kg，检测上限最高可达

到10000mg/kg以上。单波长色散X荧光分析技术由X光源、X激发光源的单点聚焦部件、样品池、X接收光源的单点聚焦部件、X光源检测器组成。

检测过程中，第一个单点聚焦部件采集X光源中的一个窄带宽并且聚集在样品池的一个点形成一个单波长的光源。初始的单波长的X光源激发样品和反映样品特性的荧光被激发出。反映样品特性的X荧光被X接收光源的单点聚焦部件聚焦到X光源检测器。

（2）循环氢纯度在线分析仪

一般采用热导式气体分析仪，该类型在线分析仪主要分为热导检测器和电路两大部分。由于气体的热导率很小，他的变化量更小，检测器中的热导池把混合气体热导率变化转化为热敏元电阻值的变化，从而被检测从电路输出，电导率是气体的一种基本属性，反映气体导热量的能力，通过检测各种气体间热导率的差异做出响应，从而达到测量目的。

2. 日常管理

① 为在线分析仪提供合理运行条件，确保待测样品的温度、压力、流量、液位等指标满足在线分析仪的使用要求。

② 维护在线分析仪配套设备设施如空调、伴热等。

③ 定期对在线分析仪数据与化验分析数据进行比对，确认两者取样点及取样数据的代表性。

④ 当在线分析仪故障时，应尽快联系技术支持部门予以处理。

⑤ 因装置工艺流程发生变化或监控要求发生变化而不再需要使用在线分析仪或出现停工、工艺异常和相关设备故障时，应尽快提出仪表变更申请，及时停运在线分析仪。

七、装置平稳率管理

1. 平稳率控制参数选取

（1）参数选取优先原则

① 工艺卡片上的关键指标（A级、B级）；

② 对产品质量影响大的指标；

③ 对装置长周期运行影响的指标；

④ 对装置能效影响大的指标；

⑤ 其他（经评估后，装置的每个系统或单元均要选取至少一个有代表性的指标）。

注意：每套装置平稳率控制参数选取不宜过多也不宜过少，以20~30个为宜。工艺参数主要以温度、压力为主，但也要兼顾液位、流量、含量等参数。单向控制指标（越大越好或越小越好）以及控制范围由负值到正值的指标不能选取。

（2）参数选取

以加氢裂化装置为例，加氢裂化装置平稳率参数选取如下，其他临氢装置可作为参考，根据自身装置工艺特点，进行优化。

1）主要参数

① 反应系统。热高压分离器顶温度、热高压分离器液位、冷高压分离器顶压力、冷高压分离器液位、精制反应器入口温度、裂化反应器入口温度、氢油比、循环氢脱硫塔液位、反应炉出口温度、反应炉氧含量、反应炉膛负压。

② 脱硫化氢汽提系统。脱硫化氢汽提塔塔顶温度、脱硫化氢汽提塔塔底温度。

③ 分馏系统。分馏炉出口温度、主分馏塔塔顶温度、主分馏塔塔底温度、分馏加热炉氧含量、分馏加热炉炉膛负压。

2）其他参数

① 吸收稳定系统。脱丁烷塔塔顶压力、脱丁烷塔塔底温度、轻烃吸收塔塔顶压力。

② 脱硫系统。液态烃脱硫塔塔顶压力、低分气脱硫塔塔顶压力。

③ 产汽系统。汽包压力、汽包液位。

（3）平稳率计算

每个平稳率控制参数根据其允许波动率和重要性设置权重。之后，选取合适的计算方法，主要有均方差计算、积分计算两种。

1）均方差计算平稳率公式

$$\text{均方差平稳率} = \sum_{j=1}^{N} \sigma_j \times \frac{\omega_j}{\sum_{j=1}^{N} \omega_j}$$

$$\text{单个控制指标的平稳率}\ \sigma = \left(1 - \frac{\sqrt{\frac{1}{M}\sum_{i=1}^{M}(x_i - \bar{x})^2}}{|\bar{x}|}\right) \times 100\%$$

单个控制指标的有效运行值的均值 $\bar{x} = \frac{1}{M}\sum_{i=1}^{M} x_i$

单个控制指标的有效运行值的个数 $M = \frac{T}{f} - y$

式中　M——单个控制指标的有效运行值的个数；

T——平稳率统计时长，按班次时长统计，min；

f——单个控制指标的取值时间间隔，min；

y——单个控制指标剔除的无效超标点数；

x——单个控制指标有效的时点运行值；

$\bar{x}$——单个控制指标所有的有效的时点运行值的均值；

σ——单个控制指标的均方差平稳率；

N——均方差平稳率绩效卡片中维护的控制指标个数；

ω——单个控制指标的权重因子。

2）积分计算平稳率公式

$$\text{积分平稳率} = \sum_{j=1}^{N} \sigma_j \times \frac{\omega_j}{\sum_{j=1}^{N} \omega_j}$$

$$\text{单个控制指标的平稳率}\ \sigma = \left(1 - \frac{S}{(K_h - K_l)T + S}\right) \times 100\%$$

$$\text{单个控制指标的超标面积}\ S = \sum_{k=1}^{m}\sum_{i=1}^{n} s_{ik}$$

式中　σ——单个控制指标的积分平稳率；

ω——单个控制指标权重因子；

N——积分平稳率绩效卡片中维护的控制指标个数；

m——单个控制指标在考核周期内发生有效超标区域的个数；

n——单个控制指标产生的超标记录的个数；

S——单个有效超标记录的影响值，计算一个有效超标区间内超标记录与指标上限或下限之间围成图形的面积；

K_h、K_l——单个控制指标设定的上，下限值，K_h-K_l也可由设定的浮动区间代替。

3)单个控制指标权重因子

上述计算公式中，单个控制指标权重因子是需要进行考虑的，不同指标重要性不同，不同人理解不同，所以在此使用以下方法量化单个控制指标的重要程度：

① 给出参数的参考平均值、允许波动的上下限范围；

② 允许波动率=允许波动的上下限范围/参考平均值；

③ 给出指标重要性：一般分 1/0.5 两级；

④ 给出装置重要性：一般分 1/0.5 两级；

⑤ 单个指标权重=指标重要性×装置重要性/允许波动率；

⑥ 单个指标权重因子=单个指标权重/所有指标权重之和×100%

表 13-1-24 为进行简单选取后的设置。

表 13-1-24　装置关键工艺点选取及方差运行平稳率权重设置表

序号	装置类型	监控指标	单位	参考平均值	参考允许波动的上下限范围(±x)	允许波动率(a)	指标重要性(b)	装置重要性(c)	权重($b×c/a$)	权重因子	备注
1	加氢裂化	冷高分顶压力	MPa	15	0.1	0.0067	1	1	150.00	27.27%	
2		精制反应器入口温度	℃	360	2	0.0056	1	1	180.00	32.73%	
3		裂化反应器入口温度	℃	380	2	0.0053	1	1	190.00	34.55%	
4		主分馏塔塔顶温度	℃	120	2	0.0167	0.5	1	30.00	5.45%	
							3.5	4	550.00	100.00%	
5	渣油加氢	冷高压分离器顶压力	MPa	15	0.1	0.0067	1	1	150.00	27.52%	停工系列不计算平稳率
6		反应器入口温度 1	℃	370	2	0.0054	1	1	185.00	33.94%	
7		反应器入口温度 2	℃	370	2	0.0054	1	1	185.00	33.94%	
8		主分馏塔塔顶温度	℃	100	2	0.0200	0.5	1	25.00	4.59%	
							3.5	4	545.00	100.00%	

(4) 指标说明

日装置运行平稳率=方差权重×方差平稳率+积分权重×积分平稳率，理论目标值为100%。

① 方差权重、积分权重由企业根据不同类型装置统一设定。

② 方差平稳率中标准值采用日平均值代替，以企业对应装置当天运行状态为基础进行考核。

③ 积分平稳率除了考核超标时间外，考虑了超标幅度，但是由于工艺卡片规定的范围

较宽泛，有可能出现100%情况，建议可适当通过权重控制降低该数值对装置运行平稳率的影响。

④ 月装置运行平稳率=日装置运行平稳率之和/当月考核天数

⑤年装置运行平稳率=月装置运行平稳率之和/当年考核月数

注：以上计算方法来源于“中国石化生产营运指挥系统”的平稳率模块。

2. 参数控制平稳管理

参数控制平稳管理按照工艺技术规程、岗位操作法、临时方案、操作指令等指导进行。工艺平稳控制总体原则如下：

① 严格按工艺卡片操作，对参数的调节要求准确迅速，超指标快速调整到指标内，再慢慢稳定调整到控制值。对于提降量、压力、温度等，要按要求均匀速度提降。

② 在保证开工周期的前提下，优化操作条件，提高液体收率和保证产品质量。

③ 在保证工艺指标合格的前提下，降低装置能耗。

④ 操作不正常时，减小危害性操作，尽快实现平稳。

⑤ 发生事故时，严格遵循事故处理原则，化解和减小事故造成的危害。

⑥ 自动控制原则：正常情况下，尽量避免手动控制，同时根据需要进行控制回路PID优化整定。

⑦ 预防性调整原则：经常查看趋势，提前调整。针对特殊天气，提前调整。

⑧ 防误操作原则：涉及联锁的指标调整防止误操作。

工艺参数控制管理以加氢裂化装置为例，重要参数具体控制措施如下：

① 加氢精制反应器温度的调节见表13-1-25。

表13-1-25 加氢精制反应器温度的调节

影响因素	调整方法
制反应器入口温度高，反应床层温度上升	调节反应器入口温度
冷氢增大，床层温度下降	调节床层冷氢注入量
原料变化：①原料硫含量变高，床层温度上升；②原料氮含量升高，床层温度上升；③循环氢纯度提高，床层温度上升；④新鲜进料量增大，床层温度下降；⑤原料含水量增加，床层温度下降	联系好调度及罐区，控制好原料油性质和混合比例，控稳新氢纯度
环氢流量减少，床层温度上升	控稳循环氢流量
经高换换热后原料出口温度，床层温度上升	控制好高换出口温度

② 加氢裂化反应器温度的调节见表13-1-26。

表13-1-26 加氢裂化反应器温度的调节

影响因素	调整方法
裂化反应器入口温度升高，反应温度上升	调节裂化反应器入口温度及各床层温度
床层冷氢量增大，床层温度下降	调节床层冷氢量，保持各床层温升<10℃及相等的出口温度

续表

影响因素	调整方法
精制反应器反应流出物氮含量增升高，床层温度上升	控制好精制反应器的床层温度
循环氢纯度提高，床层温度上升	调节循环氢的纯度
平均循环氢流量减少，床层温度上升	调节循环氢量
裂化反应器进料量的变化，温度变化	调节裂化反应器进料量

③ 反应压力的调节见表13-1-27。

表13-1-27　反应压力的调节

影响因素	调整方法
反应温度升高，导致裂化深度大，耗 H_2 量增加，压力下降	适当降低转化率
新氢量波动或新氢机故障	平稳新氢供应
原料含水量增加，压力上升	加强脱水操作
冷高压分离器压控失灵	仪表维修

④ 循环氢流量的调节见表13-1-28。

表13-1-28　循环氢流量的调节

影响因素	调整方法
压缩机排量的变化	调节循环机出口流量
新氢机排出量的变化	调节新氢机出口流量
循环氢旁路流量控制的变化	调节循环氢的傍路
换热器内漏	监控，必要停工处理
反应深度发生变化造成循环氢组成变化	控稳反应深度

⑤ 循环氢纯度的调节见表13-1-29。

表13-1-29　循环氢纯度的调节

影响因素	调整方法
反应器反应温度上升，纯度下降	控稳反应温度
新氢流量降低，纯度下降	调节新氢补充量
新氢纯度变化	控制新氢纯度
原料含氮量升高，纯度下降	控制好精制油含氮量
高分温度的变化	控制好高压分离器的温度
换热器内漏	监控，必要时停工处理

⑥ 热高压分离器液位的调节见表13-1-30。

热高分液位计可分别用作液位调节和测量。一般热高分液位由分程控制回路调节至液力透平和热低分的流量以达到平稳液位。正常生产时控制液位40%~60%。

表 13-1-30　热高压分离器液位的调节

影响因素	调整方法
反应温度上升，液位下降	控稳反应温度
热高分入口温度上升，液位下降	控稳高压换热器温控阀，确保热高分温度稳定
高换内漏，液位上升	监控，必要时停工检修
高分压力波动，造成液位波动	稳定反应系统的压力
热高分到热低分的流量发生变化	控稳热高分到热低分流量的控制
液位控制失灵	改手控，或切换另一液位控制信号，联系仪表处理液控阀

⑦ 热低压分离器液位的调节见表 13-1-31。

表 13-1-31　热低压分离器液位的调节

影响因素	调整方法
热高分液位的波动	控稳热高分的压力和液位
热高分温度的波动	控稳高压换热器温控阀
热低分压力的波动	控稳热低分压力
热高分至热低分流量的波动	控稳热高分到热低分流量
液位显示失灵	液位失灵，改手动控制，同时联系仪表处理

⑧ 冷高压分离器的控制见表 13-1-32。

表 13-1-32　冷高压分离器液位的调节

影响因素	调整方法
冷高分压力波动	调节新机压新氢补充量，调节废氢排放量
冷高分液位波动	控稳冷高分至冷低分流量
冷高分界位波动	控稳反应注水，控稳含硫污水排量
温度控制温度过高	控稳空冷出口温度

⑨ 冷氢量的调节见表 13-1-33。

表 13-1-33　冷氢量的调节

影响因素	调整方法
床层温升的变化	根据床层温升情况，调整各床层冷氢量，在调整某点冷氢时，要考虑对其他冷氢点的影响，正常的操作应尽量保持冷氢阀在<50%开度，当床层温度急升时，首先用冷氢迎面截住，并适当调整炉温，降低反应器入口温度
循环氢总流量的变化	
新氢流量的变化	
反应炉入口流量的变化	

⑩ 炉膛负压的控制见表 13-1-34。

表 13-1-34　炉膛负压的控制

影响因素	处理方法
加热炉负压突然变低	适当开大烟道挡板开度；引风机故障，则全开总烟道挡板；调整燃料气流；调整加热炉风量
加热炉负压突然变高	适当关小烟道挡板开度；调整燃料气流量；调整加热炉风量
加热炉负压大幅度波动	平稳好烟道挡板开度；平稳调整加热炉风量

⑪ 加热炉氧含量的控制见表 13-1-35。

表 13-1-35　加热炉氧含量的控制

影响因素	调整方法
加热炉氧含量突然变低	加大供风量；燃料气加强定期脱液；调整燃料气流量；如鼓风机停，打开快开风门
加热炉氧含量突然变高	减小供风量；调整燃料气流量
加热炉氧含量大幅度波动	平稳供风量；平稳燃料气流量

3. 工艺管理系统的应用

工艺技术管理是石化企业生产管理工作的重要基础与核心，是企业“三基”工作的基石，是确保企业遵守工艺纪律、平稳安全生产的重要保障。通过工艺管理系统的应用，可保障生产安全，降低能源消耗，提高产品质量，提高生产效率，增加企业效益。

（1）工艺管理系统在石化企业应用的主要作用

① 系统以多种维度展示了工艺卡片合格率、操作报警、参数实时情况、质量指标执行情况、装置投入产出、装置能源消耗、在线分析仪表、联锁指标和投用情况、工艺参数稳定率等各种工艺参数，为实时展示装置生产运行情况提供了多种展示形式。通过工艺卡片合格率、工艺参数稳定率、工艺联锁投用率、工艺报警合格率的有效监控与严格管理，各装置参数报警条数明显下降，工艺卡片合格率提升。

② 系统建立了统一的工艺资料类别目录，依据上传时间和要求对文档进行上传审批，支持上传时间提醒。工艺台账实现线上记录保存，多数台账实现自动生成。内部通过工艺知识的规范管理与统一储存，保证了工艺知识的沉淀和积累。同时系统中的大部分工艺台账数据来自实时数据库、LIMS 等系统的自动采集，统一的格式和自动采集的数据，日处理台账等业务的时间从 2h/d 降低到了 10min/d，大大地为工艺人员减轻了日常工作负担。

③ 系统提供了工艺分析工具和标定报告生成，集成操作参数和质量参数，具备关键工艺参数趋势图绘制、相关性分析或数据导出等功能。通过相关分析、跨装置分析、趋势图绘制等功能，为装置工艺技术人员与分部工艺管理人员提供了综合分析能力。通过数据导出、数据组合生成等功能，为装置工艺技术提供了减轻数据汇集和归总的工作量。

④ 系统通过与石化企业的 OA 系统集成，完成了工艺指标、联锁变更，文档上传的审批，系统发起后通过 OA 系统进行线上审批，审批记录和变更记录自动保存，并实现了审批反馈的线上进行，实现了工艺管理审批业务的闭环管理。审批功能的集成与综合管理，减轻了日常工艺审批的工作量，减轻了频繁切换信息系统与审批系统的工作量，为处理其他信息

系统与审批系统之间的关系提供了参考。

(2) 报警管理

① 开展周例会提升管理。每周召开一次“四率”提升管理例会，寻找出各装置提升“四率”管理的痛点和难点，并逐一突破。

② 开展干扰报警“三消除”整治。通过消除工艺参数高频干扰报警、消除报警设置不合理、消除公用工程干扰报警和DCS过程报警的“三消除”活动，大幅减少干扰、高频报警。

③ 开展报警帮扶活动。对每周统计报警次数最多的车间/装置，技术质量处专业人员深入现场，与车间工艺副主任、工艺员甚至班组长、操作人员进行报警帮扶活动。车间工艺员负责装置报警管理，利用工艺管理系统查询当天报警数量，超工艺卡片的报警需100%分析原因并制定措施。

④ 坚持PID整定专项施策提升装置自控率。

⑤ 坚持每天出一份报警考核通报。对各车间报警数量、报警合格率进行排名，要求报警条数排名进入前三名的车间分析产生报警的原因并制定措施。

⑥ 针对低温天气、雨水天气等恶劣天气容易导致仪表失灵产生干扰报警的现象，根据企业实际情况制定恶劣天气风险及防范措施以及仪表失灵判断标准。

八、节能设备管理

(一) 液力透平管理

为了回收反应生成油从热高分至热低分的压力能和热能，降低装置的能耗，某公司加氢裂化和渣油加氢装置均设计了反应进料泵由电机和液力透平共同驱动的泵组形式。由于两台液力透平情况大致相同，以下内容均以加氢裂化装置液力透平为例进行介绍。

1. 液力透平简介

(1) 液力透平的工作原理

液力透平是将流体工质中蕴有的能量转换成机械功的机器，又称涡轮机。其原理是以高压的反应产物作为介质，从透平的吸入口流入，再从透平出口排出，流体所具有的能量在流动中经过蜗壳时转换成动能，流过叶轮时流体冲击叶片，推动叶轮转动，从而驱动转子旋转[1]。

(2) 液力透平的应用

石化企业如炼油厂的装置中，只要存在高压差并含有一定流量的工艺过程，基本上都可以采用液力透平回收功率，如：高压管线回流到低压储罐的侧线可以设置液力透平回收能量，加氢裂化、渣油加氢、加氢精致装置高压分离器的物流至低压分离器过程，也可以设置液力透平回收功率，并和电动机联合驱动进料泵[2]。

(3) 液力透平设计特点

某公司加氢裂化装置进料泵采用了电机和液力透平共同驱动的形式，是从日本EBARA公司引进的全进口泵组，泵组的布置方式采用电机和液力透平之间用联轴器和单向离合器连接(见图13-1-18)，进料泵和液力透平位于泵组电机的两侧端，主电机设计额定功率在无液力透平的协助下足以驱动进料泵。液力透平的主要技术参数见表13-1-36。工艺流程采取热液力透平流程(见图13-1-19)，有效地回收了反应生成油从热高分至热低分释放的压力能和热能，在装置额定运行工况下，液力透平节约功耗为主泵功耗的25%左右，是降低装置能耗的主要措施。

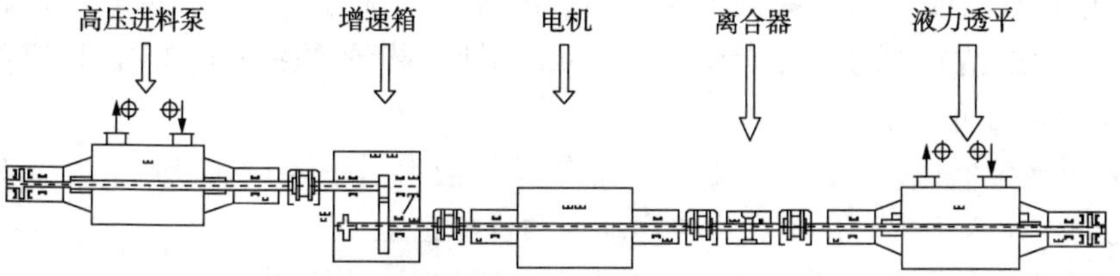

图 13-1-18　泵组的布置方式

表 13-1-36　液力透平的主要技术参数

生产厂家	EBARA
设备型号	6×101/4B-11stgHSB
工作介质	热高分油(含 H_2S)
额定流量/(m^3/h)	281
正常转速/(r/min)	2980
设计温度/℃	240
入口压力/MPa	14
出口压力/MPa	2.5
扬程/m	1913
轴功率/W	627.8

液力透平采用多级、单吸、双筒体设计，内壳体为水平剖分双蜗壳结构，外壳体上仅设有进出口和平衡管线，泵外壳体除进口部分外均承受出口压力，而内壳体承受较小的差压，其设计特点如下。

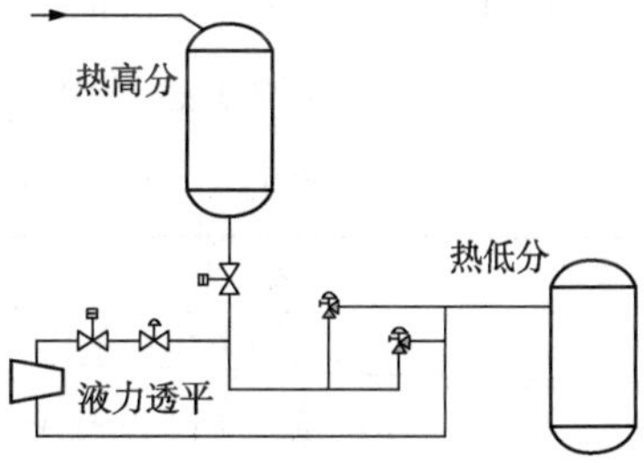

图 13-1-19　液力透平流程

1）结构方面

① 外筒体和端盖由锻钢制造，外筒体由位于水平中心线每侧的两个猫爪支撑。由于介质温度较高，为了吸收温差引起的轴向热膨胀量，外筒体采用靠近联轴器的两个地脚螺栓固定，另一端采用长圆孔，这样进料泵和液力透平的膨胀均可以沿着背向联轴器方向自由膨胀。

② 内壳体采用水平剖分的双蜗壳结构设计，其最大的优点是叶轮可以背靠背布置，所有工况下能保证动平衡精度，自身平衡泵的轴向力，另外其高效区宽、效率曲线平坦、拆装方便，第一级叶轮可以做成双吸式的结构，这一点对进料泵是十分有利的，其缺点是因其结构不能完全对称，径向力不平衡。

③ 转子由叶轮、轴等组成，可以作为一个整体直接拿过来，这对于在现场检查易损件、动静配合间隙以及轴的直线度都是很方便的。

2）机械密封方面：

液力透平的介质是高温高压液体，为了避免缩短密封寿命，必须考虑密封冲洗中的气体的释放问题和汽化问题，液力透平采用了 API682 标准中的 Plan53B+Plan62 冲洗方案，

Plan53B 机械密封系统采用双端面密封方式，带压操作，其两个密封面的冲洗、冷却均由密封液提供，适宜脏的或者易结晶的工作介质。Plan62 冲洗方案用于排除氧气的存在，防止焦化(高温碳氢化合物工况)，冲走动态密封元件附近不想要的物质(如腐蚀性或含盐工况)。

3）设备自保方面

① 热高分液位低低(10%，三取二)，联锁关闭液力透平入口切断阀及热高分出口切断阀，在热高分液位未正常时，不允许再启动液力透平；

② 反应进料泵停泵，联锁关闭液力透平入口切断阀，停液力透平；

③ 循环氢压缩机停机，联锁关闭液力透平入口切断阀，停液力透平；

④ 中控室按关液力透平入口切断阀按钮，液力透平入口切断阀关闭，停液力透平；

⑤ 液力透平转速高高(3100r/min，二取二)，联锁关闭液力透平入口切断阀，停液力透平；

⑥ 液力透平两端轴振动高高(100μm，二取二)，联锁关闭液力透平入口切断阀，停液力透平；

⑦ 液力透平轴位移高高、低低(±0.8mm，二取二)，联锁关闭液力透平入口切断阀，停液力透平。

4）经济性分析方面：

液力透平投用后节电效果显著，液力透平投用后反应进料泵电机电流下降了 40A，液力透平轴功率 627.8kW，按照年运行 8400h 计算，可以节约电耗 5.27352×10^6kW · h，按照 0.6 元/(kW · h)折合费用大约为 316.4 万元。

2. 透平的常见故障及处理方法

(1) 透平出口没有流量或流量不足

表 13-1-37 列出了透平出口没有流量或流量不足的影响因数及处理方法。

表 13-1-37　透平出口没有流量或流量不足的影响因数及处理方法

影响因素	处理方法
准备工作不充分	检查准备工作中不到位的地方
出口或入口手阀未打开	打开相应阀门
过滤网或入口管线堵塞	清理堵塞异物
叶轮有异物堵塞	清理堵塞异物
叶轮损坏	更换叶轮

(2) 透平轴承温度超高

表 13-1-38 列出了透平轴承温度超高的影响因数及处理方法。

表 13-1-38　透平轴承温度超高的影响因数及处理方法

影响因素	处理方法
润滑油压力低	提高润滑油压力
润滑油变质，有水、杂质等	更换润滑油
润滑油入口阀门开度不够或未开	调整阀门开度
油冷却器结垢或阻塞	清洗或更换油冷却器

续表

影响因素	处理方法
润滑油系统出现故障	检查处理润滑油系统
轴承间隙过小	重新调整轴承间隙
不同心	重新校正，检查透平、电机是否同心

（3）透平振动超高

表 13-1-39 列出了透平振动超高的影响因数及处理方法。

表 13-1-39　透平振动超高的影响因数及处理方法

影响因素	处理方法
不同心引起振动	重新校正，检查透平、电机是否同心
轴承磨损或松动	修理或更换轴承
转子不平衡	检查叶轮或更换
泵轴弯曲	调直并做动平衡
液力透平抽空	检查透平抽空原因并根据具体原因处理
液力透平基础不牢固	加固透平基础

（4）透平轴承较快磨损

表 13-1-40 列出了透平轴承较快磨损的影响因数及处理方法。

表 13-1-40　透平轴承较快磨损的影响因数及处理方法

影响因素	处理方法
不同心引起轴承较快磨损	重新校正，检查透平、电机是否同心
泵轴弯曲	调直并作动平衡
液力透平振动较大	按振动故障处理
透平内故障	检查故障原因并根据具体原因处理
润滑油不足	增大进油量
轴承安装不当	重新安装
轴承有污垢	检查并清洗
润滑油变质	更换润滑油
润滑油温度过低	调整温度至正常

（二）变频器使用管理

炼油厂的生产活动对能源资源的消耗量极大，为了改善这一现状，实现节能降耗，变频调速器技术被提出并得到较为广泛的应用。某公司加氢裂化与渣油加氢装置的鼓风机、引风机、部分空冷风机和机泵采用了低压变频调速器技术，注水泵采用了高压变频调速技术，起到了明显的节能效果。

1. 变频器的节电原理

（1）变频器的工作原理

变频器电路基本原理为：三相交流电源经二极管整流桥输出恒定的直流电压，由六组大功率晶体管组成逆变器，利用其开关功能，由高频脉宽调制(PWM)驱动器按一定规律输出脉冲信号，控制晶体管的基极，使晶体管输出一组等幅而不等宽的矩形脉冲波形，其幅值为逆变器直流侧电压 V_d，而宽度则按正弦规律变化，这一组脉冲可以用正弦波来等效，此脉冲电压用来驱动电机运转，通过控制 PWM 驱动器输出波形的幅值和频率，即可改变晶体管输出波形的频率和电压，达到变频调速的目的[3]。

(2) 节电原理

在实际运行时，大部分设备的机组转数决定了其所消耗的能量。这些设备在选用的时候会考虑到实际运行时的最大负荷调节，如最大流量和扬程等，不过日常生产时需要用到的流量不会是这么大的，因此如果不能通过调整电机速度的话，就只能采用改变阀门开度来进行流量调节，这样做会浪费很多的能量用在阀门上；如不采用阀门调节的方式，改用调节电机速度，就可以在需要减少流量的时候调节电机速度，起到调节作用，而不需要消耗能量去改变阀门开度，从而起到节电的目的。

根据流体力学：

$$Q_1/Q_2=n_1/n_2$$

$$H_1/H_2=(n_1/n_2)^2$$

$$P_1/P_2=(n_1/n_2)^3$$

式中　Q——风量；

H——风压；

P——电机轴功率；

n——电机转数。

当转速下降 1/2 时，流量下降 1/2，压力下降 1/4，及功率与转速成 3 次方的关系下降。通过改变电机转速的方式来调节流量大小，这样就不用像控制阀门那样耗费大量的能量来进行流量的调节，也就是说，相同流量的情况下，采用变频调速比直接控制阀门消耗的电量要少些，节约用电就是这样的原理[4]。

2. 变频调速技术的基本特点

(1) 节电率高

变频调速技术可替代传统的阀门调节以及风挡技术，对设备的压力以及流量进行必要的调节，在节电方面，其主要有四个特点：第一是通过调节速率来节约用电；第二是节省设计冗余，为了保证设计的有效性，通常情况下都会对极端条件进行充分的考虑，然后在设计中留有冗余，而变频调速技术的应用则可以节省这部分冗余量；第三是软启动，交流电动机通常情况下的启动电流能够达到额定电流的 6~7 倍，而变频调速技术应用中，启动电流是低于额定电流的；第四是功率因数高，变频调速的功率因数通常超过 0.95，因而能够对无功操作进行节省，使变压器承担的压力降低。

(2) 性能好

与传统的调速相比，变频调速在保护功能、自动控制、系统效率、过程控制等方面表现出了极大的优势，总的来说其性能较好，在 0~100%的范围内变频调速可实现连续；其频率的输出范围在 0~120Hz 之间，可自主对其进行设定；频率的精度范围为±0.5%；加速或减速的时间范围为 0.1~3200s，这一时间可以按照负载的实际情况进行自主设定。

3. 变频器的应用

（1）变频器在油泵上的应用

某公司加氢裂化和渣油加氢装置目前共有3台油泵使用了低压变频器技术。在正常生产的情况下，三台泵的流量都远小于泵的最大流量，在未使用低压变频器技术以前，往往存在以下几种问题，下面以加氢裂化装置柴油塔底泵为例进行说明：

① 使用出口调节阀控制法进行流量调节，即流量是通过改变泵出口调节阀开关大小控制。因出口压力较高，扬程的富裕量大，造成节流损失大；

② 泵出口调节阀的压损大，易使阀门受到严重冲刷而泄漏，造成更换频繁；

③ 当柴油抽出量发生变化时，只能通过出口调节阀进行调整，由于频繁的操作，阀门的可靠性下降；

④ 当柴油抽出量小时，电动机会出现大马拉小车的现象出现，浪费大量电能。

⑤ 当柴油塔底泵使用低压变频器技术后，电机电流下降，泵出口调节阀开度开大，电机运行温度明显下降，机械磨损减少，维护工作量也减少，减少了因出口调节阀关小而造成管路憋压的情况。

（2）变频器在鼓、引风机上的应用

鼓风机的作用是维持加热炉正常运转时炉内氧含量在正常范围，氧含量过高或过低都会对加热炉的生产效率及设备安全等有重要影响，在未使用低压变频器之前，正常生产中是通过鼓风机入口的调节挡板手动进行氧含量控制的。同样，加热炉的另一个重要参数炉膛负压的调整，则由引风机入口调节挡板手动实现。手动控制的情况下往往会存在以下问题：

① 通过入口调节挡板调节氧含量(炉膛负压)，调速线度差，同步性差，能量损失较大，燃烧不稳。

② 鼓、引风机的电机始终以额定转速转动，因此产生电能损耗，浪费电能。

③ 鼓、引风机电机直接启动，启动电流较大。

④ 加热炉的参数氧含量、炉膛负压属于易波动参数，参数波动时需要操作人员频繁调整入口调节挡板，增加了操作人员的劳动强度。

⑤ 鼓、引风机加装低压变频器后，加热炉的氧含量和炉膛负压的调节改由调节变频器的输出来控制转速实现，调节范围大、精度高，由于风机不用一直在高速状态下运转，大大降低了其工作的机械强度，延长了风机的使用寿命；风机实现软启动，启动平稳电流小，提高了可靠性；降低了风机的噪声，改善了工作环境；经济效益显著提高，长期运行节能降耗效益可观。

（3）高压变频技术在注水泵的应用

加氢裂化装置注水泵是该装置的关键设备之一，通过调节注水泵出口返回量控制注水量。由于该泵出口压力较高，该泵故障率较高，主要故障现象为密封泄漏。某公司加氢裂化装置将两台高压注水泵电机安装变频器并调试正常，目前一台工频备用、一台变频运行。项目投用后，高压注水泵电流降低13A，每小时节电126.65kW。同时，高压变频技术投用后注水泵故障率大幅下降，维修费用也大幅降低。

4. 变频器的使用管理

（1）变频器的运行维护[5]

1）启动控制

部分设备需频繁启动及暂停，在此过程中，低压变频器使用寿命很容易受到影响。对此，可在控制面板上设置控制启动与暂停过程的开关键，避免采用主电路电源控制启停动作，采用人工化控制代替自动化控制，提高控制的灵活性，避免对设备的电解器与电容器造成影响，降低设备的故障率，延长其使用寿命。

2）参数设置

低压变频器参数设置正确与否，关系着设备能够正常执行过压保护动作，是影响设备使用性能的重要因素。以减速时间为例，当低压变频设备减速时间小于 3min 时，过压保护动作会立即执行，进而对设备的运行造成影响。有关领域应严格控制低压变频器的参数设计误差，将减速时间控制在 3~5min，以降低设备的故障率。

3）定期检查

有关领域应定期对低压变频器进行检修，及时发现微小故障，避免故障扩大化。具体检查内容如下：检查主回路端子的接触情况，判断是否存在接触不良的问题。如发现异常，需立即处理；检查设备外部绝缘层是否存在破损，确保设备能够安全运行；采用绝缘测试的方法，评估设备的绝缘性能；评估冷风机的连接情况以及运行情况，避免由于冷风机故障而导致设备过热，影响设备的使用。

4）元件更新

低压变频器运行过程中，冷风扇、电解器与电容器发生故障的概率最高，故障主要表现为破损为避免上述元件破损而对设备的使用性能造成影响，应及时检查各元件的使用情况，发现破损且无维修价值的元件需立即更新，提高设备的使用性能。

（2）变频器的常见故障与处理[6]

1）启动困难甚至无法启动

出现该故障的原因可以是由于负载转动惯量过大或者阻转矩过大。可以采用以下方法处理：将起始频率适当提高；确定合理的转矩提升值；减少载波频率值；对启动方式进行调整，由空载或者轻载启动代替带载启动；检查保护设置是否正确。

2）过压跳闸

出现该问题的主要原因可能是由于电源电压过高，或者所设定的降速时间过短。要检查是否有再生制动的放电单元，运行状态是否正常。

3）欠压跳闸

可能是由于电源电压过低、电源缺相或者整流桥出现故障，经过检查确定故障原因予以排除。

4）过载

该故障是低压变频器跳动比较频繁的故障之一，由于马达的过载能力比较强，因此如果低压变频器参数表的电机参数设置合理，通常不会出现马达过载的问题；而低压变频器自身的过载能力相对较差，因此容易发生过载报警，要对发生过载时的负载压力、流量变化等情况进行仔细检查，然后检查变频器的内部电流检测回路是否处于正常状态。

（三）气量无级调节系统的使用管理

气量无级调节系统的主要工作原理是：计算机即时处理压缩机运行过程中的状态数据，并将信号反馈至执行机构内电子模块，通过液压执行器来实时控制进气阀的开启与关闭时间，实现压缩机排气量 0~100%全行程范围无级调节。

（1）气量无级调节工作原理

如图 13-1-20 所示，随着活塞在压缩机气缸中的往复运动，每个气缸侧的一个正常工作循环包括：

① 余隙容积中残留高压气体的膨胀过程，如图示 A-B 曲线，此时压缩机的进气阀和排气阀均处于正常的关闭状态；

② 进气过程，如 BC 曲线，此时进气阀在气缸内外压差的作用下开启，进气管线中的气体通过进气阀进入气缸，至 C 点完成相当于气缸 100%容积流量的进气量，进气阀关闭；

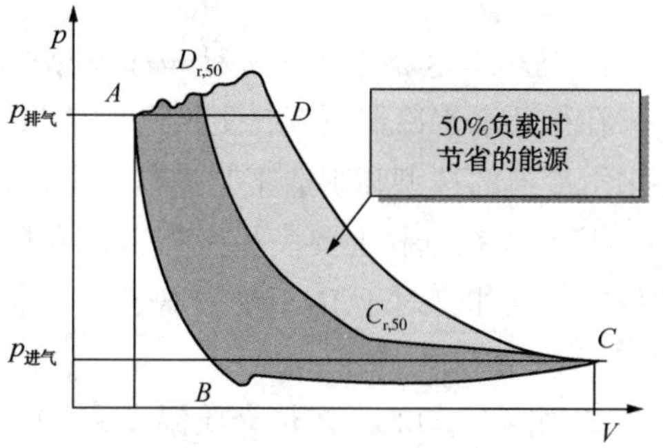

图 13-1-20　回流省功 p-v 图

③ C-D 为压缩曲线，气缸内的气体在活塞的作用下压缩达到排气压力；

④ D-A 曲线为排气过程，排气阀打开，被压缩的气体经过排气阀进入下一级过程。

如果在进气过程到达 C 点后，进气阀在执行机构作用下仍被强制地保持开启状态，那么压缩过程并不能沿原压缩曲线由位置 C 到位置 D，而是先由位置 C 到达位置 C_r，此时原吸入气缸中的部分气体通过被顶开的进气阀回流到进气管而不被压缩；待活塞运动到特定的位置 C_r(对应所要求的气量时，执行机构使顶开进气阀片的强制外力消失，进气阀片回落到阀座上而关闭，气缸内剩余的气体开始被压缩，压缩过程开始沿着位置 C_r 到达位置 D_r。气体达到额定排气压力后从排气阀排出，容积流量减少。这种调节方法的优点是压缩机的指示功消耗与实际容积流量成正比，是一种简单高效的压缩机流量调节方式。

（2）气量无级调节系统日常维护检查工作要点

① 阀室外盖的温度。检查阀室外盖的温度，并对比压缩机的进气温度、其他阀室外盖的温度，如果发现某一个的温升很大，表明此进气阀的气体回流量多，可能有泄漏。

② 压缩机的气量控制。压缩机各级的控制信号(负荷值)都具有对应关系，负荷变化时，各级的负荷都相应发生变化。检查时要注意各级的级间压力、负荷。出现重大偏移，则此级的工作不正常。

③ 检查液压油站温度、液位、压力都应在设定值以内。

④ 检查 CIU 中有无报警、报错信号发生。

⑤ 听压缩机气阀、执行机构的动作声音，如发现声音异常，则需要拆卸检修。

⑥ 检查执行机构有无漏油现象。检查漏油收集罐的液位，如果漏油收集罐的液位增加明显，停 Hydro COM 系统，通知贺尔碧格。有可能找出有缺陷的执行机构。

⑦ 检查液压油站的液位，消耗的液压油要及时补，如果发现某天的耗油量特别大，要检查液压油管、接头，看有无泄漏。

⑧ 检查过滤器的指示器，如果过滤器脏了，则须更换。

⑨ 检查液压油管，看有没有液压油泄漏。

（四）循环水水冷器管理

加强循环水及循环水水冷器日常管理，对装置的降低能耗、延长水冷器的使用寿命、减少设备故障发生和实现长期安全运行都具有十分重要的意义。加氢装置循环水通过水冷器带走系统中多余的热，实现冷却功能。据不完全统计，循环水系统的电耗占全厂总电耗的

3.69%~5%。

1. 循环水水冷器设备选材和选型管理

在循环水水冷器更新、更换和改造当中，应按以下生产工艺要求和循环水质情况，对循环水水冷器的选型和制造工艺进行充分论证和评价，以确保水冷器能长期安全运行。

① 首先在选材上要满足冷却工艺介质的要求。对工艺腐蚀性较强的应选用抗工艺腐蚀的材料。例如，对于 H_2S 及氯离子比较高的循环水水冷器，可以考虑选用 304 材料或 316L 管束。

② 如果冷却的工艺热介质温度>150℃时，应首先考虑进行热量回收，并待温度降低后再考虑使用循环水水冷器进行冷却。如果直接选用循环水水冷器进行冷却，一是会造成热量的浪费，不利于节能；二是不利于对水冷器污垢的控制，容易造成循环水侧结垢而影响换热效能和设备运行。

③ 循环水水冷器正常运行水流速应>0.9m/s，若水冷器管束内的水流速过低，会出现堵塞和发生泄漏现象。在经济情况下，流速可以<1.5m/s，因为流速过高会产生较大的冲刷腐蚀，造成循环泵能耗过大和运行时的经济性能降低。循环水回水口温度应<40℃，出水口温度应<50℃。由于工艺运行方面的要求，循环水走壳程的水冷器流速应>0.3m/s，在水冷器上设计增加了反向冲洗流程的功能，并定期反向冲洗壳程内的沉积物。

2. 循环水水冷器的检漏和查漏管理

为观察循环水水冷器的进水压力和回水温度是否满足设计要求，便于控制循环水的水量和压力，应在进水管道上安装压力表，在回水管道上安装温度计和采样阀(以利于提取水样)。禁止将循环水与新鲜水及其他介质管道直接连接。需按以下要求定期进行检漏和查漏，发现问题应及时查找原因和检修。

① 设置水冷器检漏、查漏记录表。每天对水冷器的出口循环水进行一次取样检查，当水样水质出现异常情况时，应及时送交中心化验室，中心化验室根据水样及使用介质进行油含量(包括 COD、氨氮、醇类、硫化物)分析，并将水样分析及处理结果记录在水冷器检漏、查漏记录表中，发现异常后及时识别出泄漏风险大的水冷器进行逐台排查。

② 完善水冷器日常检漏和查漏机制。发现循环水系统发生工艺泄漏后，供水单位应根据泄漏物的种类及时向厂生产运行调度和设备主管部门进行汇报，根据泄漏物种类通知用水单位进行水冷器检查。用水单位应根据厂运行调度通知对水冷器泄漏情况进行排查，对可疑的水冷器水样进行化验分析。

③ 发生泄漏后用水单位应在最短时间内切换备用水冷器，以防止发生更大污染。对暂不切换的水冷器应制定出相应的预防措施。

④ 在确定循环水系统发生工艺泄漏或造成水质重大污染事故时，用水单位要积极配合设备管理部门进行事故分析与调查。供水单位应及时处理集水池和吸水池的油污，使循环水系统尽快恢复正常生产。

⑤ 使用烃类在线分析仪。在线分析仪的使用极大降低了工作量，提高了工作效率。水冷器泄漏检测预警系统采用高灵敏度的紫外荧光法，通过在线检测水冷器水侧中泄漏油的微量变化，实时监测水冷器的泄漏情况，实现水冷器泄漏的早期预警，以便及时切换维修，保护生产装置循环水系统正常运行。

3. 循环水水冷器的检修管理

用水单位应建立水冷器设备台账，以及监测、清洗、材料、泄漏、更换、垢样记录等表格，并按照以下要求进行管理。

① 循环水水冷器的监测根据企业的实际情况逐步纳入全厂的设备监测计划系列。循环水水冷器离线化学清洗工作，必须由专业的化学清洗公司完成。编制的循环水水冷器清洗方案，必须经设备主管部门审批后再行实施。

② 循环水水冷器大修前，由设备主管部门组织相关人员对腐蚀、结垢和黏泥情况进行检查、照相和存档；清洗检修后必须对管程和壳程分别试压，并经设备和工业循环水等技术人员的共同验收后方可投用。未经防腐处理的碳钢水冷器水侧，在大修后应进行清洗预膜处理。

③ 检修时，对循环水水冷器的工艺侧和水侧垢样进行检查和分析。垢样分析项目执行的是中国石化《工业循环冷却水腐蚀产物分析方法》。分析报告出来后，应分别由设备主管部门、用水和供水单位保存。

④ 设备主管部门负有水冷器的使用监督与管理职能。在一个运行检修周期后，要组织相关技术人员(包括设备、防腐、水处理、金属材料等专业)对循环水水冷器运行情况进行评价与分析，制定出处理和预防措施。

4. 循环水水冷器的日常运行管理

① 供水单位保证向各用水单位提供合格的循环水。未经有关部门审批同意不得任意降低或改变循环水供水参数，不得利用循环水回水系统管线上的阀门来提高供水压力或降低供水流量。循环冷却水的水量、水压和水温均应始终满足生产工艺的要求。

② 水冷器的优化运行与调整应以运行工艺优化和循环水优化为主，确保水冷器能够经济、高效和长周期安全运行。用水单位在调整水冷器进、出水口的水量时，应确保水冷器的水量和压力满足设计要求。

③ 在工艺或设备方面对冷后温度有特殊要求的水冷器，由于运行中的循环水水量、温度会直接影响工艺冷后的温度，通过调节阀进入水冷器的水量和流速也会变小或降低，容易在水冷器内沉积杂质，造成管束堵塞或导致垢下腐蚀等现象。因此，用水单位要根据生产运行工艺制定出预防措施和定期对水冷器进行冲洗。

④ 备用循环水水冷器在投用前必须进行彻底冲洗，如打开回水阀门前的放空阀(回水阀门此时处于关闭状态)，打开进水阀门将水冷器注满水后再排空，这样反复进行冲洗。待冲洗干净后，打开循环水水冷器出口的回水阀门，关闭放空阀后调整好循环水量。

⑤ 设备主管部门每周通报一次全厂工业用水的水质情况，要逐步将循环水水冷器设备纳入全厂的设备技术分析管理之中。用水单位和供水单位应根据水质周报安排好各自生产。

5. 备用循环水水冷器管理

用水单位要加强对备用水冷器设备的管理，做好防冻、防凝、保温、防腐、清洁等维护保养工作，确保备用设备始终处于完好状态，保证能随时启动、切换及投运。

① 为减轻和延缓备用水冷器设备的腐蚀和提高使用寿命，备用水冷器做到满水保养。例如，用水单位夏季对备用水冷器每隔 15 天进行一次循环水大流速冲洗工作，每次冲洗 10~15min 后关闭循环水。冬季对备用水冷器每隔 15 天进行一次循环水大流速冲洗工作，每次冲洗 10~15min 后关小水冷器进口循环水，并做好防冻和保温工作。

② 备用设备冲洗保养情况记录在设备维护保养记录表中。停用的循环水水冷器要确保与生产物料的完全断开，以防止串料情况发生。对工艺侧和循环水侧进行物料冲洗干净和干燥后，应及时关闭阀门，并挂设备停用标识。

③ 备用循环水水冷器在切换并投入运行后，应符合工艺要求和达到规定的运行周期，以确保生产的正常运行。对因故障问题被切换下的循环水水冷器，用水单位应及时联系维修单位进行检修，以确保其能够始终处于完好和备用的工作状态。

第二节　加氢装置的节能与产品优化

一、节能优化

1. 加热炉优化管理

通常，管式加热炉的燃料消耗占炼油生产装置能耗的50%以上，是炼油生产装置的主要耗能设备，提高加热炉热效率是生产装置节能增效的重要手段。近年来，随着加热炉设计制造技术水平的提高，新材料的研制成功及防腐水平的提高，使加热炉热效率可以达到很高的水平，一些先进的加热炉，排烟温度控制在100℃以下，热效率可达到95%。热效率表示向炉子提供的能量被有效利用的程度，是衡量燃料消耗、评价炉子设计和操作水平的一个重要指标。提高加热炉热效率的途径有降低排烟温度、降低过剩空气系数、减少不完全燃烧损失和减少炉外壁的散热损失等[7]。在加热炉排烟温度一定时，过剩空气系数越大，因而通过烟囱排入大气的热量也就越多，加热炉的热效率会较大幅度地下降。过大的过剩空气系数还会使烟气中二氧化硫向三氧化硫的转化率升高，增加露点腐蚀的风险，同时，过剩的氧还会促进氮氧化物的产生而带来环保问题。不仅如此，炉膛(尤其是辐射室)内的烟气氧含量过高，还会带来辐射室炉管表面氧化腐蚀加剧(氧化爆皮)减薄，影响加热炉的安全运行。下面对有效地减小过剩空气系数可采取的措施进行归纳。

(1) 全面堵漏

加热炉的正常运行过程中，应极力避免非助燃空气(无效空气)大量漏入炉体。只有通过燃烧器的正常配风进入到炉膛的空气，是最有效的助燃空气。从看火孔、人孔门、炉膛缝隙等部位进入炉膛的空气，不能很好地支持燃烧，但却增加了烟气氧含量的分析数值，易造成供风充足的假象。因此，应对炉体进行全面封堵，尤其对于人孔门、看火孔、防爆门中缝隙较大的部位进行及时维修或有效封堵更应引起足够的重视。对于没有被点燃的燃烧器，应将其风门全部关闭，避免向炉膛内输送大量无效供风。

(2) CO控制燃烧技术的使用

基于CO控制的理论配比燃烧优化技术，是通过对CO的控制来直接控制燃烧的效果，可以很大程度地降低燃烧过程中的氧气含量，提高加热炉的热效率，节约燃料，减少污染物的排放。

(3) 富氧燃烧技术的使用

其技能原理与降低加热炉的过剩空气系数相近，可在保证足够的助燃氧气供应量的同时减少氮气等其他惰性气体的入炉量，在一定程度上降低了烟气排放热损失。

(4) 控制合适的炉膛负压

为了保证加热炉的安全平稳运行，炉膛一般维持负压状态。对于烟气向上流动的立式炉、箱式炉、圆筒炉等，炉膛压力一般控制在-30~-50Pa较为合理。对于烟气向下流动的大型方炉等(如制氢转化炉)，一般将炉膛压力控制在-100~200Pa。

(5) 选用合适的燃烧器

对于不同的加热炉，应根据炉体结构、最大负荷、工艺需求等方面进行综合评判选择。一般应满足以下几点要求：

① 根据不同炉型的需要，应保证炉膛必须的热强度。

② 有稳定的燃烧状态。工业应用过程中，一般控制燃气火焰的颜色为淡蓝色或略呈桔黄色。火焰应有一定的且稳定的形状和长度，不飘散、不脱火。燃烧过程化学不完全燃烧和机械不完全燃烧少，燃料燃烧完全。

③ 对过剩空气系数的要求较低。一般来说，预混式、半预混式燃烧器稳定燃烧时所需的过剩空气系数较低。另外，采用多孔相互交叉喷射结果的燃烧器，可以实现相互强迫点燃，在较低的过剩空气系数条件下，也可改善燃烧状态，实现低氧燃烧。

(6) 优化供风系统

对于自然通风的加热炉，由于需要保证燃烧状态，炉膛真空度一般控制较高，这就带来漏风量增加的问题。采用强制通风措施，一方面可以带来更高的风速，提高燃烧稳定性；另一方面，也降低了炉膛负压，减少不必要的炉膛漏风。

2. 氢油比优化管理

加氢裂化及渣油加氢反应是一种高温、高压、高耗氢及强放热的反应过程，需要在氢气存在的条件下完成反应。反应器内氢气除了提供必要的反应用氢外，还起到控制催化剂床层的反应温升及热点温度、控制催化剂床层径向温差和抑制催化剂积炭失活等作用，因此装置通常在过量的氢气和较大的氢油体积比(指工作氢标况体积流率与原料油体积流率之比)条件下运行。然而，氢气作为一种宝贵的资源，当装置氢油比过大时，由于单位时间内通过催化剂床层的气体量增加，流速加快，反应物在催化剂床层里的停留时间缩短，反应时间减少，不利于加氢反应的进行；同时，还会导致装置操作费用及设备投资增加[10]。为此，需要合理设计和优化加氢裂化装置的氢油比，在保证正常生产的前提下，控制合适的氢油比。

3. 分馏塔节能优化设计

分馏系统采用节能设计，分馏塔进料炉前设置闪蒸罐流程。某加氢裂化装置采用汽提塔底油经过闪蒸罐后再进分馏加热炉的节能优化流程，如图13-2-1所示。轻组分在闪蒸罐进行闪蒸，轻组分从分馏塔上部塔盘处进料，重组分经分馏加热炉加热从分馏塔中下部塔盘进料。减少了轻组分在分馏炉加热，降低了分馏炉的负荷，达到节能效果。在实际生产中，闪蒸罐压力对闪蒸罐的汽化率影响较大，要控稳闪蒸罐V208汽化量，在线控制闪蒸罐压力来控制汽化量，从而平稳操作底部流量，实现节约瓦斯降本减费。

4. 分馏塔进料温度优化

根据节能过程的“三环节”理论，过程系统的各个环节是相互影响的，通常换热网络优化最直接影响到各个环节能量优化利用。热力学第二定律及㶲经济学指出，推动过程变化和做功的是㶲而不是能量。在忽略分馏塔流动㶲损耗时，采用Gouy-Stodola方程，在全塔热量平衡基础上达到㶲损耗的计算公式[9]：

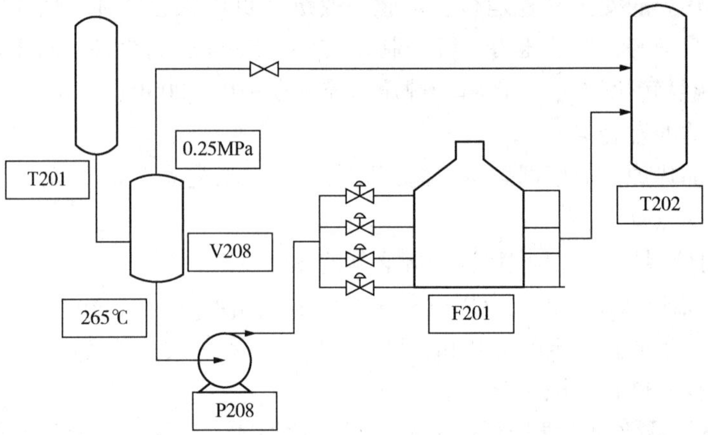

图 13-2-1　某加氢裂化装置分馏塔进料流程

$$Q_{\mathrm{reb}}\left(1-\frac{T_0}{T_{\mathrm{R}}}\right)+T_0P_{\mathrm{i}}S_{\mathrm{pi}}-Q_{\mathrm{c}}\left(1-\frac{T_0}{T_{\mathrm{c}}}\right)-T_0f_{\mathrm{j}}S_{\mathrm{fj}}-D_{\mathrm{k}}=0$$

对于分馏塔而言，但原料流量f_j与产品流量P_i一定时，产品的熵S_{pi}一定，再沸器与冷凝器的温度 T_R、T_c 一定，分离过程的㶲损失 D_k 一定，再沸器热负荷 Q_{reb}随着塔进料熵 S_{fj}增加而减少。

某加氢裂化装置处理量为 1.5Mt/a，加工原料为直供减压蜡油，加氢反应产物依次经过高分、低分后加热到 340℃进入加氢产品分馏塔，进入分馏塔前需要加热，保证分馏进料在泡点进料温度上。借鉴茂名石化加氢裂化装置的分馏加热炉出口温度从 380℃降到 335℃，分馏炉瓦斯耗量降低 700m^3/h，通过实际运行分析可得，分馏塔进料温度降低后对喷气燃料、柴油的馏程和抽出量几乎没有影响[10]，对尾油的初馏点影响也很小，整体没有影响尾油的产品质量。通过降低分馏进料加热炉的燃烧负荷，既能减少瓦斯消耗，也同时降低装置能耗。

5. 直供料优化管理

加氢裂化装置直供进料分为来源于常减压装置的减二减三线与罐区进料，合理地提高原料油的温度能够减少和反应馏出物之间的换热，可以有利于降低反应加热炉的瓦斯消耗，经过对进料温度的研究发现[10]，分馏加热炉的燃烧负荷反而大幅度降低，由于冷却水负荷也相应地提高，但是通过比较冷却水与瓦斯燃烧费用比较，冷却水远低于燃料气，因此提高进料温度更加有利于降低装置能耗，实现节能的目的。

炼油装置设计上基本都是采用上游装置产品冷却—去罐区—罐区再供给下游装置的模式，考虑到罐区储存的温度要求，在整体范围内进行“高热高用，低热低用”匹配，实现能量的逐级利用，全厂采取了装置间热联合，原料油在上游装置尽量不冷却，直接进入下游装置加氢裂化的原料油缓冲罐，上游装置中不进冷却器，直接供给下游，得到与罐区原料蜡油的混合进料，温度在 135℃。加氢裂化装置采取了热进料和热出料的方式，降低了常减压装置的冷却负荷，又减少了下游装置的加热负荷，减少能量损耗。加氢裂化装置进料罐区供料 40℃，直供蜡油进料温度达到了 143℃，装置多采用直供进料能有效地提高原料油进装置温度，考虑到直供料油品与装置的换热网络用能以及装置的实际可操作的可行性因素，加氢进料温度不宜过高，一般控制在100~150℃，此外加氢装置的本身热量过剩，通过改变整体换热用能格局，优化装置内部的换热流程，合理提高原料油进加氢反应加热炉物流温度，降低加氢反应炉的燃料消耗，增加装置的热量外输，达到装置的节能和能量综合优化目标。

二、加氢裂化产品生产优化

（一）原料优化

1. 配炼减一柴油

优化原料对增产喷气燃料等中馏分具有积极的作用，主要从配炼减压柴油和催化柴油两方面开展原料优化工作，下面分别说明对产品质量和收率的影响。

表13-2-1　某加氢裂化配炼减一柴油产品收率表

单元	项目	原料1	原料2	原料3
		减一线柴油10% 减二线蜡油62% 减三线蜡油28%	减一线柴油10% 减二线蜡油68% 减三线蜡油22%	减二线蜡油73% 减三线蜡油27%
喷气燃料	收率/%	33.2	34.12	30.84
	闪点(闭口)/℃	48	47	45
	颜色(过滤否)	+30(过滤)	+30(过滤)	>+30(过滤)
	铜片腐蚀(100℃，2h)/级	1a	1a	1a
	初馏点温度/℃	155	153.5	156.5
	终馏点温度/℃	261.5	249.5	261
	冰点/℃	<-55.0	-52.3	<-55.0
白油	收率/%(轻柴+白油)	8.01	8.61	5.61
	运动黏度(40℃)/(mm^2/s)	4.67	4.153	4.846
	倾点/℃	-6	-9	-12
	闪点(开口)/℃	144	136	138
	颜色(过滤否)	+30未过滤	+30(过滤)	+30未过滤
	颜色	30	+30(过滤)	+30
	铜片腐蚀(100℃，3h)	1b	1b	1b
	初馏点温度/℃	253.5	243.5	281.5
	5%回收温度/℃	286.5	275.5	293
	10%回收温度/℃	287	276.5	293
	50%回收温度/℃	295	283.5	298.5
	90%回收温度/℃	316.5	304.5	316.5
	95%回收温度/℃	324.5	313	323.5
	水溶性酸或碱	无	无	无
	外观	无色液体	无色液体	无色液体

从表13-2-1可以看出，配炼减一柴油后，对喷气燃料质量影响不大，减一线柴油配炼

量占总进料 10%的情况下，喷气燃料收率可提高约 12%。柴油组分收率可提高约 35%。喷气燃料和柴油(5 号工业白油)收率增加幅度较大，说明减一线柴油经过加氢裂化反应器后，大部分产品都分布在喷气燃料与柴油组分里面。可将减一线柴油转化为高品质及高价值的产品，达到增效的作用。

2. 配炼催化柴油

表 13-2-2 列出了某加氢裂化装置配炼催化柴油产品收率表。

表 13-2-2　某加氢裂化装置配炼催化柴油产品收率表

项目		原料 1	原料 2	原料 3	原料 4	原料 5
	减一线柴油/催化柴油	0	减一线柴油 30t/h	催化柴油 10t/h	催化柴油 20t/h	催化柴油 28t/h
产品		收率/%	收率/%	收率/%	收率/%	收率/%
	轻石	7.62	7.14	6.96	6.6	6.75
	重石	11.35	14.68	13.52	10.99	12.06
	喷气燃料	27.41	29.12	29.73	29.98	30.68
	柴油：轻柴+重柴	9.49	10.93	11.36	11.87	11.49
	重柴	8.81	10.43	10.5	10.8	10.93
	轻柴	0.68	0.5	0.86	1.07	0.56
	加裂尾油	38.15	32.07	32.29	34.43	33.26
	装置损失	0.05	0.05	0.05	0.05	0.05
喷气燃料	项目					
密度	kg/m³	812.1	813.3	814.8	816.5	815.5
初馏点	℃	162	164.5	166.5	159.5	161.5
苯胺点		—	57.4	56.8	55.0	—
KK	℃	261.5	259	259	259.5	254
闪点	℃	46	50	51	48.5	48.5
烟点	mm	23	23	23	23	21
芳烃	%	13.8	16.1	16.3	16.7	16.6
烯烃	%	1.3	1.3	1.4	1.5	1.6
十六烷指数		41.7	41.7	41.1	37.0	39.6
轻柴油	项目					
密度	kg/m³	835	825	830.2	835.4	833.9
初馏点	℃	227	235	232	229.5	194
KK	℃	287	284	283.5	285	279
总芳烃	%	17	17.6	21	24	24.3
BMCI 值		26	26.7	29.5	32.1	32.0
苯胺点	℃	—	73.7	70.8	68.7	69.5
十六烷指数		51.9	56.6	53.3	50.5	50.1
白油	项目					

续表

项目		原料 1	原料 2	原料 3	原料 4	原料 5
	减一线柴油/催化柴油	0	减一线柴油 30t/h	催化柴油 10t/h	催化柴油 20t/h	催化柴油 28t/h
密度	kg/m^3	—	828.3	828.8	838.4	831.8
初馏点	℃	283.5	280	284	280.5	234.5
终馏点	℃	339.5	348	353.5	364.5	361
运动黏度	(40℃) mm^2/s	5.165	4.664	5.04	5.295	5.035
单环芳烃	%	—	10.99	11.02	12.71	12.82
总芳烃	%	9.65	12.1	12.5	14.7	15.1

当催柴配炼量占比10%时：①喷气燃料烟点降低2个单位，苯胺点下降1个单位，芳烃及烯烃含量增加，十六烷指数下降，密度升高；②轻柴油芳烃含量增加，BMCI值升高，苯胺点下降，十六烷指数下降，实际胶质含量下降，密度升高；③重柴油芳烃含量增加，BMCI值升高，苯胺点下降，十六烷指数下降，密度升高。

配炼催柴后各产品芳烃含量均出现不同程度的增加，对轻石、重石提高辛烷值、芳潜有利，但是对喷气燃料、柴油等中馏分产品质量产生不利的影响。考虑到配炼催化柴油对提高中馏分收率的作用大于配炼减一线柴油，因此通过优化减一线柴油和催化柴油的配炼比例，在确保中馏分产品质量合格的前提下，可以实现增产中馏分产品的目的。

（二）产品优化

1. 降低重石脑油硫含量

重石脑油特点是：硫和氮含量低，环烷烃含量高，是优质催化重整原料。硫含量是重石脑油关键质量指标之一，硫含量高一般是由于反应脱硫醇效果差或者分馏效果不好导致少量硫化氢携带两种原因所致。重石脑油作为重整原料硫含量超过0.5ug/g时会对重整催化剂产生影响。重石脑油硫含量高的原因以及优化措施如下：

① 分馏流程对重石脑油硫含量有较大影响。当前大部分加氢裂化装置采用脱硫化氢汽提塔加分馏塔的分馏流程，轻石脑油及以上组分从脱硫化氢汽提塔顶切割出来，重石脑油及以下组分所含有的硫化氢全部在脱硫化氢汽提塔完成分离，实际上该流程无法确保重石脑油及以下组分所含有的硫化氢全部被分离出去，造成微量硫化氢进入重石脑油组分。建议增加重石脑油脱硫罐，实现微量硫化氢的完全脱除，降低重石脑油硫含量，达到重整进料的要求。

② 裂化反应器后部温度过低导致反应生成的硫醇不能脱除，影响石脑油产品质量。裂化反应器内极少量的烯烃和硫化氢生成硫醇，裂化反应器后部补充精制段温度需要控制在合理的范围内，通过冷氢量控制各段床层入口温度尽可能相同，以确保有效脱除硫醇。

③ 反应超温导致后精制段催化剂积炭严重，积炭将催化剂微孔结构堵塞并覆盖活性中心，同时超温使得活性金属组分聚集，活性中心数量大幅度减少[10]，导致后精制催化剂加氢功能大大削弱，不足以脱除上部裂化所产生的硫醇，从而导致重石脑油中总硫含量超标。正常生产过程中应密切关注原料性质的变化，防止原料变轻反应深度变大导致温升过大；新氢定期采样分析CO和CO_2含量，防止CO和CO_2含量过高时在氢气存在的情况下发生甲烷

化反应，释放大量的热，造成积炭影响催化剂活性。日常生产中要注意冷氢阀开度，冷氢阀开度过大一旦发生超温则不能有效提高冷氢量，无法有效抑制超温；控制好加热炉出口温度和反应器入口温度，防止温度过高反应深度过大。

2. 增产工业白油

加氢裂化工业白油的特点是芳烃含量低，硫、氮和金属含量低，稳定性好，低温流动性好。增产工业白油的措施有：

（1）优化加氢裂化原料

从表 13-2-1 和表 13-2-2 可以看出，降低原料减三线蜡油比例、提高减二线蜡油比例、配炼减一线柴油和催化柴油均可提高 5#工业白油收率。值得注意的是，配炼催化柴油 5#工业白油收率增加幅度稍高于配炼减一线柴油时的收率，但是配炼催化柴油后导致白油芳烃含量增加。

（2）优化转化率

通过优化操作，提高反应温度，提高转化率至 70%，可提高白油收率。

（3）优化切割方案

加氢裂化工业白油馏程受制于它同轻柴油或者喷气燃料和尾油的切割点，改变产品分布，在保证喷气燃料及 5#工业白油质量合格前提下，适当降低喷气燃料收率，提高 5#工业白油提高白油收率。控制 5#工业白油抽出温度、白油汽提塔塔底温度、干燥塔温度，通过调整白油馏程确保 5#工业白油运动黏度合格，在保证 5#工业白油运动黏度合格的前提下，实现最大量增产 5#工业白油的目标。

（4）试产 7#工业白油

从表 13-2-3 可以看出，7#白油质量指标与 5#白油质量指标最大的不同点是 40℃运动黏度、闪点和倾点。优化白油抽出温度，提高白油终馏点温度至 380℃以上，提高工业白油的黏度，增设减压塔对宽馏分白油进行切割，拔除轻组分，确保闪点和黏度在指标范围内，对高黏度、高倾点的白油进行异构脱蜡降凝处理，进一步降低白油倾点。通过以上措施可生产出合格的 7#工业白油。

表 13-2-3　7#工业白油质量指标（执行标准：NB/SH/T 0006—2017）

项目		质量指标		试验方法	保证项目	分析频率
		标准指标	厂控指标			
运动黏度(40℃)/(mm^2/s)		6.12~7.48		GB/T 265		1 次/罐
闪点(开口)/℃	不低于	130	132	GB/T 3536		1 次/罐
倾点/℃	不高于	-6		GB/T 3535		1 次/罐
颜色/赛波特颜色氏号	不低于	+25		GB/T 3555		1 次/罐
铜片腐蚀(100℃, 3h)/级	不大于	1		GB/T 5059		1 次/罐
硫含量①/(mg/kg)	不大于	10	8	SH/T 0689		1 次/罐
芳烃含量(质量分数)/%	不大于	5	4.8	NB/SH/T 0966		1 次/罐
水分②/%		无		GB/T 260		1 次/罐
机械杂质③(质量分数)/%		无		GB/T 511		1 次/罐
水溶性酸或碱		无		GB/T 259		1 次/罐

续表

项目	质量指标		试验方法	保证项目	分析频率
	标准指标	厂控指标			
外观	无色、无味、无荧光、透明的液体		目测④		1次/罐

①也可采用 GB/T 11140 和 NB/SH/T 0842 进行测定，结果有异议时，以 SH/T 0689 方法为准。

② 可用目测法，即将试样注入 100mL 玻璃量筒中，在室温(20℃±5℃)下观察，应透明，没有悬浮的沉降的水分，结果为“无”。结果有异议时，按 GB/T 260 测定。

③可用目测法：即将试样注入 100mL 玻璃量筒中，在室温(20℃±5℃)下观察，应透明，没有悬浮和沉降的杂质，结果为“无”。结果有异议时，按 GB/T 511 测定。

④将试样注入 100mL 玻璃量筒中，在室温(20℃±5℃)下观察，无色，无异味，无荧光，无游离水。

3. 提高尾油黏度指数

加氢裂化尾油可作为催化装置原料、蒸汽裂解装置原料和高档润滑油原料。对于蒸汽裂解制备乙烯工艺来说，尾油链状烃含量与裂解收率具有紧密的关联性，而结焦周期同环状烃含量相关。对于原料中各种烃类裂解性能，链烷烃最适宜作裂解原料。芳香烃中除了少量带有烷基侧链的之外，芳香核不生成烯烃而生成高分子焦油。环烷烃主要裂解产物是芳烃，少量产物是烯烃。因此应选择链烷烃含量高的的尾油作为蒸汽裂解原料。这一点与高档润滑油生产对加裂尾油质量的要求相似，为相同催化剂性能、相同操作强度下产出的尾油同时作为蒸汽裂解原料和高档润滑油原料奠定了基础。提高尾油黏度指数的质量控制以及优化包括：

（1）提高转化深度

不论在低或高空速下，随着转化深度的增加，异构烷烃以及单环环烷烃的含量均在增加。在转化率不变的情况下，低空速的反应温度较低，低温有利于异构及芳烃加氢，故生成更多的异构烷烃和单环环烷烃。转化率小于 80%时增加转化深度，尾油收率下降，尾油黏度指数增加。

（2）优化原料组成

使用链烷烃含量高的石蜡基原料时，尾油黏度指数会升高，经过生产验证，配炼蜡下油能提高尾油的黏度指数，可以作为生产高黏度指数润滑油基础油的优质原料。

（3）优选润滑油型加氢裂化催化剂体系

润滑油型加氢裂化装置催化剂具有较高的异构化活性、断环能力、较低的裂化活性和较高的加氢活性，与高裂解功能的燃油型加氢裂化催化剂相比，其高加氢功能、弱裂解功能使得尾油在相同黏度指数情况下收率增加约 8%～9%，在相同收率情况下尾油黏度指数增加 8～9个单位。

（4）增设尾油窄馏分切割单元

尾油中的轻组分黏度指数低，影响尾油的整体质量，可以增设尾油预分馏切割单元，切除尾油轻组分，生产高黏度的尾油馏分用于制取高黏度基础油。

参 考 文 献

[1] 蔡学．液力透平在渣油加氢装置中的应用[J]．安徽化工，2017，01：71-73.
[2] 徐秀生．液力透平在石化行业中的应用[J]．通用机械，2013，03：23-27.

[3] 王冲．变频器调速技术在炼油厂中的应用[J]．黑龙江科技信息，2013，(15)：1.
[4] 王海军．变频器调速技术在炼油厂中的应用[J]．广西质量监督导报，2008，(09)：65-67.
[5] 史永波．低压变频器的应用与维护探讨[J]．住宅与房地产，2017，(33)：228.
[6] 秦念文．低压变频器的应用与维护探讨[J]．中国新技术新产品，2013，(15)：115.
[7] 王新栋．重芳烃清洗技术在加氢裂化装置上的应用[J]．石化技术与应用，2016，34(2)：148-151.
[8] 金德浩．刘建晖．申涛．加氢裂化装置技术问答[M]．北京：中国石化出版社，2006.
[9] 韩崇仁．加氢裂化工艺与工程[M]．北京：中国石化出版社，2001.
[10] 李大东．加氢处理工艺与工程[M]．北京：中国石化出版社，2004.

第十四章　加氢裂化及渣油加氢绿色开停工

第一节　加氢裂化绿色停工技术及注意事项

一、停工前准备工作

① 通知调度系统提前三天准备好约1500t(1.5Mt/a装置)低氮油，供停工置换用。

② 联系调度要求系统准备好合格的氮气，纯度大于99.9%。

③ 装置根据需要卸催化剂情况，准备足够的干冰。

④ 提前落实装置停工退油、密闭吹扫所需的临时设施。

二、停工导则

(一) 停工注意事项

① 为防止反应器床层超温，必须遵守先降温后降量的原则。

② 停工降温速度保持≯25℃/h，降压速度≯1.5MPa/h，监控点为各反应器入口温度。

③ 降温过程中，若高压换热器管程出口温度降至135℃之前，必须将反应压力降至4.0MPa以下，以防铬-钼钢回火脆化。(各装置根据不同材质参考设计院提供的温度压力曲线制定)。

④ 当反应炉管壁温<149℃，且炉膛达到安全检修交出条件时，及时对炉管壁进行中和清洗。

⑤ 反应系统必须用氮气置换。打开反应器之前，必须把反应器床层内最高点温度降低到50℃以下，避免卸剂时发生烫伤事故。

⑥ 系统通风前，敞口的奥氏体不锈钢设备需进行中和清洗，以防连多硫酸腐蚀。

⑦ 在降温过程中，每降25℃检查一次高温高压部位(如炉出口、热高分进出口)法兰泄漏情况，绝对不允许快速降温。

⑧ 如果停工后需要打开反应器，则反应器任一点温度至205℃前，要定期采样分析循环气中的CO含量(要求小于10ppm)，以防反应器内生成剧毒的羰基镍，如果CO含量大于10ppm，则需要进行氢气置换处理，直至CO含量小于10ppm。

(二) 反应系统停工(具体参数根据装置情况制定)

1. 降温降量

根据先降温后降量原则，以≯25℃/h的速度降低精制反应器、裂化反应器入口温度，参考标准每降1t原料油反应平均温度降0.3℃，根据氢耗停运新氢机。当进料负荷降低至60%时，停运原料泵液力透平。根据高压换热器温度，对注水点进行切换。

2. 低氮油置换

当反应床层最高点温度≤320℃控制进料量60%负荷，降低原料罐液位，引低氮油进行置换，低氮油置换期间，必须充分置换原料系统、跨线、循环线等含蜡油管线。短时启动原料泵备泵，对备泵进行置换。对原料过滤器进行多次反冲洗。

3. 切断进料

低氮油置换结束后(目测尾油外观无蜡油即可)，分阶段降低进料负荷(建议分两步进行，第一步从60%负荷降至30%，第二步从30%降至15%)，负荷调整过程中同步提高泵出口最小流量，确保进料泵在设计负荷范围内，同时及时调整入口温度以防反应器超温。拉低原料罐液位，并进行液位核对，停运原料泵，控制反应温度至320℃。

注意事项：停泵后及时关闭最小流量线，再打开泵出口冲洗氢手阀，对泵出口管线进行冲洗氢吹扫8h，开阀过程要缓慢，并注意反应器入口温度变化，防止法兰呲开。

4. 停循环氢脱硫系统，停注水

低氮油置换结束，化验分析循环氢中硫化氢含量，当连续2个样品循环氢中硫化氢含量<10m/m^3，则停运贫液高压泵，注意防止出现高压窜低压。低氮油置换结束后，注水时间不小于4h，再停注水泵。

5. 热氢带油

进料泵停运后，控制精制反应器入口温度320℃，关闭所有冷氢阀，提高循环氢压缩机转速，以最大循环氢流量对反应系统循环赶油，达到热氢带油的目的，以高压分离器液位不再上涨作为结束标志。

6. 恒温气提

循环赶油结束后，降低高压分离器液位至30%，以≯25℃/h升温速度提高反应器温度至350℃(以反应炉负荷为准)，恒温气提12h，以充分赶尽反应器内残油，疏松催化剂床层。

7. 降温降压、恒温解氢

恒温气提结束后，停运新氢压缩机。建议以≯25℃/h速度降低精制、裂化反应器床层温度至250℃，以≯1.5MPa/h降压速度降低反应系统压力至8.0MPa。随后进行恒温解氢。是否需要恒温解氢操作工况以设备要求为准。

8. 降温降压，停运循环氢压缩机

恒温解氢结束后，以≯25℃/h速度对反应系统进行循环降温，逐步熄灭加热炉火嘴，加热炉熄炉后以≯1.5MPa/h速度泄压，高压换热器出口温度降至135℃之前，必须把压力降到4.0MPa。温度和压力数值，各装置根据不同材质参考设计院提供的温度压力曲线制定。

9. 反应系统降压

循环氢压缩机停运后，反应系统以≯1.5MPa/h速度泄压至0.05MPa。

① 在循环赶油阶段，确认高压分离器液位没有上升时及时将高压分离器液位降至30%以下，切断高压分离器与低压分离器，此时低压分离器与分馏系统进行全面退油。

② 反应器降温到150℃后降温速度开始缓慢，反应系统压力降至4.0MPa停止降压以保证尽可能多的循环量加快反应器催化剂床层降温，同时可全开高压空冷，全开加热炉烟道挡板、看火窗及快开门，打开高压换热器热旁路。待反应器催化剂床层温度50℃以下开始泄压。

10. 氮气置换，隔离

联系调度，反应系统充氮气至 0. 3MPa，往低瓦泄压至 0. 05MPa，重复置换，从裂化反应器出口及循环氢压缩机出口采样分析，当反应系统介质中连续两个样品烃+氢含量<0. 5%(体)、H_2S 含量<10mL/m^{3}时，停止氮气置换。氮气置换合格，泄压至微正压，进行反应系统隔离。氮气置换时充压不宜过高，充压至 0. 3MPa 开始泄压，宜低压多次置换。

(三) 分馏系统停工

① 有干气脱硫及液化气脱硫系统的根据具体情况切出处理。

② 降温降量，低氮油置换。当反应系统降温降量后，尽量保证汽提塔进料温度不变，当温度降至 180℃时，停汽提蒸汽。适当降低各分馏炉负荷，将分馏产品改走不合格线，控制各炉温度在 250℃左右，降温速度控制在≯25℃/h。

分馏系统进行低氮油置换，期间适当降低塔压，注意对开工循环线、跨线、返塔线进行置换，拉低各回流罐及各侧线汽提塔液位。对塔底泵进行逐一切换，同时打开预热线进行置换，以目测尾油外观无蜡油为置换终点。

③ 循环降温。低氮油置换结束后，以≯25℃/h 继续降低塔底温度，直至停炉，降低分馏塔温度至 80℃以下。如降温速度太慢，可通过利用开工旁路阀建立分馏大循环以加快降温。

(四) 退液

1. 反应系统退油

联系调度、油品，改好流程，做好接收残油准备。停进低氮油后，从边界充氮气或蒸汽，将原料油过滤器、换热器及管线内低氮油退至原料缓冲罐，提高原料缓冲罐压力到 0. 3MPa，将罐内残油压至污油罐。循环赶油结束后，降低高压分离器液位，待系统压力降至 0. 5MPa 时，将高压分离器内残油全部退到放空大罐(接临时线)或地下污油槽。

2. 分馏系统退油

当低氮油置换结束，分馏炉全部熄炉后，控制低压分离器压力 0. 7MPa，将低压分离器残油全部退至汽提塔，顺流程将各塔液位退至最后一个分馏塔，通过尾油泵将残液退至系统污油罐。通过分馏进料炉或重沸炉泵出口氮气或炉前氮气将泵出口管线残油顶至炉管，最终进入分馏塔。退油时各加热炉分支进料逐路顶油。氮气顶油期间注意分馏塔压力，防止超压。

其他管线(包括垫油线、循环线、开工线等)、塔、泵、容器内的残油通过低点排至地下污油罐，注意排放速度，防止油溢出。退油结束后，将地下污油罐的油通过泵送出装置。

3. 脱硫系统退胺液

循环氢脱硫塔停运后，降低脱硫塔压力至略高于胺液缓冲罐，将胺液退至胺液缓冲罐或地下溶剂罐。

干气脱硫塔内胺液经富液闪蒸罐全部退至胺液系统。富液过滤器内胺液退至溶剂地下罐，从贫液过滤器处顶除盐水，将胺液退至胺液缓冲罐。退液时注意监控胺液缓冲罐液位，防止造成满罐，退液时必须专人监护。各塔残余胺液及各低点部位通过临时接管排至地下胺液罐。

液化气脱硫塔同样处理。

为充分赶尽系统内残余胺液，需要用除盐水对管线、塔、罐等进行多次置换。

（五）密闭吹扫

1. 通用要求

① 凡存放过可燃、易爆、有毒、有害物料的设备及管道，在检修或动火前，必须进行系统性的排净物料，吹扫、置换并分析合格。

② 装置停开工须将吹扫、置换方案写入停开工方案，并配吹扫流程图，杜绝死区。停工吹扫前，要对所有参与检修部分和不参与检修系统进行盲板隔离，防止油气互窜，影响吹扫效果。

③ 吹扫置换应遵循先主路后支路的原则进行，吹扫置换方案一般编入装置停开工方案中，方案编写需包含吹扫总体要求、吹扫流程简要描述、吹扫流程图、吹扫方式、吹扫过程压力温度控制值、吹扫验收标准等信息。吹扫流程图应明确标识吹扫介质、进气点、排气点、温度控制点、压力控制点、吹扫相关动静设备、吹扫过程流向等信息。

④ 装置停开工前应上报装置所需吹扫用汽用氮量，公司生产部门根据计划合理分配。

⑤ 装置停开工吹扫置换应严把质量关，要求定点、定区、定人吹扫，做到不留死角，按规定在吹扫作业票签字。吹扫结束后，统一组织检查验收。

⑥ 吹扫置换需采用合适的介质、压力和温度，严禁超压超温，吹扫气密过程必须注意保护催化剂、设备内件、仪表测量元件、在线分析仪及调节阀等。具体要求如下：

a. 所有仪表引压管线均应打开进行吹扫，并应在系统综合气密试验中再次吹扫。压力表、温度计等仪表必要时需拆除。

b. 应将吹扫管道上安装的限流孔板、止逆阀、调节阀、流量计等拆除，防止吹扫时流动的脏杂物将仪表元器件损坏。同时，还应对调节阀采取适当的保护措施(原则上阀前吹扫合格后再通过，必要时，需拆除后加临时短管连接)。原则上不得使用系统中调节阀作为吹扫的控制阀。如需要控制系统吹扫风量时，应选用临时吹扫阀门。

c. 所有放空火炬管线和导淋管线，应在与其连接的主管后进行吹扫，设备壳体的导淋及液面计、流量计引出管和阀门等都必须吹扫。

d. 管线吹扫时，必须保证吹扫介质的流动动能大于正常时介质的流动动能。为保证介质的流速，可采取使吹扫管线先升压再泄压的涨压式置换方法。用空气、氮气、蒸汽吹扫时，保证管内吹扫介质流速大于20m/s。

e. 为保证吹扫介质和杂物有一定的排放口，拆开的法兰应与原管道错位，或保持一定距离(150mm)，下游法兰口要设有挡板(挡板需固定)，防止杂物进入。

f. 吹扫时应注意人身安全，在排放处或排放区域设置明显标志警戒，防止无关人员进入而造成伤害。吹扫工作人员要佩戴好防护眼睛、耳罩、安全帽等劳保用品，确保人身安全。

g. 必须注意吹扫管线内介质的压力(或设备内的介质压力)不能超过设备或管线的设计操作压力。

2. 蒸汽吹扫

蒸汽吹扫是以不同参数的蒸汽为介质的吹扫，它有很高的吹扫速度，并且间断的蒸汽吹扫方式能够使管线通过冷热收缩、膨胀剥离管线内壁附着物，达到最佳的吹扫效果。蒸汽吹扫温度高、压力大、流速快，管道受热后产生膨胀位移，降温后发生收缩，所以要充分考虑到对系统结构的影响，保证吹扫时人身和设备的安全。

(1) 反应、分馏系统

① 密闭吹扫前须做好反应系统隔离，严禁蒸汽窜入反应临氢系统。

② 外来原料管线往原料缓冲罐退油、界区给汽吹扫，吹至原料缓冲罐，凝液退至污油罐，不凝气去火炬。

③ 原料过滤器给汽吹扫，去污油罐。

④ 分馏塔各侧线往分馏塔退油，侧线开始吹扫，塔底冷凝液开泵甩污油线，不凝气去火炬。

⑤ 分馏塔塔底油排至装置内污油罐。

⑥ 产品线从泵出口、边界处给蒸汽吹扫至装置内污油罐。

(2) 污油、火炬系统

① 在装置各系统吹扫重污油完毕后，开始吹扫装置重污油线。

② 在装置各系统泄压完毕，无需排火炬后，开始蒸汽吹扫装置火炬系统。

(六) 除臭钝化

含 H_2S 介质罐类、塔类选用防硫化亚铁自燃钝化剂钝化。包括罐类：汽提塔顶回流罐、脱丁烷塔顶回流罐、干气分液罐、分馏塔顶回流罐、含硫污水罐、含硫污水除油器、重污油罐、放空大罐。塔类：汽提塔、分馏塔、脱丁烷塔、干气脱硫塔、液化气脱硫塔。注意：装置如果有填料塔的必须参与循环钝化；其他设备包括各塔顶空冷器。

1. 总体原则

① 无异味、无自燃、效果好、用量少。

② 装置尽量减少除臭剂使用范围和使用量。

③ 除臭液禁止乱排乱放。

2. 使用要求

① 药剂需分步按需加入，禁止一次性加入。

② 除臭剂处理时间≥6h，除臭液 pH 值在 7~9 之间，无硫化氢气味，设备处理后硫化氢含量<10mL/m^3。

③ 钝化剂处理时间≥8h，钝化液 pH 值在 7~9 之间，设备接触空气后，无温度明显上升和硫化亚铁自燃现象。

④ 在清洗过程中每小时采一次样，进行 pH 值测定和颜色比对。

⑤ 利用率较低的除臭液或钝化液要采用循环利用，直至达到排放标准。

3. 操作案例

① 除臭、钝化步骤：退净工艺介质—简单密闭吹扫—除臭—简单水洗或少量蒸汽吹扫—蒸汽吹扫—钝化。

② 除臭废液退净后，要进行简单漂洗。漂洗污水和蒸汽吹扫凝液要进行 COD 含量分析，满足排放指标的可有序排放至含油污水系统，不满足排放指标的，要根据环保要求排至指定位置。

③ 碱渣系统建议采用钝化剂进行浸泡，通过钝化剂的强氧化性去除硫醇、硫醚等刺激性气体。

4. 防范措施

① 设备打开前，提前接好消防水带备用，保留相关塔器热电偶在 DCS 的显示，内操加

强监屏，防硫化亚铁自燃。

② 对于设备内有破沫网等附属设备时，建议在人孔打开前对破沫网进行钝化剂喷淋。

（七）中和清洗

根据设备及部位不同，中和清洗主要分为喷淋、循环清洗、浸泡擦洗三种方式及一个氮封措施。

1. 准备工作

① 提前对中和清洗设施进行检查、试运。

② 准备中和清洗化学药品，配置中和清洗液。

③ 提前准备好临时盲板等材料，拆除相关的头盖、短节，安装好临时盲板、消防水带、临时氮气线等临时接管。

④ 中和清洗所需要的架子提前搭好。

2. 浸泡及擦洗

部位：反应加热炉炉管外壁；反应器分布器、积垢篮等内件；热电偶、冷氢管及相关法兰口。

要求：当炉管壁温小于149℃，必须在24h内对反应炉管外壁进行中和清洗。分布器等内件拆出后即放入中和清洗槽进行浸泡，浸泡时间要求≮1h；热电偶及冷氢管及相关法兰口拆出后，用干净的抹布蘸取中和清洗液进行擦洗或用喷壶进行喷淋。

3. 喷淋

部位：精制反应器、裂化反应器内壁。

要求：中和清洗结束，用脱盐水再进行喷淋清洗一次，再用氮气或工业风吹干。

4. 循环清洗

部位：高压换热器管程、壳程。

要求：中和清洗结束，管程低点排净残液，用除盐水进行置换清洗，再用氮气或工业风吹干。

（1）高压换热器管程

清洗槽→临时泵→高压换热器管程出口混合器接临时管线→高压换热器→裂化反应器出口法兰接临时管线→清洗槽。

（2）高压换热器壳程

清洗槽→临时泵→高压换热器壳程出口法兰接临时管线→高压换热器→精制反应器入口法兰接临时管线→清洗槽。

要求：中和清洗结束，管程低点排净残液，用除盐水进行置换清洗，再用氮气或工业风吹干。

5. 氮封

部位：反应加热炉炉管、反应器入口管线、高压泵出口至流控阀管线。

要求：从反应加热炉流控阀前导淋处接临时氮气线，充氮至微正压，关闭控制阀上游阀及副线阀，反应器入口管线侧加临时盲盖封死。高压泵出口给氮气，充压至微正压后，关闭原料油进料流控阀上、下游手阀。

三、停工进度表

装置升、降温速度按18℃/h，升、降压速度按1.0MPa/h进行，总耗时168h。停工关键步骤及所需时间见表 14-1-1。

表 14-1-1　停工关键步骤表

时间	关键步骤	主要内容	耗时/h
前一天	液化气脱硫切出	液化气改走不合格线，液化气脱硫系统切出泄压	—
	降温降量	反应器降温(320℃)降量(60%负荷)，停原料泵透平	—
	低氮油置换	低氮油置换，注水点切换	—
第一天	切断进料	停原料泵，停运注水泵	4
	热氢带油	320℃循环赶油至高分液位不再明显上升	8
	全面退油	320℃循环赶油结束，分馏系统全面退油	24
	恒温气提	以≯25℃/h 升温速度提高反应器温度至 310~350℃(视加热炉负荷)，恒温气提 12h	12
第二天	降温降压	以速度 15~20℃/h 降温至 250℃、降压至 8.0MPa	8
	全面吹扫	分馏、脱硫系统全面开始吹扫	72
第三天	恒温解氢	250℃、8.0MPa 恒温解氢 24h	24
第四天	降温降压	高压换热器管程出口温度降到 135℃时，将反应系统压力降到 4.0MPa 以下	8
第五天	停循环氢压缩机	反应炉熄炉，反应器床层降至 50℃	44
第五天	停循环氢压缩机	停运循环氢压缩机，反应系统泄压至 0.05MPa，氮气置换合格	48
第六天	中和清洗、钝化	反应器拆顶头盖，出入口法兰加盲板。反应炉及高压换热器中和清洗，高硫化氢部位除臭、钝化	50
	装置隔离	界区加盲板，系统采样分析	
合计(7 天)			

四、停工过程注意事项

1. 组织机构

装置停开工要建立相应组织机构，固定专人指挥，理清思路，协调好各个步骤之间的衔接，控制好停开工工作节奏。组织足够的开工操作人员，通讯联系途径通畅；机电仪各专业保运力量充足，联系沟通紧密；相关部门主动服务一线，及时联系协调。

2. 停工培训

在停工前要进行“三讲”，并组织考试，确保各级人员熟练掌握停工方案和大修改造变更内容及相应操作要求。操作室要有书面版停工方案和关键步骤确认表。停开工过程要加强联系汇报。工艺物料、公用工程介质的引入、送出或排放要提前与总调和上下游装置沟通联系，同时加强内外操、岗位之间的横向联系。

3. 停工过程

(1) 停工前

① 组织清理装置存在问题，并在设备打开后进行验证。

② 对于无法验证阀门是否内漏的情况，不要急于拆堵头和盲板。

③ 停工过程中用到的临时设施，如电动葫芦、污油、污水转移泵等都要在停工前检修

完毕，确保好用；临时退液管线要接好。

④ 各装置在停工前要组织对污水井进行疏通、污泥打捞，修补地面裂缝；对污水池收油，期间要监控污水池油位并组织力量收油，避免含油污水中大量带油冲击排水。工贸公司要组织好污油转移力量，满足停开工需要。

⑤ 停工污水排放前要按高浓度污水、低浓度污水做好排放计划的申报。

⑥ 停工装置要明确进装置循环水阀门关闭时间，做好各水冷器管束抽出时间对接。

⑦ 列出吹扫后钝化期间装置需要投用的仪表清单交付仪表专业。

⑧ 上游装置提前列出碱渣计划排放量，同时下游排水装置腾出相应罐空，以便碱渣装置拉低原料罐库存。

（2）停工中

1）流程动改

停工过程中物料的引用、停用，必须按“先值班调度后上下游装置”顺序联系，同意后方可进行流程动改作业，作业期间要加强横向沟通，作业完成后要确认数量、质量是否满足要求。内外操联系、岗位之间横向联系、岗位与调度之间联系要做好指令复述工作。物料停出装置后，要立即关闭边界阀；操作边界阀前要汇报调度并做好上下游岗位联系，要关闭边界双阀，并确认是否内漏。停工污水排放前要做好污染物的分析，符合指标才能排放。异常排放必须提前向环保部门、公用工程部沟通通报。要做好停工装置停运管线的放压工作。储罐有条件的要静罐放压，确认阀门是否内漏。

2）质量控制

物料线停工过程有顶水作业的，要尽可能减少顶水出装置的量，同时通知下游储罐安排单罐储存，做好脱水工作。停工期间，不合格液化气必须经过脱硫后进罐区单独储存，并做好液化气脱水。

3）降温、降压

为防止反应器床层超温，必须遵守“先降温后降量”的原则。停工降温速度严格按方案要求，监控点温度为各反应器入口温度。降温过程中，外操要加强巡检，特别要关注温度变化较大的部位。做好设备升降温过程中的热紧工作。

4）置换、退工艺介质

为减少污油产量，装置停工切断进料前，要尽量拉低各塔、罐液位。反应系统切断进料后，要加强高分液位核对，避免因液位排空造成高压窜低压。热氢带油要完全，做到不冒进、不拖沓。为有利于氮气置换，反应系统各低点要脱液完全。氮气置换工作要控制排放量，防止大量排放影响回收瓦斯热值。退油工作要服从统一安排，防止同时退油时造成物料互串。各装置停工过程中严格控制向低瓦排放速度，防止水封突破而放火炬。溶剂系统残液要退至溶剂回收罐，不得就地排放而冲击排水系统。重油单元要紧密衔接“油洗”各个相关步骤。注意对循环线、控制阀副线、换热器旁路等管线均要进行置换。要注意边界条件控制，退轻污油不能带烃，退重污油不能带轻污油。装置退油至重污油系统时，要严格控制介质出装置温度。

5）吹扫气密

密闭吹扫要写明各个系统的最高吹扫压力，以便操作人员控制。不要遗漏装置循环线、开停工线、设备及控制阀旁路、导淋、引压线等“死区”管线的吹扫。要同步联系仪表人员吹扫。吹不通的管线要采取措施处理通，吹扫后低点导淋要打开，排尽残液。充分关注吹扫交接界面之间的吹扫，可采用脱法兰等形式避免污染物互串。脱法兰前，要严格确认管线内介质已退液处理完毕，并根据介质物性采取相应安全防范措施。注意氮气置换、吹扫，防止氮气窒息中毒。吹扫、排放等过程，做好电动机、操作柱等保护工作，以免外表污染，标识不清。严禁用蒸汽、水等介质冲电动机、现场动力箱、控制箱表面等。各装置停工用水要做到计划用水，应编制用水计划；要严格用水管理，杜绝跑、冒、滴、漏；杜绝用循环水冲地、顶线、就地排放或作它用，所有循环水必须回收。

6）盲板管理

停工盲板专人负责；不要将“盲盖(法兰盖)”混淆为“盲板”。盲板位置要写(画)明确、清楚，明确密封要求。根据需要隔离的工艺介质、温度、压力以及现场盲板拆装部位实际情况选用合适等级的盲板。停工隔离盲板要利用可燃气体检测仪等设备查漏。

7）催化剂

固定床装、卸剂要有方案，并安排专人按方案要求逐项确认。密闭吹扫及临时设施连通各系统时，存在互串风险，要重点检查，做好流程隔离及操作监管，杜绝停工及吹扫期间有害物料窜入反应器(或其他装填有催化剂类)床层，损害催化剂。做好床层与检修单元的盲板隔离，及检修期间相应容器内氮气氛围保护工作，杜绝空气等影响安全或催化剂性能的物质串入。

8）公用工程

各氢气、蒸汽、风、氮气等公用工程介质生产与使用单位，要按照调度统一指挥做好系统平衡工作。各停工装置按要求进行错峰交叉使用，内部要进行优化分级利用。系统管线处理要严格按照方案执行，在执行过程中，各单位要加强沟通联系，如方案需调整或执行过程中遇到问题，必须与原方案制定人员联系确认。管线处理过程中，要特别关注法兰盲肠、支线等可能未吹扫到而存油的情况。各停工装置应严格遵守循环水系统清洗安排，按计划完成水冷器的检修、投运工作，参加循环水系统的清洗、预膜。严禁装置冷却器有停工不停料现象，要防止物料倒串入循环水系统。循环水系统管线动火前要加强可燃气体检测，同一连通管线原则上只安排一处动火作业。

9）“三废”处理

装置三废处置要提前报计划，计划要报全、报准(量准、时间准)。固废处理要提前判定是否可以回收利用，不能用的按判废处理。

10）化验分析

安全分析前落实专人巡检检测点是否具备检测条件，确认已结束吹扫并通风置换、人孔已打开、采样口无明显油泥、温度不超过40℃、高处分析点已搭建采样平台及阶梯，已具备检测条件的用测温仪和便携式测爆仪预检一下，对发现高温或可燃气不合格的加强置换或吹扫。对于需要通过导淋口分析露点、微量氧的分析点，在导淋口已安装转接头，能够密闭连接外径为$\phi 1/4$的硬管。对于检测不合格的加强吹扫或置换，便携式自测合格后再发起委托。

(3) 交付检修

① 停工交出前，所有低点导淋全部打开，并确认所有导淋畅通。

② 采用碱洗、氮气保护等措施防止奥氏体不锈钢发生连多硫酸腐蚀。

③ 严肃做好各类作业票的填写及施工管理。

第二节　渣油加氢绿色开工技术及注意事项

一、渣油加氢绿色开工技术

1. 准备工作

① 确认检修项目已经完工，施工质量达到装置长周期运转的要求。

② 联系仪表工作人员对装置仪表进行校验，对 SIS 联锁系统进行调试，确保仪表正常投用达到开工条件。

③ 工艺流程经三级检查并确认无误。在停工检修过程中所加的盲板已全部拆除，拆开的放空盲盖及蒸汽吹扫盲板已回装，改动过的流程已经复位，确保流程达到开工条件。联系仪表投用各仪表引线，严格检查流程。检查各公用系统能否投用。

④ 逐步将氮气、蒸汽等公用介质引进装置，并要求上游装置、公用工程等单位确保正常供给，联系化验、仪表、电气、钳工等单位配合开工。

⑤ 联系调度准备开工柴油、蜡油、渣油、胺液、氮气等原料，相关的系统管线达到投用条件。

⑥ 机泵试运合格并处于备用状态。

⑦ 准备好气密用具。

⑧ 对装置的改造项目已向操作人员交底，并进行开工“三讲”和操作培训。

⑨ 开工硫化过程中所需的硫化剂准备妥当。装置催化剂预硫化所用原料油为直馏常三线和直馏 VGO(减二线)，建议各指标满足表 14-2-1 要求。

表 14-2-1　开工硫化油指标

原料油	常三线直馏柴油	直馏 VGO
硫含量/%	≮0.8	≮2.0
氮含量/(μg/g)	≯390	≯600
残炭/%	≯0.01	≯0.1
馏程/℃	ASTMD-86	ASTMD-1160
初馏点/℃	≮180	
终馏点/℃	≯380	≯610

2. 开工步骤

装置开工前应进行氮气置换，合格标准为连续两次采样分析氧含量<0.5%，置换合格后进行气密。置换及气密时联系仪表对引压线同步进行置换、气密。

(1) 氮气气密低压系统

① 原料系统氮气气密。

② 分馏系统氮气气密。

③ 冷低分、热低分气密。

④ 胺液及低压脱硫系统气密。

⑤ 瓦斯及干气系统气密。

⑥ 冲洗油系统气密。

⑦ 新氢及新氢压缩机系统气密。

⑧ 火炬放空系统气密。

(2) 反应系统开工

① 氮气气密。反应系统引氮气置换合格后，分别进行 1.0MPa、2.0MPa、3.5MPa 氮气气密。如氮气压力能够达到操作压力，则气密至操作压力。

② 反应系统氢气气密，引开工油。氮气气密通过后，将反应系统泄压至 0.05MPa，引氢气充压至 1.0MPa、2.0MPa、3.5MPa，进行氢气气密。引开工油往原料罐垫油，液位建立后，进行脱水，并外甩污油。

③ 注意事项：

a. 检查并确认临氢系统采样点氮气置换至氧含量<0.5%(体)后，才能向装置内引入氢气。

b. 新氢中 $CO+CO_2<20mL/m^3$，Cl^-含量$<2mL/m^3$。

c. 气密试验要严格按设备升温升压规定，一般升温速度≯25℃/h，升压速度<1.5MPa/h。

d. 开循环氢压缩机：3.5MPa 氢气气密通过后，开循环氢压缩机，点反应炉升温。

e. 启动注水泵：开循环氢压缩机后，启动注水泵对循环氢进行清洗，污水排往含油污水管网，除去气体中的催化剂粉末至水清后停泵。

(3) 柴油循环冷油运

① 引柴油，向原料罐垫油，投用过滤器，向滤后原料缓冲罐垫油。

② 原料缓冲罐建立液位后，启动开工泵，向热低分垫油。

③ 热低分建立液位后，自压将油压至分馏塔，建立液位，开分馏塔底泵，柴油开路外甩 4h 后，建立闭路循环。

(4) 反应加热炉点火，升反应器表面温度

① 反应加热炉点火。

② 以 15℃/h 速度，炉出口升温至 160℃，恒温。

③ 反应加热炉出口恒温，直到反应器和热高分所有的表面温度大于最低升压温度(具体数值以设备限制为准)。

(5) 分馏加热炉点火，原料、分馏系统热油运脱水

① 分馏加热炉点火。以 15℃/h 速度将炉出口向 160℃升温。

② 分馏系统恒温脱水。

(6) 反应系统氢气气密

① 反应系统引氢气以≯1.5MPa/h 速度升压。

② 对反应高压部分分别进行 5.0MPa、8.0MPa、10.0MPa、13.0MPa、15.0MPa 压力等级下的全面气密检查。气密最高压力根据企业实际情况制定。

③ 进行急冷氢实验，另外首次开工装置进行紧急泄压实验。

(7) 反应系统进柴油，建立循环

① 原料引硫化柴油。

② 开高压进料泵，向反应系统进料。

③ 柴油穿透系统后，分馏塔底泵开泵外甩 4h，采样检查油品中催化剂粉尘含量，确认无粉尘后改为全循环。外甩时间由企业根据实际情况制定。

(8) 柴油、蜡油预硫化，反应升温

催化剂硫化步骤参照催化剂供应商提供的硫化方案。

(9) 系统引渣油

系统引渣油，反应进料逐渐切入渣油。

3. 开工关键步骤时间

从第一天 8：00 氮气气密到第八天 8：00 掺渣油，总时间 168h。

开工关键步骤见表 14-2-2。

表 14-2-2　开工关键步骤表

时间	步骤	内容	耗时/h	占总耗时时间/h
第一天	反应、分馏氮气气密	原料、分馏系统氮气气密	8	
		反应系统引氮气置换，直至反应系统氧含量≤0.5%；氮气气密 1.0MPa、2.0MPa、3.5MPa 合格	16	24
第二天	氢气气密，建立柴油循环	氮气泄压至 0.5MPa，开新氢压缩机，引氢气至 1.0MPa、2.0MPa、3.5MPa 气密合格	10	34
		引柴油，建立闭路循环	14	48
第三天	加热炉点火，催化剂脱水，升温；分馏炉点火，柴油长循环热油运；反应系统循环升温	开循环氢压缩机、反应加热炉点火，以 15℃/h 升温至炉出口温度 160℃。反应加热炉炉出口 160℃ 恒温，直到反应器和热高分所有的表面温度大于最低升压温度。(温度由设备材质决定)	36	72
		分馏加热炉点火，以 15℃/h 速度，炉出口向 160℃ 连续升温，恒温脱水	11	时间重叠
第四天	柴油长循环热油运；氢气升压气密	分馏长循环	8	
		引氢气以≤1.5MPa/h 速度升压，分别进行反应系统 5.0MPa、8.0MPa、10.0MPa、13.0MPa、15.0MPa 氢气气密，直至合格	24	96
第五天	启动高压进料泵，反应进油	原料引硫化柴油，开高压进料泵，向反应系统进油	2	98
		柴油穿透系统，热高分建立液位后，排去分馏塔	4	102
		分馏塔底泵开泵外甩 2h，采样检查油品中催化剂粉尘含量，确认无粉尘后改为全循环，外甩时间由企业制定	3	105
第六天	催化剂预硫化	按照催化剂供应商提供的硫化方案进行催化剂预硫化	60	165
第七天	切换渣油	系统引渣油，按照方案逐步切换	3	168

二、注意事项

① 严防 N_2、H_2、燃料气含危险杂质带来的风险。送入装置的 N_2、H_2、燃料气极大可能

含有 O_2、H_2O，要制定相应风险控制措施，原则上这些公用介质要经分析合格后才能引入系统。

② 严禁超压。塔、容器试压前要先投用火炬系统和安全阀，并确保火炬泄压系统畅通。

③ 严禁超温。开工过程中要注意检查燃料气压力是否稳定，是否带液，各加热炉严防超温，有燃料气加热系统的都要全部投用。升温过程中，要注意催化剂床层的温度变化，单床层温升不得高于20℃。

④ 严防物料满塔、满容器。塔、容器进料前要确保仪表和现场液面计好用，进料时要用现场液面计校核仪表液面计，外操每次巡检时，内外操都要校核各液面，并做记录。

⑤ 严防跑油。引油前要按照“放空点、导淋点”台账对这些点是否关严进行逐个三级确认，确保不跑损物料。

⑥ 严防窜油。开工改流程要严格控制遵守“三级”确认，人随油走，事后要回头。

⑦ 严防 H_2S 中毒。装置内有异味，一定要查找源头，绝不能放过。若装置内塔、容器有管线与火炬系统相连，在打开塔、容器顶放空或底部排凝时，要确认与火炬相连的阀门已关严，防止火炬的 H_2S 倒串，造成人员中毒。

⑧ 装置开工时，引物料要慎重。若要向某一区域引入物料，开阀门要先开一点点，看看周围、相关区域有否异常(尤其是引入气体)，没有异常才能再开大阀门。

⑨ 装置开工时，要试放火炬一次，验证放火炬线后路是否畅通。试放火炬前，火炬管网中的氧气一定要置换干净。

⑩ 严防高压串低压。要控好热高分、冷高分、循环氢脱硫塔的液面/界面，外操每次巡检要与内操核对液位、界位。

⑪ 在升温升压的过程中必须严格遵守奥氏体不锈钢的回火脆性要求。

⑫ 在升温、升压过程中，要加强对高温、高压部位的检查，防止泄漏事故发生或扩大。

⑬ 注意炉管壁温的变化，防止炉管超温而结焦。

⑭ 原料油过滤器的反冲洗时间要根据原料的变化适当调整。

⑮ 在引新氢入装置时，注意加强新氢机入口分液罐的脱液工作，防止新氢机液击。

⑯ 保持放空大罐无存液，保证放空系统畅通，以备紧急泄压。

⑰ 投用液力透平时，动作要慢，防止热高分、循环氢脱硫塔液面大波动。

⑱ 注意与调度协调与沟通，落实与外界系统相关流程的确认，特别是切换蜡油和渣油时应及时向调度汇报，确认产品后路改线情况。

⑲ 内外操加强仪表的核对工作，不得想当然地认为仪表正常，要根据流程上相关的物料参数变化进行综合判断。

⑳ 从柴油切换蜡油时，要注意容器的液位变化情况，对于双法兰液位计，同样的显示值，容器蜡油的实际液位要比柴油时的液位要低；从蜡油切换渣油时，要注意容器的液位变化情况，对于双法兰液位计，同样的显示值，容器渣油时的实际液位要比蜡油时的液位要低。

㉑ 在切换渣油原料的时候，要密切留意床层压差的变化，如果压降上升较快，则要适当降低切换速度。

第三节 加氢装置固定床催化剂装卸剂管理

一、固定床催化剂装填

固定床催化剂在反应器中的装填情况至关重要，催化剂的装填质量将直接影响催化剂床层的物料分布和压降，甚至影响催化剂的反应性能和使用寿命。如果催化剂装填不当，则会造成催化剂装填量不足、装填密度不均，导致催化剂床层压降异常、产生沟流、出现床层反应温度分布不均和热点，使催化剂使用性能恶化，影响产品分布和产品质量，严重时还会导致催化剂床层结焦堵塞，致使装置被迫停工。因此，必须高度重视催化剂装填工作，严格按要求进行催化剂装填。同时，为确保固定床催化剂装填(包括有氧、无氧环境的装剂和卸剂)过程的安全、有序进行，特制定本管理建议，仅供参考。

1. 装剂前准备工作

① 催化剂装剂方案编制并审核完成，施工方装剂方案完成并经过会签，绘制装填图并在现场发布。

② 催化剂装填组及相关配合人员已落实，催化剂装剂人员都持有无氧作业证并经过安全教育。

③ 检查反应器出口收集器和卸料口挡板是否安装正确，出口集合器是否有堵塞、螺丝固定是否牢固、不锈钢丝网是否完整，对分配盘、冷氢箱等内构件做全面检查，确保内构件完好。

④ 在催化剂的装填现场和反应器的顶部搭好遮雨的临时防雨棚，所有催化剂和瓷球以及相关材料等已经检验合格并运至现场，卸至铺设好的栈板上，堆放不超过两层。将相同型号、相同生产批号的催化剂放置在一起并加以标识。在现场堆放催化剂时，要充分考虑好进行催化剂装填作业时作业人员和机具的作业空间。

⑤ 准备好装填催化剂的工器具及装剂人员劳动保护用品，吊车现场就位。

⑥ 装剂所需的各类记录表格准备好，参与催化剂装填人员应先掌握装填要领，并按照催化剂装填监护、测量、记录催化剂用量和装填数据等工作安排好人员。

⑦ 配合装剂的铲车安排好，作业人员的供风设施准备好。

⑧ 准备好装剂需回装的热电偶及仪表清单，并由专人负责。

⑨ 如夜间作业，作业平台安装临时防爆灯，保证充分照明。

⑩ 反应器系统用盲板与其他系统断开，系统压力降至常压，反应器人孔具备打开条件。

⑪ 打开反应器人孔后，先用非净化风管通入反应器底部吹扫置换一段时间后，经采样分析 O_2 含量在 19.5%~22%(体)范围内方可进入，作业前必须办理受限空间作业票。

⑫ 进行装填作业时由专人对进入反应器的人员供氧、供水及通信设施进行监视。通讯、通风以及防护措施未经检查、确认，任何人员不得进入反应器内工作。

⑬ 催化剂装填前各项准备工作按照表 14-3-1、表 14-3-2 进行确认。

表 14-3-1　催化剂装填准备表

项目		确认人
催化剂装填网络已制定	□是　□否	
现场催化剂装填图与审批版一致	□是　□否	
现场雨棚或雨布已准备完毕	□是　□否	
催化剂已采样结束，催化剂干燥，无结块、杂物等现象	□是　□否	
催化剂品种、牌号、规格准确无误	□是　□否	
反应器内打扫干净，无杂物	□是　□否	
负责催化剂装填监护、测量、记录人员及催化剂供应商已到位，人员资质能够满足装填技术要求	□是　□否	
反应器内部已按装填图要求进行划线标高	□是　□否	
反应器出口收集器安装符合要求，格栅网无破损	□是　□否	
反应器卸料管已安装复位，卸料管内已填充好挡板、陶纤和瓷球(根据企业实际情况制定)	□是　□否	
已按要求完成反应器空高测量	□是　□否	
内构件已安装完成，水平度偏差小于反应器直径的 0.1%～0.3%或 6mm，以数值较低为准	□是　□否	
反应器通道板已拆除	□是　□否	

表 14-3-2　反应器空高测量

项目	空高/mm
反应器入口至出口收集器	
反应器入口至下床层分配盘下沿	
反应器入口至上床层格栅	
反应器入口至上床层分配盘支撑梁下沿	

注：以反应器入口法兰面为测量基准。

2. 催化剂装填步骤

① 装剂用的下料帆布管应紧固连接在置于反应器器口的偏心料斗下方的滑阀后面，将帆布管放入反应器内，根据催化剂料面与帆布管的出料口的距离，当需要时，就用剪刀剪掉一段帆布管来保持催化剂自由落入料面的高度在规定要求内。

② 反应器内应有梯子和照明设施，方便装剂人员进行操作和工作检查。

③ 器内操作人员在进行装剂操作时，应缓慢打开最底端的滑阀并由操作人员移动帆布袋，均匀地向四周方向分布催化剂或瓷球。

④ 反应器内部帆布管上配置的 *Dg*150 滑阀和滑阀下面连接的帆布管离装料面的高度和帆布管的松紧度要适宜，用于标示每种催化剂装填高度的划线要清晰和准确。

⑤ 根据各反应器预先确定的催化剂或瓷球的装填位置和装填高度，操作人员根据划线要求进行装填，按要求每装完一层后都要由技术人员测量料面高度并计算装填密度、鉴定认可并对料面平整后方可再装下一层催化剂或瓷球。

⑥ 装填催化剂时，若该催化剂的总需要量超过 1m 高度，应在装填到一定吨包数或料斗数时

进行料面高度测量并核算催化剂的装填密度，目的是及时检查装填密度是否符合设计要求。

⑦ 每种催化剂装填完毕后，进行质量确认，达到合格要求后，反应器内人员撤出反应器。

⑧ 反应器内的催化剂装填完毕后，有关人员签字认可，将反应器内构件回装，确认无误后封口。

⑨ 催化剂装填过程按照表 14-3-3、表 14-3-4 逐项确认。

表 14-3-3　催化剂装填表

项目		确认人
下床层底部支撑瓷球装填完毕	□是　□否	
作业人员进入器内须穿专用干净软靴站在软垫或木板上，不允许直接踩在催化剂上	□是　□否	
催化剂密度偏差不超过供应商提供的理论装填密度的±3.0%	□是　□否	
主催化剂料面高度测量三个点，各点高度偏差不超过反应器内径的 8%	□是　□否	
下床层催化剂装填完毕	□是　□否	
下床层顶部覆盖瓷球装填完毕	□是　□否	
下床层热电偶根据催化剂装填情况逐根回装完毕	□是　□否	
下床层分配盘安装完毕	□是　□否	
冷氢箱安装符合要求，冷氢箱内无杂物	□是　□否	
冷氢管法兰连接紧固、密封，冷氢喷嘴畅通，安装符合要求	□是　□否	
下床层通道板已安装完毕	□是　□否	
器壁周边、格栅和冷氢管的缝隙已用陶纤、钢丝网填好、压实	□是　□否	
如器内有反应器联通管，则装填好瓷球，并按要求放置两块半圆形铁片	□是　□否	
上床层底部支撑瓷球装填完毕	□是　□否	
上床层催化剂装填完毕	□是　□否	
上床层顶部覆盖瓷球装填完毕	□是　□否	
上床层热电偶根据催化剂装填情况逐根回装完毕	□是　□否	
入口分配盘安装完毕	□是　□否	
入口扩散器安装完毕	□是　□否	
反应器头盖安装复位	□是　□否	

表 14-3-4　催化剂装填记录表

序号	型号	装填方式	斗数	重量/t	空高/mm	净高/mm	理论堆比/(kg/m^3)	实际堆比/(kg/m^3)	时间	记录人	确认人
1											
2											
3											

装置名称：______设备位号：____直径/截面积：______m/____m^2　装填公司：________

3. 催化剂装填注意事项

① 催化剂在搬运过程中要轻放、轻卸，避免催化剂破碎。

② 催化剂装填应在晴天进行，一旦发生天气突变下雨，应立即将反应器打开的人孔用雨布封好，同时将装料斗里和地面的催化剂用雨布严密遮盖好并捆紧。同时，反应器内通入压缩空气，保持反应器内微正压，防止湿空气进入催化剂床层。

③ 布袋装填过程中，应缓慢向下倒催化剂，并及时调整帆布管长度，保证催化剂自由下落高度不超过1.0m，以防催化剂破碎。密相装填过程中，要控制装填速度不大于$8m^3/h$，以防催化剂破碎或“架桥”。

④ 定期进入反应器检查料面平整度(每5~10斗一次)，比对装填密度，根据偏差情况及时调整。

⑤ 在催化剂装填过程及设备检查等关键步骤确认时，尽量采用拍照方式留作记录，如料面平整度检查、热电偶回装、冷氢箱及分配盘检查等，以备出现问题时有据可查。

⑥ 反应器分配盘、冷氢箱等内构件的完整性及清洁度对物料分布影响较大，检查人员要对内构件做全面检查，确保内构件完好。

⑦ 反应器装剂前，要提前准备好备用热电偶套管，对卸剂过程中损坏的套管要及时更换。

⑧ 装催化剂的漏斗和装催化剂的管线应接地，以防在装催化剂期间产生静电。

⑨ 如催化剂采用密相装填，则建议要抽出全部热电偶后再进行装剂。

二、固定床催化剂卸出

1. 卸剂前准备工作

① 停工催化剂卸剂方案编制并审核完成。

② 重油加工装置，为使床层催化剂尽可能疏松以便更容易卸出催化剂，装置停工时，恒温赶油和热氢带油时间尽可能长些。

③ 催化剂卸剂组以及相关配合人员已落实，催化剂卸剂人员都持有无氧作业证并经过安全教育。

④ 卸催化剂所需设备、工具和物料(如铁桶、编织袋、干冰)等落实。

⑤ 卸剂用临时管线、接头、盲板按要求设计并尽可能就位，卸料机提前送到现场并调试确认好用。

⑥ 与卸剂配套的中和清洗设施按要求就位。

⑦ 反应专用氮气线接好，并确认流程畅通。

⑧ 卸剂所需的各类记录表格等准备好，仪表准备好卸剂需拆装的热电偶及仪表清单，并由专人负责。

⑨ 夜间作业，作业平台安装临时防爆灯，保证充分照明。

⑩ 催化剂卸出前按照表14-3-5中内容进行确认。

表14-3-5　催化剂卸出准备工作确认表

项目		确认人
卸催化剂所需集装箱或铁桶、编织袋等工具已落实	□是　□否	
与卸剂配套的中和清洗设施按要求就位	□是　□否	

续表

项目		确认人
反应专用氮气线接好，并确认流程畅通，阀门挂禁动牌	□是　□否	
进入反应器前必须认真检查、调试氧气面罩，确认安全可靠和舒适	□是　□否	
明确卸出催化剂是否进行再利用，对再利用催化剂和回收催化剂要做好防雨、防潮工作	□是　□否	

2. 卸剂前条件确认

① 反应系统做好氮气置换，确保反应器内的爆炸性气体（H_2和烃类）含量小于0.2%。

② 反应器催化剂床层必须冷却到50℃以下。

③ 反应器底部或冷氢线接通氮气，并保持反应系统0.01MPa微正压（临时线氮气线上压力表指示）。

④ 反应器头盖拆除后，其入口管线侧装临时盲板，反应器底部可拆卸弯头拆除后，靠近反应器侧装临时盲板，冷氢线、反应器压降测量等相关管线做好隔离工作。新鲜水备好并拉上反应器平台。

⑤ 改好装置清污分流流程，防止含粉尘污水直接排往塘下河。

⑥ 按照表14-3-6对催化剂卸出安全措施进行逐条核对并确认。

表14-3-6　催化剂卸出安全措施确认表

项目		确认人
反应器内可燃气体、硫化氢分析合格	□是　□否	
反应器已用盲板或拆短接等方式进行完全隔离，压降测量仪表引压管线无法完全隔离的要做好三阀组隔离	□是　□否	
已达到进入受限空间作业的要求，并开具受限空间作业票和高处作业票，已落实票证安全要求	□是　□否	
劳保用品配备齐全	□是　□否	
器内人员佩戴对讲机等通讯设备，并确保通讯畅通	□是　□否	
反应器催化剂床层最高点温度已达到50℃以下	□是　□否	
反应器底部或冷氢线接通氮气，并保持反应系统微正压	□是　□否	
新鲜水和干冰已备好并拉上反应器平台	□是　□否	
停工过程中对循环氢中CO含量分析合格	□是　□否	

3. 催化剂卸出步骤

催化剂卸剂步骤见表14-3-7。

表14-3-7　催化剂卸出确认表

项目		确认人
反应器头盖打开后进行垢物检查和采样，拍照记录	□是　□否	
拆除反应器入口分配盘，避免损坏分配盘部件，及时中和清洗	□是　□否	
卸剂过程中对每床层上中下部位分别取样，特别是结块或者结焦部位	□是　□否	

续表

项目		确认人
催化剂卸出后，及时用少量干冰封顶，扎好袋口，盖上桶盖	□是　□否	
根据催化剂卸剂情况，及时将热电偶取出并做好保护	□是　□否	
卸料完成后，进入把残存的催化剂及瓷球取出	□是　□否	
上床层卸剂完成后，打开通道板，检查下床层卸剂情况	□是　□否	
卸剂完成后及时对反应器器壁和内构件进行中和清洗	□是　□否	

4. 催化剂卸出操作注意事项

① 进入器内作业人员必须佩戴符合要求的安全带，安全带必须扎好且用绳索系在器外方可进入反应器，防坠器、钢梯等工具也必须固定牢固。

② 进入反应器作业时，器外要有专职监护人员，器内作业人员一旦发现有任何异常或不适现象，应立即离开反应器，现场需配制必须的救护用品。

③ 器外有专门人员密切注视反应器床层温度，发现床层温度升高，应立即采取加大氮气量或投掷干冰等方法处理，如床层温度升高较严重(超过55℃)，应立即撤离器内人员，停止作业。

④ 器外人员应密切注意供氧情况，发现供氧不足，应立即撤离器内人员，停止作业。

⑤ 未经再生的催化剂接触空气可能发生燃烧，因此在卸剂过程中要特别注意尽可能缩短卸剂时间，并备好临时水管进行喷淋。其次保证反应器有较好的氮封，另外尽可能缩短卸出的催化剂和空气的接触时间。卸剂过程中要投用除尘设施，做好粉尘防治污染工作。

⑥ 保持催化剂床层不大于50℃，防止自燃，如果发现有升温现象(如床层温度大幅升高)，则停止卸料，封死卸料管嘴，加大氮气供应，直到床层温度能够控制为止。

⑦ 在卸剂过程中如发现催化剂严重结块或床层架桥时，可在人孔处用专用工具搅拌。

⑧ 在卸剂过程中逐个取出热电偶，取出的热电偶要用中和清洗液擦拭并包塑料布隔绝空气。

⑨ 拆除格栅、急冷箱及下分配盘的通道，拿出冷氢管并依次中和清洗这些内构件，仔细检查反应器底部的收集器有无破损和堵塞。

⑩ 反应器顶部及其他拆开的法兰，应采取有效措施保护其端面的密封面，表面涂上润滑脂，加盖临时盖板。

第十五章　加氢裂化及渣油加氢装置事故案例

案例1：加氢裂化反应器出口法兰泄漏

1. 事故经过

2017年某日16：00左右，巡检发现加氢裂化反应器R6102出口短节法兰泄漏着火，火势无法扑灭，进行降量、降压处理。处理量从190t/h降至150t/h，精制反应器R6101压力从16MPa降至12MPa，17：30R6101出口短节出现泄漏无法控制，进行紧急停工处理。

2. 事故原因

① 2016年装置检修开工期间，R6101、R6102出口短节法兰回装质量不过关，造成运行时间长后，产生泄漏。

② 在操作调整过程中，降量、降温、降压速度太快，R6101出口短节法兰、螺栓热胀冷缩不一致，造成法兰泄漏。

3. 经验教训

① 严格把控高压法兰的安装、验收过程，采用液压扳手等工具，紧固法兰螺栓，使法兰受力均匀。

② 装置处理紧急事故，需控制降温降压速度，不能过快。

③ 加强操作人员的培训，提高处理事故的能力。

案例2：渣油加氢装置循环氢压缩机干气密封泄漏

1. 事故经过

某公司1.7Mt/a渣油加氢装置循环氢压缩机于2011年8月投用，原干气密封系统为国外进口，2017年大检修期间进行国产化改造，采用国内厂家生产的干气密封，于2017年5月底投入使用。

2018年4月15日01：15，渣油加氢循环氢压缩机C101驱动端一级密封泄漏量从17kPa突然上升至157kPa(满量程，超过高高报警64.5kPa)，现场检查发现驱动端一级密封气泄漏气去火炬管线(正常排火炬管线和通过爆破片后去火炬的管线)均温度过高，非驱动端一级密封气排火炬管线温度正常，判断驱动端干气密封一级密封泄漏。03：37装置按紧急停工处理，16：30停循环氢压缩机。

2. 原因分析

① 通过对循环机前后端一次密封气流量趋势图分析发现，驱动端一次密封器泄漏量由17kPa迅速上升至满量程，非驱动端一次密封气泄漏量由17kPa迅速上升至97kPa。现场二次密封气(氮气)自力式调节阀后压力由正常控制的0.12MPa上涨至0.4MPa，氮气流量无明显变化。通过调节二次密封气自力式调节阀，阀后压力降至0.15MPa后，非驱动端一次密封气泄漏量恢复正常，驱动端一次密封气泄漏量仍满量程。判断驱动端一次密封泄漏，而非驱动端一次密封未泄漏是由于驱动端泄漏量过大憋压导致二次密封气(氮气)往非驱动端流

量增大。

② 驱动端一级密封静环的推环轴向C形密封圈已呲开失效，使静环推环卡涩，不能起到轴向补偿作用，从而造成动静环间隙增大，是密封突然大量泄漏的直接原因。

③ 密封失效造成大量高压气体从动静环和静环补偿机构处泄漏，引起静环失稳存在高频振颤现象，静环与弹簧座防转突耳产生挤压磨损，导致弹簧座防转突耳接触部位出现磨损凹槽。非驱动端密封在无泄漏的情况下，该部位就没有磨损。

④ C形密封圈失效原因初步分析是C形密封圈本身存在质量缺陷。

3. 整改措施

① 干气密封全部更换为新密封。

② 加强日常巡检，及时监控干气密封及其辅助系统的运行情况。

③ 加强培训，提高员工对压缩机突发状况的应急处理能力。

案例3：2.6Mt/a柴油加氢装置柴油/氢气换热器法兰泄漏

1. 事故经过

2017年6月10日2：36，柴油加氢装置氢气压缩机K101/A一级缸排气温度由116.64℃升高至136.69℃(高报)，排气压力忽高忽低，同时气缸内有极大杂音。3：33：07班组紧急切机至K101/B运行，3：35：02机组切换完毕。5：46左右巡检发现K101/B级间水冷器管箱法兰处泄漏，联系维保单位处理，因氢气泄漏较快，班组紧急降压停K101/B控制泄漏，期间发现柴油与氢气换热器E110壳程法兰泄漏冒烟，烟气较大，装置紧急切断进料停工处理。

2. 原因分析

① 压缩机故障紧急切换引起压力大幅波动造成换热器泄漏。压缩机故障时系统压力波动、紧急切换过程中系统压力波动，对系统薄弱部位造成冲击，造成换热器入口法兰、压缩机中冷却器管箱法兰泄漏。

② 换热器高温入口法兰抗干扰能力较差。入口法兰被保温包住，轻微泄漏时难以发现，没有增加额外的抵抗预紧力变化措施，造成法兰容易泄漏。

3. 整改措施

① 对换热器法兰等高温部位、压缩机系统高压法兰进行排查梳理，检修时增加预紧力垫圈，提高抗干扰能力。

② 改进高温部位法兰的保温形式，露出法兰面便于观察，同时增加防雨罩。

案例4：加氢裂化装置螺纹锁紧环换热器内漏

1. 事故经过

2016年12月，2号加裂反应器床层温度开始出现热点，催化剂床层径向温差变大。至2017年4月，2号加氢裂化装置脱氮能力开始受到影响，精制油氮含量居高不下，氮含量在30~80μg/g，将精制反应平均温度提高10℃后仍无法降到10μg/g。

2. 原因分析

(1) 参数比对分析

通过分析各运行周期工艺参数变化判定螺纹锁紧环换热器E106内漏是导致上述生产异常现象的原因。具体参数见表15-1-1。

表 15-1-1　当前工况与第一周期、第二周期数据对比分析表

项目	2014-02	2016-07	2017-04
进料量/(t/h)	286	304.3	301
R101 入口温度/℃	346.3	335.8	341.3
R101 一床层底部径向温差/℃	14.7	8.5	70
R101 二床层底部径向温差/℃	10.6	11.2	33
R101 三床层底部径向温差/℃	11.6	7.5	28
R101 出口温度/℃	393.5	388.2	399
R101 平均温度/℃	372.4	364.1	376.8
R102 入口温度/℃	377	374.4	385.2
R102 一床层底部径向温差/℃	1.3	6.1	13
R102 二床层底部径向温差/℃	6.4	6.9	7
R102 三床层底部径向温差/℃	5.9	3.9	4
R102 四床层底部径向温差/℃	5.1	4.7	3
R102 出口温度/℃	387.5	395.1	408.7
R102 平均温度/℃	379.7	382.9	395.6
E106 入口温度(壳程：循环氢)/℃	80.5	85.5	67.2
E106 出口温度(壳程：循环氢)/℃	130.5	107.6	72.2
E106 壳程旁路调节阀开度/%	0	0	100
E106 入口温度(管程：热高分气)/℃	187.6	187.3	186.9
E106 出口温度(管程：热高分气)/℃	167	160.6	116
E106 出入口温差(管程)/℃	20.6	26.7	70.9
C101 入口压力/MPa	14.14	14.11	13.97
C101 出口压力/MPa	15.8	15.9	14.96
C101 出入口压差/MPa	1.66	1.76	0.99
C101 转速/(r/min)	7728	8500	8600
C101 入口流量/(Nm^3/h)	394020	400028	491780
C101 出口去 E106 流量/(Nm^3/h)	282001	266645	319570
循环氢纯度/%	85.43	88.34	89.25
高压空冷 A101 变频/%	74	100	34.7
高压空冷 A101 出口温度/℃	42.3	45.9	45.2

从表 15-1-1 对比分析可知：

① 本周期开工后，R101 各床层底部径向温差明显变大，R102 一床层底部径向温差也有所增大。

② 对比前两个周期，发现高换 E106 壳程出口温度明显下降，而其出入口温差明显增加，同时循环氢压缩机 C101 出入口压差明显下降，原压差为 1.6~1.7MPa，可此次开工后 C101 出入口压差仅为 0.99MPa，而且循环氢量较前两个周期明显变大。

由于 2017 年 4 月开工后，反应系统压差较第一、第二周期大幅下降，因此判断循环氢可能存在走短路情况导致反应系统压降的大幅下降，E106、E105及E102三台高换中至少有1台内漏。E106出口温度异常，内漏可能性最大。

为了确定装置与循环氢换热的高换E106、E105以及E102是否内漏，收集不同运行阶段E102、E105、E106换热器出入口温度如表15-1-2所示，并进行了如下的判断：

表15-1-2 E102、E105、E106换热器出入口温度对比

	处理量/%	反应流出物(热流)进口温度/℃	反应流出物(热流)出口温度/℃	(冷流)进口温度/℃	(冷流)出口温度/℃	旁路开度/%
E102换热器						
设计值	285	378	360	272	360	
2014-02-20	285	360.9	341.6	260.3	340.5	33.8
2016-07-06	303	366.5	354.1	271.3	356.5	14.1
2016-09-30	309	379.2	367.6	274.8	362.2	38.8
2016-12-19	300	**369.8**	**362.2**	270.8	366	0
2017-04-29	300	**363.4**	**360.9**	269.8	301.4	0
E105换热器						
设计值	285	280	260	178	272	
2014-02-20	285	267.5	236.7	130.6	260.3	33.8
2016-07-06	303	276.5	249.8	108	271.3	14.1
2016-09-30	309	278.4	255.7	108.4	274.8	38.8
2016-12-19	300	**271.8**	**256.8**	115.7	270.8	0
2017-04-29	300	**270.4**	**266.8**	72.2	269.8	0
E106换热器						
设计值	285	215	182	82	182	
2014-02-20	285	**187.6**	**167**	**67.77**	**130.6**	0
2016-07-06	303	187.3	160.6	85.5	107.6	0
2016-09-30	309	185.7	149.1	76.43	108.1	0
2016-12-19	300	190.1	145.6	74.73	115.3	0
2017-04-29	300	**186.9**	**116**	**69.29**	**72.2**	100
2017-05-20	309	177.8	112.6	67.9	73.5	100

对E106的分析：对比E106热流侧换热后的温度，2017年4月开工后较第一周期、第二周期低了40℃，说明循环氢通过E106取走了很多热量，然而循环氢的温度仅从69.29℃升高到了72.2℃，且循环氢旁路又全开。说明造成E106出口温度大幅下降是因为循环氢大量内漏到热高分中冷却造成。高换E106内漏比较严重。

对E105以及E102的分析：2017年4月开工后，循环氢经过E105以及E102的旁路是关的，循环氢全部经过E105以及E102取热，但是取热量非常少，E105热流温降只有3.6℃(前二周期约40℃)，E102热流温降只有3.5℃(前二周期约20℃)，再次说明循环氢经过E106后的流量是大幅减少。由于E105以及E102热流测出口温度并不低，因此循环氢内漏到 E105 以及 E102 中的可能性极小。

（2）E106 工艺参数

E106 为热高分气/混合氢换热器，管程为热高分气、壳程为混合氢气，正常操作压力约为 14MPa，管程正常操作温度为 190→160℃，壳程正常操作温度为 67→130℃，高分气在此温度下存在生成 NH_4Cl 固态铵盐的可能。

（3）E106 设备参数

E106 设备规格型号为：DIU1100-15. 18/17. 64-328-4. 7/19-2 Ⅰ，管板材质为 15CrMo Ⅳ锻件，换热管材质为 15CrMo，换热管与管板连接采用强度焊+贴胀形式。分析认为换热器 E106 选材存在偏低情况。

（4）内圈螺栓打紧情况

针对 E106 内漏的情况，对 E106 内圈螺栓进行了 3 次打紧工作。打紧后内圈螺栓平均推进量在 6mm 左右，但把紧前后换热器管壳程进出口温差变化不大(见表 15-1-3)，可以判定管板垫片内漏的可能性极小。

表 15-1-3　E106 内圈螺栓把紧前后换热温差变化情况

项目	5 月 10 日 6：00		5 月 11 日 6：00	5 月 17 日 6：00		5 月 18 日 6：00		5 月 19 日 6：00
E106 热源进/℃	172	第一次把紧	170. 82	173. 86	第二次把紧	180. 02	第三次把紧	178. 3
E106 热源出/℃	103. 94		100. 71	109. 22		114. 44		112. 84
Δ/℃	68. 06		70. 11	64. 64		65. 58		65. 46
E106 冷源进/℃	65. 8		66. 87	67. 61		69. 25		68. 43
E106 冷源出/℃	69. 69		70. 91	73. 22		74. 1		73. 43
Δ/℃	3. 89		4. 04	5. 61		4. 85		5
E105 热源进/℃	265. 34		262. 01	261. 94		266. 12		265. 02
E105 热源出/℃	259. 72		256. 51	251. 81		255. 24		258. 56
Δ/℃	5. 62		5. 5	10. 13		10. 88		6. 46
E105 冷源进/℃	69. 69		70. 91	73. 22		74. 1		73. 43
E105 冷源出/℃	264. 56		261. 36	260. 81		264. 86		264. 29
Δ/℃	194. 87		190. 45	187. 59		190. 76		190. 86

（5）设备开盖检查情况

2017 年 7 月 26 日，对高换 E106 抢修更换新管束，抽芯后发现换热器管程结有大量的白色铵盐，壳程积有大量的黑色垢物，目视主要成分为焦粉、沥青胶质、硫化亚铁等。管束清洗干净后，发现近 1/3 换热管外腐蚀严重，存在大量的管断、管穿、坑蚀。

分析：设计原料含氯离子<1μg/g，实际 12μg/g，在两台换热器管束中形成氯化氨结晶，长期水洗处于酸性环境，停工后没有及时冲洗，造成腐蚀穿孔。

综上所述，E106 内漏最大可能原因是 15CrMo 材质耐 NH_4Cl 铵盐腐蚀能力差，装置运行 4 年后已经出现腐蚀减薄，停工过程中吹扫铵盐潮解形成强酸腐蚀环境，进一步扩大了泄漏量，最终影响装置脱氮能力。

3. 整改措施

① 加强工艺防腐：主要是定期水洗或根据管程压降升高后加大水洗，另外，核算 NH_4Cl 的 K_p 值，尽可能通过调整工艺参数把铵盐结晶点移到结晶曲线下方。

② 升级管束材质，提高设备抗腐蚀能力。

③ 加强换热器监测，一是核算出高换的实际换热系数 K 值，并集成在 DCS 及数采中，作为判定高换是否结垢或内漏的依据；二是采用红外技术(IR)可在线发现结晶的部位和注水不均匀引起可能的腐蚀部位，从而通过工艺手段减缓腐蚀的发生。

案例 5：柴油加氢反应器入口法兰泄漏

1. 事故经过

2017 年 6 月 24 日 10：35 分，外操巡检时发现 1#柴油加氢装置反应器 R-101 入口大盖处冒出大量白烟，立即用对讲机通知内操和班长，班长立即安排内操拨打 119 报火警，外操现场拉警戒线并打开反应器入口的灭火蒸汽环，为防止泄漏增大发生次生事故，于 10：53 分采取紧急泄压将反应压力从 7.5MPa 泄压至 3.3MPa，10：56 分停反应进料泵 P-102，装置热氢循环，反应器大盖法兰泄漏减小，漏点附近用氮气吹扫保护，现场关小加热炉火嘴炉前手阀，逐步降低反应温度至 220℃；联系抢修紧固反应器入口大盖法兰。至 24 日 22：30，抢修单位使用液压扭矩扳手紧固后泄漏未见减小，装置停工处理，反应系统氮气置换合格后准备开盖换垫。25 日零点装置开始循环降温停工，当日 09：30 热氢循环结束，停循环氢压缩机 K-102，16：55 反应系统氮气置换合格，抢修单位开始拆卸大盖螺栓，直至 26 日 15：30 大盖螺栓全部拆完，吊开大盖，更换新八角垫，28 日 10：30 大盖回装完毕，装置气密合格后进入开工阶段。

2. 原因分析

6 月 24 日 09：51 至 09：53，循环氢压缩机汽轮机入口蒸汽压力从 0.82MPa 降至 0.63MPa，汽轮机的转速从 7100r/min 降至 2900r/min，K-102 入口循环氢循环量从 134850Nm^3/h 降至 83807Nm^3/h。循环氢循环量的降低造成反应器入口温度上升，09：54 至 09：57，反应器入口温度从 352℃升至 364℃，为避免反应器超温，操作人员调节炉用瓦斯控制炉出口温度，09：57 至 10：08，反应器入口温度从 364℃降至 316℃。反应器床层温度下降后，操作人员及时调整，10：08 至 10：30 反应器入口温度上升至 342℃，10：35 分反应器入口法兰发生泄漏。整个温度变化时，反应器入口压力趋于平稳，始终维持在 7.6MPa 左右。

通过以上分析判断，反应器入口法兰泄漏主要原因是循环氢压缩机蒸汽压力的下降，造成汽轮机转速降低，导致循环氢量的下降，引起反应器入口温度大幅波动，因温度大幅波动影响入口法兰预紧力，从而形成法兰泄漏。

案例 6：脱硫化氢汽提塔顶空冷管束泄漏

1. 事故经过

2018 年 12 月 24 日 15：20，加氢处理反应系统催化剂硫化结束后按方案将硫化油由热低分(温度 150℃、压力 2.0MPa)改进分馏系统脱硫化氢汽提塔(温度 118.5℃、压力 0.2MPa)，建立正常生产流程。15：30 外操巡检发现脱硫化氢汽提塔顶空冷器 A02001 下方滴油，佩带的 H_2S 报警仪报警，初步判断 A02001 空冷管束泄漏，进一步检查发现空冷管束靠入口管箱处有白色油气冒出，确认该空冷管束外漏后停止向分馏系统进料并切出该系统。

设备腐蚀泄漏情况：检查空冷管束的外观情况，管束无明显弯曲变形，肉眼观察空冷管束外漏处情况，管箱与管束连接处渗漏(见图 15-1-1)，初步判断为管束与管箱角焊缝处泄漏。检查管箱内管束与管板角焊缝情况，可以发现部分管束角焊缝露出管板的管子存在腐蚀现象，因形式为翅片热管，无法对管束进行测厚，目测部分管口角焊缝焊肉存在减薄现象，管箱管板本体无明显腐蚀坑等缺陷(见图 15-1-2)。

图 15-1-1　管箱与管束连接泄漏处

图 15-1-2　管箱管束角焊缝情况

2. 原因分析

由塔顶气采样数据表可知，脱硫化氢汽提塔顶部气相介质中 H_2S 含量较高，平均浓度含量为 24.6%，经空冷冷却后去后路，湿 H_2S 环境对空冷的管束存在一定腐蚀。

该空冷自 2009 年开工投用以来已连续运行了 9 年，长期在高浓度、湿 H_2S 环境下运行，导致了管束腐蚀减薄的现象；而在引硫化油进分馏系统时引起了 C02001 塔压波动，诱发了汽提塔顶空冷管箱管束角焊缝减薄部位开裂泄漏。

3. 整改措施

① 对高浓度、湿硫化氢工作环境空冷的检修策略进行回顾。

② 完善开工操作规程，降低引硫化油进分馏系统时 C02001 塔压波动范围。

案例 7：汽油加氢装置分馏塔底泵密封泄漏着火

1. 事故经过

4 月 10 日 15 时 51 分，操作人员在例行巡检时，发现分馏塔底泵密封泄漏着火，报告公司调度指挥中心，公司随即启动事故应急预案，安排装置紧急停工。当班副班长组织外操人员迅速到现场停泵，切断泵进出口阀门；班长组织熄灭加热炉；切断新氢进装置，停循环氢压缩机，稳定反应器催化剂床层温度，严防床层超温。同时关闭装置各物料进出界阀门。

2. 原因分析

① 直接原因：P19103A 联端轴承突然损坏，转子跳动量增大，造成机封动、静环破损发生泄漏，同时机封轴套与压盖内孔发生局部摩擦产生高温，发生着火，导致装置停工。

② 间接原因：设备管理不到位，日常监测维护中未能及时发现事故苗头；当班人员巡检过程中，对设备运行情况检查不仔细。

3. 整改措施

① 强化操作人员巡回检查执行情况的检查和考核，全面提高巡回检查质量。

② 强化异常情况的报警，要求出现火灾等紧急情况时，第一时间拨打报警电话，同时根据着火介质特性做好现场等相关处置工作。

③ 加强岗位人员业务及应急处置能力培训，提高异常工况处置能力。

案例 8：盲板作业引起硫化氢泄漏，造成人员中毒

1. 事故经过

某炼厂加氢裂化装置按照计划拆除装置界区及装置内所有盲板，准备开工，其中包括与低瓦线相连的放空罐顶(V1034)出口总管盲板(该盲板位于放空罐顶蝶阀阀前法兰处)。9：00，技术人员在现场与检修单位施工人员进行了交底，施工人员开始拆除 V1034 至低压瓦斯线盲板作业。9：30，松开法兰大部分螺栓后，盲板与阀板间积聚的含烃液体溅出，铆工张某、钱某吸入少量气体后立即感到不适，经医院检查治疗后身体逐渐恢复正常。

2. 事故原因

① 直接原因：放空管线上蝶阀内漏，低压瓦斯在阀与盲板间积聚并冷凝，法兰松开后液体溅出，其中携带的硫化氢气体也随之释放，作业人员吸入后中毒。

②间接原因：技术人员安全意识不强，工作考虑不周，未对低瓦线拆除盲板作业认真进行危害识别，对蝶阀内漏、盲板与蝶阀间积聚含烃液体及内含硫化氢估计不足，在安排拆盲板作业时，未要求施工作业人员采取防硫化氢中毒保护措施。

3. 整改措施

① 加强作业前风险识别管理，与施工单位共同分析作业存在风险，并制定对策措施。

② 对于高风险作业要编制施工作业方案，落实安全防范措施。

第十六章　工程伦理与职业操守

第一节　工程师的工程伦理

一、工程伦理简介

随着科技的进步，大量新兴科学成果正在迅速转化为技术产业和工程实践。科技的高速发展为改善人类生存环境和状态起到了巨大的作用。然而，科技在工程中的应用同样成为一把“双刃剑”，即在造福人类的同时，也对自然和人类产生灾难性的影响。随着大型工程项目的不断实施，工程技术的社会负面效应越来越突出和严重。科技力量的强大和高速度发展以及后果的不确定性，使人类社会置身于巨大的风险之中。

工程是以满足人类的需求目标为指向，应用各种相关的知识和技术手段，调动多种自然和社会资源，通过一群人的相互协作，将某些现有实体汇聚并建造为具有使用价值的人造产品的过程。人类在工程领域不断发展与突破，带来了诸如生物医药、道路桥梁、航空航天、炼油化工等各行各业的工程实践产物。

伦理是指人与人相处的各种道德规则、行为准则，近代以来伦理也进一步推广为人与外界，以至人与环境之间的关系。伦理在起源之初，便与道德密切相关，两者都包含着传统风俗、行为习惯等内容。在中国文化中，关于道德的论述可追溯到古代思想家老子的《道德经》，老子说：“道生之，德蓄之，物行之，势成之，是以万物莫不尊道而贵德。道之尊，德之贵，夫莫之命而常自然。”这其实也可引申为古人对伦理含义的最初描述。随着历史的变迁和时代的发展，符合道德规范的伦理逐渐演化成为具有广泛适用性的一些准则和在特殊实践活动中应遵循的行为规范。

在传统的工程师“职业”的概念中先天包含了两个方面的内容：一是专业技术知识，二是职业伦理；而现代赋予工程师“职业”以更多的内涵，“诸如组织、准入标准，还包括品德和所受的训练以及除纯技术外的行为标准”。

工程伦理就是阐述、分析工程实践活动(包括活动和结果)与外界之间关系的道理。工程伦理是用以规范人类在工程活动的各种行为规范。工程一旦出现安全环保等影响人类生存和发展的问题，工程造福人类的目标非但不能实现，还会给社会带来灾难。因此，加强工程师在工程伦理方面的学习与教育在当下显得尤为重要。

公众的安全、健康、福祉被认为是工程师带给人类的最大利益，这使得工程伦理规范在订立之初便确认“将公众的安全、健康和福祉放在首位”的基本价值准则。沿着这个基本思路，西方国家各工程社团制定并实施了职业伦理规范以外的、成文的制度，强调了工程师要“服务和保护公众、提供指导、给以激励、制定标准、促进教育、防止不道德行为以及加强职业形象”。

首先，工程伦理是一种预防性伦理。预防性伦理包含两个维度：第一，首先防止不道德行为。作为职业人员，为了能够预测其行为的后果，特别可能具有重要伦理维度的后果，工程师必须能够前瞻性地思考问题。负责任的工程师需要熟悉不同的工程实践情况，清楚地认识自己职业行为的责任。

其次，工程伦理是一种规范伦理。责任是工程伦理的中心问题。

最后，工程伦理是一种实践伦理。它倡导了工程师的职业精神，这可以从三个维度来理解：一是它包含工程师良好的工程伦理意识和职业道德素养，有助于工程师在工作中主动地将它的价值嵌入工程，而不是作为外在负担被“添加”进去。二是它帮助工程师树立起职业良心，并敦促工程师主动履行工程职业伦理规范。工程职业伦理规范用规范条款明确了工程师的职业责任，履行工程职业伦理规范就是对企业与公众的忠诚尽责，也就对得起自己作为工程师的职业良心。在工程师的职业生涯中，职业良心将不断激励着个体工程师自愿向善，并主动在工程活动中道德实践，内化个体工程师职业责任与高尚的道德情操，并塑造工程师强烈的道德感。三是它表现为工程师的职业责任感，即工程师应主动践行“服务和保护公众、提供指导、给以激励、制定标准、促进教育、防止不道德行为以及加强职业形象”这八个方面的职业责任。

二、工程伦理规范

伦理规范代表了工程职业对整个社会做出的共同承诺——保护公众的安全、健康与福祉，这常在章程中被表述为“首要条款”。作为一项指导方针，伦理规范以一种清晰准确的表达方式，在职业中营造一种伦理行为标准的氛围，帮助工程师理解其职业的伦理含义。但是，伦理规范为工程师提供的仅仅是一个进行职业伦理判断的框架，不能代表最终的伦理判断。章程只是向工程师提供从事伦理判断时需要考虑的因素。

职业伦理在工程师之间及在工程师和公众之间表达了一种内在的一致。工程师群体受到社会进步及科技进步的影响，其职业责任观发生了多次改变，归纳起来：经历了从服从雇主命令到承担社会责任、对自然和生态负责的几种不同的伦理责任观念的演变。工程师责任观的演变直接促进了工程师职业伦理规范的发展。在当今欧美国家，几乎所有的工程社团都把“公众的安全、健康与福祉”放在了职业伦理规范第一条款的位置，确保工程师个人遵守职业标准并尽职尽责，这成为现代工程师职业伦理规范的核心。

工程师责任具体来说包含三个方面的内容，即个人、职业和社会，相应地，责任区分为微观层面(个人)和宏观层面(职业和社会)。责任的微观层面由工程师和工程职业内部的伦理关系所决定，责任的宏观层面一般指的是社会责任，它与技术的社会决策相关。责任在宏观层面的关注，体现在工程伦理规范的基本准则中。在微观层面，其一，各工程社团的职业伦理规范鼓励工程师思考自己的职业责任。工程师通过积极参与到技术革新过程中，就能引导技术和工程朝向更为有利的方面发展，尽可能规避风险。这就希望工程师要认真思考在当前技术和工程发展背景中自己的行为后果。其二，微观层面的责任要求作为职业伦理规范的一部分，它体现为促进工程师的诚实责任，即“在处理所有关系时，工程师应当以诚实和正直的最高标准为指导”，引导工程师在实践中发扬诚实正直的美德。

工程伦理规范从制度和规范的角度制约了工程师“应当如何去做”，并明确了工程师在工程行为的各环节所应承担的各种道德义务。面对当今世界在技术推陈出新和社会快速发展问题上的物质主义和消费主义倾向，伦理规范从职业伦理的角度表达了对工程师“把工程做好”的要求，更寄予工程师“做好工程”的伦理期望，着力培养并塑造工程师的职业精神。伦理规范不仅为“将公众的安全、健康和福祉放在首位，并且保护环境”提供合法性与合理性论证，并且还要求工程师将防范潜在风险、践行职业责任的伦理意识，以良心的形式内化为自身行动的道德情感，以正义检讨当下工程活动的伦理价值，鼓励工程师主动思考工作的最终目标和探索工程与人、自然、社会良好共存的理念，从而形成工程实践中个体工程师自觉的伦理行为模式，主动履行职业承诺并承担相应的责任。

伦理规范要求工程师以一种强烈的内心信念，与执着精神主动承担起职业角色带给自己不可推卸的使命——“运用自己的知识和技能促进人类的福祉”，在履行职业责任时“将公众的安全、健康和福祉放在首位”，并把这种资源向善的道德努力升华为良心，具体表现在：①工程师视伦理规范为工作中的行为准则，为自己的工程行为立法。②伦理规范时刻在检验工程师的行为动机是否符合道德要求，通过对自己职业行为后果进行评估，设身处地考虑可能受到不良影响的人和物，对自己行为做进一步权衡和慎重选择。③伦理规范敦促工程师在工作中明确自身职业角色和社会义务，及时清除杂念，纠正某些不正当手段或行为方式，不断向善。④伦理规范以其明确的规范以引导工程师在工作中自觉遵守规范，主动承担责任。

从职业伦理的角度，主动防范工程风险、自觉践行职业责任，增进并可持续发展工程与人、自然、社会的和谐关系，都是工程师的工程伦理意识。基于这种共识，伦理规范要求工程师在具体的工作中，把道德要求变为内在、自觉的伦理行为模式，主动履行职业承诺并承担相应的责任。在工程职业伦理规范建立的逻辑链中，工程师的自律一方面突显人总是无法摆脱经验的领域；另一方面，又表现出人对工程实践中风险的主动认识，以及对行业的职业责任、具体工作中角色责任和风险防御、造福公众的社会责任的主动担当。伦理规范将自律建立在工程师自觉认识、理解、把握工程-人-自然-社会整体存在的客观必然性的前提和基础上。可以说，伦理规范所倡导的工程师自律使被动的“我”成长为自由的“我”，从而表现为一种从向善到行善的自觉、自愿与自然的职业精神。

三、工程职业制度

一般来说，工程职业制度包括职业准入制度、职业资格制度和执业资格制度。其中，工程职业资格又分为两种类型：一种属于从业资格范围，这种资格是单纯技能型的资格认定，不具有强制性，一般通过学历认定取得；另一种则属于职业资格范围，主要是针对某些关系人民生命财产安全的工程职业而建立的准入资格认定制度，有严格的法律规定和完善的管理措施，如统一考试、注册和颁发执照等管理，不允许没有资格的人从事规定的职业，具有强制性，是专业技术人员依法独立经营或独立从事某种专业知识、技术和能力的必须标准。

职业资格制度是一种证明从事某种职业的人具有一定的专业能力、知识和技能，并被社会承认和采纳的制度。它是以职业资格为核心，围绕职业资格考核、鉴定、证书颁发等而建立起来的一系列规章制度和组织机构的统称。执业资格制度是职业资格制度的重要组成部分，它是指政府对某些责任较大、社会通用性较强、关系公共利益的专业或工种实行准入控制，是专业技术人员依法独立经营或独立从事某种专业技术工作的必备标准。参照国际上的成熟做法，我国职业资格制度主要由考试制度、注册制度、继续教育制度、教育评估制度及社会信用制度五项基本制度组成。

四、工程师的权利和责任

(一) 工程师的权利

工程师的权利指的是工程师的个人权利。工程师享有作为履行其职责而接受回报的权利、从事自己选择的非工作的政治活动、不受雇主的报复或胁迫的权利。作为职业人员，工程师有职业角色及其相关义务产生的特殊权利。

一般来说，作为职业人员，工程师享有以下八项权利：①使用注册职业名称；②在规定范围内从事职业活动；③在本人执业活动中形成的文件上签字并加盖职业印章；④保管和使用本人注册证书、执业印章；⑤接受继续教育；⑥对本人执业活动进行解释和辩护；⑦获得相应的劳动报酬；⑧对侵犯本人权利的行为进行申诉。上述八项权利中，最重要的是第②条和第⑤条。工程师应该了解自身专业能力和职业范围，拒绝接受个人能力不及或非专业领域的业务。

(二) 工程师的责任

工程师必须遵守法律、规范和惯例，避免不正当的行为，要求工程师必须“努力提高工程职业的能力和声誉”。严厉禁止随意、鲁莽、不负责任的行为，“不得故意从事欺诈、不诚实或不合伦理的商业或职业活动”，需要对自己工作疏忽造成的伤害承担责任。同时，根据已有的工程实践历史及经验，提醒工程师不要因为个人私利、害怕、微观视野、对权威的崇拜等因素干扰自己的洞察力和判断力，对自己的判断、行为切实负起责任。

五、工程师的职业操守

负责任的职业操守，是工程师最重要的美德。

1. 诚实可靠

“科技的精髓是求实创新”。这个“求实”是从实际出发，实事求是，把握客观世界的本质和规律，是工程师诚实不欺的职业品格和严谨踏实的工作作风。严谨求实是工程伦理的重要内容，是工程师应该具有的又一职业道德素质。

工程师应该清清白白地做人，光明磊落地做事，个人名利的获取应该是途径正当、手段光明，应当确立起“诚实光荣，作伪可耻”的是非观和荣辱观。我们应坚定自己的道德信念，提升自己的道德境界，工程师的思想和行为应该能够代表人类文明发展的方向，是社会成员效法的楷模。因此，淡化名利观念、抵御各种不正当利益的诱惑、维护工程劳动的诚实性，是工程师道德自律的重要方面。

严谨的作风要求工作中一丝不苟、兢兢业业，只有这样才能获得未知世界的第一手材料和真实信息，建设优质工程。正确对待工程活动中的错误，真理和错误往往相伴而行。事实上，无论是观察结果、实验结果，还是观察与实验所得出的推论与结论都可能出错。我们不能犯不诚实的错误，不能犯疏忽大意的错误，因为这是我们工作态度、工作作风的问题，是可以避免的。正确的态度是认识到犯错误的可能，以严谨的态度防止或减少这种可能性。

工程师必须要客观和诚实，禁止撒谎或有意歪曲夸大，禁止压制相关信息(保密信息除外)，禁止要求不应有的荣誉以及散布谣言。诚实可靠包括对数据做出真实的声明或估计，对相关技术的诚实分析和客观评判，以客观和诚实的态度来发表公开声明。

2. 尽职尽责

从职业伦理的角度来看，工程师的“尽职尽责”体现了“工程伦理的核心”。“诚实、公平、忠实地为公众、雇主和客户服务”是当代工程职业伦理规范的基本准则。

在当前充满商业气息的人类生活中，忠诚尽责的服务是工程师为公众提供工程产品、满足社会发展和实现公众需要的行为或活动，从而呈现出工程师与社会、公众之间最基础的帮助关系。因为工程实践的过程充满风险和挑战，工程活动的目标和结果可能存在不可准确预估的差距，工程产品也极有可能因为人类认识的有限性而对社会发展和公众生活造成难以预测的危害。工程活动及产品通过商业化的服务行为满足社会和公众的需要，并通过“引进创新的、更有效率的、性价比更高的产品来满足需求，使生产者和消费者的关系达到最优状态”，促进社会物质繁荣和人际和谐。由此看来，服务作为现代社会中人类工程活动的一个伦理主题，是经济社会运行的商业要求，服务意识赋予现代工程职业伦理价值观以卓越的内涵。

3. 忠实服务

服务是工程师开展职业活动的一项基本内容和基本方式。“诚实、公平、忠实地为公众、雇主和客户服务”依然是当代工程职业伦理规范的基本准则。

作为一种精神状态，忠实服务是工程师对自身从事的工程实践伦理本性的内在认可。

六、石化行业对从业工程师的规范要求

石油化工具有高温高压、易燃易爆、有毒有害、链长面广的行业特点，从业风险较高，员工的丝毫麻痹大意都有可能给自己和他人带来伤害。因此，石化行业要求员工必须认真执行中国及业务所在国家(地区)的健康、安全、公共安全、环保(简称 HSSE)方面的法律、法规和标准，掌握公司 HSSE 管理规定和相关知识与技能，了解应对突发事件的知识，并严格按照 HSSE 规定和要求约束自己的行为，工作中要始终做到：不伤害自己、不伤害他人、不被他人伤害，节约资源，保护环境；始终坚持以人为本，把人的生命健康放在第一位，坚守“发展决不能以牺牲人的生命为代价”的安全生产红线，在企业所有生产经营活动中切实做到对人的健康负责、对环境负责，用安全衡量生产实践，用行动保障生命健康，追求生产与环境的和谐；以“零容忍”的态度努力实现“零违章、零伤害、零事故、零污染”；始终坚持“一切隐患可以消除，一切违章可以杜绝，一切风险可以控制，一切事故可以避免”的理念。通过落实责任，加强监督，严格考核，实现控制风险、杜绝违章、消除隐患和避免事故的目的；在工作中应采取必要措施，最大限度地减少安全事故，最大限度地减少对环境造成的损害，最大限度地减少对自己和他人健康造成的伤害。

遵循工程伦理和道德规范要求，也是石化行业对从业工程师的基本要求。应严格遵守组织纪律，服从工作安排和指挥，并按照规定程序和制度下达指令、执行操作、请示汇报；严格遵守岗位纪律，履行岗位职责，提高工作效率和质量，认真完成各项工作任务；遵守诚信规范的从业要求，做到“当老实人、说老实话、办老实事”；遵守社会公德、职业道德、家庭美德，培育良好个人品德，尊重社会主流文化，与社会、自然和谐相处；倡导绿色低碳、厉行节约，认真履行节能环保等社会责任，践行简约俭朴、健康向上的生活方式，推进生态文明建设。

中国石化每天面对上千万的顾客和利益相关者，因此对从业工程师和员工也提出质量要

求：要以一丝不苟的态度和精细严谨的作风，确保产品质量、工程质量、服务质量100%合格，践行“每一滴油都是承诺”的社会责任；牢固树立整体质量意识，上游为下游着想，上一环节对下一环节负责，上道工序对下道工序负责，严把各环节质量关，提高质量保障水平；必须认真执行中国及业务所在国家(地区)的质量管理方面的法律、法规和标准，掌握公司质量管理规定和相关知识与技能，注重识别和控制质量风险，防范和杜绝质量事故；坚持“质量永远领先一步”的行业质量方针，力求实现“质优量足，客户满意”的质量目标。

中国石化秉承“为美好生活加油”的企业使命，坚持“严、细、实”的工作作风，弘扬“人本、责任、诚信、精细、创新、共赢”的企业核心价值观，致力于建设成为人民满意、世界一流的能源化工公司。企业愿景和发展战略的实现，也需要从业工程师认同企业文化，遵守共同的行为准则，营造和谐有序的工作氛围，建设团结高效的工作团队；共同践行中国石化《员工守则》，履行“每一滴油都是承诺”的责任，为社会提供一流的产品、技术和服务。通过了解中国石化《员工守则》，我们可以看出中国石化所提倡的员工行为规范理念和对从业人员的要求，也契合工程伦理中“将公众的安全、健康和福祉放在首位”的基本价值准则。

第二节　加氢装置工程师职业操守

一、加氢装置工程伦理问题

近年来，随着石油化工产品质量不断升级及环保要求不断提高，产品质量也日益严格，而原油中携带硫、氮、氧等杂质严重影响了产品质量，这需要通过加氢过程进行处理，以达到产品质量的要求。同时，对加氢过程产生的以硫化氢为主的有毒气体要进行合理防护。加氢处理对环境危害和保护引发的环境伦理冲突，是加氢装置工程师所要面对的工程伦理冲突。工程师的环境伦理责任包含了维护人的健康，使人免受环境污染和生态破坏带来的痛苦；维护自然生态环境不遭破坏，避免其他物种承受其破坏带来的影响。

与此同时，石油炼制工业规模的快速大幅度发展，危险化学品事故造成的后果也很难控制在工厂范围内，其会对周边社区居民和企事业单位产生不利影响，甚至造成严重的生态灾难。加氢装置作为炼油化工装置，从规划、设计到投用、维护等全过程都蕴藏着安全风险。如果对安全风险评估不足，特别是对装置本身的操作风险和运行风险没有做好风险分析、风险控制和应急准备，那么一旦风险触发产生安全事故，往往对厂区、社会和公众造成严重影响。因此安全伦理冲突，也是加氢装置工程师需要面对的工程伦理冲突。

随着原油质量不断劣质化、产品质量要求不断提高、产品轻质化需求不断增长，加氢装置无论在工艺上还是设备上，都对加氢装置工程师在工艺过程认识、工艺过程评价、工艺过程监控和工艺过程控制有着越来越严格的要求，加氢工程师应达成以下共识：①通过行动来提高产品质量和市场对产品轻质化的需求，满足人民的日常生活所需。②通过行动来改善装置现场面貌，消除安全隐患，确保装置运行安全，这样更符合工程的安全伦理。

二、加氢装置过程操作中人员的保护

在任何一个企业和车间，员工生命安全是最重要的底线，石化行业坚持“安全高于一

切，生命最为宝贵”的价值观，这也是加氢装置工程师在日常管理和操作过程中需要关注的关键点。而对于加氢装置而言，装置工艺物料压力和操作温度普遍较高，其中压力最高达到20MPa，操作温度最高达420℃，并且还有高浓度有毒、有害气体和易燃易爆气体。

在加氢装置中，含硫化氢有毒气体的危险性众所周知。硫化氢是无色、剧毒、酸性气体，有一种特殊的臭鸡蛋味，即使是低浓度的硫化氢也会很快损坏嗅觉神经并且影响中枢神经系统，当浓度超过500mg/m^{3}时使人失去知觉。如果浓度达到1000mg/m^{3}则会瞬间猝死。

在加氢装置中，还有一种非常危险的气体，那就是氢气。氢气在常温常压下是一种极易燃烧，无色透明、无臭无味的气体。氢气的爆炸极限非常宽，当空气中氢气的体积分数在4%~75%时，遇到火源就会发生爆炸。

如果作为加氢装置工程师，一味追求指标的达标，而忽视装置现场的管理，造成现场“跑、冒、滴、漏”多，工作环境差，能源消耗大，那么这也与工程伦理相违背。因此在加氢装置的工程设计中合理设置有毒气体报警仪、可燃气体报警仪、正压式空气呼吸器、紧急停车系统等安全设施，这也符合工程伦理中安全伦理的相关要求。在加氢装置日常操作和维护中，现场工程师要对装置存在的运行和操作风险进行充分识别和分析，并采取有效措施将安全风险降至可接受范围。对日常存在的高风险操作，工程师要制定严格的操作说明，其中应包含：①明确的操作步骤和操作人员；②有效的安全防护用具；③事故发生后的应急处置措施。

加氢装置可能存在的其他危险还包括反应系统的高压、高温氢气，泄漏到空气中存在着火和爆炸风险；装置内的高温蒸汽和高温管道存在烫伤风险；高温油气和燃料气存在着火和爆炸风险；高浓度含硫化氢气体存在人员中毒风险

化学工业生产过程中产生的工程伦理问题究其一点，即是在关键时刻工程师、技术操作人员、生产企业单位和相关部门是否能够坚持人民利益至上，是否能够把公众的安全、健康和福祉放在首位。

重视但不畏惧氢气、油气和硫化氢等危险介质是加氢装置工程师所应具备的基本职业素质，杜绝有毒、易燃易爆物质泄漏，找出并通过科学方法消除装置存在的安全隐患。加氢装置工程师应严格遵守并执行企业相关安全制度，对作业许可证的开具要严格把关，安全措施要充分落实，确保装置人员和自身安全是加氢装置工程师所应具备的最基本工程伦理要求。

三、加氢装置过程操作中环境的保护

（一）正常操作

加氢装置工程师对装置的优化程序分为四个步骤：①确保所有设备处于正常状态并且正常运行；②寻找最佳操作条件并使装置在这些条件下运行；③尽量降低装置污染物排放量；④消除装置现场‘跑、冒、滴、漏’和安全隐患。

加氢装置的环境伦理要求工程师在正常管理和操作中注重装置的稳定运行，并对可能发生波动的参数给予及时干预，而在装置操作条件(温度、压力、流速等)一旦确定，所有参数必须在设计范围内控制。如有操作参数超出设备允许范围或已危害设备的正常运行，可能造成环境污染、危害人身安全的情况下，则启动紧急泄压系统，使装置在短时间内达到安全允许范围。

正常操作中，工程师要预防硫化氢的泄漏和排放，对含硫化氢介质的采样点要设立密闭

采样设备，确保有毒气体的泄漏率为零。禁止加氢装置中使用的有机胺液乱排乱放，因为胺液与水互溶，容易造成外排水 COD 超标，产生环保事故。

（二）开停工操作

加氢装置开车和停车的规程在装置操作手册中有详细的说明，不同装置的常规程序仅在细节上有区别，这些区别是企业相关设施和操作习惯不同造成的，但总体的开停车步骤和节点在一定程度上是具备统一条件的。一些大型石化企业，通过企业内部下发的《炼油装置开停工指导意见》对加氢装置的开车和停车步骤、节点和操作内容进行了详细的规定和说明，在对加氢装置工程师开停车操作进行指导的同时，以期达到统一和规范管理的目的。

在开停车期间，加氢装置排放污染物会高于正常运行工况，但是可以通过合理的开停车操作和过程优化使污染物排放量大幅降低，譬如装置的密闭吹扫，可以有效降低污染物的排放。这也就要求工程师按照环境伦理要求，提前考虑制定严密的停开车操作方案，并严格按此执行，禁止停开工期间未达标气体和含胺液体的随意排放。

四、加氢装置过程操作中设备及催化剂的保护

在加氢装置的设计和日常运行过程中，工程师应仔细地考虑和跟踪设备的保护。尤其是通过由相关压力容器规范制定的压力释放系统，保护设备免受超压的破坏。

由于加氢装置反应系统处于高温、高压环境，且含有氢气、硫化氢、氯化氢等易爆、有毒、腐蚀性气体，因此必须选用合适的设备材质。工程师还应着重考虑超温超压造成腐蚀的保护和预防，制定严格细致的检查规范并对检查情况进行记录，这样可以预防严重问题的发生。同时，因反应过程产生硫化氢、氯化氢以及相应铵盐等腐蚀性介质，这就需要运行工程师建立装置腐蚀监测点，对可能发生腐蚀的设备进行腐蚀监测并分析腐蚀情况。

对于加氢装置，催化剂的更换和装卸在装置运行和维护费用中占比较高，一方面是催化剂本身的成本，另一方面是催化剂更换前装置要进行停工处理，造成能源损耗和装置效益的损失。预防催化剂的快速失活既是一个设计问题，也是一个操作问题。在设计阶段，加氢装置工程师应选择适合加工原料的催化剂，且装置空速不宜过高。在运行阶段，应严防可能造成催化剂失活的组分进入反应器，同时防止反应器超温造成催化剂活性下降甚至永久失活。同时，操作过程中大幅提降反应器温度、产品质量明显过剩等行为，都会提高催化剂的失活速度。

五、加氢装置的高效和精益化管理

同样的加氢装置，不同的建造者和使用者可能体现出不同的使用效果，作为负责任的加氢装置工程师，应不受外界利害的干扰，客观地评价装置各项参数，追求设备较长的使用寿命，降低化工三剂费用和使装置保持在较低的能耗程度运行，这是加氢装置工程师所应具备的最基本的职业要求。加氢装置工程师应对装置各个生产环节进行检验和控制，消除浪费，特别是减少对资源和能源不必要的消耗，从而有力地在满足环保指标的前提下使生产向精益型和可持续型转变。装置应该在工程师的管理下走出一条生产上精耕细作、管理上精雕细刻、经营上精打细算、技术上精益求精的发展之路，为建设节约型社会尽自己的一份责任。同时也符合工程伦理中责任伦理、利益伦理的要求。

任何一个加氢装置工程师都有责任通过利用自己的专业知识，并在工程伦理规范的要求

下，将自己的装置通过维护和优化变得更加平稳和高效。高效的加氢装置应有能力长期在满负荷状态下运行，并发生最少的运行中断和指标超标情况。实现这个目的的首要条件就是：加氢装置工程师具备更加专业的技术和更加严格的工程伦理约束。对于加氢装置，其处理量依赖于基础设计、设备配置、过程控制、处理的原料组成和操作者技能。对于已经建成的加氢装置，基本流程和工艺配置一般都已无法更改，同时受原料来源影响，操作者一般也无法直接控制原料的质量和数量。因此加氢装置工程师成了装置运行中最灵活的变量，在装置运行过程中起了较其他装置所起的作用和影响更加显著，这也就要求加氢装置工程师在职业素养和工程伦理方面有更高的自我要求。

一套装置按其设计能力满负荷运行是装置工程师的责任，而经过装置工程师的管理和优化是否能达到设计目的，这取决于装置工程师的技术水平及面对各种可能发生的问题的应对能力和在工程伦理方面的自我要求。高效的装置需要以高负荷和稳定运行为基础，在此状态下运行，装置将取得最大化的经济回报，使催化剂具有更长的使用寿命，使装置对环境的污染降到最低。

在加氢装置的日常运行中，装置工程师及其他操作者的重要性不言而喻。装置工程师在管理好自己装置的同时，还要加强与上游装置的工程师进行密切的联系和沟通，便于对自己装置的现状和未来状态有一个完整的了解。装置工程师必须全面熟悉本装置的方方面面，学会及时发现问题，特别是在装置不正常的时候。还需要通过培训，使操作人员也具备更高的操作技能。

加氢装置工程师有责任对装置的运行情况进行记录，并通过这个过程将现时数据与以往数据进行比较，并定期进行分析，发现变化并找出变化的原因。实践证明这些记录和做法是非常宝贵的工程经验，当装置发生问题时可以及时发现并采取措施进行调整和消除，以达到装置高效运行的目的。以上工作都需要工程师具有负责任的职业精神，而尽职尽责，也是工程伦理的核心。

六、加氢装置安全环保事故的伦理分析

事故案例：2014 年 XX 公司渣油加氢装置着火事故案例

1.5Mt/a 渣油加氢装置于 2014 年 9 月 4 日投料生产。根据工作安排，2015 年 1 月 29 日组织装置标定工作，上午 9：00 开始标定采样。

采样期间渣油加氢装置人员发现热低分油采样器堵塞无法采样(日常运行一般不安排采样)。为取得关键数据、确保标定效果，装置技术人员决定在热低分油控制阀 LV-11201 低点放空阀(*DN*20)处采样。考虑到该处介质温度 330℃、压力 2.5MPa、含硫化氢等特点，在采样时采取了以下措施：现场配备干粉灭火器 2 个、掩护蒸汽带 1 条，人员配备便携式防毒面具等。

9：48 开始采样操作，阀门打开约半扣，保持少量出油；10：01 采样人员通知现场机泵维修人员离开现场；10：03：26 采样处烟量突然增大，操作人员迅速到达采样点处，试图关闭采样阀；10：03：44 采样点突然着火(在准备关闭采样阀时突然起火，导致采样容器倾倒，着火面积迅速扩大)，现场人员用灭火器灭火，并汇报装置领导；10：07 报火警，同时汇报总调度；10：15 装置紧急停工，总调度启动应急预案。

消防车 10：11 到达现场，10：12 进行灭火扑救并掩护相邻设备，10：18 火势熄灭，

10：23在消防车的掩护下关闭放空阀。现场检查处理后，装置组织恢复生产。

（一）事故直接原因

① 对高于自燃点的重油介质存在的风险认识不足。在原采样器不能使用的情况下，采样人员未向装置领导及时报告，没有认真组织风险分析、研究制定合理的应对预案，现场决定在热低分控制阀排凝阀处采样。

② 现场防范措施不到位。仅仅采用了灭火器、掩护蒸汽带等简易措施，对着火后果判断不足。

③ 应急处置不当。发现着火后，在近4min时间内，未能按照应急管理规定，及时报警和向应急指挥中心报告，自行组织灭火，延误了火灾抢险时机。

（二）事故间接原因

① 制度执行力不强。采样人员未按照《采样管理规定》《采样点变更审批单》及相关操作规程、规定执行。

② 忽视变更管理。对存在重大风险的作业变更，装置没有相应的变更申请、风险分析等相关规定，导致作业过程中缺少相应的开展风险分析、制定作业方案和编制应急预案等防范措施。

③ 风险管理不到位。《渣油加氢装置岗位操作法》（2014年试行版），仅对开停工过程中有JHA分析要求，对采样没有风险分析的要求和指导条款，导致采样过程风险分析不全面、不系统、后果认识不足。

④ 采样器管理不到位。原设计的采样器主要为装置标定使用，采样器的选型及安装均符合设计要求。由于装置对采样器的日常维护重视不够，采样时才发现无法使用；操作规程中缺乏对采样器故障情况下的处理和应对措施。

（三）事故教训及防范整改措施

① 举一反三，全面梳理整改采样等作业环节存在的安全隐患。

在全公司范围内集中组织开展采样等直接作业环节的检查，从制度建设、作业流程设计、日常检查维护、应急预案、监督考核等方面，全方位排查类似直接作业环节的风险，并制定切实有效的整改措施，杜绝类似事故再次发生。

② 按照分级、分类管理的原则，加强变更管理，提高对变更管理的重视程度。

要进一步完善公司、业务主管部门、作业部、装置各级变更管理体系，健全变更管理实施细则，实现企业生产作业活动全覆盖；完善其中的部分条款，对规定中描述的“需要时”等不严谨的用语进行明确的定义和范围界定，以便于操作和执行，切实消除变更活动产生的各项安全隐患。

③ 进一步加强危害识别工作。

各作业部要按照《危险源识别和评价管理规定》的要求，组织员工开展危害识别工具使用培训，对重大、重要风险实施分级管控，落实风险防控措施。

④ 加强应急管理，提高针对性和有效性。

各作业部要结合装置特点，在切实开展风险分析的基础上，有针对性地编制事故应急预案，提高应急预案的实用性。安环部要进一步强化对基层单位应急预案的培训和指导，提高应急预案的演练频次，重视演练效果，认真总结经验教训，确保演练达到预期目标。

⑤ 加强基层的培训工作。

各作业部要重点加强实战培训和现场模拟培训，尽快提高基层人员的实战应对能力。

很多化工事故都在现实中演变为灾难，不仅极大地影响到公众的安全、健康和福祉，也给社会发展和公众生活的生态环境造成难以估量的损害。加氢装置作为炼油化工产业链中重要的一环，具有装置数量多、有毒有害物质浓度高、操作温度高等高风险的特点。加氢装置在有效而可靠运转的同时，还必须降低装置的运行风险。对于加氢装置来说，装置内介质易燃易爆、操作工况苛刻、催化剂活性强、反应温度不易控制等，这就对人员操作能力、仪表自动化程度和设备可靠性提出了严格要求。

上述代表性事故案例充分说明了加氢装置一旦出现操作漏洞就可能造成事故，也对加氢装置工程师和技术操作人员分析和处理问题的能力提出了更高要求。如何在日常生产和管理过程中有效掌握和控制潜在风险？如何规避可能存在的风险而不至于演化为事故？这就需要加氢装置工程师在各环节中将公众的安全、健康和福祉放在首位，积极主动排查装置的隐患和故障。保证装置在符合安全环保要求的前提下，以最高的可靠性的工况运转。

同时加氢装置工程师还应注重参与和利用团体思维解决问题，需要经常参与团体决策。管理、工程和操作部门对问题和隐患的理解不同，应广泛听取意见并系统考察本系统以前所发生的类似问题，弄清问题和隐患是如何被诊断和解决的，查阅操作和维修记录，对比正常工况时和问题工况时装置的各项性能有何不同。注意装置数据的实时采集和分析计算，包括催化剂数据和热平衡、物料平衡数据。通过集体讨论的方法列出所有可能的原因或各种原因的组合，然后系统地逐一排除。问题的发现和解决可以提高装置操作水平、提高平稳率和达标率、避免停车和事故的发生，增加装置的可靠性。

作为加氢装置工程师，对重要信息的忽视和无知，也可能是导致风险演变为事故的一个重要因素。因此加氢装置工程师要认真学习与装置相关的国家标准和地方标准，了解装置设计规范和准则，掌握加氢装置安全管理、应急管理、风险管理的本质，这样就可以避免在管理装置和处理突发事件时做出错误的决定。

化工过程安全的核心就是风险管理。加氢装置工程师应在“零事故”的安全理念下，科学地评估风险，辨识生产过程中存在的危险源，采取有效的风险控制措施，将风险降至可接受程度，避免事故的发生。严格按照相关规定，对装置各项操作(工艺参数、工艺流程、设备和关键人员等)的变更进行管理，按专门程序对所有的变更进行风险评估、批准、授权、沟通、实施前检查并做变更记录，必要时落实相应的变更培训。过程安全管理的各个要素之间存在紧密的内在联系，需要相互协同，加氢工程师只有做到工作中不出现管理之间衔接的漏洞，才能发挥好事故预防的作用。

炼油化工作为流程工业，流程中的任何一个环节都起着承上启下的作用。在炼油化工企业环境保护目标达成的过程中，加氢装置同样发挥着不可替代的作用。作为加氢装置工程师，应坚持环境与生态的可持续发展，以综合全面的视角积极掌控潜在的风险，做好相关的各项评估，减少风险引发的各种不确定因素，缓解公众的担忧情绪，实现炼油化工项目与人、自然、社会的和谐有序发展。

参 考 文 献

[1] 李正风，丛杭青，王前. 工程伦理[J]. 北京：清华大学出版社，2016.